Umweltmikrobiologie

Walter Reineke, Michael Schlömann

Umweltmikrobiologie

Zuschriften und Kritik an:
Elsevier GmbH, Spektrum Akademischer Verlag, Dr. Ulrich G. Moltmann, Slevogtstraße 3-5, 69126 Heidelberg

Autoren
Prof. Dr. Walter Reineke
FB C, Chemische Mikrobiologie
Bergische Universität Wuppertal
Gaußstraße 20,
42097 Wuppertal

Prof. Dr. Michael Schlömann
Interdisziplinäres Ökologisches Zentrum
TU Bergakademie Freiberg
Leipziger Straße 29,
09599 Freiberg

Bibliografische Information der Deutschen Nationalbibliothek
Die Deutsche Nationalbibliothek verzeichnet diese Publikation in der Deutschen Nationalbibliografie; detaillierte bibliografische Daten sind im Internet über http://dnb.d-nb.de abrufbar.

1. Auflage 2007

Spektrum Akademischer Verlag ist ein Imprint der Elsevier GmbH.

07 08 09 10 11   5 4 3 2 1

Planung und Lektorat: Dr. Ulrich G. Moltmann, Martina Mechler
Redaktion: Annette Vogel
Herstellung: Detlef Mädje
Umschlaggestaltung: SpieszDesign, Neu-Ulm
Titelbild: © Corbis, Leaf Floating atop Water 2000
Satz: Mitterweger & Partner, Plankstadt
Druck und Bindung: LegoPrint S.p.A., Lavis

Printed in Italy

ISBN 978-3-8274-1346-8

Aktuelle Informationen finden Sie im Internet unter www.elsevier.de und www.elsevier.com

Inhalt

Prolog 1

1 Mikroorganismen und Umwelt 3
1.1 Das Klimasystem 3
1.1.1 Seine Komponenten 3
1.1.2 Wechselwirkungen zwischen den Komponenten 8
1.1.3 Energiebilanz der Erde 8
1.1.4 Klimaänderungen und Auswirkungen 10
1.1.5 Welche Stoffe haben welchen Effekt auf das Klima? 11
1.2 Globale Kreisläufe von Kohlenstoff, Stickstoff, Schwefel, Phosphor mit Reservoirs und Stoffflüssen 12
1.2.1 Globaler Kohlenstoffkreislauf 13
1.2.2 Globaler Stickstoffkreislauf 18
1.2.3 Globaler Schwefelkreislauf 23
1.2.4 Globaler Phosphorkreislauf 24
1.2.5 Zusammenfassung globale Kreisläufe 25

2 Besonderheiten und unterschiedliche Gruppen von Mikroorganismen . . 29

3 Zusammenhang von mikrobieller Energiegewinnung und Stoffkreisläufen 33
3.1 Prinzipien der Energiegewinnung 33
3.1.1 Atmungsketten und ATP-Synthase 37
3.2 Haupttypen des mikrobiellen Stoffwechsels 40

4 Kohlenstoffkreislauf 45
4.1 Entstehung der Erdatmosphäre und der fossilen Rohstoffe 45
4.2 Stoffflüsse im Kohlenstoffkreislauf 46
4.3 Autotrophe CO_2-Fixierung 48
4.3.1 Der Calvin-Cyclus 49
4.3.2 Der umgekehrte Citrat-Cyclus (reduktiver TCC-Cyclus) 51
4.3.3 Reduktiver Acetyl-CoA-Weg (Acetogenese) 51
4.3.4 Der Hydroxypropionat-Cyclus 53
4.3.5 Vergleich der Prozesse der CO_2-Fixierung 53
4.4 Abbau von Naturstoffen 53
4.4.1 Abbau von Kohlenhydraten 56
4.4.2 Abbau von Proteinen 62
4.4.3 Abbau von Fetten 64
4.4.4 Abbau von pflanzlichen Substanzen/Lignin und anderen Naturstoffen/Humusentstehung 65

4.5 Methankreislauf ... 76
4.5.1 Methanbildung ... 76
4.5.2 Methanabbau ... 83

5 Abbau organischer Schadstoffe ... 91
5.1 Umweltchemikalien ... 91
5.1.1 Chemikalien in der Umwelt: Ausbreitung und Konzentration ... 91
5.1.2 Beurteilung von Chemikalien: Allgemeine Prinzipien und Konzepte ... 99
5.2 Abbau von Kohlenwasserstoffen ... 114
5.2.1 Erdöl: Zusammensetzung und Eigenschaften ... 115
5.2.2 Der Ablauf einer Verölung im Meer ... 116
5.2.1 Abbau von Alkanen, Alkenen und cyclischen Alkanen ... 119
5.2.2 Abbau von monoaromatischen Kohlenwasserstoffen ... 124
5.2.3 Abbau von Mehrkern-Kohlenwasserstoffen und Humifizierung von PAK ... 140
5.2.4 Abbau von Heterocyclen ... 146
5.2.5 Bildung von Biotensiden/Aufnahme von Mineralöl-Kohlenwasserstoffen ... 152
5.3 Abbau chlorierter Schadstoffe ... 156
5.3.1 Abbau von Chloraromaten ... 156
5.3.2 Abbau von Hexachlorcyclohexan ... 176
5.3.3 Abbau von Triazinen ... 178
5.3.4 Abbau von chloraliphatischen Verbindungen ... 180
5.4 Abbau und Humifizierung von Nitroaromaten ... 189
5.4.1 Umweltproblem durch Nitroaromaten ... 189
5.4.2 Möglichkeit des mikrobiellen Abbaus von Nitroaromaten ... 190
5.4.3 TNT-Eliminierung durch Sequestierung an Boden ... 193
5.5 Abbau von aromatischen Sulfonsäuren und Azofarbstoffen ... 193
5.5.1 Aromatische Sulfonsäuren ... 193
5.5.2 Abbau von Azofarbstoffen ... 197
5.6 Persistenz von Kunststoffen, abbaubare Biopolymere ... 199
5.6.1 Biopol – ein biologisch vollständig abbaubarer thermoplastischer Kunststoff ... 201
5.6.2 Biologisch abbaubare Kunststoffe – nicht nur aus nachwachsenden Rohstoffen ... 202
5.7 Komplexbildner: Aminopolycarbonsäuren ... 203
5.8 Endokrin wirksame Verbindungen ... 205
5.8.1 Tributylzinnverbindungen ... 205
5.8.2 Alkylphenole ... 206
5.8.3 Bisphenol A ... 208
5.9 Methyl-*tert*-butylether ... 209

6 Der mikrobielle Stickstoffkreislauf ... 215
6.1 Stickstofffixierung ... 215
6.2 Ammonifikation ... 216
6.3 Nitrifikation ... 219
6.4 Anammox ... 222
6.5 Nitratreduktion ... 222
6.5.1 Denitrifikation ... 223
6.5.2 Dissimilatorische Nitratreduktion zu Ammonium ... 223

7 Kreisläufe von Schwefel, Eisen und Mangan ... 227
7.1 Schwefelkreislauf ... 227
7.1.1 Sulfatreduktion ... 228
7.1.2 Reduktion von Elementarschwefel ... 229

7.1.3 Schwefeldisproportionierung ... 230
7.1.4 Oxidation von Sulfid und Elementarschwefel ... 230
7.1.5 Organische Schwefelverbindungen ... 230
7.2 Der Eisenkreislauf ... 236
7.2.1 Oxidation von zweiwertigem Eisen ... 237
7.2.2 Reduktion von dreiwertigem Eisen ... 241
7.3 Der Mangankreislauf ... 243
7.3.1 Oxidation von zweiwertigem Mangan ... 243
7.3.2 Reduktion von vierwertigem Mangan: anaerobe Atmung ... 243

8 Schwermetalle ... 245
8.1 Quecksilberkreislauf ... 246
8.2 Arsen ... 248
8.2.1 Arsenitoxidation ... 248
8.2.2 Arsenatreduktion ... 249
8.2.3 Arsenatmethylierung ... 250
8.3 Selen ... 250

9 Anpassungsstrategien von Mikroorganismen an unterschiedliche Lebensbedingungen ... 253
9.1 Mikrobielle Konkurrenz und Kooperation ... 255
9.1.1 Wachstumsraten und Nährstoffkonzentrationen ... 256
9.1.2 Adaptation ... 257
9.1.3 Mischsubstrate ... 262
9.1.4 Grenzkonzentrationen ... 262
9.1.5 Mikrobielle Kooperation ... 263
9.2 Anheftung an Oberflächen und Biofilme ... 263
9.2.1 Oberflächen ... 263
9.2.2 Biofilme ... 264
9.3 Der Boden als mikrobielles Habitat ... 266
9.4 Aquatische Biotope ... 270
9.4.1 Süßwasserumgebung ... 270
9.4.2 Marine Umgebungen ... 275

10 Charakterisierung mikrobieller Lebensgemeinschaften ... 281
10.1 Summarische Methoden ... 281
10.1.1 Methoden zur Bestimmung von Keimzahlen und Biomassen ... 281
10.1.2 Methoden zur Bestimmung von Aktivitäten ... 284
10.2 Klassische Verfahren mit dem Ziel des Nachweises bestimmter Mikroorganismen ... 286
10.3 Nachweis mikrobieller Aktivitäten über Isotopenfraktionierung ... 290
10.4 Methoden der molekularen Ökologie von Mikroorganismen ... 290
10.4.1 Grundlegende molekulare Methoden zur Klassifizierung und Identifizierung von Reinkulturen ... 291
10.4.2 Molekulargenetische Methoden zur Charakterisierung von Lebensgemeinschaften ... 299

11 Biologische Abwasserreinigung ... 309
11.1 Entstehung und Zusammensetzung von Abwässern ... 309
11.2 Abwasserreinigung in mechanisch-biologischen Kläranlagen mit aerober Stufe ... 312
11.3 Biologische Phosphateliminierung ... 317
11.4 Stickstoffeliminierung bei der Abwasserreinigung ... 321

11.5 Anaerobe Schlammbehandlung, direkte anaerobe Abwasserreinigung und Biogasgewinnung . . . 324
11.6 Reinigung von Industrieabwässern . . . 328
11.7 Naturnahe Abwasserbehandlungsverfahren . . . 329

12 Biologische Abluftreinigung . . . 331

13 Biologische Bodensanierung . . . 335
13.1 Altlasten-Problematik . . . 335
13.2 Verfahren der biologischen Bodensanierung . . . 336
13.2.1 *Ex situ*-Verfahren . . . 339
13.2.2 *In situ*-Bodensanierung . . . 345

14 Abfallbehandlung . . . 353
14.1 Die Abfall-Problematik . . . 353
14.2 Biologische Abfallverwertung . . . 354
14.2.1 Der Kompostierungsprozess . . . 355
14.2.2 Kompostierungsverfahren . . . 356
14.2.3 Anaerobe Abfallbehandlung durch Vergärung . . . 357

15 Biotechnologie und Umweltschutz . . . 359
15.1 Biologische Schädlingsbekämpfung . . . 359
15.1.1 Bioinsektizide . . . 359
15.1.2 Biofungizide und Bioherbizide . . . 366
15.2 Design neuer Chemikalien . . . 367
15.2.1 Struktur-Wirkungs-Beziehung/Vorhersage der Abbaubarkeit . . . 367
15.2.2 Abbaubare Alternativen zu heutigen Chemikalien . . . 371
15.3 Produktintegrierter Umweltschutz durch Biotechnologie . . . 373
15.3.1 Verfahrensvergleich: Biotechnische und chemisch-technische Prozesse . . . 374
15.3.2 Umweltentlastungseffekte durch Produktsubstitution . . . 378
15.3.3 Zusammenfassung PIUS . . . 379
15.4 Biokraftstoffe . . . 379
15.4.1 Bioethanol . . . 381
15.4.2 Biodiesel . . . 382
15.4.3 Biomass-to-Liquid-Kraftstoff . . . 382
15.5 Strom aus Mikroorganismen . . . 382
15.5.1 Produktion von H_2 in Bioreaktoren für konventionelle Brennstoffzellen . . . 383
15.5.2 Integrierung der mikrobiellen Brennstoffherstellung in den Anodenraum der Brennstoffzelle . . . 383
15.5.3 Direkter Elektronentransport von der Zelle zur Elektrode: Die Electricigenen . . . 384
15.5.4 Mediatoren zum Elektronentransport . . . 384

16 Denkanstöße . . . 387
16.1 Umweltmikrobiologie ist ein Beitrag zur umweltverträglichen nachhaltigen Entwicklung (Sustainable Development) . . . 387
16.2 Grundlagen und Praxis der Umweltmikrobiologie . . . 387
16.3 Nachdenken über Umweltmikrobiologie . . . 388

Index . . . 393

Prolog

Vor etwa 20 Jahren kam ein kleinformatiges Buch *Umwelt-Mikrobiologie. Mikrobiologie des Umweltschutzes und der Umweltgestaltung* von Wolfgang Fritsche in meine Hände. Zu jener Zeit begann ich, erste Vorlesungen über Umweltmikrobiologie zu entwickeln, und es war eine große Hilfe, in einer Zeit als Umweltthemen begannen, in der Öffentlichkeit registriert zu werden.

Dann 1998 wurde die zweite Auflage in einem größeren Format den Studenten und auch den Lehrenden unter dem Titel *Umwelt-Mikrobiologie. Grundlagen und Anwendungen* in die Hand gegeben.

Jetzt wurde die Aufgabe der Auffrischung in unsere Hände gelegt. Jeder Stein wurde angefasst, hochgehoben, gedreht und dann je nach Beurteilung an den alten Platz zurückgelegt, aussortiert und durch einen anderen Stein ersetzt oder vielleicht doch nur an einer anderen Stelle eingebaut. Man wird deshalb einiges wieder erkennen, manches sicherlich nicht. Es haben Personen mit einem anderen Umfeld, anderen Orientierungen, anderer Interessenlage an der Veränderung gearbeitet. Die bewährte *Umwelt-Mikrobiologie* von Fritsche wurde komplett überarbeitet. Insbesondere wurden methodische Aspekte zur Untersuchung mikrobieller Lebensgemeinschaften berücksichtigt. Hierbei versuchte man nicht nur, auch dem Nicht-Biologen die Prinzipien hinter den modernen molekulargenetischen Untersuchungsmethoden verständlich zu machen. Stärker berücksichtigt wurden auch physiologische Anpassungen der Mikroorganismen an unterschiedliche Lebensräume. Wie schon bisher wird die herausragende Rolle der Mikroorganismen in verschiedenen Stoffkreisläufen dargestellt. Globale und lokale Prozesse werden angesprochen sowie der mikrobielle Einfluss auf sie. Neben biochemischen Grundlagen zum Abbau von Umweltchemikalien wird auch der Einsatz von Mikroorganismen in umweltbiologischen Verfahren zur Reinhaltung beziehungsweise Reinigung von Luft, Wasser und Boden diskutiert. Schließlich findet wie bisher der Einsatz von Mikroorganismen oder ihren Enzymen im produktorientierten Umweltschutz eine Berücksichtigung.

Gedacht ist das Buch nicht nur für Biologen mit Interesse an umweltmikrobiologischen Fragen, sondern auch für Studierende der Verfahrenstechnik oder Umweltverfahrenstechnik, der Geoökologie oder Geologie sowie Studenten anderer Fachrichtungen, die Umweltmikrobiologie nicht nur als *black box* betrachten, sondern einen Einblick in die Zusammenhänge und gegenseitigen Abhängigkeiten erhalten wollen.

Einiges aus unseren eigenen Vorlesungen ist hier unverkennbar in das Buch eingeflossen. Die Vorlesung „Umweltmikrobiologie" sollte den Chemikern im Rahmen der Umweltchemie biologische, biochemische Aspekte nahebringen, also ist die Chemie von Umweltchemikalien ein wichtiger Teil des „Neuen Fritsche".

Fruchtbare, aber auch kritische Diskussionen fanden in den Seminaren und Vorlesungen statt, um eine realistische Einschätzung von Umweltproblemen zu erarbeiten. Mikrobiologische Lösungswege bei Umweltproblemen wurden auf ihre Vor- und Nachteile gegenüber anderen Konzepten kritisch analysiert.

Auch unsere eigenen Wurzeln im Themengebiet der Umweltmikrobiologie sind sicherlich nicht zu übersehen. Vieles an unseren Kenntnissen zum Umweltverhalten von Chloraromaten ist also mit eingeflossen.

Es gibt heute methodische Möglichkeiten, die bei unseren eigenen anfänglichen Forschungen noch nicht zur Verfügung standen, an die noch nicht gedacht worden ist: Die DNA ganzer Organismen ist heute sequenziert, über Biodiversität und Evolution lässt sich fundierter reden. Auch kann heute die ganze Breite der verschiedenen biologischen und chemischen Ebenen im Zusammenhang mit Umweltchemikalien analysiert werden: die beteiligten Organismen, die Chemie und Biochemie der Abbauwege, die zugrunde liegenden Genstrukturen bezüglich Strukturgenen und Regulation, sowie mögliche Ursprünge für die Abbausequenzen.

Doch sind wir bei der Erfassung von Ökosystemen wirklich weiter gekommen? Schleifer und Ziegler (2002) schreiben dazu:

„Seitdem es durch den Einsatz neuer, insbesondere molekularer Methoden gelungen ist, Mikroorganismen ohne vorherige Kultivierung zu identifizieren und Einblick in ihre Funktion zu erhalten, hat sich unser Wissen über das Vorkommen und die ökologische Bedeutung dieser Kleinstlebewesen enorm erweitert. Dennoch ist die Mehrzahl der Mikroorganismen auch heute noch nicht untersucht und ihre vielfältigen Funktionen im Ökosystem sind bei weitem noch nicht aufgeklärt."

Die biochemischen Leistungen der Mikroorganismen sind einzigartig und von globaler Bedeutung. Im vorliegenden Buch wird eine Vielzahl dieser mikrobiellen Funktionen vorgestellt. Wir wollen mit dem Buch helfen, einige Umweltphänomene besser zu verstehen, wir wollen aufmerksam machen, eine sachliche Diskussion ermöglichen.

Wem müssen, wollen wir danken?

- Herrn Fritsche, dass er uns die Fortführung seines Werkes anvertraut hat.
- Dem Spektrum Akademischer Verlag, Frau Martina Mechler und Herrn Dr. Ulrich Moltmann für außerordentlich viel Geduld und den festen Glauben, dass wir etwas sinnvolles, irgendwann abliefern werden.
- Herrn Christian Mandt für geduldige sehr fruchtbare Diskussionen. Immer dann, wenn der Biologe mal wieder einen Chemiker zur Klärung brauchte. Allgemein für sein großes nimmer müdes Interesse, seine Offenheit.
- Den Studenten, die mit viel Interesse, sich den Ihnen dargebotenen Themen der Umweltmikrobiologie gestellt haben, und uns mit Ihren kritischen Fragen zu neuen Ufern verholfen haben. Fast jede Veranstaltung war ein Start zum weiteren Suchen und Klären.
- Nicht zuletzt gilt ein herzlicher Dank unseren Familien, ohne deren stete Hilfe das Buch nicht entstanden wäre.

Ein Buch kann nicht ohne Fehler sein. Wir freuen uns deshalb über jeden Kommentar der Nutzer dieses Buches. Mailen Sie uns unter: reineke@uni-wuppertal.de oder michael.schloemann@ioez.tu-freiberg.de

Walter Reineke, Michael Schlömann

im Dezember 2006

Schreibweisen und Abkürzungen

Zugunsten einer möglichst einfachen und übersichtlichen Darstellung der Stoffwechselprozesse sind konventionelle Unkorrektheiten mit Absicht übernommen worden. Ladungsverhältnisse bei organischen Verbindungen sind also nicht berücksichtigt. Organische Säuren wurden als Salz, zum Beispiel Pyruvat statt Brenztraubensäure, Succinat statt Bernsteinsäure oder Benzoat statt Benzoesäure bezeichnet, aber durchweg als undissozierte Säure abgebildet, obwohl in der Zelle, in welcher der pH-Wert um 7 liegt, die dissoziierte Verbindung vorliegt.

Schleifer, K.-H., Ziegler, H. 2002. Vorwort. *In:* Bedeutung der Mikroorganismen für die Umwelt: Rundgespräch der Kommission für Ökologie, Bayerische Akademie der Wissenschaften. Verlag Dr. Friedrich Pfeil. Band 23, S.9.

1 Mikroorganismen und Umwelt

Das Leben auf der Erde hat sich selbst die Atmosphäre geschaffen, die für sein Überleben notwendig ist. Das Weltklima ist nicht nur eine Funktion der Atmosphärenphysik, sondern auch der Atmosphärenchemie. Diese ist sehr dynamisch und zu einem großen Teil das Ergebnis der Biosphäre und damit auch mikrobieller Prozesse.

Die meisten Atmosphärengase unterliegen Cyclen, die mehr oder weniger durch die Biosphäre dominiert werden. So tragen die Leistungen der Mikroorganismen in den globalen Stoffkreisläufen in entscheidendem Maße zu dem Gleichgewicht bei, das sich im Laufe der Erdgeschichte herausgebildet hat. Die Bewahrung dieses Gleichgewichts ist die Voraussetzung für die Sicherung der Lebensbedingungen auf Erden.

Neben der bedeutenden Rolle in den globalen Stoffkreisläufen haben Mikroorganismen einen unverzichtbaren Anteil an der Bewältigung beziehungsweise Beseitigung von örtlich begrenzten Umweltproblemen.

1.1 Das Klimasystem

1.1.1 Seine Komponenten

Das Klimasystem ist ein interaktives System, welches aus fünf Hauptkomponenten besteht (Abb. 1.1): Atmosphäre, Hydrosphäre, Cryosphäre, Landoberfläche und Biosphäre. Angetrieben oder beeinflusst werden diese durch verschiedene externe Forcierungsmechanismen, wobei die Sonne der wichtigste ist. Aber auch den direkten Effekt durch menschliche

Beispiele für globale Umweltprobleme

- Verschlechterung der Luftqualität: Globale Verschmutzung aufgrund industrieller Verbrennung und Biomasseverbrennung.
- Anstieg des Vorkommens von troposphären Oxidantien inklusive Ozon und ähnliche Einflüsse auf die Biosphäre und menschliche Gesundheit.
- Änderungen in der Selbstreinigungskapazität der Atmosphäre und in der Verweildauer von anthropogenen Spurengasen.
- Klimatische und umweltrelevante Änderungen im Landgebrauch wie Abholzung von tropischem Regenwald, Trockenlegung von Sümpfen.
- Störung der biogeochemischen Cyclen von Kohlenstoff, Stickstoff, Phosphor und Schwefel.
- Saurer Regen.
- Klimaänderungen (*global warming*) resultierend aus der ansteigenden Emission von CO_2 und anderer Treibhausgase und Konsequenzen daraus.
- Klimatische Wirkung (regionale Abkühlung) durch Sulfat-Aerosole aufgrund anthropogener SO_2-Emission.
- Abnahme des stratosphärischen Ozons (Ozonloch) verbunden mit einem Anstieg der UV-B-Strahlung auf der Erdoberfläche mit ihren Wirkungen auf die Biosphäre und die menschliche Gesundheit.

1

Beispiele für regionale (örtlich begrenzte) Umweltprobleme in Wasser und Boden (marine und terrestrische Biosphären)

- Massentierhaltung und die resultierende Kontamination des Grundwassers mit Nitrat.
- Überdüngung und Abfluss in die Gewässer.
- Verwendung von Bioziden und Verunreinigung des Grundwassers zum Beispiel mit Triazinen.
- Abwasser und Verunreinigung von Fließgewässern, Seen und Meer mit Phosphaten zum Beispiel Eutrophierung - Sauerstoffzehrung, Störung der Selbstreinigungskraft von Gewässern.
- Abwasser und die Wirkung von Schwermetallen auf die menschliche Gesundheit: zum Beispiel Minamata-Krankheit (Quecksilber), Itai-Itai-Krankheit (Cadmium).
- Unfälle in der Industrie: Verunreinigung des Rheins durch Chemiebrand in Basel.
- Bodenkontamination und Verunreinigung von Gewässern durch Unfälle beim Transport von Chemikalien und Öl.
- Boden- und Grundwasserkontamination durch Abflüsse von Deponien und Altlasten (Schadstoffe).

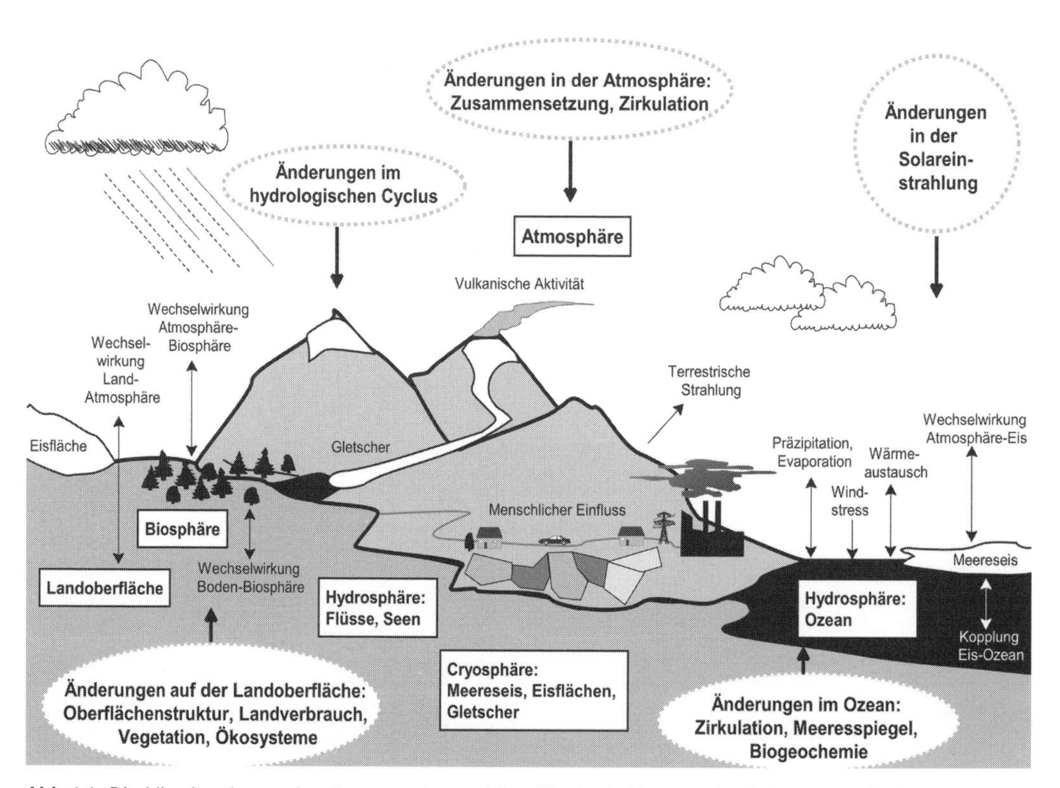

Abb 1.1 Die klimabestimmenden Komponenten und ihre Wechselwirkungen (verändert nach IPCC, 2001).

Aktivitäten auf das Klimasystem betrachtet man als einen externen Antrieb.

Die **Atmosphäre** ist der am stärksten instabile und sich rasch ändernde Teil des Systems. Ihre Zusammensetzung, welche sich im Laufe der Erdevolution geändert hat, ist von zentraler Bedeutung für das Problem des Klimas (zum Aufbau und der Orientierung in den verschiedenen Ebenen, siehe Abb. 1.2).

Die trockene Atmosphäre der Erde ist hauptsächlich aus Stickstoff (N_2), Sauerstoff (O_2) und Argon (Ar) zusammengesetzt. Diese Gase haben nur eine geringe Wechselwirkung mit der hereinkommenden Sonnenstrahlung und sie interagieren nicht mit der Infrarotstrahlung, die von der Erde emittiert wird. Es gibt jedoch eine Anzahl von Spurengasen, wie Kohlendioxid (CO_2), Methan (CH_4), Distickstoffmonoxid (N_2O, Lachgas) und Ozon (O_3), die Infrarotstrahlung absorbieren und emittieren. Diese so genannten Treibhausgase, welche jedoch in trockener Luft weniger als 0,1 Prozent des Gesamtvolumens ausmachen, spielen eine essenzielle Rolle im Energiehaushalt der Erde. Außerdem enthält die Atmosphäre Wasserdampf, welcher ebenfalls ein Treibhausgas ist. Sein Anteil am Volumen der Luft ist sehr variabel, aber er liegt in der Größenordnung von einem Prozent. Da diese Treibhausgase die Infrarotstrahlung, die von der Erde emittiert

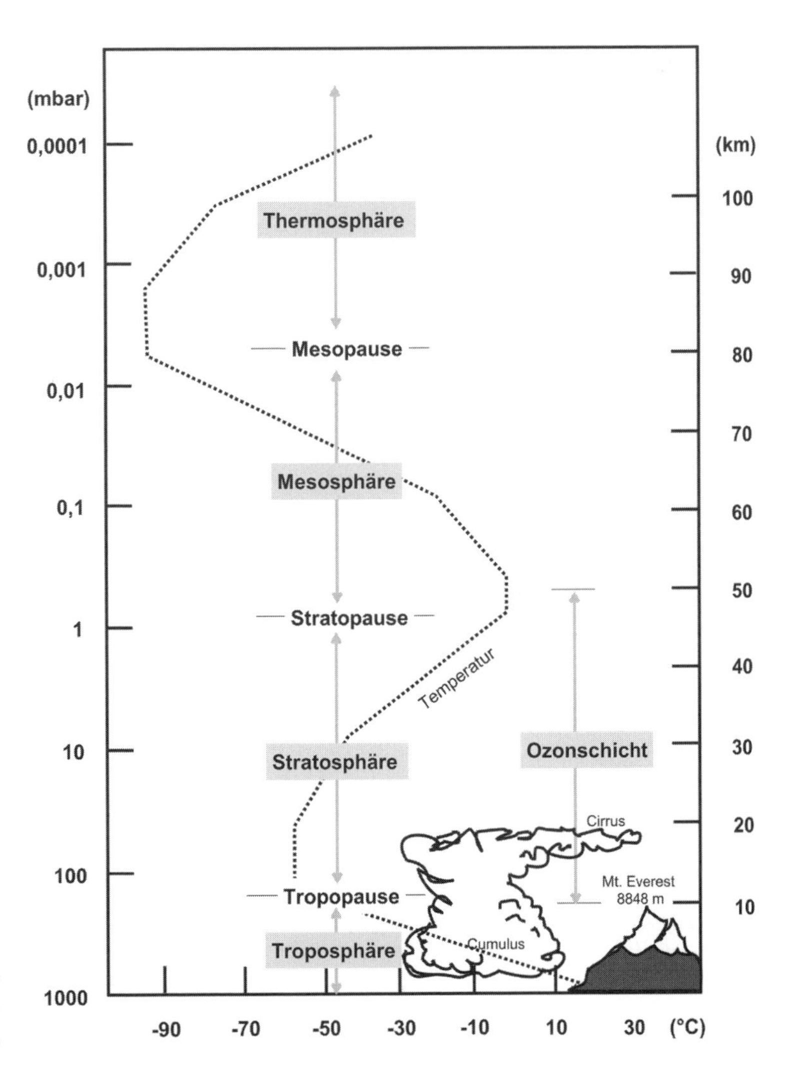

Abb 1.2 Aufbau der Atmosphäre mit dem Temperaturprofil.

Tabelle 1.1 Chemische Zusammensetzung der Atmosphäre (nach Brasseur et al., 1999, Conrad,1996; Schlesinger, 1997).

Substanz	Formel	Anteil in trockener Luft	Hauptquelle	Einfluss auf Atmosphäre	Halbwertszeit
Stickstoff	N_2	78,084%	biologisch	kein	
Sauerstoff	O_2	20,948%	biologisch		
Argon	Ar	0,934%		inert	
Kohlendioxid	CO_2	360 ppmv	Verbrennung, Ozean, Biosphäre	Treibhauseffekt	
Neon	Ne	18,18 ppmv		inert	
Helium	He	5,24 ppmv		inert	
Methan	CH_4	1,7 ppmv	biologisch und anthropogen	Treibhauseffekt, troposphären und stratosphären Chemie	9 Jahre
Wasserstoff	H_2	0,55 ppmv	biologisch, anthropogen, photochemisch	unbedeutend	3 Jahre
Distickstoffmonoxid	N_2O	0,31 ppmv	biologisch und anthropogen	Treibhauseffekt, stratosphären Chemie	120 Jahre
Kohlenmonoxid	CO	50 - 200ppbv	anthropogen und photochemisch	Troposphärenchemie	60 Tage
Ozon (Troposphäre)	O_3	10 - 500ppbv	photochemisch		
Ozon (Stratosphäre)	O_3	0,5 - 10ppbv	photochemisch		
Nicht-Methan Kohlenwasserstoffe	zum Beispiel Isopren	5 - 20ppbv	biologisch und anthropogen		<1 Tag
Halokohlenwasserstoffe		3,8ppbv	85% anthropogen		
Stickstoffspezies	NO_x	10 ppt - 1ppm	Böden, Blitze, anthropogen		1 Tag
Ammoniak	NH_3	10ppt - 1ppb	biologisch		5 Tage
Partikuläre Nitrate	NO_3^-	1ppt - 10ppb	photochemisch, anthropogen		
Partikuläres Ammonium	NH_4^+	10ppt - 10ppb	photochemisch, anthropogen		
OH-Radikal	OH^-	0,1 - 10ppt	photochemisch		
Peroxyradikal	HO_2	0,1 - 10ppt	photochemisch		
Wasserstoffperoxid	H_2O_2	0,1 - 10ppb	photochemisch		
Formaldehyd	CH_2O	0,1 - 1ppb	photochemisch		
Schwefeldioxid	SO_2	10ppt - 1ppb	photochemisch, vulkanisch, anthropogen		3 Tage

Tabelle 1.1 Fortsetzung

Substanz	Formel	Anteil in trockener Luft	Hauptquelle	Einfluss auf Atmosphäre	Halbwertszeit
Dimethylsulfid	CH_3SCH_3	10 - 100ppt	biologisch	Wolkenbildung	1 Tag
Schwefelkohlenstoff	CS_2	1 - 300ppt	biologisch, anthropogen		
Kohlenoxidsulfid	COS	500pptv	biologisch, vulkanisch, anthropogen	Aerosolbildung	5 Jahre
Schwefelwasserstoff	H_2S	5 - 500ppt	biologisch, vulkanisch		4 Tage
Partikuläres Sulfat	SO_4^{2-}	10ppt - 10ppb	photochemisch, anthropogen		

wird, absorbieren und sie herauf und herunter emittieren, führen sie zum Anstieg der Temperatur in der Nähe der Erdoberfläche. Wasserdampf, CO_2 und O_3 absorbieren auch die kurzwellige Strahlung.

Die Verteilung von Ozon in der Atmosphäre und seine Rolle im Energiehaushalt der Erde ist einzigartig. Ozon wirkt im unteren Teil der Atmosphäre, der Troposphäre und der unteren Stratosphäre, als Treibhausgas. Höher in der Stratosphäre gibt es eine natürliche Schicht von hoher Ozonkonzentration, welche ultraviolette Sonnenstrahlung absorbiert. So spielt die Ozonschicht eine essenzielle Rolle im Strahlungsgleichgewicht der Stratosphäre, gleichzeitig filtert sie die schädliche Form der Strahlung heraus.

Neben diesen Gasen enthält die Atmosphäre feste und flüssige Partikel (Aerosole) und Wolken, welche mit der ein- und heraustretenden Strahlung in einer komplexen und teils ändernden Weise wechselwirken. Die am stärksten variable Komponente der Atmosphäre ist Wasser in seinen verschiedenen Formen als Dampf, Wolkentropfen und Eiskristalle. Wasserdampf ist das stärkste Treibhausgas. Aus diesen Gründen und da der Transfer zwischen den verschiedenen Formen viel Energie aufnimmt und freigibt, ist Wasserdampf bedeutend für das Klima und seine Variabilität und Änderung.

Die **Hydrosphäre** ist die Komponente, die das gesamte unterirdisches Wasser und die flüssige Oberfläche umfasst, sowohl Süßwasser der Flüsse, Seen und Grundwasserleiter als auch Salzwasser der Ozeane und Meere. Der Abfluss von Süßwasser vom Land in die Ozeane durch die Flüsse beeinflusst die Zusammensetzung und Zirkulation. Die Ozeane bedecken ungefähr 70 Prozent der Erdoberfläche. Sie speichern und transportieren eine große Menge an Energie, lösen und speichern große Mengen an CO_2.

Die Zirkulation, die durch den Wind und Dichteunterschiede aufgrund des Salzgehaltes und Temperaturgradienten (*thermohaline circulation*) angetrieben wird, ist sehr viel langsamer als die Zirkulation in der Atmosphäre. Hauptsächlich aufgrund der starken thermischen Trägheit der Ozeane, dämpfen sie starke und schnelle Temperaturänderungen und fungieren als Regulator des Erdklimas aber auch als Quelle für natürliche Klimaschwankungen über einen weiten Zeithorizont.

Die **Cryosphäre**, die Eisflächen Grönlands und der Antarktis, kontinentale Gletscher und Schneefelder, Meereseis und Permafrost umfassend, hat ihre Bedeutung für das Klimasystem aufgrund der hohen Reflektion (Albedo) für Sonnenstrahlung, ihre geringe thermische Leitfähigkeit und große thermische Trägheit. Sie besitzt zudem eine besonders kritische Rolle beim Antrieb der Zirkulation des Tiefenwassers der Ozeane. Da die Eisschichten große Mengen an Wasser speichern, sind Änderungen im Volumen eine mögliche Quelle für Varianz des Meeresspiegels.

Die Vegetation und die Böden der **Landoberfläche** kontrollieren, wie viel der von der

Sonne erhaltenen Energie wieder in die Atmosphäre zurückgeführt wird. Einiges kehrt als Infrarotstrahlung zurück und erwärmt die Atmosphäre, wenn die Landoberfläche sich erwärmt. Einige Energie bewirkt das Verdampfen von Wasser entweder aus Boden oder aus Blättern der Pflanzen und führt so Wasser zurück in die Atmosphäre. Da das Verdampfen von Bodenfeuchte Energie benötigt, hat die Bodenfeuchte einen starken Einfluss auf die Oberflächentemperatur. Die Textur der Landoberfläche (ihre Rauigkeit) beeinflusst die Atmosphäre dynamisch durch Wind über der Oberfläche. Die Rauigkeit ist beeinflusst durch die Topographie und Vegetation. Wind bläst zudem Staub von der Oberfläche in die Atmosphäre, welcher wiederum mit der atmosphärischen Strahlung wechselwirkt.

Die marinen und terrestrischen **Biosphären** haben einen bedeutenden Einfluss auf die Zusammensetzung der Atmosphäre. Die Lebewesen beeinflussen die Aufnahme und Abgabe der Treibhausgase. Durch photosynthetische Prozesse speichern marine und terrestrische Pflanzen (besonders Wälder) bedeutende Mengen Kohlenstoff. Deshalb spielt die Biosphäre ebenso eine zentrale Rolle im Kohlenstoffkreislauf und auch im Haushalt vieler anderer Gase wie Methan und N_2O. Andere Emissionen der Biosphäre sind die *volatile organic compounds* (VOC), welche bedeutende Effekte auf die Atmosphärenchemie, die Aerosolbildung und deshalb das Klima haben.

Da die Speicherung von Kohlenstoff und der Austausch der Spurengase durch das Klima beeinflusst wird, können Rückkopplungen zwischen Klimaänderung und Konzentrationen der Spurengase in der Atmosphäre erfolgen. Der Einfluss des Klimas auf die Biosphäre ist konserviert in Fossilien, Jahresringen der Bäume, Pollen und anderen Aufzeichnungen, sodass die Kenntnisse über früheres Klima von solchen Bioindikatoren stammen.

1.1.2 Wechselwirkungen zwischen den Komponenten

Viele physikalische, chemische und biologische Wechselwirkungsprozesse geschehen zwischen den verschiedenen Komponenten des Klimasystems in einem großen Raum und über lange Zeiträume. Sie machen das System extrem komplex. Obwohl die Komponenten des Klimasystems sich sehr in ihrer Zusammensetzung, ihrer physikalischen und chemischen Eigenschaften, Strukturen und Verhalten unterscheiden, sind sie über Massenflüsse, Hitze und Bewegung gekoppelt: alle Subsysteme sind offen und zusammenhängend.

Ein Beispiel: Die Atmosphäre und die Ozeane sind streng gekoppelt und tauschen Wasserdampf und Wärme durch Evaporation aus. Dies ist Teil des hydrologischen Kreislaufs und führt zur Kondensation, Wolkenbildung, Präzipitation und Abfluss, und speist Energie in das Wettersystem. Auf der anderen Seite hat die Präzipitation einen Einfluss auf den Salzgehalt, seine Verteilung und die *thermohaline circulation*. Atmosphäre und Ozeane tauschen neben anderen Gasen auch CO_2 aus, sie unterhalten ein Gleichgewicht zwischen dem Lösen im kalten Polarwasser, dem Absinken in die Tiefen des Ozeans und dem Ausgasen aus relativ warmem, aufsteigendem Wasser in der Nähe des Äquators.

Einige andere Beispiele: Das Eis des Meeres verhindert den Austausch zwischen Atmosphäre und Ozeanen. Die Biosphäre beeinflusst die Konzentration an CO_2 durch Photosynthese und Atmung, welche umgekehrt durch das Klima beeinflusst wird. Der Eintrag von Wasser in die Atmosphäre wird durch Evapotranspiration der Biosphäre bestimmt. Das Strahlungsgleichgewicht wird beeinflusst von der Menge an Sonnenstrahlung, die zurückgestrahlt wird, die Albedo.

Abschließend ist festzuhalten, dass jede Änderung der Komponenten des Klimasystems und ihrer Wechselwirkungen oder externen Kräfte, ob natürlich oder anthropogen bedingt, zu klimatischen Änderungen führen kann.

1.1.3 Energiebilanz der Erde

Der fundamentale Grund für die Existenz des „Treibhauseffektes“ ist, dass die Temperatur mit der Höhe in der Troposphäre abnimmt. Strahlungsaktive Gase wie auch Wolken absorbieren die Strahlung, die durch die wärmere

Oberfläche emittiert wird, während die Emission der Strahlung in den Weltraum durch kältere Atmosphärentemperatur erfolgt. Das Abfangen von Strahlung durch strahlungsaktive Moleküle erzeugt einen Anstieg der Oberflächentemperatur von etwa 33 °C (unter der Annahme, dass keine Änderung der Albedo vorliegt, wenn die Atmosphäre beseitigt ist). Ohne den Treibhauseffekt wäre die mittlere Temperatur auf der Oberfläche nur –18 °C und Leben wäre auf der Erde nicht möglich. In größerer Höhe trägt die Strahlungsemission zum Weltraum hin durch die 15 Mikrometer Bande des CO_2 zur Abkühlung in der Stratosphäre und der Mesosphäre bei.

Das Oberflächenklima wird direkt durch das Strahlungsgleichgewicht zwischen der eintretenden Sonnenstrahlung und der heraustretenden Strahlung (reflektierte Sonnenstrahlung und Infrarotstrahlung) beeinflusst. Der globale Energiehaushalt der Erde kann in etwa wie folgt dargestellt werden (Abb. 1.3): Die Sonnenenergie, die auf die Erde trifft, ist etwa 342 $W \times m^{-2}$, wovon ungefähr 107 $W \times m^{-2}$ (oder 31 Prozent) in den Weltraum reflektiert werden (22 Prozent aufgrund der Rückreflektion durch Wolken, Luftmoleküle und Partikel, und 9 Prozent aufgrund der Reflektion durch die Erdoberfläche). 67 $W \times m^{-2}$ (oder 20 Prozent) werden in der Atmosphäre, durch Ozon in der Stratosphäre und durch Wolken und Wasser in der Troposphäre absorbiert.

Die verbleibenden 168 $W \times m^{-2}$ (oder 49 Prozent) werden von der Erdoberfläche absorbiert. Von der terrestrischen Energie, die von der Oberfläche abgestrahlt wird (390 $W \times m^{-2}$ oder 114 Prozent), gelangen nur 40 $W \times m^{-2}$ (12 Prozent der eintretenden Sonnenstrahlung) durch das atmosphärische Fenster (wolkenloser Himmel) direkt in den Weltraum. Die verbliebenen 350 $W \times m^{-2}$ (oder 102 Prozent) werden in der Troposphäre durch Wasserdampf, CO_2, O_3, und andere Treibhausgase sowie Wolken und Aerosole absorbiert. Schließlich wird Energie in der Größenordnung 324 $W \times m^{-2}$ (oder 95 Prozent) zurück zur Oberfläche geführt, während 195 $W \times m^{-2}$ (oder 57 Prozent) in den Weltraum emittiert werden. Der Überschuss an Energie, den die Oberfläche erhält, wird durch nicht-strahlende Prozesse wie Evaporation (latenter Wärmestrom von 78 $W \times m^{-2}$ oder 23 Prozent) und Turbulenz (fühlbarer Wärmestrom von 24 $W \times m^{-2}$ oder sieben Prozent) kompensiert.

Man beachte die Differenz zwischen der Strahlungsemission von der Erdoberfläche (390

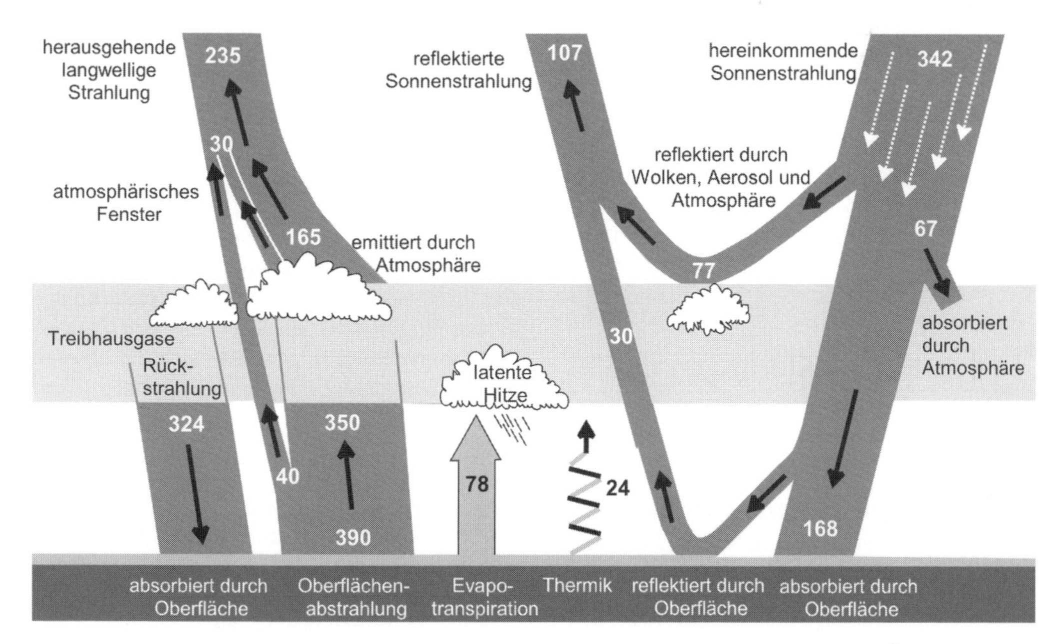

Abb 1.3 Energiebilanz der Erde (verändert nach Kiehl und Trenberth, 1997). Angaben in $W \times m^{-2}$ pro Jahr.

$W \times m^{-2}$) und der gesamten Infrarotemission zum Weltraum (40 + 195 = 235 $W \times m^{-2}$). Die Energie, die von der Atmosphäre abgefangen wird, repräsentiert den Treibhauseffekt.

Unter den in der Atmosphäre vorkommenden Gasen kommt der größte Beitrag zum Treibhauseffekt vom Wasserdampf, gefolgt von CO_2 und anderen Spurengasen wie CH_4, N_2O, O_3 und FCKWs.

Wolken absorbieren und emittieren auch Infrarotstrahlung. Zusätzlich steigern sie die globale Albedo. Der Gesamteffekt auf das Klima ist sehr komplex. Man glaubt, dass die Cirrus-Wolken großer Höhe zur Erwärmung, während die Stratus-Wolken geringerer Höhe zur Abkühlung beitragen. Insgesamt führt die Gegenwart von Wolken zur Abkühlung der Erde. Jedoch können die komplizierten Rückkopplungseffekte sowohl zum Erwärmen als auch Abkühlen führen, abhängig von der Änderung der Wolken aufgrund der sich ändernden Klimaverhältnisse.

Da die Konzentration einiger strahlungsaktiver Gase aufgrund menschlicher Aktivitäten am steigen ist, gibt es große Unruhe bezüglich des möglichen Anstiegs der Treibhauskräfte. Wenn die Konzentration eines strahlungsaktiven Gases ansteigt, wird zuerst die langwellige Strahlung in den Weltraum erniedrigt. Folge davon ist, dass der Energiehaushalt an der Spitze der Atmosphäre aus dem Gleichgewicht kommt. Zur gleichen Zeit, falls das Gas die Absorption der Sonnenstrahlung nicht beeinflusst, wird die gesamte Strahlungsenergie in der unteren Atmosphäre sowie der Erdoberfläche ansteigen. Das Energiegleichgewicht wird durch die Erwärmung des Oberflächen-Troposphären-Systems wieder hergestellt.

1.1.4 Klimaänderungen und Auswirkungen

Die globale mittlere **Oberflächentemperatur** hat sich seit 1861 erhöht. Im 20. Jahrhundert belief sich die Erhöhung auf etwa 0,6 ± 0,2 °C (Abb. 1.4). Es gab generell eine große Variabilität, jedoch fand die stärkste Erwärmung in den Perioden 1910 bis 1945 und 1976 bis 2000 statt. Die neunziger Jahre waren das wärmste Jahrzehnt, wobei 1998 das wärmste Jahr seit der instrumentellen Aufzeichnung des Jahres 1861 war.

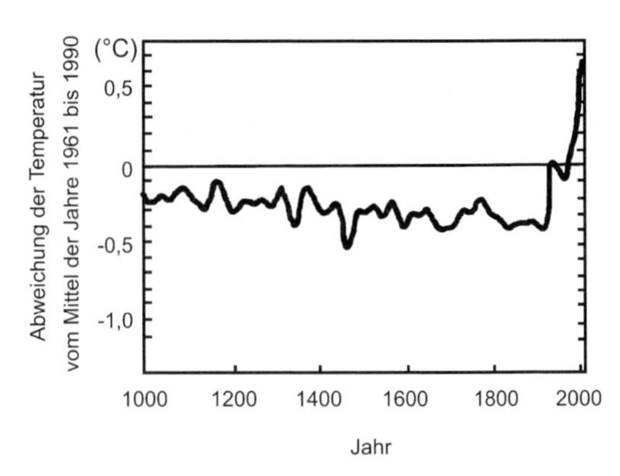

Abb 1.4 Erwärmung in den letzten 1 000 Jahren auf der Nordhalbkugel (nach IPCC, 2001). Die Daten wurden durch Thermometermessungen ab 1861 erhalten, frühere Daten stammen aus Messungen der Jahresringe von Bäumen, von Korallenwachstum, aus Untersuchungen von Eiskernsonden und historischen Berichten.

Für die Nordhalbkugel gibt es Hinweise, dass der Temperaturanstieg im 20. Jahrhundert der höchste innerhalb eines Jahrhundert während der letzten 1 000 Jahre war.

Im Mittel nahm zwischen 1950 und 1993 das nächtliche Tagesminimum über dem Land um etwa 0,2 °C pro Jahrzehnt zu. Dies führte dazu, dass die eisfreien Zeiten der mittleren und höheren Breiten verlängert wurden. Die Erhöhung der Meerestemperatur über diesen Zeitraum war etwa halb so hoch wie die der mittleren Lufttemperatur über Land.

Seit Ende der Fünfziger Jahre hat sich global die Temperatur der **unteren acht Kilometer** der **Atmosphäre** und die Oberflächentemperatur um 0,1 °C pro Jahrzehnt ähnlich stark erhöht.

Satellitenmessungen seit 1978 und Wetterballonmessungen zeigen, dass sich die unteren acht Kilometer der Atmosphäre um +0,05 ± 0,10 °C pro Jahrzehnt, hingegen die globalen mittleren Temperaturen der Oberfläche deutlicher um +0,15 ± 0,05 °C pro Jahrzehnt erhöht haben. Faktoren, die dies bewirkten, waren Ozonabbau in der Stratosphäre, Bildung von Aerosolen in der Atmosphäre sowie das El Niño-Phänomen.

Satellitenmessungen haben ergeben, dass das Ausmaß der **Schneebedeckung** seit den späten 1960ern um etwa zehn Prozent abgenommen hat. Die jährlichen Vereisungen von Flüssen und Seen in mittleren und höheren Breiten der Nordhalbkugel verringerte sich im 20. Jahrhundert um etwa zwei Wochen. Ebenso reduzierten sich die Berggletscher in den nichtpolar Regionen. Auf der Nordhalbkugel war eine Abnahme des Meereseises im Frühling und Sommer um etwa zehn bis 15 Prozent seit den 1950er Jahren zu verzeichnen. Die Dicke des arktischen Meereseises während des späten Sommers und Herbstes nahm um 40 Prozent im letzten Jahrzehnt ab.

Global ist der mittlere **Meeresspiegel** während des 20. Jahrhunderts um 0,1 bis 0,2 Meter gestiegen. Die Wärmemenge hat sich in den Ozeanen seit den späten 1950er Jahren global erhöht.

Andere wichtige Aspekte des Klimas haben sich ebenso geändert. Die **Präzipitation** ist um 0,5 bis ein Prozent pro Jahrzehnt im 20. Jahrhundert über den mittleren und höheren Breiten der Nordhalbkugel angestiegen. Regenfälle waren über den tropischen Ländern (10 °N bis 10 °S) um 0,2 bis 0,3 Prozent pro Jahrzehnt häufiger. Es scheint jedoch, dass die Regenfälle über den subtropischen Gebieten der Nordhemisphäre (10 °N bis 30 °N) um 0,3 Prozent pro Jahrzehnt abgenommen haben.

In den mittleren und höheren Breiten der Nordhalbkugel haben sich im letzten Teil des 20. Jahrhunderts die Fälle von schwerer Präzipitation um zwei bis vier Prozent vermehrt. Dies kann auf Änderungen des atmosphärischen Wassergehaltes, Gewitter und großflächige Stürme zurückgeführt werden.

Über dem Land der mittleren und höheren Breiten soll ein Anstieg der Bedeckung mit Wolken um zwei Prozent im 20. Jahrhundert erfolgt sein. Extreme Tiefsttemperaturen waren nach 1950 seltener, mit einem schwachen Anstieg von extremen Höchsttemperaturen.

Im Vergleich zu den 100 Jahren zuvor sind seit der Mitte der 1970er Jahre Warmperioden des El Niño-Phänomens (*El Niño-Southern Oscillation phenomenon*, ENSO) häufiger, dauerhafter und intensiver aufgetreten.

Global gesehen war auf den Landmassen zwischen 1900 und 1995 kein Anstieg der Anzahl an heftiger Dürre und Nässe zu verzeichnen. In einigen Regionen Asiens und Afrikas ist Dürre in den letzten Jahrzehnten jedoch häufiger und stärker aufgetreten.

Entgegen früheren Annahmen haben einige für das Klima wichtige Aspekte jedoch **nicht** stattgefunden. Auf wenigen Bereichen der Erde war keine Erwärmung festzustellen, so über den Ozeanen der südlichen Hemisphäre und Teilen der Antarktis. Die Messungen mit Satelliten seit 1978 zeigen keinen deutlichen Nachweis einer Ausdehnung des Meesreseises in der Antarktis.

Es gab keinen deutlichen Trend bezüglich der globalen Häufigkeit und Intensität von tropischen und extra-tropischen Stürmen im 20. Jahrhundert, von einigen lokalen Variationen abgesehen. Systematische Änderungen bei der Häufigkeit von Tornados, Gewittertagen und Hagelniederschlägen waren nicht feststellbar.

1.1.5 Welche Stoffe haben welchen Effekt auf das Klima?

Der Einfluss der verschiedenen Komponenten der Atmosphäre auf das Klima ist in Abbildung 1.6 dargestellt. Es wird deutlich, dass einige Komponenten zu einer Erwärmung führen, andere einen Beitrag zur Abkühlung der Erde leisten. Ferner fällt auf, dass für die meisten klimarelevanten Parameter noch relativ große Schwankungsbreiten angegeben werden. Hier ist die Auswirkung der Aerosole besonders anzusprechen.

Die Konzentration der langlebigen Treibhausgase nimmt systematisch zu (Abb. 1.7): seit Beginn der Industrialisierung bis heute bei CO_2 um etwa 30 Prozent, bei CH_4 um 120 Prozent und bei N_2O um zirka zehn Prozent. Die Konzentration dieser Gase in der Atmosphäre stieg hauptsächlich als Ergebnis menschlicher Aktivität.

El Niño

Ein und dasselbe Phänomen, bekannt unter den Bezeichnungen „El Niño" oder „Südliche Oszillation", hat seinen Ursprung in außergewöhnlichen meteorologischen Bedingungen, wie sie in mehrere tausend Kilometer voneinander entfernten Regionen auftreten. Gewöhnlich ergießen sich über Indonesien und Nordaustralien ergiebige Regen, während die Küstenregionen von Ecuador und Peru als Folge der Zirkulation, die sich zwischen West- und Ostpazifik einstellt, nur sehr wenig Regen erhalten. Über Indonesien steigt die Luft auf, während sie über den Regionen im Südostpazifik, zwischen den Osterinseln und Peru, absinkt. Bei der aufsteigenden Bewegung kühlt sich die Luft, die an der Meeresoberfläche mit Feuchtigkeit beladen wird, ab und kondensiert. Dadurch wird eine große Menge Energie freigesetzt, die die Konvektion aufrecht erhält. Im Gegensatz dazu bringt die kalte Luft, die über Peru absinkt, fast nur Trockenheit.

Dieser Kreislauf ist beim El Niño-Phänomen in großem Maßstab gestört. Die konvektive Aktivität, die gewöhnlich über Indonesien liegt, verlagert sich in die Mitte des Pazifik. Dadurch erhalten die Gebiete im Westpazifik weniger Regen, das Zentrum und der Ostpazifik dagegen mehr. Eine Verlagerung der Konvektion über dem Westpazifik in Richtung Pazifikmitte tritt im Mittel nur alle drei bis vier Jahre auf. Das Zeitintervall zwischen zwei aufeinanderfolgenden Ereignissen schwankt. Es kann in zwei oder zehn Jahren wiederkehren.

Die Südliche Oszillation geht mit einer deutlichen Erhöhung der Temperatur der Oberflächengewässer des Ostpazifiks einher. In einem riesigen Gebiet um den Äquator erhöht sich die Wassertemperatur, die normalerweise zwischen 20 und 25 °C liegt, um einige Grad, was mit einer Zunahme der Regenfälle einhergeht. Dieses Ereignis findet im Allgemeinen zu Weihnachten statt und wird im Südamerikanischen, nach der spanischen Bezeichnung für das Jesuskind, El Niño genannt. Das El Niño-Phänomen ist allerdings nicht auf die Weihnachtszeit beschränkt, so können zwischen Erscheinen und Verschwinden des warmen Wassers im Ostpazifik zwischen zwölf und 18 Monate vergehen.

In normalen Zeiten entstehen die kalten Küstengewässer durch den Aufstieg von Wassermassen aus großen Tiefen. Dieses Ereignis ist unter der englischen Bezeichnung *upwelling* bekannt. Die Zirkulation bringt zahlreiche Nährstoffe wie Phosphate und Sulfate an die Oberfläche, die für die Vermehrung von Phytoplankton sorgen. Anlässlich eines El Niño-Ereignisses ist dieser Aufstieg von Tiefenwasser an die Oberfläche blockiert, und die gesamte Nahrungskette wird unterbrochen. Das Phytoplankton geht zurück, sodass Zooplankton, das sich vom Phytoplankton ernährt, verschwindet. Dies zieht das Absterben oder Abwandern der Fische in fruchtbarere Gewässer nach sich.

El Niño ist ein Phänomen, das aus dem Zusammenspiel zwischen Atmosphäre und tropischem Ozean resultiert. In einer „normalen" Periode liegt die Wassertemperatur im tropischen Westpazifik nahe 28 - 29 °C, während sie im Osten nicht mehr als 20 - 25 °C erreicht. Diese starke Asymmetrie der Temperatur steuert die atmosphärische Zirkulation, die wiederum den Temperaturgradienten aufrecht erhält. Die wärmsten Gewässer liefern nämlich die notwendige Wärme und Feuchtigkeit, um eine starke konvektive Aktivität über dem Westpazifik zu

1.2 Globale Kreisläufe von Kohlenstoff, Stickstoff, Schwefel, Phosphor mit Reservoirs und Stoffflüssen

Biologische Kreisläufe sind wichtige Teile der globalen Stoffflüsse, die ihrerseits von Relevanz für das Klima sind. So haben Mikroorganismen eine zentrale Bedeutung bei der Mineralisierung von Stoffen. Biologische Kreisläufe wie die Stickstoff- und Schwefelkreisläufe oder die Metallreduktionen und deren Oxidationen sind auf die Aktivität von Prokaryoten angewiesen. Zudem stellen Prokaryoten bedeutende Pools dar. Etwa 500 Milliarden Tonnen Kohlenstoff sind in den Bakterien und Archaeen gebunden,

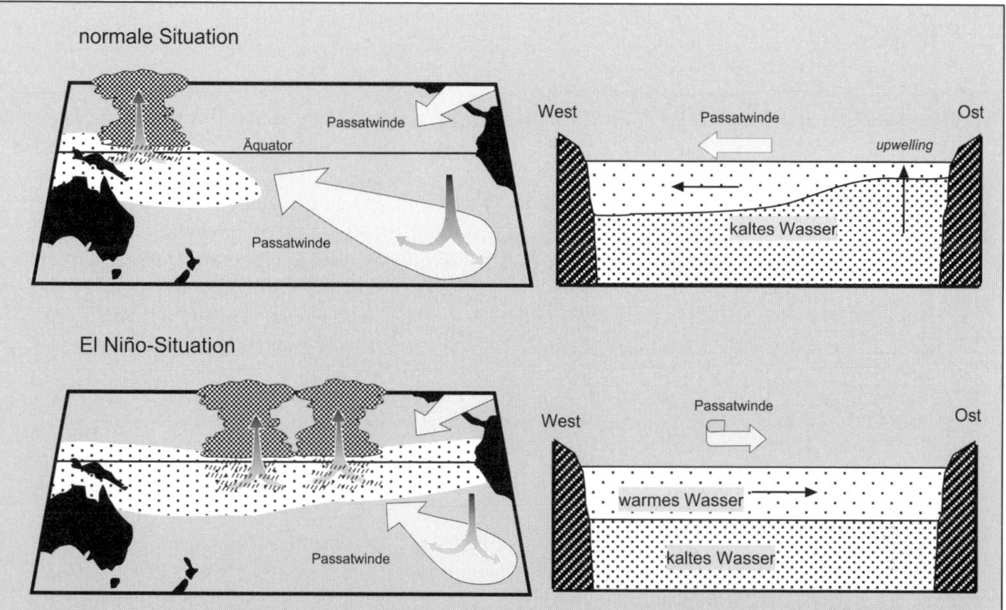

Abb 1.5 Vergleichende Darstellung der normalen und der El Niño-Situation *über* dem Pazifik (links) und *im* Pazifik (rechts).

entwickeln, die die Passatwinde antreibt. Die Passatwinde halten ihrerseits den Ost-West-Gradienten der Temperatur aufrecht. Im Ostpazifik induzieren sie auf der Nordhalbkugel einen nach rechts abgelenkten Oberflächenstrom. Auf der Südhalbkugel wird dieser Strom aufgrund der Erdrotation nach links abgelenkt. Sie transportieren das Oberflächenwasser beiderseits des Äquators und bewirken so zum Ausgleich einen Aufstieg von kaltem Wasser. Außerdem wird das Oberflächenwasser nach Westen verfrachtet, wo es den *upwelling*-Prozess unterbindet. Aufgeheizt durch die Sonne erreichen diese Wässer die höchsten ozeanischen Temperaturen, wodurch eine intensive Konvektion begünstigt wird.

Im Verlauf eines El Niño-Ereignisses wechseln sich ozeanische und atmosphärische Zirkulation in einem Prozess gegenseitiger Aktion und Reaktion ab. Insbesondere die Erwärmung des Zentralpazifiks erzeugt 28 - 29 °C warmes Wasser, wodurch die starke konvektive Aktivität nach Osten verlagert wird. Daraus ergibt sich eine Schwächung der Passatwinde im Westpazifik, ja sogar eine Umkehr ihrer Richtung. Bei schwachen Passatwinden nimmt die Energie des Oberflächenstroms ab, und die warmen Wasser des Westpazifiks fließen nach Osten. Das hat im Gegenzug eine Erwärmung des Zentralpazifiks und die Unterbrechung des Aufstiegs von kaltem Wasser vor der südamerikanischen Küste zur Folge.

was etwa die Hälfte des gesamten in der Biomasse vorkommenden Kohlenstoffes ausmacht. Bezogen auf Stickstoff und Phosphor sind sogar fast 90 Prozent in Prokaryoten gebunden.

1.2.1 Globaler Kohlenstoffkreislauf

Global gesehen wandert Kohlenstoff durch alle wichtigen Kohlenstoffreservoire der Erde: die Atmosphäre, das Land (organischer Kohlenstoff im Humus), die Meere und andere aquatische Umgebungen (Carbonat, Bicarbonat und

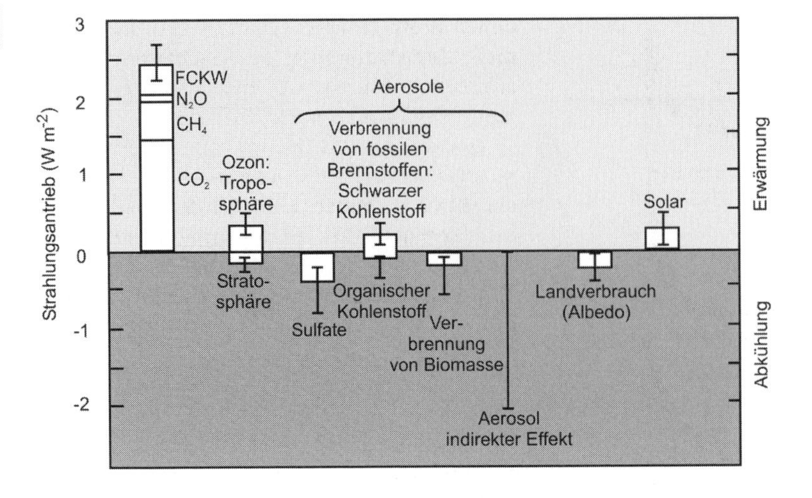

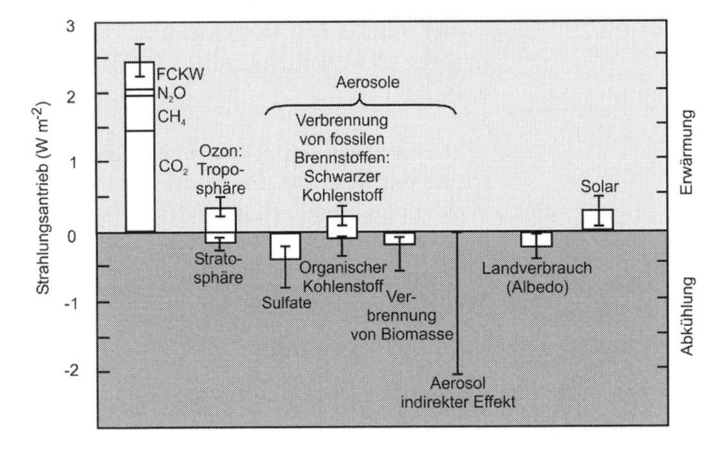

Abb 1.6 Einfluss von verschiedenen Komponenten auf die Strahlungsbilanz der Erde (verändert nach IPCC, 2001).

gelöstes CO_2), Sedimente und Gesteine (Carbonate, organischen Kohlenstoff biologischen Ursprungs festgelegt als fossile reduzierte Kohlenstoffreserven in Kohle, Naturgas, Mineralöl und Sedimenten) sowie Biomasse (lebend und tot).

Abbildung 1.8 zeigt die Reservoirs und die Stoffflüsse. Das größte Kohlenstoffreservoir befindet sich in den Sedimenten und Gesteinen der Erdkruste, doch ist die Umsatzzeit hier so lang, dass der Fluss aus diesem Bereich für menschliche Maßstäbe relativ unbedeutend ist. Vom Standpunkt der Lebewesen betrachtet kommt eine große Menge organischen Kohlenstoffes in Landpflanzen vor, die bei der Biomasse der Landoberfläche die Hauptmenge ausmachen. Dies ist der Kohlenstoff der Wälder und Steppen, welche die wichtigsten Orte für die photosynthetische CO_2-Fixierung sind (Kapitel 4.3). In totem organischem Material, Humus, ist jedoch mehr Kohlenstoff enthalten als in Lebewesen. Humus ist eine komplexe Mischung aus organischen Stoffen. Er stammt zum Teil aus den Bestandteilen von Bodenmikroorganismen, die einer Zersetzung widerstanden haben, und zum Teil aus nicht abbaubaren pflanzlichen Stoffen. Einige Humussubstanzen sind recht stabil, mit einer globalen Umsatzrate von etwa 40 Jahren, während andere Humusbestandteile viel schneller abgebaut werden.

Die schnellste Art der globalen Kohlenstoffübertragung ist über das CO_2 der Atmosphäre. Kohlendioxid wird hauptsächlich durch die Photosynthese von Landpflanzen aus der At-

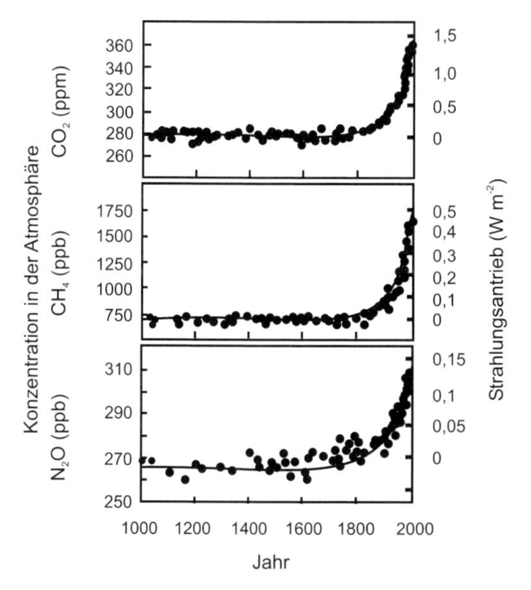

Abb 1.7 Globale Konzentration in der Atmosphäre von drei gut durchmischten Treibhausgasen CO_2, CH_4, N_2O (verändert nach IPCC, 2001).

mosphäre entfernt und durch die Atmung von Tieren und chemoorganotrophen Mikroorganismen (Kapitel 3.2) wieder an die Atmosphäre abgegeben. Eine Analyse der verschiedenen Prozesse lässt vermuten, dass die mikrobielle Zersetzung toter organischer Stoffe, einschließlich Humus, der bedeutendste Beitrag zum CO_2-Gehalt der Atmosphäre ist.

Die Ozeane und Meere haben eine schwer quantifizierbare Primärproduktion. Sie wird auf 45×10^9 Tonnen Kohlenstoff geschätzt. Da die Biomasse des Phytoplanktons mit etwa 3×10^9 Tonnen Kohlenstoff wesentlich geringer als die der Landpflanzen ist, bedeutet das, dass in den Ozeanen ein höherer Turnover als auf den Kontinenten stattfindet.

Die Meere fungieren als CO_2-Senke. Sie haben einen internen CO_2- beziehungsweise Bicarbonatkreislauf. Über die Meeresoberfläche findet ein CO_2-Austausch statt. Der Austausch zwischen Oberflächen- und Tiefenwasser erfolgt sehr langsam. Die Sedimentation von C-Verbindungen liegt in der Größenordnung von $0{,}2 \times 10^9$ Tonnen Kohlenstoff pro Jahr.

Der Anstieg des CO_2-Gehaltes der Atmosphäre hat seine Ursache in der zunehmenden Verbrennung fossiler Energieträger wie Kohle und Erdöl und in Waldrodungen. Hierdurch tritt eine zusätzliche CO_2-Bildung von 8×10^9 Tonnen Kohlenstoff pro Jahr ein.

Global Warming-Potenzial

Zur Charakterisierung der Auswirkungen verschiedener klimabeeinflussender Faktoren werden vorwiegend folgende Maßzahlen herangezogen: **Treibhauspotenzial**, ***Radiative Forcing*** und ***Global Warming-Potenzial.***

- Unter **Treibhauspotenzial** versteht man das Ausmaß, zu dem verschiedene Treibhausgase bei einer Erhöhung ihrer Konzentration zusätzliche Strahlungsenergie absorbieren können, was von ihren Absorptions-, Emissions- und Streuungseigenschaften abhängt.
- Während sich das Treibhauspotenzial somit ausschließlich auf den Faktor Strahlung beschränkt, wurde für den Vergleich unterschiedlicher Einflussfaktoren das Konzept des ***Radiative Forcing*** **(Strahlungsantrieb)** entwickelt. Dieses bezeichnet die Änderung des globalen Mittels der Strahlungsbilanz an der Stratopause und ist somit ein Maß für die Störung des Gleichgewichts zwischen einstrahlender Solarenergie und an den Weltraum abgegebener langwelliger Strahlung.
- Das Konzept des ***Global Warming-Potenzial*** **(GWP)** baut auf jenem des Radiative Forcing auf und umfasst die Summe aller *Radiative Forcing*-Beiträge eines Gases bis zu einem gewählten Zeithorizont, die durch die einmalige Freisetzung einer Maßeinheit am Beginn des Zeitraumes verursacht werden. Somit ist es möglich, die Klimawirksamkeit von Treibhausgasen für unterschiedliche Zeithorizonte in die Zukunft zu extrapolieren. Meist wird das *global warming*-Potenzial bezogen auf 100 Jahre angegeben: CO_2: 1; CH_4: 21; N_2O: 310; SF_6 (Schwefelhexafluorid): 23 900; HFKWs (teilfluorierte Kohlenwasserstoffe): 2 530 (Mittelwert); FKWs (vollfluorierte Kohlenwasserstoffe): 7 614 (Mittelwert).

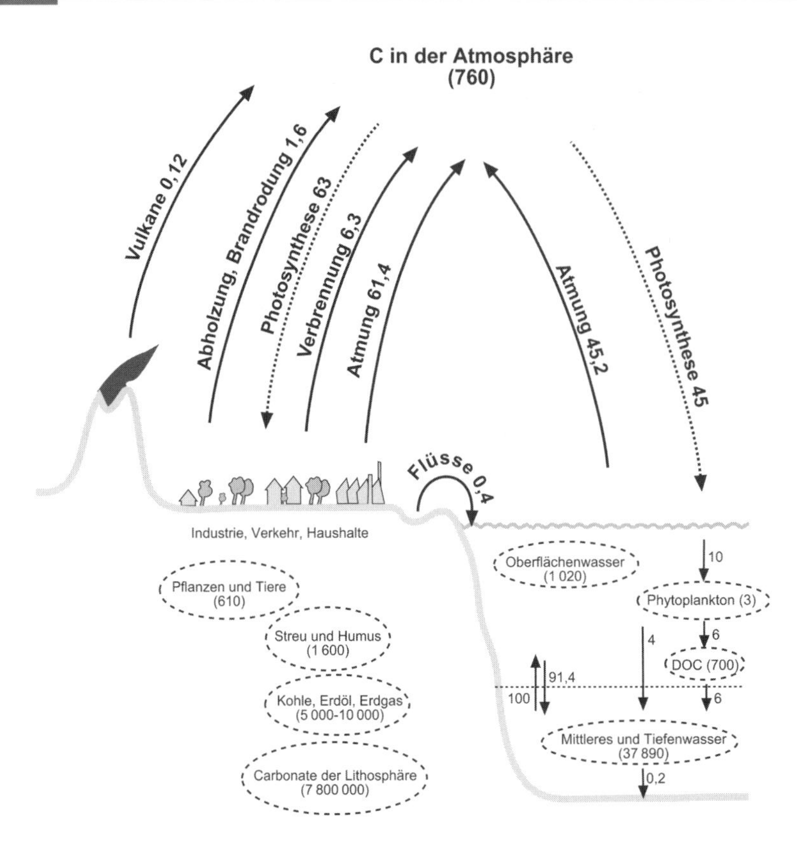

Abb 1.8 Der globale Kohlenstoffkreislauf. Die Zahlenangaben an den Pfeilen geben die Fluxraten in 10^9 Tonnen Kohlenstoff pro Jahr an, die Zahlen in den Klammern den C-Gehalt der verschiedenen Reservoirs in 10^9 Tonnen Kohlenstoff. (nach Mackenzie, 1997; http://www.pmel.noaa.gov/co2/).

Die Dimension der natürlichen Stoffumsetzungen liegt etwa zwei Zehnerpotenzen über der der anthropogenen Produktion.

Kohlenmonoxid (CO)

Kohlenmonoxid ist eine relativ geringe Komponente der Atmosphäre verglichen mit CH_4 and CO_2 und hat einen geringen Einfluss als Klimagas (GWP = 1,4). Es wird als indirektes Klimagas angesprochen, da es eine zentrale Rolle in der Chemie der Troposphäre einnimmt. CO ist signifikant an der Kontrolle der OH• und der Produktion von Ozon beteiligt. Ein deutlicher jährlicher Anstieg von ungefähr sechs Prozent in der globalen mittleren Troposphärenkonzentration wurde in der Mitte der 80er Jahre beobachtet. Natürliche Quellen für CO in der Atmosphäre stammen aus dem Pfad der OH• Radikale, als auch aus Kohlenwasserstoffen, die von Pflanzen emittiert werden wie Terpene, aber auch Buschfeuer und ozeanische Quellen. Natürliche Quellen machen etwa 45 Prozent des globalen CO-Haushalts aus, während der Rest aus anthropogenen Quellen stammt (Verbrennung fossiler Brennstoffe, anthropogenes CH_4, Brandrodung und Savannenbrände zur Erzeugung von landwirtschaftlichen Flächen).

Troposphärische Senken beinhalten die Weiteroxidation von CO durch OH• Radikale. Zusätzlich kann eine Anzahl von Bakterien und Pilzen CO verwerten, Böden können CO der Atmosphäre verbrauchen. Insgesamt ist die globale Bedeutung der Böden als Senken aber nicht bekannt.

Methan (CH_4)

Wesentliche Endprodukte der anaeroben Mineralisierung von organischen Verbindungen sind Methan und CO_2. Durch Methanogenese (Kapitel 4.5) werden etwa zehn Prozent der anfallenden organischen Stoffe mineralisiert. Trotz der obligaten Anaerobiose und des spe-

Methan ist eines der klimarelevanten Gase, welches mit etwa 15 Prozent zum Treibhauseffekt beiträgt

- Es absorbiert langwellige Strahlung und ist deshalb ein Treibhausgas.
- Auf der molekularen Grundlage hat Methan ein etwa 30fach höheres Treibhauspotenzial als CO_2.
- Es ist recht reaktiv und spielt deshalb in der troposphären und stratosphären Chemie eine bedeutende Rolle.
- Die Oxidation von Methan durch OH• in der Troposphäre führt zur Bildung von Formaldehyd, CO und in der Umgebung von genügend NO_X zum Ozon.
- In der Stratosphäre fungiert Methan als Senke für Chloratome und ist deshalb wichtig für die stratosphären Ozonchemie.
- Methanoxidation durch OH• ist eine Hauptquelle für Wasserdampf in der Stratosphäre.
- Die Halbwertszeit von Methan in der Atmosphäre liegt bei acht bis zehn Jahren.

zialisierten Stoffwechsels der methanogenen Bakterien sind sie auf der Erde recht weit verbreitet. Obwohl die Methanogenese nur in anoxischen Umgebungen stark ist, wie in Sümpfen oder im Pansen der Wiederkäuer, findet der Prozess auch in Biotopen statt, die normalerweise als oxisch gelten könnten, wie in Wald- und Steppenböden. In solchen Biotopen erfolgt die Methanogenese in anaeroben Mikroumgebungen, zum Beispiel in der Mitte von Erdkrümeln. Einen Überblick über die Rate der Methanogenese in unterschiedlichen Biotopen gibt Tabelle 1.2. Beachtenswert ist, dass die biogene Produktion von Methan durch methanogene Archaea die Produktionsrate von Gasquellen und anderen abiogenen Quellen übersteigt. Jährlich entweichen etwa 1×10^9 Tonnen CH_4 in die Atmosphäre. Davon stammen etwa 75 Prozent aus mikrobiellen Prozessen, etwa 25 Prozent sind industriellen Ursprungs (Verbrennungsprozesse, undichte Erdgaslager und -leitungen).

Tabelle 1.2 Quellen und Senken von Methan in der Atmosphäre (nach IPCC, 1994, 1996).

Quellen und Senken	10^6 Tonnen CH_4 pro Jahr
Natürliche Quellen	
Feuchtgebiete	
• Tropen	65
• Nördliche Breiten	40
• andere	10
Termiten	20
Ozean	10
Süßwasser	5
Geologisch	10
Gesamt Natürliche Quellen	160
Anthropogene Quellen	
Fossile Energieträger	
• Kohlenbergbau	30
• Natürliches Gas	40
• Ölindustrie	15
• Kohleverbrennung	15
Abfallbeseitigungssysteme	
• Deponien	40
• Tierabfälle	25
• Häusliche Abfälle	25
Fermentation Wiederkäuer	85
Verbrennung von Biomasse (Brandrodung)	40
Reisfelder	60
Gesamt Anthropogene Quellen	375
Gesamt Quellen*	535
Senken	
Reaktion mit OH	490
Entfernung in der Stratosphäre	40
Entfernung im Boden	30
Gesamt Senken*	560
Anstieg in der Atmosphäre**	37

*, kalkulierte Daten; **, gemessene Daten (Erklärung für die Diskrepanz)

Die mikrobielle Methanbildung erfolgt zu je einem Drittel im Wiederkäuerpansen, in Reisfeldern und in natürlichem Feuchtland wie Sümpfen. Daneben ist die Bildung von Methan in Termiten eine beachtenswerte Größe. Die Steigerung des Reisanbaus und der Rinderzucht ist eine wichtige Ursache für den Anstieg der Methanbildung.

Ein außerordentlich großes Methanvorkommen stellen die **Methanhydrate** am Meeresboden und in Permafrostböden dar (Kapitel 4.5). Die vor allem an den Kontinentalrändern der Ozeane lagernden Methanhydrate übertreffen die C-Mengen der bekannten Erdöl-, Erdgas- und Kohlevorkommen. Die Vorkommen haben sich in Jahrmillionen bei bestimmten Kombinationen von erhöhtem Druck und niedrigen Temperaturen gebildet, wenn ausreichend Methan zur Verfügung stand.

1.2.2 Globaler Stickstoffkreislauf

Die wesentlichen Reaktionen des globalen Stickstoffkreislaufes sind in Abbildung 1.9 zusammengefasst.

Für die pflanzliche Primärproduktion, die tierische und menschliche Konsumption ist Stickstoff in gebundener Form notwendig. Als Stickstoffquellen verwerten die Pflanzen Nitrat und Ammonium, Tiere und Mensch setzen Eiweiße beziehungsweise Aminosäuren um. Für die terrestrische Pflanzenproduktion von jährlich etwa 180×10^9 Tonnen Trockenmasse werden etwa $1{,}8 \times 10^9$ Tonnen Stickstoff benötigt. Die Biomasse des Phytoplanktons der Meere ist zwar wesentlich geringer, sie hat aber zugleich einen viel größeren Turnover als die Landpflanzen. Der Stickstoffverbrauch dürfte in der gleichen Größenordnung wie bei der Landvegetation sein. Aus den Dimensionen des jährlichen Verbrauches lässt sich ableiten, dass der größte Teil des Stickstoffs durch die Mineralisierungsprozesse im Boden und in den Gewässern wieder recyclisiert wird.

Transfer von Stickstoff in und aus der Atmosphäre erfolgt zum größten Teil als N_2 (biologische Bindung des elementaren Stickstoffs (N_2) (Kapitel 6.1) und die Freisetzung von gebundenem Stickstoff aus Böden und Gewässern durch die Denitrifikation (Kapitel 6.5)) und kleineren Transfermengen von N_2O und NO sowie gasförmigem Ammoniak.

Im Vergleich zu den biologischen Prozessen haben die Umsatzraten der anthropogen verursachten Stoffflüsse ein geringeres Ausmaß.

Im Bereich des Festlandes wie der Meere bewirkt die bakterielle Luftstickstoffbindung die wesentliche Zufuhr von gebundenem Stickstoff. Im terrestrischen Bereich liegt sie vergleichbar hoch wie die chemische Stickstoffdüngerproduktion.

Düngung mit mineralischen und organischen Düngern wird zur Steigerung der landwirtschaftliche Produktivität eingesetzt. Etwa 9×10^7 Tonnen mineralischer N-Dünger werden jährlich produziert. Die übliche Methode ist die Vereinigung von Wasserstoff und Stickstoff im Verhältnis drei zu eins bei hoher Temperatur (300 - 500 °C) und hohem Druck (400 - 1000 atm) in Gegenwart eines Katalysators (meist reduziertes Eisen).

$$N_2 + 3\,H_2 \rightarrow 2\,NH_3$$

Um Nitratdünger zu produzieren wird Ammoniak zu Nitrat oxidiert. Da während dieses Prozesses CO_2 und N_2O emittiert werden, ist die Produktion von Nitrat an der Emission von Treibhausgasen beteiligt.

Für die Rückführung von Stickstoff ist neben der biologischen Stickstoffbindung die Fixierung durch atmosphärische Prozesse (Gewitter, UV) eine nicht zu vernachlässigende Größe. Etwa zehn Prozent des gebundenen Stickstoffs werden auf diesem Wege aus der Atmosphäre der Erdoberfläche zugeführt.

Ein weiterer wichtiger Stickstoff-Flux aus terrestrischen Systemen ist die Verflüchtigung des Ammoniums, das durch Niederschläge teilweise wieder aus der Atmosphäre auf die Erdoberfläche zurückgeführt wird. Die Ammoniumfreisetzung geht auf den mikrobiellen Abbau organischer Verbindungen zurück.

Eine maßgebliche Größe im globalen Stickstoffkreislauf ist der Eintrag von organisch-gebundenen Stickstoffverbindungen sowie Ammonium- und Nitrationen durch die Flüsse in die Meere (etwa $3{,}6 \times 10^7$ Tonnen pro Jahr).

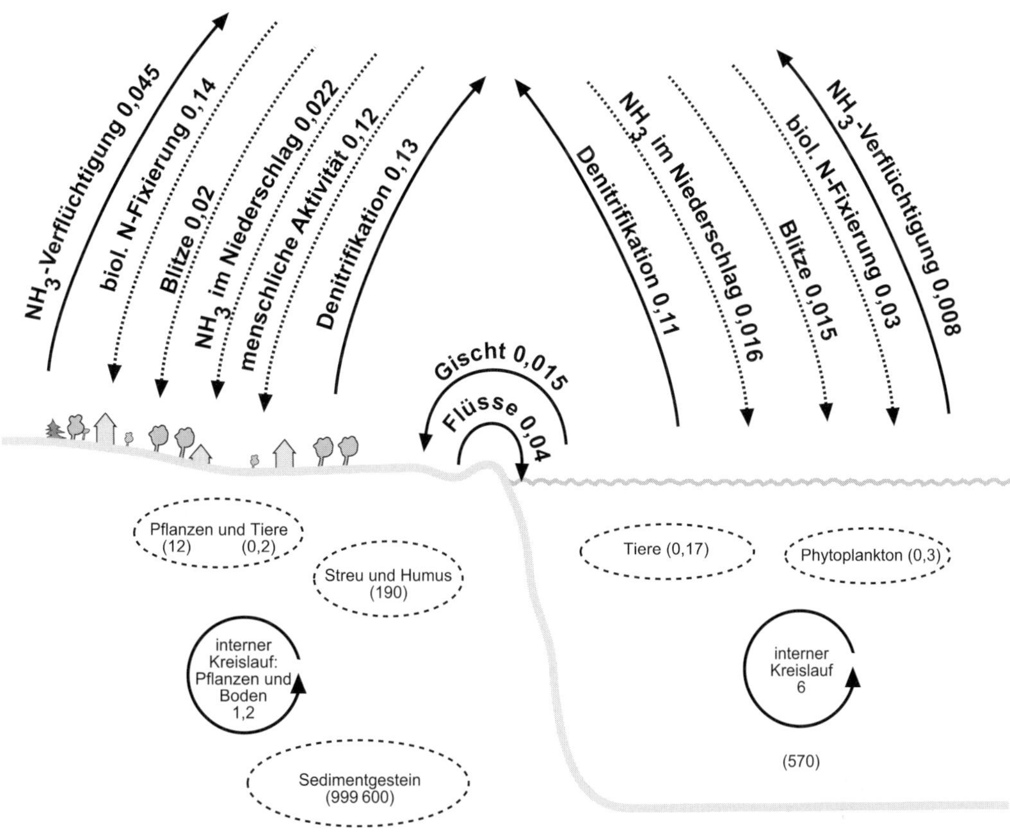

Abb 1.9 Der globale Stickstoffkreislauf. Die Zahlenangaben an den Pfeilen geben die Stoffflüsse in 10^9 Tonnen Stickstoff pro Jahr an, die Zahlen in den Klammern den N-Gehalt der verschiedenen Reservoirs in 10^9 Tonnen Stickstoff. (nach Mackenzie, 1997; Dentener und Crutzen, 1994; http://ic.ucsc.edu/~envs23/lecture14N-cycle-prt.htm; Mosier et al., 1998; Kätterer, 2001).

Distickstoffmonooxid (N_2O)

In der globalen Atmosphäre führt die Anreicherung von N_2O (Distickstoffmonooxid, Lachgas) zur Zerstörung der Ozonschicht in der Stratosphäre und zum Treibhauseffekt.

Zusätzlich zur natürlichen Distickstoffbildung entsteht diese gasförmige Verbindung vor allem bei hohen Stickstoffdüngergaben. N_2O wird durch Nebenreaktionen der Denitrifikation und der Nitrifikation gebildet. Sauerstofflimitation und ein hohes N:C-Verhältnis fördern die Bildung (Kapitel 6.5.1).

Im terrestrischen Bereich bewirken die Stickstoffverbindungen die Überdüngung der Wälder (neuartige Waldschäden aufgrund territorial gehäuft freigesetzten Ammoniaks der industriellen Tierproduktion), in aquatischen Systemen die Eutrophierung der Gewässer und die Nitratbelastung des Grundwassers.

Wie bereits erwähnt, trägt N_2O zur Zerstörung der Ozonschicht in der Stratosphäre und zum Treibhauseffekt bei. Auch wenn die freigesetzten Mengen sehr gering sind, so ist N_2O ein sehr effektives Klimagas, da es sowohl stabil ist (Halbwertzeit 150 Jahre) als auch eine etwa

Distickstoffmonooxid (N_2O) ist eines der klimarelevanten Gase

- Wird überwiegend aus Boden und Wasser in die Atmosphäre freigesetzt.
- Tropische Böden sind die wichtigsten natürlichen Quellen.
- Global gesehen lassen Böden der gemäßigten Breiten etwa halb so viel N_2O wie die tropischen Böden entweichen.
- Emissionen von N_2O aus gedüngten landwirtschaftlichen Flächen sind die größte anthropogene Einzelquelle zur globalen Menge an N_2O. Andere Quellen (industrielle Aktivitäten, Verbrennung von Biomasse, Entgasen von Grundwasser, welches für die Bewässerung gebraucht wird) werden als geringer eingeschätzt, wenngleich keine Quantifizierung vorliegt.
- Die Entfernung von N_2O aus der Atmosphäre findet primär durch Photolyse in der Stratosphäre statt.
- Der Verbrauch durch Böden ist eine andere, nicht quantifizierte Senke.
- N_2O ist eine Quelle für reaktive Stickoxide in der Stratosphäre.
- Es spielt eine bedeutende Rolle bei der Zerstörung der Ozonschicht der Stratosphäre.
- Es ist an der Klimaerwärmung beteiligt.
- Die globale Halbwertszeit in der Atmosphäre beträgt 130 - 150 Jahre.
- Als Treibhausgas ist es um den Faktor 150 effektiver als CO_2.

150mal höhere thermische Absorption als CO_2 verursacht. Von den derzeitigen globalen N_2O-Emissionen gehen etwa 25 Prozent auf die Düngung, drei Prozent auf Verbrennungsprozesse zurück, der überwiegende Anteil stammt aus natürlichen biogenen Prozessen. Trotzdem führt die zusätzliche anthropogen bedingte N_2O-Freisetzung zu Umweltbelastungen.

Tabelle 1.3 Quellen und Senken für N_2O (nach IPCC, 1994).

Quellen und Senken	10^6 Tonnen N_2O pro Jahr
Natürliche Quellen	
Tropische Böden	
• nasse Wälder	3
• trockene Savanne	1
Böden gemäßigter Breiten	
• Wälder	1
• Grasland	1
Ozean	3
Gesamt Natürliche Quellen	9
Anthropogene Quellen	
kultivierte Böden	3,5
Verbrennung von Biomasse (Brandrodung)	0,5
industrielle Quellen	1,3
Rinderherden	0,4
Gesamt Anthropogene Quellen	5,7
Gesamt Quellen*	14,7
Senken	
Entfernung in der Stratosphäre Photochemie	12,3
Entfernung im Boden	?
Gesamt Senken*	12,3
Anstieg in der Atmosphägo 29re**	3,9

*, kalkulierte Daten; **, gemessene Daten

Ammonium (NH_3)

Der Großteil der organischen Dünger stammt aus Viehausscheidungen und Klärschlamm. Auf diesem Wege wird ein Teil des Stickstoffes des Kots und Urins in der Landwirtschaft wieder verwendet. Jedoch sind die Ammoniakverluste aus den Ausscheidungen sehr hoch, wenn die stickstoffreichen Viehabfälle wieder verwenden werden. Die Ammoniakemissionen aus den Ausscheidungen der weidenden Tiere sind zudem hoch. Neuere Schätzungen besagen, dass in Europa bis zu 90 Prozent der gesamten Ammoniakemissionen in die Atmosphäre aus der Landwirtschaft stammen, wobei Viehabfälle die Hauptquelle sind.

Rinderhaltung, besonders Milchwirtschaft, wird als größte Ammoniakquelle innerhalb der

Ammonium (NH_3)

- Es ist das dritt häufigste Stickstoffgas in der Atmosphäre (nach N_2 und N_2O).
- Es besitzt eine relativ kurze Halbwertszeit von ungefähr zehn Tagen.
- Es ist primär ein Produkt biologischer Aktivität wie auch ein Nebenprodukt der landwirtschaftlichen Aktivität sowie der Produktion und Verarbeitung von Abfall.
- Die Atmosphärenkonzentrationen sind über den Kontinenten höher als über den Ozeanen.
- Es gibt geringen Transport von NH_3 oder NH_4^+ vom Ozean auf die Landmassen.
- Der Transport von den Landmassen zum Ozean ist beträchtlich.
- Ammoniak ist das einzige alkalische Gas in der Atmosphäre und deshalb ein wichtiger Neutralisierer der anthropogenen Säuren durch Reaktionen wie:

$$2\,NH_3 + H_2SO_4 \rightarrow (NH_4)_2SO_4$$

- Hauptsenke von atmosphärischem NH_3 ist die Umwandlung zu ammoniumenthaltenden Aerosolen, welche durch trockene Deposition oder Präzipitation niedersinken.
- $(NH_4)_2SO_4$-Aerosole haben eine andere Strahlungseigenschaft als H_2SO_4-Aerosole.

Tierhaltung für die Ammoniakfreisetzung angesehen (Bussink und Oenema, 1998). Verluste von NH_3 entstehen während der Schlammverwendung, Schlammlagerung, Beweidung, Düngerverwendung und aus Kulturpflanzen. Die Gesamtverluste belaufen sich auf 17 bis 46 Kilogramm Stickstoff jährlich pro Kuh, je nach Mengen und Zusammensetzung der Ausscheidungen, der Behandlung der Schlämme und der Boden- und Umweltbedingungen. Hohe Temperaturen, hoher pH und gute Belüftung fördern die Ammoniakverdampfung. Folglich ist ein schneller Transport der Viehausscheidungen in anaerobe Speicher und eine schnelle Einarbeitung in den Boden nach der Ausbringung ein Weg, um die Ammoniakfreisetzung zu reduzieren. Eine Reduktion der Freisetzungsverluste kann auch erreicht werden, wenn eine gut ausgewogenen Tierfütterung erfolgt, in welcher eine Kombination von Aminosäuren auf einen effizienten hohen Stickstoffverbrauch der Tiere und folglich geringere Stickstoffkonzentration in den Viehausscheidungen optimiert ist.

Stickstoffmonoxid (NO)

Die Verbrennung von Brennstoffen führt zur Emission von NO. In der Atmosphäre wird NO zu Stickstoffdioxidgas (NO_2) oxidiert, welches sich im Wasser löst und zu HNO_3 reagieren kann, eine der Hauptkomponenten des sauren Regens. NH_3 im Niederschlag erzeugt auch Protonen wenn es zum Nitrat oxidiert wird. Der atmosphärische Niederschlag von Stickstoff in der nördlichen Hemisphäre ist in den letzten Jahrzehnten dramatisch angestiegen. Er macht nun den 20fachen Wert des Hintergrundeintrages der nordöstlichen USA und Europa aus. NO spielt auch eine bedeutende Rolle in der Atmosphärenchemie, da es am Gleichgewicht der Oxidantien in der Atmosphäre beteiligt ist.

NO

- NO ist ein reaktives Gas, welches eine Hauptrolle in der Photochemie der Troposphäre spielt und damit zum Sauren Regen beiträgt.
- Die Photochemie von NO ist bedeutend für die Bildung von troposphärischem O_3 und es reguliert damit die oxidierende Kapazität der Troposphäre.
- Hochlandböden sind als Hauptquelle am troposphärischen NO beteiligt.

1

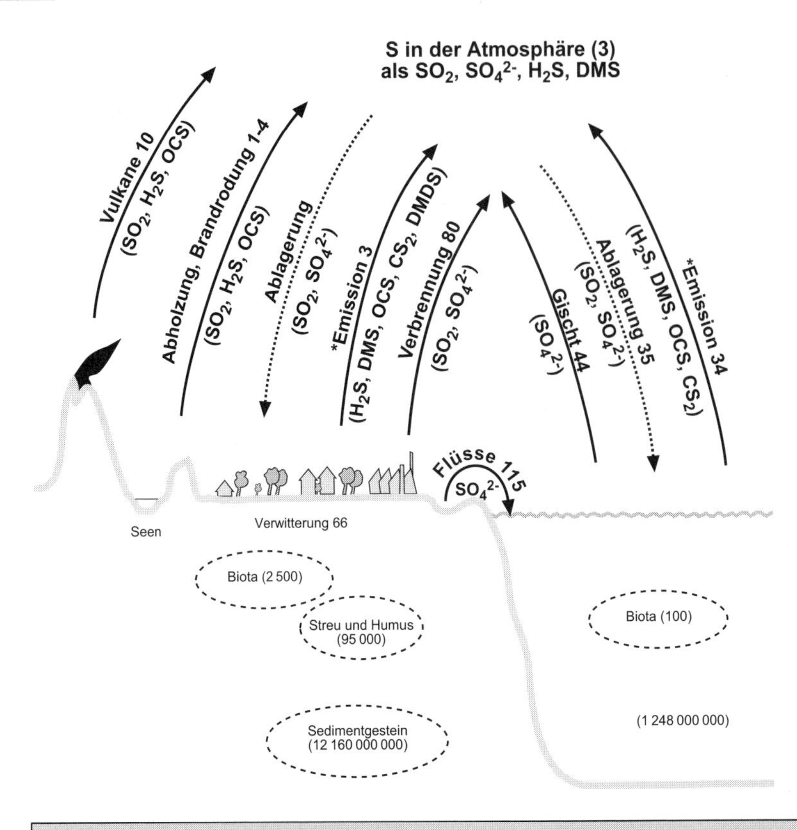

Abb 1.10 Der globale Schwefelkreislauf. Die Zahlenangaben an den Pfeilen geben die Stoffflüsse in 10^6 Tonnen Schwefel pro Jahr an, die Zahlen in den Klammern den Schwefelgehalt der verschiedenen Reservoirs in 10^6 Tonnen Schwefel.* Prozess, der teilweise oder ausschließlich auf mikrobielle Aktivität zurückgeht (nach Madigan und Martinko, 2006; Bates et al., 1992; Mackenzie, 1997).

Dimethylsulfid (DMS) ist die wichtigste organische Schwefelverbindung mit globaler ökologischer Bedeutung.

- Dimethylsulfid ist als Gas die primäre Ursache für die Belastung mit Nicht-Seesalzsulfaten in der Atmosphäre.
- Es wird in den Ozeanen aus dem Zerfall von Dimethylsulfoniopropionat (DMSP) gebildet, welches von Teilen des marinen Planktons zur Kontrolle des inneren osmotischen Druckes benutzt wird.
- Es ist nur schlecht im Wasser löslich, doch das Wasser der Ozeane ist übersättigt.
- Der ozeanische DMS Strom beträgt ungefähr 16 Teragramm Schwefel pro Jahr (Tera = T = 10^{12}).

Carbonylsulfid (OCS)

- Aufgrund seiner geringen chemischen Reaktivität ist OCS das am meisten vorhandene Schwefelgas in der Atmosphäre.
- Die hauptsächlichen, troposphärischen Senken sind die Aufnahme durch Böden und die Hydrolyse durch natürliche Wässer.
- Die globale Lebensdauer von OCS beträgt etwa 1,5 Jahre.
- Es kann in die Stratosphäre transportiert werden, wo es durch solare UV-Strahlung photolysiert wird und als Quelle von SO_2 und Sulfatpartikeln fungiert.
- Die Summe der bekannten OCS Quellen ist ungefähr 50 Prozent größer als die der bekannten Senken.

Tabelle 1.4 Quellen und Senken für NH_3 (nach Dentener und Crutzen, 1994).

Quellen und Senken	10^6 Tonnen N pro Jahr
Quellen	
Haustiere	21,3
menschliche Ausscheidungen	32,6
Bodenemission	16
Brandrodung	5,7
Wildtiere	10,1
Industrie	10,2
Düngerverlust	9
Verbrennung fossiler Brennstoffe	0,1
Ozean	8,2
Senken	
nasse Präzipitation (Land)	11
nasse Präzipitation (Ozean)	10
trockene Deposition (Land)	11
trockene Deposition (Ozean)	5
Reaktion mit OH	3

1.2.3 Globaler Schwefelkreislauf

Der globale Transportkreislauf des Schwefels ist in Abbildung 1.10 dargestellt.

Hauptreservoire sind das Sulfat im Meer (bedeutendstes Schwefelreservoir für die Biosphäre) sowie die Festlegung in Sedimentgestein (in Form von Sulfatmineralien, hauptsächlich Gips, $CaSO_4$, und Sulfidmineralien, hauptsächlich Pyrit, FeS_2).

Schwefel ist ein chemisches Element, das essenziell für das Leben auf der Erde ist. Er macht etwa 0,2 Prozent der Biomasse aus. Lebende Organismen, inklusive der Pflanzen assimilieren Schwefel während gleichzeitig Schwefel in den verschiedensten Formen durch Lebewesen als Endprodukte des Stoffwechsels freigesetzt wird.

Die Hauptschwefelgase sind Dimethylsulfid (CH_3SCH_3 oder DMS), Carbonylsulfid (OCS), Schwefelwasserstoff (H_2S), Dimethyldisulfid (DMDS), Schwefelkohlenstoff (CS_2) und Schwefeldioxid (SO_2). Über das letzte Jahrhundert hinweg wurde der Schwefelkreislauf immer stärker durch menschliche Aktivität beeinflusst. Heute machen global gesehen die anthropogenen Emissionen etwa 75 Prozent der gesamten Schwefelemissionen aus, davon sind 90 Prozent der Nordhalbkugel zuzurechnen. Wenn man die Verbrennung von Biomasse ausschließt, so machen die natürlichen Emissionsquellen (marine, terrestrische und vulkanische) 24 Prozent der Gesamtemission aus, mit 13 Prozent in der Nord- und elf Prozent in der Südhemissphäre. Obwohl die anthropogenen Emissionen (hauptsächlich SO_2) deutlich in gewissen Regionen dominieren, besonders im Nordosten der USA und Bereichen Europas und Asiens, beeinflussen sowohl natürliche, als auch anthropogene Quellen die globale Verteilung von Schwefel in der Atmosphäre.

Die in der Biosphäre und der Hydrosphäre produzierten reduzierten Schwefelverbindungen, DMS, H_2S, CS_2 und OCS, sind flüchtig und werden leicht mit der Atmosphäre ausgetauscht.

Da die Atmosphäre als Oxidationsmedium wirkt, wird reduzierter Schwefel in SO_2 und weiter in Schwefelsäure (H_2SO_4) umgewandelt. Sulfatpartikel, die durch homogene und heterogene Keimbildung von H_2SO_4 entstanden sind, sollen die Hauptquelle der Wolkenkondensationskerne sein. Die Entfernung von Schwefel aus der Atmosphäre erfolgt durch trockene und feuchte Deposition an der Oberfläche mit folgenschweren Konsequenzen für die Umwelt. Die saure Präzipitation und andere ähnliche negative Einflüsse auf Lebewesen werden in einigen Regionen der Nordhemisphäre beobachtet.

Wenn DMS, H_2S, CS_2 und OCS in die Atmosphäre gelangt sind, werden sie in erster Linie durch Oxidation mit OH zu SO_2 umgewandelt, möglicherweise auch zu H_2SO_4 oder CH_3SO_3H (Methansulfonsäure). Sulfate kehren durch trockene und feuchte Deposition auf die Oberfläche zurück. Die Reaktion von OCS mit OH ist sehr langsam und deshalb findet Transport in die Stratosphäre statt. In der Stratosphäre wird OCS photolysiert, SO_2 und letztendlich H_2SO_4-Aerosole werden gebildet.

1.2.4 Globaler Phosphorkreislauf

Der globale Kreislauf von Phosphor ist einzigartig unter den Kreisläufen der biogeochemischen Hauptelemente, da er keine bedeutende gasförmige Komponente hat. Der Transfer von Phosphor über die Atmosphäre durch Staub und Meeresgischt (1×10^6 Tonnen Phosphor pro Jahr) ist sehr viel geringer als der anderer Transfers im globalen Phosphorkreislauf. Dennoch ist bekannt, dass er einen bedeutenden Beitrag zur Versorgung mit verfügbarem Phosphor leistet, wenn der Niederschlag in einigen tropischen Wäldern und im offenen Ozean niedergeht.

Anders als die Transfers im globalen Stickstoffkreislauf wird die Hauptquelle von reaktivem Phosphor nicht durch mikrobielle Reaktionen gespeist. Fast der gesamte Phosphor in terrestrischen Ökosystemen stammt ursprünglich von der Verwitterung von Calciumphosphat-Mineralien, besonders von Apatit [$Ca_5(PO_4)_3OH$]. Es gibt keinen der Stickstofffixierung äquivalenten Prozess, der einen deutlichen Anstieg der Verfügbarkeit von Phosphor für Pflanzen in phosphorlimitierten Habitaten bewirkt. Der Phosphatgehalt der meisten Gesteine ist nicht sehr hoch und in den meisten Böden gibt es nur eine kleine Fraktion des Gesamtphosphors, die für Lebewesen verfügbar ist. Deshalb existieren die Lebewesen an Land und auf See nur aufgrund eines gut entwickelten „Recyclings" von Phosphor in der organischen Form.

Der Hauptstrom von Phosphor im globalen Kreislauf wird durch Flüsse bewältigt, welche etwa 21×10^6 Tonnen Phosphor pro Jahr ins Meer transportieren. Etwa zehn Prozent davon sind für marine Lebewesen zugänglich, der Rest ist fest gebunden an Bodenpartikel und sedimentiert schnell auf den Festlandssockeln. Die Konzentration von PO_4^{3-} in den Oberflächenwassern der Ozeane ist niedrig, aber das große Volumen an Tiefenwasser beinhaltet ein beträchtliches Reservoir an Phosphor. Die Verweilzeit für reaktives Phosphor im Meer ist etwa 25 000 Jahre. Der Umsatz von Phosphor aus dem organischen Reservoir im Oberflächenwasser der Ozeane findet in wenigen Tagen statt und der Rest wird im Tiefenwasser mineralisiert. Phosphor sedimentiert am Meeresboden, welcher das größte Reservoir von Phosphor in der Nähe der Erdoberfläche darstellt. Etwa 2×10^6 Tonnen Phosphor pro Jahr werden zu den Sedimenten des offenen Ozeans hinzugefügt – in etwa die Menge, die über die Flüsse in die Meere gelangt. Auf einer Zeitskala von hunderten von Millionen Jahren findet ein *uplift* der Sedimente und Gesteinsverwitterung statt und so schließt sich der globale Kreislauf.

Die Menschen haben in vielen Gebieten durch Abbau von Phosphatgestein für Düngemittel die Verfügbarkeit von Phosphor erhöht. Die meisten der ökonomisch sinnvollen Ablagerungen von Phosphat sind Sedimentgesteine marinen Ursprungs, sodass die Bergbauaktivi-

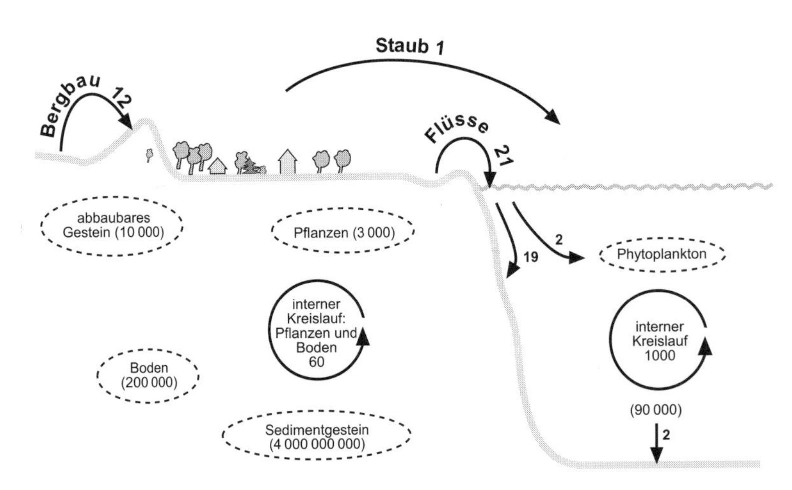

Abb 1.11 Der globale Phosphorkreislauf. Die Zahlenangaben an den Pfeilen geben die Stoffflüsse in 10^6 Tonnen Phosphor pro Jahr an, die Zahlen in den Klammern den Phosphorgehalt der verschiedenen Reservoirs in 10^6 Tonnen Phosphor (nach Schlesinger, 1997).

täten direkt den Umsatz im globalen Phosphorkreislauf erhöht haben. Der Strom (Flux) von Phosphor über die Flüsse als Folge von Erosion, Verschmutzung und Abfluss von Dünger ist sehr viel höher als der in prähistorischer Zeit.

1.2.5 Zusammenfassung globale Kreisläufe

Kleine biogeochemische Kreisläufe von Stickstoff und Phosphor mit relativ raschem Umsatz sind an große Reservoirs mit relativ langsamem Turnover gekoppelt. Das große Reservoir für Phosphor bilden die unverwitterten Gesteine und Boden, während die Atmosphäre das Hauptreservoir für Stickstoff darstellt. Der biogeochemische Kreislauf für Stickstoff beginnt mit der Fixierung atmosphärischen Stickstoffs, welche eine geringe Menge des inerten N_2 in die Biosphäre transferiert. Dieser Transfer wird durch die Denitrifikation ausgeglichen, welche N_2 wieder in die Atmosphäre zurückführt. Die Ausgewogenheit dieser Prozesse erhält eine Fließgleichgewichtskonzentration von N_2 in der Atmosphäre mit einer Turnoverzeit von 10^7 Jahren. In der Abwesenheit der Denitrifikation würde das meiste des Stickstoffbestandes auf der Erde schließlich im Ozean und in organischen Sedimenten verschwunden sein. Die Denitrifikation schließt also den globalen Stickstoffkreislauf und bewirkt, dass Stickstoff schneller als Phosphor, welches keine Gasphase hat, umgesetzt wird. Die mittlere Verweilzeit von Phosphor in Sedimentgesteinen ist 10^8 Jahre und der Phosphorkreislauf ist nur vollständig als Folge von tektonischen Bewegungen der Erdkruste.

Erst in der Biosphäre sind die Umwandlungen von Stickstoff und Phosphor sehr viel schneller als in ihren globalen Kreisläufen. So gibt es Umsatzraten im Bereich von Stunden (für lösliches Phosphor im Boden) bis hunderten von Jahren (für Stickstoff in Biomasse).

Aufgrund von Limitierungen an Nährstoffen erlaubt biologisches „Recycling" in terrestrischen und marinen Habitaten sehr viel höhere Raten an *net primary production* als es die Raten der Stickstofffixierung und Gesteinsverwitterung alleine zulassen würden. Die hohe Effizienz des Nährstoffrecyclings kann auch erklären, warum trotz der verbreiteten Stickstofflimitierung nur etwa 2,5 Prozent der globalen *net primary production* über die Stickstofffixierung abläuft.

Menschliche Einflussnahme auf die globalen Stickstoff- und Phosphorkreisläufe sind vielfältig und dramatisch. Durch die Produktion von Dünger haben die Menschen die Rate verdoppelt, mit der Stickstoff in den biogeochemischen Kreislauf an Land gelangt. Es ist nicht klar, wie schnell die Denitrifikation auf diesen globalen Anstieg an Stickstoffverfügbarkeit antworten wird, aber die steigende Konzentration des atmosphärischen N_2O ist sicherlich ein Anzeichen für die stattfindende biologische Antwort. Die steigende Stickstoffverfügbarkeit hat zum lokalen Aussterben von Spezies in verunreinigten Ökosystemen geführt und hat die Limitierung der *net primary production* in diesen Systemen vom Stickstoff zum Phosphor verschoben. Verstärkter Transport von Stickstoff und Phosphor durch die Flüsse hat viele Flussmündungsgebiete und Küstenökosysteme verändert.

Das Hauptreservoir von Schwefel im globalen Kreislauf sind die Mineralien Gips und Pyrit der Erdkruste. Zusätzlich gibt es gelösten Schwefel im Ozean: Sulfat. Bezüglich des Reservoirs ähnelt der globale Schwefelkreislauf dem des globalen Kreislaufs des Phosphors, während im Gegensatz hierzu das größte Reservoir des Stickstoffes in der Atmosphäre zu finden ist. In einer anderen Beziehung gibt es jedoch starke Ähnlichkeit zwischen globalem Stickstoff- und Schwefelkreislauf. In beiden Fällen erfolgt der Hauptumsatz der Elemente über die Atmosphäre. Unter natürlichen Bedingungen ist der größte Anteil des Umsatzes die Bildung von reduzierten Gasen von Stickstoff und Schwefel durch Lebewesen. Diese Gase führen Stickstoff und Schwefel in die Atmosphäre zurück und bewirken so einen geschlossenen Kreislauf mit relativ schnellem Umsatz. Im Gegensatz dazu ist der endgültige Weg von Phosphor die Einlagerung in Meeressedimenten, von wo der Kreislauf von Phosphor nur aufgrund von Auftrieb von Sedimenten über sehr lange Zeiträume vollständig ist. Biogeochemie übt einen großen Einfluss auf den globalen

1

Schwefelkreislauf aus. Das größte Reservoir von Schwefel an der Erdoberfläche wird als Pyrit der Sedimente als Folge der Sulfatreduktion gefunden. Die Daten von Sedimenten zeigen, dass das relative Ausmaß der Sulfatreduktion über die geologischen Zeiträume variiert hat. In der Abwesenheit von sulfatreduzierenden Bakterien waren die Konzentration von SO_4^{2-} im Seewasser wohl höher und die von O_2 in der Atmosphäre niedriger als die Werte von heute.

Die gegenwärtige menschliche Einflussnahme auf den Schwefelkreislauf führt in etwa zu einer Verdoppelung der jährlichen Mobilisierung von Schwefel aus der Erdkruste. Als Folge der Verbrennung von fossilen Energieträgern erhalten Landschaften auf der Abwindseite von Industriegebieten große Mengen an saurem Niederschlag aus der Atmosphäre. Dieses Übermaß an Säure führt zu Änderungen der Gesteinsverwitterung, des Wachstums von Wäldern und der Produktivität in den Ozeanen.

Testen Sie Ihr Wissen

Nennen Sie globale und lokale Umweltschäden.

Welche Bestandteile der Atmosphäre stehen im direkten Zusammenhang mit biologischen Aktivitäten?

Welche in der auf Seite 6 aufgeführten Liste nicht genannte Verbindung hat ein hohes Treibhauspotenzial? Hinweis: Es steht in der ersten Zeile „Anteil in trockener Luft“.

Warum dauerte es so lange, bis die FCKWs die Ozonschicht der Stratosphäre erreichten? Warum verteilen sich Substanzen schnell oder langsam?

Nennen Sie biologische Methoden der Bestimmung der Temperatur auch ohne Thermometer.

Vergleichen Sie CO_2, N_2O und Methan als Klimagase.

Was verbirgt sich hinter El Niño?

Was haben Umwelt und Mikroorganismen miteinander zu tun?

Auf welchem Wege düngen die „Holländer“ die Ackerflächen in Nordrhein-Westfalen und Niedersachsen?

Nennen Sie klimarelevante N- und S-Verbindungen.

Welche Senken für CO_2 kennen Sie?

Literatur

Bates, T. S., Lamb, B. K., Guenther, A., Dignon, J., Stoiber, R. E. 1992. Sulfur emissions to the atmosphere from natural sources. J. Atmos. Chem. 14:315–337.

Brasseur, G. P., Orlando, J. J., Tyndall, G. S. 1999. Atmospheric chemistry and global change. Oxford University Press, Oxford, UK.

Bussink, D. W., Oenema, O. 1998. Ammonia volatilization from dairy farming systems in temperate areas: a review. Nutr. Cycl. Agroecosyst. 51:19–33.

Conrad, R. 1996. Soil microorganisms as controllers of atmospheric trace gases (H_2, CO, CH_4, OCS, N_2O, and NO). Microbiol. Rev. 60:609–640.

Dentener F.J., Crutzen, P.J. 1994. A three-dimensional model of the global ammonia cycle. J. Atmos. Chem. 19:331-369.

Diekert, G. 1997. Grundmechanismen des Stoffwechsels und der Energiegewinnung. *In:* Umweltbiotechnologie, Ottow, J.C.G., Bidlingmaier, W. (Hrsg.). Gustav Fischer, Stuttgart.

Ehrlich, H. L., Oremland, R. S., Zehr, J. P. 2001. Biogeochemical cycles. Encyclopedia of Life Sciences. John Wiley & Sons, Ltd. / www.els.net

Fritsche, W. 1998. Umweltmikrobiologie. Grundlagen und Anwendungen. Gustav Fischer, Stuttgart.

http://ic.ucsc.edu/~envs23/lecture14N-cycle-prt.htm

http://www.pmel.noaa.gov/co2/

IPCC. 2001. Climate Change 2001: The Scientific Basis. J.T. Houghton,Y. Ding, D.J. Griggs, M. Noguer, P.J. van der Linden, X. Dai, K. Maskell, C.A. Johnson, eds., Intergovernmental Panel on Climate Change, Cambridge University Press, Cambridge, UK.

IPCC. 1996. Climate Change 1995: The Science of Climate Change. J. T. Houghton, L. G. Meira Filho, J. Bruce, H. Lee, B. A. Callander, E. F. Haites, N. Harris, K. Maskell, eds., Intergovernmental Panel on Climate Change, Cambridge University Press, Cambridge, UK.

IPCC. 1994. Climate Change 1994: Radiative Forcing of Climate Change and an Evaluation of the IPCC IS 92 Emission Scenarios. J. T. Houghton, L. G. Meira Filho, J. Bruce, H. Lee, B. A. Callander, E. F. Haites, N. Harris, K. Maskell, eds., Intergovernmental Panel on Climate Change, Cambridge University Press, Cambridge, UK.

Kätterer, T. 2001. Nitrogen budgets. Encyclopedia of Life Sciences. John Wiley & Sons, Ltd. / www.els.net

Kiehl, J. T., Trenberth, K. E. 1997. Earth's annual global mean energy budget. Bull. Am. Met. Soc. 78:197-208.

Madigan, M. T., Martinko, J. M. 2006. Brock-Biology of Microorganisms. 11th Edition. Pearson Prentice Hall, Upper Saddle River, NJ0748.

Mackenzie, F. T. 1997. Our Changing Planet. An introduction to earth system science and global environmental change. Second edition. Prentice Hall. Upper Saddle River, NJ07458.

Mosier, A., Kroeze, C., Nevison, C., Oenema, O., Seitzinger, S., van Cleemput, O. 1998. Closing the global N_2O budget: nitrous oxide emissions through the agricultural nitrogen cycle. Nutr. Cycl. Agroecosyst. 52:225-248.

Schlesinger, W. H. 1997. Biogeochemistry. An Analysis of Global Change. Second edition. Academic Press, San Diego, USA.

Whitman, W. B., Coleman, D. C., Wiebe, W. J. 1998. Prokaryotes: The unseen majority. Proc. Natl. Acad. Sci. USA 95:6578-6583.

2 Besonderheiten und unterschiedliche Gruppen von Mikroorganismen

Verschiedene Organismengruppen siedeln sich in den unterschiedlichsten Stufen eines Ökosystems an. Die Pflanzen fungieren als Primärproduzenten, Tiere und Mensch als Konsument und die Mikroorganismen als Destruenten.

In dieser Funktion kommt den Mikroorganismen auch bei der Bewältigung von Umweltproblemen eine entscheidende Rolle zu.

Mikroorganismen sind Objekte, die einzeln mit dem bloßen Auge nicht sichtbar sind, weil sie kleiner als die Auflösungsgrenze des menschlichen Auges von etwa 20 Mikrometern sind. Zu den Mikroorganismen gehören grundverschiedene Organismen:

1. Einzeller mit echtem Zellkern (**Eukaryoten**) können sowohl den Tieren (Urtierchen oder Protozoen) als auch den Pflanzen (Algen oder Pilze) zugeordnet werden.
2. **Prokaryoten** stehen im Mittelpunkt der allgemeinen Mikrobiologie und auch der Umweltmikrobiologie. Prokaryoten haben einfach gebaute Zellen ohne abgegrenzten Zellkern. Zu ihnen zählen die Eubakterien (Bacteria) und Archaebakterien (Archaea).

Die Prokaryoten waren die ersten Lebewesen auf der Erde. Deshalb haben sie mit Abstand die längste Zeit der Evolution hinter sich.

Die Prokaryoten sind morphologisch relativ wenig differenziert. Der Gestalt nach lassen sich nur wenige Formen unterscheiden, die sich durchweg auf eine Kugel sowie auf gerade und gekrümmte Zylinder als Grundformen zurückführen lassen. Dieser Einförmigkeit steht aber eine stoffwechselphysiologische Vielseitigkeit und Flexibilität sondergleichen gegenüber.

Welches ist der Vorteil einer geringen Größe?

Die Zellgröße von Prokaryoten variiert von 0,1 – 0,2 bis zu 50 Mikrometern Durchmesser. Typische stäbchenförmige Prokaryoten wie *Escherichia coli* haben eine Größe von 1×3 Mikrometer. Typische Eukaryotenzellen können hingegen einen Durchmesser von zwei bis 200 Mikrometern aufweisen. Prokaryotische Zellen sind also im Vergleich zu denen der Eukaryoten sehr klein. Die geringe Größe beeinflusst eine Reihe der biologischen Eigenschaften. So ist die Geschwindigkeit, mit der Nähr- und Abfallstoffe in die Zelle eindringen beziehungsweise sie wieder verlassen, im Allgemeinen umgekehrt proportional zur Zellgröße. Stoffwechsel- und Wachstumsraten werden von der Transportgeschwindigkeit stark beeinflusst. Diese ist wiederum zu einem gewissen Maße eine Funktion der verfügbaren Membranoberfläche, die volumenbezogen in kleinen Zellen größer ist. Am Beispiel einer Kugel lässt sich dies verdeutlichen (Tabelle 2.1). Das Volumen ist eine Funktion der dritten Potenz des Radius, während die Oberfläche eine Funktion des Quadrates des Radius ist. Eine Zelle mit einem kleineren Radius hat also ein größeres Verhältnis Oberfläche zu Volumen als eine größere

Tabelle 2.1 Beziehung zwischen Oberfläche und Volumen am Beispiel von Kugeln.

Kugel*	Radius, r (µm)	Oberfläche, $A=4\pi r^2$ (μm^2)	Volumen, $V=4/3\pi r^3$ (μm^3)	Oberfläche/ Volumen
•	1	12,6	4,2	3
●	2	50,3	33,5	1,5

*, Größenvergleich

Zelle und kann sich somit effektiver mit ihrer Umwelt austauschen als eine große Zelle. Dieser Vorteil erlaubt es den kleinen Prokaryotenzellen, in den mikrobiellen Lebensräumen in der Regel schneller zu wachsen und größere Populationen zu bilden als eukaryotische Zellen. Dies beeinflusst wiederum die ökologischen Bedingungen, da große Mengen Zellen mit hoher Stoffwechselaktivität in relativ kurzer Zeit in einem Ökosystem zu starken physikochemischen Veränderungen führen können.

Das große Verhältnis von Oberfläche zu Volumen ermöglicht intensive Wechselwirkungen mit der Umwelt. Mikroorganismen sind „extrovertiert“, in Zusammenhang mit den relativ geringen Transportwegen in der Zelle führt dies zu hohen Stoffwechselleistungen. Die Atmung ist ein Maß für den Stoffumsatz. Bei Bakterien liegt die Atmungsrate um 1 000, bei Hefen um 100, bei tierischen und pflanzlichen Geweben um 1 – 10 (Tabelle 2.2). Für den bakteriellen Stoffumsatz gibt es ein anschauliches Bild. Ein Lactose vergärendes Bakterium setzt in einer Stunde das 1 000 bis 10 000fache seines Eigengewichtes an Substrat um, ein Mensch würde für den 1 000fachen Zuckerumsatz seines Eigengewichtes ungefähr 250 000 Stunden benötigen. Dies entspricht der Hälfte seines Lebens.

Ein weiterer Ausdruck des hohen mikrobiellen Leistungspotenzials ist das Wachstum. Bakterien wie *Escherichia coli* haben unter günstigen Bedingungen eine Generationszeit von 20 Minuten, Hefen von zwei Stunden. In dieser Zeit verdoppelt sich jeweils die Biomasse. Das setzt sich in exponentieller Weise fort, wie im Kapitel 9 erläutert wird. Aus Kalkulationen zur mikrobiellen Eiweißproduktion stammt der Vergleich, dass in einer Hefefabrik mit einer Ausgangsbiomasse von 500 Kilogramm Protein innerhalb von 24 Stunden 50 000 Kilogramm Protein produziert werden können. Ein Rind von 500 Kilogramm bildet hingegen an einem Tag nur 0,5 Kilogramm Protein. Die Biomasse von jungen Rindern verdoppelt sich also in ein bis zwei Monaten (etwa 2 000 Stunden).

Zusammenfassend ist festzustellen, dass Mikroorganismen, bezogen auf die Biomasse, eine etwa 100 – 1 000fach höhere Leistungen als Pflanzen und Tiere vollbringen können.

Während die höheren Organismen im Verlauf der Evolution eine große morphologisch-anatomische Differenzierung erreichten, besitzen die Mikroorganismen, vor allem die Bakterien, eine ausgeprägte stoffwechselphysiologische Vielseitigkeit und Flexibilität. Darauf beruht ihre große Bedeutung in den Stoffkreisläufen. Die biochemische Vielfalt kommt in den verschiedenen Typen der Energiegewinnung und Kohlenstoffassimilation zum Ausdruck (siehe später Kapitel 3).

Für die Bakterien ist ein hohes Adaptationsvermögen eine Notwendigkeit, die sich auf ihre geringen Abmessungen zurückführen lässt. Eine Zelle von *Micrococcus* bietet nur für einige 100 000 Proteinmoleküle Raum. Nicht benötigte Enzyme können daher nicht vorrätig gehalten werden. Zelluläre Regulationsmechanismen spielen also bei Mikroorganismen eine erheblich größere Rolle als bei anderen Lebewesen.

Für das hohe Leistungsvermögen der Mikroorganismen ist es wichtig, sich die Arten- und Individuenzahl in Umweltmedien zu vergegenwärtigen. Es sind bis heute etwa 5 000 Bakterien- und 100 000 Pilzarten beschrieben worden. Viele Hinweise sprechen dafür, dass erst ein geringer Prozentsatz der vorkommenden Arten von Mikroorganismen isoliert und cha-

Tabelle 2.2 Unterschiede zwischen pro- und eukaryotischen Zellen. Die Angaben sind Durchschnittszahlen, die Größenordnungen verdeutlichen sollen.

Zelltyp	Durchmesser (μm)	Volumen (μm^3)	Atmungsrate (QO_2)	Generationszeit (h)
Bakterien	1	1	1000	0,3 – 1
Hefen	10	1000	100	2 – 10
Pflanzliche und tierische Zellen	100	>10 000	10	etwa 20

QO_2 = μl O_2/mg Trockensubstanz × h

rakterisiert worden ist, aber eine viel größere Zahl (bis zu 99,9 Prozent, siehe Tabelle 10.1, Kapitel 10) überhaupt nicht isolierbar ist - zumindest mit den heutigen Methoden.

Für die Anzahl und Biomasse von Mikroorganismen in Böden sei eine Größenordnung für Waldböden angeführt. In einem Gramm Boden sind 10^6–10^9 Bakterienzellen und zehn bis 100 Meter Pilzmycel enthalten. Das Verhältnis der Biomasse der Bakterien zu der der Pilze machen folgende Werte für die Zelltrockenmasse pro Hektar deutlich: Bakterien 40 Kilogramm, Pilze 400 Kilogramm. Waldböden sind zwar reicher an Pilzen als Ackerböden, doch zeigt die große Mycelmasse, dass die Bedeutung der Pilze häufig vernachlässigt wird. Da die Stoffwechselaktivität der Pilze, bezogen auf die Zellbiomasse, um etwa eine Zehnerpotenz geringer ist als die der Bakterien (Tabelle 2.2), kommt den beiden Organismengruppen bei Stoffumsetzungen in Böden etwa die gleiche Bedeutung zu. Allerdings dürfen auch die anderen Bodenorganismen (Protozoa, Regenwürmer) nicht außer Acht gelassen werden. Die Mikrofauna, die maßgeblich zur Zerkleinerung der pflanzlichen Biomasse in Böden beiträgt, entspricht mit etwa 40 Kilogramm pro Hektar der Biomasse der Bakterien. Abschließend sei gesagt, dass 10^9 Bakterienzellen etwa das Trockengewicht von einem Milligramm haben. Eine Milliarde Bakterienzellen ist die Größenordnung, die wir in einem Gramm nährstoffreichem Boden und auch in einem Milliliter Abwasser finden.

Testen Sie Ihr Wissen

Vergleichen Sie die Größe von Prokaryoten und Eukaryoten.

Wie wirkt sich die geringe Größe prokaryotischer Zellen auf ihre Wachstumsgeschwindigkeit aus?

In welcher Anzahl findet man Bakterien im Boden oder Abwasser? Vergleichen Sie die Biomasse der Bakterien mit der der Pilze im Waldboden.

3 Zusammenhang von mikrobieller Energiegewinnung und Stoffkreisläufen

Hauptgründe für die große Bedeutung der Mikroorganismen in vielen Stoffkreisläufen liegen in der Intensität ihrer Stoffwechselvorgänge und der Vielfalt ihrer Stoffwechselwege. Während die höheren Organismen, wie im zweiten Kapitel angesprochen, im Verlauf der Evolution eine große morphologisch-anatomische Differenzierung erreichten, besitzen die Mikroorganismen, betrachtet als Gesamtheit, eine ausgeprägte biochemische Differenzierung.

Jede einzelne Zelle ist ein Stoff- und Energieumwandler. Ziel dieser Stoff- und Energieumwandlungen ist die Erhaltung und/oder Vermehrung der Zellsubstanz. Jeder Organismus, auch jeder Mikroorganismus, muss, um wachsen und seine Zellstrukturen erhalten zu können, zunächst einmal biochemische Energie gewinnen. Die Zelle funktioniert als irreversibel arbeitender Bioreaktor, der Energie in Form von chemischer Energie oder von Lichtenergie aufnimmt und meist in die chemische Energie der energiereichen Verbindung Adenosintriphosphat, ATP, (Abschnitt 3.1) umsetzt. Ziel ist dabei eine möglichst hohe Ausbeute an ATP. Die zur Energiegewinnung beitragenden Prozesse, oft Abbauprozesse, nennt man **Katabolismus** (Abb. 3.1). Mit Hilfe der gewonnenen Energie und der verfügbaren Nährstoffe synthetisiert der Organismus dann Biomasse. Die hierzu ablaufenden Syntheseprozesse fasst man unter dem Begriff **Anabolismus** zusammen, wobei der Einbau von Kohlenstoffverbindungen, die Kohlenstoffassimilation, einen wichtigen Aspekt darstellt.

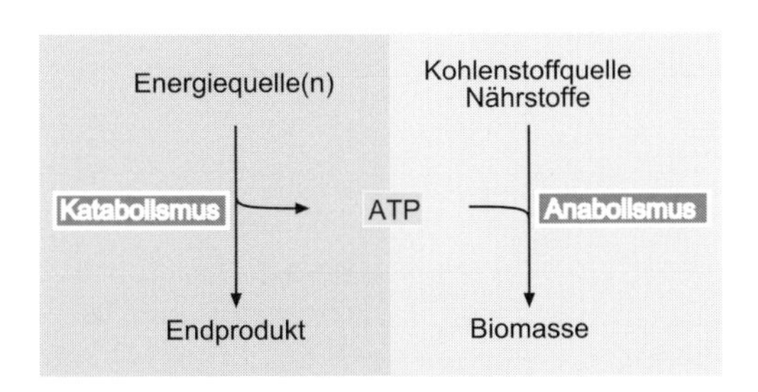

Abb 3.1 Zusammenhang von Energiegewinnung und Biomassebildung. Die Kohlenstoffquelle ist in vielen Fällen identisch mit einer der Energiequellen.

Die biochemische Vielfalt der Mikroorganismen kommt insbesondere in den verschiedenen Typen der Energiegewinnung und der Kohlenstoffassimilation zum Ausdruck. Im Folgenden sollen zunächst einige grundlegende Gedanken zur biochemischen Energiegewinnung erläutert werden. Anschließend wird ein erster Überblick über die vielfältigen, mikrobiellen Stoffwechseltypen gegeben.

3.1 Prinzipien der Energiegewinnung

Einige Mikroorganismen können Energie aus Licht gewinnen (**Phototrophie**). Noch mehr Mikroorganismen aber führen zur Energiegewinnung chemische Reaktionen durch (**Chemotrophie**).

In den meisten Fällen lässt sich der chemotrophe Energiestoffwechsel als **Redoxprozess** beschreiben. Makroskopisch betrachtet gibt es einen oxidativen und einen reduktiven Teil des Energiestoffwechsels. Im oxidativen Teil wird ein Substrat, der **Elektronendonor,** oxidiert, und Reduktionsäquivalente (Wasserstoff oder Elektronen) werden verfügbar und auf einen Elektronenzwischenträger transferiert. Von diesem werden die Reduktionsäquivalente dann auf ein weiteres Substrat, den **Elektronenakzeptor,** übertragen, wobei dieser reduziert wird (Abb. 3.2). Jedes gebildete Reduktionsäquivalent wird auch wieder verbraucht. Die

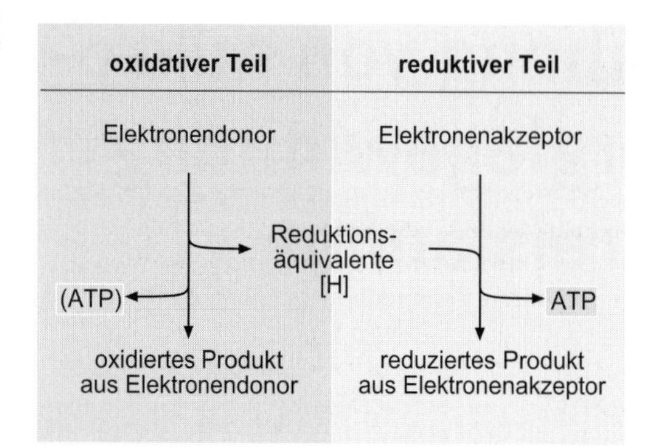

Abb 3.2 Der Energiestoffwechsel als Redoxprozess. Energie in Form von ATP wird in der Regel im reduktiven Teil gewonnen, bei organischen Elektronendonoren teilweise auch im oxidativen Teil (daher ATP in Klammern).

Begriffe Elektronendonor und (terminaler) Elektronenakzeptor haben eine zentrale Bedeutung für die Charakterisierung mikrobieller Stoffwechselwege (Abschnitt 3.2).

Bezogen auf den Gesamtstoffwechsel bilden Elektronendonor und oxidiertes Produkt aus dem Elektronendonor (linke Seite in Abb. 3.2) ein Redoxpaar und Elektronenakzeptor sowie reduziertes Produkt aus dem Elektronenakzeptor (rechte Seite in Abb. 3.2) ein zweites Redoxpaar. Grundsätzlich stellt das Redoxpaar mit dem niedrigeren **Reduktionspotenzial** E den Elektronendonor, das mit dem höheren Reduktionspotenzial den Elektronenakzeptor. Dann ist die Differenz der Reduktionspotenziale ΔE der Reaktionspartner positiv. Aufgrund der Gleichung

$$\Delta G = -n \times F \times \Delta E$$

(n, Zahl der übertragenen Elektronen; F, Faraday-Konstante, 96485 J/V × mol)

ist folglich die Änderung der **freien Enthalpie** (Gibbsschen freien Energie) ΔG negativ, die Reaktion läuft freiwillig ab.

Für eine erste Abschätzung, in welche Richtung eine Redoxreaktion läuft, beziehungsweise wie viel Energie sie liefern kann, vergleicht man häufig die **biologischen Standard-Reduktionspotenziale** $E^{0'}$ verschiedener Redoxpaare. Für einige im Hinblick auf den mikrobiellen Stoffwechsel besonders wichtige Redoxpaare sind die Reduktionspotenziale unter biologischen Standardbedingungen in Abbildung 3.3 angegeben.

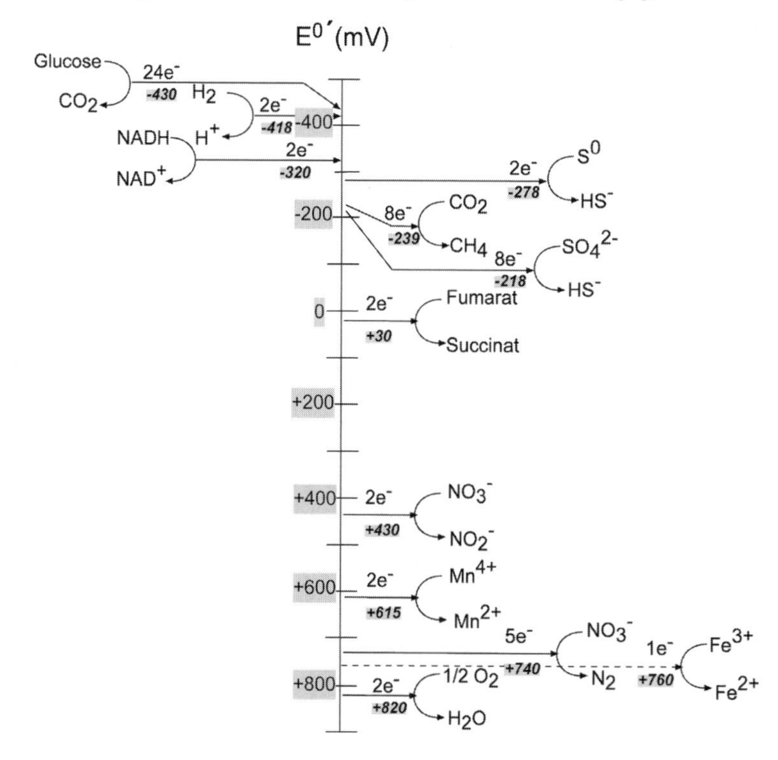

Abb 3.3 Standard-Reduktionspotenziale bei pH 7 ($E^{0'}$) einiger für die mikrobielle Energiegewinnung wichtiger Redoxpaare bei einer Temperatur von 25 °C.

Grundlagen: Reduktionspotenzial

Mit dem **Reduktionspotenzial E** kennzeichnet man die Tendenz, mit der ein Redoxpaar Elektronen aufnimmt und so zur reduzierteren Form reagiert. Es wird im Vergleich zum Potenzial der Standard-Wasserstoffelektrode angegeben, das als null Volt definiert wird.

Das Reduktionspotenzial von Redoxpaaren hängt nicht nur von den beteiligten Spezies als solchen ab, sondern auch von der Konzentration beziehungsweise dem Partialdruck (genauer der Aktivität), in dem Stoffe vorliegen. Um diesen Einfluss für den Vergleich verschiedener Reduktionspotenziale auszuschalten, wurde in der Chemie das **Standard-Reduktionspotenzial E^0** definiert, und zwar als das Reduktionspotenzial, bei dem der jeweilige Stoff rein oder in Lösung mit der Aktivität eins bei einem Druck von einem bar vorliegt.

Chemische Standardbedingungen würden bei Reaktionen, in denen Protonen übertragen werden, bedeuten, dass der pH bei null liegen müsste (die Protonenkonzentration wäre demnach ein Molar). Da eine solche Konzentration in den meisten biologischen Systemen nicht vorkommt, wurde das **Reduktionspotenzial unter biologischen Standardbedingungen $E^{0'}$** definiert. Es bezieht sich auf eine in wässriger Lösung bei pH 7 und einem Druck von einem bar ablaufende Halbreaktion, bei der die übrigen Reaktionspartner in der Aktivität eins vorliegen.

Der **Einfluss der Konzentration** der jeweiligen oxidierten und reduzierten Form auf das Reduktionspotenzial einer Halbreaktion lässt sich anhand der **Nernstschen Gleichung** errechnen:

$$E' = E^{0'} + \frac{R\,T}{n\,F} \times \ln \frac{[A_{ox}]}{[A_{red}]}$$

Hierbei sind E' das Reduktionspotenzial bei pH 7 und $E^{0'}$ das biologische Standard-Reduktionspotenzial für die Halbreaktion $A_{ox} + n\,e^- \rightarrow A_{red}$, n die Zahl der übertragenen Elektronen, F die Faraday-Konstante (96485 J/V×mol), R die allgemeine Gaskonstante (8,3145 J/mol K), T die absolute Temperatur, $[A_{ox}]$ die Konzentration der oxidierten Form des Reaktionspartners und $[A_{red}]$ die Konzentration der reduzierten Form.

Für eine Temperatur von 25 °C (298,15 °K) kann man die Formel (mit lnX = 2,303 lgX) auch vereinfachen zu:

$$E' = E^{0'} + \frac{0{,}0592\ \text{V}}{n} \times \lg \frac{[A_{ox}]}{[A_{red}]}$$

Um die für eine Stoffwechselreaktion insgesamt zur Verfügung stehende Triebkraft zu errechnen, bestimmt man die **Differenz der Reduktionspotenziale**, indem man vom Reduktionspotenzial der reduktiven Halbreaktion das der oxidativen Teilreaktion subtrahiert. Zum Beispiel ergibt sich unter biologischen Standardbedingungen aus den Daten von Abbildung 3.3 für die Oxidation von Glucose zu CO_2 mittels Sauerstoff :

Ox: $C_6H_{12}O_6 + 6\ H_2O \rightarrow 6\ CO_2 + 24\ e^- + 24\ H^+$ ($E^{0'}$= -0,43V)

Red: $6\ O_2 + 24\ e^- + 24\ H^+ \rightarrow 12\ H_2O$ ($E^{0'}$= 0,82V)

$\Delta E^{0'} = E^{0'}_{red} - E^{0'}_{ox} = 0{,}82\ \text{V} - (-0{,}43)\ \text{V} = 1{,}25\ \text{V}$

Die bei einer solchen Reaktion pro Mol Glucose frei werdende Energie, die freie Enthalpie unter biologischen Standardbedingungen $\Delta G^{0'}$, ergibt sich als:

$$\begin{aligned}\Delta G^{0'} &= -n \times F \times \Delta E^{0'}\\ &= -24 \times 96485\ \text{J/V} \times \text{mol} \times 1{,}25\ \text{V}\\ &= -2890\ \text{kJ/mol}\end{aligned}$$

Da die Konzentrationen der beteiligten Reaktionspartner praktisch nie den Standardbedingungen entsprechen, müssen für eine genauere Ermittlung der jeweiligen Reduktionspotenziale gemäß der Nernstschen Gleichung die jeweiligen **Konzentrationen** von Elektronendonor, Elektronenakzeptor sowie aus beiden gebildeten Produkten berücksichtigt werden. Die unter Berücksichtigung der tatsächlichen Konzentrationen der Reaktionspartner ermittelten Potenzialdifferenzen können erheblich von den aus Abbildung 3.3 ermittelten $\Delta E^{0'}$-Werten abweichen. Folglich ergeben sich auch andere

Werte für die freie Enthalpie ΔG einer Reaktion als unter Standardbedingungen. Dieser Sachverhalt spielt insbesondere unter anoxischen (also sauerstofffreien) Bedingungen eine große Rolle. Wir werden in Kapitel 4.5.1 sehen, dass durch das Zusammenwirken verschiedener Stoffwechseltypen Reaktionen möglich werden, deren Ablauf unter Standardbedingungen unmöglich wäre.

Die durch die Redoxreaktionen verfügbar werdende freie Enthalpie wird zum Teil zur **Synthese von ATP** genutzt. Für viele Abbauprozesse ist dabei die energetische Effizienz, also die in ATP gespeicherte freie Enthalpie bezogen auf die freie Enthalpie der energieliefernden Reaktion, zirka 50 Prozent. Die ATP-Synthese kann auf zwei prinzipiell unterschiedliche Weisen geschehen (Abb. 3.4):

- Im oxidativen Teil des Energiestoffwechsels organischer Elektronendonoren kann ATP zum Teil dadurch gebildet werden, dass aus dem organischen Substrat phosphorylierte Metabolite entstehen und von diesen eine Übertragung einer Phosphatgruppe auf ADP erfolgt. Diese Art der Bildung von ATP nennt man **Substratstufen-Phosphorylierung**. Sie erfordert, dass phosphorylierte Metabolite vorkommen, die so energiereich sind, dass eine Übertragung der Phosphatgruppe auf ADP energetisch möglich ist. Hierzu ist ein $\Delta G^{0'}$ der Hydrolyse von etwa -44 Kilojoule pro Mol erforderlich (Box Hintergrund: ATP).
- Im reduktiven Teil des Energiestoffwechsels werden die Reduktionsäquivalente dem Reduktionspotenzial folgend über eine Reihe von Elektronenzwischenträgern auf den terminalen Elektronenakzeptor übertragen. Durch diese Reihe von Redoxreaktion werden Protonen aus der Zelle (bei höheren Zellen aus dem Inneren der Mitochondrien) heraus befördert. Es entsteht ein **Protonengradient** an der Cytoplasmamembran (beziehungsweise der inneren Mitochondrienmembran). Das durch den Protonengradienten gegebene elektrochemische Potenzial, die protonenmotorische Kraft, kann zum einen direkt als Energiequelle für verschiedenen Prozesse (Membrantransport, Bewegung) dienen. Es kann zum anderen zur ATP-Synthese über die **Elektronentransport-gekoppelte Phosphorylierung** genutzt werden. Hierbei koppelt ein ATP synthetisierendes, membranständiges Enzym, die ATP-Synthase (Box Seite 41), den Einstrom von Protonen an die Phosphorylierung von ADP zu ATP (Abb. 3.4).

Im Gegensatz zur Substratstufen-Phosphorylierung muss die Oxidation eines Mols Substrat bei der Elektronentransport-gekoppelten Phosphorylierung nicht mindestens ein Mol ATP liefern. Phosphorylierung bei exergonen Reaktionen, die ein $\Delta G^{0'}$ von geringerem Betrag als -44 Kilojoule pro Mol besitzen, ist dennoch

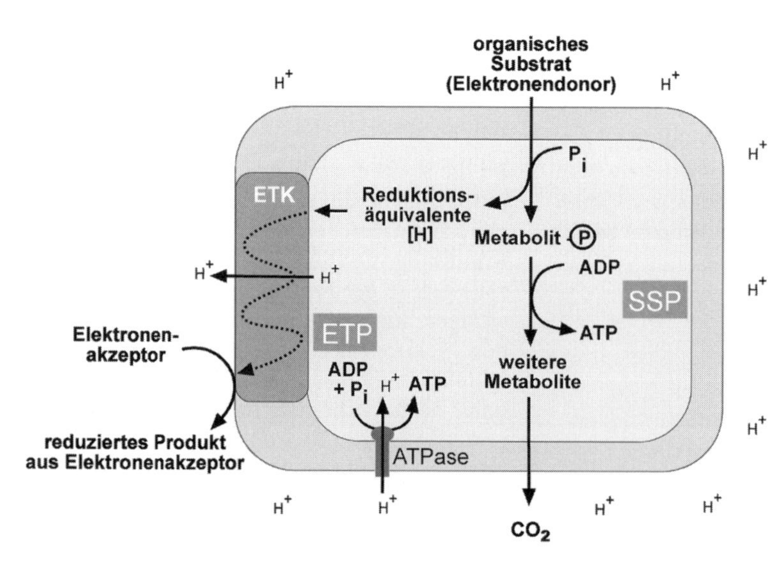

Abb 3.4 Möglichkeiten der ATP-Synthese durch Substratstufen-Phosphorylierung (SSP) und Elektronentransport-gekoppelte Phosphorylierung (ETP) am Beispiel der Energiegewinnung durch Oxidation eines organischen Elektronendonors. Metabolit-P kennzeichnet energiereiche, phosphorylierte Metabolite. ETK, Elektronentransportkette.

Hintergrund: ATP

Die wichtigste Verbindung, in der Energie für Synthesen und andere Stoffwechselleistungen verfügbar gehalten werden kann, ist das Adenosintriphosphat, **ATP**. Es ist ein hervorragender Energiespeicher, da in die Bildung seiner Phosphorsäureanhydrid-Bindungen erhebliche Energiemengen eingehen, die später sehr leicht entweder durch Hydrolyse oder durch Übertragung des Phosphatrestes in neue energiereiche Bindungen wieder verfügbar gemacht werden können. Bei Hydrolyse der im ATP vorkommenden Phosphorsäureanhydrid-Bindung zu Adenosindiphosphat, ADP, und anorganischem Phosphat, P_i, wird Energie frei, weil (1) die Abstoßung der negativen Ladungen im ATP reduziert wird, (2) das anorganische Phosphat resonanzstabilisiert ist, (3) der neutrale pH-Wert die Ionisierung des entstehenden ADP fördert und weil (4) die geladenen Reaktionsprodukte durch Solvatation weiter stabilisiert werden (Abb. 3.5).

Die tatsächlichen, von den Standardkonzentrationen abweichenden Konzentrationen von ATP, ADP und P_i in der Zelle führen dazu, dass der reale $\Delta G'$-Wert deutlich größer ist als der angegebene $\Delta G^{0'}$-Wert. Er kann sich zeitlich ändern und wird durch Bindung von ATP und ADP an Mg^{2+} und Proteine beeinflusst. Die Größenordnung des $\Delta G^{0'}$-Wertes wird auf etwa 44 Kilojoule pro Mol geschätzt (Lengeler et al., 1999). Bei der Synthese von ATP muss mindestens der Energiebetrag, der bei der Hydrolyse frei wird, zur Verfügung stehen.

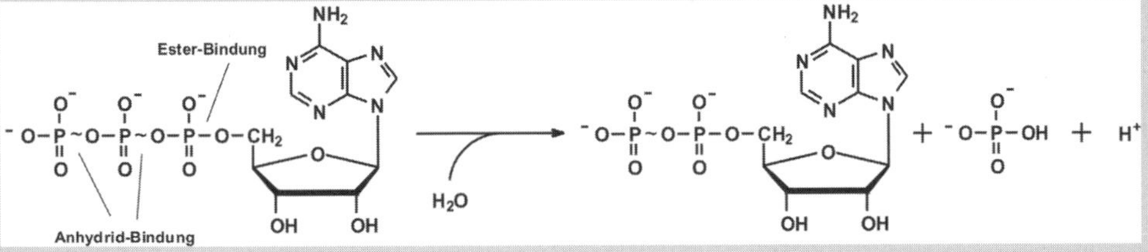

Abb 3.5 Strukturen von ATP und den Hydrolyseprodukten ADP und P_i. ($\Delta G^{0'}$ = –32 kJ/mol)

möglich, da die aus den Redoxreaktionen abfließenden Elektronen zunächst nur für den Protonentransport durch die Membran genutzt werden. Der Protonengradient integriert gewissermaßen über die vielen kleinen Energiepakete und wird anschließend für die ATP-Produktion genutzt. Diese energetische Flexibilität ist wahrscheinlich eine Ursache für die weite Verbreitung der Elektronentransport-gekoppelten Phosphorylierung auch in anaeroben Bakterien, bei denen die geringen $\Delta G^{0'}$-Werte oft keine Substratstufen-Phosphorylierung erlauben.

3.1.1 Atmungsketten und ATP-Synthase

Entscheidend für die Energiegewinnung von aeroben Organismen sowie von anaeroben Organismen mit anaerober Atmung ist der Punkt, dass die bei der Oxidation eines Substrates anfallenden reduzierten Wasserstoffzwischenträger (Reduktionsäquivalente oder auch besser Elektronenzwischenträger) NADH und $FADH_2$ als „Treibstoff" für die **Atmungskette** verwendet werden und dort über **Elektronentransport-Phosphorylierung** erheblich höhere Energiemengen liefern können als dies durch Substratstufen-Phosphorylierung möglich ist. Durch Übertragung der Reduktionsäquivalente über eine Reihe von Elektronenzwischenträgern auf den Elektronenakzeptor wird ein **Pro-**

NADH und $FADH_2$ sind die wichtigsten Elektronencarrier

Das **Nicotinamidadenindinucleotid (NAD^+)** ist der wichtigste Elektronenakzeptor bei der Oxidation von Nährstoffen (Abb. 3.6).

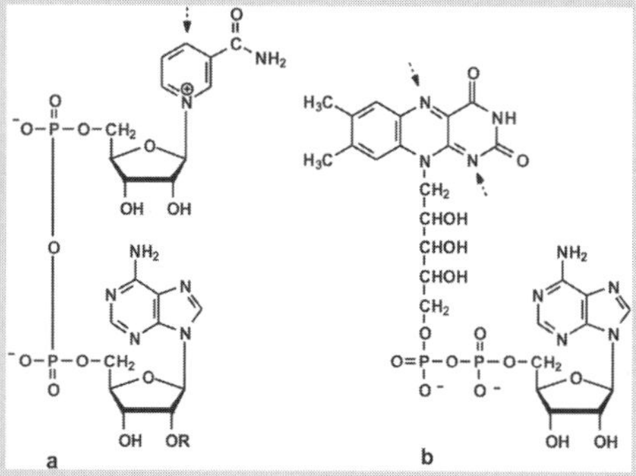

Abb 3.6 Strukturen der oxidierten Form von (a) Nicotinamidadenindinucleotid (NAD^+, R = H) beziehungsweise Nicotinamidadenindinucleotidphosphat ($NADP^+$, R = Phosphat) und (b) Flavinadenindinucleotid (FAD). Die Pfeile zeigen die Reaktionsorte am Nicotinamid- und Isoalloxazinring.

Der reaktive Teil des NAD^+ ist sein Nicotinamidringsystem, ein Pyridinderivat. Bei der Oxidation eines Substrates nimmt der Nicotinamidring ein Proton und zwei Elektronen auf, was formal einem Hydridion entspricht. Die reduzierte Form dieses Carriers wird als NADH bezeichnet.

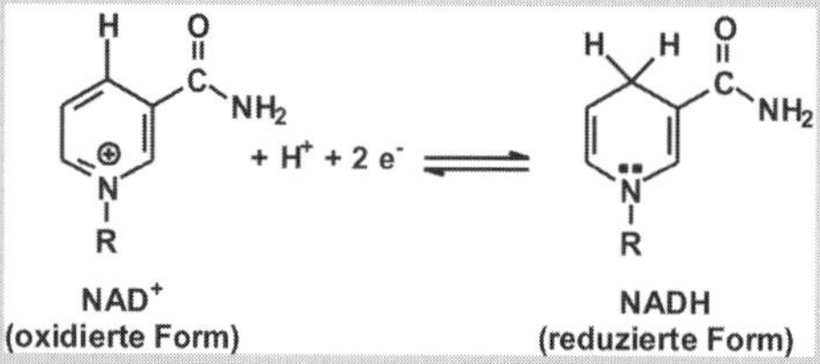

$$NAD^+ + H^+ + 2\,e^- \rightleftharpoons NADH$$

NAD^+ (oxidierte Form) — NADH (reduzierte Form)

Das Stickstoffatom ist in der oxidierten Form formal vierbindig und positiv geladen, was durch NAD^+ angedeutet wird. In der reduzierten Form, NADH, ist es dreibindig.

NAD^+ tritt als mobiler Elektronenakzeptor in vielen Reaktionen des folgenden Typs auf:

$$NAD^+ + R_1-CH(OH)-R_2 \rightleftharpoons NADH + R_1-C(=O)-R_2 + H^+$$

Bei dieser Dehydrogenierung wird ein Wasserstoffatom des Substrats direkt auf NAD^+ übertragen, während das andere in der Lösung erscheint. Beide Elektronen aus dem Substrat werden auf den Nicotinamidring überführt.

Der andere wichtige Elektronencarrier bei der Oxidation von Nahrungsstoffen ist das **Flavinadenindinucleotid** (Abb. 3.6b). Für die oxidierte und die reduzierte Form verwendet man die Symbole FAD und $FADH_2$ als Abkürzung. FAD ist der Elektronenakzeptor bei Reaktionen des folgenden Typs:

$$FAD + R_1-CH_2-CH_2-R_2 \rightleftharpoons FADH_2 + R_1HC=CHR_2$$

Der reaktive Teil des FAD ist sein Isoalloxazinring (Abb. 3.6). Wie NAD^+ kann FAD zwei Elektronen aufnehmen. Anders als NAD^+ nimmt dabei FAD formal ein Proton und ein Hydridion auf.

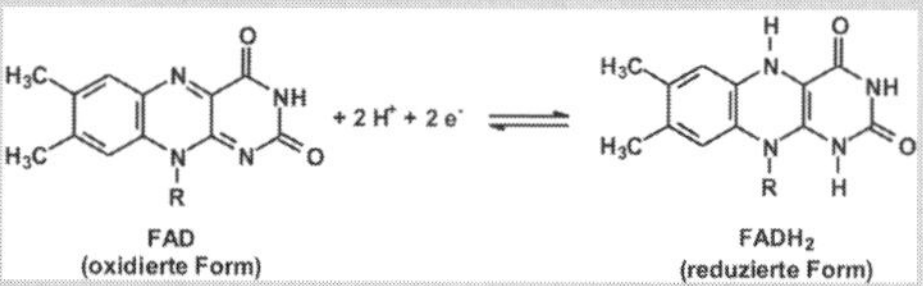

$$FAD + 2\,H^+ + 2\,e^- \rightleftharpoons FADH_2$$

FAD (oxidierte Form) — $FADH_2$ (reduzierte Form)

tonengradient aufgebaut. Es kommt also zu einer Ladungstrennung, bei der das Äußere der Zelle beziehungsweise das Periplasma positiv geladen und leicht sauer ist. Dieser Protonengradient kann zum Beispiel unmittelbar für Bewegungsprozesse oder Membrantransport oder aber zur ATP-Synthese genutzt werden.

Ein Protonengradient kann zwangsläufig nur an einer für Protonen normalerweise nicht durchlässigen Membran, bei Prokaryoten der Zellmembran oder Einstülpungen hiervon, aufgebaut werden. Hierzu bedarf es Proteinen in der Membran, die die Protonen aus dem Cytoplasma nach außen beziehungsweise in das Periplasma befördern. Diese Proteine müssen korrekt ausgerichtet sein und mehrere von ihnen müssen sowohl zur Umgebung als auch zum Inneren der Zelle Zugang haben (Transmembranproteine). Die für die Atmungskette angelieferten Reduktionsäquivalente, also Wasserstoff gebunden an NAD^+ oder Chinone, trennen sich in die Protonen, die nach außen transportiert werden, und in die Elektronen, die nacheinander auf die verschiedenen Elektronenzwischenträger übertragen werden. Die Triebkraft für den Protonentransport nach außen ist dabei der Elektronentransport von einer Donorverbindung mit niedrigem Reduktionspotenzial, wie $NADH/NAD^+$ ($E^{0'}$ = –320 mV), zu einer Akzeptorverbindung mit höherem Reduktionspotenzial, zum Beispiel O_2/H_2O ($E^{0'}$ = +820 mV).

An der Schaffung des Protonengradienten sind in unterschiedlichen Bakterien und je nach Wachstumsbedingungen unterschiedliche Proteine beteiligt. In den meisten Fällen wird jedoch zunächst ein **Chinon** in der Membran, ein Ubichinon oder ein Menachinon, zu einem **Hydrochinon** (oder Chinol) reduziert, abgekürzt: $Q \rightarrow QH_2$ (Abb. 3.7).

Diese Reaktion wird je nach Wasserstoffdonor von unterschiedlichen Dehydrogenasen katalysiert, so von einer NADH-Dehydrogenase. Wie das NAD^+ im Cytoplasma dienen die Chinone in der Membran dazu, Reduktionsäquivalente unterschiedlicher Herkunft zu sammeln. Die reduzierten Chinone können dann direkt von Chinol-Oxidasen mit Sauerstoff wieder oxidiert werden, womit in diesem Fall der Elektronentransport schon abgeschlossen wäre. Häufig werden die Elektronen aber zunächst noch auf ein **Cytochrom c**, ein kleines Protein mit einem Häm-Ring, dessen Eisen reduziert werden kann, übertragen. In solchen Fällen überträgt erst die Cytochrom-Oxidase die Elektronen auf Sauerstoff unter Bildung von Wasser.

Es gilt festzuhalten, dass diese Prozesse ohne den terminalen Elektronenakzeptor O_2 nicht ablaufen.

Bei dem Elektronentransport über diese Stufen können je nach Organismus und Wachstumsbedingungen unterschiedliche Mechanismen in unterschiedlicher Kombination zur Ausbildung des Protonengradienten führen (Abb. 3.8).

So gibt es **Protonenpumpen**, die beim Elektronentransport ihre Konformation ändern und hierbei Protonen nach außen (beziehungsweise in das Periplasma) abgeben. Dies trifft für manche NADH-Dehydrogenasen, Chinol-Oxidasen und Cytochrom-Oxidasen zu. Ein zweiter wichtiger Mechanismus ist der **Q-Cyclus**. Hierbei werden die Chinone an der Innenseite der Membran durch Aufnahme von Protonen aus dem Cytoplasma reduziert und an der Außenseite der Membran durch Abgabe von Protonen nach außen wieder oxidiert, wobei diese Orientierung durch die beteiligten Enzyme vorgegeben wird. Schließlich kann ein Protonengradient auch ohne Protonentransport durch die Membran vergrößert werden. Dies geschieht dann, wenn **Protonenfreisetzung und -verbrauch an unterschiedlichen Membranseiten** erfolgen, die Protonen also zum Beispiel an der Innenseite der Membran durch Übertragung auf den terminalen Elektronenakzeptor Sauerstoff verbrauchen, aber an der Außenseite aus entsprechenden Donoren freigesetzt werden.

Bei Vorliegen einer Atmungskette mit optimaler Nutzung der Möglichkeiten zur Ausschleusung von Protonen und bei guter Sauerstoffversorgung können pro NADH-Molekül, das mit Sauerstoff oxidiert wird, maximal etwa zehn Protonen ausgeschleust werden. Bei vielen Organismen und weniger optimalen Bedingungen kann der Wert jedoch auch deutlich darunter liegen.

Die Energie aus der Differenz der Reduktionspotenziale von Elektronendonor und -akzeptor ΔE wird teilweise zur Ausbildung eines

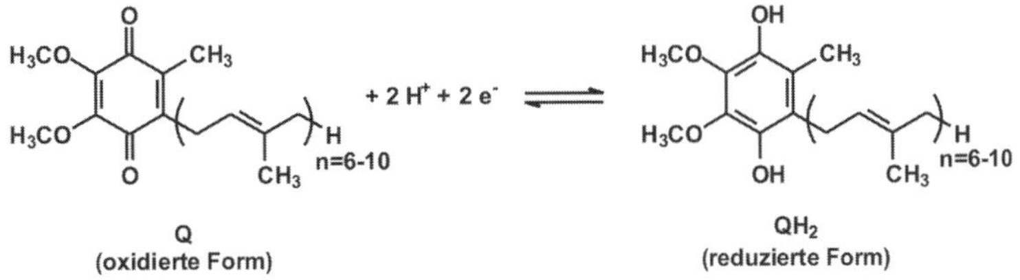

Abb 3.7 Struktur von Coenzym Q. Die C_5-Einheit in der Seitenkette ist ein Isoprenoid und besteht in Bakterien meist aus n = 6 Untereinheiten.

Q (oxidierte Form) $+ 2 H^+ + 2 e^- \rightleftharpoons$ QH_2 (reduzierte Form)

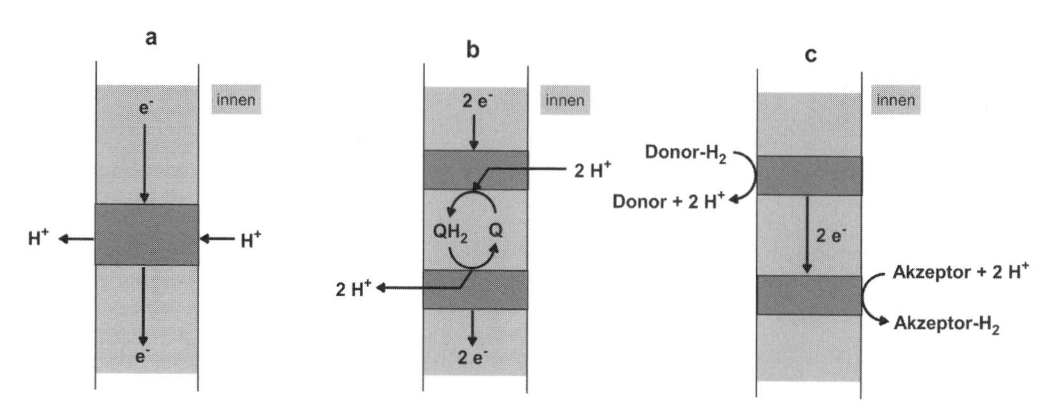

Abb 3.8 Mechanismus der Erzeugung eines Protonengradienten an einer Membran durch Elektronentransport. Die Elektronentransportenzyme sind als graue Boxen in der Membran dargestellt. Q, Ubichinon oder Menachinon, a, Protonenpumpen, b, Q-Cyclus, c, skalarer Mechanismus.

elektrochemischen Potenzials (Δp), der protonenmotorischen Kraft, an der Membran genutzt (Abb. 3.9). Der nächste hier zu betrachtende Schritt ist die Nutzung dieses elektrochemischen Potenzials zur Gewinnung von ATP.

Die ATP-Synthese aus einer Elektronentransport-Phosphorylierung vollzieht sich bei allen Organismen an den **ATP-Synthasen.** Diese bei den verschiedenen Organismen relativ ähnlich gebauten Proteinkomplexe sind in der Membran verankert und reichen in das Cytoplasma der Zelle hinein. Sie nutzen den Protonengradienten, indem sie den Einstrom von Protonen an Konformationsänderungen bestimmter Untereinheiten koppeln und so für die Synthese von ATP aus ADP und anorganischem Phosphat ausnutzen. Bei dieser Kopplung spielt eine Rotationsbewegung einiger Untereinheiten gegenüber nicht rotierenden anderen Untereinheiten eine entscheidende Rolle (Box Seite 41).

Messungen der Stöchiometrie zwischen Protonen und ATP zeigen, dass pro gebildetem ATP vier Protonen verbraucht werden. Aus der Oxidation von NADH mit Sauerstoff können etwa drei (rechnerisch 2,5) Moleküle ATP gebildet werden. Die Oxidation von reduziertem FAD mit Sauerstoff geht von einem höheren Reduktionspotenzial aus und liefert deshalb nur zwei Moleküle ATP pro $FADH_2$.

3.2 Haupttypen des mikrobiellen Stoffwechsels

Nachdem nun geklärt ist, dass für die meisten Energiegewinnungsprozesse Elektronendonor und terminaler Elektronenakzeptor entscheidende Bedeutung haben und dass die bei den Stoffwechselvorgängen gewonnene Energie in der Regel in Form von ATP (und/oder in Form eines Protonengradienten) verfügbar gemacht wird, sollen nun zunächst die verschiedenen Stoffwechseltypen überblickartig dargestellt und klassifiziert werden.

Die Untergliederung von Stoffwechseltypen wird überwiegend nach der Art der **Energiegewinnung**, daneben auch nach der Art der **Kohlenstoffquelle**, die für den Aufbau der Zellsubstanz verwendet wird, vorgenommen.

- Im Hinblick auf die **Energiegewinnung** ist die Hauptunterteilung zunächst einmal die

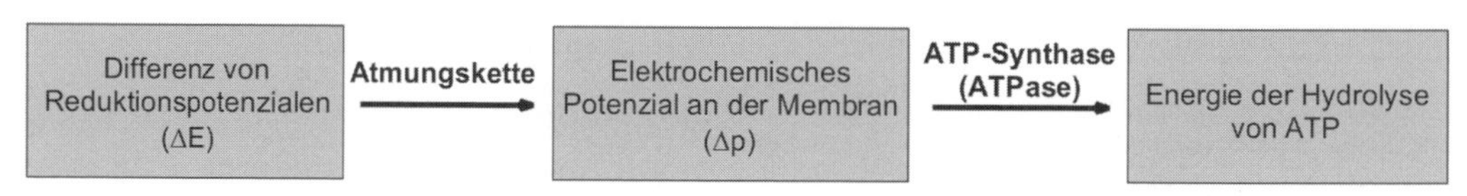

Abb 3.9 Energiewandlung bei der ATP-Synthese durch Elektronentransport-Phosphorylierung.

ATPase

Die F_1 /F_0-ATPase ist der kleinste bekannte biologische Motor. Die Bewegung der Protonen durch die Untereinheit **a** von $\mathbf{F_0}$ treibt die Rotation der c-Proteine an. Das erzeugte Drehmoment wird durch die Untereinheiten $\gamma\varepsilon$ an $\mathbf{F_1}$ weitergegeben, dies führt zu Konformationsänderungen in den β-Untereinheiten. Es handelt sich also um eine potenzielle Energie, die für die ATP-Bildung genutzt werden kann, da die Konformationsänderungen in den Untereinheiten β die sequenzielle Bindung von ADP + P_i an jede Untereinheit erlauben. Die Umwandlung zu ATP erfolgt, wenn die β-Untereinheiten zu ihrer ursprünglichen Konformation zurückkehren. Die $\mathbf{b_2\delta}$-Untereinheiten von $\mathbf{F_I}$ fungieren als Ständer, um zu verhindern, dass die α- und β-Untereinheiten mit den Untereinheiten $\gamma\varepsilon$ rotieren und die Konformationsänderungen in β beeinträchtigt werden. Die Rotation der ATPase wird also zur ATP-Synthese genutzt. Messungen der Stöchiometrie zeigen, dass drei bis vier Protonen pro gebildetem ATP durch die ATPase transportiert werden.

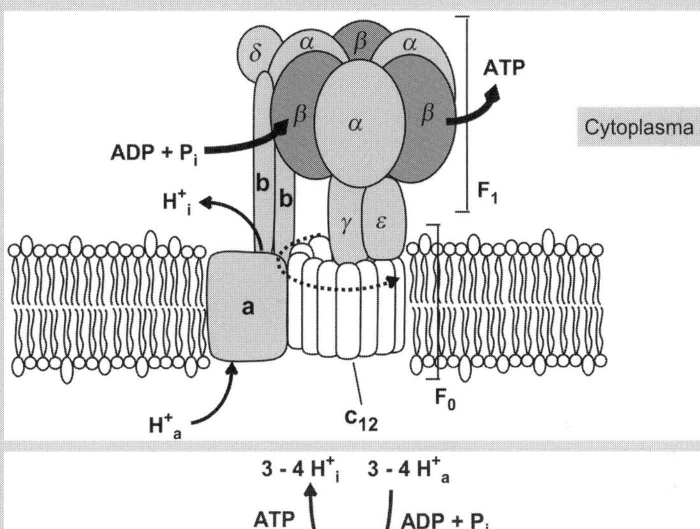

Abb 3.10 Aufbau der ATPase mit seinen Untereinheiten in F_1 und F_0. H^+_i, Proton innerhalb, H^+_a, Proton außerhalb der Zelle. c_{12}: zwölf Untereinheiten c.

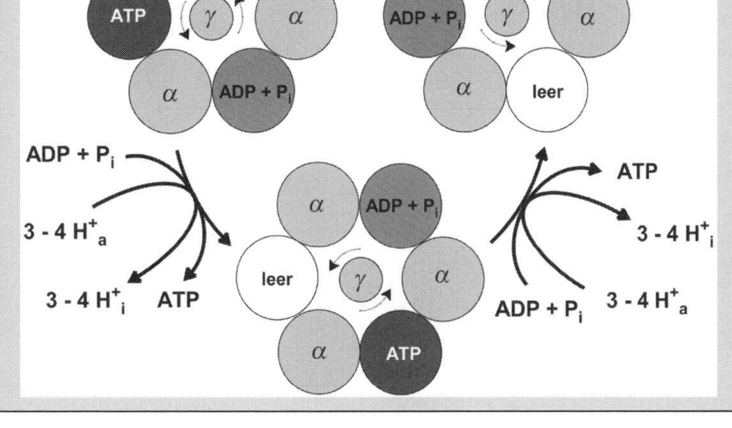

Abb 3.11 Blick von oben auf die schematisch gezeigten, verschieden besetzten Konformationszustände der β-Untereinheiten der ATPase. Es sind die durch eine gesamte Drehung der Untereinheiten γε erfolgten Änderungen dargestellt.

oben bereits angesprochene zwischen den Mikroorganismen, die das Licht, und denen, die chemische Reaktionen zur Energiegewinnung nutzen. Die erste Gruppe nennt man **phototroph**, die zweite **chemotroph.**

Bei der Chemotrophie ist weiterhin zwischen der Nutzung organischer und anorganischer Verbindungen als **Elektronendonor** zu unterscheiden:

- **Chemoorganotrophe** Organismen nutzen organische Verbindungen (wie Kohlenhydrate, organische Säuren oder Aminosäuren) als Elektronendonor,
- **chemolithotrophe** Organismen gewinnen Energie aus der Oxidation anorganischer Verbindungen wie H_2, CO, H_2S, S^0, NH_4^+, NO_2^-, Fe^{2+} oder Mn^{2+} (Produkte: H_2O, CO_2, SO_4^{2-}, NO_2^-, NO_3^-, Fe^{3+}, Mn^{4+}).

Zusätzlich wird zur Kennzeichnung des Stoffwechseltyps häufig die Art der **Kohlenstoffquelle** verwendet:

- Organismen, die organische Stoffe zum Aufbau der Zellsubstanz nutzen, bezeichnet man als **heterotroph,**
- solche, die CO_2 assimilieren, als **autotroph.**

Die genannten Kennzeichnungen der Energiegewinnung und der Kohlenstoffquelle werden häufig kombiniert. So bauen zum Beispiel viele chemolithotrophe Bakterien ihre Zellsubstanz aus CO_2 auf, und man bezeichnet sie deshalb als chemolithoautotroph.

In den bisher genannten Kennzeichnungen ist die Angabe des **terminalen Elektronenakzeptors** noch nicht enthalten. Wie bei den Elektronendonoren zeigen auch hier die Mikroorganismen eine große Vielfalt.

- Häufig ist, wie bei den meisten höheren Organismen, Sauerstoff der terminale Elektronenakzeptor. Der Stoffwechsel ist dann im Hinblick auf den Elektronenakzeptor eine normale, **aerobe Atmung.**
- Viele Mikroorganismen verwenden Nitrat (NO_3^-), dreiwertiges Eisen (Fe^{3+}), vierwertiges Mangan (Mn^{4+}), Sulfat (SO_4^{2-}), Schwefel (S^0) oder Kohlendioxid (CO_2) als terminalen Elektronenakzeptor für die Energiegewinnung. Wie bei der normalen, aeroben Atmung mit Sauerstoff wird auch in diesen Fällen ATP vor allem durch Elektronentransport-gekoppelte Phosphorylierung gewonnen. Deshalb bezeichnet man die entsprechenden Energiegewinnungsprozesse auch als **anaerobe Atmung.** Je nach terminalem Elektronenakzeptor spricht man von einer Nitratatmung, Eisenatmung, Manganatmung, Sulfatatmung, Schwefelatmung oder Carbonatatmung.
- Noch üblicher sind jedoch Bezeichnungen, die sich aus dem terminalen Elektronenakzeptor der gebildeten Produkten ableiten lassen: So reduzieren viele Bakterien das Nitrat zu molekularem Stickstoff, und dieser Vorgang wird statt Nitratatmung meist als Denitrifikation bezeichnet. Statt von Carbonatatmung spricht man bei der Bildung von Methan (CH_4) als Produkt von Methanogenese, bei der Bildung von Essigsäure als Produkt von Acetogenese.
- Auch ungewöhnliche anorganische Ionen wie Arsenat (AsO_4^{3-}), Selenat (SeO_4^{2-}) und sechswertiges Uran (UO_2^{2+}) können offensichtlich als terminale Elektronenakzeptoren verwendet werden. Und selbst organische Verbindungen wie Fumarat und sogar Perchlorethen oder 3-Chlorbenzoat können terminale Elektronenakzeptoren zur Energiegewinnung mit Elektronentransport-gekoppelter Phosphorylierung darstellen. In diesen Fällen spricht man von Fumaratatmung, bei den halogenierten Verbindungen von Dehalorespiration (Kapitel 5.3.1 und 5.3.4).
- Schließlich können beim Fehlen externer, terminaler Elektronenakzeptoren verschiedene organische Zwischenprodukte, die aus dem ursprünglichen Substrat gebildet wurden, als Elektronenakzeptoren dienen, ohne dass es hierbei zu einer Elektronentransport-gekoppelten Phosphorylierung kommt. Die Mikroorganismen gewinnen ihre Energie in diesen Fällen durch Substratstufen-Phosphorylierung. In solchen Fällen spricht man von einer **Gärung.** An die Stelle einer Redoxreaktion zwischen Elektronendonor und terminalem Elektronenakzeptor tritt bilanzmäßig meist eine Disproportionierung des Substrates in eine oxidierte Verbindung (CO_2) und relativ reduzierte Verbindungen wie Ethanol (C_2H_5OH), Milchsäure ($CH_3CHOHCOOH$), Buttersäure (C_3H_7COOH) oder Wasserstoff (H_2).

Unter den Mikroorganismen, die mit Sauerstoff, also aerob wachsen können, gibt es solche, die dies auch anaerob, also ohne Sauerstoff, tun. Diese bezeichnet man als **fakultativ anaerob**. Hierzu gehören beispielsweise viele Denitrifizierer. Andere Mikroorganismen können nur in Abwesenheit von Sauerstoff wachsen und werden als **obligat anaerob** bezeichnet.

Schon aus den obigen Aufzählungen von möglichen Elektronendonoren und Elektronenakzeptoren ergibt sich für das Vorkommen chemotrophen Organismen eine Vielzahl verschiedener Kombinationen und damit verschiedener Stoffwechseltypen. Einige Beispiele sind in Tabelle 3.1 zusammengestellt.

Die obige Darstellung zeigt zum einen, dass Mikroorganismen über die Oxidation organischer Verbindungen zu CO_2 und die Fixierung von CO_2 in organischen Verbindungen eine große Bedeutung für den Kohlenstoffkreislauf haben. Sie zeigt zum anderen, dass auch andere Elemente wie Stickstoff, Schwefel oder Eisen je nach Umweltbedingungen von manchen Mikroorganismen oxidiert und von anderen Mikroorganismen reduziert werden können. Hierauf beruht die herausragende Bedeutung der Mikroorganismen in den Stoffkreisläufen, die in den folgenden Kapiteln näher betrachtet werden sollen.

Testen Sie Ihr Wissen

Befindet sich ein gut ernährtes Lebewesen im thermodynamischen Gleichgewicht? Begründen Sie Ihre Meinung.

Nennen Sie mindestens sechs verschiedene anorganische Elektronendonoren sowie die hieraus in Stoffwechselprozessen gebildeten Produkte.

Nennen Sie verschiedene mögliche Elektronenakzeptoren sowie die hieraus entstehenden Produkte und ordnen Sie diese Paare danach, in welchem Ausmaß sie eine Energiegewinnung mit organischen Verbindungen als Elektronendonor ermöglichen.

Wenn an einem Standort mit hohen Konzentrationen an organischem Kohlenstoff kein Sauerstoff vorkommt, wohl aber nennenswerte

Tabelle 3.1. Beispiele chemotropher Stoffwechseltypen

Elektronendonor	Terminaler Elektronenakzeptor	Kohlenstoffquelle	Bezeichnung des Stoffwechseltyps nach	
			Elektronendonor und Kohlenstoffquelle	terminaler Elektronenakzeptor (bzw. reduzierten Produkten)
organische Substanz	O_2	organische Substanz	chemoorganoheterotroph	aerobe Atmung
organische Substanz	NO_3^-	organische Substanz	chemoorganoheterotroph	Nitrat-Atmung (Denitrifikation)
organische Substanz	SO_4^{2-}	organische Substanz	chemoorganoheterotroph	Sulfat-Atmung
NH_4^+	O_2	CO_2	chemolithoautotroph (Nitrifikation)	aerobe Atmung
H_2S	O_2	CO_2	chemolithoautotroph (Sulfid-Oxidation)	aerobe Atmung
H_2	SO_4^{2-}	CO_2	chemolithoautotroph	Sulfat-Atmung
H_2	CO_2	CO_2	chemolithoautotroph	Carbonat-Atmung (Methanogenese, Acetogenese)
CH_4, CH_3OH	O_2	CH_4, CH_3OH	chemolithotroph (Methylotrophie)	aerobe Atmung
organische Substanz	organisches Intermediat	organische Substanz	chemoheterotroph	Gärung

Konzentrationen an Sulfat, Fe(III), Nitrat und CO_2, mit welchen dominierenden Stoffwechselprozessen ist dann zu rechnen? Warum?

Kennzeichnen und benennen Sie die beiden grundlegend verschiedenen Möglichkeiten der ATP-Synthese.

Was unterscheidet eine Gärung von anderen, unter anaeroben Bedingungen auftretenden Stoffwechseltypen?

Kennzeichnen Sie folgende Stoffwechseltypen und geben Sie die wahrscheinlichen Stoffwechselprodukte an. (a) Elektronendonor und C-Quelle Acetat, Elektronenakzeptor NO_3^-. (b) Elektronendonor NO_2^-, C-Quelle CO_2, Elektronenakzeptor O_2. (c) Elektronendonor H_2, C-Quelle CO_2, Elektronenakzeptor NO_3^-. (d) Elektronendonor und C-Quelle Fructose, Elektronenakzeptor SO_4^{2-}.

Literatur

Boyer, P. D. 1997. The ATP synthase - a splendid molecular machine. Annu. Rev. Biochem. 66:717-749.

Boyer, P. D. 1993. The binding change mechanism for ATP synthase - some probabilities and possibilities. Biochim. Biophys. Acta 1140:215-50.

Fuchs, G. (Hrsg.) 2006. Allgemeine Mikrobiologie. 8. Auflage. Georg Thieme Verlag, Stuttgart.

Kato-Yamada Y., Noji, H., Yasuda, R., Kinosita, K. Jr., Yoshida, M. 1998. Direct observation of the rotation of epsilon subunit in F1-ATPase. J. Biol. Chem. 273:19375-19377.

Lengeler, J. W., Drews, G., Schlegel, H. G. (Hrsg.) 1999. Biology of the prokaryotes. Georg Thieme Verlag, Stuttgart.

Madigan, M. T., Martinko, J. M. 2006. Brock-Biology of Microorganisms. 11th Edition. Pearson Prentice Hall, Upper Saddle River, NJ0748.

Noji, H., Hasler, K., Junge, W., Kinosita, K. Jr., Yoshida, M., Engelbrecht, S. 1999. Rotation of *Escherichia coli* F(1)-ATPase. Biochem. Biophys. Res. Commun. 260:597-599.

Noji, H., Yasuda R, Yoshida M, Kinosita K Jr. 1997. Direct observation of the rotation of F1-ATPase. Nature 386:299-302.

Stryer, L. 2003. Biochemie. 5. Auflage. Spektrum Akademischer Verlag, Heidelberg.

Animation ATPase: www.sigmaaldrich.com/Area_of_Interest/Life_Science/Metabolomics/Key_Resources/Metabolic_Pathways/ATP_Synthase.html

4 Kohlenstoffkreislauf

4.1 Entstehung der Erdatmosphäre und der fossilen Rohstoffe

Die Zusammensetzung der heutigen Erdatmosphäre geht auf biologische Prozesse im Verlauf der Erdgeschichte zurück. Die Uratmosphäre enthielt vor vier Milliarden Jahren vor allem Wasser, CO_2 und reduzierte Verbindungen. Wahrscheinlich wurden CH_4, H_2 und H_2S durch die Vorfahren der Archaea, deren Entstehung vor etwa 3,8 Milliarden Jahren angenommen wird, assimiliert. Aus dieser anoxischen Frühphase sind erste Ablagerungen von organischem Kohlenstoff in Sedimenten nachgewiesen worden. Erste Stromatolithen wurden in 3,5 Milliarden Jahren alten präkambrischen Sedimenten (Warrawoona Gruppe, Australien) gefunden. Stromatolithe sind biogene Sedimentgesteine, die wahrscheinlich ähnlich den heutigen Bakterienmatten durch mikrobielle Aktivitäten aus Sediment bildenden Mineralien entstanden sind. Die Sedimente haben eine lamelläre Struktur.

Für die Evolution der oxygenen Photosynthese gibt es Beweise aus 3,5 Milliarden Jahre alten Eisenoxidablagerungen. Der durch eine biologische Photolyse gebildete Sauerstoff hat über Milliarden Jahre das durch Verwitterung vorliegende zweiwertige Eisen zu Fe_2O_3 oxidiert. Eisenoxide sind unlöslich und haben sich als gebänderter Eisenstein (*Banded Iron Formations* = BIFs) in Meeresbecken abgesetzt (siehe Kapitel 7.2.1 für alternative Hypothese der BIFs). Neben dem zweiwertigen Eisen wurden auch Sulfide zu Sulfaten oxidiert. Eine weitere Art der Sauerstoffbindung sind die *red beds*, Rotsteinablagerungen auf den Urkontinenten. Erst nachdem die reduzierten Eisen- und Schwefelverbindungen oxidiert waren, wurde Sauerstoff an die Atmosphäre abgegeben. Dieser Prozess setzte vor etwa zwei Milliarden Jahren ein und führte, wie in Abbildung 4.1 dargestellt ist, zur allmählichen Bildung unserer heutigen Atmosphäre. Wahrscheinlich sind nur vier Prozent des in der Evolution gebildeten Sauerstoffs in die Atmosphäre abgegeben worden, der größte Teil liegt in mineralisch gebundener Form vor. Die Sauerstoffanreicherung führte zur Ausbildung des Ozonschildes gegen die UV-Strahlung.

Wie aus der Summengleichung der Photosynthese

$$n\,CO_2 + n\,H_2O \rightarrow [CH_2O]_n + n\,O_2$$

ersichtlich wird, ist die Sauerstoffbildung mit dem CO_2-Verbrauch und der Bildung organischer Substanz, vereinfacht als $[CH_2O]_n$ dargestellt, verbunden. Diese in einem stöchiometrischen Verhältnis zu Sauerstoff gebildeten organischen Substanzen haben sich in Sedimenten angereichert und sind durch geochemische Prozesse in vielfältiger Weise umgewandelt worden. Es sind Kohlenwasserstoffe, die meist in dispergierter Form vorliegen, sie werden als Kerogen bezeichnet. Das sind die Anfänge der Erdölbildung. Schon in archaischen Ablagerungen lassen sich Kohlenwasserstoffe mit verzweigten Ketten nachweisen, die wahrscheinlich auf die Isoprenoidstruktur der Zellmembran der Archaea zurückgehen.

Höher organisierte und strukturierte eukaryotische Mikroorganismen entstanden vor etwa zwei Milliarden Jahren. Sie entwickelten einen effektiven Energiewechsel in Form der Atmung und gleichzeitig Mechanismen, das oxidative Agens Sauerstoff zu entgiften. Nach der Endosymbiontentheorie gehen die Organellen der Eukaryotenzelle auf phylogenetische Vorläufer der Prokaryoten zurück, die Chloro-

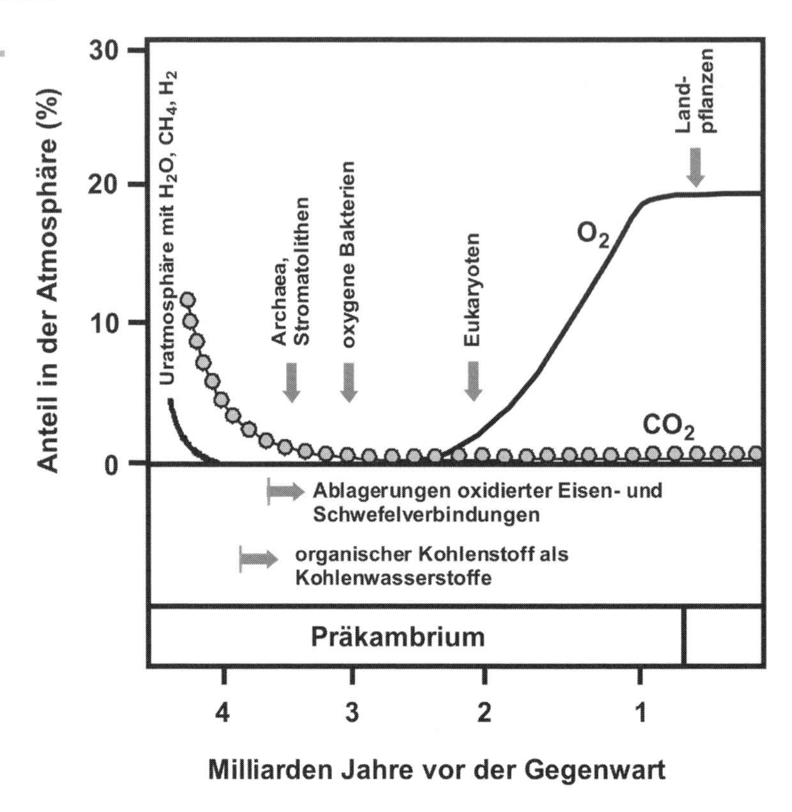

Abb 4.1 Erdgeschichtliche Zeiträume der Entstehung der Erdatmosphäre und der fossilen Kohlenstoffablagerungen. Durch die Photosynthese wird H_2O gespalten, mit dem entstandenen Wasserstoff wird CO_2 zu organischen Substanzen reduziert. Der Sauerstoff reicherte sich allmählich in der Atmosphäre an, nachdem die Eisenverbindungen in den Meeren und auf dem Festland oxidiert waren. Die Pfeile zeigen den Beginn der jeweiligen Prozesse an.

plasten auf Cyanobakterien und Mitochondrien auf heterotrophe, atmende Bakterien. Die Eukaryotenzelle war das „Ausgangsmaterial" für die Evolution der Artenvielfalt, die vor 700 Millionen Jahren, beim Übergang vom Präkambrium zum Kambrium, einsetzte.

Erdgeschichtliche Entwicklung, organismische Evolution und Bildung fossiler Rohstoffe sind eng miteinander verbunden. Die Erdöl- und Erdgaslager sind aus marinen Mikroorganismen, vor allem Bakterien und Algen, entstanden. Die abgestorbene Biomasse setzte sich als eine Art Faulschlamm (Sapropel) ab, in dem aus Sauerstoffmangel keine Mineralisierung der organischen Stoffe stattfand. Die Bildung der Stein- und Braunkohlenlagerstätten aus der Landvegetation des Carbons und Tertiärs durch Prozesse, die wir heute bei der Torfbildung beobachten können, ist gut bekannt. Alle diese fossilen Rohstoffe sind Produkte der vor Milliarden Jahren einsetzenden Photosynthese. Durch diesen Prozess wurden zwei für unsere Existenz entscheidende Werte geschaffen, die Sauerstoff enthaltende Atmosphäre und die fossilen Energieträger. Letztere sind über Jahrmillionen gespeicherte Sonnenenergie. Durch die Photosynthese wurde das CO_2 zu energiereichen Verbindungen reduziert und festgelegt.

In den erdgeschichtlichen Zeiträumen der biogeochemischen Bildung fossiler Rohstoffe überwog die Produktion bei weitem den Verbrauch, dadurch kam es zu dem hohen Nettogewinn an Biomasse. In der Gegenwart haben wir ein sehr ausgewogenes und empfindliches Gleichgewicht zwischen Primärproduktion und Abbau, Photosynthese und Atmungs- sowie Mineralisationsprozessen, das erhalten werden muss.

4.2 Stoffflüsse im Kohlenstoffkreislauf

Die Photosynthese und die Chemosynthese (CO_2-Fixierung durch Chemolithotrophe) stellen die einzigen bedeutenden Wege dar, um neuen organischen Kohlenstoff auf der Erde zu synthetisieren.

Phototrophe und **chemolithotrophe Organismen** bilden daher die Grundlage des Kohlenstoffkreislaufes. Phototrophe Organismen kommen in der Natur fast ausschließlich in den Biotopen vor, an denen Licht verfügbar ist. **Oxygene phototrophe Organismen** können in zwei große Gruppen eingeteilt werden: höhere Pflanzen und Mikroorganismen. Höhere Pflanzen sind die dominanten phototrophen Organismen in terrestrischen Biotopen, während phototrophe Mikroorganismen die vorherrschenden Photosynthetisierer in aquatischen Biotopen sind. **Anoxygene phototrophe Organismen** sind weitere aquatische Autotrophe. Chemolithoautotrophie findet man unter aeroben Bedingungen zum Beispiel bei den **Nitrifizierern** oder **Schwefeloxidierern,** aber auch in Abwesenheit von Sauerstoff bei den **Methanogenen** und **Acetogenen.**

Der Redoxcyclus für Kohlenstoff ist in Abbildung 4.2 dargestellt. Der gesamte Kohlenstoffkreislauf basiert auf einem positiven Nettogleichgewicht der Rate der Photosynthese gegenüber der der Atmung, die wiederum zur Bildung von CO_2 führt.

Photosynthetisch fixierter Kohlenstoff wird mit der Zeit von verschiedenen Mikroorganismen abgebaut, im Wesentlichen zu zwei Oxidationszuständen: Kohlendioxid (CO_2) und Methan (CH_4). Diese beiden gasförmigen Produkte werden durch die Aktivität von verschiedenen Chemoorganotrophen durch aerobe Atmung, anaerobe Atmung (dissimilatorische

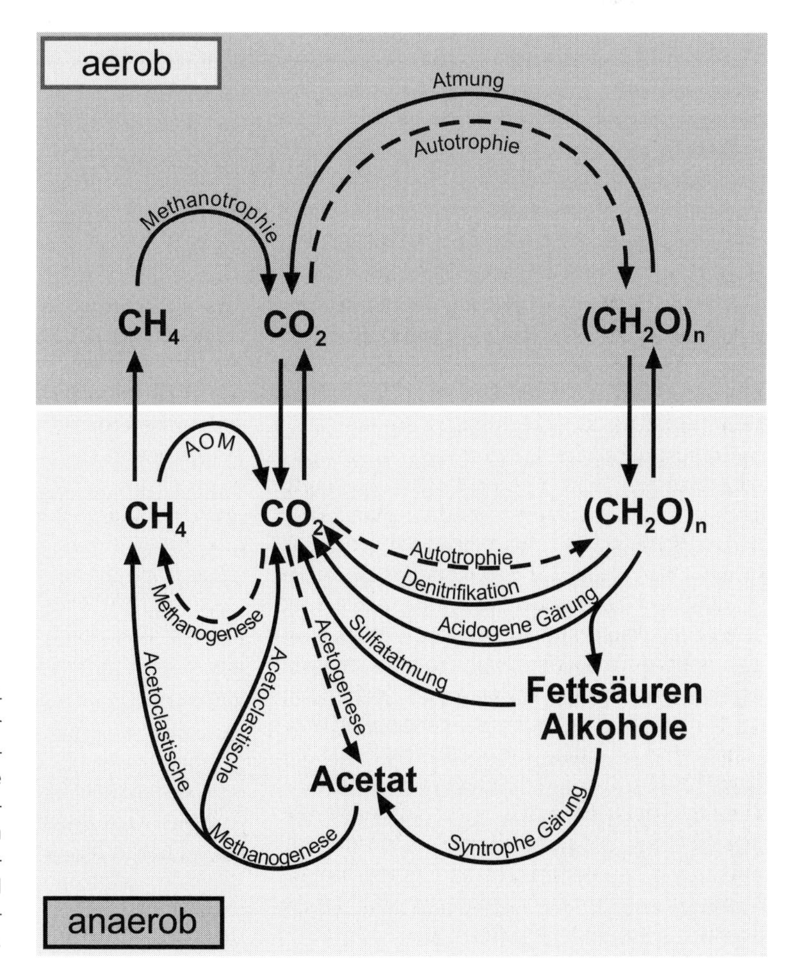

Abb 4.2 Der Kohlenstoffkreislauf. $(CH_2O)_n$ steht für Kohlenhydrate (Zellmaterial). Zum CO_2 führende Wege sind mit durchgezogenen Pfeilen gezeigt, vom CO_2 wegführende wie Fixierungsreaktionen sind mit unterbrochenen dargestellt.

Tabelle 4.1 Prozesse im Kohlenstoffkreislauf.

Prozess mit Funktion	Organismen
autotrophe CO_2-Fixierung [$CO_2 \rightarrow (CH_2O)_n$] aerob: phototroph chemolithotroph anaerob: phototroph chemolithotroph [H_2 als Elektronendonor]	 Pflanzen, Algen, Cyanobakterien Nitrifizierer, *Thiobacillus* Schwefelbakterien: Chromatiaceae, Chlorobiaceae Acetogene, Methanogene, Sulfidogene
Atmung [$(CH_2O)_n \rightarrow CO_2$]	heterotrophe Organismen
Denitrifizierer [$(CH_2O)_n \rightarrow CO_2$] Nitratatmung, dissimilatorische Nitratreduktion	*Pseudomonas, Paracocccus*
Acidogene Gärung [$(CH_2O)_n \rightarrow$ Fettsäuren, CO_2]	Enterobacteriaceae, Clostridium, Propionibakterien
Sulfidogene [Fettsäuren $\rightarrow CO_2$] vollständige Oxidation	*Desulfobacter, Desulfobacterium, Desulfococcus, Desulfonema*
syntrophe Gärer [Fettsäuren $\rightarrow$ Acetat] sekundäre Gärer	*Syntrophomonas wolfei, Syntrophobacter* sp.
Sulfidogene [Fettsäuren $\rightarrow$ Acetat] unvollständige Oxidation	*Desulfovibrio, Desulfomicrobium, Desulfomaculum, Desulfobulus*
Carbonatatmung ($CO_2 \rightarrow$ Acetat) CO_2 als terminaler Elektronenakzeptor, homoacetogene Bakterien	*Clostridium thermoaceticum, Acetobacterium woodii*
Acetoclastische Methanogene [Acetat $\rightarrow CO_2 + CH_4$]	*Methanosarcina, Methanotrix*
Carbonatatmung [$CO_2 \rightarrow CH_4$] CO_2 als terminaler Elektronenakzeptor	Methanogene: *Methanococcus, Methanomicrobium, Methanospirillum, Methanothermus*
Methanotrophe [$CH_4 \rightarrow CO_2$] Kohlenstoff- und Energiequelle: aerob	*Methylomonas, Methylobacter, Methylococcus, Methylosinus, Methylocystis,* einige Hefen
Methanotrophe [$CH_4 \rightarrow CO_2$] anaerob: AOM	Syntrophie zwischen anaeroben Methanoxidierern und sulfidogenen Organismen

Denitrifikation), Gärung (CO_2) oder Methanogenese (CH_4) gebildet.

Methan, das in anoxischen Biotopen produziert wird, ist nahezu unlöslich (3,5 Milliliter in 100 Milliliter Wasser bei 17 °C) und wird leicht in oxische Umgebungen transportiert, wo es von Methanotrophen zu CO_2 oxidiert wird. Aller organische Kohlenstoff kehrt schließlich zu CO_2 zurück, von wo aus der autotrophe Stoffwechsel des Kohlenstoffkreislaufs erneut beginnt.

Das Gleichgewicht zwischen den oxidativen und reduktiven Anteilen des Kohlenstoffkreislaufs ist sehr wichtig; die Stoffwechselprodukte einiger Organismen bilden die Substrate für andere. Daher muss der Kreislauf im Gleichgewicht bleiben, wenn er so weitergehen soll wie er viele Milliarden Jahre lang abgelaufen ist. Was den Abbau angeht, so übertrifft die CO_2-Freisetzung durch mikrobielle Aktivitäten bei weitem die durch Eukaryoten, und zwar besonders in anoxischen Umgebungen.

4.3 Autotrophe CO_2-Fixierung

Kohlendioxid ist eine reichlich vorhandene Kohlenstoffquelle, die zu Zellmaterial der Stufe $(CH_2O)_n$ reduziert werden muss. Der Prozess benötigt also Reduktionskraft und Energie. Organismen, die CO_2 als primäre Kohlenstoffquelle brauchen, sind Autotrophe und sie dienen als Primärproduzenten in Ökosystemen. Die autotrophe CO_2-Fixierung ermöglicht es den chemolithotrophen und phototrophen Organismen, unabhängig von einer von außen zugeführten organischen Kohlenstoffquelle zu leben. Autotrophe Kohlendioxidfixierung in Eukaryoten erfolgt einzig durch den Calvin-Cyclus, während bei den Prokaryoten auch andere Wege der autotrophen CO_2-Fixierung zu finden sind: (1) der Calvin-Cyclus; (2) der umgekehrte Citrat-Cyclus; (3) der reduktive Acetyl-CoA-

Tabelle 4.2 Die vier Wege der autotrophen CO_2-Fixierung.

Weg	Organismengruppe	Repräsentative Organismen
Calvin-Cyclus	höhere Pflanzen und Algen	Pflanzliche Chloroplasten
	Oxygene phototrophe Bakterien	Cyanobakterien
	Anoxygene phototrophe Bakterien	*Chromatium vinosum* *Rhodospirillum rubrum* *Rhodobacter sphaeroides*
	Chemolithoautotrophe Bakterien	Nitrifizierer, Schwefeloxidanten, Wasserstoff- und Carboxydobakterien, Eisenoxidierer *Thiobacillus ferrooxidans* *Cupriavidus necator* *Methanococcus jannaschii*
umgekehrter Citrat-Cyclus	Grüne Schwefelbakterien	*Chlorobium limicola* *Chlorobium thiosulfatophilum*
	Thermophile Wasserstoffbakterien	*Hydrogenobacter thermophilus*
	wenige sulfatreduzierende Bakterien	*Desulfobacter hydrogenophilus* *Aquifex pyrophilus* *Thermoproteus neutrophilus*
reduktiver Acetyl-CoA Weg	Homoacetogene Gärer	*Clostridium thermoaceticum* *Acetobacterium woodii* *Sporomusa* sp.
	meiste sulfatreduzierende Bakterien	*Desulfobacterium autotrophicum* *Desulfovibrio baarsii* *Archaeoglobus lithotrophicus*
	Methanogene Bakterien	*Methanobacterium thermoautotrophicum Methanosarcina barkeri* *Methanococcus jannaschii*
	Denitrifizierer	*Ferroglobus placidus*
Hydroxypropionat-Cyclus	Grüne Nichtschwefelbakterien	*Chloroflexus aurantiacus*
		Sulfolobus metallicus

Weg oder die Acetogenese und (4) der Hydroxypropionat-Weg. Die Verbreitung dieser vier autotrophen Wege ist in Tabelle 4.2 zusammengestellt.

4.3.1 Der Calvin-Cyclus

Der **Calvin-Cyclus (= reduktiver Pentosephosphat-Cyclus)**, der zuerst in den Grünalgen entdeckt wurde, ist bei vielen photolithotrophen und chemolithotrophen Bakterien vorhanden, wo er als Hauptmechanismus der Kohlenstoffassimilation dient (Abb. 4.3). Er lässt sich in drei Phasen gliedern, die Fixierungs-, Reduktions- und Regenerationsphase. Er erfordert NAD(P)H und ATP sowie die beiden Schlüsselenzyme, *Ribulosebisphosphat-Carboxylase* und *Phosphoribulose-Kinase.*

Der erste Schritt wird von der **Ribulosebisphosphat-Carboxylase** (kurz Rubisco) katalysiert. CO_2 wird an Ribulose-1,5-bisphosphat gebunden. Das Produkt dieser Reaktion zerfällt spontan zu zwei Molekülen 3-Phosphoglycerat. In einer Reaktion, die eine Umkehr der Glykolyse (siehe Kapitel 4.4.1.2) darstellt, wird 3-Phosphoglycerat durch die bereitgestellten Reduktionsäquivalente, NAD(P)H, unter Wasserabspaltung und ATP-Verbrauch reduziert, wo-

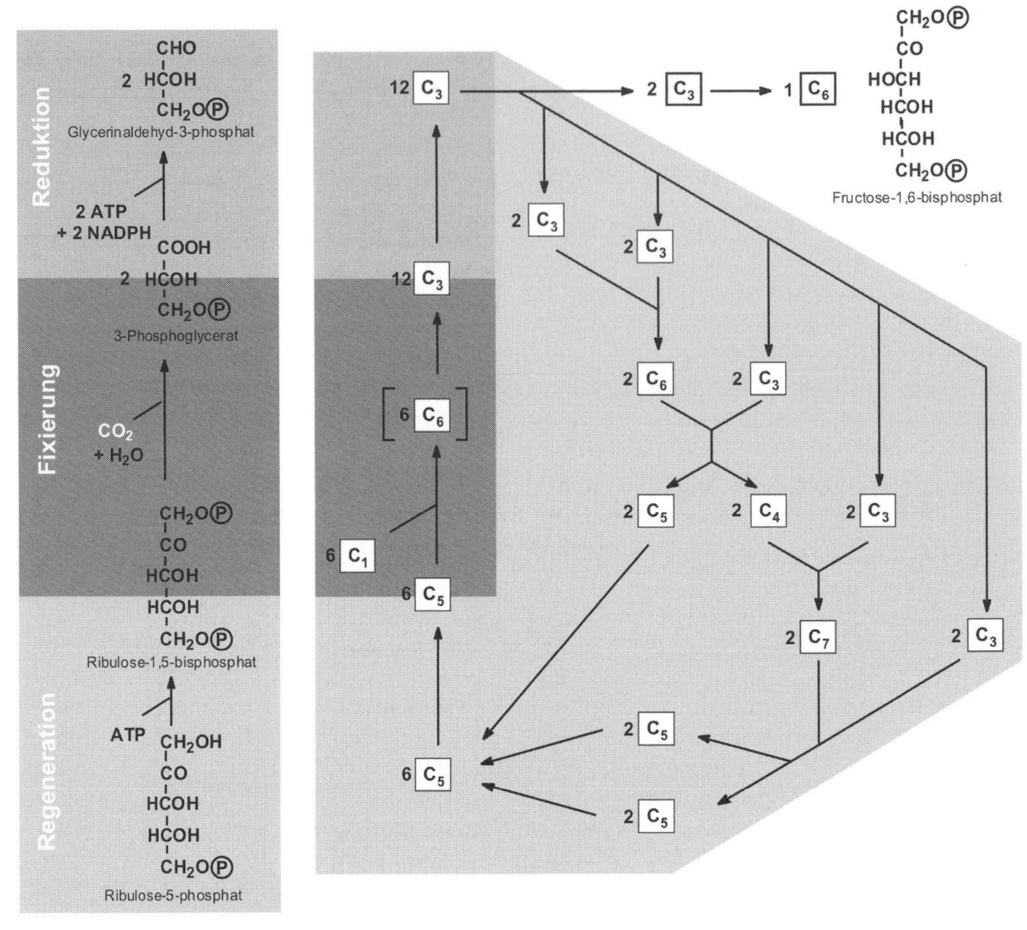

Abb 4.3 Der Calvin-Cyclus. Um die Bildung eines C_6-Körpers aus sechs CO_2-Molekülen deutlich zu machen, werden im Schema sechs Moleküle Ribulose-1,5-bisphosphat eingesetzt, die mit sechs CO_2-Molekülen zwölf C_3-Körper ergeben. Hieraus wird ein C_6-Körper, das Fructose-1,6-bisphosphat, gebildet, während die restlichen zehn C_3-Körper wieder in sechs C_5-Körper umgewandelt werden.

durch Glyceraldehyd-3-phosphat entsteht. Glycerinaldehyd-3-phosphat ist ein Schlüsselzwischenprodukt der Glykolyse. Von hier aus lässt sich Glucose durch die Umkehr der ersten Schritte der Glykolyse bilden, indem zuerst zwei Moleküle Triosephosphat in Fructose-1,6-bisphosphat umgewandelt werden.

Die CO_2-Fixierung ist im Wesentlichen mit der Bildung von Triosephosphat abgeschlossen, es bleibt die Regeneration des C_5-Akzeptormoleküls für die Fixierung des CO_2. In einer Folge von Umwandlungsreaktionen, bei denen jeweils phosphorylierte Zucker beteiligt sind beziehungsweise als Intermediate auftauchen (zum Beispiel auch C_4 und C_7), werden aus zehn Triosephosphat (C_3) sechs Ribulose-5-phosphat (C_5) synthetisiert. Durch einen abschließenden Phosphorylierungsschritt entsteht schließlich wieder das Ribulose-1,5-bisphosphat. Die Phosphoribulose-Kinase ist ein weiteres Enzym, das ausschließlich im Calvin-Cyclus vorkommt.

Insgesamt sind zur Reduktion von sechs CO_2-Molekülen zwölf NADPH nötig. Es werden 18 ATP verbraucht, sechs für die Phosphorylierung der sechs Ribulose-5-phosphatmoleküle und zwölf während der Reduktionsphase, der Erzeugung der zwölf Glycerinaldehyd-3-phosphate.

Die Bilanz für die Bildung eines Zuckers lautet:

$6\ CO_2 + 18\ ATP + 12\ NAD(P)H \rightarrow$ Hexose-P + $18\ ADP + 12\ NAD(P)^+ + 17\ P_i$
P_i = anorganisches Phosphat

Die Kohlendioxidfixierung über den Ribulosebisphosphat-Cyclus ist die heute in der Biosphäre wichtigste Reaktionsfolge zur Synthese von organischer Substanz aus CO_2. Sie ist jedoch nicht die einzige Form. Anaerobe autotrophe Bakterien verfügen über drei weitere Mechanismen der CO_2-Assimilation.

4.3.2 Der umgekehrte Citrat-Cyclus (reduktiver TCC-Cyclus)

Alternative Mechanismen für die autotrophe CO_2-Fixierung finden sich bei den Grünen Schwefelbakterien, Chlorobiaceae, und den Grünen Nichtschwefelbakterien. Bei *Chlorobium* erfolgt die CO_2-Fixierung durch die Umkehr von Schritten des Citrat-Cyclus (siehe Kapitel 4.4), ein Weg, der als **umgekehrter Citrat-Cyclus** bezeichnet wird. *Chlorobium* enthält zwei an Ferredoxin gekoppelte Enzyme, welche die reduktive Fixierung von CO_2 katalysieren. Es sind dies die Carboxylierung von Succinyl-CoA zu 2-Oxoglutarat und die Carboxylierung von Acetyl-CoA zu Pyruvat. Eine weitere reduktive Carboxylierung von 2-Oxoglutarat findet statt.

Die meisten Reaktionen des umgekehrten Citrat-Cyclus werden von Enzymen katalysiert, die auch entgegen der normalen oxidativen Richtung des Cyclus arbeiten. Die Chlorobiaceae haben jedoch die Succinat-Dehydrogenase durch eine Fumarat-Reduktase ersetzt, eine α-Ketoglutarat-Dehydrogenase-Ferredoxin-Oxidoreductase gegen den normalen α-Ketoglutarat-Dehydrogenase-Komplex ausgetauscht und die irreversible Citrat-Synthase durch eine ATP-Citrat-Lyase ausgewechselt.

Seit der Entdeckung in den Chlorobiaceae ist der reduktive TCC-Cyclus auch in *Desulfobacter hydrogenophilus* in dem δ-Subphylum der Proteobacteria, in Mitgliedern der Aquificae, *Aquifex,* einem sehr früh vom phylogenetischen Baum der Bakterien abzweigenden Autotrophen, und in anaeroben Mitgliedern der Crenarchaeota *Sulfolobus* und *Thermoproteus* gefunden worden. Der **reduktive Tricarbonsäure-Cyclus** erfordert pro gebildetem Hexosephosphat die Aufwendung von zehn ATP.

4.3.3 Reduktiver Acetyl-CoA-Weg (Acetogenese)

Durch chemolithotrophe Methanogene, Sulfidogene und Homoacetogene, die Wasserstoff oder Kohlenmonoxid als H-Donor nutzen, wird unter anaeroben Bedingungen der **reduktive Acetyl-CoA-Weg** als CO_2-Fixierungsweg verwendet. Dabei werden zwei CO_2 zu Acetyl-CoA umgesetzt. Der Stoffwechselweg ist weitgehend identisch mit der Acetatsynthese aus zwei CO_2, wie er im Energiestoffwechsel der homoacetogenen Bakterien katalysiert wird.

Im Gegensatz zu anderen autotrophen Wegen wie dem Calvin-Cyclus oder dem umgekehrten Citrat-Cyclus ist der Acetyl-CoA-Weg der CO_2-Fixierung kein Cyclus. Statt dessen erfolgt bei ihm die Reduktion von CO_2 auf zwei linearen Wegen – ein Molekül CO_2 wird zur Carbonylgruppe reduziert, das andere CO_2-Molekül zur Methylgruppe von Acetat – worauf sie am Ende zu Acetyl-CoA zusammengefügt werden. Ein Schlüsselenzym des Acetyl-CoA-Weges ist die Kohlenmonoxid-(CO)-Dehydrogenase. Das produzierte CO bildet die CO-Gruppe der Carboxylfunktion des Acetats. Die Methylgruppe des Acetats stammt aus der Reduktion von CO_2 durch eine Reihe von Reaktionen, an denen das Coenzym Tetrahydrofolat beteiligt ist. Die Methylgruppe, die sich bildet, wird vom Tetrahydrofolat auf ein Enzym übertragen, das Vitamin B_{12} als Cofaktor enthält. Im letzten Schritt des Weges wird die CH_3-Gruppe in der CO-Dehydrogenase mit CO verbunden und bildet Acetat. Der Reaktionsmechanismus erfordert die Verbindung der CH_3-Gruppe, die an ein Nickelatom des Enzyms gebunden ist, mit CO, das an ein Fe-Atom des Enzyms gebunden ist, zusammen mit Coenzym A, um das Endprodukt Acetyl-CoA zu bilden.

Die Energie aus Acetyl-CoA kann als ATP im Katabolismus konserviert oder für Biosynthesen genutzt werden.

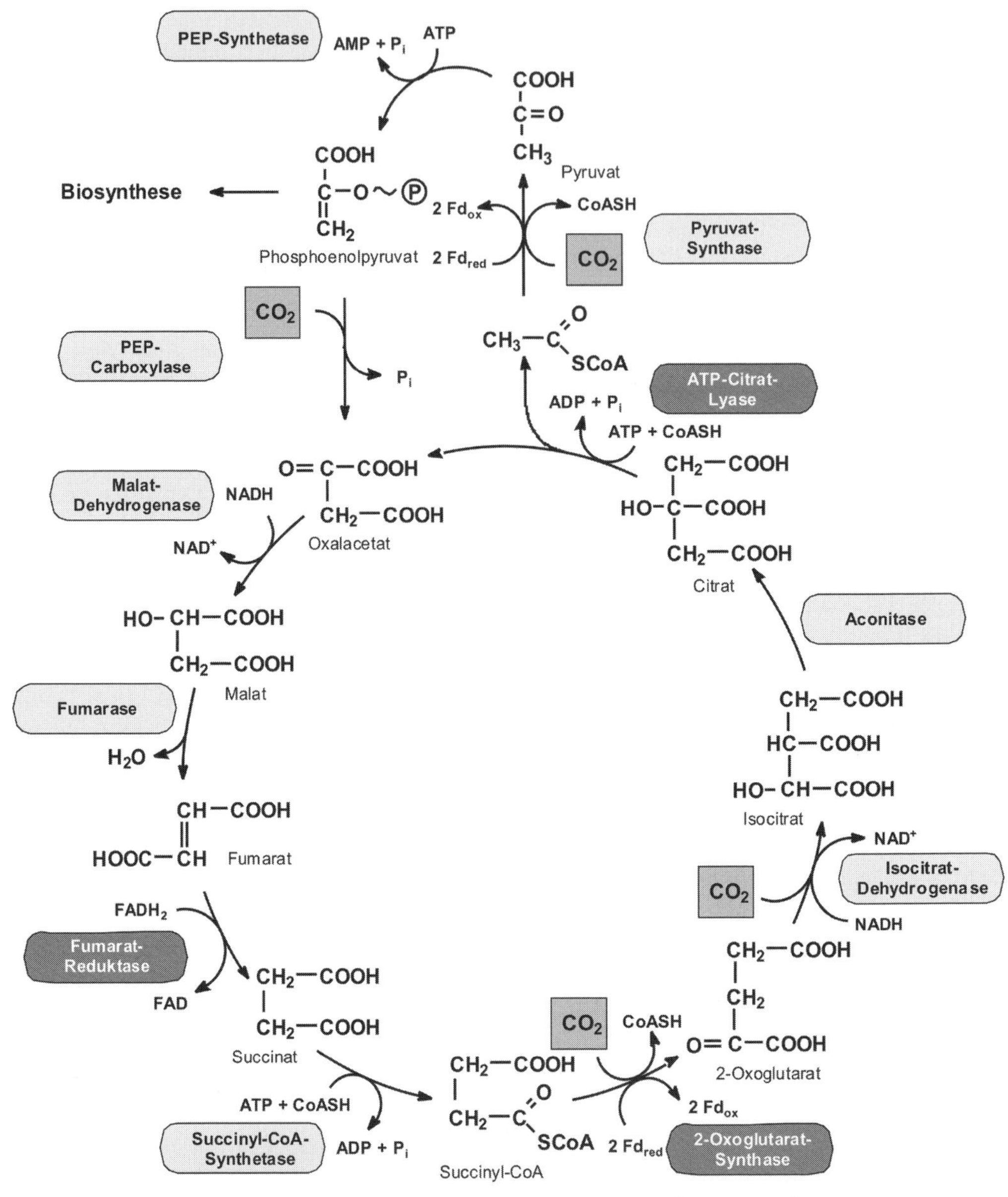

Abb 4.4 Der rückläufige Citrat-Cyclus. Die besonderen Enzyme sind dunkelgrau angezeigt.

Das Acetyl-CoA wird reduktiv zu Pyruvat carboxyliert, eine Reaktion, die einen Elektronendonor mit negativem Redoxpotenzial erfordert (zum Beispiel Ferredoxin ox/red, E^0 = -390 mV). Pyruvat kann aus thermodynamischen Gründen nicht direkt zu PEP umgesetzt werden. Die PEP-Synthese kostet zwei ATP. Von PEP ausgehend wird dann Triosephosphat über eine Umkehrung der Glykolyse gebildet. Die Synthese von einem Hexosephosphat über den Acetyl-CoA-Weg erfordert die Aufwendung von nur zirka acht ATP.

Der acetogene Weg ist für einen Großteil der in anoxischen Habitaten vorkommenden CO_2-Fixierung verantwortlich.

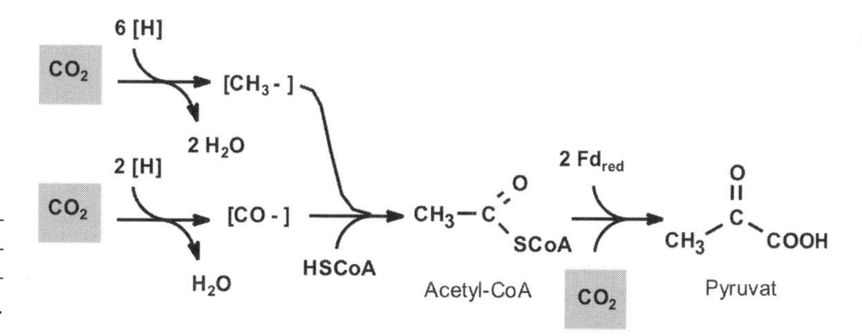

Abb 4.5 Reduktiver Acetyl-CoA-Weg (sonstige Einzelheiten siehe bei Acetogenese Kapitel 4.5.1).

4.3.4 Der Hydroxypropionat-Cyclus

Chloroflexus aurantiacus, ein phototrophes grünes Nichtschwefelbakterium, wächst autotroph mit H_2 oder H_2S als Elektronendonor. Der Weg der CO_2-Fixierung beinhaltet die Carboxylierung von Acetyl-CoA und Propionyl-CoA (Abb. 4.6), und wird meistens „3-Hydroxypropionat-Weg" genannt. Er ist verantwortlich für die CO_2-Fixierung zum Glyoxylat in *Chloroflexus.* Die Schlüsselenzyme des Weges sind die Acetyl-CoA-Carboxylase und Propionyl-CoA-Carboxylase. Der Weg wurde auch in aeroben lithotrophen Crenarchaeota wie *Sulfolobus* nachgewiesen. Glyoxylat wird wahrscheinlich über ein Serin- oder Glycin-Zwischenprodukt in Zellmaterial umgewandelt.

4.3.5 Vergleich der Prozesse der CO_2-Fixierung

Der Vergleich der Arten der autotrophen CO_2-Fixierung zeigt, dass die anaeroben Prozesse erheblich wirtschaftlicher arbeiten als die aeroben. So erfordert die Fixierung von drei Molen CO_2 über den reduktiven Acetyl-CoA-Weg nur vier Mole ATP, über den reduktiven Tricarbonsäure-Cyclus etwa fünf Mole ATP und über den Ribulosebisphosphat-Cyclus neun Mole ATP. Dies macht auch Sinn, da die Anaerobier durch das Fehlen der Atmungskette viel weniger Energie zur Verfügung haben.

Tabelle 4.3 Vergleich von Energieeinsatz für CO_2-Fixierung.

Weg CO_2-Fixierung	Menge an ATP für die Assimilation von 3 CO_2	Verhalten zum Sauerstoff
Calvin-Cyclus	9	aerob
rückläufiger Citrat-Cyclus	5	anaerob/ microaerob
reduktiver Acetyl-CoA-Weg	4	anaerob
3-Hydroxypropionat-Weg	10	aerob

4.4 Abbau von Naturstoffen

Naturstoffe kommen in der Natur zum großen Teil als Polymere vor. In dieser Form sind sie zu groß, um einfach durch die Zellmembran aufgenommen zu werden. Zudem sind Prokaryoten nicht zur Phagocytose befähigt.

Die Makromoleküle werden außerhalb der Zelle durch **Exoenzyme** in kleinere Bausteine zerlegt, damit letztere dann in die Zelle aufgenommen werden können (Abb. 4.7). Bei Bakterien handelt es sich hierbei in der Regel um hydrolytische Enzyme, bei Pilzen zum Teil auch um Oxidasen.

Die entstandenen Monomere gehen nach Aufnahme in verschiedene Bereiche des Intermediärstoffwechsels ein und werden mineralisiert. Die zentrale Stellung von Pyruvat und insbesondere Acetyl-CoA sowie des Citrat-Cyclus für den Stoffwechsel wird in Abbildung 4.7 deutlich.

4

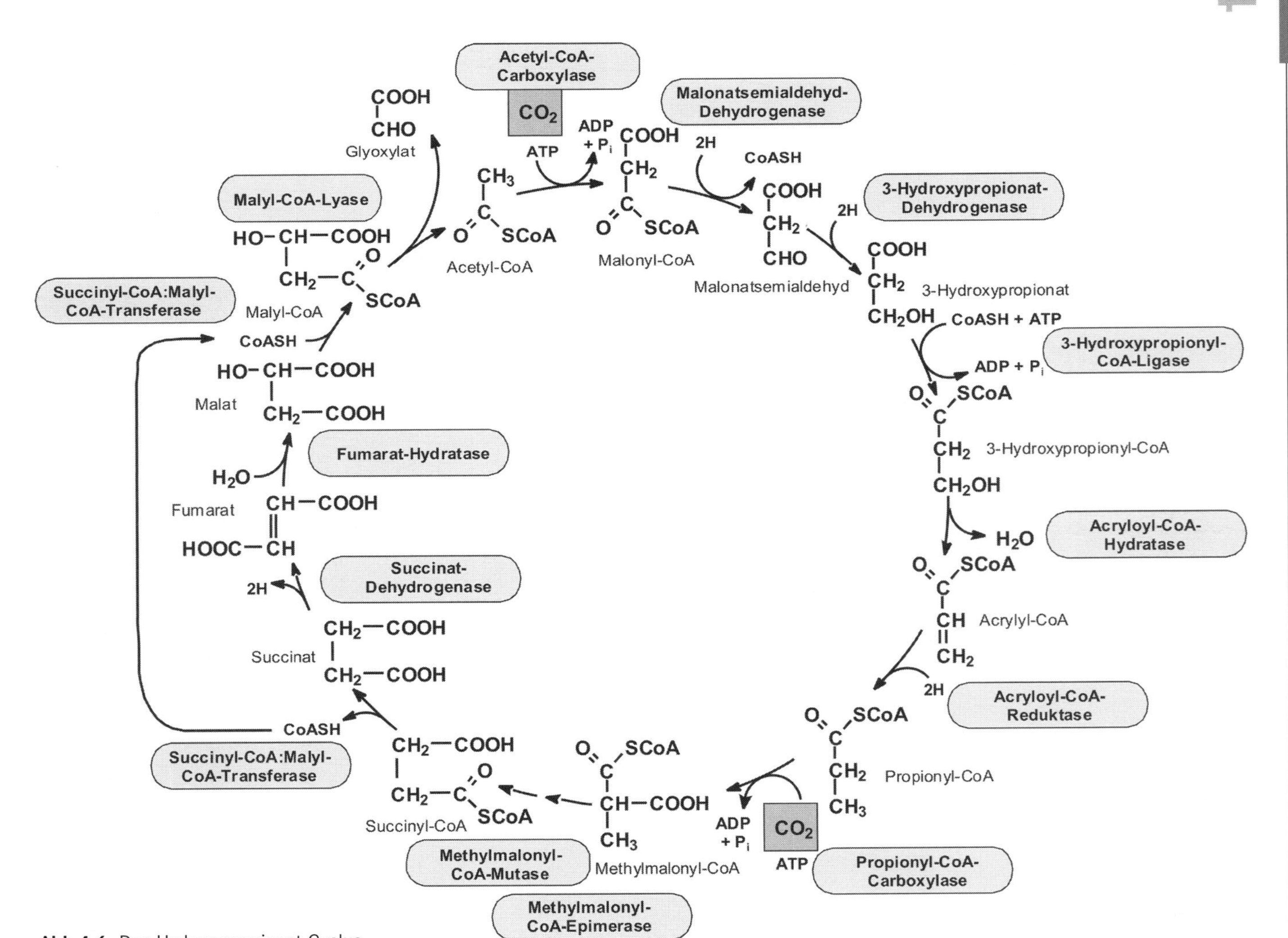

Abb 4.6 Der Hydroxypropionat-Cyclus.

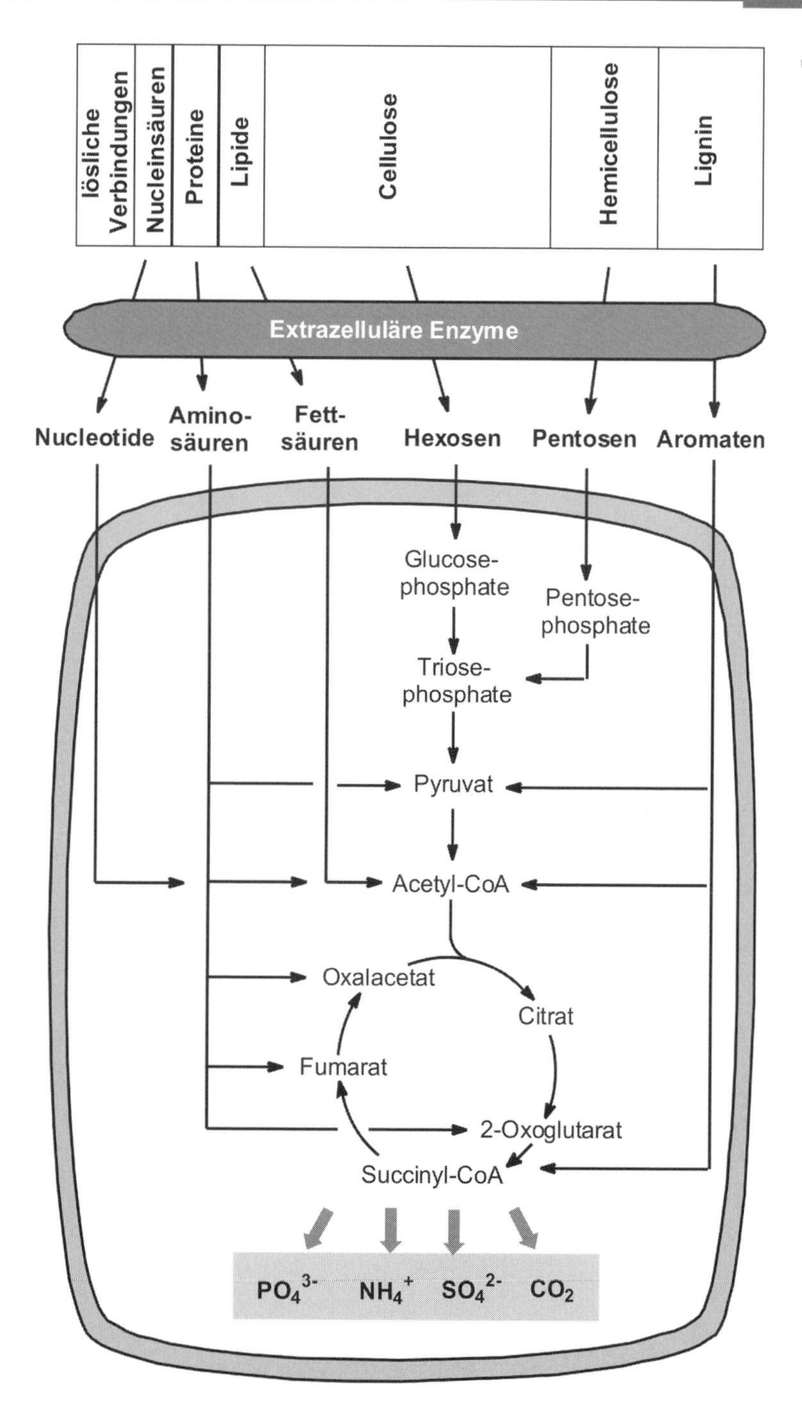

Abb 4.7 Abbau pflanzlicher Biomasse zu Mineralstoffen.

4

4.4.1 Abbau von Kohlenhydraten

Im letzten Kapitel wurde verdeutlicht, dass im mikrobiellen Stoffwechsel Energie aus Reduktions-Oxidations-Reaktionen in Form von ATP beziehungsweise eines Protonengradienten für verschiedene Zellfunktionen konserviert wird. Auf die hierbei ablaufenden Reaktionen soll zunächst am Beispiel des aeroben Kohlenhydratstoffwechsels genauer eingegangen werden.

Der Kohlenhydratstoffwechsel ist zum Ersten rein quantitativ von herausragender Bedeutung, da Cellulose in den Zellwänden der grünen Pflanzen sowie weitere polymere Kohlenhydrate (Hemicellulosen, Chitin, Stärke) den größten Vorrat des organisch gebundenen Kohlenstoffes darstellen. Zum Zweiten sind die am Kohlenhydratstoffwechsel beteiligten Wege konsequenterweise von vielen Bakterien bis hin zum Menschen sehr weit verbreitet. Zum Dritten stellt der Kohlenhydratstoffwechsel in vielen Organismen gewissermaßen das Zentrum des Stoffwechsels dar, in das viele andere Abbauwege münden und aus dem heraus die Bausteine der Biomasse wie Aminosäuren, Lipide oder DNA-Bausteine synthetisiert werden können (Abb. 4.7).

4.4.1.2 Glykolyse

Die bereits vorhandene oder aus Stärke bzw. Cellulose gebildete Glucose wird in mehreren Schritten umgesetzt, wobei zunächst die Bildung von C_3-Körpern aus dem C_6-Körper im Vordergrund steht. Ein bei aeroben wie anaeroben Organismen besonders weit verbreiteter biochemischer Weg für den Abbau der Glucose ist die **Glykolyse,** nach den wichtigsten Entdeckern auch **Embden-Meyerhof-Weg** oder nach dem charakteristischen Intermediat auch **Fructose-1,6-bisphosphat-Weg** genannt.

Die Glykolyse umfasst jene Reaktionen, die Glucose in zwei Moleküle Pyruvat (Brenztraubensäure) überführen. Bei dieser Oxidation werden die anfallenden Reduktionsäquivalente auf NAD^+ übertragen, sodass pro Glucosemolekül zwei Moleküle NADH gebildet werden. Insbesondere für die anaeroben Mikroorganismen ist von entscheidender Bedeutung, dass ein Teil der bei diesem Oxidationsprozess frei werdenden Energie in Form von zwei Molekülen ATP pro Molekül Glucose gespeichert werden kann. Für die Glykolyse ergibt sich als Summenreaktionsgleichung:

$C_6H_{12}O_6 + 2\ NAD^+ + 2\ ADP + 2\ P_i \rightarrow$
Glucose

$2\ C_3H_4O_3 + 2\ NADH + 2\ ATP + 2\ H_2O$
Pyruvat

Das bei der Glykolyse gebildete ATP ist das Ergebnis einer **Substratstufen-Phosphorylierung.** Wie es möglich ist, im Verlauf von chemischen Umwandlungen Energie in Form von ATP zu konservieren, wurde in Kapitel 3 besprochen. Um die Reaktionen innerhalb der Glykolyse zu verstehen, ist es sinnvoll, sie in zwei große Abschnitte zu unterteilen (Abb. 4.8).

Im **Abschnitt I,** der **Aktivierung,** wird zunächst einmal biochemische Energie eingesetzt, also ATP verbraucht, und es findet noch keine Oxidation statt (Abb. 4.8). Glucose wird mit ATP phosphoryliert und so Glucose-6-phosphat gebildet, das in eine isomere Form, Fructose-6-phosphat, umgewandelt wird. Eine zweite Phosphorylierung führt zur Bildung von Fructose-1,6-bisphosphat, einem Hauptzwischenprodukt der Glykolyse, welches durch zwei einander abstoßende, negativ geladene Phosphatgruppen charakterisiert ist. Eine Aldolase katalysiert die Spaltung von Fructose-1,6-bisphosphat in zwei C_3-Moleküle: Dihydroxyacetonphosphat und sein Isomer Glycerinaldehyd-3-phosphat. Da beide ineinander umgewandelt werden können und nur letzteres in der Glykolyse weiter umgesetzt wird, kann man zwei Moleküle Glyerinaldehyd-3-phosphat als Ergebnis des Abschnittes I der Glykolyse betrachten.

Im **Abschnitt II** der Glykolyse erfolgt eine **Oxidationsreaktion** und damit einhergehend die **Energiegewinnung durch Substratstufen-Phosphorylierung.** Die Oxidationsreaktion erfolgt während der Umwandlung von Glycerinaldehyd-3-phosphat zu 1,3-Bisphosphoglycerat. Glycerinaldehyd-3-phosphat wird unter Bildung von NADH von der Stufe des Aldehyds zur Stufe der Säure oxidiert, wobei anorganisches Phosphat in das Molekül aufgenommen wird und 1,3-Bisphosphoglycerat entsteht. Die

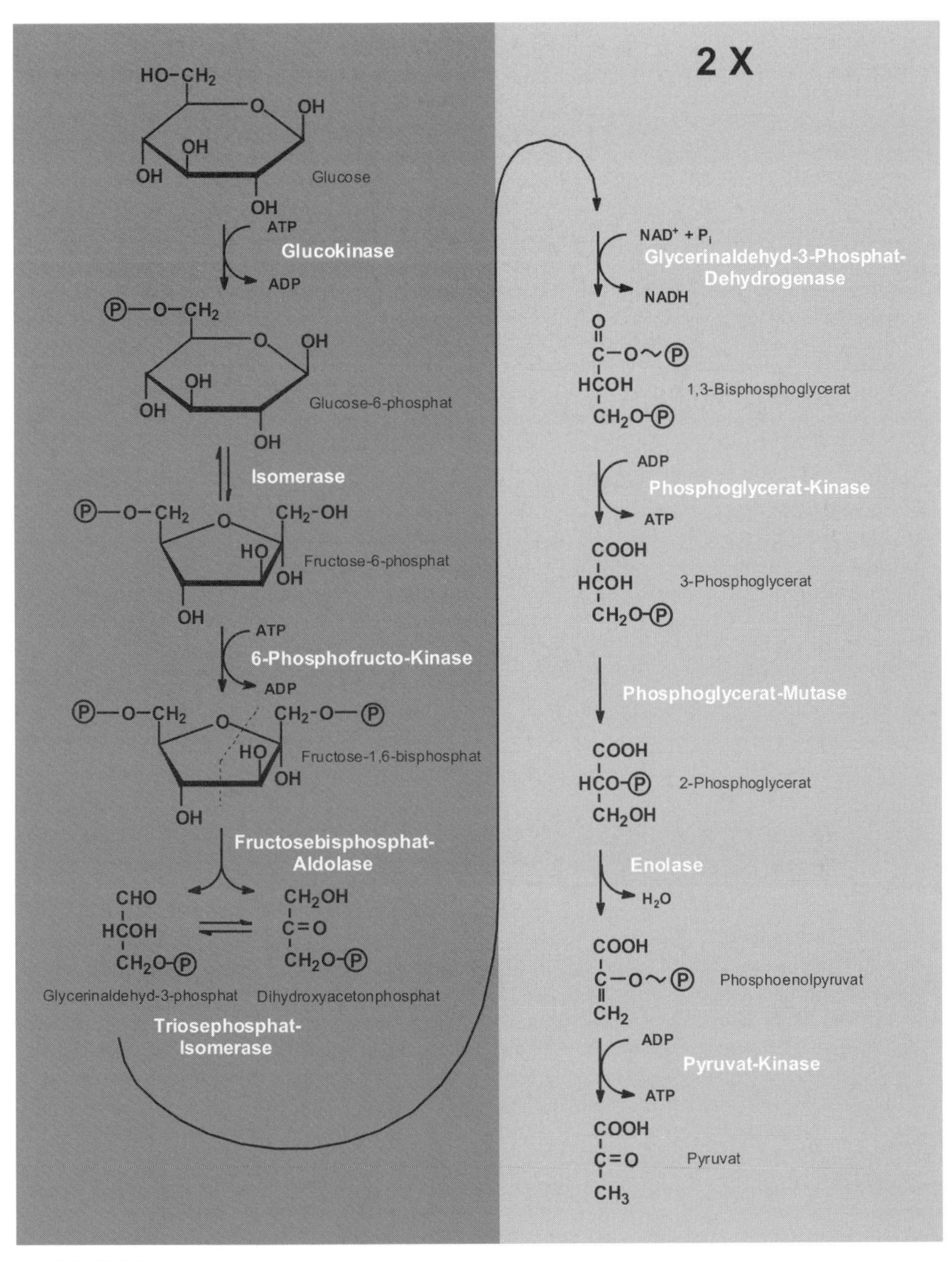

Abb 4.8 Glykolyse.

Gruppentranslokation

In Eubakterien werden Glucose, Fructose, Mannose und andere Kohlenhydrate durch das Phosphoenolpyruvat-abhängige Phosphotransferasesystem (PTS) in die Zellen aufgenommen. An der Gruppentranslokation, einer chemischen Modifizierung während des Transportes, ist eine Kaskade von Proteinkinasen beteiligt (Abb. 4.9).

Die Phosphatgruppe wird von PEP nicht direkt übertragen, sondern es findet ein sequenzieller Phosphattransfer statt. Dabei werden die Proteine des Phosphotransferasesystems in einer Kaskade abwechselnd phosphoryliert und dephosphoryliert, bevor die Phosphatgruppe das Enzym IIc erreicht. Das Enzym IIc ist ein integrales Membranprotein, welches den Kanal bildet und die Phosphorylierung des Zuckers katalysiert.

Die Enzyme II sind für jeweils einen Zucker spezifisch, während die cytoplasmatischen Enzyme Enzym I (E_I) und Histidinprotein (HPr) am Transport aller Zucker beteiligt sind, die durch das PTS in die Zelle gelangen.

Die Gruppentranslokation bereitet also die Glucose für den Eintritt in den zentralen Metabolismus vor.

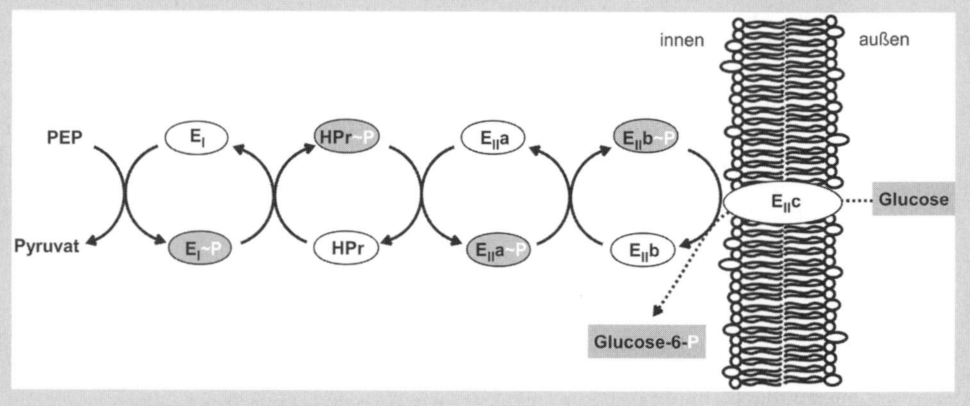

Abb 4.9 Transport von Glucose durch das Phosphoenolpyruvat:Glucose Phosphotransferasesystem (PTS). HPr = Histidinprotein, PEP = Phosphoenolpyruvat

gemischte Säureanhydrid-Bindung dieses Intermediats ist so energiereich, dass die Phosphatgruppe im nächsten Schritt auf ADP unter Bildung von ATP übertragen werden kann. Durch Isomerisierung des gebildeten 3-Phosphoglycerats zu 2-Phosphoglycerat und Abspaltung von Wasser entsteht Phosphoenolpyruvat (PEP, Phosphorsäureester der Enol-Form des Pyruvats). Da Phosphoenolpyruvat eine energiereiche Bindung (Phosphorsäureester) zum Phosphat enthält, kann auch dieser Phosphatrest auf ADP unter Bildung von ATP und Pyruvat übertragen werden.

Da, wie oben erwähnt, aus Glucose zwei Moleküle Glycerinaldehyd-3-phosphat entstehen, läuft die Reaktionskette vom Glycerinaldehyd-3-phosphat bis zum Pyruvat im Hinblick auf die Bilanz zweimal ab. In dieser Reaktionskette wird an zwei Stellen ATP synthetisiert, bei der Reaktion von 1,3-Bisphosphoglycerat zu 3-Phosphoglycerat und bei der Reaktion von Phosphoenolpyruvat zu Pyruvat. Insgesamt werden in der Glykolyse pro Molekül Glucose also vier ATP-Moleküle gewonnen und zwei verbraucht. Somit gewinnt der Organismus pro Glucosemolekül insgesamt zwei Moleküle ATP.

4.4.1.3 Oxidative Pyruvat-Decarboxylierung und Tricarbonsäure-Cyclus

Das durch die Glykolyse gebildete Pyruvat kann in verschiedenen Organismen je nach physiologischem Zustand sehr unterschiedlichen Reaktionen zugeführt werden. Im Hinblick auf die Energiegewinnung aerober Organismen ist die wichtigste Reaktion des Pyruvats die oxidative Decarboxlierung durch den Pyruvat-Dehydrogenase-Komplex. Hierbei wird der entstehende Acetylrest auf eine Thiolgruppe des Coenzyms A (abgekürzt HSCoA) übertragen:

$C_3H_4O_3$ + HSCoA + NAD^+ →
Pyruvat

CH_3-COSCoA + CO_2 + NADH
Acetyl-CoA

An dem Pyruvat-Dehydrogenase-Komplex sind mehrere Enzyme und Coenzyme beteiligt. Im Ergebnis wird ein Molekül CO_2 pro Molekül Pyruvat gebildet, ein Reduktionsäquivalent wird in Form von NADH für die Atmungskette bereitgestellt und der verbleibende C_2-Körper ist durch eine Thioesterbindung aktiviert, sodass er in den Tricarbonsäure-Cyclus eingeschleust oder auch anderweitig in der Zelle verwendet werden kann.

Das durch den Pyruvat-Dehydrogenase Komplex gebildete Acetyl-CoA wird anschließend in einem cyclischen Stoffwechselweg, dem **Tricarbonsäure-Cyclus** (auch **Citrat-Cyclus**), vollständig zu CO_2 oxidiert (Abb. 4.10). Auch die hierbei anfallenden Reduktionsäquivalente werden auf Elektronenzwischenträger, zum größeren Teil auf NAD^+ und zum kleineren Teil auf FAD (vergleiche Box Seite 38), übertragen, wobei die jeweiligen reduzierten Formen (NADH und $FADH_2$) entstehen.

Der Tricarbonsäure-Cyclus wird eingeleitet durch die Anlagerung des Acetylrestes (C_2-Körper) von Acetyl-CoA an den C_4-Körper Oxalacetat, wobei der C_6-Körper Citrat entsteht. Nach Isomerisierung des Citrats zu Isocitrat liefert eine Oxidation eine β-Ketosäure, die decarboxyliert und den C_5-Körper 2-Oxoglutarat bildet. Auch dieses wird oxidativ decarboxyliert, und zwar in einer der oxidativen Pyruvat-Decarboxylierung analogen Reaktion, in der neben CO_2 Succinyl-CoA entsteht. Dieses hat (wie auch Acetyl-CoA) eine energiereiche Thioesterbindung, die in diesem Fall zur Gewinnung von ATP oder GTP über Substratstufen-Phosphorylierung genutzt wird. Im weiteren Verlauf des Tricarbonsäure-Cyclus wird der entstandene, noch relativ reduzierte C_4-Körper Succinat über Fumarat und Malat wieder zu Oxalacetat oxidiert. Zu beachten ist, dass aufgrund des Reduktionspotenzial des Fumarat/Succinat-Paares die Elektronen von Succinat nicht auf NAD^+, sondern direkt auf ein FAD, welches ein positiveres Reduktionspotenzial hat, übertragen werden können. Wenn man vereinfachend annimmt, dass die Substratstufen-Phosphorylierung des Tricarbonsäure-Cyclus ATP liefert, lässt sich die Bilanz des Tricarbonsäure-Cyclus durch folgende Reaktionsgleichung zusammenfassen:

CH_3-COSCoA (Acetyl-CoA) + 3 NAD^+ + FAD + ADP + P_i + 2 H_2O → 2 CO_2 + HSCoA + 3 NADH + $FADH_2$ + ATP

Glykolyse, oxidative Pyruvat-Decarboxylierung und Tricarbonsäurecyclus sind nicht nur für den hier dargestellten aeroben Kohlenhydratstoffwechsel von Bedeutung. Vielmehr münden Abbauwege vieler Naturstoffe wie Proteine, Fette oder Aromaten in diese Wege ein. Gleichzeitig sind die Metabolite der hier betrachteten Stoffwechselwege Ausgangspunkte für vielerlei Reaktionen zur Synthese mikrobieller Biomasse.

4.4.1.4 Bilanz der aeroben Atmung und Energiespeicherung

Fasst man die Bilanzgleichungen für die Teilschritte des Glucoseabbaus zusammen und berücksichtigt dabei, dass die oxidative Pyruvat-Decarboxylierung und der Tricarbonsäurecyclus pro Glucosemolekül zweimal ablaufen müssen, so ergibt sich folgende Reaktionsgleichung:

$C_6H_{12}O_6$ (Glucose) + 10 NAD^+ + 2 FAD + 4 ADP + 4 P_i + 2 H_2O → 6 CO_2 + 10 NADH + 2 $FADH_2$ + 4 ATP

Glucose wurde also vollständig zu CO_2 oxidiert und die Reduktionsäquivalente wurden auf Wasserstoffzwischenträger übertragen. Gleichzeitig wurden vier Moleküle ATP durch Substratstufen-Phosphorylierung gewonnen (davon je zwei in der Glykolyse und im Tricarbonsäure-Cyclus).

Berücksichtigt man die ATP-Ausbeute aus der Atmungskette, dann kommen aus der Oxidation des NADH unter aeroben Bedinungen

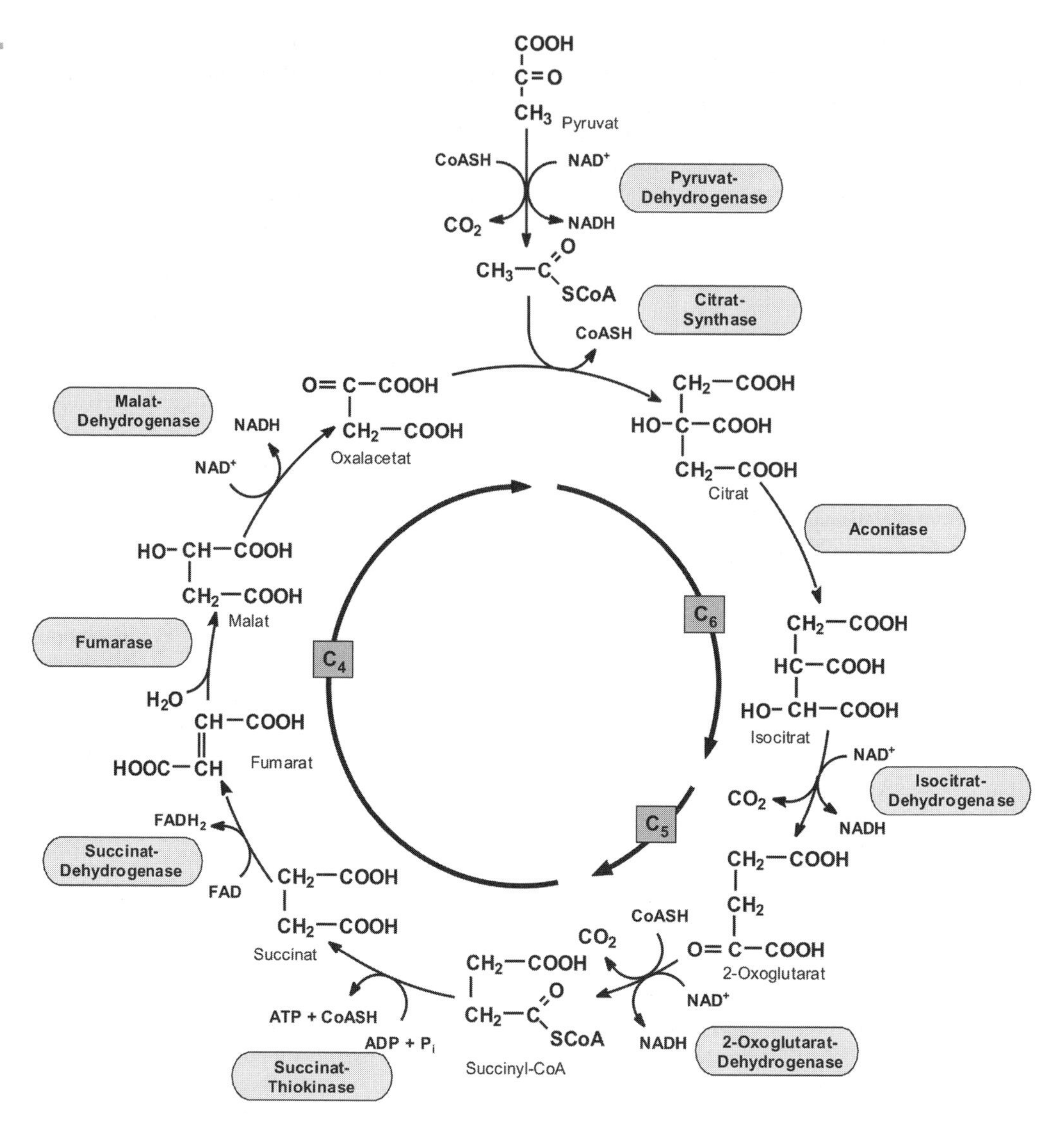

Abb 4.10 Tricarbonsäure-Cyclus (auch Citrat-Cyclus).

bis zu 30 ATP hinzu (aerob bis zu drei ATP pro NADH) und die Oxidation von zwei reduzierten Chinonmolekülen steuert bis zu vier ATP bei (bis zu zwei ATP pro reduziertem Chinon). In der Summe kann der aerobe Abbau eines Moleküls Glucose demnach bis zu 38 Moleküle ATP liefern.

4.4.1.5 Anaerober Abbau von Kohlenhydraten

Wieviel ATP kann ein Mikroorganismus, dem die Atmungskette fehlt oder dem Sauerstoff oder ein anderer Elektronenendakzeptor (siehe Kapitel 3.1) nicht zur Verfügung steht, bei Verwertung von Glucose bilden? Gärer produzieren zwei bis drei ATPs pro Mol Glucose, wenn die Glykolyse genutzt wird. Dies ist ungefähr die maximale Menge an ATP, die durch Gärung gebildet wird; viele andere Substrate liefern weniger Energie. Die potenziell bei einer bestimmten Gärung freigesetzte Energie kann aus der ausgeglichenen Reaktion und aus den freien Energiewerten berechnet werden: Zum Beispiel liefert die Gärung von Glucose zu Ethanol und CO_2 theoretisch –235 Kilojoule pro Mol, genug, um ungefähr sieben ATPs (–31,8 Kilojoule pro Mol ATP) zu produzieren. Es werden jedoch nur zwei ATPs tatsächlich produziert. Dies macht klar, dass ein Mikroorganismus mit einer bedeutend geringeren als hundertprozentigen Effizienz arbeitet und ein Teil der Energie als Wärme verloren geht.

Oxidations-Reduktions-Gleichgewicht/Bildung von Gärungsprodukten

Warum produziert ein Gärer ein Produkt wie Ethanol? Im oxidativen Teil der Glykolyse werden während der Bildung von zwei Molekülen 1,3-Bisphosphoglycerat zwei NAD^+ zu NADH reduziert. Eine Zelle enthält jedoch nur eine geringe Menge NAD^+. Würde all dies zu NADH umgewandelt, würde die Oxidation von Glucose zum Erliegen kommen. Die Oxidation von Glycerinaldehyd-3-phosphat kann nur fortgesetzt werden, wenn NAD^+ vorhanden ist, um Elektronen zu akzeptieren. Bei der Gärung wird durch die Oxidation von NADH zu NAD^+ die Blockierung vermieden, indem Pyruvat zu einer Vielzahl von **Gärungsprodukten** reduziert wird. Im Fall von Hefe wird Pyruvat unter Freisetzung von CO_2 zu Ethanol reduziert. In Milchsäurebakterien wird Pyruvat in Lactat umgewandelt. Andere Möglichkeiten der Pyruvatreduktion in gärenden Prokaryoten sind bekannt, das Ergebnis ist aber letztlich immer dasselbe: **NADH muss in die oxidierte Form NAD^+ überführt werden, damit die energieliefernden Reaktionen des Glucoseabbaus weiter ablaufen können.** NADH diffundiert von der Glycerinaldehyd-3-phosphat-Dehydrogenase zur Dehydrogenase. Nach der Rückdiffusion des dort gebildeten NAD^+ kann der Kreislauf von vorne beginnen.

In jedem energieliefernden Prozess muss eine Oxidation durch eine Reduktion ausgeglichen werden, und für jedes entfernte Elektron muss es einen Elektronenakzeptor geben. In diesem Fall wird die *Reduktion* von NAD^+ in einem enzymatischen Schritt der Glykolyse durch seine *Oxidation* in einem anderen Schritt ausgeglichen. Die Endprodukte müssen sich auch in einem Oxidations-Reduktions-Gleichgewicht mit dem Ausgangssubstrat Glucose befinden. Daher befinden sich die hier erläuterten Endprodukte, Ethanol und CO_2 beziehungsweise Lactat und Protonen, im Gleichgewicht mit dem Ausgangsmolekül Glucose bezüglich Ladung und Atomsummen.

Bei jeder Gärungsreaktion muss ein **Gleichgewicht zwischen Oxidation und Reduktion** bestehen. Die Gesamtzahl der Elektronen der Produkte auf der rechten Seite der Gleichung muss der Elektronenanzahl in den Substraten auf der linken Seite der Gleichung entsprechen.

Bei einigen Gärungsreaktionen wird das Elektronengleichgewicht durch die Produktion von molekularem Wasserstoff, H_2, aufrechterhalten. Bei der H_2-Produktion dienen aus Wasser stammende Protonen (H^+) als Elektronenakzeptoren. Die Produktion von H_2 ist im Allgemeinen mit dem Vorhandensein eines Eisenschwefelproteins – Ferredoxin, ein sehr elektronegativer Elektronenüberträger – im Organismus verbunden. Die Übertragung von Elektronen von Ferredoxin auf H^+ wird durch die Hydrogenase katalysiert. Die Energetik der Wasserstoffproduktion ist eher ungünstig, weshalb die meisten gärenden Mikroorganismen nur eine relativ geringe Menge Wasserstoff neben anderen Gärungsprodukten herstellen. Die Wasserstoffproduktion dient deshalb hauptsächlich dazu, das Redoxgleichgewicht aufrechtzuerhalten. Wird zum Beispiel die Wasserstoffproduktion verhindert, so wird das Gleichgewicht der Oxidationsreduktion der anderen Gärungsprodukte zu reduzierteren Produkten hin verschoben. Deshalb produzieren viele gärende Mikroorganismen, die H_2 herstellen, sowohl Ethanol als auch Acetat. Da Ethanol reduzierter ist als Acetat, wird seine Bildung begünstigt, wenn die Wasserstoffproduktion inhibiert wird. Die Produktion von Acetat oder bestimmter anderer Fettsäuren ist energetisch von Vorteil, weil sie dem Mikroorganismus ermöglichten, ATP durch Substratstufen-Phosphorylierung herzustellen. Das wichtigste Zwischenprodukt bei der Acetatbildung ist Acetyl-

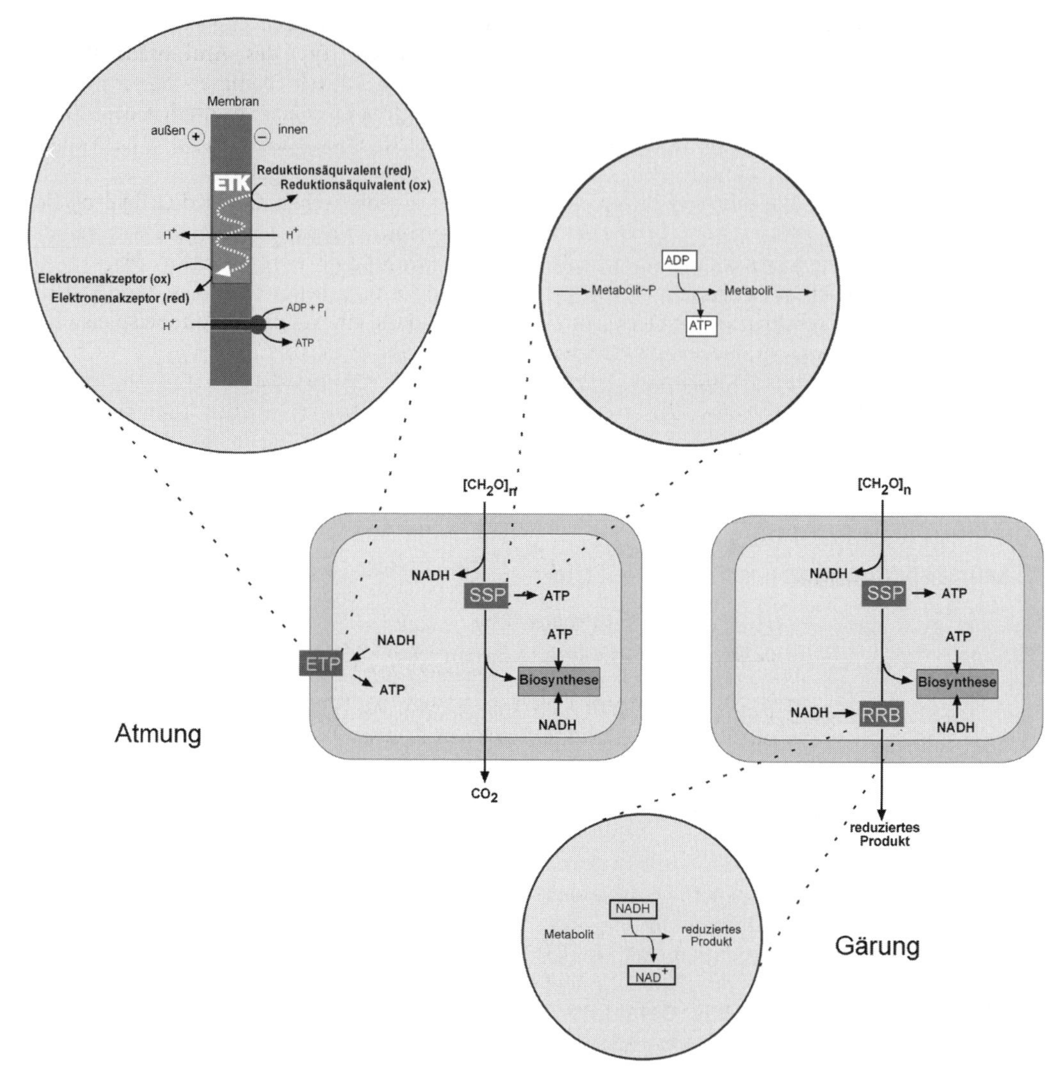

Abb 4.11 Gegenüberstellung von Atmung und Gärung. ETK: Elektronentransportkette; SSP: Substratstufen-Phosphorylierung; ETP: Elektronentransportphosphorylierung; RRB: Reduktionsäquivalent-Regenerationsbox

CoA als energiereiches Intermediat. Acetyl-CoA kann zu Acetylphosphat umgewandelt und die energiereiche Phosphatgruppe des Acetylphosphats anschließend durch Acetat-Kinase auf ADP übertragen werden und so ATP erzeugen.

4.4.2 Abbau von Proteinen

Wie andere hochmolekulare Substanzen werden auch Proteine zunächst außerhalb der Zelle durch Exoenzyme in permeable Bruchstücke zerlegt. Proteolytische Enzyme (Exo- und Endoproteinasen schneiden am Ende beziehungsweise innerhalb einer Proteinkette) hydrolysieren Peptidbindungen im Protein. Die aus Polypeptiden und Oligopeptiden bestehenden Spaltstücke werden von der Zelle aufgenommen und durch Peptidasen bis zu den Aminosäuren abgebaut. Diese werden von der Zelle entweder direkt zur Proteinsynthese verwendet oder desaminiert, das heißt NH_4^+ wird freigesetzt und die desaminierte Verbindung in den Intermediärstoffwechsel eingeschleust. Am Proteinabbau ist eine Vielzahl von Pilzen und Bakterien beteiligt.

Ammoniakbildung begleitet den Proteinabbau im Boden, die Ammonifikation.

Ein weiterer Abbauschritt ist die Decarboxylierung, die zu biogenen Aminen führt. Die primären Amine treten bei der normalen Darmfäulnis und anderen anaeroben Zersetzungsprozessen proteinhaltiger Stoffe auf.

Die oxidative Desaminierung ist der am weitesten verbreitete Typ des Aminosäureabbaus. Glutamat wird durch Glutamat-Dehydrogenase zu 2-Oxoglutarat, dem Intermediat des Citrat-Cyclus, oxidativ desaminiert und so dem Intermediärstoffwechsel zugeführt.

Die proteolytischen Clostridien hydrolysieren Proteine und vergären Aminosäuren. Einige Aminosäuren werden jedoch für sich alleine nicht umgesetzt. Stickland fand jedoch heraus, dass ein Gemisch von beispielsweise Alanin und Glycin von *Cl. sporogenes* rasch vergoren wird, während die einzelnen Aminosäuren nicht umgesetzt wurden. Es zeigte sich, dass Alanin bei der Gärung als H-Donor fun-

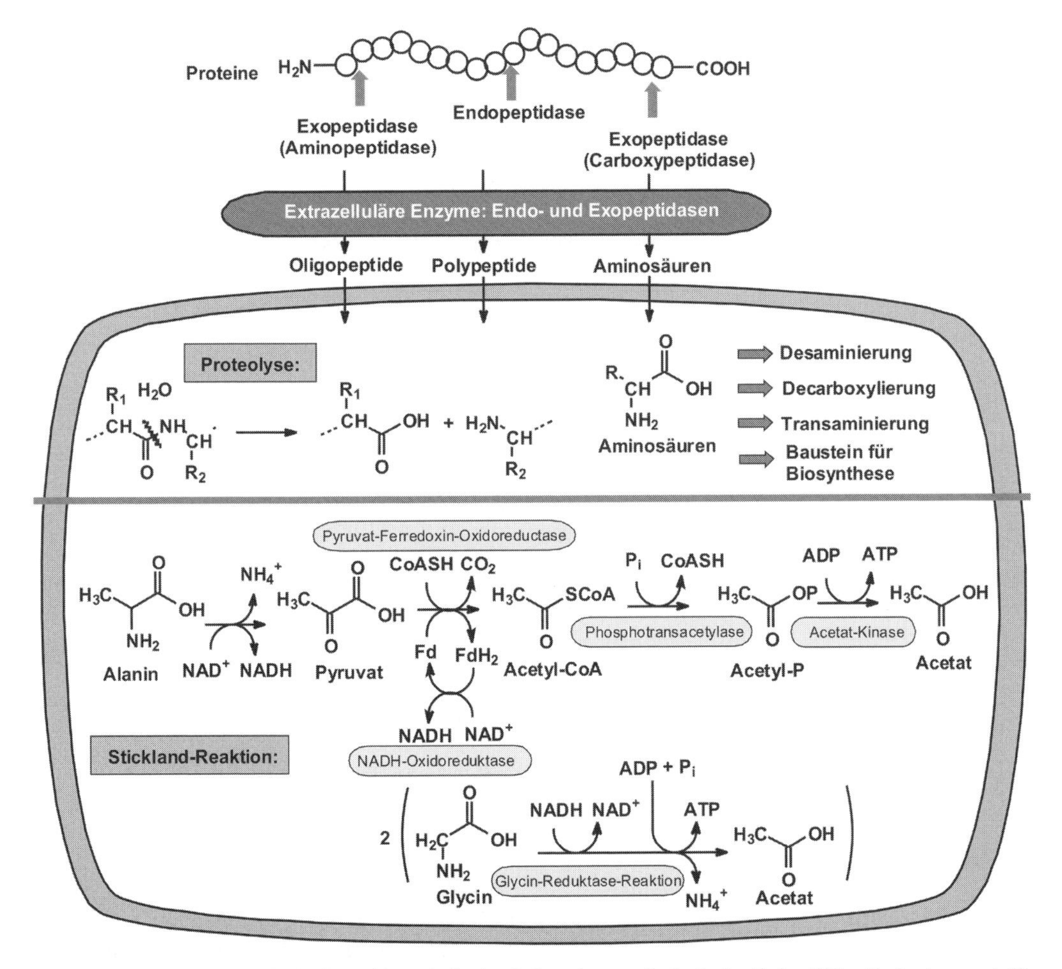

Abb 4.12 Proteinabbau außerhalb und innerhalb der Zelle. oben: außerhalb der Zelle; Mitte: Proteolyse und Bildung von Aminosäuren sowie die Folgereaktionen; unten: Stickland-Reaktion.

gierte, während Glycin die Rolle des H-Akzeptors erfüllte. Die Energie wird in diesem komplexen Prozess durch eine gekoppelte Oxidations-Reduktions-Reaktion gewonnen. Als H-Donoren können Alanin, Leucin, Isoleucin, Valin, Serin, Methionin fungieren, während als H-Akzeptoren Glycin, Prolin, Arginin und Tryptophan dienen können. Die Donoraminosäure wird zu einer Ketosäure desaminiert, die dann durch oxidative Decarboxylierung zur Fettsäure oxidiert wird. Abbildung 4.12 zeigt die so genannte Stickland-Gärung am Beispiel von Alanin und Glycin.

4.4.3 Abbau von Fetten

Lipide kommen in der Natur überaus häufig vor. Sie sind als Triacylglyceride Speicherstoffe fettreicher Samen und Früchte, aber auch von Mikroorganismen. Die Cytoplasmamembranen aller Zellen enthalten Phospholipide. Beide Substanzen sind biologisch abbaubar und energiereich, sie sind also ausgezeichnete Substrate für den mikrobiellen Energiestoffwechsel.

Fette sind Ester aus Glycerin und Fettsäuren. **Lipasen**, extrazelluläre Enzyme, sind für die Hydrolyse der Esterbindung verantwortlich. Lipasen sind sehr unspezifisch und greifen Fette an, die Fettsäuren mit unterschiedlicher Kettenlänge enthalten.

Phospholipide werden von spezifischen **Phospholipasen** hydrolysiert, die unterschiedliche Esterbindung spalten. Phospholipasen A_1 und A_2 spalten Fettsäureester und ähneln somit den Lipasen. Phospholipasen C und D spalten Phosphatesterbindungen und sind daher ganz andere Typen von Enzymen.

Lipaseaktivität führt also zur Freisetzung von Fettsäuren und Glycerin, Substanzen, die sowohl anaerob als auch aerob von verschiedenen chemoorganotrophen Mikroorganismen angegriffen werden können. Der Abbau der Fettsäuren durch β-Oxidation wird im Kapitel 5 unter Alkanabbau besprochen.

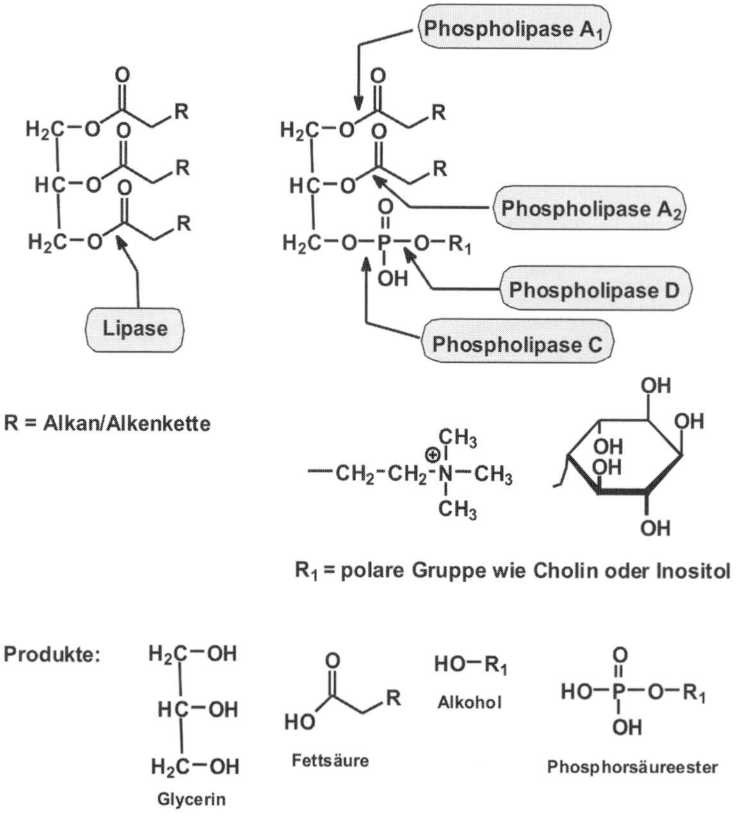

Abb 4.13 Angriffsorte von Lipase und verschiedenen Phospholipasen an Lipiden und Phospholipiden.

4.4.4 Abbau von pflanzlichen Substanzen/Lignin und anderen Naturstoffen/ Humusentstehung

Die pflanzliche Trockensubstanz besteht zu etwa 80 Prozent aus **Lignocellulose.** In den pflanzlichen Zellwänden sind die **Cellulosemikrofibrillen** in eine amorphe Matrix von **Hemicellulosen** und **Lignin** eingebettet (Abb. 4.14). Die drei Polymere sind durch Wasserstoffbrückenbindungen und kovalente Kräfte miteinander verbunden. Ihre Anteile sind je nach Pflanzenart und Alter verschieden. Im Durchschnitt besteht Lignocellulose aus 45 Prozent Cellulose, 30 Prozent Hemicellulosen und 25 Prozent Lignin. Gräser und Stroh sind reicher an Cellulose und Hemicellulosen als Holz. Die chemischen Grundstrukturen sind in Abbildung 4.14 dargestellt.

4.4.4.1 Abbau von Stärke

Stärke ist der Hauptspeicherstoff der Pflanzen. Das Polysaccharid ist aus *D*-Glucose-Einheiten aufgebaut, die über α-1,4-glykosidische Bindungen miteinander verknüpft sind. Hierdurch ergibt sich ein helikaler Aufbau (siehe Abb. 4.15). Neben Amylose (bis zu 6 000 Glucosebausteine), dem linearen Polysaccharid, welches je nach Pflanze bis zu 35 Prozent der

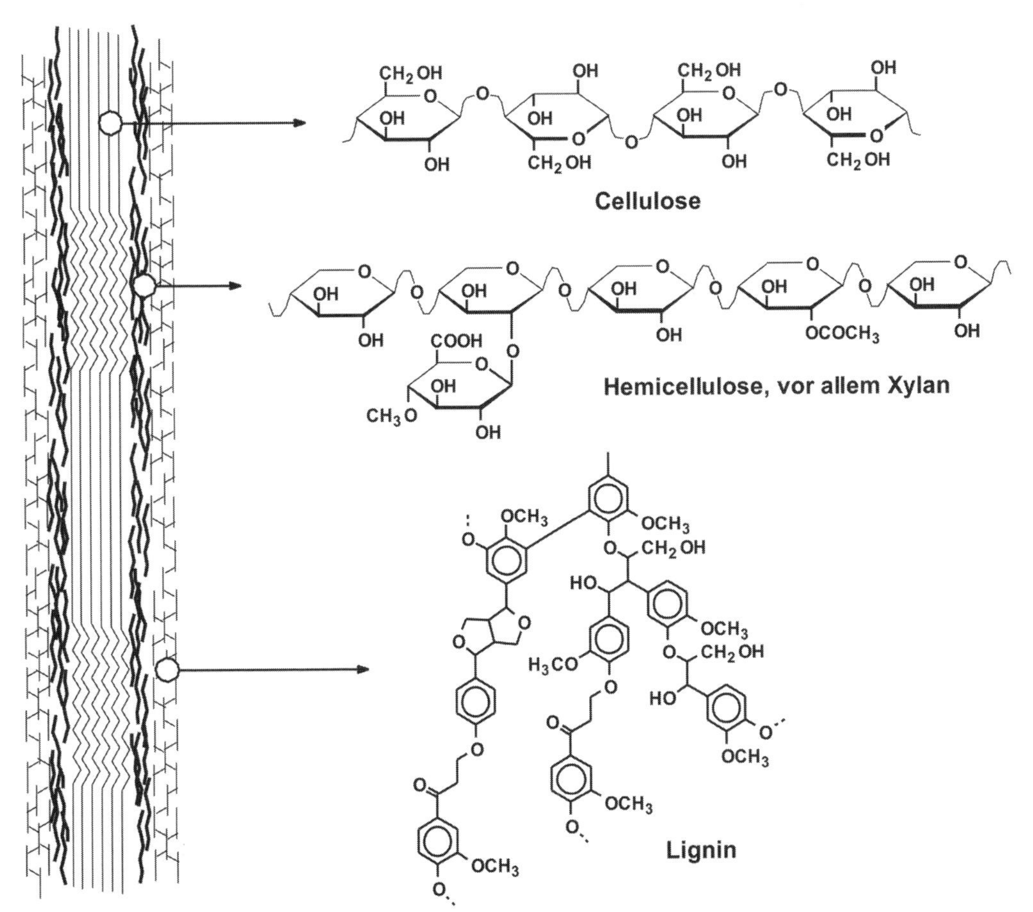

Abb 4.14 Hauptkomponenten der pflanzlichen Zellwand. Die Anordnung der Komponenten ist schematisch dargestellt.

Stärke ausmacht, ist Amylopektin (Molekulargewicht 10^7 - 2×10^8 Dalton) als 1,6-verzweigtes Polymer Bestandteil der Stärke. Die Verzweigung wird an etwa jeder 25. Glucose angetroffen.

Mikrobielle Stärkeabbauer sind in der Natur weit verbreitet. Unter den aeroben Bakterien besitzen viele *Bacillus*- und *Streptomyces*-Arten eine hohe Amylaseaktivität, unter den Anaerobiern Clostridien. *Aspergillus niger* und *A. oryzae* sind bekannte pilzliche Amylasebildner.

Am Abbau von Stärke zu Glucose können allein vier unterschiedliche Gruppen von hydrolytischen Enzymen beteiligt sein (Abb. 4.15): (1) α-Amylasen spalten die α-1,4-glykosidische Bindung der Stärke im Inneren des Stärkemoleküls und führen so zu einer Zerlegung der Stärke in kleinere Einheiten. (2) β-Amylasen hydrolysieren die α-1,4-glykosidische Bindung von den nichtreduzierenden Enden her unter Bildung von Maltose. (3) Pullulanasen spalten die α-1,6-glykosidischen Bindungen. (4) Glucoamylasen spalten von den nichtreduzierenden Enden des Stärkemoleküls direkt Glucoseeinheiten ab. Die durch die β-Amylase gebildete Maltose wird durch Maltase in Glucose gespalten.

4.4.4.2 Abbau von Cellulose

Cellulose ist ein lineares Polymer aus Tausenden (bis 14 000) von Glucosebausteinen, die

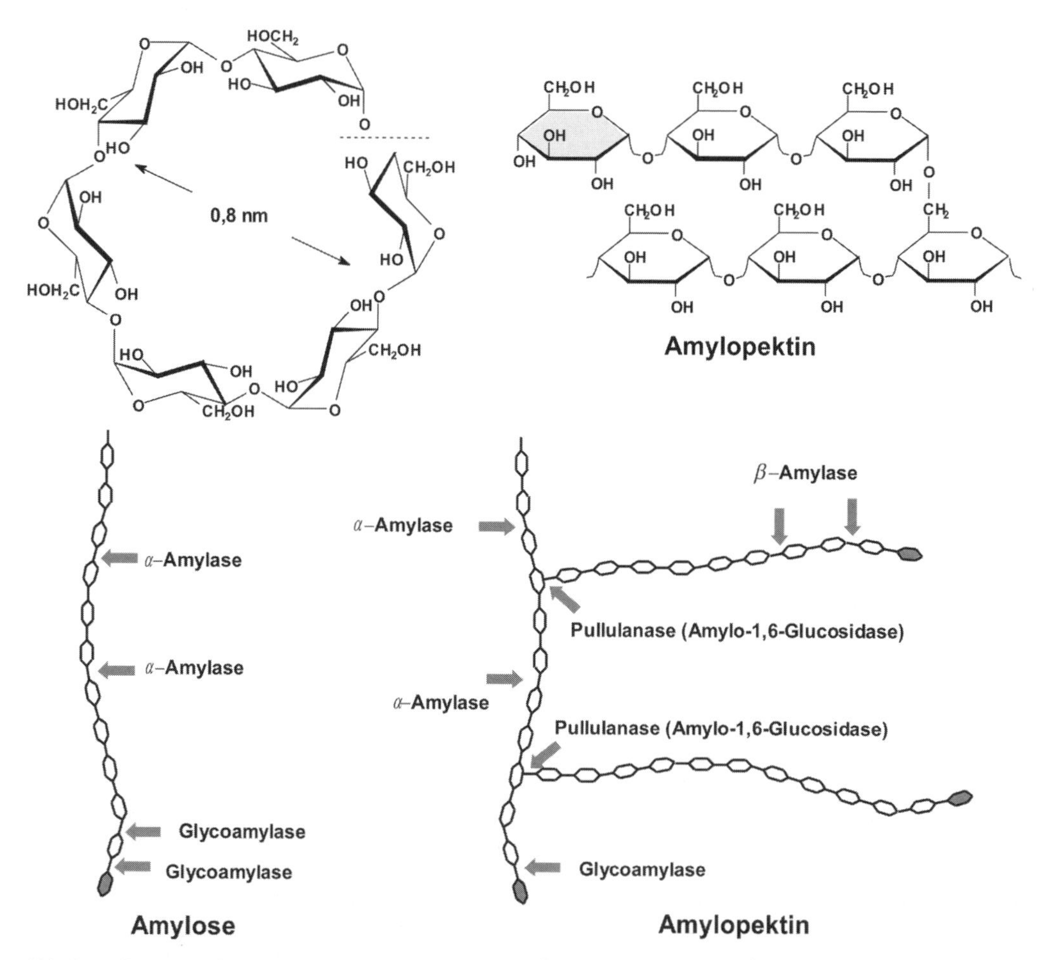

Abb 4.15 Stärke. (a) Struktur in der Sesselform als Helix gezeigt, (b) Aufbau von Amylopektin in der Haworth-Projektion dargestellt, (c) Abbau mit Angriffsorten der verschiedenen hydrolytischen Enzyme. Nichtreduzierende Enden sind markiert.

durch β-1,4-glykosidische Bindungen verknüpft sind. 60–70 Celluloseketten sind durch Wasserstoffbrücken zu Elementarfibrillen verknüpft. Diese setzten sich zu Mikrofibrillen zusammen, die ihrerseits zu Bündel vereinigt sind. Hoch geordnete kristalline Bereiche wechseln sich mit weniger geordneten amorphen Regionen ab. Der komplexe Aufbau ist in Abbildung 4.16 gezeigt.

Pilze und Bakterien bauen Cellulose ab. Wenn die Cellulose stärker lignifiziert ist, können nur Pilze den Komplex angreifen. Aerobe Bakterien, die Cellulose abbauen, sind zum Beispiel *Cellulomonas-*, *Cytophaga-* und *Streptomyces-*Arten. Wichtige Vertreter unter den Anaerobiern sind *Clostridium-*, *Bacteroides-* und *Ruminococcus-*Arten. Unter den Pilzen ist die Fähigkeit bei drei ökologischen Gruppen vorhanden, den so genannten Schimmelpilzen des Bodens (*Trichoderma* und *Aspergillus*), einigen phytopathogenen Pilzen (*Fusarium, Rhizoctonia*) und den holzzerstörenden Basidiomyceten und Ascomyceten. Unter den holzabbauenden Pilzen sind es wiederum vor allem die Braunfäuleerreger, die bevorzugt die Cellulose angreifen, das Ligningerüst bleibt als braun gefärbte Substanz zurück. Vertreter der **Braunfäulepilze** sind der Hausschwamm *Serpula lacrymans* und der Birkenporling *Piptocarpus betulinus.* Auch Weißfäulepilze bauen neben Lignin Cellulose ab. Als einzige Kohlenstoffquelle kann Cellulose, nicht aber Lignin genutzt werden.

Makromoleküle wie Cellulose können nicht von Mikroorganismen aufgenommen werden. Der Abbau von Cellulose wird dadurch erschwert, dass die langgestreckten Cellulosemoleküle untereinander durch eine Vielzahl von Wasserstoffbrücken verbunden sind. Hierdurch entstehen mikrokristalline Bereiche mit einer sehr engen Aneinanderlagerung der Cellulosemoleküle. Dies erschwert den Zugang der Mikroorganismen und auch der Exoenzyme zu den zu hydrolysierenden Bindungen. Deshalb wird Cellulose vorzugsweise in amorphen Bereichen angegriffen. Der Abbau erfolgt durch extrazelluläre Enzyme, die ausgeschieden werden. Häufig sind sie an der Zelloberfläche lokalisiert, und zwischen den Organismen und den Cellulosefasern besteht ein enger Kontakt.

Im Hinblick auf die Enzymatik gibt es wiederum eine Analogie zur Stärke. Auch hier gibt es Hydrolasen, nämlich Endocellulasen, die β-1,4-glykosidische Bindungen der Cellulose eher im Inneren des Moleküls schneiden, wobei verkürzte Celluloseketten entstehen. Andere Enzyme, die Exocellulasen, spalten an den entstandenen freien, nichtreduzierenden Enden.

Es findet eine schrittweise Depolymerisierung der Cellulose statt: Pilze wie *Trichoderma viride* beginnen den Abbau im Makromolekül an den amorphen Bereichen durch eine Endocellulase. Die dabei entstehenden freien Enden werden durch eine Exocellulase zu Di- und Oligosacchariden zerlegt, die schließlich durch eine β-Glucosidase zu Glucose hydrolysiert werden. Einige Bakterien greifen bevorzugt die kristallinen Cellulosebereiche an. Bei dem anaeroben Bakterium *Clostridium thermocellum,* das im Pansen vorkommt, liegen die Enzyme an der Zelloberfläche als Multienzymkomplex vor, dem Cellulosom. Es besteht aus 14–18 Polypeptiden, zu denen neben Glucanasen auch Xylanasen gehören. Glucose wie auch Xylose gehen in den Intermediärstoffwechsel ein. Die extrazellulären Enzyme führen zu Abbauprodukten, die auch von Mikroorganismen genutzt werden, die diese Enzyme nicht besitzen.

4.4.4.3 Abbau von Xylan (Hemicellulose)

Hemicellulose ist ein Sammelbegriff für eine heterogene Gruppe von Matrix-Polysacchariden, welche die Cellulose-Mikrofibrillen umgeben und durch Wasserstoffbrücken zu einem Netzwerk verknüpfen. Hemicellulosen sind die alkalilöslichen Polysaccharide der Zellwand außer Cellulose und Pectin. Charakteristische Zuckerbausteine sind Pentosen (*D*-Xylose, *L*-Arabinose), die durch Acetylierungen modifiziert sind (Abb. 4.18). Sie sind durch β-1,4-glycosidische Bindungen zu Einheiten aus etwa 30–500 Pentosebausteinen verbunden. Die vor allem aus Pentosen aufgebauten Xylane sind die verbreitetsten Hemicellulosen, Laubhölzer bestehen zu 20–25 Prozent, Nadelhölzer zu sieben bis zwölf Prozent aus Xylanen. Xylane enthalten in Seitenketten weitere Zucker: Arabinose, Galactose, Glucose und Glucuronsäuren (zum Beispiel Arabinoglucuronoxylan).

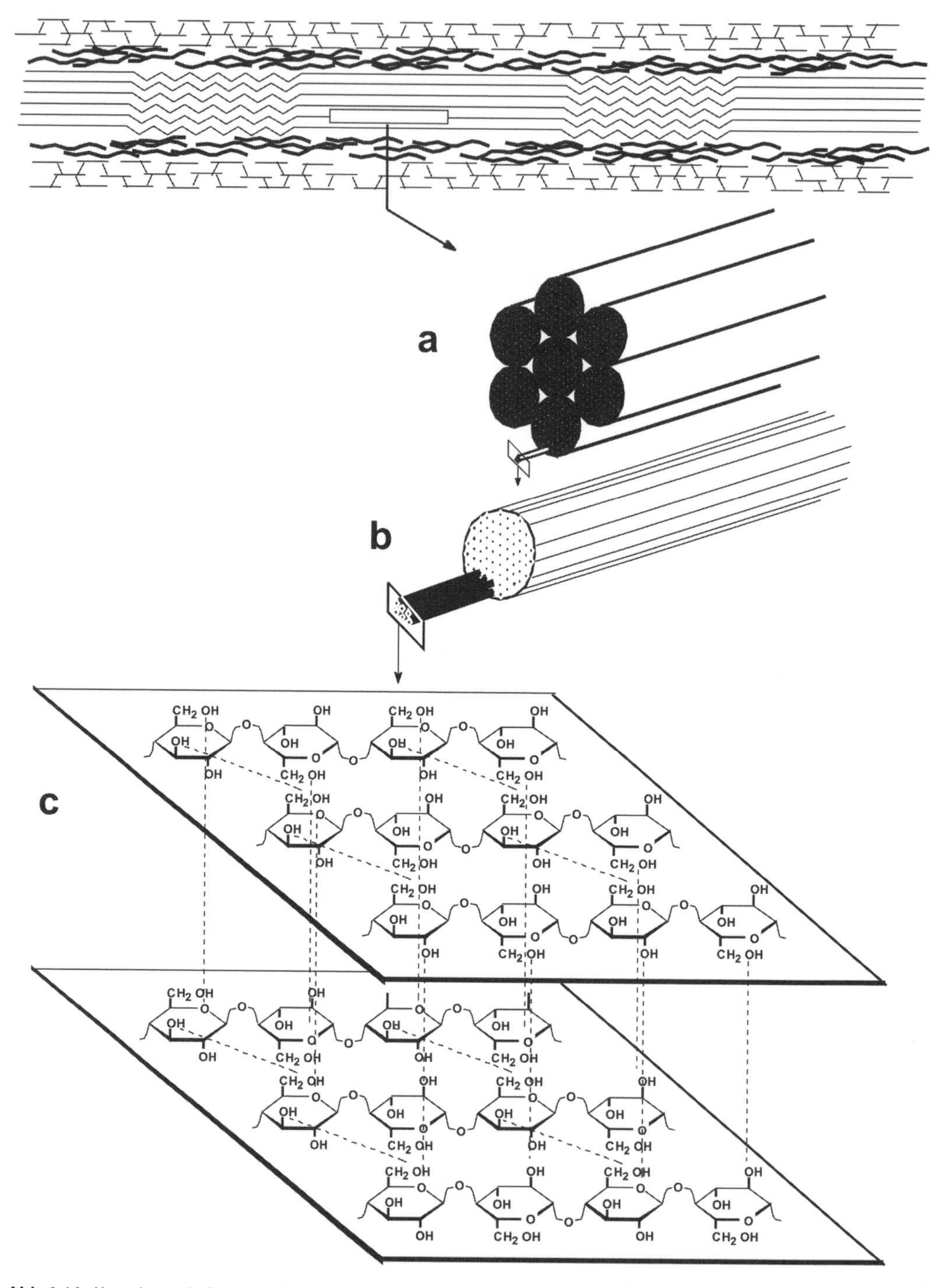

Abb 4.16 Komplexer Aufbau der Cellulose. (a) Bündel aus mehreren Mikrofibrillen, die im Anschnitt den Aufbau aus Elementarfibrillen erkennen lassen. (b) Aufbau einer Elementarfibrille, in der die Cellulosemoleküle parallel angeordnet sind. Sechs Celluloseketten sind im Anschnitt herausgezogen. (c) Kristalline Anordnung von sechs Celluloseketten in der Elementarfribrille. Einige Wasserstoffbrücken zwischen den Celluloseketten sind gestrichelt dargestellt.

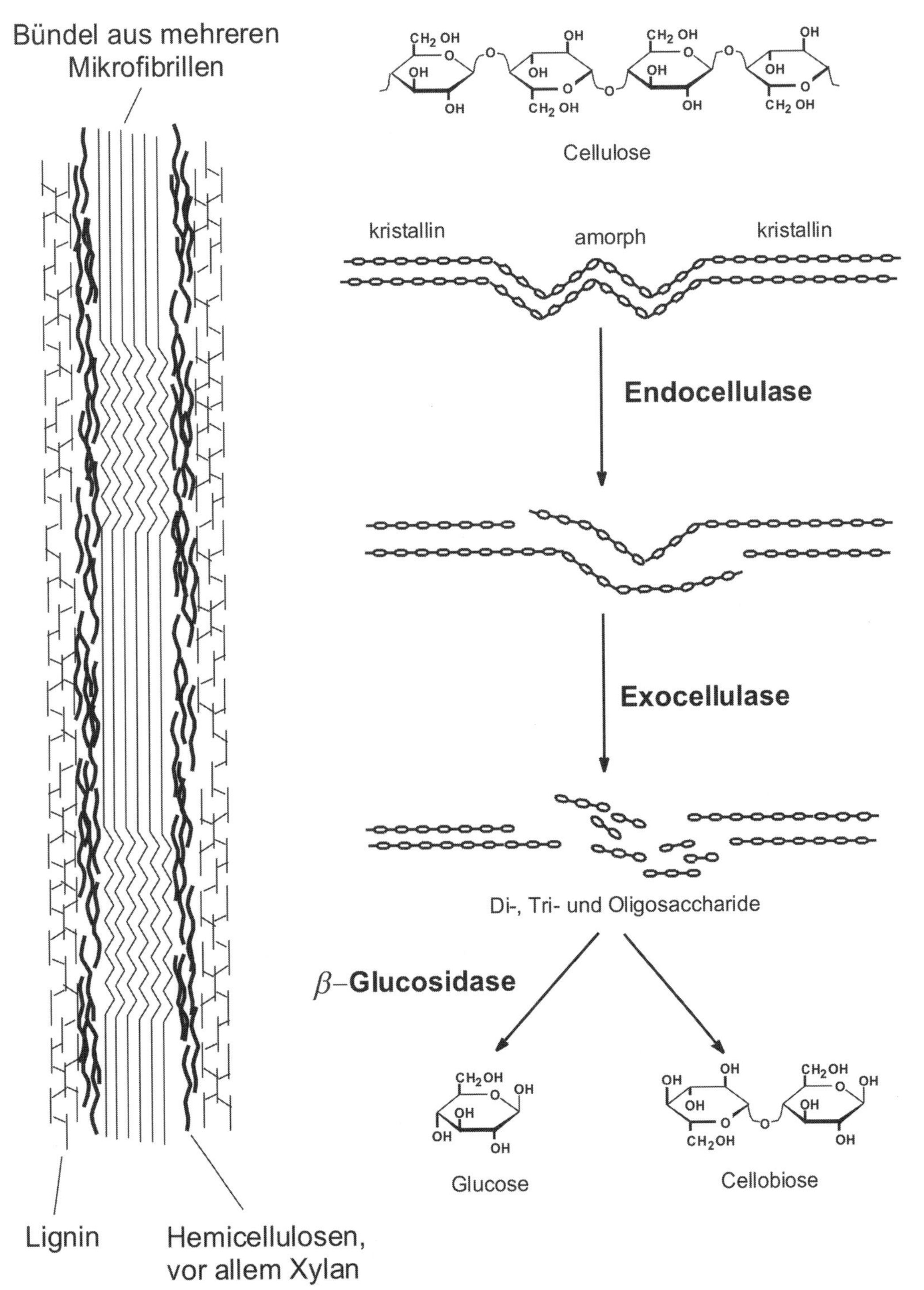

Abb 4.17 Mikrobieller Celluloseabbau. Die Depolymerisation des Makromoleküls erfolgt schrittweise durch drei extrazelluläre Enzyme zu Glucose.

Die Fähigkeit zum Xylanabbau ist verbreiteter als die zum Celluloseabbau. Zu den xylanolytischen Mikroorganismen gehören neben vielen Cellulose abbauenden Arten die anaeroben Bakterien *Thermoanaerobacter thermohydrosulfuricum*, *Thermoanaerobacterium thermosaccharolyticum*, *Thermoanaerobium-* und *Thermobacteroides*-Arten, die Xylan zu Ethanol, Acetat und Lactat vergären. Hefen wie *Candida shehatae*, *Pichia stipitis* und *Cryptococcus albidus* sowie Mycelpilze wie *Fusarium oxysporium*, *Neurospora crassa* und *Monilia* bauen Xylan zu Xylose ab und verwerten Pentosen.

Das extracelluläre Xylanasesystem besteht aus mehreren Enzymen, die das Polysaccharid in Xylobiose hydrolysieren und Acetat abspalten. Xylobiose wird nach Aufnahme in die Zelle über *D*-Xylose und *D*-Xylulose im Pentosephosphat-Weg abgebaut.

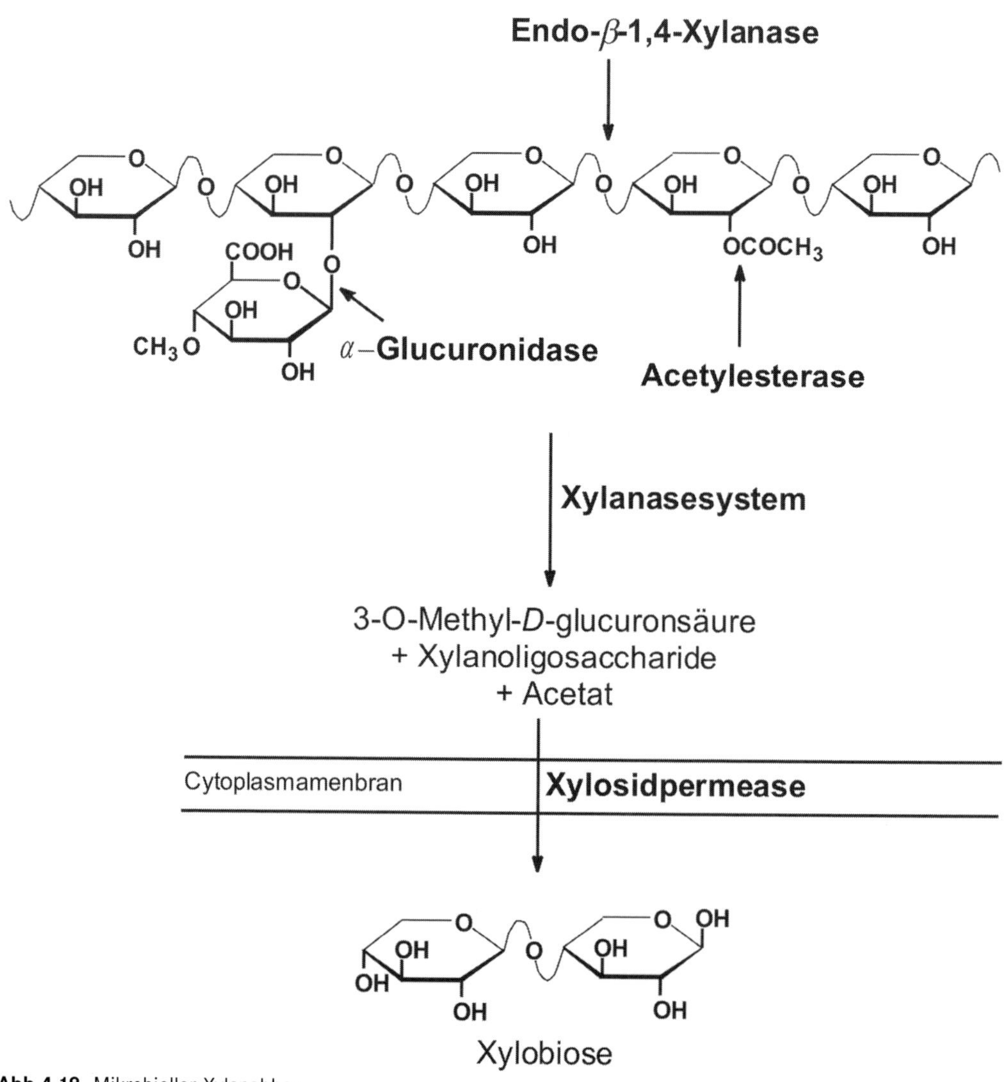

Abb 4.18 Mikrobieller Xylanabbau.

4.4.4.4 Abbau von Pectin

Pectine sind Polygalacturonide, die aus α-1,4-glycosidisch verknüpften *D*-Galacturonsäuren aufgebaut sind. Einige Carboxylgruppen sind mit Methanol verestert. Pectine sind die Bausteine der Mittellamelle pflanzlicher Gewebe. Viele Bodenbakterien bauen Pectin unter aeroben und anaeroben Bedingungen ab. *Paenibacillus macerans* und *P. polymyxa, Erwinia carotovora* gehören zu den aeroben, Clostridien zu den anaeroben Pectinabbauern.

Der Abbau der Polygalacturonide zu Galacturonsäure ist in Abbildung 4.19 gezeigt. Die Depolymerisation erfolgt durch Pectinasen und die nachfolgende Hydrolyse zur Galacturonsäure durch Oligogalacturonidasen. Methanol wird durch Pectinmethylesterase abgespalten. Pectine sind die natürliche Quelle dieser C_1-Verbindung.

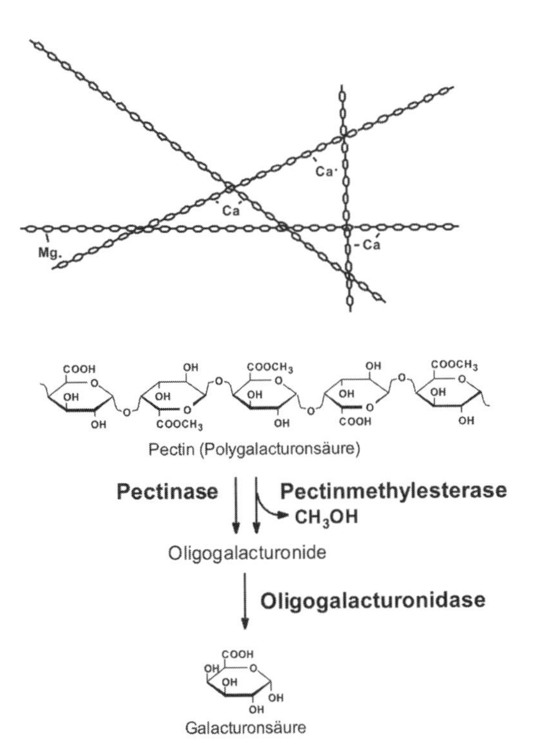

Abb 4.19 Mikrobieller Pectinabbau.

4.4.4.5 Abbau von Lignin

Lignin ist nicht nur Bestandteil des Holzes, sondern auch der Zellwände fast aller Landpflanzen. Es inkrustiert in den Zellwänden die Cellulose- und Hemicellulosestrukturen. Dadurch kommt die hohe Stabilität und Elastizität der Pflanzen zustande. Außerdem ist es die Struktur, die Pflanzen vor dem schnellen mikrobiellen Angriff schützt, da es schwer abbaubar ist. Lignin ist ein dreidimensionales heterogenes Polymer, das aus **Phenylpropanbausteinen** aufgebaut ist, welche in vielfältiger Weise durch Ether- und C–C-Bindungen miteinander vernetzt sind (Abb. 4.14). Diese Bindungen und die irreguläre Anordnung bedingen die schwere Abbaubarkeit.

Lignin wird vor allem durch **Weißfäulepilze** abgebaut, die zurückbleibende Cellulose bewirkt das helle Aussehen des befallenen Holzes. Gut untersuchte Weißfäulepilze sind neben *Phanerochaete chrysosporium* der Schmetterlingsporling *Trametes versicolor,* der Kammpilz *Phlebia radiata,* der Austernseitling *Pleurotus ostreatus,* aber auch Streuabbauer wie die Träuschlinge (zum Beispiel *Stropharia rugosa-annulata)* besitzen Enzyme zum Ligninabbau. Beim Holzabbau spielen drei Enzyme eine wesentliche Rolle, die **Lignin-Peroxidase,** die **Mangan-Peroxidase** und die **Laccase.** Bei einigen Pilzen wurden die genannten Enzyme mit mehreren Isoenzymen nachgewiesen, bei anderen nur eine der Peroxidasen. Sehr verbreitet sind die Laccasen, unspezifisch wirkende Polyphenoloxidasen. Das Zusammenwirken von Peroxidasen und Laccasen ist unzureichend geklärt.

Die Pilze können Lignin nicht als einzige Kohlenstoff- und Energiequelle nutzen, sondern brauchen ein Wachstumssubstrat, in der Regel die Cellulose. Sie beseitigen die Lignininkrustierung und gelangen so an die Polysaccharide als Substrat. Der Vorgang wird treffend „enzymatische Verbrennung" genannt. In welchem Umfang Abbauprodukte assimiliert werden, ist unklar. Wahrscheinlich führt der Abbau zur Freisetzung von Stickstoffquellen, die im Holz ein das Wachstum limitierendes Substrat sind.

Das für die Peroxidasereaktionen notwendige H_2O_2 wird von verschiedenen Enzymsystemen geliefert. Neben der in Abbildung 4.20 genannten Glyoxal-Oxidase kann auch Glucose-Oxidase als H_2O_2-Donor fungieren.

Lignin-Peroxidasen, deren Wirkungsmechanismus in Abbildung 4.20 dargestellt ist, sind extrazelluläre Enzyme mit einem pH-Optimum im sauren Bereich. Sie sind potente Oxidationsmittel und entziehen jeweils ein Elektron, wobei ein Kationradikal entsteht. Um als starkes Oxidationsmittel wirken zu können, wird der prosthetischen Gruppe des Protoporphyrinsystems der Lignin-Peroxidase durch das H_2O_2 zunächst zwei Elektronen entzogen. Der Kreis schließt sich, indem in Verbindung mit dem Wertigkeitswechsel des Eisens durch zweimaligen Entzug eines Elektrons aus Donormolekülen des Lignins oder anderer Substrate die Peroxidase wieder in den Ausgangszustand gebracht wird.

Beim Abbau des Lignins ist ein Mediatorsystem notwendig, da das große Ligninperoxidasemolekül nicht direkt mit dem Ligninnetzwerk in Kontakt treten kann. Die Peroxidase oxidiert **Mediatoren** wie Veratrylalkohol zum Veratrylalkohol-Kationradikal, das mit dem Lignin reagiert. Veratrylalkohol ist ein Sekundärmetabolit der Pilze, der aber auch beim Ligninabbau anfällt. Welche weiteren Mediatormoleküle in der Natur eine Rolle spielen, ist unzureichend untersucht. Die Einschaltung von Mediatoren erklärt die scheinbare Unspezifität der Lignin-Peroxidase, ihr eigentliches Substrat ist H_2O_2, die Art der Substrate, denen Elektronen entzogen werden, ist unspezifisch.

Die **Mangan-Peroxidase** (Mn-II-Peroxidase) ist ebenfalls ein Hämoprotein, dessen Aktivität von H_2O_2 und Mangan abhängig ist. Der Wirkungsmechanismus ist ähnlich wie der der Lignin-Peroxidase. Beim Wertigkeitswechsel des Eisens im Protoporphyrin fungiert zweiwertiges Mangan als das zu oxidierende Agens. Das entstandene dreiwertige Mangan bildet mit organischen Säuren wie Malonat oder Oxalat Chelatkomplexe, die in das Ligningerüst diffundieren und phenolischen Strukturen Elektronen entziehen. In diesem Fall wirken also die Mangankomplexe als Mediatoren des Elektronentransfers. Durch die Mangan-Peroxidase werden vor allem phenolische Strukturen angegriffen, während die Lignin-Peroxidase auch die nicht phenolischen methoxylierten aromatischen Strukturen oxidiert. Die Mn-Peroxidase ist bei Pilzen sehr verbreitet und vermag auch eine Vielzahl von Xenobiotika zu oxidieren.

Die folgenden Reaktionen laufen im Lignin ab: Bei dem Entzug eines Elektrons aus den aromatischen Kernen des Lignins entstehen instabile Radikale. Diese führen zur Spaltung der Arylseitenketten zwischen den α-β-Atomen, zur Spaltung der Etherbrücken und des aromatischen Ringes sowie zur Hydroxylierung.

4.4.4.6 Humifizierung

Für den Vorgang der **Humifizierung** ist ein fortgeschrittener mikrobieller Abbau der pflanzlichen Substanzen erforderlich, damit reaktionsfähige Abbauprodukte wie Monosaccharide aus Kohlenhydraten, Peptide und Aminosäuren aus Proteinen sowie phenolische Stoffe aus Zellwandbestandteilen vorliegen. In einem solchen Stoffgemisch erfolgt dann eine Polymerisation der Monosaccharide, cyclischen Aminosäuren und Phenole zu hochpolymeren Huminstoffen als Mischpolymerisate. Das Prinzip der bis heute noch weitgehend unbekannten Huminstoffbildung beruht auf der Verknüpfung bereits in Pflanzen vorhandener cyclischer Grundsubstanzen wie Lignine, Farb- und Gerbstoffe oder der durch Cyclisierung linearer Spaltprodukte entstandenen Ringverbindungen.

Es lassen sich verschiedene Abschnitte der Biogenese unterscheiden (Abb. 4.21): In der metabolischen Phase erfolgt ein partieller mikrobieller Abbau höher- und hochmolekularer Substanzen. Hier entsteht das humifizierbare Material. Mit den aromatischen Naturstoffen aus Pflanzen beginnt eine einleitende Phase der Humifizierung. Unter Bildung von Radikalen setzt die Genese der Huminsäurevorstufen ein. Eine Aufnahme von nichtaromatischen Ausgangsstoffen ist in der Konformationsphase festzustellen. Die nichtaromatischen Ausgangsstoffe stammen aus Kohlenhydraten, Fetten und Proteinen.

Die Phase der Bildung eines Huminstoffsystems lässt sich bisher nur anhand von Modellreaktionen beschreiben: Zu diesen Modell-Huminstoffsynthesen gehören die Autoxidation verschiedener Phenole zu Radikalen und deren

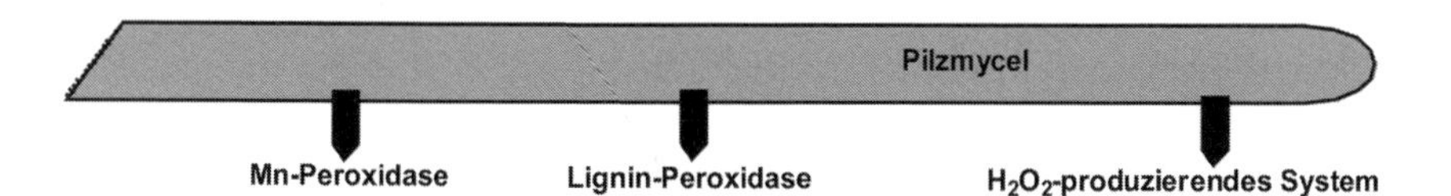

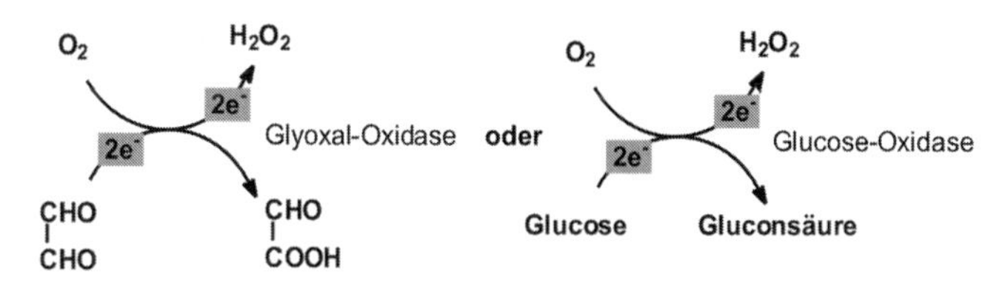

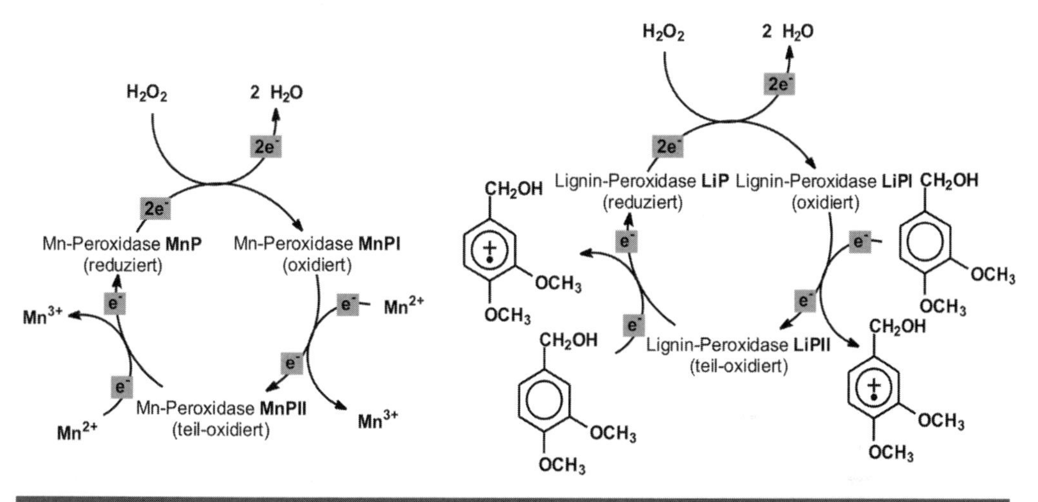

c Abbau von Lignin

OH, H_3CO, CH_2OH, O, HO, OCH_3, α, β

Mediator ox

Mediator red

spontan

Abb 4.20 Ligninabbau durch das Peroxidasesystem.

Oberer Teil: H_2O_2-erzeugendes System.

Mittlerer Teil: Bildung eines Kationradikals des Mediators oder Mn^{3+}-Bildung durch Entzug eines Elektrons. Die Lignin-Peroxidase oxidiert Veratrylalkohol zum Veratrylalkohol-Kationradikal.

Unterer Teil: Mediatorvermittelter Abbau von nativem Lignin.

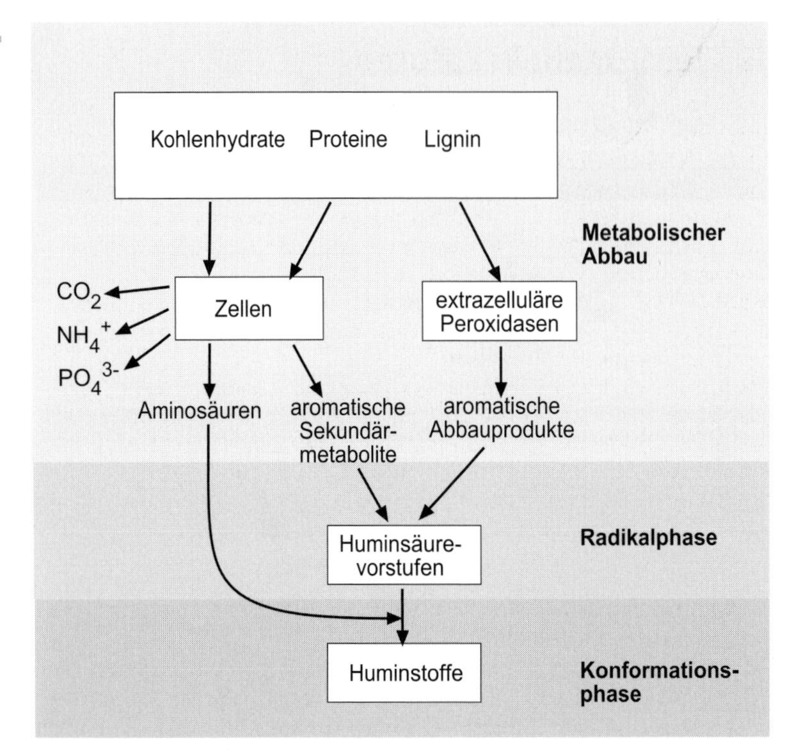

Abb 4.21 Abschnitte der Huminstoffsynthese.

Reaktionen sowie die aus der Lebensmittelchemie bekannte **Maillard-Reaktion.** Am Beispiel des Hydrochinons konnte gezeigt werden, dass dieses Phenol in alkalischer Lösung in Gegenwart von Sauerstoff eine Autoxidation erfährt, die zur Bildung intensiv braungefärbter, uneinheitlicher Produkte mit huminstoffähnlichen Eigenschaften führt. Auch die Umsetzung reduzierender Zucker mit Aminosäuren ergibt huminstoffähnliche Produkte. In der ersten Bildungsphase des Huminstoffsystems werden außerdem auch zahlreiche stabile Komplexe der Huminstoffe (beziehungsweise von Huminstoffvorstufen) mit Nichthuminstoffen wie den Phenolen, Kohlenhydraten und Aminosäuren, aber auch mit polycyclischen Kohlenwasserstoffen, Steroiden und Proteinen festgestellt. Eine begriffliche Abgrenzung der Huminstoffe von den Nichthuminstoffen ist wie folgt möglich: Zu den Nichthuminstoffen gehören alle Stoffe aus abgestorbenen Pflanzen oder Tieren, die im Stadium des biologischen und abiologischen Abbaus und auch der Transformation auftreten. Zu den Huminstoffen werden Produkte gerechnet, die als Umwandlungs- und Aufbauprodukte abiologisch synthetisiert worden sind.

Die Huminstoffsynthese ist geprägt von einer unübersehbaren Vielfalt an Reaktionspartnern und keiner Dominanz irgendeines Reaktionsmechanismus. Aufgrund dieser Tatsache lässt sich für Huminstoffe keine definierte Strukturformel und auch kein einheitliches Bauprinzip angeben. Dennoch wird immer wieder versucht, eine Struktur für Huminstoffe darzustellen. Die Elementaranalyse von Huminstoffen ergibt C, O, H und N mit durchschnittlich 54/33/4,5/2,7 Prozent als Hauptelemente, wobei Stickstoff nicht als obligates Element für Huminstoffe gilt. Die wichtigsten funktionellen Gruppen von Huminstoffen sind Carboxy-, Carbonyl-, Amino-, Imino-, Methoxy- und Hydroxylgruppen. Daneben enthalten Huminstoffe aber auch größere hydrophobe (Innen-)Bereiche. Die relativen Molekülmassen von Huminstoffen schwanken zwischen 1 000 und in Extremfällen 500 000 Gramm pro Mol. Vereinfacht sind es hochmolekulare Hydroxy- und Polyhydroxycarbonsäuren, die über verschiedene kovalente Bindungen (zum Beispiel

Huminstoffe als Elektronenakzeptoren

Huminstoffe sind normalerweise gegenüber dem mikrobiellem Stoffwechsel resistent. Obwohl sich ein genaues $E^{0'}$ für natürliche Huminstoffe nicht messen lässt, da sie undefinierte komplexe Mischungen sind, besitzen modellhafte niedermolekulare Huminverbindungen wie Fulvinsäure ein $E^{0'}$ von etwa +500 Millivolt, was anzeigt, dass Huminstoffe im Allgemeinen gute Elektronenakzeptoren sein sollten. Tatsächlich hat man nachgewiesen, dass Huminstoffe für die anaerobe Oxidation organischer Verbindungen und von H_2 als Elektronenakzeptoren verwendet werden, dabei Energie liefern und das Wachstum unterstützen. Das Bakterium *Geobacter metallireducens* zum Beispiel wächst anaerob mit Acetat oder H_2 als Elektronendonor und Huminen als Elektronenakzeptoren.

Die Verwendung von **Huminen als Elektronenakzeptoren** weist auf eine bisher nicht vermutete geochemische Rolle dieser Substanzen hin. Dies ist von besonderer Bedeutung, da bekannt ist, dass reduzierte Humine chemisch mit Metallen wie Fe^{3+} und verschiedenen organischen Verbindungen reagieren können und diese Substanzen dabei für den Transport durch wassergetränkte Böden oder in das Grundwasser mobilisieren.

C-C-, Sauerstoff- oder C-N-Bindungen) miteinander verknüpft oder durch Wasserstoffbrückenbindungen, Charge-Transfer-Beziehungen oder van der Waals-Kräfte verbunden sein können. In der hypothetischen Struktur sind aromatische Kerne, Carboxy- und Hydroxygruppen sowie Peptid- und Kohlenhydratseitenketten berücksichtigt. Aufgrund des ständig erfolgenden Auf-, Um- und Abbaus in abiologischen und auch biologischen Prozessen kann auch eine hypothetische Struktur nur einem vorübergehendem Zustand nahekommen. Die wichtigsten Bauelemente der Huminstoffe sind im hypothetischen Huminsäuremolekül dargestellt (Abb. 4.22).

Huminstoffe weisen stets einen sauren Charakter auf. Das unterschiedliche Lösungsverhalten einzelner Huminstoff-Fraktionen führt zur Einteilung in die drei Gruppen der Fulvosäuren, Huminsäuren und Humine. Die Unterschiede in der Löslichkeit sind korreliert mit unterschiedlichen chemischen Eigenschaften der Huminsäuren und Fulvosäuren. So besitzen die gelb bis rotbraunen Fulvosäuren eine hohe Acidität, während die braun bis schwarzen Huminsäuren nur mittelstark sauer sind. Die

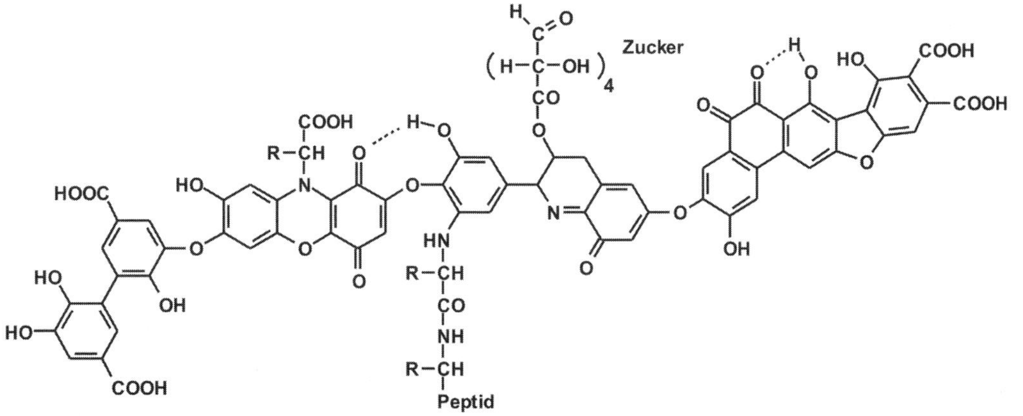

Abb 4.22 Hypothetisches Huminsäuremolekül. Entscheidend für die Reaktionsfähigkeit sind die randständigen funktionellen Hydroxyl- und Carboxylgruppen.

schwarzen Humine, die in Bezug auf die Bodeneigenschaften nur eine untergeordnete Rolle spielen, sind schwach sauer. Die Fulvosäuren besitzen im Gegensatz zu den Huminsäuren außerdem viele Carbonylgruppen. Auf der anderen Seite verfügen die Huminsäuren über einen höheren aromatischen Anteil.

Die Humifizierung ist wichtig für die Fruchtbarkeit des Bodens, die Bildung von Kompost (Kapitel 14) sowie die Festlegung von Schadstoffen wie TNT und PAK (Kapitel 5.4.3).

4.5 Methankreislauf

4.5.1 Methanbildung

Methan ist von mikrobieller oder thermogener Herkunft der am meist vorkommende und chemisch stabilste Kohlenwasserstoff. Die mikrobielle Herkunft wird normalerweise anhand des niedrigen $^{13}C/^{12}C$ Verhältnisses und des Fehlens anderer gasförmiger Kohlenwasserstoffe (Ethan, Propan, Butan) deutlich. Thermogenes Methan (wie andere thermogene Kohlenwasserstoffe) entsteht entweder durch chemische Transformationen (Catagenese, Metagenese) von vergrabenem organischen Kohlenstoff oder durch Reaktion von Wasser, Eisen(II)-enthaltenden Gestein und CO_2 bei mehreren hundert Grad Celsius. Große Lager an Methanhydraten – eisähnliche Mischkristalle der Zusammensetzung $(CH_4)_9 \times (H_2O)_{46}$ oder $(CH_4)_{24} \times (H_2O)_{136}$, aus Methan verdichtet in einer Hydratstruktur, die Dissoziation von einem Kubikmeter Methanhydrat führt zu 0,8 Kubikmeter Wasser und etwa 170 Kubikmeter Methangas – sind mit einer Masse in den tiefen, sulfatfreien Zonen der Meeressedimente vergraben, die konventionelle, fossile Brennstofflager um den Faktor zwei übersteigt.

Die Methanbildung ist für die Umweltmikrobiologie unter verschiedenen Aspekten von besonderer Bedeutung. Methan, das mit etwa 15 Prozent zum Treibhauseffekt beiträgt, stammt überwiegend aus mikrobiellen Prozessen. Zweitens ist Methan die Hauptkomponente des Biogases als Energiequelle aus Abfällen (Klärschlamm) und regenerierbaren Rohstoffen (siehe Kapitel 14).

Das in die Atmosphäre entweichende Methan (Größenordnung von 535×10^6 Tonnen pro Jahr) stammt zu einem Großteil aus biogenen Prozessen. Die Hauptquelle sind die im Pansen der Wiederkäuer ablaufenden Prozesse (85×10^6 Tonnen), der Reisanbau auf zeitweilig überfluteten Feldern (60×10^6 Tonnen) sowie Sümpfe, Seen und Moore (115×10^6 Tonnen). Die anthropogen bedingte Zunahme an Methan geht auf die in den letzten Jahrzehnten verdoppelte Rinderhaltung und den erweiterten Reisanbau zurück.

Die Methanbildung erfolgt in einer Nahrungskette, an der **Gärer** und zwei weitere Gruppen von Mikroorganismen beteiligt sind, die **Acetogenen** und die **Methanogenen**.

Die Methanogenese wird von einer Gruppe von Archaea durchgeführt, den **Methanogenen**, die streng anaerob sind. Die meisten Methanogene verwenden **CO_2 als terminalen Elektronenakzeptor bei der anaeroben Atmung (Carbonatatmung)** und reduzieren es mit H_2 zu Methan. Nur wenige andere Substrate, darunter hauptsächlich Acetat, können von Methanogenen direkt in Methan umgewandelt werden. Für die Umwandlung der meisten anderen organischen Verbindungen zu CH_4 müssen Methanogene daher mit Partnerorganismen zusammengehen, die sie mit den von ihnen geforderten Substraten versorgen. Dies ist die Aufgabe der **Syntrophen**, die eine große Bedeutung für den gesamten anoxischen Kohlenstoffkreislauf haben. Substanzen mit großer Molekülmasse, wie Polysaccharide, Proteine und Fette, werden durch die kooperative Interaktion mehrerer physiologischer Prokaryotengruppen zu CH_4 und CO_2 umgewandelt.

Für den Abbau eines typischen Polysaccharids, wie zum Beispiel Cellulose, beginnt der Prozess mit **cellulolytischen Bakterien**, die das hochmolekulare Cellulosemolekül in Cellobiose (Glucose-Glucose) und in freie Glucose spalten. Glucose wird daraufhin von **Primärgärern**, den Acidogenen, in eine Vielzahl von Gärungsprodukten umgewandelt, von denen Acetat, Propionat, Butyrat, Succinat, Alkohole, H_2 und CO_2 die wichtigsten sind. Das gesamte in den primären Gärungsprozessen produzierte H_2 wird sofort von Methanogenen, Homoacetogenen oder sulfatreduzierenden Bakterien (in Umgebungen, die ausreichende Mengen an Sulfat enthalten) verbraucht.

Ein niedriger Wasserstoff-Partialdruck ($<10^{-4}$ bar) erlaubt es, dass Elektronen auf dem Redoxpotenzial von NADH (–320 mV) als molekularer Wasserstoff freigesetzt werden und dass sich das Fermentationsmuster zu einer höheren Produktion von Acetat, CO_2 und Wasserstoff im Vergleich zu der Ethanol- oder Butyratbildung ändern kann. Dies ermöglicht die zusätzliche ATP-Synthese durch Substratstufen-Phosphorylierung, gegenübergestellt der Produktion von reduzierten Fermentationsprodukten (Ethanol, Lactat und Butyrat). Auf diese Weise profitieren die Gärer von den wasserstoffoxidierenden Partnern, sie sind aber nicht von dieser Zusammenarbeit abhängig.

Als **Sekundäre Gärer** oxidieren die Syntrophen Fettsäuren und produzieren H_2. *Syntrophomonas wolfei* zum Beispiel oxidiert C_4- bis C_8-Fettsäuren und erzeugt dabei Acetat, CO_2 (wenn die Fettsäure eine ungerade Anzahl an Kohlenstoffatomen enthält) und H_2. Andere Arten von *Syntrophomonas* verwenden Fettsäuren bis zu C_8, einschließlich einiger ungesättigter Fettsäuren. *Syntrophobacter wolinii* ist auf die Propionatoxidation spezialisiert und erzeugt Acetat, CO_2 und H_2. Diese Reaktionen erlauben aber Wachstum der Syntrophen nur in Cokultur mit einem H_2-verbrauchenden Partner.

In einem ausgeglichenen anoxischen Sediment, in welchem die aktive wasserstoffverbrauchende Population einen niedrigen Wasserstoff-Partialdruck einhält, geht der Fluss von Kohlenstoff und Elektronen fast ausschließlich durch die „äußeren“ Wege des Schemas (Abb. 4.23). Deshalb spielen die reduzierten Fermentationsprodukte eine untergeordnete Rolle. Trotz alledem werden die „zentralen“ Wege niemals auf Null heruntergehen, weil langkettige und verzweigtkettige Fettsäuren und andere Produkte immer bei der Gärung von Lipiden und Aminosäuren auftreten. Die reduzierten Intermediate der zentralen Wege werden wichtiger, wenn der Wasserstoffvorrat aus irgendwelchen Gründen ansteigt, wie bei erhöhter Zufuhr von vergärbaren Substraten oder Hemmung der hydrogenotrophen Methanogenen aufgrund des Abfalls des pH-Wertes ($<6{,}0$) oder der Gegenwart von toxischen Substanzen.

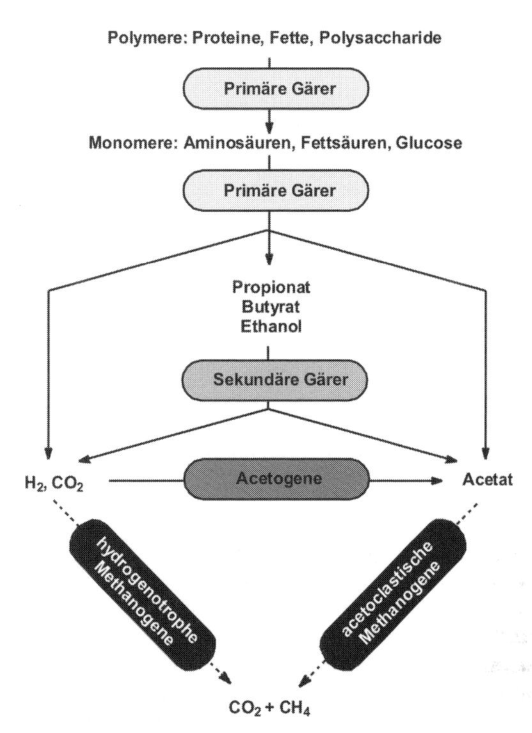

Abb 4.23 Stofffluss beim methanogenen Abbau von komplexem organischen Material. Die Gruppen der Prokaryoten sind: (1) Primäre Gärer, (2) wasserstoffoxidierende Methanogene, (3) acetatspaltende Methanogene, (4) Sekundäre Gärer (Syntrophe) und (5) homoacetogene Bakterien.

Unter solchen Bedingungen steigt die Menge an Fettsäuren an und kann sogar den pH weiter absinken lassen.

Acetat, das in der methanogenen Nahrungskette ein wesentliches Zwischenprodukt ist, stammt von den primären und sekundären Gärungen, aber auch der Acetogenese. Acetogene Bakterien leben strikt anaerob und bilden eine taxonomisch sehr heterogene Gruppe im grampositiven Phylum zum Beispiel mit folgenden Genera: *Acetobacterium*, *Butyrobacterium*, *Clostridium*, *Eubacterium*.

Die Funktion der **homoacetogenen Bakterien** im Gesamtprozess ist insgesamt weniger gut verstanden. Sie verbinden den Vorrat der C_1-Verbindungen und Wasserstoff mit dem des Acetats. Acetogene synthetisieren Acetat nach der Gesamtreaktion

$$2\ CO_2 + 4\ H_2 \rightarrow CH_3COOH\ (\text{Acetat}) + 2\ H_2O$$
$$\Delta G^{0'} = -95\ \text{kJ/mol}$$

Die metabolische Vielseitigkeit der Acetogenen zeigt sich in ihrer Fähigkeit, auch Zucker zu fermentieren.

In gewissen Habitaten, zum Beispiel bei niedrigem pH oder bei niedriger Temperatur, können sie erfolgreich mit den hydrogenotrophen Methanogenen konkurrieren und deren Funktion zu einem gewissen Anteil übernehmen.

Die Bildung des Acetats ist in Abbildung 4.24 im Detail gezeigt. Die Bildung der Methylgruppe aus CO_2 erfordert drei Zwei-Elektronen-Reduktionen, wobei Formiat und Formaldehyd als Intermediate gesehen werden. Aufgrund der hohen Reaktivität ist Formaldehyd toxisch und wird deshalb normalerweise in der Zelle als N^5,N^{10}-Methylentetrahydrofolat gehandhabt. Fünf Enzyme sind für die Umwandlung von CO_2 zum N^5-Methyltetrahydrofolat notwendig. Die weitere Umsetzung erfolgt durch die äußerst sauerstoffempfindliche Acetyl-CoA-Synthase, einem komplexen Enzym mit den folgenden Einzelfunktionen: (1) einer cobalaminabhängigen Methyltransferase (Methylform von Vitamin B_{12}), welche die Methylgruppe vom Tetrahydrofolat übernimmt, (2) eine nickel- und [4Fe-4S]-enthaltende CO-Dehydrogenase, welche CO durch Reduktion von CO_2 bereitstellt, und (3) eine nickel- und [4Fe-4S]-enthaltende Carbonylase. Die Energie des gebildeten Acetyl-CoA kann dann in Form von ATP gespeichert werden, es entsteht Acetat.

Unter Standardbedingungen wird bei der Bildung von Acetat aus CO_2 und H_2 genügend Energie bereitgestellt, um ein Mol ATP pro Mol Acetat zu erzeugen. In der Umwelt sind die Acetogenen jedoch mit einer sehr viel niedrigeren H_2-Konzentration konfrontiert. Da vier Mol H_2 für ein Mol Acetat notwendig sind, fällt die Änderung der Gibbsschen Energie dramatisch mit sinkender H_2-Konzentration:

$$\Delta G' = \Delta G^{0'} + RT \ln [\text{Acetat}]/[CO_2]^2 [H_2]^4$$

Somit ergeben sich unter diesen Bedingungen ($[H_2]$ = 100 Pa (äquivalent zu 1 mM), $[CO_2]$ =10^5 Pa (äquivalent zu 1M) und [Acetat]=1 M) nur

$$\Delta G' = -95 + RT \ln 10^{-12} \text{ kJ/mol}$$
$$= -27 \text{ kJ/mol Acetat.}$$

Diese Energieausbeute reicht jedoch nicht aus, um ein Mol ATP pro Mol Acetat zu erzeugen, für welches mindestens –70 Kilojoule notwendig sind. Diese Betrachtung macht deutlich, dass Substratstufen-Phosphorylierung unmöglich ist. Zudem wird das ATP, welches sich aus dem Acetyl-CoA herstellen lässt, schon bei der Aktivierung des Formiats verbraucht. Infolgedessen ist mit CO_2 als Substrat die Elektronentransport-Phosphorylierung (der anaeroben Atmung) der einzige Weg der Energiespeicherung. So findet man bei *Clostridium thermoaceticum* auch Cytochrom b und es wurde H^+ als Ion für die Elektronentransport-Phosphorylierung nachgewiesen. Na^+ ist das entsprechende Ion in *Acetobacterium woodii*, in welchem eine Na^+-abhängige ATP-Synthase entdeckt wurde.

Methanogene Bakterien, die Endglieder der methanogenen Nahrungskette, bilden unter strikt anoxischen Bedingungen CH_4 durch Spaltung von Acetat und durch Reduktion von C_1-Verbindungen. Die C_1-reduzierenden Methanogenen produzieren Methan hauptsächlich aus CO_2/H_2, aber auch aus CO, Formiat, Methanol, Methylaminen und Methylsulfiden.

Methanogene sind nur innerhalb der Euryarchaeota gefunden worden. Vertreter der Methanogenen sind durch das Präfix „Methano-" gekennzeichnet: *Methanobacterium*, *Methanococcus*, *Methanomicrobium*, *Methanospirillum*, *Methanothermus*.

Die Methanogenen sind eine Gruppe der Archaea, die in der Evolution eine eigenständige Entwicklung genommen haben und sich im Aufbau der Zellwand und Zellmembran sowie wichtigen Coenzymen grundlegend von den Eubakterien unterscheiden.

Die methanbildenden Reaktionen kann man in folgende Gruppen einteilen: (1) Reduktionen von C_1-Verbindungen mit molekularem Wasserstoff als Elektronendonor, ausgeführt durch die **hydrogenotrophen Methanogenen**, und (2) die scheinbare Decarboxylierung von Acetat, welche in Wirklichkeit eine Disproportionierung ist und durch die **acetoclastischen Methanogenen** durchgeführt wird.

Reduktion von C_1-Verbindungen:
$CO_2 + 4\ H_2 \rightarrow CH_4 + 2\ H_2O$
$\Delta G^{0'} = -131$ kJ/mol CH_4

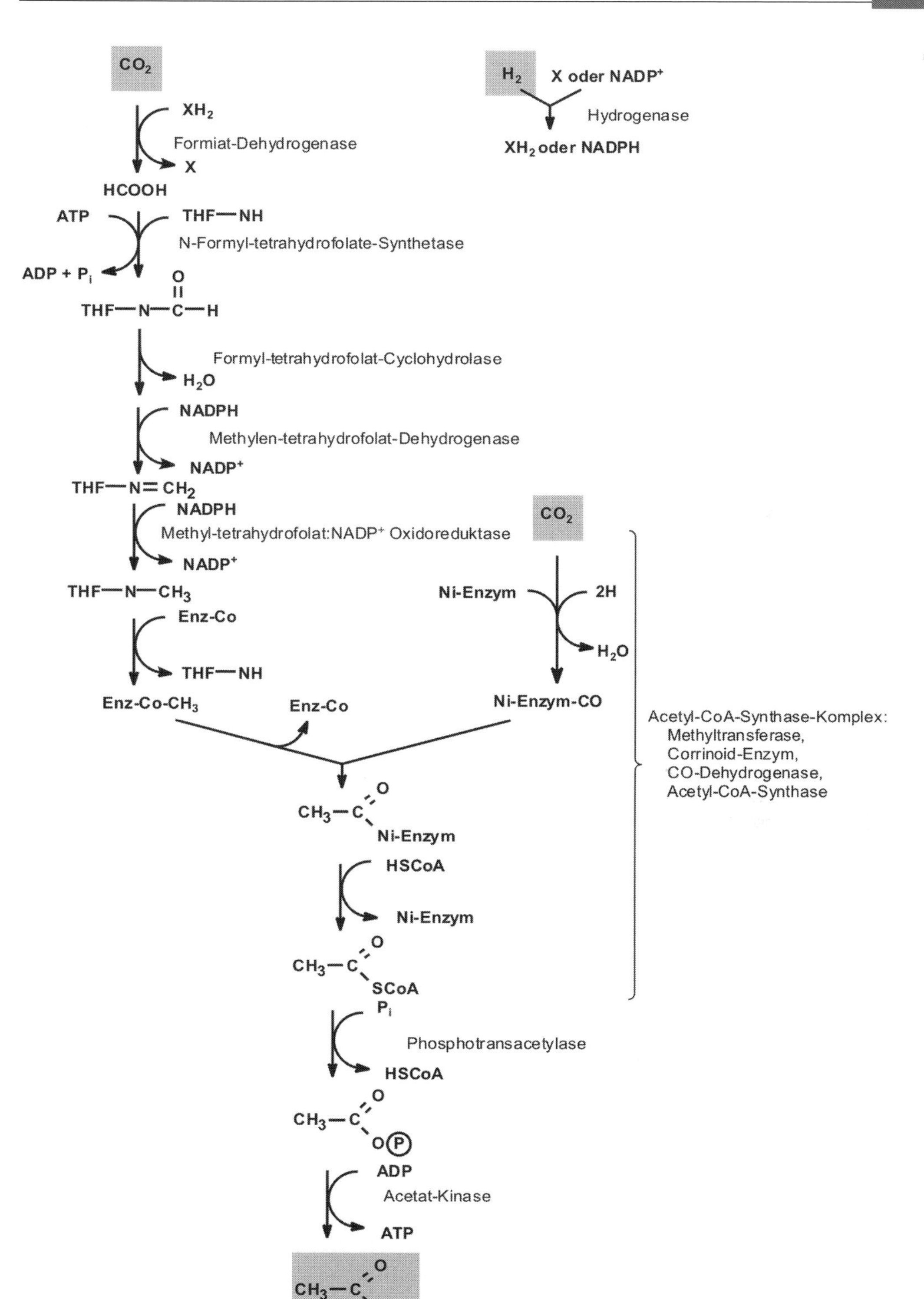

Abb 4.24 Acetatbildung durch Acetogene (X = unbekannt).

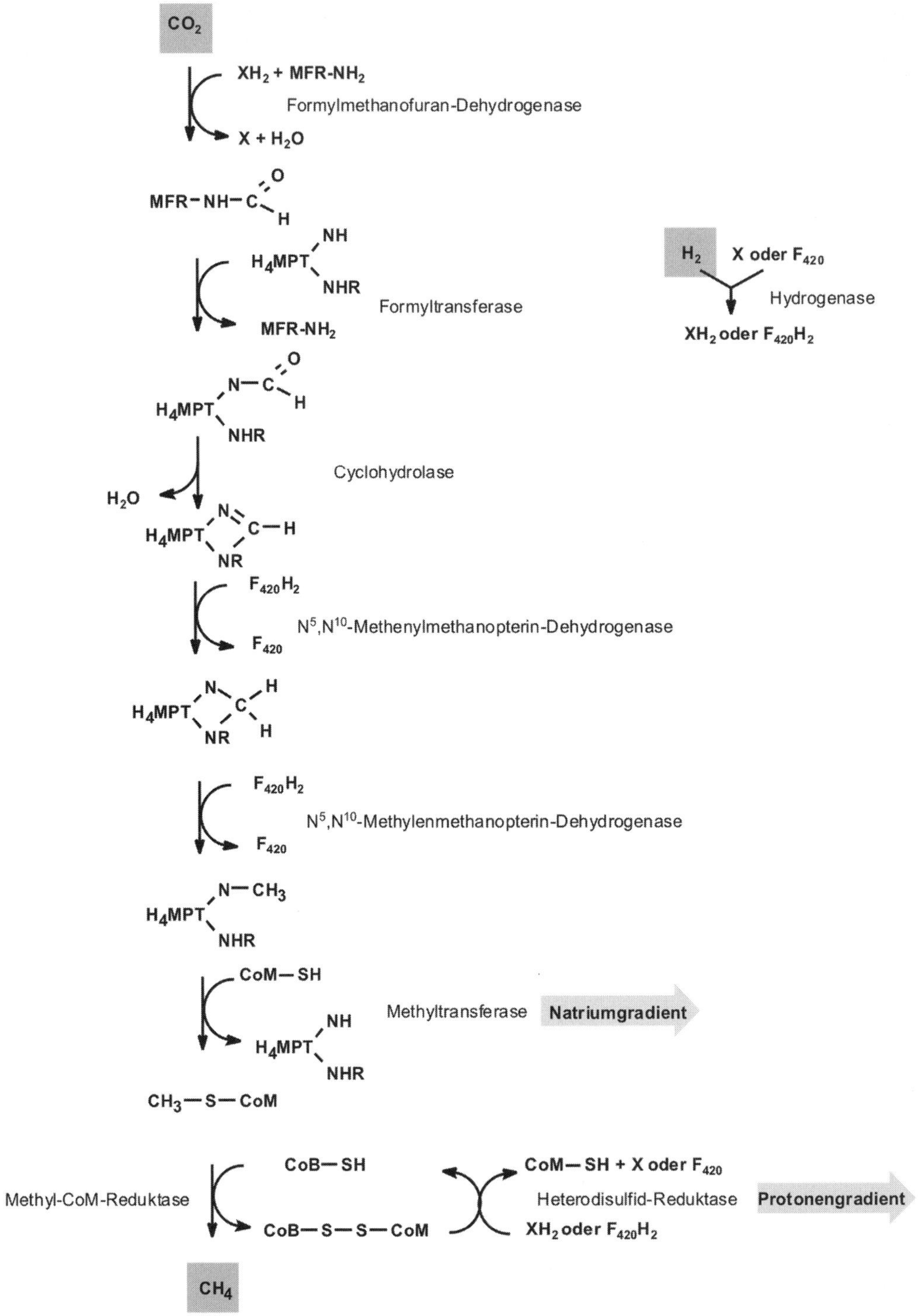

CO_2

XH_2 + MFR-NH_2
Formylmethanofuran-Dehydrogenase
X + H_2O

MFR−NH−C(=O)H

H_4MPT(NH)(NHR)
Formyltransferase
MFR-NH_2

H_2 X oder F_{420}
Hydrogenase
XH_2 oder $F_{420}H_2$

H_4MPT(N−C(=O)H)(NHR)

Cyclohydrolase
H_2O

H_4MPT(N=C−H)(NR)

$F_{420}H_2$
N^5,N^{10}-Methenylmethanopterin-Dehydrogenase
F_{420}

H_4MPT(N)(NR)CH_2

$F_{420}H_2$
N^5,N^{10}-Methylenmethanopterin-Dehydrogenase
F_{420}

H_4MPT(N−CH_3)(NHR)

CoM−SH
Methyltransferase **Natriumgradient**
H_4MPT(NH)(NHR)

CH_3−S−CoM

Methyl-CoM-Reduktase
CoB−SH
CoB−S−S−CoM
CoM−SH + X oder F_{420}
Heterodisulfid-Reduktase **Protonengradient**
XH_2 oder $F_{420}H_2$

CH_4

Abb 4.25 Sequenz der Methanbildung durch hydrogenotrophe Methanogene (X = unbekannt).

Disproportionierung von Acetat:
$CH_3COOH \rightarrow CH_4 + CO_2$
$\Delta G^{0'} = -36$ kJ/mol CH_4

Der Weg der Reduktion von CO_2 zum Methan mit molekularem Wasserstoff wurde in allen Einzelheiten aufgeklärt. Coenzyme, die einzigartig für Archaea sind, fungieren darin: Methanofuran, Tetrahydromethanopterin, Coenzym F_{420}, Coenzym M, Coenzym B, 5-Hydroxybenzimidazolyl-hydroxycobamid und Coenzym F_{430}.

Nur Tetrahydromethanopterin (H_4MPT), Coenzym F_{420} und 5-Hydroxybenzimidazolylhydroxycobamid ähneln Coenzymen der Bakterien und Eukaryota. Tetrahydromethanopterin ist verwandt mit Tetrahydrofolat (H_4F) und hat die gleiche Aufgabe in methanogenen Archaea wie Tetrahydrofolat in den Bakterien und den Eukaryota. Es trägt C_1-Verbindungen (von Formyl- zu Methylresten) und schützt den Organismus vor dem freien, reaktiven Formaldehyd.

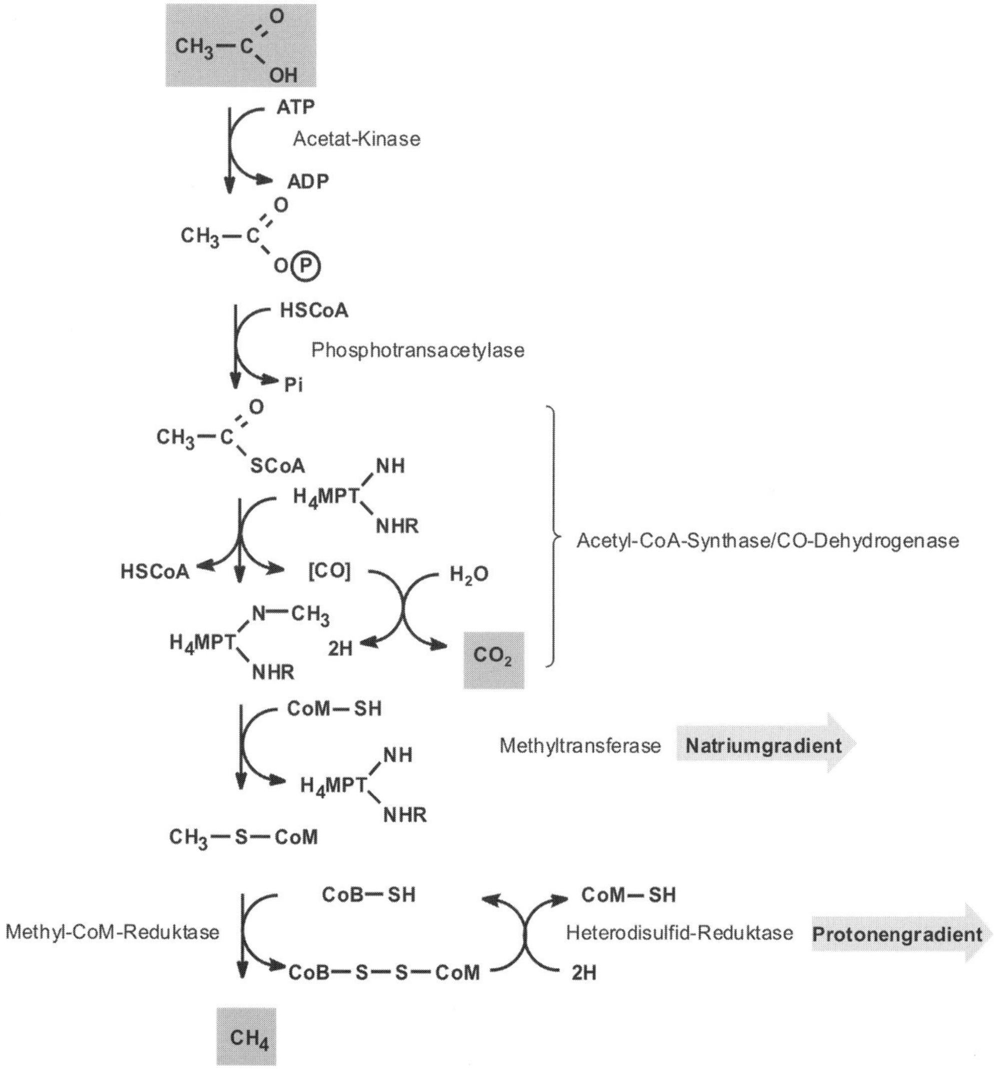

Abb 4.26 Sequenz der Methanbildung durch acetoclastische Methanogene.

Coenzym F_{420} hat vergleichbare Eigenschaften wie NAD^+. Das Redoxpotenzial von Coenzym F_{420} (oxidiert/reduziert) ist jedoch 40 mV negativer als das vom NAD^+/NADH-Paar (−320 mV).

5-Hydroxybenzimidazolylhydroxycobamid ist dem Hydroxycobalamin (Hydroxyform von Vitamin B_{12}) sehr ähnlich, welches in acetogenen Bakterien vorkommt.

Die Reduktion von CO_2 (Oxidationsgrad +4) zu CH_4 (−4) erfolgt in mehreren Stufen (siehe Abb. 4.25). Das C-Atom bleibt dabei kovalent an spezielle Einkohlenstoffüberträger gebunden. Zuerst wird CO_2 zur an Methanofuran gebundenen Formylstufe (+2) reduziert. Die Energiequelle für die CO_2-Aktivierung ist bisher nicht bekannt. Die Formylgruppe wird dann auf Tetrahydromethanopterin (H_4-MPT) übertragen. Der Entzug von Wasser liefert die Methenylgruppe, die zur Methylenstufe reduziert wird (0). Das Coenzym F_{420} liefert Elektronen von der Hydrogenase. Durch eine weitere Reduktion mit Coenzym F_{420} entsteht Methyl-H_4MPT (−2), von dem aus die Methylgruppe auf Coenzym M übertragen wird. Das entstandene Methyl-CoM wird dann zu Methan reduziert, dabei dient das Nickel-Porphyrinoid-Coenzym F_{430} als Cofaktor. Das eigentliche Reduktionsmittel ist Coenzym B, das dabei oxidiert wird und mit Coenzym M ein Heterodisulfid bildet. CoM und CoB werden anschließend durch Reduktion des Disulfides mittels der Disulfid-Reduktase zurückgebildet. Die Elektronen stammen vom H_2.

Die Energie wird bei der Methanbildung durch chemiosmotische Kopplung gespeichert.

Die Methyl-CoM-Reduktase ist mit einer membranständigen H^+-Pumpe gekoppelt, die einen elektrochemischen Potenzialgradienten ausbildet. Ferner sind Na^+-elektrochemische Potenziale an der Energiespeicherung beteiligt. Eine Substratstufen-Phosphorylierung findet in den Methanogenen nicht statt.

Die Bildung von elektrochemischen Ionengradienten ermöglicht es den Organismen, ihre Energieausbeuten an variierende Substratkonzentrationen in der Natur anzupassen. Während die Standardbedingungen (10^5 Pa H_2; $\Delta G^{0'}$ = −131 kJ/mol CH_4) die Bildung von mehr als einem Mol ATP pro Mol CH_4 erlauben, liegen in den meisten methanogenen Habitaten die H_2-Konzentrationen im Bereich von ein bis zehn Pa: Dies bedeutet, dass nur $\Delta G^{0'}$-Werte von −22 bis −45 Kilojoule pro Mol resultieren. Die große Abhängigkeit von den H_2-Konzentrationen rührt von dem Verbrauch von vier Mol H_2/mol CH_4 her.

Die überwiegende Menge des Methans wird in der Natur aus Acetat gebildet. Es wird von den **acetoclastischen Methanogenen** zu Methan umgewandelt. Einzig die beiden Gattungen, *Methanosarcina* und *Methanotrix*, zeichnen sich durch die Nutzung von Acetat aus. Insgesamt ist die Decarboxylation von Acetat zu CO_2 und Methan ein interner Redoxprozess. Einleitend wird Acetat zu Acetyl-CoA aktiviert und zwar durch eine gemeinsame Aktivität von Acetat-Kinase und Phosphotransacetylase oder es wird direkt durch eine Acetyl-CoA-Synthetase aktiviert.

Acetat + ATP + CoASH → Acetyl-CoA + AMP + PP_i

Acetyl-CoA wird zu Methyl-H_4MPT und CO decarbonyliert, welches zu CO_2 oxidiert wird. Die gebildeten Reduktionsäquivalente werden für die Erzeugung des Methans im nachfolgenden Weg verwendet. Die CO-Dehydrogenase (oder Acetyl-CoA-Synthase), welche die Decarbonylierung von Acetyl-CoA zum Methyl-H_4MPT, CoASH, und CO sowie die anschließende Oxidation von CO durchführt, ist ein Nickel-Cobalt-Eisen-Enzym ähnlich der Acetyl-CoA-Synthase der acetogenen Bakterien. Der weitere Weg entspricht dem für die hydrogenotrophen Methanogenen gezeigten mit Methyltransferase, Methyl-CoM-Reduktase sowie Heterodisulfid-Reduktase.

Die Menge an Energie, die durch die Disproportionierung von Acetat konserviert wird, ist nicht sehr hoch, da der Großteil des durch die H^+-Translocating ATP-Synthase gebildeten ATP für die Aktivierung des Acetats verbraucht wird. Der Natrium-Ionengradient, der während des Transfers des Methylrestes gebildet wird, leistet einen Beitrag zur ATP-Synthese durch einen Na^+/H^+-Antiporter. Ingesamt können ungefähr ein drittel Mol ATP pro Mol gebildetes CH_4 konserviert werden. Dies stimmt gut mit dem berechneten Wert der Änderung der Gibbsschen Energie ($\Delta G^{0'}$ = −30 kJ/mol) überein.

Die Methanogenese ist der Hauptweg des anaeroben Abbaus von Biomasse in Süßwassersedimenten und Sümpfen. In anaeroben marinen Biotopen, die reich an Sulfat sind, konkurrieren die sulfatreduzierenden Bakterien erfolgreich um die Substrate H_2 und Acetat der Methanogenen.

4.5.2 Methanabbau

Vor allem aus Gewässern und Reisfeldern wird ein beträchtlicher Teil des gebildeten Methans in die Atmosphäre abgegeben. Bei Reispflanzen erfolgt der Transport durch die Gefäße und das Gewebe der Pflanzen. Das in anaeroben Habitaten gebildete Methan steigt gasförmig an die Oberfläche und entweicht entweder in die Atmosphäre oder wird an den aeroben oberen Schichten von Böden und Gewässern durch die methanotrophen Bakterien teilweise verwertet.

Auch aus dem Verdauungstrakt von Wiederkäuern und anderer Tiere (wie Termiten) entweicht Methan in die Atmosphäre.

Große Reservoirs von Methanhydraten liegen in tiefen, sulfatfreien Zonen der Meeressedimente begraben. Trotz der permanenten Aufwärtsbewegung und der neuen thermogenen oder mikrobiellen Produktion entweichen nur geringe Mengen des Methans (ungefähr zwei Prozent des globalen Methanhaushalts) aus den marinen Gashydraten und Quellen an den Kontinentalrändern der Ozeane in die Hydrosphäre. Sind für die starke Minimierung der freigesetzten Methanmengen auch mikrobielle Mechanismen verantwortlich, obwohl die Habitate anoxisch sind?

4.5.2.1 Aerober Abbau (Methylotrophie)

Methanotrophe Bakterien stellen eine Gruppe aerober Mikroorganismen dar, die sich auf die Nutzung von C_1-Verbindungen spezialisiert hat. Neben der kleinen, in Böden und Gewässern vertretenen Gruppe der Methan nutzenden Arten gibt es eine große Gruppe, die oxidierte C_1-Verbindungen wie Methanol, Methyl-

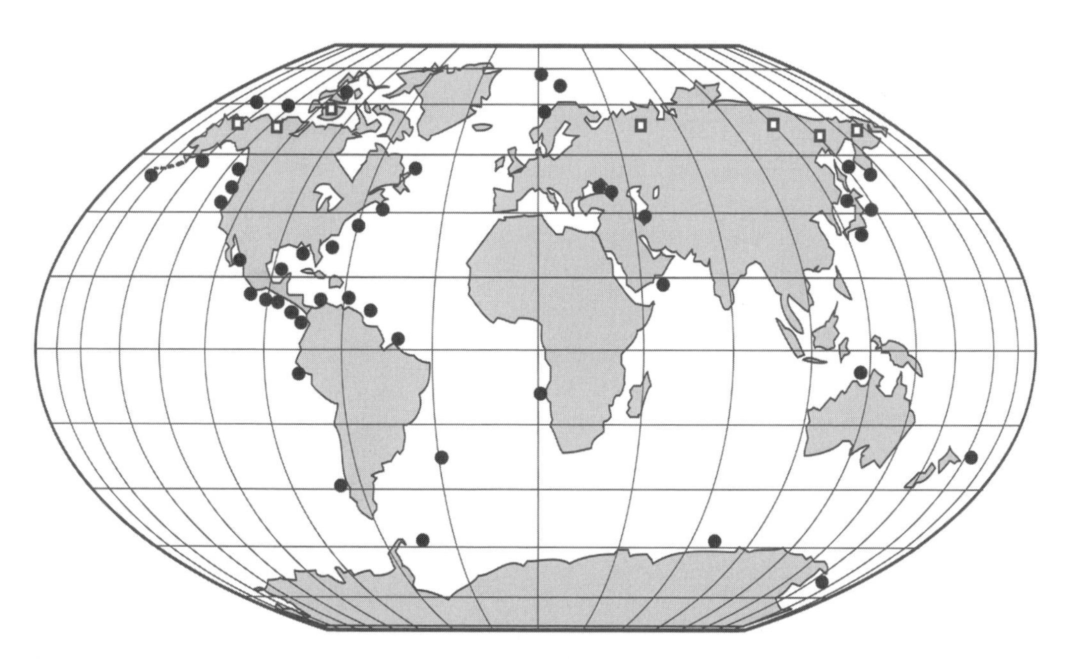

Abb 4.27 Weltweite Standorte, an denen Proben von Gashydrat entnommen worden sind beziehungsweise ein Zusammentreffen mit seismischen Berichten gegeben ist. Die Bereiche umfassen sowohl das Auftreten an Kontinentalrändern als auch Permafrostregionen.

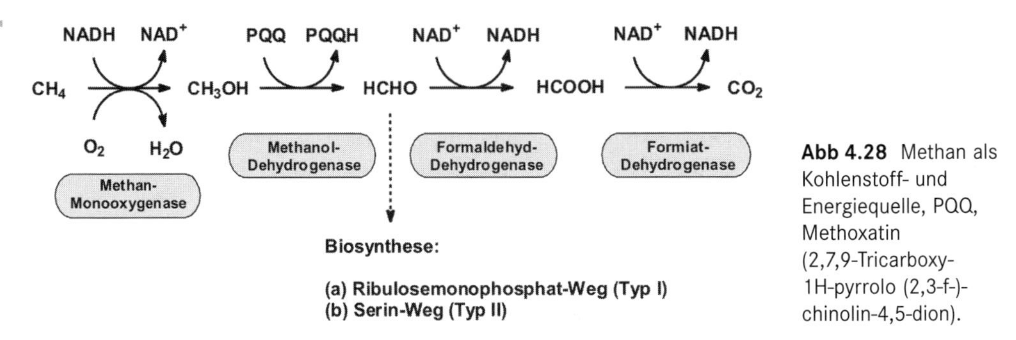

Abb 4.28 Methan als Kohlenstoff- und Energiequelle, PQQ, Methoxatin (2,7,9-Tricarboxy-1H-pyrrolo (2,3-f-)-chinolin-4,5-dion).

amine, Formiat und Formamid nutzen kann. Sie werden als methylotrophe Arten bezeichnet, viele Vertreter tragen das Präfix „Methylo-". Methylotroph sind auch einige Hefen wie *Candida boidinii* und *Hansenula polymorpha*. Das erweiterte Substratspektrum ergibt sich aus dem in Abbildung 4.28 dargestellten Weg der Energiegewinnung, bei denen einige der genannten Substrate als Zwischenprodukte auftreten. Die methanotrophen sind gegenüber den methylotrophen Arten durch den Besitz einer Methan-Monooxygenase ausgezeichnet. Die Oxidation von Methan zu Methanol erfolgt durch den Einbau eines Atoms des O_2, das zweite wird zu Wasser reduziert.

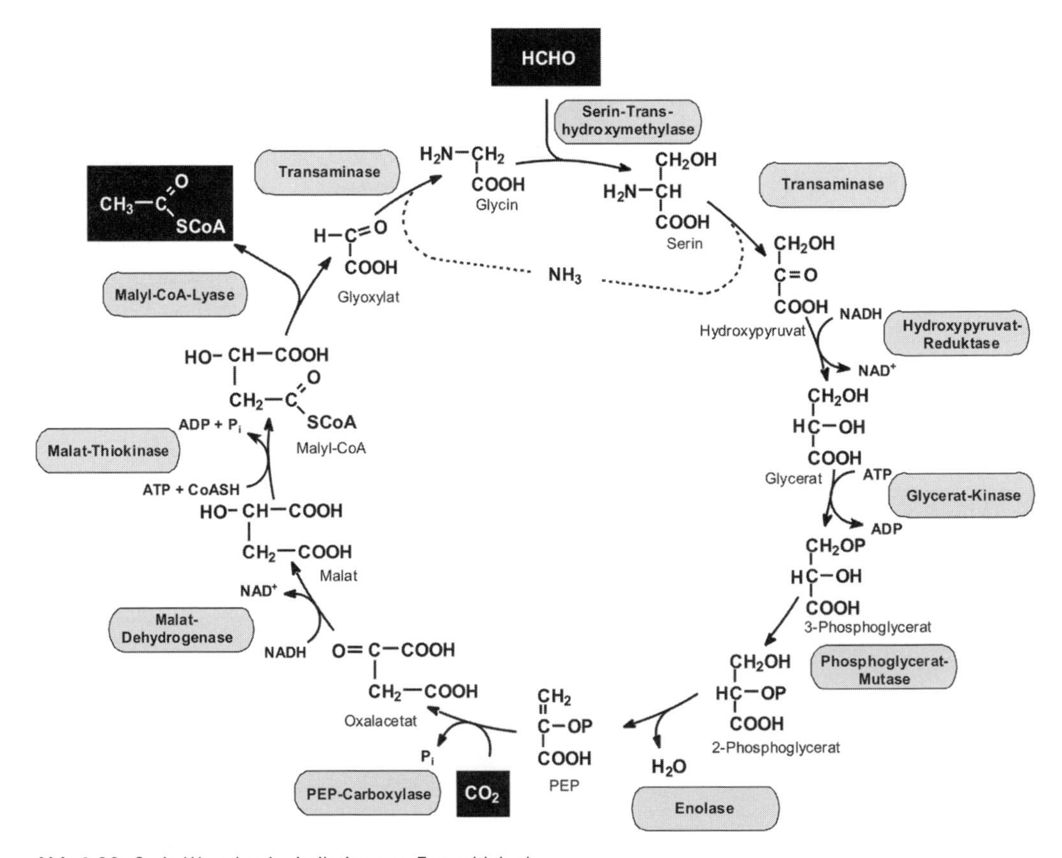

Abb 4.29 Serin-Weg der Assimilation von Formaldehyd.

Die methanotrophen und methylotrophen Mikroorganismen nutzen C_1-Verbindungen als einzige C-Quelle. Die Assimilation erfolgt auf zwei verschiedenen Wegen, dem Serin-Weg und dem Ribulosemonophosphat-Weg. Der in Abbildung 4.29 vereinfacht dargestellte Serin-Weg zeigt die Grundreaktionen der Formaldehyd- und CO_2-Assimilation und wird von *Methylosinus* und *Methylocystis* benutzt.

Beim Ribulosemonophosphat-Weg wird ähnlich wie beim Calvin-Cyclus eine C_1-Verbindung an eine C_5-Verbindung angelagert. Die C_1-Verbindung ist Formaldehyd, als C_5-Verbindung fungiert Ribulose-5-phosphat, es entsteht Fructose-6-phosphat. Die Summengleichung lautet:

3 Formaldehyd + ATP → Glycerinaldehyd-3-phosphat + ADP

Vertreter, die C_1-Verbindungen über diesen Weg assimilieren, sind *Methylomonas*, *Methylobacter* und *Methylococcus*. Die oben genannten

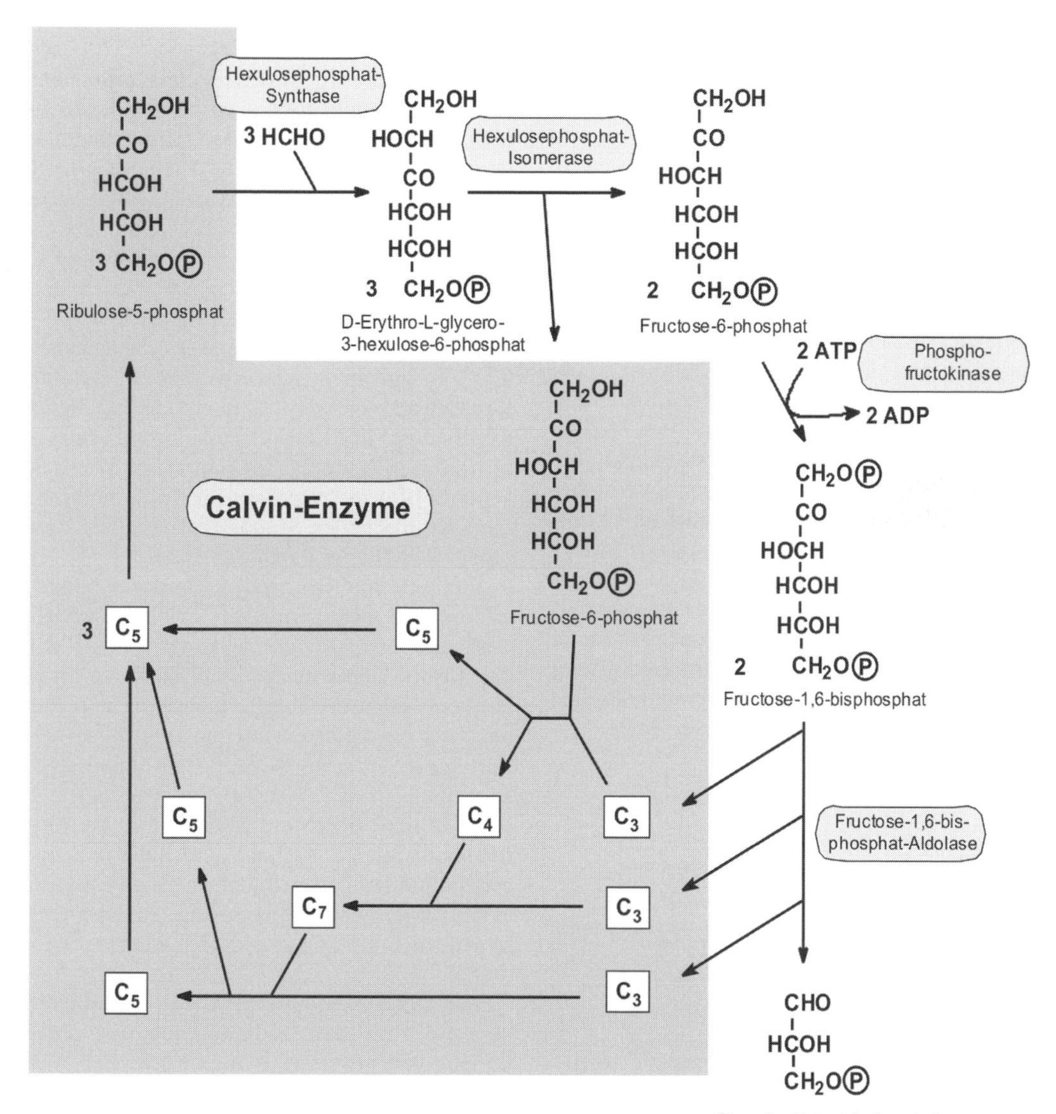

Abb 4.30 Ribulosemonophosphat-Weg der Assimilation von Formaldehyd.

4

Euxinisches Milieu im Schwarzen Meer

Bei einer schlechten Durchmischung und einem eingeschränktem Austausch des Bodenwassers, wie es bei weitgehend isolierten Sedimentbecken vorkommen kann, entsteht ein euxinisches, also sauerstofffreies beziehungsweise reduzierendes Milieu. Es bildet sich Faulschlamm, der nach erfolgter Verdichtung als Schwarzschiefer bezeichnet wird. Solche Bedingungen existieren heute am Boden des Schwarzen Meeres. Für die dunkle Färbung sorgen fein verteilter Kohlenstoff und Eisensulfidverbindungen, vor allem Pyrit.

Methanol verwertenden Hefen besitzen einen dem Ribulosemonophosphat-Weg sehr ähnlichen Xylosemonophosphat-Weg.

4.5.2.2 Anaerober Abbau von Methan (AOM)

Bis vor kurzem glaubte man, dass nur aerobe Bakterien, die Sauerstoff als Elektronenakzeptor sowie als Substrat für die Monooxygenase benutzen, erhebliche Biomasse aus Methan in natürlichen Habitaten bilden können. Eine wachsende Anzahl an Arbeiten macht aber nun deutlich, dass anaerobe Oxidation von Methan in methanreichen Sedimenten stattfindet, besonders in Verbindung mit Methanhydrat-Gebieten und Methanquellen wie auch in euxinischen Wassersäulen.

Es wurde eine Nettorate der AOM in marinen Sedimenten von 70 bis 300 Teragramm CH_4 pro Jahr abgeschätzt, dies entspricht einem durchschnittlichen Verbrauch von zwei Nanomolar pro Tag und mehr als 99 Prozent des dort vorhandenen CH_4 werden durch AOM verbraucht.

Tabelle 4.4 Der Einfluss von Methan-Partialdrücken in den verschiedenen Milieus auf die freie Enthalpie (Valentine, 2002).

Habitate	CH_4 Partialdruck (atm)	$\Delta G'$ (kJ/mol)
Gewässer	0,007	-15
Typisches Sediment	0,35	-25
Unterseequellen und Ausbruchkanäle von Vulkanen	20	-35

AOM findet an der Basis der sulfatreduzierenden Zone statt.

Der Einfluss der Methankonzentration auf den Prozess einer AOM wird bei der Betrachtung der Gibbsschen freien Energie deutlich (siehe Tabelle 4.4).

$CH_4 + SO_4^{2-}$ (10 mM) $\rightarrow HCO_3^-$ (20 mM) + HS^- (2 mM) + H_2O (Temp. 4 °C, pH 7,2)

Daraus folgt, dass in anoxischen Gewässern der AOM im Vergleich zu dem in typischen Sedimenten, Unterseequellen und Ausbruchkanälen von Vulkanen schwach abläuft. Erhöhte Konzentrationen von CH_4 in euxinischen Sedimentbecken verglichen mit oxidiertem Seewasser (zwölf Mikromolar im Schwarzen Meer gegenüber Konzentrationen im Nanomolarbereich des normalen Seewassers) erlauben hingegen die höheren Raten der AOM.

Einträge von CH_4 aus Sedimenten, eingeschlossenen Methanquellen am Kontinentalrand und methanreiche Schlammvulkane auf der Tiefsee-Ebene machen das Schwarze Meer zu dem größten Oberflächenwasserreservoir der Welt mit gelöstem Methan und bewirken dort hohe Raten an AOM in den anoxischen Zonen.

AOM wird durch ein Konsortium von methanoxidierenden Archaea und sulfatreduzierenden Bakterien durchgeführt. Es gibt jedoch auch Hinweise darauf, dass einige Archaea CH_4 ohne feste Kopplung an syntrophe Partner oxidieren.

Die Archaea der Gruppe ANME-2 sind nahe verwandt mit den *Methanosarcinales*, einer Gruppe von größtenteils methylotrophen Methanogenen, einschließlich aller bekannten acetoclastischen Methanogenen. Die *Methanosarcinales* haben die weiteste Substratbreite un-

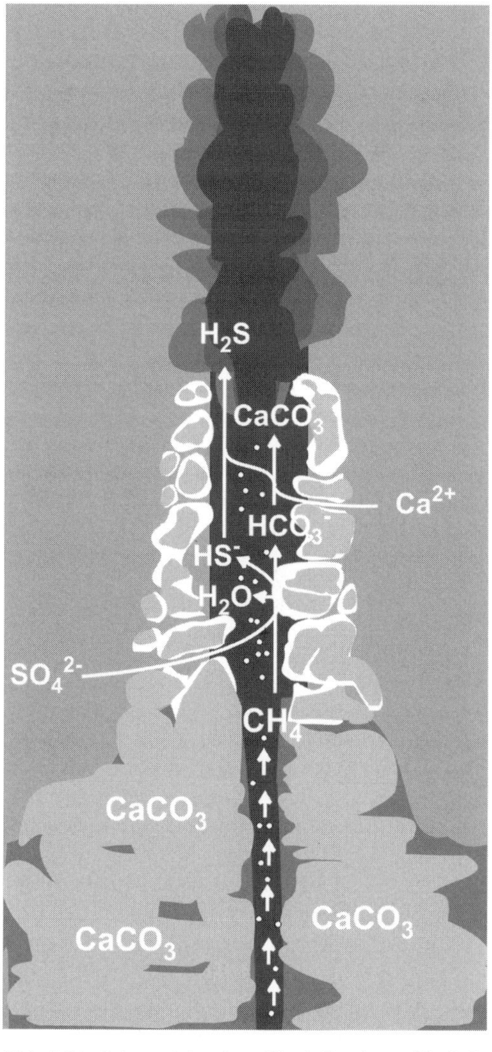

Abb 4.31 Schornstein eines Black Smokers. Die Bakterienmatte, bestehend aus Methanoxidierern und Sulfatreduzierern – verantwortlich für AOM –, ist als weiße Schicht auf dem präzipitierten Calciumcarbonat (grau) gezeigt.

ter den bekannten Ordnungen der Methanogenen und einige Spezies führen einen oxidativen Metabolism (von Methyl zu CO_2) durch Dismutation von methylierten Verbindungen durch.

Es ist wahrscheinlich, dass die Organismen viele oxidative Schritte verwenden, die auch bei der methylotrophen Methanogenese benutzt werden. Es wird angenommen, dass sie reduzierte Intermediate wie H_2, Acetat oder andere methylierte Verbindungen produzieren.

Die Bakterien in dem CH_4-oxidierenden Konsortium gehören zu den *Desulfosarcina/Desulfococcus*, beides Gruppen von sulfatreduzierenden Bakterien (SRB). Diese Gruppen von sulfatreduzierenden Bakterien sind üblicherweise vollständige Oxidierer von organischen Säuren und oft auch am Abbau von Kohlenwasserstoffen beteiligt. Obwohl bisher nur wenig über diese Bakterien und die Archaea bekannt ist, scheint die Annahme erlaubt, dass die Bakterien direkt Sulfat reduzieren und von den Archaea irgendwelche reduzierten Intermediate bekommen. H_2, Acetat oder Methanol sind jedoch keine frei transferierbaren Intermediate in der Syntrophie der AOM.

Der biochemische Weg der anaeroben Oxidation von Methan durch das Konsortium der Archaea und SRB bleibt fürs erste spekulativ. Während der AOM wird Methan mit äquimolaren Mengen von Sulfat oxidiert, und es ergeben sich entsprechende Carbonate und Sulfide. Die Erzeugung des basischen pH-Wertes begünstigt die Ausfällung der im Meerwasser reichlich (zehn Millimolar) vorhandenen Calciumionen als Calciumcarbonat entsprechend der folgenden Nettoreaktion:

$$CH_4 + SO_4^{2-} + Ca^{2+} \rightarrow CaCO_3 + H_2S + H_2O$$

Dies erklärt die Röhrenbildung der Black Smoker als eine häufige, geologisch wichtige Folgereaktion der anaeroben Oxidation von Methan bei hohen Raten.

Kürzlich zeigten Raghoebarsing et al. (2006), dass eine anaerobe Oxidation von Methan gekoppelt an die Denitrifikation von Nitrat möglich ist.

Testen Sie Ihr Wissen

Welches sind energiereiche Metabolite in der Glykolyse und im TCC? Welche Typen von chemischer Bindung liegen vor?

Warum produzieren Organismen beim Fehlen von externen Elektronenakzeptoren Gärprodukte?

Was ist ein Gärungsgleichgewicht?

Welche Gärprodukte kennen Sie?

Welche Schritte leiten den Abbau von Polymeren ein?

4

Welche Funktion hat der TCC, welche die Atmungskette?

Was ist Substratstufen-Phosphorylierung?

Wozu wird die ATP-Synthase gebraucht? Was braucht sie zum Betrieb?

Wodurch unterscheiden sich Stärke und Cellulose?

Welche Organismen werden gebraucht, um aus Cellulose Methan zu produzieren?

Was bedeutet Syntrophie?

Nennen Sie Substrate der Methanogenen.

Was sind hydrogenotrophe, was sind acetoclastische Methanogene?

Acidogene und acetogene Bakterien lassen sich anhand der Benennung leicht verwechseln: Welchen Stoffwechsel betreiben die beiden Gruppen?

Warum tritt nur wenig Methan an den Kontinentalrändern der Ozeane in die Atmosphäre aus?

Vergleichen Sie den Methanabbau im oxischen und anoxischen Milieu.

Nennen Sie CO_2-Fixierungsmechanismen.

In welche Phasen lässt sich der Calvin-Cyclus unterteilen?

Aus welchem pflanzlichen Polymer wird Methanol beim Abbau freigesetzt?

Welches sind zentrale Metabolite im Stoffwechsel?

Literatur

Bayer, E. A., Shoham, Y., Lamed, R. 2001. Cellulose-decomposing bacteria and their enzyme systems. *In:* Dworkin, M., Falkow, S., Rosenberg, E., Schleifer, K.-H., Stackebrandt, E. (eds) The Prokaryotes, electronic edition, release November 2001. Springer, New York.

Boetius, A., Ravenschlag, K., Schubert, C. J., Rickert, D., Widdel, F., Gieseke, A., Amann, R., Jörgensen, B. B., Witte, U., Pfannkuche O. 2000. A marine microbial consortium apparently mediating anaerobic oxidation of methane. Nature 407:623 – 626.

Drake, H. L., Küsel, K., Matthies, C. 2004. Acetogenic Prokaryotes. *In:* Dworkin, M., Falkow, S., Rosenberg, E., Schleifer, K.-H., Stackebrandt, E. (eds) The Prokaryotes, electronic edition, release 2004. Springer, New York.

Fritsche, W. 2002. Mikrobiologie. 3. Aufl., Spektrum Akademischer Verlag, Heidelberg.

Fuchs, G. (Hrsg.) 2006. Allgemeine Mikrobiologie. 8. Auflage. Georg Thieme Verlag, Stuttgart.

Gottschalk, G. 1988. Bacterial metabolism. 2.ed., Springer, New York.

Hatakka, A. 2001. Biodegradation of lignin. *In:* Biopolymers. Volume 1: Lignin, humic substances and coal (Hofrichter, M., Steinbüchel, A., eds.) Wiley-VCH, Weinheim. S.129 – 180.

Lengeler, J. W., Drews, G., Schlegel, H. G. 1999. Biology of the Prokaryotes. Thieme Verlag, Stuttgart.

Lidstrom, M. E. 2001. Aerobic methylotrophic prokaryote. *In:* Dworkin, M., Falkow, S., Rosenberg, E., Schleifer, K.-H., Stackebrandt, E. (eds) The Prokaryotes, electronic edition, release November 2001. Springer, New York.

Madigan, M. T., Martinko, J. M. 2006. Brock-Biology of Microorganisms. 11th Edition. Pearson Prentice Hall, Upper Saddle River, NJ0748.

Michaelis, W., Seifert, R., Nauhaus, K., Treude, T., Thiel, V., Blumenberg, M., Knittel, K., Gieseke, A., Peterknecht, K., Pape, T., Boetius, A., Amann, R., Jørgensen, B. B., Widdel, F., Peckmann, J., Pimenov, N. V. Gulin, M. B. 2002. Microbial reefs in the Black Sea fueled by anaerobic oxidation of methane. Science 297:1013 – 1015.

Nauhaus, K., Boetius, A., Krüger, M., Widdel, F. 2002. In vitro demonstration of anaerobic oxidation of methane coupled to sulfate reduction in sediment from a marine gas hydrate area. Environ. Microbiol. 4:296 – 305.

Raghoebarsing, A. A., Pol, A., van de Pas-Schoonen, K .T., Smolders, A. J., Ettwig, K. F., Rijpstra, W. I., Schouten, S., Damste, J. S., Op den Camp, H. J., Jetten, M. S., Strous, M. 2006. A microbial consortium couples anaerobic methane oxidation to denitrification. Nature 440:918-921.

Reineke, W. (2001) Aerobic and anaerobic biodegradation potentials of microorganisms. *In:* The Handbook of Environmental Chemistry (O. Hutzinger, ed.) Vol. 2K The Natural Environment and Biogeochemical Cycles (Volume editor: B. Beek), Springer Verlag, Berlin, pp. 1 – 161.

Report of the Methane Hydrate Advisory Committee. 2002. Methane Hydrate Issues and Opportunities. http://www.netl.doe.gov/technologies/oil-gas/publications/Hydrates/pdf/CongressReport.pdf

Schmitz, R. A., Daniel, R., Deppenmeier, U. Gottschalk, G. 2001. The Anaerobic Way of Life. *In:* Dworkin, M., Falkow, S., Rosenberg, E., Schleifer, K.-H., Stackebrandt, E. (eds) The Prokaryotes, electronic edition, release Spring 2001. Springer, New York.

Stryer, L. 2003. Biochemie. 5. Aufl. Spektrum Akademischer Verlag, Heidelberg.

Valentine, D. L. 2002. Biogeochemistry and microbial ecology of methane oxidation in anoxic environments: a review. Ant. van Leeuwenhoek 81:271–282.

Valentine, D. L., Reeburgh, W. S. 2000. New perspectives on anaerobic methane oxidation. Environ. Microbiol. 2:477–484.

Wakeham, S. G., Hopmans, E. C., Schouten, S., Sinninghe Damsté, J. S. 2004. Archaeal lipids and anaerobic oxidation of methane in euxinic water columns. a comparative study of the Black Sea and Cariaco Basin. Chem. Geology 2005:427–442.

Widdel, F., Boetius, A., Rabus, R. 2004. Anaerobic biodegradation of hydrocarbons including methane. *In:* Dworkin, M., Falkow, S., Rosenberg, E., Schleifer, K.-H., Stackebrandt, E. (eds) The Prokaryotes, electronic edition, release Spring 2004. Springer, New York.

Widdel, F. 2002. Mikroorganismen des Meeres – Katalysatoren globaler Stoffkreisläufe. *In:* Bedeutung der Mikroorganismen für die Umwelt: Rundgespräch der Kommission für Ökologie, Bayerische Akademie der Wissenschaften. Verlag Dr. Friedrich Pfeil. Band 23, S.67–82.

Zehnder, A. J. B. 1988. Biology of anaerobic microorganisms. John Wiley & Sons., New York.

5 Abbau organischer Schadstoffe

5.1 Umweltchemikalien

„**Umweltchemikalien sind Stoffe**, die durch menschliches Zutun in die Umwelt gebracht werden und **in Mengen oder Konzentrationen auftreten** können, die geeignet sind, den **Menschen und seine belebte Umwelt** (Tiere, Pflanzen und auch Mikroorganismen) **zu gefährden.** Hierzu gehören chemische Elemente oder Verbindungen organischer oder anorganischer Natur, synthetischen oder natürlichen Ursprungs. Das menschliche Zutun kann unmittelbar oder mittelbar erfolgen, es kann beabsichtigt oder unbeabsichtigt sein." (UBA 1980)

Erst durch Unfälle oder Umweltschäden sind schädliche Auswirkungen von Chemikalien entdeckt und sichtbar geworden. Tabelle 5.1 fasst die Chronologie chemikalienbedingter Umweltschäden zusammen.

5.1.1 Chemikalien in der Umwelt: Ausbreitung und Konzentration

Die Ausbreitung aller in die Umwelt gelangender Stoffe vollzieht sich durch natürliche **Transportprozesse** (Luft- und Wasserströmungen) innerhalb der „mobilen" Umweltmedien, sowie durch **Transferprozesse** zwischen den Umweltmedien oder Kompartimenten. Ferner sind chemische und biologische **Transformationsprozesse** von Bedeutung. Bei Transport- und

Tabelle 5.1 Umweltchemikalien und Umweltschädigung im öffentlichen Bewusstsein (verändert und ergänzt nach Fent, 1998).

Zeitraum	Umweltchemikalien und Umweltschädigung im öffentlichen Bewusstsein
1950–1960	*DDT:* Schädigung der Fortpflanzung bei Raubvögeln *Organochlor-Pestizide:* Bioakkumulation in Nahrungsketten *Methylquecksilber:* Vergiftung von Menschen in Minamata (Japan)
1960–1970	*Abwasser, Detergenzien, Schwermetalle*: Verschmutzung von Gewässern
1970–1980	*Polychlorbiphenyle:* Bioakkumulation und Reproduktionsschäden (Meeressäuger) *Polychlordibenzo-p-dioxine:* Seveso-Katastrophe mit Belastung von Mensch und Umwelt *Saurer Regen*: Versauerung von Gewässern und Böden *Waschmittelinhaltsstoffe*: Belastung von Gewässern *Deponie mit toxischen Abfällen der chemischen Industrie:* Love Canal, Niagara Falls (USA)
1980–1990	*Luftschadstoffe*: Neuartige Waldschäden (Waldsterben) *Organozinn-Verbindungen:* Schädigung von Wasserorganismen *FCKW:* Ozonloch *Chemikalienfreisetzung:* Tod tausender Einwohner in Bhopal (Indien) *Chemiebrand in Basel*: Vergiftung des Rheins
seit 1970	*Tankerunfälle*: Schädigung von Meeresküsten *Chlorierte Lösungsmittel:* Trinkwasserverunreinigung
seit 1990	*endokrin wirkende Umweltchemikalien*: negative Wirkungen auf Reptilien, Fische, marine Schnecken

5

Transferprozessen bleibt die Substanz unverändert, während bei chemischen und biologischen Transformationsprozessen die Struktur der Substanz verändert wird. Bei der Einschätzung des Schicksals einer Substanz müssen diese Prozesse in Kombination betrachtet werden.

Substanzen breiten sich in der Umwelt aus, wenn sie sich bei der Produktion, bei Gebrauch oder Entsorgung oder durch unbeabsichtigte Bildung beziehungsweise Freisetzung der Kontrolle durch den Menschen entziehen. Im Extremfall hoher Mobilität kann es zur **ubiquitären,** weltweiten Verteilung kommen, die Stoffe treten dann auch in Gebieten auf, die von den Emissionsgebieten sehr weit entfernt sind.

Die Konzentration und Verbreitung von Stoffen in der Umwelt stehen im Zusammenhang mit folgenden Größen:

1. Quellen, Eintragsmenge und -charakteristik.
2. Physiko-chemische Stoffeigenschaften (molekulare Struktur, spezifische Dichte, Dampfdruck, Wasser- und Fettlöslichkeit, Verteilungskoeffizienten [Octanol/Wasser, Luft/Wasser, Sediment/Wasser], Adsorptionsfähigkeit).
3. Physiko-chemische und biologische Eigenschaften des Ökosystems (Temperatur, pH, Salinität, Schwebstoffgehalt, Sedimentationsrate, Nährstoffkreisläufe, Redoxverhältnisse).
4. Transformationsprozesse (Photolyse, Hydrolyse, Redoxreaktionen und biotischer Abbau).

Ordnet man Umweltchemikalien nach Flüchtigkeit und Polarität (Abb. 5.1), so lässt sich aus der Position im resultierenden Diagramm grob das Verhalten eines Stoffes in der Umwelt abschätzen. Lipophile und schwerflüchtige Chemikalien sind Problemstoffe in Lebewesen und Sedimenten, leichtflüchtige wie Methan, FCKW, Trichlor- und Tetrachlorethen solche in der Luft. Trichlor- und Tetrachlorethen sind aber auch Stoffe, die aufgrund ihrer im Vergleich zum Wasser höheren spezifischen Dichte als Grundwasserkontaminanten bekannt sind. Sie können als *Non-Aqueous Phase Liquids* (NAPLs) als Blase auf dem Grund eines Sees liegen.

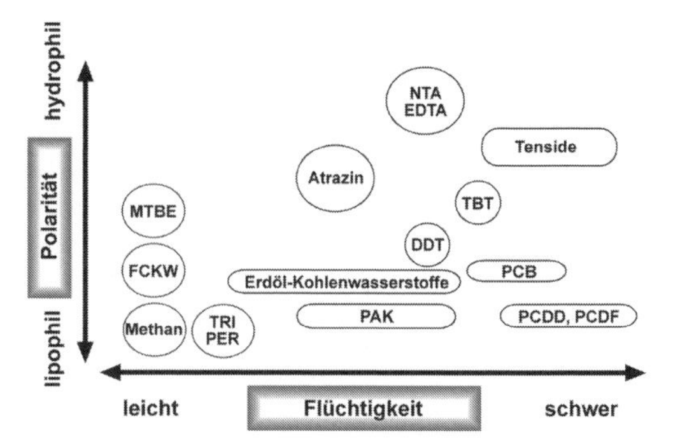

Abb 5.1 Einordnung von Umweltchemikalien nach Flüchtigkeit und Polarität (verändert nach Giger, 1995).

DDT, Dichlordiphenyltrichlorethan; EDTA, Ethylendiamintetraacetat; FCKW, Fluorchlorkohlenwasserstoffe; PAK, polcyclische aromatische Kohlenwasserstoffe; PCB, polychlorierte Biphenyle; PCDD, polychlorierte Dibenzo-1,4-dioxine; PCDF, polychlorierte Dibenzofurane; MTBE, Methyl-tert.Butylether; NTA, Nitrilotriacetat; TBT, Tributylzinn; TRI, Trichlorethen; PER, Tetrachlorethen

5.1.1.1 Transportprozesse

5.1.1.1.1 Transport im Gewässer

In Gewässern verbreiten sich Chemikalien in der Regel mehr oder weniger stark durch Lösung, Adsorption an Partikel und Aufnahme in Organismen. Je nach Wasserlöslichkeit, hydrologischen Gegebenheiten und Charakteristik des Umweltsystems werden sie verschieden verteilt. Die Verbindungen kommen auch in verschiedenen Kompartimenten vor. Sie können vom Gewässer in die Atmosphäre abgegeben werden und von dort durch Deposition wiederum auf den Boden gelangen. Chemikalien können von Feldern über Abschwemmung in Gewässer, durch Verwehung oder Verdunsten in die Atmosphäre und mit den Niederschlägen wieder auf Boden und Gewässer gelangen. Bei großer Mobilität erreichen sie durch Versickerung das Grundwasser und gelangen durch oberflächliche Abschwemmungen in Oberflächengewässer. Die Restkonzentrationen aus Kläranlagen sowie Deponiesickerwässer stellen neben Oberflächenabschwemmungen aus der Landwirtschaft und atmosphärischen Depositionen bedeutende Quellen der Chemikalienbelastungen von Gewässern dar.

Im See unterliegen Chemikalien verschiedenen Transportprozessen. Mit den Zuflüssen gelangen sie in die obere Wasserschicht des Sees (siehe Abb. 9.13, Kap. 9.4, für die Schichtung). Dort unterliegen sie den verschiedenen Wassermischungsprozessen. Im temperaturmäßig geschichteten See (etwa April bis November) werden sie innerhalb weniger Tage in der Oberschicht verteilt. Mit dem Wasserabfluss aus dem See werden die Chemikalien kontinuierlich entfernt. Die wesentlich langsamere vertikale Wasservermischung transportiert einen kleinen Teil in tiefere Wasserschichten. Mit der Winterzirkulation (zirka Dezember bis März) wird die verbliebene Chemikalienmenge schließlich im ganzen See verteilt. Zusätzlich zu diesen Transportprozessen sind Gasaustausch mit der Atmosphäre, Sorption an Partikel, Sedimentation in tiefere Wasserschichten und ins Sediment sowie **Transformationsprozesse** (chemischer und biologischer Abbau) zu erwarten. Die Eliminationsprozesse lassen sich aus physiko-chemischen Eigenschaften (Henry-Konstante, Sorptionskoeffizient, Reaktionskonstanten) und Systemgrößen (pH des Seewassers, Partikelkonzentration, Windgeschwindigkeit) abschätzen.

5.1.1.1.2 Atmosphärischer Transport

Der atmosphärische Transport ist ein bedeutender Weg für die Verteilung von Chemikalien in der Umwelt. Mischungs- und Transportvorgänge in der Troposphäre (siehe Abb. 1.2, Seite 5) verlaufen schnell, der Austausch zwischen Tropo- und Stratosphäre dauert jedoch mehrere Jahre, da nur Diffusion stattfindet. So dauerte es Jahre, bis die für die Zerstörung der Ozonschicht verantwortlichen Fluorchlorkohlenwasserstoffe die Stratosphäre erreicht hatten. Die Verunreinigung der Atmosphäre hat globale Dimensionen angenommen. So sind **Umweltchemikalien in Polargebieten** nachweisbar, die von der menschlichen Zivilisation völlig unberührt sind. In der Luft, in Schnee und Eis der Arktis und Antarktis finden sich Spuren von organischen Umweltchemikalien, die vor allem aus Nordamerika und Europa als Gase und Aerosole dorhin gelangen und infolge der kalten Temperaturen auskondensieren. Hochflüchtige Chemikalien bleiben in der Gasphase und sind sehr mobil. Mäßig flüchtige Stoffe kondensieren aus und verteilen sich in Wasser, Schnee, Eis und Boden von Polargebieten. Die Kombination von atmosphärischem Transport, Kondensation und Deposition sowie Wiederverflüchtigung aus dem Meer kann den Transport organischer Verbindungen in die Polarregionen erklären. Die Atmosphäre dient dabei als Transport, das Meer als Lagermedium. Persistente Chemikalien verteilen sich von den Tropen bis in die Polarregionen. Der Temperaturgradient entlang der Transportroute in die Polarregionen verursacht eine Anreicherung von mäßig flüchtigen Verbindungen in der Arktis und Antarktis. Deutlich finden wir diesen Gradienten im Pazifik: im Meerwasser steigt die Konzentration von flüchtigen Stoffen vom Äquator bis auf 80° nördliche Breite. Atmosphärische Transportvorgänge spielen auch eine große Rolle bei der **Versauerung** von Seen in Nordamerika und Skandinavien.

5.1.1.2 Transferprozesse zwischen Umweltmedien oder Kompartimenten

Der Austausch von Chemikalien zwischen den einzelnen Umweltkompartimenten wird durch die Tendenz der Chemikalien gesteuert, Phasentransferprozesse einzugehen (Abb. 5.2). Die Transfergeschwindigkeit hängt dabei von den Substanzeigenschaften und den Umweltbedingungen ab. Die Neigung der Chemikalien zu

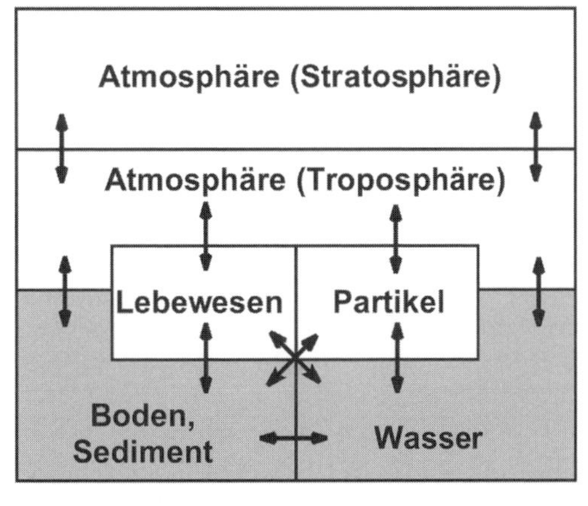

Abb 5.2 Mögliche Phasentransferprozesse von Chemikalien (graumarkierte Kompartimente sind für Mikroorganismen von Relevanz).

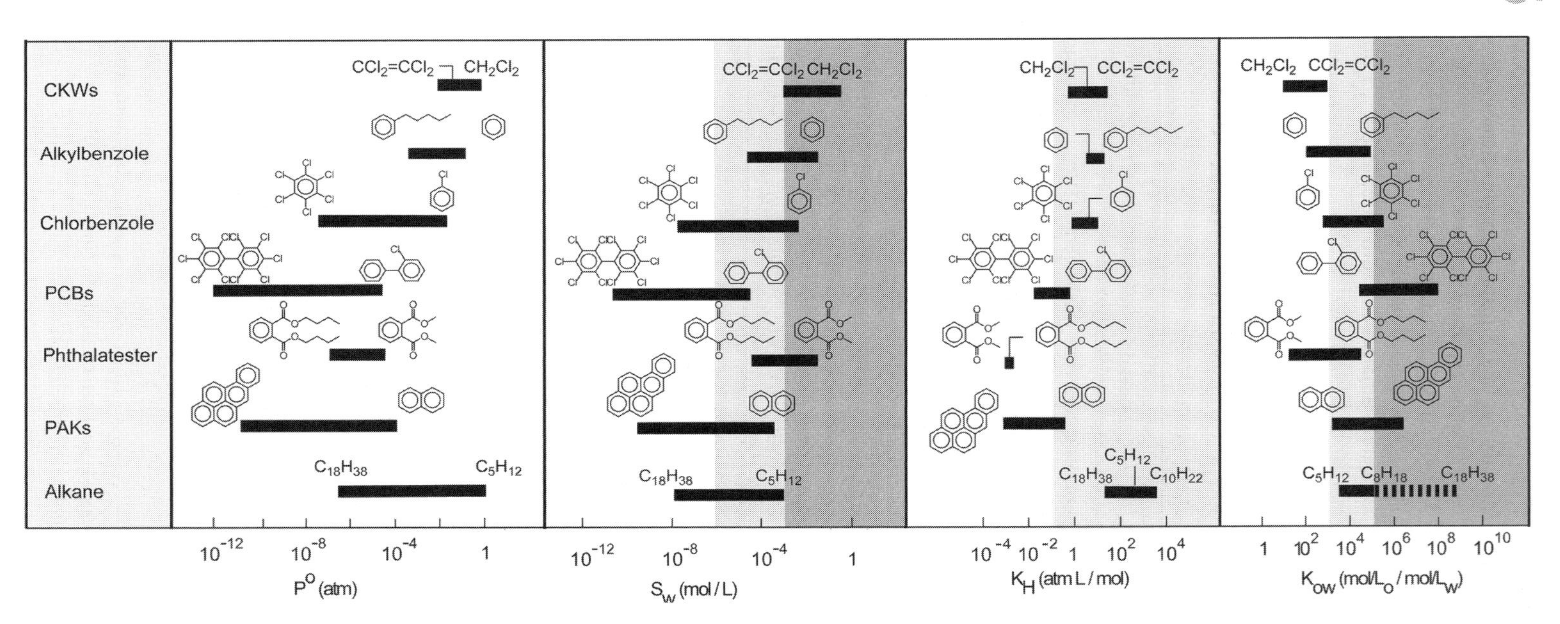

Abb 5.3 Physiko-chemische Eigenschaften von ausgewählten Umweltchemikalien geordnet nach Stoffklassen (aus Schwarzenbach et al., 2003, sowie Ballschmitter, 1992).
(a) Dampfdruck (P^0), (b) Wasserlöslichkeit (S_W) (die eingezeichneten Grautöne markieren hohe [dunkelgrau], mittelgute [hellgrau], schlechte Löslichkeit [weiß]), (c) Henry-Konstante (K_H) (Bevorzugung des Aufenthalts der Chemikalie in Luft [grau], in Wasser [weiß]), (d) *n*-Octanol-Wasser-Verteilungskoeffizient (K_{ow}) (hohe [dunkelgrau], mittlere [hellgrau] und niedrige Akkumulationstendenz der Chemikalie [weiß]). Daten lassen sich mit dem Programm „EPI Suite“ (siehe Kap. 15) ermitteln.

Transferprozessen kann mit **Gleichgewichtskonstanten** beschrieben werden (Abb. 5.3), auch wenn sich unter realen Umweltbedingungen häufig kein Gleichgewicht einstellen wird (dynamische, nicht geschlossene Systeme wie Fließgewässer).

5.1.1.2.1 Verflüchtigung: Transport aus Wasser und Boden in die Luft

Der Austausch zwischen Gewässer oder Boden und der Atmosphäre ist der wichtigste Transportweg für Chemikalien mit niedriger Wasserlöslichkeit und geringer Polarität. Chemikalien mit hohem Dampfdruck und geringer Wasserlöslichkeit werden schnell in die Atmosphäre abgegeben. Der Übertritt eines Stoffes durch Diffusion aus dem Wasser in die Luft wird als **Verflüchtigung (Volatilisation),** der umgekehrte Vorgang als (trockene oder nasse) **Deposition** bezeichnet.

Die Verteilung zwischen Luft und Wasser im Gleichgewichtszustand wird durch den Henry-Koeffizienten oder die **Henry-Konstante** beschrieben. Sie spielt für die Flüchtigkeit von Chemikalien aus wässriger Lösung eine ausschlaggebende Rolle. Die dimensionslose Konstante K'_H stellt das Konzentrationsverhältnis zwischen der Gasphase (c_g) und der Lösung (c_w) dar. Häufig wird die Konstante K_H angegeben, die annäherungsweise aus dem Verhältnis zwischen Sättigungsdampfdruck und maximaler Wasserlöslichkeit abgeschätzt wird.

$$K'_H = \frac{c_g}{c_w} \qquad K_H = \frac{p_i}{c_w}\left[\text{atm} \cdot \text{L/mol}\right]$$

P_i = Partialdruck der Verbindung in der Gasphase (Luft)[atm]
c_g = Konzentration der Verbindung in Luft [mol/L]
c_w = Konzentration der gelösten Verbindung im Wasser [mol/L]
Daten werden häufig auch in Pa × m^3/mol angegeben, dann gilt: 1 atm × L/mol = 101,326 Pa × m^3/mol

Eine Umrechnung beider Ansätze gelingt einfach unter Nutzung des idealen Gasgesetzes und der resultierenden Beziehung:

$$K'_H = \frac{K_H}{RT}$$

Je größer der Henry-Koeffizient, desto schneller gelangt die Substanz in die Atmosphäre. Aber auch persistente Stoffe mit relativ kleinen K_H werden aufgrund großer Aufenthaltszeiten in Gewässern und Boden allmählich in die Atmosphäre abgegeben (zum Beispiel DDT, PCB, PCDD, PCDF).

5.1.1.2.2 Adsorption an Feststoffe: Verteilung zwischen Wasser und Partikeln

In Gewässern spielen Partikel eine wichtige Rolle als Adsorbentien. Der Transfer einer Verbindung aus der wässrigen Phase an oder in eine feste Phase (Partikel oder Sediment in See oder Fluss, Bodenmaterial, Grundwasserleitermaterial, Belebtschlamm in einer Kläranlage) wird **Sorption** bezeichnet, der umgekehrte Vorgang **Desorption.** Durch Sorption an Partikel und deren Sedimentation können Umweltchemikalien aus der Wassersäule von Gewässern entfernt werden. Auch im Boden ist die Verteilung zwischen Wasser und Bodenpartikel für den Transport von Umweltchemikalien wichtig. Die Verteilung bestimmt, wie stark eine Verbindung oberflächlich abgeschwemmt wird oder ins Grundwasser gelangt.

Die Mobilisierung und Wanderung von Chemikalien im und aus dem Boden oder Sediment hängen wesentlich von den Adsorptionseigenschaften der Chemikalien an Boden oder Sediment ab. Viele Umweltchemikalien sind zu einem guten Teil an die partikulären Anteile im Gewässer gebunden. Beispiele sind vor allem hydrophobe Verbindungen wie polychlorierte Kohlenwasserstoffe, aber auch polare Stoffe und Schwermetalle. Je nach Struktur der Umweltchemikalie und der Art und Menge der festen Phasen können unterschiedliche Sorptionsmechanismen wichtig sein. Einerseits kann es zu einer hydrophoben Verteilung zwischen der wässrigen Phase und organischem Material, andererseits zu verschiedenen spezifischen Wechselwirkungen an Oxid- und Tonmineraloberflächen kommen.

Generell sorbieren Stoffe mit geringer Wasserlöslichkeit und niedrigem Dampfdruck bevorzugt an Partikel, Sediment und Bodenbestandteile.

5

Die Verteilung zwischen fester Phase und Lösung wird im Gleichgewicht durch die **Festkörper-Wasser-Verteilungskonstante** K_p beschrieben.

$$K_P = \frac{c_S}{c_W}$$

c_s = Konzentration des sorbierten Stoffes
c_w = Konzentration des gelösten Stoffes

Die Sorption hydrophober Verbindungen kann in Beziehung zur Lipidlöslichkeit (welche umgekehrt proportional zur Wasserlöslichkeit der Substanzen ist) und zum Gehalt an organischem Kohlenstoff der sorbierenden Feststoffe gesetzt werden: Je größer der Gehalt an organischem Kohlenstoff, desto höher ist die Adsorption. Für die Adsorption im Boden und Sediment wird deshalb der Adsorptionskoeffizient häufig auf den Anteil an organischem Kohlenstoff bezogen. Für alle Übergänge von Chemikalien zwischen Boden und Sediment und der wässrigen Phase spielt die Adsorption eine ausschlaggebende Rolle. Je stärker eine Substanz an die Partikel gebunden ist, desto weniger wird sie mobilisiert. Viele lipophile Substanzen (wie polycyclische aromatische Kohlenwasserstoffe) sind aufgrund der festen Bindung kaum bioverfügbar. Daraus resultierend sind sie schlecht abbaubar und es kommt zu einer sehr langen Aufenthaltszeit im Boden und Sediment.

5.1.1.2.3 Verteilung zwischen Wasser und Biota: n-Octanol/Wasser-Verteilungskoeffizient

Die Adsorption hydrophober Chemikalien an Partikeln kann häufig in Beziehung zur Fettlöslichkeit (Lipophilie) gesetzt werden, vor allem die Verteilung in die Organismen. Als Maß für die Lipophilie wird heute meist der Verteilungskoeffizient K_{ow} einer Substanz in einem Gemisch von *n*-Octanol und Wasser verwendet.

$$K_{OW} = \frac{c_O}{c_W}$$

c_o = Konzentration in der *n*-Octanol-Phase
c_w = Konzentration in der Wasser-Phase

Der Verteilungskoeffizient K_{ow} wird häufig als Logarithmus angegeben. *n*-Octanol wird als Referenz verwendet, da es ähnliche Eigenschaften aufweist wie typische, in der Natur vorkommende, organische Stoffe (zum Beispiel Huminstoffe) und wie Organismen selbst, allen voran die Zellmembranen. Der K_{ow} ist von großer Bedeutung, da er über die Bioakkumulationstendenz von Substanzen Auskunft gibt. Die

Tabelle 5.2 Liste der wichtigsten Senken für Chemikalien.

A	**Vorwiegend in der Atmosphäre:**
1	Indirekter photochemisch-oxidativer Abbau in der Gasphase, vorwiegend durch OH-Radikale, Ozon und Stickstoffdioxid
2	Direkte photochemische Transformation in der Atmosphäre (auch „Photolyse" genannt)
B	**Vorwiegend im Wasser:**
3	Biologischer – überwiegend mikrobieller – oxidativer Abbau in Oberflächengewässern
4	Chemische Hydrolyse
5	Photochemischer Abbau in wässriger Lösung (direkt und indirekt)
6	Biologischer Abbau / Modifikation durch Wasserpflanzen (zum Beispiel Algen)
C	**Vorwiegend im Boden / Sediment:**
7	Biologischer – überwiegend mikrobieller – oxidativer Abbau im Boden
8	Photochemisch-oxidativer Abbau an der Oberfläche
9	Abbau / Modifikation durch grüne Landpflanzen
10	Anaerob-biologischer und reduktiv-abiotischer Abbau (zum Beispiel in anoxischen Sedimenten)

Lipophilie ist umgekehrt proportional zur Wasserlöslichkeit einer Substanz.

5.1.1.3 Transformationsprozesse

Strukturelle Veränderungen von Chemikalien (**Umwandlungs-** oder **Transformationsprozesse**) in der Umwelt sind von großer Bedeutung. Häufig wird der Begriff „Senke" für diesen Mechanismus der Reduzierung der Konzentration einer Umweltchemikalie verwendet.

5.1.1.3.1 Abiotische Transformationen

Prozesse der **Photolyse** sind vor allem in der Atmosphäre wichtig, jedoch auch an der Oberfläche von Gewässern und Boden relevant. Durch Absorption von Energie werden gewisse Chemikalien in einen angeregten Zustand überführt. Sie weisen damit eine höhere Reaktivität auf, und gehen als Folge Transformationen ein. Von **direkter Photolyse** sprechen wir, wenn die Substanz selbst Licht absorbiert und danach umgewandelt wird. Die **indirekte Photolyse** umfasst hingegen Reaktionen von Verbindungen mit reaktiven Spezies (hauptsächlich Photooxidantien wie Hydroxyradikale (OH•), Peroxyradikale (R-O-O•), Singulettsauerstoff $^1O_2$), die zuvor durch Einwirkung von Licht gebildet wurden. Photolytische Reaktionen sind von der Energie des Sonnenlichtes, vom Absorptionsspektrum des Moleküls und von Substanzen in der Umwelt abhängig, die diese Reaktionen begünstigen. Viele Chemikalien werden durch photolytische Prozesse an der Oberfläche von Pflanzen oder Boden sowie an der Oberfläche von Gewässern abgebaut.

Bei der **chemischen Hydrolyse** (Reaktionen von Chemikalien mit Wasser beziehungsweise Hydroxylionen) können zum Beispiel aus C-Cl- oder C-C-Einfachbindungen C-OH-Bindungen entstehen. Hydrolysen sind insbesondere in Gewässern von Bedeutung, da sie die Aufenthaltszeit vieler Chemikalien stark beeinflussen. Hydrolysereaktionen von organischen Verbindungen führen im Allgemeinen zu weniger toxischen Produkten. Die Hydrolyse ist stark temperatur- und – je nach Substanz – pH-abhängig.

Oxidative Prozesse können durch Reaktionen mit molekularem Sauerstoff oder mit reaktiven Sauerstoffspezies, die meist durch photochemische Prozesse entstehen, ablaufen. In der Troposphäre sind vor allem Hydroxyradikale und Ozon für die Umwandlung von Chemikalien von Bedeutung. In Gewässern finden vor allem Reaktionen mit Peroxyradikalen und Singulettsauerstoff statt.

Reduktive Prozesse laufen besonders im anaeroben Milieu von Sedimenten und Boden ab. Eisen-Redoxsysteme oder an Proteine gebundene Porphyrine, die durch den Zerfall biologischen Materials frei geworden sind, übertragen Elektronen von reduzierten organischen Substraten auf die Umweltchemikalien.

5.1.1.3.2 Biotische Transformationen

Biotische mikrobielle Umwandlungsprozesse in Gewässern, Sedimenten und Boden erfolgen mit Hilfe von **Enzymen.** Dabei werden in der Regel weniger giftige Metabolite gebildet, oft gefolgt von einer vollständigen **Mineralisierung** zu Kohlendioxid und Wasser. Substanzen, die durch biotische Prozesse schwer oder nicht abgebaut werden können, sind in der Regel persistent, da biotische Prozesse in Wasser, Sediment und Boden insgesamt vermutlich eine wesentlich größere Rolle spielen als abiotische.

Unter **Persistenz** verstehen wir die Langlebigkeit einer chemischen Verbindung in der Umwelt. Anhaltspunkte für die Persistenz können sich aus der Molekülstruktur und den physiko-chemischen Eigenschaften ergeben (siehe Kap. 15.2.1).

Der Unterschied zwischen abbaubaren und persistenten Verbindungen ergibt sich durch die Kinetik der wichtigsten biotischen und abiotischen Abbau- beziehungsweise Transformationsprozesse (Bioabbau in Wasser, Boden und Sediment, direkter und indirekter photochemischer Abbau in der Atmosphäre und Hydrolyse). Daneben spielt auch die Kinetik der Transferprozesse eine wichtige Rolle. Eine Substanz ist dann persistent, wenn entweder alle genannten Abbauprozesse sehr langsam oder überhaupt nicht ablaufen, oder wenn ein Kompartiment, das eine effektive Senke enthält, von der Substanz in der Regel nicht erreicht oder die Substanz durch Transfer rasch aus ihm entfernt wird. So erklärt sich die große Stabilität vieler Stoffe in den meist anaeroben Sedimenten, obwohl in der Luft oder auch im aeroben Wasserkörper effektive Senken vorhanden wären.

Nach physiologischen Gesichtspunkten kann der mikrobielle Abbau von Umweltchemikalien wie folgt unterschieden werden (siehe Abb. 5.4):

Der Typ der **vollständigen Metabolisierung** beinhaltet den weitgehendsten Abbau und ist für viele Stoffgruppen nur bei Bakterien beschrieben worden. Dabei wird in der Regel die betreffende Substanz von den Mikroorganismen als Kohlenstoff- und Energiequelle genutzt, das heißt es entsteht Biomasse, CO_2 und H_2O aus der Substanz. Bei der vollständigen Metabolisierung kann es vorübergehend zur Akkumulation geringer Mengen von Metaboliten kommen. Diese Metabolite werden unter bestimmten Bedingungen auch außerhalb der Zellen gefunden.

Ein anderer produktiver Abbau verbunden mit der Bildung von Biomasse ist die Nutzung einiger Umweltchemikalien als **Elektronenakzeptor.** Dieser Metabolismus wurde für chlorierte Chemikalien gezeigt, wobei Dechlorierung und in der Regel Akkumulation eines dechlorierten Produktes erfolgt.

Die **cometabolische Transformation** wurde für eine ganze Reihe von Umweltchemikalien beschrieben. Das wesentliche Kriterium für diesen Typ des Abbaus ist, dass die entsprechenden Mikroorganismen die Verbindungen nicht als alleinige Kohlenstoff- und Energiequelle nutzen beziehungsweise damit wachsen können. Dieser Typ des Abbaus ist, abgesehen von einer möglichen Entgiftungsfunktion, für die Organismen ohne erkennbaren Wachstumsvorteil. Die Organismen sind daher auf zusätzliche Substrate angewiesen, um ihren Stoffwechsel aufrecht zu erhalten und zu wachsen. Für diesen Typ des „Abbaus" kommen praktisch alle bekannten Abbauwege in Betracht, die nicht zum Wachstum der Organismen führen (unproduktiver Abbau). Es entstehen zum Teil primäre Oxidationsprodukte, welche möglicherweise von anderen Organismen weiter metabolisiert werden können.

Eine weitere Möglichkeit der Metabolisierung von Umweltchemikalien besteht in der **unspezifischen, radikalischen Oxidation.** Dieser Typ wird durch die Eigenschaften der ligninolytischen Enzymsysteme von Weißfäulepilzen ermöglicht (siehe Kap. 4.4.4.5). Beim Abbau des in der Natur relativ persistenten Holzes sind diese Organismen auf den Abbau von Lignin spezialisiert. Aufgrund der makromolekularen Struktur und der fehlenden Wasserlöslichkeit des Lignins kann der Abbau nur über extrazelluläre Enzyme erfolgen. Mit diesen Enzymsystemen (Lignin-, Mangan-Peroxidasen und Laccasen) sind die Pilze fähig, durch radikalkatalysierte Spaltungsreaktionen Lignin zu depolymerisieren. Diese unspezifischen Oxida-

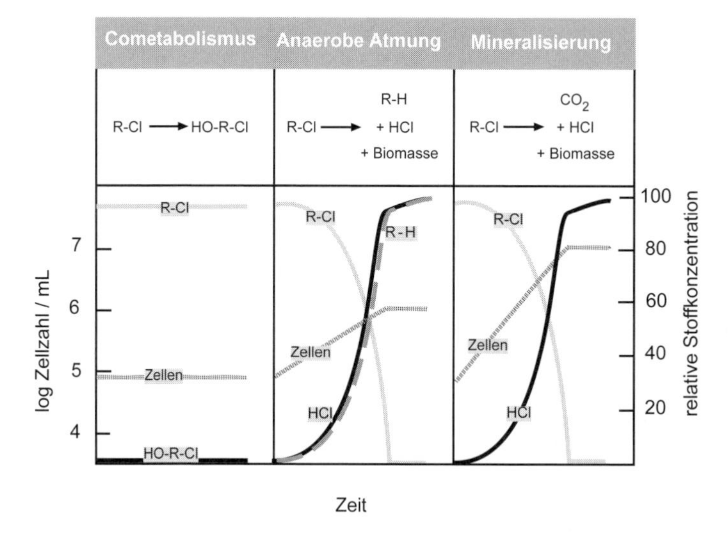

Abb 5.4 Vergleich des Abbaus durch (a) Cometabolismus, (b)Verwendung als Elektronenakzeptor mit Dehalogenierung sowie (c) als Kohlenstoff- und Energiequelle am Beispiel einer Modellverbindung (R = Benzoat: 3-Chlorbenzoat).

tionsreaktionen prädestinieren diese Gruppe von Pilzen für den biologischen Abbau besonders persistenter Umweltschadstoffe.

5.1.2 Beurteilung von Chemikalien: Allgemeine Prinzipien und Konzepte

Die Abschätzung des Umweltrisikos von Chemikalien und deren Bewertung gewinnt zunehmend Bedeutung im praktischen Umweltschutz und in der Umwelthaftung, insbesondere seit Inkraftsetzung des Umwelthaftungsgesetzes von 1991. Nach dem Chemikaliengesetz besteht für **Substanzen und Erzeugnisse, die neu auf den Markt kommen** sollen, eine **Prüfpflicht,** die es erlauben soll, das toxikologische Wirkprofil einer Substanz und ihre mögliche Gefährlichkeit für die Umwelt vor der Vermarktung abzuschätzen. Es wird damit zwischen neu auf den Markt gebrachten und bisherigen alten Stoffen unterschieden: Die Anmeldepflicht betrifft nur **neue** Stoffe, sie kann aber auf besonders gefährliche alte Stoffe erweitert werden. Arznei- und Pflanzenschutzmittel unterlagen schon früher entsprechenden Zulassungsverfahren. Neue Stoffe sind alle Stoffe, die seit dem 18. September 1981 auf den Markt gebracht wurden; zirka 100 000 Altstoffe waren bereits vor diesem Datum im Gebrauch (aufgelistet im European Inventory of Existing Commercial Chemicals, EINECS).

Die **gesetzlichen Regelungen** dienen dazu, Menschen, Tiere und Pflanzen, ihre Lebensgemeinschaften und Lebensräume (Wasser, Boden, Luft) vor schädlichen Einwirkungen durch den Umgang mit umweltgefährdenden Stoffen zu schützen.

Neben dem Abbau-, Ausbreitungs- und Akkumulationsverhalten sind die Auswirkungen auf ausgewählte Organismen zu prüfen. Im Rahmen der OECD (Organization for Economic Co-Operation and Development, einer internationalen Organisation von industrialisierten Ländern) und von entsprechenden Umweltschutzbehörden (USEPA, Environmental Protection Agency der USA; UBA, Umweltbundesamt Berlin; MITI, Ministry of International Trade and Industry, Japan et cetera) sind Testverfahren zugelassen. Standardisierte Toxizitätstests kommen auch zur Klassifizierung und Einstufung von Chemikalien in verschiedene Wassergefährdungsklassen zum Einsatz.

Die OECD hat seit 1981 Richtlinien zum Test von Chemikalien (Chemical Testing Programme, 1979/80, Premarket Testing System: Guidelines for Testing of Chemicals) ausgearbeitet, die laufend ergänzt werden. Diese **Normen,** welche die Organismen, sowie die Durchführung, Bedingungen und Auswertung der Tests beschreiben, haben wesentlich zur Entstehung und Harmonisierung der Anmeldeverfahren von neuen Stoffen beigetragen. Sie gliedern sich in die vier Teilbereiche:

1. Physiko-chemische Eigenschaften
2. Abbau und Akkumulation
3. Effekte auf biologische Systeme
4. Effekte auf die menschliche Gesundheit (wird hier nicht behandelt)

Die Umweltmikrobiologie betreffenden Punkte 2 sowie Teile von 3 werden hier besprochen.

Mit standardisierten Testmethoden werden Daten zur Toxizität und Ökotoxizität erhoben. Das Prinzip des **Deutschen Chemikaliengesetzes** (ChemG) beruht auf einer stufenweisen Erhöhung der Testerfordernisse mit der Produktionsmenge (Grundstufe, Stufe I und Stufe II). Der Untersuchungsaufwand steigt also mit der produzierten Menge eines Stoffes und der zu erwartenden Gefährlichkeit an (**Box Seite 101**). REACH ist ähnlich strukturiert.

Das Deutsche **Wasserhaushaltsgesetz** (WHG) stellt neben dem ChemG umfangreiche Anforderungen an Daten zur Ökotoxikologie. Im WHG wird zur Regelung von Emissionen organischer Stoffe, welche im Abwasser überwiegend in einer Mischung vorliegen, meist mit Summenparametern (AOX, BSB, DOC et cetera) gearbeitet, während sich das ChemG auf Einzelstoffe bezieht.

Für die Praxis spielt die Klassifikation von Chemikalien nach ihrer Gefährlichkeit eine wichtige Rolle. Ein Maß für die Bewertung des toxischen Potenzials einer Verbindung ist die in Deutschland eingeführte **Wassergefährdungsklasse (WGK),** ermittelt aus der akuten Toxizität (Ratten-, Bakterien- und Fischtoxizität), der biologischen Abbaubarkeit und dem Verteilungs-

REACH, die neue EU-Chemikalienverordnung

Das gegenwärtige System für allgemeine Industriechemikalien unterscheidet zwischen den „chemischen Altstoffen“, also allen chemischen Stoffen, die im September 1981 erklärtermaßen bereits auf dem Markt waren, und „neuen Stoffen“, den nach diesem Datum in Verkehr gebrachten Stoffen.

Es gibt ungefähr 2700 neue Stoffe. Diese müssen gemäß der Richtlinie 67/548 der EU geprüft und hinsichtlich ihrer Gefährlichkeit für die menschliche Gesundheit und Umwelt bewertet werden, bevor sie in Mengen von über zehn Kilogramm in Verkehr gebracht werden. Für größere Mengen ist eine gründlichere Prüfung gefordert, die sich speziell auf langfristige und chronische Auswirkungen konzentriert.

Im Gegensatz dazu unterliegen die chemischen Altstoffe, die mehr als 99 Prozent der Gesamtmenge sämtlicher auf dem Markt befindlichen Stoffe darstellen, nicht den gleichen Prüfvorschriften. Im Jahr 1981 waren insgesamt 100 106 Stoffe gemeldet, und es wird geschätzt, dass noch 30 000 dieser Stoffe in Mengen von mehr als einer Tonne in Verkehr gebracht werden. Etwa 140 dieser Stoffe sind als prioritäre Stoffe eingestuft und unterliegen umfangreichen Risikobeurteilungen durch die Behörden der Mitgliedsstaaten.

Die EU-Kommission schlägt vor, dass die Altstoffe und die neuen Stoffe zukünftig, nach der Einbeziehung der chemischen Altstoffe bis zum Jahr 2012, dem gleichen Verfahren im Rahmen eines **einheitlichen Systems** unterliegen sollen. Das aktuell für die neuen Stoffe geltende System soll überarbeitet werden, um es effizienter und wirksamer zu machen, und der Geltungsbereich der revidierten Bestimmungen soll danach auch auf die chemischen Altstoffe ausgedehnt werden. Das vorgeschlagene System wird REACH genannt, ein Akronym für Registrierung (*registration*), Bewertung (*evaluation*) und Zulassung (*authorisation*) von Chemikalien (*chemicals*). Die Anforderungen, einschließlich der Prüfanforderungen des REACH-Systems hängen von den nachgewiesenen oder vermuteten schädlichen Eigenschaften, den Verwendungszwecken, der Exposition und den Mengen der hergestellten beziehungsweise importierten Chemikalien ab. Alle Chemikalien, die in Mengen über einer Tonne in Verkehr gebracht werden, sollen in einer zentralen Datenbank registriert werden.

verhalten (als *n*-Octanol/Wasser-Verteilungskoeffizient K_{ow}). Die Wirkung bei Wasserorganismen wird als Wassergefährdungszahl WGZ (negativer Logarithmus der Toxizitätsschwelle) ausgedrückt. Es werden vier Wassergefährdungsklassen unterschieden (Tabelle 5.3).

Viele der im Wasser nachzuweisenden Schadstoffe besitzen ein ökotoxisches Potenzial in Konzentrationen deutlich über ein Milligramm pro Liter, welches nicht durch eine spezielle WGK erfasst wird.

Tabelle 5.3 Wassergefährdungsklassen und Wassergefährdungszahl mit Zuordnung verschiedener Erdölfraktionen sowie allgemein bekannte Umweltchemikalien.

Wassergefährdungsklassen (WGK)	Wassergefährdungszahl (WGZ)	Beispiele von Chemikalien
0: im Allgemeinen nicht wassergefährdend	0 - 1,9	
1: schwach wassergefährdend	2 - 3,9	Rohöle (zähflüssige und feste), Heizöl (schwer)
2: wassergefährdend	4--5,9	Ottokraftstoffe, Dieselkraftstoff, Heizöl (leicht), Rohöle (leichtflüssige) Phenol, Toluol, Anilin
3: stark wassergefährdend	≥6	Altöle Benzol, 1,2,4-Trichlorbenzol, Benz(a)pyren, Tetrachlorethen, Trichlorethen

Stufenkonzept des Deutschen Chemikaliengesetzes

Produktions- und Vermarktungsmengen bestimmen, welche Tests nach dem Chemikaliengesetz durchzuführen sind. Wird weniger als eine Tonne im Jahr in den Verkehr gebracht, muss die Chemikalie nicht angemeldet werden. Bei höheren Mengen gilt ein Dreistufensystem:
Grundstufe: ab eine Tonne pro Jahr oder insgesamt 50 Tonnen
Stufe I: ab 100 Tonnen pro Jahr oder insgesamt 500 Tonnen
Stufe II: ab 1 000 Tonnen pro Jahr oder insgesamt 5 000 Tonnen.

Die folgende Daten werden benötigt, wobei auf der nächst höheren Stufe zusätzliche zu erbringen sind:

Grundstufe

1. Physiko-chemische Eigenschaften
2. Akute Säugertoxizität (Ratte), LD_{50}-Wert
3. Subakute Toxizität
4. Haut- und Augenreizung und Sensibilisierung (Überempfindlichkeitsreaktion) bei Säugern
5. Mutagenität
6. Abiotische und biotische Abbaubarkeit
7. Akute Toxizität (LC_{50}) für *Daphnia magna* (24 - 48 Stunden)
8. Akute Toxizität (LC_{50}) für Fische (48 - 96 Stunden)

Stufe I

1. Subchronische Säugertoxizität
2. Einfluss auf die Fruchtbarkeit von Säugern (Tests über ein bis zwei Generationen)
3. Cancerogenität und Teratogenität (Säuger)
4. Langfristige biotische Abbaubarkeit (bei schlecht abbaubaren Stoffen der Grundstufe)
5. Wachstumstest (72 Stunden) für einzellige Grünalgen (*Scenedesmus subspicatus*)
6. Chronische Toxizität (21 Tage) für *Daphnia magna* (Mortalität, Reproduktion)
7. Chronische Toxizität (14 - 21 Tage) für Fische (*Brachydanio rerio*) (letale und subletale Wirkung)
8. Pflanzentoxizität: Wachstumshemmung von Saatgut während 14 Tagen (Hafer, Rübe)
9. Regenwurmtoxizität (*Eisenja foetida*): letale Wirkung während 14 Tagen

Stufe II

1. Toxikokinetik und Biotransformation (Säuger)
2. Chronische Toxizität (Säuger)
3. Cancerogenität (Langzeitstudie) (Säuger)
4. Verhaltenstoxizität (Säuger)
5. Fruchtbarkeitsveränderung und Fruchtschädigung (Drei-Generationen-Test) (Säuger)
6. Umweltverhalten: Mobilität und zusätzliche Abbaubarkeitsprüfung
7. Bioakkumulation (Fisch)
8. Langfristige Toxizität für Fische (Zebrabärbling, *Brachydanio rerio*) einschließlich Wirkung auf Fortpflanzung
9. Bei Biokonzentrationsfaktor >100, akute und subakute Toxizität für Vögel
10. Zusätzliche Toxizitätsprüfung an anderen Organismen (Krallenfrosch, Springschwänze et cetera)

5.1.2.1 Abbaubarkeitstests

Die Kenntnis der biologischen Abbaubarkeit ist ein zentrales Kriterium für die Bewertung der Umweltrelevanz von Substanzen und Stoffgemischen. Mit Abbautests kann festgestellt werden, ob damit zu rechnen ist, dass Substanzen in der Umwelt persistieren und damit auch langfristig ein Risikopotenzial darstellen.

Aufgrund der großen Anzahl an Chemikalien, die in der Gesellschaft benutzt werden, ist ein kostengünstiger Ansatz notwendig, der adäquates Wissen für die Entscheidungsfindung bezüglich Schutz der Umwelt bereitstellt. Idealerweise wird ein System einfacher Tests für „vollständige Mineralisation“ (engl. *ultimate biodegradability*, Abbau einer Substanz bis zum CO_2) genutzt, um durch eine vorläufige Ausleseprüfung solche Chemikalien zu identifizieren, für die weitere Daten und damit kostspieligere Tests notwendig sind. Die Abbaubarkeit wird zurzeit noch überwiegend in Gegenwart von Sauerstoff ermittelt, während anaerobe Tests noch entwickelt werden.

Es wird zwischen Testmethoden zur Bestimmung der **Endabbaubarkeit** (Mineralisierung unter Sauerstoffverbrauch zu CO_2) und der **Eliminierbarkeit** (Abnahme von Summenparame-

5

tern wie CSB oder DOC) unterschieden. Mit substanzspezifischer Analytik wird hingegen der **Primärabbau** erfasst.

5.1.2.1.1 Methoden zur Verfolgung des Stoffumsatzes

Prinzipiell spielt sich beim aeroben Abbau einer Substanz folgender Vorgang ab:

Substrat + Sauerstoff → Biomasse + Abbauprodukte (CO_2, Chlorid und andere)

Hieraus ergeben sich folgende Möglichkeiten zur Verfolgung des Abbaus einer Chemikalie, die je nach Versuchsanordnung getrennt oder in Kombination angewandt werden:

- Messung der Konzentration der Testsubstanz.
- Messung des Sauerstoffverbrauches.
- Messung der Kohlendioxidentwicklung.
- Messung von anderen Abbauprodukten/Zwischenprodukten (zum Beispiel Chlorid bei CKW).

Für die **Verfolgung der Konzentrationsabnahme einer Testsubstanz** sind alle spezifischen Verfahren der Chemie (HPLC, HPLC-MS, GC, GC-MS und andere) zu nennen. Die ermittelte Abnahme einer Substanz sagt jedoch nur etwas über den **Primärabbau** und nichts über den Endabbau (vollständige Metabolisierung) aus. Heute wird jedoch im Allgemeinen verlangt, dass ein vollständiger Abbau erfolgt, da auch nach dem Primärabbau noch schwer abbaubare oder umweltproblematische Zwischenprodukte entstehen können.

Eine Vielzahl von Methoden steht zur **Verfolgung der Konzentrationsabnahme mittels Summenparameter** zur Verfügung. Die **Bestimmung des chemischen Sauerstoffbedarfs** (CSB; engl. *Chemical Oxygen Demand*, COD) ist eine häufig eingesetzte Methode. Hierbei wird der Verbrauch im Allgemeinen an Kaliumdichromat in heißer schwefelsaurer Lösung oder einem anderen starken Oxidationsmittel wie Kaliumpermanganat als Maß für den oxidierbaren Kohlenstoff verwendet. Probleme hierbei sind, dass andere oxidierbare Stoffe (wie NH_4^+) falsche Werte ergeben. Außerdem erhält man je nach Oxidationsgrad der Verbindung verschiedene Werte. Die Oxidation ist bei einigen Stoffen nicht vollständig (zum Beispiel Glycerin, Pyridin, Nicotinsäure). Ansonsten ist die Bestimmung des CSB (angegeben in Gramm Sauerstoff pro Gramm Substanz) eine Methode, um den Mineralisierungsgrad anhand der Konzentration organischer Stoffe zu bestimmen.

Weiterhin wird der **theoretische Sauerstoffbedarf** (ThSB; engl. *Theoretical oxygen demand*, ThOD) bestimmt. Er ist die Gesamtmenge an Sauerstoff, die zur vollständigen Oxidation einer Substanz erforderlich ist. Er wird aus der Summenformel berechnet und als Gramm Sauerstoffbedarf pro Gramm Prüfsubstanz angegeben.

Weitere Bestimmungsmethoden analysieren den vorhandenen Kohlenstoff. Der **Gesamte organische Kohlenstoff** (engl. *Total Organic Carbon*, TOC) ist die Summe des organischen Kohlenstoffs in Lösung und in Suspension einer Probe. Hierbei wird der Kohlenstoff in der Probe vollständig in CO_2 oder CH_4 überführt. Diese werden dann bestimmt (Messbereich bis zirka ein Milligramm pro Liter). Beim TOC werden wie beim CSB die Konzentration beziehungsweise der Abbaugrad bestimmt, da Metabolite mit der Ausgangsverbindung identische Werte ergeben, sofern kein Kohlenstoff abgespalten wurde. Im Gegensatz zum CSB ist der Oxidationsgrad der Verbindung ohne Einfluss auf den TOC.

Bei der Bestimmung **des Gelösten organischen Kohlenstoffes** (engl. *Dissolved Organic Carbon*, DOC) wird die Probe vorher filtriert (Membranfilter 0,45 Mikrometer Poren) beziehungsweise 15 Minuten zentrifugiert, es wird demnach nur die Eliminierung der Substanz aus der wässrigen Phase ermittelt. Die Substanz kann hier also auch adsorbiert, ausgefällt oder in Biomasse eingebaut worden sein. Erfahrungen mit dem OECD-Screening Test zeigen jedoch, dass Adsorption oder Flockung nur eine untergeordnete Bedeutung haben und in der Regel eine DOC-Abnahme von löslichen Verbindungen auf Umwandlung in CO_2 und Biomasse zurückzuführen ist.

Der **biologische Sauerstoffbedarf** (BSB; engl. *Biological Oxygen Demand*, BOD) kann als Maß für den oxidativen Abbau einer Substanz verwendet werden. Der Verbrauch an Sauerstoff wird gemessen. Der Abbaugrad berechnet sich dann aus BSB/CSB oder BSB/ThSB. Störend sind Nitrifikationsprozesse, die ebenfalls Sauerstoff verbrauchen.

Der Biologische Sauerstoffbedarf bei aerobem Abbau während fünf Tagen bei 20 °C ohne Lichteinwirkung wird als BSB_5 bezeichnet. Der **BSB** wird im Allgemeinen in Gramm Sauerstoff pro Gramm Substanz angegeben. Bei biologisch gut abbaubaren Substanzen ist er annähernd so groß wie der CSB, bei biologisch schlecht abbaubaren Substanzen deutlich niedriger.

Zur Sauerstoffmessung gibt es mehrere Verfahren:

1. Anfang-Ende Messung in vollständig gefülltem, geschlossenem Gefäß mittels Titration.
2. Nutzung einer Sauerstoffelektrode in geschlossenem Gefäß.
3. Nutzung eines Sapromat, der anhand des zu regenerierenden Sauerstoffs auf den Verbrauch schließen lässt.

Eine weitere Bestimmung mittels Summenparameter beinhaltet die **Entwicklung von CO_2**. Sie ist ein Maß für die Mineralisierung einer Substanz und eignet sich daher sehr gut als Maß für die Endabbaubarkeit in *Die-Away* Tests, bei denen die Testsubstanz die einzige Kohlenstoffquelle darstellt. CO_2 kann zum Beispiel durch KOH oder NaOH-Lösung absorbiert werden. Durch Rücktitration nach Ende des Versuches kann verbleibende Lauge und damit entstandenes CO_2 bestimmt werden. Alternativ kann ausgefälltes $BaCO_3$ bestimmt werden (siehe Kap. 10.1.2). Die Messung der CO_2-Bildung ist nicht geeignet für Tests mit komplexen Substraten.

Theoretisches Kohlendioxid (engl. *theoretical carbon dioxide*, **$ThCO_2$**) ist die Kohlendioxidmenge, die sich rechnerisch aus dem bekannten oder gemessenen Kohlenstoffgehalt der Prüfsubstanz bei vollständiger Mineralisation ergibt. Sie wird auch als Gramm Kohlendioxid pro Gramm Prüfsubstanz angegeben (siehe Kap. 10.1.2).

Bei einigen Verbindungen kann der Abbau durch das Verfolgen **spezifischer anorganischer Ionen** bestimmt werden, wie Chlorid aus CKWs, Nitrat aus Nitroverbindungen, Sulfit aus Sulfonaten oder Phosphat aus manchen Herbiziden. Dieses Verfahren sagt jedoch nur etwas aus über die Entfernung der jeweiligen spezifischen Gruppe, aber nichts über den vollständigen Abbau.

Der Einsatz **radioaktiv markierter Verbindungen** ist oft die einzige Möglichkeit, den Verbleib einer Verbindung in komplexen Systemen vollständig zu bilanzieren. Dabei wird die Radioaktivität in den verschiedenen Kompartimenten (CO_2, Biomasse usw.) verfolgt.

5.1.2.1.2 OECD-Teststrategie

In der Bewertung von Stoffen nach Chemikaliengesetz und Pflanzenschutzgesetz sowie in der Einstufung von Chemikalien in das „Gefahrenmerkmal umweltgefährlich" oder in Wassergefährdungsklassen wird die OECD-Teststrategie angewendet. Die Untersuchungen auf Abbaubarkeit von Chemikalien sind so organisiert, dass die dreistufige Strategie der Tests unterschiedliche Komplexität, Realität der Umwelt und auch Kosten beinhaltet:

- Die aerobe Abbaubarkeit wird zuerst mittels Screeningtests für **„leichte Abbaubarkeit (*ready biodegradability*)"** untersucht.
- Im Falle eines negativen Ergebnisses im Test auf „leichte Abbaubarkeit" wird die Abbaubarkeit einer Chemikalien in einem **Simulationstest** geprüft, um Daten zu bekommen, welche Abbauraten in der Umwelt beschreiben. Alternativ oder als Ergänzung werden Screeningtest für **„mögliche Abbaubarkeit (*inherent biodegradability*)"** durchgeführt, um so Ergebnisse zu bekommen, die eine „mögliche Abbaubarkeit" unter optimalen aeroben Bedingungen anzeigen, wie zum Beispiel in einer biologischen Kläranlage (*biological sewage treatment plants*, STP).
- Schließlich wird die „mögliche Abbaubarkeit unter anaeroben Bedingungen" mittels Screeningtests für anaerobe Abbaubarkeit untersucht.

Tests auf „leichte Abbaubarkeit"

Diese Tests werden unter aeroben Bedingungen durchgeführt und sind sehr streng. In ihnen werden **hohe Konzentrationen der Testsubstanz** (im Bereich von zwei bis 100 Milligramm pro Liter) eingesetzt. Die Abbaubarkeitsrate

Begriffe bei der Beurteilung von Chemikalien bezüglich mikrobieller Abbaubarkeit

Primary biodegradability (oder *partial biodegradability*) ist die Änderung der Struktur einer Chemikalie durch Mikroorganimen verbunden mit ihrem Verschwinden.

Ultimate biodegradability (oder *total biodegradability*) bedeutet vollständige Mineralisation und Assimilation. Die Chemikalie wird vollständig durch die Mikroorganismen abgebaut und es entstehen CO_2 (unter aeroben Bedingungen) oder Methan (unter anaeroben Bedingungen), sowie Mineralsalze und Biomasse. Es gibt demnach keine Rückstände des Abbaus oder Anhäufung von Transformationsprodukten.

Ready biodegradable wird in enggefassten Tests ermittelt, welche nur eine begrenzte Möglichkeit für Biodegradation und Anpassung bieten.

Ready biodegradability ist leichte Abbaubarkeit unter aeroben Bedingungen, wobei festgelegt ist, dass die Testsubstanz praktisch in 28 Tagen vollständig abgebaut sein muss.

Inherent biodegradable wird in solchen mikrobiellen Tests ermittelt, die eine Testverbindung über einen längeren Zeitraum den Mikroorganismen aussetzen oder andere günstige Bedingungen für Abbau bieten.

Die „potenzielle Abbaubarkeit" wird unter optimalen aeroben Bedingungen, ohne Zeitlimit ermittelt. Der Abbau, der unter den optimierten Bedingungen gezeigt wird, muss nicht notwendigerweise unter normalen Testbedingungen auftreten.

wird mittels unspezifischer Parameter wie Dissolved Organic Carbon (DOC), Biochemical Oxygen Demand (BOD) und CO_2 bestimmt.

Tests auf „leichte Abbaubarkeit" müssen so gestaltet sein, dass ein positives Ergebnis eindeutig ist. Wenn ein positives Ergebnis in einem Test „leichte Abbaubarkeit" vorliegt, so kann man annehmen, dass eine Chemikalie einer schnellen und „vollständigen Mineralisation" in der Natur unterliegt. In einem solchen Fall sind normalerweise keine weiteren Untersuchungen zur Abbaubarkeit einer Chemikalie oder zu möglichen Umweltproblemen durch entstehende Transformationsprodukte notwendig. Die Tatsache, dass eine Chemikalie sich als „leicht abbaubar" herausgestellt hat, lässt jedoch nicht ausschließen, dass Bedenken bezüglich der Abbauraten und der Transformationsprodukte im Falle eines hohen Einstromes in ein Ökosystem bestehen.

Ein negatives Ergebnis in einem Test auf „leichte Abbaubarkeit" besagt nicht notwendigerweise, dass die Chemikalie unter relevanten Umweltbedingungen nicht abgebaut wird, sondern es bedeutet, dass sie in die nächste Teststufe übernommen werden sollte, entweder einem Simulationstest oder einem Test auf „mögliche Abbaubarkeit".

Sechs Tests, welche für die Bestimmung der „leichten Abbaubarkeit" von organischen Chemikalien benutzt werden können, sind in den OECD Test Guidelines beschrieben: DOC Die-Away Test, CO_2 Evolution Test, Modified MITI Test (I), Closed Bottle Test, Modified OECD Screening Test und Manometric Respirometry Test (Tabelle 5.4).

Ein typischer Ansatz mit den notwendigen parallelen Gefäßen ist in Abbildung 5.5 für den modifizierten OECD Screening Test dargestellt.

Eine Chemikalie wird dann als „leicht abbaubar" bewertet, wenn der **willkürlich festgelegte Schwellenwert** für Abbau erreicht wird (siehe Tabelle 5.4.). Der Schwellenwert muss im Zehn-Tage-Fenster innerhalb der 28-Tagedauer des Tests erreicht werden. Das Zehn-Tage-Fenster beginnt, wenn der Abbaugrad zehn Prozent DOC, ThOD oder $ThCO_2$ erreicht hat. Es muss vor dem Ende der 28 Tage des Tests beendet sein. Beispielhaft zeigt Abbildung 5.6 eine Abbaukurve mit den relevanten Parametern.

Wenn in einer Toxizitätskontrolle mit Prüf- und Referenzsubstanz innerhalb von 14 Tagen

Tabelle 5.4 Übersicht über Abbaumethoden für die Substanzprüfung.

Bezeichnung des Tests	Guidelines OECD	EU	Modell für	Konzentration Testsubstanz (TS) (mg pro L Test)	Grenzwert für Bewertung der Abbaubarkeit bzw. Messparameter	Zellen pro L; Test Inokulum	Testdauer (in Tagen)	Anwendbarkeit für schlecht flüchtige Substanz	lösliche Substanz
Test auf leichte biologische Abbaubarkeit ***(ready biodegradability)***									
DOC DIE-AWAY Test	301 A	C.4-A		10–40 DOC	70% DOC	10^4–10^5, Klärschlamm, Kläranlagenauslauf, Oberflächenwasser, Boden oder Gemisch	28	-	-
CO_2 Evolution Test (Modifizierter Sturm-Test)	301 B	C.4-C	Oberflächenwasser	10 – 20 DOC oder TOC	60% $ThCO_2$	10^4–10^5, Klärschlamm, Kläranlagenauslauf, Oberflächenwasser, Boden oder Gemisch	28	+	-
M.I.T.I. Test (I) ☺	301 C	C.4-F		100 TS	60% ThOD	10^4–10^5, Gemisch von 10 verschiedenen Stellen, inkl. Industriellem Kläranlagenauslauf, Anpassung im Labor 1 – 3 Monate	28	-	±
Geschlossener Flaschentest (Closed Bottle Test) ☺	301 D	C.4-E	Oberflächenwasser	2 – 10 TS = 5 – 10 ThOD	60% ThOD	10 – 10^3, sekundärer Kläranlagenauslauf (kommunal) und/oder Oberflächenwasser	28	±	+
Modifizierter OECD-Screening-Test	301 E	C.4-B	Oberflächenwasser	5–40 DOC	70% DOC	10^2, sekundärer Kläranlagenauslauf (kommunal)	28	-	-
Manometrischer Respirationstest	301 F	C.4-D		100 TS = 50–100 ThOD	60% ThOD	10^4–10^5, Klärschlamm, Kläranlagenauslauf, Oberflächenwasser, Boden oder Gemisch	28	+	±
Test auf potenzielle vollständige Abbaubarkeit (***inherent biodegradability*****)**									
Semi Continuous Activated Sludge Test (SCAS)	302 A	C.12		20 TS	DOC	$>10^5$, Klärschlamm von einer geeigneten Anlage, Anpassung nicht erlaubt	ca. 180	-	-
Mod. Standversuch nach Zahn-Wellens/EMPA	302 B	C.9	Industriekläranlage	50–400 DOC= 10–100 TS	DOC	Klärschlamm, Anpassung nicht erlaubt	28	-	-
Mod. M.I.T.I. Test (II)	302 C			30 TS	BOD	10^4–10^5, Gemisch von 10 verschiedenen Stellen, inkl. Industriellem Kläranlagenauslauf, Anpassung im Labor 1–3 Monate		+	-
Concawe Test	302 D								
Simulationstest									
Coupled Units Test (Waste Water Treatment Simulation Test) OECD Confirmation Test: Activated sludge	303 A	C.10	Kommunale Kläranlage	10–20 DOC	DOC/spezielle Analytik		ca. 180		
Coupled Units Test (Waste Water Treatment Simulation Test) OECD Confirmation Test: Biofilm	303 B								
aerobic and anaerobic transformation in soil	307			1–100 µg					
aerobic and anaerobic transformation in aquatic sediment systems	308			1–100 µg					

Funktionskontrolle mit Diethylglykol oder Anilin. Wenn kein Eintrag, dann sind die Tests noch nicht offiziell oder in Probe, oder Angaben nicht notwendig.

☺ werden als *the two most stringent test* bezeichnet

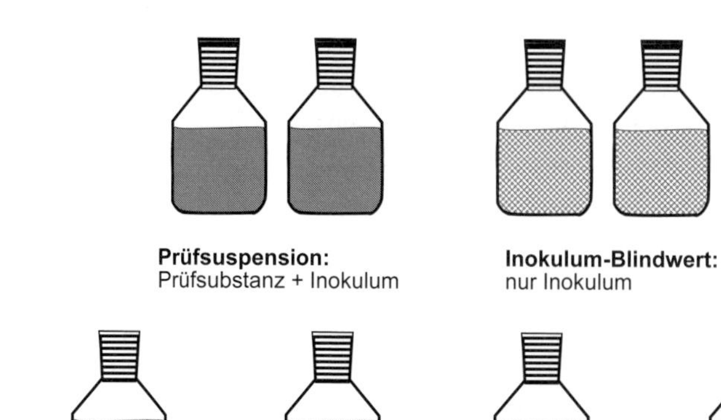

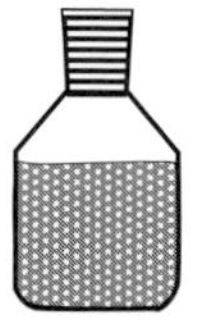

Abb 5.5 Notwendige Prüfgefäße im modifizierten OECD Screening Test (OECD301E). Auffällig ist die für die Erzielung eines Ergebnisses große Anzahl an verschiedensten Kontrollansätzen.

weniger als 35 Prozent Abbau (DOC) beziehungsweise weniger als 25 Prozent (ThOD oder $ThCO_2$) erzielt werden, kann von einer Hemmwirkung der Prüfsubstanz ausgegangen und die Versuchsreihe muss mit geringerer Konzentration der Prüfsubstanz und/oder höherer Konzentration des Inokulums wiederholt werden.

Die standardisierte Testdauer beträgt 28 Tage, obwohl Tests auch über diese 28 Tage hin verlängert werden können, wenn der Abbau begonnen hat und das Plateau noch nicht erreicht ist. Jedoch sollte nur der Abbaugrad innerhalb der 28 Tage für die Abschätzung der „leichten Abbaubarkeit" verwendet werden.

Die Schwellenwerte von entweder 60 Prozent (ThOD oder $ThCO_2$) oder 70 Prozent DOC bedeuten, dass die Testsubstanz praktisch vollständig abgebaut ist, da die verbleibende Menge der Testsubstanz von 30 – 40 Prozent in die Biomasse geht.

Die angesprochenen Testrichtlinien sind in vielfacher Hinsicht ähnlich: In allen Tests wird die Testsubstanz – angeboten als alleinige Kohlenstoff- und Energiequelle (Ausnahme der Kohlenstoff der Biomasse) – so im Medium verdünnt, dass eine **relativ niedrige Konzentration von Biomasse** entsteht. In allen Tests wird eine **unspezifische Analysemethode** für den Verlauf des Abbaus benutzt. Dies hat den Vor-

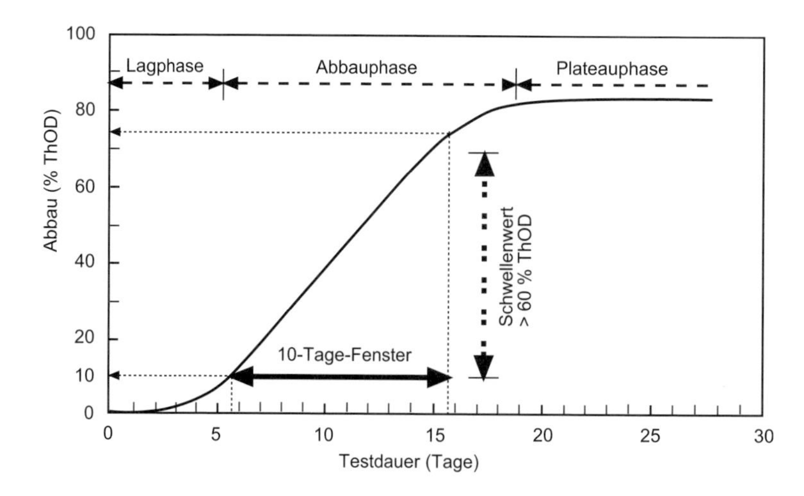

Abb 5.6 Abbaukurve und Parameter für „leichte Abbaubarkeit".

teil, dass die Methoden für eine große Anzahl verschiedenster organischer Verbindungen verwendet werden können und keine spezifischen Analysemethoden entwickelt werden müssen. Da diese Methoden auch auf Rückstände des Abbaus oder Transformationsprodukte ansprechen, ist ein Hinweis auf den Umfang der „vollständigen Mineralisation" gegeben.

Es hat sich herausgestellt, dass eine Standardisierung des Inokulums die Vergleichbarkeit der Methoden erhöht. Jedoch wurde festgehalten, dass dies nicht möglich ist, ohne die Anzahl der Spezies im Testsystem deutlich zu reduzieren. Ein gemischtes Inokulum wird deshalb vorgeschlagen, um eine Varianz von Abbauorganismen im Test zu haben. Um stringente Bedingungen in den Tests zu gewährleisten, wurde beschlossen, eine Präadaptation des Inokulums an die Testsubstanz **nicht** zu erlauben.

Alle oben angesprochenen Methoden stellen Frischwassertests dar. Für marine Umwelt wird deshalb der OECD-Test TG 306 Biodegradability in Seawater vorgeschlagen, der die Seewasservariante des Closed Bottle Test (TG 301 D) und des Modified OECD Screening Test (TG 301 E) beinhaltet. Man hat herausgefunden, dass Abbau von organischen Chemikalien im Seewasser langsamer abläuft als der in Frischwasser, Klärschlamm sowie Kläranlagenablauf. Ein positives Ergebnis in 28 Tagen in einem Biodegradability in Seawater Test (>60 Prozent ThOD; >70 Prozent DOC) ist deshalb als ganz deutlicher Hinweis auf „leichte Abbaubarkeit" zu werten.

Simulationstests

Simulationstests zielen allgemein darauf ab, die Prüfung der Abbaurate und des Ausmaßes des Abbaus in Laborsystemen so zu gestalten, dass sie entweder Kläranlagen oder spezifische Umweltbereiche wie Boden, aquatische Sedimente und Oberflächenwasser simulieren. Es werden deshalb die jeweils vorkommende Biomasse, relevante Feststoffe (Boden, Sediment oder andere Oberflächen), welche die Sorption der Chemikalie erlauben, und eine typische Temperatur verwendet. Eine niedrige Konzentration der Testsubstanz wird eingesetzt, um die Abbauraten zu bestimmen. Hohe Konzentrationen werden normalerweise benutzt, um die Haupttransformationsprodukte zu identifizieren und zu quantifizieren. Eine niedrige Konzentration in diesen Tests bedeutet eine Konzentration (weniger als ein bis 100 Mikrogramm pro Liter), die so niedrig ist, dass die in den Tests resultierende Abbaukinetik der in der Umwelt zu erwartenden annähernd entspricht. Die Abbauraten werden entweder mittels ^{14}C-Markierungsmethode oder durch spezifische chemische Analysen ermittelt. Wenn man auf Totalabbau prüft, sollte sich bei der Verwendung von ^{14}C-markierten Chemikalien die ^{14}C-Markierung in dem am schlechtesten abbaubaren Teil des Moleküls befinden. Falls der stabilste Teil nicht die funktionellen und umweltrelevanten Teile des Moleküls beinhaltet, so kann man eine Chemikalie mit verschiedener ^{14}C-Markierung in Betracht ziehen.

Kläranlagensimulation

Das Schicksal einer Chemikalie in Kläranlagen kann im Labor mit den Simulationstests Aerobic Sewage Treatment: Activated Sludge Units (TG 303 A) und Biofilms (TG 303 B) untersucht werden. Der Abbau der Testsubstanz wird mittels DOC und/oder COD verfolgt. Im Basis-Testverfahren (TG 303 A und TG 303 B) wird ein Zusatz der Testsubstanz in einer Konzentration zwischen zehn und 20 Milligramm pro Liter DOC vorgeschlagen. Jedoch sind viele Chemikalien auch im Abwasser in viel geringerer Konzentration vorhanden, sodass im Anhang zu TG 303 eine sinnvolle, niedrige Konzentration (von <100 Mikrogramm pro Liter) aufgeführt ist.

Schwellenwerte für die Eliminierung von Chemikalien in den ***Kläranlagensimulationen*** sind nicht definiert. Es wird angemerkt, dass solche Werte nur in Bezug auf die spezifischen Betriebsbedingungen und den Aufbau der Anlage sinnvoll sind. Die Testergebnisse sind jedoch nützlich, um eine Eliminierung in einer Kläranlage abzuschätzen und so bei einer vorhandenen Einlaufkonzentration die resultierende Konzentration im Ablauf in den Vorfluter vorhersagen zu können.

Simulation des Abbaus im Boden, im Sediment oder im Oberflächenwasser

Die folgenden Tests können für die Nachbildung des Abbaus von organischen Chemikalien unter realistischen Umweltbedingungen im Boden, im Sediment oder im Oberflächenwasser genutzt werden: Aerobic and Anaerobic Transformation in Soil (TG 307); Aerobic and Anaerobic Transformation in Aquatic Sediment Systems (TG 308); und Aerobic Mineralisation in Surface Water - Simulation Biodegradation Test (TG 309).

Generell werden niedrige Konzentrationen der Substanzen für die Bestimmung der Abbaubarkeit eingesetzt. Eine niedrige Konzentration (Bereich ein bis 100 Mikrogramm pro Liter) erlaubt eine Abbaukinetik, die der in der Umwelt zuerwartenden entspricht. Die Tests sollten bei einer Temperatur durchgeführt werden, die charakteristisch für die jeweilig zu simulierende Umwelt ist.

Tests auf „mögliche Abbaubarkeit"

Die Tests auf „mögliche Abbaubarkeit" sind so gestaltet, dass sie aufgrund der Nutzung von günstigen aeroben Bedingungen die Möglichkeit bieten, dass Abbau stattfinden und damit eine „mögliche Abbaubarkeit" abgeschätzt werden kann. Die leistungsfähigen Verfahren erlauben eine dauerhafte Exposition der Testsubstanz gegenüber den Mikroorganismen und ein niedriges Verhältnis zwischen Testsubstanz und Biomasse. Einige der Test können mit Mikroorganismen durchgeführt werden, die vorher der Substanz ausgesetzt waren. Dies führt häufig zu einer Adaptation und damit zu signifikant höherem Abbau der Substanz.

Die folgenden vier in den OECD Test Guidelines aufgeführten Methoden erlauben die Messung der „mögliche Abbaubarkeit" von organischen Chemikalien (siehe Tabelle 5.4): Modified SCAS Test (TG 302 A), Zahn-Wellens/EMPA Test (TG 302 B), Modified MITI Test (II) (TG 302 C) und dem vorläufigen Concawe Test (draft TG 302D).

Da die **„mögliche Abbaubarkeit" als spezifische Eigenschaft einer Chemikalie** angesehen wird, ist es nicht notwendig, Grenzen bezüglich Testdauer oder Abbauraten zu definieren. Abbauraten über 20 Prozent (gemessen als BOD, DOC oder COD) können als Hinweis auf „möglichen Primärabbau" gewertet werden, während Raten über 70 Prozent als Beleg für „mögliche, vollständige Mineralisation" gelten.

Eine Substanz, die bei einem solchen Test zu einem positiven Ergebnis führt, wird als „möglich abbaubar" klassifiziert, welches wünschenswerterweise mit dem Zusatz „mit Präadaptation" oder „ohne Präadaptation" bezeichnet werden sollte. Da diese Tests sehr günstige Bedingungen bereitstellen, kann von *„inherently biodegradable"* Chemikalien ein schneller Abbau in der Umwelt nicht generell erwartet werden. Es bedeutet also nicht, dass Persistenz in der Umwelt nicht vorliegen kann.

Wenn die Ergebnisse anzeigen, dass „mögliche, vollständige Mineralisation" nicht vorhanden ist, so kann es zur vorläufigen Bewertung auf **Persistenz in der Umwelt** und dem Urteil möglicher ungünstiger Effekte durch die Transformationsprodukte führen.

Screening Tests auf anaerobe Abbaubarkeit

Eine mögliche anaerobe Abbaubarkeit einer organischen Chemikalie kann mit dem folgenden Test ermittelt werden: Anaerobic Biodegradability of Organic Compounds in Digested Sludge/Method by Measurement of Gas Production (draft TG 311). Die Testsubstanz, die als einzige organische Substanz im Testansatz zugesetzt ist, wird in relativ niedriger Konzentration einem verdünnten anaeroben Klärschlamm ausgesetzt. Die Abbauraten werden im geschlossenen Gefäß mit unspezifischen Parametern wie Bildung des gesamten anorganischen Kohlenstoffes CO_2 und CH_4 bestimmt.

Eine Testdauer von 60 Tagen wird vorgeschlagen, doch der Test kann auch über diesen Zeitraum hinaus fortgesetzt oder auch schon früher beendet werden, falls der Abbau ein Plateau erreicht hat, welches einen genügenden Abbaugrad von größer 60 Prozent anzeigt.

Keine formalen Entscheidungskriterien für „anaerobe Abbaubarkeit" sind bisher gemacht worden, doch wird vorläufig der geringste Wert für *„ready anaerobic biodegradability“* mit 60 Prozent ThOD oder $ThCO_2$ angegeben.

Der Test (draft TG 311) ist für die Abschätzung *„ultimate anaerobic biodegradability of organic chemicals in heated digesters for anaerobic sludge treatment“* in einem bestimmten Konzentrationsbereich entwickelt worden. Er ist deshalb nicht für anoxische Umweltkompartimente wie anoxische Sedimente und Böden verwendbar.

5.1.2.2 Toxizitäts- und Mutagenitätsprüfungen mit mikrobiellen Systemen

Zur raschen Erkennung von toxischen Umweltchemikalien in Wasser, Boden und Luft hat der Einsatz von Mikroorganismen in Toxizitätstests eine breite Anwendung gefunden. Mikrobielle Verfahren sind wegen ihrer Schnelligkeit, Wirtschaftlichkeit, Einfachheit in der Handhabung und wegen ihrer Empfindlichkeit wichtige Screeningverfahren. So werden neu synthetisierte Verbindungen routinemäßig vor allem in der chemischen und pharmazeutischen Industrie auf ihre Mutagenität (erbgutschädigende Wirkung) mittels Kurzzeitmutagenitätstests untersucht.

5.1.2.2.1 Toxizitätstests für aquatische Ökosysteme

Als **Parameter** wird in akuten Toxizitätstests die Überlebensrate oder Mortalität bestimmt, chronische Wirkungen werden mit empfindlicheren und vielseitigeren Parametern gemessen. **Ziel** und **Nutzen** von Toxizitätstests sind die Erfassung, Charakterisierung und Bewertung der Ökotoxizität von einzelnen Chemikalien, Chemikaliengemischen und Umweltproben und daraus resultierend eine Definition von Gefährdungsklassen für die Umwelt.

Grundsätzlich ist es nur mit **mehreren Toxizitätstests und Organismen verschiedener trophischer Stufen** möglich, Wirkungen von Chemikalien auf Ökosysteme abzuschätzen. Details der einzelnen Toxizitätstests sind in entsprechenden OECD-Richtlinien, DIN-Normen und „EU Testing Methods“ festgehalten. Empfohlene Standardtests sind Bakterien-, Algen-, Daphnien- und Fischtoxizität. Im Rahmen des Buches muss eine Beschränkung auf die Vorstellung von mikrobiellen Tests erfolgen.

Algentest

Der Algentoxizitäts-Test hat das Ziel, **chronische toxische Effekte** von Prüfsubstanzen oder Umweltproben auf das Wachstum von planktonischen Süßwasseralgen zu bestimmen. Hierzu werden Algen (*Scenedesmus subspicatus*, *Selenastrum carpricornutum*) mit der Prüfsubstanz in einem definierten Medium über mehrere Generationen kultiviert.

Nach 24, 48 und 72 Stunden Inkubation unter bestimmten Licht- und Temperaturverhältnissen wird die Zellzahl als Maß für die Biomasse mikroskopisch bestimmt. Aus der Dosis-Wirkungsbeziehung wird die 50-prozentige Effektkonzentration auf das Wachstum (EbC_{50}), bezogen auf die Biomasse bestimmt. Zusätzlich werden die Hemmung der Wachstumsrate (ErC_{50}), bezogen auf Zellzahl zu Beginn und am Ende des Tests, sowie die höchste Konzentration, bei der keine Wachstumshemmung im Vergleich zum Kontrollansatz beobachtet wurde (No Effect Concentration, NOEC), angegeben.

Pseudomonas putida Wachstumshemmtest

Der Pseudomonas-Zellvermehrungs-Hemmtest ist ein Test zur **Bestimmung der chronischen Toxizität** von wasserlöslichen Stoffen auf Bakterien. Verwendet wird *Pseudomonas putida* als Stellvertreter für heterotrophe Mikroorganismen im Süßwasser. Die Testbakterien werden in einer definierten Nährlösung mit einer Konzentrationsreihe der Prüfsubstanz über mehrere Generationen kultiviert. Nach 16 Stunden wird die Zellkonzentration mittels Trübungsmessung ermittelt. Die zehn- und 50-prozentige Effektkonzentrationen auf das Wachstum (EC_{50}) werden als Resultat angegeben. Als Referenzsubstanz dient 3,5-Dichlorphenol (EC_{50} 10 – 30 Milligramm pro Liter).

Leuchtbakterientest

Der Leuchtbakterientest (**Microtox-Test**) ist ein **statischer Kurzzeittest** zur Untersuchung von Abwasser und wässrigen Lösungen von Prüfsubstanzen. Er gehört heute zu den gebräuchlichsten Toxizitätstests überhaupt und wurde in gesetzliche Verordnungen einiger Länder (unter anderem in Deutschland) aufgenommen.

Verwendet werden marine Bakterien der Gattungen *Vibrio* und *Photobacterium*. Sie senden als Produkt ihres Stoffwechsels ein kaltes Leuchten (**Biolumineszenz**) aus (siehe Abb. 10.8). Eine gleichmäßige Luminiszenz deutet auf einen ungestörten Stoffwechsel hin, bei einer Störung (zum Beispiel durch die Einwirkung von Chemikalien) ist hingegen die bakterielle Leuchtintensität vermindert. Es wird nach einer Kontaktzeit von 30 Minuten die Abnahme der Leuchtintensität gegenüber Kontrollansätzen ohne Chemikalie bestimmt. Der dabei erhaltene EC_{50}-Wert ist die Konzentration, bei der die Lichtemission um 50 Prozent gesenkt wird.

Neben Chemikalien werden auch **Umweltproben** (Abwasser, Sickerwasser, Sedimentporenwasser, Sedimentextrakte) geprüft. Der Test wird auch zur Beurteilung der **Bioverfügbarkeit** von Schadstoffen in Böden und der Erfolgskontrolle bei Boden- und Altlastensanierungen verwendet.

Der Microtox-Test ist gut reproduzierbar und es existiert eine breite Datenbasis mit einigen hundert Chemikalien. Der Microtox-Test zeigt bei löslichen organischen Chemikalien teilweise deutliche Korrelationen mit akuten Daphnien- oder Fischtests. Bei schlecht wasserlöslichen, lipophilen organischen Chemikalien und bei Stoffen, die schlecht die Zellwand durchdringen, scheint der Test eine geringere Empfindlichkeit zu zeigen.

Nitrifikationshemmtest

Der Nitrifikationshemmtest mit Belebtschlamm untersucht die potenzielle Auswirkung von Prüfsubstanzen oder Abwasserproben auf die Bakteriengruppe der Nitrifikanten, die Ammonium zu Nitrat oxidieren. Diese sind aufgrund ihrer verhältnismäßig langen Generationszeit besonders anfällig, was zu Störungen in nitrifizierenden Abwasserreinigungsanlagen führen kann.

Im Test wird eine Verdünnungsreihe im relevanten Bereich einschließlich der Kontrolle

Tabelle 5.5 Kontrollsubstanzen in Mutagenitätstests.

Substanz		Mutagene Wirkung	Testorganismen
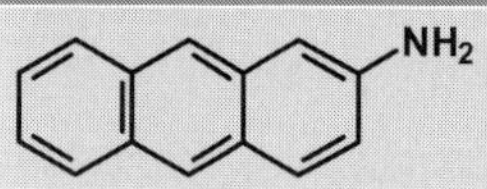 NH_2	2AA, 2-Aminoanthracen	mit S9-Mix	TA98, TA100, TA1525/pSK1002
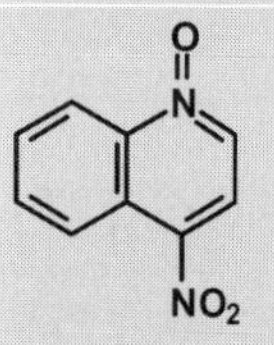 O, N, NO_2	NQO, 4-Nitrochinolin-N-oxid	ohne S9-Mix	TA1525/pSK1002
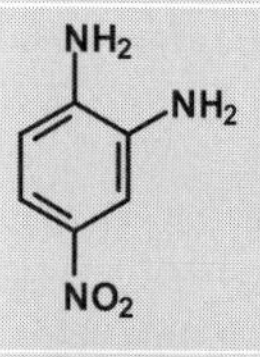 NH_2, NH_2, NO_2	4-NPDA, 4-Nitro-1,2-phenylendiamin	ohne S9-Mix	TA98
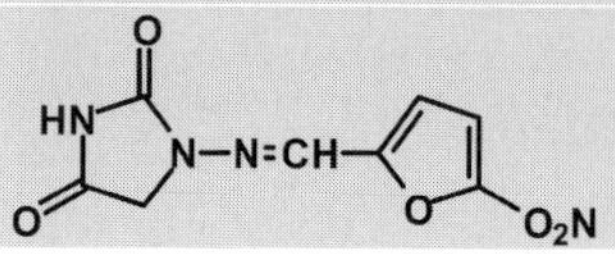 O, HN, N–N=CH–, O, O, O_2N	NF, Nitrofurantoin	ohne S9-Mix	TA100

ohne Prüfsubstanz untersucht. Parallel hierzu wird die Referenzsubstanz Allylthioharnstoff als Nitrifikationshemmer (hemmt Ammoniak-Monooxygenase) mitgetestet. Nach vier Stunden erfolgt die Konzentrationsbestimmung an Ammonium, Nitrit und Nitrat in der filtrierten Probe. Aus dem Vergleich der oxidierten Stickstoffverbindungen in den Testansätzen mit denen des Blindwertansatzes errechnet sich für jede Testkonzentration die prozentuale Hemmung. Als Ergebnis wird die 50-prozentige Effektkonzentration auf die Nitrifikation (EC_{50}) ermittelt.

5.1.2.2.2. Mutagenitätsprüfung mit bakteriellen Systemen

Ames-Test (OECD 471, DIN 38415-4)

Der von Ames und Mitarbeitern in den 70er Jahren entwickelte Kurzzeitmutagenitätstest wird routinemäßig vor allem in der chemischen und pharmazeutischen Industrie durchgeführt, um neu synthetisierte Verbindungen auf ihre Mutagenität (erbgutschädigende Wirkung) zu untersuchen.

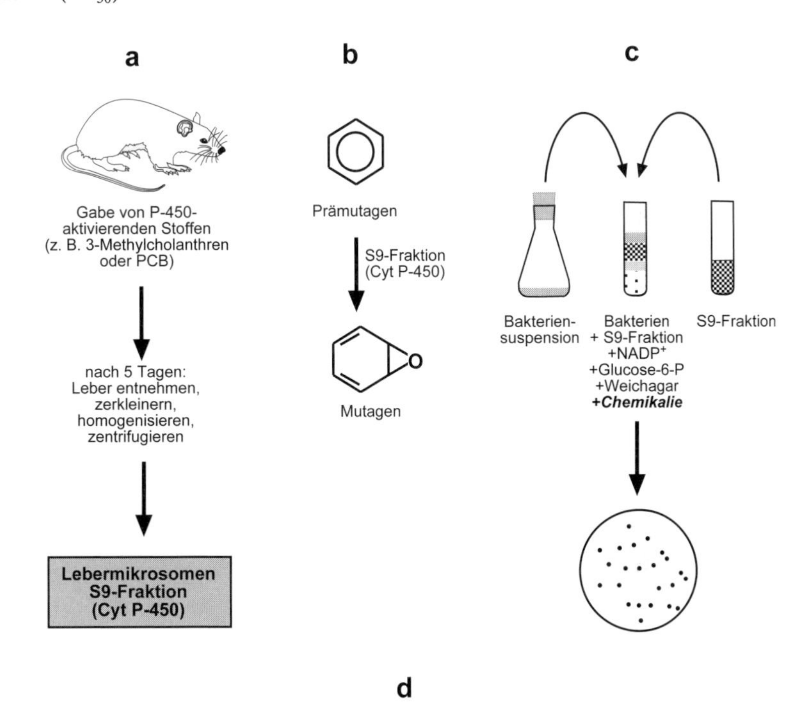

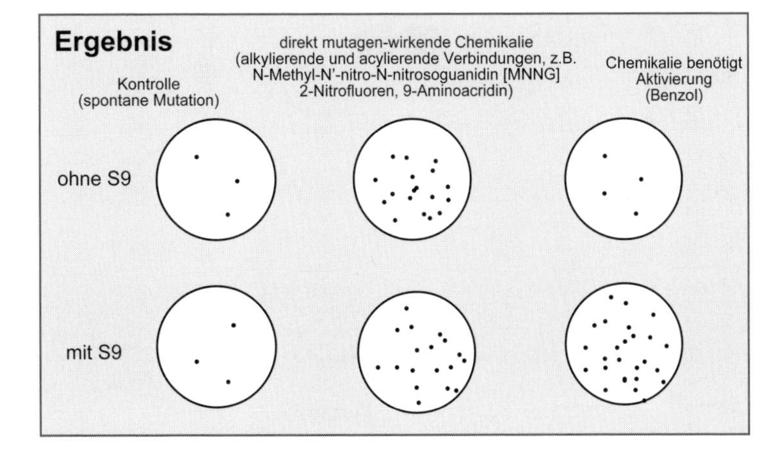

Abb 5.7 Mutagenitätsprüfung mit dem Ames-Test. (a) Isolierung der S9-Fraktion, (b) Beispiel für die Umwandlung eines Prämutagens in ein Mutagen durch Cytochrom P-450, (c) Versuchsablauf, (d) Ergebnis mit verschiedenen Chemikalien.

Die im Ames-Test verwendeten Stämme von *Salmonella enterica* Serovar Typhimurium können aufgrund von Mutationen nicht mehr ohne die Aminosäure Histidin auf Agarplatten wachsen (*his*$^-$). Es werden die Mutanten TA100 (Basensubstitution) sowie TA98 (Rasterschub) eingesetzt. Unter dem Einfluss einer mutagenen Substanz kann die jeweilige Mutation teilweise rückgängig gemacht werden (Rückmutationen zum *his*$^+$ Genotyp), sodass eine entsprechende Zahl von Kolonien auf dem Nährmedium heranwächst und ausgezählt werden kann. (Bei Revertanten wird also eine verlorengegangene Genaktivität wieder hergestellt.)

Eine Erhöhung der Revertantenzahlen gegenüber den stammspezifischen Spontanraten (Kontrollen) ist ein direktes Maß für die mutagene Wirkung der Testsubstanz, die festgestellte Reversionsrate muss oberhalb der ebenfalls ermittelten Spontanmutationsrate liegen.

Um den Säugetierstoffwechsel zu simulieren, wird ein Organextrakt (so genannte S9-Fraktion) aus Rattenleber zugegeben. Dieser Extrakt enthält einen großen Teil der für die Verarbeitung von Fremdstoffen verantwortlichen Enzyme Cytochrom P-450 eines Säugers. Diese sind unter Umständen in der Lage, mutagene Substanzen in nicht-mutagene Verbindungen umzuwandeln, sie können aber auch eine nicht-mutagene Substanz so umbauen, dass aus einem „Prämutagen“ ein „Mutagen“ wird.

Tabelle 5.5 zeigt die Substanzen, die als positive Kontrollen eingesetzt werden.

Ein positiver Ames-Test wird als Hinweis auf die Kanzerogenität (krebserregende Wirkung) einer Substanz gewertet, da die meisten mutagenen Stoffe beim Säuger ebenfalls karzinogen wirken. Der Test weist eine im Allgemeinen gute Aussagekraft auf, wenngleich beim Fehlen einer erhöhten Rückmutation mit anderen Tests weiter untersucht werden muss.

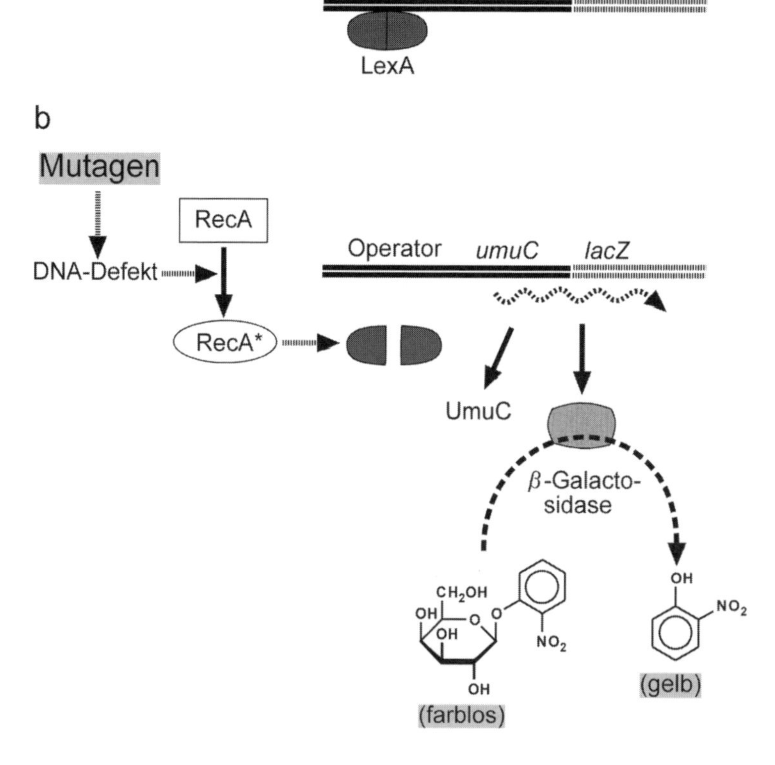

Abb 5.8 Mutagenitätsprüfung mit dem Umu-Test. (a) LexA blockierte β-Galactosidase-Synthese; (b) Reaktionskaskade der mutagenbewirkten Synthese der β-Galactosidase.

SOS-Reparatur

Die SOS-Funktionen sind komplexe biochemische Prozesse, die der Schädigung der Erbsubstanz entgegenwirken. Zu diesen Funktionen gehören ein fehleranfälliges DNA-Reparatursystem (*error-prone-repair)*, die Synthese eines Exzisionsreparaturkomplexes (*uvrABC*), eines Inhibitors der Zellteilung (*sfiA*) und der Genprodukte RecBCD, die zur Ausführung der homologen Rekombination notwendig sind, dem einzigen völlig fehlerfrei arbeitenden Reparatursystem. Die SOS-Funktionen werden von den Genen *recA* und *lexA* kontrolliert. Die SOS-Antwort der Zelle auf eine DNA-Schädigung wird durch Wechselwirkung des RecA-Proteins mit dem LexA-Repressorprotein aktiviert, das in der ungeschädigten Zelle viele Operons verschließt. Die Wechselwirkung mit dem aktivierten RecA löst die proteolytische Spaltung des Repressors aus. Dies führt zur koordinierten Induktion aller Operons, an die LexA gebunden war, und damit zur Aktivierung der SOS-Funktionen. Als auslösendes Signal für die Aktivierung des RecA-Proteins werden Einzelstrangbereiche in der DNA vermutet. Zu den Zielgenen der LexA-Repression gehört das *umuC*-Gen, welches an der mutagenen DNA-Reparatur beteiligt ist.

UmuC ist eine UmuD'-, RecA*- und SSB-aktivierte DNA-Polymerase, welche auf die Überbrückung eines DNA-Schadens spezialisiert ist (SSB, *single strand binding protein*).

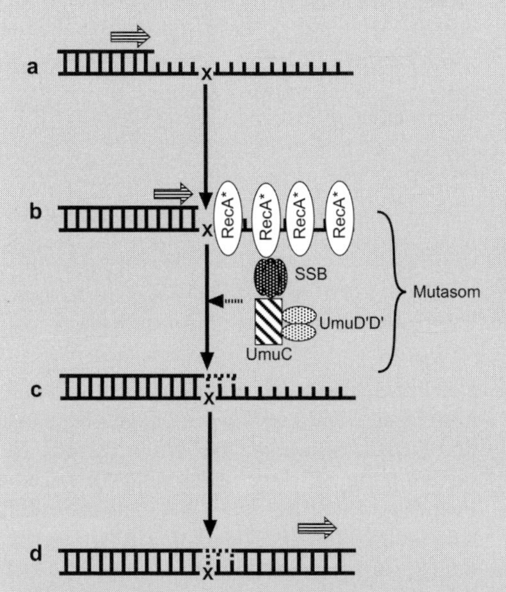

Abb 5.9 Das Modell der SOS-Mutagenese durch „translesion" Synthese, ein wichtiger zellulärer Mechanismus, der die Blockade der Replikation aufgrund von DNA-Schädigung, wenn auch häufig fehlerhaft, überwindet. (a) Die DNA-Polymerase repliziert die DNA-Matrize normal (aktive Replikation wird durch den Pfeil angezeigt). (b) Die Polymerase stößt auf ein geschädigtes Nucleotid (X). Sie kann nicht über diese „Läsion" (Wunde) replizieren. (c) RecA*, UmuD'D', UmuC und SSB sind notwendig, um die Replikation über den Schaden durchzuführen (*translesion synthesis*). (d) Falls das gegenüber der Läsion eingebaute Nucleotid falsch ist, wird durch die „translesion" Synthese eine Mutation im Genom des Organismus fixiert.

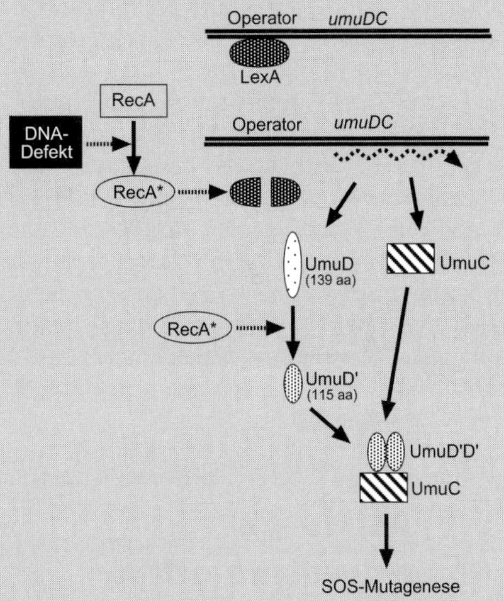

Abb 5.10 Regulation des *umuDC* Operon durch RecA und LexA. DNA-Schädigung erzeugt ein Signal, welches RecA in RecA* umwandelt. RecA* vermittelt die Spaltung des LexA-Repressors, was zur Induktion des *umuDC* Operon wie auch des Restes der SOS-Antwort-Gene führt. RecA* kann auch die Bearbeitung von UmuD zum kürzeren UmuD' Molekül vermitteln. UmuD und UmuD' können mit UmuC in verschiedenen Kombinationen zusammenspielen. Der UmuD'D'C-Komplex ist bei der SOS Mutagenese (*translesion synthesis*) aktiv.

Umu-Test (DIN 38415-3)

Mit dem Umu-Test (umu, UV *mutagenesis*) werden durch Gentoxine verursachte Schäden an der DNA über den Nachweis der Induktion zelleigener DNA-Reparaturmechanismen angezeigt. Der Testorganismus *S. enterica* Serovar Typhimurium TA1535/pSK1002 reagiert auf Schädigung seines genetischen Materials mit der Induktion des SOS-Reparatursystems (siehe Box Seite 113).

Die Bakterien werden mit verschiedenen Konzentrationen der Testsubstanz exponiert. Hierbei induzieren Gentoxine das so genannte *umuC*-Gen, das zum SOS-Reparatursystem der Zelle gehört, welches einer Schädigung der bakteriellen Erbsubstanz entgegenwirkt.

Da das *umuC*-Gen im verwendeten Stamm direkt vor das *lacZ*-Gen, welches für die β-Galactosidase kodiert, auf dem Plasmid pSK1002 kloniert ist, kann die Messung der Induktionsrate des *umuC*-Gens durch die Bestimmung der β-Galactosidase erfolgen. Die Bildung des gelben Farbstoffs *o*-Nitrophenol aus *o*-Nitrophenyl-β-*D*-galactosid ist also das Signal, welches die gentoxische Wirkung der Testsubstanz anzeigt. Als Maß für die Gentoxizität wird die Induktionsrate gegenüber der Negativkontrolle angegeben. Der Test wird in Mikrotiterplatten sowohl ohne als auch mit S9-Extrakt zur metabolischen Aktivierung von Gentoxinen (von Promutagen zu Mutagen) durchgeführt.

Die positiven Kontrollsubstanzen sind in Tabelle 5.5 aufgeführt.

5.2 Abbau von Kohlenwasserstoffen

Mit der industriellen Entwicklung der vergangenen hundert Jahre sind in zunehmendem Maße Komponenten und Produkte aus Erdöl und Kohle in die Umwelt gelangt. Die Verunreinigungen durch Erdöl erfolgen bei der Förderung, dem Transport, der Verarbeitung zu Treibstoffen und Petrochemikalien und beim unsachgemäßen Einsatz von Treib- und Schmierstoffen.

Während die breite Öffentlichkeit annimmt, dass Tankerunfälle die wesentliche Quelle für die Verunreinigung des Meeres darstellt, kommt ihnen jedoch im Durchschnitt nur zirka zwölf Prozent des Gesamteintrages zu (siehe Tabelle 5.6).

Tabelle 5.6 Eintrag an Kohlenwasserstoffen ins Meer (National Research Council, 1985).

Eintragsform	Tonnen pro Jahr
Transport über See	1 070 000
Tankerunfälle	400 000
Unfälle bei der Ölförderung im Meer	50 000
Raffinerien und Industrie an der Küste	300 000
Städtische Entwässerung und Entsorgung	820 000
Eintrag durch Flüsse	40 000
Dumping*	20 000
Natürliche Ölquellen und Sedimenterosion	250 000
Regenfälle	300 000
Gesamt	3 250 000

* nach Fent (1998): 20 – 30 Fälle jährlich von illegaler Ölentleerung am Kap der Guten Hoffnung

Die Entwicklung der Carbochemie (Kohlechemie) begann mit der Gewinnung von Leuchtgas und Koks in Gaswerken, bei denen Teere als Nebenprodukte anfielen. Teerabfälle, die reich an Phenol und Polycyclischen Aromatischen Kohlenwasserstoffen (PAK) sind, wurden vielfach um Gaswerkstandorte herum abgelagert. Einige Fraktionen wurden als Holzschutzmittel (Kreosot) verwendet, worauf die Belastung von Bahnschwellen mit PAK zurückzuführen ist. Mit der Entwicklung der Kohlehydrierung in den ersten Jahrzehnten des 20. Jahrhunderts setzte die umfassende Gewinnung von Kohlenwasserstoffen als Treibstoffe und Carbochemikalien ein, die in den 60er Jahren durch die Petrochemie weitgehend abgelöst wurde. Mikroorganismen kommen mit Kohlenwasserstoffen des Erdöls auch unter natürlichen Bedingungen in Kontakt, da in einigen Gebieten der Erde, zum Beispiel im Vorderen Orient, Erdöl ohne Fördermaßnahmen an der Oberfläche austritt. Erdöl ist wie auch Kohle biogenen Ursprungs, viele Komponenten sind daher Naturstoffen ähnlich. Trotz-

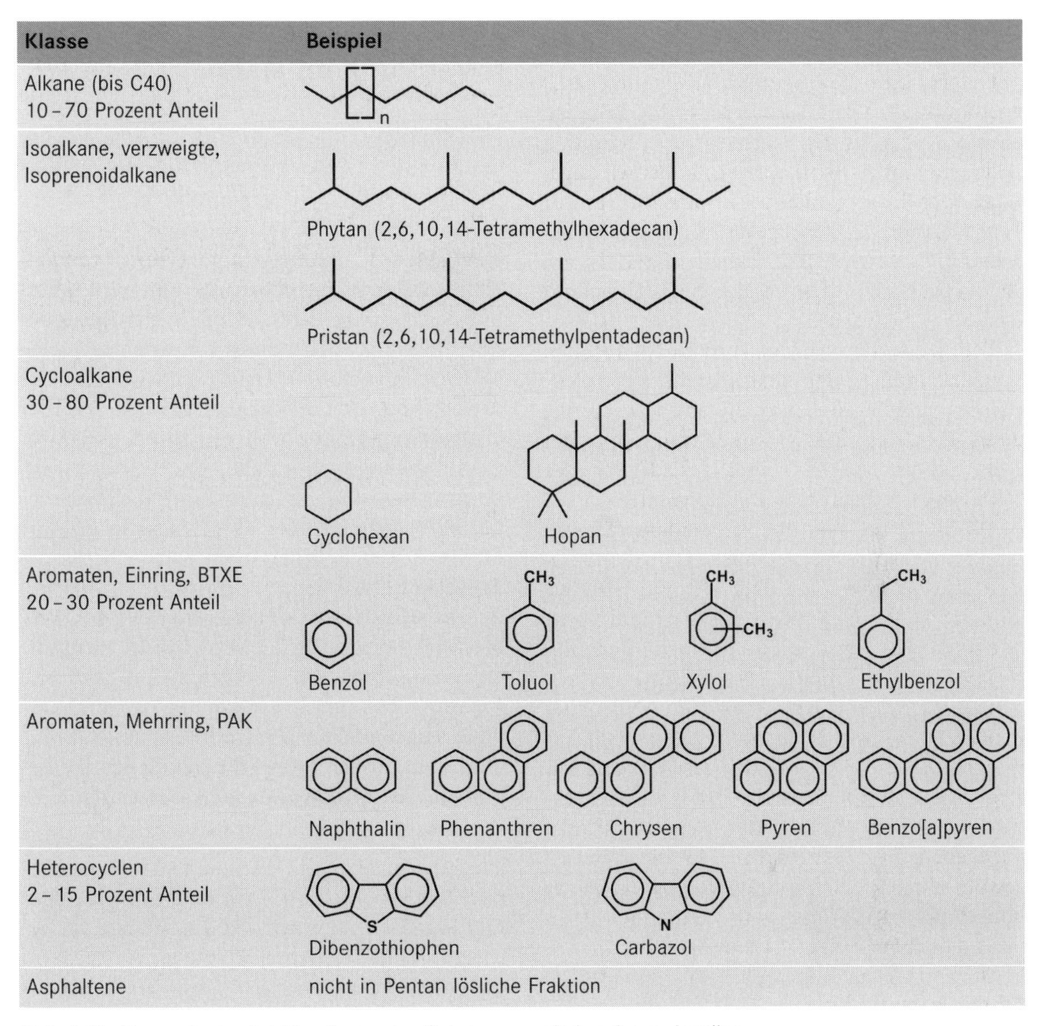

Abb. 5.11 Klasse der im Rohöl auftretenden Substanzen mit Angabe zu Anteilen.

dem sind viele Erdöl-Kohlenwasserstoffe schwer abbaubar. Das liegt daran, dass die Bedingungen für die Realisierung der Abbauleistungen vielfach nicht gegeben sind.

Es ist zwischen der potenziellen und aktuellen Abbaubarkeit von Umweltchemikalien zu unterscheiden. In den folgenden Abschnitten wird die **potenzielle Abbaubarkeit** behandelt. Es wird diskutiert, mit welcher Strategie Abbau erfolgt, welche enzymatischen Schritte durchlaufen werden, damit eine Chemikalie abgebaut werden kann, welche Prinzipien erkennbar sind. Informationen werden gegeben, inwiefern Prokaryoten sowie Eukaryoten den Abbau durchführen. Ferner wird auf die Unterschiede beim Abbau in Gegenwart von „Luft", dem Sauerstoff, und beim Fehlen dieses Cosubstrates eingegangen. Sauerstoff hat nämlich nicht nur die Funktion als Elektronenendakzeptor bei der Atmung zu fungieren, sondern ist auch unabdingbares Substrat wichtiger Abbauschritte.

5.2.1 Erdöl: Zusammensetzung und Eigenschaften

Erdöl ist die derzeit wichtigste Energie- und Rohstoffquelle. Die **Zusammensetzung** des Erdöls ist je nach Herkunft sehr verschieden.

Das ist auf die Art der biogenen Ausgangsverbindungen und der biogeochemischen Bildungsprozesse zurückzuführen. In Abbildung 5.11 sind die Hauptkomponenten von Rohöl zusammengefasst. Es wird deutlich, dass es sich um ein recht heterogenes Stoffgemisch handelt.

Bei der Verarbeitung treten deutliche Veränderungen der Zusammensetzung ein. So ist eine Abnahme der Cycloalkane und die Zunahme der Aromaten auf katalytische Hydrierungsprozesse zurückzuführen. Für die Abbauproblematik sind die Flüchtigkeit und Löslichkeit der einzelnen Fraktionen bedeutsam. Die niederen Alkane (C_1–C_4) sind gasförmig und wasserlöslich (20–390 Milligramm pro Liter). Mit weiter zunehmender Kettenlänge der Alkane nimmt die Flüchtigkeit und Wasserlöslichkeit stark ab. Pentan hat eine Löslichkeit von etwa 40 Milligramm pro Liter und Hexan von zehn Milligramm pro Liter, dagegen liegt sie bei den Komponenten des Kerosens (C_{10}–C_{17}) um 0,1 Mikrogramm pro Liter. Die geringe Wasserlöslichkeit führt zu langsamen Stoffübergängen und damit zu geringer Bioverfügbarkeit.

5.2.2 Der Ablauf einer Verölung im Meer

Obwohl jeder Ölunfall im Meer seine Besonderheiten hat, gibt es eine Reihe von Vorgängen, die alle Verölungen gemeinsam haben. Stark vereinfacht ist dies in Abbildung 5.12 dargestellt. Das Öl unterliegt sofort einer **Ausbreitung** auf der Wasseroberfläche und wird innerhalb sehr kurzer Zeit dadurch in der Regel nur noch in einer Schichtdicke von weniger als ein Millimeter vorliegen. Die Geschwindigkeit der Ausbreitung ist von der Art des Öls, von der Wassertemperatur sowie von Wind und Strömung abhängig. Ebenfalls von Bedeutung ist, ob das Öl in dünnem Rinnsal auf die Wasseroberfläche gelangt oder ob schlagartig größere Mengen, zum Beispiel durch Zerbrechen eines Tankers, frei werden.

Das ausgetretene Öl unterliegt mit der Ausbreitung gleichzeitig der **Verdriftung.** Wenn die Strömung sowie die Windgeschwindigkeit und Richtung bekannt sind, können ziemlich genaue Angaben über den Driftweg gemacht werden. Vom Moment der Freisetzung des Öls beginnen die niedrigsiedenden Bestandteile zu

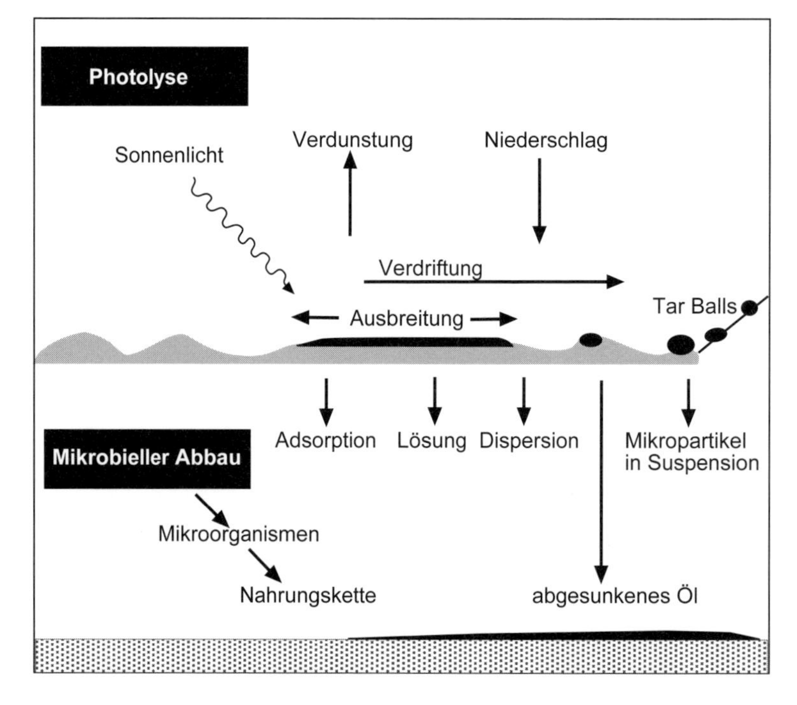

Abb 5.12 Schematische Darstellung einer Meeresverölung.

verdunsten. Innerhalb weniger Stunden gehen die meisten der unter 160 °C siedenden Bestandteile in die Atmosphäre über. Auch die Verdunstung ist abhängig von der Zusammensetzung des Öls, der Wassertemperatur und der Windgeschwindigkeit. Durch die Verdunstung erhöht sich die Viskosität des Öls. Ein Teil des Öls tritt in den Wasserkörper über. In echte **Lösung** gehen in erster Linie die Aromaten mit niedrigem Siedepunkt. Daneben tritt **Adsorption** an die organischen und anorganischen Partikel des Meerwassers sowie **Dispersion** auf. Diese Vorgänge führen zu einer Entmischung des Öls.

Die Bildung von Wasser-in-Öl Emulsionen betrifft den auf dem Wasser treibenden Teil des Öls. Durch die Wasseraufnahme vergrößert sich das Volumen. Der Wassergehalt dieser Emulsionen kann bis zu 80 Prozent betragen. Begünstigt durch die Wellenbewegung geht gleichzeitig mit der Wasseraufnahme die Wasser-in-Öl Emulsion in eine partikuläre Form über. Die Partikel können, je nach den physikalischen Bedingungen, in verschiedener Größe vorliegen. Sie haben einen Wassergehalt von 50 Prozent, ihre Konsistenz ist relativ fest. Die Eigenschaften zumindest der Oberfläche dieser Partikel sind so verändert, dass sie selbst bei engem Kontakt nicht zu einer Verölung von Vögeln führen.

Auch Rohöl, das kurze Zeit nach dem Austritt in das Meerwasser an den Strand getrieben wird, hat beträchtliche Wassermengen aufgenommen. Aufgrund seiner Färbung und der Konsistenz wird es als „Chocolate Mousse“ bezeichnet.

Die auf dem Wasser treibenden mehr oder weniger großen Ölklümpchen unterliegen einem Alterungsprozess und bilden schließlich

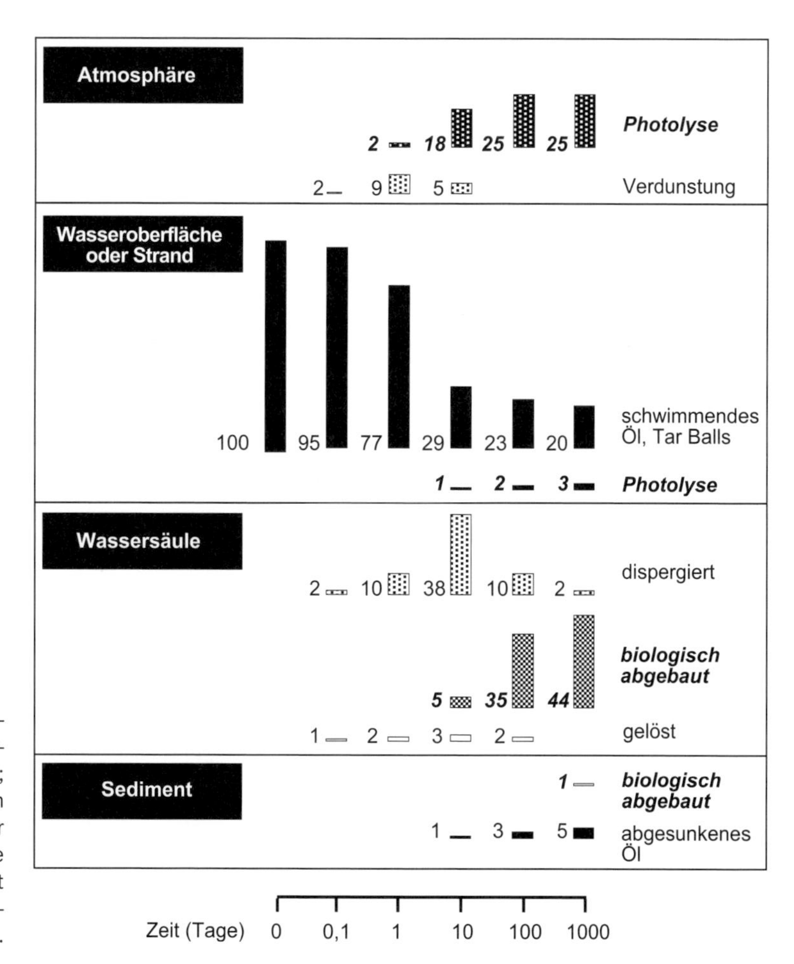

Abb 5.13 Massenbilanzierung einer Meeresverölung (nach Gunkel, 1988; kursive Zahlen betreffen den Anteil des Öls, der entfernt wird, während die Zahlen in Normalschrift nur eine Verteilung andeuten).

die so genannten **Tar Balls.** Sie sind dunkel und hart. Sie gehen in der Konsistenz von teerartig zu asphaltartig über, werden spröde und können anorganische Trübstoffe aufnehmen, wodurch sich ihr spezifisches Gewicht soweit erhöhen kann, dass sie in Form von Mikropartikeln in der Wassersäule verteilt werden beziehungsweise absinken. Zu jeder Zeit kann es zu einer Strandung des Öls kommen. Die Verweilzeit der im Meer treibenden Tar Balls kann mehrere Jahre betragen.

Zwei Vorgänge sind für die Entfernung eines Teils des Öls im marinen Milieu verantwortlich, die **Photolyse** und der **biologische Abbau.** Man nimmt an, dass der größte Teil der verdunsteten Kohlenwasserstoffe der Photolyse unterliegt. Bei gestrandetem oder auf dem Meer treibenden Öl spielt jedoch die Photolyse nur eine untergeordnete Rolle.

Abbildung 5.13 zeigt schematisch eine Massenbilanzierung einer Verölung im marinen Milieu. Die Zeitachse ist logarithmisch. Es wird

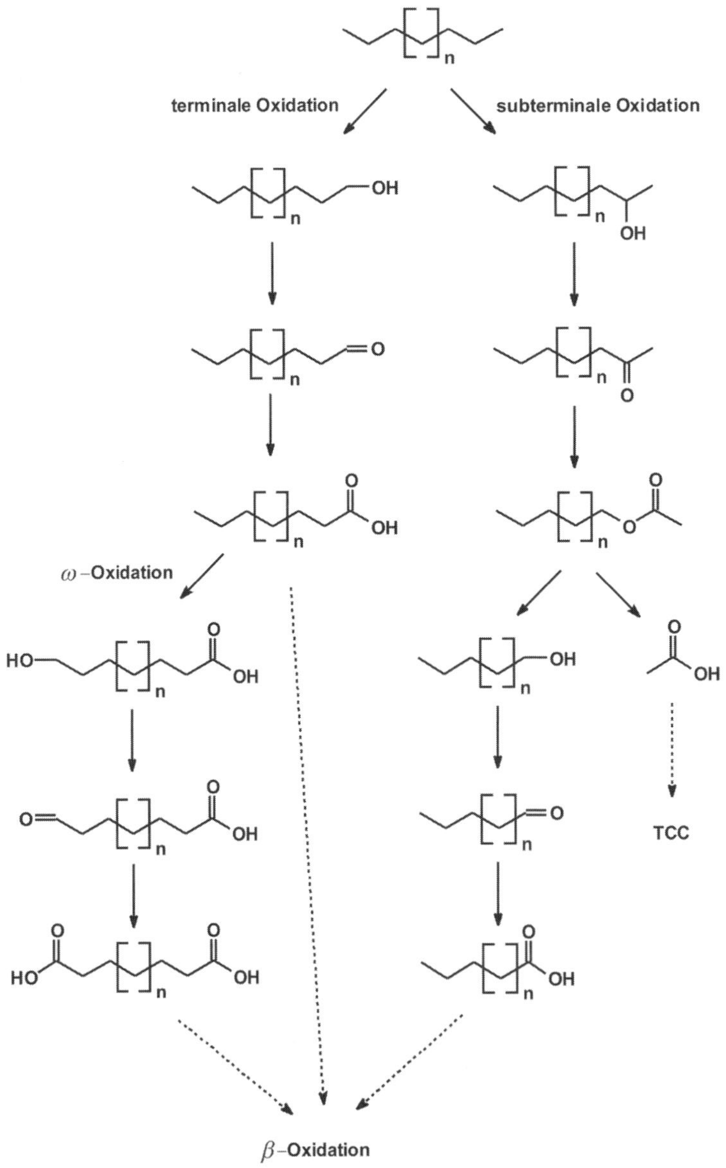

terminale Oxidation
subterminale Oxidation
ω-Oxidation
TCC
β-Oxidation

Abb 5.14 Schritte der Bildung von Fettsäuren aus Alkanen mit drei Typen von Oxidationen.

angenommen, dass nach 100 Tagen der größte Teil der Umsetzungen stattgefunden hat und dann nur noch relativ geringe Veränderungen stattfinden. Nach 1 000 Tagen sind alle in die Atmosphäre gelangten Kohlenwasserstoffe photolytisch abgebaut. Etwa 45 Prozent des Öls werden biologisch abgebaut, wobei der Abbau zu 44 Prozent in der Wassersäule und nur zu einem Prozent im Sediment erfolgt. Je nach der Zusammensetzung des Öls, der Wassertemperatur, des Nährstoffgehaltes und der Küstenentfernung, in der die Verölung stattfindet, werden andere Verteilungen auftreten, jedoch erlaubt diese Zusammenstellung eine generelle Vorstellung von dem Verlauf einer Verölung.

5.2.1 Abbau von Alkanen, Alkenen und cyclischen Alkanen

5.2.1.1 Alkane/Alkene

In **Gegenwart von Sauerstoff** sind **unverzweigte Alkane** bis zu einer Kettenlänge von C_{30} mikrobiell abbaubar. Aufgrund der guten Fettlöslichkeit und damit hohen Affinität zu Zellmembranen sind die kurzkettigen Verbindungen, zum Beispiel Hexan, in höherer Konzentration toxisch. *n*-Alkane mittlerer Kettenlänge (C_{12}–C_{20}) sind sehr gut abbaubar, mit weiter zunehmender Kettenlänge nimmt die Abbaubarkeit aufgrund der abnehmenden Bioverfügbarkeit ab. Wachse sind relativ persistent, eine Paraffinkerze bleibt so über Jahre im Kompost liegen. Verklumpte und verharzte Schmierölrückstände sind sehr persistent. Natürlich vorkommende Asphalte halten noch heute die Ruinen babylonischer Bauwerke zusammen.

Der Hauptweg des Alkanabbaus ist die **terminale Oxidation** (Abb. 5.14). Eine der endständigen Methylgruppen wird durch eine Alkan-Monooxygenase zum Alkohol oxidiert, Luftsauerstoff ist also essenziell für den Abbau. Der jeweilige Alkohol wird dann durch Dehydrogenasen über den entsprechenden Aldehyd zur Fettsäure oxidiert, die durch die β-Oxidation schrittweise zu C_2-Einheiten abgebaut wird und als Acetyl-CoA in den Intermediärstoffwechsel eingeht (Abb. 5.15). Die weitere Verwertung als Kohlenstoff- und Energiequelle ist Abbildung 4.10 zu entnehmen. Die Fähigkeit zur terminalen Oxidation ist unter Bakterien und Pilzen weit verbreitet. Besonders aktive Vertreter der Bakterien sind Arten von *Acinetobacter, Bacillus, Mycobacterium, Nocardia, Pseudomonas* und *Rhodococcus.* Unter den Hefen und Schimmelpilzen sind es Vertreter der Gattungen *Candida, Rhodotorula, Aspergillus, Cladiosporum, Penicillium* und *Trichoderma.*

Einige Arten von *Pseudomonas* und *Nocardia,* aber auch Hefen und Pilze verfügen über weitere Abbauwege, die **subterminale Oxidation** und die **diterminale** oder **ω-Oxidation** (Abb. 5.14).

Mikroorganismen bauen sowohl gerad- als auch ungeradzahlige *n*-Alkane ab. Endprodukte des Abbaus ungeradzahliger Alkane sind Acetyl- und Propionyl-CoA. Die beim Abbau intermediär gebildeten höheren Fettsäuren und Alkohole können zu langkettigen Estern reagieren, wie sie auch in den Wachsen der Pflanzen vorkommen.

Trägt eine Fettsäure eine Doppelbindung, so muss der β-Oxidations-Cyclus leicht modifiziert werden, wie Abbildung 5.16 am Beispiel der Ölsäure zeigt.

Ein **anaerober *n*-Alkanabbau** (zum Beispiel von Hexadecan) wurde sowohl durch denitrifizierende Pseudomonaden als auch durch sulfatreduzierende bakterielle Konsortien beschrieben. Die Aufklärung der Mechanismen und die Abschätzung der Verbreitung dieser Prozesse stehen erst am Anfang. Ein erster Vorschlag für die anaerobe Abbausequenz für Hexadecan wurde mit dem denitrifizierenden Stamm HxN1 vorgestellt (Abb. 5.17). Ähnlich wie bei dem anaeroben Abbau von Toluol (siehe Abb. 5.31) wird im ersten Schritt ein Hydrocarbon-Fumarat-Addukt postuliert, welches nach Aktivierung zum CoA-Ester und Umgruppierung der Kohlenstoffkette der β-Oxidation unterliegt.

Verzweigte Alkane werden auch unter aeroben Bedingungen viel langsamer als die unverzweigten *n*-Alkane abgebaut. Verzweigte Alkane mit Isoprenoidstruktur wie Pristan (2,6,10,14-Tetramethylpentadecan) und Phytan (2,6,10,14-Tetramethylhexadecan), die an jedem vierten C-Atom eine Methylgruppe tragen,

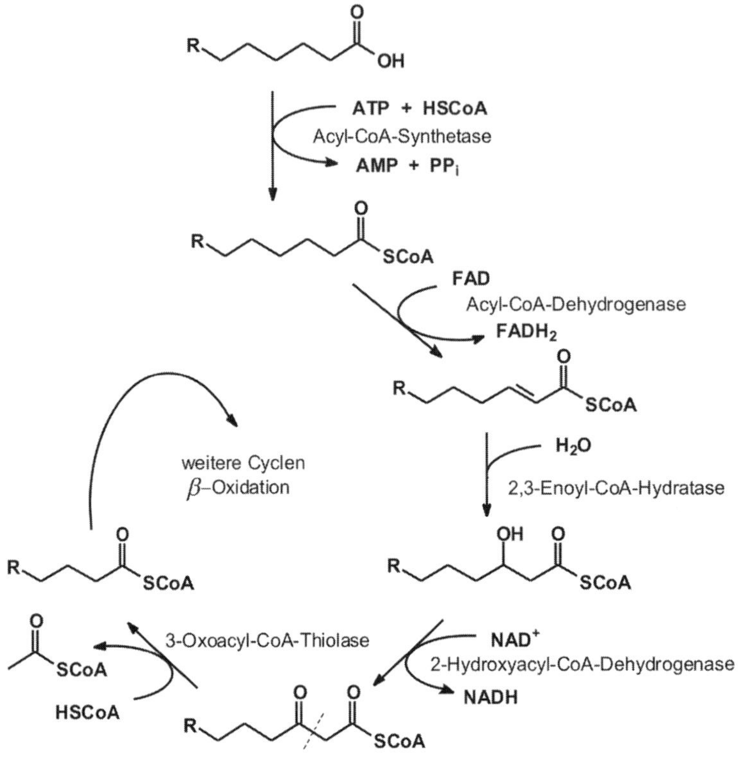

Abb 5.15 β-Oxidation von Fettsäuren.

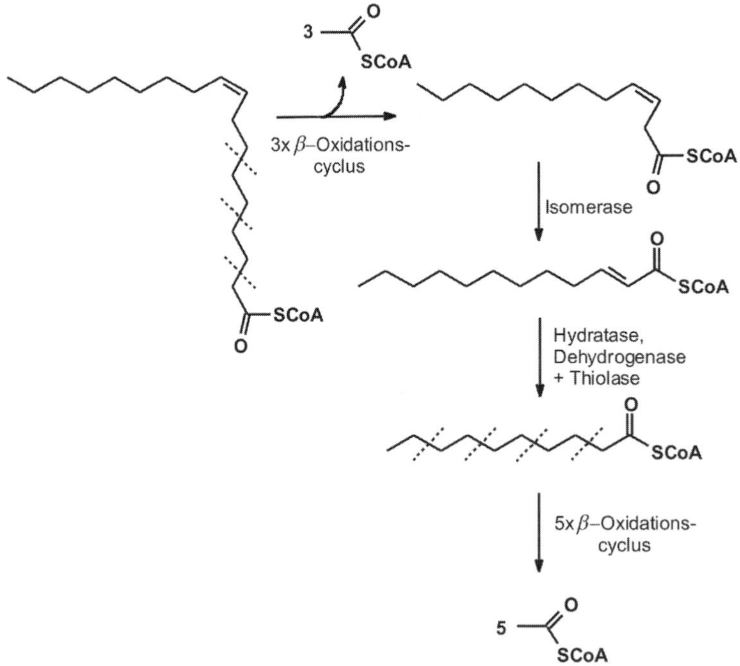

Abb 5.16 β-Oxidation von Fettsäuren mit Doppelbindung: *cis*-Δ3-*trans*-Δ-2-Enoyl-CoA-Isomerase.

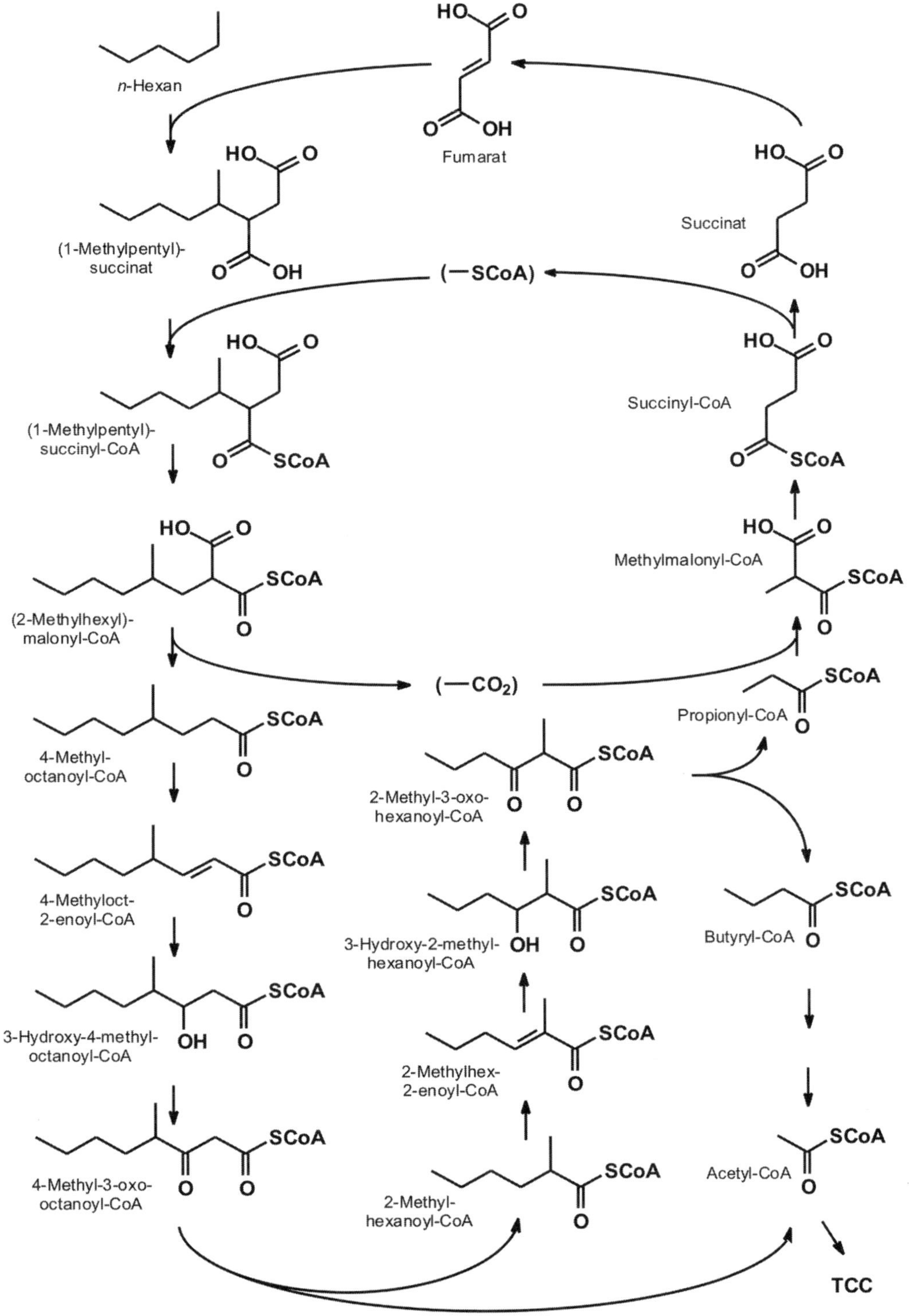

Abb 5.17 Abbau von Hexan durch einen Denitrifizierer.

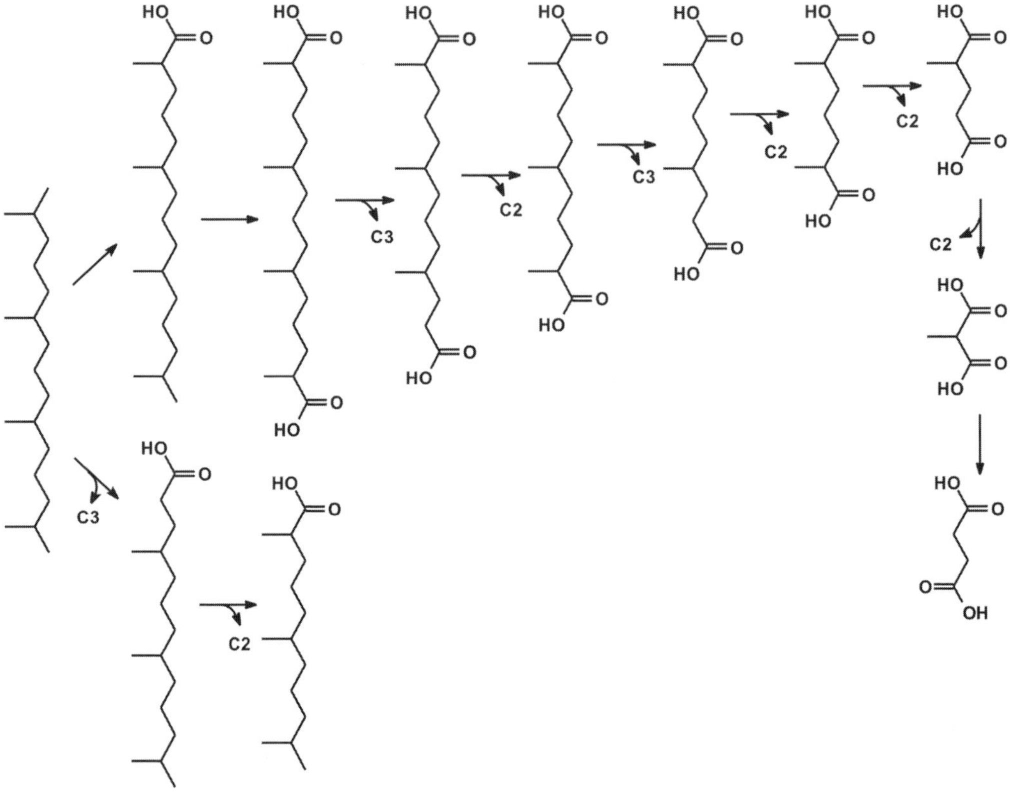

Abb 5.18 Abbausequenz eines verzweigten Alkanes am Beipiel des Pristans (Der Abbau wird wahrscheinlich als CoA-Ester ablaufen. Er wird hier nur schematisch wiedergegeben).

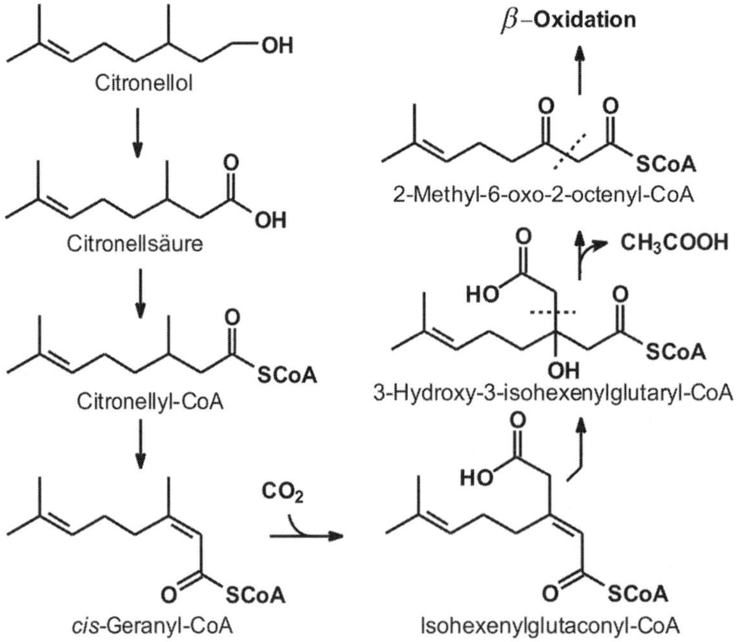

Abb 5.19 Abbausequenz eines verzweigten Alkanes am Beipiel des Citronellols.

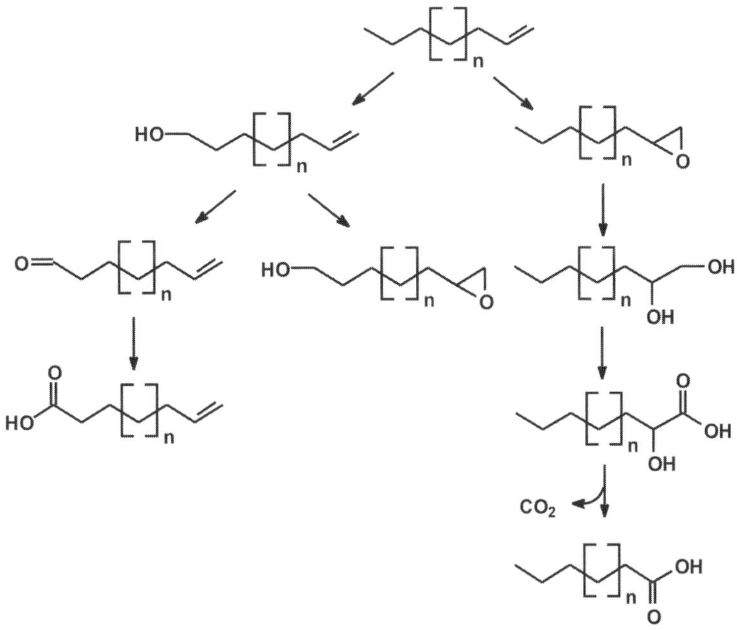

Abb 5.20 Prinzipien des Abbaus von Alkenen.

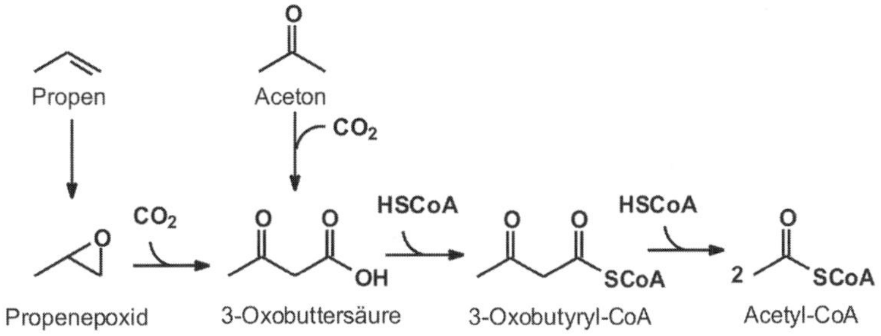

Abb. 5.21 Abbau von Propen und Aceton.

sind abbaubar. Diese Isoprenoid-Alkane werden mono- oder diterminal oxidiert und alternierend C_2- und C_3-Einheiten abgespalten (Abb. 5.18). Für *Brevibacterium*, *Corynebacterium*- und *Rhodococcus*-Arten wurde diese Fähigkeit nachgewiesen. Stärker verzweigte Isoalkane mit mehr Methylsubstituenten und längeren Seitenketten sind wesentlich persistenter, da die Verzweigungen sterisch den Angriff der oxidativen Enzyme verhindern.

Wie Abbildung 5.19 deutlich macht, kann auch eine Seitengruppe an der „falschen" Position, die die β-Oxidation behindert, beseitigt werden. Eine Carboxylierung ist ein wichtiger Schritt, um die störende Seitengruppe als Essigsäure abgespalten zu können.

Alkene oder Olefine, welche nur in geringer Menge im Erdöl vorkommen, können sowohl vom gesättigten Ende her als auch über die intermediäre Epoxidbildung an der Doppelbindung abgebaut werden (Abb. 5.20).

Eine weitere Strategie mit dem Ziel der Erzeugung von Acetyl-CoA zeigt Abbildung 5.21. So werden die C_3-Verbindungen Propen und Aceton durch Carboxylierung zu geradzahligen Metaboliten umgewandelt, zwei Acetyl-CoA können so produziert werden.

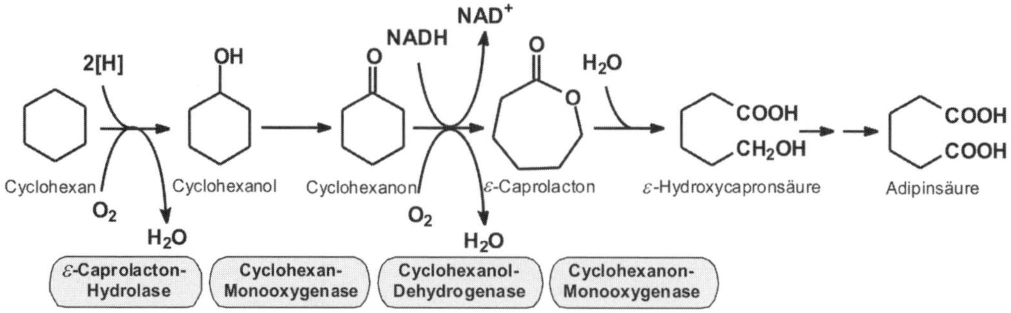

Abb 5.22 Abbau von Cyclohexan.

5.2.1.2 Cycloalkane

Cycloalkane, die auch als Naphthene, Cycloparaffine oder Alicyclen bezeichnet werden, treten im Erdöl vor allem als Cyclohexan, methyl- und ethylsubstituierte Cycloalkane sowie als Cyclopentan und deren substituierte Derivate auf. Da es schwierig ist, aus diesen Substraten Reinkulturen zu erhalten, ist der Metabolismus der Cycloalkane im Gegensatz zum Alkanabbau relativ wenig untersucht.

Aus Untersuchungen mit Mischkulturen von Bakterien der Gattungen *Nocardia, Rhodococcus, Pseudomonas* und *Flavobacterium* wurden die in Abbildung 5.22 für Cyclohexan dargestellten Reaktionsschritte abgeleitet. Zwei Oxygenase-Reaktionen nehmen eine Schlüsselposition ein, die Hydroxylierung des Cycloalkans und die Oxidation zu einem Lacton (analog einer Baeyer-Villiger-Oxidation). Das Lacton wird durch Hydrolyse geöffnet und der Metabolit über mehrere Dehydrogenierungsreaktionen so umgewandelt, dass weiterer Abbau über die β-Oxidation zu Acetyl-CoA führen kann.

5.2.2 Abbau von monoaromatischen Kohlenwasserstoffen

Substituierte aromatische Verbindungen fallen vielfach als Pflanzeninhaltsstoffe an. Zu diesen weit verbreiteten Naturstoffen gehören Phenole, Benzoesäuren, Phenylessigsäure, Phenylpropankörper, Cumarine, Tannine, Flavonoide und die aromatischen Aminosäuren. Monoaromatische Kohlenwasserstoffe, vor allem BTEX-Verbindungen (**B**enzol, **T**oluol, **E**thylbenzol und **X**ylole), treten zudem aufgrund des umfangreichen Einsatzes als Petrochemikalien und als Bestandteile des Benzins als Verunreinigungen in der Umwelt auf. Aus der Carbochemie kommen Phenole als verbreitete Umweltchemikalien dazu.

Die Vielzahl der aromatischen Naturstoffe hat dazu geführt, dass Bakterien mannigfaltige enzymatische Prozesse entwickelt haben, um diese in den Intermediärstoffwechsel einzuschleusen. Aromatische Strukturen sind bedingt durch die Delokalisation der Elektronen im aromatischen Ring generell recht stabil. Ein Kernproblem des Aromatenabbaus ist also die Frage, wie es biochemisch gelingt, trotz dieser Stabilität den Ring zu aktivieren und letztlich zu spalten. Hierzu nutzen aerobe und anaerobe Mikroorganismen sehr unterschiedliche Mechanismen.

5.2.2.1 Aerober Aromatenabbau

Unter aeroben Bedingungen werden aromatische Verbindungen durch Bakterien generell sehr viel schneller abgebaut als unter anaeroben. Dies liegt natürlich daran, dass Sauerstoff der beste **Elektronenakzeptor** ist und besonders wirkungsvolle Energiegewinnung erlaubt. Der schnellere Abbau unter aeroben Bedingungen liegt aber insbesondere daran, dass **Sauerstoff als Reagenz** in den Abbauprozessen verwendet wird: Erstens sind es zum großen Teil sauerstoffeinbauende Enzyme, so genannte **Oxygenasen, die verschiedene aromatische Verbindungen aktivieren** und diese dabei zu einer kleinen Zahl von Ringspaltungssubstraten umsetzen. Zweitens sind es **Oxygenasen, die den aromatischen Ring spalten.** Den zu den Intermediärprodukten des Tricarbonsäure-Cyclus führenden Stoffwechsel von Aromaten kann man also in folgende Stufen einteilen:

1. Periphere Abbauwege: Ringaktivierung und Vorbereitung der Ringspaltung durch Überführung des Substrats in ein Derivat mit zwei *ortho-* oder *para*-ständigen Hydroxylgruppen.
2. Oxidative Spaltung des aromatischen Ringes durch Dioxygenasen.
3. Metabolisierung der Spaltprodukte in Intermediate des zentralen Stoffwechsels.

Die vorbereitenden Reaktionen zur **Ringspaltung** sind meist Oxidationen, die zu drei Schlüsselverbindungen führen: **Brenzcatechin** (Catechol), **Protocatechuat** und **Gentisat.**

Die Aktivierung des aromatischen Ringes erfolgt durch **Dioxygenase-** und **Dehydrogenase-Reaktionen. Dioxygenasen** inkorporieren beide Atome des Luftsauerstoffs in das Substrat und es kommt zur Bildung eines nicht-aromatischen *cis*-Dihydrodiols. Durch anschließende Dehydrogenierung entsteht die Schlüsselverbindung Brenzcatechin (Abb. 5.23). **Phenol,** das schon eine Hydroxylgruppe enthält, wird durch eine Monooxygenase-Reaktion zu Brenzcatechin umgesetzt. **Monooxygenasen** katalysieren den Einbau eines der Atome des Luftsauerstoffs in das Substrat, das zweite Sauerstoffatom findet sich im Wasser wieder.

Die Abbildung 5.24a–c zeigt, dass durch periphere Abbauwege unterschiedliche aromatische Verbindungen zu ein und demselben Dihydroxyaromaten umgebaut werden. Dieses als **Konvergenz der Abbauwege** bezeichnete Phänomen ist bei den zu Brenzcatechin und Protocatechuat führenden Reaktionen besonders ausgeprägt. Zu Brenzcatechin und Protocatechuat werden beispielsweise viele der beim Ligninabbau freigesetzten einkernigen Aromaten wie Cinnamat, Coniferylalkohol, Ferulat, Vanillinat und Cumarat umgesetzt (zum enzymatischen Angriff auf Lignin vgl. Kapitel 4.4.4). Neben den beiden genannten Verbindungen gibt es noch weitere, die als **Substrate der Ringspaltungsenzyme** dienen (zum Beispiel Gentisat, Homogentisat). Praktisch alle diese Verbindungen tragen zwei Hydroxylgruppen in *ortho-* oder *para*-Stellung zueinander. Da gerade bei den Ringspaltungssubstraten viele Abbauwege zusammen laufen, kann man sie als **Knotenpunkte** der Abbauwege (*catabolic hubs*) bezeichnen. In weniger ausgeprägtem Maße laufen allerdings auch bei anderen Verbindungen Wege zusammen, unter anderem bei Benzoat. Dieses Zusammenlaufen in der Chemie der Abbauwege ist von zentraler Bedeutung für ihre genetische Organisation und Regulation.

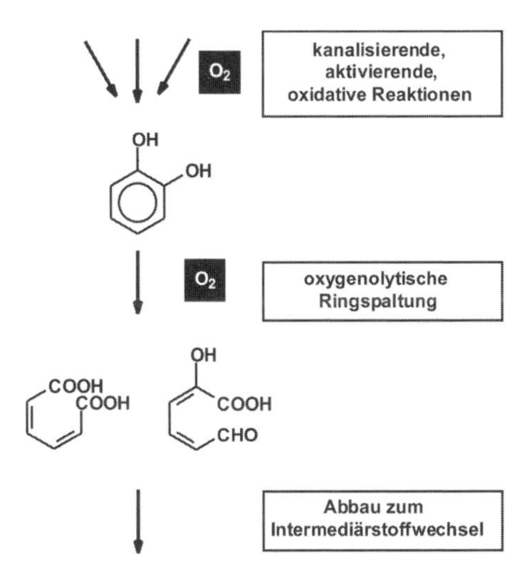

Abb 5.23 Abbauprinzip für Aromaten: aerob durch Bakterien.

Brenzcatechin und das Säurederivat Protocatechuat können durch Oxidation in *ortho-* oder *meta*-Stellung (Abb. 5.25) gespalten werden, daraus resultieren zwei verschiedene Abbauwege.

Ein dritter Abbauweg existiert für Gentisat, ein weiterer für das beim Phenylalanin- und Tyrosinabbau anfallende Homogentisat.

Die **Ringspaltung** des 1,2-Diphenols (Brenzcatechin oder Protocatechuat) kann in zwei Positionen erfolgen, zwischen den beiden benachbarten Hydroxylgruppen, in *ortho*-Stellung (**intradiol**) (Abb. 5.25a) oder neben den beiden Hydroxylgruppen, in *meta*-Stellung (**extradiol**) (Abb. 5.25b).

Beide Reaktionen werden durch Dioxygenasen katalysiert. Die Ringspaltungsreaktionen haben zur Namensgebung der Abbauwege geführt, *ortho-* und *meta*-Weg. Der ***ortho*-Weg** wird vielfach auch nach dem charakteristi-

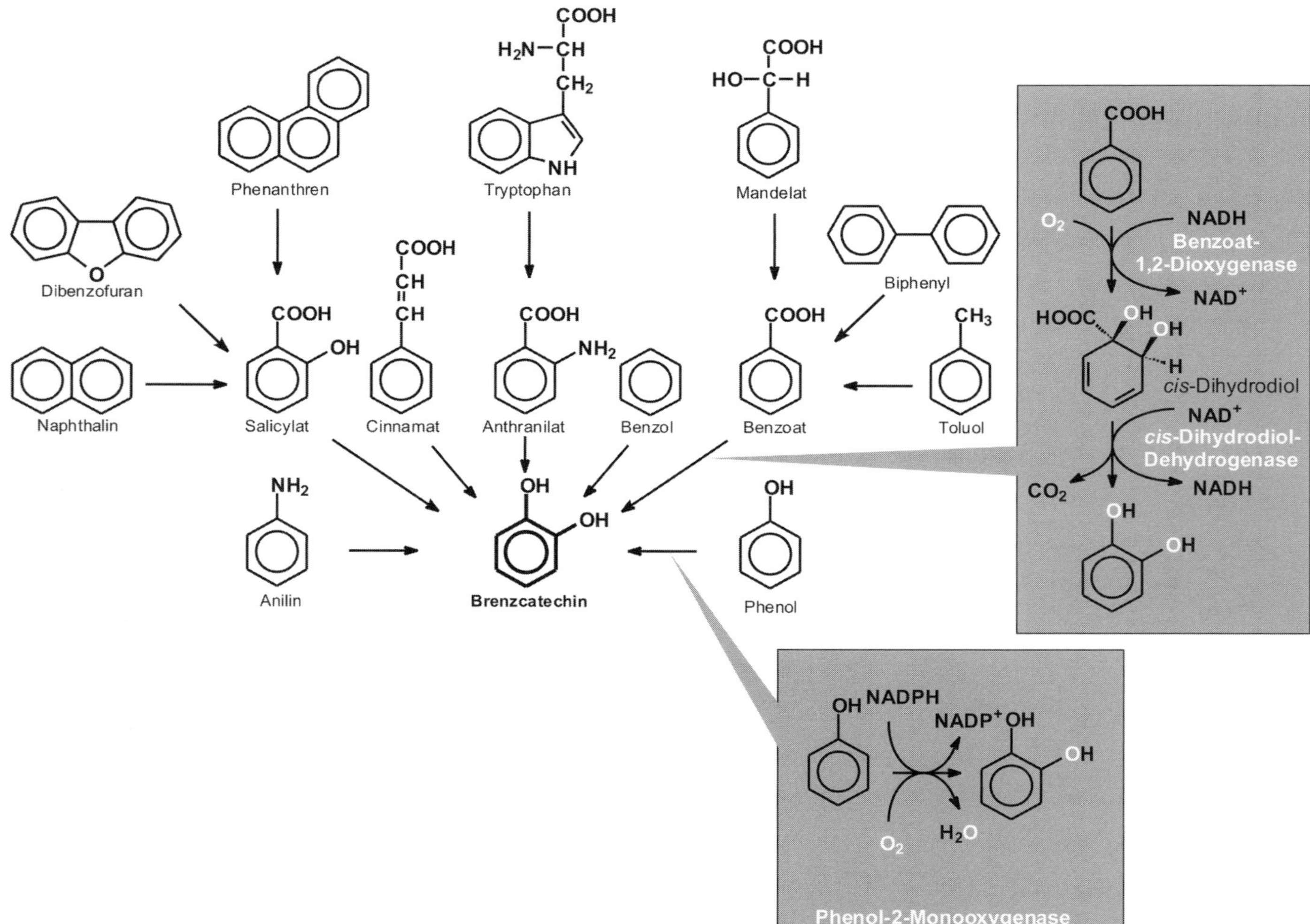

Abb. 5.24a Konvergenz peripherer Abbauwege von Aromaten.

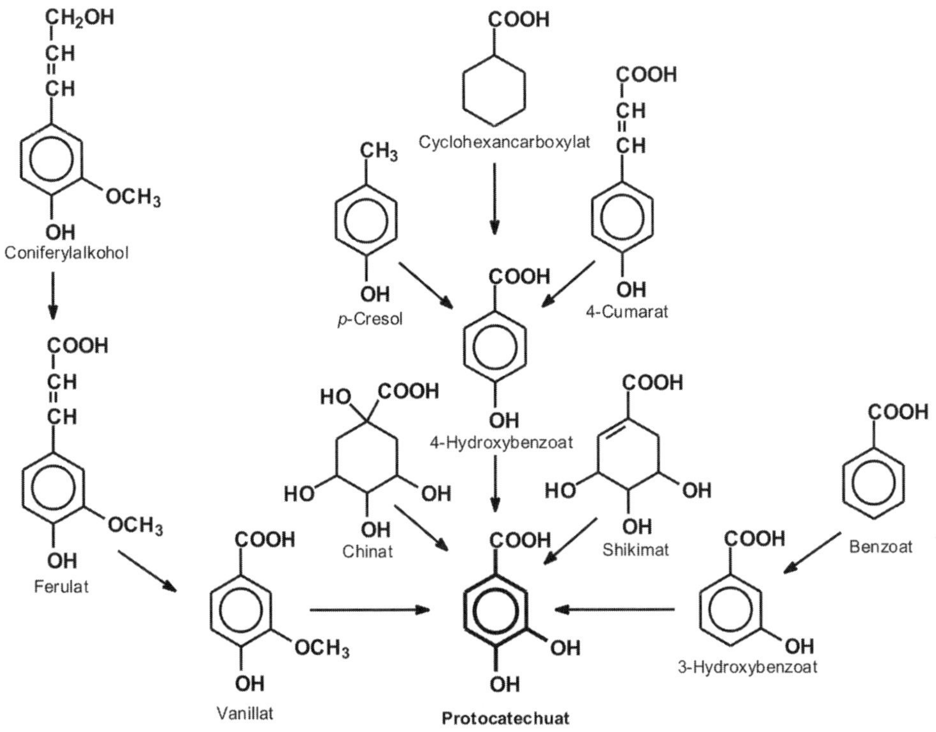

Abb. 5.24b Konvergenz peripherer Abbauwege von Aromaten.

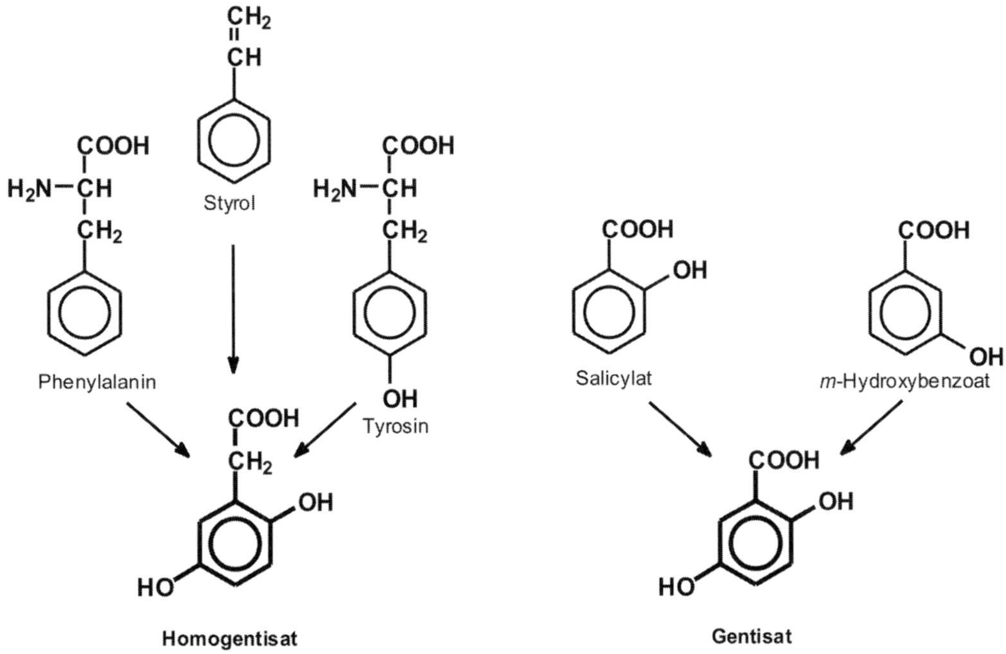

Abb 5.24c Konvergenz peripherer Abbauwege von Aromaten.

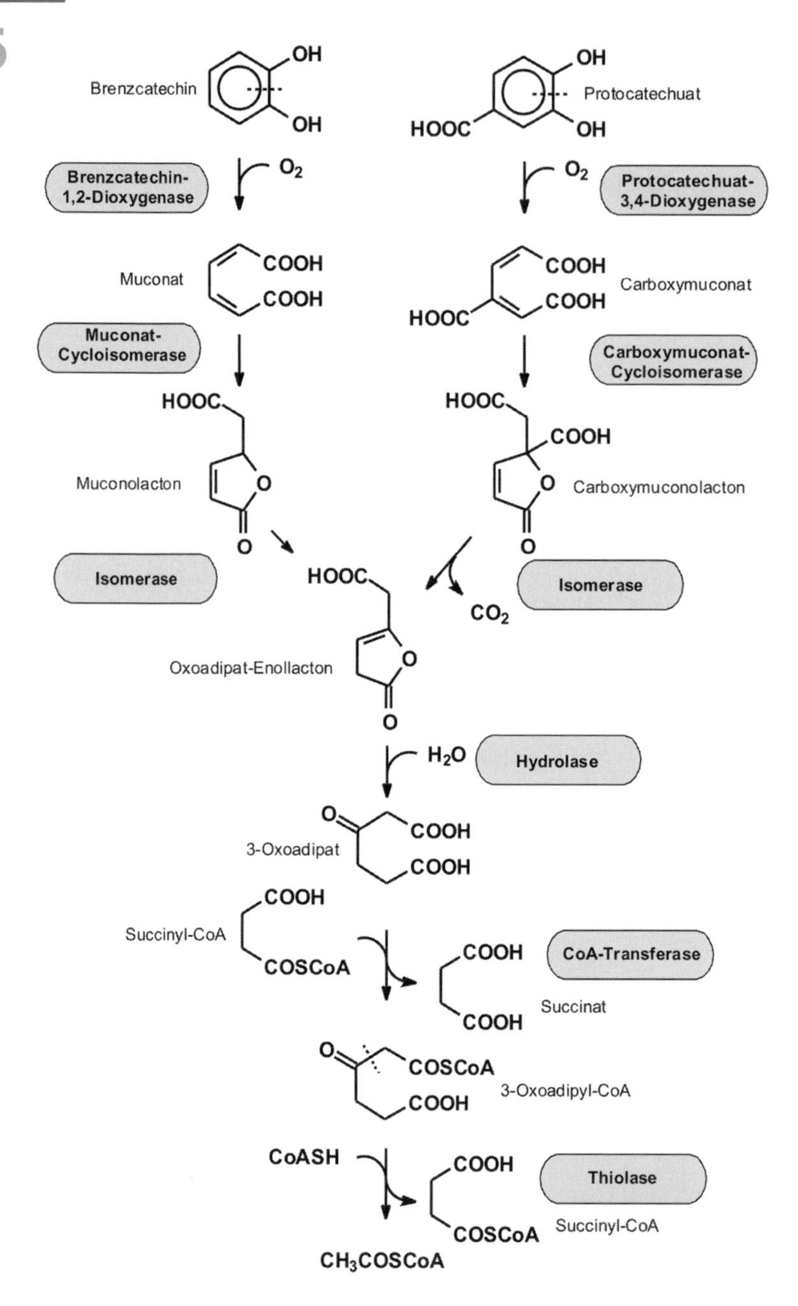

Abb 5.25a Abbauwege für Brenzcatechin und Protocatechnat: *ortho*-Weg

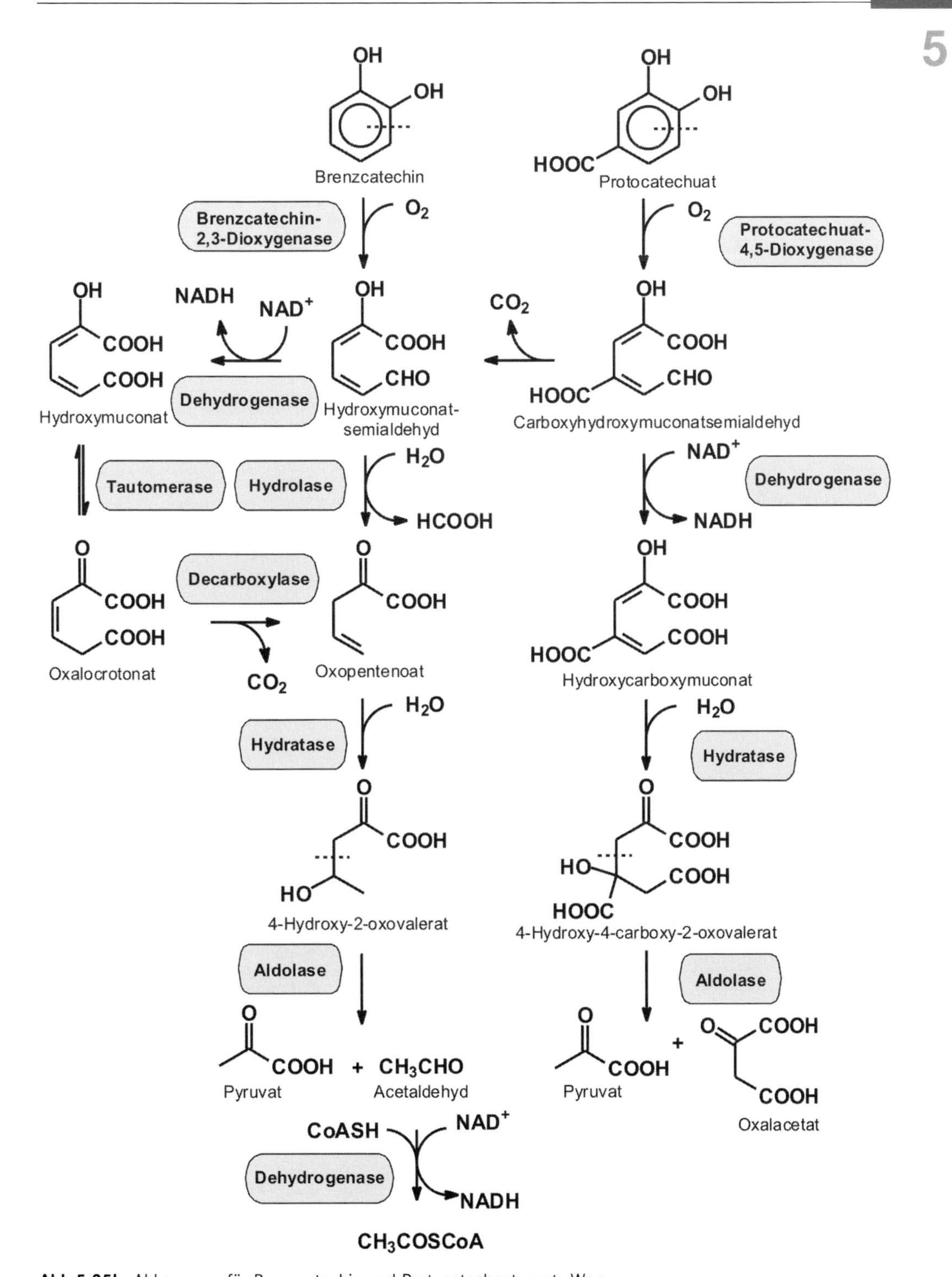

Abb 5.25b Abbauwege für Brenzcatechin und Protocatechnat: *meta*-Weg

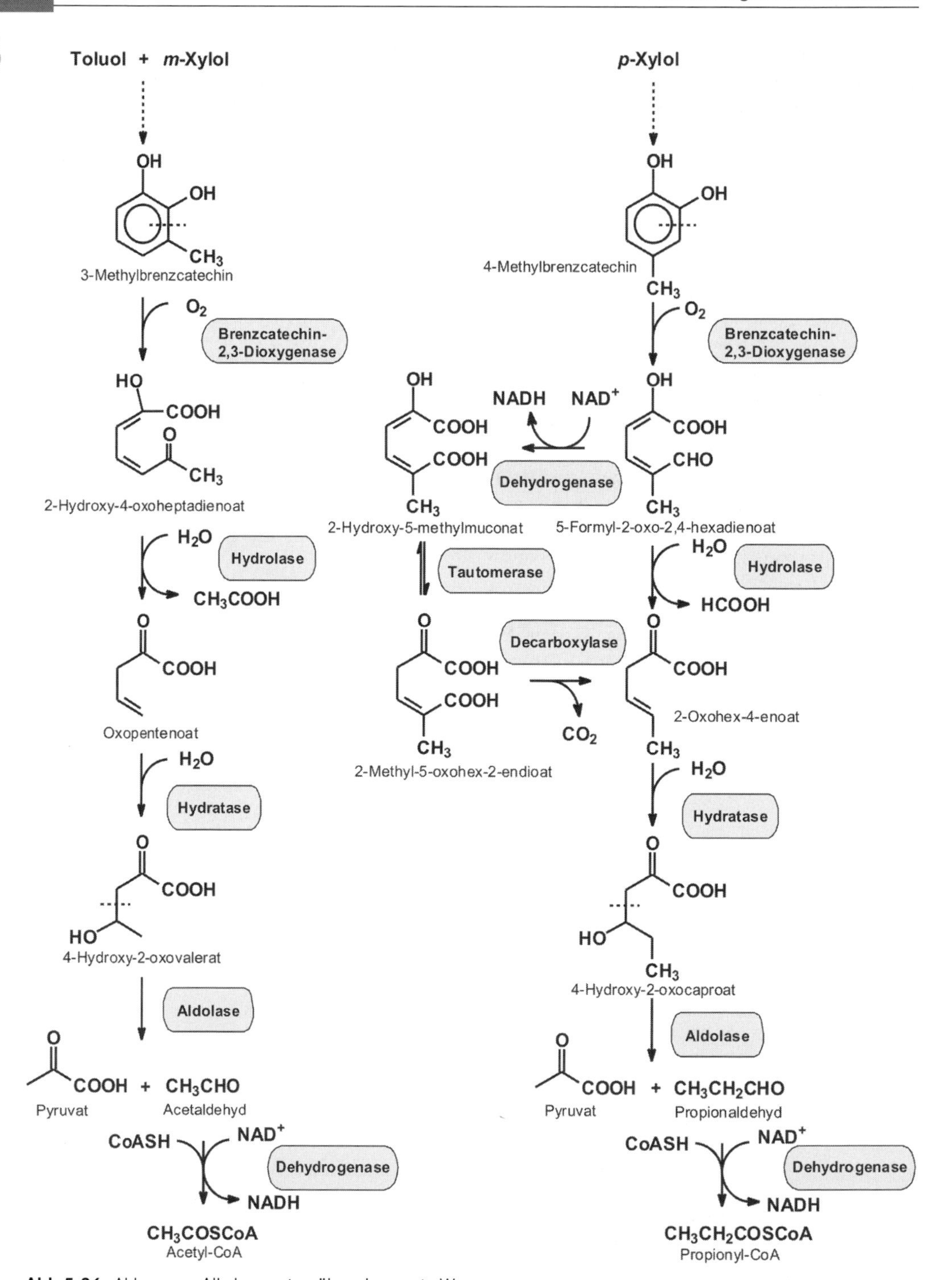

Abb 5.26 Abbau von Alkylaromaten über den *meta*-Weg.

schen Intermediärprodukt β-**Ketoadipat-Weg** (Oxoadipat-Weg) bezeichnet. Die Hauptreaktionen des *ortho*-Weges sind die Lactonisierung der Dicarbonsäure, Isomerisierung des Muconolactons zum β-Ketoadipat-Enollacton und Hydrolyse des Lacton-Öffnungsproduktes β-Ketoadipat zu Succinyl-CoA und Acetyl-CoA (Abb. 5.25a).

Das Ringspaltungsprodukt des ***meta*-Weges** ist 2-Hydroxymuconatsemialdehyd, aus dem hydrolytisch Formiat abgespalten wird und 2-Oxopentenoat entsteht. Alternativ führt eine Reaktionsfolge über 2-Hydroxymuconat und Oxalocrotonat ebenfalls zu der C_5-Verbindung. Diese wird nach Einführung einer Hydroxylgruppe durch Wasseranlagerung für eine Aldolspaltung zugängig, die zu Pyruvat und Acetaldehyd führt. Acetaldehyd wird durch eine CoA-abhängige Dehydrogenase in Acetyl-CoA überführt und geht wie Pyruvat in den Intermediärstoffwechsel ein.

Die Enzyme des *meta*-Weges katalysieren auch den Abbau von **Alkylaromaten.** Beim Xylolabbau wird eine Methylgruppe schrittweise zur Carboxylgruppe oxidiert. Es bildet sich nach Dioxygenierung und Dehydrogenierung Methylbrenzcatechin. Toluol kann durch die Toluol-Dioxygenase sowie die nachfolgende Dehydrogenase zum 3-Methylbrenzcatechin umgewandelt werden. Analoge Reaktionen zu den in Abbildung 5.25b gezeigten werden im Abbau der Methylbrenzcatechine beobachtet (Abb. 5.26). Statt Formiat wird in der Hydrolase-Reaktion Acetat gebildet und statt Acetaldehyd resultiert Propionaldehyd.

Der Salicylatabbau kann über Brenzcatechin aber auch über Gentisat verlaufen. Im **Gentisat-Weg**, bei dem das Substrat der Ringspaltung, das Gentisat, in *para*-Stellung hydroxyliert ist, erfolgt die Spaltung durch eine Dioxygenase zwischen einem hydroxylierten und einem am Ring substituierten aliphatischen C-Atom. Die Gentisat-1,2-Dioxygenase erzeugt einen 1,3-Dioxo-Metaboliten, der direkt oder nach Isomerisierung einer Hydrolyse unterliegt. Die Hydrolyse liefert Fumarat beziehungsweise Maleat, die beide durch Wasseranlagerung zum Intermediat des TCC, dem Malat, führt.

Beim **Homogentisat-Weg,** bei dem das Substrat der Ringspaltung, das Homogentisat, in *para*-Stellung hydroxyliert ist, erfolgt die Spaltung durch eine Dioxygenase zwischen einem hydroxylierten und einem am Ring substituierten aliphatischen C-Atom. Der Abbau des **Styrols,** des Grundbausteins des Polystyrols, erfolgt auf diesem Weg. Endprodukte dieses Aromatenabbaus sind Fumarat und Acetoacetat.

Die Fähigkeit zum Abbau von Monoaromaten ist unter den Mikroorganismen nicht so verbreitet wie die zum Aliphatenabbau. Es sind jedoch wieder Vertreter der gleichen Gattungen, die sich durch ein hohes Abbaupotenzial auszeichnen: *Acinetobacter, Bacillus, Burkholderia, Corynebacterium, Cupriavidus, Flavobacterium, Pseudomonas, Rhodococcus* und *Sphingomonas.*

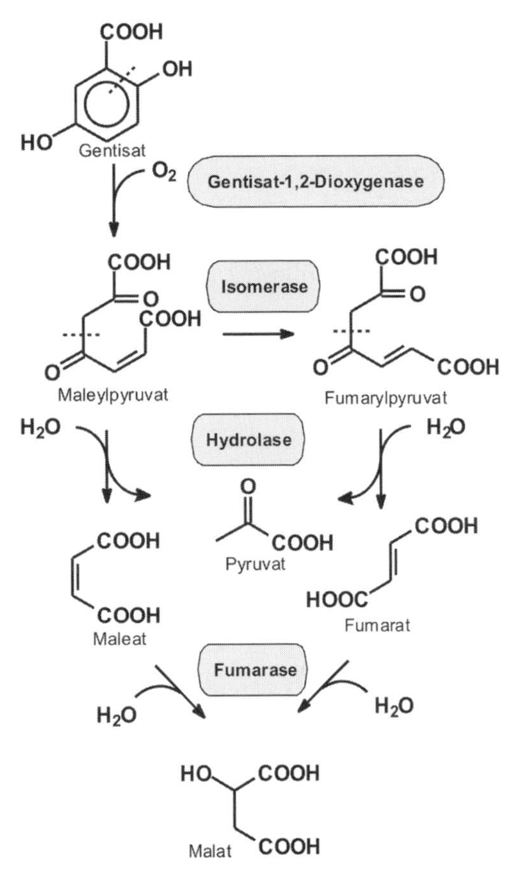

Abb 5.27 Abbau von Aromaten über den Gentisat-Weg.

5.2.2.2 Anaerober Aromatenabbau

Aromaten sind aufgrund der homogenen Elektronenverteilung im Molekül sehr stabil, sodass ein anaerober Abbau erschwert ist.

Der Mechanismus des Abbaus wurde erst in den letzten Jahren in Grundzügen aufgeklärt. Da es keinen Sauerstoff gibt, der für die Aktivierung und Spaltung des aromatischen Ringes genutzt werden kann, müssen andere Mechanismen für die Spaltung des Aromaten vorhanden sein. Der anaerobe Aromatenabbau lässt sich grob in vier Phasen untergliedern:

1. Über Modifikationsreaktionen werden die unterschiedlichsten aromatischen Verbindung in nur wenige zentrale Schlüsselintermediate überführt: Benzoyl-CoA, Resorcin, Phloroglucin und Hydroxyhydrochinon. Der aromatische Charakter der jeweiligen Verbindung wird dabei nicht aufgehoben.

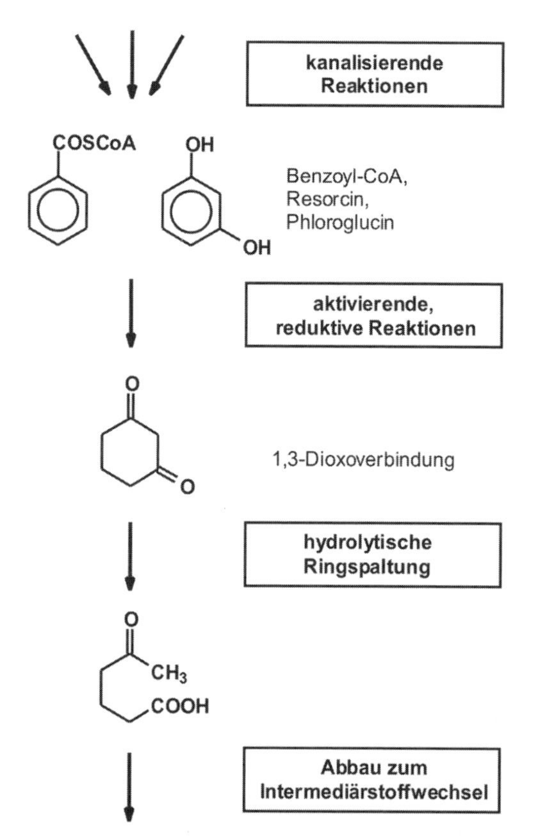

Abb 5.28 Abbauprinzip für Aromaten unter anaeroben Bedingungen durch Bakterien.

2. Diese Aufhebung erfolgt in den Dearomatisierungsreaktionen der Schlüsselintermediate und bereitet die Ringspaltung unter Bildung einer nicht-aromatischen 1,3-Dioxo- beziehungsweise 1,4-Dioxoverbindung vor.
3. Es folgt eine hydrolytische Ringspaltung.
4. Die Spaltprodukte werden in Intermediate des zentralen Metabolismus umgesetzt. Dieses erfolgt primär über Reaktionen, die ähnlich denen der β-Oxidation der Fettsäuren sind.

5.2.2.2.1 Bildung der zentralen Schlüsselintermediate

Die folgenden Reaktionen sind an der Bildung der Schlüsselintermediate beteiligt:

1. Bildung einer Carbonsäure durch Carboxylierungen oder Oxidation einer Methylgruppe.
2. Decarboxylierungen.
3. Reduktive Eliminierungen.
4. Hydroxylierungen.

Die einzelnen Abbauwege mit zuleitenden Modifikationsreaktionen sind in einer Reihe von Übersichtsartikeln der Arbeitsgruppen Schink, Fuchs und Harwood ausführlich erläutert.

Bildung von Benzoyl-CoA

Viele Aromaten werden über Benzoyl-CoA abgebaut (Abb 5.29). Ein wichtiges Charakteristikum für solche Reaktionen des anaeroben Aromatenabbaus ist ein Ablauf auf der Stufe des Coenzym A-Thioesters. Gründe für die Rolle des Coenzyms scheinen in erster Linie im Mechanismus der Folgereaktionen zu liegen.

Bei aromatischen Carbonsäuren ist die notwendige Carboxylgruppe schon vorhanden. Im anderen Fall muss diese Carboxylgruppe eingeführt oder erzeugt werden, das heißt es findet Carboxylierung des Aromaten wie beim Phenol, Carboxylierung der Alkylseitengruppe beim Ethylbenzol, Kopplung mit Fumarat beim Toluol oder ein anderer Weg der Oxidation einer Methylgruppe wie beim *p*-Cresol statt.

Die Reaktionsfolge zur Bildung des Benzoyl-CoAs beinhaltet also die folgenden Schritte:

1. Bildung der aromatischen Carbonsäure durch Carboxylierung.

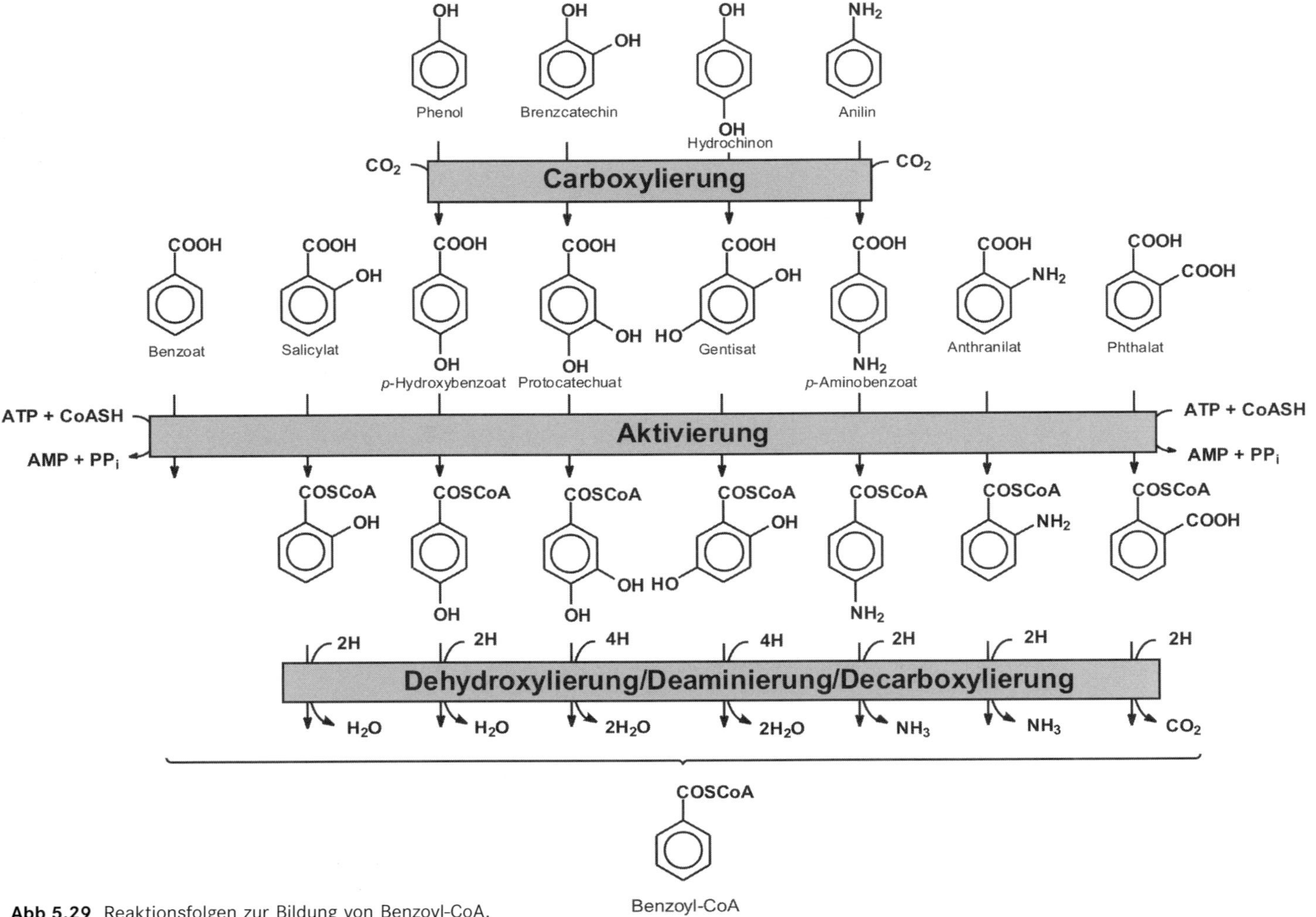

Abb 5.29 Reaktionsfolgen zur Bildung von Benzoyl-CoA.

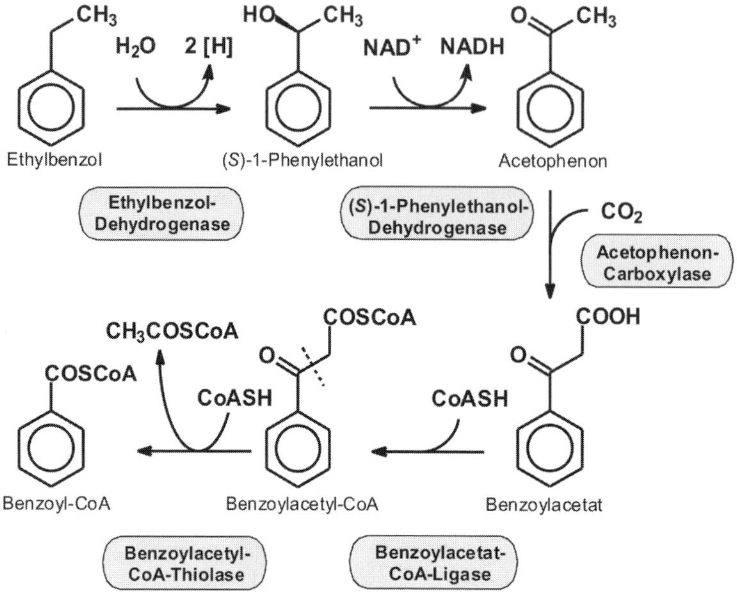

CH3
H2O 2 [H]
HO CH3
NAD+ NADH
O CH3
Ethylbenzol
(S)-1-Phenylethanol
Acetophenon
Ethylbenzol-Dehydrogenase
(S)-1-Phenylethanol-Dehydrogenase
CO2
Acetophenon-Carboxylase
CH3COSCoA
COSCoA
O
COSCoA
CoASH
COOH
O
CoASH
Benzoyl-CoA
Benzoylacetyl-CoA
Benzoylacetat
Benzoylacetyl-CoA-Thiolase
Benzoylacetat-CoA-Ligase

Abb 5.30 Ethylbenzol-Aktivierung.

2 [H]
HOOC
COOH
COOH
Fumarat
COOH
Succinat
CH3
COOH
COOH
COSCoA
COOH
COSCoA
COOH
2 [H]
Toluol
Benzylsuccinat
Benzylsuccinyl-CoA
Phenylitaconyl-CoA
COOH
Succinyl-CoA
COSCoA
COSCoA
COOH
COSCoA
HO
COOH
COSCoA
CoASH
O
2 [H]
Benzoyl-CoA
Benzoylsuccinyl-CoA
2-Carboxymethyl-3-hydroxy-phenylpropionyl-CoA

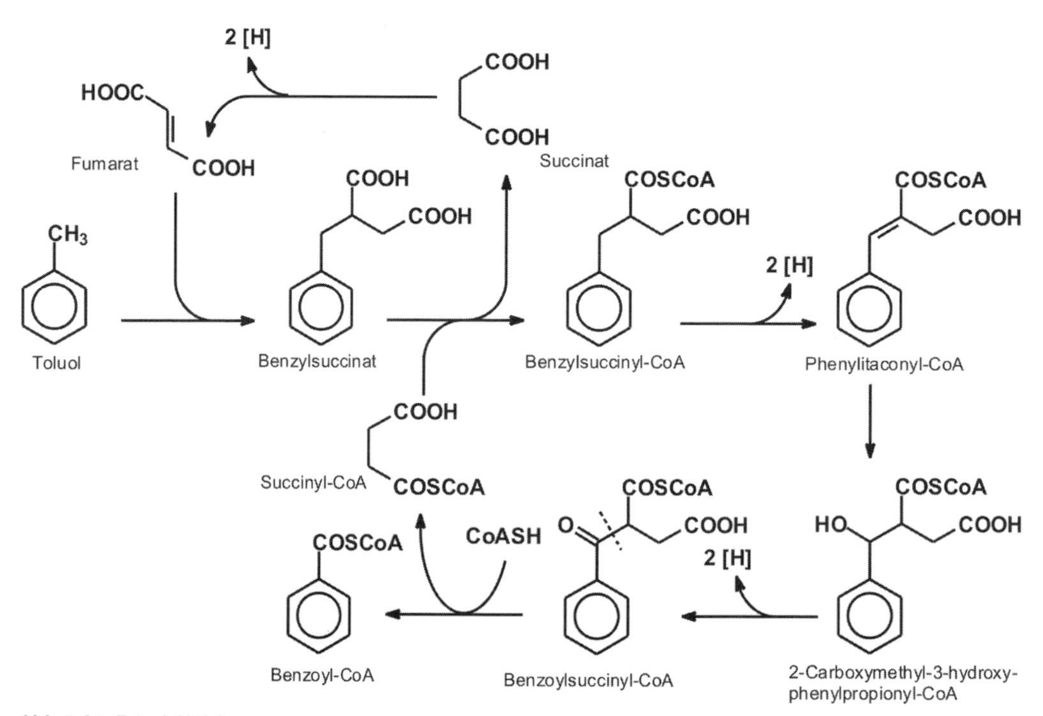

Abb 5.31 Toluol-Aktivierung.

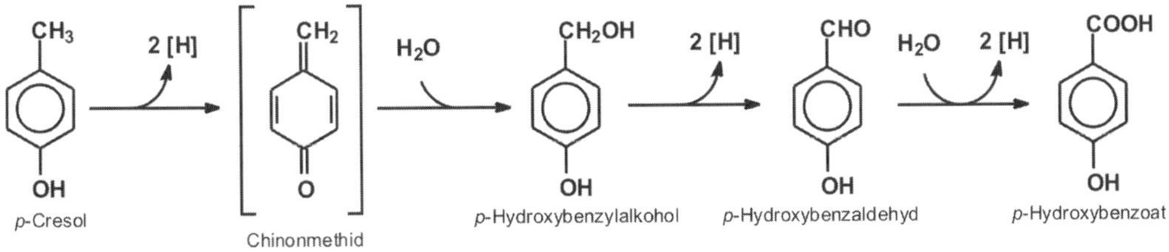

Abb 5.32 *p*-Cresol-Aktivierung.

2. Aktivierung der Carbonsäure zum Coenzym A-Thioester. Die Veresterung des jeweiligen Substrats mit CoASH wird über Ligasen katalysiert, welche dabei ATP zu PP_i und AMP hydrolysieren.
3. Eliminierung von Hydroxyl-, Amino- und Carboxylgruppen (reduktive Dehydroxylierung) zur Bildung von Benzoyl-CoA.

Eine Reihe phenolischer Verbindungen wird zuerst carboxyliert, um eine Veresterung mit Coenzym A zu ermöglichen. Diese Reaktion ist für den anaeroben Abbau von Phenol, Hydrochinon, Brenzcatechin und auch Anilin gezeigt worden.

Beim Abbau von Ethylbenzol erfolgt die Carboxylierung der Seitengruppe später (Abb. 5.30). Hier sind der Carboxylase zwei Dehydrogenasen vorgeschaltet. Erst dann folgt die Aktivierung zum Coenzym A-Thioester und Abspaltung von Acetyl-CoA zum Benzoyl-CoA.

Am Beispiel des Toluols wird deutlich, mit welchen außergewöhnlichen biochemischen Reaktionen die Oxidation einer Methylgruppe durchgeführt wird (Abb. 5.31). Die folgenden Schritte laufen ab:

1. Kopplung des Toluols mit Fumarat in einer Radikalreaktion.
2. Aktivierung der entstandenen Carbonsäure zum Coenzym A-Thioester.
3. Schritte der β-Oxidation und Bildung des β-Oxo Coenzym A-Thioester.
4. Thiolytische Abspaltung von Succinyl-CoA und Bildung von Benzoyl-CoA.

Es gibt Hinweise darauf, dass eine analoge Reaktion unter Addition von Fumarat auch als einleitender Schritt des Abbaus von *o*-, *m*- und *p*-Xylol sowie *m*- und *p*-Cresol vorliegt.

p-Cresol kann relativ leicht zu einem Chinonmethid oxidiert werden, an das gut Wasser angelagert werden kann. Die weitere Oxidation des Alkohols erfolgt dann mittels Dehydrogenasen zu 4-Hydroxybenzoat.

Reduktive Eliminierungen von Carboxyl-, Hydroxyl- und Aminogruppen spielen bei der Umwandlung einer Reihe von Benzoatderivaten zum Benzoyl-CoA eine Schlüsselrolle. Für Phthalat ist eine Decarboxylierung zu Benzoat beziehungsweise Benzoyl-CoA postuliert worden. Insbesondere phenolische Verbindungen, die nicht über eines der Hydroxybenzole (Resorcin, Phloroglucin, Hydroxyhydrochinon) abgebaut werden, unterliegen den Eliminierungsreaktionen. Alle bisher beschriebenen reduktiven Dehydroxylierungen werden auf der CoA-Ester Stufe katalysiert. Die reduktive Dehydroxylierung von 4-Hydroxybenzoyl-CoA in *Thauera aromatica* und auch *Rhodopseudomonas palustris* ist eingehend untersucht worden. Auch Aminosubstituenten können reduktiv abgespalten werden. So wird 4-Aminobenzoyl-CoA, ein Intermediat des Abbaus von Anilin, zu Benzoyl-CoA desaminiert. Für Anthranilat ist ebenfalls eine reduktive Abspaltung der Aminogruppe postuliert worden.

Bildung von 1,3-Diphenolen

Mehrfach hydroxylierte Benzoatderivate werden über Resorcin, Phloroglucin oder Hydroxyhydrochinon abgebaut.

Decarboxylierung führt zu Produkten mit einem 1,3-Diolsystem wie Resorcin und Pyrogallol aus Di- und Trihydroxybenzoat (beispielsweise 2,4-Dihydroxy- und 2,6-Dihydroxybenzoat oder Gallat).

Beim Pyrogallol erfolgt dann eine Reaktionskaskade von Transhydroxylierungen, um Phloroglucin zu bilden. Ungewöhnliche Reaktionen mit 1,2,3,5-Tetrahydroxybenzol als Co-

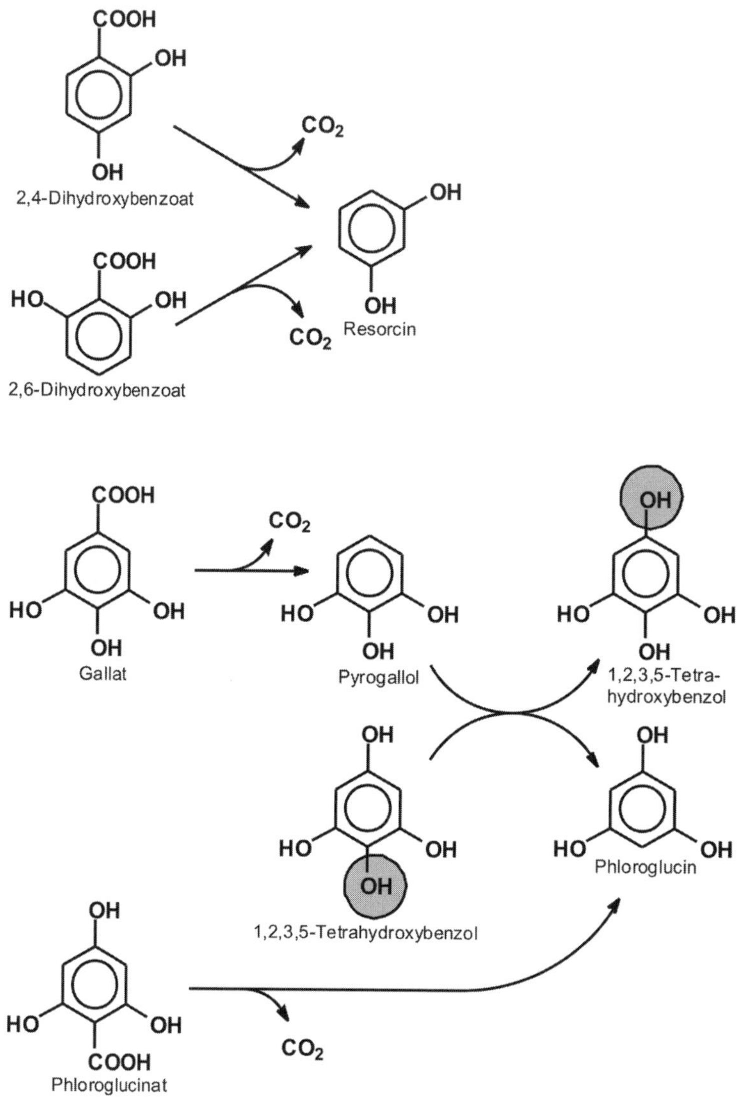

Abb 5.33 Resorcin- und Phloroglucin-Bildung.

substrat sind beteiligt. Eine Hydroxylgruppe des Tetrahydroxybenzols wird auf die Position 5 des Pyrogallols übertragen, sodass Phloroglucin und ein neues Molekül Tetrahydroxybenzol gebildet werden. Phloroglucin entsteht auch direkt aus Phloroglucinat durch Decarboxylierung.

Oxidationsreaktionen am aromatischen Ring folgen im Abbau von α-Resorcylat und Resorcin in den denitrifizierenden Bakterien *Thauera aromatica* Stamm AR-1 und *Azoarcus anaerobius*. In beiden Fällen wird der aromatische Ring durch Einführung einer weiteren Hydroxylgruppe zusätzlich destabilisiert. Produkte dieser Reaktionen sind Hydroxyhydrochinon aus Resorcin sowie 2,3,5-Trihydroxybenzoat aus α-Resorcylat. 2,3,5-Trihydroxybenzoat kann leicht decarboxyliert werden, wodurch ebenfalls Hydroxyhydrochinon als Produkt gebildet wird.

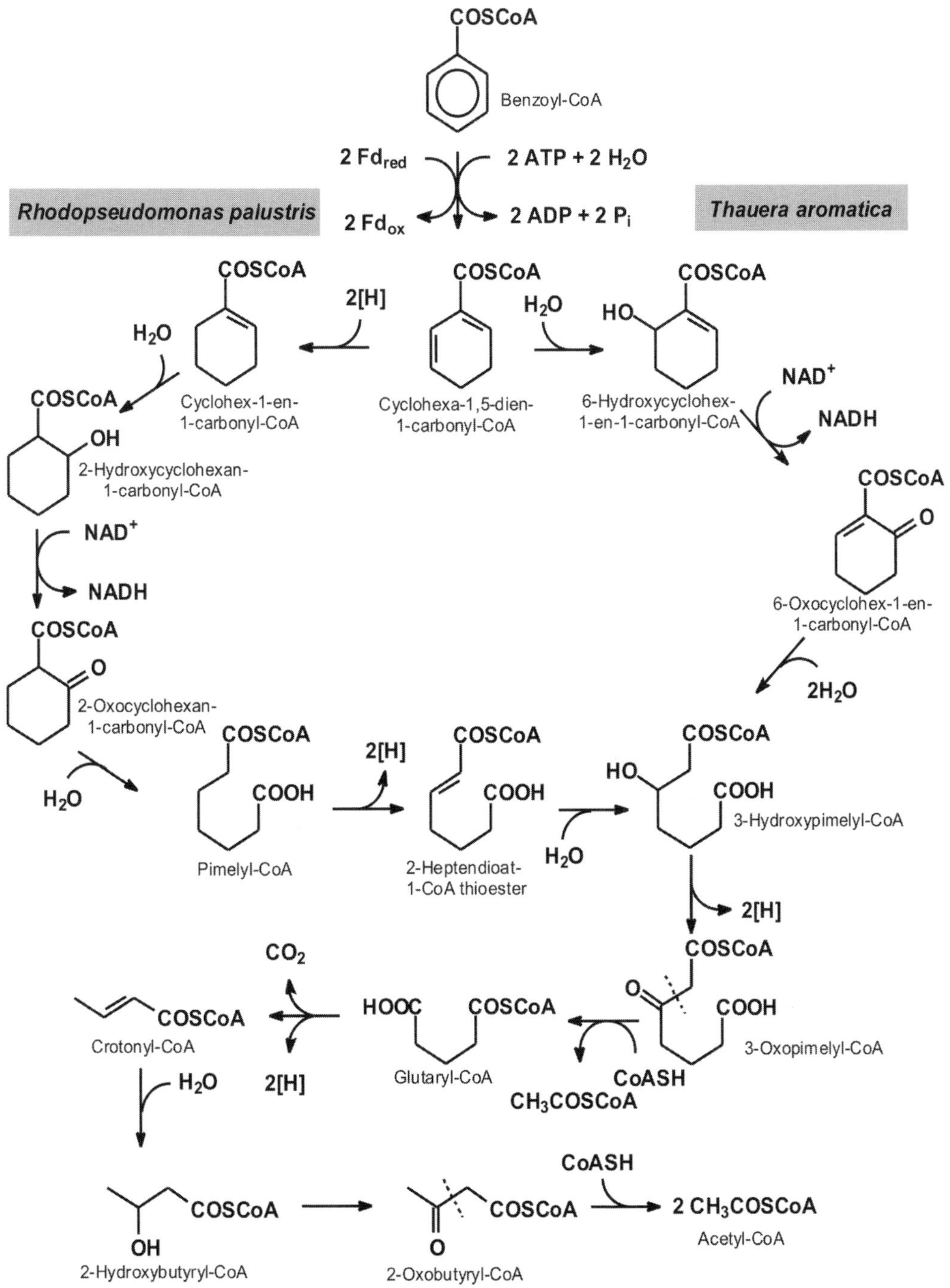

Abb 5.34 Abbau von Benzoyl-CoA zu Acetyl-CoA durch ein phototrophes und ein denitrifizierendes Bakterium.

5

5.2.2.2.2 Dearomatisierungsreaktionen

Abbau von Benzoyl-CoA

Detaillierte Arbeiten mit *Thauera aromatica* und *Rhodopseudomonas palustris* zeigen, dass Benzoyl-CoA zu einem Dienderivat umgesetzt wird. Analog der Birch-Reduktion von Benzol wird für diese Reaktion die sequenzielle Abfolge der Ein-Elektronen-Reduktion und die Protonanlagerung angenommen. Mit dem physiologischen Elektronendonor Ferredoxin ist dieses ein endergoner Prozess, der in *T. aromatica* durch die Hydrolyse von zwei Mol ATP pro Mol Substrat getrieben wird, das heißt ein ATP für jedes addierte Elektron.

Verschiedene Routen wurden in dem denitrifizierenden *T. aromatica*, dem phototrophen *Rhodopseudomonas palustris* und einem Gärer gefunden (Abb. 5.34).

In *Thauera aromatica* ist das nächste Intermediat, welches aufgrund der Addition von Wasser aus dem Dien folgt, 6-Hydroxycyclohex-1-en-1-carboxyl-CoA. Dann gibt es eine Wissenslücke zwischen 6-Hydroxycyclohex-1-en-1-carboxyl-CoA und 3-Hydroxypimelyl-CoA, dem ersten nicht cyclischen Intermediate. Am einfachsten lässt sich die Bildung des Intermediates durch Addition von Wasser an die Doppelbindung in 6-Hydroxycyclohex-1-en-1-carboxyl-CoA, die Oxidation des resultierenden Alkohols zur Carbonylverbindung und die hydrolytische Ringspaltung erklären.

In *Rhodopseudomonas palustris* und dem Gärer wird das cyclische Dien weiter zum Cyclohex-1-en-1-carboxyl-CoA reduziert. Nachfolgende β-Oxidation führt zur Bildung einer cyclischen β-Oxo-Verbindung. Dieser folgt eine hydrolytische Ringöffnung zum Pimelyl-CoA, welches weiter wie bei *Thauera aromatica* über 3-Hydroxypimelyl-CoA oxidiert wird. Die gleiche Route via Cyclohex-1-en-1-carboxyl-CoA wird auch durch *Syntrophus gentianae* genutzt, welches Gärung mit Benzoat durchführt.

Die weitere β-Oxidation von 3-Hydroxypimelyl-CoA führt zum Glutaryl-CoA sowie Acetyl-CoA. Oxidation von Glutaryl-CoA zu 2 Acetyl-CoA sowie CO_2 verläuft über Glutaconyl-CoA und Crotonyl-CoA und wird durch eine Glutaryl-CoA-Dehydrogenase katalysiert.

Abbau von Resorcin, Phloroglucin und Hydroxyhydrochinon

Bei den Abbauwegen für Resorcin, Phloroglucin und Hydroxyhydrochinon erfolgt keine CoA-Thioesteraktivierung.

Eine reduktive Dearomatisierung leitet bei den Resorcin- und Phloroglucin-Wegen die Ringspaltung ein.

Im Resorcin polarisieren die beiden *meta*-ständigen Hydroxylgruppen die π-Elektronenwolke derart, dass unter Ausbildung des Oxotautomers eine „isolierte" Doppelbindung im Ring bestehen kann, die relativ leicht selektiv mit zwei Elektronen reduziert werden kann. Dihydroresorcin entsteht und damit ist der aromatische Charakter des Moleküls aufgehoben. Die drei Hydroxylgruppen im Phloroglucin polarisieren die π-Elektronenwolke noch stärker

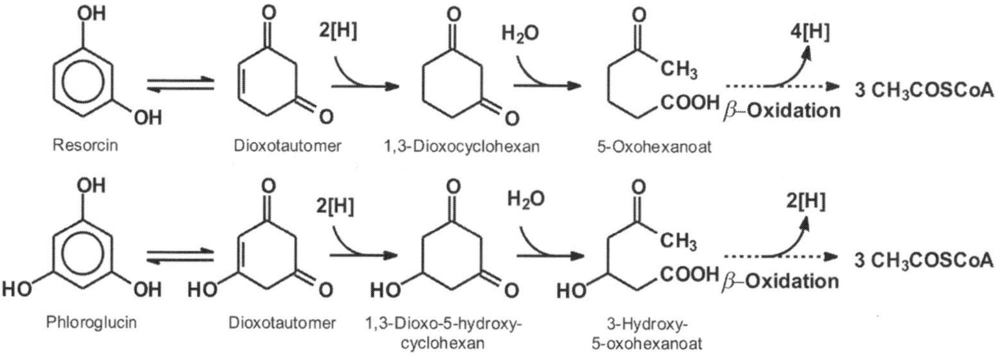

Resorcin ⇌ Dioxotautomer —2[H]→ 1,3-Dioxocyclohexan —H_2O→ 5-Oxohexanoat ⋯β-Oxidation (4[H])⋯→ 3 $CH_3COSCoA$

Phloroglucin ⇌ Dioxotautomer —2[H]→ 1,3-Dioxo-5-hydroxycyclohexan —H_2O→ 3-Hydroxy-5-oxohexanoat ⋯β-Oxidation (2[H])⋯→ 3 $CH_3COSCoA$

Abb 5.35 Vorgeschlagene Abbausequenzen für Resorcin (oben) und Phloroglucin (unten).

als die beiden des Resorcins. In wässriger Lösung ist deshalb das Trioxotautomer anzutreffen. Folglich hat Phloroglucin keinen aromatischen Charakter und kann leicht mit milden reduzierenden Agenzien reduziert werden.

Resorcinabbauende fermentierende Bakterien (*Clostridium* sp.) folgen dieser Abbaustrategie und 1,3-Dioxocyclohexan wird als endgültige alicyclische Verbindung erzeugt. Offensichtlich trägt das C-3-Atom von 1,3-Dioxocyclohexan genügend positive Ladung, um die hydrolytische Spaltung zum 5-Oxocaproat zu erlauben.

Anaerobe phloroglucinabbauende Bakterien, wie *Rhodopseudomonas gelatinosa*, *Coprococcus* sp., *Pelobacter acidigallici* oder *Eubacterium oxidoreducens*, reduzieren zuerst Phloroglucin zum Dihydrophloroglucin (1,3-Dioxo-5-hydroxycyclohexan) in einer NADPH-abhängigen Reaktion. Nucleophiler Angriff auf eine der Carbonylgruppen des Dihydrophloroglucins öffnet den Ring und erzeugt 3-Hydroxy-5-oxocaproat. Der weitere Abbau des partiell oxidierten Caproats stellt keine grundsätzlichen biochemischen Probleme mehr dar.

Ein fundamental anderer Weg der Dearomatisierung findet sich beim Abbau von Resorcin durch *Azoarcus anaerobius* sowie von α-Resorcylat durch *T. aromatica* AR-1. Hier wird Hydroxyhydrochinon, Intermediat beider Abbauwege, von der Hydroxyhydrochinon-Dehydrogenase zu 2-Hydroxybenzochinon oxidiert. Der aromatische Charakter wird durch Oxidation und nicht durch Reduktion aufgehoben. Der weitere Abbauweg ist noch nicht geklärt.

Bildung von Sauerstoff unter anaeroben Bedingungen aus Perchlorat und Abbau von Aromaten

Die Oxyanionen Chlorat (ClO_3^-) und Perchlorat (ClO_4^-) werden im großen Umfang für verschiedenste Zwecke eingesetzt. Chlorat wird als Herbizid oder Entlaubungsmittel verwendet. Es wird freigesetzt, wenn Chlordioxid (ClO_2) als Bleichmittel in der Papier- und Faserindustrie eingesetzt wird. Perchlorat wird in großen Mengen als energiereiche Verbindung im Festtreibstoff für Raketen hergestellt. Falsche Handhabung dieser Verbindungen und die Tatsache, dass sie in Wasser chemisch stabil sind, führte zu gesundheitsgefährdenden Konzentrationen in Oberflächen- und Grundwässern.

Verschiedene Mikroorganismen sind bekannt bezüglich der Fähigkeit, (Per)chlorat zu reduzieren, entweder zum Chlorit (ClO_2^-) oder vollständig zum Chlorid. Die erstgenannte Reaktion ist seit langem bekannt und wird von denitrifizierenden Bakterien durch die Enzyme Nitrat- oder Chlorat-Reduktase durchgeführt. Diese Organismen sind wahrscheinlich nicht in der Lage mit (Per)chlorat als Elektronenakzeptor zu atmen.

Die komplette Reduktion von **(Per)chlorat** zu Chlorid ist aber bei neueren Isolaten an das Wachstum gekoppelt, es findet eine **anaerobe Atmung** statt. Chlorat hat ein Redoxpotenzial, das noch positiver als das des O_2/H_2O-Paares ist.

$$ClO_3^- \rightarrow Cl^- + 3\,H_2O\ (6e^- + 6H^+;\ E^{0'} = +1\,030\ \text{mV})$$

Die verschiedenen, chloratreduzierenden Bakterien sind meistens fakultativ anaerob und daher zu aerobem Wachstum fähig.

Da alle Perchlorat-Reduzierer auch Chlorat reduzieren, kann ein identischer Abbauweg vermutet werden. Der Weg für die (Per)chlorat-Reduktion wurde wie folgt vorgeschlagen:

$$ClO_4^- \rightarrow ClO_3^- \rightarrow ClO_2^- \rightarrow Cl^- + O_2.$$

Es ist nachgewiesen worden, dass die Organismen eine Dismutierung des gesundheitsschädlichen Chlorits in Chlorid und Sauerstoff mittels Chlorit-Dismutase durchführen. Der komplette Abbauweg beinhaltet auch eine (Per)chlorat-Reduktase.

Es sind Organismen isoliert worden, die den Abbau von Benzol und anderen Monoaromaten mit Perchlorat unter anaeroben Bedingungen durchführen. Ob die Mechanismen des oxischen Abbaus mit ringaktivierenden und -spaltenden Dioxygenasen, das heißt die Nutzung von molekularem Sauerstoff, dabei eine Rolle spielen, wird in der Zukunft zu klären sein. Oder fungiert der bei der Dismutation entstehende Sauerstoff auch als Elektronenakzeptor der Atmungskette?

Die Fähigkeit zum anaeroben Aromatenabbau kommt bei fakultativ und obligat anaeroben Bakterien vor. Sie wurde bei nitratreduzierenden *Pseudomonas*- und *Moraxella*-Stämmen, sulfatreduzierenden *Desulfobacterium*- und *Desulfomaculum*-Spezies, phototrophen *Rhodospirillum*- und *Rhodopseudomonas*-Arten sowie methanogenen Konsortien nachgewiesen. Viele der genannten Vertreter können Aromaten als einzige Kohlenstoff- und Energiequelle nutzen; die Wachstumsrate ist niedrig und die Ausbeute gering.

Anaerober Abbau von nackten Aromaten

Von großem Interesse und deshalb schon seit langer Zeit bearbeitet ist der anaerobe Abbau von Benzol, welches in vielen anaeroben Sedimenten nachgewiesen wurde. Hier sind andere Mechanismen zu erwarten, da kein Anknüpfungspunkt zur Erzeugung einer Carboxylgruppe wie zum Beispiel beim Toluol vorhanden ist. Es wird eine Sequenz über Phenol und anschließend Benzoat beim Benzol vorgeschlagen, wobei die Carboxylgruppe auch aus dem Benzol und nicht CO_2 stammen soll.

5.2.3 Abbau von Mehrkern-Kohlenwasserstoffen und Humifizierung von PAK

Polycyclische aromatische Kohlenwasserstoffe (kurz: PAK) sind Verbindungen, deren Grundgerüst aus zwei und mehr kondensierten (anellierten) Benzolringen besteht. Der einfachste PAK mit zwei kondensierten Benzolringen ist **Naphthalin.** Die weitere Kondensation kann linear oder im Winkel erfolgen, daraus ergeben sich zwei verschiedene dreikernige Systeme, **Anthracen** und **Phenanthren.** Mit der Zahl der Ringe steigt die Zahl der möglichen Anordnungen und damit der PAK-Strukturen. Verbreitete vierkernige Verbindungen sind **Benz(a)anthracen** und **Pyren.** Das fünfkernige **Benz(a)pyren** ist aufgrund seiner krebsauslösenden Eigenschaften eines der bekanntesten Umweltgifte. Mit dem sechskernigen **Perylen** soll die Aufzählung abgeschlossen werden.

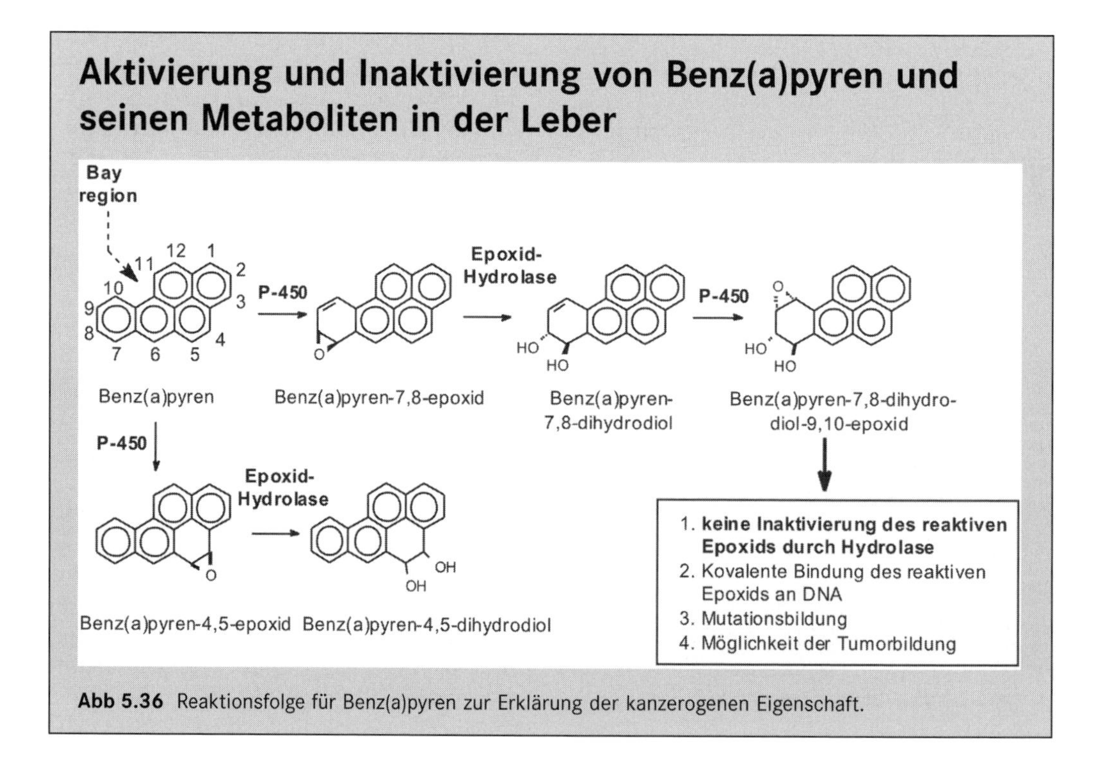

Abb 5.36 Reaktionsfolge für Benz(a)pyren zur Erklärung der kanzerogenen Eigenschaft.

Neben den unsubstituierten Ringsystemen gibt es eine Vielzahl substituierter PAK, vor allem methylsubstituierte Verbindungen und kondensierte Systeme mit einem Cyclopentadienring, zum Beispiel **Fluoren** und **Fluoranthen.**

PAK sind in geringer Konzentration **ubiquitär** verbreitet, da sie bei Verbrennungsprozessen von organischem Material entstehen (Waldbrände, Zigarettenrauch). Im Erdöl sind sie in geringer Konzentration enthalten, sie entstehen jedoch bei der unvollständigen Verbrennung, vor allem in Motoren (Dieselruß).

Hohe Konzentrationen liegen auf Kokerei- und Gaswerkstandorten vor. In der Vergangenheit wurden PAK-reiche Teerrückstände unkontrolliert an diesen Standorten abgelagert. Die Verunreinigungen aus der Carbochemie und der Kohleverbrennung gehen auf die Kohlestruktur zurück. Kohle ist ein amorphes Polymer, das aus ein- und mehrkernigen aromatischen Verbindungen und Heterocyclen aufgebaut ist, die durch Kohlenstoff- und Sauerstoffbrücken miteinander vernetzt sind. Beim Erhitzen zerfällt das Makromolekül in Fragmente. Im Steinkohlenteer sind neben Phenolen und Xylolen vor allem mehrkernige PAK enthalten.

Die hohe Umweltrelevanz der PAK ist auf die kanzerogenen Eigenschaften einiger Verbindungen zurückzuführen. Die mutagene und kanzerogene Wirkung in der Leber entsteht durch metabolische Aktivierung von Verbindungen wie dem Benz(a)pyren, welche die so genannte **Bay-Region** besitzen. Das an der Bay-Region gebildete Epoxid wird nicht durch die Epoxid-Hydrolase inaktiviert, sondern kann als reaktiver Metabolit mit DNA reagieren.

Mit der zunehmenden Zahl der kondensierten Ringe und der Molekülgröße nimmt die Wasserlöslichkeit stark ab. Beim Naphthalin beträgt sie 31,7, bei Phenanthren 1,6, beim Benz(a)pyren nur noch 0,003 Milligramm pro Liter. Die mikrobielle **Abbaubarkeit** geht ebenfalls mit zunehmender Ringzahl zurück. Während Naphthalin, Anthracen und Phenanthren gut bakteriell abbaubar sind, wurde bisher noch kein Mikroorganismus isoliert, der Benz(a)pyren als einzige Kohlenstoff- und Energiequelle nutzen kann. Die hohe Persistenz bedeutet aber nicht, dass die höherkernigen PAK nicht metabolisiert werden.

5.2.3.1 Bakterieller aerober Abbau von PAK

Der vollständige bakterielle Abbau, durch den ein PAK als einzige Kohlenstoff- und Energiequelle genutzt werden kann, soll am Beispiel des Naphthalins im Detail erläutert werden. In ähnlicher Weise werden Phenanthren, Anthracen und von wenigen Bakterien auch Pyren abgebaut. Der bakterielle Naphthalinabbau erfolgt Ring für Ring (Abb. 5.37). Charakteristische Reaktionen des Abbaus des ersten Ringes sind:

1. Bildung eines *cis*-Dihydrodiols durch eine Dioxygenase.
2. Dehydrogenierung zu einem Dihydroxy-Derivat.
3. Extradiole Ringspaltung durch eine zweite Dioxygenase-Reaktion.
4. Abspaltung von Pyruvat, welches zum Einring-Zwischenprodukt führt.

Bei den verschiedenen Bakterienarten gibt es Unterschiede. Der weitere Abbau des Salicylates erfolgt entweder über Brenzcatechin und den *meta*-Weg (siehe Abb. 5.25b) oder über Gentisat (siehe Abb. 5.27).

Die für Phenanthren gefundene Abbausequenz macht deutlich, dass sich Reaktionsfolgen nach erreichen der Dihydroxy-Derivat-Stufe wiederholen (Abb. 5.38). Die gezeigte Folge ist für *Pseudomonas* charakteristisch. Weitere Bakterienarten, die PAK mineralisieren, sind Vertreter der Gattungen *Beijerinckia, Flavobacterium, Mycobacterium* und *Rhodococcus.*

5.2.3.2 Abbau von PAK durch Pilze

Pilze können PAK in Gegenwart eines Wachstumssubstrates umsetzen. Vertreter der Schimmelpilze, zu denen sowohl Phycomyceten wie *Cunninghamella* und *Rhizoctonia* als auch Deuteromyceten wie *Aspergillus* gehören, oxidieren nieder- und höhermolekulare PAK durch Cytochrom-P450-Monooxygenasen zu Epoxiden, die weiter zu *trans*-Dihydrodiolen als Hauptmetabolite umgesetzt werden. Der Angriff kann in verschiedenen Positionen des Ringsystems erfolgen, dadurch wird ein breites Spektrum von Diolen gebildet. Daneben entstehen auch phenolische und methoxylierte Deri-

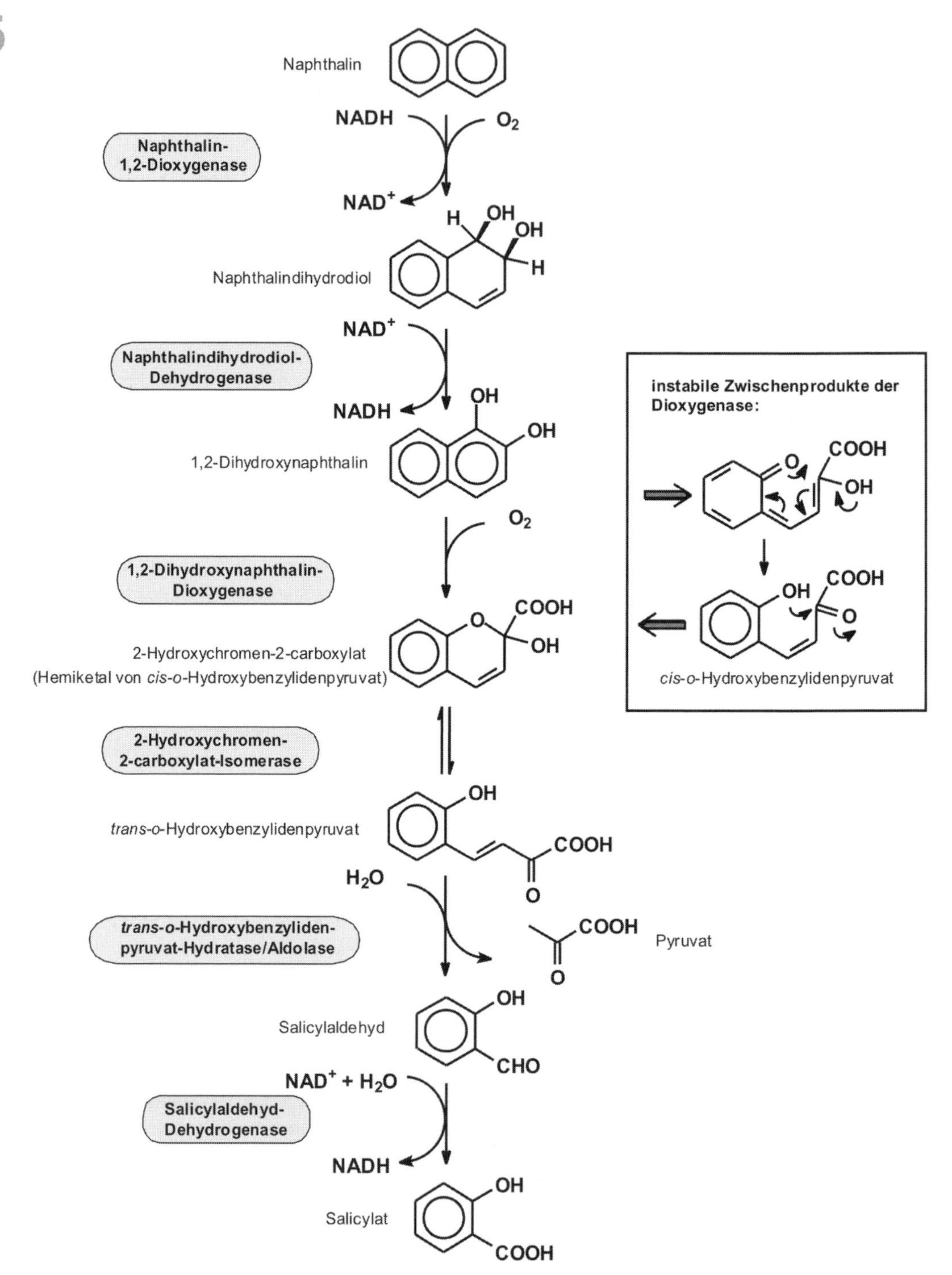

Abb 5.37 Bakterielle Abbausequenz für Naphthalin.

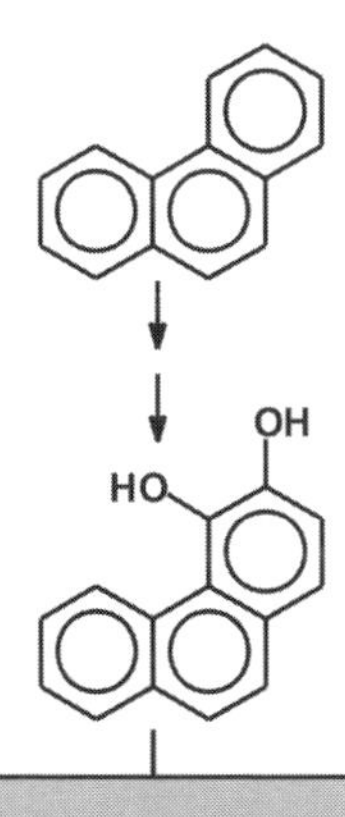

1. Extradiole Ringspaltung durch Dioxygenase
2. Pyruvatabspaltung durch Hydratase/Aldolase
3. Oxidation von Aldehyd zu Carbonsäure
4. Decarboxylierung durch Monooxygenase und Bildung eines Dihydroxy-Derivates

OH
OH

1. Extradiole Ringspaltung durch Dioxygenase
2. Pyruvatabspaltung durch Hydratase/Aldolase
3. Oxidation von Aldehyd zu Carbonsäure
4. Decarboxylierung durch Monooxygenase und Bildung eines Dihydroxy-Derivates

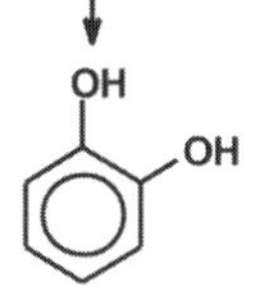

Abb 5.38 Reaktionsfolgen des Abbaus von Phenanthren durch Pseudomonaden.

vate. Auch Konjugate mit Glucuronat und Sulfat wurden nachgewiesen. Abbildung 5.39 zeigt am Beispiel von Naphthalin die vorgestellte Reaktionsfolge.

Die holzabbauenden Weißfäulepilze, welche überwiegend zu den Basidiomyceten gehören, besitzen ein zusätzliches Enzymsystem, welches unter anderem auch zum PAK-Abbau befähigt ist. Die Enzyme des ligninolytischen Systems, vor allem die Lignin-Peroxidase, manganabhängige Peroxidase, Laccase und wahrscheinlich auch die Lipid-Peroxidasen (Lipoxygenase) katalysieren die Oxidation von PAK.

Die Lignin-Peroxidase von *Phanerochaete chrysosporium*, dem am besten untersuchten Weißfäulepilz, katalysiert direkt die Ein-Elektron-Oxidation von Aromaten. Das resultierende Aryl-Kationradikal unterliegt dann einer spontanen Umlagerung und dem Abbau. Es wurde beobachtet, dass eine Transformation durch die Lignin-Peroxidase nur mit solchen PAK abläuft, deren Ionisierungspotenzial (IP) $<7{,}6$ Elektronenvolt ist. Die isolierte Lignin-Peroxidase ist nicht in der Lage, mit Substanzen mit einem IP über diesem Grenzwert zu reagieren. Folglich ist der mit ganzen Zellen gezeigt Umsatz von Substanzen wie Triphenylen, Phenanthren, Fluoranthen, Chrysen, Benzo[*b*]-fluoranthen und Benzo[*e*]pyren nicht durch die direkte Wirkung der Lignin-Peroxidase erklärbar. Es wurde berichtet, dass eine manganabhängige, peroxidasevermittelte Lipidperoxidation zur Oxidation von Phenanthren durch *P. chrysosporium* führt. Der Abbau von Drei- bis Sechs-Ring PAK mit IPs zwischen 7,2 und 8,1 Elektronenvolt ist IP-abhängig während *in vivo* und *in vitro* der Abbau abhängig von der Lipid-Peroxidation ist. Dies legt nahe, dass ein Ein-Elektron-Oxidationsmittel beteiligt ist, welches stärker als die Lignin-Peroxidase oder Mn^{3+} ist.

Abbildung 5.40 zeigt die Reaktion, die durch Lipoxygenase durchgeführt wird. Sie katalysiert die Bildung eines allylischen Hydroperoxides einer mehrfach ungesättigten Säure oder eines Esters, wenn diese ein *cis,cis*-1,4-Pentadien-System besitzen. Das zuerst gebildete Lipidradikal wird weiter über das Peroxylradikal zum Lipid-Hydroperoxid umgesetzt. Die homolytische Spaltung des Lipid-Hydroperoxides durch die Lignin-Peroxidase oder die manganabhängige Peroxidase führt dann zum Alkoxyl-Radikal (RO•), welches als sehr starkes Oxidationsmittel bekannt ist.

Die primäre Peroxidasereaktion ist also ein Ein-Elektronenentzug. An das entstehende Kationradikal wird durch nukleophilen Angriff Sauerstoff angelagert, der aus dem Wasser stammt. Der weitere Elektronenentzug führt zu hydroxylierten PAK, welche durch nochmalige Wasseranlagerung und Elektronenentzug zu Chinonen umgesetzt werden. Bei Pyren wurde die Bildung von Pyren-1,6- und 3,6-chinon nachgewiesen. Dies ist schematisch in Abbildung 5.41 dargestellt. Der Abbau von PAK kann teilweise bis zum CO_2 führen. Während die Bildung der Chinone als schneller Prozess be-

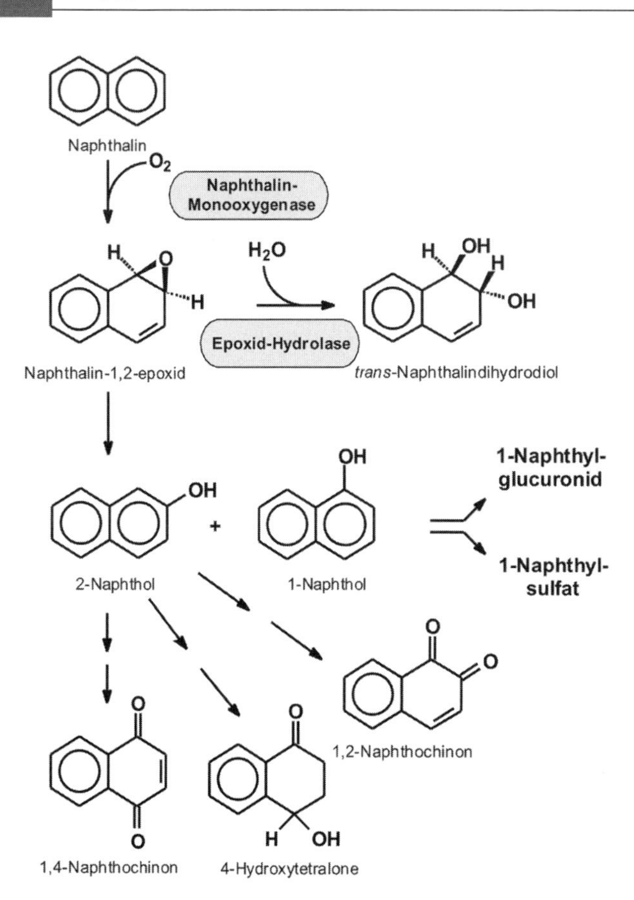

Abb 5.39 Transformationsreaktionen durch Schimmelpilze am Beispiel des Naphthalins.

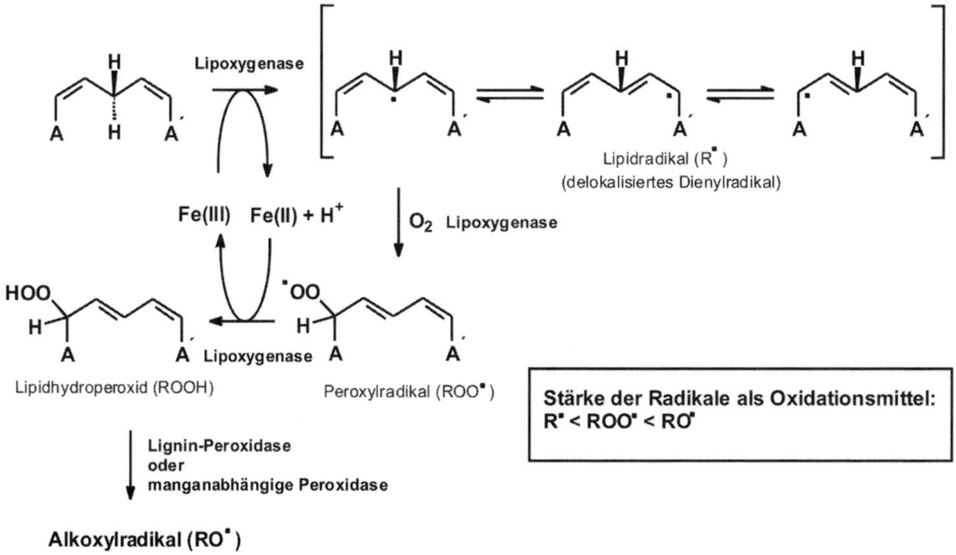

Lipoxygenase

Fe(III) Fe(II) + H^+

Lipidradikal ($R^•$)
(delokalisiertes Dienylradikal)

O_2 Lipoxygenase

Lipoxygenase

Lipidhydroperoxid (ROOH)

Peroxylradikal ($ROO^•$)

Stärke der Radikale als Oxidationsmittel:
$R^• < ROO^• < RO^•$

Lignin-Peroxidase
oder
manganabhängige Peroxidase

Alkoxylradikal ($RO^•$)

Abb 5.40 Lipoxygenase katalysierte Bildung des sehr starken Oxidationsmittels, dem Alkoxylradikal.

Tabelle 5.7 Polycyclische aromatische Kohlenwasserstoffe und für ihre Beurteilung wichtige physiko-chemische Eigenschaften.

Verbindung	Struktur	Wasserlöslichkeit (mg/L) bei 25°C	Octanol/ Wasser Koeffizient (log *Kow*)	Ionisierungspotenzial (eV)
Naphthalin	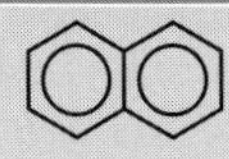	31,7	3,37	8,12
Acenaphthen	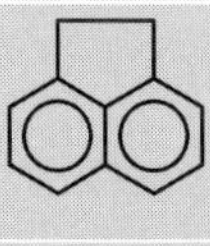	3,42	4,33	7,61
Anthracen	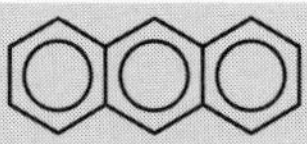	0,075	4,45	7,43
Phenanthren	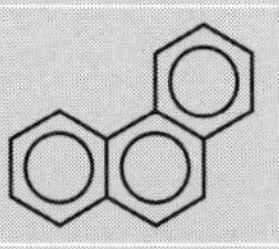	1,6	4,46	8,03
Fluoranthen	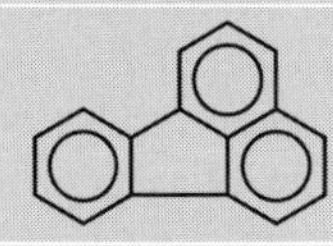	0,265	5,33	7,85
Pyren	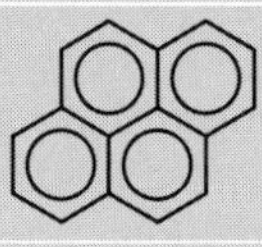	0,148	5,32	7,53
Chrysen	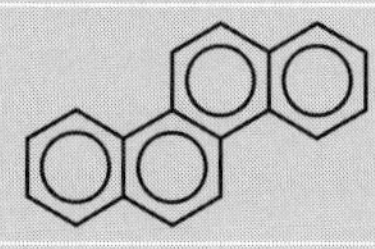	0,002	5,61	7,81
Benzo[*a*]anthracen	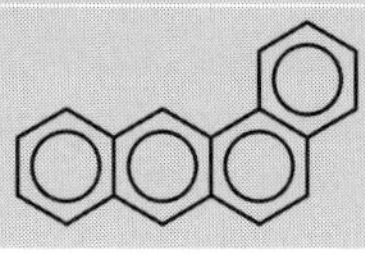	0,014	5,61	7,56

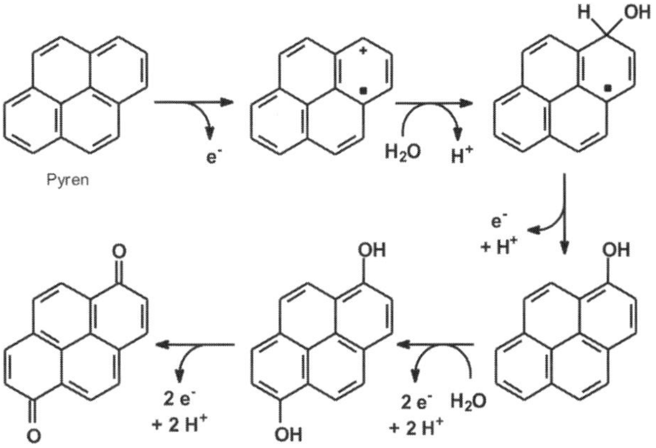

Abb 5.41 Schematische Darstellung der Reaktionsfolge am Pyren zum Pyren-1,6-chinone durch Ligninase.

obachtet worden ist, verläuft die Transformation zum CO_2 sehr langsam. In der Natur werden die reaktiven Intermediate des PAK-Abbaus mit Komponenten der Bodenmatrix reagieren.

Da die Weißfäulepilze neben den extrazellulären ligninolytischen Enzymen auch die intrazellulären Monooxygenasen, Cytochrom-P450 Enzyme, besitzen, verfügen sie über ein hohes und komplexes Abbaupotenzial. Neben *Phanerochaete chrysosporium* haben auch weitere Weißfäulepilze und Abbauer der Streu (Pflanzenresten auf dem Waldboden) ligninolytische Enzyme, zum Beispiel *Bjerkandera* sp., *Crinipellis stipitaria, Pleurotus ostreatus, Stropharia rugosa-annulata* und *Trametes versicolo.*

5.2.3.3 Bakterieller anaerober Abbau von PAK

PAK sind in einer Vielzahl von anaeroben Sedimenten nachgewiesen worden. Der anaerobe Abbau von polycyclischen aromatischen Kohlenwasserstoffen ist folglich von großem Interesse, wenngleich bisher kaum positive Befunde vorliegen. Seit langer Zeit ist der anaerobe Abbau von Naphthalin als Modell-PAK durch sulfatreduzierende Bakterien untersucht worden. Insgesamt sind jedoch nur wenige Daten ermittelt worden, die die Abbausequenz beschreiben. Beim Naphthalin scheint eine Carboxylierung unter Nutzung von CO_2 den Abbau einzuleiten. Der weitere Abbau der gebildeten 2-Naphthalincarbonsäure soll dann reduktiv analog zum anaeroben Benzoyl-CoA-Weg verlaufen.

5.2.4 Abbau von Heterocyclen

Die Grundwässer ehemaliger Kokereien, Rußfabriken, Gaswerke und Holzimprägnierwerke sind mit Teerölinhaltsstoffen (nach Schätzungen über 10 000 verschiedene Verbindungen) belastet. Neben PAK und BTEX sind auch homo- und heterocyclische Verbindungen anzutreffen, die bis zu 15 Prozent im Teeröl enthalten sein können. Als Heterocyclen bezeichnet man ringförmige Verbindungen, die außer Kohlenstoffatomen auch mindestens ein anderes Element im Ring wie Stickstoff-, Sauerstoff- oder Schwefelatome enthalten. Zu ihnen zählen Substanzen wie einkernige flüchtige (Thiophen, Pyrrol, Pyridin, Furan) und sowie mehrkernige Verbindungen (Benzo[*b*]thiophen, Chinolin, Carbazol, Acridin und Dibenzofuran). S-Heterocyclen sind für den Schwefelgehalt im Erdöl verantwortlich.

Durch das Heteroatom im Molekül kommt es im Vergleich zu analogen PAK zu einer Zunahme der Wasserlöslichkeit, die ein wichtiges Kriterium für die Mobilität im Grundwasser darstellt. Ein weiterer Parameter zur Einschätzung der Mobilität ist der Octanol-Wasser-Koeffizient. Stoffe mit $\log P_{ow}$-Werten über 4 adsorbieren recht stark an Bodenmatrix und werden somit nicht weit im Grundwasserleiter transportiert. Fast alle ein- und zweikernigen Heterocyclen haben Werte unter vier. Besonders die einkernigen Heterocyclen zeigen eine starke Flüchtigkeit aus wässrigem Milieu.

Die Berichte über den biologischen Abbau von Heterocyclen zeigen kein eindeutiges Bild bezüglich des Abbaus unter aeroben und anaeroben Bedingungen. Vollständiger aerober Abbau wurde berichtet, aber teilweise lagen lange lag-Phasen vor. Für anaerobe Verhältnisse wurde in Laborversuchen sowohl von einer weitgehenden Persistenz, als auch von einem Abbau einzelner Stoffe unter nitrat- und sulfatreduzierenden sowie methanogenen Bedingungen berichtet. Die stickstoffhaltigen Heterocyclen wie Pyridin, Indol und Chinolin scheinen dabei leichter umgesetzt zu werden, als die entsprechenden schwefel- und sauerstoffhaltigen Verbindungen.

5.2.4.1 Schwefelhaltige Heterocyclen

Zwei Typen von Metabolismen mit schwefelhaltigen Heterocyclen wurden am Beispiel des aeroben Abbaus von Dibenzothiophen beschrieben: (a) die Substanz ist Kohlenstoff- und Energiequelle, (b) die Substanz dient als Schwefelquelle, sodass eine Biodesulfurisation der Erdölkomponente erfolgt.

Der „Kodama *pathway*" wurde für *Burkholderia* und *Pseudomonas* berichtet (Abb. 5.42).

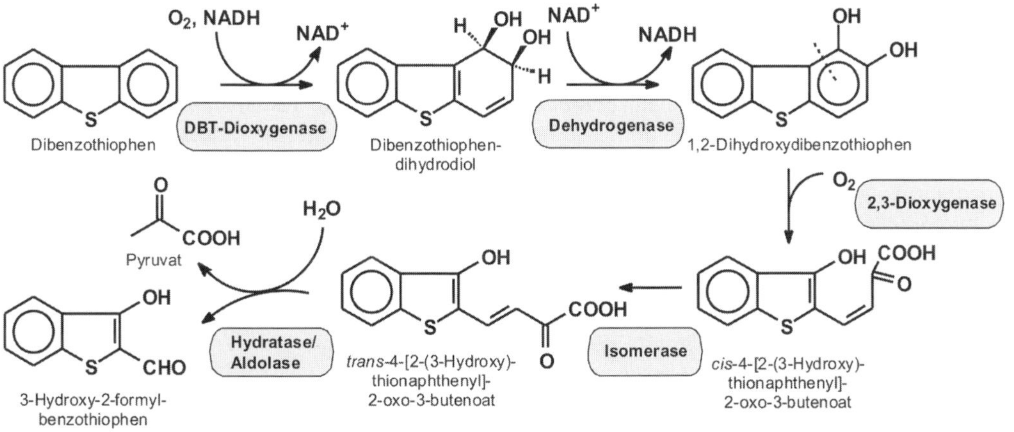

Abb 5.42 Kodama-Abbauweg für Dibenzothiophen.

Er entspricht in seiner Reaktionsfolge dem für Aromaten wie Naphthalin gefundenen Weg (siehe Abb. 5.37) mit aktivierender Dioxygenase, Dehydrogenase, ringspaltender 2,3-Dioxygenase, einer Isomerase sowie der wasseranlagernden Hydratase gefolgt von der Aldolase, sodass ein Aldehyd (3-Hydroxy-2-formylbenzothiophen) sowie Pyruvat entsteht. Eine Mineralisierung des Gesamtmoleküls von Dibenzothiophen wurde bisher nicht beschrieben, so dass man folgern kann, dass einzig das Pyruvat zum Wachstum verwendet wird. Eine Biodesulfurisation scheint nicht vorzuliegen.

Mit Dibenzothiophen als Modellverbindung für organischen Schwefel im Erdöl ist aber, im Gegensatz zu dem beschriebenen Ziel des Abbaus, nicht das Erreichen des Intermediärstoffwechsel intendiert, sondern die Entschwefelung.

Durch *Rhodococcus* erfolgt eine Umsetzung bis zum 2-Hydroxybiphenyl, welches ins Medium ausgeschieden wird. Dies ist auch beabsichtigt, da wie erwähnt einzig die Entschwefelung des fossilen Energieträgers und nicht der Abbau erfolgen soll. Die Transformation in ein schwefelfreies Produkt, welches weiter als Ener-

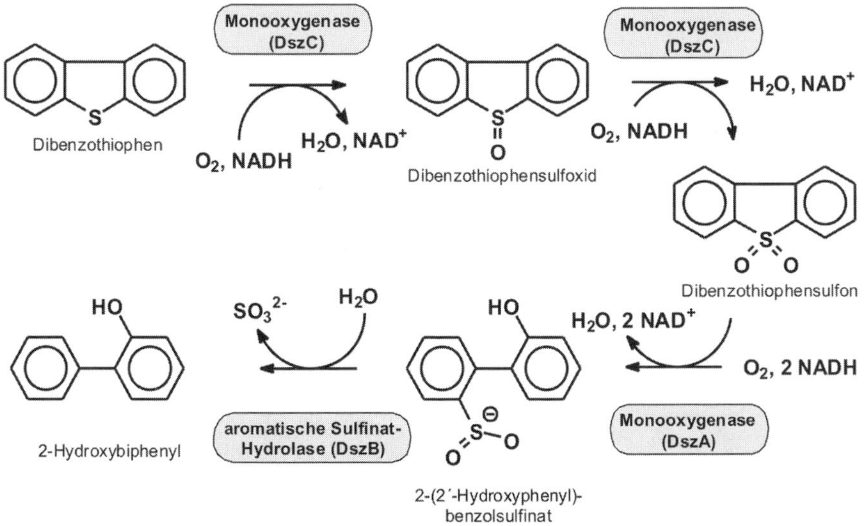

Abb 5.43 Desulfurifikation von Dibenzothiophen bei der Nutzung als Schwefelquelle für *Rhodococcus erythropolis*, *Corynebacterium* sp. und *Paenibacillus polymyxa*.

gieträger fungieren soll, ist also das Ziel bei der Nutzung des Organismus. Der *Rhodococcus* und viele andere Organismen wie *Arthrobacter, Bacillus subtilis, Brevibacterium, Corynebacterium, Gordonia desulfuricans, G. amicalis* und der thermophile *Paenibacillus* nutzen den freigesetzten Schwefel als Schwefelquelle.

Die in Abbildung 5.43 gezeigte Abbausequenz wurde für *Rhodococcus erythropoli, Corynebacterium* sp. und *Paenibacillus polymyxa* beschrieben. Sie beinhaltet nacheinander drei Monooxygenase-Schritte, gefolgt von einer Hydrolase, die Sulfit sowie 2-Hydroxybiphenyl bildet. Die sie kodierenden Gene liegen auf einem Operon: *Rhodococcus erythropolis (dszABC)*, thermophiler *Paenibacillus* (*tdsABC*), *Bacillus subtilis* (*bdsABC*).

In *Rhodococcus* sp. sind die Operons *dszABC* (*desulphurization*) oder *soxABC* (*sulfur oxidizing*) auf Plasmiden lokalisiert.

Die Expression der Enzyme DszABC wird durch Sulfid, Sulfat, Methionin, Cystein repremiert und zeigt an, dass in natürlicher Umgebung die Desulfurization damit eher unwahrscheinlich ist.

Die genannten Gene sind in Umweltproben nachgewiesen worden: *dszABC* ist in ölkontaminierten Böden immer vorhanden, während der Nachweis in sauberen Böden zum Teil negativ verlief.

Es sind kaum Berichte für den Abbau von schwefelhaltigen Heterocyclen unter anaeroben Verhältnissen vorhanden. Bei Thiophen und Benzothiophen wurde bislang nur von einem cometabolischen Abbau mit Benzol oder Naphthalin als Cosubstraten berichtet. Als Abbauprodukte unter anaeroben Bedingungen wurden Carboxythiophene identifiziert, die inzwischen auch an einem Standort im Grundwasser nachgewiesen wurden.

5.2.4.2 Stickstoffhaltige Heterocyclen

Der Abbau von N-heteroaromatischen Verbindungen kann durch zwei Typen von Reaktionen eingeleitet werden: (1) am Heterocyclus durch nucleophilen Angriff mit Wasser (molybdänabhängige Hydroxylase) oder (2) elektrophil am aromatischen Ring mit Sauerstoff als Elektrophil (Mono- oder Dioxygenase).

Der Abbau von N-heteroaromatischen Verbindungen mit einleitender Hydroxylierung benachbart oder in *para*-Stellung zum N-Heteroatom wurde für Pyridin, Picolinat, Nicotinat, Isochinolin, Chinolin und Methylchinolin gezeigt. Die Reaktion wird durch eine molybdänabhängige Hydroxylase katalysiert, indem ein nucleophiler Angriff von Wasser erfolgt. Der Sauerstoff des Produktes stammt also nicht aus dem Luftsauerstoff. Tautomerisierung des Produktes der Hydroxylase führt zur Oxoverbindung, die im wässrigen Milieu vorherrscht. Der

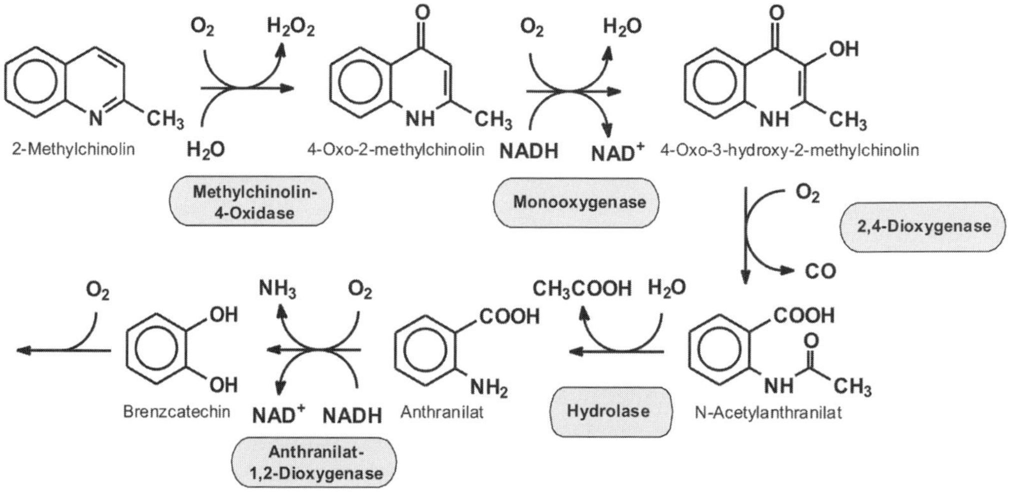

Abb 5.44 Anthranilat-Weg für Methylchinolin.

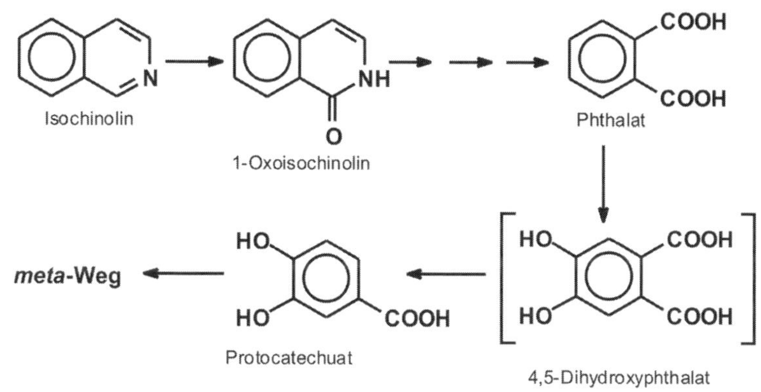

Isochinolin
1-Oxoisochinolin
Phthalat
4,5-Dihydroxyphthalat
Protocatechuat
meta-Weg

Abb 5.45 Abbau von Isochinolin durch *Brevundimonas diminuta.*

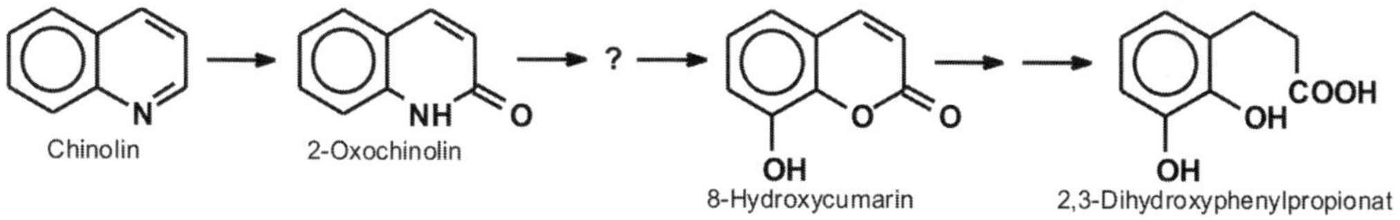

Chinolin
2-Oxochinolin
?
8-Hydroxycumarin
2,3-Dihydroxyphenylpropionat

Abb 5.46 Abbau von Chinolin.

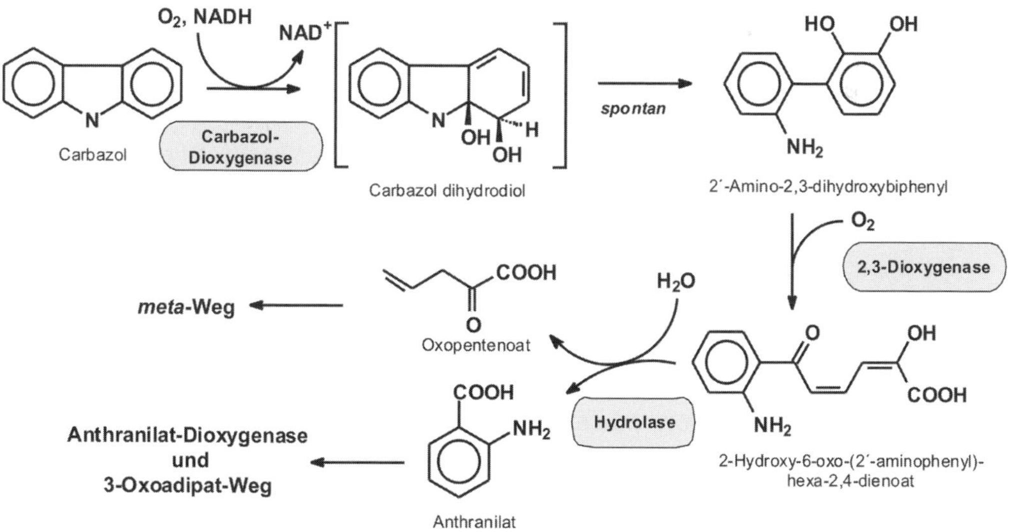

Carbazol
O_2, NADH
NAD^+
Carbazol-Dioxygenase
Carbazol dihydrodiol
spontan
2'-Amino-2,3-dihydroxybiphenyl
O_2
2,3-Dioxygenase
2-Hydroxy-6-oxo-(2'-aminophenyl)-hexa-2,4-dienoat
H_2O
Hydrolase
Oxopentenoat
meta-Weg
Anthranilat
Anthranilat-Dioxygenase und 3-Oxoadipat-Weg

Abb 5.47 Abbauweg für Carbazol (Identifizierung von Metaboliten und in Analogie zum Biphenyl-Abbauweg).

weitere Abbau ist häufig eine ungewöhnliche dioxygenolytische Spaltung des heteroaromatischen Ringes mit Bildung von Kohlenmonoxid. Die gesamte Reaktionsfolge ist für Methylchinolin gut untersucht (Abb. 5.44). Sie verbindet die Hydroxylase, die Sauerstoff aus Wasser in das Substrat einbaut und molekularen Sauerstoff als Elektronenakzeptor benutzt, und die ungewöhnliche 2,4-Dioxygenase, die zwei C-C-Bindungen spaltet und dabei CO freisetzt, mit dem gewöhnlichen 3-Oxoadipat-Weg. Der Vermutung bezüglich einer vorhandenen Amid-Hydrolase, die N-Acetyl-anthranilat zu Anthranilat umsetzt, wurde nicht nachgegangen. Die Bildung von Brenzcatechin aus Anthranilat kann durch eine Anthranilat-1,2-Dioxygenase katalysiert werden, wenngleich auch dieser Schritt nur postuliert worden ist. Der Abbau von Brenzcatechin wird durch *ortho*-Ringspaltung mittels Brenzcatechin-1,2-Dioxygenase bewerkstelligt und folgt dann dem bekannten 3-Oxoadipat-Weg, welcher Acetyl-CoA und Succinyl-CoA liefert.

Pyridinabbau ist weit verbreitet unter Mikroorganismen. Da eine Vielzahl meist aliphatischer Intermediate nachgewiesen wurde, ist eine eindeutige Abbaufolge nur schwer zu erkennen. Der Mechanismus der Spaltung des Pyridin-Ringes ist bisher nicht bekannt.

Einige Bakterien wurden isoliert, die Isochinolin verwerten können. Alle Isolate metabolisieren Isochinolin über Isochinolinon (1-Oxoisochinolin). Für *Brevundimonas diminuta* wurde ein möglicher Weg über Phthalat, 4,5-Dihydroxyphthalat und Protocatechuat vorgeschlagen.

Der 8-Hydroxycumarin-Weg ist für den Abbau von Chinolin beschrieben worden, hierbei wird auch erst der Pyridinring angegriffen, bevor eine Spaltung des Benzolringes erfolgt. Die Reaktionsfolge des Chinolinabbaus ist aber noch immer unklar: Nur wenige Metabolite, 1H-2-Oxochinolin, 8-Hydroxycumarin und 3-(2,3-Dihydroxyphenyl)propionat, wurden als echte Zwischenprodukte identifiziert. Der Mechanismus für die Spaltung des N-heterocyclischen Ringes ist unbekannt.

Der Abbau von Carbazol folgt einer Reaktionssequenz wie sie für andere Aromaten (zum Beispiel Biphenyl) beschrieben worden ist. Hier führt eine anguläre Dioxygenierung, wie auch beim Dibenzofuran und Dibenzodioxin, zur Spaltung der Kohlenstoff-Heteroatom-Bindung. Während die Spaltung der Etherbindung in den O-Heterocyclen aufgrund der Bildung des instabilen Halbacetals erfolgt, ist hier ein **Halbaminal** Produkt der Dioxygenierung, gefolgt von der spontanen Bildung des Aminodihydroxybiphenyls. Der hydroxylierte Ring wird durch eine *meta*-spaltende Dioxygenase geöffnet. Es folgt die hydrolytische Spaltung der vinylogen 1,3-Dioxoverbindung zu Anthranilat und dem aus dem *meta*-Weg bekannten C_5-Körper, 2-Hydroxypenta-2,4-dienoat. Der weitere Abbau ist unter 5.2.2.1 in Abbildung 5.25b schon vorgestellt worden.

Beim Fehlen von Sauerstoff als Reaktionspartner in zentralen Abbaureaktionen wird ein Abbau von N-Heterocyclen wie in Abbildung 5.48 gezeigt beschrieben. Mit Ausnahme einer Untersuchung mit *Desulfobacterium indolicum* erfolgten die meisten Analysen zum anaeroben Abbau mit Umweltproben als Katalysator. Details zur Enzymologie der Abbausequenzen fehlen.

5.2.4.3 Sauerstoffhaltige Heterocyclen

Der aerobe Abbau der O-Heterocyclen Dibenzofuran und Dibenzo-*p*-dioxin erfolgt analog dem des Abbaus von Carbazol und damit der generellen Reaktionsfolge für Aromaten. Ein wichtiger Schritt ist wieder die anguläre Dioxygenierung, der beide Atome des Luftsauerstoffs so in das jeweilige Substrat inkorporiert, dass ein instabiles **Halbacetal** gebildet wird, welches spontan zur Spaltung der Etherbindung führt. Anders als bei der „normalen" Aromatenab-

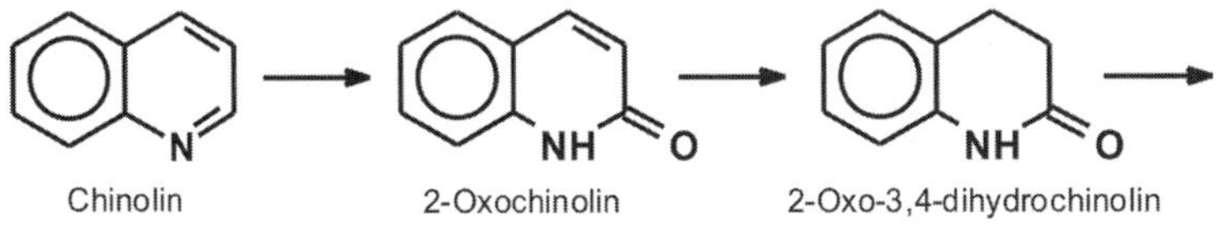

Chinolin → 2-Oxochinolin → 2-Oxo-3,4-dihydrochinolin →

Abb 5.48 Einleitende Schritte im anaeroben Abbau von Chinolin durch *Desulfobacterium indolicum.*

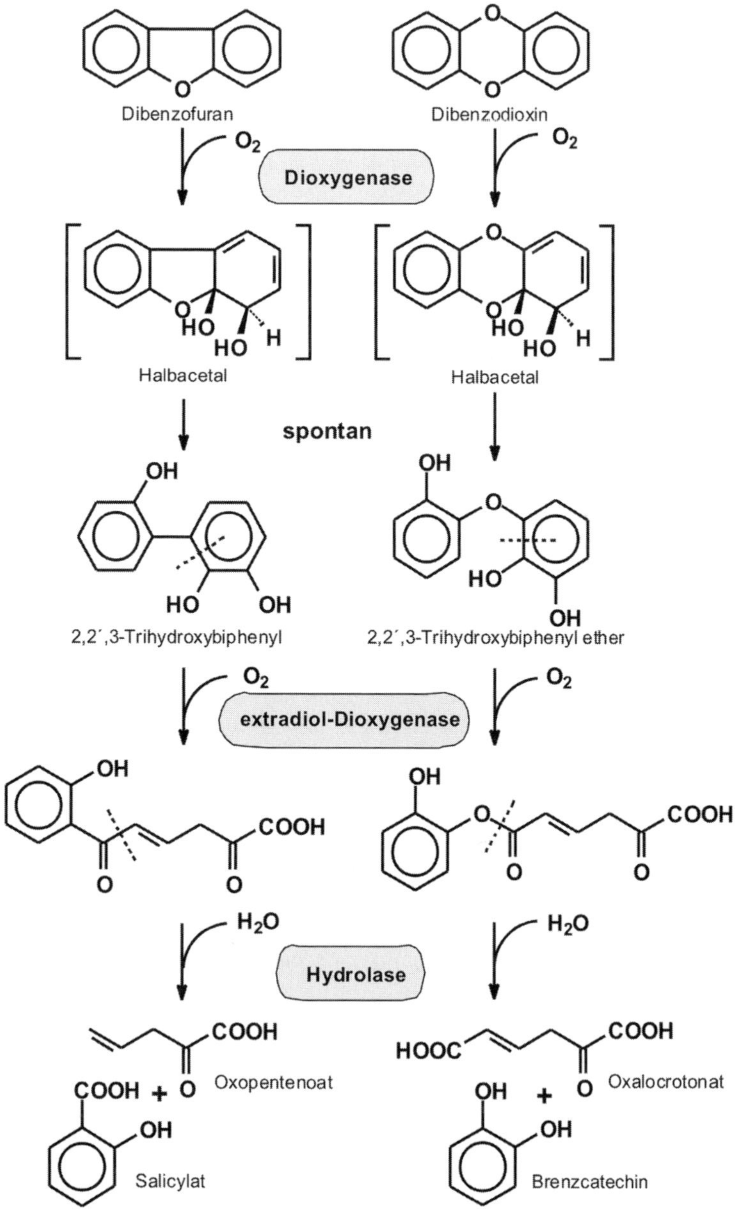

Abb 5.49 Abbauwege für O-Heterocyclen.

bau-Sequenz folgt also keine Dehydrogenasereaktion. Das im Abbau von Dibenzofuran gebildete Trihydroxybiphenyl unterliegt anschließend einer *meta*-Spaltung des dihydroxylierten Ringes, sodass eine vinyloge 1,3-Dioxoverbindung resultiert, welche zu 2-Oxopentenoat und Salicylat hydrolysiert wird. Im Abbau von Dibenzo-*p*-dioxin führt *meta*-Spaltung des Trihydroxyphenyldihydroxy-phenylethers zu einem Ester. Brenzcatechin und 2-Hydroxymuconat beziehungsweise das tautomere 2-Oxocrotonat sind die Hydrolyseprodukte. Die in beiden Wegen gebildeten Carbonsäuren sind Metabolite des *meta*-Weges und werden entsprechend abgebaut. Der Abbau von Salicylat und Brenzcatechin erfolgt wie vorne beschrieben (siehe 5.2.2.1)

5.2.5 Bildung von Biotensiden/Aufnahme von Mineralöl-Kohlenwasserstoffen

Kohlenwasserstoffe (langkettige Alkane und PAK) sind lipophile Verbindungen, die nur wenig wasserlöslich und damit schlecht bioverfügbar sind. Zur Aufnahme durch die überwiegend hydrophilen Zellen müssen **Phasengrenzen** überwunden werden. Bakterien haben im Laufe der Evolution Strategien entwickelt, die Bioverfügbarkeit solcher schwer zugänglicher Substanzen zu erhöhen. Zum einen können sie die Fluidität ihrer Zellhülle ändern und so einen verbesserten Kontakt mit festen Substraten bewirken. Eine zweite Strategie besteht in der Produktion und der Freisetzung oberflächenaktiver Verbindungen, der Biotenside.

5.2.5.1 Oberflächenaktive Substanzen (Biotenside, Biosurfactants)

Biotenside besitzen wie auch die synthetischen Tenside eine amphiphile Struktur, sie bestehen folglich aus einem hydrophilen (wasserlöslichen, fettabweisenden) und einem hydrophoben (wasserunlöslichen, fettliebenden) Anteil. Diese Strukturen richten sich an Grenzflächen unterschiedlicher Polarität (flüssig/flüssig, flüssig/gasförmig, flüssig/fest) aus und bewirken eine Reduzierung der dort herrschenden Grenzflächenspannung.

Dies äußert sich in makroskopisch sichtbaren Phänomenen wie Benetzung, Emulsifizierung und Schaumbildung. Erreicht die Konzentration des Biotensids einen spezifischen Grenzwert (die Kritische-Mizellen-Konzentration), so bilden sich kugelförmige Tensidstrukturen (Mizellen), in die einzelne Moleküle oder Molekülaggregate der hydrophoben Verbindung eingeschlossen werden. Die Verbindung wird quasi gelöst, sie wird „pseudosolubilisiert". Gelangen solche substratbeladenen Mizellen an die Zellhülle, so „verschmelzen" diese mit der Zellmembran und die hydrophobe Komponente diffundiert ins Zellinnere. Ein zweiter möglicher Mechanismus zur Verbesserung der Substrataufnahme basiert auf der gesteigerten Hydrophobisierung der Zelloberfläche durch Anlagerung des Biotensids. Dies ermöglicht der Zelle einen erhöhten Kontakt zu Substratpartikeln.

Mikrobielle Tenside, durch Bakterien, Hefen oder Pilze gebildet, haben in der letzten Zeit großes Interesse hervorgerufen, nicht nur weil sie im Vergleich zu synthetischen Tensiden weniger toxisch und stärker biologisch abgebaut werden können, sondern auch weil sie effektiv bei extremen Temperaturen, pH-Werten und Salzgehalten arbeiten.

5.2.5.1.1 Struktur der Biotenside

Bislang charakterisierte Biotenside sind ausschließlich neutraler und anionischer Natur. Die hydrophilen Strukturkomponenten sind Mono-, Di- oder Polysaccharide, Aminosäuren oder Peptide. Die hydrophobe Strukturkomponente besteht meist aus einer gesättigten oder ungesättigten, verzweigten oder unverzweigten, hydroxylierten oder nicht-hydroxylierten Fettsäure.

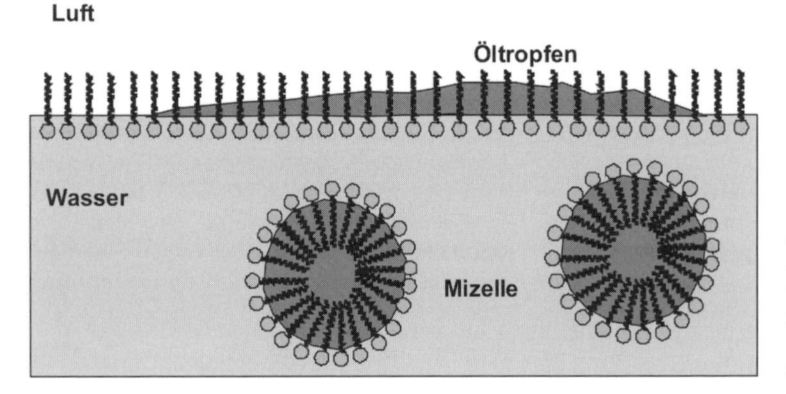

Abb 5.50 Verhalten von amphiphilen Molekülen an Grenzflächen und in Konzentrationen oberhalb der Kritischen-Mizellen-Konzentration.

Biotenside werden nach ihrem biochemischen Charakter und nach den Mikroorganismen klassifiziert, durch die sie gebildet werden. Typischer Weise werden die mikrobiellen Tenside dabei in folgende Klassen unterteilt:

- Fettsäuren
- Glykolipide
- Lipopeptide und Lipoaminosäuren
- polymere Biotenside

Fettsäuren

Die einfachste Form der Biotenside sind die Fettsäuren, die entweder als einfache, gesättigte Fettsäuren mit zwölf bis 14 Kohlenstoffatomen oder auch als komplexe Fettsäuren, die Hydroxylgruppen und Alkyl-Verzweigungen aufweisen, auftreten können.

Glycolipide

Glycolipide sind die am häufigsten isolierten und studierten Biotenside. Sie beinhalten verschiedene Zuckeranteile (zum Beispiel Rhamnose, Trehalose und Sophorose), welche mit langkettigen Fettsäuren oder Hydroxyfettsäuren verbunden sind. Abbildung 5.51 zeigt Strukturformeln der drei Glycolipide, die bis jetzt am besten untersucht sind.

In **Rhamnolipiden** sind ein oder zwei Rhamnosemoleküle mit einem oder zwei Molekülen der β-Hydroxydecansäure verbunden. Am häufigsten wurden bis jetzt zwei Typen der Rhamnolipide isoliert, nämlich das Rhamnolipid R-1 (L-Rhamnosyl-L-rhamnosyl-β-hydroxydecanoyl-β-decanoat, Abb. 5.51) und das Rhamnolipid R-2 (L-Rhamnosyl-β-hydroxydecanoyl-β-decanoat). Der erste Typ besteht aus zwei Rhamnosen, der zweite aus einer, an die

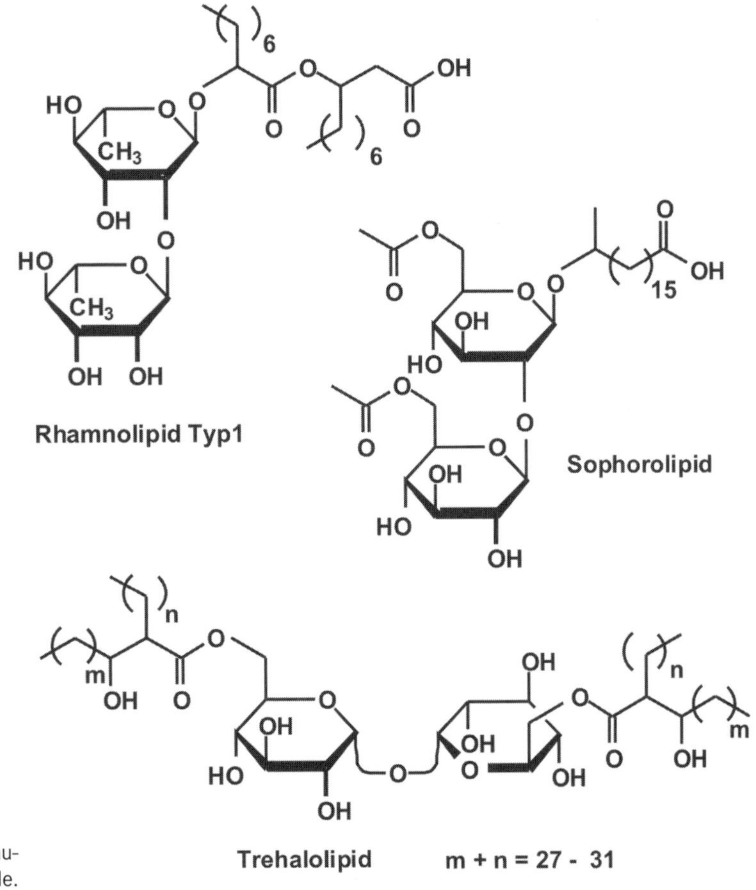

Abb 5.51 Struktur der häufigsten Glycolipid-Biotenside.

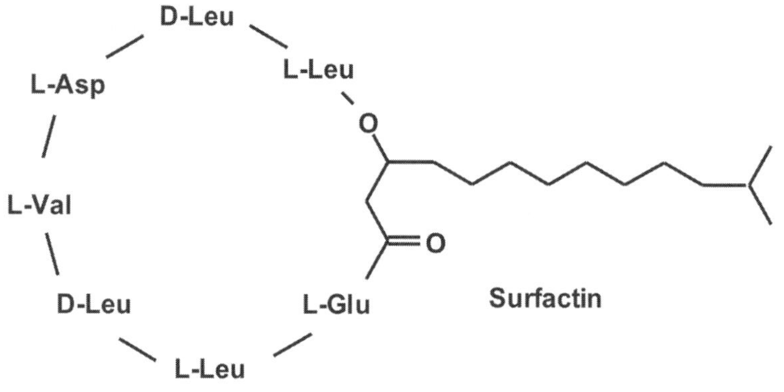

Abb 5.52 Struktur des Surfactins produziert durch *B. subtilis*.

jeweils eine Kette aus zwei β-Hydroxydecansäuren gebunden ist. Beide Typen werden von *Pseudomonas aeruginosa* produziert.

Trehalolipide bestehen aus zwei Glucosemolekülen (= Trehalose), die jeweils am sechsten Kohlenstoffatom mit Mycolsäuren verbunden sind. Mycolsäuren sind langkettige α-verzweigte β-Hydroxyfettsäuren, deren Anzahl der C-Atome und Doppelbindungen variieren kann. Die Trehalolipide sind mit den Zellwandstrukturen der meisten Spezies der Genera *Corynebacterium*, *Mycobacterium*, *Nocardia* und *Rhodococcus* assoziiert.

Sophorolipide werden vorwiegend von Hefen produziert. Sie bestehen aus dem dimeren Kohlenhydrat Sophorose und damit verbundenen langkettigen Hydroxycarbonsäuren.

Lipoproteine und Lipopeptide

Lipopeptide bestehen aus kurzen Polypeptiden (drei bis zwölf Aminosäuren), welche mit einer hydrophoben Kette verbunden sind. Eines der effektivsten Biotenside ist das Lipopeptid Surfactin, welches durch *Bacillus subtilis* gebildet wird. Es besteht aus sieben Aminosäuren und enthält eine brückenbildende Hydroxyfettsäure (Abb. 5.52). Ein hervorstechendes Merkmal der Lipopeptide ist ihre ausgeprägte antibiotische Breitenwirkung.

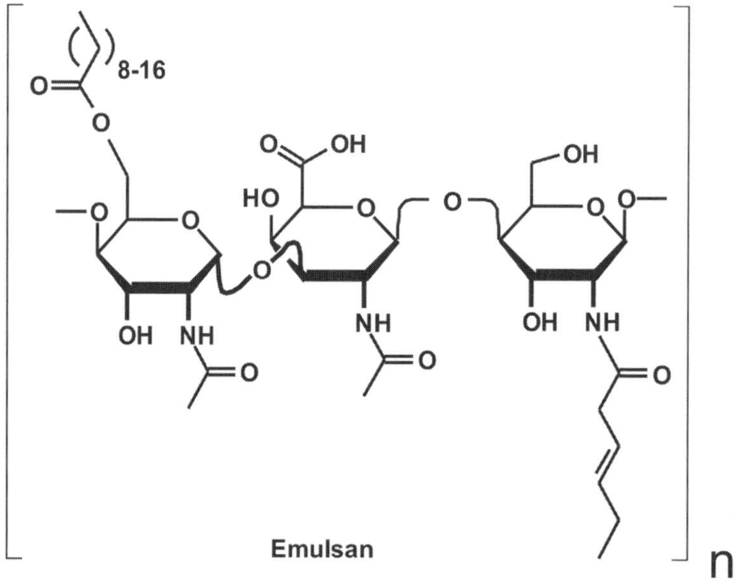

Abb 5.53 Strukturvorschlag eines polymeren Biotensides.

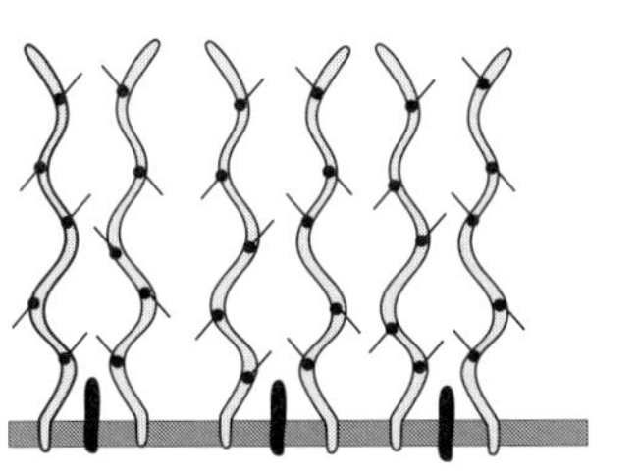

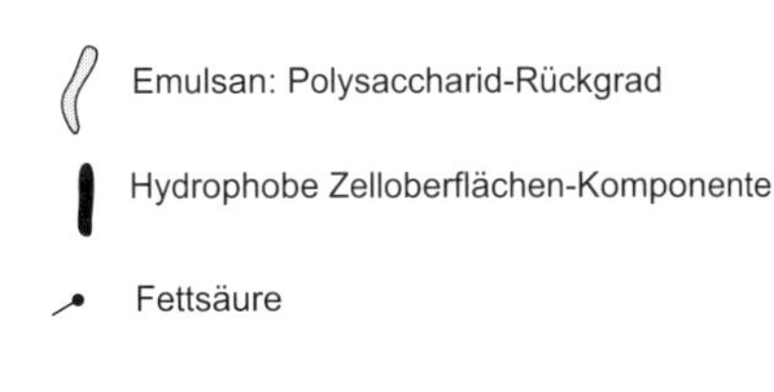

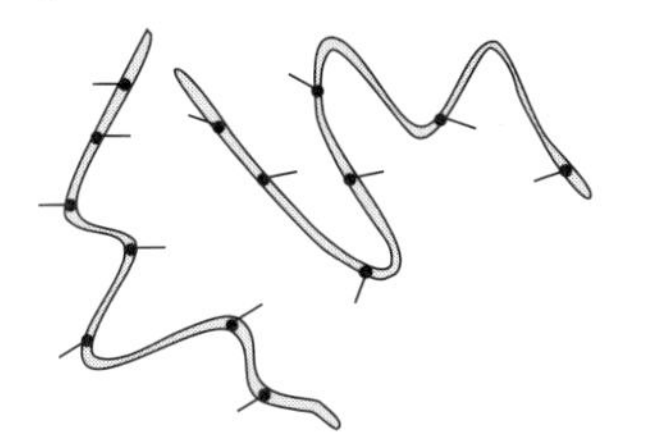

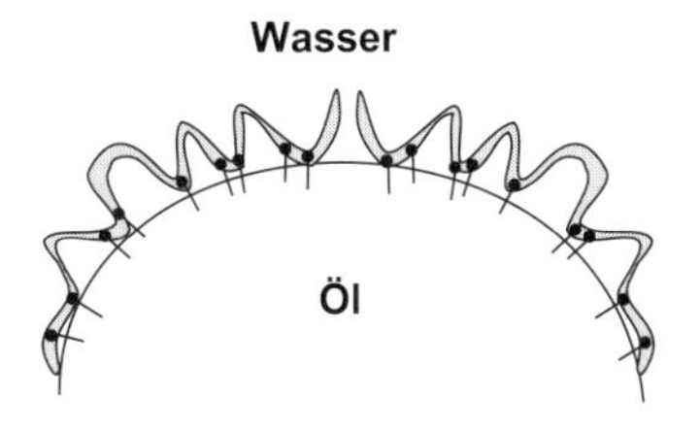

Abb 5.54 Modell, welches die Ähnlichkeit zwischen Emulsan auf der Zelloberfläche von Stamm RAG-1 und Emulsan auf der Oberfläche eines Öltropfens zeigt. Ablauf: a → c (nach Gutnick-Vortrag).

Polymere Biotenside

Zu den am besten untersuchten polymeren Biotensiden gehören Emulsan (Abb. 5.53) und Liposan. Emulsan wird von *Acinetobacter lwoffii* RAG-1 produziert (Abb. 5.54) und hat weniger die Eigenschaft, Grenzflächenspannungen herabzusetzen, als vielmehr Emulsionen zu stabilisieren. Es ist eine polyanionische, amphiphile, heteropolysaccharide Verbindung, wobei der heteropolysaccharide Charakter von einem sich n-mal wiederholenden Trisaccharid stammt, das aus *N*-Acetyl-*D*-galactosamin, *N*-Acetyl-galactosaminuronat und 2,4-Diamino-6-deoxyglucosamin besteht. Die Fettsäuren (C_{10} bis C_{18}, gesättigt und einfach-ungesättigt) machen fünf bis 23 Prozent des Gesamtgewichtes eines Emulsanmoleküls aus. Sie sind mit dem Polysaccharid über Ester-und Amidbindungen verknüpft. Emulsan ist bereits in Konzentrationen von 0,001 – 0,01 Prozent eine sehr effiziente emulgierende Substanz für Kohlenwasserstoffe in Wasser und ist gleichzeitig einer der besten bekannten Emulsionsstabilisatoren. Ebensolche emulgierende Eigenschaften weist das durch *Candida lipolytica* gebildete Liposan auf, welches zu 83 Prozent aus Kohlenhydraten und zu 17 Prozent aus Proteinen besteht. Der Kohlenhydratanteil ist ein Heteropolysaccharid und umfasst Glucose, Galactose, Galactosamin und Galacturonsäure.

5.2.5.2 Ablauf der Besiedlung eines Öltropfens

Der Ablauf der Besiedlung eines Öltropfens lässt sich wie folgt beschreiben: Zunächst findet eine rasche, unspezifische Besiedlung des neuen Lebensraums durch hydrophobe Bakterien statt (siehe Abb. 5.55). Die Öltröpfchen werden mehrschichtig von Mikroorganismen besetzt. Nach kurzer Zeit ist dieser Prozess abgeschlossen. Etwas verzögert, aber schnell zunehmend, vermehren sich die Ölabbauer und erreichen schon nach wenigen Tagen maximale Zellzahlen. Es erscheinen von Bakterien besiedelte und stabilisierte Öltropfen in der wässrigen Phase und später in zunehmendem Maße auch freie Öltropfen. Zunächst werden also zellgebundene Biotenside synthetisiert, die den Kontakt und die innige Besiedlung mit dem Öl ermöglichen. Zeitlich etwas verzögert entstehen freie Biotenside, die ohne direkte Mitwirkung von Bakterienzellen die angreifbare Öloberfläche vergrößern.

5.2.5.3 Einsatz von Biotensiden

Unter Kulturbedingungen werden von den Mikroorganismen Biotensidmengen bis zu einem Gramm pro Liter gebildet.

Biotenside sind mikrobiell gut abbaubar, daher sind sie auch für Detergenzien (Spülmittel) und für die tertiäre Erdölförderung von Bedeu-

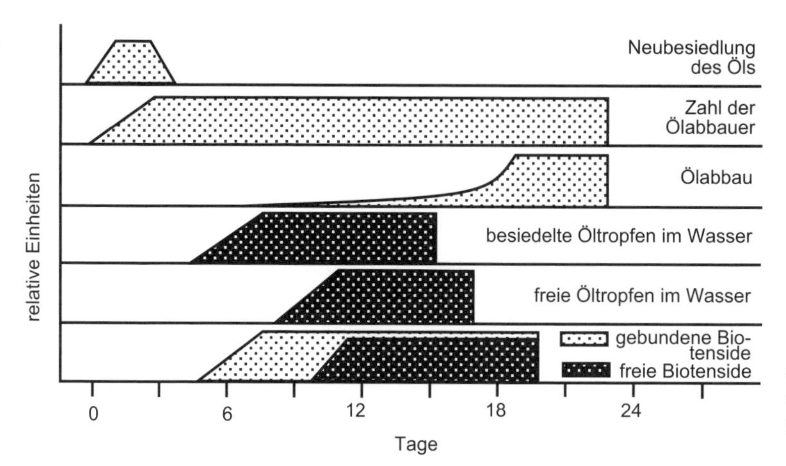

Abb 5.55 Ablauf der Besiedelung eines Öltropfens (nach Poremba et al., 1989).

tung. Sie finden Einsatz im Umweltschutz, Pflanzenschutz, bei der Rohölförderung sowie in der Kosmetik- und Pharmaindustrie.

Im Boden ist die Bildung der Biotenside schwer nachweisbar. Bei Untersuchungen zur Bodensanierung wurden Biotenside zugesetzt. Fördernde Effekte sind jedoch umstritten, da sie unter schwer reproduzierbaren Bedingungen erzielt wurden. Bei Tankerhavarien und Verschmutzungen von sandigen Küsten wurden Biotenside in Verbindung mit geeigneten Stickstoff- und Phosphorquellen mit Erfolg eingesetzt.

5.3 Abbau chlorierter Schadstoffe

5.3.1 Abbau von Chloraromaten

5.3.1.1 Chloraromaten als Umweltproblem

Chloraromaten sind wichtige Endprodukte und Syntheseintermediate der chemischen Industrie. Bei den chlorierten aromatischen Verbindungen wurden für die Chlorphenole 200 000 Tonnen und für die Chlorbenzole zirka eine Million Tonnen pro Jahr genannt. Die jährlichen Mengen an polychlorierten Biphenylen (PCBs) waren dagegen geringer. Der Beginn der industriellen Produktion von PCBs erfolgte im Jahre 1929. Die gesamte, weltweit bis ins Jahr 1983 produzierte Menge beläuft sich auf etwa 1,5 Millionen Tonnen. 1991 schwankten die Angaben über weltweite jährliche Produktionsmengen von Pentachlorphenol (PCP) zwischen 25 000 und 90 000 Tonnen. In Deutschland wurden 1985 noch über 1 000 Tonnen PCP hergestellt. Tabelle 5.8 macht deutlich, wie universell chlorierte Benzole, Phenole und Biphenyle verwendet wurden und auch heute noch werden.

Für einige Chloraromaten gibt es Herstellungs- und Verwendungsverbote. So gilt für die Bundesrepublik seit 1989 die PCP-Verbotsverordnung beziehungsweise seit 1993 die Chemikalien-Verbotsverordnung. Die Herstellung, das Inverkehrbringen und die Verwendung von PCP und PCP-haltigen Materialien ist vollständig untersagt.

Aufgrund gesetzlicher Regelungen findet heute keine Produktion von PCBs mehr statt. 1973 wurde eine Beschränkung auf geschlossene Systeme erlassen. Die Einstellung der Produktion erfolgte in den USA 1977 und in der BRD 1983. Bei der Kontamination von Umweltmedien durch PCBs handelt es sich also um ein Problem, dessen Ursache in der Regel vor 1983 lag.

Am 17. Mai 2004 trat das Stockholmer Übereinkommen zum Verbot der zwölf weltweit gefährlichsten Chemikalien, die „POP-Konvention" (*Persistent Organic Pollutants*, POPs), in Kraft. Die Konvention sieht ein weltweites Verbot der Herstellung und Verwendung von zwölf der gefährlichsten Chemikalien vor, dem Ver-

Tabelle 5.8 Beispiele für die Verwendung von Chloraromaten.

Verbindung	Verwendung
Polychlorierte Biphenyle (PCBs, Gemische aus bis zu 70 Kongeneren)	*in geschlossenen Systemen:* Transformatoren, Kondensatoren, Wärmeübertragung, Hydraulikflüssigkeit (besonders im Bergbau)
	in offenen Systemen: Schneidöl, Bohröl, Weichmacher, Druckfarben, Kitte, Klebstoffe, Nagellack
Chlorbenzol	Lösemittel, Intermediat in Synthesen
1,2-Dichlorbenzol	Lösemittel, Intermediat in Synthesen, Wärmeübertragungsmittel
1,4-Dichlorbenzol	Geruchsvertilger, Insektenabwehrmittel, Intermediat in Synthesen
1,2,4-Trichlorbenzol	Intermediat, Wärmeübertragungsmittel, Dielektrikum in Transformatoren, Kondensatoren, Intermediat in Synthesen
1,2,4,5-Tetrachlorbenzol	Intermediat, Dielektrikum in Transformatoren, Kondensatoren
Hexachlorbenzol	Intermediat in Synthesen, Fungizid, Holzschutzmittel, Zusatz bei der PVC- und Gummiherstellung
2-Chlorphenol	Desinfektionsmittel, Fungizid, Bakterizid, Intermediat in Synthesen
3-Chlor- und 4-Chlorphenol	Antiseptikum, Bakterizid, Intermediate in Synthesen
2,4-Dichlorphenol	Antiseptikum, Mottengift, Intermediat in Synthesen von Herbiziden
2,4,5-Trichlorphenol	Intermediat in Synthesen von Herbiziden
2,4,6-Trichlorphenol	Fungizid, Akarizid, Intermediat in Synthesen
Pentachlorphenol	Desinfektions- und Konservierungsmittel für Leder und Textilien, Holzschutzmittel, Insektizid, Herbizid

bot des „Dreckigen Dutzend“. Dazu zählen acht Pflanzenschutzmittel, DDT, Dioxine, Furane, polychlorierte Biphenyle und Hexachlorbenzol.

5.3.1.1.1 Physiko-chemische Eigenschaften und Nachweise

Die physiko-chemischen Eigenschaften der Chloraromaten werden maßgeblich vom Grad der Chlorsubstitution bestimmt. Mit zunehmender Substitution werden Wasserlöslichkeit und Dampfdruck reduziert. Die Wasserlöslichkeit der Monochlorphenole liegt im Bereich von 20 bis 30 Gramm pro Liter und nimmt bis zum Pentachlorphenol auf etwa zehn Milligramm pro Liter ab. Monochlorbenzol zeigt eine Löslichkeit von zirka 0,5 Gramm pro Liter, während Hexachlorbenzol sich nur noch zu fünf Mikrogramm pro Liter löst. Analog zu den beiden genannten Gruppen von Chloraromaten nimmt auch die Löslichkeit der polychlorierten Biphenyle mit steigender Zahl der Chlorsubstituenten von einfach substituierten Biphenylen mit einer Löslichkeit im Milligrammbereich zu den höher substituierten mit Löslichkeiten im Bereich von einem Mikrogramm pro Liter ab.

Aufgrund des relativ hohen Dampfdruckes ist die Luft für Chlorbenzole ein bevorzugtes Umweltkompartiment. Die Gefahr der „Strippung“ (Schadstoffe werden aus der flüssigen Phase in die Gasphase überführt) aus Abwasser ist gegeben.

Bei der Betrachtung des Verteilungskoeffizienten K_{ow} fällt auf, dass die Löslichkeit in organischen Lösungsmitteln mit steigendem Chlorgehalt zunimmt. Dies ist ein Indiz für die zunehmende Akkumulationstendenz in biologischem Material beziehungsweise der organischen Matrix eines Bodens mit zunehmender Chlorsubstitution. Es kann deshalb erwartet werden, dass PCBs akkumuliert werden. Die

Tendenz zur Bioakkumulation bei den PCBs ist höher als bei den Chlorbenzolen.

Aufgrund ihrer physiko-chemischen Eigenschaften findet man die Chloraromaten in unterschiedlichen Konzentrationen in nahezu jedem Umweltmedium sowie akkumuliert in biologischem Material. Neben dem Nachweis in einer Vielzahl von Sedimenten und Böden, ist diese Verbindungsklasse in Deponieabwässern und als Kontamination in Grundwässern anzutreffen. In kontaminiertem Boden und im Belebtschlamm wurden Chlorbenzole und Chlorphenole bis zu einer Konzentration von 1 000 Milligramm pro Liter beziehungsweise pro Kilogramm nachgewiesen. Während Monochlorbenzol in Gewässern in Konzentrationen bis fünf Milligramm pro Liter anzutreffen ist, war sie bei Hexachlorbenzol zwei Zehnerpotenzen niedriger. Die Chlorphenole zeigen aufgrund ihrer besseren Löslichkeit eine durchschnittliche Belastung der Gewässer eher im Bereich von Milligramm pro Liter.

5.3.1.2 Möglichkeiten des mikrobiellen Abbaus von Chloraromaten

Chloraromaten können durch die Aktivität von Mikroorganismen unschädlich gemacht werden, wobei die Chemikalien im besseren Fall einen **Nutzen für die Organismen** darstellen oder im anderen **zufällig,** das heißt **ohne Nutzen,** durch die vorhandenen Enzyme umgeformt werden. Beim letztgenannten Metabolismus handelt es sich um einen **Cometabolismus,** während die Nutzung als **Kohlenstoff- und Energiequelle** oder als **Elektronenakzeptor** mit dem Wachstum der Organismen verbunden ist (siehe Abb. 5.4).

5.3.1.2.1 Cometabolischer Abbau

Cometabolische Umsetzungen durch aerobe Bakterien nach Wachstum auf Aromaten

Anhand weniger Beispiele soll gezeigt werden, welche *dead end*-Metabolite aus Chloraromaten entstehen können, die zum Teil toxisch für die sie bildenden Mikroorganismen sind. Vielfach wurde beobachtet, dass Zellen, die mit Biphenyl gewachsen sind, 4-Chlorbiphenyl als Substratanalogon bis zum 4-Chlorbenzoat cooxidieren können. Der weiterer Abbau findet meistens nicht statt, da Benzoat-1,2-Dioxygenasen häufig einen Engpass für die in 4-Position substituierten Benzoate darstellen (Abb. 5.56).

Durch cometabolische Transformationen können auch **toxische Metabolite** gebildet werden. So werden Chloraromaten durch viele aromatenabbauenden Enzymsequenzen bis zur Stufe der **Chlorbrenzcatechine** umgesetzt. Der fehlende oder ungenügend schnelle Umsatz durch ringspaltende Dioxygenasen bewirkt dann eine Akkumulation zum Beispiel von **3-Chlorbrenzcatechin,** welches anschließend nach Autoxidation mit allgemein toxischen Effekten auf die Mikroorganismen endet.

Ein anderes Beispiel ist die durch Bodenpopulationen gezeigte Umwandlung von Chloraromaten über 4-Chlorbrenzcatechin zu **Protoanemonin,** einem für eine Vielzahl von Mikroorganismen toxischen Metaboliten.

In Organismen mit modifiziertem *ortho*-Weg (siehe später, auch Hybridstämme mit solchen Wegen) treten die beiden letztgenannten Vergiftungen nicht auf.

Cometabolischer Abbau durch ligninolytische Pilze

Anders als Bakterien können Pilze Chloraromaten nicht als Kohlenstoff- und Energiequelle nutzen. Der Abbau von Chloraromaten erfolgt also durch Enzyme, die für einen anderen Zweck synthetisiert werden. Die ligninolytischen Pilze wie *Phanerochaete chrysosporium* sind Organismen, die aufgrund ihrer unspezifischen, extrazellulären Enzyme ein Abbaupotenzial für eine große Anzahl von Umweltchemikalien wie chlorierten Anilinen, Benzolen, Phenolen, Phenoxyacetaten, Biphenylen und Dibenzo-*p*-dioxinen besitzen. Die zur Verfügung stehenden Daten reichen jedoch nicht aus, um das Abbaupotenzial der Pilze für Chloraromaten richtig abschätzen zu können. Die erreichten Abbauraten variieren sehr stark und sind häufig sehr niedrig.

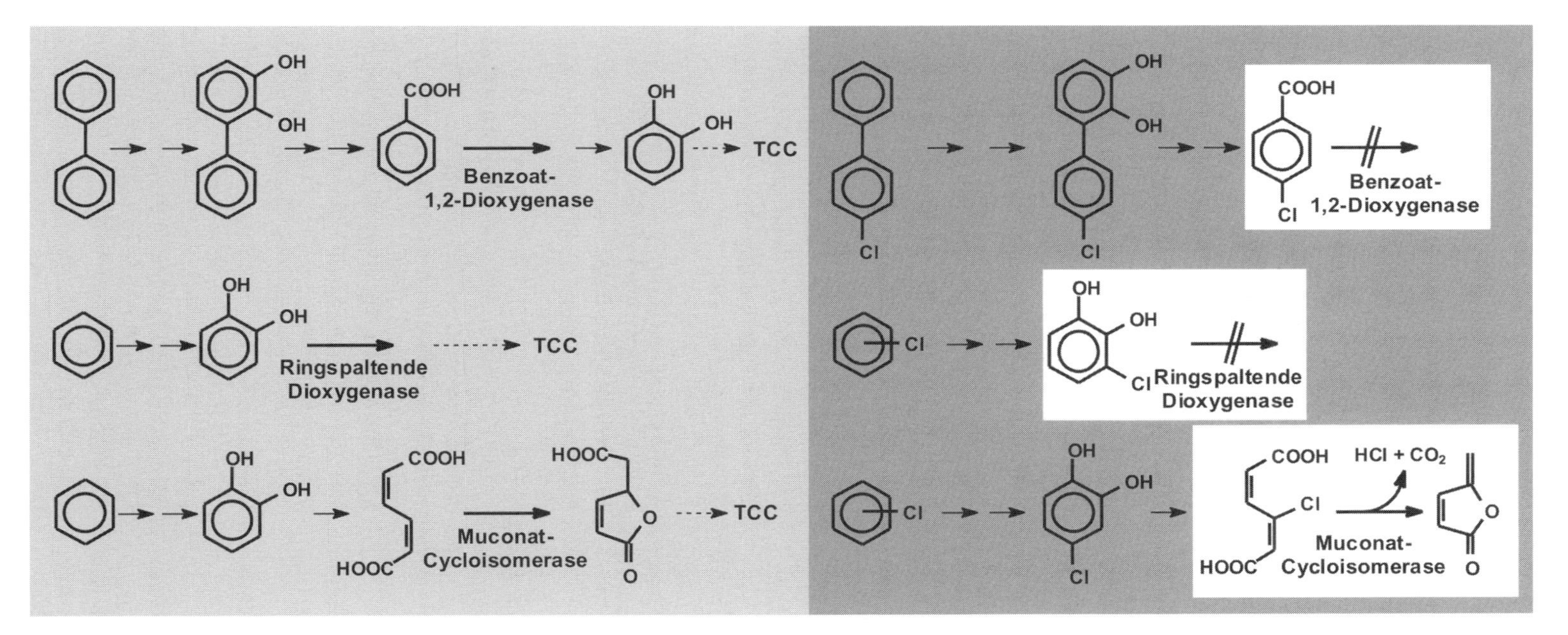

Abb 5.56 Cometabolische Umsetzung von Chloraromaten durch Biphenyl-Verwerter, Aromaten-Verwerter und Bodenpopulationen: Bildung von neutralen und toxischen Endprodukten (links: „natürliche" Reaktionen; rechts: cometabolische Reaktionen mit chloranaloger Substanz). Endprodukte: 4-Chlorbenzoat (oben), 3-Chlorbrenzcatechin (Mitte), Protoanemonin (unten).

5

Cometabolische Dechlorierung durch anaerobe bakterielle Populationen

Man hat herausgefunden, dass **Dechlorierung** von Chloraromaten durch Umweltmaterial (kontaminiertes Sediment, Grundwasser et cetera) erfolgen kann, wenn denitrifizierende, sulfatreduzierende oder auch methanogene Bedingungen vorliegen. Die langsame, anaerobe Dechlorierung, die zu den niederchlorierten oder nicht-chlorierten Aromaten führt, wurde für chlorierte Aniline, Benzoate, Benzole, Biphenyle, Brenzcatechine, Dibenzo-*p*-dioxine, Phenole und Phenoxyacetate nachgewiesen. Dass es sich dabei um mikrobielle Prozesse handelt, konnte aus den folgenden Befunden geschlossen werden:

1. Mit autoklaviertem Umweltmaterial findet keine Dechlorierung statt.
2. Die reduktive Dechlorierung kann durch den Zusatz von organischen Elektronendonoren wie Lactat, Acetat, Pyruvat, Ethanol oder Glucose stimuliert werden. H_2 kann als Elektronendonor fungieren. In einigen Kulturen ist der Zusatz von Elektronendonoren essenziell für die Dechlorierung.
3. Die Dechlorierung ist sehr spezifisch und durch verschiedene Umweltproben unterschiedlich: Es werden nur gewisse Kongenere als Substrate genutzt wie *meta*-substituierte Benzoate oder *meta*- und *para*-substituierte PCBs.

Nach heutigem Wissen könnte es sich bei den beschriebenen Prozessen auch um **Dehalorespiration** handeln, die nachfolgend besprochen wird.

5.3.1.2.2 Chloraromaten mit Nutzen für Mikroorganismen

Mikroorganismen können Chloraromaten auf zweierlei Weise nutzen, wobei Dechlorierung in beiden Fällen auftritt:

1. Der Chloraromat dient anaeroben Bakterien als Elektronenakzeptor, und
2. der Chloraromat dient als Kohlenstoff- und Energiequelle für aerobe Bakterien.

Dehalorespiration, eine anaerobe Atmung

Neben anorganischen Stickstoff- und Schwefelverbindungen oder CO_2 kann eine Vielzahl weiterer Substanzen, sowohl organische als auch anorganische als Elektronenakzeptoren für anaerobe Atmung dienen. Hierzu gehören insbesondere Fe^{3+}, Mn^{4+}, aber auch Huminstoffe und verschiedene Chloraromaten. Bei der **Dehalorespiration** fungiert der **Chloraromat als Elektronenakzeptor** für metabolische Oxidationsprozesse. Die dabei ablaufende Reduktion des Chloraromaten führt zur Eliminierung mindestens eines Chlorsubstituenten. Die Bildung eines nicht-chlorierten oder niederchlorierten Aromaten ist an die Erzeugung eines Protonengradienten gekoppelt. Ein skalarer Mechanismus ist hierfür verantwortlich, was Abbildung 5.57 zeigt: in der Zelle werden Protonen verbraucht und außerhalb freigesetzt. Die ATP-Erzeugung erfolgt dann nachfolgend durch den Rückfluss der Protonen in die Zelle mittels ATP-Synthase. Die Dehalorespiration von Chloraromaten ist mit *Desulfomonile tiedjei*, *Desulfitobacterium dehalogenans*, *D. frappieri*, *D. chlororespirans* und *Desulfovibrio* sp. nachgewiesen worden.

Nach Kalkulationen von Jan Dolfing liegen die Redoxpotenziale für die Ar-X/Ar-H Redox-Paare im Bereich zwischen 286 – 478 Millivolt. Dies bedeutet, dass halogenierte Aromaten geeignete Elektronenakzeptoren für Mikroorganismen unter anaeroben Bedingungen sein können.

Wird **ein** Chlorsubstituent aus einer halogenierten aromatischen Verbindungen eliminiert, so liegen die für die Dehalogenierung zur Verfügung stehenden freien Gibbs-Energien im Bereich 130 – 171 Kilojoule pro Mol (Tabelle 5.9). Bei Chlorbenzoaten wurden 130 – 171 Kilojoule pro Mol ermittelt, bei Chlorphenolen sind es 131 – 168 Kilojoule pro Mol und bei Chlorbenzolen 146 – 171 Kilojoule pro Mol.

Die reduktive Dechlorierung von Hexa-, Penta-, und Tetrachlorbenzol setzt pro Dechlorierungsschritt ungefähr 20 Kilojoule pro Mol mehr als die Dechlorierung von Tri-, Di- und Monochlorbenzol frei.

Ein Vorteil für die Nutzung von 3-Chlor-4-hydroxyphenylacetat als Elektronenakzeptor

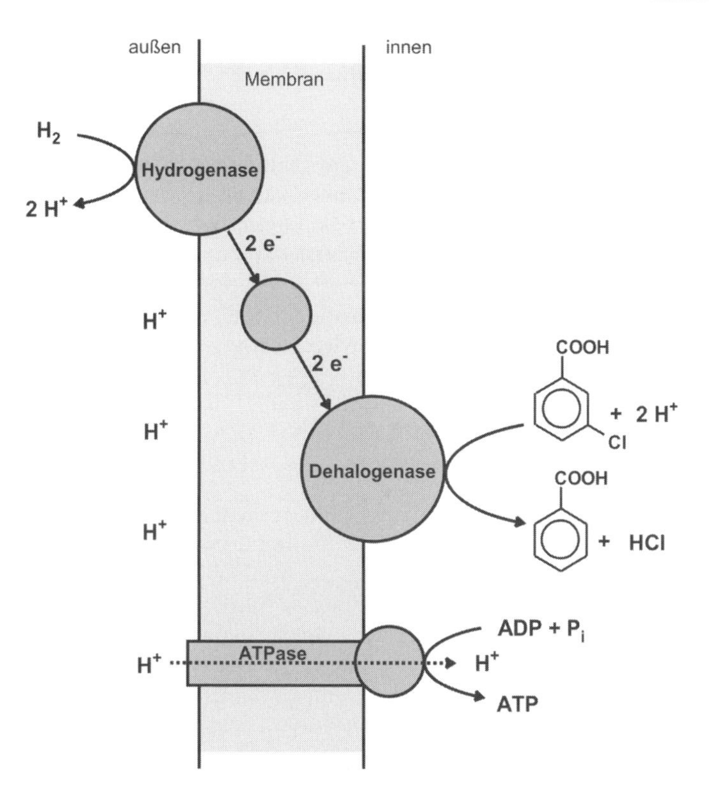

Abb 5.57 Schematische Darstellung der Atmungskette unter Nutzung eines Chloraromaten als Elektronenakzeptor am Beispiel des 3-Chlorbenzoats.

Tabelle 5.9 Nutzbare Elektronendonoren, -akzeptoren und Kohlenstoffquellen bei Bakterien mit Dehalorespiration (mit freien Gibbs-Energien der Dechlorierung nach Jan Dolfing).

Elektronendonor	H_2, Formiat, Acetat, Lactat, Pyruvat, Crotonat, Butyrat, Succinat, Ethanol, Benzoat, Methoxybenzoate
Elektronenakzeptor (in Klammern $\Delta G^{0'}$ in kJ/mol der Reaktion: Substrat + $H_2 \longrightarrow$ Produkt + H^+ + Cl^-)	***meta*-substituierte Chlorbenzoate:** 3-Chlor- (−137,3) 3,5-Dichlor- (−143,7)
	3-Chlor-4-hydroxyphenylacetat
	***ortho*-substituierte Chlorphenole:** 2-Chlor- (−156,9) 2,3-Dichlor- (−144,3 oder −147,9)* 2,6-Dichlor- (−135,3) 2,4,6-Trichlor- (−141,5 oder −146,0) Pentachlor- (−156,9, −167,8 oder −166,0)
	Chlorbenzole: 1,2,3-Trichlor- (−158,6 oder −161,2) 1,2,4-Trichlor- (−147,3, −149,9 oder −153,4) 1,2,3,4-Tetrachlor- (−155,2 oder −166,5) 1,2,3,5-Tetrachlor- (−148,6, −163,5 oder −159,9) 1,2,4,5-Tetrachlor- (−164,3) Pentachlor- (−161,1, −167,7 oder −163,4) Hexachlor- (−171,4)
Kohlenstoffquelle	CO_2 und organische Verbindungen

* die freie Gibbs-Energie hängt von der Position der Dechlorierung ab: führt sie zum Beispiel zu 2-Chlor- oder 3-Chlorphenol als Produkt.

gegenüber *ortho*-substituierten Chlorphenolen wird in der vergleichbaren Struktur, aber einer geringeren Toxizität gegenüber den Mikroorganismen gesehen.

Da das Belüften von Böden und Grundwasserleitern eher schwierig und teuer ist, stellt der Metabolismus der Dehalorespiration bei der Reinigung eine mögliche Alternative zum nachfolgend dargestellten aeroben Abbau von Chloraromaten dar.

Chloraromaten als Kohlenstoff- und Energiequelle von aeroben Bakterien

Schon länger ist bekannt, dass Chloraromaten für aerobe Bakterien als Kohlenstoff- und Energiequelle dienen können, wobei die Mineralisierung zu CO_2, Chlorid und Biomasse führt.

Die Chloraromaten müssen, wie auch die nicht-halogenierten Analoga, zuerst zu Dihydroxy- oder Trihydroxyaromaten umgewandelt (aktiviert) werden, welche dann durch Dioxygenasen gespalten werden. Die Abbauwege bei Einring-Chloraromaten können wie folgt eingeteilt werden:

1. anhand der Eliminierung des/der Chlorsubstituenten **vor der Ringspaltung**, das heißt von einer aromatischen Stufe, beziehungsweise **nach der Ringspaltung**; also von einer nicht-aromatischen Stufe oder beides,
2. nach dem **Typ des Ringspaltungssubstrates,** welches gebildet wird, Brenzcatechin, Hydrochinon, Protocatechuat, und
3. nach dem **Typ der Ringspaltungsreaktion,** welche das chlorierte Ringspaltungssubstrat als Metabolit spaltet, ***ortho*- oder *meta*-Spaltung**.

Bei bicyclischen Systemen wie Chlorbiphenylen wird gewöhnlich der nicht- oder niedrigsubstituierte Ring geöffnet, sodass Chlorbenzoate entstehen und damit die Einring-Stufe erreicht ist.

Eliminierung vor der Ringspaltung

Der Mechanismus der Dechlorierung vor der Ringspaltung kann hydrolytische, oxygenolytische oder reduktive Eliminierung des Chlorsubstituenten beinhalten.

Hydrolytische Eliminierung

Hydrolytische Dechlorierung wurde in den Abbauwegen von 4-Chlorbenzoat und einigen Chlorphenolen beobachtet. Besonders gut untersucht ist dabei die Reaktion mit 4-Chlorbenzoat wie sie in *Alcaligenes*-, *Arthrobacter*-, *Micrococcus*-, *Pseudomonas*- und *Nocardia*-Stämmen genutzt wird. Das 4-Chlorbenzoat-Dehalogenase-System besteht aus drei Komponenten. Die Rolle der einzelnen Komponenten wurde durch Klonierung der entsprechenden Gene und durch Studien mit gereinigten Enzymen geklärt (Abb. 5.58). Die Aktivierung des Substrates zum CoA-Derivat benötigt ATP und wird durch eine Ligase durchgeführt. Hydrolytische Eliminierung des Chlorsubstituenten durch die Dehalogenase folgt. Aufgrund von Sequenzähnlichkeit wird vermutet, dass die Ligase und die Dehalogenase ursprünglich aus der β-Oxidation von Fettsäuren stammen. Der letzte Schritt der Bildung von 4-Hydroxybenzoat wird durch die 4-Hydroxybenzoat-Coenzym A-Thioesterase durchgeführt, man gelangt so in den Protocatechuat-Abbauweg.

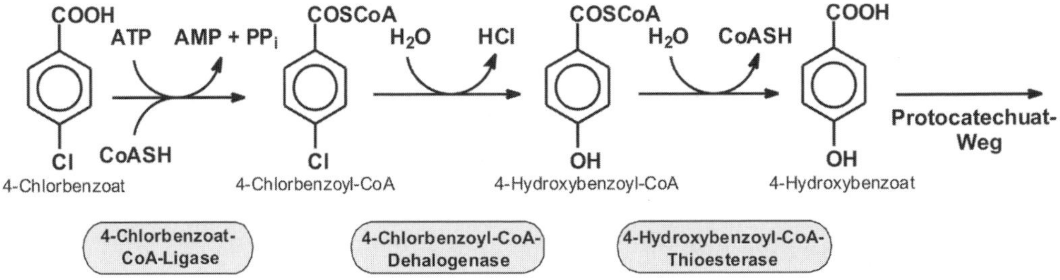

Abb 5.58 Aktivierung und hydrolytische Dechlorierung von 4-Chlorbenzoat.

Die Dehalogenierung scheint auf halogenierte Benzoate mit Substitution in *para*-Position beschränkt zu sein.

Hydrolytische Eliminierungen wurden auch für andere Chloraromaten wie Chlorphenole im so genannten Chlorhydrochinon-Abbauweg beschrieben.

Oxygenolytische Eliminierung durch Dioxygenasen

Dechlorierung durch Dioxygenasen ist ein anderer Mechanismus, der die Entfernung eines Chlorsubstituenten bewirkt, wobei 1,2-Diphenole gebildet werden. Die einleitende Dioxygenase, die für die Ringaktivierung verantwortlich ist, bildet ein *cis*-Dihydrodiol, welches normalerweise durch eine Dehydrogenase in das 1,2-Diphenol umgewandelt wird. Der molekulare Sauerstoff wird aber hier durch die Dioxygenase so am aromatischen Ring platziert, dass eine der vicinalen Hydroxylgruppen des jeweiligen *cis*-Dihydrodiols am selben Kohlenstoffatom steht wie der Chlorsubstituent (Abb. 5.59 für 2-Chlorbenzoat). Von diesem **instabilen Dihydrodiol** eliminiert der Chlorsubstituent spontan, also ohne weitere Enzymeinwirkung, und es kommt zur Bildung des *ortho*-Diphenols.

Aufgrund der Ortsspezifität der Einfügung des Sauerstoffes, zum Beispiel durch die Benzoat-1,2-Dioxygenase in die Positionen 1 und 2, kann eine Eliminierung des Chlorsubstituenten nur aus der Position 2 des Benzoates erfolgen. Ein ähnlich enges Eliminierungspotenzial wurde für andere Dioxygenasen wie für die Phenylacetat-3,4-Dioxygenase beobachtet. Während 4-Chlorphenylacetat ein Substrat ist, scheitert das Enzym mit allen anderen chlorierten Phenylacetaten.

Der Hydrochinon-Abbauweg

Im Hydrochinon-Weg sind alle drei Mechanismen der Eliminierung von Chlorsubstituenten vor der Ringspaltung realisiert: hydrolytisch, oxygenolytisch oder reduktiv vom Aromaten. Der Abbau von Pentachlorphenol ist am besten in *Sphingobium chlorophenolicum* (ältere Bezeichnungen: *Sphingomonas chlorophenolica, Flavobacterium chlorophenolicus*) bekannt. Der Weg wird mit der **oxidativen Dechlorierung durch eine Monooxygenase** zum Tetrachlor-*p*-chinon eingeleitet. Es folgt die Reduktion zum Tetrachlor-*p*-hydrochinon. **Reduktive Dechlorierung** von Tetrachlor-*p*-hydrochinon wird durch eine glutathionabhängige Reduktase durchgeführt. Der erste Chlorsubstituent des Tetrachlor-*p*-hydrochinones wird durch Glutathion substituiert. Glutathion wird dann vom Aromaten mittels eines zweiten Glutathionmoleküls entfernt, wodurch oxidiertes Glutathion entsteht. Diese Reaktionsfolge läuft ein zweites Mal ab und führt zur Bildung von 2,6-Dichlorhydrochinon (Abb. 5.60). Die Gesamtreaktion vom Tetrachlor-*p*-hydrochinon zum 2,6-Dichlorhydrochinon ist vergleichbar mit einer reduktiven Dechlorierung, wie sie bei anaeroben Organismen abläuft. Mit 2,6-Dichlorhydrochinon ist das Ringspaltungssubstrat erreicht.

Auch aus 2,4,6-Trichlorphenol wird durch eine Monooxygenase-Reaktion 2,6-Dichlorhydrochinon erzeugt. Anders als im Abbau des Pentachlorphenols wurde in *Cupriavidus necator* JMP134 (früher: *Alcaligenes eutrophus, Ralstonia eutropha, Woutersia eutropha*) eine hydrolytische Eliminierung und Bildung des Ringspaltungssubstrates 6-Chlorhydroxyhydrochinon nachgewiesen.

Der Abbau von 2,4,5-Trichlorphenol verläuft anfänglich analog zu den beiden anderen Substraten, nämlich über eine Monooxygenase-ka-

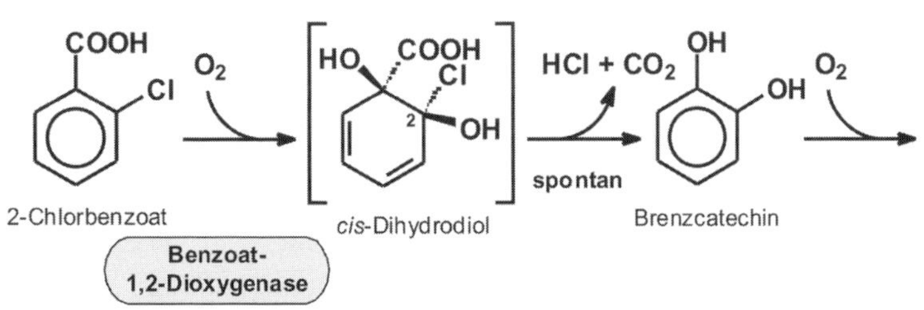

Abb 5.59 Oxygenolytische Dechlorierung von 2-Chlorbenzoat durch Benzoat-1,2-Dioxygenase.

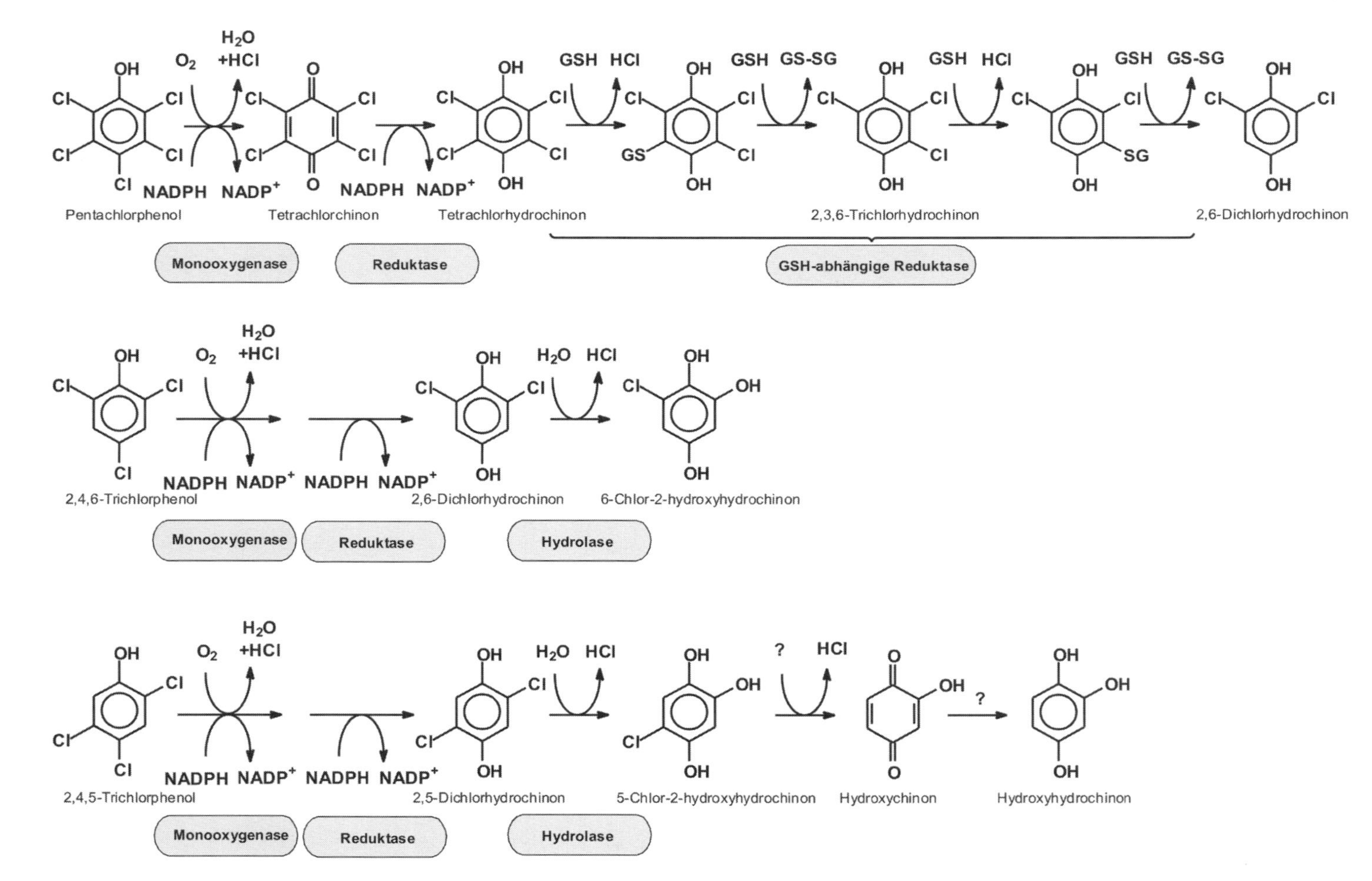

Abb 5.60 Hydrochinon-Weg für Pentachlor-, 2,4,5-Trichlor- und 2,4,6-Trichlorphenol in *Sphingobium chlorophenolicum*, *Burkholderia phenoliruptrix* AC1100 (früher: *Burkholderia cepacia*), *Cupriavidus necator* JMP134 bis zur Stufe der Ringspaltung: Oxidative, reduktive und hydrolytische Dechlorierung.

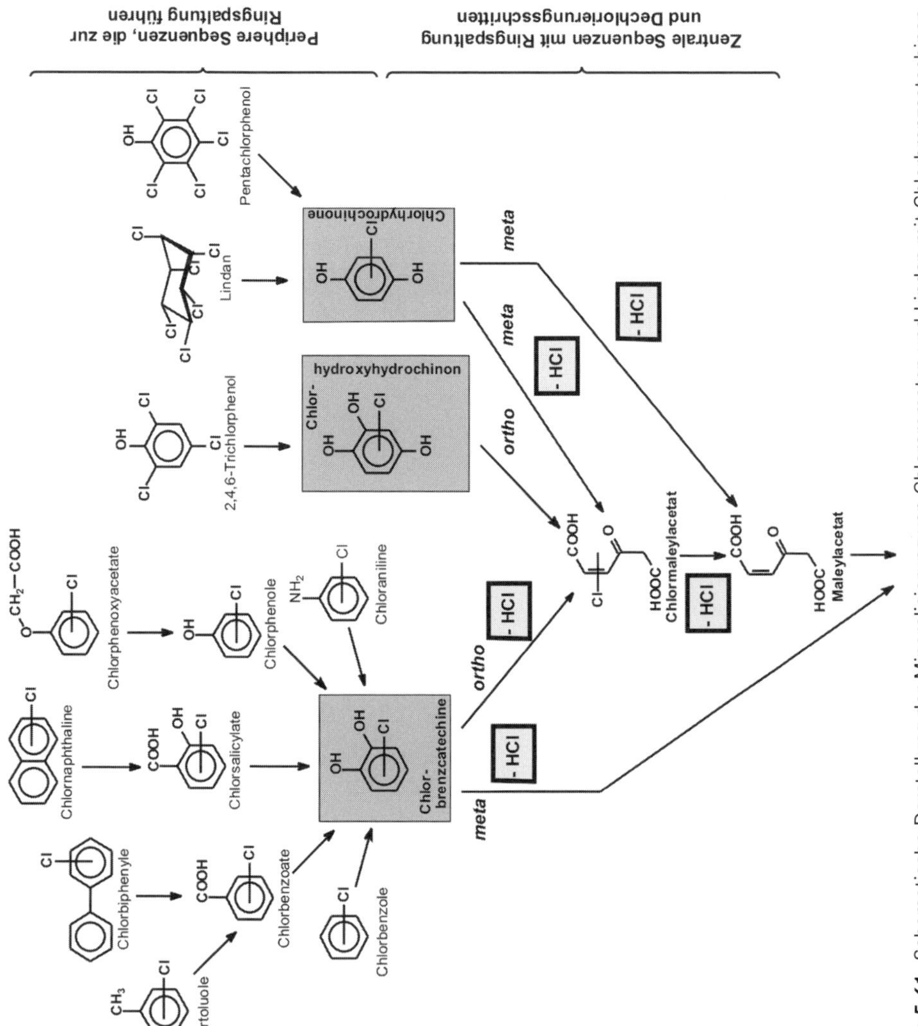

Abb 5.61 Schematische Darstellung der Mineralisierung von Chloraromaten und Lindan mit Chlorbrenzcatechinen, Chlorhydrochinonen, Chlorhydroxyhydrochinone als Schlüsselmetaboliten. Die Dechlorierung ist nur für die Reaktionen nach der Ringspaltung gezeigt. Bei einer Vielzahl der gezeigten Verbindungen ist eine Festlegung des Chlorsubstituenten an eine bestimmte Stelle im Ring vermieden.

talysierten Eliminierung mit nachfolgender Reduktion zum 2,5-Dichlorhydrochinon. Eine Hydrolase bewirkt die Substitution eines Chlorsubstituenten durch eine Hydroxylgruppe, also einer Bildung von 5-Chlorhydroxyhydrochinon, welches weiter über Hydroxychinon zum Hydroxyhydrochinon, dem Ringspaltungssubstrat umgewandelt wird.

Der folgende Schluss kann für die hydrolytische Dechlorierung vom aromatischen Ring gezogen werden: Die Entfernung des Substituenten durch nucleophile Substitution von einem an π-Elektronen reichen System ist schwierig. Deshalb muss der Ring durch Coenzym A oder die Gegenwart von Hydroxyl- oder weiteren Halogensubstituenten aktiviert werden.

Eliminierung nach Ringspaltung

Die folgenden chlorierten, hydroxylierten Aromaten treten als zentrale Metabolite im Abbau von Chloraromaten und auch Lindan als Ringspaltungssubstrate auf: chlorierte Brenzcatechine, Hydrochinone, Hydroxyhydrochinone.

Die Reaktionen, die zur Bildung der Chlorbrenzcatechine führen, sind ähnlich den peripheren Reaktionen, die für den Abbau der nicht-chlorierten Aromaten benutzt werden.

5

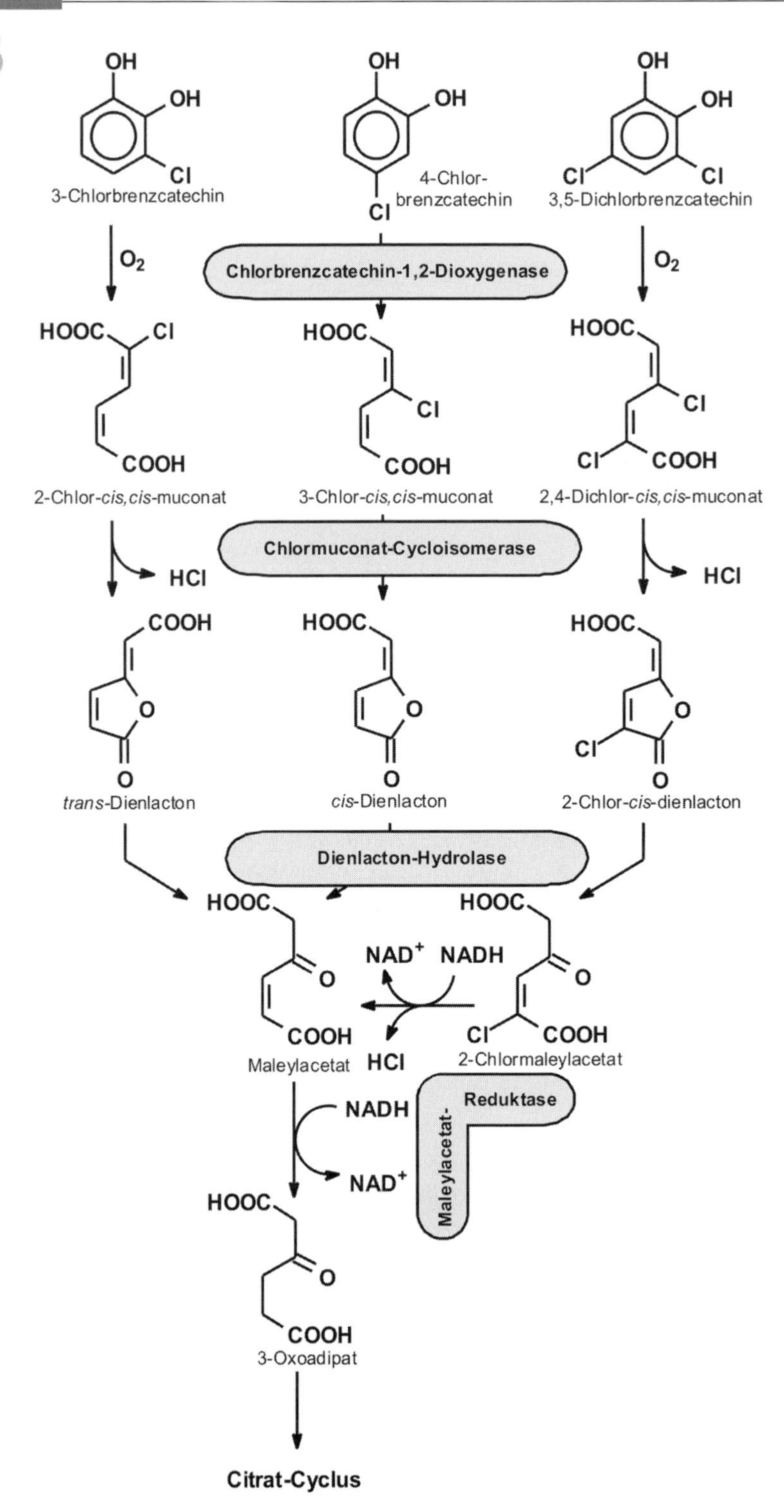

Abb 5.62 *ortho*-Weg für den Abbau von 3-Chlor-, 4-Chlor- und 3,5-Dichlorbrenzcatechin.

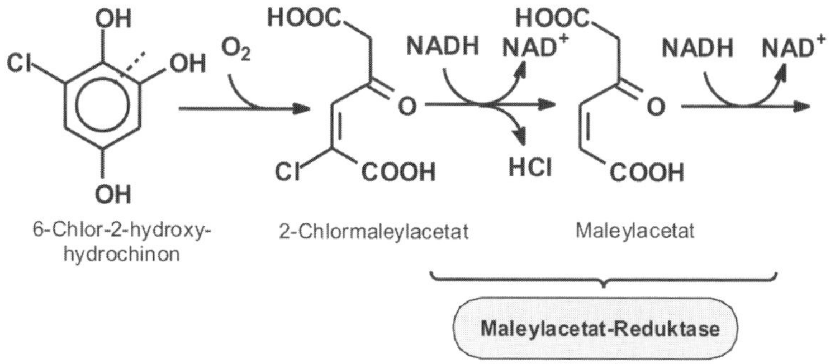

Abb 5.63 Chlorhydroxy-hydrochinon-Abbau: Ringöffnung.

Zum Teil werden sie von denselben Enzymen, zum Teil aber auch von spezialisierten Enzymen katalysiert. Im Verlauf der peripheren Reaktionen kann es je nach Stamm und Verbindung zu einer teilweisen Dechlorierung (zum Beispiel oxygenolytisch durch Dioxygenasen) kommen. Sie kann aber auch völlig unterbleiben. Das bedeutet, dass möglicherweise mehrere Reaktionen mit chlorierten Metaboliten ablaufen müssen.

Die Dechlorierung von Chlorbrenzcatechinen und Chlorhydroxyhydrochinonen findet nach *ortho*-Spaltung, aber auch im Verlauf der *meta*-Ringspaltung statt.

Der *ortho*-Weg für Chlorbrenzcatechine

Die durch periphere Enzyme gebildeten Chlorbrenzcatechine werden wie folgt abgebaut: Die Ringspaltung führt unter Verwendung von molekularem Sauerstoff durch Chlorbrenzcatechin-1,2-Dioxygenase (meist in der Literatur bezeichnet als Chlorcatechol-1,2-Dioxygenase, abgekürzt CC12O), zur Bildung der entsprechenden Chlor-*cis,cis*-muconate. Diese werden anschließend durch eine Chlormuconat-Cycloisomerase zu einem Lacton, also einem intramolekularen Ester, umgewandelt. In den meisten Fällen sind die Chlormuconat-Cycloisomerasen nicht nur in der Lage, die eigentliche Cycloisomerisierung zu katalysieren, sondern auch noch eine Eliminierung des Chlorids durchzuführen. So entsteht eine zusätzliche, exocyclische Doppelbindung im Produkt, dem so genannten *cis*- oder *trans*-Dienlacton. Im Falle des Abbaus von 3-Chlorbrenzcatechin über 2-Chlor-*cis,cis*-muconat kann auch zunächst (+)-5-Chlormuconolacton freigesetzt und anschließend durch eine 5-Chlormuconolacton-Dehalogenase zu *cis*-Dienlacton dechloriert werden. Aufgrund der exocyclischen Doppelbindung können die Dienlactone direkt unter Bildung von Maleylacetat beziehungsweise 2-Chlormaleylacetat hydrolysiert werden. Maleylacetat-Reduktase führt durch Reduktion der Doppelbindung zur Bildung von 3-Oxoadipat und damit zur Verknüpfung des Chloraromatenabbaus mit dem Weg für den herkömmlichen Aromatenabbau (siehe Abb. 5.25a). Zusätzlich sind die Maleylacetat-Reduktasen in der Lage, aus der Position zwei von Chlormaleylacetaten den Chlorsubstituenten reduktiv zu eliminieren und so zur Dehalogenierung von höher chlorierten Brenzcatechinen beizutragen.

Der beschriebene Abbauweg funktioniert für Chlorbrenzcatechine mit bis zu vier Chlorsubstituenten, wie im Abbau von 1,2,3,4-Tetrachlorbenzol beschrieben. Bisher sind allerdings nur die zwei in Abbildung 5.62 gezeigten Dechlorierungsschritte gut verstanden. An welcher Stelle der dritte und vierte Substituent eliminiert wird, ist bisher nicht bekannt.

Die *ortho*-Spaltung von Chlorhydroxyhydrochinon

Im Abbau von 2,4,6-Trichlorphenol entsteht Chlorhydroxyhydrochinon als Ringspaltungssubstrat. Dieses wird durch Chlorhydroxyhydrochinon-1,2-Dioxygenase, ein Enzym mit Sequenzenähnlichkeit zu typischen *ortho*-spaltenden Enzymen wie Brenzcatechin-1,2-Dioxygenase, zu 2-Chlormaleylacetat umgesetzt. Die Dechlorierung erfolgt, wie für die Dichlorbrenzcatechine oben gezeigt, mittels Maleylacetat-Reduktase.

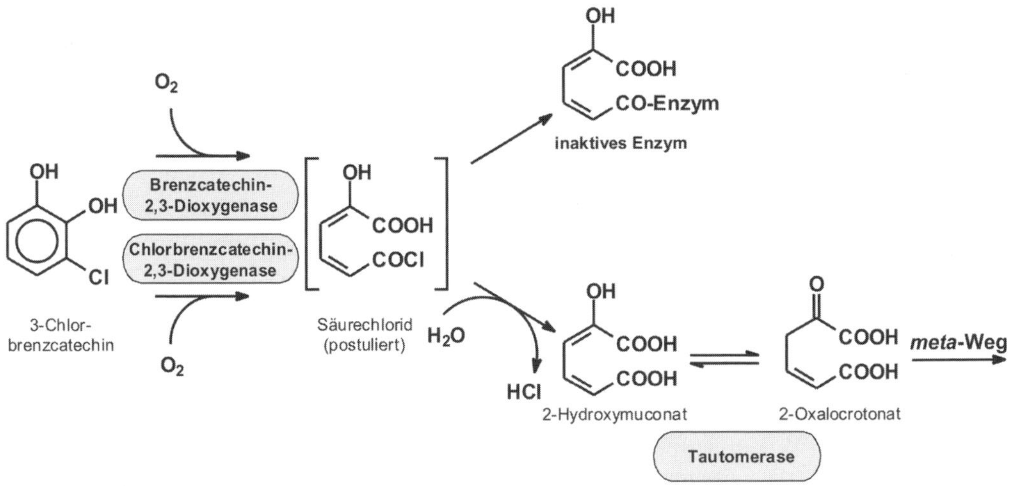

Abb 5.64 3-Chlorbrenzcatechin und der *meta*-Weg. oben: unproduktive Reaktion mit Inaktivierung; unten: produktiver Abbau.

Dechlorierung als Teil des *meta*-Weges

Lange Zeit galt der Abbau von Chloraromaten über den *meta*-Weg als nicht möglich. Ein Grund hierfür war die Beobachtung, dass aus 3-Chlorbrenzcatechin durch Brenzcatechin-2,3-Dioxygenase ein so genanntes Suizid-Produkt, ein reaktives Acylchlorid, gebildet wird, welches zur Inaktivierung des Ringsspaltungsenzymes führt (Abb. 5.64). Außerdem war mit einem anderen *Pseudomonas putida*-Stamm gezeigt worden, dass auch 3-Chlorbrenzcatechin selbst eine Brenzcatechin-2,3-Dioxygenase reversibel inaktivieren kann, da es die Eigenschaft hat, das Fe^{2+} zu komplexieren. Die Oxidation des für die Reaktion essenziellen Fe^{2+}zum Fe^{3+} in Gegenwart von Brenzcatechinen ist ein weiterer Mechanismus, der zur Inaktivierung führt.

Neuere Publikationen beschreiben Wachstum unter Nutzung des *meta*-Weges von solchen Chloraromaten, die über Brenzcatechine mit einem Chlorsubstituenten in der 4-Position abgebaut werden. Bisher fehlen jedoch genauere Informationen zur Eliminierung des Chlorsubstituenten. Weiter wurde herausgefunden, dass manche *Pseudomonas putida*-Stämme schnell auf Chlorbenzol wachsen können und dabei den *meta*-Weg benutzen. Erstaunlicherweise wurde 3-Chlorbrenzcatechin als Metabolit nachgewiesen (Abb. 5.64). Im Gegensatz zu anderen Brenzcatechin-2,3-Dioxygenasen, die einer Inaktivierung unterliegen, setzt die Chlorbrenzcatechin-2,3-Dioxygenase das 3-Chlorbrenzcatechin produktiv um. Stöchiometrische Freisetzung von Chlorid führt zur Bildung von 2-Hydroxymuconat, welches dann weiter über den *meta*-Weg abgebaut wird.

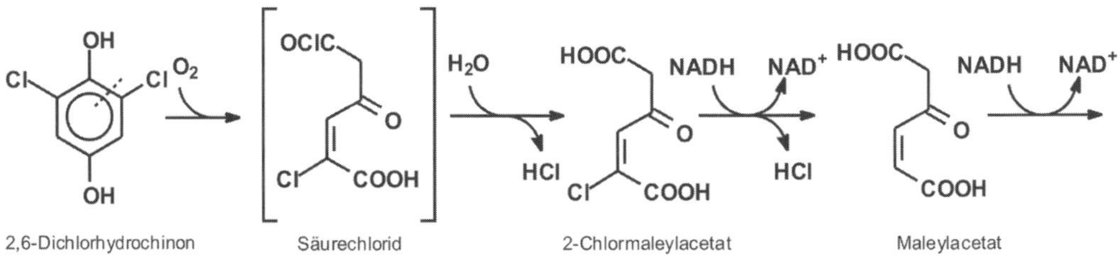

Abb 5.65 2,6-Dichlorhydrochinon-Abbau.

Gedanken zur Evolution der Abbauwege

1. Vergleich zwischen Enzymen und Genen des Brenzcatechin- und des Chlorbrenzcatechin-Abbaus

Anhand eines Vergleiches der Enzyme und Gene des Brenzcatechin- und des Chlorbrenzcatechin-Weges lässt sich beispielhaft zeigen, wie neue Abbauwege für Fremdstoffe entstehen, beziehungsweise entstanden sind.

Die Chlorbrenzcatechin-1,2-Dioxygenasen sowie die Chlormuconat-Cycloisomerasen katalysieren Reaktionen, die denen der Brenzcatechin-1,2-Dioxygenase und Muconat-Cycloisomerase analog sind. Sequenzanalysen haben gezeigt, dass die Brenzcatechin- und die Chlorbrenzcatechin-1,2-Dioxygenasen aus einem **gemeinsamen Ursprungsenzym** entstanden sind (Abb. 5.66).

Entsprechendes gilt für die Muconat- und die Chlormuconat-Cycloisomerasen. Die Chlorbrenzcatechin-1,2-Dioxygenasen unterscheiden sich von den entsprechenden Brenzcatechin-1,2-Dioxygenasen in der **Substratspezifität**, also dadurch, dass sie zusätzlich zu Brenzcatechin auch 3-Chlor- und 4-Chlor- sowie 3,5-Dichlorbrenzcatechin mit hohen Affinitäten und hohen relativen Aktivitäten umsetzen. In ähnlicher Weise akzeptieren die Chlormuconat-Cycloisomerasen neben *cis,cis*-Muconat auch 2-Chlor-, 3-Chlor- oder 2,4-Dichlormuconat als Substrate, während die Muconat-Cycloisomerasen gegenüber den zuletzt genannten Substraten sehr ungünstige Affinitäten und niedrige relative Aktivitäten aufweisen. Die Chlormuconat-Cycloisomerasen aus manchen Verwertern von 2,4-Dichlorphenoxyacetat (2,4-D) zeigen zwar auch Aktivität, jedoch eine sehr geringe Affinität gegenüber *cis,cis*-Muconat und zum Teil auch 2-Chlor-*cis,cis*-muconat. Sie besitzen also eine relativ ausgeprägte Substratspezifität für das im 2,4-D-Abbau entstehende 2,4-Dichlormuconat (Abb. 5.67).

Neue Befunde machen deutlich, dass zusätzlich zu der Anpassung der Chlormuconat-Cycloisomerasen an die bessere Verwertung von chlorierten Substraten auch die Fähigkeit der **Eliminierung von Chlorid** entstanden ist. Beim Umsatz von 2-Chlormuconat durch Muconat-Cycloisomerasen kommt es nämlich nicht zur Chloridfreisetzung, sondern zur Bildung des stabilen Zwischenproduktes 5-Chlormuconolacton und oft auch 2-Chlormuconolacton. Auch beim 3-Chlormuconat- und 2,4-Dichlormuconat-Umsatz fördern die Chlormuconat-Cycloisomerasen die Chlorideliminierung. Aus diesen Substraten bilden normale Muconat-Cycloisomerasen anscheinend zunächst 4-Chlor- beziehungsweise 2,4-Dichlormuconolacton, woraus vermutlich durch nicht-enzymatische Reaktion toxisches

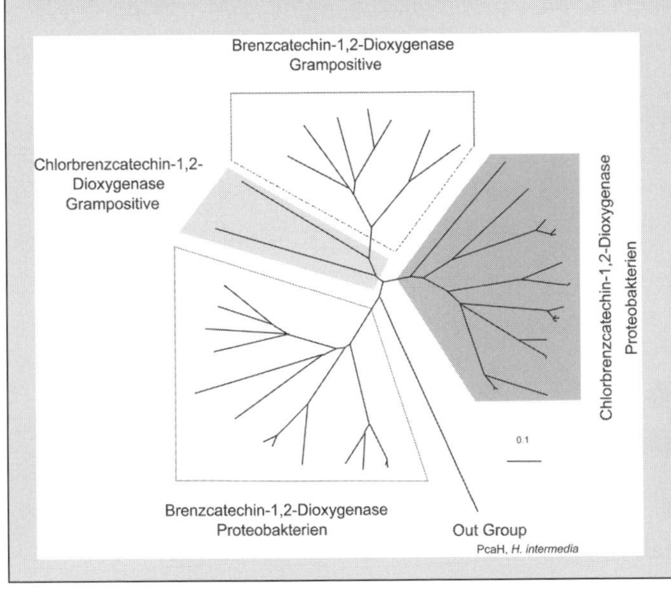

Abb 5.66 Dendrogramm zur Veranschaulichung der Verwandtschaft von Brenzcatechin-1,2-Dioxygenasen (CatA, PheB) und Chlorbrenzcatechin-1,2-Dioxygenasen (Clc, TfdC, CplC, CbnA, TcbC, TetC). Maßstab: Änderungen pro Stelle; OutGroup: Protocatechuat-3,4-Dioxygenase, PcAH, von *Hydrogenophaga intermedia*

Protoanemonin beziehungsweise Chlorprotoanemonin entsteht.

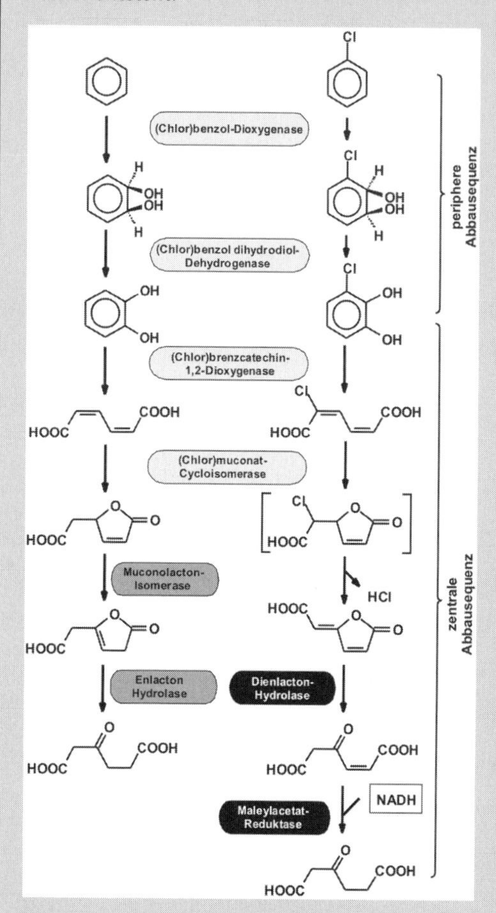

Abb 5.67 Vergleich der Abbauwege: Aromat gegen Chloraromat am Beispiel Benzol/Chlorbenzol.

Ein Sequenzvergleich macht deutlich, dass die Dienlacton-Hydrolasen des Chlorbrenzcatechin-Weges mit den analogen Enzymen des Brenzcatechin- und Protocatechuat-Abbaus, den 3-Oxoadipatenollacton-Hydrolasen, anscheinend nur sehr entfernt verwandt sind. Die Dienlacton-Hydrolasen setzen den entsprechenden Metaboliten des 3-Oxoadipat-Weges, 3-Oxoadipatenollacton, ebenso wenig um, wie die 3-Oxoadipatenollacton-Hydrolasen *cis*- und *trans*-Dienlacton hydrolysieren. Die Dienlacton-Hydrolasen sind also nicht einfach 3-Oxoadipatenollacton-Hydrolasen mit einer geringen Substratspezifität. Die Spezialisierung mancher Enzyme des Chloraromatenabbaus auf die Metabolite dieses Weges geht also so weit, dass sie für den normalen Aromatenabbau nicht einsetzbar sind und nicht ohne weiteres als Enzyme geringerer Spezifität gelten können. Die Maleylacetat-Reduktasen haben kein Äquivalent im 3-Oxoadipat-Weg. Dienlacton-Hydrolasen und Maleylacetat-Reduktasen sind notwendig im Abbau von solchen Verbindungen, bei denen durch Eliminierung eines Chlorsubstituenten während oder nach Cycloisomerisierung eine zusätzliche Doppelbindung entsteht. Beide Enzymarten müssen für den Chlorbrenzcatechin-Abbau aus anderen Abbau- oder Synthesewegen als aus dem Brenzcatechin-Abbau rekrutiert worden sein.

Während die Gene des Brenzcatechin-Abbaus, die *cat*-Gene, in der Regel auf dem Bakterienchromosom liegen, werden die des Chlorbrenzcatechin-Abbaus normalerweise von Plasmiden kodiert. Sehr gut untersucht sind das Plasmid pAC27 aus dem 3-Chlorbenzoat-Verwerter *Pseudomonas putida* AC858 mit den *clc*-

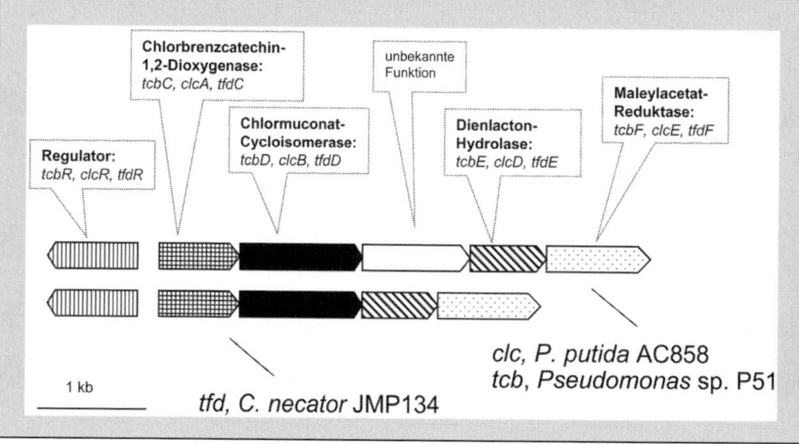

Abb 5.68 Operonstruktur des *ortho*-Abbauweges für Chlorbrenzcatechine.

Genen (steht für **chl**oro**c**atechol), das Plasmid pJP4 aus dem 2,4-D-Verwerter *Cupriavidus necator* JMP134 mit den *tfd*-Genen (für ***t**wo-**f**our-**D***) sowie das Plasmid pP51 aus dem 1,2,4-Trichlorbenzol-Verwerter *Pseudomonas* sp. P51 mit den *tcb*-Genen (für ***t**ri**c**hloro**b**enzene*).

Trotz unterschiedlicher Herkunft der Bakterien ist die Struktur der entsprechenden Operons nahezu gleich, wie in Abbildung 5.68 gezeigt, wo die Gene und die jeweiligen Enzyme zugeordnet sind. So sind die *clc*- und *tcb*-Gene identisch organisiert, und das *tfdCDEF*-Operon unterscheidet sich von diesen nur durch das Fehlen eines offenen Leserahmens (ORF) zwischen *tfdD* und *tfdE*. Die mutmaßlichen Regulationsgene *tfdT, clcR* und *tcbR* sind entgegengesetzt zu den Strukturgenen orientiert. Die *cat*-Gene von *Acinetobacter calcoaceticus* und *Pseudomonas putida* sind dagegen völlig anders organisiert.

2. Evolution und Zeitpunkt der Entstehung der Chlorbrenzcatechin-Operons

Es stellt sich die Frage, wie und wann die Operons des Chlorbrenzcatechin-Abbaus entstanden sind. Für eine einmalige Entstehung der Chlorbrenzcatechin-Abbauwege spricht neben der großen Ähnlichkeit der Sequenzen auch die Gleichartigkeit der Operonstruktur auf den untersuchten Plasmiden. Bei mehrfacher Entstehung dieser Wege wäre nicht damit zu rechnen, dass zum Beispiel das Dienlacton-Hydrolasegen (*clcD, tcbE* und *tfdE*) an jeweils der gleichen Position im Operon steht. Die Herkunft der Plasmide zeigt, dass das ursprüngliche Operon nach seiner Entstehung weltweit verbreitet wurde. Dabei wurde es mit verschiedenen peripheren Abbauwegen kombiniert, und die Enzyme entwickelten gewisse, zum Teil markante Unterschiede in ihrer Substratspezifität. Alle drei diskutierten Chlorbrenzcatechin-Operons enthalten ein Gen für eine Dienlacton-Hydrolase sowie eines für eine Maleylacetat-Reduktase. Beide Enzyme haben nur dann eine Funktion, wenn nach der Cycloisomerisierung durch eine Eliminierungsreaktion eine exocyclische Doppelbindung am Lacton entsteht. Dies deutet an, dass die Operons wohl tatsächlich im Zusammenhang mit dem Chlorbrenzcatechin-Abbau entstanden sind.

War die Evolution dieser Abbauwege eine Antwort auf die Freisetzung großer Mengen von Chloraromaten durch den Menschen in den letzten hundert Jahren oder fand dieser Prozess schon vorher statt? Die seit der Divergenz zum Beispiel der von pJP4 und pAC27 kodierten Cycloisomerasen aus einem gemeinsamen Vorläufer verstrichene Zeit sollte einen Anhaltspunkt für das Alter der Chlorbrenzcatechin-Abbauwege geben. Dieser Zeitraum lässt sich aus der Häufigkeit so genannter synonymer Differenzen abschätzen. Dies sind Mutationen, die wegen der Degeneriertheit des genetischen Codes keine Veränderung der Proteinsequenz zur Folge haben und die deshalb keiner Selektion auf der Proteinebene unterliegen. Bei Annahme einer absoluten Evolutionsrate von 7×10^{-9} Mutationen pro Basenpaar und Jahr lässt sich abschätzen, dass die von den Plasmiden pJP4 und pAC27 kodierten Enzyme des Chlorbrenzcatechin-Abbaus vor zirka 140 Millionen Jahren divergiert sind. Problematisch an solchen Berechnungen ist die Frage der Richtigkeit der angenommenen Mutationsrate, insbesondere ob Mutationen aufgrund spezieller Mechanismen oder wegen der Gegenwart mutagener Agenzien nicht auch häufiger als angenommen auftreten können. Da jedoch zwischen dem errechneten Wert und der Entwicklung der chemischen Industrie immerhin sechs Zehnerpotenzen liegen, kann es als gesichert gelten, dass die Abbauwege für Chlorbrenzcatechine entstanden sind, lange bevor der Mensch größere Mengen Chloraromaten produziert und die Umwelt mit diesen Stoffen belastet hat. Während also die weltweite Verbreitung der Chlorbrenzcatechin-Abbauwege nicht neueren Datums ist, kann man davon ausgehen, dass die Häufigkeit des Vorkommens mit der Chlorchemie im engen Zusammenhang steht.

3. Gentransfer und Abbauwege

Es ist allgemein bekannt, dass Gentransfer zwischen Bakterien durch die Aufnahme von freier DNA (**Transformation**), durch Bakteriophagen als Überträger (**Transduktion**) oder durch eine Art sexuellen Prozess, der **Konjugation** genannt wird, erfolgen kann. Die Transformation wurde unter natürlichen Umweltbedingungen beobachtet, aber sie ist durch die Barriere der Restriktion (Zerschneiden der Fremd-DNA durch Restriktionsendonucleasen) stark eingeschränkt und im Allgemeinen auf Bakterien begrenzt, die

Tabelle 5.10 Degradative Plasmide mit Relevanz für die Konstruktion von Chloraromaten abbauenden Hybridstämmen. *Periphere Sequenzen kodieren Abbauenzyme zur Umsetzung der Chloraromaten bis zur Stufe der Chlorbrenzatechine, zentrale Sequenzen solche für den Umsatz der Chlorbrenzeatechine bis in den Citrat-Cyclus.*

Plasmid	Größe (kb)	konjugativ	Inkompatibilitätsgruppe	Substrate	Wirt
PERIPHERE SEQUENZ					
TOL, pWWO	117	+	P-9	Xylole, Toluol, Toluat	*Pseudomonas putida*
NAH7	83	+	P-9	Naphthalin über Salicylat	*Pseudomonas putida*
SAL1	85	+	P-9	Salicylat	*Pseudomonas putida*
pKF1	82	-	NU	Biphenyl über Benzoat	*Rhodococcus globerulus*
pCITI	100	NU	NU	Anilin	*Pseudomonas* sp.
pEB	253	NU	NU	Ethylbenzol	*Pseudomonas fluorescens*
pRE4	105	NU	NU	Isopropylbenzol	*Pseudomonas putida*
pWW174	200	+	NU	Benzol	*Acinetobacter calcoaceticus*
pVI150	mega	+	P-2	Phenol, Cresole, 3,4-Dimethylphenol	*Pseudomonas* sp.
ZENTRALE SEQUENZ					
pAC25	117	+	P-9	3-Chlorbenzoat	*Pseudomonas putida*
pJP4	77	+	P-1	3-Chlorbenzoat, 2,4-D	*Cupriavidus necator*
pBR60	85	+	NU	3-Chlorbenzoat	*Alcaligenes* sp.
pP51	100	-	NU	1,2,4-Trichlorbenzol	*Pseudomonas* sp.

NU: nicht untersucht;
2,4-D: 2,4-Dichlorphenoxyacetat;
Inkompatibilität (Unverträglichkeit): zwei Plasmide der selben Gruppe sind nicht stabil in einer Zelle, ein Plasmid geht verloren oder es bildet sich ein Cointegrat-Plasmid.

mit den Spenderbakterien verwandt sind. Ähnliche Leistungen und Grenzen konnten auch für die Transduktion festgestellt werden, da das Infektionsspektrum der meisten Bakteriophagen nicht besonders breit ist.

Die Konjugation ist ein Gentransfer, der durch Plasmide vermittelt wird. Plasmide haben, ebenso wie das Chromosom ihrer Wirtszellen, eine zirkuläre Form und können autonom repliziert werden. Sie sind aber meist viel kleiner als das Chromosom und zumindest für die wichtigen Funktionen im Zusammenhang mit dem vegetativen Wachstum ihrer Wirte entbehrlich. Außerdem besitzen sie häufig die Fähigkeit zum Selbsttransfer in andere Bakterien (Tra-Funktionen).

Neben der genetischen Grundlage für ihre Selbstreplikation und ihren Selbsttransfer können Plasmide Gene für eine Vielzahl von Funktionen tragen, die ihren Wirten häufig einen gewissen Überlebensvorteil geben (Resistenzfunktionen) und die Kolonisierung spezifischer Biotope erlauben (zum Beispiel katabolische Plasmide zum Abbau von organischen Verbindungen wie Aromaten oder Chloraromaten). Wie Tabelle 5.10 zeigt, sind eine Vielzahl von Abbausequenzen auf Plasmiden kodiert, sowohl Gene für periphere Abbauwege, als auch solche für zentrale.

Mit der obigen Kenntnis lassen sich im Labor Chloraromatenverwerter erzeugen, wenn man geeignete Partnerstämme mit komplementären Abbausequenzen auf festen Nährmedien zusammenbringt. Der horizontale, konjugative Gentransfer führt zu Stämmen, die neue Substanzen als Wachstumssubstrate nutzen können. Diese *In-vivo*-Konstruktion von Abbaustämmen durch Transfer von Gensequenzen lässt sich für den Chloraromatenabbau relativ leicht realisieren (siehe Abb. 5.69). Bei Stämmen aus der Natur, welche Anilin, Benzol, Benzoat, Biphenyl, Phenol, Salicylat und Toluol als Kohlenstoff- und Energiequelle nutzen, konvergiert der Abbau der Aromaten auf der Stufe des Brenzcatechins. Solche Stämme lassen sich in Spezialisten umwandeln,

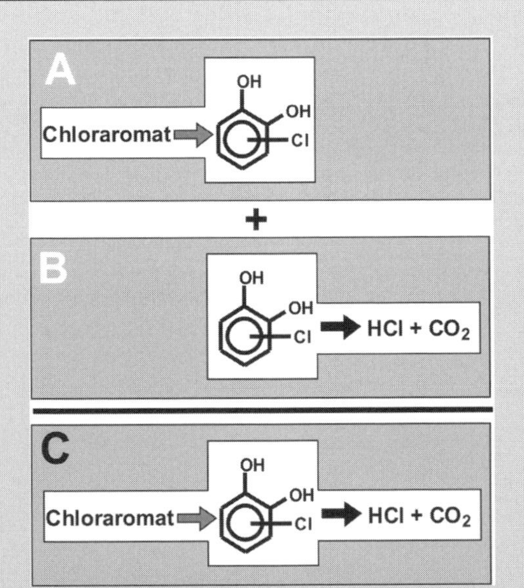

Abb 5.69 Generelles Prinzip der Konstruktion der Abbauwege.

die Chloraniline, Chlorbenzole, Chlorbenzoate, Chlorbiphenyle, Chlorphenole, Chlorsalicylate und Chlortoluole verwerten. Während die Wildtypen die chlorierten Aromaten unter Nutzung der Abbauwege für die Aromaten nur zu den Chlorbrenzcatechinen umsetzen, können die Hybridstämme durch den Erwerb einer Chlorbrenzcatechine abbauenden Enzymsequenz den Totalabbau der Chloraromaten durchführen. Als Donor-Stamm für die Gene, die für den Abbau von Chlorbrenzcatechinen kodieren, hat sich *Pseudomonas* sp. B13 herausgestellt, doch hier liegen die Abbaugene auf einer **Genominsel**, dem so genannten 105kb großen *clc*-Element, und nicht auf einem konjugativen Plasmid. Genominseln sind instabile Bereiche auf dem Bakterienchromosom, die sich manchmal selbst von einem Bakterium direkt in das Genom eines anderen einschleusen. Genominseln zeichnen sich dadurch aus, dass sie ein Gen für eine Integrase besitzen, welches für das Herausschneiden und Wiedereinsetzen des Elementes verantwortlich

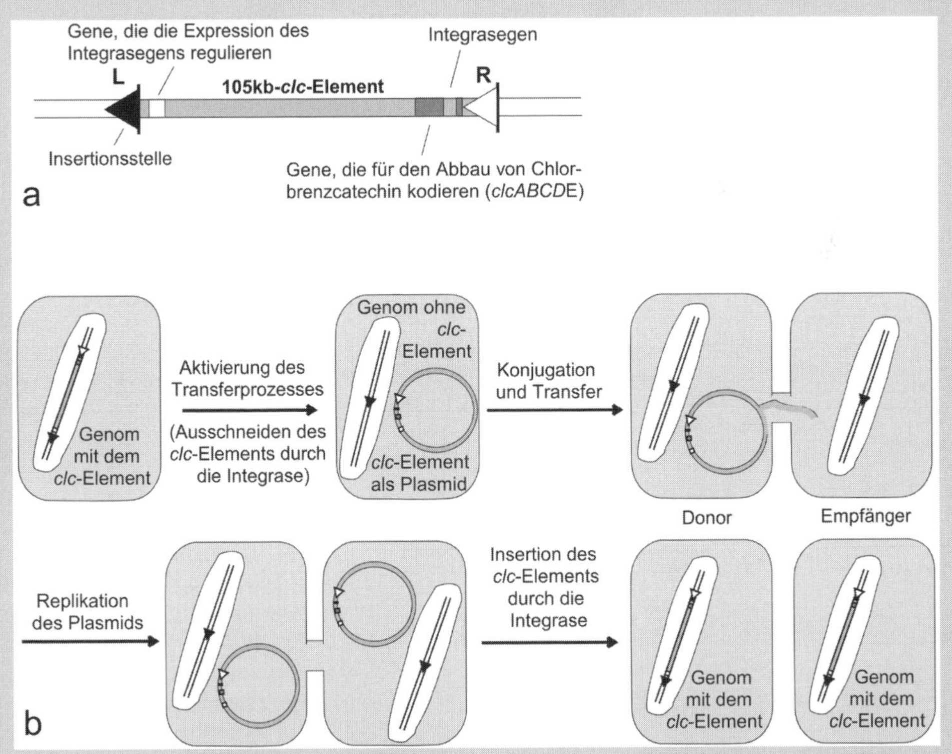

Abb 5.70 Die Gene, die für den Chlorbrenzcatechin-Abbauweg in *Pseudomonas* sp. Stamm B13 kodieren, sind auf dem *clc*-Element integriert im Chromosom lokalisiert (*genomic island*).

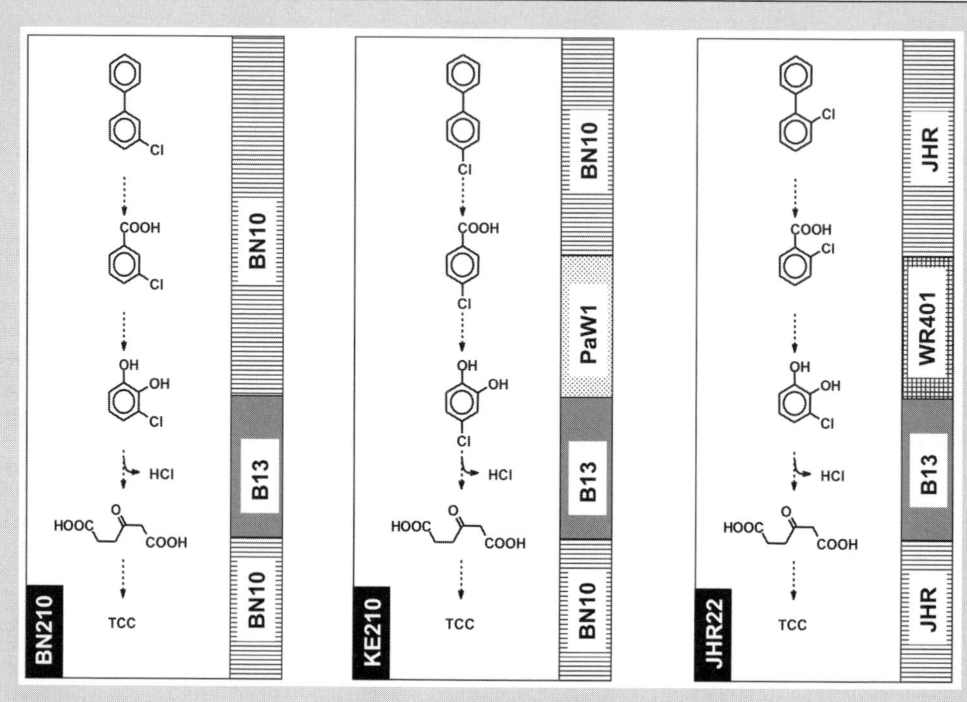

Abb 5.71 Mosaikstruktur der Wege für den Abbau von Chlorbiphenylen durch im Labor erzeugte „neue" Stämme.

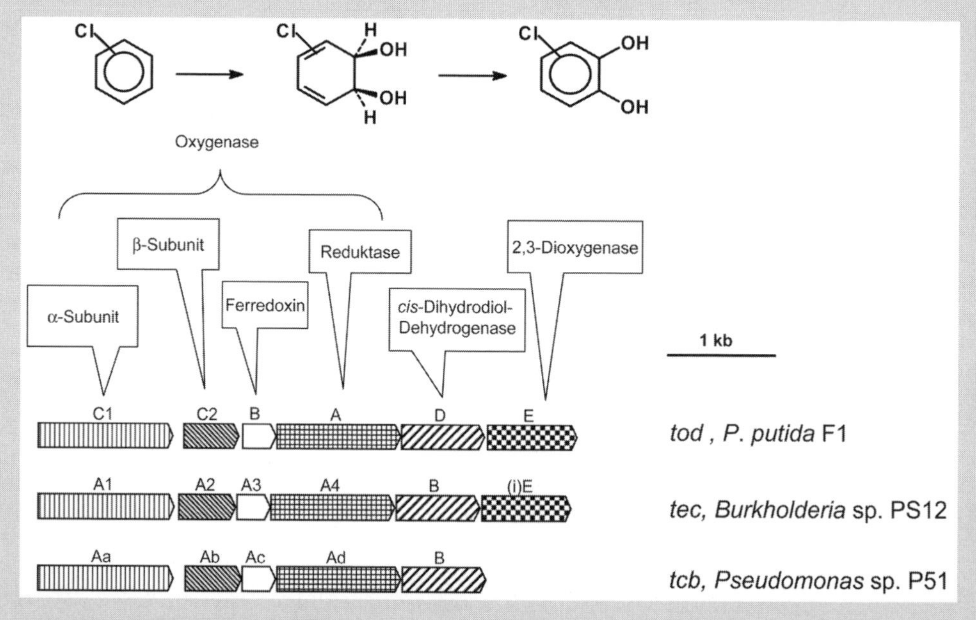

Abb 5.72 *Upper pathway gene cluster*, die für (Chlor)benzol-Dioxygenase, (Chlor)benzoldihydrodiol-Dehydrogenase und Brenzcatechin-2,3-Dioxygenase mit Funktion im Toluol- beziehungsweise Chlorbenzolabbau kodieren.

ist. Ferner gehört das Einfügen an einen spezifischen Ort im Chromosom zu den Eigenschaften einer Genominsel. Da das Element nur für einen kurzen Augenblick als Plasmid im Ablauf vorliegt (siehe Abb. 5.70) ist auch die Schwierigkeit beim Nachweis eines vermuteten Plasmides erklärt.

Ein Weg der Erzeugung von Hybridstämmen ist also der Transfer der Gene des Chlorbrenzcatechin-Abbaus in Stämme, die Chloraromaten bis zur Stufe der Chlorbrenzcatechine cometabolisieren. Ein anderer beinhaltet die Übertragung der Gene, die die peripheren Abbausequenzen kodieren, in die Chlorbrenzcatechinverwertenden Stämme wie Stamm B13.

Es gibt Beispiele, bei denen eine periphere Enzymsequenz nicht in der Lage ist, einen Chloraromaten bis zur Stufe des Chlorbrenzcatechins umzusetzen. Dann ist nicht nur die Kreuzung zweier Stämme notwendig, sondern der „neue" Abbauweg muss aus Teilsegmenten aus drei Stämmen in einem Stamm angesammelt werden. Dies ist in Abbildung 5.71 für verschiedene Chlorbiphenyle schematisch dargestellt. Wichtig ist festzuhalten, dass nicht nur die Abbausequenzen vereinigt werden müssen, sondern dass auch die Regulatorgene neben den Strukturgenen übertragen werden und die Regulationselemente mit den strukturanalogen chlorierten Aromaten harmonieren müssen.

Auch bei Isolaten aus der Natur wurde herausgefunden, dass Gentransfer für die Evolution von Abbauwegen verantwortlich ist. Am Beispiel des Abbaus von Chlorbenzolen durch *Pseudomonas* sp. P51 wird dies besonders gut deutlich. Der Organismus besitzt den identischen Chlorbrenzcatechinabbau auf dem Plasmid pP51 mit dem gleichen Gencluster wie Stamm B13. Der Abbauweg wird aber durch ein Operon eingeleitet, welches normalerweise den Toluolabbau kodiert (siehe Abb. 5.73).

In Stamm P51 sind die Gene *tcbAaAbAcAdB*, die die Toluol-Dioxygenase sowie die Dihydrodiol-Dehydrogenase kodieren, auf dem Plasmid pP51 lokalisiert. Bei Toluol-Verwertern wie *P. putida* F1 hingegen befindet sich diese Sequenz im Chromosom. Anders als im Original ist in Stamm P51 die Sequenz des in den *meta*-Weg führenden Teils des Toluolabbauweges jedoch nicht mehr vorhanden. Das die periphere Abbausequenz kodierende Operon *tcbAaAbAcAdB* befindet sich bei Stamm P51 an einer anderen Stelle auf dem Plasmid pP51 als das den zentralen Abbau kodierende *tcbCDEF*.

Am Beispiel von *Burkholderia* sp. Stamm PS12 wird die obige Beobachtung noch deutlicher (Abb. 5.72). Das Upper Operon zeigt noch die „Reste" des *meta*-Weg Genclusters mit einem mutierten, inaktiven *tecE* Gen.

Die Abbauwege von Hybridstämmen aus dem Labor wie auch bei Isolaten aus der Natur sind also ein **Mosaik aus verschiedenen Quellen**. Hinweise auf die verschiedenen Quellen für Abbauteilsequenzen erhält man leicht anhand der unterschiedlichen GC-Gehalte der Teilstücke.

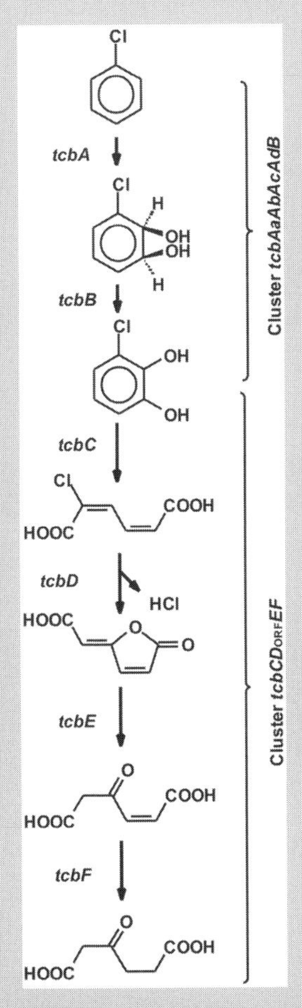

Abb 5.73 *Pseudomonas* sp. Stamm P51, isoliert aus dem Rhein mit 1,2,4-Trichlorbenzol als Wachstumssubstrat, mit Teilsequenzen hier für Chlorbenzol gezeigt, aus verschiedenen Quellen.

Dechlorierung als Folge der *meta*-Spaltung von Chlorhydrochinon

Das im Chlorhydrochinon-Weg aus Pentachlorphenol gebildete 2,6-Dichlorhydrochinon wird durch eine sauerstoffabhängige Reaktion geöffnet. Sequenzvergleiche zeigen hohe Ähnlichkeit des Enzyms zu *meta*-spaltenden Enzymen wie Brenzcatechin-2,3-Dioxygenase. Hydrolyse des entstehenden Säurechlorides führt zur Bildung von 2-Chlormaleylacetat, welches wie im Abbauweg für Chlorbrenzcatechine beschrieben, durch die Maleylacetat-Reduktase dechloriert, zum 3-Oxoadipat umgesetzt und so dem Citrat-Cyclus zugeführt wird.

Analog läuft die Ringspaltung bei 2-Chlorhydrochinon, dem Metaboliten im Lindan-Abbau (siehe Abb. 5.76). Das Enzym LinE erzeugt ein Säurechlorid, welches hydrolytisch zum Maleylacetat umgesetzt und so dem zentralen Stoffwechsel zugänglich wird.

5.3.2 Abbau von Hexachlorcyclohexan

Hexachlorcyclohexane (HCHs, $C_6H_6Cl_6$) sind chlorierte Cyclohexane mit acht Stereoisomeren, die je nach Stellung der Chlorsubstituenten mit α- bis θ-HCH bezeichnet werden. Die anteilsmäßig wichtigsten Isomere, die bei der Produktion des Insektizides Lindan (γ-HCH) gebildet werden, sind α-, β- und γ-HCH.

Lindan wird durch die Chlorierung von Benzol im UV-Licht hergestellt und aus dem Isomerengemisch (siehe Abb. 5.74) durch Extraktion mit Methanol isoliert.

Lindan, das als Fraß- und Kontaktgift wirkt, war bis zum Anfang der 80er Jahre eines der am häufigsten verwendeten Insektizide weltweit. Es wurde gegen Bodenschädlinge, zur Behandlung von Saatgut, zur Bekämpfung von Parasiten bei Nutztieren, zum Holzschutz und in Insektensprays eingesetzt.

Die HCHs sind schlecht wasserlöslich, kaum flüchtig und persistent. Aufgrund dessen können sie in der Nahrungskette angereichert werden. Im Boden werden sie sorbiert, sodass ein Transport durch Sickerwasser in das Grundwasser nur in geringem Ausmaß stattfindet. Lindan und die Nebenprodukte bilden aufgrund ihrer Persistenz und Ökotoxizität ein Gefährdungspotenzial. Dies gilt besonders für ehemalige Produktionsstätten.

Lindan wurde nicht in die POP-Liste aufgenommen. Nach einem Beschluss des EU-Parlamentes soll bis Ende 2007 in der EU aber ein Verbot eingeführt werden.

Die Geschwindigkeiten der biologischen Umsetzungen werden durch die Wasserlöslichkeiten begrenzt. Wie bei den PAK schränkt die Geschwindigkeit der Desorption beziehungsweise des Nachlösens die Möglichkeiten der Verbesserung von Abbauleistungen ein. Die biologische Abbaubarkeit der HCHs wird durch die räumliche Stellung der Chloratome am Ring beeinflusst. Daneben sind deutliche Unterschiede in der Abbaugeschwindigkeit wie auch im Abbaugrad in Abhängigkeit von den Umweltbedingungen (oxisch oder anoxisch) feststellbar. Der Schwerpunkt von Untersuchungen zum biologischen Abbau der HCHs lag überwiegend auf landwirtschaftlich orientierten Untersuchungen zum Verbleib von Lindan, mit dem Ergebnis, dass es unter aeroben Bedingungen langsamer als unter anaeroben dechloriert wird.

Es gibt keine Anzeichen für einen biologischen Abbau von β-HCH (hier stehen alle Chlorsubstituenten äquatorial).

Anaerob wird γ-HCH relativ schnell reduktiv dechloriert. Als erstes Produkt entsteht durch Abspaltung von zwei HCl und Bildung einer Doppelbindung γ-Tetrachlorcyclohexen, das weiter zu Chloraromaten oxidiert wird (Abb. 5.75). α-HCH ist unter anaeroben Bedingungen schlechter abbaubar als γ-HCH und reichert sich daher in Böden an. Es kann, wie γ-HCH, aber anscheinend nur langsam, unter Bildung von Chloraromaten reduktiv dechloriert werden.

Aerob wird aus α-HCH ebenfalls im ersten Schritt durch Dehydrodehalogenierung HCl abgespalten. Das dabei gebildete α-Pentachlorcyclohexen scheint labiler zu sein als das γ-Isomer, denn es ist mineralisierbar. Bei Zugabe gut verwertbarer Nährstoffe kann eine Mineralisierung aber auch unterbleiben.

Die für eine biologische Sanierung wichtige Frage, ob die abbaubaren HCH-Isomeren besser anaerob oder aerob und zu welchen End-

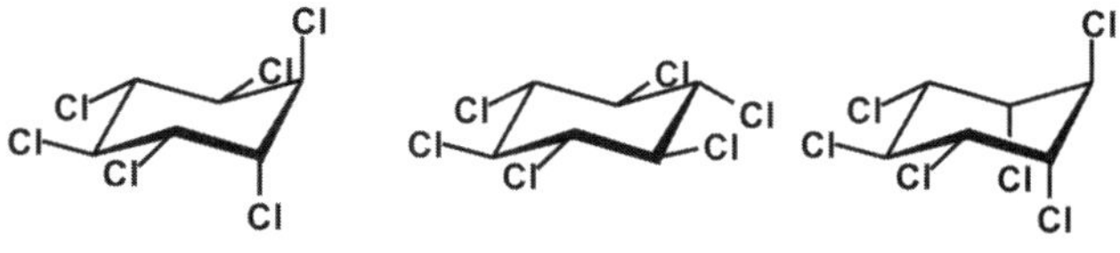

Abb 5.74 Hauptstereoisomere HCHs im Lindan. (Konformation: a = axial, e = äquatorial)

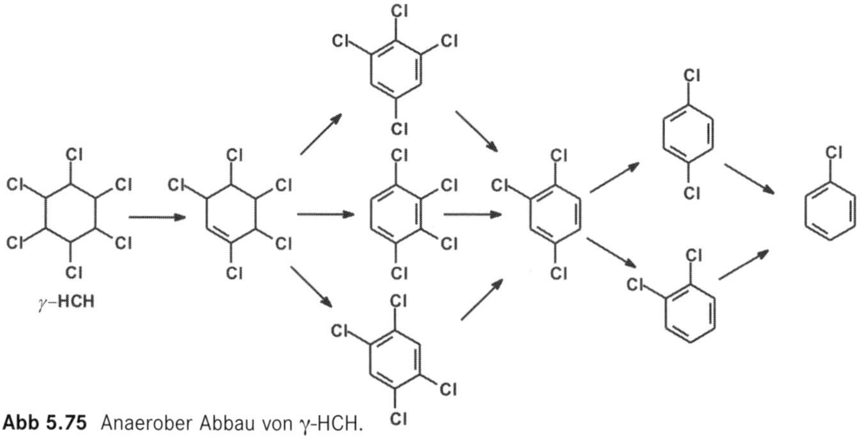

α-HCH (aaeeee) β-HCH (eeeeee) γ-HCH (aaaeee) (Lindan)

γ-HCH

Abb 5.75 Anaerober Abbau von γ-HCH.

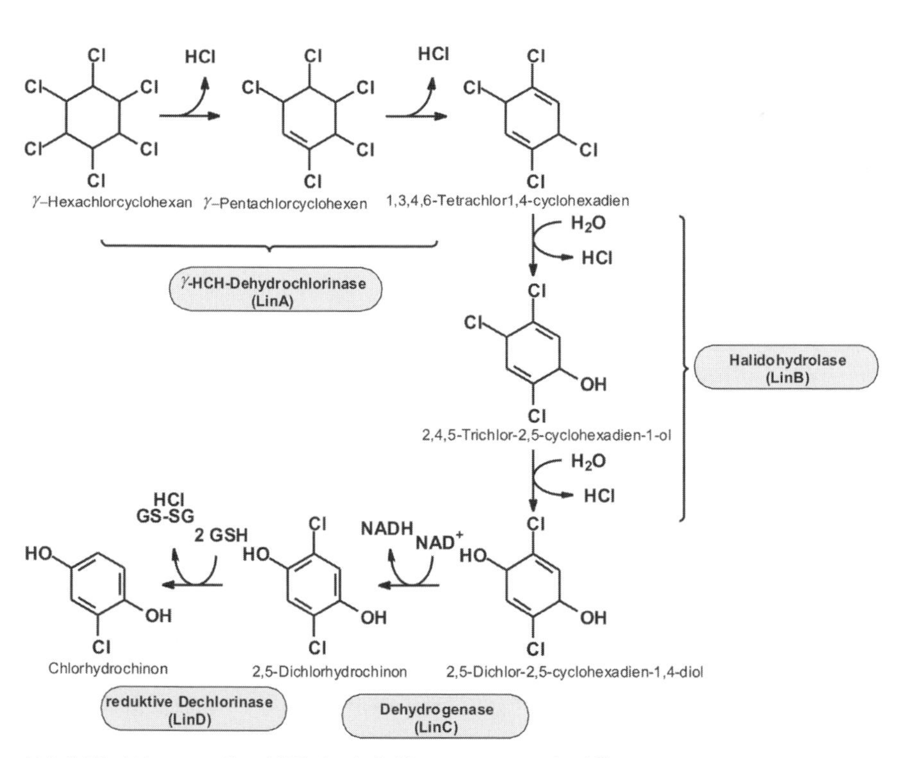

Abb 5.76 Abbauweg für γ-HCH durch *Sphingomonas paucimobilis*.

produkten umgesetzt werden können, lässt sich anhand der vorliegenden Ergebnisse aus der Praxis nicht beantworten.

Es gibt bakterielle Isolate, die Lindan als Kohlenstoff- und Energiequelle nutzen können. Der Abbauweg ist für *Sphingomonas paucimobilis* in Abbildung 5.76 dargestellt, wobei die Bildung der *dead end*-Produkte 1,2,4-Trichlorbenzol und 2,5-Dichlorphenol nicht berücksichtigt wurde. Einleitend werden zwei Dehydrohalogenierungen von zwei hydrolytischen Dechlorierungsschritten gefolgt. Rearomatisierung zum 2,5-Dichlorhydrochinon und glutathionabhängige reduktive Dechlorierung schließen sich an.

5.3.3 Abbau von Triazinen

Eine wichtige Wirkstoffgruppe bei den Herbiziden sind die Triazine, mit den Vertretern Atrazin, Simazin und Terbuthylazin. Diese Herbizide werden im Maisanbau verwendet. Ihre Wirkung als Herbizid beruht auf der Hemmung des Elektronentransfers bei der Photosynthese. In der Maispflanze wird das Herbizid jedoch schnell durch Umwandlung in die nicht auf die Photosynthese einwirkende Hydroxyverbindung deaktiviert, weshalb die Triazine im Maisanbau als selektive Totalherbizide angewendet werden. Atrazin wurde auch zur Unkrautbekämpfung im Spargel-, Kartoffel- und Tomatenanbau eingesetzt.

Atrazin besitzt eine relativ hohe Wasserlöslichkeit (33 Milligramm pro Liter) und einen geringen Verteilungskoeffizienten (K_{ow} 25 – 155). Beides führt dazu, dass das Herbizid eine relativ hohe Mobilität vom Boden in Oberflächengewässer und Grundwasser zeigt. Atrazin sorbiert wenig an Boden- und Sedimentpartikel, es gilt als schwer abbaubar und kann daher in das Grundwasser ausgewaschen werden. Mit Bodenkolonien wurde gezeigt, dass Atrazin im gesättigten Boden schneller als Terbuthylazin wandert.

Seit 1991 besteht in Deutschland und Frankreich für Atrazin ein vollständiges, für Simazin ein eingeschränktes Anwendungsverbot. Terbuthylazin ist zugelassen und hat Atrazin teilweise ersetzt. Auf europäischer Ebene wird zurzeit die Aufnahme des Wirkstoffs auf eine Positivliste zulassungsfähiger Wirkstoffe geprüft.

In Deutschland wurden trotz des Anwendungsverbotes noch in jüngster Zeit die Stoffe Atrazin, Simazin, wie auch der Metabolit Deethylatrazin im Grundwasser in Konzentrationen nachgewiesen, die den jeweiligen Grenzwert der Trinkwasserverordnung von 0,1 Mikrogramm pro Liter überschreiten. Zwei Drittel der heute im Grundwasser Deutschlands gefundenen Pflanzenschutzmittel gehören der Herbizidgruppe der 1,3,5-Triazine an (UBA, 2000).

Die Isolierung von Mikroorganismen für den Abbau von Atrazin ist möglich, da manche die N-heterocyclische Ringstruktur sowohl als Kohlenstoff- und Energie- als auch als Stickstoffquelle nutzen können. Organismen, die mit Atrazin wachsen sind *Pseudomonas* ssp., *Ralstonia* sp., *Agrobacterium radiobacter* und *Pseudoaminobacter* sp.. In *Pseudomonas* sp.

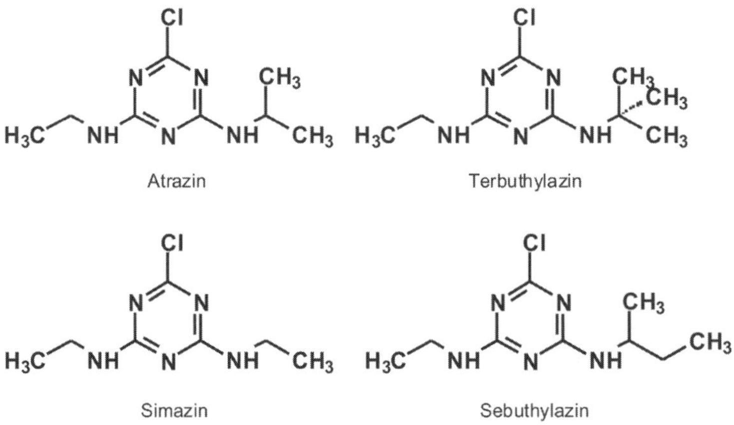

Atrazin

Terbuthylazin

Simazin

Sebuthylazin

Abb 5.77 Wichtige Triazine.

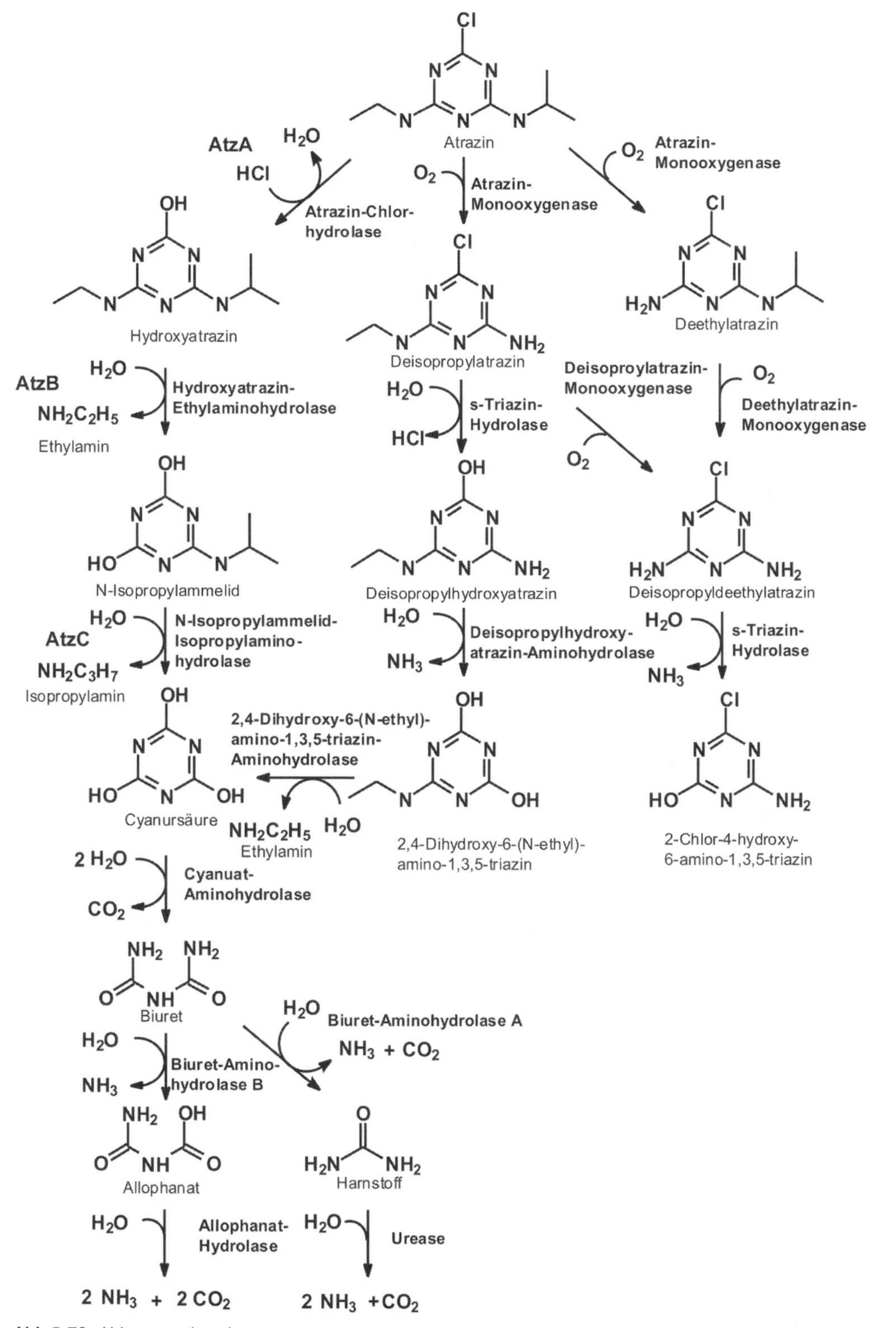

Abb 5.78 Abbau von Atrazin.

Stamm ADP verläuft die in Abbildung 5.78 links gezeigte Sequenz. Einleitende, hydrolytische Reaktionen, die den Chlorsubstituenten sowie die beiden Alkylseitengruppen eliminieren, bilden Cyanursäure, den zentralen Metaboliten. Die Gene *atzA-C*, die die hydrolytischen Enzyme kodieren, sind bekannt. Weitere drei hydrolytische Schritte setzen die Mineralisierung der Cyanursäure zu CO_2 und NH_3 fort.

Die rechts gezeigten dealkylierten Metabolite (Deethyl- und Deisopropylatrazine) fand man bei Untersuchungen im Boden.

5.3.4 Abbau von chloraliphatischen Verbindungen

5.3.4.1 Umweltprobleme am Beispiel der leichtflüchtigen Chlorkohlenwasserstoffe

Die **leichtflüchtigen Chlorkohlenwasserstoffe**, abgekürzt **LCKW**, gehören zu den problematischen Chemikalien mit Risiken für die Umwelt. Zu ihnen zählen Chlorethene, Chlorethane und Chlormethane. Bedingt durch ihre physikochemischen Eigenschaften (LCKW haben ausgezeichnete öl- und fettlösende Eigenschaften und sind mit Ausnahme des unbrennbaren Tetrachlorethens und des 1,1,2-Trichlorethans nur schwer brennbar) sind die Einsatzbereiche der LCKW äußerst vielfältig.

Als Schwerpunkte der Anwendungsgebiete der gebräuchlichsten LCKW außerhalb der chemischen Industrie können folgende Bereiche angesehen werden: Metallentfettung, chemische Reinigung oder – in geringen Mengen – Lösemittel in Klebstoffen und Lacken. Sie sind ferner wichtige synthetische Chemikalien.

Aufgrund der hohen Anwendungsmengen und der Einsatzbereiche sind PER und TRI in der Umwelt weit verbreitet. Das Verhalten in und zwischen Umweltkompartimenten wird durch die recht gute Wasserlöslichkeit und hohe Flüchtigkeit bestimmt. Die Verbindungen sind durch eine relativ große Mobilität in Wasser und Atmosphäre charakterisiert. Obwohl einfache Verteilungsmodelle voraussagen, dass sie sich überwiegend in der Atmosphäre aufhalten sollten, zeigt sich, dass sie auch eine Gefahr für das Grundwasser darstellen.

Sie sind sehr mobil im Untergrund. Ihre hohe Dichte bedingt eine rasche Verfrachtung in tiefere Bodenschichten. Sorption an Böden erfolgt in Abhängigkeit des Gehaltes an organi-

Tabelle 5.11 Gebräuchliche LCKWs mit ihren Stoffeigenschaften und Produktionsmengen.

Stoffeigenschaft	Trichlorethen (Trichlorethylen, Tri, TRI)	Tetrachlorethen (Perchlorethylen, TCE, Per, PER, PCE, Tetrachlorethylen)	Dichlormethan (Methylenchlorid)	Trichlormethan (Chloroform)	1,1,1-Trichlorethan (Methylchloroform)
Dampfdruck bei 20 °C (mm Hg)	60	14	349	155	100
Wasserlöslichkeit bei 20 °C (g/L)	1,1	0,149	13,2	8,22	4,4
K_H (atm m^3/mol)	0,0103	0,0096	0,003	0,0042	0,0049
Dichte bei 20 °C	1,46	1,626	1,3255	1,489	1,35
$logP_{ow}$	2,29	2,53	1,25	1,97	2,17
Produktion (1 000 t/a)	74 EU (2000) 93 US (2001)	70 EU (2000) 152 US (2001)	147 EU (2000) 90,7 US (2003)	297 US (2003)	**verboten***

*) nach EU-Verordnung für ozonabbauende Stoffe;
in Klammern sind gebräuchliche Abkürzungen und andere Bezeichnungen angegeben
US-Daten: http://www.the-innovation-group.com/chemprofile.htm und
EU-Daten: http://ecb.jrc.it/existing-chemicals

schem Kohlenstoff, insgesamt ist die Stoffretention im Boden jedoch gering.

Die kinematische Zähigkeit der LCKW, die wesentlich unter jener von Wasser liegt, führt zusammen mit der relativ hohen Dichte dazu, dass sie in andere Materialien - auch in feinporöse, wie zum Beispiel wasserundurchlässigen Beton - eindringen und diese durchdringen. Dadurch können sie leicht und rasch in den gewachsenen Boden gelangen.

Zu den ökologischen Risiken dieser Stoffgruppe gehören also:

- Grundwasserbelastungen aus Industriealtlasten (chemische und metallverarbeitende Industrie, chemische Reinigungen, Tierkörperbeseitigungsanlagen) und die daraus resultierende Trinkwasserkontaminationen,
- die hohe aquatische Toxizität und nur langsame Abbauraten.

5.3.4.2 Möglichkeiten des mikrobiellen Abbaus von chloraliphatischen Verbindungen

Fünf verschiedene Typen von Wechselwirkung zwischen von Mikroorganismen und chloraliphatischen Verbindungen sind beobachtet worden:

1. Die Substanz dient als alleinige **Kohlenstoff- und Energiequelle** für das Wachstum aerober bakterieller Reinkulturen (Tabelle 5.12).
2. Die Substanz dient als **Wachstumssubstrat** für Organismen, die einen anderen Elektronenakzeptor als Sauerstoff verwenden (**Nitratatmung**).
3. Die Substanz dient als Wachstumssubstrat in einer **Acetogenese**.
4. Die Substanz dient nur als Substrat für Enzyme in aeroben and anaeroben Bakterien, wobei die Mikroorganismen auf einer anderen Verbindung wachsen, **Cometabolismus** (Tabellen 5.13 und 5.14).

Tabelle 5.12 Halogenierte Aliphaten als Wachstumssubstrate für aerobe bakterielle Reinkulturen.

Substrate		andere, gebräuchliche Bezeichnungen	Formeln
Haloalkane	Chlormethan	Methylchlorid	CH_3Cl
	Dichlormethan	Methylendichlorid	CH_2Cl_2
	Chlorethan	Ethylchlorid	CH_3CH_2Cl
	1,2-Dichlorethan	Ethylendichlorid	CH_2ClCH_2Cl
	1-Chlorpropan		$CH_3CH_2CH_2Cl$
	1-Bromoctan		$CH_3(CH_2)_6CH_2Br$
	1-Chloroctan		$CH_3(CH_2)_6CH_2Cl$
	1,3-Dichlorpropan		$CH_2ClCH_2CH_2Cl$
	1,9-Dichlornonan		$CH_2Cl(CH_2)_7CH_2Cl$
Haloalkene	Chlorethen	Vinylchlorid	$CH_2{=}CHCl$
	1,3-Dichlorpropen	Allyldichlorid	$CH_2ClCH{=}CHCl$
Haloalkanole	2-Chlorethanol		CH_2CH_2OH
	2,3-Dichlor-1-propanol		$CH_2ClCHClCH_2OH$
	1,3-Dichlor-2-propanol		$CH_2ClCHOHCH_2Cl$
Haloalkenole	2-Chlorallyl alkohol		$CH_2{=}CClCH_2OH$
	3-Chlorallyl alkohol		$CHCl{=}CHCH_2OH$
Haloalkanoate	Chloracetat		$CH_2ClCOOH$
	Dichloracetat		$CHCl_2COOH$
	Trichloracetat		CCl_3COOH
	2,2-Dichlorpropionat		CH_3CCl_2COOH
Haloalkenoate	3-Chloracrylat		$CHCl{=}CHCOOH$
	3-Chlorcrotonat		$CH_3CCl{=}CHCOOH$

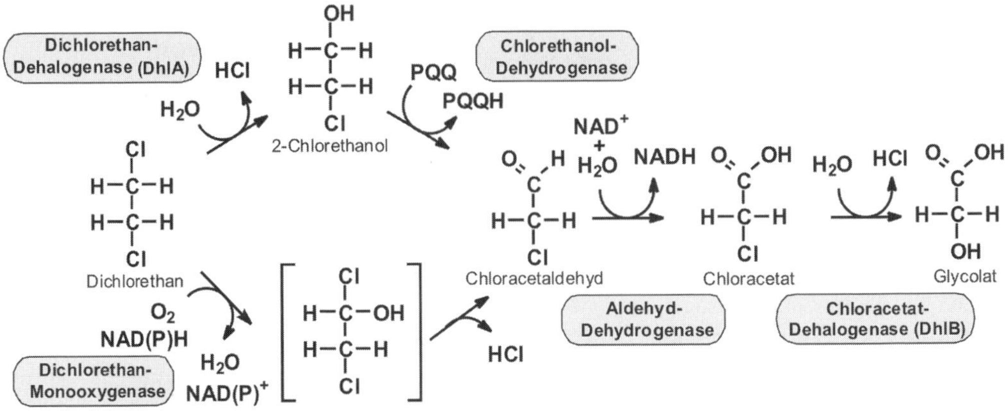

Abb 5.79 Abbauweg für 1,2-Dichloroethan in *Ancylobacter aquaticus* und *Xanthobacter autotrophicus* (oben) und *Pseudomonas* sp. Stamm DCA1 (unten).

5. Die Substanz wird als **Elektronenakzeptor** unter anaeroben Bedingungen verwendet (Tabelle 5.15).

Die Chloraliphaten können also entweder von Mikroorganismen **genutzt werden** oder es findet nur eine Transformation **zufällig und ohne Nutzen** statt, wobei in beiden Fällen Dechlorierung auftreten kann.

Die meisten LCKW können sowohl oxisch, als auch bei Fehlen von Sauerstoff, anoxisch abgebaut werden. Die Standortbedingungen entscheiden dann, welcher der möglichen Abbauwege beschritten wird. Eine Ausnahme bildet das PER: Es lässt sich bis heute nur anaerob abbauen.

Aerobes Wachstum mit Chloraliphaten

Tabelle 5.12 fasst die von aeroben Bakterien als Kohlenstoff- und Energiequelle nutzbaren Chloraliphaten zusammen. TRI ist im Closed-bottle-Test (OECD 301D) als **nicht leicht abbaubar** beurteilt worden. Man findet auch keine Reinkulturen, die mit dieser Substanz wachsen.

Verschiedene Typen von Enzymen sind in der Lage als Dehalogenasen zu fungieren: Hydrolasen, Lyasen, Hydratasen, Glutathion-Transferasen, Monooxygenasen und Methyltransferasen. Dies soll am Beispiel von Dichlorethan, 1,3-Dichlorpropen, Dichlormethan, Chlormethan und Chlorcrotonat gezeigt werden.

Dichlorethan

Zwei hydrolytische Dehalogenasen sind am Abbau von 1,2-Dichlorethan in *Ancylobacter aquaticus* und *Xanthobacter autotrophicus* beteiligt. Die Verbindung wird in vier nacheinander ablaufenden Schritten über 2-Chlorethanol, Chloracetaldehyd und Chloracetat zum Glycolat abgebaut, bevor es die zentralen Wege erreicht (Abb. 5.79). Die Dehalogenase (DhlA), die 1,2-Dichlorethan umsetzt, gehört zu der α/β-Hydrolase-Gruppe. Eine spezielle Aldehyd-Dehydrogenase ist dann für die Umsetzung des toxischen Aldehyds notwendig. Die weitere Umsetzung wird durch die Chloracetat-Dehalogenase (DhlB) durchgeführt, eine L-spezifische Halocarbonsäure-Dehalogenase.

In *Pseudomonas* sp. DCA1 leitet eine Monooxygenase-Reaktion den Abbau von 1,2-Dichlorethan ein. Der Organismus zeigt sehr hohe Affinität für das Substrat. Die Oxidation führt zur Bildung des instabilen Intermediates, 1,2-Dichlorethanol, welches spontan Chlorid freisetzt und so Chloracetaldehyd bildet. Der weitere Abbau verläuft über den für *Ancylobacter aquaticus* und *Xanthobacter autotrophicus* beschriebenen Weg.

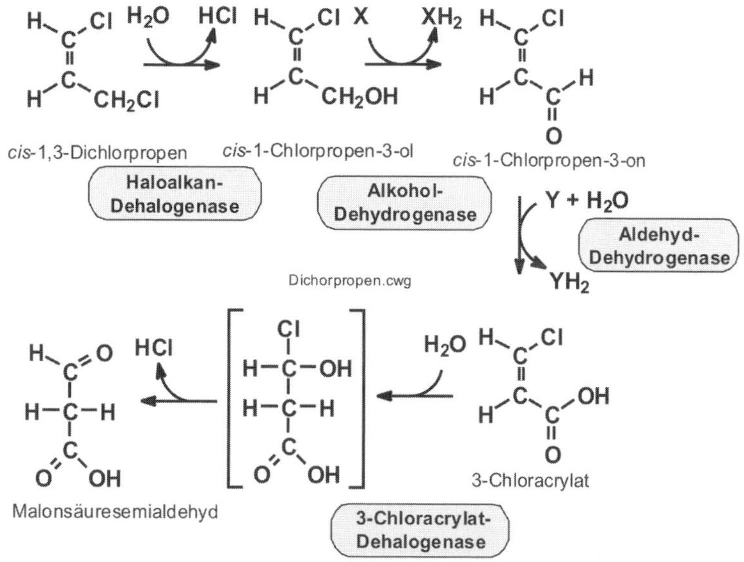

cis-1,3-Dichlorpropen · cis-1-Chlorpropen-3-ol · cis-1-Chlorpropen-3-on · Haloalkan-Dehalogenase · Alkohol-Dehydrogenase · Aldehyd-Dehydrogenase · 3-Chloracrylat · 3-Chloracrylat-Dehalogenase · Malonsäuresemialdehyd

Abb 5.80 *cis*-1,3-Dichlorpropenabbau. Der Weg funktioniert auch für das *trans*-Isomere (X und Y sind unbekannt).

1,3-Dichlorpropen

Eine Haloalkan-Dehalogenase, die 1,3-Dichlorpropen zu 3-Chloroallylalkohol hydrolysiert, wurde in *Pseudomonas cichorii* charakterisiert. Der Gesamtabbauweg mit dem zweiten Dechlorierungsschritt ist in Abbildung 5.80 dargestellt.

Dichlormethan

Glutathion-Transferasen führen beim Abbau von halogenierten Verbindungen die nucleophile Entfernung eines Halogensubstituent und weiter den spontanen Zerfall des resultierenden Glutathionaddukts durch (Abb. 5.81). Erste Hinweise auf die Beteiligung von Glutathion-Transferasen bei der bakteriellen Dehalogenierung wurden mit den fakultativ und obligat Methylotrophen der Genera *Hyphomicrobium* und *Methylobacterium* erhalten, die Dichlormethan als Kohlenstoffquelle zum Wachstum verwenden.

Dichlormethan-Dehalogenasen sind untypische Enzyme unter den Glutathion-*S*-Transferasen. Im Gegensatz zu den meisten Enzymen der Glutathion-*S*-Transferase-Superfamilie ist ihr Substratspektrum sehr eng und auf Dihalomethane beschränkt. Halomethane und Dihaloethane werden nicht umgesetzt.

Chlormethan

Aerobe methylotrophe Bakterien der Genera *Hyphomicrobium* und *Methylobacterium* sind charakterisiert worden, die Chlormethan als Wachstumssubstrat nutzen können. Physiologische und genetische Untersuchungen zeigten, dass *Methylobacterium* sp. Chlormethan durch einleitende Dehalogenierung über eine Methyltransferase-Reaktion metabolisiert. Eine Reihe von dehydrogenaseabhängigen Schritten folgt,

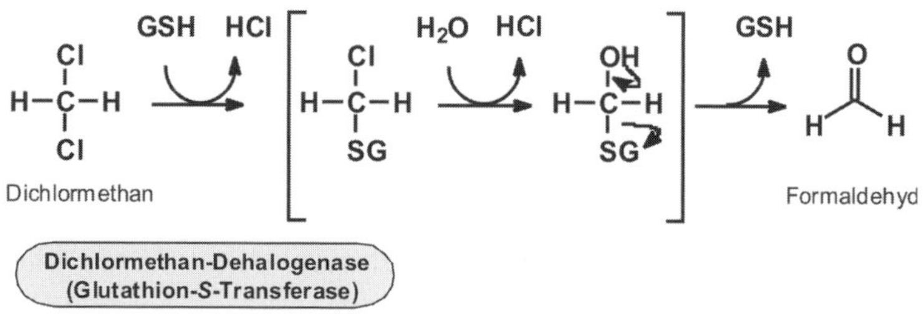

Dichlormethan · Formaldehyd · Dichlormethan-Dehalogenase (Glutathion-*S*-Transferase)

Abb 5.81 Dichlormethanabbau.

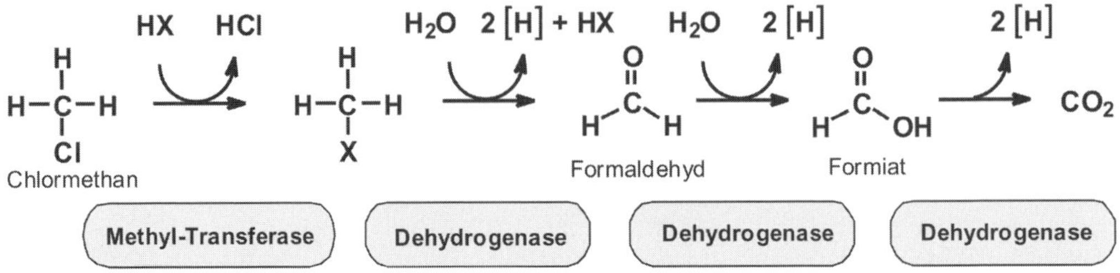

Abb 5.82 Chlormethanabbau (X = unbekannt).

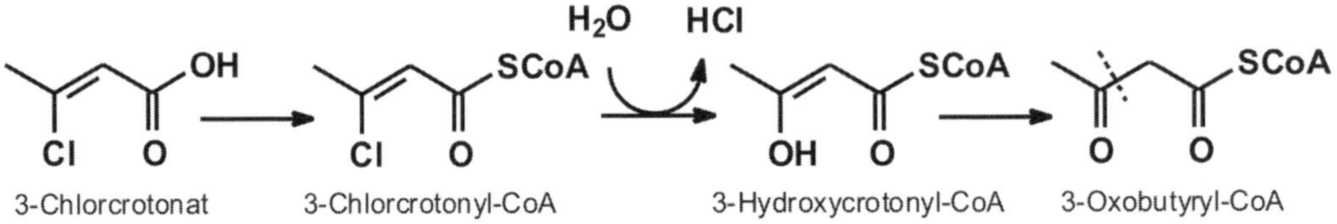

Abb 5.83 Vorgeschlagene Abbausequenz für *trans*-3-Chlorcrotonat.

die sich zu den nachfolgenden Schritten des Methanol-Metabolismus im gleichen Organismus unterscheiden. Dichlor- und Trichlormethan sind weder Wachstumssubstrat noch werden sie durch Zellen von *Methylobacterium* sp. dechloriert, welches die hohe Spezifität des Dechlorierungsschrittes verdeutlicht.

Chlorcrotonat und Chlorbutyrat

Es gibt Hinweise darauf, dass die Dehalogenierung von chlorierten Carbonsäuren nach der Bildung der CoA-Derivate erfolgen kann (Abb. 5.83). So wurde gezeigt, dass die Dechlorierung von *trans*-3-Chlorocrotonat und 3-Chlorbutyrat, die als Kohlenstoff- und Energiequelle

Tabelle 5.13 Beispiele für halogenierte aliphatische Verbindungen als Substrate für cometabolische Prozesse: ***aerobe Transformation.***

Transformations-substrat	Wachstumssubstrat	Organismen: Enzym
Trichlorethen	Methan	*Methylosinus trichosporium, Methylocystis* ssp., *Methylomonas methanica*, *Methylococcus capsulatus*
	Propan	*Mycobacterium vaccae*, *Rhodococcus* ssp.
	Phenol	*Burkholderia cepacia*, *Ralstonia eutropha*
	Toluol	*Pseudomonas putida*: Toluol-2,3-Dioxygenase *Burkholderia cepacia*: Toluol-2-Monooxygenase *Burkholderia pickettii*: Toluol-3-Monooxygenase *Pseudomonas mendocina*: Toluol-4-Monooxygenase
	Cumol	*Rhodococcus erythropolis*
	Propen	*Xanthobacter* sp.
	Isopren	*Alcaligenes denitrificans* spp. *xylosoxidans*
	Ammoniak	*Nitrosomonas europaea*
Chloroform	Toluol	*Pseudomonas* sp.: Toluol-2-Monooxygenase *Pseudomonas mendocina*: Toluol-4-Monooxygenase
Vinylchlorid	Propan	Actinomycetales, *Rhodococcus* ssp.

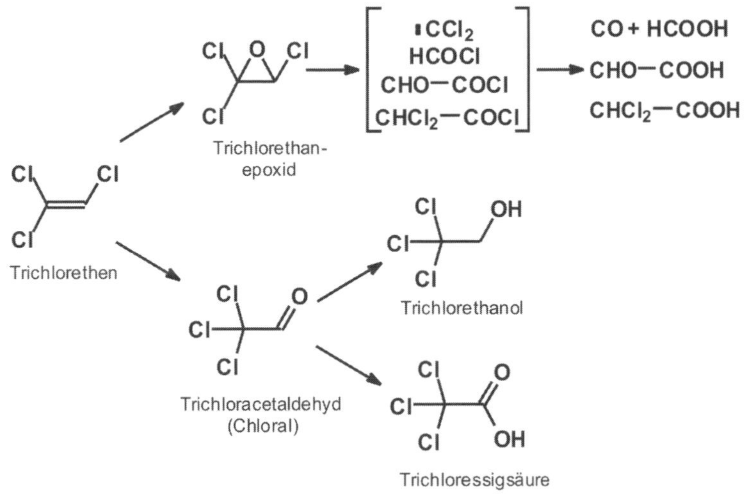

Abb 5.84 Oxidation von Trichlorethen durch die Monooxygenase von *Methylosinus trichosporium*. oben: Hauptreaktion, unten: Nebenweg; in der Klammer: reaktive Produkte der Isomerisierung beziehungsweise Hydrolyse des Epoxides.

durch *Alcaligenes* sp. verwendet werden, nach der Aktivierung der Säure zum jeweiligen CoA-Derivat durchgeführt wird. Die Dechlorierungsreaktion ist nicht verstanden. Derselbe Mechanismus könnte auch in den Organismen benutzt werden, die mit Chlorallylalkoholen wachsen.

5.3.4.2.1 Cometabolischer Abbau

Es sind bisher keine Organismen als Reinkulturen isoliert worden, die TRI oder Chloroform als Kohlenstoff- und Energiequelle nutzen können. Folglich sucht man nach alternativen Umsetzungen, zum Beispiel Cooxidationsreaktionen.

Aerobe cometabolische Prozesse

Monooxygenasen, deren Funktion die Oxidation von Naturstoffen wie Methan, Propan, Alkylarenen (Toluol, Cumol) oder Alkenen (Propen, Isopren) aber auch Phenol oder Ammoniak ist, wurden als wirksam für die Dechlorierung von Chlorethenen außer PER herausgefunden. Ferner wurden **Dioxygenase**, die im Abbau von Toluol oder Cumol fungieren, auf die Fähigkeit der Dechlorierung von TRI hin untersucht. Insgesamt beschäftigen sich die Mehrzahl der Untersuchungen mit der Möglichkeit der Beseitigung von TRI.

Der Umsatz von TRI mit den ursprünglich am häufigsten untersuchten Methan-Monooxygenasen führte zu einer Vielzahl von Produkten und auch teilweise zur Dechlorierung (Abb. 5.84). Es wurde jedoch eine schnelle Inaktivierung der Enzyme der Methylotrophen während der Transformation des TRI beobachtet.

Als besonders wirksam haben sich isoprenabbauende Bakterienstämme erwiesen. Das durch die Monooxygenase im Isoprenabbau gebildete 3,4-Epoxy-3-methyl-1-buten (Isoprenoxid) wird zum Diol hydrolysiert (Abb. 5.85). Diese Enzymaktivität scheint es den isoprenabbauenden Zellen zu ermöglichen, dass sie im Gegensatz zu methylotrophen Bakterien hohe Konzentrationen an TRI tolerieren. Es wurde angenommen, dass die Methan-Monooxygenase der methylotrophen Bakterien durch das bei der Cooxidation von TRI entstehende Epoxid schnell inaktiviert wird. Andere Intermediate, die aus dem Epoxid durch nicht-enzymatische Hydrolyse oder Isomerisierung entstehen, wie Glyoxyl-, Ameisen- und Dichloressigsäurechlorid oder Dichlorcarben, scheinen jedoch die eigentlichen Agenzien für die Enzymschädigung in den methylotrophen Bakterien zu sein. Bei isoprenabbauenden Zellen liefern nach der Diolbildung die folgenden Reaktionen ohne Aktivitätsverlust drei Äquivalente Chlorid. Der Vorteil von Isopren gegenüber Methan als Cosubstrat wird darin gesehen, dass durch die Epoxid-Hydrolase drei Äquivalente Chlorid abgespalten werden und eine Inaktivierung weitgehend unterbleibt.

Eine stöchiometrische Freisetzung von Chlorid aus TRI wird auch beobachtet, wenn

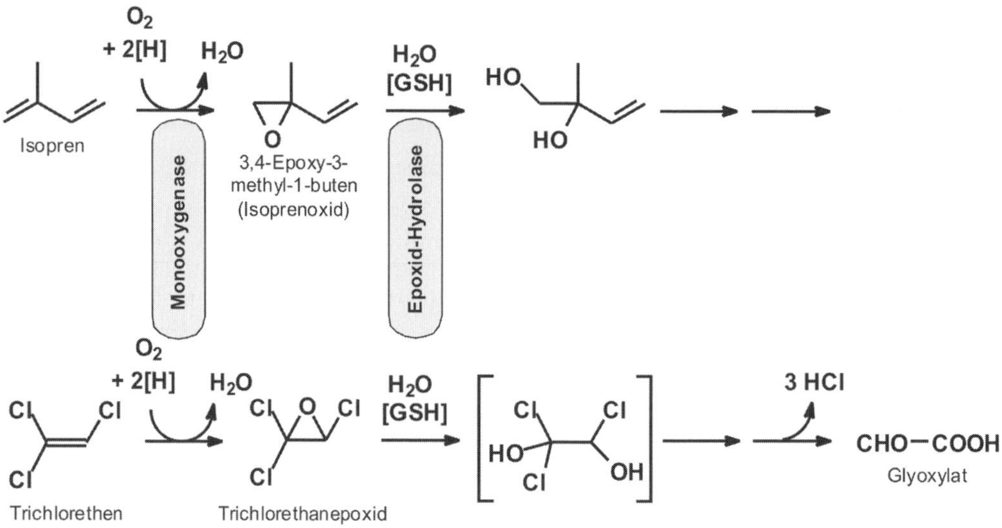

Abb 5.85 Initialreaktionen des Abbaus von Isopren (oben) und des Cometabolismus von Trichlorethen (unten) durch *Rhodococcus erythropolis*.

die Substanz durch Bakterien umgesetzt wird, die mit Cumol (Isopropylbenzol) als Energiesubstrat isoliert worden sind. Offensichtlich ist die direkte Bildung des instabilen Diols (1,2-Dihydroxy-1,1,2-trichlorethan) auf eine unspezifischen Isopropylbenzol-2,3-Dioxygenase zurückzuführen.

Geringere Inaktivierung beim Umsatz von TRI wurde auch mit Toluol-2-Monooxygenase beobachtet, Produkte sind CO, Formiat und Glyoxylat.

Festzuhalten ist, dass immer das natürliche Substrat gefüttert werden muss. Nur wenn immer neues Enzym gebildet wird, kann die

Tabelle 5.14 Beispiele für halogenierte aliphatische Verbindungen als Substrate für cometabolische Prozesse: ***anaerobe Transformation durch Reinkulturen.***

Transformations-substrat	nachgewiesene Produkte	Organismen
Tetrachlormethan	Trichlormethan, Dichlormethan, Chlormethan, CO_2	*Methanobacterium thermoautotrophicum, Methanosarcina barkeri, Desulfobacterium autotrophicum, Acetobacterium woodii, Clostridium thermoaceticum, Shewanella putrefaciens*
Trichlormethan	Dichlormethan, Chlormethan	*Methanosarcina* spp.
1,2-Dichlorethan	Chlorethan, Ethen	Methanogene
1,1,1-Trichlorethan	1,1-Dichlorethan	*Methanobacterium thermoautotrophicum, Desulfobacterium autotrophicum, Acetobacterium woodii, Clostridium* sp.
Bromethan	Ethan	Methanogene
1,2-Dibromethan	Ethen	Methanogene
Tetrachlorethen	Trichlorethen	Methanogene, *Desulfomonile tiedjei, Methanosarcina* sp., *Acetobacterium woodii*
1,2-Dibromethen	Acetylen	Methanogene

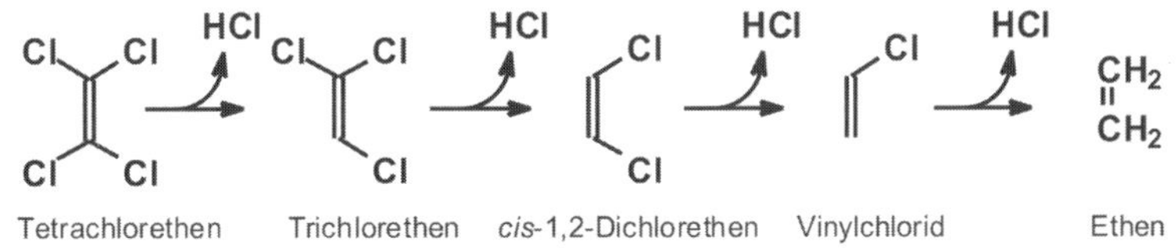

Cl Cl HCl Cl Cl HCl Cl HCl Cl HCl CH_2 = CH_2
Cl Cl Cl Cl
Tetrachlorethen Trichlorethen *cis*-1,2-Dichlorethen Vinylchlorid Ethen

Abb 5.86 Sukzessive Dechlorierung von Tetrachlorethen.

Transformation erfolgen. TRI ist normalerweise kein Induktor für die cooxidierenden Enzyme, Anstrengungen zur Beseitigung dieses Problems werden unternommen.

Anaerobe cometabolische Prozesse

Cometabolische Umsetzungen unter anaeroben Bedingungen wurden für eine Vielzahl von Chlor/Brom C_1- und C_2-Verbindungen untersucht. Tabelle 5.14 fasst Daten mit Reinkulturen zusammen.

Ferner wurden Dechlorierungen insbesondere von PER und TRI in der Umwelt untersucht. Sukzessive können die Chlorsubstituenten mittels mikrobieller Populationen eliminiert werden. Aus PER entsteht TRI. Im zweiten Abbauschritt wird TRI dann in *cis*-Dichlorethen (*c*DCE) umgewandelt. Das andere Stereoisomere, *trans*-Dichlorethen, entsteht in nennenswertem Umfang nur bei abiotischen Prozessen, also bei Vorgängen, die nicht an die Anwesenheit von Organismen gebunden sind. Der biologische Abbau von LCKW führt dagegen hauptsächlich zu *cis*-Dichlorethen, seine Bildung ist also ein Indiz für die Anwesenheit von mikrobieller Abbauaktivität für TRI und PER in einem Umweltmedium.

Der dritte Schritt der Dechlorierungssequenz wandelt *cis*-Dichlorethen in Vinylchlorid um. Da er krebserregend ist, darf der biologi-

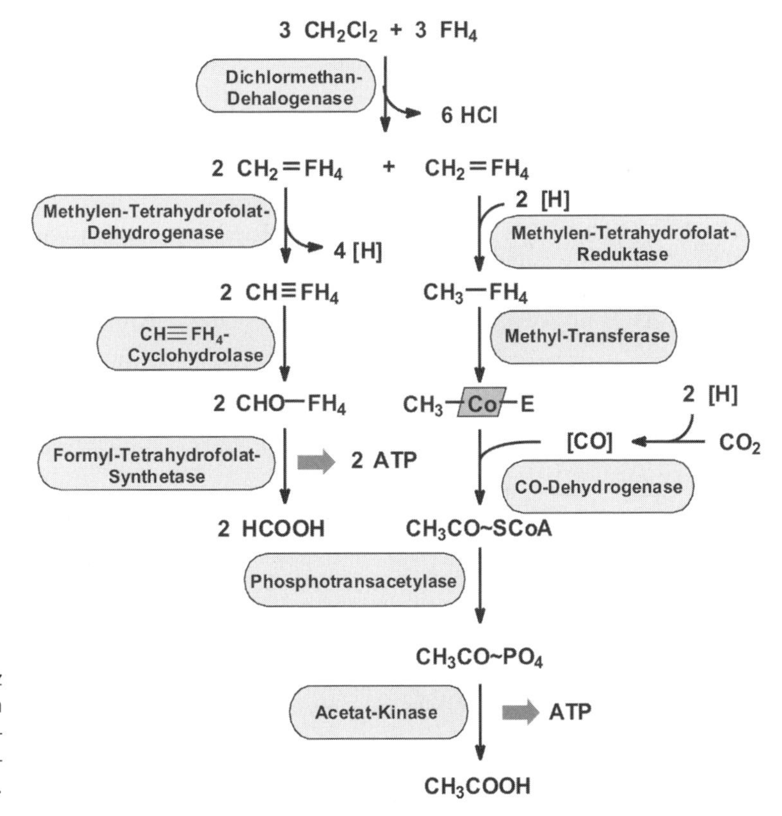

Abb 5.87 Abbausequenz für Dichlormethan durch *Dehalobacterium formicoaceticum* (FH_4 = Tetrahydrofolat).

sche Abbau an dieser Stelle also keinesfalls zum Erliegen kommen. Dies verhindert der letzte Schritt der Dechlorierung, bei dem Vinylchlorid zu einer chlorfreien Verbindung umgewandelt wird, nämlich zu Ethen. In vielen Fällen bleibt der Abbau von TRI und PER aber auf der Stufe des *cis*-Dichlorethens stehen.

5.3.4.2.2 Chloraliphaten mit Nutzen für anaerobe Mikroorganismen

Acetogenese von Chlormethanen

Chlor- und Dichlormethan können für anaerobe Organismen wie *Dehalobacterium formicoaceticum* als Wachstumssubstrat in einer Acetogenese dienen. Die Abbausequenz für Dichlormethan ist in Abbildung 5.87 dargestellt. Es werden pro 3 Mol Dichlormethan 3 ATP sowie die Produkte Acetat und Formiat im molaren Verhältnis von eins zu zwei gebildet. Im ersten Reaktionsschritt werden durch die Dichlormethan-Dehalogenase die beiden Chlorsubstituenten eliminiert, es entsteht Methylen-Tetrahydrofolat. Zwei Drittel werden zu Formiat oxidiert, während ein Drittel des Methylen-Tetrahydrofolat zu Acetat umgesetzt wird, indem CO_2 durch die Acetyl-CoA-Synthetase-Reaktion eingebaut wird. Eine ausgeglichene Bilanz bei den Reduktionsäquivalenten ergibt sich durch die Oxidation im Acetyl-CoA-Weg und dem Verbrauch durch die Methylen-Tetrahydrofolat-Reduktase sowie die CO-Dehydrogenase. Ein ATP wird über Substratstufen-Phosphorylierung durch die Acetat-Kinase gebildet. Der Nachweis einer ATP-Synthase spricht zudem für einen chemiosmotischen Mechanismus der ATP-Bildung.

Chlorethene als Elektronenakzeptoren

Polychlorierte Ethene wie PER und TRI können als Elektronenakzeptor unter anaeroben Bedingungen verwendet werden (Tabelle 5.15). Es findet eine reduktive Dechlorierung statt, die meistens auf der Stufe des *cis*-Dichlorethens endet. Bei *Dehalococcoides ethenogenes* 195 wird vollständige Dechlorierung und Bildung von Ethen beobachtet.

Abbildung 5.88 zeigt ein vereinfachtes Schema der Energiebildung während der reduktiven Dechlorierung von Tetrachlorethen zum *c*DCE mit Wasserstoff als Elektronendonor. Es findet kein H^+-Transport durch die Membran statt, sondern ein **Verbrauch** von H^+ innen und **Bildung** von H^+ außen und damit die Bildung eines Protonengradienten. Dieser wird dann durch die ATP-Synthase für die ATP-Erzeugung genutzt.

Tabelle 5.15 Bakterien, die Tetrachlorethen als Elektronenakzeptor nutzen, sowie die dabei gebildeten Produkte.

Stamm	Elektronendonor	Elektronenakzeptor	Dechlorierungsprodukt aus PER
Sulfospirillum (Dehalospirillum) multivorans	H_2, Formiat, Lactat, Pyruvat, Ethanol, Glycerol	PER, TRI	*c*DCE
Dehalobacter restrictus PER-K23*	H_2	PER, TRI	*c*DCE
Desulfitobacterium sp. PCE-1	Formiat, Lactat, Pyruvat, Ethanol, Butyrat, Succinat	PER	TRI
Desulfitobacterium frappieri PCE-S	H_2, Acetat, Pyruvat	PER, TRI	*c*DCE
Dehalococcoides ethenogenes 195	H_2	PER, TRI	Ethen
Desulfuromonas chloroethenica TT4B	Acetat, Pyruvat	PER, TRI	*c*DCE
Desulfitobacterium frappieri TCE1	H_2, Formiat, Lactat, Ethanol, Butyrat, Crotonat	PER, TRI	*c*DCE

* Eine Eigentümlichkeit von *Dehalobacter restrictus* ist, dass bisher nur PER als Elektronenakzeptor benutzt werden kann. Als „natürlicher" Akzeptor könnten Huminstoffe fungieren.

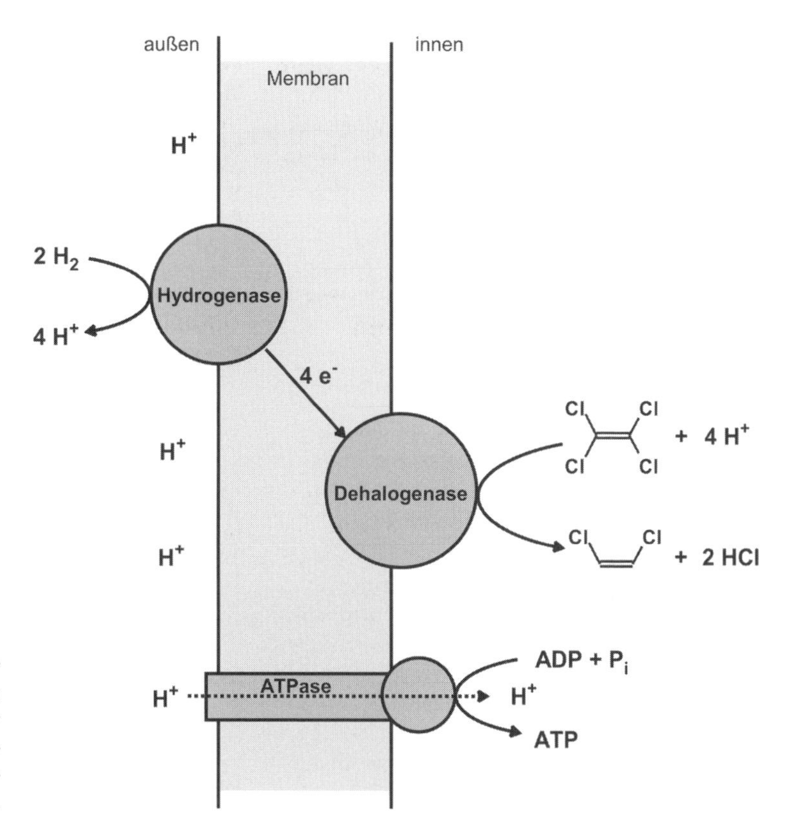

Abb 5.88 Schema der Dehalorespiration von Tetrachlorethen, skalarer Mechanismus der Erzeugung des Protonengradienten.

5.4 Abbau und Humifizierung von Nitroaromaten

5.4.1 Umweltproblem durch Nitroaromaten

Nitroaromaten sind bedeutende Bausteine für chemische Synthesen von Farbstoffen, Herbiziden, Pharmazeutika, Polyurethan-Schäumen, aber auch für weit verbreitete Duftstoffe (Moschus Xylol und Moschus Keton). Einträge über Industrieabwasser in die Umwelt beschränken sich im Wesentlichen dementsprechend auf den Wasserpfad. Di- und besonders Trinitroderivate des Benzols, Toluols und Phenols haben für die Herstellung von Sprengstoffen Bedeutung, weshalb man Kontaminationen von 2,4,6-Trinitrotoluol (TNT), Trinitrobenzol, Pikrinsäure (2,4,6-Trinitrophenol) häufig im Untergrund ehemaliger Anlagen zur Herstellung und Verarbeitung von Sprengstoffen findet. Die Gesamtproduktion von TNT, des wichtigsten Sprengstoffes des Zweiten Weltkrieges, belief sich im Dritten Reich auf über 800 000 Tonnen. Im Dritten Reich wurde bis zum Ende des Zweiten Weltkrieges in zwanzig Produktionsstätten Munition produziert und gelagert. Die Munitionsanstalten waren über das ganze Land verteilt. Eine Studie von 1996 listet 3 240 Verdachtsflächen für Rüstungsaltlasten auf, von denen mindestens 750 potenziell mit Explosivstoffen kontaminiert sind. Man schätzt, dass sich die kontaminierten Flächen auf über 10 000 Quadratkilometer aufsummieren.

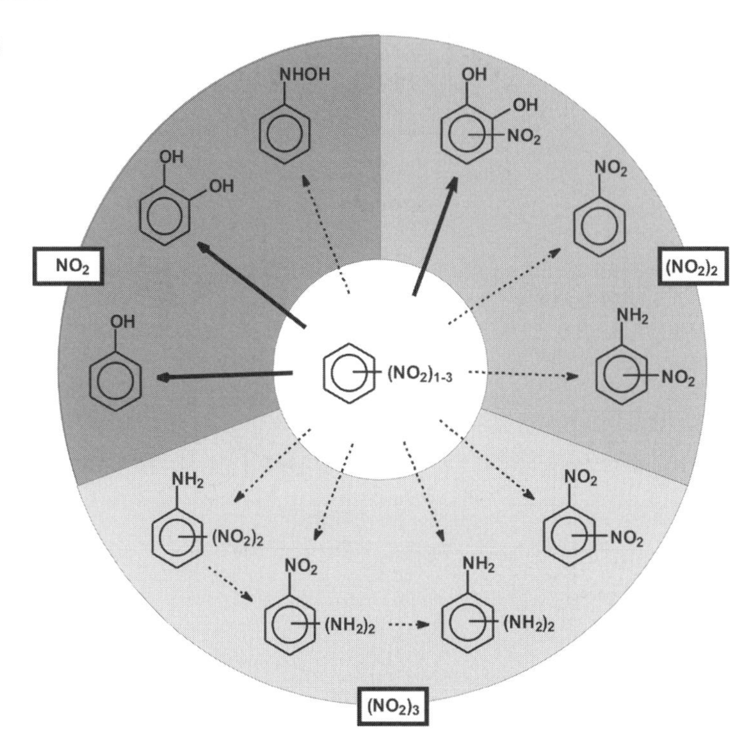

Abb 5.89 Initialreaktionen beim mikrobiellen Abbau von Nitroaromaten: die drei Segmente zeigen die entstehenden Produkte bei Abbau von mononitro- (dunkelgrau), dinitro- (mittelgrau) und trinitrosubstituierten Verbindungen (hellgrau); volle Pfeile stehen für oxidative, unterbrochene Pfeile für reduktive Mechanismen.

5.4.2 Möglichkeit des mikrobiellen Abbaus von Nitroaromaten

Es sind verschiedene initiale Reaktionen für die Eliminierung von Nitrogruppen von Nitroaromaten nachgewiesen worden (Abb. 5.89):

1. Oxidative Abspaltung von Nitrit.
2. Reduktion einer Nitrogruppe und Abspaltung von Ammonium.
3. Reduktion des aromatischen Ringes und Eliminierung von Nitrit.

Der erstgenannte Abbaumechanismus ist unter aeroben Bedingungen für verschiedene Mono- und Dinitroaromaten (4-Nitrophenol, Nitrobenzol, 2,4-Dinitrotoluol, 2,6-Dinitrotoluol) beschrieben worden. Die genannten Nitroaromaten werden als Wachstumssubstrat verwertet. Die Eliminierung der Nitrogruppe läuft wie folgt ab: (1) Eine **Monooxygenase** bildet aus *p*-Nitrophenol einen labilen *gem*-Nitroalkohol, aus welchem spontan Nitrit eliminiert wird (Abb. 5.90). Das entstandene Chinon wird durch eine Reduktase in das Ringspaltungssubstrat Hydrochinon umgewandelt. (2) Eine **Dioxygenase** bildet Brenzcatechin, indem sie ein labiles Dihydrodiol zum Beispiel aus Nitrobenzol erzeugt, welches spontan rearomatisiert und dabei die Abspaltung von Nitrit bewirkt. Der weitere Abbau erfolgt über bekannte Wege.

Die zweite Alternative ist für den aeroben Abbau von 4-Nitrotoluol beschrieben worden und vereint oxidative und reduktive Schritte (Abb. 5.91): Drei Oxidationsschritte bewirken die Umwandlung von 4-Nitrotoluol zum 4-Nitrobenzoat. Die anschließende Reduktion der Nitrogruppe erfolgt über die Zwischenstufe Nitroso- (R-NO) zur Hydroxylamino-Verbindung (R-NHOH), aus der mittels Lyase Ammonium freigesetzt wird. Es handelt sich also um eine so genannte partielle Reduktion der Nitrogruppe, da sie auf der Stufe der Hydroxylaminogruppe endet und nicht vollständig bis zur Aminogruppe ($R\text{-}NH_2$) verläuft.

Cometabolisch wurde die initiale Reduktion einer Nitrogruppe beobachtet, die schrittweise über die Zwischenstufen Nitroso- und Hydroxylamino- zur Aminogruppe führt, wobei häufig die Akkumulation von Produkten des Teilabbaus auftrat.

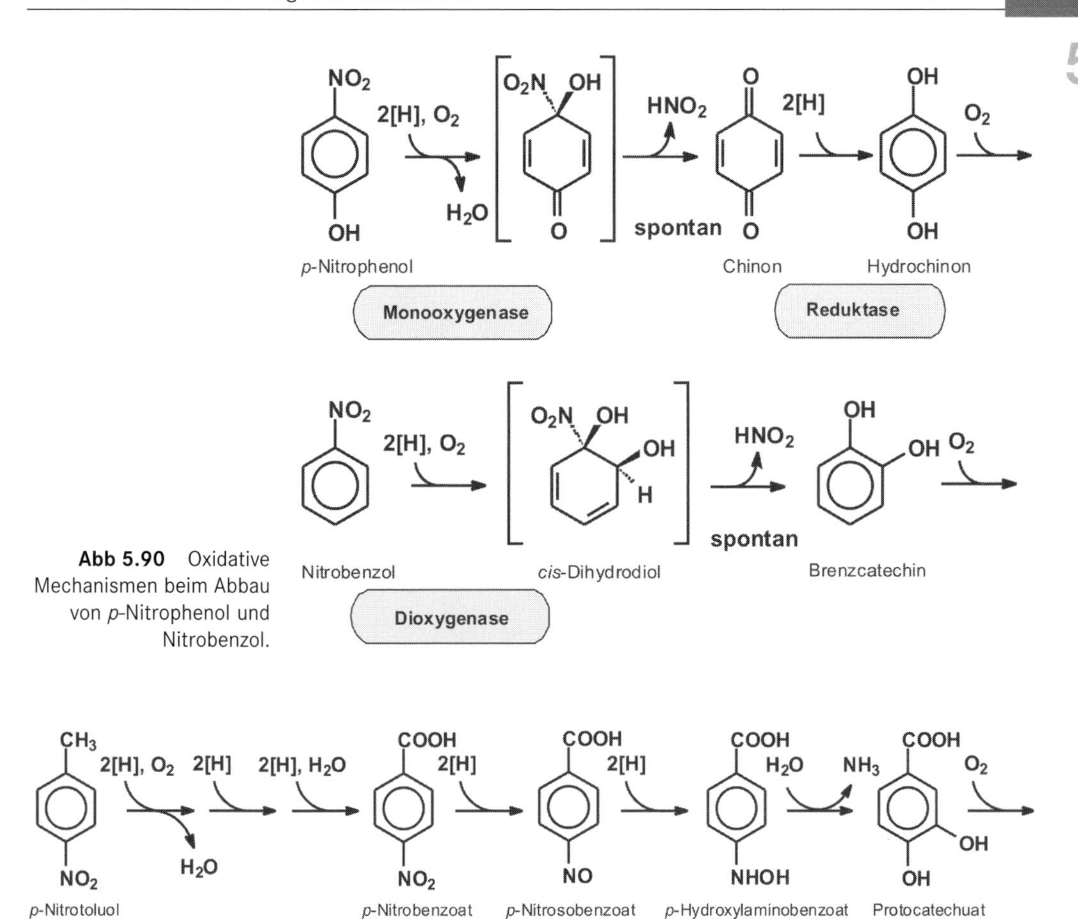

Abb 5.90 Oxidative Mechanismen beim Abbau von *p*-Nitrophenol und Nitrobenzol.

Abb 5.91 Reaktionsfolge beim Abbau von 4-Nitrotoluol.

Pikrat Hydrid-Meisenheimer-Komplex 2,4-Dinitrophenol

Abb 5.92 Reaktionsfolge des Abbaus von Pikrinsäure mit Bildung eines Hydrid-Meisenheimer-Komplexes.

Als ungewöhnliche initiale Reaktion ist die Reduktion des aromatischen Ringes für Polynitroaromaten wie TNT, 2,4-Dinitro- und 2,4,6-Trinitrophenol (Pikrinsäure) beschrieben worden. Die enzymatisch katalysierte Hydrierung des Ringes führt zu gefärbten Hydrid-Meisenheimer-Komplexen, aus denen Nitrit eliminiert wird (Abb. 5.92). Es konnten Bakterienstämme isoliert werden, die Dinitrophenol und Pikrinsäure über Hydrid-Meisenheimer-Komplexe denitrieren und sie als Kohlenstoff-, Energie- und Stickstoffquelle nutzen können. Dieselben Stämme vermögen auch TNT reduktiv zu hydrieren, eine Abspaltung von Nitrit erfolgt jedoch nicht.

Aufgrund seiner elektrophilen Eigenschaften und der chemischen Struktur ist TNT biologisch schwer mineralisierbar. Durch die dreifache Substitution mit Nitrogruppen ist TNT hochoxidiert und vor einem oxidativen Angriff aerober Mikroorganismen weitgehend geschützt. Für eine mikrobielle Umsetzung kommen daher nur reduktive Initialreaktionen in Frage. Offensichtlich ist die Fähigkeit zur anaeroben Reduktion von Nitrogruppen zu Aminogruppen in anaeroben Populationen, wie beim TNT gezeigt, ubiquitär verbreitet. Daneben kann es durch aerobe Bakterien auch zu einer reduktiven Ring-Hydrierung kommen. Durch **aerobe Mikroorganismen** konnte bisher nur eine partielle Reduktion der Nitrogruppen nachgewiesen werden, unter **anaeroben Bedingungen** ist hingegen eine vollständige Reduktion der Nitrogruppen möglich. TNT wird dabei über Aminodinitrotoluol (ADNT) (4-Amino-2,6-dinitrotoluol beziehungsweise 2-Amino-4,6-dinitrotoluol) und Diaminonitrotoluol (DANT) (2,6-Diamino-4-nitrotoluol beziehungsweise 2,4-Diamino-6-nitrotoluol) zu Triaminotoluol (TAT) reduziert. Verglichen mit der hohen Umsatzrate des TNT gehen die Geschwindigkeiten des Umsatzes von Aminodinitro- und Diaminonitrotoluol mit der Zahl der reduzierten Nitrogruppen zurück.

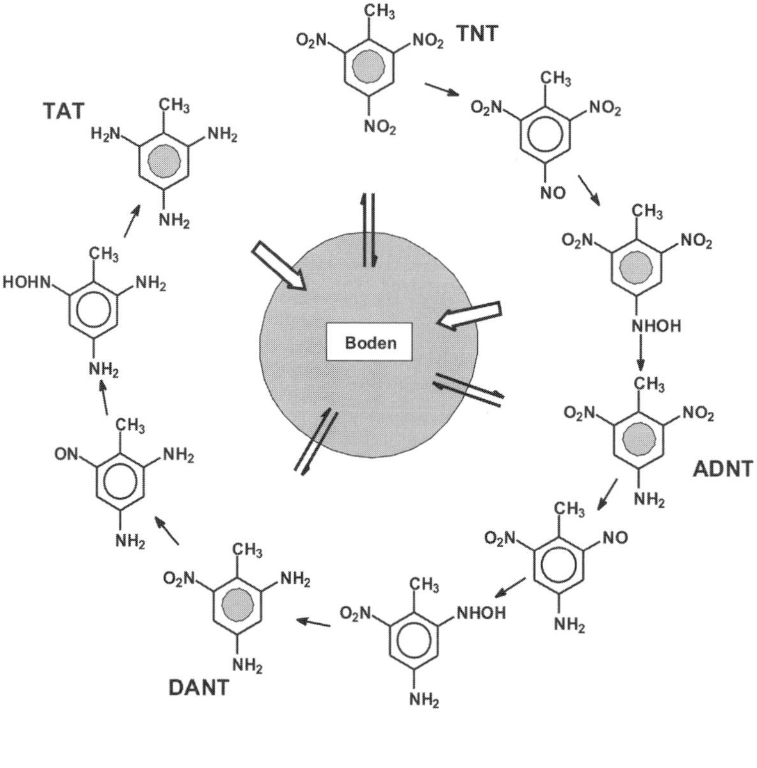

Abb 5.93 Wechselwirkung von TNT und nachgewiesenen Metaboliten mit dem Boden. Irreversible Sorptionen sind durch starke hohle Pfeile dargestellt. Metabolite mit Tendenz zur Bindung an Bodenbestandteile sind durch Färbung der Ringe kenntlich gemacht.

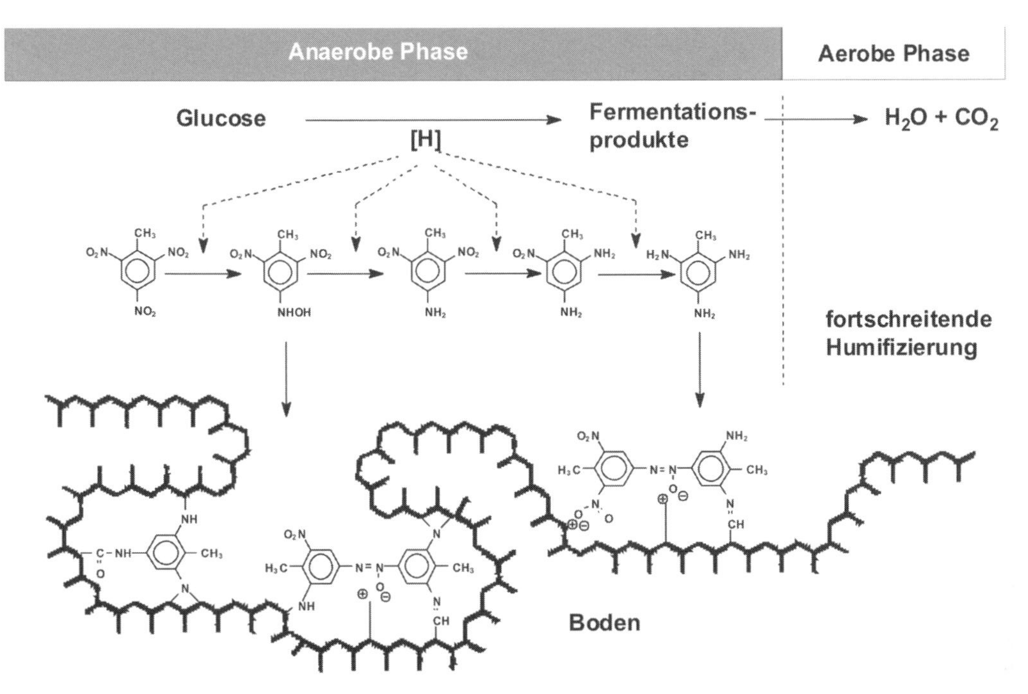

Abb 5.94 Reduktion und kovalente Einbindung der Transformationsprodukte von TNT in die Huminstoffe des Bodens während einer Anaerob-Aerob-Behandlung in Bodensuspension (nach Achtnich et al., 1999).

5.4.3 TNT-Eliminierung durch Sequestierung an Boden

In den letzten Jahren wurden Verfahren zur biologischen Sanierung TNT-kontaminierter Böden entwickelt. Sie beruhen – da ein vollständiger Abbau des TNT im Boden nicht erfolgt – auf einer Festlegung der TNT-Metabolite in Form nicht-extrahierbarer Rückstände. Im Wesentlichen wird dabei durch Zugabe von leicht abbaubaren Kohlenstoffquellen auf eine cometabolische Reduktion des TNT und eine nachfolgende Einbindung dieser Metabolite in die organische Bodenmatrix abgezielt. Für TNT und seine reduzierten Metabolite ist sowohl eine Sorption an Tonminerale als auch eine Sorption und Bindung an die organische Substanz des Bodens beschrieben worden.

Als Verfahren zur Einbindung von TNT in die Huminstoffe sind ein zweistufiger Anaerob/Aerob-Prozess in Bodensuspension (siehe Abb. 5.94) und verschiedenen Kompostierungsverfahren erprobt worden.

5.5 Abbau von aromatischen Sulfonsäuren und Azofarbstoffen

5.5.1 Aromatische Sulfonsäuren

5.5.1.1 Verwendung und Umweltrelevanz

Weltweit werden rund 1,5 Millionen Tonnen **Lineare Alkylbenzolsulfonate** (LAS) pro Jahr produziert. Sie finden ihre Verwendung in pulverförmigen, aber auch flüssigen Wasch-, Spül- und Reinigungsmitteln. Lineare Alkylbenzolsulfonate bestehen aus aromatischen Sulfonsäuren, die in *para*-Stellung mit linearen Alkylketten verbunden sind. Zur Gruppe der anionischen Tenside gehörend sind die LAS ein Gemisch verschiedener Isomere mit Kettenlän-

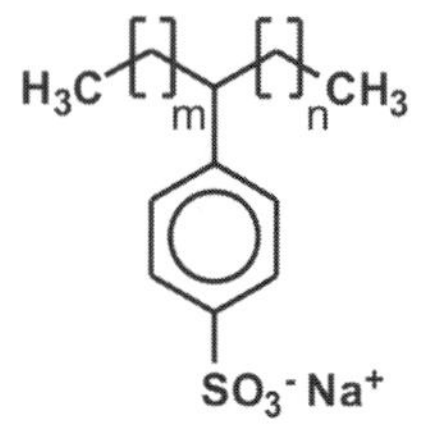

Abb 5.95 Struktur von Linearen Alkylbenzolsulfonaten.

gen zwischen zehn und 13 C-Atomen. Durch ihre sowohl polare (SO_3H-Gruppe) als auch apolare Struktur (C-Kette) sind sie einerseits wasserlöslich, zeigen aber andererseits auch eine Affinität zu Fetten, wodurch sie ihre oberflächenaktiven Eigenschaften erhalten.

LAS zählen zu den Tensiden, deren Nachweis mittels des Summenparameters methylenblauaktive Substanzen „**MBAS**" erfolgen kann.

Die Gewässertoxizität der LAS wird wie folgt beschrieben: Je länger die C-Kette des hydrophoben Teiles des Moleküls ist, desto höher ist die aquatische Toxizität. Es wurde bei *Daphnia magna* eine LD_{50} von 8,5 Milligramm pro Liter nach 48 Stunden Exposition festgestellt.

Neben den Alkylbenzolsulfonaten sind aromatische Aminosulfonsäuren als Vorstufen und Abbauprodukte von Azofarbstoffen von großer Bedeutung.

Der Anteil aromatischer Sulfonsäuren betrug 1978 im Niederrhein sieben bis 15 Prozent der gesamten, organischen Fracht, abhängig von den jahreszeitlichen Schwankungen der Wasserführung, und machte schon damals die Bedeutung als wichtige Kontamination deutlich.

5.5.1.2 Abbau von aromatischen Sulfonsäuren

Aromatische Sulfonsäuren sind hochpolare Stoffe und besitzen insbesondere durch das Vorhandensein der Sulfonsäuregruppe hohen Fremdstoffcharakter.

Nach dem Gebrauch gelangt der größte Teil der als Reinigungsmittel verwendeten LAS ins Abwasser und in weiterer Folge zur Kläranlage. Sie sind biologisch unter aeroben Bedingungen gut und rasch, unter anaeroben Bedingungen nicht abbaubar. Der Gesamt-Eliminierungs-

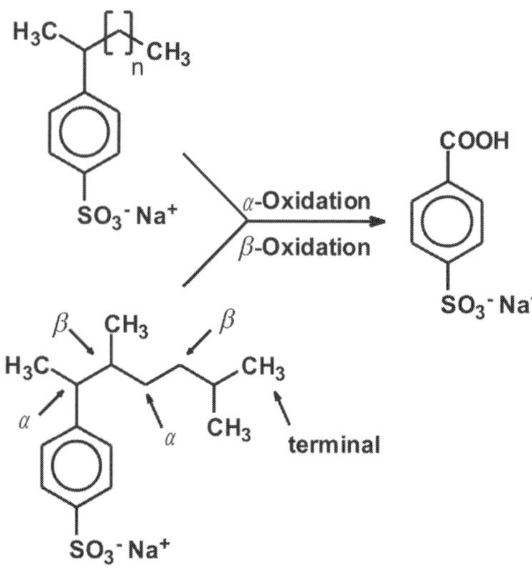

Abb 5.96 Abbau der LAS und verzweigtkettiger Alkylbenzolsulfonate (mögliche Oxidationen in der Seitenkette sind durch Pfeile markiert) und Bildung von Sulfobenzoat.

grad für die LAS liegt bei einer biologischen dreistufigen Abwasserreinigungsanlage (Belebtschlammverfahren) in der Regel über 99 Prozent. Da LAS anaerob nicht abgebaut werden, reichern sie sich in Faultürmen an und stellen neben Nonylphenol (Hauptmetabolit der Alkylphenolethoxylate) die mengenmäßig wichtigsten, xenobiotischen organischen Substanzen im Klärschlamm dar.

Bei der Isolierung von Bakterien, die aromatische Sulfonsäuren nutzen können, wurden zwei Strategien angewendet: (1) Die Sulfonsäuren wurden als Kohlenstoff- und Energiequelle eingesetzt; (2) sie dienten als Schwefelquelle. Beide Wege führten zum Erfolg, wenngleich die Versuche mit Sulfonsäuren als Schwefelquelle sehr schwierig waren, da im Vergleich zu Kohlenstoff nur ein Gewichtsanteil von 1/500 vom Schwefel gebraucht wird. Geringe Verunreinigungen durch andere Schwefelquellen mussten deshalb ausgeschlossen werden.

Im Weiteren werden die Abbausequenzen von Organismen angesprochen, die Substanzen als Kohlenstoff- und Energiequelle nutzen. Der Abbau von LAS und auch von verzweigtkettigen Alkylbenzolsulfonaten erfolgt zunächst an der Alkylkette, wobei die beim Abbau von Alkanen bekannte Enzymfolge wie die terminale Monooxygenase und/oder α-Oxidation und

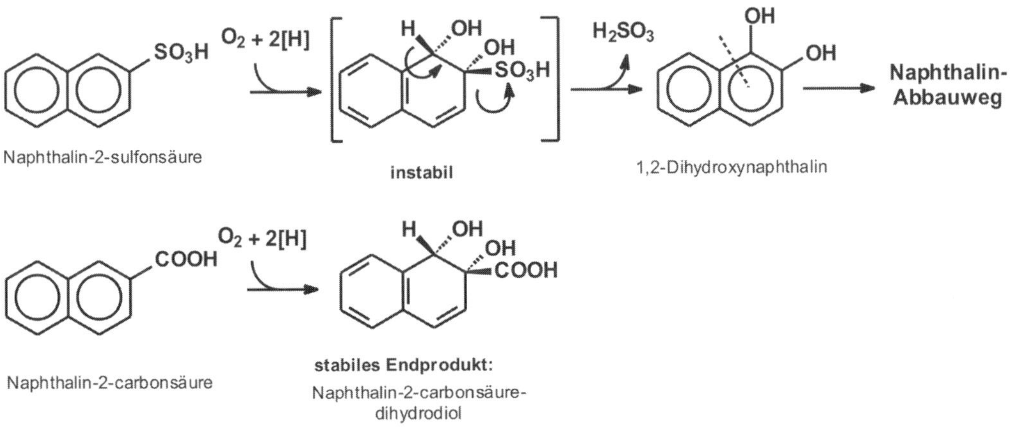

Naphthalin-2-sulfonsäure
O_2 + 2[H]
instabil
H_2SO_3
1,2-Dihydroxynaphthalin
Naphthalin-Abbauweg

Naphthalin-2-carbonsäure
O_2 + 2[H]
stabiles Endprodukt:
Naphthalin-2-carbonsäure-dihydrodiol

Abb 5.97 Einleitende Dioxygenierung mit Eliminierung der Sulfonsäuregruppe für Naphthalin-2-sulfonsäure sowie analoge Reaktion mit Naphthalin-2-carbonsäure zur Bildung des stabilen Dihydrodiols (nach Beckmann).

nachfolgend β-Oxidations-Kaskade abläuft. Es wird so Sulfobenzoat gebildet.

Wichtige Ergebnisse zum mikrobiellen Abbau von aromatischen Sulfonsäuren wurden mit Naphthalin-2-sulfonsäure als Kohlenstoff- und Energiequelle erhalten. Die Desulfonierung, der entscheidende Schritt im Abbau, erfolgt einleitend mittels einer **Dioxygenase**, die ein instabiles Produkt erzeugt. Die inerte C-SO_3H-Bindung wird so destabilisiert (Sauerstoff und SO_3H-Gruppe sitzen am selben Kohlenstoffatom), dass spontan die SO_3H-Gruppe als Sulfit eliminiert wird und 1,2-Dihydroxynaphthalin, ein Metabolit des Naphthalin-Abbaus entsteht. Es ist also kein spezifisches Enzym für die Desulfonierung verantwortlich, sondern eine „normale" Naphthalin-1,2-Dioxygenase führt den Schritt der Aktivierung des aromatischen Ringes durch. Dies wurde wie folgt gezeigt: Wurde statt Naphthalin-2-sulfonsäure Naphthalin-2-carbonsäure eingesetzt, so entstand ein stabiles Produkt, welches ausgeschieden wurde und isoliert werden konnte. Die eigentliche Eliminierung der SO_3H-Gruppe läuft also spontan ab. Beim Abbau der Naphthalin-2-sulfonsäure wird die im Naphthalinabbau der ringaktivierenden Dioxygenase-Reaktion folgende Dehydrogenase übersprungen, da durch die Freisetzung von Sulfit sofort die Diphenol-Stufe erreicht wird.

Am Beispiel von 6-Aminonaphthalin-2-sulfonat sowie *p*-Toluolsulfonat lässt sich die Vielschichtigkeit des Abbaus von aromatischen Sulfonsäuren gut darstellen.

Der Abbau von 6-Aminonaphthalin-2-sulfonat macht deutlich, dass die Zusammenarbeit von Stämmen für den gesamten Abbau manchmal notwendig ist. Entscheidend für den Abbau dieses Fremdstoffes ist zunächst, wie in Abbildung 5.98 gezeigt, die Doppelhydroxylierung durch den Bakterienstamm BN6, die die spontane (nicht-enzymatische) Abspaltung der Sulfonsäuregruppe als Sulfit zur Folge hat. Eine Limitierung des Abbaus besteht auf der Stufe des 5-Aminosalicylats, das durch den desulfonierenden Stamm nicht weiter umgesetzt, sondern an das Medium abgegeben wird. Durch die Verwertung der drei C-Atome (als Pyruvat) des sulfonierten Ringes ist zwar der für den Bakterienstamm BN6 gewinnbringende Abbau denkbar, jedoch wird erst durch das Vorhandensein eines zweiten Bakterienstammes BN9, der das 5-Aminosalicylat als Wachstumssubstrat sehr effizient verwertet, ein vollständiger Abbau von 6-Aminonaphthalin-2-sulfonat erreicht.

Das Beispiel des Abbaus von *p*-Toluolsulfonat macht deutlich, dass die Eliminierung der Sulfonsäuregruppe sowohl **direkt** durch einleitende ringaktivierende Dioxygenierung als auch **auf einer späteren Stufe** durch die Dioxygenierung mittels Sulfobenzoat-1,2-Dioxygenase erfolgen kann (Abb. 5.99).

Analoge Reaktionsfolgen, die man aus dem Abbau von Chloraromaten mit Chlorbrenzcate-

5

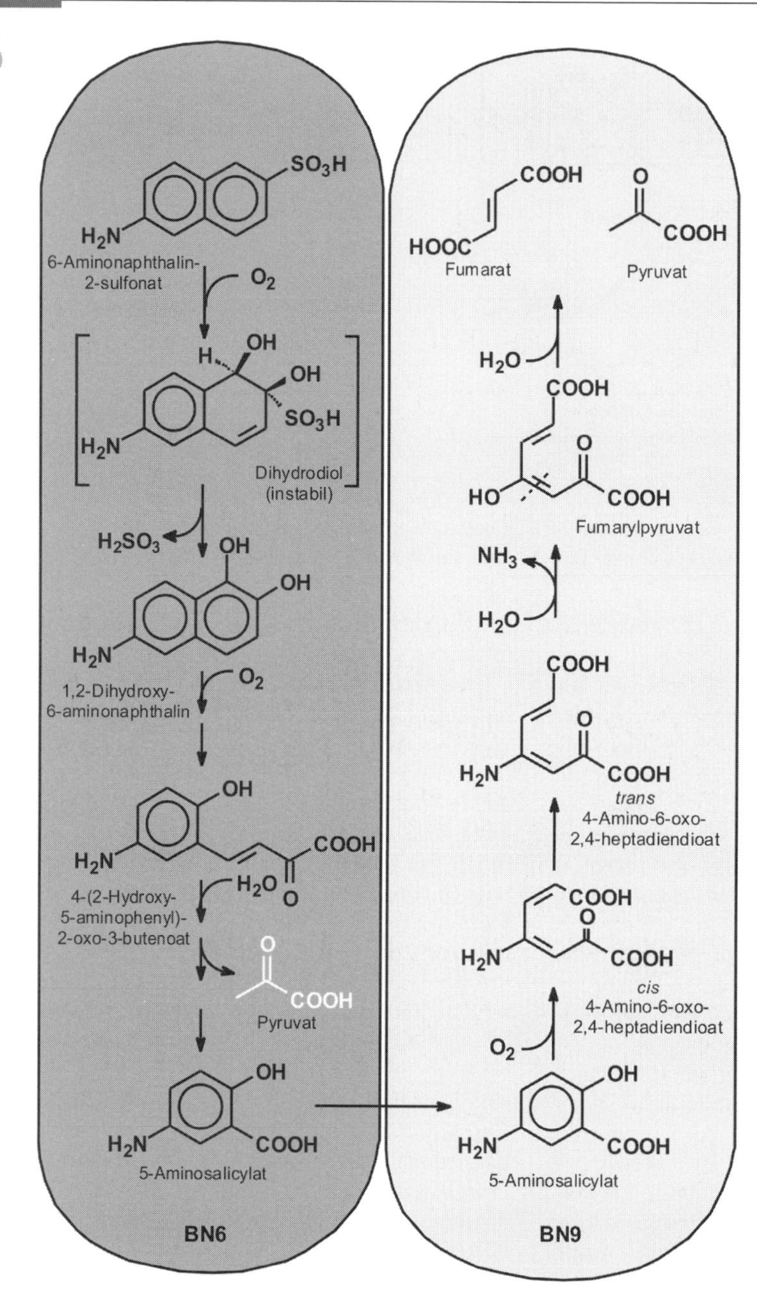

Abb 5.98 Syntrophie des Abbaus am Beispiel von 6-Aminonaphthalin-2-sulfonat.

chinen als zentralen Metaboliten kennt, sind auch für den Abbau von aromatischen Sulfonsäuren beschrieben worden (Abb. 5.100). Beim Orthanilat ist die Eliminierung der Sulfonsäuregruppe Folge der *meta*-spaltenden Dioxygenase mit 3-Sulfobrenzcatechin, sodass ein normaler Metabolit des *meta*-Weges 2-Hydroxy-muconat entsteht. Beim 4-Sufobrenzcatechin, welches aus 4-Sulfoanilin gebildet wird, findet die Eliminierung aus dem Produkt der Muconat-Isomerisierung statt und entspricht der Reaktion im Abbau von 4-Chlorbrenzcatechin.

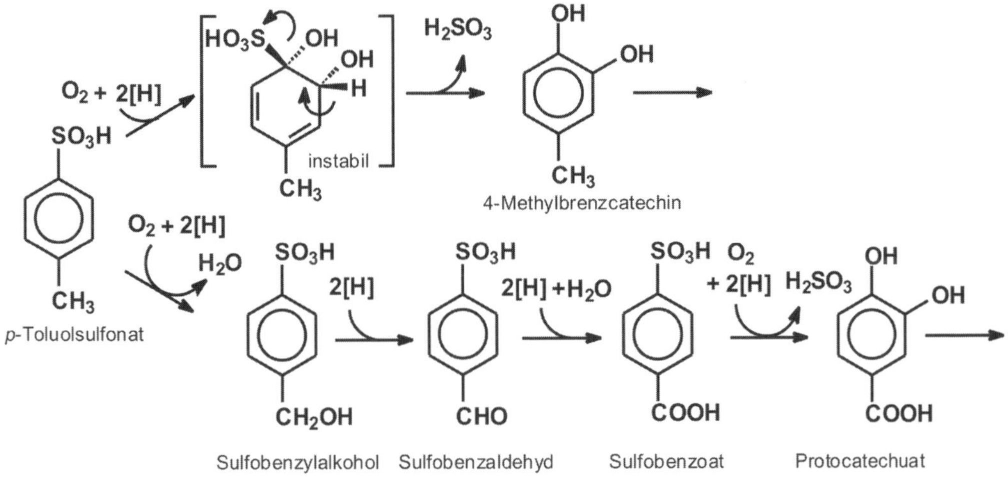

Abb 5.99 Desulfonierung durch ringaktivierende Dioxygenasen im Abbau von Toluolsulfonat: Initiale und späte Eliminierung.

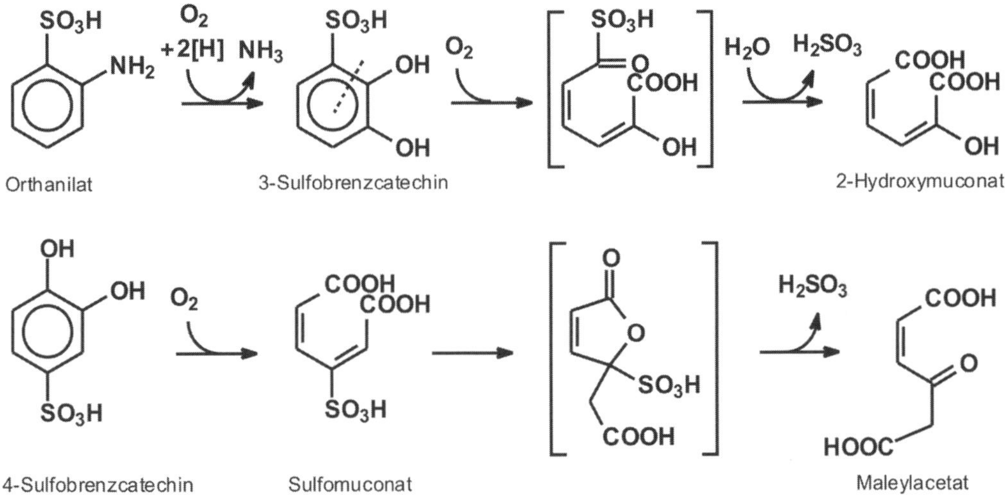

Abb 5.100 Beispiele für späte Eliminierung: während oder nach Ringspaltung.

5.5.2 Abbau von Azofarbstoffen

Azofarbstoffe sind charakterisiert durch die Anwesenheit einer oder mehrerer Azogruppen (-N=N-) sowie von Sulfonsäuregruppen (-SO_3H). Sie sind die größte und vielseitigste Klasse von Farbstoffen. Mehr als 2 000 verschiedene Azofarbstoffe sind heute im Gebrauch, um verschiedenartige Materialien wie Textilen, Leder, Plastik, Kosmetika und Lebensmittel anzufärben.

Die größte Menge der Azofarbstoffe wird für die Färbung von Textilien eingesetzt. Man schätzt, dass etwa zehn Prozent der benutzten Farbstoffe während des Färbeprozesses nicht an die Fasern binden, sondern in die Kläranlagen gelangen und dann in der Umwelt freigesetzt werden.

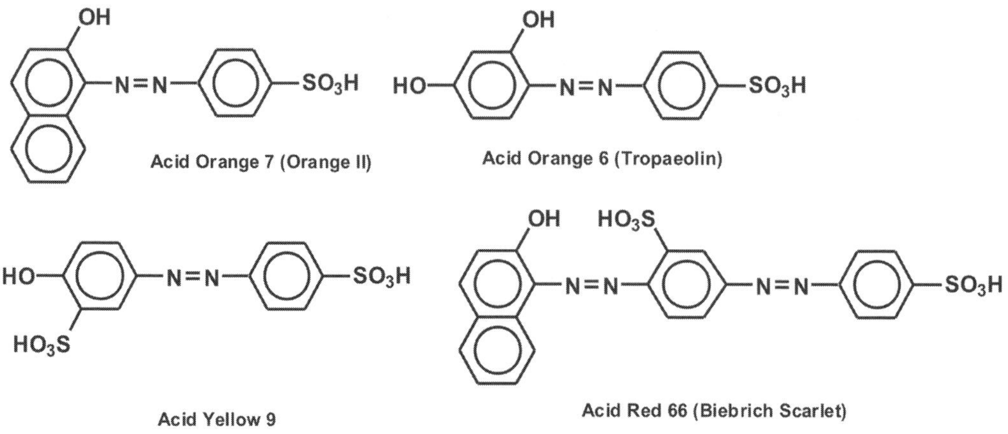

Acid Orange 7 (Orange II)

Acid Orange 6 (Tropaeolin)

Acid Yellow 9

Acid Red 66 (Biebrich Scarlet)

Abb 5.101 Beispiele für Azofarbstoffe, die durch Weißfäulepilze entfärbt werden.

Es gibt nur ein einziges Beispiel für eine Azogruppe in einem Naturprodukt (4,4-Dihydroxyazobenzol) und deshalb sind die durch die Industrie produzierten Azofarbstoffe auch als Xenobiotika anzusprechen. Folglich ist es nicht überraschend, dass Azofarbstoffe sich in konventionellen Kläranlagen als persistent herausstellen.

Der gegenwärtige Stand der Technik für die Reinigung von Abwasser, welches mit Azofarbstoffen kontaminiert ist, beinhaltet physikochemische Techniken wie Adsorption, Präzipitation, chemische Oxidation, Photodegradation oder Membranfiltration.

Obwohl die Azofarbstoffe als kaum biologisch abbaubar angesehen werden, ist in den letzten Jahren gezeigt worden, dass Mikroorganismen unter bestimmten Umweltbedingungen in der Lage sind, Azofarbstoffe in nicht-farbige Produkte zu transformieren oder sie sogar vollständig zu mineralisieren, wobei die folgenden Möglichkeiten untersucht wurden:

1. Entfärbung von Azofarbstoffen durch ligninabbauende Enzyme von Weißfäulepilzen.
2. Cometabolische reduktive Spaltung der Azofarbstoffe durch aerobe Bakterien.
3. Wachstum von aeroben Bakterien mit Azofarbstoffen als Kohlenstoff- und Energiequelle.
4. Anaerobe Reduktion der Azofarbstoffe durch Bakterien (unspezifische Reduktion).

Ligninolytische Pilze können mit ihren Ligninasen, manganabhängigen Peroxidasen oder Laccasen Azofarbstoffe entfärben (Abb. 5.101).

Für einige Modell-Azofarbstoffe sind die Abbauwege untersucht und die Mineralisierung zu CO_2 gezeigt worden.

In den meisten Fällen beginnt der bakterielle Abbau mit einer reduktiven Spaltung der Azogruppe und damit der Bildung von farblosen Aminen. Diese reduktiven Prozesse sind für einige aerobe Bakterien beschrieben worden, die mit sehr einfachen Azofarbstoffen wachsen. Diese besonders adaptierten Mikroorganismen bilden „wirkliche" Azoreduktasen, welche die Azogruppe in Gegenwart von molekularem Sauerstoff reduktiv spalten.

Sehr viel verbreiteter ist die reduktive Spaltung der Azofarbstoffe unter anaeroben Bedingungen. Diese Reaktion findet gewöhnlich mit sehr niedriger spezifischer Aktivität statt, sie wird aber von einer Vielzahl von Organismen recht unspezifisch durchgeführt. In diesen unspezifischen anaeroben Prozessen sind sehr häufig *low-molecular weight* Redox-Mediatoren kleiner Molekülgröße (zum Beispiel Flavine oder Chinone) beteiligt, welche enzymatisch durch Zellen reduziert werden. Diese reduzierten Mediatorverbindungen können die Azogruppe in einer rein chemischen Reaktion reduzieren. Die sulfonierten Amine, die durch diese Reaktionen gebildet werden, können dann aerob mikrobiell abgebaut werden.

5.6 Persistenz von Kunststoffen, abbaubare Biopolymere

Weltweit wurden im Jahr 2001 rund 214 Millionen Tonnen synthetischer Polymere verbraucht. Die Mengen verteilen sich auf unterschiedliche Kunststoffsorten (siehe Tabelle 5.16).

Gestalt und Ordnung der Makromoleküle sind ein wichtiges Unterscheidungsmerkmal von Kunststoffen:

- **Thermoplaste** haben eine lineare oder auch verzweigte Struktur und sind nicht vernetzt. Sie werden beim Erwärmen weich und sind schmelzbar. Beispiele sind Polyethylen, Polystyrol und Polyvinylchlorid.
- Bei **Duroplasten** sind die Molekülketten engmaschig dreidimensional vernetzt. Wärmezufuhr führt daher nicht zum Schmelzen, sondern bei genügend hoher Temperatur zum Zersetzen. Beispiele sind Bakelit und bestimmte Polyurethane.
- **Elastomere** sind hart- oder weichelastische Kunststoffe, bei denen die Makromoleküle weitmaschig dreidimensional angeordnet sind. Weichelastische Elastomere können durch Strecken um ein Vielfaches ihrer Länge verformt werden, wobei sie nach Entlasten in ihre ursprüngliche Form zurückkehren. Das bekannteste Beispiel ist Gummi.

Tabelle 5.16 Synthetische Kunststoffe.

Kunststoffsorte/Grundeinheit	Anwendungsbeispiel	Anteil (%)
Polyethylen (PE) $—CH_2—CH_2—$	Tragetaschen	24
Polypropylen (PP) $—CH_2—CH(CH_3)—$	Rohre	14
Polyvinylchlorid (PVC) $—CH_2—CH(Cl)—$	Fußbodenbeläge	12
Polyethylenterephthalat (PET) $—O—C(=O)—C_6H_4—C(=O)—O—CH_2\text{-}CH_2—O—$	Getränkeflaschen	14
Polystyrol (PS) $—CH_2—CH(C_6H_5)—$	Einwegverpackungen Lebensmittel	6
Technische Kunststoffe (inkl. Blends)	Automobilbau	7
Synthetische Elastomere	Reifen	4
Polyurethan (PU) $—O—C(=O)—NH—(CH_2)_6—NH—C(=O)—O—(CH_2)_4—O—$	Matratzen	4
Sonstige		15

5

International Standardization Organisation (ISO)
TC 61 SC5 WG 22 „Biodegradability of Plastics“
Comité Européenne de Normalisation (CEN)
TC 261 SC4 WG2 „Degradability of Packaging Materials“
American Society for Testing and Materials (ASTM)
ASTM D-20.96.01
Deutsches Institut für Normung (DIN)
FNK 103.3 „Bioabbaubare Kunststoffe“
Biodegradable Plastics Society, Japan

Abb 5.102 Verschiedene Organisationen und von ihnen bearbeitete Normverfahren (nach WITT et al. 1997).

Je nach molekularem Aufbau variiert also die Eigenschaft des Kunststoffes. Durch geeignete Syntheseverfahren lassen sich heute nahezu maßgeschneiderte Kunststoffe herstellen, was auch ein wesentlicher Grund für ihre weite Verbreitung und vielfache Anwendung ist.

Um die Umweltverträglichkeit von Kunststoffen sicherstellen zu können, bemühen sich seit dem Ende der 80er Jahre verschiedene Organisationen eine geeignete Basis zur Beurteilung abbaubarer polymerer Werkstoffe zu erarbeiten (Abb. 5.102).

Untersuchungen zur Bewertung der biologischen Abbaubarkeit erfolgen meist in einer dreistufigen Testhierarchie wie:

1. **Bestimmung des Bioabbaupotenzials eines Stoffes:** Screening-Tests wie der CO_2-Entwicklungstest (OECD-Guideline 301B) werden im Labor unter definierten Bedingungen in synthetischen Umgebungen (definierte Nährmedien) durchgeführt.
2. **Untersuchung des biologischen Abbaus unter realitätsnahen Bedingungen:** Im Labor durchgeführte Simulationstests, die Bedingungen zum Beispiel während eines Kompostierungsprozesses (DIN V 54900-2, Abschnitt 8) simulieren und eine Bilanzierung des Abbauverhaltens eines Stoffes ermöglichen.
3. **Untersuchung des biologischen Abbaus unter Umweltbedingungen:** Freilandversuche in Wasser, Boden oder Kompost (komplexe Systeme, variierende Umgebungsbedingungen) sollen den höheren Ansprüchen an der Darstellung des tatsächlichen Umweltverhaltens eines Stoffes genügen (zum Beispiel DIN V 54900-3, Abschnitt 7).

Folgende Regeln bezüglich Abbaubarkeit von Kunststoffen wurden erhalten:

- **Hochmolekulare technisch genutzte Polymere** sind in der Regel **einem biologischen Angriff nicht zugänglich**, insbesondere wenn deren Hauptkette wie bei Polyethylen, Polypropylen und Polystyrol aus reinen **C-C-Bindungen** besteht.
- Natürliche Polymere wie Proteine, Cellulose, Stärke und Lignin enthalten demgegenüber Heteroatome (Sauerstoff, Stickstoff) in der Polymerkette, die in biologischen Systemen Angriffspunkte für enzymatische Hydrolysen und Oxidationen bieten. So finden sich unter den als biologisch abbaubar bezeichneten, technisch genutzten Polymeren im Wesentlichen solche, die **C-O-** oder **C-N-Bindungen in der Polymerkette** enthalten.
- Die Hydrolysierbarkeit von Bindungen in der Polymerkette folgt der Reihenfolge

Ester > Ether > Amide > Urethane.

- Eines der wenigen als abbaubar angesehenen Polymere mit reinen C-C-Bindungen in der Hauptkette ist Polyvinylalkohol (PVOH). Hier erfolgt der Abbau über eine primäre Oxidation der OH-Gruppen mit einer anschließenden, dem Fettsäureabbau ähnlichen Spaltung der Hauptkette.
- **Polymere mit aromatischen Komponenten oder verzweigten Bereichen** tendieren zu einer größeren Resistenz gegenüber dem mikrobiellen Angriff als **geradkettige, aliphatische Komponenten.**
- Für eine enzymatische Hydrolyse muss die Polymerkette flexibel genug sein, um in das aktive Zentrum des abbauenden Enzyms hineinzupassen. Dies gilt als Erklärung für den leichten biologischen Abbau der **flexiblen aliphatischen Polyester,** während sich die **starren aromatischen Polyester** einem biologischen Abbau widersetzen.

Tabelle 5.17 Einige Beispiele biologisch abbaubarer Werkstoffe.

Gruppe	Vorteile	Nachteile	Beispiele
natürliche Polymere	nachwachsende Rohstoffe, hohe Molmassen, teilweise preiswert	für die Verarbeitung ungünstige Materialeigenschaften, schwer zu variieren, schwer zu reproduzieren	Stärke, Cellulose, Polyhydroxyfettsäuren
chemisch modifizierte, natürliche Polymere	partiell nachwachsende Rohstoffe, Materialeigenschaften relativ variabel	Struktur schwer kontrollierbar, teilweise noch relativ teuer	Celluloseacetat, Stärkeacetat
synthetische Polymere aus natürlichen Bausteinen	nachwachsende Rohstoffe, kontrollierbare Strukturen, reproduzierbar und variabel	zur Zeit noch relativ teuer	Polymilchsäure
synthetische Polymere aus petrochemischen Bausteinen	sehr gute Materialeigenschaften, preiswert, variabel, reproduzierbar, schnell verfügbar	keine nachwachsenden Rohstoffe	aliphatische Polyester, Polyesteramide, Polyurethane, aliphatisch-aromatische Copolyester

- Einen analogen Effekt beobachtet man bei Polyamiden. Hier wird die **Einschränkung der Kettenflexibilität** durch intermolekulare Wechselwirkungen in Form von Wasserstoffbrückenbindungen bewirkt.
- Copolymere aus aliphatischen und aromatischen Polyestern sowie aus Amiden und Estern sind im Allgemeinen einem mikrobiellen Angriff zugänglich. Die Abbauraten dieser Verbindungen steigen mit zunehmendem Gehalt an aliphatischen Komponenten oder mit zunehmendem Estergehalt.
- **Quervernetzungen** in Polymeren limitieren die Mobilität der Polymerkette und damit die Erreichbarkeit des Polymers durch das Enzym, was gleichfalls zur Beeinträchtigung der Abbauraten führt.

Während die chemische Struktur und die Zusammensetzung der Polymere die grundsätzliche Bioabbaubarkeit bestimmen, beeinflussen die physikalischen Eigenschaften der Polymere im Wesentlichen die Geschwindigkeit des biologischen Abbauprozesses. Einige Tendenzen lassen sich ableiten:

- Sehr niedrige Molmassen der Polymere begünstigen den Abbau.
- Bei vergleichbaren Abbauprozessen werden Polymere mit niedrigen Schmelzpunkten besser abgebaut als solche mit hohen.
- Amorphe Bereiche im Polymer werden schneller angegriffen als kristalline Bereiche.
- Polymere mit hydrophilen Oberflächen werden besser abgebaut als hydrophobe Materialien.
- Die Abbaugeschwindigkeit nimmt mit abnehmender Partikelgröße (= größere Oberfläche) zu.

Tabelle 5.17 stellt Beispiele für biologisch abbaubare Polymere zusammen. Sie zeigt Biopolymere, aber auch synthetische Polymere auf der Basis von fossilen Rohstoffen.

5.6.1 Biopol – ein biologisch vollständig abbaubarer thermoplastischer Kunststoff

Polyhydroxybutyrat (PHB) ist ein bakterieller Speicherstoff. Er erfüllt die Funktion, die bei höheren Organismen Fette einnehmen. Bei Überschuss an Kohlenstoffquellen wie Zucker und Mangel an Stickstoff- oder Phosphorquellen werden bei *Cupriavidus necator* (früher: *Alcaligenes eutrophus*) und anderen Bakterien bis zu 80 Prozent des Zelltrockengewichtes als Poly-β-hydroxybutyrat intrazellulär angehäuft. Die Zucker werden bis zum Acetyl-CoA meta-

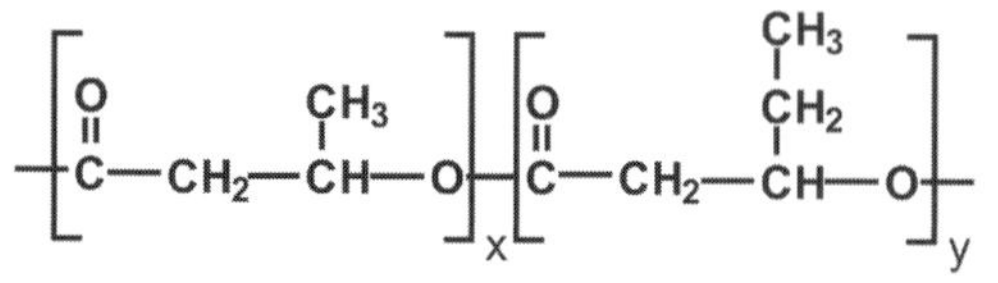

Abb 5.103 Aufbau von Biopol.

bolisiert. Dann erfolgt die Kondensation zu Acetoacetyl-CoA, das zu β-Hydroxybutyryl-CoA reduziert und weiter zu Polybutyrat mit etwa 25 000 Einheiten polymerisiert wird. Wird dem Nährmedium Propionsäure zugeführt, so kommt es zur Bildung von Heteropolymeren, die neben Hydroxybutyrat noch Hydroxyvaleriat-Bausteine enthalten. Dadurch werden die Flexibilität und Elastizität der Polyhydroxyalkanoate (PHA) verbessert. Durch weitere Zusätze von aliphatischen und aromatischen Verbindungen können die Eigenschaften der Polyhydroxyalkanoate vielfältig beeinflusst werden. Die Gewinnung der Polyhydroxyalkanoate kann durch Extraktion erfolgen. Eleganter ist der enzymatische Abbau der bakteriellen Biomasse, sodass die PHA-Granula zurückbleiben, die weiter verarbeitet werden können.

Mit gentechnischen Methoden wurden die für die Polyhydroxybutyrat-Synthese notwendigen Enzyme erfolgreich in Pflanzen übertragen und exprimiert. In den transgenen Pflanzen kommt es zur Bildung von PHB-Granula.

Der Name Biopol steht für eine Gruppe von thermoplastischen Polyestern auf der Basis von Hydroxybutyrat-Einheiten mit statistisch über die Polymerketten verteilten Hydroxyvalerat-Einheiten (Abb. 5.103).

Biopol ist thermoplastisch, vollständig biologisch abbaubar und in verschiedenen Ausführungen mit unterschiedlichen physikalischen Eigenschaften erhältlich. Verwendung findet der Kunststoff in der Kosmetikindustrie für Flaschen und andere Gefäße. Ebenso können Verschlüsse für Flaschen, Tuben und Gläser, mit Biopol beschichtete Papiere und Pappen für Bioabfalltüten und -säcke sowie Pappbecher hergestellt werden.

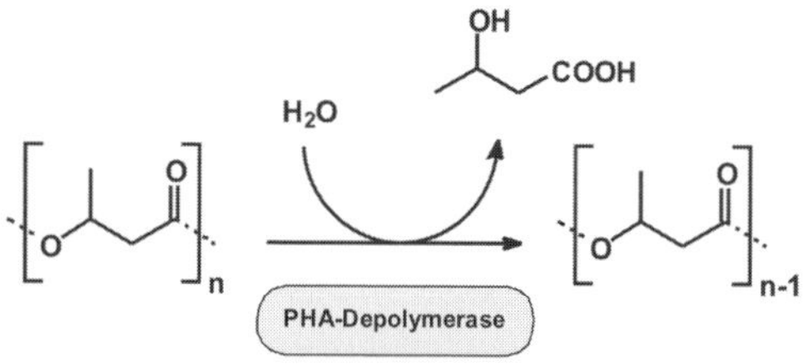

Da Polymere wegen ihrer Größe grundsätzlich nicht in eine Bakterienzelle transportiert werden können, müssen die PHA-Moleküle zunächst außerhalb der Zelle hydrolysiert werden. Dies geschieht durch extrazelluläre PHA-Depolymerasen. Sie hydrolysieren die Polyester in Oligomere, Dimere und Monomere, überführen damit den wasserunlöslichen Polyester in wasserlösliche niedermolekulare Spaltprodukte, die in die Zelle transportiert werden können. Beim Abbau von Poly(3HB) entsteht freies 3-Hydroxybutyrat, welches über Acetoacetat und Acetoacetyl-CoA in Acetyl-CoA überführt wird und so den zentralen Stoffwechsel erreicht.

Abb 5.104 PHA-Depolymerase-Reaktion, gezeigt ist die Abspaltung eines randständigen 3-Hydroxybutyrat-Moleküls von Poly(3HB). Hydrolysen der Esterbindung erfolgen auch im Polyester.

5.6.2 Biologisch abbaubare Kunststoffe – nicht nur aus nachwachsenden Rohstoffen

Wichtige biologisch abbaubare Kunststoffe, die zum Teil kommerziell eingeführt sind, basieren teilweise oder ganz auf fossilen Rohstoffen. Die Rohstoffbasis kann in einigen Fällen flexibel verschoben werden: je nach Preisniveau werden nachwachsende oder fossile Ausgangsmaterialien für die Synthese eingesetzt.

Polyesteramid „BAK 1095" (Bayer)

Ausgangsstoffe sind preiswerte Monomere wie ε-Caprolactam, Adipinsäure und Diole (zum Beispiel 1,4-Butandiol). Diese werden in einem Kondensationskessel miteinander in einer typischen Polykondensationsreaktion umgesetzt (Abb. 5.105).

Je nach Prozessführung können bei gleicher Bruttozusammensetzung die Eigenschaften der Polyesteramide in bestimmten Grenzen variiert werden. Die Produkte sind hervorragend verrottbar. Nach 50 Tagen ist eine Folie von 200 Mikrometer Dicke im Kompost zu über 95 Prozent abgebaut.

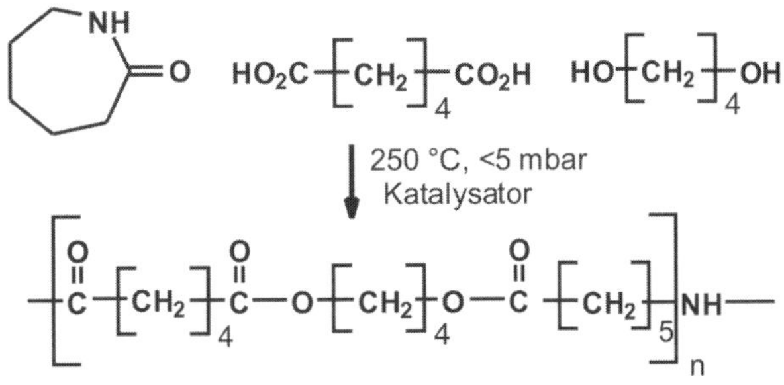

Abb 5.105 Darstellung eines Polyesteramids aus ε-Caprolactam, Adipinsäure und 1,4-Butandiol.

5.7 Komplexbildner: Aminopolycarbonsäuren

Aminopolycarbonsäuren (Aminopolycarboxylate, APC) haben die Eigenschaft, sehr stabile, wasserlösliche Komplexe mit di- and trivalenten Metallionen zu bilden. Sie werden daher für eine Vielzahl von Anwendungen in Haushalt und Industrie eingesetzt, um beispielsweise die Löslichkeit und Präzipitation von Metallen zu kontrollieren oder bereits gebildete Präzipitate in Leitungen, Flaschen und an Membranen zu entfernen. Die quantitativ bedeutendsten Einsatzgebiete stellen weltweit die Photoindustrie, die Galvanik, die Papierindustrie, die Landwirtschaft sowie der Einsatz in Form von industriellen und gewerblichen Reinigungsmitteln dar. Die Verbrauchsmengen von APC beliefen sich 1998 auf etwa 180 000 Tonnen weltweit. Aufgrund des Anwendungsprofils gelangen die APC in das entsprechende Abwasser der Produktion beziehungsweise Anwendung und von dort über die Kläranlage in die aquatische Umwelt.

Die biologische Abbaubarkeit von APC wird nicht nur durch den organischen Liganden selbst, sondern auch durch das von ihm gebundene Metallion entscheidend beeinflusst. Grundsätzlich nimmt die Abbaubarkeit von Metall-APC-Komplexen mit zunehmender Größe und Komplexität des Liganden ab. Zudem verringert sich die Abbaubarkeit einer bestimmten APC in Abhängigkeit von den gebundenen Metallionen mit zunehmender Komplexstabilität.

Zu den natürlichen APC, die von Pflanzen oder Mikroorganismen produziert werden, um zum Beispiel die Aufnahme von Metallen zu realisieren, zählt Ethylendiamindisuccinat (EDDS). Dieser biologisch abbaubare Komplexbildner (eigentlich genauer: das S,S-Stereoisomer) wird unter anderem in der Bodensanierung eingesetzt. Er kann aufgrund seiner relativ geringen Komplexierungsfähigkeit jedoch nicht für viele industrielle Zwecke verwendet werden. Die technisch am meisten verwendeten synthetischen Aminopolycarbonsäuren sind Nitrilotriacetat (NTA) und Ethylendiamintetraacetat (EDTA). Während das strukturell einfache und nur vergleichsweise „schwache" Metallkomplexe bildende NTA durch viele Bakterien unter oxischen beziehungsweise anoxischen Bedingungen abgebaut wird, gilt das komplexere und relativ stabile Komplexe bildende EDTA im Allgemeinen als „biologieunfähig" und wird in Kläranlagen und in der Natur biologisch nicht abgebaut. Für den Fe(III)-EDTA-Komplex wird allerdings ein Photoabbau beschrieben, der als Hauptsenke für einen teilweisen Abbau von EDTA in aquatischen Systemen angesehen werden kann.

Die beiden am besten charakterisierten aeroben NTA-verwertenden Genera (*Chelatobacter* and *Chelatococcus*) gehören zu den α-Proteobacteria. Diese Organismen sind offenbar in recht hoher Anzahl in Oberflächenwasser, Böden und Kläranlagen vorhanden.

Unter nitrifizierenden Bedingungen wurde NTA-Abbau durch eine NTA-Dehydrogenase beschrieben. Die beiden ersten Schritte des Abbaus durch *Chelatobacter* und *Chelatococcus* werden durch eine Monooxygenase (NTA-MO) und eine membrangebundene Iminodiacetat-Dehydrogenase (IDA-DH) katalysiert. Die NTA-Monooxygenase wurde bereits kloniert und sequenziert.

Auch für eine vollständige Mineralisierung von EDTA konnten verschiedene Reinkulturen

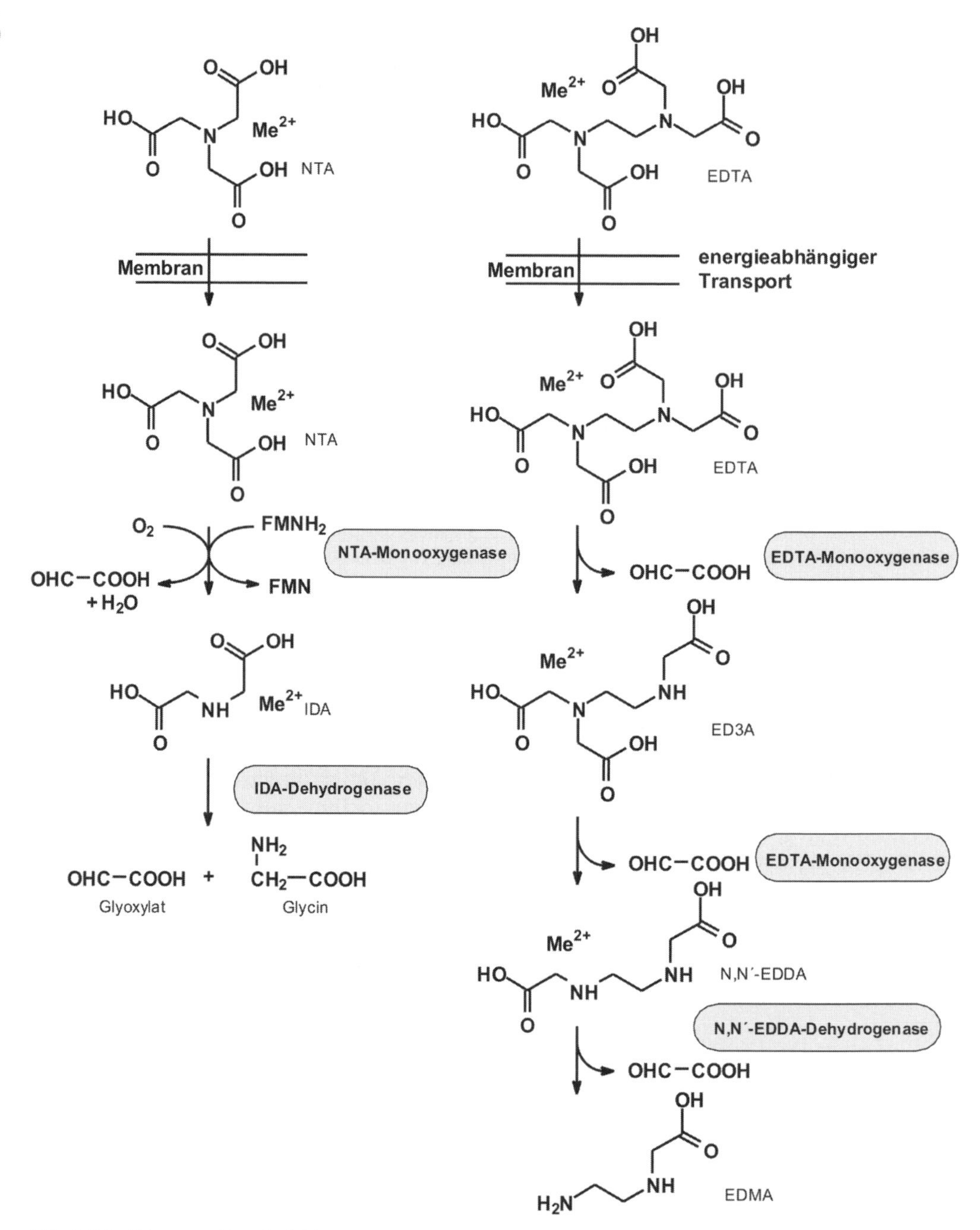

Abb 5.106 Abbau von Komplexbildnern.

isoliert werden, wobei die Abbaubarkeit im Vergleich zu NTA wesentlich deutlicher vom komplexierten Metallion abhängt. So wurde gezeigt, dass Bakterien, welche verschiedene EDTA-Komplexe (zum Beispiel Ca-, Mg- und Mn-EDTA) abzubauen vermögen, mit dem stabileren Fe(III)-EDTA-Komplex nicht wachsen können.

Untersuchungen zum Metabolismus von EDTA ergaben, dass EDTA mit Hilfe eines induzierbaren, sehr spezifischen und energieabhängigen Transportsystems in die Zellen gelangt, wobei Ca^{2+} mit dem EDTA transportiert wird. Für den initialen Schritt des EDTA-Abbaus ist eine EDTA-Monooxygenase (EDTA-MO) verantwortlich, die viele Charakteristika mit der NTA-MO aus strikt aeroben NTA-abbauenden Bakterien gemeinsam hat. Durch die EDTA-MO wird die sukzessive, oxidative Abspaltung zweier Acetylreste vom EDTA-Molekül katalysiert, wobei über den Metaboliten Ethylendiamintriacetat (ED3A) schließlich N,N -Ethylendiamindiacetat (N,N -EDDA) und zwei Moleküle Glyoxylat freigesetzt werden.

Der weitere Abbau von N,N -EDDA erfolgt vermutlich auf verschiedenen Wegen, unter anderem wiederum durch Abspaltung eines Acetylrestes in Form von Glyoxylat und der Bildung von Ethylendiaminmonoacetat (EDMA). Es ist anzunehmen, dass diese Reaktion von einer Dehydrogenase katalysiert wird. Allerdings wird auch von der Bildung von Ethylendiamin aus N,N -EDDA durch eine Iminodiacetat-Oxygenase aus Stamm BNC1 berichtet.

Die Art des Metall-EDTA-Komplexes beeinflusst zwar sowohl den Transport des Komplexbildners als auch dessen enzymatischen Abbau durch die EDTA-MO, jedoch wird nur für den Transport eine unmittelbare Abhängigkeit von der Stabilität des Komplexes beschrieben. Lediglich Komplexe mit relativ geringer Stabilität (Mg-EDTA, Ba-EDTA, Ca-EDTA und Mn-EDTA, konditionelle Komplexbildungskonstanten $<10^{14}$) können in die Zellen transportiert werden, wogegen eine vergleichbare Abhängigkeit für die Aktivität der EDTA-MO von der Komplexstabilität nicht festgestellt wurde. Bevorzugtes Substrat ist Mg-EDTA, gefolgt von Zn-EDTA, Mn-EDTA und Co-EDTA, während freies und mit Calcium komplexiertes EDTA nicht umgesetzt wird.

5.8 Endokrin wirksame Verbindungen

Endokrin wirksame Substanzen in der Umwelt sind seit einigen Jahren im Gespräch und die Besorgnis über die Auswirkungen dieser Substanzen führten zu zahlreichen Untersuchungsprogrammen im nationalen und internationalen Rahmen. Endokrine Substanzen, ihre Wirkung und das durch sie verursachte Risiko haben eine politische Brisanz.

Unter endokrin wirkenden Substanzen werden sowohl natürliche als auch synthetisch hergestellte Stoffe verstanden, die auf das endokrine System wirken. Hoch wirksam sind Hormone, aber es können auch andere Substanzen ähnlich wirken oder auf anderem Wege in die hormonelle Regulation eingreifen.

Der Eintrag von natürlichen und synthetischen Hormonen in die Umwelt erfolgt nach deren Ausscheidung mit dem Urin und Fäzes über kommunale Kläranlagen. Die Östrogene kommen nur in sehr geringen Konzentrationen (wenige Nanogramm pro Liter) im Abwasser vor und sind nur mit großem Aufwand analytisch bestimmbar. Endokrin wirksame Substanzen in Abwässern können aber auch aus dem industriellen und dem kommunalen Bereich stammen. Relevante Substanzen unter vielen anderen sind die Nonylphenole, die im Zuge der Abwasserbehandlung überwiegend als Abbauprodukte von Alkylphenolethoxylaten entstehen, aber auch Bisphenol A und Organozinnverbindungen.

5.8.1 Tributylzinnverbindungen

In der Natur kommen Organozinnverbindungen nicht vor. Sie werden ausschließlich synthetisch hergestellt. Die Produktion dieser Verbindungen hat im Jahre 1936 begonnen und hat sich weltweit auf 63 000 Tonnen im Jahre 1986 gesteigert. Die gegenwärtige weltweite Produktion beträgt etwa 30 000 bis 50 000 Tonnen pro Jahr (Umweltbundesamt Berlin, 2001). Zirka 60 Prozent der Organozinnverbindungen werden als Stabilisatoren in Kunststoffen (PVC, Silikone, Polyurethane) eingesetzt. Die übrigen 40

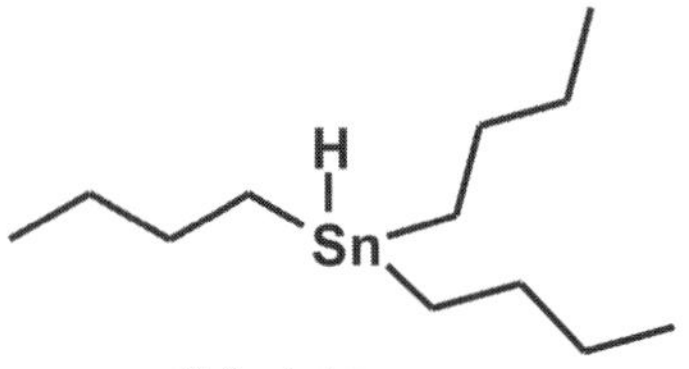

Tributylzinn

Abb 5.107 Tributylzinn (TBT).

Prozent werden als Biozide in Antifoulings, Pflanzen- und Holzschutzmitteln und in industriellen Ausgangsprodukten für Tri-, Di- und Monoderivate beziehungsweise Zwischenprodukte verwendet.

Das metallorganische Tributylzinn (TBT) wurde und wird wegen seiner starken bioziden Wirkung in Antifoulingfarben gegen Bewuchs an Schiffen eingesetzt. Dabei wird TBT unvermeidlich in den umgebenden Wasserkörper abgegeben, wo es sich in Schwebstoffen und Sedimenten anreichert.

Seit 1990 ist der Verkauf von tributylzinnhaltigen Antifouling-Anstrichen in den meisten Ländern Westeuropas, in den USA und Kanada verboten. Auch nach der Regulierung von Antifoulingfarben finden sich weltweit hohe TBT-Konzentrationen in Meesressedimenten. Bedingt durch den langsamen Abbau stellen kontaminierte Sedimente Altlasten dar, die vor allem bei Hafensanierungen problematisch sind.

TBT ist bislang die einzig bekannte, nichtsteroidale Verbindung, der eine androgene Wirkung zugeschrieben wird. Mittlerweile konnte eine eindeutige Ursache-Wirkung-Beziehung zwischen dem Eintrag von TBT in die aquatische Umwelt und dem Pseudohermaphroditismus (teilweise Ausbildung männlicher Geschlechtsorgane analog den Effekten bei Zugabe von Testosteron) bei marinen Schnecken belegt werden.

Die Toxizität der Butylzinn-Familie gegenüber Bakterien vermindert sich in der Reihenfolge Tributyl- > Dibutyl- > Monobutylzinn > Zinn. Sie zeigen Wirkung an Zellmembranen. Die Hemmkonzentrationen liegen im Bereich von 0,04 – 50 Mikromolar. Nur wenige Informationen liegen zum mikrobiellen und abiotischen Abbau in natürlichen Habitaten vor. Der Abbau soll die sukzessive Eliminierung der Alkylreste beinhalten. Wichtig für einen biologischen Abbau scheint eine sehr geringe Konzentration der Umweltchemikalie zu sein, da sonst die toxische Wirkung auf die Bakterien eingesetzt.

5.8.2 Alkylphenole

Alkylphenole und insbesondere deren Derivate werden weltweit im Maßstab von etwa 500 000 Tonnen pro Jahr (Europa 100 000 Tonnen pro Jahr) vorwiegend zur Herstellung von Detergenzien der Gruppe der Alkylphenolpolyethoxylate (APnEO) produziert. Hierunter steht 4-Nonylphenol (4NP) in Deutschland bei einer Produktionskapazität von zirka 35 000 Tonnen pro Jahr mit einem Anteil von 70 Prozent an der Spitze. Im technischen Produkt ist eine Vielzahl isomerer, **verzweigter Nonylphenole** enthalten. Weltweit haben die Nonylphenolpolyethoxylate (NPnEO) an allen APnEO einen Anteil von 82 Prozent. NPnEO wurden seit den 40er bis Ende der 80er Jahre Haushaltsreinigern und Waschmitteln als nichtionische Tenside zugesetzt. Außerdem finden sie in vielen Industriebereichen als Antioxidantien, Netzmittel, Emulgatoren für Pestizide, Hilfsmittel in der Leder- und Papierverarbeitung, Bohr-, Verlauf- und Färbehilfsmittel sowie zur Vorbehandlung von Wolle Anwendung. Bis zum Jahr 2000 sollten auf freiwilliger Basis auch im Bereich der Industrie in Europa alle NPnEO ersetzt werden.

NPnEO selbst sind nicht besonders toxisch und zeigen keine hormonelle Aktivität. Die Polyethoxylatketten werden jedoch beim aeroben, mikrobiellen Abbau in Kläranlagen abgespalten und zunächst Nonylphenolmonoethoxylate (NP1EO) und Nonylphenoldiethoxylate (NP2EO) gebildet. Diese Abbauprodukte sind wesentlich stabiler als die ursprünglichen NPnEO und zeigen eine hohe Tendenz zur Akkumulation an Schwebstoffen oder im Sediment von Flüssen. Ein Teil der NP1EO und NP2EO wird zu Nonylphenoxyessigsäure (NP1EC) beziehungsweise zu Nonylphenoxyethoxyessigsäure (NP2EC) oxidiert. Unter anaeroben Bedingungen im Klärschlamm oder im Sediment erfolgt der biologische Abbau der

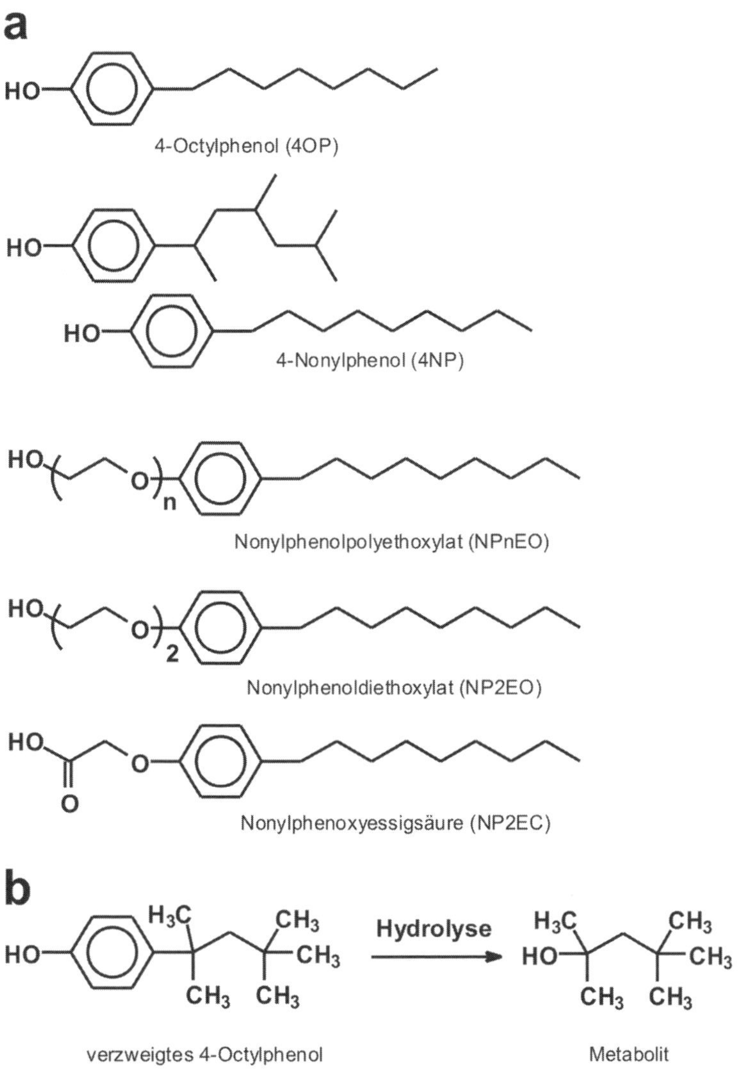

a

4-Octylphenol (4OP)

4-Nonylphenol (4NP)

Nonylphenolpolyethoxylat (NPnEO)

Nonylphenoldiethoxylat (NP2EO)

Nonylphenoxyessigsäure (NP2EC)

b

Hydrolyse

verzweigtes 4-Octylphenol

Metabolit

Abb 5.108 Alkylphenole: (a) Beispiele für unverzweigte und verzweigte Alkylphenole sowie deren Derivate (b) eine Hydrolyse beseitigt die östrogene Potenz.

nicht oxidierten Ethoxygruppen unter Freisetzung von 4NP.

Neben seiner aquatischen Toxizität kommt 4NP eine weitere besondere Bedeutung zu. 1991 wurde eher zufällig dessen östrogene Wirkung entdeckt. Andere kurzkettige, in 4-Position substituierte Alkylphenole wie 4-*sec*-Butylphenol, 4-*tert*-Butylphenol, 4-*tert*-Pentylphenol und 4-*iso*-Pentylphenol zeigen ebenfalls östrogene Wirkung. Alkylphenole mit kleineren Seitenketten als vier C-Atome sind inaktiv, ebenso wie alle in Position zwei und drei substituierten Phenole. Neben den NPnEO sind auch die Abbauprodukte der Octylphenolpolyethoxylate (OPnEO), in erster Linie das 4-Octylphenol (4OP), von Interesse.

Die Abbauprodukte der NPnEO, NP1EC und NP2EO zeigen eine abnehmende östrogene Potenz in der Reihenfolge 4OP, NP1EC, 4NP und NP2EO. Alkylphenolethoxylate mit mehr als drei Ethoxylatgruppen erwiesen sich als inaktiv. Sie werden jedoch im Sediment meist in die aktiven Derivate NP1EO und NP2EO umgewandelt.

5.8.3 Bisphenol A

Bisphenol A (BPA) zählt mit einer für 2005 geschätzten Produktion von 2,0 bis 2,9 Millionen Tonnen zu den weltweit meistproduzierten Chemikalien. Etwa ein Drittel des Verbrauchs entfällt auf Westeuropa. 1995 wurden in Deutschland 210 000 Tonnen Bisphenol A produziert. BPA wirkt östrogen. Es wird in der im Auftrag der EU erstellten Liste der besonders bedeutsamen endokrinwirksamen Substanzen geführt.

Bisphenole und insbesondere BPA werden vornehmlich zu Polycarbonaten und Epoxidharzen verarbeitet. Ihr Anwendungsbereich ist daher sehr breit gefächert. Durch ihren Einsatz zum Beispiel in Gehäusen (Elektrotechnik, Elektronik), Brillengläsern, Autoscheinwerferscheiben sowie in Lacken und Klebern sind sie weit verbreitet anzutreffen und gelangen als Abfall auch zur Ablagerung auf Deponien.

Aufgrund seiner ubiquitären Verwendung und Verbreitung wird BPA regelmäßig in kommunalem Abwasser, Klärschlamm, Oberflächengewässern und Sedimenten nachgewiesen.

Aufgrund des lipophilen Charakters ($logK_{ow}$ = 3,18) kann es in Abwasserreinigungsanlagen zu einer Bindung dieser Substanzen an feste or-

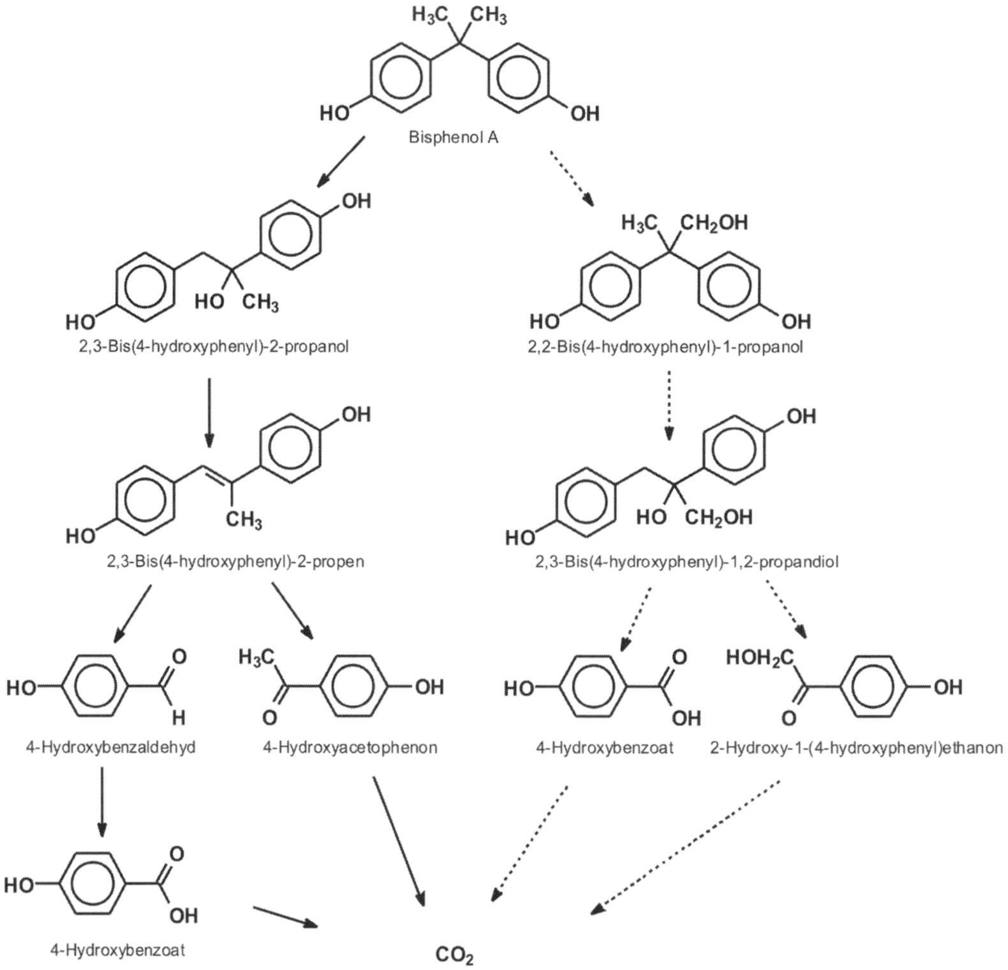

Bisphenol A
2,3-Bis(4-hydroxyphenyl)-2-propanol
2,2-Bis(4-hydroxyphenyl)-1-propanol
2,3-Bis(4-hydroxyphenyl)-2-propen
2,3-Bis(4-hydroxyphenyl)-1,2-propandiol
4-Hydroxybenzaldehyd
4-Hydroxyacetophenon
4-Hydroxybenzoat
2-Hydroxy-1-(4-hydroxyphenyl)ethanon
4-Hydroxybenzoat
CO_2

Abb 5.109 Abbauweg für Bisphenol Hauptweg (links), Nebenweg (rechts).

ganische Substanzen und als Folge davon zu einem Austrag mit dem Klärschlamm kommen.

BPA unterliegt in Wasser, Schlamm und Boden einem relativ raschen aeroben Abbau, während ein anaerober Abbau bisher nicht festgestellt wurde.

Der weitere Abbau von 4-Hydroxybenzoat verläuft über Protocatechuat und nachfolgend *meta*-Spaltung (Abb. 5.25b).

5.9 Methyl-*tert*-butylether

Der Benzinzusatzstoff Methyl-*tert*-butylether (MTBE) zählt weltweit zu den meistproduzierten Chemikalien. Die Weltproduktionskapazität belief sich 1999 auf ungefähr 25 Millionen Tonnen, in Deutschland lag die Produktion 2001 bei 680 000 Tonnen. Obwohl MTBE weltweit verwendet wird, werden 61 Prozent in den USA verbraucht, aber nur 44 Prozent dort produziert. MTBE wird dem Benzin in den USA seit Mitte der 70er Jahre und seit Anfang der 80er Jahre auch in Deutschland zur Verbesserung der Klopffestigkeit zugegeben. Für die vollständige Verbrennung von Benzin im Motor wird Sauerstoff benötigt. Dieser wird mechanisch während der Ansaugphase durch den Kolbenhub in den Ottomotor eingebracht und dort verdichtet. Da diese Sauerstoffmenge aber nicht für eine vollständige Verbrennung zu CO_2 ausreicht, wird durch Zusatzstoffe zusätzlich auf chemischem Wege Sauerstoff in den Verbrennungsraum des Motors eingebracht. Insbesondere im hoch-oktanigen Super Plus Benzin (ROZ 98, **R**esearch **O**ktan **Z**ahl) werden bis zu 15 Prozent MTBE zugesetzt, um die Oktanzahl zu erhöhen und eine vollständigere Verbrennung zu gewährleisten.

MTBE ist vor allem wegen seiner physikochemischen Eigenschaften für das Grundwasser problematisch. MTBE ist: leichtflüchtig (mit einer Henry-Konstante von K_H = 0,54 atm × L/mol, vergleichsweise weniger flüchtig aus Wasser als Benzol K_H = 5 atm × L/mol), gut wasserlöslich (50 g/L bei 25 °C, im Vergleich zu anderen Komponenten von Benzin wie Benzol von 1,79 g/L) und hoch mobil im Boden (sehr geringer Verteilungskoeffizient $\log K_{ow}$ von 1,06). Dazu kommt eine niedrige Geruchs- und Geschmacksschwelle. So hat seine Verwendung in den USA zu teilweise erheblichen Grundwasserbelastungen und in der Folge zu heftigen Kontroversen bis hin zum MTBE-Verbot in Kalifornien ab 2003 geführt. Die in Europa eingesetzten Mengen liegen überwiegend niedriger.

MTBE wird diffus aus der Atmosphäre aber auch punktförmig durch Benzinkontamination in das Grundwasser eingetragen. Der Eintrag von MTBE mit Benzin mit etwa 1 000 Freisetzungen jährlich kommt in der EU häufiger vor als bisher vermutet.

In Deutschland lässt sich MTBE in nahezu allen untersuchten Oberflächengewässern nachweisen. Messungen der letzten Jahre ergaben mittlere Konzentrationen von etwa 0,1 bis 0,3 Mikrogramm pro Liter. Offenbar spielt der Eintrag über den Luftpfad eine Rolle. Grundwasseruntersuchungen zeigen in städtischen Gebieten MTBE-Belastungen im Bereich von 0,1 bis 0,5 Mikrogramm pro Liter, in ländlichen Gebieten liegen diese Werte um den Faktor zehn niedriger.

Generell wird MTBE als biologisch schwer abbaubar eingeschätzt. Dennoch wird Abbau von MTBE unter aeroben, anaeroben und cometabolischen Bedingungen beschrieben.

Aerobe Mineralisierung von MTBE im Labormaßstab wurde gezeigt. Die Mikroorganismen wurden aus verschiedenen Quellen isoliert, generell aus Kläranlagen der Erdöl- oder chemischen Industrie. Mischkulturen und auch Reinkulturen wurden erhalten, die MTBE als Kohlenstoff- und Energiequelle nutzen können. Es fällt auf, dass die Zellausbeuten mit MTBE (0,1 – 0,2 Gramm Zellen pro Gramm MTBE) generell niedriger als solche mit Aromaten liegen. Ferner wurde beobachtet, dass geringere Abbauraten im Vergleich zu denen mit Aromaten resultierten.

Mit dem Stamm PM1 wurde der Abbauweg zum Teil aufgeklärt (Abb. 5.110). Er enthält jedoch weiterhin einige nur vermutete Schritte. Mit einer Abbaurate in vergleichbarer Höhe wie die für MTBE setzt der Stamm PM1 auch andere Ether wie *tert*-Amylmethylether, Ethyl-*tert*-butylether und Diisopropylether sowie Alkohole wie *tert*-Butylalkohol und *tert*-Amylalkohol um.

Widersprüchliche Daten liegen zum anaeroben Abbau von MTBE vor. Generell ist anaerober Abbau von MTBE und anderen oxygenier-

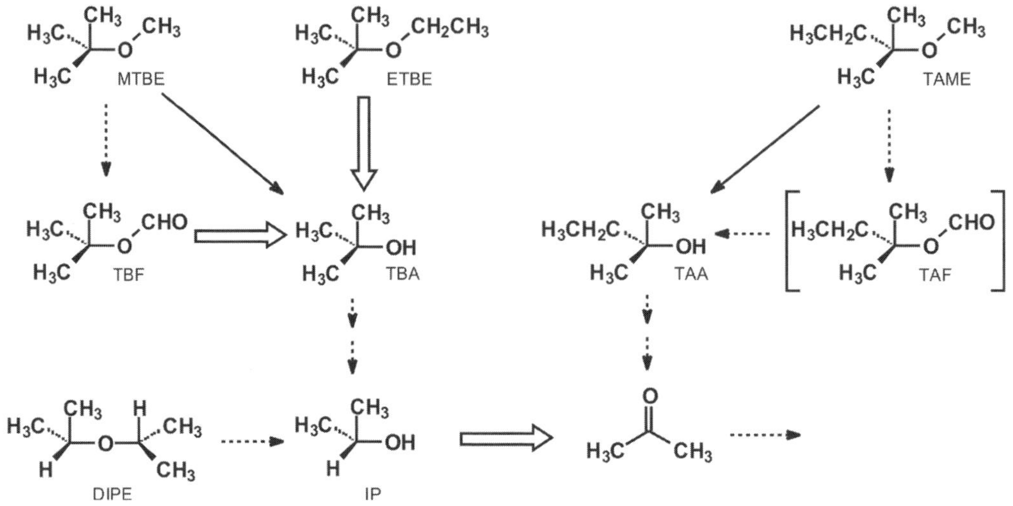

Abb 5.110 Vorgeschlagener Abbauweg für MTBE und andere Ether durch den Stamm PM1 (Church et al., 2000). *tert*-Amylmethylether (TAME), Ethyl-*tert*-butylether (ETBE), Diisopropylether (DIPE), *tert*-Butylalkohol (TBA), *tert*-Amylalkohol (TAA) und Isopropanol (IP), *tert*-Butylformiat (TBF). Die Pfeile bedeuten unterschiedliche Geschwindigkeiten: hohl: schnell, gestrichelt: sehr langsam.

ten Ethern unter methanogenen Bedingungen selten beobachtet worden. Untersuchungen zum Abbaupotenzial von verschiedenen Sedimenten mit MTBE und TBA zeigten dann Erfolge, wenn den Ansätzen Fe(III)oxide und Huminstoffe zugesetzt wurden. TBA wird viel schneller als MTBE unter eisenreduzierenden und methanogenen Bedingungen abgebaut. Anaerob ist der Abbau von TBA relativ schnell und vollständig. Die Abbauraten sind vergleichbar mit dem des aeroben TBA-Abbaus. Generell kristallisiert sich heraus, dass MTBE als Substanz klassifiziert werden muss, deren Abbau unter anaeroben Bedingungen sehr schwierig ist.

Ferner ist die **cometabolische Umsetzung** von MTBE durch Bakterien und Pilze möglich. Der MTBE-Cometabolismus wird dabei besonders von solchen Mikroorganismen durchgeführt, die auf kurzkettigen Alkanen ($<C_8$) wachsen. Hier ist die Fähigkeit des Wachstums mit *iso*-Alkanen von besonderem Interesse. Es gibt eine Vielzahl von Cosubstraten, die den Abbau von MTBE unterstützen, wie Alkane, Aromaten und cyclische Verbindungen. Der einleitende Schritt beim Cometabolismus soll durch Cytochrom P-450-Monooxygenasen durchgeführt werden. Die Bildung von *tert*-Butylformiat soll der TBA-Akkumulation vorgeschaltet sein.

Testen Sie Ihr Wissen

Was verbinden Sie mit den Namen „Seveso“ und „Love Canal“?

Wodurch wurden Bewohner in Minamata vergiftet? Welchen Einfluss auf die Bildung des Giftes haben Mikroorganismen (siehe auch Kapitel 8)?

Welche drei Prozesse sind für die Ausbreitung von Chemikalien in der Umwelt verantwortlich?

Welche physiko-chemische Konstante beschreibt die Verteilung einer Chemikalie zwischen Luft und Wasser?

Worüber gibt der Octanol/Wasserkoeffizient einer Chemikalie Auskunft?

Was versteht der Umweltchemiker unter einer Senke?

Skizzieren Sie am Beispiel einer chlororganischen Verbindung: Cometabolismus, Dehalorespiration und Nutzung als Kohlenstoff- und Energiequelle.

Was wird mit der Chemikalien-Beurteilung durch REACH beabsichtigt?

Welche Messparameter sind geeignet für den Nachweis der biologischen Abbaubarkeit einer Chemikalie?

Was versteht man unter „*ready*", „*inherent*", „*ultimate*" und „*primary*" *biodegradability*?

Welche Versuchsansätze benötigt man, eine sichere Aussage bezüglich Abbaubarkeit im OECD-Screening-Test zu erzielen? Denken Sie an die Kontrollen. Ist „Abbaubarkeit" eine absolute Größe?

Sagen Sie etwas zu den im Test erzielten Aussagen bezüglich Abbaubarkeit und dem Verhalten einer Chemikalie in der Umwelt.

Was ist das „Zehn-Tage Fenster", was der zu erreichende „Schwellenwert" in den Abbaubarkeitstests?

Beschreiben Sie einfache Tests zur Prüfung auf Mutagenität einer Chemikalie.

Woher stammen Ölkontaminationen im Meer hauptsächlich?

Was ist Phytan, Pristan, Hopan?

Was sind Tar Balls?

Kalkulieren Sie grob den Verbleib von Öl nach drei Jahren auf See.

Wozu wird Sauerstoff im mikrobiellen Alkanabbau benötigt?

Beschreiben sie die β-Oxidation von Fettsäuren.

Wie findet Alkanabbau statt, wenn kein Sauerstoff vorhanden ist? Was halten Sie von dem Kommentar, „als Sauerstoffersatz wird Nitrat zugesetzt"?

Behindern Seitengruppen im Alkan den Ablauf in der Abbausequenz? Gibt es Auswege zu deren Beseitigung?

Was weiß man zum Abbau von Cycloalkanen?

Beschreiben Sie die einleitenden Reaktionsschritte beim aeroben Aromatenabbau durch Bakterien. Was machen die Pilze anders?

Wie unterscheiden sich Mono- und Diooxygenasen?

Welche Metabolite sind geeignet zur Ringspaltung?

Was ist eine extra- und was ist eine intradiole Ringspaltung? Welche Begriffe werden synonym verwendet?

Benennen Sie den Unterschied zwischen aerobem und anaerobem Abbau am Beispiel des Toluols.

Welches sind die Schlüsselmetabolite im anaeroben Aromatenabbau?

Woran erinnert Sie die Reaktionsfolge im Benzoyl-CoA-Abbau, wenn Sie an den Alkanabbau denken?

Warum sind PAK schlecht abbaubar?

Lignin- und manganabhängige Peroxidase: Welche Substanzen werden durch sie angegriffen? Welche Rolle spielt dabei das H_2O_2? Woher kommt es?

Erklären Sie die Probleme durch Benz[*a*]pyren in Grillware.

Beschreiben Sie den Abbau von Carbazol und Dibenzofuran im Vergleich zu dem des Naphthalins.

Unterscheiden Sie die Spaltung eines Esters und eines Ethers.

Was leisten Biotenside und wie? Was ist eine Mizelle?

Skizzieren Sie Dehalorespiration am Beispiel von 3-Chlorbenzoat. Wie kommt es zur Erzeugung des Protonengradienten?

Was verstehen Sie unter dem *ortho*-Weg für Chlorbrenzcatechine?

Was ist ein Cluster, ein Operon, ein Plasmid?

Was sind bei der Übertragung von DNA Transformation, Transduktion und Konjugation?

Was verbirgt sich hinter der Abkürzung HCH?

Zeichnen Sie Atrazin.

Wie lässt sich Trichlorethen biologisch aus der Umwelt entfernen? Welches sind hierfür geeignete Cosubstrate?

Vergleichen Sie die Umsetzung von TRI durch Methan-Monooxygenase mit der durch einen Isopren-Verwerter.

5

Chlorethene als Elektronenakzeptoren: Welche Zwischenprodukte treten auf? Welches Produkt ist besonders problematisch?

Welche Strategie der mikrobiellen Beseitigung einer potenziellen Gefahr durch TNT im Boden bietet sich an?

Warum enthalten Azofarbstoffe SO_3H-Gruppen?

Welche Möglichkeit der Spaltung einer Azogruppe ist ubiquitär verbreitet?

Beschreiben Sie anhand des Abbaus von 6-Aminonaphthalin-2-sulfonsäure eine Syntrophie.

Welche Eigenschaften sollten Kunststoffe haben, damit sie gut abgebaut werden?

Sagen Sie etwas zur Abbaubarkeit von Komplexbildnern (siehe auch Kapitel 15).

Welche endokrin wirksamen Substanzen in der Umwelt kennen Sie? Welche Folgen treten im Ökosystem auf?

Ist der Benzinzusatzstoff MTBE in den USA erlaubt? Welcher Teil des Moleküls erschwert den Abbau?

Literatur

Achtnich, C., Pfortner, P., Weller, M. G., Niessner, R., Lenke, H., Knackmuss, H.-J. 1999. Reductive transformation of bound trinitrophenyl residues and free TNT during a bioremediation process analyzed by immunoassay. Environ. Sci. Technol. 33:3421 - 3426.

Atlas, R. M. 1984. Petroleum Microbiology. Macmillan Publ. Comp., New York.

Ballschmiter, K. 1992. Transport und Verbleib organischer Verbindungen im globalen Rahmen. Angew. Chem. 104:501 - 528.

Beckmann, W. 1976. Zur biologischen Persistenz von sulfonierten aromatischen Kohlenwasserstoffen: Desulfonierung und Katabolismus der Naphthalin-2-sulfonsäure. Dissertation, Göttingen.

Boll, M., Fuchs, G. 2005. Unusual reactions involved in anaerobic metabolism of phenolic compounds. Biol. Chem. 386:989-997.

Boll, M., Fuchs, G., Heider, J. 2002. Anaerobic oxidation of aromatic compounds and hydrocarbons. Curr. Opin. Chem. Biol. 6:604 - 611.

Bressler, D. C., Norman, J. A., Fedorak, P. M. 1998. Ring cleavage of sulfur heterocycles: how does it happen? Biodegradation 8:297-311.

Bucheli-Witschel, M., Egli T. 2001. Environmental fate and microbial degradation of aminopolycarboxylic acids. FEMS Microbiol. Rev. 25:69 - 106.

Chakraborty, R., O'Connor, S. M., Chan, E., Coates, J. D. 2005. Anaerobic degradation of benzene, toluene, ethylbenzene, and xylene compounds by *Dechloromonas* strain RCB. Appl. Environ. Microbiol. 71:8649 - 8655.

Chakraborty, R., Coates, J. D. 2004. Anaerobic degradation of monoaromatic hydrocarbons. Appl. Microbiol. Biotechnol. 64:437 - 446.

Church, C. D., Pankow, J. F., Tratnyek, P. G. 2000. Effects of environmental conditions on MTBE degradation in column model aquifers. II. Kinetics. Preprints of extended abstracts, ACS National Meeting, Am. Chem. Soc., Div. Environ. Chem. 40:238 - 240.

Coates, J. D., Achenbach, L. A. 2004. Microbial perchlorate reduction: rocket fuelled metabolism. Nat. Rev. Microbiol. 2:569 - 580.

Cook, A. M., Laue, H., Junker, F. 1998. Microbial desulfonation. FEMS Microbiol. Rev. 22:399 - 419.

Corvini, P. F., Schäffer, A., Schlösser, D. 2006. Microbial degradation of nonylphenol and other alkylphenols-our evolving view. Appl. Microbiol. Biotechnol. 72:223 - 243.

Davenport, R. E., Dubois, F., DeBoo, A., Kishi, A. 2000. Chelating agents - CEH Product Review. *In:* Chemical Economics Handbook. SRI International.

Deeb, R. A., Scow, K. M., Alvarez-Cohen, L. 2000. Aerobic MTBE biodegradation: an examination of past studies, current challenges and future research directions. Biodegradation 11:171 - 186.

Dolfing, J. 1998. Halogenation of aromatic compounds: thermodynamic, mechanistic and ecological aspects. FEMS Microbiol. Lett. 167:271 - 274.

Egli, T., Witschel, M. 2002. Enzymology of the breakdown of synthetic chelating agents. *In:* Focus on Biotechnology (S. Agathos, W. Reineke, eds.) Volume 3A, Kluwer Academic Publishers, Dordrecht, The Netherlands, pp.205 - 17.

Fayolle, F., Vandecasteele, J. P., Monot, F. 2001. Microbial degradation and fate in the environment of methyl *tert*-butyl ether and related fuel oxygenates. Appl. Microbiol. Biotechnol. 56:339 - 349.

Fent, K. 2003. Ökotoxikologie. Umweltchemie, Toxikologie, Ökologie. 2. Aufl., Georg Thieme Verlag Stuttgart.

Fetzner, S. 1998. Bacterial degradation of pyridine, indole, quinoline, and their derivatives under different redox conditions. Appl. Microbiol. Biotechnol. 49:237 - 250.

Gaillard, M., Vallaeys, T., Vorholter, F. J., Minoia, M., Werlen, C., Sentchilo, V., Pühler, A., van der Meer, J. R. 2006. The *clc* element of *Pseudomonas* sp. strain B13, a genomic island with various catabolic properties. J. Bacteriol. 188:1999 - 2013.

Giger, W. 1995. Spurenstoffe in der Umwelt. EAWAG News 40D:3 - 7.

Gunkel, W. 1988. Ölverunreinigung der Meere und Abbau der Kohlenwasserstoffe durch Mikroorganismen. *In:* Angewandte Mikrobiologie der Kohlenwasserstoffe in Industrie und Umwelt. (Hrsg. R. Schweisfurth), Expert Verlag, Esslingen, Bd. 164:18 - 36.

Habe, H., Omori, T. 2003. Genetics of polycyclic aromatic hydrocarbon metabolism in diverse aerobic bacteria.. Biosci. Biotechnol. Biochem. 67:225 - 243.

Harwood, C.S., Gibson, J. 1997. Shedding light on anaerobic benzene ring degradation: a process unique to prokaryotes? J. Bacteriol. 179:301 - 309.

Haug, W., Schmidt, A., Nörtemann, B., Hempel, D. C., Stolz, A., Knackmuss, H.-J. 1991. Mineralization of the sulfonated azo dye Mordant Yellow 3 by a 6-aminonaphthalene-2-sulfonate-degrading bacterial consortium. Appl. Environ. Microbiol. 57:3144 - 3149.

Heider, J., Fuchs, G. 1997. Anaerobic metabolism of aromatic compounds. Eur. J. Biochem. 243: 577 - 596.

Heiss, G., Knackmuss, H.-J. 2002. Bioelimination of trinitroaromatic compounds: immobilization versus mineralization. Curr. Opin. Microbiol. 5:282 - 287.

Herman, D. C., Frankenberger, W. T., Jr. 1998. Microbial-mediated reduction of perchlorate in groundwater. J. Environ. Qual. 27:750 - 754.

Hofmann, K. W., Knackmuss, H.-J., Heiss, G. 2004. Nitrite elimination and hydrolytic ring cleavage in 2,4,6-trinitrophenol (picric acid) degradation. Appl. Environ. Microbiol. 70: 2854 - 2860.

Horn, S., Bader, H. J., Buchholz, K. 2003. Kunststoffe aus nachwachsenden Rohstoffen. *In:* Green Chemistry - Nachhaltigkeit in der Chemie. (Gesellschaft Deutscher Chemiker, Hrsg.)Wiley-VCH, Weinheim 55 - 74.

Janssen, D. B., Dinkla, I. J., Poelarends, G. J., Terpstra, P. 2005. Bacterial degradation of xenobiotic compounds: evolution and distribution of novel enzyme activities. Environ. Microbiol. 7:1868 - 1882.

Janssen, D. B., Oppentocht, J. E., Poelarends, G. J. 2001. Microbial dehalogenation. Curr. Opin. Biotechnol. 12:254 - 258.

Janssen, D. B., van der Ploeg, J. R., Pries, F. 1995. Genetic adaptation of bacteria to halogenated aliphatic compounds. Environ. Health Perspect. 103 Suppl. 5:29 - 32.

Klöpffer, W. 1996. Verhalten und Abbau von Umweltchemikalien. Physikalisch-chemische Grundlagen. Ecomed Verlagsgesellschaft, Landsberg.

Landmeyer, J. E., Chapelle, F. H., Herlong, H. H., Bradley, P. M. 2001. Methyl *tert*-butyl ether biodegradation by indigenous aquifer microorganisms under natural and artificial oxic conditions. Environ. Sci. Technol. 35:1118 - 1126.

Logan, B. E. 1998. A review of chlorate- and perchlorate respiring microorganisms. Bioremed. J. 2:69 - 79.

Lopes Ferreira, N., Malandain, C., Fayolle-Guichard, F. 2006. Enzymes and genes involved in the aerobic biodegradation of methyl *tert*-butyl ether (MTBE). Appl. Microbiol. Biotechnol. 72:252 - 262.

Malle, K.-G. 1978. Wie schmutzig ist der Rhein? Chemie in unserer Zeit. 12:111 - 122.

National Research Council 1985. Oil in the sea - Inputs, fates and effects. National Acad. Press, Washington D. C., 601pp.

Nörtemann, B. 1999. Biodegradation of EDTA. Appl. Microbiol. Biotechnol. 51:751 - 759.

Nojiri, H., Omori, T. 2002. Molecular bases of aerobic bacterial degradation of dioxins: involvement of angular dioxygenation. Biosci. Biotechnol. Biochem. 66:2001 - 2016.

Nowack, B. 2002. Environmental chemistry of aminopolycarboxylate chelating agents. Environ. Sci. Technol. 36:4009 - 4016.

Olson, G. J., Brieley, J. A., Brieley, C. L. 2003. Bioleaching part B: Progress in bioleaching: applications of microbial processes by the minerals industries. Appl. Microbiol. Biotechnol. 63:249 - 257.

Pieper, D. H. 2005. Aerobic degradation of polychlorinated biphenyls. Appl. Microbiol. Biotechnol. 67:170 - 191.

Pieper, D. H., Reineke, W. 2004. Degradation of chloroaromatics by Pseudomona(d)s. *In: Pseudomonas* (J.-L. Ramos ed.), Kluwer Academic / Plenum Publishers, New York, *Vol.* 3:509 - 574.

Pieper, D. H., Reineke, W. 2000. Engineering bacteria for bioremediation. Curr. Opin. Biotechnol. 11:262 - 270.

Poremba, K., Gunkel, W., Lang, S., Wagner, F. 1989. Mikrobieller Ölabbau im Meer. Biologie in unserer Zeit. 19:145 - 148.

Potter, M., Steinbüchel, A. 2005. Poly(3-hydroxybutyrate) granule-associated proteins: impacts on poly(3-hydroxybutyrate) synthesis and degradation. Biomacromolecules 6:552 - 560.

Reineke, W., Pieper, D. H. 2005. Evolution of degradative pathways for chloroaromatic compounds. *In:* Innovative Approaches to the Bioremediation of Contaminated Sites. (Fava, F., Canepa, P., eds.), Soil Remediation Series No.5, INCA, Venice, Italy, pp.111 - 127.

Reineke, W., Mars, A. E., Kaschabek, S. R., Janssen, D. B. 2002. Microbial degradation of chlorinated aromatic compounds. The *meta*-cleavage pathway. *In:* Focus on Biotechnology (S. Agathos, W. Reineke, eds.) Volume 3A, Kluwer Academic Publishers, Dordrecht, The Netherlands, pp.157 - 168.

Reineke, W. 2001. Aerobic and anaerobic biodegradation potentials of microorganisms. *In:* The Handbook of Environmental Chemistry (O. Hutzinger, ed.) Vol. 2K The Natural Environment and Biogeochemical Cycles (Volume editor: B. Beek), Springer Verlag, Berlin, pp.1 - 161.

Reineke, W. 1998. Development of hybrid strains for the mineralization of chloroaromatics by patchwork assembly. Annu. Rev. Microbiol. 52:287 - 331.

Schink, B. 2006. Syntrophic associations in methanogenic degradation. Prog. Mol. Subcell. Biol. 41:1 - 19.

Schink, B. 2002. Synergistic interactions in the microbial world. Antonie van Leeuwenhoek 81: 257 - 261.

Schink, B., Philipp, B., Müller, J. 2000. Anaerobic degradation of phenolic compounds. Naturwissenschaften 87:12 - 23.

Schink, B. 1997. Energetics of syntrophic cooperation in methanogenic degradation. Microbiol. Mol. Biol. Rev. 61:262 - 280.

Schirmer, M., Butler, B. J., Church, C. D., Barker, J. F., Nadarajah, N. 2003. Laboratory evidence of MTBE biodegradation in Borden aquifer material. J. Contam. Hydrol. 60:229 - 249.

Schlömann, M. 1994. Evolution of chlorocatechol catabolic pathways. Conclusions to be drawn from comparisons of lactone hydrolases. Biodegradation 5:301 - 321.

Schwarzenbach, R. P., Gschwend, P. M., Imboden, D. M. 2003. Environmental Organic Chemistry, 2. ed., Wiley-Interscience, Hoboken, NJ.

Spain, J. C. 1995. Biodegradation of nitroaromatic compounds. Annu. Rev. Microbiol. 49:523 - 555.

Steinbüchel, A., Hein, S. 2001. Biochemical and molecular basis of microbial synthesis of polyhydroxyalkanoates in microorganisms. Adv. Biochem. Eng. Biotechnol. 71:81 - 123.

Stolz, A. 2001. Basic and applied aspects in the microbial degradation of azo dyes. Appl. Microbiol. Biotechnol. 56:69 - 80.

Tokiwa, Y., Calabia, B. P. 2006. Biodegradability and biodegradation of poly(lactide). Appl. Microbiol. Biotechnol. 72:244 - 251.

Tokiwa, Y., Calabia, B. P. 2004. Degradation of microbial polyesters. Biotechnol Lett. 26:1181 - 1189.

Umweltbundesamt (2001): Tributylzinnverbindungen http://www.umweltbundesamt.de/verkehr/verkehrstraeg/seeschiff/verschmutzung/tbt.htm sowie http://www.umweltbundesamt.de/wasser/themen/ow-s2 - 2.htm

Umweltbundesamt (2000): 1,3,5-Triazine im Grundwasser Deutschlands

Umweltbundesamt (Hrsg.) 1980. Was Sie schon immer über Umweltchemikalien wissen wollten. Berlin.

van Agteren, M. H., Keuning, S., Janssen, D. B. 1998. Handbook on biodegradation and biological treatment of hazardous organic compounds. Kluwer Academic Publ., Dordrecht, The Netherlands.

van der Meer, J. R., Sentchilo, V. 2003. Genomic islands and the evolution of catabolic pathways in bacteria. Curr. Opin. Biotechnol. 14:248 - 254.

van der Meer, J. R., Ravatn, R., Sentchilo, V. 2001. The *clc* element of *Pseudomonas* sp. strain B13 and other mobile degradative elements employing phage-like integrases. Arch. Microbiol. 175:79 - 85.

van Hamme, J. D., Singh, A., Ward, O. P. 2003. Recent advances in petroleum microbiology. Microbiol. Molec. Biol. Rev. 67:503 - 549.

van Hylckama Vlieg, J. E., Poelarends, G. J., Mars, A. E., Janssen, D. B. 2000. Detoxification of reactive intermediates during microbial metabolism of halogenated compounds. Curr. Opin. Microbiol. 3:257 - 262.

Wackett, L. P., Hershberger, C. D. 2001. Biocatalysis and biodegradation. Microbial transformation of organic compounds. ASM Press, Washington, D. C.

Witt, U., Müller, R.-J. and Klein, J. 1997. Biologisch abbaubare Polymere – Status und Perspektiven, Report Franz-Patat-Zentrum, Braunschweig

Xu, J. L., Song, Y. U., Min, B. K., Steinberg, L., Logan, B. E. 2003. Microbial degradation of perchlorate: principles and applications. Environ. Eng. Sci. 20:405 - 422.

US-Daten: http://www.the-innovation-group.com/chemprofile.htm und

EU-Daten: http://ecb.jrc.it/existing-chemicals/ dann unter ESIS suchen

NN. 2003. Metallocene. Kreative Baumeister. Bayer Research. Heft 15:72 - 75 zitiert: „Industrielle makromolekulare Chemie: die wirtschaftliche Entwicklung im Jahre 2001“ *In:* Nachrichten aus der Chemie 51, 341 (2003).

6 Der mikrobielle Stickstoffkreislauf

Zahlreiche wichtige Redoxreaktionen von Stickstoff werden in der Natur fast ausschließlich von Mikroorganismen ausgeführt, weshalb die mikrobielle Beteiligung am Stickstoffkreislauf von großer Bedeutung ist. Stickstoff existiert in verschiedenen Oxidationsstufen, sie reichen von -3 im Ammonium bis zu +5 im Nitrat. Bei mikrobiellen Umsetzungen werden alle Oxidationsstufen durchlaufen. Einige Stickstoffverbindungen sind gasförmig und können leicht in die Atmosphäre entweichen (Tabelle 6.1).

Tabelle 6.2 und Abbildung 6.1 fassen die für den Stickstoffkreislauf relevanten Stickstoffverbindungen und die sie erzeugenden Metabolismen, mit ihrer jeweiligen Funktion für die Mikroorganismen zusammen. Im Weiteren werden die einzelnen Prozesse besprochen.

6.1 Stickstofffixierung

Die biologische Fixierung des Luftstickstoffs ist von großer ökologischer Bedeutung, da hierdurch den terrestrischen und aquatischen Ökosystemen gebundener Stickstoff zugeführt wird. Alle Organismen sind von gebundenem Stickstoff (Ammonium oder Nitrat) abhängig, der in vielen Ökosystemen ein limitierender Nährstoff ist.

Zur biologischen Stickstoffbindung sind nur Prokaryoten befähigt. Stickstoffbindende Bakterien kommen in Böden, Gewässern und Sedimenten vor. Sowohl heterotrophe als auch autotrophe Bakterien haben diese Fähigkeit erworben. Eine Anzahl von Bakterien führt die Fixierung nur in Symbiose mit Pflanzen aus. Die Hauptgruppen stickstofffixierender Bakterien, frei- bzw. in Symbiose-lebende Arten, sind in den Tabellen 6.3 und 6.4 zusammenge-

Tabelle 6.1 Oxidationszustände wichtiger Stickstoffverbindungen.

Verbindung/Funktion/Prozess	Oxidationszustand	Vorliegende Form unter Normalbedingungen
organisch-gebundenes N ($R-NH_2$)	-3	fest, Ion in Lösung
Ammoniak (NH_3)	-3	Gas; festes Salz, Ion in Lösung
Hydrazin (NH_2-NH_2), N_2-Fixierung	-2	
Diimin ($NH=NH$), N_2-Fixierung	-1	
Hydroxylamin (NH_2OH), Ammonifikation	-1	
molekularer Stickstoff (N_2)	0	Gas
Distickstoffmonoxid (N_2O), Denitrifikation	+1 (Durchschnitt pro N)	Gas
Stickstoffmonoxid (NO), Denitrifikation	+2	Gas
Nitrit (NO_2^-), Elektronenakzeptor	+3	festes Salz, Ion in Lösung
Stickstoffdioxid (NO_2)	+4	Gas
Nitrat (NO_3^-), Elektronenakzeptor	+5	festes Salz, Ion in Lösung

Tabelle 6.2 Prozesse im Stickstoffkreislauf.

Prozess mit Funktion	Organismen
N_2-Fixierung ($N_2 \rightarrow NH_3$) • symbiontisch • freilebend (aerob) • freilebend (anaerob)	 *Rhizobium, Bradyrhizobium, Frankia* *Azotobacter, Cyanobacterium* Clostridium, Purpur- und Grüne Bakterien
Ammonifikation (organisches N $\rightarrow NH_4^+$) Kohlenstoff- und Energiequelle	viele Organismen
Nitrifikation ($NH_4^+ \rightarrow NO_3^-$) (Elektronendonor, Kohlenstoff über CO_2-Fixierung)	*Nitrosomonas, Nitrobacter*
Denitrifikation ($NO_3^- \rightarrow N_2$) (Elektronenakzeptor, Nitratatmung, Energie und Kohlenstoff aus organischen Substraten)	*Bacillus, Paracoccus, Pseudomonas*
Dissimilatorische Nitratreduktion zum Ammonium (DNRA) ($NO_3^- \rightarrow NH_4^+$) Fermentativ, NADH-Regeneration	*Wolinella, Desulfovibrio, Enterobacteriaceae, Pseudomonas* und andere
Anaerobe Ammonium Oxidation (Anammox) ($NH_4^+ + NO_2^- \rightarrow N_2$)	*Brocadia anammoxidans, Kuenenia stuttgartiensis*
Assimilatorische Nitratreduktion	viele Organismen

stellt. Die auf die Bodenfläche bezogenen Fixierungsraten zeigen, dass die Stickstoffzufuhr durch symbiotische Systeme wesentlich größer als durch die freilebenden Arten ist. Die assoziative Symbiose, bei der die Bakterien mit den Pflanzenwurzeln eng assoziiert sind, nimmt hinsichtlich der Fixierungsraten eine Zwischenstellung ein. Die Raten weisen aber je nach Klimazone und Bestandsdichte sehr große Unterschiede auf.

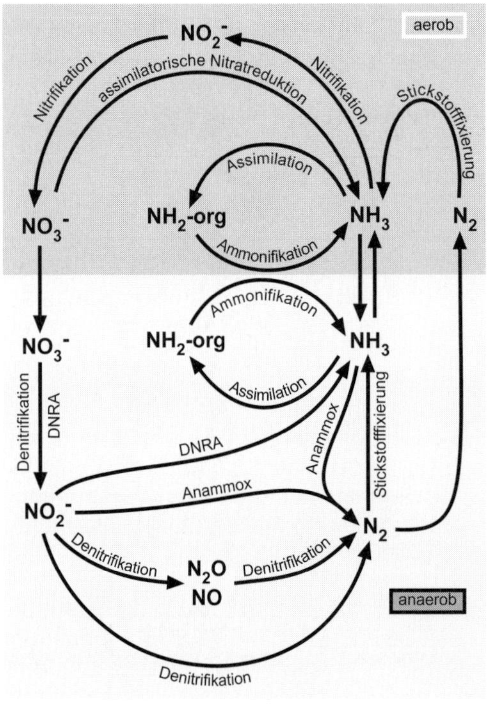

Abb 6.1 Der Stickstoffkreislauf.

6.2 Ammonifikation

Organisch gebundener Stickstoff wird beim Tod von Organismen und aus tierischen Exkrementen durch Proteolyse, den Nukleinsäureabbau und die anschließende Ammonifikation als Ammonium freigesetzt.

Ammonium ist die Stickstoffverbindung, die beim aeroben und anaeroben Abbau von organischen Substanzen in Böden und Gewässern entsteht.

In Böden wird ein Großteil des durch aeroben Abbau freigesetzten Ammoniaks schnell wiederverwertet und zu Aminosäuren in Pflanzen und Mikroorganismen umgewandelt. Ein Teil der beim Protein- und Nukleinsäureabbau anfallenden Stickstoffverbindungen geht in die Humusbildung ein (siehe Kapitel 4.4). So stellt Humus einen Speicher an gebundenem Stickstoff dar, der beim Humusabbau wieder bioverfügbar wird.

Tabelle 6.3 Vertreter der freilebenden stickstoffbindenden Bakterien und einige Fixierungsraten für terrestrische Systeme.

Hauptgruppen	Ausgewählte Vertreter bzw. symbiotische Systeme	Fixierungsrate (kg N × ha^{-1} × a^{-1})
Anaerobe Bakterien	*Clostridium pasteurianum* *Desulfovibrio vulgaris* *Desulfotomaculum nigrificans*	0,5
Fakultativ anaerobe Bakterien	*Klebsiella pneumonia* *Pantoea agglomerans*	
Aerobe Bakterien	*Azotobacter vinelandii* *Beijerinckia indica* *Gluconacetobacter diazotrophicus* *Hydrogenophaga pseudoflava* *Methylomonas methanica*	0,3 0,3
Phototrophe Anaerobier	*Rhodospirillum rubrum* *Allochromatium vinosum* *Chlorobium limicola* *Chloroflexus aurantiacus* *Heliobacterium chlorum*	
Cyanobakterien	*Anabaena* sp. *Nostoc* sp. *Synechococcus* sp.	10 - 30
Methanogene Archaea	*Methanococcus vanniellii* *Methanobacterium formicicum* *Methanothermus facilis*	
Halophile Archaea	*Halobacterium halobium*	

Tabelle 6.4 Systeme der Stickstoffbindung zwischen Bakterien und Pflanzen.

Art der Symbiose/Bakterien	Pflanze	Fixierungsrate (kg N × ha^{-1} × a^{-1})
Assoziative Symbiosen mit Gräsern		
Azospirillum lipoferum	*Digitaria decumbens*	20 - 50
Azorhizophilus paspali	*Paspalum notatum*	19 - 50
Azoarcus sp.	*Leptochloa fusca* (Kallargras)	
Endosymbiosen mit Leguminosen		
Rhizobium leguminosarum bv. *viceae*	Erbse	100 - 200
Rhizobium leguminosarum bv. *trifolii*	Klee	100 - 200
Bradyrhizobium japonicum	Sojabohne	50 - 200
Azorhizobium caulinodans	Sesbania (trop. Baum)	100
Endosymbiosen von Actinomyceten mit Bäumen und Sträuchern		
Frankia alni	*Alnus* (Erle) *Eleagnus* (Ölweide) *Hippophae* (Sanddorn) *Casuarina* (Känguruhbaum)	
Cyanobakterien-Symbiosen mit Cyanobakterien		
Anabaena azollae	*Azolla* (Wasserfarn)	80 - 250

6

Biochemie der Stickstofffixierung

Distickstoff (N_2) ist ein sehr stabiles Molekül, dessen Reduktion eine hohe Aktivierungsenergie erfordert. Die Energie der N-N-Bindung beträgt 930 Kilojoule pro Mol. Die zur Stickstofffixierung befähigten Bakterien besitzen den Enzymkomplex der **Nitrogenase**. Das Enzym besteht aus zwei Proteinkomponenten, einer Reduktase, die Elektronen mit hoher Reduktionskraft liefert, und der eigentlichen Nitrogenase. Beide Proteine sind aus Untereinheiten aufgebaut. Sie besitzen mehrere Eisen-Schwefel-Proteine. In der Nitrogenase ist zusätzlich noch Molybdän enthalten (MoFe-Protein).

Die Bereitstellung der Reduktionskraft ist dem Fixierungsprozess vorgeschaltet. Bei der Elektronenübertragung spielt Ferredoxin, ebenfalls ein Eisen-Schwefel-Protein, als Carrier eine maßgebliche Rolle. Elektronen werden zunächst auf die Nitrogenase-Reduktase übertragen. In einem ATP-abhängigen Prozess wird das Redoxpotenzial so weit gesenkt, dass durch weiteren Elektronentransfer auf die Nitrogenase ein hochreduziertes Reaktionssystem entsteht. An diesem System, dem so genannten Eisen-Molybdän-Cofaktor (FeMo-Co), erfolgt die N_2-Bindung und die schrittweise Reduktion zu Ammonium. Die Reaktion ist sehr energieaufwändig, so werden zur Reduktion eines N_2 16 Moleküle ATP benötigt. Damit ist für die Reduktion von einem Mol N_2 etwa ein Mol Glucose notwendig. Die Gesamtreaktion lautet:

$$N_2 + 8\,H^+ + 8\,e^- + 16\,ATP \rightarrow 2\,NH_3 + H_2 + 16\,ADP + 16\,P_i$$

Die Reaktion zeigt, dass der Nitrogenasekomplex nicht nur N_2 zu NH_3, sondern gleichzeitig auch Protonen zu H_2 reduziert. Es handelt sich um einen prozess-immanenten Teilschritt. Vielfach wird sogar noch mehr H_2 gebildet. Die vermehrte H_2-Bildung ist dann eine Konkurrenzreaktion zur N_2-Reduktion und es können bis zu 50 Prozent der Elektronen auf Protonen übertragen werden.

Die folgenden Regulationsmechanismen sind zur Aufrechterhaltung der Ökonomie des Zellstoffwechsels vorhanden:

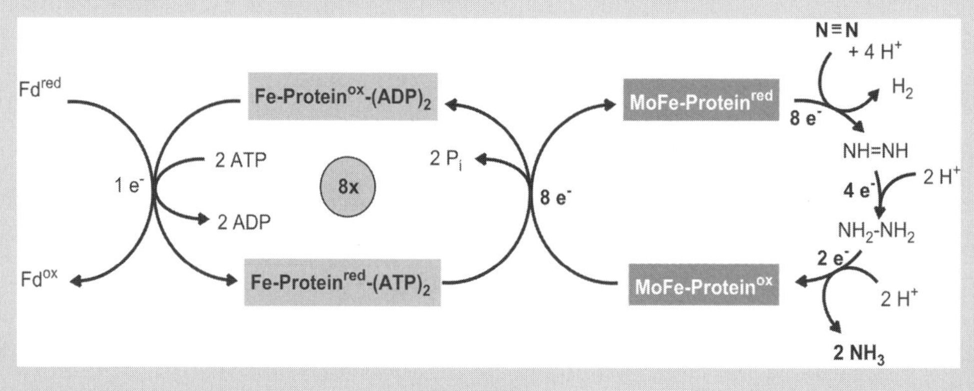

Abb 6.2 Modell der Nitrogenase-Reaktion. Fd, Ferredoxin.

Unter anoxischen Bedingungen ist Ammoniak stabil, und in dieser Form kommt Stickstoff in den meisten anoxischen Sedimenten hauptsächlich vor.

Ammonium liegt bei neutralem pH als NH_4^+ vor, schon unter schwach alkalischen Bedingungen kann es als flüchtiges Ammoniak in die Atmosphäre entweichen. Die Freisetzung erfolgt in besonders hohen Konzentrationen aus Anlagen der Massentierhaltung und in Gebieten mit dichten Tierpopulationen (zum Beispiel Rinderweiden). Global gesehen macht Ammo-

- Der Nitrogenasekomplex wird nur gebildet, wenn keine gebundene Stickstoffquelle vorliegt.
- Die Synthese wird durch **Ammonium reprimiert.**
- Bei Energiemangel, der mit einem hohen ADP-Spiegel verbunden ist, hemmt ADP die Nitrogenaseaktivität.

Die Nitrogenase wird durch Sauerstoff irreversibel inaktiviert. Gleichzeitig ist jedoch für die Produktion von genügend ATP Sauerstoff als Endakzeptor der Atmungskette erforderlich. Die freilebenden Stickstofffixierer erreichen den **Schutz der Nitrogenase vor Sauerstoff** durch verschiedene Mechanismen:

- Für **Anaerobier** wie *Clostridium pasteurianum* und *Desulfovibrio*-Arten besteht dieses Problem nicht.
- Fakultative Anaerobier wie *Klebsiella pneumoniae* und Purpurbakterien binden N_2 nur unter **anaeroben Bedingungen**.
- Die aeroben *Azotobacter*- und *Beijerinckia*-Arten führen einen **Atmungsschutz** aus. Durch eine sehr intensive Atmung, die in einem hohen Substratverbrauch und einer hohen Atmungsrate zum Ausdruck kommt, wird Sauerstoff abgefangen.
- *Azotobacter* verfügt zusätzlich über einen **Konformationsschutz**, durch den die Nitrogenase bei Sauerstoffzutritt die Konformation so verändert, dass die empfindlichen Enzymbereiche geschützt sind. In diesem reversiblen Zustand ist sie nicht aktiv, wird jedoch auch nicht geschädigt.
- Viele fädige Cyanobakterien besitzen **Heterocysten**, in denen die Stickstoffbindung erfolgt. Diese größeren dickwandigen Zellen enthalten neben der Nitrogenase und einer H_2-regenerierenden Hydrogenase nur das Photosystem I, das ATP bereitstellt. Das Photosystem II, durch das bei der Photolyse des Wassers Sauerstoff gebildet wird, ist zusammen mit den anderen Komponenten des oxygenen Photosynthesesystems in den benachbarten vegetativen Zellen lokalisiert. Es liefert den Heterocysten Reduktionsäquivalente und Assimilate.
- Einzellige Cyanobakterien wie *Gloeocapsa* sp. erreichen den Sauerstoffschutz nicht durch räumliche, sondern durch **zeitliche Trennung**. Sie fixieren N_2 nachts, wenn aufgrund der nicht stattfindenden Photosynthese nur ein sehr geringer Sauerstoffpartialdruck in der Zelle vorliegt.

Symbiontische Systeme zeigen hohe Fixierungsraten. Dies liegt an der effektiven Versorgung der Bakterien mit organischen Substraten durch den Wirt. Bakterien (Rhizobien et cetera) befinden sich als unregelmäßig geformte **Bacteroide** innerhalb der Cytoplasmamembran der Pflanzenzellen. Die meristematisch gewordenen Bakterienzellen bilden so die **Wurzelknöllchen**. Die Nitrogenase, die bis zu zehn Prozent des löslichen Proteins ausmacht, wird von den Bacteroiden synthetisiert, während die Pflanze die Bacteroide mit Assimilaten (vor allem organische Säuren) versorgt. Die Bacteroide geben das gebildete Ammonium an das sie umgebende pflanzliche Cytoplasma ab, in welchem die Aminosäuresynthese erfolgt. Die Pflanze trägt nicht nur durch die Lieferung der organischen Kohlenstoffquellen zur Symbiose bei, sondern auch durch die Synthese des Leghämoglobins. Leghämoglobin ist eine dem Hämoglobin ähnliche Verbindung, die als Sauerstoffcarrier fungiert. Sie sorgt für einen niedrigen Sauerstoffpartialdruck, der einerseits noch eine Atmung und damit ATP-Bildung ermöglicht, aber andererseits die Nitrogenase vor Sauerstoff schützt. Leghämoglobin ist ein Symbioseprodukt, so wird der Proteinanteil von der Pflanze und der Hämanteil durch das Bacteroid gebildet.

niak nur etwa 15 Prozent des Stickstoffs aus, der in die Atmosphäre freigesetzt wird. Der Großteil des Rests gelangt in Form von N_2 oder N_2O (aus der Denitrifikation) in die Atmosphäre.

6.3 Nitrifikation

Die Nitrifikation, also die Oxidation von NH_3 zu NO_3^-, ist in der Natur ein wichtiger Prozess und findet leicht in gut entwässerten Böden

6

durch die Aktivität von nitrifizierenden Bakterien statt. Unter aeroben Bedingungen wird Ammonium auch in Gewässern durch die Nitrifikation über Nitrit zu Nitrat oxidiert.

Die nitrifizierenden Bakterien leben chemolithotroph, sie gewinnen ihre Energie durch die Oxidation des Ammoniums bzw. Nitrits zu Nitrat.

An der Nitrifikation sind zwei aerobe Bakteriengruppen beteiligt, die folgende Gesamtreaktion durchführen:

$NH_3 + 2\ O_2 \rightarrow NO_3^- + H_2O + H^+$

Die ***Nitrosobacteria*** oxidieren Ammoniak zu Nitrit. Die Biochemie der Oxidation ist im Detail für *Nitrosomonas europaea* untersucht worden.

Die Reaktion verläuft über Hydroxylamin und ein (NOH)-Intermediat. Sie ergibt Nitrit als Endprodukt.

$NH_3 \rightarrow NH_2OH \rightarrow (NOH) \rightarrow NO_2^-$

Der erste Schritt wird von der Ammonium-Monooxygenase katalysiert. Der Sauerstoff im Hydroxylamin stammt demnach aus molekularem Sauerstoff. Die Reaktion verbraucht Reduktionskraft:

$NH_3 + 2\ e^- + 2\ H^+ + O_2 \rightarrow NH_2OH + H_2O$

Der physiologische Donor scheint eine Verbindung der Atmungskette zu sein. Hydroxylamin-Dehydrogenase, ein periplasmatisches Enzym, welches das periplasmatische Cytochrom c reduziert, katalysiert die Reaktion:

$NH_2OH + H_2O \rightarrow HNO_2 + 4\ H^+ + 4\ e^-$

Da die Elektronen der Hydroxylamin-Oxidation wahrscheinlich auf dem Niveau der Ubichinone bereitgestellt werden, vermutet man, dass die reduzierten Ubichinone die Reduktionskraft für die Monooxygenase-Reaktion *in vivo* liefert.

Es fließen also zwei Elektronen zur Ammonium-Monooxygenase und die verbleibenden zwei in die Atmungskette:

$^1/_2\ O_2 + 2\ H^+ + 2\ e^- \rightarrow H_2O$

Damit ist die Gesamtreaktion:

$NH_3 + 1^1/_2\ O_2 \rightarrow HNO_2 + H_2O$

Folglich muss die Zelle für die Oxidation vom Ammonium zum Hydroxylamin zwei energiereiche Elektronen einsetzen, die ansonsten für die Energiebildung zur Verfügung ständen. Die Bereitstellung der Elektronen vom Hydroxylamin auf dem Niveau der Ubichinone macht zudem deutlich, dass ein energieabhängiger, rückläufiger Elektronentransport zur Erzeugung von NAD(P)H für die CO_2-Fixierung gebraucht wird (Abb. 6.3). Nimmt man die niedrige Energieausbeute der Ammoniumoxidation und die Tatsache des Elektronentransportes als membrangebunden, so ist die Ausbildung ausgedehnter Membransysteme als Adaptation erklärlich, um die komplexen Reaktionen mit genügend hoher Rate ablaufen lassen zu können.

Die ***Nitrobacteria*** oxidieren Nitrit zum Nitrat. Die Oxidation durch *Nitrobacter*-Spezies verläuft entsprechend der folgenden Halbreaktionen:

$NO_2^- + H_2O \rightarrow NO_3^- + 2\ H^+ + 2\ e^-$

$^1/_2\ O_2 + 2\ H^+ + 2\ e^- \rightarrow H_2O$

Die Nitrit/Nitrat-Oxidoreduktase ist auf der Innenseite der Cytoplasmamembran lokalisiert. Eine protonmotorische Kraft wird durch eine protonenpumpende Cytochrom-Oxidase aufgebaut. Natürlich muss *Nitrobacter* auch ein komplettes Elektronentransportsystem haben, um die Bildung von NAD(P)H durch rückläufigen Eletronentransport zu bewerkstelligen.

Das Endprodukt des ersten Prozesses ist also das Ausgangsprodukt des zweiten Prozesses.

Nitrifikanten sind langsam wachsende Bakterien, die aufgrund der geringen Energieausbeute einen hohen Stoffumsatz haben.

Nitrifizierende Bakterien sind weit verbreitet, sie bevorzugen einen neutralen bis alkalischen pH-Bereich.

Umweltprobleme, die mit der Nitrifikation zusammenhängen, ergeben sich aus dem vermehrten Eintrag von Stickstoffverbindungen in die Biosphäre. Die natürliche Nitrifikation bewirkt durch die Salpetersäurebildung den Aufschluss von Mineralien und so die Freisetzung von Kalium, Calcium und Phosphat. Salpeterausblühungen in Ställen und Kellern sind vielfach Endprodukte nitrifizierender Bakterien.

Der zur Bodenbildung und zur Bodenfruchtbarkeit beitragende Prozess bewirkt

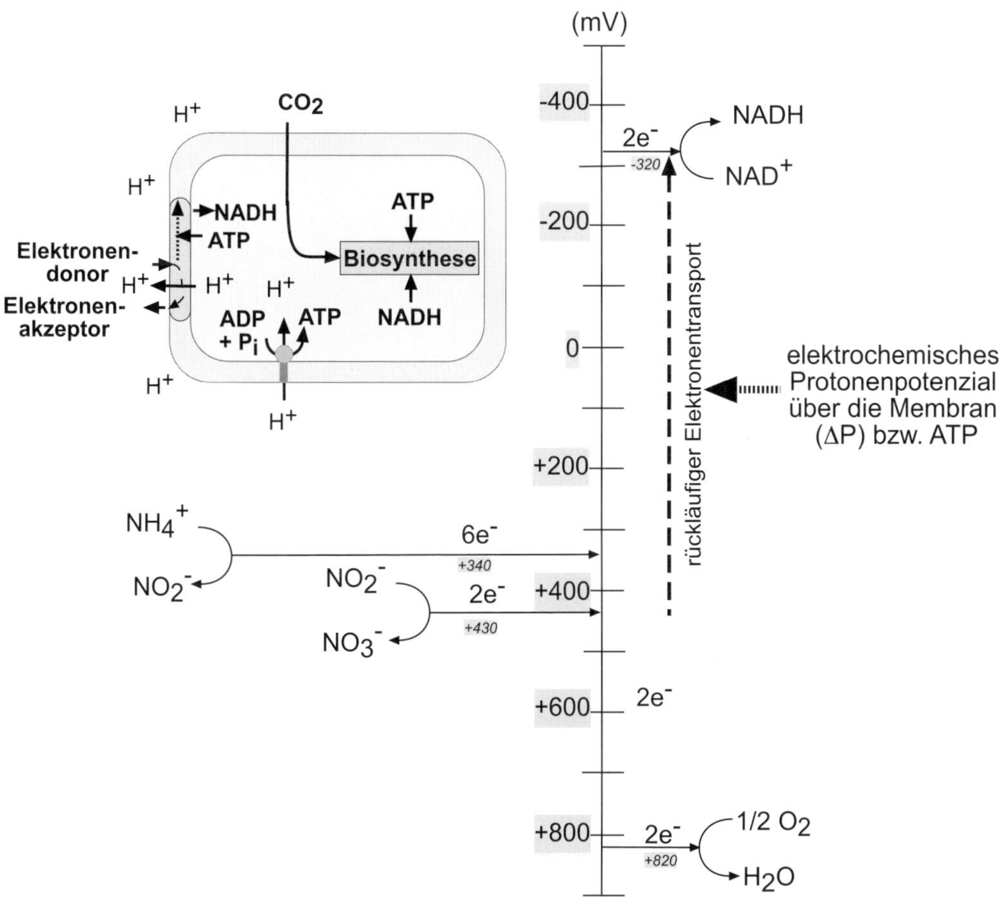

Abb 6.3 Unterschiedliche Energieniveaus bei der Nitrifikation.

auch die Korrosion von Bauwerken aus Sandstein und Zement. Einige Nitrifikanten besiedeln poröse Sandsteine bis zu einer Tiefe von mehreren Zentimetern. Diese endolithische Lebensweise wird durch Ammoniumemissionen möglich, die vor allem aus der Massentierhaltung von Schweinen und Geflügel stammen. Durch die Säurebildung kommt es so zur Zerstörung des Sandsteingefüges an historischen Bauwerken.

Bei der verbreiteten Überdüngung landwirtschaftlicher Flächen mit Ammoniumverbindungen, Harnstoff und Gülle kommt es zu einer starken Nitrifikation. Ammoniak ist kationisch und wird stark an negativ geladene Tonminerale und Humus absorbiert. Das gebildete Nitrat hingegen wird, obwohl es leicht von Pflanzen assimiliert werden kann, aufgrund seiner sehr hohen Wasserlöslichkeit in Grundwasserhorizonte ausgewaschen. Die Folgen der Auswaschung von Nitrit und Nitrat sind ein Verlust an Stickstoff für die Pflanzenernährung, daher ist die Nitrifikation in der landwirtschaftlichen Praxis nicht nutzbringend. Weiter führt eine bedenkliche Anreicherung von Nitrat im Grundwasser dazu, dass die Nutzung als Trinkwasser in Frage gestellt wird.

Massentierhaltung als Quelle für Ammonium trägt zu einem weiteren Umweltproblem bei und zwar der Überdüngung der Wälder, die in den neuartigen Waldschäden zum Ausdruck kommt.

6.4 Anammox

Zusätzlich zur aeroben Oxidation von Ammonium durch Nitrifizierer wurde kürzlich eine Oxidation in anaerobem Milieu gefunden. Die **Anaerobe Ammonium-Oxidation (Anammox)** wird durch sehr langsam wachsende Organismen durchgeführt. Sie benötigt neben Ammonium als anorganischen Elektronendonor Nitrit als oxidierendes Agenz. Anammox findet in Kläranlagen mit einer hohen Kohlenstofffracht statt. Man diskutiert diesen Prozess im Bereich des Überganges von oxischen zu anoxischen Ökosystemen, an denen Nitrit und Ammoniak in Abwesenheit von Sauerstoff auftreten.

Anaerobe Ammoniumoxidation ist die mikrobielle Oxidation von Ammonium mit Nitrit zu N_2 unter strikt anoxischen Bedingungen.

$NH_4^+ + NO_2^- \rightarrow N_2 + 2\ H_2O$
$\Delta G^0 = -335$ kJ/Ammonium

Sie wird von Planctomyceten-ähnlichen Bakterien durchgeführt. Anammox ist nicht nur für den ozeanischen Stickstoffkreislauf bedeutend, sondern auch an der Stickstoffbeseitigung aus kommunalem und industriellem Abwasser substanziell beteiligt.

Der Prozess läuft in den verschiedensten Bereichen der Umwelt ab, so in marinen Sedimenten, Eis auf Seen und anderen anaeroben Wassersäulen. Er soll für bis zu 50 Prozent der globalen Entfernung von fixiertem Stickstoff aus den Ozeanen verantwortlich sein.

6.5 Nitratreduktion

Nitrat kann durch die **assimilatorische Nitratreduktion** zu Ammonium reduziert werden und so in organische Stickstoffverbindungen eingehen. Der Prozess dient den Mikroorganismen und Pflanzen damit zum Aufbau von Aminosäuren und anderen N-haltigen Zellbausteinen.

Im Gegensatz dazu dient die **dissimilatorische Nitratreduktion** der Energiegewinnung. Man nennt sie auch **Nitratatmung**, da Nitrat unter anaeroben Bedingungen als Elektronenakzeptor für eine Form der Atmung dient.

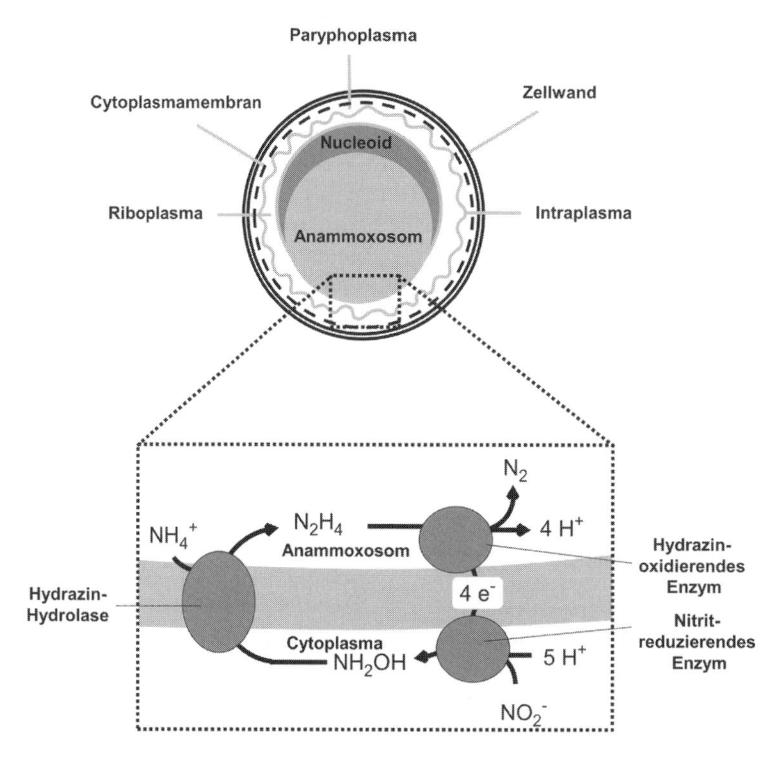

Abb 6.4 Morphologie der Anammox-Zelle und vorgeschlagenes Modell des Anammox-Prozesses.

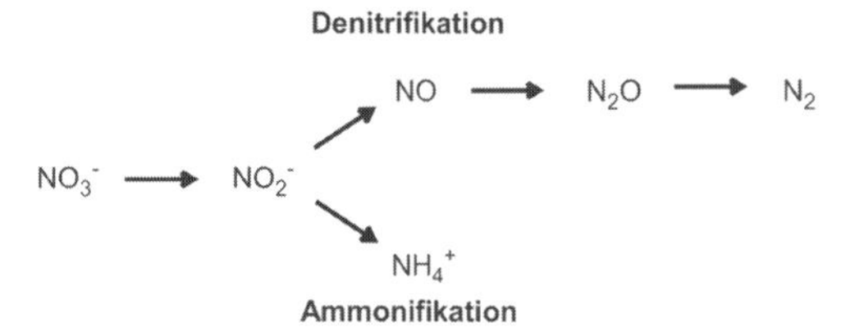

Abb 6.5 Wege der Nitrat-/Nitritreduktion.

Zwei Wege der Nitrat- und Nitritatmung sind bekannt: **Denitrifikation** und **Ammonifikation.**

6.5.1 Denitrifikation

Bei der **Denitrifikation** wird elementarer Stickstoff und in geringen Mengen auch N_2O gebildet. Dieser Prozess ist im globalen Rahmen der Hauptweg, auf dem gasförmiges N_2 biologisch erzeugt wird.

Die folgenden Reduktionsschritte sind an der Denitrifikation beteiligt:

$NO_3^- + 2\ e^- + 2\ H^+ \rightarrow NO_2^- + H_2O$
(Nitrat-Reduktase)

$NO_2^- + e^- + 2\ H^+ \rightarrow NO + H_2O$
(Nitrit-Reduktase, NO-bildend)

$2\ NO + 2\ e^- + 2\ H^+ \rightarrow N_2O + H_2O$
(Stickstoffoxid-Reduktase)

$N_2O + 2\ e^- + 2\ H^+ \rightarrow N_2 + H_2O$
(Distickstoffoxid-Reduktase)

Die Nitrat- und NO-Reduktase sind in der Cytoplasmamembran lokalisiert, während Nitrit- und N_2O-Reduktase periplasmatisch sind.

Beim Einsetzen der Anaerobiose wird zunächst bevorzugt N_2O gebildet, da das im Stoffwechselweg folgende Enzym, die N_2O-Reduktase, langsamer gebildet wird. Eine verstärkte N_2O-Bildung findet vor allem bei Überschuss an Nitrat und Mangel an Elektronendonoren statt.

Die denitrifizierenden Bakterien können auf diesem Wege organische Substrate in Abwesenheit von Luftsauerstoff vollständig abbauen, wobei der dabei erzielte Energiegewinn annähernd dem der Atmung mit Sauerstoff entspricht.

Die Fähigkeit zur Denitrifikation ist bei Boden- und Gewässerbakterien verbreitet, wichtige Vertreter sind Pseudomonaden, *Bacillus licheniformis, Paracoccus denitrificans.* Denitrifikanten sind **fakultativ anaerob**, bei Sauerstoffmangel werden die Enzyme zur schrittweisen Reduktion von Nitrat zu N_2 induziert. Im Boden tritt dieser Zustand bei Staunässe ein, wenn Nitrat vorhanden ist. Dadurch kommt es zum **Stickstoffverlust des Bodens.**

Einige Bakterien, zum Beispiel *Escherichia coli,* führen eine Variante der Nitratatmung durch. Sie reduzieren das Nitrat nur bis zur Stufe des Nitrits (Nitrat-/Nitritatmung).

Da Mikroorganismen N_2 als Stickstoffquelle viel schlechter verwenden können, ist die Denitrifikation hier ein schädlicher Vorgang, weil er gebundenen Stickstoff aus der Umwelt entfernt.

Bei der Abwasseraufbereitung ist die Denitrifikation ein gewünschter Vorgang, da er Nitrat aus dem Wasser entfernt und so das Algenwachstum minimiert, wenn das Wasser in Seen und Flüsse eingelassen wird.

6.5.2 Dissimilatorische Nitratreduktion zu Ammonium

Ebenfalls von dem NO_3^--Pool ausgehend wird durch die **Dissimilatiorische Nitratreduktion zu Ammonium (DNRA)** Nitrat direkt zu NH_4^+ reduziert.

Der erste Schritt in dieser Reaktion, die Reduktion von Nitrat zu Nitrit, ist der energieliefernde Schritt. Er ist identisch zu dem der Denitrifikation:

$NO_3^- + 2\ e^- + 2\ H^+ \rightarrow NO_2^- + H_2O$
(Nitrat-Reduktase)

Die weitere Reduktion von Nitrit zum Ammonium wird von einer NADH-abhängigen Reduktase katalysiert.

$NO_2^- + 3\ NAD(P)H + 5\ H^+ \rightarrow NH_4^+ + 3\ NAD(P)^+ + 2\ H_2O$ (Nitrit-Reduktase, Ammoniak-bildend)

Dieser zweite Schritt liefert keine zusätzliche Energie, sondern er führt zu fixiertem Stickstoff und stellt durch die Reoxidation von NADH zum NAD^+ Reduktionsäquivalente wie-

6

Tabelle 6.5 Bakterien, die Dissimilatorische Nitrat- oder Nitrit-Reduktion zum Ammonium (DNRA) nutzen.

Verhalten zum Sauerstoff / Genus	Typische Habitate
Obligat Anaerobe	
Clostridium	Boden, Sedimente
Desulfovibrio	Sedimente
Selenomonas	Pansen
Veillonella	Darmtrakt
Wolinella	Pansen
Fakultativ Anaerobe	
Citrobacter	Boden, Abwasser
Enterobacter	Boden, Abwasser
Erwinia	Boden
Escherichia	Boden, Abwasser
Klebsiella	Boden, Abwasser
Photobacterium	Seewasser
Salmonella	Abwasser
Serratia	Darmtrakt
Vibrio	Sediment
Mikroaerophile	
Campylobacter	Mundhöhle
Aerobe	
Bacillus	Boden, Lebensmittel
Neisseria	Schleimhäute
Pseudomonas	Boden, Wasser

der zur Verfügung. Diese Reduktionsäquivalente werden dann zum Beispiel für die Oxidation von Kohlenhydraten gebraucht.

In der Tat wurde beobachtet, dass unter kohlenstofflimitierenden Bedingungen Nitrit akkumuliert (Denitrifikation herrscht vor), während Ammonium das Hauptprodukt bei Vorhandensein großer Kohlenstoffmengen ist (DNRA herrscht vor).

Die Umsetzung erfolgt durch fakultativ oder obligat fermentierende Bakterien. Als Bedingungen für den Ablauf der DNRA muss entsprechend der Denitrifikation, neben Sauerstoffmangel, ein hohes Angebot an organischem Kohlenstoff sowie verfügbarem NO_3^- als auch ein niedriges Redoxpotenzial gegeben sein. Die Bedeutung der DNRA in terrestrischen Ökosystemen wird unterschätzt. Diese These wird von Silver et al. (2001) bestätigt, die für tropische Wälder DNRA-Raten von bis zu 0,9 Milligramm Stickstoff pro Kilogramm und Tag nachweisen konnten. Dieser Wert lag um den Faktor drei höher als der N-Umsatz über die Denitrifikation (bis 0,3 Milligramm Stickstoff pro Kilogramm und Tag).

Ein zweiter Umweltfaktor, der für DNRA selektiert, ist ein geringes Niveau an zur Verfügung stehendem Elektronenakzeptor. Es ist deshalb nicht verwunderlich, dass der Prozess hauptsächlich in gesättigter, kohlenstoffreicher Umgebung wie stillstehenden Gewässern, Klärschlamm, einigen Sedimenten mit hohem Anteil an organischem Material sowie dem Wiederkäuermagen stattfindet.

Tabelle 6.5 listet verschiedene Bakterien auf, die DNRA durchführen. Es fällt auf, dass die meisten Bakterien einen fermentativen und kaum einen oxidativen Metabolismus haben.

Testen Sie Ihr Wissen

Welche wichtige Funktion kommt den Denitrifizierern in der Natur im Stickstoffkreislauf zu?

Was würde geschehen, wenn es keine Denitrifikation gäbe?

Warum spielen Denitrifizierer bei der Abwasserbehandlung in Kläranlagen eine essenzielle Rolle?

Weshalb ist die Denitrifikation in der Landwirtschaft unerwünscht?

Wie unterscheiden sich assimilatorische und dissimilatorische Nitratreduktion hinsichtlich ihrer Funktion?

Welche Gase können bei der Denitrifikation freigesetzt werden?

Welche Funktion haben die Nitrifizierer im Stickstoffkreislauf?

Welche Kohlenstoffquelle nutzen Nitrifizierer und wie überführen sie diese in Zellbestandteile?

Warum müssen Nitrifizierer einen rückläufigen Elektronentransport betreiben?

Sagen Sie etwas zur Wachstumsrate von Nitrifizierern.

Geben sie anhand der Oxidationszustände des Stickstoffs an, wie viele Elektronen bei der Oxidation von Ammonium zu Nitrat insgesamt freigesetzt werden.

Was besagt Chemolithotrophie?

Was versteht man unter Anammox?

Wo liegt ein Problem bei der Stickstofffixierung, wenn Sie an den Verbrauch von viel ATP und die Sauerstoffempfindlichkeit der Nitrogenase denken? Welche Lösungen für diesen Widerspruch haben die Organismen gefunden?

Literatur

Dalsgaard, T., Thamdrup, B., Canfield, D. E. 2005. Anaerobic ammonium oxidation (anammox) in the marine environment. Res. Microbiol. 156:457 – 464.

Fritsche, W. 2002. Mikrobiologie. 3. Aufl., Spektrum Akademischer Verlag, Heidelberg.

Fuchs, G. (Hrsg.) 2006. Allgemeine Mikrobiologie. 8. Auflage. Georg Thieme Verlag, Stuttgart.

Gottschalk, G. 1988. Bacterial metabolism. 2.ed., Springer, New York.

Jetten, M., Schmid, M., van de Pas-Schoonen, K., Sinninghe Damste, J., Strous, M. 2005. Anammox organisms: enrichment, cultivation, and environmental analysis. Methods Enzymol. 397:34 – 57.

Kuypers, M. M., Sliekers, A. O., Lavik, G., Schmid, M., Jorgensen, B. B., Kuenen, J. G., Sinninghe Damste, J. S., Strous, M., Jetten, M. S. 2003. Anaerobic ammonium oxidation by anammox bacteria in the Black Sea. Nature 422:608 – 611.

Lengeler, J. W., Drews, G., Schlegel, H. G. (Hrsg.) 1999. Biology of the prokaryotes. Georg Thieme Verlag, Stuttgart.

Madigan, M. T., Martinko, J. M. 2006. Brock-Biology of Microorganisms. 11th Edition. Pearson Prentice Hall, Upper Saddle River, NJ0748.

Maier, R.M., Pepper, I. L., Gerba, C. P. 2000. Environmental Microbiology. Academic Press, London.

Op den Camp, H. J., Kartal, B., Guven, D., van Niftrik, L. A., Haaijer, S. C., van der Star, W. R., van de Pas-Schoonen, K. T., Cabezas, A., Ying, Z., Schmid, M. C., Kuypers, M. M., van de Vossenberg, J., Harhangi, H. R., Picioreanu, C., van Loosdrecht, M. C., Kuenen, J. G., Strous, M., Jetten, M. S. 2006. Global impact and application of the anaerobic ammonium-oxidizing (anammox) bacteria. Biochem. Soc. Trans. 34:174 – 178.

Silver, W. L., Herman, D. J., Firestone, M. K. 2001. Dissimilatory nitrate reduction to ammonium in upland tropical forest soils. Ecology 82:2410 – 2416.

Strous, M., Kuenen, J. G., Fuerst, J., Wagner, M., Jetten, M. S. M. 2002. The anammox case – A new experimental manifesto for microbiological eco-physiology. Ant. v. Leeuwenhoek 81:693 – 702.

7 Kreisläufe von Schwefel, Eisen und Mangan

7.1 Schwefelkreislauf

Umwandlungen von Schwefel sind aufgrund der verschiedenen Oxidationszustände des Schwefels und der Tatsache, dass einige Umwandlungen mit beträchtlicher Geschwindigkeit sowohl chemisch als auch biologisch ablaufen, noch komplexer als die von Stickstoff. Der Redoxkreislauf für Schwefel und die Beteiligung von Mikroorganismen an Schwefelumwandlungen sind in Abbildung 7.1 und Tabelle 7.2 zusam-

Tabelle 7.1 Natürlich vorkommende Schwefelverbindungen und ihre Oxidationszustände.

Oxidations-zustand	Gas	Aerosol	Wasser	Boden	Mineral	Biologisch
-2	H_2S, RSH, DMS, OCS		H_2S, HS^-, S^{2-}, RS^-	HS^-, S^{2-}	S^{2-}	Methionin, Cystein, Glutathion
-1					FeS_2	
0				S_8	S^0	
+2 (Durchschnitt pro S)		$S_2O_3^{2-}$				
+4	SO_2	HSO_3^-	HSO_3^-, SO_3^{2-}	SO_3^{2-}		
+6	SO_3	HSO_4^-, SO_4^{2-}	HSO_4^-, SO_4^{2-}	$CaSO_4$	$CaSO_4$	

DMS: Dimethylsulfid; OCS: Carbonylsulfid (in der Troposphäre)

Tabelle 7.2 Prozesse im Schwefelkreislauf.

Prozess mit Funktion	Organismen
Sulfatreduktion ($SO_4^{2-} \rightarrow H_2S$) Elektronenakzeptor bei anaerober Atmung	*Desulfovibrio*, *Desulfobacter*
Schwefelreduktion ($S^0 \rightarrow H_2S$) Elektronenakzeptor bei anaerober Atmung	*Desulfuromonas*, viele hyperthermophile Archaea
Sulfid-/Schwefeloxidation ($H_2S \rightarrow S^0 \rightarrow SO_4^{2-}$) • aerob: Schwefelchemolithotrophe, Elektronendonor • anaerob: Elektronendonor	 *Thiobacillus*, *Beggiatoa*, *Paracoccus* Purpur- und Grüne phototrophe Bakterien, einige Chemolithotrophe
Schwefeldisproportionierung ($S_2O_3^{2-} \rightarrow H_2S + SO_4^{2-}$)	*Desulfovibrio*, und andere
Reduktion organischer Schwefelverbindungen (DMSO → DMS) Elektronenakzeptor bei anaerober Atmung	*Campylobacter*, *Escherichia*, *Wolinella succinogenes*
Oxidation organischer Schwefelverbindungen ($CH_3SH \rightarrow CO_2 + H_2S$)	phototrophe oder chemotrophe Schwefel-oxidierende Bakterien
Desulfurylierung (organischer-S → H_2S)	viele Organismen

CH_3SH: Mercaptan; DMSO: Dimethylsulfoxid

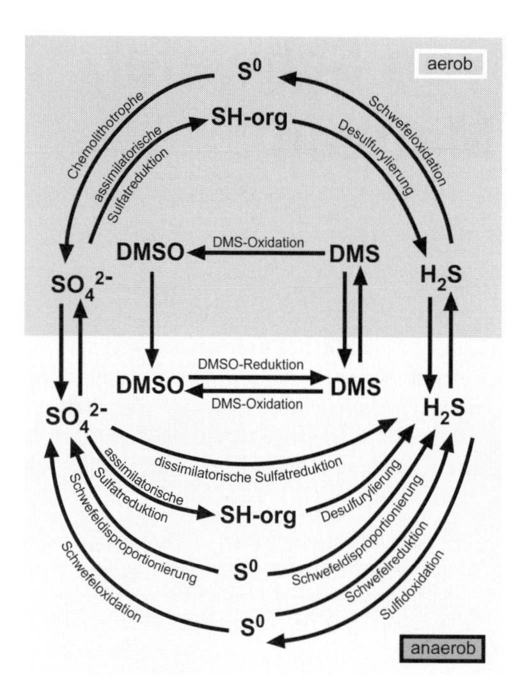

Abb 7.1 Schwefelkreislauf.

mengefasst. Obwohl eine große Anzahl von Oxidationszuständen möglich ist, stellen nur die folgenden Zustände signifikante Mengen in der Natur dar: –2 (Sulfhydryl, R-SH, und Sulfid, HS^-), 0 (Elementarschwefel, S^0) sowie +6 (Sulfat, SO_4^{2-}).

7.1.1 Sulfatreduktion

Ein häufiges flüchtiges Schwefelgas ist Schwefelwasserstoff (H_2S). Es wird durch bakterielle Reduktion von Sulfat gebildet (Abb. 7.1) oder stammt aus geochemischen Quellen, etwa Sulfidquellen oder Vulkanen. Die Form, in der Sulfid in der Umwelt vorkommt, ist pH-abhängig: unterhalb von pH 7 herrscht H_2S vor, HS^- und S^{2-} kommen oberhalb von pH 7 vor.

Sulfatreduzierende Bakterien (Sulfat beziehungsweise Schwefel als Elektronenakzeptor, Sulfat/Schwefelatmung) sind in der Natur weit verbreitet (siehe Tab. 7.3), allerdings sind ihre Aktivitäten in vielen anoxischen Biotopen wie Süßwasser und vielen Böden durch die dortigen geringen Konzentrationen an Sulfat beschränkt. Diese Beschränkung ist im Meer (ungefähr 28 Millimolar SO_4^{2-}) nicht vorhanden.

Tabelle 7.3 Pylogenetische Gruppen von Sulfatreduzierern.

Gruppe / Art
Gramnegative, mesophile δ-Proteobakterien
Desulfobacter postgatei
Desulfovibrio desulfuricans
Grampositive Endosporenbildner
Desulfotomaculum acetoxidans
Desulfosporosinus orientis
Thermophile Bakterien
Thermodesulfobacterium commune
Thermodesulforhabdus norvegica
Thermophile Archaea
Archaeoglobus fulgidus
Archaeglobus veneficus

Wegen des Bedarfs an organischen Elektronendonoren (oder molekularem Wasserstoff, der ein Produkt der Gärung organischer Verbindungen ist) für den Betrieb der Sulfatreduktion wird nur dann Sulfid produziert, wenn signifikante Mengen an organischem Material vorhanden sind. In vielen Meeressedimenten ist die Rate der Sulfatreduktion durch Kohlenstoff limitiert und kann durch Zugabe von organischem Material stark erhöht werden. Dies ist für die Meeresverschmutzung von beträchtlicher Bedeutung, weil das Einleiten von Abwasser, Abwasserschlamm und Müll in das Meer zur deutlichen Zunahme an organischen Stoffen in den Sedimenten führen kann. Da HS^- für viele Organismen eine toxische Substanz ist, ist die Bildung von HS^- durch Sulfatreduktion potenziell schädlich. Ein häufiger Entgiftungsmechanismus für Sulfid in der Umwelt ist seine Verbindung mit Eisen, was zur Bildung von unlöslichem FeS führt. Die schwarze Farbe vieler Sedimente, in denen eine Sulfatreduktion stattfindet, geht auf die Akkumulation von FeS zurück.

Die Reaktionsfolge der **dissimilatorischen Sulfatreduktion (Sulfatatmung)** ist in Abbildung 7.2 gezeigt.

Die Reduktion von SO_4^{2-} zu H_2S verläuft über mehrere Zwischenstufen. Sulfat, nachdem es in die Zelle transportiert ist, wird mit Hilfe von ATP aktiviert, es entsteht Adenosin-5-phosphosulfat, ein Anhydrid. Dann wird aus APS durch APS-Reduktase Sulfit gebildet. Die weitere Reduktion durch die Sulfit-Reduktase erzeugt H_2S. Insgesamt werden durch die bei-

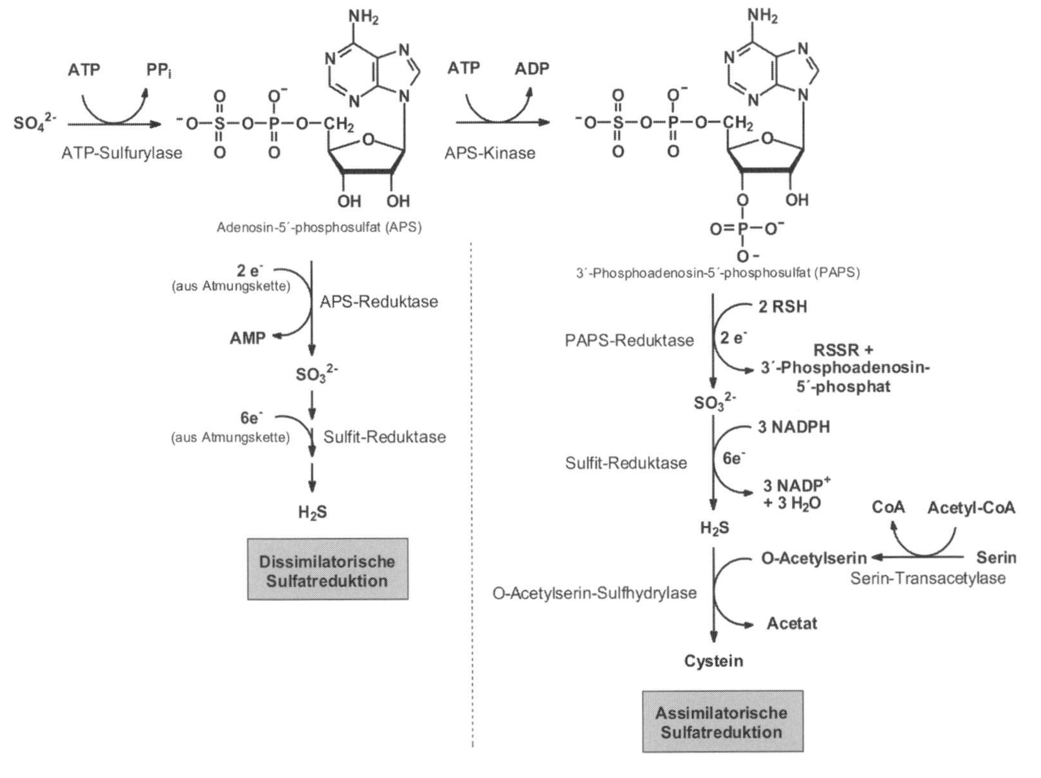

Abb 7.2 Reaktionen der Sulfatreduktion: dissimilatorisch (links), assimilatorisch (rechts).

den cytoplasmatischen Enzyme acht Elektronen aus der Atmungskette übernommen. Der Prozess der dissimilatorischen Sulfatreduktion ist also Teil des Elektronentransportprozesses, der zur Bildung einer protonenmotorischen Kraft und dann der ATP-Synthese durch die ATPase führt.

Durch die **assimilatorische Sulfatreduktion** wird Sulfat zur Synthese schwefelhaltiger Zellkomponenten, zum Beispiel von Methionin und Cystein genutzt. Mikroorganismen und Pflanzen führen diese assimilatorische Sulfatreduktion durch, Tiere sind auf organische Schwefelverbindungen angewiesen.

In der assimilatorischen Reduktion wird ein weiterer Phosphatrest an das APS gehängt, es entsteht 3 -Phosphoadenosin-5 -phosphosulfat. In diesem Intermediat wird dann der Sulfatrest reduziert und Sulfit gebildet. Es folgt die weitere Reduktion durch die Sulfit-Reduktase und Bildung von Cystein als erste schwefelhaltige Aminosäure.

7.1.2 Reduktion von Elementarschwefel

Die dissimilatorische Sulfatreduktion zu H_2S als eine Form der anaeroben Atmung ist ein wichtiger ökologischer Prozess, insbesondere unter hyperthermophilen Archaea. Obwohl auch sulfatreduzierende Bakterien die Reduktion von Schwefel durchführen können, erfolgt in der Natur der größte Teil der **S^0-Reduktion** wahrscheinlich durch phylogenetisch von ihnen verschiedene S^0-Reduzierer, die unfähig sind, SO_4^{2-} zu H_2S zu reduzieren. Allerdings sind die Habitate der S^0-Reduzierer im Allgemeinen auch die der Sulfatreduzierer, weshalb die beiden Gruppen von einem ökologischen Standpunkt her coexistieren.

7.1.3 Schwefeldisproportionierung

Gewisse sulfatreduzierende Bakterien können Schwefelverbindungen eines mittleren Oxidationszustandes verwenden und eine besondere Form des Energiestoffwechsels durchführen, die Disproportionierung. Der Prozess bezeichnet die Spaltung von beispielsweise Thiosulfat ($S_2O_3^{2-}$) in eine stärker oxidierte (Sulfat) und eine stärker reduzierte Form (Schwefelwasserstoff) als die ursprüngliche Verbindung:

$S_2O_3^{2-} + H_2O \rightarrow SO_4^{2-} + H_2S$
$\Delta G^{0'} = -22$ kJ/Reaktion

Ein Schwefelatom von $S_2O_3^{2-}$ wird also höher oxidiert, während das andere weiter reduziert wird.

7.1.4 Oxidation von Sulfid und Elementarschwefel

Unter oxischen Bedingungen oxidiert Sulfid (HS^-) schnell und spontan bei neutralem pH-Wert. Schwefeloxidierende Bakterien sind ebenfalls in der Lage, die Oxidation von Sulfid zu katalysieren, aber aufgrund der schnellen Spontanreaktion findet die bakterielle Oxidation von Sulfid nur in Gebieten statt, wo aufsteigendes H_2S aus anaeroben Bereichen auf absinkendes O_2 aus aeroben Bereichen trifft (siehe auch Abbildung 9.16 Streifenwatt). In dem aeroben Epilimnion wird Schwefelwasserstoff beziehungsweise Schwefel durch **chemolithoautotrophe Schwefeloxidierer** in Sulfat überführt. *Thiobacillus*-Arten und die in nährstoffreichen Gewässern auftretenden, filamentös wachsenden *Beggiatoa*-Arten nutzen H_2S als Energiequelle. Die Energie dient unter anderem der CO_2-Assimilation.

Die Schwefelverbindungen, die von *Acidithiobacillus*-Arten in ihrem chemolithotrophen Stoffwechsel am häufigsten als Elektronendonoren verwendet werden, sind H_2S, S^0 und $S_2O_3^{2-}$, die energieliefernden Reaktionen sind die folgenden:

$H_2S + 2\ O_2 \rightarrow SO_4^{2-} + 2\ H^+$
$\Delta G^{0'} = -798$ kJ/Reaktion

$2\ S^0 + 3\ O_2 + 2\ H_2O \rightarrow 2\ SO_4^{2-} + 4\ H^+$
$\Delta G^{0'} = -587$ kJ/Reaktion

$S_2O_3^{2-} + H_2O + 2\ O_2 \rightarrow 2\ SO_4^{2-} + 2\ H^+$
$\Delta G^{0'} = -818$ kJ/Reaktion

Wenn Licht zur Verfügung steht, kann auch eine anaerobe Oxidation von H_2S stattfinden, die von den **phototrophen Schwefelbakterien** katalysiert wird. Aber dies geschieht nur in beschränkten Gebieten, meistens in Seen, wo ausreichend Licht in die anoxischen Zonen vordringen kann.

Anstelle der Oxidation von Wasser zu Sauerstoff benutzen diese Phototrophen also eine analoge Oxidation von Sulfid zu Schwefel.

$2\ H_2S + CO_2 \rightarrow 2\ S^0 + (CH_2O) + H_2O$

Die Schwefel-Purpurbakterien benutzen H_2S oder $S_2O_3^{2-}$ als externen Elektronendonor, Schwefel bleibt zurück und wird in der Zelle in Form von Schwefelgranula abgelagert. Die schwefelfreien Purpurbakterien lagern hingegen intrazellulär keinen Schwefel ab.

Elementarschwefel S^0 ist in den meisten Umgebungen in Anwesenheit von Sauerstoff chemisch stabil, wird aber leicht von schwefeloxidierenden Bakterien oxidiert. Obwohl eine Anzahl schwefeloxidierender Bakterien bekannt ist, sind Vertreter der Gattung *Acidithiobacillus* am häufigsten an der Oxidation von Elementarschwefel beteiligt.

Elementarschwefel ist kaum löslich, und die Bakterien, die ihn oxidieren, heften sich fest an die Schwefelkristalle. Die Oxidation von Elementarschwefel führt zur Bildung von Sulfat- und Wasserstoffionen. Die Schwefeloxidation hat charakteristischerweise eine Senkung des pH zur Folge. Elementarschwefel wird gelegentlich alkalischen Böden zugefügt, um eine Senkung des pH-Wertes herbeizuführen, wobei man sich für die Durchführung des Ansäuerungsprozesses auf die allgegenwärtigen Thiobacillen verlässt.

7.1.5 Organische Schwefelverbindungen

Der Abbau schwefelhaltiger organischer Substanz erfolgt aerob zu Sulfat, anaerob zu H_2S.

Details zur mikrobiellen Schwefeloxidation

Die dissimilatorische Oxidation von reduzierten anorganischen Schwefelverbindungen und elementarem Schwefel zu Sulfat ist eine der Hauptreaktionen im globalen Schwefelkreislauf und beschränkt sich auf die Prokaryoten. Viele lithotrophe Mikroorganismen beziehen ihre Energie für Wachstum aus diesen Reaktionen.

Die schwefeloxidierenden lithotrophen Prokaryoten sind phylogenetisch divers und gehören zu den Archaea und Bakterien.

Innerhalb der Archaea ist die Schwefeloxidation auf die thermoacidophile Ordnung *Sulfolobales* beschränkt. Im Gegensatz dazu ist eine Vielzahl von lithotrophen, meist mesophilen Bakterien bekannt wie *Acidithiobacillus, Aquaspirillum, Aquifex, Bacillus, Beggiatoa, Methylobacterium, Paracoccus, Pseudomonas, Starkeya, Thermithiobacillus, Thiobacillus* und *Xanthobacter*.

Zusätzlich benutzen viele phototrophe Bakterien reduzierte Schwefelverbindungen als Elektronendonor für anoxygene Photosynthese. Sie beinhalten die Genera *Allochromatium*, *Chlorobium*, *Rhodobacter*, *Rhodopseudomonas*, *Rhodovulum* und *Thiocapsa*, die ebenfalls hauptsächlich mesophil sind.

Verschiedene Schwefelverbindungen wie Sulfid, elementarer Schwefel, Sulfit, Thiosulfat und Polythionate können als Substrate dienen. Die Organismen unterscheiden sich in ihrer Fähigkeit, diese unterschiedlichen Schwefelverbindungen zu verwenden. Es werden sauerstoffabhängige und O_2-unabhängige Wege der Schwefeloxidation beschrieben, die durch Enzymkomplexe in Bakterien und Archaea durchgeführt werden.

SCHWEFEL-OXIDATIONSWEGE IN BAKTERIEN

Das SOX-System

Das am besten untersuchte System, wenn es um die Proteine und die beteiligten Reaktionen geht, ist die sauerstoffunabhängige SOX-Sequenz (***s****ulfur* ***ox****idizing pathway*), die in mesophilen Bakterien für das Wachstum bei neutralem pH benutzt wird, so im α-Proteobacterium *Paracoccus pantotrophus*.

Thiosulfatoxidation zum Sulfat findet an den Untereinheiten des periplasmatischen thiosulfatoxidierenden Multienzymkomplexes (TOMES) statt. Die Oxidation zum Sulfat läuft ohne freie Intermediate ab. Jede Untereinheit besitzt ein einzelnes Cystein, dessen Thiol Disulfidbindungen bilden kann.

Die Untereinheit SoxAX scheint einleitend die Oxidation und den Transfer von Thiosulfat zum Substratcarrier-Protein SoxYZ durchzuführen, sodass sich SoxY-Thiocystein-S-sulfat bildet. Die Untereinheit SoxB hydrolysiert Sulfate vom Thiocystein-S-sulfat-Rest und erzeugt damit S-Thiocystein. Die Enzymuntereinheit SoxCD kann dann das äußere Schwefelatom oxidieren und es entsteht SoxY-Cystein-S-sulfat. Zum Schluss wird durch SoxB wieder Sulfat hydrolysiert und so der Kreis geschlossen, indem sich der Cysteinrest von SoxY zurückbildet. Die Sequenz ist in Abbildung 7.3a zusammengefasst.

Die Reaktionsfolge der Sulfit-Oxidation ist kürzer, SoxCD wird nicht benötigt. Sulfit wird durch SoxAX an SoxY angehängt, SoxY-Cystein-S-sulfat bildet sich, welches nachfolgend durch SoxB hydrolytisch Sulfat abspaltet.

Sulfid wird einleitend durch SoxXA oxidiert, ein S-Thiocystein-Rest von SoxY wird gebildet. Dieser wird weiter durch Oxidation und Hydrolyse umgesetzt.

Schwefel liegt wahrscheinlich als Polysulfid (S_n^{2-}) vor und wird an SoxY gebunden, um dann wie Hydrogensulfid nach Oxidation und Hydrolyse als Sulfat freigesetzt zu werden.

Eine Tetrathionat-Hydrolase hydrolysiert Tetrathionat zu Sulfat und Thioperoxymonosulfat ($S\text{-}S\text{-}SO_3^{2-}$). Der spontane Zerfall zum Schwefel und Thiosulfat liefert dann die Substrate für das Sox-System.

Die im Zuge der Oxidationen freigesetzten Elektronen werden auf Cytochrom c transferriert und gelangen dann zur terminalen Oxidase.

Die Proteinuntereinheiten SoxYZAB scheinen entscheidend für die Schwefeloxidation zu sein und in allen schwefeloxidierenden Bakterien vorzukommen. β- und γ-Proteobakterien sowie Chlorobien besitzen *sox*-Gencluster ohne *soxCD*. Die Beteiligung eines nur partiellen *sox*-Clusters bei der Schwefeloxidation ist damit deutlich.

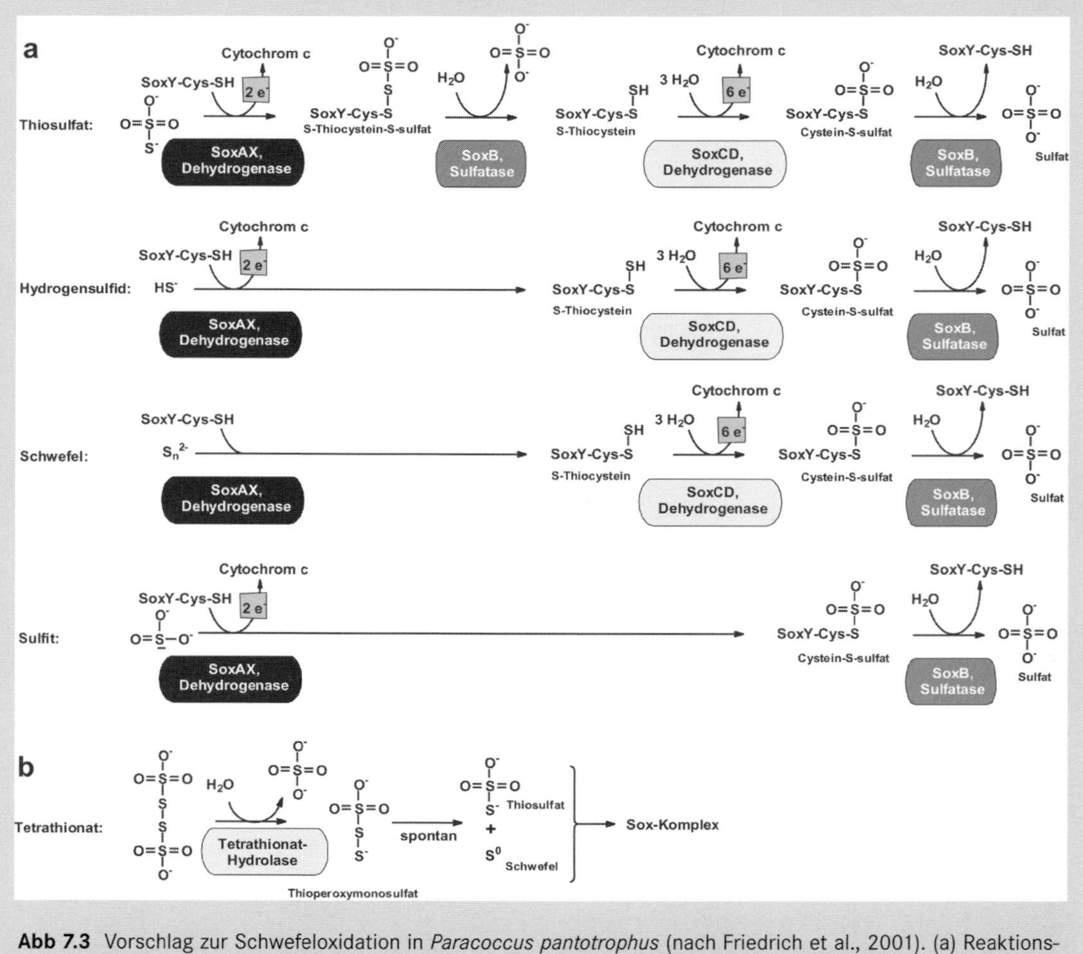

Abb 7.3 Vorschlag zur Schwefeloxidation in *Paracoccus pantotrophus* (nach Friedrich et al., 2001). (a) Reaktionsfolgen des Sox-Systems. (b) Bildung der Sox-Substrate aus Tetrathionat. Die in den Reaktionen freigesetzten Protonen sind nicht eingezeichnet.

Schwefeloxidation in phototrophen Bakterien

Chlorobiaceae sind anoxygene phototrophe Grüne Schwefelbakterien, die Hydrogensulfid zu Schwefelsäure oxidieren und zwischenzeitlich Schwefel globulär außerhalb der Zelle ablagern. Das Genom von *Chlorobium tepidum*, einem moderaten Thermophilen, besitzt ein Cluster von 13 Genen, von denen *soxFXYZAB* homolog zu den entsprechenden Genen von *P. pantotrophus* sind. Die *soxCD*-Gene fehlen im *C. tepidum* Genom. Das inkomplette Sox-Enzymsystem funktioniert für die Thiosulfatoxidation und führt zur Freisetzung von Schwefel (oder Polysulfid) durch das Sox-System.

Das anoxygene phototrophe Purpurbakterium *Allochromatium vinosum* ist ein γ-Proteobakterium. Die *soxAXB*- und *soxYZ*-Gene wurden in ihm nachgewiesen. *A. vinosum* lagert übergangsweise proteinumhüllte Schwefelgranula im Periplasma als ein obligates Intermediat während der Sulfid- und Thiosulfatoxidation zu Sulfat ab. Der abgelagerte Schwefel liegt in Form von Schwefelketten, möglicherweise als Organylsulfane (RS_n-R oder R-S_n-H mit $n \geq 4$) vor.

Ein gemeinsames Charakteristikum von *C. tepidum* und *A. vinosum* ist die Bildung des globulären Schwefels, das Fehlen der *soxCD*-Gene innerhalb des *sox*-Clusters und das Vorhandensein von *dsr*-Genen. *dsr*-Gencluster kodieren für eine dissimilatorische Sirohäm-Sulfit-Reduktase und andere Proteine. In *A. vinosum* sind sie an der Mobilisierung der intrazellulären Schwefelablagerung bei der anaeroben Schwefeloxidation beteiligt. Der komplette *dsr* Gencluster von *A. vinosum* umfasst 15 Gene, *dsrABEFHCMKLJOPNRS*. Das allgegenwärtige Vorhandensein der *dsr*-Gene in anoxygenen phototrophen Schwefelbakterien macht ihre Bedeutung bei der Schwefeloxidation deutlich.

Schwefeloxidation in mesoacidiphilen Bakterien

Die bekanntesten Bakterien, die die Oxidation von anorganischen Schwefelverbindungen unter sauren Bedingungen (pH 1–3) und bei erhöhter Temperatur (bis zu 45 °C) katalysieren, sind *Acidithiobacillus* und *Acidiphilium* spp.

Ein generelles Schema für die Oxidation von elementarem Schwefel in diesen gramnegativen Spezies ist das folgende (Abb. 7.4): Extrazellulärer elementarer Schwefel (S_8) wird durch Thiolgruppen spezieller Outer-Membran-Proteine mobilisiert und als Persulfid-Schwefel in den periplasmatischen Raum transportiert. Der Persulfid-Schwefel wird durch periplasmatische Schwefel-Dioxygenase (SOR) zu Sulfit und weiter durch Sulfit:Akzeptor Oxidoreduktase (SAOR) zum Sulfat oxidiert. Das letztere Enzym benutzt sehr wahrscheinlich Cytochrome als Elektronenakzeptoren. Nur zwei der sechs Elektronen, die in den Redoxreaktionen vom Schwefel zum Sulfat transferiert werden, gelangen in die Atmungskette und sind damit für die ATP-Synthese nutzbar.

Die glutathionabhängige Schwefel-Dioxygenase oxidiert ausschließlich den Sulfan-Schwefel von Monoorganylpolysulfanen (RS_nH, $n>1$), besonders Persulfid (n=2), aber nicht H_2S.

Freies Sulfid wird deshalb erst zum elementaren Schwefel oxidiert. Dies geschieht durch eine Dehydrogenase (SQR), die Chinone (Q) als Elektronenakzeptoren verwendet.

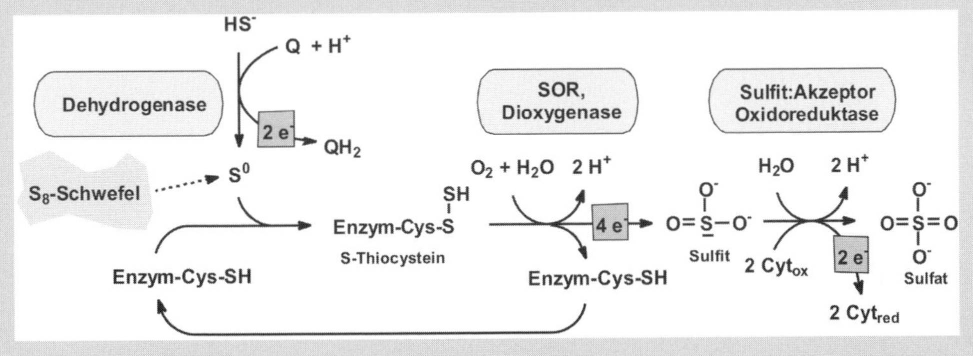

Abb 7.4 Sauerstoffabhängige Schwefeloxidation in *Acidithiobacillus* sp. (nach Rohwerder und Sand, 2003).

7

SCHWEFEL-OXIDATIONSWEGE IN ARCHAEA

Mitglieder der *Sulfolobales* besiedeln terrestrische hydrothermale Ausbruchkanäle, Solfatare aus denen H_2S strömt, heiße Quellen und andere Habitate vulkanischen Ursprungs und sind gut an die extremen und ansonsten lebensfeindlichen Wachstumsbedingungen angepasst. Anorganische Schwefelverbindungen und elementarer Schwefel gehören zu den Hauptenergiequellen in diesen Habitaten und werden durch schwefelabhängige chemolithoautotrophe Organismen genutzt, die die Grundlage der Nahrungsketten in diesen lichtunabhängigen Ökosystemen bilden. *Acidianus ambivalens*, ein thermoacidophiles und chemolithoautotrophes Mitglied der *Sulfolobales* innerhalb des Archaenreiches der Crenarchaeota, wurde als Modellorganismus für diese schwefelabhängigen hyperthermophilen Archaea untersucht.

A. ambivalens oxidiert für die Energiegewinnung bei aerobem Wachstum Schwefel zu Schwefelsäure. Der einleitende Schritt wird von dem löslichen Cytoplasmaenzym, der Schwefel-Oxygenase-Reduktase (SOR) katalysiert, welches das einzige schwefeloxidierende Enzym der Archaea zu sein scheint. Der Schwefel muss vom Medium durch die Cytoplasmamembran in das Cytoplasma transportiert werden. Die *A. ambivalens* SOR ist nur mit Luft, aber nicht unter H_2- oder N_2-Atmosphäre aktiv, was zeigt, dass es sich in der Tat um eine Oxygenase handelt.

Die SOR katalysiert die sauerstoffabhängige Bildung von Sulfit, Thiosulfat und Hydrogensulfid aus elementarem Schwefel. Da keine Energie während dieses Schrittes gebildet wird, ist die Funktion der SOR sehr wahrscheinlich in der Erzeugung von löslichen Schwefelspezies aus dem mehr oder weniger unlöslichen Substrat des Elementarschwefels zu sehen.

Die Produkte der SOR-Reaktion sind Substrate für die membrangebundenen Enzyme wie Thiosulfat:Chinon Oxidoreduktase (TQO) und eine Sulfit:Akzeptor Oxidoreduktase (SAOR), bei welchen die Substratoxidation an die Energiegewinnung gekoppelt ist.

Das Verständnis zum Mechanismus der Schwefeloxidation in dem thermoacidophilen Archaeon *A. ambivalens* hat mit der Entdeckung der TQO-Aktivität und seinen Genen, sowie der Identifizierung in *A. ferrooxidans* große Fortschritte gemacht. Die TQO katalysiert die Bildung von Tetrathionat aus zwei Molekülen Thiosulfat, wobei die Elektronen in den Chinon-Pool der Cytoplasmamembran geleitet werden. Der weitere Weg des Tetrathionats ist nicht bekannt.

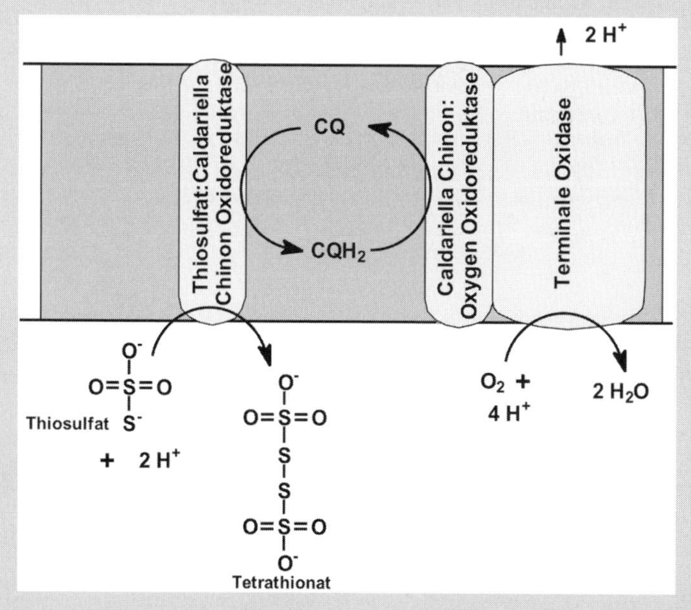

Abb 7.5 Thiosulfat: Chinon Oxidoreduktase in *Acidianus ambivalens* (nach Müller et al., 2004).

So ist der anaerobe Proteinabbau eine Quelle des in Gewässersedimenten auftretenden H_2S. Etwa fünf bis zehn Prozent des H_2S kommen aus dieser Quelle, 90 bis 95 Prozent aus der dissimilatorischen Sulfatreduktion.

Zusätzlich zu den anorganischen Schwefelformen synthetisieren Lebewesen auch eine enorme Vielfalt von organischen Schwefelverbindungen, die ebenfalls in den biogeochemischen Schwefelkreislauf eintreten. Viele dieser übelriechenden Verbindungen sind sehr flüchtig und können daher in die Atmosphäre eindringen. Die in der Natur am häufigsten vorkommende organische Schwefelverbindung ist das Dimethylsulfid (H_3C-S-CH_3). Es wird in marinen Umgebungen als Abbauprodukt von Dimethylsulfoniumpropionat produziert, einem wichtigen osmoregulatorisch wirkenden, gelösten Stoff von marinen Algen. Dimethylsulfoniumpropionat kann von Mikroorganismen als Kohlenstoff- und Energiequelle verwendet werden und wird zu Dimethylsulfid und Acrylat abgebaut (Abb. 7.6).

Das Dimethylsulfid in der Atmosphäre stammt zu 95 Prozent aus der Spaltung von Dimethylsulfoniumpropionat.

In die Atmosphäre freigesetztes Dimethylsulfid macht eine photochemische Oxidation zu Methansulfonat ($CH_3SO_3^-$), SO_2 und SO_4^{2-} durch.

In anoxischen Biotopen produziertes Dimethylsulfid wird mikrobiell als Substrat für die Methanogenese verwendet, wobei CH_4 und H_2S entstehen. Es dient ferner als Elektronendonor für die photosynthetische CO_2-Fixierung in phototrophen Purpurbakterien, Dimethylsulfoxid (DMSO) wird so gebildet. Weiter ist es Elektronendonor im Energiestoffwechsel gewisser Chemoorganotropher und Chemolithotropher, wobei ebenfalls DMSO produziert wird.

Viele Bakterien, darunter *Campylobacter*, *Escherichia*, *Wolinella succinogenes* (Pyruvat als Elektronendonor) und viele Purpurbakterien, sind in der Lage, DMSO als Elektronenakzeptor bei der Energieerzeugung für die anaerobe Atmung zu nutzen. Es entsteht wiederum Dimethylsulfid. DMS hat einen strengen, stechenden Geruch, und die bakterielle Reduktion von DMSO zu DMS wird durch den charakteristischen Geruch des DMS angezeigt.

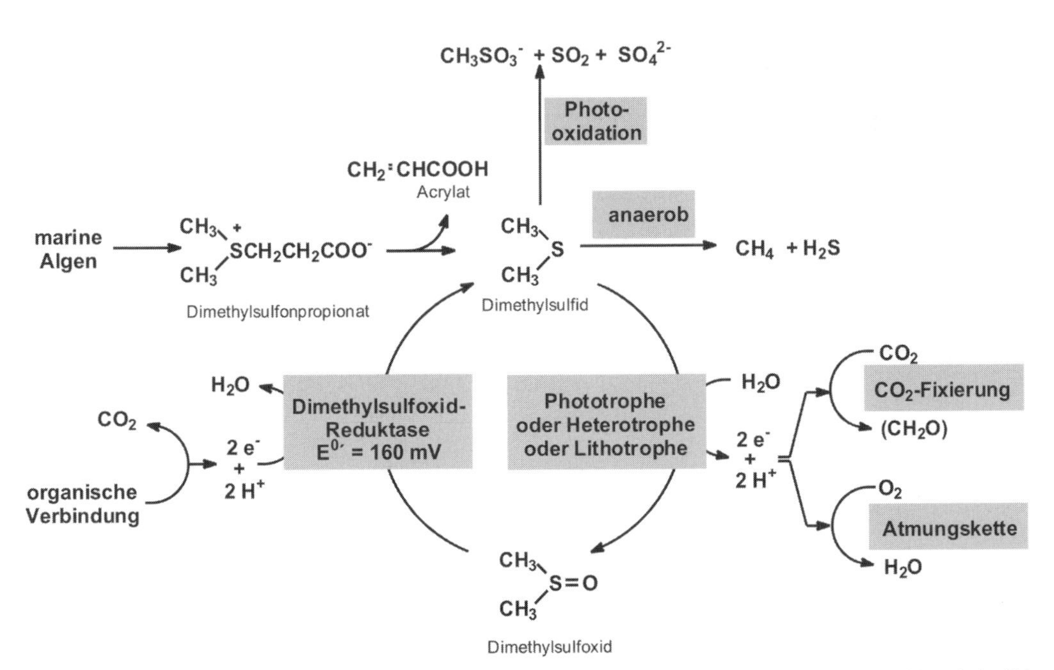

Abb 7.6 Möglichkeiten des Abbaus beziehungsweise Umbaus von Dimethylsulfoniumpropionat, Dimethylsulfid und Dimethylsulfoxid.

DMSO ist ein häufiges Naturprodukt und kommt sowohl in Meerwasser- als auch in Süßwasserumgebungen vor.

Viele andere organische Schwefelverbindungen sind am Schwefelkreislauf beteiligt, einschließlich Methanthiol (CH_3SH), Dimethyldisulfid ($H_3CS\text{-}SCH_3$) und Kohlendisulfid (CS_2), dennoch sind in globaler Hinsicht die Produktion und der Verbrauch von Dimethylsulfid quantitativ am wichtigsten.

7.2 Der Eisenkreislauf

Eisen ist eines der häufigsten Elemente der Erdkruste und tritt in einer Vielfalt von Mineralen auf, so zum Beispiel in Oxiden/Hydroxiden (wie Hämatit $\alpha\text{-}Fe_2O_3$, Magnetit Fe_3O_4, Goethit α-FeOOH), Carbonaten (wie Siderit $FeCO_3$) oder Sulfiden (wie Pyrit FeS_2). Eisen kommt in der Natur hauptsächlich in zwei Oxidationszuständen vor, zweiwertig (Fe^{2+}) und dreiwertig (Fe^{3+}). Fe^0 ist dagegen meist das Produkt menschlicher Aktivität und entsteht durch das Verhütten von zwei- oder dreiwertigen Eisenerzen zu Gusseisen. Die Umwandlung zwischen den verschiedenen Formen des Eisens ist sowohl biochemisch als auch geologisch und ökologisch von großer Bedeutung.

Entscheidend für das Umweltverhalten des Eisens ist der Zusammenhang zwischen Oxidationszustand, Löslichkeit und pH wie er in Abbildung 7.7 zum Ausdruck kommt. Bei pH 1 – 2 existieren zwei- und dreiwertiges Eisen in Wasser als gelöste Ionen, also als Fe^{2+} und Fe^{3+}. Das Reduktionspotenzial des Redoxpaares Fe^{3+}/Fe^{2+} liegt bei pH-Werten unterhalb von 2,5 bei +770 mV. Zu höheren pH-Werten hin fällt Fe^{3+} zunehmend in Form von unlöslichen Hydroxiden ($Fe(OH)_3$ oder FeOOH) aus, freies Fe^{2+} dominiert gegenüber freiem Fe^{3+}, die Neigung zur Reduktion sinkt und das Reduktionspotenzial liegt bei pH 7 im negativen Bereich zum Beispiel bei $E^{0'}$ = –236 mV für das $Fe(OH)_3/Fe^{2+}$-Paar oder $E^{0'}$ = –274 mV für das α-FeOOH/Fe^{2+}-Paar. In Gegenwart höherer Carbonatkonzentrationen ist auch wenig freies Fe^{2+} vorhanden, sodass an vielen Standorten bei pH 7 eher das Paar $Fe(OH)_3 + HCO_3^-/FeCO_3$ mit einem $E^{0'}$ von zirka +100 mV relevant ist. Es ist aufgrund der Vielfalt von Formen des Eisens nicht über-

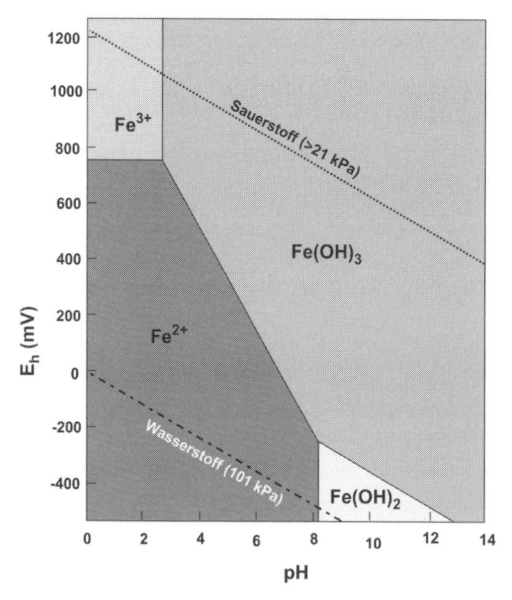

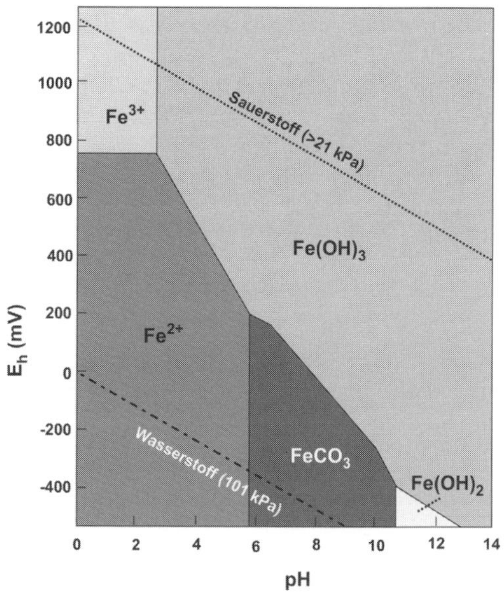

Abb 7.7 Eisenspezies in Abhängigkeit vom pH-Wert und dem vorherrschenden Redoxpotenzial bei 25 °C (nach Widdel et al., 1993). (a) ohne anorganischen Kohlenstoff, (b) in Gegenwart von anorganischem Kohlenstoff. Gestrichelte Linien: (oben) Potenzial des Redoxpaares O_2/H_2O bei Atmosphärenkonzentration von Sauerstoff in Abhängigkeit vom pH-Wert. (unten) Potenzial des Redoxpaares H^+/H_2.

raschend, dass die Eisenreduktion und -oxidation bei saurem und neutralem pH durch verschiedene Organismen durchgeführt werden, die mit grundsätzlich verschiedenen chemischen Spezies als Redoxsubstraten arbeiten.

7.2.1 Oxidation von zweiwertigem Eisen

Eine Oxidation von zweiwertigem Eisen kann durch sehr unterschiedliche physiologische Gruppen von Mikroorganismen bewirkt werden. Nach der Bedeutung des Fe^{2+} für den Stoffwechsel, nach pH-Präferenz und Erforderlichkeit von Sauerstoff zur Energiegewinnung sollen fünf Gruppen unterschieden werden.

Zu den bekanntesten Fe^{2+}-Oxidierern zählen die aeroben, **organoheterotrophen** Bakterien mit Präferenz für neutrale pH-Werte wie *Sphaerotilus natans*. Diese fädigen, Scheiden bildenden β-Proteobakterien, lagern Eisenoxide in der Scheide ab, lieben eutrophe Standorte und können in Kläranlagen zu Blähschlamm-Problemen beitragen (siehe Kapitel 11).

Im Unterschied zu diesen Bakterien nutzen andere das zweiwertige Eisen als Elektronendonor für den Energiestoffwechsel, sie sind also chemolithotroph (vgl. Kapitel 3.2). Erwähnt seien zunächst die ebenfalls schon lange bekannten **aeroben, neutrophilen, chemolithothrophen** Eisenoxidierer wie *Gallionella ferruginea* oder *Leptothrix ochracea*. Sie nutzen die bei neutralem pH sehr hohe Potenzialdifferenz zwischen dem Fe^{3+}/Fe^{2+}-Paar (siehe oben) und dem O_2/H_2O-Paar für die Energiegewinnung. Allerdings ist diese Potenzialdifferenz so groß, dass das Fe^{2+} in Gegenwart von höheren Sauerstoffkonzentrationen schon rein chemisch sehr schnell zu dreiwertigem Eisen oxidiert und damit für die Bakterien nicht mehr als Elektronendonor zur Verfügung steht. Deshalb kommen diese Organismen speziell an Standorten vor, wo gebildetes Fe^{2+} gerade erst mit Sauerstoff in Kontakt kommt beziehungsweise wo geringe Sauerstoffkonzentrationen, gegebenenfalls sogar mikroaerobe Bedingungen, vorherrschen. Gewässer oder Drainagerohre in Mooren, eisenhaltige Grundwasser oder feuchte Böden sind solche Habitate. Die von den aeroben, neutrophilen Bakterien ausgeführte Reaktion lässt sich wie folgt zusammenfassen:

$$4\ Fe^{2+} + O_2 + 10\ H_2O \rightarrow 4\ Fe(OH)_3 + 8\ H^+$$

Damit das Produkt, ein unlösliches Eisenhydroxid, nicht im Cytoplasma akkumuliert, muss die Oxidation an der Außenseite der Zellmembran erfolgen (siehe unten). Die neutrophilen Eisenoxidierer akkumulieren Eisenhydroxide oder -oxide beispielsweise in Scheiden wie *L. ochracea* oder helicalen Stielen wie *G. ferruginea*.

Von erheblicher Bedeutung sind auch die **aeroben, acidophilen, chemolithotrophen** Mikroorganismen und die von ihnen bewirkte Eisenoxidation bei niedrigem pH. Zum einen ist Fe^{2+} bei einem pH-Wert unterhalb 4 gegenüber Sauerstoff stabil und damit für die Mikroorganismen verfügbar. Zum zweiten führt dort, wo Pyrit (FeS_2) oder andere sulfidische Eisenverbindungen enthaltende Gesteine einer Oxidation ausgesetzt sind, die Laugung dieser Minerale zu einem niedrigen pH und zur Bildung hoher Konzentrationen an gelöstem Fe^{2+}. Besonders häufig isoliert wurden von solchen Standorten *Acidithiobacillus ferrooxidans* (ein γ-Proteobakterium, früher *Thiobacillus ferrooxidans* genannt) und *Leptospirillum ferrooxidans* aus dem *Nitrospira*-Phylum. Mittlerweile ist jedoch klar, dass die Fähigkeit zur Fe^{2+}-Oxidation im Sauren auch in anderen Phyla vorkommt, wie bespielsweise unter den *Firmicutes* bei *Sulfobacillus* spp. und unter den *Actinobacteria* bei *Acidimicrobium ferroxidans* und *Ferrimicrobium acidophilum*. Auch unter den Archaea gibt es eine Reihe acidophiler Species mit der Fähigkeit zur Fe^{2+}-Oxidation, so unter anderem bei *Sulfolobus metallicus* und *Ferroplasma* spp. Die Mehrzahl dieser acidophilen Mikroorganismen wächst mit Fe^{2+} als Elektronendonor autotroph, manche sind auch zu heterotrophem oder mixotrophem Wachstum befähigt.

Da das Fe^{3+} unter sauren Bedingungen im Prinzip löslich ist, lässt sich die Reaktion durch folgende Reaktionsgleichung beschreiben:

$$4\ Fe^{2+} + O_2 + 4\ H^+ \rightarrow 4\ Fe^{3+} + 2\ H_2O$$

Allerdings wird das Fe^{3+} unter den an Laugungsstandorten gegebenen pH- und Konzentrationsbedingungen dann doch oft präzipitiert, zunächst meist als metastabiler Schwertmannit ($Fe_8O_8(OH)_6SO_4$), der bei schwach saurem pH in Goethit (α-FeOOH) und bei niedrigerem pH in Gegenwart monovalenter Kationen in das Eisenhydroxysulfat-Mineral Jarosit (zum Beispiel $KFe_3(SO_4)_2(OH)_6$) übergeht.

Aufgrund des sehr positiven Reduktionspotenzials von +770 Millivolt kommt für die Fe^{2+}-Oxidation bei niedrigem pH praktisch nur Sauerstoff als Elektronenakzeptor in Frage. Wie gelingt es diesen acidophilen, chemolithotrophen Organismen überhaupt durch Oxidation von Fe^{2+} bei extrem niedrigem pH Energie in Form von ATP zu gewinnen? Während ihr Cytoplasma einen etwa neutralen pH-Wert von 6–7 aufweist, kann der pH-Wert des Außenmediums bei 2 liegen. Diese pH-Differenz über die Membran stellt einen natürlichen Protonengradienten dar, der über die ATP-Synthase (siehe Seite 41) zur ATP-Bildung genutzt werden kann. Um den pH-Wert des Cytoplasmas trotz Einstrom der Protonen neutral zu halten, erfolgt die Oxidation des Fe^{2+} an der Außenseite und die Reduktion des O_2 an der Innenseite der Membran (Abb. 7.8). Da die an der Innenseite ablaufende Reaktion Protonen verbraucht, wird der natürliche Protonengradienten so lange aufrecht erhalten, wie Fe^{2+} vorhanden ist und Elektronen liefert. Der Protonengradient der in saurem Medium lebenden Bakterien wird also durch die Eisenoxidation erreicht, die im Zellinneren zu einem Protonenverbrauch durch Bildung von Wasser führt.

Da das Reduktionspotenzial des Fe^{3+}/ Fe^{2+}-Paares bei pH 2 sehr positiv ist, ist die Potenzialdifferenz der Eisenoxidation und damit die Energieausbeute sehr niedrig. Zudem muss ein großer Teil der gewonnenen Energie für den rückläufigen Elektronentransport investiert werden, um NADH für die CO_2-Assimilation bereit zu stellen. Folglich müssen diese Bakterien große Mengen an Eisen oxidieren, um wachsen zu können. So kann selbst eine kleine Zahl an Zellen für die Oxidation einer großen Menge Eisen verantwortlich sein.

Bei neutralem pH erlaubt das niedrige Reduktionspotenzial des $Fe(OH)_3/Fe^{2+}$-Paares von $E^{0'}$= –236 Millivolt (siehe Abb. 7.7) auch eine Oxidation des Fe^{2+} durch **anaerobe, neutrophile, denitrifizierende** Mikroorganismen. So sind die Reduktionspotenziale aller Redoxpaare des Nitrat-Reduktionsweges bei pH 7,0 ($E^{0'}$-Werte: NO_3^- /NO_2^-, +430 Millivolt; NO_2^-/NO, +350 Millivolt; NO/N_2O, +1180 Millivolt; N_2O/ N_2, +1 350 Millivolt) viel positiver als die der Redoxpaare von zwei- und dreiwertigem Eisen. Sie sind damit günstige Elektronenakzeptoren für die Fe^{2+}-Oxidation durch Denitrifikation nach folgender Reaktionsgleichung:

$$10\ Fe^{2+} + 2\ NO_3^- + 24\ H_2O \rightarrow 10\ Fe(OH)_3 + N_2 + 18\ H^+$$

Dieser Stoffwechseltyp ist zwar erst seit etwa zehn Jahren bekannt, scheint aber weit verbreitet zu sein. Er wurde in neuen Isolaten aus den Gruppen der β- und γ-Proteobakterien ebenso

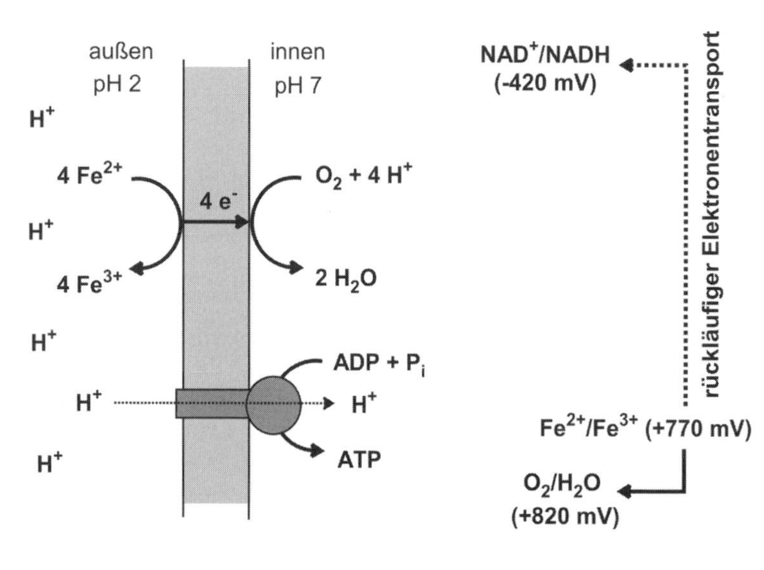

Abb 7.8 Eisenoxidation: Elektronen- und Protonenfluss.

gefunden wie in schon länger bekannten denitrifizierenden Bakterien und im thermophilen Archaeon *Ferroglobus placidus*. Insofern ist dieser Typ der Eisenoxidation vermutlich an anoxischen Standorten von erheblicher Bedeutung. Interessanterweise scheinen einige der denitrifizierenden Eisenoxidierer organische Verbindungen als Kohlenstoffquelle zu benötigen, also über einen chemolithoheterotrophen Stoffwechsel zu verfügen.

Schließlich wird Fe^{2+} auch von bestimmten **anaeroben, phototrophen** Bakterien, Purpurbakterien wie Stämme der Gattungen *Rhodovulum* oder *Rhodomicrobium* und Grünen Schwefelbakterien der Art *Chlorobium ferrooxidans*, unter anoxischen Bedingungen oxidiert. Es wird in diesem Fall jedoch nicht als Elektronendonor im Energiestoffwechsel verwendet, sondern dient als Elektronendonor für die autotrophe CO_2-Reduktion nach folgender Reaktionsgleichung:

$$4\ Fe^{2+} + HCO_3^- + 10\ H_2O \rightarrow 4\ Fe(OH)_3 + (CH_2O) + 7\ H^+$$

Es wird angenommen, dass anoxygene, phototrophe Mikroorganismen zur Entstehung der so genannten gebänderten Eisenerze (*banded iron formations*) geführt haben (siehe Kapitel 4, alternative Hypothese der BIFs). Diese stellen die wichtigsten Eisenerzvorräte dar und sind mitunter schon vor 2,7 – 3,8 Milliarden Jahren entstanden, als noch kein gasförmiger Sauerstoff, oder dieser nur in sehr geringer Konzentration, auf der Erde vorhanden war.

7.2.1.1 Oxidative Laugung von Pyrit und anderen Sulfiden bei niedrigem pH-Wert

Eine der häufigsten Erscheinungsformen von Eisen in der Natur ist der *Pyrit*, FeS_2. Pyrit hat eine höchst unlösliche, kristalline Struktur und wird aus der Reaktion von Schwefel mit Eisen(II)sulfid (FeS) gebildet. Er kommt sehr häufig in Stein- und Braunkohle sowie in vielen Erzen vor. Die bakterielle Oxidation von Pyrit ist von entscheidender Bedeutung bei der Entwicklung von sauren Bedingungen und entsprechenden Umweltbelastungen im Zusammenhang mit Bergbau. Zusätzlich spielt die Oxidation von Sulfiden durch Bakterien auch als Produktionsprozess der *mikrobiellen Erzlaugung* eine wichtige Rolle (siehe Box Seite 242).

Der **Angriff** auf den Pyrit erfolgt vorwiegend **oxidativ durch hydratisiertes Fe^{3+}**. Dem Pyrit werden Elektronen entzogen, wobei schließlich auch der Schwefelanteil oxidiert und als **Thiosulfat** ($S_2O_3^{2-}$) freigesetzt wird.

$$FeS_2 + 6\ Fe^{3+} + 3\ H_2O \rightarrow S_2O_3^{2-} + 7\ Fe^{2+} + 6\ H^+$$

Das Thiosulfat kann weiter reagieren zu anderen teiloxidierten Schwefelverbindungen wie Tetrathionat ($^-O_3S\text{-}S\text{-}S\text{-}SO_3^-$), Trithionat ($^-O_3S\text{-}S\text{-}SO_3^-$) oder elementarem Schwefel und letztlich zu Sulfat. In der Anfangsphase einer Pyritlaugung bei noch neutralem pH sind die Schwefelverbindungen relativ stabil, akkumulieren zum Teil und werden letztlich von neutrophilen oder moderat acidophilen Thiobacilli zu Sulfat oxidiert. Wenn der pH schon niedrig ist, kann die Oxidation zu Sulfat rein chemisch oder unter Beteiligung acidophiler Bakterien wie *Acidithiobacillus thiooxidans* oder *A. ferrooxidans* erfolgen. Diese Reaktionen der Thiosulfatoxidation lassen sich je nach Elektronenakzeptor in folgenden Reaktionsgleichungen zusammenfassen:

$$S_2O_3^{2-} + 8\ Fe^{3+} + 5\ H_2O \rightarrow 2\ SO_4^{2-} + 8\ Fe^{2+} + 10\ H^+$$

$$S_2O_3^{2-} + 2\ O_2 + H_2O \rightarrow 2\ SO_4^{2-} + 2\ H^+$$

Zusammen mit dem Angriff auf den Pyrit ergeben sich folgende Reaktiongleichungen für die Pyritoxidation:

$$FeS_2 + 14\ Fe^{3+} + 8\ H_2O \rightarrow 15\ Fe^{2+} + 2\ SO_4^{2-} + 16\ H^+$$

$$FeS_2 + 6\ Fe^{3+} + 2\ O_2 + 4\ H_2O \rightarrow 7\ Fe^{2+} + 2\ SO_4^{2-} + 8\ H^+$$

Das den Pyrit angreifende Fe^{3+} wird bei der Reaktion zu Fe^{2+} reduziert. Insofern ist der Fortgang der Reaktion davon abhängig, dass das Fe^{2+} wieder zu Fe^{3+} oxidiert wird. Wie oben bereits diskutiert, kann dies bei relativ hohen, auch bei neutralen pH-Werten rein chemisch erfolgen. Bei laufender Laugung und sauren pH-Werten sind für die Fe^{2+}-Oxidation aerobe acidophile Fe^{2+}-Oxidierer wie *Acidithiobacillus ferrooxidans*, *Leptospirillum ferrooxidans* und andere verantwortlich. Es ergibt sich ein Eisencyclus, der in Abbildung 7.9a dargestellt ist.

Unter Berücksichtigung des Sauerstoffverbrauchs für die Fe^{2+}-Reoxidation führen die verschiedenen für die Pyritoxidation angegebenen Reaktionsgleichungen zu demselben Ergebnis:

$$FeS_2 + 3^1/_2\ O_2 + H_2O \rightarrow Fe^{2+} + 2\ SO_4^{2-} + 2\ H^+$$

Es sei betont, dass sich diese Gleichung als Summe der oben dargestellten Reihe von Einzelreaktionen ergibt. Die Gleichung soll nicht ausdrücken, dass molekularer Sauerstoff als Reagenz den Pyrit angreift. Vielmehr dient er Eisen- und Schwefelverbindungen oxidierenden Mikroorganismen als Elektronenakzeptor. Die Sauerstoffatome des Sulfats scheinen meist dem Wasser zu entstammen.

A. ferrooxidans kann Pyrit bei mäßig positivem Potenzial relativ schnell angreifen und wurde auch deshalb häufig an Standorten mit Sulfid-Oxidation gefunden. *L. ferrooxidans* verträgt jedoch noch niedrigere pH-Werte (Wachstum noch bei pH 1,2), höhere Fe^{3+}- und niedrigere Fe^{2+}-Konzentrationen sowie positivere Potenziale als *A. ferrooxidans,* und inso-

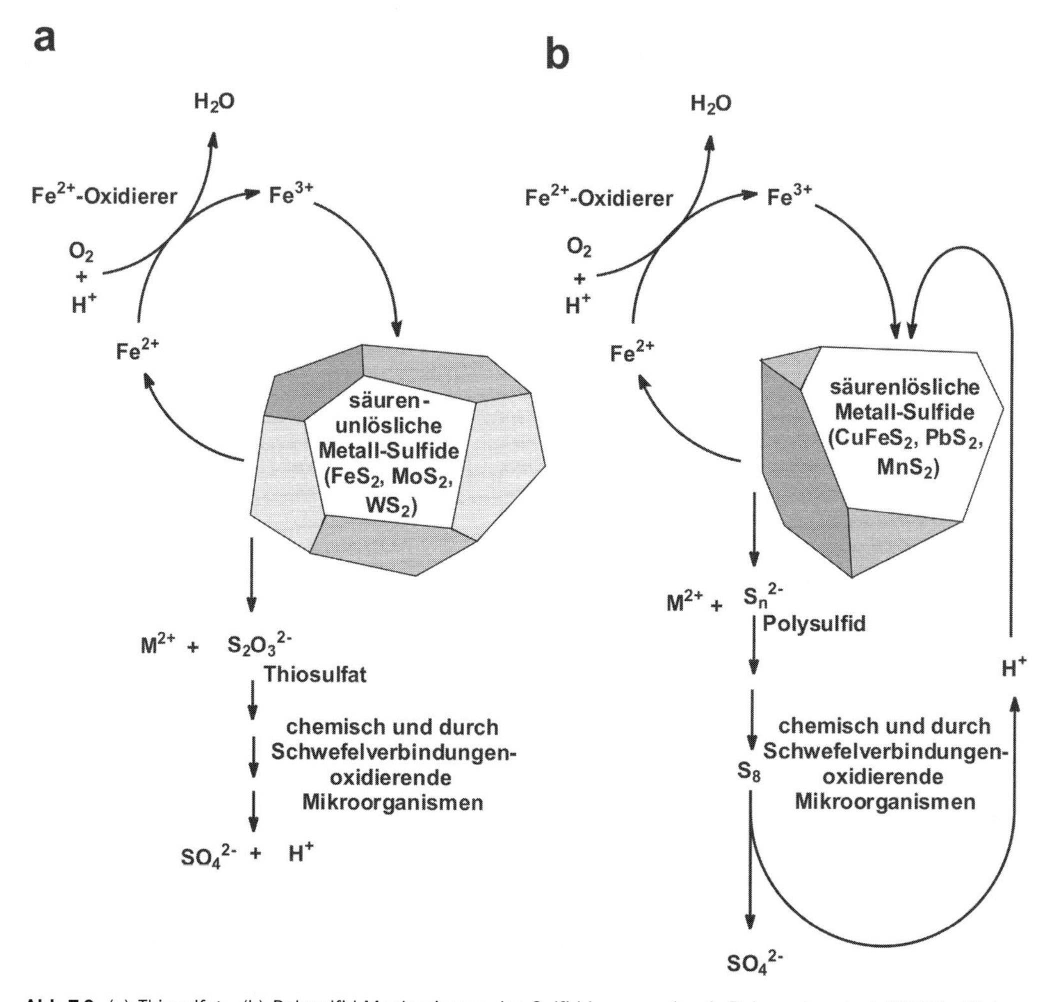

Abb 7.9 (a) Thiosulfat-, (b) Polysulfid-Mechanismus der Sulfid-Laugung (nach Rohwerder et al. (2003). (Bioleaching von Metallsulfiden, bedeutet, dass es die Funktion der Bakterien ist, Schwefelsäure biologisch zu bilden, um Protonen für den hydrolytischen Angriff bereitzustellen, und/oder die Eisenionen in der oxidierten Form (Eisen(III)-Ionen) für den oxidativen Angriff zu halten.)

fern ist das *Leptospirillum* dem *Acidithiobacillus* in kommerziellen Laugungsanlagen oft überlegen.

Der geschilderte mikrobielle Angriff auf den Pyrit beruht insofern auf einem indirekten Mechanismus, als die Bakterien das Sulfid nicht unmittelbar mit ihrer Membran oder Enzymen angreifen, sondern indem sie Fe^{3+} zur Verfügung stellen. Andererseits lagern sich die laugenden Organismen doch in Form eines Biofilms an den Pyrit an und schaffen mit ihren „Extrazellulären Polymeren Substanzen" (EPS) einen Reaktionsraum mit geeigneten Fe^{3+}-Konzentrationen (Abb. 7.9a). Da der EPS-vermittelte Kontakt zum Sulfid die Laugung beschleunigt, spricht man auch von „**Kontaktlaugung**". Mittlerweile wurde berichtet, dass Pyrit von *A. ferrooxidans* zusätzlich zum beschriebenen Mechanismus auch über Carriermoleküle mit aus dem Cystein stammenden SH-Gruppen angegriffen werden kann. Aus dem entstehenden Polysulfid wird Schwefel in kolloidaler Form freigesetzt und in der EPS-Schicht möglicherweise als Energievorrat gespeichert.

Manche anderen sulfidischen Minerale wie Sphalerit (ZnS), Chalkopyrit ($CuFeS_2$), Galenit (PbS), Realgar (As_4S_4) oder Auripigment (As_4S_6) sind nicht so stabil wie Pyrit und können außer durch Fe^{3+} bereits durch Protonen effektiv angegriffen werden, wobei formal zunächst H_2S entsteht. In Gegenwart von Fe^{3+} oxidiert dieses zu **Polysulfiden** und weiter zu elementarem Schwefel (S_8) (Abb. 7.9b). Der elementare Schwefel kann durch schwefeloxidierende Bakterien wie *A. ferrooxidans* und *A. thiooxidans* zu Schwefelsäure oxidiert werden und damit neue Protonen für die Auflösung der Sulfide liefern. Da die Polysulfide die charakteristischen schwefelhaltigen Intermediate dieses Typs von Laugung darstellen, spricht man hier vom Polysulfid-Mechanismus.

Die bakterielle Oxidation von Sulfidmineralien ist der wichtigste Faktor beim Entstehen der sauren Wässer, einem häufigen Umweltproblem in Gebieten mit Kohle- oder Erzbergbau. Durch die Vermischung von saurem Wasser aus dem Bergbau mit natürlichen Gewässern in Flüssen oder Seen werden auch diese teilweise schwerwiegend in ihrer Qualität beeinträchtigt. So führen die aus dem Abbau von Pyrit resultierenden hohen Frachten von Sulfat und zweiwertigem Eisen sowie die niedrigen pH-Werte zu Problemen für die in den Gewässern lebenden Organismen. Aber auch die weitere Nutzung als Kühl- oder sogar Trinkwasser ist eingeschränkt. Hinzu kommt, dass die gebildete Säure andere Mineralien angreift, die mit der Kohle und dem Pyrit in Verbindung stehen. So können wie erläutert andere Sulfide gelöst und aus diesen zum Beispiel Zink, Blei oder Arsen freigesetzt werden. Aber auch Aluminiumionen sind bei niedrigem pH-Wert löslich und können aus den in der Natur häufigen aluminiumhaltigen Mineralen herausgelöst werden. Da in Minenwasser oft hohe Konzentrationen an Al^{3+} wie an Schwermetallen oder Metalloiden vorhanden sind, kann dieses für aquatische Lebewesen erhebliche Toxizität aufweisen.

Ein Teil der genannten Umweltprobleme beruht darauf, dass die Pyritoxidation oft unvollständig abläuft und nur zu zweiwertigem Eisen führt. Die vollständige Oxidation des Eisens erlaubt unter sauren Bedingungen wie oben erwähnt die Ausfällung des Eisenhydroxysulfats Jarosit (zum Beispiel $KFe_3(SO_4)_2(OH)_6$), wodurch die Eisen- und Sulfatbelastung gesenkt werden kann. Allerdings wird aufgrund der ebenfalls gebundenen Hydroxidionen die Ansäuerung eher verstärkt.

7.2.2 Reduktion von dreiwertigem Eisen

Dreiwertiges Eisen ist eines der am häufigsten vorkommenden Metalle im Boden und in Gesteinen. Es ist ein Elektronenakzeptor für eine breite Vielfalt von sowohl chemoorgano- als auch chemolithotrophen Bakterien. Fe^{3+} kommt in der Natur weit verbreitet vor, daher ist seine Reduktion eine Hauptform der anaeroben Atmung. Die Reduktion von dreiwertigem Eisen ist häufig in feuchten Böden, Sümpfen und anoxischen Sedimenten von Seen anzutreffen und führt zur Produktion von zweiwertigem Eisen, einer löslicheren Eisenform. Die bakterielle Eisenreduktion kann somit zur Solubilisierung von Eisen führen, einem wichtigen geochemischen Prozess.

Die Energetik der Fe^{3+}-Reduktion wurde mit dem gramnegativen Bakterium *Shewanella pu-*

Mikrobielle Erzlaugung zur Metallgewinnung: Wege zum Reichtum?

Die mikrobielle Laugung von Metallsulfiden findet nicht nur als unerwünschter, zu Umweltproblemen führender Prozess in Bergbauregionen statt, sondern wird in großem Umfang auch zur Gewinnung von Metallen eingesetzt. Hierbei steht vor allem **Kupfer** im Vordergrund. Mikrobielle Laugung von Kupfersulfiden wird im Grunde seit Jahrhunderten genutzt, allerdings ohne die Grundlagen zunächst zu verstehen. Inzwischen gibt es eine Reihe von Anlagen, die mehr als 10 000, häufig sogar über 20 000 Tonnen Erz pro Tag verarbeiten. In den größten Anlagen wird Chalkosin (Cu_2S)-haltiges Erz verwendet. Es wird mit Säure oder mit Fe^{3+}-Ionen durch folgende Reaktionen gelaugt:

$$2\ Cu_2S + 4\ H^+ + O_2 \rightarrow 2\ CuS + 2\ Cu^{2+} + 2\ H_2O$$
$$Cu_2S + 4\ Fe^{3+} \rightarrow 2\ Cu^{2+} + 4\ Fe^{2+} + S$$

Intermediär entstehender Covellin (CuS) wird ebenfalls durch Fe^{3+} oxidiert:

$$CuS + 2\ Fe^{3+} \rightarrow Cu^{2+} + 2\ Fe^{2+} + S$$

Technisch realisiert wird die Kupferlaugung in der Regel in belüfteten Mieten mit zerkleinertem Erz, über denen die Laugungslösung verrieselt wird. Das metallisches Kupfer wird durch das *Solvent extraction-electrowinning* (SXEW) gewonnen. Die bei der Laugung erzeugte Cu^{2+}-haltige Lösung wird durch einen Lösemittelextraktions-Kreislauf geleitet, bei dem die Metallionen in Lösung organischen Lösemitteln wie Terpentin oder anderen Petrochemikalien ausgesetzt werden, wobei sie an das Lösemittel durch Chelierung binden. Dem Lösemittel wird dann das Metallion durch Änderung des pHs in einem zweiten Säurekreislauf entzogen. Das Metall in diesem zweiten Kreislauf wird in eine Elektrische Zelle gepumpt und durch Elektrolyse an der Anode abgeschieden.

Das wichtigste Kupfererz, Chalkopyrit ($CuFeS_2$), wird durch die gängigen Mietenverfahren nicht zufriedenstellend gelaugt. Hier gibt es Anlagen mit Rührkessel-Reaktoren und es laufen Untersuchungen zur Nutzung thermophiler Mikroorganismen.

Von erheblicher kommerzieller Bedeutung ist mittlerweile auch die Nutzung der mikrobiellen Laugung bei der Gewinnung von **Gold**. In den Lagerstätten ist dieses Edelmetall häufig von Sulfiden wie Pyrit (FeS_2) oder Arsenopyrit (FeAsS) eingeschlossen. Die Laugungsprozesse werden dazu genutzt, das Gold für die dann folgende, konventionelle Cyanidlaugung leichter zugänglich zu machen und die Ausbeute zu erhöhen. Üblich sind große belüftete Rührkessel-Reaktoren, aber auch Mieten-Verfahren.

trefaciens untersucht, bei dem Fe^{3+}-abhängiges anaerobes Wachstum mit verschiedenen organischen Elektronendonoren stattfindet. Andere wichtige Fe^{3+}-Reduzierer gehören zur Familie Geobacteraceae innerhalb der δ-Proteobakterien wie *Geobacter, Geospirillum* und *Geovibrio. Geobacter metallireducens* als Modell für die Untersuchung der Physiologie der Fe^{3+}-Reduktion kann Acetat mit Fe^{3+} als Akzeptor wie folgt oxidieren:

$$\text{Acetat}^- + 8\ Fe^{3+} + 2\ H_2O \rightarrow 2\ CO_2 + 8\ Fe^{2+} + 7\ H^+$$
$$\Delta G^{0'} = -815\ \text{kJ/mol Acetat}$$

Während der dissimilatorischen Oxidation von einem Mol Acetat mit Fe^{3+} könnten theoretisch elf Mole ATP erzeugt werden. Da $Fe(OH)_3$ jedoch ein extrem niedriges Löslichkeitsprodukt ($[Fe^{3+}][OH^-]^3=10^{-39}$) hat, liegt die Konzentration des Fe^{3+}-Ions bei pH 7 bei 10^{-18} Mol. Erst unterhalb pH 4 erreicht die Konzentration von Fe^{3+} den Mikromolarbereich. Folglich ist die freie Energie der Reaktion nicht einmal ausreichend, um die Synthese von einem ATP zu erlauben. Da die natürlich vorkommenden Fe^{3+}-Mineralien im Boden (siehe vorne) sogar noch niedrigere Löslichkeitsprodukte haben, ist bisher über die genaue Menge an Energie, die während der Reaktion konserviert werden kann, nichts bekannt.

Geobacter kann auch H_2 oder andere organische Elektronendonoren verwenden.

Aber auch Archaea können Energie aus der Fe^{3+}-Reduktion gewinnen, so der hyperthermophile Fe^{3+}-Reduzierer *Ferroglobus placidus*, mit Acetat als Donor.

Dreiwertiges Eisen kann Komplexe mit verschiedenen organischen Verbindungen bilden, damit löslich und besser für eisen(III)reduzierende Bakterien zugänglich werden.

7.3 Der Mangankreislauf

Das Metall Mangan weist mehrere Oxidationszustände auf, von denen Mn^{4+} und Mn^{2+} die stabilsten und biologisch wichtigsten sind. Beide Formen unterscheiden sich beträchtlich bezüglich ihre Löslichkeit, während Mn^{2+} löslich ist, liegt die oxidierte Form, Braunstein, als unlöslicher Feststoff in Wasser vor. Mn^{2+} ist unter aeroben Bedingungen bei pH-Werten unterhalb 5,5 stabil, in Abwesenheit von Sauerstoff auch bei höheren pH-Werten.

7.3.1 Oxidation von zweiwertigem Mangan

Manganoxidierende Bakterien können unter einer Vielzahl von Genera gefunden werden, *Arthrobacter*, *Bacillus*, *Leptothrix*, *Streptomyces* sind nur wenige Beispiele. Die Gibbssche freie Energie der Oxidation von Mn^{2+} zu MnO_2 (Braunstein) ist negativ.

$$2\,Mn^{2+} + O_2 + 2\,H_2O \rightarrow 2\,MnO_2 + 4\,H^+$$
$$\Delta G^{0'} = -29{,}3\ kJ/mol$$

Man findet das Produkt in hydrothermalen Ausbruchkanälen, Sümpfen und es ist ein bedeutender Teil der dunkelgefärbten Oberflächenschicht von Felsen, die der Verwitterung ausgesetzt sind.

7.3.2 Reduktion von vierwertigem Mangan: anaerobe Atmung

Die anaerobe Reduktion von Mn^{4+} zu Mn^{2+} wird von verschiedenen, meistens chemoorganotrophen Mikroorganismen wie *Shewanella* (fakultativ Anaerober) und *Geobacter* (Anaerober) ausgeführt. Bei *Shewanella putrefaciens* findet anaerobes Wachstum auf Acetat mit Mn^{4+} als Elektronenakzeptor statt. Das Redoxpotenzial des Mn^{4+}/Mn^{2+}-Paares ist äußerst hoch; somit sollten mehrere Verbindungen in der Lage sein, Elektronen für die Mn^{4+}-Reduktion abzugeben.

$$MnO_2 + 4\,H^+ + 2e^- \rightarrow Mn^{2+} + 2\,H_2O$$
$$E^{0'} = +615\ mV$$

Die Bakterien, die oxidierte Metallionen wie Fe^{3+} oder Mn^{4+} als terminale Elektronenakzeptoren nutzen, müssen diese wegen der Unlöslichkeit der Salze beziehungsweise Metalloxide außerhalb der Zelle belassen. Sie müssen also Reduktionsäquivalente aus dem Cytoplasma auf die extrazellulären Elektronenakzeptoren weiterleiten. Es ist bisher unklar, wie der Elektronentransfer funktioniert und der Prozess an eine Protonenausschleusung gekoppelt ist. Bei einigen eisenreduzierenden Bakterien sind kürzlich spezielle pilusähnliche Oberflächenstrukturen entdeckt worden, die als mögliche Elektronenleiter von der Zelle zum Eisenmineral in Frage kommen (siehe Kapitel 15.5). Es können aber auch lösliche und diffusible Redoxmediatoren wie Thiole, Phenole oder Chinone am Prozess beteiligt sein. Deren oxidierte Form könnte durch eine membranständige Reduktase reduziert werden, zum Mineral diffundiert, es chemisch reduzieren, um dann als oxidierte Form den Kreislauf erneut zu beginnen.

Manganreduktion scheint von geringer Bedeutung in Süßwasser zu sein, aber eine wichtige Rolle dort zu spielen, wo Mangan akkumuliert wird, wie in marinen Sedimenten der Ostsee oder dem oben erwähnten Felsmaterial.

Testen Sie Ihr Wissen

Wo kommen sulfatreduzierende Bakterien in der Natur vor?

Nennen Sie Standorte, an denen Sie die Aktivität von sulfatreduzierenden Bakterien riechen oder auch mit dem bloßen Auge sehen können.

Zeichnen Sie den Schwefelkreislauf.

Auch aerobe Organismen müssen Sulfat reduzieren. Wie unterscheiden sich die dort ablaufenden Vorgänge von denen in sulfatatmenden Bakterien?

Benennen Sie die Oxidationsstufen des Schwefels bei der Reduktion von Sulfat zum Sulfid.

Welche Organismen produzieren Sulfat aus Schwefelwasserstoff? Welcher Elektronenakzeptor fungiert bei diesen Mikroorganismen?

Welche Form (zwei- oder dreiwertig) hat Eisen in dem Mineral $Fe(OH)_3$? Welche Form hat es in FeS?

Wie wird $Fe(OH)_3$ gebildet?

Ist H_2S ein Substrat oder Produkt der sulfatreduzierenden Bakterien? Was ist es bei den chemolithotrophen Bakterien?

Warum führt die bakterielle Oxidation von Schwefel zu einem pH-Abfall?

Welcher organische Schwefel ist am verbreitetsten in der Natur?

Wie kann CuS unter anoxischen Bedingungen oxidiert werden?

Warum ist es wichtig, die Leachingflüssigkeit beim Kupferleaching sauer zu halten?

Literatur

Friedrich, C. G., Bardischewsky, F., Rother, D., Quentmeier, A., Fischer, J. 2005. Prokaryotic sulfur oxidation. Curr. Opin. Microbiol. 8:253–259.

Friedrich, C. G., Rother, D., Bardischewsky, F., Quentmeier, A., Fischer, J. 2001. Oxidation of reduced inorganic sulfur compounds by bacteria: emergence of a common mechanism? Appl. Environ. Microbiol. 67:2873–2882.

Kletzin, A., Urich, T., Müller, F., Bandeiras, T. M., Gomes, C. M. 2004. Dissimilatory oxidation and reduction of elemental sulfur in thermophilic archaea. J. Bioenerg. Biomembr. 36:77–91.

Lengeler, J. W., Drews, G., Schlegel, H. G. (Hrsg.) (1999) Biology of the prokaryotes. Thieme, Stuttgart.

Lovley, D. R. 2004. Potential role of dissimilatory iron reduction in the early evolution of microbial respiration. *In:* Origins, evolution and biodiversity of microbial life. J. Seckbach (ed.) Kluwer, The Netherlands.

Lovley, D. R., Holmes, D. E., Nevin, K. P. 2004. Dissimilatory Fe(III) and Mn(IV) reduction. Adv. Microbial Physiol. 49:219–286.

Lovley, D. R. (Hrsg.) 2000. Environmental Microbe-Metal Interactions. ASM Press, Washington, D. C.

Madigan, M. T., Martinko, J. M. 2006. Brock-Biology of Microorganisms. 11th Edition. Pearson Prentice Hall, Upper Saddle River, NJ0748.

Müller, F. H., Bandeiras, T. M., Urich, T., Teixeira, M., Gomes, C. M., Kletzin, A. 2004. Coupling of the pathway of sulphur oxidation to dioxygen reduction: characterization of a novel membrane-bound thiosulphate:quinone oxidoreductase. Mol. Microbiol. 53:1147–1160.

Olson, G. J., Brierley, J. A., Brierley, C. L. 2003. Bioleaching review part B: progress in bioleaching: applications of microbial processes by the minerals industries. Appl. Microbiol. Biotechnol. 63:249–257.

Rohwerder, T., Gehrke, T., Kinzler, K., Sand, W. 2003. Bioleaching review part A: progress in bioleaching: fundamentals and mechanisms of bacterial metal sulfide oxidation. Appl. Microbiol. Biotechnol. 63:239–248.

Rohwerder, T., Sand, W. 2003. The sulfane sulfur of persulfides is the actual substrate of the sulfur-oxidizing enzymes from *Acidithiobacillus* and *Acidiphilium* spp. Microbiology 149:1699–1710.

Schippers, A., Sand, W. 1999. Bacterial leaching of metal sulfides proceeds by two indirect mechanisms via thiosulfate or via polysulfides and sulfur. Appl. Environ. Microbiol. 65:319–321.

Straub, K. L., Benz, M., Schink, B. 2001. Iron metabolism in anoxic environments at near neutral pH. FEMS Microbiol. Ecol. 34:181–186.

Widdel, F., Schnell, S., Heisinger, S., Ehrenreich, A., Assmus, B., Schink, B. 1993. Ferrous iron oxidation by anoxic phototrophic bacteria. Nature 362:834–836.

8 Schwermetalle

Schwermetalle sind Metalle mit einer Dichte von mehr als fünf Gramm pro Kubikzentimeter. Von den 90 natürlich vorkommenden Elementen sind 21 Nicht-Metalle, 16 Leichtmetalle und die restlichen 53 (mit Arsen eingeschlossen) Schwermetalle (Weast 1984).

Quellen für Umweltverunreinigungen durch Metalle sind vielfältig. In höheren Konzentrationen sind sowohl essenzielle (Kupfer, Zink, Nickel, Kobalt) als auch nicht-essenzielle Metalle (Cadmium, Quecksilber, Blei) toxisch (Abb. 8.1).

Schwermetallkationen, besonders solche mit hoher Ordnungszahl wie Ag^+, Cd^{2+} und Hg^{2+}, tendieren zur Bindung an SH-Gruppen. Die minimale Hemmkonzentration dieser Metallionen ist eine Funktion der Komplexdissoziationskonstante des jeweiligen Sulfides. Durch die Bindung an SH-Gruppen können die Metalle die Aktivität von empfindlichen Enzymen inhibieren. Andere Metallkationen wechselwirken mit physiologischen Kationen und behindern damit deren Funktion wie zum Beispiel:

Cd^{2+} mit Zn^{2+} oder Ca^{2+},
Ni^{2+} und Co^{2+} mit Fe^{2+},
Zn^{2+} mit Mg^{2+}

Mikroorganismen haben verschiedene Mechanismen entwickelt, um sich vor toxischen Schwermetallkonzentrationen zu schützen.

Wenn die Entgiftung eines Schwermetalls durch Reduktion erfolgen soll, so sollte das Redoxpotenzial positiver als das des Wasserstoff/Proton-Paares liegen (siehe Tabelle 8.1). Folglich können Hg^{2+}, Chromat, Arsenat und Cu^{2+} durch Zellen reduziert werden, aber nicht Zn^{2+}, Cd^{2+}, Co^{2+} und Ni^{2+}.

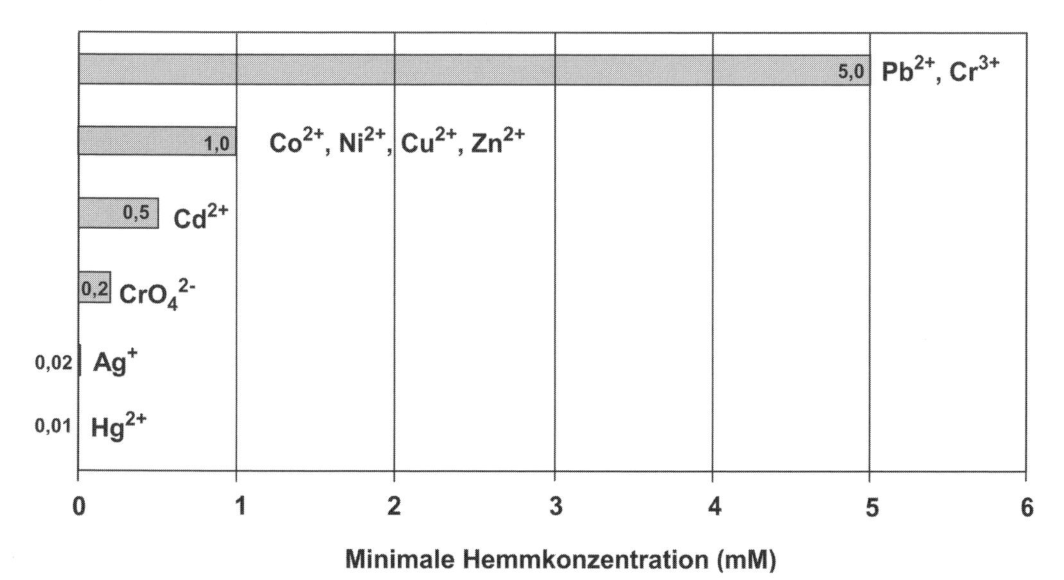

Abb 8.1 Minimale Hemmkonzentration von Schwermetallen gegenüber *Escherichia coli* (Werte aus Nies, 1999).

Tabelle 8.1 Vergleich der Redoxpotenziale von Schwermetallen zur Abschätzung der mikrobiellen Reduzierbarkeit.

Redox-Paar oxidierte Form	reduzierte Form	Anzahl Elektronen	$E^{0'}$ (mV)
$2\ H^+$	H_2	2	-420
O_2	$2\ H_2O$	4	+820
Hg^{2+}	Hg^0	2	+440
CrO_4^{2-}	Cr^{3+}	3	+929
SeO_4^{2-} [Selenat]	SeO_3^{2-} [Selenit]	2	+475
$HAsO_4^{2-}$ und $H_2AsO_4^-$; As^{5+} [Arsenat]	H_3AsO_3 und $H_2AsO_3^-$; As^{3+} [Arsenit]	2	+139
Cu^{2+}	Cu^+	1	-262
Zn^{2+}	Zn	2	-1180
Cd^{2+}	Cd	2	-820
Co^{2+}	Co	2	-700
Ni^{2+}	Ni	2	-650

Ferner sollte ein Schwermetall, das reduziert worden ist, aus der Zelle hinaus diffundieren oder es würde wieder selbst reoxidieren. Die meisten Reduktionsprodukte sind recht unlöslich (Cr^{3+}) oder sogar toxischer ($H_2AsO_3^-$) als die Ausgangsverbindung. Wenn also eine Zelle die Reduktion als Entgiftungsmechanismus nutzen will, so muss ein Effluxsystem für den Export des reduzierten Produktes vorhanden sein. Einzig im Falle von Quecksilber passen die Eigenschaften „Reduzierbarkeit" und „hoher Dampfdruck des metallischen Reduktionsproduktes" zusammen. Quecksilber wird deshalb durch Reduktion von Hg^{2+} zu Hg^0 entgiftet, und zwar durch diffusible Ausschleusung des Hg^0.

Welche Möglichkeit ist für nicht-reduzierbare Schwermetalle vorhanden oder findet statt, wenn eine Reduktion nicht wünschenswert ist? Eine Komplexierung ist ein effizienter Weg, wenn Zellen niedrigen Konzentrationen von Schwermetallen ausgesetzt sind. Aerobe Zellen können zum Beispiel Cd^{2+} durch Bildung von CdS entgiften, dazu muss der eine hohe Energie benötigende Sulfat-Reduktionsprozess mit PAPS (Phosphoadenosin-5 -phosphosulfat) ablaufen.

Schwermetalle können auch direkt durch Efflux entgiftet werden.

Der Schwermetall-Metabolismus ist also generell ein Transport-Metabolismus.

8.1 Quecksilberkreislauf

Quecksilber ist in der Erdrinde ein relativ seltenes Element, das erst durch anthropogene Einflüsse verstärkt in die Umwelt gelangt. Durch natürliche Verwitterung und Verflüchtigung sowie durch Vulkanismus kommen jährlich etwa $50-100 \times 10^3$ Tonnen Quecksilber in die Umwelt. Dieser Wert hat sich durch zivilisatorische Prozesse etwa verfünffacht. Anthropogen bedingte Quellen sind Bergbau und Verhüttung von sulfidischen Erzen, Kohle- und Erdölverbrennung sowie industrielle Prozesse (Elektrolyse in der Chloralkali-Industrie) und Produkte (Lampen, Amalgame in der Zahnmedizin).

Emissionen des flüchtigen Quecksilbers haben dazu geführt, dass es in Böden von Industrie-Ballungsgebieten in einer Konzentration von 0,1 – 1 Milligramm pro Kilogramm vorliegt. Durch Einleitung industrieller und kommunaler Abwässer kommt es zu beträchtlichen Kontaminationen von Flusssedimenten und Meeresbuchten. Im Hafenschlick der Elbe und des Rheins wurden Werte von 10–100 Milligramm pro Kilogramm nachgewiesen. In der Minamoto-Bucht in Japan belief sich die Konzentration auf 2000 Milligramm pro Kilogramm, sodass bei Anwohnern dieser Bucht schwere Vergiftungen und Todesfälle festgestellt wurden, die auf eine Anreicherung der sehr toxischen Quecksilberverbindungen in Fischen zurückzuführen waren.

Quecksilber wird, wie auch andere Metalle, nicht abgebaut, sondern oxidiert oder reduziert und zu organischen Verbindungen umgesetzt.

Die verschiedenen Quecksilberverbindungen gehen in einen biogeochemischen Kreislauf ein, an dessen Umsetzungen Mikroorganismen maßgeblich beteiligt sind (Abb. 8.2).

In der Atmosphäre tritt Quecksilber als relativ ungiftiges Metall auf, das durch photochemische Prozesse zu Hg^{2+} oxidiert wird. In dieser Form gelangt es in Böden und Gewässer zurück. Das Quecksilberkation (Hg^{2+}) führt zu Vergiftungen, da es mit den SH-Gruppen von Proteinen reagiert. Mikroorganismen haben verschiedene **Resistenzmechanismen** gegen Quecksilber entwickelt. Ein Mechanismus ist die Reduktion zu metallischem Quecksilber. Viele Mikroorganismen besitzen eine Quecksilber-Reduktase (MerCA-Protein, verwandt mit Glutathion-Reduktase), die die folgende Reaktion katalysiert:

$$Hg^{2+} + NADPH \rightarrow Hg^0 + NADP^+$$

Das flüchtige metallische Quecksilber entweicht aus dem wässrigen Milieu und durchläuft die oben beschriebenen Reaktionsschritte.

Die **Methylierung** zu Methyl- und Dimethylquecksilber ist eine weitere bakterielle Detoxifikationsreaktion. Die Übertragung der Methylgruppe erfolgt durch Vitamin B_{12} (Cobalamin):

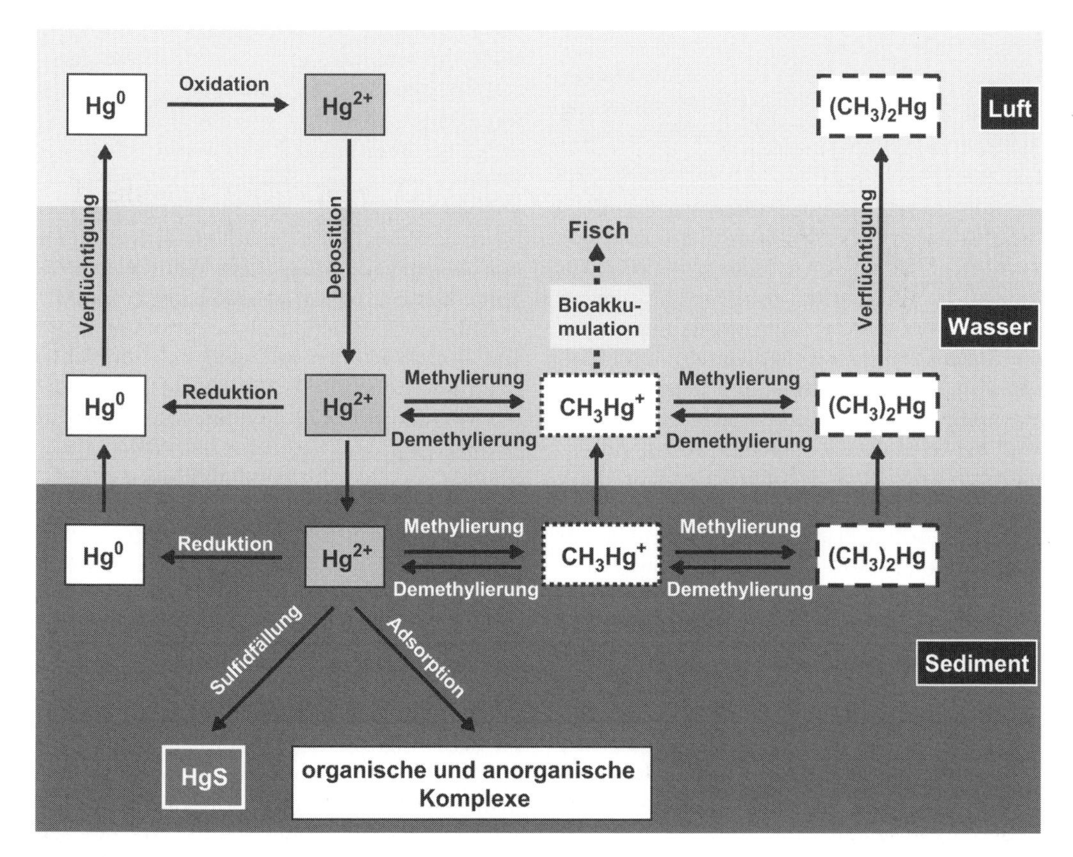

Abb 8.2 Der Quecksilberkreislauf. Die mikrobiellen Reaktionen dienen zur Entgiftung, für höhere Organismen führen sie zu toxischen Metaboliten.

$Hg^{2+} + CH_3\text{-}B_{12} \rightarrow CH_3\text{-}Hg^+$
$CH_3\text{-}Hg^+ + CH_3\text{-}B_{12} \rightarrow (CH_3)_2\text{-}Hg$

Vor allem das Dimethylquecksilber ist sehr flüchtig.

Der bakterielle Entgiftungsprozess führt zu Produkten, die für höhere Organismen etwa hundertmal toxischer als Hg^{2+} sind. Als lipophile Verbindungen werden sie gut aufgenommen und in aquatischen Nahrungsketten akkumuliert. In Fischen wurden so 100 Milligramm Quecksilber je Kilogramm Körpergewicht nachgewiesen.

Für den Quecksilberkreislauf sind zwei weitere bakterielle Reaktionen von Bedeutung, die **Demethylierung** der Methylquecksilber-Verbindungen zu Hg^0 und die **Fällung** als HgS, die durch die H_2S-Bildung der Sulfatreduzierer bewirkt wird. Quecksilbersulfid ist unter anaeroben Bedingungen sehr unlöslich. Werden aber HgS-enthaltende Schlämme und Sedimente oder Klärschlamm aeroben Bedingungen ausgesetzt, indem sie auf die Bodenoberfläche aufgebracht werden, so findet eine erneute **Mobilisierung** statt. Eine irreversible Eliminierung des Quecksilbers ist also aufgrund der skizzierten Kreislaufprozesse schwer möglich.

8.2 Arsen

Arsen (As) ist nur das 20 häufigste Element in der Erdkruste mit etwa 1,8 ppm (also 0,0000018 Prozent). Seine Toxizität ist in vielen Teilen der Welt sehr problematisch. Tausende von Fällen von Arsenvergiftung aufgrund von kontaminiertem Trinkwasser werden jedes Jahr diagnostiziert.

Arsen wird auch gezielt verwendet: in der Metallurgie, bei der Holzkonservierung, in Farben, in der Medizin, in der Schädlingsbekämpfung und als Futterzusatz bei Geflügel, wo es das Wachstum beschleunigt. Obwohl diese anthropogenen Quellen auch zu einigen Fällen an As-Kontamination beigetragen haben, sind Vulkanausbrüche, Flüchtigkeit bei niedriger Temperatur und natürliche Verwitterung von As-haltigen Mineralien die größten Quellen für Arsen in der Umwelt.

Arsen kann in Form von Arsenwasserstoff, Arsenozucker oder anderen arsenenthaltenden Organika wie Arsenobetain existieren, doch sind die häufigsten in natürlichen Wässern vorkommenden Spezies Arsenat [$HAsO_4^{2-}$ und $H_2AsO_4^-$; As^{5+}] und Arsenit [H_3AsO_3 und $H_2AsO_3^-$; As^{3+}]. Diese beiden Oxyanionen wandeln sich leicht in einander um. Ihre verschiedenen chemischen Eigenschaften bestimmen, ob sie sich in fester Form niederschlagen oder in der Wasserphase mobil sind. Die vorherrschende Form von anorganischem Arsen in der wässrigen, aeroben Umwelt ist Arsenat, während Arsenit stärker in anoxischer Umwelt verbreitet ist. Arsenat ist fest an die Oberfläche von etlichen weit verbreiteten Mineralien adsorbiert. Arsenit adsorbiert weniger fest und an wenigere Mineralien, was es zum stärker mobilen Oxyanion macht.

Arsenat ist ein Analog zu Phosphat und hemmt damit die oxidative Phosphorylierung. As^{3+} ist aufgrund seiner hohen Affinität zu Sulfhydrylgruppen in Proteinen und der damit verbundenen Inaktivierung sehr viel toxischer als As^{5+}.

Der mikrobielle Metabolismus, der die Umwandlung von Arsen zwischen As^{5+} und As^{3+} bewirkt, bestimmt maßgeblich, welche As-Spezies in der Umwelt vorzufinden ist. Da beide, As^{3+} und As^{5+}, an $Fe(OH)_3$ adsorbieren, ist der Verbleib von Arsen in der Umwelt oft an den von Eisen gekoppelt. In Sedimenten, die nicht von Fe dominiert sind, ist As^{3+} generell mobiler als As^{5+}.

Mikroorganismen, die die Umwandlungen von Arsen zwischen As^{3+} und As^{5+} durchführen, sind divers in ihrer Phylogenie und gesamten Physiologie. Mikroorganismen, die Arsen zur Energieproduktion benutzen, fallen in zwei Klassen, die **chemolithoautotrophen As^{3+}-Oxidierer** und die **heterotrophen As^{5+}-Reduzierer.**

8.2.1 Arsenitoxidation

Chemolithoautotrophe gewinnen Energie durch die Kopplung der Oxidation von As^{3+} an die Reduktion von Sauerstoff oder Nitrat.

Mitglieder der α-Proteobacteria (*Rhizobium*), auch *Pseudomonas arsenitoxidans* und ein *Hydrogenophaga* sp. betreiben den Metabolismus mit Sauerstoff mit folgender Reaktionsgleichung:

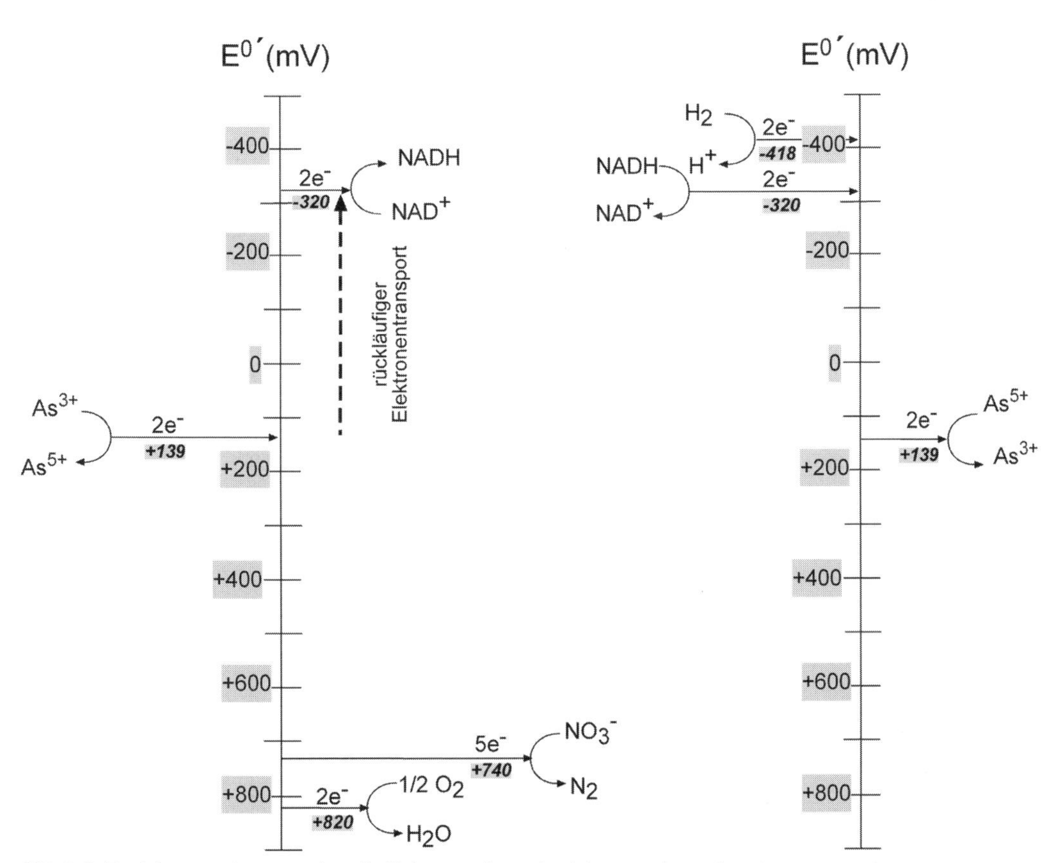

Abb 8.3 Funktion von Arsenspezies als Elektronendonor beziehungsweise -akzeptor.

$2\ H_2AsO_3^- + O_2 \rightarrow 2\ HAsO_4^{2-} + 2\ H^+$
$\Delta G^{0'} = -131{,}4$ kJ/mol

Ectothiorhodospira führt mit As^{3+} als Elektronendonor eine Nitratatmung durch:

$H_2AsO_3^- + NO_3^- \rightarrow HAsO_4^{2-} + NO_2^- + H^+$
$\Delta G^{0'} = -56{,}5$ kJ/mol

Nicht alle As^{3+}-oxidierenden Bakterien wie zum Beispiel *Alcaligenes faecalis*, erhalten Energie aus der As^{3+}-Oxidation. Diese As^{3+}-oxidierenden Heterotrophen verwenden wahrscheinlich As^{3+} nicht als Elektronendonor für die Atmung, sondern die As^{3+}-Oxidation ist eher zufällig oder eine Form der Entgiftung für diese Stämme.

8.2.2 Arsenatreduktion

Eine verschiedenartige Gruppe von heterotrophen Bakterien kann As^{5+} als terminaler Elektronenakzeptor für die Atmung verwenden. Diese Organismen schließen Mitglieder der γ-, δ-, ε-Proteobacteria, grampositive Bakterien, thermophile Eubacteria und *Crenarchaeota* ein. Die meisten As^{5+}-atmenden Stämme koppeln die Oxidation von Lactat zu Acetat an die As^{5+}-Reduktion zu As^{3+}. Einige Isolate können Acetat zu CO_2 mineralisieren und/oder H_2 als Elektronendonor nutzen. Die meisten bekannten As^{5+}-Atmer sind obligate Anaerobe, wenige sind auch fakultative Aerobe.

8

Verfahren zur Eliminierung von Schwermetallen aus der Umwelt

Der zentrale Unterschied zu den in Kapitel 5 diskutierten organischen Schadstoffen ist festzuhalten: Bei toxischen Schwermetallen oder Metalloiden ist aufgrund ihres Elementcharakters ein Verbrennen oder ein **mikrobieller Abbau** zu unproblematischen Verbindungen grundsätzlich **nicht möglich**. Von Bedeutung sind dagegen die Aspekte der Überführung in weniger toxische Bindungsformen oder Oxidationszustände und insbesondere der Mobilisierung beziehungsweise Immobilisierung.

Im Hinblick auf mikrobiologische Verfahren zur Reinigung kontaminierter Böden oder Wässer spielen grundsätzlich eine Reihe unterschiedlicher **Prinzipien der Wechselwirkung** eine mögliche Rolle, die hier nach zugrunde liegendem Mechanismus wie auch bewirktem Effekt unterteilt sind.

Für die **Eliminierung** von Metallen aus der Umwelt sind drei Mechanismen von besonderer Bedeutung:

- Biotransformation,
- Biosorption und Bioakkumulation,
- Sulfid-Ausfällung.

Biotransformationen umfassen Reduktionen und Oxidationen sowie die Bildung metallorganischer Verbindungen. Sie erfordern stoffwechselaktive Zellen.

Eine Reihe von Bakterien können in **arsenhaltigem Abwasser** Arsenit (As^{3+}) zu Arsenat (As^{5+}) oxidieren. Arsenat kann dann mit Fe(III)-Salzen wirksamer als Arsenit aus Abwässern gefällt werden.

Chrom gelangt als sechswertige Verbindung aus der Leder- und Metallindustrie in das Abwasser. Das toxische Chromat (CrO_4^{2-}) und Dichromat ($C_2O_7^{2-}$) wird durch Bakterien (*Pseudomonas*-, *Alcaligenes*- und *Enterobacter*-Arten) zu dem weniger giftigen dreiwertigen Chrom reduziert. Die Reaktion erfolgt an der Zelloberfläche, es entstehen schwer lösliche Chromhydroxide, die ausfallen.

Biovolatilisierung bedeutet für die Umwelt die Verlagerung von einem Medium in die Gasphase. Der Mechanismus der Hg^{2+}-Resistenz umfasst als entscheidenden Schritt die Reduktion des Metallions zum flüchtigen Hg^0 und ist zur Entwicklung eines Reinigungsverfahrens, eine **reduktive Biovolatilisierung,** ausgenutzt worden.

Weiter sei die Methylierung von Metallen erwähnt. Arsen, Selen und Quecksilber können durch verschiedene Pilze und Bakterien methy-

8.2.3 Arsenatmethylierung

Auch für **Arsen** wurde **mikrobielle Methylierung** nachgewiesen. Ob auch diese Reaktion der Entgiftung dient, ist unklar. Die methylierten Verbindungen sind in der Regel flüchtiger. Für höhere Organismen und den Menschen sind Dimethyl- und Trimethylarsin stets giftiger als das Ausgangsprodukt.

8.3 Selen

Die toxischen Auswirkungen von Selen auf biologische Systeme sind konzentrationsabhängig und variiert von Organismus zu Organismus. Selen ist andererseits ein essenzielles Element für Prokaryoten und Eukaryoten und wird deshalb leicht assimiliert. Selenmangel wird im Zusammenhang mit der reduzierten Aktivität von selenhaltigen Enzymen wie Glutathion-Peroxidase gesehen. Selen wird sowohl in Selenoproteinen, die Selencystein enthalten, selenhaltigen tRNAs als auch Selenoenzymen gefunden (Heider und Böck, 1994). Um einem Mangel vorzubeugen, setzt man dem Kuhfutter oft Selen zu. Dies wiederum kann eine weitere anthropogene Quelle von Selen in der Umwelt sein.

Die löslichen Oxyanionen Selenat [Se^{6+}] und Selenit [Se^{4+}] sind die primären Formen von Selen in der oxischen Umwelt. Sie verschwinden in der oxischen/anoxischen Übergangszone und werden ersetzt durch elementares Selen [Se^0], welches die dominante Spezies in

liert und damit verflüchtigt werden, ein Vorgang, den man **alkylierende Biovolatilisierung** nennen könnte. Methylierungen erfüllen wohl für die Mikroorganismen Entgiftungsfunktionen, für die Umwelt bedeuten sie aber die Verlagerung von einem Medium in die Gasphase, die zudem noch mit der Bildung von noch giftigeren Verbindungen für Mensch und Tier verbunden ist.

Bioakkumulation: Das in der Filmindustrie anfallende **Silber** kann durch silberresistente Bakterienstämme *(Pseudomonas maltophila,* Coryneforme Bakterien) bis zu Konzentrationen von 200 Milligramm Silber pro Gramm Zelltrockensubstanz akkumuliert werden.

Auch für **Cadmium** wurde durch resistente *Pseudomonas-, Klebsiella-* und *Staphylococcus*-Stämme eine Cadmium-Anreicherung nachgewiesen. Neben Cadmium wurde bei Bakterien die Bindung von Kupfer und Zink an **Metallothioneine** beobachtet. Metallothioneine sind niedermolekulare cysteinreiche Polypeptide, an deren SH-Gruppen Schwermetalle gebunden werden.

Biosorptionen sind im Gegensatz zu Bioakkumulationen nicht an lebende stoffwechselaktive Zellen gebunden. Bei der Biosorption werden die Schwermetalle an verschiedenen Exopolymeren der Zelloberfläche mit negativer Ladung adsorbiert. Hierauf basierende Verfahren können zur Entfernung von Metallen aus dem Wasser verwendet werden, was zum Beispiel an UO_2^{2+}-kontaminierten Gewässern untersucht wird. Mit Zellen von *Bacillus* wurden Präparate hergestellt, die Cd, Cr, Cu, Hg, Ni und Zn nicht selektiv bis zu zehn Prozent des Trockengewichtes sorbieren. Die Sorption erfolgt aus hochverdünnten Lösungen. Die akkumulierten Schwermetalle können mit Säuren abgelöst (*stripping*) und die Biomasse durch Alkalibehandlung reaktiviert werden.

Schwermetallsulfid-Ausfällungen: Aufgrund der H_2S-Bildung durch sulfatreduzierende Bakterien können Cadmium, Kupfer und Zink als CdS, CuS oder ZnS gefällt werden. Für die Abwasserreinigung wird dieser Prozess in Pflanzen-Kläranlagen und in anaeroben Biogas-Reaktoren genutzt.

Neuerdings wird versucht, mit Schwermetallen belastete Böden durch den kombinierten Einsatz von metalllaugenden Schwefeloxidierern und fällenden Sulfatreduzierern zu reinigen. Dabei wird im oberen aeroben Bodenbereich eine sulfidhaltige Lösung aufgebracht, die zur Entwicklung von *Acidithiobacillus* führt. Durch die Schwefelsäurebildung gehen Schwermetalle in Lösung, die in tieferen anaeroben Bodenschichten als Sulfide ausgefällt werden. Voraussetzung ist, dass im anaeroben Bereich organische Nährstoffe für die Sulfatreduzierer eingebracht werden. Ein Teil des anaerob gebildeten H_2S wird zur Sulfidversorgung des Oberbodens recycliert. Eine Metalleliminierung der oberen Bodenschichten wurde auf diesem Wege erreicht.

anoxischen Sedimenten ist. Se^{6+}- und Se^{4+}-Reduktion zu unlöslichem Se^0 findet in Gegenwart von hohen Konzentrationen von Sulfat (>300 mM) statt, wie es in heißen Solequellen im San Joaquin Valley (California, USA) beobachtet wird. Die Umwandlung von Selen in der Natur findet hauptsächlich durch biologische Prozesse statt. Se^{6+} unterliegt keiner schnellen chemischen Reduktion unter physiologischen Bedingungen von pH und Temperatur. Deshalb ist es unwahrscheinlich, dass die abiotische Reduktion von Selenat in der natürlichen Umwelt eine Rolle spielt.

Auch Selenverbindungen können als Elektronenakzeptoren für die anaerobe Atmung fungieren. Obwohl sie normalerweise nicht in großen Mengen in natürlichen Systemen vorkommen, finden sich Selenverbindungen gelegentlich als Schadstoffe und können das anaerobe Wachstum verschiedener Bakterien unterstützen.

Die Reduktion von SeO_2^{2-} zu SeO_3^- und schließlich zu Se^0 ist eine wichtige Methode zur Selenentfernung aus Wasser und wird als Säuberungsmethode selenverseuchter Böden (biologische Sanierung) eingesetzt. Die meisten Bakterien, die in der Lage sind, Selenverbindungen zu reduzieren, können auch andere Elektronenakzeptoren verwenden, wie Fe^{3+}, Mn^{4+} und organische Verbindungen, sie weisen in den meisten Fällen einen fakultativ aeroben Stoffwechsel auf.

Auch für Selen wurde mikrobielle Methylierung nachgewiesen. So bilden sowohl Bakterien (*Pseudomonas-* und *Flavobacterium*-Spezies) als auch Pilze (*Aspergillus-, Cephalosporium-, Fusarium*-Spezies) Dimethylselenid.

8

Testen Sie Ihr Wissen

Welche Quecksilberformen sind für Lebewesen am giftigsten?

Wie wird Quecksilber von Bakterien entgiftet? Wie kommt es in Bakterien zur Resistenz gegen anorganische und organische Quecksilberverbindungen?

Nennen Sie mindestens drei unterschiedliche Mechanismen, die zur Resistenz von Bakterien gegen Schwermetalle oder Metalloide führen können.

Wozu können Mikroorganismen Arsenat, wozu Arsenit nutzen?

Vergleichen Sie die Mechanismen der Entfernung von organischen Verbindungen und Schwermetallen aus Umweltmedien. Was unterscheidet die Reinigung von Böden oder Wässern bei Verunreinigungen mit anorganischen Schadstoffen von der bei Verunreinigungen mit organischen Schadstoffen?

Vergleichen Sie die „natürlichen" und anthropogenen Quellen für Arsenkontamination.

Welche Verfahren sind für die Eliminierung von Schwermetallen aus der Umwelt möglich?

Nennen Sie Beispiele für die Möglichkeit der Immobilisierung von Metallen und Metalloiden unter oxidierenden Bedingungen. Durch welche mikrobiell verursachten Mechanismen können anorganische Schadstoffe unter reduzierenden Bedingungen immobilisiert werden?

Können Bakterien Cd^{2+} und Ni^{2+} mittels Reduktion entgiften?

Nennen Sie drei unterschiedliche Ionen anorganischer Schadstoffe, die zur Energiegewinnung mittels Elektronentransport-Phosphorylierung dienen können.

Literatur

Croal, L. R., Gralnick, J. A., Malasarn, D., Newman, D. K. 2004. The genetics of geochemistry. Annu. Rev. Genet. 38:175-202.

Heider, J., Böck, A. 1994. Selenium metabolism in microorganisms. Adv. Microbiol. Physiol. 35:71-109.

Lloyd, J. R. 2005. Dissimilatory metal transformations by microorganisms. ENCYCLOPEDIA OF LIFE SCIENCES. John Wiley & Sons, Ltd. www.els.net

Nies, D. H. 1999. Microbial heavy-metal resistance. Appl. Microbiol. Biotechnol. 51:730-750.

Oremland, R. S., Stolz, J. F. 2003. The ecology of arsenic. Science 300:939-944.

Sigel, A., Sigel, H. (ed.) 1997. Metal Ions in Biological Systems: Mercury and its effects on environment and biology. Volume 34. Marcel Dekker Inc., New York.

Stolz, J. F., Oremland, R. S. 1999. Bacterial respiration of arsenic and selenium. FEMS Microbiol. Rev. 23:615-627.

Weast, R. C. (ed.) 1984. CRC Handbook of Chemistry and Physics.

http://www.ec.gc.ca/MERCURY/EH/EN/eh-mb.cfm?SELECT=EH

9 Anpassungsstrategien von Mikroorganismen an unterschiedliche Lebensbedingungen

Die natürlichen Habitate von Mikroorganismen sind außerordentlich vielfältig. Jedes Biotop erlaubt das Wachstum von Mikroorganismen, selbst wenn extreme physikalische oder chemische Bedingungen vorherrschen. Die Lebensbereiche umfassen zum Beispiel das freie Wasser der Ozeane oder von Seen. Andere Organismen leben hingegen auf oder in festen Matrices wie in Sedimenten oder im Boden. Mikroorganismen besiedeln zudem die Oberfläche höherer Organismen und leben in einigen Fällen sogar innerhalb von Pflanzen und Tieren. In solchen Habitaten werden hohe Populationsdichten erreicht.

Das Wachstum von Mikroorganismen in der Natur hängt von den **Wachstumsbedingungen** und den vorhandenen **Ressourcen (Nährstoffen)** ab. Unterschiede in den physiko-chemischen Bedingungen (Temperatur, pH-Wert, Wasser, Licht, Sauerstoff) und in der Art und Menge verschiedener Ressourcen eines Biotops definieren die Nische für einen bestimmten Mikroorganismus (siehe Tab. 9.1). Auf der Erde existieren zahllose Nischen, die für die große metabolische und biologische Vielfalt der heutigen Mikroorganismen verantwortlich sind.

Die geringe Größe der Mikroorganismen erlaubt Habitate auf kleinstem Raum. Es können innerhalb weniger Millimeter **chemische und physikalische Gradienten** in Habitaten existieren, welche die Mikroorganismen stark beeinflussen. Dies lässt sich anhand der Verteilung von Sauerstoff in einem Bodenpartikel verdeutlichen. Bodenpartikel sind in Bezug auf ihren Sauerstoffgehalt nicht homogen. Äußere Zonen eines kleinen Bodenpartikels können vollkommen aerob sein, während im Zentrum vollständig anaerobe Bedingungen herrschen können (Abb. 9.1). Dies zeigt, dass innerhalb sehr kleiner räumlicher Dimensionen unterschiedliche Nischen existieren können. Es erklärt, wie in einem solchen Bodenpartikel verschiedene physiologische Typen von Mikroorganismen coexistieren können. Anaerobe Mikroorganismen können in der Mitte des dargestellten Bodenpartikels aktiv sein, Mikroaerophile weiter außen. Obligat aerobe Mikroorganismen können ihren Stoffwechsel in den äußeren zwei bis drei Millimeter des Partikels betreiben, während fakultativ anaerobe Bakterien im ganzen Partikel verteilt sein können. Ähnliches findet man auch in Biofilmen, die später angesprochen werden sollen.

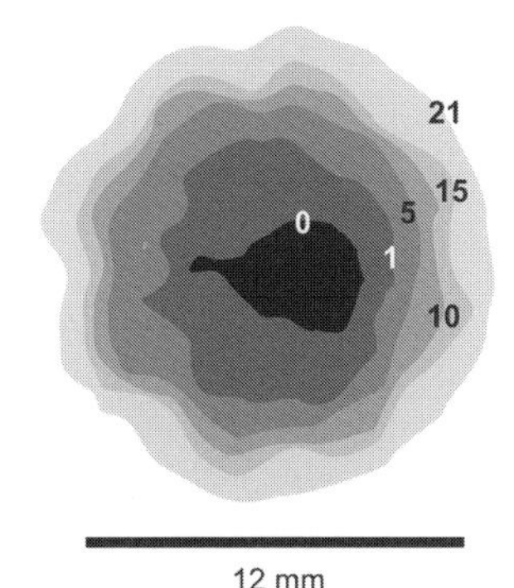

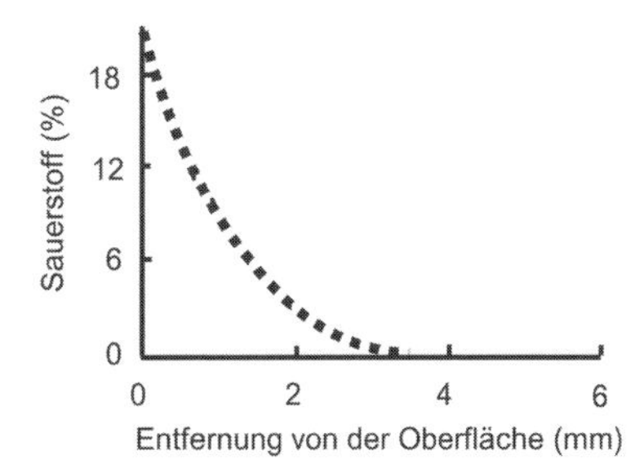

Abb 9.1 Bodenpartikel und Sauerstoffkonzentration.

Tabelle 9.1 Mikrobielle Antwort auf Umwelteinflüsse

Einflussfaktoren mit ihren Mikroorganismen	Beschreibung/Definition des Verhaltens	Repräsentative Mikroorganismen
Wasseraktivität		
Osmotolerante	Ist in der Lage über einen weiten Bereich an Wasseraktivität oder osmotischer Konzentration zu wachsen	*Staphylococcus aureus*
Halophile	Benötigt höhere Konzentrationen an NaCl, gewöhnlich über 0,2 M zum Wachstum	*Halobacterium salinarum*
pH		
Acidophile	Wachstumsoptimum zwischen pH 0 und 5,5	*Sulfolobus, Picrophilus oshimae*
Neutrophile	Wachstumsoptimum zwischen pH 5,5 und 8,0	*Escherichia, Euglena*
Alkalophile	Wachstumsoptimum zwischen pH 8,0 und 11,5	*Bacillus alcalophilus, Natrobacterium gregoryi*
Temperatur		
Psychrophile	Wächst gut bei 0 °C and hat Temperaturoptimum bei 15 °C oder tiefer	*Bacillus psychrophilus, Polaromonas vacuolata*
Psychrotrophe	Kann bei 0-7 °C wachsen; hat ein Optimum der Wachstumstemperatur zwischen 20 und 30 °C und ein Maximum um 35 °C	*Listeria monocytogenes, Pseudomonas fluorescens*
Mesophile	Hat ein Optimum um 20-45 °C	*Escherichia coli*
Thermophile	Kann bei 55 °C oder höher wachsen; Optimum oft zwischen 55 und 65 °C	*Bacillus stearothermophilus, Thermus aquaticus*
Hyperthermophile	Hat ein Optimum zwischen 80 und sogar 113 °C	*Sulfolobus, Pyrococcus, Pyrodictium, Pyrolobus fumarii*
Sauerstoffkonzentration		
obligat Aerobe	Ist gänzlich auf atmospärische O_2-Konzentration für Wachstum angewiesen	*Micrococcus luteus, Pseudomonas*
fakultativ Anaerobe	Braucht kein O_2 zum Wachstum, wächst aber besser in Gegenwart von O_2	*Escherichia, Enterococcus*
aerotolerante Anaerobe	Wächst gleich gut in Gegenwart und Abwesenheit von O_2	*Streptococcus pyogenes*
obligat Anaerobe	Toleriert keinen O_2 und stirbt in Gegenwart	*Clostridium*
Mikroaerophile	Benötigt O_2-Konzentrationen unter 2-10 % für das Wachstum und wird durch atmosphären Konzentration (20 %) zerstört	*Campylobacter*
Druck		
Barophile	Wächst sehr viel schneller bei hohem hydrostatischen Druck	*Photobacterium profundum, Methanococcus jannaschii*

Die physiko-chemischen Bedingungen in der Mikrowelt können sich zudem auch schnell ändern. So kann sich ein deutlicherer Sauerstoffgradient aufgrund der mikrobiellen Atmung im Bodenpartikel oder nach Zunahme des Bodenwassergehalts in der Mikrowelt ergeben. Die Mikroumgebungen sind also **heterogen** und können sich **sehr schnell ändern**.

Physiko-chemische Randbedingungen für Überleben und optimales Wachstum

In ihrer Gesamtheit decken die Mikroorganismen einen erstaunlich breiten Bereich an pysikochemischen Bedingungen ab, während einzelne Arten immer sehr eingeschränkt sind (siehe Tabelle 9.1).

Der **Temperatur**bereich, in dem Wachstum von Mikroorganismen nachwiesen wurde, reicht insgesamt derzeit von 0 °C (*Polaromonas*) bis 121 °C (*Pyrodictium*). Für die einzelne Art hängt der Temperaturbereich des optimalen Wachstums mit ihrem Lebensraum zusammen. Um diesen Bereich zu charakterisieren, spricht man beispielsweise von psychrophilen, mesophilen, thermophilen, hyperthermophilen oder extrem hyperthermophilen Organismen, je nachdem ob sie an niedrige, mittlere, hohe oder sogar sehr hohe Wachstumstemperaturen angepasst sind (Abb. 9.2b).

Auch vom **Druck** kann es abhängen, ob ein Organismus in einem Lebensraum wachsen kann. Dies ist besonders offensichtlich bei barophilen Organismen der Tiefsee (siehe Kap. 9.4.2.4).

Bei den chemischen Randbedingungen spielt der **pH-Wert** des Lebensraumes eine besondere Rolle. Während viele der bekannten Organismen bevorzugt im neutralen Bereich wachsen (neutrophile Mikroorganismen), wachsen die acidophilen Mikroorganismen bevorzugt oder ausschließlich bei niedrigen bis sehr niedrigen pH-Werten (bis pH 0), während alkaliphile Mikroorganismen an höhere pH-Werte angepasst sind. Der pH-Wert von Lebensräumen wird häufig stark von mikrobieller Aktivität beeinflusst. Dies spiegelt sich auch darin wider, dass säurebildende Organismen meist mehr oder weniger acidophil sind.

Auch hohe **Salzgehalte** eines Lebensraumes können über das verfügbare Wasser das Wachstum von Mikroorganismen begrenzen. Bei Organismen, die relativ hohe Salzkonzentrationen tolerieren, spricht man von halotoleranten Mikroorganismen. Wenn sie bei erhöhten Salzkonzentrationen überhaupt erst wachsen, wie manche Archaea, die erst bei Salzkonzentrationen über 0,2 Molar wachsen (zum Beispiel *Halobacterium*), spricht man von halophilen Mikroorganismen.

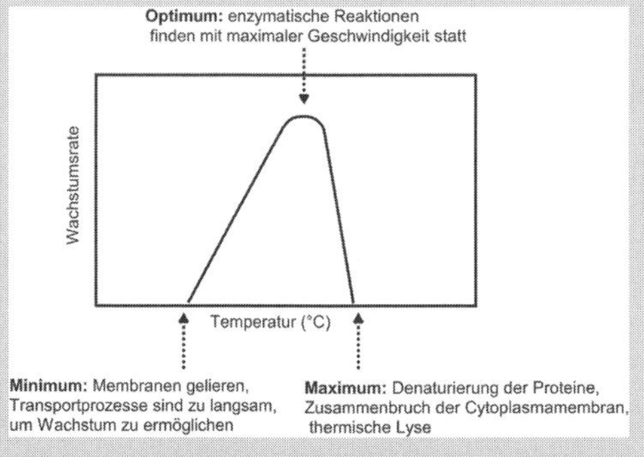

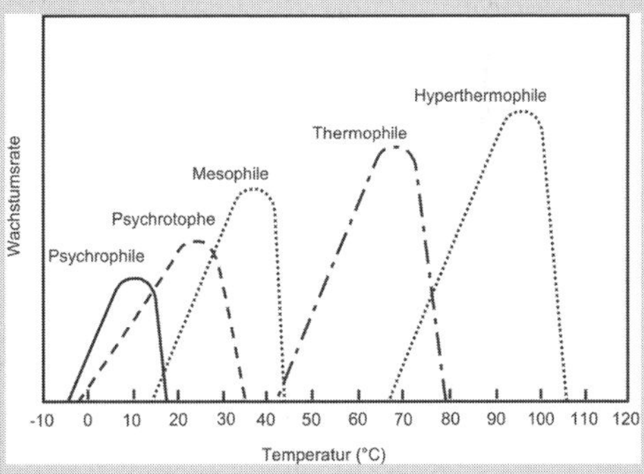

Abb 9.2 (a) Einfluss der Temperatur auf den Stoffwechsel, (b) Temperaturbreiche des Wachstums verschiedener Organismen.

9.1 Mikrobielle Konkurrenz und Kooperation

Nährstoffe treten oft in unterschiedlichen Mengen in ein Ökosystem ein. Eine große Ansammlung von Nährstoffen – zum Beispiel Laub oder ein Kadaver – kann von einer Periode starken Nährstoffmangels gefolgt sein. Mikroorganismen führen in der Natur also eine „Gelage- oder Hunger"-Existenz. Viele Mikroorganismen haben biochemische Systeme entwickelt, die Speicherpolymere als Reservestoffe produzieren, um überschüssige Nährstoffe, die unter günstigen Wachstumsbedingungen vorhanden sind, für die Verwendung in Zeiten der Nährstoffknappheit zu speichern. In der Natur sind ausgedehnte Perioden exponentiellen Wachstums von Mikroorganismen jedoch selten. Das Wachstum findet häufiger in Schüben statt, die eng an das Vorhandensein von Nährstoffen gekoppelt sind. Weil alle physiko-chemischen Bedingungen in der Natur selten zur gleichen Zeit optimal sind, liegen die Wachstumsraten von Mikroorganismen draußen im Allgemeinen weit unter den maximalen Wachstumsraten, die innerhalb eines Labors ermittelt werden. Schätzungen der Wachstumsrate von Bodenbakterien haben ergeben, dass sie in der Natur mit weniger als einem Prozent der maximalen im Labor gemessenen Rate wachsen. Diese niedrigen Wachstumsraten spiegeln die Tatsache wider, dass

- Nährstoffe häufig in geringer Menge vorhanden sind,
- die Verteilung von Nährstoffen im mikrobiellen Habitat nicht gleichmäßig ist und
- Mikroorganismen gewöhnlich in natürlicher Umgebung in Konkurrenz zu anderen Mikroorganismen stehen.

Der Wettbewerb von Mikroorganismen um vorhandene Ressourcen kann sehr intensiv sein. Die folgenden Punkte sind von Bedeutung:

- Aufgrund der langsamen Hydrolyse von partikulärem organischen Material wird das Wachstum von heterotrophen Mikroorganismen in den meisten Ökosystemen durch die Verfügbarkeit von Kohlenstoff- und Energiesubstraten kontrolliert.
- In der Natur wachsen die Mikroorganismen großteils mit Gemischen von Substraten, sodass das Wachstum nicht durch ein einziges, sondern durch zwei oder mehrere Substrate gleichzeitig kontrolliert wird.
- Die kinetischen Eigenschaften einer Zelle können sich durch Adaptation ändern.

9.1.1 Wachstumsraten und Nährstoffkonzentrationen

Wachstum oder Abbauphänomene lassen sich im Allgemeinen zufriedenstellend mit den vier folgenden Parametern beschreiben, den beiden **kinetischen Parametern**, (1) der **maximalen, spezifischen Wachstumsrate** (μ_{max}, h^{-1}) und (2) der **Affinitätskonstante** (K_s, µg/Liter), wie sie im Monod Wachstumsmodell benutzt wird und die Substratkonzentration bei $\mu = 0{,}5\ \mu_{max}$ bezeichnet, sowie (3) dem **Stöchiometrieparameter**, ein Ausbeutekoeffizient ($Y_{X/s}$, Gramm Zellen pro Gramm umgesetztem Substrat), der die Effizienz der Umwandlung des Wachstumssubstrat in Zellmaterial beschreibt, und (4) einer **Grenzsubstratkonzentration** (s_{min}, µg/Liter), bei der das Bakterienwachstum gleich Null ist, also die für den Erhaltungsstoffwechsel notwendige Substratkonzentration.

In einem Ökosystem können schnell und langsam wachsende Arten neben- und miteinander leben. Im einfachsten Fall hängt das Ergebnis eines Wettstreits zwischen verschiedenen Mikroorganismen von den Raten der Nährstoffaufnahme, inhärenten Stoffwechselraten und letztendlich den Wachstumsraten ab. Die Wachstumsrate ist eines der zentralen Selektionskriterien.

In Abbildung 9.3 sind Substratsättigungskurven für zwei verschiedene Typen von Mikroorganismen im Vergleich dargestellt. Der Organismus I hat eine hohe Substrataffinität, das heißt einen niedrigen K_s-Wert und eine niedrige maximale, spezifische Wachstumsrate. Organismus II hat einen hohen K_s und einen hohen μ_{max}.

Bei einer hohen Substratzufuhr wird Organismus II viel schneller als Organismus I wachsen und er wird damit wahrscheinlich Organismus I überwachsen. Bei niedriger Zufuhr unterhalb des Schnittpunktes der beiden Sättigungskurven hat Organismus I eine höhere Wachstumsrate als Organismus II und wird ihn unter diesen Bedingungen aus dem Felde schlagen. Organismus I ist besser an niedrigen, aber stetigen Substratzufluss angepasst, während Organismus II vorzugsweise den plötzlichen Substratstoß als Vorteil hat. Offensichtlich repräsentiert Organismus I den **autochthonen**

Mikroorganismen, die an die im Ökosystem vorherrschenden Bedingungen angepasst sind, werden nach Winogradsky (1925) als **autochthon** bezeichnet. Heute wird der Begriff **„autochthon“** vielfach in einem umfassenderen Sinne für die standorteigene Mikroflora angewandt (eingeboren, engl. *indigenous*).

Typus eines Mikroorganismus, der langsam aber stetig wächst und einen geringen aber ständigen Substratzufluss ausnutzt. Organismus II repräsentiert den **zymogenen** Typus, der zeitweise schnell wächst, aber nicht in der Lage ist, sich bei niedrigem Substratzufluss zu behaupten.

In der allgemeinen Ökologie spricht man von Vertretern mit **r-** und **K-Strategie.** Das Symbol **r** geht auf Rate zurück und kennzeichnet Arten mit hoher Wachstumsrate, die aber leicht aus einem Ökosystem verloren gehen, dies in Abhängigkeit von den Veränderungen im System **(r-Stratege). K** bedeutet Kapazität für vielfältige Stoffwechselleistungen, die den Organismen ohne schnelle Vermehrung eine Existenz unter stetiger und optimaler Nutzung aller Ressourcen des Systems ermöglichen (**K-Stratege).**

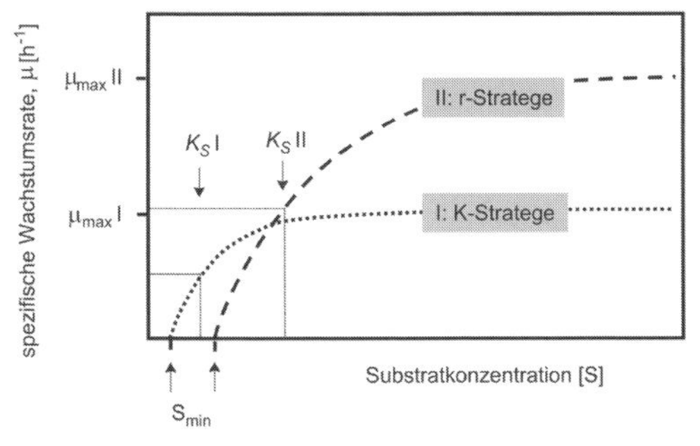

Abb 9.3 Mikrobielle Anpassungsstrategien an die Substratkonzentration.

9.1.2 Adaptation

Um in der Natur zu überleben und erfolgreich zu konkurrieren, sind die meisten Mikroorganismen in der Lage, sich den Umweltherausforderungen durch Anpassen ihrer zellulären Beschaffenheit bezüglich Struktur und metabolischer Funktion zu stellen. Unabhängig davon, ob die adaptiven Änderungen auf der phänotypischen Ebene, der genotypischen Ebene oder beiden ablaufen, ist es klar, dass sie Wachstum und/oder die kinetischen Abbaueigenschaften beeinflussen, die die Zelle besitzt.

Während ihrer Lebenscyclen stoßen viele heterotrophe Mikroorganismen auf Habitate, die sich deutlich bezüglich Spektrum und Konzentration der verfügbaren Nährstoffe unterscheiden. Ein Beispiel sei aufgeführt: wenn *E. coli* sein primäres Habitat verlässt, den nährstoffreichen (**copiotrophen**) anaeroben Darm der warmblütigen Tiere und des Menschen mit dem reichlichen Zufluss von kohlenstoffhaltigen Verbindungen, so muss es sich an ein nährstoffarmes (**oligotrophes**) sekundäres Habitat (Wasser, Boden oder Sediment) adaptieren. Dort befinden sich die Konzentrationen an Nährstoffen typischerweise im niedrigen Micromolar- oder sogar Nanomolarbereich und die Verfügbarkeit der Kohlenstoff- und Energiequelle limitiert das Wachstum der heterotrophen Mikroorganismen.

Mikroorganismen können sich an das Wachstum bei unterschiedlichen, extrazellulären Substratkonzentrationen adaptieren, indem sie ihre kinetischen Eigenschaften (in Monod-Begriffen: μ_{max} und K_s) beträchtlich anpassen. Die folgenden Strategien sind für sowohl gramnegative als auch grampositive Mikroorganismen beschrieben worden:

- Ein Einzel-Aufnahmensystem wird benutzt, welches verschiedene kinetische Eigenschaften bezüglich der Konzentration für sein Substrat besitzt (multiphasische Kinetik).
- Die Mikroorganismen schalten zwischen zwei oder mehr Transportsystemen mit verschiedener Affinität um. Dies wurde für verschiedene Zucker oder für Glycerin und Ammoniak beobachtet. Solche Änderungen können die Modifikation von Komponenten der äußeren Membran beinhalten.

Mikrobielles Wachstum

Natürliche Lebensräume von Bakterien können durch starke Schwankungen der Nährstoffversorgung oder auch durch große Konstanz gekennzeichnet sein.

Im Labor werden die beiden Idealtypen der Nährstoffversorgung durch zwei verschiedene Kultivierungsformen von Mikroorganismen realisiert:

Wird ein Nährmedium in einem geschlossenen Gefäß mit Bakterien angeimpft, so können sich die Bakterien so lange entwickeln, bis irgendein Nährstoff begrenzend wirkt oder sich irgendein hemmendes Stoffwechselprodukt anhäuft (Abb. 9.4). Die Konzentration von Nährstoffen nimmt hierbei im Verlauf der Kultivierung ab, und man spricht von **statischer Kultur** oder *batch*-Kultur, wobei „begrenzte Kultur“ vielleicht ein treffenderer Ausdruck wäre.

Wird einer Bakterienkultur dagegen ständig frisches Nährmedium zugeführt und entsprechend Kulturflüssigkeit abgeführt, stellen sich konstante Bedingungen ein, bei denen die Bakterienkultur ständig weiter wächst (Abb. 9.5).

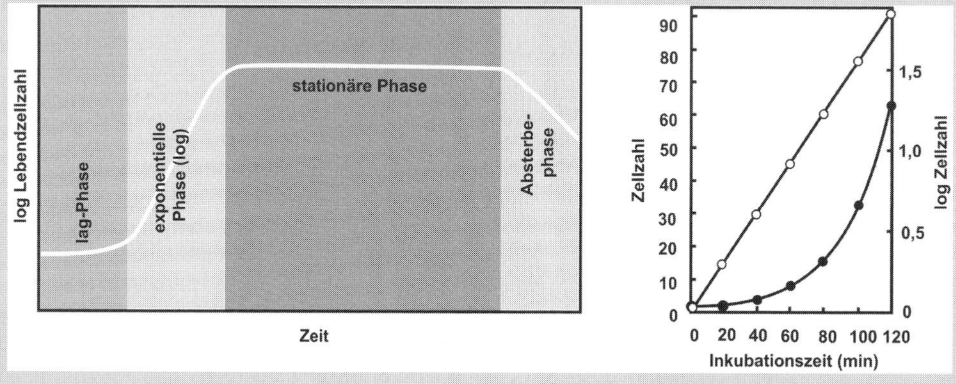

Abb 9.4 Illustration von statischer Kultur und Phasen einer Wachstumskurve.

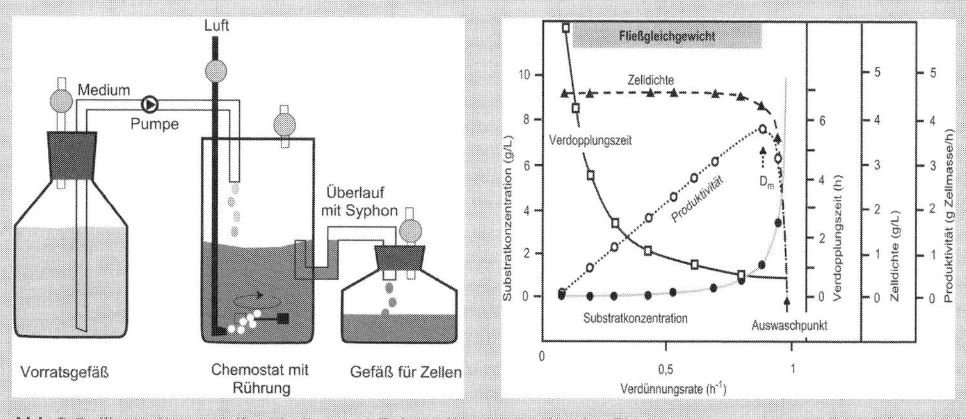

Abb 9.5 Illustration von Kontikultur und Substratkonzentration im Chemostaten.

Daten zum Chemostat: Bakterium mit den Parametern: μ_{max} = 1 h^{-1}, $Y_{X/s}$ = 0,5 Gramm Zellen pro Gramm umgesetztes Substrat, K_s = 0,2 g/L; Substratkonzentration im Zulauf: 10 g/L; D_m: Verdünnugsrate mit maximaler Produktivität.

Die Stabilität des Fließgleichgewichtes im Chemostaten beruht auf der Begrenzung der Wachstumsrate durch ein Substrat. Stellt man eine über längere Zeit konstante Zuflussgeschwindigkeit ein, so regelt sich das System von selbst.

Diese Kultivierungsform bezeichnet man als **kontinuierliche Kultur**.

Zur Charakterisierung mikrobiellen Wachstums oder ökologischer Strategien benötigt man Kenngrößen, die sich am einfachsten unter der Annahme der Bedingungen einer statischen Kultur ableiten lassen.

Nimmt man zunächst an, dass ein Nährmedium mit einer gewissen Zahl N_0 entsprechend angepasster Bakterien beimpft wird und diese sich anfangs ungehindert und gleichzeitig teilen, dann wird sich ihre Zahl mit jedem Teilungscyclus verdoppeln. Die Bakterienzahl N nach n synchron ablaufenden Teilungscyclen wäre dann:

$N = N_0 \times 2^n$

Die Zeit, die zwischen zwei aufeinander folgenden Teilungen vergeht, bezeichnet man als Generationszeit g, ihren Kehrwert als Teilungsrate ν.

Tatsächlich teilen sich die Bakterien einer Kultur jedoch nicht gleichzeitig und ihre Zahl N wie auch insbesondere ihre Masse X werden in einer statischen Kultur anfangs kontinuierlich und exponentiell steigen. Die Zunahme der Bakterienmasse pro Zeiteinheit dX/dt hängt in dieser Phase von der schon vorhandenen Masse ab sowie von einem Faktor μ, den man als **Wachstumsrate** bezeichnet:

$dX/dt = X \times \mu$

Durch Umstellung und Integration zwischen den Zeitpunkten t_0 und t erhält man hieraus:

$\ln(X/X_0) = \mu\ (t-t_0)$ oder $X = X_0 \times e^{\mu \times (t-t_0)}$

Betrachtet man die Verdopplungszeit t_d, also die Zeit die vergeht bis $X = 2\ X_0$, so gilt:

$\ln 2 = \mu \times t_d$ oder $\mu = \ln 2\ /\ t_d$

Die Phase exponentiellen Wachstums ist in einer statischen Kultur jedoch sehr begrenzt. Irgendwann wird die knapp werdende Konzentration eines Nährstoffes oder die Akkumulation hemmender Stoffwechselprodukte das weitere Wachstum begrenzen. Die Bakterienmasse nähert sich der maximalen **Kapazität** K des Systems. Die Zunahme der Bakterienmasse pro Zeiteinheit dX/dt lässt sich unter Berücksichtigung der Kapazität des Systems deshalb statt mit obiger Gleichung korrekter wie folgt beschreiben:

$dX/dt = X \times \mu \times (K-X)/K$

(nach Lengeler et al., 1999)

Der zusätzliche Term ist ungefähr gleich 1, solange die Bakterienmasse X klein im Vergleich zur Kapazität K ist. Mit Annäherung von X an K geht der Term gegen 0, und das Wachstum kommt letztlich zum Erliegen.

Beispiel: Gedanken zu Kapazitätsgrenzen

Wie lange dauert es, bis eine Zelle der folgenden Mikroorganismenart so weit herangewachsen ist, dass die gebildeten Zellen die gesamte Oberfläche der Erde inklusive der Ozeane (510 Millionen Quadratkilometer) mit einer einen Meter dicken Schicht bedecken (ohne Lücken zwischen den Zellen; keine Änderung der Dichte)?

Angenommen:

1. *Der Mikroorganismus hat ein Volumen von 1,6 μm^3 (Stäbchen von zwei Mikrometer Länge und ein Mikrometer Durchmesser).*
2. *Der Mikroorganismus teilt sich alle 20 Minuten (wie Escherichia coli unter optimalen Bedingungen).*
3. *Das System hat eine unbegrenzte Kapazität, Nährstoffe werden nicht knapp.*

Es würde theoretisch nur etwa 36 Stunden dauern. Das Beispiel zeigt, dass Kapazitätsgrenzen und insbesondere Nährstofflimitationen bei exponentiellem Wachstum sehr schnell wirksam werden und das Wachstum deutlich verlangsamen oder sogar stoppen können.

In zahlreichen Fällen beobachtet man, dass Mikroorganismen bei hohen Substratkonzentrationen in der exponentiellen Phase schneller wachsen als bei niedrigen. Die Wachstumsrate μ ist also keine Konstante, sondern nähert sich mit steigender Substratkonzentration einem Maximalwert μ_{max} an (Abb. 9.6), wobei die bei einer bestimmten Substratkonzentration erreichte Wachstumsrate entscheidend von der Affinität des Mikroorganismus zum Substrat abhängt. Aufgrund der formalen Ähnlichkeit zu der in der Enzymkinetik beschriebenen Michaelis-Menten-Gleichung wurde die **Monod-Gleichung** wie folgt formuliert:

$\mu = \mu_{max} \times [S]/(K_S + [S])$

([S], Substratkonzentration; μ_{max}, maximale Wachstumsrate; K_S, Substrataffinitätskonstante)

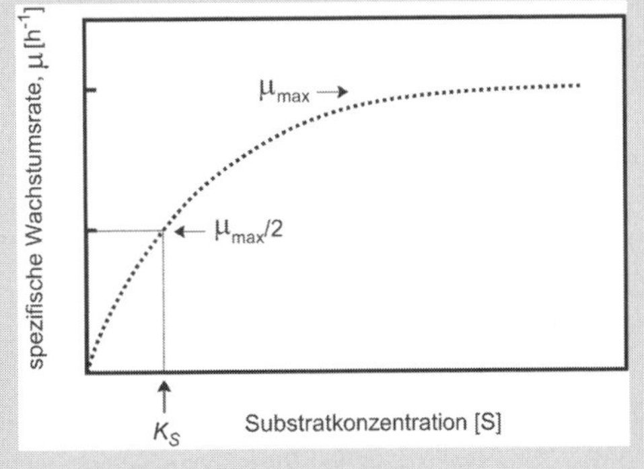

Abb. 9.6 Monod-Kinetik mit K_S.

- Andere, weniger gut definierte Änderungen werden genutzt, wie die Variation der katabolen und/oder anabolen Leistung, um unter anderem den zellinternen Energieverbrauch zu minimieren.
- Eine andere Strategie ist die Vergrößerung der Zelloberfläche bei Mangel.

Diese Arten der Adaptation unterscheiden sich beträchtlich bezüglich der Zeitdauer, die für die Änderung benötigt wird:
- Ein multiphasisches System reagiert unverzüglich.
- Das Umschalten zwischen verschiedenen Transportsystemen kann relativ schnell ablaufen, innerhalb von wenigen Minuten bis Stunden.
- Eine Adaptation auf der Populationsebene (Evolution und Anreicherung konkurrenzfähiger Stämme) wird den langfristigen Änderungen zugerechnet.

Es wurde festgestellt, dass der Prozess der Adaptation reproduzierbar ist und schneller bei niedrigen als bei hohen Wachstumsraten abläuft.

Es zeigte sich weiter, dass eine Affinitätskonstante (K_s) für Glucose von wenigen Milligramm pro Liter bei Wachstum unter *batch*-Bedingungen auf 30 Mikrogramm pro Liter unter *steady-state*-Bedingungen im Chemostaten abfällt.

Während des Wachstums bei niedriger Glucosekonzentration wird die Glucose hauptsächlich durch das hochaffine Galactose-Bindeprotein/Maltose-System und nicht durch das Glucosephosphotransferasesystem in die Zelle transportiert, welches früher als das einzige relevante Glucosetransportsystem in *E. coli* unter diesen Bedingungen angesehen wurde.

Im Gegensatz zu der repremierenden Rolle, die Glucose ausübt, wenn sie im Millimolarkonzentrationen vorkommt, ist eine Expression von Transportsystemen für andere Zucker in Zellen beobachtet worden, die bei einem Niveau von Nano- bis Mikromolar an Glucose wachsen. Dies führt zu einer Erweiterung des Nutzungspotenzials des Bakteriums für andere Substrate.

Es wird deutlich, dass die Einordnung von Bakterien nach den Nährstoffkonzentrationen als typisch **Oligotrophe** oder **Copio(eu)trophe** willkürlich ist. In ähnliche Richtung weist auch eine lange bekannte Beobachtung, dass die Fähigkeit der Nutzung von Nährstoffen durch einen Mikroorganismus bei hoher oder niedriger Konzentration von der untersuchten Substanz abhängig ist. Auch dies macht Oligotrophie und Copiotrophie zu undeutlichen Konzepten.

9.1.2.1 Anpassung an die Gegenwart von Lösungsmitteln (Solvent tolerance von Pseudomonas)

Lösemittel wie Toluol sind normalerweise toxisch für Mikroorganismen. Generell reagieren Bakterien auf einen solchen Stress durch Bildung von Biofilmen. Es wird ein Zusammenhang zwischen der Toxizität eines Lösemittels und seinem $\log P_{ow}$-Wert gesehen. So sind Lösemittel mit $\log P_{ow}$-Werten im Bereich von 1,5 und 3 extrem toxisch für Mikroorganismen. Es sei daran erinnert, dass Toluol benutzt wird, um Zellen für biochemische Tests löchrig zu machen.

Lösemittel sind toxisch gegenüber Mikroorganismen, da sie in der Cytoplasmamembran akkumulieren und damit die Struktur und Funktion zerstören. Die vielen Beobachtungen zu toxischen Effekten von aromatischen und aliphatischen Kohlenwasserstoffen können größtenteils mit der Interaktion der Verbindungen mit der Membran und den Membranbestandteilen erklärt werden. Als Ergebnis der Akkumulation der Lösemittel in der Membran verliert diese die Integrität und die Permeabilität für Protonen, Ionen, Metaboliten, Lipiden und Proteinen steigt an. Dieses Phänomen führt zum Kollaps des Zellmembranpotenzials und zur Hemmung von Funktionen der Membranproteine. Diese negativen Effekte auf die strukturellen und funktionellen Eigenschaften von Membranen können generell keiner spezifischen, reaktiven Gruppe in einem Molekül zugeordnet werden.

Man hat Pseudomonaden isoliert, die Toleranz gegenüber Lösemitteln besitzen, und so zum Beispiel im Zwei-Phase-System Toluol-Wasser wachsen können. Beispiele für solche Lösemittel und ihre $\log P_{ow}$-Werte, die von „neuen“ Organismen toleriert werden, sind

Toluol (2,5), Octanol (2,8), Styrol (3,0), Xylol (3,0), Cyclohexan (3,2) und Hexan (3,5). Die verschiedenen Mechanismen, die für die Resistenz in lösemitteltoleranten Bakterien verantwortlich sind, zielen auf die Neuanpassung der Membranfluidität nach der Lösemittelexposition beziehungsweise den Aufbau einer physiko-chemischen Barriere gegen die Interkalation der Kohlenwasserstoffe in die Membran.

Die folgenden Prozesse der Lösemitteltoleranz sind beobachtet worden (Abb. 9.7):

- Die Isomerisierung der *cis*-ungesättigten Fettsäuren der Membran zu *trans*-Isomeren führt zu einer größeren Ordnung/Rigidität der Membran.
- Die Erniedrigung des Anteils von ungesättigten Fettsäuren in der Membran.
- Die Adaptation in den Phospholipid-Köpfen (Abnahme des Anteils an Phosphatidylethanolamin in den Köpfen und Anstieg des Cardiolipin-Anteils).
- Die Etablierung einer geringeren Oberflächenhydrophobizität, die zu einer Vermeidung der Akkumulation der organischen Lösemittelmoleküle in der Membran führt (Änderung der Kohlenhydratketten im Lipopolysaccharid).
- Die Etablierung und Induktion effektiver Prozesse zur Ausschleusung von Lösemitteln aus dem Cytoplasma oder den Membranen. Die Extrudierung der Lösemittel wird hauptsächlich durch energieabhängige Effluxsysteme durchgeführt. Ein Effluxprozess benötigt ein cytoplasmatisches Membranexportsystem, welches als energieabhängige Ausschleuspumpe fungiert, und ein Protein der äußeren Membran, welches das Periplasma aufweitet und einen fortlaufenden

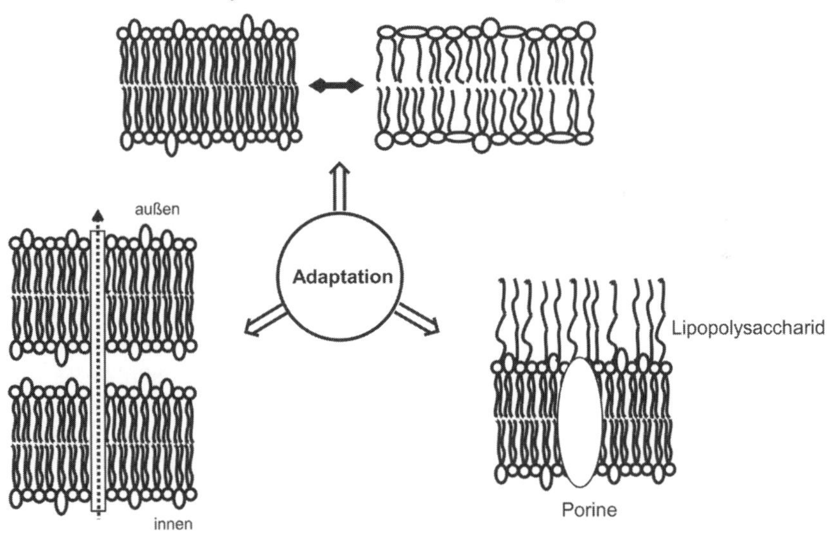

Phosphatidylethanolamin

Cardiolipin

Abb 9.7 Schematische Darstellung der Mechanismen der Adaptation an die Gegenwart von Lösemitteln. unten: Strukturen zweier Phospholipide.

Kanal bildet, sodass die toxische Verbindung durch die Zellmembranen eliminiert werden kann. Zusätzlich erleichtert ein verankertes Lipoprotein die Bildung des Kanals.

Eine Adaptation durch Modifikation der Membran wird auch am Beispiel von psychrophilen Bakterien deutlich. Vergleicht man die Zellmembran von psychrophilen und mesophilen Bakterien, so fällt auf, dass die Zellmembranen von psychrophilen Bakterien einen höheren Anteil an ungesättigten Fettsäuren besitzen und damit die Semifluidität bei Kälte aufrecht erhalten.

9.1.3 Mischsubstrate

Im Gegensatz zum Labor verläuft das Wachstum in Ökosystemen unter komplexeren Bedingungen, denn Bakterien werden mit Gemischen von Verbindungen, die eine bestimmte Funktion als Nährstoff erfüllen, konfrontiert.

In mehr oder weniger allen Ökosystemen ist die Verfügbarkeit von Kohlenstoff- und Energiequellen stark eingeschränkt und Kohlenstoff ist in Form von unzähligen, verschiedenen Verbindungen verfügbar, wobei alle in Konzentrationen von wenigen Mikrogramm pro Liter oder noch weniger vorliegen. Diese Verbindungen stammen hauptsächlich aus der Hydrolyse von partikulärer, organischer Masse oder sind Ausscheidungsprodukte von höheren Organismen. Jüngst sind xenobiotische Chemikalien aufgrund des steigenden Gebrauches hinzugekommen.

Heterotrophe Mikroorganismen beschränken sich deshalb nicht auf die Verwertung einer einzelnen Kohlenstoffquelle, sondern nutzen simultan viele der in der Umwelt vorhandenen Verbindungen. Dies triff sogar auf Gemische von solchen Kohlenstoffquellen zu, die normalerweise unter der Bedingung hoher Konzentration ein diauxisches Wachstum hervorrufen (das Wachstumverhalten wird als *mixed-substrate growth* bezeichnet). Zusätzlich zu einer verbesserten Substrataffinität ist demnach das Potenzial zu berücksichtigen, dass verschiedene Substrate simultan genutzt werden können, wenn man die mikrobielle Konkurrenz bei niedriger Umweltkonzentration betrachten will.

Die Wachstumsrate während der Kultivierung mit zwei oder drei Zuckern wird nicht auf die gleiche Weise kontrolliert wie durch die individuellen Konzentrationen der Zucker. Sie wird entweder durch die Gesamtzuckerkonzentration oder einen Summenparameter wie gesamt DOC (verfügbar für die Zelle) in dem Kulturmedium kontrolliert.

In allen Ökosystemen, auch sogar den oligotrophen, ist die Konzentration von nicht-charakterisierem und zugänglichen DOC hoch genug, um bakterielles Wachstum zu gewährleisten. Da man annimmt, dass gleichzeitige Verwertung von DOC zusammen mit Schadstoffen stattfindet, ist zu bedenken, dass dies die Rate und das Ausmass des Abbaus der Kontaminanten beeinflusst.

Für die meisten Schadstoffe, die biologisch abgebaut werden, ist es noch unsicher, ob ihr Abbau in der Umwelt aufgrund der Anreicherung von kompetenten Zellen oder aufgrund von Induktion der relevanten Enzyme in potenten Abbauern der bodenständigen Population erfolgt. Diese Frage ist von hoher praktischer Bedeutung, da die Zeitskala, mit der beide Variablen sich ändern, sehr unterschiedlich ist. Während die Änderungen einer Population basierend auf einer Anreicherung von schadstoffabbauenden Stämmen gewöhnlich Tage bis Wochen (oder sogar länger) erfordert, findet die Induktion der Abbauenzyme innerhalb von Minuten oder Stunden statt.

Generalisten konkurrieren nicht erfolgreich gegen **Spezialisten** in ihrem entsprechenden Feld, behaupten sich aber im Wettbewerb durch die Nutzung der Vielfalt von Substraten. Anders ausgedrückt: Stämme, die vielseitig bezüglich ihrer Nährstoffe sind, überwachsen die Spezialisten unter der Bedingung des Wachstums mit Mischsubstraten.

9.1.4 Grenzkonzentrationen

Eine mögliche Existenz eines Grenzwertes wurde postuliert, da relativ konstante Niveaus von gelöstem organischen Kohlenstoff in den Ozeanen vorhanden sind. Dieser Kohlenstoff,

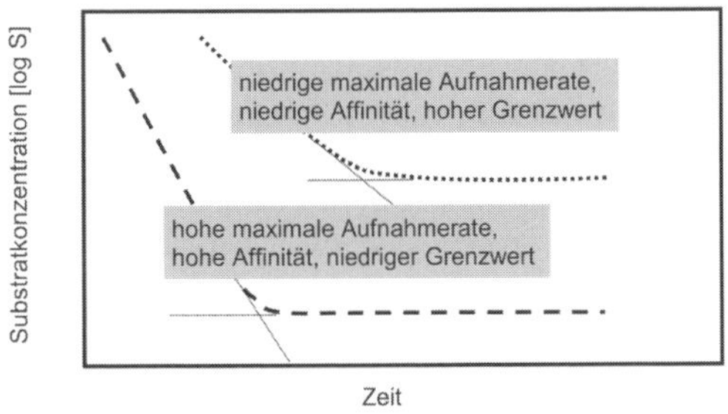

Substratkonzentration [log S]
niedrige maximale Aufnahmerate, niedrige Affinität, hoher Grenzwert
hohe maximale Aufnahmerate, hohe Affinität, niedriger Grenzwert
Zeit

Abb 9.8 Kinetik der Substrataufnahme durch mikrobielle Gemeinschaften.

steht wahrscheinlich wegen seiner niedrigen Konzentration, nicht für mikrobielle Vermehrung und folglich dem Abbau zur Verfügung (Jannasch, 1967). Das Niveau des gelösten organischen Kohlenstoffes liegt im Bereich von einem Milligramm pro Liter im Ozean und ist gewöhnlich niedriger als fünf Milligramm pro Liter in oligotrophen Süsswassern. Verbleibende Konzentration in der Wasserphase (das heißt die Konzentrationen die nach dem Initialabbau übrig bleibt) wurden sowohl für Fremdstoffe als auch für natürliche Substrate beobachtet (siehe Abb. 9.8).

- In methanogenen Systemen kann die beobachtete Grenzkonzentration anhand der Limitierung der freien Gibbsschen Energie der Reaktion erklärt werden.
- Aerobe Abbaureaktionen sind gewöhnlich genügend exergonisch und deshalb sind andere Erklärungen für die beobachteten Grenzkonzentrationen notwendig.
- Grenzkonzentrationen sollen auf Einschränkungen der Diffusionskinetiken beruhen oder dem Energieinhalt des Erhaltungsstoffwechsel entsprechen.
- Grenzkonzentrationen sollen der minimalen Konzentration von Enzyminduktion entsprechen.
- Grenzkonzentrationen sollen auf Außenfaktoren wie der Anwesenheit von anderen Substraten beruhen.

9.1.5 Mikrobielle Kooperation

Statt um denselben Nährstoff zu konkurrieren, arbeiten einige Mikroorganismen zusammen, um so eine bestimmte Umwandlung durchzuführen, die keiner von ihnen allein ausführen könnte. Diese Art der mikrobiellen Interaktion, **Syntrophie** genannt, ist für den Erfolg gewisser anaerober Bakterien im Wettbewerb entscheidend, wie in Abschnitt zum Methan (Kapitel 4.5.1) erläutert wurde. Syntrophische Beziehungen erfordern im Allgemeinen, dass die zwei oder mehr an dem Prozess beteiligten Mikroorganismen die gleiche Mikrowelt teilen. Das Stoffwechselprodukt des einen Mikroorganismus muss für den anderen leicht erreichbar sein.

Metabolische Kooperation findet sich außerdem in den Aktivitäten von Mikroorganismengruppen, die einen **komplementären Stoffwechsel** ausführen. Zum Beispiel haben wir in Kapitel 6.3 metabolische Umwandlungen erläutert, die zwei getrennte Gruppen von Mikroorganismen betrafen, wie die der **nitrosifizierenden** und der **nitrifizierenden** Bakterien. Gemeinsam oxidieren beide NH_3 zu NO_3^-, obwohl keine Gruppe in der Lage ist, dies allein zu bewerkstelligen. Oder man betrachte die Aktivitäten sulfatreduzierender und sulfidoxidierender Bakterien: In diesem Beispiel stellt das Produkt des einen Mikroorganismus (H_2S aus der Reduktion von SO_4^{2-}) das Substrat für den anderen dar ($H_2S + O_2 \rightarrow S^0 + H_2O$ oder $H_2S + 2\,O_2 \rightarrow H_2SO_4$). Solche Arten von kooperativen Interaktionen kommen häufig in mikrobiellen Habitaten vor.

9.2 Anheftung an Oberflächen und Biofilme

9.2.1 Oberflächen

Oberflächen sind als mikrobielle Habitate von großer Bedeutung. In der Umwelt gibt es praktisch keine Grenzfläche, die nicht von Mikroorganismen besiedelt ist oder besiedelt werden kann. Auf einer Oberfläche können Nährstoffkonzentrationen zum Teil viel höher sein als in Lösung. Dies kann die Rate des mikrobiellen Stoffwechsels stark beeinflussen. An Oberflächen ist die Zahl und Aktivität von Mikroorganismen aufgrund von Absorptionseffekten meistens viel höher als im freien Wasser. Eine Oberfläche kann auch selbst ein Nährstoff sein, zum Beispiel ein Partikel aus organischer Materie, wo angeheftete Mikroorganismen organische oder anorganische Nährstoffe direkt von der Oberfläche abbauen.

9.2.2 Biofilme

Die weitaus überwiegende Zahl an Mikroorganismen lebt in der Natur in Form von Biofilmen. Die Voraussetzungen für die Entstehung von Biofilmen sind praktisch ubiquitär. Biofilme finden sich deshalb weit verbreitet in der Natur und in/auf technischen Systemen.

Biofilme bestehen aus einer dünnen Schleimschicht, in der Mikroorganismen (Bakterien, Algen, Pilze, Protozoen) eingebettet sind. Sie bilden sich überwiegend in wässrigen Systemen, entweder auf der Wasseroberfläche oder auf einer Grenzfläche zu einer festen Phase: zwischen Gas- und Flüssigphasen (zum Beispiel freier Wasserspiegel), Flüssig- und Festphasen (zum Beispiel Kies an der Gewässersohle) oder auch zwischen verschiedenen Flüssigphasen (zum Beispiel Öltröpfchen im Wasser). Die Grenzfläche, auf der sich der Biofilm bildet, nennt man **Substratum**. Ein Biofilm enthält außer den Mikroorganismen hauptsächlich Wasser. Von den Mikroorganismen ausgeschiedene **extrazelluläre polymere Substanzen** (EPS) bilden in Verbindung mit dem Wasser Gele, sodass eine Matrix entsteht, in der Nährstoffe und andere Substanzen gelöst sind. Oft werden von der Matrix auch anorganische Partikel oder Gasbläschen eingeschlossen. Bei den Biopolymeren handelt es sich um ein weites Spektrum von Polysacchariden, Proteinen, Lipiden und Nukleinsäuren. In Biofilmen leben verschiedene Mikroorganismen gemeinsam.

Im Abstand von wenigen hundert Mikrometern können im Biofilm aerobe und anaerobe Zonen vorkommen, was das Leben von aeroben und anaeroben Mikroorganismen eng nebeneinander zulässt. Im Inneren von Biofilmen werden gelöste Stoffe überwiegend durch Diffusion transportiert. Konvektive Stofftransportvorgänge treten allenfalls in Kavernen und Gängen auf, wenn diese vom Wasser durchströmt werden. Im Bereich der Oberfläche des Biofilms können konvektive Mischungsvorgänge zusätzlich durch Bewegung der in die Strömung hineinragenden Auswüchse ausgelöst werden.

Die Entstehung und Ausbildung eines Biofilms kann in drei Phasen unterteilt werden (Abb. 9.9): die **Induktions-**, die **Akkumulations-** und die **Existenzphase**. Die Biofilmbildung auf festen Oberflächen beginnt meist mit einer **Induktionsphase**, andere Biofilme bilden sich oft auch ohne diese. In der Induktionsphase lagert sich an einer mit Wasser benetzten Oberfläche eine dünne, zähflüssige Schicht aus organischen Substanzen an. Dadurch können die Mikroorganismen besser an der Oberfläche haften. Diese Biopolymere entstammen der Schleimhülle, die sich um Bakterienzellen bildet, sich gelegentlich ganz oder teilweise ablöst und beim Kontakt mit Grenzflächen adsorptiv gebunden wird. Die organische Schicht wird dann in der **Akkumulationsphase** von Keimen besiedelt, welche die organischen Substanzen als Nährstoffe nutzen. Die „Verständigung" der Mikroorganismen läuft über ein interzelluläres Kommunikationssystem, welches als „Quorum Sensing" bezeichnet wird. Dadurch finden sich die einzelnen Organismen in großer Zahl zusammen. Mikrokolonien werden gebildet. Infolge der Vermehrung der Zellen, die sich an einer Oberfläche angelagert haben, kommt es zu einer Ausbreitung der Organismen. Die Grenzfläche wird in Form eines Films erst flächig besiedelt. Gleichzeitig oder später wachsen die Biofilme mehrschichtig auf und bilden schließlich dreidimensionale Strukturen. Von der **Existenzphase** spricht man, wenn sich ein Gleichgewicht zwischen Zuwachs und Abbau des Biofilms eingestellt hat. Die Tiefenausdehnung des Biofilms ist begrenzt, da sich regelmäßig ganze Teile des Biofilms ablösen (Häutung, engl. *sloughing*).

Die Lebensvorgänge der Bakterien im Biofilm unterscheiden sich deutlich von denen in freier Suspension. Bewegliche Bakterien trennen sich von ihren Flagellen und es werden andere EPS im Biofilm gebildet.

Biofilme erlauben es, scheinbar lebensfeindliche Biotope zu bewohnen. Die Matrix bietet mechanische Stabilität und erlaubt es den Or-

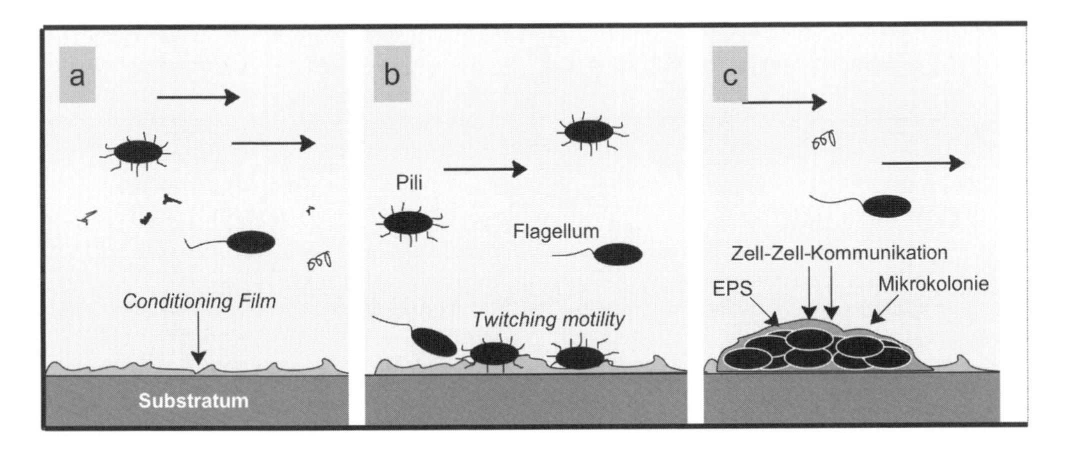

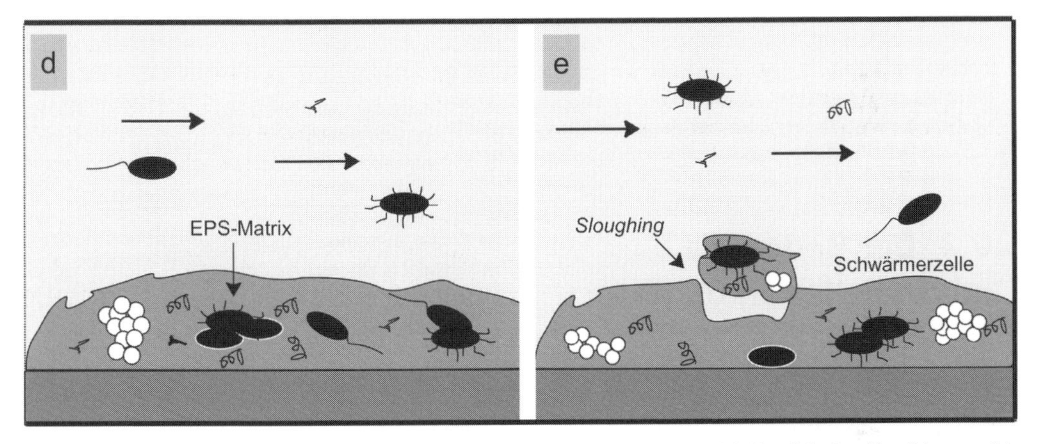

Abb 9.9 Entwicklung und Ausbreitung eines Biofims in einem Wassersystem. (a) *Conditioning film*, (b) reversible und irreversible Adhäsion, (c) EPS-Produktion und Bildung von Mikrokolonien, (d) reifer Biofilm, (e) Ablösung einzelner Bestandteile: Biofilm-Fetzen und aktive Ablösung von Einzelorganismen durch Abbau von Matrixpolymeren.

Quorum Sensing

Die Fähigkeit von Bakterien, miteinander zu kommunizieren, wird als **Quorum Sensing** bezeichnet. Sie erlaubt es den Zellen einer Suspension, die Zelldichte einer Population zu messen und darauf zu reagieren. Quorum Sensing koordiniert also das Verhalten der Bakterien einer Art auf engem Raum. Bakterien, die das Quorum Sensing nutzen, produzieren und sekretieren Signalmoleküle wie *N*-Acyl-Homoserin-Lactone, die als Autoinduktoren beziehungsweise als Pheromone wirken. Wenn deren Konzentration einen Schwellenwert überschreitet, setzt über einen spezifischen Rezeptor die Autoinduktion ein und es werden verschiedene Gene aktiviert.

ganismen, langfristige, synergistische Wechselwirkungen aufzubauen. Der Biofilm bietet dem einzelnen Mikroorganismus einen ausgezeichneten Schutz und ermöglicht ihm, sich auf veränderte Umweltbedingungen einzustellen: So steigt die Toleranz gegenüber extremen pH-Schwankungen, Schadstoffen oder Antibiotika sowie Nahrungsmangel.

Vorkommen von Biofilmen

Biofilme kommen überall vor - in allen Böden und Sedimenten, auf Gestein, auf Pflanzen und Tieren, auch auf und in uns selbst. Auch extreme, lebensfeindliche Umgebungen wie im Eis von Gletschern, in schwefelhaltigen, heißen Quellen, in Flugbenzin und in Öltanks, selbst stark verstrahlte Bereiche werden mittels Biofilmen besiedelt. Biofilme besiedeln Gestein, sogar Felsen in der Wüste, sie bilden mikrobielle Matten in Feuchtgebieten.

Biofilme als Störung und Sicherheitsrisiko
Fast überall, wo Biofilme auftauchen, können sie unerwünschte oder sogar schädliche Wirkungen haben. Biofilme haben so erhebliche Bedeutung für die Humanmedizin und die Wirtschaft. Im menschlichen Körper sind Bakterienzellen in einem Biofilm für das Immunsystem unerreichbar. Dies erschwert die Verwendung künstlicher Oberflächen, wie medizinischer Implantate oder Katheter, da sie als Orte für die Entwicklung von Biofilmen dienen können, die pathogene Mikroorganismen enthalten. Biofilme sind auch in der Mundhygiene von Bedeutung. Zahnbelag, ein typischer Biofilm, enthält säureproduzierende Bakterien, die für Karies verantwortlich sind. In technischen Anlagen können Biofilme den Fluss von Wasser oder Erdöl durch Pipelines verlangsamen, und Membranen von Wasseraufbereitungsanlagen verstopfen (Biofouling). Sie können die Korrosion von Röhren beschleunigen und die Zersetzung von Gegenständen initiieren, die sich unter Wasser befinden, wie Bohrinseln, Boote und Küstenanlagen (Biokorrosion).

9.3 Der Boden als mikrobielles Habitat

Viele Schlüsselprozesse im Boden, die das Funktionieren des Ökosystems beeinflussen, finden in der Nähe von Pflanzen statt.

Am Prozess der Bodenentwicklung sind komplexe Interaktionen zwischen dem Ausgangsmaterial (Gestein, Sand, Gletschergeschiebe und so weiter), der Topographie, dem Klima und den Lebewesen beteiligt. Böden können in zwei große Gruppen eingeteilt werden - **Mineralböden** und **organische Böden** - in Abhängigkeit davon, ob sie ursprünglich aus der Verwitterung von Gestein und anderen anorganischen Stoffen stammen oder aus der Sedimentation in Sümpfen und Mooren.

Boden entsteht durch Verwitterungsprozesse und mikrobielle Aktivitäten, an denen vor allem Flechten, Cyanobakterien und chemoautotrophe Bakterien beteiligt sind. Bodenbildung ist also eine Kombination von physikalischen, chemischen und biologischen Prozessen. Aufgrund der Bewegung von Stoffen nach unten kommt es mit der Zeit zur Bildung von Schichten, und es entsteht ein typisches **Bodenprofil** (Abb. 9.10). Es hat folgenden Grundaufbau: Die aus noch nicht abgebauten Pflanzenmaterialien (Streu) bestehende Schicht wird als O-Horizont bezeichnet. Darunter liegt der A-

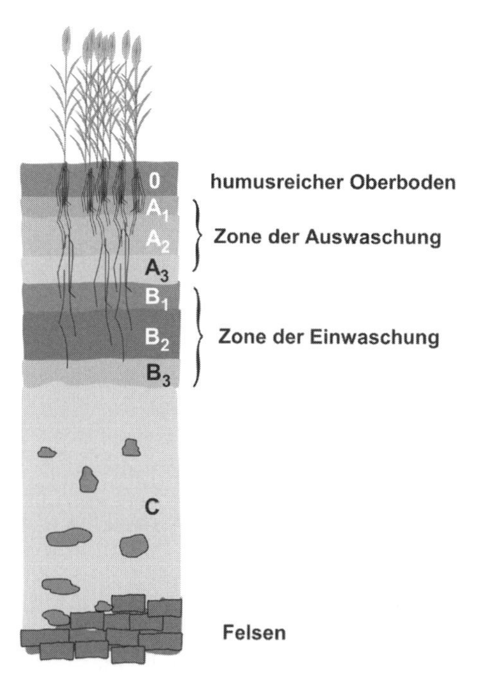

Abb 9.10 Bodenprofil/horizonte (schematisch), Höhe ungefähr150 Zentimeter.

Horizont des Oberbodens (etwa ein bis 30 Zentimeter tief), der reich an Organismen und organischer Substanz ist. Er ist der landwirtschaftlich genutzte Horizont, die Bodenkrume. Der anschließende B-Horizont ist der Unterboden, in den gelöste Mineralstoffe und organische Säuren eingewaschen werden. Er ist arm an organischer Substanz und heller gefärbt. In sauren Böden kühlfeuchter Zonen lösen Huminsäuren Eisenverbindungen aus dieser Schicht (Bleicherde oder Podsole). Im unteren Bereich dieses Horizontes kommt es zur Ausfällung rostfarbener Eisen-Humus-Verbindungen, die zu Verfestigungen führen können (Ortstein). Der untere C-Horizont besteht aus Gesteinsmaterial des Untergrundes und eingewaschenen Stoffen. Die Lebenszone des Bodens ist der O- und A-Horizont, in der je nach Nährstoffangebot eine mehr oder weniger aktive Organismentätigkeit herrscht. Es ist der Bereich der Rhizosphäreneffekte. Die Entwicklungsrate eines typischen Bodenprofils ist normalerweise ein sehr langsamer Pro-zess, der sich über Hunderte von Jahren erstreckt.

Die massenmäßige Zusammensetzung der Bodenmatrix nach Korngrößen wird als Körnung oder Textur bezeichnet. Bodentextur ist ein wichtiger deskriptiver Aspekt eines mikrobiellen Habitates, da sie in Teilen die Interaktion der angesiedelten Mikroorganismen beschreibt. Die relativen Anteile der drei Hauptfraktionen (Ton, Schluff und Sand) beschreibt die Bodenart, die am einfachsten in Form von Dreiecksdiagrammen, den Körnungsdiagrammen, dargestellt werden kann (Abb. 9.11a). Die Größe der Bodenpartikel zeigt Abbildung 9.11b.

Der Boden stellt ein komplexes System aus abiotischen und biotischen Komponenten dar. Abiotische Komponenten sind anorganische und unbelebte organische Bestandteile, Wasser und Luft. Im Boden existiert eine intensive, gegenseitige Durchdringung der drei Phasen Bodenmatrix (feste Phase), Bodenlösung (flüssige Phase) und Bodenluft (gasförmige Phase). Das Bodenvolumen macht etwa 50 Prozent Matrix und 50 Prozent Porenvolumen aus, das mit Bodenlösung (20–50 Prozent) und Bodenluft (0–30 Prozent) erfüllt ist. Die Bodenmatrix wird in einen mineralischen Anteil (90–98 Prozent) und einen organischen Anteil (2–10 Prozent) gegliedert.

Einer der Hauptfaktoren, der die mikrobielle Aktivität im Boden beeinflusst, ist die Verfügbarkeit von **Wasser**. Wasser ist eine hochvariable Bodenkomponente, da sein Vorhandensein von der Zusammensetzung des Bodens, Regen, Entwässerung und Pflanzenbewuchs abhängt. Wasser wird auf zweierlei Weise im Boden gehalten, durch Adsorption an Oberflächen oder als freies Wasser, das sich in dünnen Schichten oder Filmen zwischen Bodenpartikeln befindet. Das im Boden vorhandene Wasser enthält verschiedene darin gelöste Stoffe, und die gesamte Mischung wird als **Bodenlösung** bezeichnet. In Sandböden beträgt der Anteil des pflanzenverfügbaren Wassers am gesamten, gespeicherten Wasser 20–30 Prozent, derjenige des nicht verfügbaren Wassers 10–20 Prozent und derjenige des Gravitationswassers 60–70 Prozent, während in Tonböden etwa 50–70 Prozent verfügbar, 20–40 Prozent nicht verfügbar und nur 5–15 Prozent Gravitationswasser sind.

In gut entwässerte Böden dringt **Luft** leicht ein, und die Sauerstoffkonzentration kann hoch sein. In vollgesogenen Böden ist jedoch der im Wasser gelöste Sauerstoff der einzig vorhandene, und er wird schnell von Mikroorganismen verbraucht. Solche Böden werden schnell anoxisch und weisen tiefgreifende Veränderungen ihrer biologischen Eigenschaften auf.

Die **Nährstoffsituation** eines Bodens ist der andere bedeutende Faktor, der die mikrobielle Aktivität beeinflusst. Die größte mikrobielle Aktivität findet in den an organischen Stoffen reichen Oberflächenschichten statt, besonders in und um die Rhizosphäre. Die Anzahl und Aktivität von Bodenmikroorganismen hängt vor allem vom Gleichgewicht der vorhandenen Nährstoffe ab. In einigen Böden ist nicht Kohlenstoff der limitierende Nährstoff, sondern die mikrobielle Produktivität wird vom Vorhandensein *anorganischer* Nährstoffe wie Phosphor und Stickstoff beschränkt.

Wenn man Bodenpartikel als Habitate von Mikroorganismen beschreiben will, so ist es wichtig, auf die jeweilige unterschiedlich geladene Oberfläche hinzuweisen. Ein Beispiel: Tonmineralien besitzen auf ihren Schichtoberflächen eine permanente negative Ladung, welche durch austauschbare Kationen abgesättigt

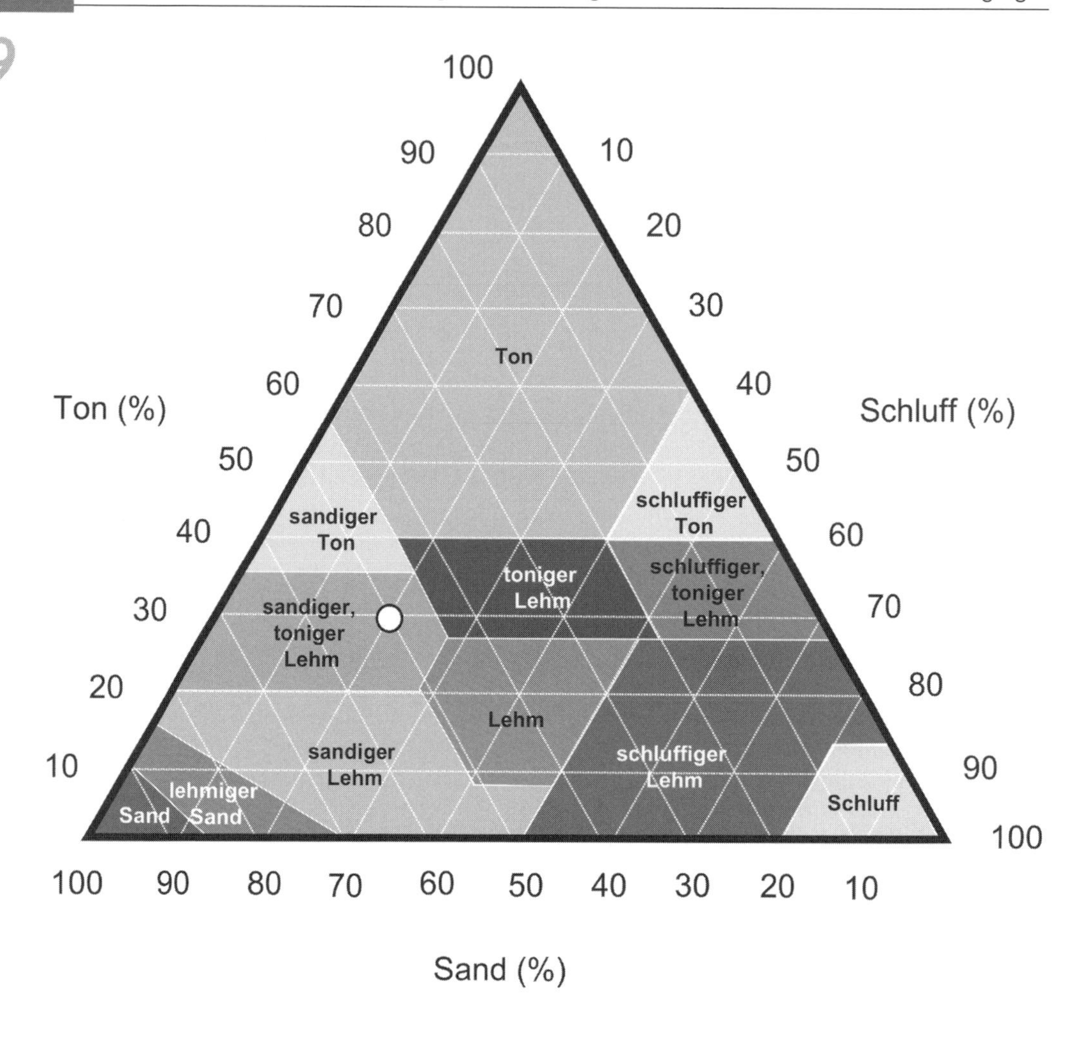

Abb 9.11a Körnungsdreieck zur Darstellung der Bodenart eines Feinbodens (der Punkt o entspricht Anteilen von 50 Prozent Sand, 20 Prozent Schluff und 30 Prozent Ton)

ist. Auch diese Kationenaustauschkapazität ist von der Größe und damit der Oberfläche abhängig. Kleine Teile haben pro Masse eine größere Oberfläche als große. Durch die unterschiedliche Oberfläche bei den verschiedenen Tonpartikeln resultiert sehr deutlich eine Beeinflussung, wie viele und welche Typen von Mikroorganismen ein bestimmtes Bodenhabitat besiedeln.

Zu den biotischen Komponenten des Bodens gehören die Pflanzenwurzeln, Bodentiere, Algen, Pilze und Bakterien. Volumenmäßig setzt sich Wiesenboden zu etwa 45 Prozent aus anorganischen und zu fünf Prozent aus organischen Substanzen zusammen. Der verbleibende Anteil sind Hohlräume, die etwa je zur Hälfte mit Luft und Wasser gefüllt sind. Die organische Substanz besteht zu 85 Prozent aus Humus, zu zehn Prozent aus Wurzeln, zu drei bis vier Prozent aus Mikroorganismen und zu ein bis zwei Prozent aus Bodentieren. Die Zusammensetzung unterliegt je nach Bodenart, Klimazone,

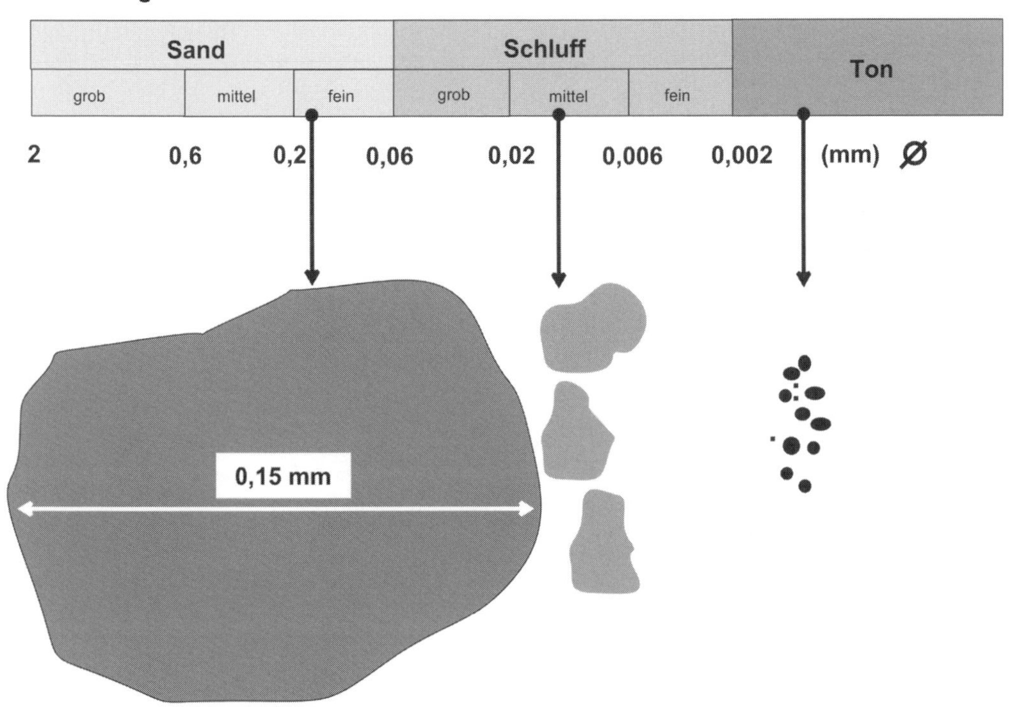

Abb 9.11b Klassifizierung von Bodenpartikeln nach Größe nach der US- und DIN-Nomenklatur.

Jahreszeit und Umweltbedingungen sehr großen Schwankungen.

Ein Waldboden unserer Breiten mit einem Laubfall von etwa 1 000–2 000 Kilogramm Trockensubstanz pro Hektar enthält größenordnungsmäßig (in Trockensubstanz) 40 Kilogramm Bakterien, 400 Kilogramm Pilzmycel, fünf Kilogramm Insekten und zehn Kilogramm Regenwürmer. Anschaulicher sind die Keimzahlen und Trockengewichte für ein Gramm lufttrockenen Ackerboden: 10^8 bis 10^9 Bakterien (entspricht 0,4 bis vier Milligramm Trockensubstanz) und zehn bis 100 Meter Mycel (entspricht vier Milligramm Trockensubstanz). Keimzahlen und Gewichte sagen jedoch noch nichts über die Aktivität aus. Die Mikroorganismen unterliegen einem Umsatz, sie wachsen und dienen anderen Organismen als Nährstoff. Die im Boden auftretenden Generationszeiten sind wesentlich länger als im Labor, sie gehen in die Größenordnung von Tagen. Nährstofflimitation herrscht unter natürlichen Bedingungen vor. Im Labor eingesetzte Nährlösungen haben einen Kohlenhydratgehalt um zehn Gramm pro Liter, in der Natur liegt die Konzentration jedoch um zehn Milligramm pro Liter.

Der Boden ist ein heterogenes Medium. In der Nähe der Wurzeln oder abgestorbener organischer Substanz tritt eine höhere Substratkonzentration auf. Tonminerale haben sorptive Eigenschaften, sie binden Nährstoffe und wirken als Ionenaustauscher. Bakterien leben bevorzugt in kapillaren Poren, zum überwiegenden Teil durch Schleime an Oberflächen gebunden (Abb. 9.12). Die Schleimbildung und die Verflechtung der Bodenpartikel durch Mycelien führen zu einer Krümelstruktur (Lebendverbauung), die für die Bodenbelüftung sowie Wasserführung und damit für die Bodenfruchtbarkeit von großer Bedeutung ist. Insgesamt besteht der Boden aus einer Vielzahl verschiedener Mikrohabitate.

Auch die Tiefenschichten des Bodens, die sich mehrere hundert Meter unter die Oberfläche erstrecken, sind von einer Vielzahl von Mikroorganismen, hauptsächlich Bakterien, besiedelt. In Proben aus 300 Meter Tiefe fand man eine große Diversität an Bakterien, einschließlich anaerober, wie sulfatreduzierender Bakterien, Methanogene und Acetogene, sowie zahlreiche aerobe und fakultativ anaerobe Bakterien. Die Mikroorganismen in den Tiefenschichten haben vermutlich Zugang zu Nährstoffen, weil Grundwasser durch ihre Habitate fließt. Messungen ihrer Aktivität deuten an, dass die Stoffwechselraten der Bakterien in ihren natürlichen Habitaten relativ niedrig sind. Im Vergleich zu Mikroorganismen in den oberen Bodenschichten könnte daher die biogeochemische Bedeutung der Mikroorganismen in den Tiefenschichten minimal sein. Es gibt jedoch Hinweise darauf, dass die Stoffwechselaktivitäten dieser unterirdischen Mikroorganismen über lange Zeiträume hinweg für die Mineralisierung organischer Verbindungen und die Freisetzung von Produkten ins Grundwasser verantwortlich sein könnten.

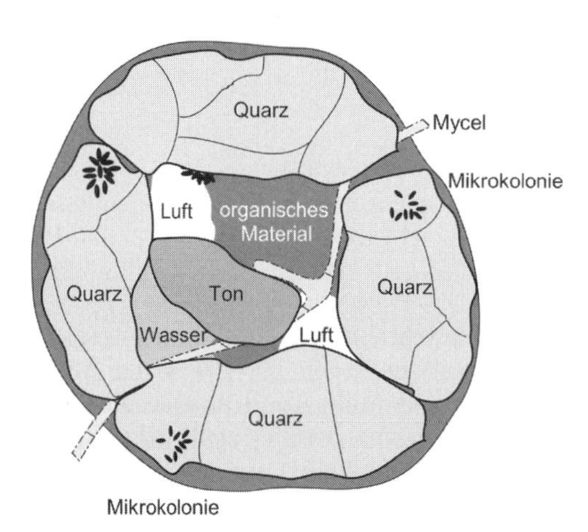

Abb 9.12 Schematische Darstellung eines Bodenaggregates, das aus organischen und mineralischen Komponenten besteht. Nur sehr wenige Mikroorganismen kommen frei in der Bodenlösung vor, die meisten haften als Mikrokolonien an den Bodenpartikeln.

9.4 Aquatische Biotope

Aufgrund ihrer beträchtlichen Unterschiede in den chemischen und physikalischen Eigenschaften (Ozeane, Salzsümpfe: Salzwasser; Flussmündungen: Brackwasser; Seen, Teiche, Flüsse: Süsswasser) weisen aquatische Biotope eine diverse Zusammensetzung ihrer mikrobiellen Arten auf.

9.4.1 Süßwasserumgebung

9.4.1.1 Das freie Wasser

Seen sind Ökosysteme, an denen sich die Organisation von Habitaten gut verdeutlichen lässt. Die meisten Seen in den gemäßigten Klimazonen weisen im Sommer eine Schichtung auf (Abb. 9.13).

Die Schichtung (Stratifikation) geht auf die Eigenschaft des Wassers zurück, bei 4 °C die größte Dichte zu besitzen. Kühleres und wärmeres Wasser ist leichter und hat daher gegenüber Wasser von 4 °C einen Auftrieb. Im Frühjahr kommt es nach dem Schmelzen der Eisdecke durch den Wind zu einer Durchmischung des Wassers (Frühjahrszirkulation). Die Temperatur liegt im gesamten Wasserkörper bei 4 °C. Durch die Sonneneinwirkung erwärmt sich die Oberschicht, das **Epilimnion**. Sie

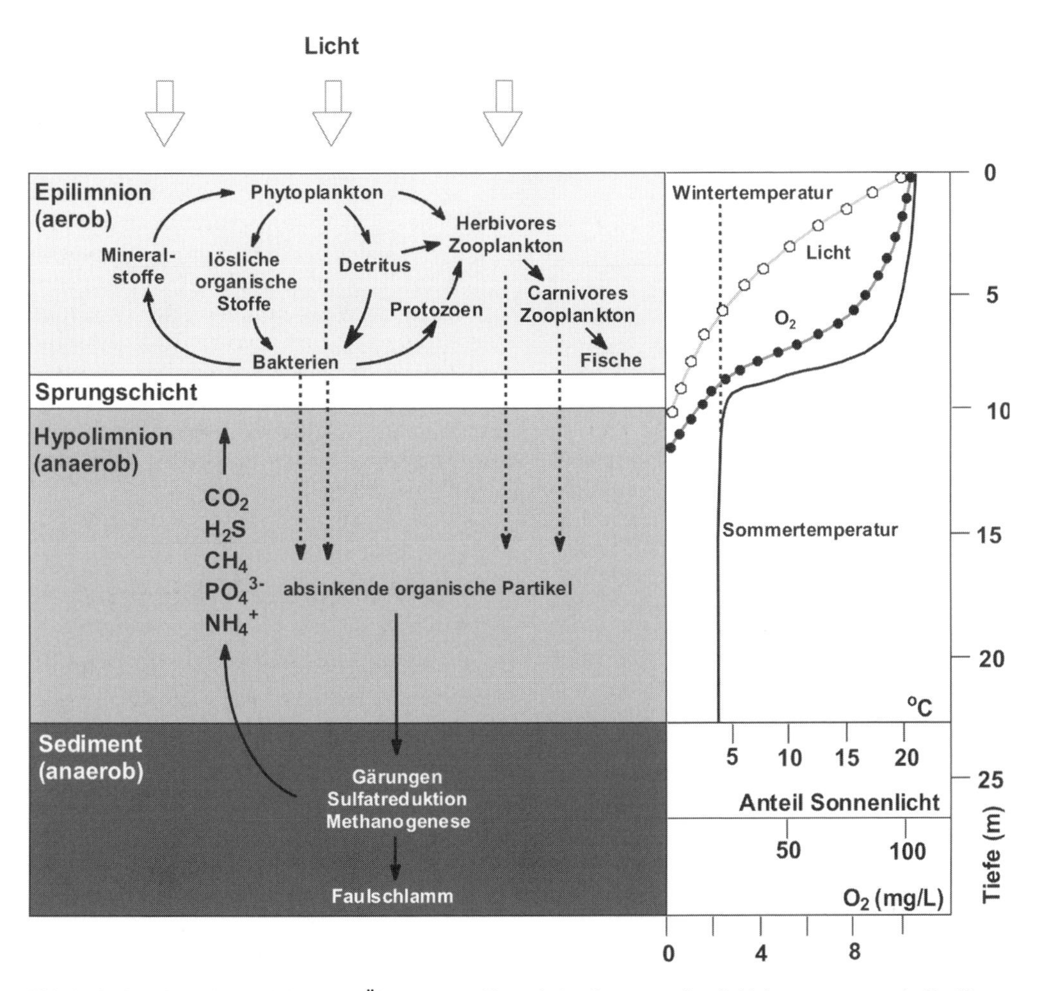

Abb 9.13 Der See als geschichtetes Ökosystem während der Sommerzeit mit Nahrungsnetz sowie Profilen von Temperatur, Sauerstoff und Licht.

schwimmt aufgrund der geringeren Dichte auf den kälteren Wasserschichten. In der unter dem Epilimnion liegenden Schicht geht die Wassertemperatur sprunghaft zurück (**Sprungschicht** oder **Metalimnion**). Die anschließende Tiefenschicht, das **Hypolimnion**, hat eine Temperatur um 4°C, da kein Wärmetransport durch die Sprungschicht in die Tiefe erfolgt. Über den Sommer ergibt sich so eine stabile Schichtung (Sommerstagnation). Im Spätherbst und Frühwinter werden die Oberflächenschichten kälter und daher dichter als die Tiefenschichten, die Wassermassen werden durch den Wind wieder umgewälzt. Im Winter bildet sich eine Eisdecke und damit eine erneute Schichtung aus.

Der aufgezeigte jährliche Cyclus hat Einfluss auf die Verteilung von Sauerstoff und Nährstoffen im See. Sauerstoff ist in Wasser nur begrenzt löslich (8,9 g/L bei 24°C, 12,8 g/L bei 5°C). In einer großen Wassermasse geht sein Austausch mit der Atmosphäre nur langsam vonstatten. Eine bedeutende photosynthetische Sauerstoffproduktion findet nur in den Oberflächenschichten eines Sees statt, wo Licht zur Verfügung steht. Eine typische Reduktion des Gehaltes bis zur Sprungschicht resultiert.

In Seen und anderen Gewässern reichern sich durch Zuflüsse anorganische Nährstoffe an, die eine zunehmende Produktion organischer Substanz durch die Photosynthese ermöglichen. Nährstoffarme oder **oligotrophe**

Cyanotoxine als Trinkwasserproblem

Cyanobakterien sind von großer Bedeutung in marinen, limnischen und terrestrischen Lebensräumen. Cyanobakterien verursachen aufgrund ihres meist unangenehmen Geruchs (Geosmin und 2-Methylisoborneol) und der unerwünschten Färbung des Oberflächenwassers Probleme im Trinkwasser. Zudem stellen von ihnen produzierte toxische Sekundärmetabolite, Cyanotoxine, ein Risiko für die Gesundheit der Menschen dar, die mit belastetem Trinkwasser versorgt werden.

Die Toxine, die bei Lyse der Bakterien freigesetzt werden, sind bezüglich ihrer chemischen Struktur sehr unterschiedlich und umfassen unter anderem Alkaloide wie Cylindrospermopsin, welches von *Cylindrospermopsis raciborskii* gebildet wird, und Cyclopeptide wie Microcystine und Nodularine, die von *Microcystis aeruginosa* und *Nodularia* sp. synthetisiert werden. Einige Cyanotoxine zeigen toxische Wirkung wie eine Proteinsynthese hemmende Aktivität oder starke Hemmung einer Proteinphosphatase, aber auch tumorfördernde Aktivität wurde festgestellt. Cylindrospermopsin ist als Neurotoxin bekannt.

Alle Cyanotoxine sind wasserlöslich und haben negative Einflüsse auf verschiedene Organsysteme des Menschen. Um das Risiko für die Menschen zu minimieren, ist eine geeignete Aufbereitung des Trinkwassers nötig.

Abbau von Toxinen der Cyanobakterien

Wenn die Cyanobakterien nicht durch Flokkulation, durch Rückwaschen von Schnellfiltern oder durch Wechseln des Filtermaterials entfernt worden sind, so verbleiben die Zellen und die Toxine im Trinkwasser und müssen in nicht-toxische Verbindungen abgebaut werden. Die Toxine selbst können weder durch Flokkulation noch durch Sandfiltration entfernt werden. Aktivkohle hat die Fähigkeit die Toxine zu binden, aber die Adsorptionskapazität ist begrenzt. Die Hydrophilie/Adsorptionstendenz von Microcystinen ist variabel, kann aber über den K_{ow}-Wert abgeschätzt werden.

Cylindrospermopsin ist sehr wasserlöslich und adsorbiert deshalb unbefriedigend an Aktivkohle oder kann schlecht durch andere Filtrationsschritte und Flokkulation entfernt werden.

Oxidationsschritte (Ozonierung und nachfolgende Filtration) oder bakterieller Abbau sind während der Trinkwasseraufbereitung notwendig, um die Cyclopeptide zu entfernen. Ein solcher „Biofilm" existiert auf Aktivkohle- und langsamen Sandfiltern.

Sind die Microcystine erst einmal in den Wasserkörper freigesetzt worden, so können sie über Wochen persistieren, bevor sie durch Bakterien des Genus *Sphingomonas* abgebaut werden. MC-abbauende Bakterien sind verbreitet in Oberflächenwassern, unabhängig davon, ob eine Kontamination durch Cyanobakterien oder Microcystine im Wasser schon vorgelegen hat. 17 Stämme von gramnegativen Bakterien mit der Eigenschaft des MC-Abbaus wurden beschrieben. *Sphingomonas* sp. ist nicht der einzige Bakteriengenus der für den Abbau von Microcystinen verantwortlich ist. Mindestens drei hydrolytische Enzyme sind am Abbau von MC-LR durch *Sphingomonas* sp. beteiligt: die Metalloprotease Microcystinase katalysiert die Ringöffnung an der Adda-Arginin Peptidbindung, eine mögliche Serinpeptidase schneidet das lineare Peptid, sodass ein Tetrapeptid gebildet wird, und eine mögliche Metallopeptidase zerlegt das Tetrapeptid in kleinere Peptide und Aminosäuren (Abb. 9.15).

Microcystin abbauende Bakterien können MC-LR, MC-YR und MC-RR (L: Leucin; R: Arginin, Y: Tyrosin) als alleinige Kohlenstoff- und Energiequelle verwerten. Die alkalische Protease von *Pseudomonas aeruginosa* ist ein weiteres Beispiel, wie ein Bakterium die Peptidbindungen von Microcystinen spalten kann.

Gewässer gehen dadurch allmählich in nährstoffreiche oder **eutrophe** Gewässer über. Die **Eutrophierung** ist ein natürlich ablaufender Alterungsprozess von Gewässern, der durch anthropogene Einflüsse wie Abwässer und Düngerabschwemmung beschleunigt wird.

In den Gewässern findet ein Auf- und Abbau organischer Substanz statt. Am Anfang der Nahrungskette stehen als Primärproduzenten

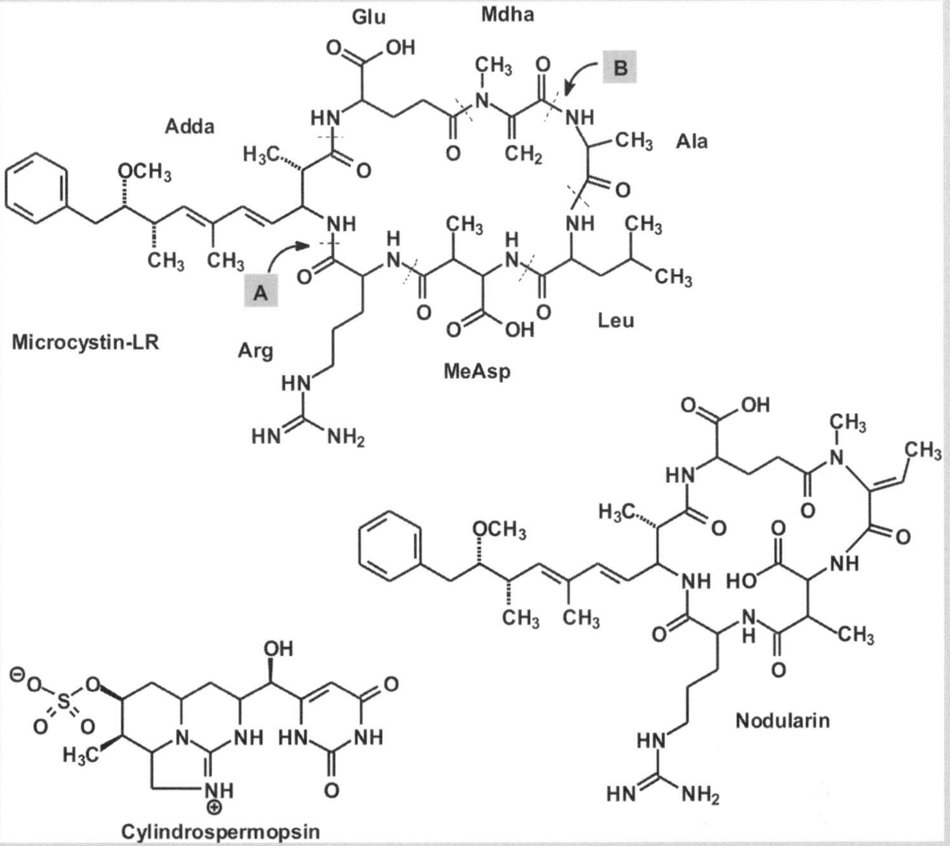

Abb 9.14 Strukturen von Microcystin, Nodularin und Cylindrospermopsin. Adda: (2S,3S,8S,9S)-3-Amino-9-methoxy-2,6,8-trimethyl-10-phenyldeca-4,6-dienoat. *D*-MeAsp: *D-erythro*-β-Methylaspartat. Mdha: *N*-Methyldehydroalanin. Microcystin-LR (L: *L*-Leucin; R: *L*-Arginin). Die beiden Großbuchstaben bezeichnen die zwei variablen Aminosäuren in den Microcystin-Kongeneren. Die initialen Angriffsorte für Abbau (A und B) sind gezeigt. Adda ist spezifisch für Microcystin und erlaubt einen eindeutigen Nachweis mittels ELISA.

MC-LR (MW994) —MlrA→ **linearisiertes MC-LR (MW1012)** —MlrB→ **Tetrapeptid (MW614)** —MlrC→ **kleinere Peptide Aminosäuren**

Abb 9.15 MC-LR-Abbauweg durch *Sphingomonas* sp. (Bourne et al., 2001). MlrA-C: Microcystinasen A-C.

Algen, höhere Pflanzen und Cyanobakterien. Phototrophe Mikroorganismen spielen als Primärproduzenten eine beachtliche Rolle. Letztendlich ist die biologische Aktivität eines aquatischen Ökosystems von der Rate der Primärproduktion durch phototrophe Mikroorganismen abhängig. Bei Stickstoffmangel aber ausreichendem Phosphatangebot kommt es zur Massenentwicklung von Cyanobakterien, da viele Arten zur N_2-Bindung befähigt sind. Die im Wasser schwebenden Mikroalgen und Cyanobakterien werden als Phytoplankton bezeichnet.

Eine Besonderheit aquatischer Nahrungsketten, die ein vernetztes System mit kurzgeschlossenen Kreisläufen darstellen, ist das Phänomen der ***Microbial Loop*** (mikrobielle Schleife). Heterotrophe Bakterien des **Pelagials** (freie Wasserzone) nutzen die vom Phytoplankton ausgeschiedenen beziehungsweise durch Autolyse gebildeten organischen Stoffe, die vor allem als lösliche Stoffe anfallen. Zu diesen im See gebildeten autochthonen Substanzen kommen die Zuflüsse mit allochthonen Stoffen. Die Gesamtheit der gelösten Stoffe (DOM = *dissolved organic matter*) liegt bei oligotrophen Gewässern um 0,5 bis drei Milligramm Kohlenstoff pro Liter, bei eutrophen Gewässern um zehn bis 20 Milligramm Kohlenstoff pro Liter. Die in oligotrophen Gewässern vorliegenden geringen Substratkonzentrationen um ein Milligramm Kohlenstoff pro Liter werden durch Bakterien verwertet, die an geringe Substratkonzentrationen adaptiert sind. Zu diesen **oligotrophen** oder **oligocarbophilen** Bakterien gehören *Nevskia-*, *Hyphomicrobium-* und *Vibrio-*Arten. Der Konzentrationsbereich um zehn Milligramm wird durch Vertreter der Gattungen *Pseudomonas, Flavobacterium* und *Chromobacterium* verwertet.

Anders als die Eukaryoten, die auf partikuläre Nahrung angewiesen sind, nehmen die Bakterien die gelösten organischen Verbindungen auf. Damit haben die Prokaryoten eine spezifische und ganz andere Funktion als die höheren Organismen in der Nahrungskette. So wird gelöster, den höheren Organismen nicht zugänglicher organischer Kohlenstoff teils zu CO_2 oxidiert und teils wieder in partikuläre Substanz, die bakterielle Zellmasse überführt. Die Bakterien dienen Protozoen und anderen Kleinstlebewesen des Zooplanktons als Nahrung, sodass durch die bakterielle Aktivität die gelöste organische Substanz wieder in die Nahrungskette zurückgeführt wird. Die Bakterien stehen also nicht als Destruenten am Ende einer Nahrungskette, sondern sind zwischen den Primärproduzenten und Konsumenten eingeordnet. Etwa 50 Prozent der bei der Primärproduktion gebildeten organischen Stoffe können durch die bakterielle Schleife verlaufen. Bakterien sind auch wesentlich am Abbau des partikulären Detritus (Phyto- und Zooplankton) beteiligt.

Phytoplankton und Detritus sind die Nahrungsquelle für herbivore Konsumenten, zum Beispiel Rotatorien und Daphnien. Diese dienen dem carnivoren Zooplankton als Nahrung. Weitere Glieder der Nahrungskette sind Insektenlarven, Würmer und Fische.

Organische Stoffe, die nicht in den Oberflächenschichten verbraucht werden, sinken in die Tiefe und werden von fakultativ anaeroben Mikroorganismen abgebaut, die den im Wasser gelösten Sauerstoff verwenden. In Seen werden die tiefen Schichten anaerob, sobald der Sauerstoff verbraucht ist, hier können streng aerobe Organismen nicht wachsen. Die unteren Schichten sind in ihrer Artenzusammensetzung auf anaerobe Bakterien und ein paar Arten mikroaerophiler Tiere beschränkt. Dort findet der Übergang vom Atmungs- zum Gärungsstoffwechsel statt, mit bedeutenden Konsequenzen für Kreisläufe des Kohlenstoffs und anderer Nährstoffe.

9.4.1.2 Das Sediment

Die tote partikuläre Substanz aus dem Phyto- und Zooplankton Kohlenstoff pro Liter sinkt langsam nach unten und wird im Sediment teilweise mineralisiert. Weiterhin werden in das Sediment unlösliche organische Partikel aus Zuflüssen und dem Laubfall eingeschwemmt. Wesentliche Komponenten des Sediments sind Pflanzenbiomasse und Reste von Zooplankton und Insekten. Durch die aeroben Abbauprozesse der oberen Gewässerschichten wird der Sauerstoff in den Sommermonaten weitgehend verbraucht und diffundiert nicht nach. Die Sedimente tieferer Gewässer sind deshalb in der Regel anoxisch. Wesentliche anaerobe Abbauprozesse sind die Methanogenese und die Sulfatreduktion. Der Anteil der beiden Prozesse ist vom Sulfatgehalt abhängig. Da in Süßwasserseen der Sulfatgehalt gering ist, verläuft der anaerobe Abbau zum größten Teil über die Methanogenese. An dieser methanogenen Nahrungskette (siehe Kapitel 4.5) sind Polysaccharide abbauender und gärender Bakterien sowie die acetogenen und methanogenen Bakterien beteiligt. Das Endprodukt Methan steigt auf und ist ein Substrat für die aeroben methylotrophen Bakterien des Epilimnions und der Sprungschicht.

9.4.2 Marine Umgebungen

9.4.2.1 Das Pelagial

In den offenen Ozeanen ist die Primärproduktion eher gering, da anorganische Nährstoffe, insbesondere Stickstoff und Eisen, das Wachstum des Phytoplanktons limitieren. Eine Folge der geringen Primärproduktion in den Ozeanen ist eine relativ geringe, heterotrophe mikrobielle Aktivität. Dies stellt wiederum sicher, dass sogar in großer Tiefe das meiste Ozeanwasser oxisch ist.

Die Küstengebiete der Ozeane sind normalerweise nährstoffreicher und ermöglichen daher dichtere Populationen von Phytoplankton. Diese wiederum unterstützen höherstehende Bakterien und Wassertiere. Meeresbuchten und -arme, die hohe Konzentrationen an Nährstoffen aus dem Abwasser und aus Industrieabfällen erhalten, können sehr hohe Bakterien- und Phytoplanktonpopulationen aufweisen. Die starke Verschmutzung führt dazu, dass durch den O_2-Verbrauch der heterotrophen Bakterien flache Meeresgewässer anoxisch werden. Die Produktion von H_2S durch sulfatreduzierende Bakterien bewirkt, dass das Meerwasser auf marine höhere Organismen toxisch wirkt.

9.4.2.2 Das Sediment

Sauerstoff dringt wegen seiner geringen Löslichkeit in Wasser nicht sehr tief ins Sediment ein. Bereits in den oberen Millimetern wird er durch aerobe Organismen völlig aufgezehrt. Die abgelagerte organische Substanz muss mit anderen Elektronenakzeptoren oxidiert werden. Im Meer kommt Sulfat als Alternative zum Sauerstoff eine zentrale Rolle im mikrobiellen Abbaugeschehen zu. So wird in küstennahen Sedimenten mehr als die Hälfte des organischen Eintrags über Sulfatreduktion mineralisiert.

Bei einer Konzentration von 2,68 Gramm Sulfat pro Liter Meerwasser (~28 mM) kann mit dem gelösten Sulfat als Elektronenakzeptor zirka 180mal mehr an organischer Substanz als mit dem gelösten Sauerstoff (~0,2 mM) oxidiert werden.

Sulfatreduzierende Bakterien (zum Beispiel *Desulfovibrio, Desulfotomaculum, Desulfomonas*-Arten) konkurrieren erfolgreich um die durch Gärungen und Acetogenese gebildeten Fettsäuren, Acetat und Wasserstoff. In tieferen Sedimentschichten, die an Sulfat verarmt sind, kann die Methanogenese dominieren. Ein beachtlicher Teil der organischen Stoffe des Sedimentes wird aber nicht mineralisiert. Aromatische Verbindungen werden langsam abgebaut. Daher kommt es zur Anhäufung des durch FeS schwarz gefärbten Faulschlamms, der mehrere Meter dicke Ablagerungen bilden kann.

9.4.2.3 Mikrobenmatten

Die Gezeitenzonen sind marine Bereiche, in denen es zur Ausbildung von geschichteten Bakteriengesellschaften, den Mikrobenmatten kommt, die auf festem Untergrund wie dem Meeressediment wachsen. Charakteristisch für Matten ist, dass sie dem Sonnenlicht ausgesetzt sind und damit Existenzbedingungen für phototrophe Mikroorganismen bieten. Mikrobielle Matten enthalten Cyanobakterien, Purpurbakterien, grüne phototrophe Bakterien, farblose schwefeloxidierende und sulfatreduzierende Bakterien. Sie bilden vertikal geschichtete Gemeinschaften, die als Farbstreifen sichtbar werden können (Farbstreifenwatt). Mikrobielle Matten haben nur wenige Millimeter Schichtdicke. Die typischen Organismengruppen und die Schichtfolge sind in Abbildung 9.16 dargestellt.

In der oberen Schicht, die aus Sand oder angeschwemmten Algen bestehen kann, befinden sich häufig Kieselalgen (Diatomeen). Es folgt eine grüne Schicht aus verschiedenen Cyanobakterienarten. Darunter liegt häufig eine Schicht von farblosen schwefeloxidierenden Bakterien wie *Beggiatoa*. Es folgen eine oder mehrere rote Schichten von Purpurbakterien und dann eine der grünen phototrophen Bakterien. Darunter liegt eine nach unten sehr ausgedehnte schwarze Schicht, in der die sulfatreduzierenden Bakterien leben. Die Schwarzfär-

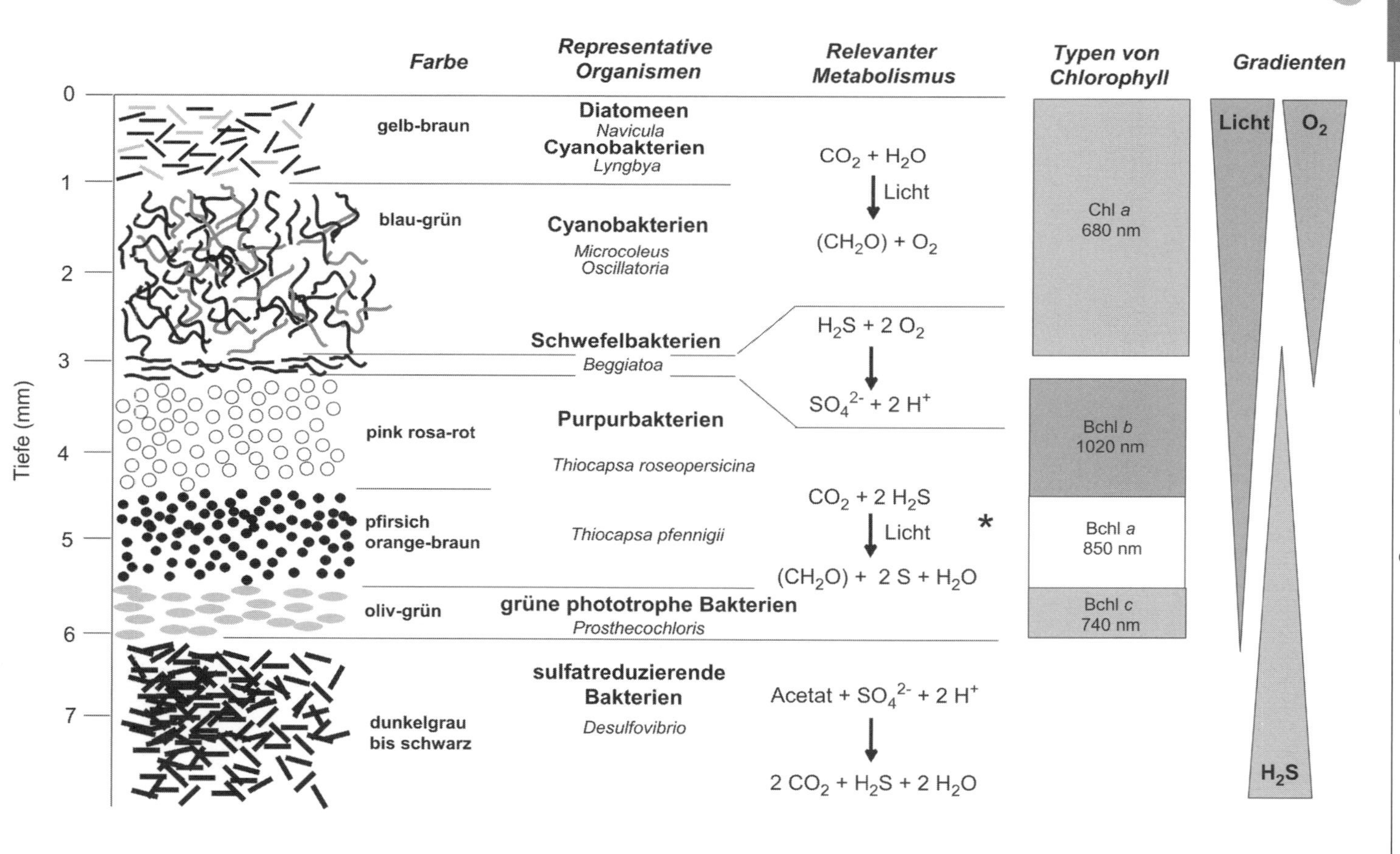

Abb 9.16 Schematischer Aufbau einer Bakterienmatte mit beteiligten Mikroorganismen, ihren jeweiligen Metabolismen sowie ihren Photopigmenten.

bung geht auf Eisensulfid zurück, das durch H_2S ausgefällt wurde. Der H_2S-Geruch ist typisch für dieses Habitat. Das Farbstreifenwatt ist eine spezielle Form des Sulphuretums, worunter man bakterielle Lebensräume versteht, in denen durch die Sulfatreduktion H_2S gebildet wird. Diese für viele Organismen toxische Verbindung wird von schwefeloxidierenden Bakterien sowie den phototrophen Purpurbakterien und Grünen Bakterien als Energiequelle, also als Elektronendonor genutzt.

Die Bakterienmatte des Farbstreifenwatts ist ein Lebensraum mit hoher Primärproduktion und hohen Umsatzraten der Stoffkreisläufe. Durch die **Syntrophie,** das Zusammenwirken der Bakteriengesellschaft, sind eine sehr hohe Bakteriendichte und Stoffwechselaktivität der Matte möglich.

Die beiden Gruppen der Primärproduzenten, Cyanobakterien und Purpurbakterien, sind Schwachlichtorganismen. Die Sandschicht mit den Diatomeen absorbiert einen Teil des Lichtes. Die Cyanobakterien absorbieren aufgrund der Ausstattung mit den Photosynthesepigmenten Chlorophyll a und den Phycobilinen vor allem Licht im Bereich von 400 - 700 Nanometer, während die darunter liegende Schicht der Purpurbakterien aufgrund der Absorption des Bakteriochlorophylls um 850 Nanometer Strahlungsenergie aufnimmt, die von den darüber lebenden Organismen nicht absorbiert wurde (Abb. 9.17).

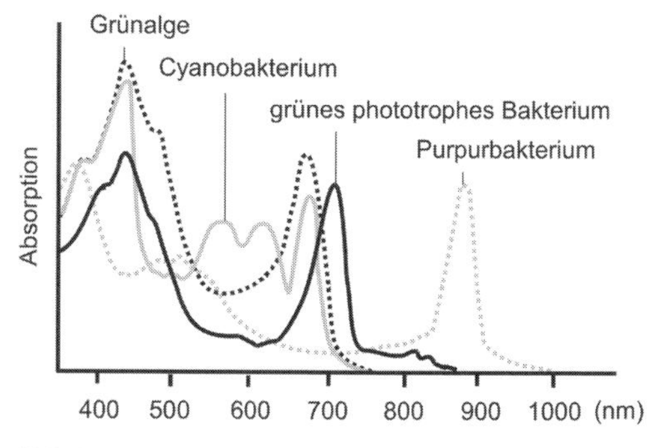

Abb 9.17 Absorptionskurven von Algen, Cyanobakterien, Purpurbakterien und grünen phototrophen Bakterien. Aufgrund ihrer unterschiedlichen Ausstattungen an photosynthetischen Pigmenten können sie unterschiedliche Spektralanteile nutzen, die von den jeweils darüber lebenden Organismen nicht absorbiert werden.

Die Produkte der Photosynthese stellen nach Umwandlung durch Gärungsprozesse die Substrate für die sulfatreduzierenden Bakterien dar. Diese obligaten Anaerobier nutzen Sulfat, das als Endprodukt der Schwefeloxidation von *Beggiatoa* und der anoxygenen Photosynthese der Purpurbakterien anfällt, als Elektronenakzeptor. Das Endprodukt des sulfidogenen Stoffwechsels, H_2S, steigt in der Mikrobenmatte nach oben und wird von den Purpurbakterien und den schwefeloxidierenden Bakterien als Substrat aufgenommen und dadurch abgefangen. Durch dieses Interaktionsgefüge kommt es zu Substratgradienten.

Ein deutlicher Tag-Nacht-Wechsel tritt auf. Am Tage gelangt durch die Photosynthese der Cyanobakterien Sauerstoff in tiefere Schichten. Mittags ist nämlich *Oscillatoria* der dominante Organismus. Durch die Fähigkeit zur N_2-Bindung leisten die Cyanobakterien einen weiteren Beitrag zur Produktivität des Systems. Nachts wird kein Sauerstoff gebildet, er wird aber schnell durch *Beggiatoa* verbraucht. Der Schwefelwasserstoff gelangt näher an die Oberfläche, da die phototrophen Bakterien ihn nicht verbrauchen. Gleichzeitig hat *Beggiatoa* auf diesem Weg eine höhere Konzentration als Energiequelle zur Verfügung solange eine genügend hohe Konzentration des Endakzeptors Sauerstoff vorliegt.

Das Farbstreifenwatt ist ein sehr gutes Beispiel, um sich Selektionsvorgänge deutlich zu machen. Die verschiedenen Bakterien reichern sich dort an, wo sie ihren Anforderungen gemäße Bedingungen finden. Es liegt ein Gradient an verschiedenen Nährstoff- und Energiequellen vor, in den die Bakterien sich als Schicht einnischen. Durch die sich ausbildenden Gradienten um Nährstoffe, H_2S, Sauerstoff und Licht kommt es zur schichtweisen Entwicklung von verschiedenen grünen phototrophen Bakterien, Purpurbakterien, Cyanobakterien und schwefeloxidierenden Bakterien.

9.4.2.4 Die Tiefsee

Sichtbares Licht dringt nicht weiter als ungefähr 300 Meter tief in das Wasser der offenen Ozeane ein. Diese obere Region wird als die photische Zone bezeichnet. Unterhalb dieser

Zone, bis zu einer Tiefe von ungefähr 1 000 Metern, findet aufgrund der Aktivität von Tieren und chemoorganotrophen Mikroorganismen immer noch eine beträchtliche biologische Aktivität statt. Wasser in über 1 000 Meter Tiefe ist biologisch vergleichsweise inaktiv.

Organismen, welche die Tiefsee besiedeln, werden mit drei wichtigen Umweltextremen konfrontiert: niedrige Temperatur, hoher Druck und geringe Nährstoffkonzentration. Ab 100 Metern Tiefe hat Ozeanwasser eine konstante Temperatur von zwei bis drei Grad Celsius. Bakterien, die aus Tiefen von mehr als 100 Metern isoliert werden, sind psychrophil. Einige sind extrem psychrophil, also kälteliebend, und wachsen nur in einem engen Bereich in der Nähe der *in situ*-Temperatur. Tiefseemikroorganismen müssen außerdem in der Lage sein, dem enormen hydrostatischen Druck standzuhalten, der in großen Tiefen herrscht. Der Druck nimmt alle zehn Meter um eine Atmosphäre (atm) zu. Somit muss ein Mikroorganismus, der in einer Tiefe von 5 000 Meter wächst, in der Lage sein, einem Druck von 500 atm standzuhalten. Manche Organismen tolerieren hohen Druck, sie sind **barotolerant**, andere brauchen den hohen Druck, sie sind **barophil** (Abb. 9.18).

Die Verteilung von barotoleranten und barophilen Bakterien ist eine Funktion der Tiefe.

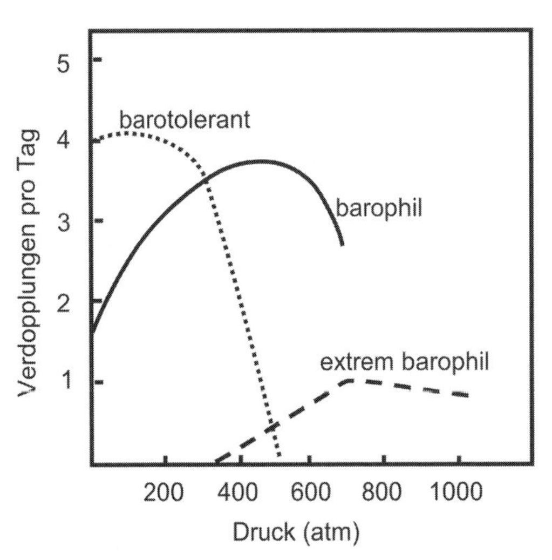

Abb 9.18 Abhängigkeit der Wachstumsgeschwindigkeit bei barotoleranten, barophilen und extrembarophilen Bakterien vom Druck.

Organismen, die aus Tiefen von bis zu etwa 3 000 Meter isoliert wurden, sind barotolerant. Barotolerante Isolate wachsen nicht bei einem Druck über 500 atm. Im Gegensatz dazu sind Kulturen, die aus größeren Tiefen, 4 000 – 6 000 Meter, stammen barophil. Sie wachsen optimal bei einem Druck von etwa 400 atm. Proben aus noch größerer Wassertiefe (10 000 Meter) fördern extrem (obligat) Barophile zutage. Sie wachsen am schnellsten bei einem Druck von 700 – 800 atm und fast genauso gut bei 1 035 atm, dem Druck im natürlichen Habitat. Sie wachsen nicht bei Druck unter 400 atm.

Barotolerante und barophile Bakterien sind psychrophil. Diese Eigenschaft scheint unter extrem barophilen Isolaten stärker vorzuherrschen.

9.4.2.5 Überhitztes Wasser: Black Smokers

Die enormen Tiefen der Tiefsee erzeugen einen riesigen hydrostatischen Druck. Wasser kocht deshalb bei einer Tiefe von 2 600 Meter erst bei ungefähr 450 °C. Bei bestimmten Quellen wird überhitzte (aber nicht kochende) hydrothermale Flüssigkeit mit Temperaturen von 270 – 350 °C freigesetzt. Das mineralhaltige heiße Wasser bildet eine dunkle Wolke präzipitierter Stoffe (große Mengen an Metallsulfiden, insbesondere Eisensulfide), wenn es sich mit dem Meerwasser mischt. Die aus Black Smokern ausgestoßene, hydrothermale Flüssigkeit kühlt schnell ab, wenn sie in kaltes Meerwasser eintritt. Die ausgefallenen Metallsulfide bilden einen als „Schlot" bezeichneten Turm um die Quelle herum (Hinweis auf Methanabbau, Kapitel 4.5). Es gibt Hinweise auf das Vorhandensein thermophiler oder hyperthermophiler Bakterien verschiedener Arten im Temperaturgradienten des Meerwassers oder der hydrothermalen Flüssigkeit. Zum Beispiel weisen die Wände von Smokerschloten eine Menge hyperthermophiler Prokaryoten auf, zum Beispiel *Methanopyrus*, ein methanogenes Archaeon, das H_2 oxidiert.

Hinweise auf die Besiedelung von hydrothermalen Quellen und das Wachstum von Prokaryoten bei Temperaturen im Bereich von 125 bis zu etwa 140 °C sind gefunden worden. Zusätzlich gibt es Beweise für eine biologische Sulfatreduktion in heißen Meeressedimenten bei Temperaturen von bis zu 130 °C. Gemeinsam lassen diese Ergebnisse vermuten, dass die obere Temperaturgrenze für mikrobielles Leben höher liegt als die von *Pyrolobus fumarii,* der noch bei 113 °C wächst. Eine Obergrenze unterhalb von 150 °C wird angenommen.

Testen Sie Ihr Wissen

In welcher Form kommen Mikroorganismen hauptsächlich im Boden vor?

Was versteht man unter der Bodenlösung?

Diskutieren Sie den Größenvergleich Ton/Schluff/Sand.

Beschreiben Sie das Körnungsdreieck.

In welchem Bodenhorizont findet man hauptsächlich mikrobielle Aktivität?

Erläutern Sie den Begriff Syntrophie. Nennen Sie Beispiele.

Welche Bestandteile finden Sie in EPS?

Nennen Sie Probleme durch Biofilme.

Beschreiben Sie das Verhalten von r- und K-Strategen zum Substrat. Unter welchen Bedingungen verdrängt beziehungsweise überwächst der eine Typ den anderen?

Beschreiben Sie den Metabolismus am Black Smoker. Woraus entsteht der Black Smoker? Was hat ein Black Smoker mit Biofilm zu tun? Beschreiben Sie den Temperaturverlauf.

Erklären Sie Gradienten in der Natur am Beispiel eines Bodens beziehungsweise im Ozean.

Was besagen maximale spezifische Wachstumsrate und Affinitätskonstante?

Erklären Sie die Begriffe oligotroph, autochthon, zymogen, copiotroph.

Nennen Sie Formen der Adaptation.

Warum findet man beim Abbau eine minimale Grenzkonzentration, die nicht unterschritten wird.

Was verstehen Sie unter Stratifikation, Epilimnion, Hypolimnion? Zeigen Sie den jahreszeitlichen Ablauf in einem See auf.

Woher resultiert Europhierung?

Erklären Sie ein Farbstreifenwatt. Welche Stoffwechsel hängen in einem solchen Ökosystem von einander ab? Sagen Sie etwas zu dem dort vorzufindenden Gradienten im Verlauf eines Tages. Sagen Sie etwas zur Nutzung von Licht.

Literatur

Alexander M. 1999. Biodegradation and bioremediation. 2nd ed. Academic Press, San Diego.

Atlas, R. M., Bartha, R. 1993. Microbial ecology: Fundamentals and applications. 3rd ed. The Benjamin/Cummings Publishing Comp., Menlo Park, California.

Bourne, D. G., Riddles, P., Jones, G. J., Smith, W., Blakeley, R. L. 2001. Characterisation of a gene cluster involved in bacterial degradation of the cyanobacterial toxin microcystin LR. Environ. Toxicol. 16: 523-534.

Carmichael, W. W., Azevedo, S. M., An, J. S., Molica, R. J., Jochimsen, E. M., Lau, S., Rinehart, K. L., Shaw, G. R., Eaglesham, G. K. 2001. Human fatalities from cyanobacteria: chemical and biological evidence for cyanotoxins. Environ. Hlth. Perspect. 109: 663-668.

Christoffersen, K., Lyck, S., Winding, A. 2002. Microbial activity and bacterial comunity structure during degradation of microcystins. Aquatic Microbial Ecol. 27: 125-136.

Egli, T. 2002. Microbial degradation of pollutants at low concentrations and in the presence of alternative carbon substrates: emerging patterns. In: *Biotechnology for the Environment: Strategy and Fundamentals*, edited by S. N. Agathos and W. Reineke: Kluwer Academic Publisher 131-39.

Egli, T. 1995. The ecological and physiological significance of the growth of heterotrophic microorganisms with mixtures of substrates. Adv. Microb. Ecol. 14:305-386.

Flemming, H.-C., Wingender J. 2001. Biofilme – die bevorzugte Lebensform der Bakterien. Biol. in unserer Zeit 31:169-180.

Flemming, H.-C., Wingender, J. 2002. Biofilme – die bevorzugte Lebensform der Mikroorganismen. *In:* Faszination Lebenswissenschaften. Beck, E. (Hrsg.), Wiley-VCH, Weinheim, S.247-265

Fritsche, W. 2002. Mikrobiologie. 3. Aufl. Spektrum Akademischer Verlag, Heidelberg.

Ishii, H, Abe, T. 2000. Release and biodegradation of microcystins in blue-green algae, *Microcystis*

Jannasch, H. W. 1967. Growth of marine bacteria at limiting concentrations of organic carbon in seawater. Limnol. Oceanogr. 12:264-271.

PCC7820. J. School Marine Sci. Technol. Tokai University: 143–157.
Kovarova-Kovar, K., Egli, T. 1998. Growth kinetics of suspended microbial cells: from single-substrate-controlled growth to mixed-substrate kinetics. Microbiol. Mol. Biol. Rev. 62:646–666.
Lathi, K., Niemi, M. R., Rapala, J., Sivonen, K. 1997. Biodegradation of cyanobacterial hepatotoxins-charaterisation of toxin degrading bacteria. *In*: VIII International Conference on Harmful Algae, Vigo, Spain, 363–365.
Lengeler, J. W., Drews, G., Schlegel, H. G. 1999. Biology of the prokaryotes. Thieme, Stuttgart.
Lynch, J. M., Hobbie, J. E. 1998. Micro-Organisms in Action: Concepts and Applications in Microbial Ecology, 2nd Edition, Blackwell Scientific Publications Ltd., Oxford, England.
Madigan, M. T., Martinko, J. M. 2006. Brock-Biology of Microorganisms. 11th Edition. Pearson Prentice Hall, Upper Saddle River, NJ0748.
Pfennig, N. 1967. Photosynthetic bacteria. Annu. Rev. Microbiol. 21:285–324.
Posadas, A. N. D., Gimenez, D., Bitteli, M., Vaz, C. M. P, Flury, M. 2001. Multifractal characterization of soil particle-size distributions. Soil. Soc. Am. J. 65:1361–1367.
Rainey, F. A., Oren, A. 2006. Extremophile microorganisms and the methods to handle them. *In:* Methods in Microbiology. Vol. 35 Extremophiles, Rainey, F. A., A. Oren (eds). Elsevier Acad. Press, Amsterdam, p.1–25.
Stoodley, P., Sauer, K., Davies, D. G., Costerton, J. W. 2002. Biofilms as complex differentiated communities. Annu. Rev. Microbiol. 56:187–209.
van Elsas, J. D., Trevors, J. T., Wellington, E. M. H. 1997. Modern soil microbiology. Marcel Dekker, Inc, New York.
Varnam, A. H., Evans, M. G. 2000. Environmental Microbiology. Manson Publishing, London.

10 Charakterisierung mikrobieller Lebensgemeinschaften

Mikroorganismen sind an zahlreichen Prozessen in der Umwelt in erwünschter oder unerwünschter Weise beteiligt. Gleichzeitig kommen sie in der Natur praktisch nie als Reinkultur vor, sondern immer gemeinsam mit anderen Mikroorganismen und oft auch höheren Organismen. Insofern stellt sich immer wieder die Aufgabe, etwas über den Zustand mikrobieller Gemeinschaften zu erfahren. Beeinträchtigt die Einleitung von toxischen Chemikalien den Belebtschlamm einer Kläranlage? Welche Veränderungen ruft das Vorkommen von bestimmten physiologischen Gruppen, zum Beispiel den Nitrifizieren, hervor? Welche Bakterien sind an welchem Abbauprozess beteiligt? Gibt es Abbaugene, deren Aktivität bei dem Prozess des Abbaus induziert wird? Was sind die Träger eines Prozesses? Kann man anhand dieser Träger Prozesse besser steuern oder Mikroorganismen hier gezielt einsetzen? Kann man die Zahl bestimmter Bakterien innerhalb einer Gemeinschaft kontrollieren und eventuell klein halten? Im folgenden Kapitel sollen einige der Ansätze und Prinzipien erläutert werden, mit denen man an solche oder ähnliche Fragestellungen herangehen kann.

10.1 Summarische Methoden

Mit summarischen Methoden versucht man, etwas über die Lebensgemeinschaft als Ganzes und nicht über das Vorkommen oder die Aktivität einzelner taxonomischer oder physiologischer Gruppen auszusagen. Grob differenzieren kann man zwischen solchen Methoden, die die Zellzahl oder Biomasse ermitteln, und den Methoden, die direkt etwas über deren Aktivität aussagen.

10.1.1 Methoden zur Bestimmung von Keimzahlen und Biomassen

Die **Gesamtkeimzahl** in einer Probe (inklusive nicht mehr teilungsfähiger Zellen) lässt sich relativ leicht durch Mikroskopie unter Verwendung einer **Zählkammer** ermitteln. Bei Zählkammern handelt es sich um Objektträger, die zum einen mit einem Raster versehen sind, welches die beobachtete Fläche definiert, und zum zweiten mit Stegen, die einen festgelegten Abstand des Deckgläschens und damit ein definiertes Volumen über den Flächen des Rasters gewährleisten (Abb. 10.1). Eine andere Möglichkeit der Zählung von Bakterien stellt der **Coulter-Counter** dar, beim dem der Durchtritt von Partikeln durch eine Kapillare über Leitfähigkeitsänderungen registriert wird.

Ein häufiges Problem bei der Mikroskopie speziell von prokaryotischen Mikroorganismen ist der geringe Kontrast zur Umgebung. Eine Maßnahme zur Verbesserung ist die Verwen-

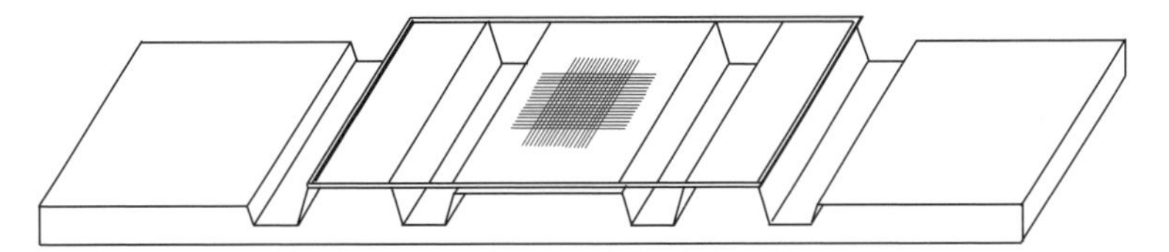

Abb 10.1 Zählkammer zur Bestimmung von Gesamtkeimzahlen.

dung von **Phasenkontrast**-Objektiven, bei denen die beim Durchtritt des Lichtes durch ein Objekt auftretenden Phasenverschiebungen zur Kontrasterhöhung ausgenutzt werden. Eine andere, in der Mikrobiologie seit langem genutzte Maßnahme ist das Anfärben von Zellen mit entsprechenden Farbstoffen. Besonders wirkungsvoll ist die Verwendung von **Fluoreszenzfarbstoffen** (Abb. 10.2). Manche dieser Farbstoffe, wie Fluoresceinisothiocyanate, binden an SH-Gruppen von Proteinen. Andere Fluoreszenzfarbstoffe, zum Beispiel Acridinorange und DAPI, binden an DNA. Acridinorange ändert bei der Bindung seine Farbe von orange zu grün, DAPI fluoresziert blau. Die verfügbaren Farbstoffe unterscheiden sich in ihrer Fähigkeit, Membranen zu durchdringen. Während DAPI und SYTO® 9 auch durch intakte Membranen in die Zelle eindringen, benötigen andere Farbstoffe (zum Beispiel Propidiumjodid und SYTOX® Green) zum Eindringen eine geschädigte Membran. Bei geeigneter Kombination miteinander in Wechselwirkung tretender Farbstoffe unterschiedlicher Membrangängigkeit und unterschiedlicher Fluoreszenz in Form kommerzieller ***viability kits*** lassen sich intakte von toten beziehungsweise geschädigten Zellen unterscheiden. Manche der für solche Färbungen verwendeten Kits basieren zusätzlich zur Membrangängigkeit auf der Aktivität von Enzymen (zum Beispiel Esterasen) in den Zellen. Je nach Vorgehensweise und verwendetem Fluoreszenzfarbstoff hat man es also in manchen Fällen mit einer Aktivitätsfärbung und nicht mit einer Gesamtkeimzahlbestimmung zu tun.

Die Ermittlung der **Lebendkeimzahl**, also der Zahl teilungsfähiger Mikroorganismen, erfordert deren Kultivierung auf entsprechenden Medien. Am einfachsten lässt sich die Lebendkeimzahl ermitteln, indem eine Verdünnungsreihe der jeweiligen Probe angelegt und jeweils ein Aliquot auf Agarplatten verteilt (Abb. 10.3) oder beim Plattengussverfahren im Agar verteilt wird. Durch Auszählung der während einer Inkubation entstehenden Kolonien erhält man die Zahl der **koloniebildenden Einheiten** (*colony forming units*, CFU) pro Milliliter der plattierten Suspension, wobei immer zu berücksichtigen ist, dass noch aneinander hängende Zellen nur eine gemeinsame Kolonie bilden können. Sofern man möglichst viele der teilungsfähigen Zellen erfassen will, ist es wichtig, ein möglichst wenig selektives Medium zu verwenden. Dies wird normalerweise ein **Komplettmedium** sein, also ein Medium, welches eine Vielzahl von Verbindungen enthält, normalerweise aus biologischem Material gewonnen wird und nur begrenzt definiert ist, zum Beispiel Hefeextrakt, Fleischextrakt, Pepton (Polypeptidgemisch aus enzymatischer Spaltung von Proteinen) oder Casein-Hydrolysat. Da viele Bakterien eher an die in der Natur üblichen relativ niedrigen Substratkonzentrationen angepasst sind (Kapitel 9), ist es zur Erfassung möglichst vieler Bakterien auch wichtig, die **Konzentration** der Substrate nicht zu hoch zu wählen, wobei manchmal Kompromisse eingegangen werden müssen, um eine hinreichende Größe und damit Sichtbarkeit der Kolonien zu gewährleisten. Schließlich sind auch Inkubationsparameter wie die Temperatur zu

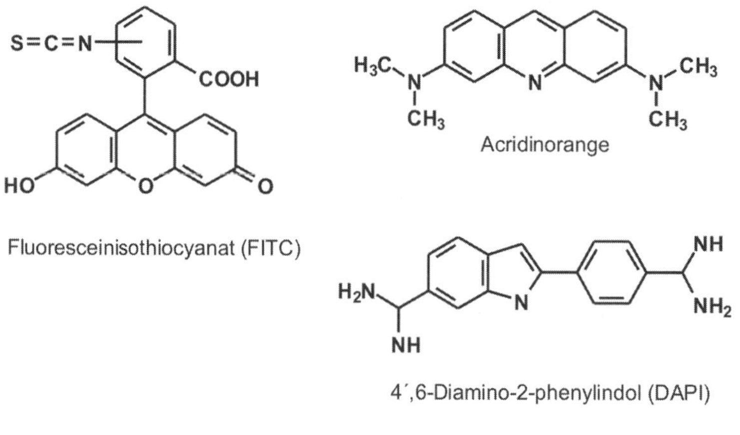

Fluoresceinisothiocyanat (FITC)

Acridinorange

4´,6-Diamino-2-phenylindol (DAPI)

Abb 10.2 Strukturformeln ausgewählter Fluoreszenzfarbstoffe für die Mikroskopie.

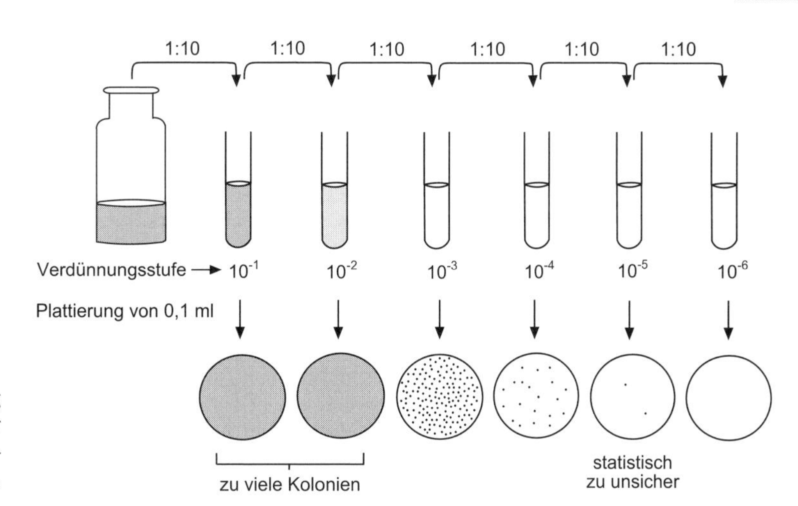

Abb 10.3 Bestimmung der Lebendkeimzahl einer Probe auf festen Nährböden.

berücksichtigen, die nach Möglichkeit denen des Herkunftsortes der Probe weitgehend entsprechen sollten. Auch wenn man versucht, die Bedingungen zur Erfassung der Lebendkeimzahl möglichst wenig selektiv zu gestalten, wird insbesondere bei Umweltproben die erhaltene Zahl immer deutlich kleiner als die Gesamtkeimzahl sein, weil aneinander hängende Zellen nur eine Kolonie bilden, weil möglicherweise nicht alle Zellen teilungsfähig sind und vor allem weil viele der in der Natur vorkommenden Mikroorganismen mit den gängigen Methoden nicht kultivierbar sind (siehe auch Abschnitt 10.4).

Ein Grundproblem bei den Keimzahlbestimmungen besonders im Boden ist die Möglichkeit der **Adsorption an Oberflächen**, die dazu führen kann, dass Zellen sich nicht ablösen und deshalb nicht erfasst werden. Gleichzeitig müssen Keimzahlen nicht immer nur ausgehend von Proben in Form einer Suspension bestimmt werden. Zuweilen werden Oberflächen direkt im Lebensraum der Mikroorganismen angeboten, sodass diese daran adsorbieren oder darauf wachsen können und dann einer Zählung zugeführt werden.

Da zahlreiche Mikroorganismen nicht gut auf Agarplatten oder in Agar zu kultivieren sind, ist man zuweilen darauf angewiesen, die Zahl vermehrungsfähiger Organismen einer Probe nach einer Kultivierung oder Reaktion in Flüssigmedien abzuschätzen. Da dies insbesondere bei der Quantifizierung bestimmter physiologischer Gruppen eine Rolle spielt, wird die Herangehensweise (die **MPN-Methode**) in Abschnitt 10.2 erläutert.

Die Ermittlung der **Biomasse** in einer Umweltprobe hängt stark von der Probe und ihrem Gehalt an anderen Feststoffen ab. Ist der Gehalt an störenden Feststoffen gering, können die Organismen durch **Zentrifugation oder Filtration** von der wässrigen Phase abgetrennt und anschließend getrocknet werden, um die Trockenbiomasse zu erhalten. Bei Lebensgemeinschaften aus dem Boden ist dies selbstverständlich nicht möglich. Hier gibt es Abschätzungen, die aus der aus **mikroskopischen Untersuchungen** der Zellzahl und der beobachteten Zellgrößen anhand durchschnittlicher Dichten die Masse ermitteln. Eine andere auf Boden angewendete Methode ist die so genannte **Chloroformfumigations-Inkubations-Methode**. Hierbei werden die Zellen der Bodenprobe mit Chloroform abgetötet und die Zellinhaltsstoffe freigesetzt. Der Ansatz wird anschließend mit einer nicht behandelten Bodenprobe inkubiert, und das durch Veratmung der Biomasse entstehende CO_2 wird über Alkalilaugen aufgefangen und bestimmt (zur Methodik siehe unten). Von dem Wert wird der mit einer nicht mit Chloroform behandelten Probe erhaltene Wert subtrahiert. Da nicht die ganze Biomasse freigesetzt und oxidiert wird, muss die Masse des erhaltenen CO_2 noch mit einem Korrekturfaktor multipliziert werden, wobei es zweifelhaft ist, ob hier für alle Böden derselbe Faktor verwendet werden kann. Bei der **Chloroformfumigations-Extraktions-Methode** ist die Vorgehensweise prinzipiell ähnlich. Der Ansatz chloroformbehandelter Zellen wird hier jedoch mit einer Lösung von K_2SO_4 extrahiert. Der organische Kohlenstoff in der Lösung kann dann mit Kaliumdichromat ($K_2Cr_2O_7$) zu CO_2 oxidiert und anhand der bei Reduktion des Dichromats eintretenden Extinktionsänderung ermittelt werden. Alternativ kann der Kohlenstoffgehalt auch in einem Analysator für organischen Kohlenstoff (DOC) bestimmt werden. Bei der Extraktionsmethode werden nur etwa 70 Prozent der mit der Inkubationsmethode oxidierten organischen Verbindungen erfasst. Bei Biomassebestimmungen besteht das Grundproblem, dass kaum zwischen aktiven und abgestorbenen Mikroorganismen differenziert werden kann.

10.1.2 Methoden zur Bestimmung von Aktivitäten

In vielen Fällen geht es nicht so sehr darum Keimzahlen oder Biomassen zu erfassen, sondern deren Aktivitäten. Dies ist zum Beispiel von Interesse, wenn man die Auswirkungen von Schadstoffen oder Bodenbewirtschaftungsmethoden auf mikrobielle Lebensgemeinschaften oder den Erfolg von Sanierungsmaßnahmen beurteilen möchte. Natürlich kann man durch Verfolgung von Biomasse oder Keimzahl im Zeitverlauf auch Aussagen über die Aktivität mikrobieller Gemeinschaften ableiten. Das ist jedoch recht aufwändig. Je nach untersuchtem Stoffwechseltyp, Matrix, genauer Fragestellung und apparativer Ausstattung kann man zwischen mehreren prinzipiell unterschiedlichen Herangehensweisen wählen.

Bei aeroben Mikroorganismen wird häufig die **Atmungsaktivität** bestimmt. Hierbei kann es sich um die Basalatmung handeln, also den O_2-Verbrauch beziehungsweise die CO_2-Bildung, die ohne Zugabe eines zusätzlichen Substrates messbar ist. Oder es kann sich um eine substratinduzierte Atmung handeln, die nach einer solchen Zugabe beobachtet wird.

Die Atmungsaktivität wird häufig anhand der Rate des **Sauerstoffverbrauches** bestimmt. Der Sauerstoffverbrauch dient aber nicht nur zur Ermittlung der Aktivität aerober Organismen, sondern auch zur Beschreibung der Belastung von Abwässern mit oxidierbaren Verbindungen (Kap. 11). Zur Messung von O_2-Konzentrationen stehen unter anderem die folgenden Methoden zur Verfügung:

- Die O_2-Konzentration kann im Zeitverlauf anhand einer **O_2-Elektrode** verfolgt werden, wie sie häufig bei BSB-Messungen zum Einsatz kommt.
- Sofern entstehendes CO_2 durch Alkalihydroxid-Lösungen abgefangen wird, geht der O_2-Verbrauch in einem geschlossenen System mit einer Senkung des Druckes einher. Solche **Druckänderungen** können mit einer Reihe von Geräten im Zeitverlauf verfolgt werden.
- Bei aufwändigeren Geräten, so genannten **Sapromaten**, wird der O_2-Verbrauch im geschlossenen System durch elektrolytische Nachbildung von O_2 kompensiert. Die Menge an verbrauchtem O_2 wird auch in diesem Fall über eine Druckmessung registriert und der nachgebildete O_2 ergibt sich aus dem für die Elektrolyse verbrauchten Strom. Ein Vorteil des Sapromaten ist, dass eine Absenkung der O_2-Konzentration im Ansatz und eine daraus resultierende Begrenzung der Reaktion vermieden werden kann.
- Eine Messung der O_2-Konzentration ist mit **Gaschromatographen** möglich.
- Die Messung der O_2-Konzentration mit **Optoden** beruht auf dem Quenchen (Löschen) der Lumineszenz eines Luminophors durch O_2. In Abwesenheit von O_2 führt das vom Luminophor (zum Beispiel polycyclische aromatische Kohlenwasserstoffe oder bestimmte Übergangsmetallkomplexe) absorbierte Licht zunächst zu einem angeregten Zustand, der dann wiederum Licht abstrahlt (Abb. 10.4). In Anwesenheit von O_2 findet bei Kollision mit dem angeregten Luminophor ein Energietransfer vom Luminophor auf O_2 statt, was zum Quenchen der Lichtemission führt.

Auch die Bestimmung der mit Atmungsprozessen einher gehenden **CO_2-Bildung** kann zur Beurteilung von Atmungsaktivitäten herangezogen werden. Auch hierzu stehen mehrere Möglichkeiten zur Verfügung:

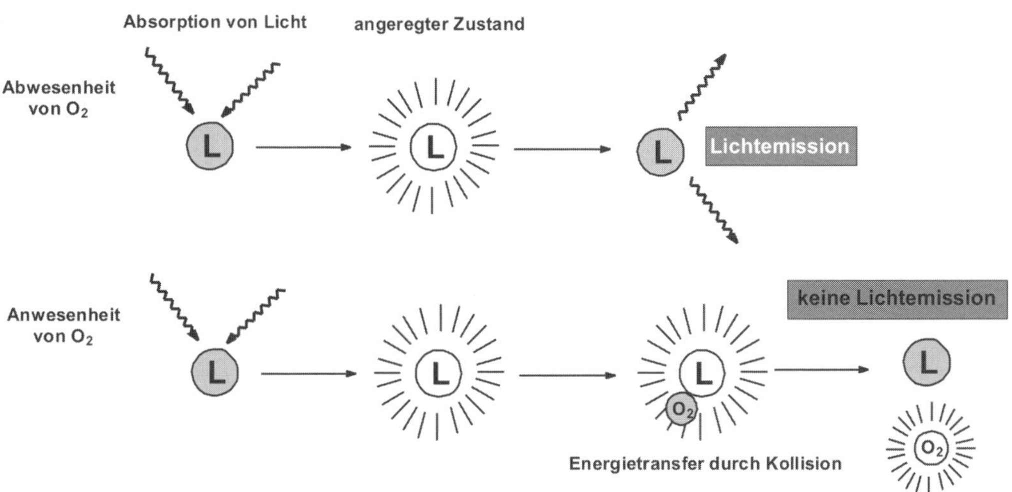

Abb 10.4 Prinzip der O_2-Konzentrationsmessung mit Optode. L = Luminophor

- Die Bildung von CO_2 kann durch **Infrarot-Gasanalyse** direkt in der Gasphase verfolgt werden.
- Eine Analyse mit **Gaschromatographie** ist ebenfalls direkt in der Gasphase möglich.
- Klassisch ist die Methode, gebildetes CO_2 mit Alkalihydroxid-Lösungen abzufangen und es dann durch Zugabe von $BaCl_2$ als schwer lösliches Bariumcarbonat zu fällen. Die Konzentration an nicht verbrauchtem Alkalihydroxid kann durch Titration mit Säuren ermittelt und zur Berechnung des durch CO_2-Bildung verbrauchten Alkalihydroxids verwendet werden. Alternativ kann nach Trocknung und Wägung auch das gefällte Bariumcarbonat als Maß für gebildetes CO_2 dienen.

$$CO_2 + 2\,NaOH \longrightarrow Na_2CO_3 + H_2O$$

$$Na_2CO_3 + BaCl_2 \longrightarrow 2\,NaCl + BaCO_3\downarrow$$

Niederschlag

Abb 10.5 Abfangen von gebildetem CO_2 durch Alkalilauge und Fällung als Bariumcarbonat.

Da Stoffwechselaktivität zwangsläufig mit der **Aktivität von Enzymen** einhergeht, werden häufig auch die Aktivitäten weit verbreiteter und gut zu messender Enzyme bestimmt. In vielen Fällen wird dabei versucht, die Enzymaktivität über Verbrauch oder Bildung eines Farbstoffes zu verfolgen, auch wenn das bei der Messung eingesetzte Substrat eine nicht natürliche Verbindung ist und vom Enzym gewissermaßen nur zufällig mit umgesetzt wird. Folgende Beispiele für in Umweltproben häufiger bestimmte Enzyme sowie für die Messprinzipien seien erwähnt:

- Viele der **Dehydrogenasen** der Atmungsketten reagieren nicht nur mit ihren natürlichen, sondern auch mit künstlichen Elektronenakzeptoren. Eine dieser Verbindungen ist Triphenyltetrazoliumchlorid (TTC), das zu dem roten Farbstoff Triphenylformazan (TPF) reduziert wird (Abb. 10.6). Die Aktivität der Dehydrogenasen ist von der Integrität der Zelle abhängig.
- Auch die Hydrolyse von Fluoresceindiacetat zum grünen Fluorescein durch **Esterasen**, Lipasen und Proteasen wird als Indikator für mikrobielle Aktivität verwendet.

Die Messung von solchen Enzymaktivitäten liefert nur unter gewissen **Bedingungen** eine zutreffende Aussage über die allgemeine mikrobielle Aktivität in der Umweltprobe (zum Beispiel im Boden), nämlich dann, wenn das jeweilige Enzym weit verbreitet ist, wenn die Enzyme der unterschiedlichen Organismen zum großen Teil mit dem gegebenenfalls unnatürlichen Testsubstrat gemessen werden können, wenn sie ähnlich schnell mit dem Testsubstrat

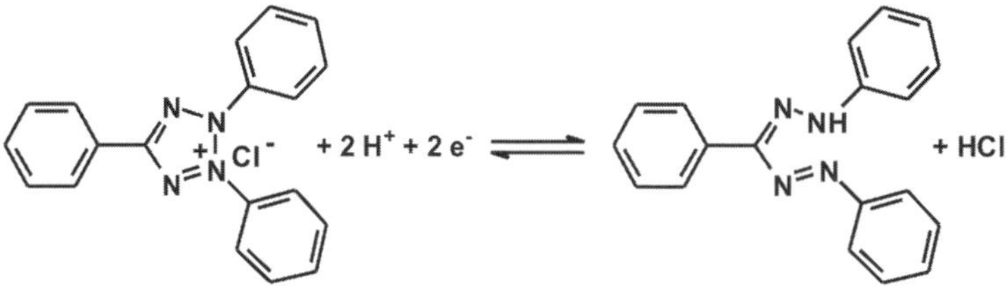

Abb 10.6 Messung der Dehydrogenase-Aktivitäten durch Reduktion von Triphenyltetrazoliumchlorid zum Triphenylformazan.

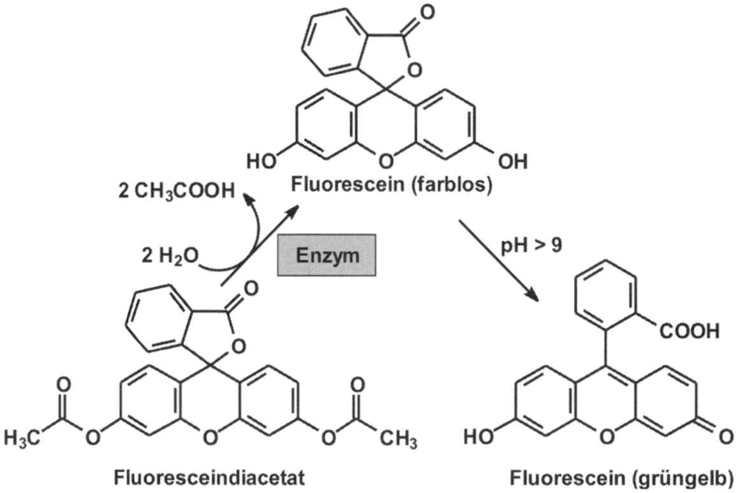

Abb 10.7 Messung der Aktivitäten von Esterasen, Lipasen und Proteasen durch Hydrolyse von Fluoresceindiacetat zu Fluorescein.

reagieren und wenn sie unter den Untersuchungsbedingungen auch weitgehend stabil sind. Diese Bedingungen werden oft nur teilweise erfüllt.

Da sich der Zustand von Zellen gut anhand ihres **Gehaltes an ATP** bestimmen lässt, wird häufig der ATP-Gehalt in Umweltproben analysiert. Dies ist durch HPLC-Messungen möglich. Weit verbreitet ist es auch, ATP durch Biolumineszenz zu quantifizieren. Das **Luciferin** der Leuchtkäfer benötigt ATP zu seiner Aktivierung. Das adenylierte Luciferin reagiert in Gegenwart von Sauerstoff unter Lichtemission zum Oxyluciferin (Abb. 10.8). Die Lichtemission wird gemessen und erlaubt im Prinzip eine sensitive ATP-Analyse, die allerdings empfindlich gegen manche Begleitstoffe aus der Umweltprobe ist.

Die mit dem Stoffwechsel von Mikroorganismen einhergehende Wärmetönung lässt sich auch bei Lebensgemeinschaften durch **Kalorimetrie** erfassen und bietet ein sehr gutes Maß für deren Aktivität.

Schließlich wird auch der **Einbau radioaktiver Verbindungen**, etwa von ^{3}H-markiertem Thymidin in die Biomasse als Maß für Stoffwechselaktivität verwendet.

10.2 Klassische Verfahren mit dem Ziel des Nachweises bestimmter Mikroorganismen

In vielen Fällen benötigt man nicht so sehr Aussagen darüber, wie viele Mikroorganismen in einer Lebensgemeinschaft insgesamt vorkommen beziehungsweise wie aktiv diese sind, sondern viel mehr Informationen darüber, ob und in welcher Zahl bestimmte Mikroorganismen vorkommen. Bei den nachzuweisenden Bakterien kann es dabei um bestimmte Taxa (zum Beispiel bestimmte Arten) gehen oder

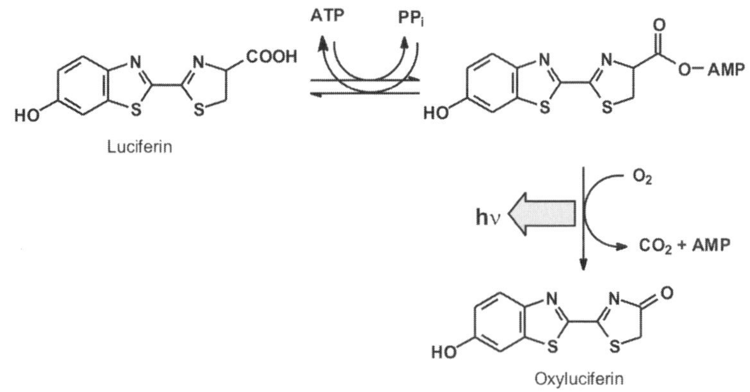

Abb 10.8 Reaktion der Luciferase der Leuchtkäfer.

auch um physiologische Gruppen unabhängig vom Taxon (zum Beispiel Sulfatreduzierer oder Nitrifikanten). Klassische Methoden zum Nachweis von Mikroorganismen beruhen zum großen Teil auf mehr oder weniger **selektiven Kultivierungsverfahren.** Im Unterschied zu den im Abschnitt 10.1.1 erwähnten möglichst wenig selektiven Bedingungen, versucht man in diesem Fall durch Wahl der Art und Konzentration von Elektronendonor und Elektronenakzeptor, durch Inkubationsbedingungen (unter anderem Temperatur, pH, Stickstoffquelle, Hemmstoffe) vorwiegend oder ausschließlich die gesuchten Mikroorganismen zur Entwicklung kommen zu lassen. Je nach Fragestellung müssen dann isolierte Mikroorganismen gegebenenfalls noch identifiziert werden.

Eine **Quantifizierung** von Mikroorganismen mit gewissen physiologischen Eigenschaften ist oft durch eine **Lebendkeimzahl-Bestimmung** auf einem selektiven Agar möglich, indem man Aliquots aus einer Verdünnungsreihe der Probe auf einem entsprechenden selektiven Nährboden ausplattiert (vergleiche Abb. 10.3). Wie oben bereits erwähnt, lassen sich manche Eigenschaften auf festen Nährböden nicht angemessen überprüfen und es muss eine Abschätzung von Häufigkeiten auf der Basis einer Kultivierung oder biochemischen Reaktion in Flüssigkultur erfolgen. Da hier keine Auszählung entstehender Kolonien möglich ist, ermittelt man, aus welcher Verdünnungsstufe der Probe noch in Flüssigmedium wachsende oder sonst reagierende Zellen erhalten werden. Würde man aus jeder Verdünnungsstufe nur ein Flüssigmedium animpfen, würde man nur die Größenordnung der in der ursprünglichen Probe enthaltenen und im Flüssigmedium teilungs- oder reaktionsfähigen Zellen erhalten. Diese Angabe hätte eine erhebliche Unsicherheit, weil je nach dem, ob beim Überimpfen aus einer hohen Verdünnungsstufe noch zufällig eine Zelle erfasst wird oder nicht, eine unterschiedliche Größenordnung erhalten wird. Um diese statistische Unsicherheit zu reduzieren, überimpft man bei der ***most probable number*-Methode** (MPN-Methode) mehrfach parallel aus den Verdünnungsstufen der Probe in die Flüssigkulturen (Abb. 10.9). Man beurteilt an den drei höchsten Verdünnungsstufen, die noch zu Wachstum oder Reaktion führen, in wie vielen der parallel angesetzten Flüssigkulturen dieses auftritt. Anhand von Tabellen lassen sich dann wahrscheinliche Zahlen teilungs- oder reaktionsfähiger Mikroorganismen in der ursprünglichen Probe ermitteln. Die Genauigkeit der Angabe ist abhängig von der Zahl analysierter Parallelansätze je Verdünnungsstufe.

Interessiert man sich für die **Abbaufähigkeit** der Mikroorganismen eines Bodens oder eines Belebtschlammes für organische Schadstoffe, so kann man versuchen, das Vorkommen den Schadstoff verwertender Mikroorganismen nachzuweisen, indem man ein Mineralmedium mit einer solchen Verbindung als einziger Kohlenstoff- und Energiequelle anbietet. Das Wachstum in entsprechenden Flüssigkulturen oder die Koloniebildung auf entsprechenden festen Nährböden zeigen die Gegenwart der den Schadstoff verwertenden Mikroorganismen an. Bei direkter Plattierung auf festen Nährböden (also ohne vorherige Anreicherung

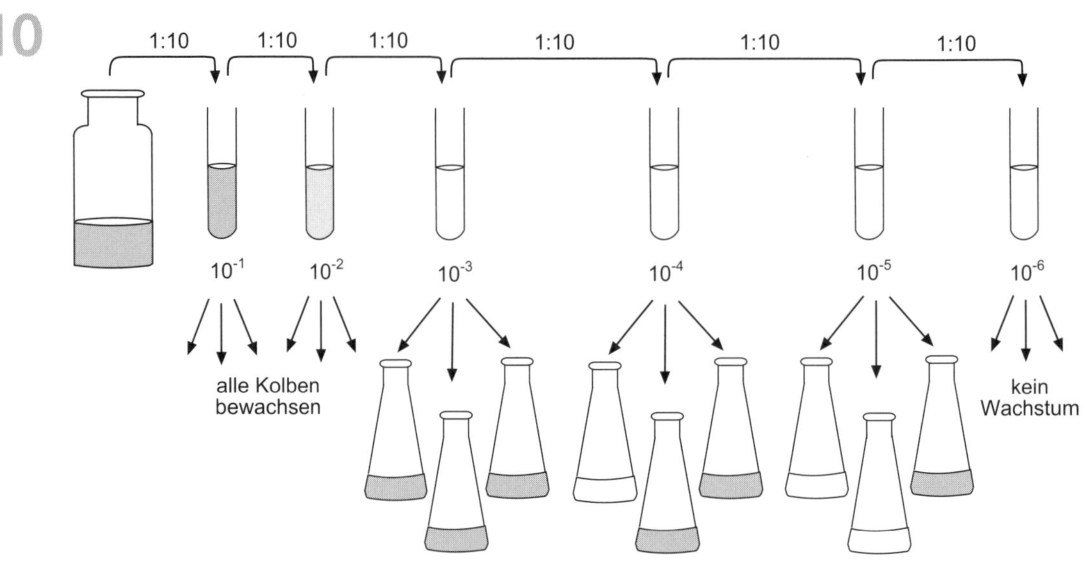

Abb 10.9 Abschätzung der Häufigkeit von Bakterien mit gewünschten Eigenschaften in Flüssigkulturen unter Verwendung der MPN-Methode.

in Flüssigmedium) oder bei Anwendung der MPN-Methode lässt sich auch die Häufigkeit der Mikroorganismen mit der jeweiligen Abbaueigenschaft in der Umweltprobe abschätzen.

Ein anderes Beispiel ist der **Nachweis von *Escherichia coli*** im Trinkwasser. Die Trinkwasserverordnung legt neben anderen mikrobiologischen Parametern fest, dass in 100 Milliliter Wasser keine teilungsfähige Zelle des als Indikatorbakterium für Fäkalverunreinigungen verwendeten *E. coli* vorhanden sein darf. Dies wird nach DIN EN ISO 9808-1 getestet, indem die Probe zunächst durch eine Membran mit einem mittleren Porendurchmesser von 0,45 Mikrometer filtriert und die Membran dann auf einem Agar mit Lactose und Komplettmediumsbestandteilen sowie 2,3,5-Triphenyltetrazoliumchlorid, Natriumheptadecylsulfat und Bromthymolblau inkubiert wird. Hier wird genutzt, dass coliforme Bakterien wie *E. coli* Lactose üblicherweise über β-Galactosidase spalten und unter Säurebildung abbauen können, was zur Gelbfärbung des pH-Indikators führt. Natriumheptadeylsulfat und TTC hemmen viele grampositive Bakterien. TTC wird bei lactosenegativen Zellen außerdem zu einem roten Farbstoff reduziert (Abb. 10.6), während lactosepositive coliforme Bakterien aufgrund einer schwachen TTC-Reduktion gelb-orange erscheinen. Zur genaueren Differenzierung wird anschließend noch überprüft, ob die Bakterien der gelb-orange-farbenen Kolonien wie *E. coli* im Oxidase-Test negativ und im Indol-Test positiv sind. Der Oxidase-Test überprüft das Vorkommen einer Cytochrom-Oxidase durch Oxidation von Tetramethyl-*p*-phenylendiamin zu einem blauen Farbstoff. Im Indol-Test wird das Tryptophan spaltende Enzym Tryptophanase dadurch nachgewiesen, dass das entstehende Indol unter sauren Bedingungen mit *p*-Dimethylaminobenzaldehyd zu einem roten Farbstoff reagiert. Insgesamt ist der *E. coli*-Nachweis ein mehrere Stoffwechsel- und Resistenzeigenschaften nutzendes, mehrstufiges und daher relativ aufwändiges Verfahren, das bei der Standardprozedur zwei bis drei Tage in Anspruch nimmt.

Eine taxonomische Analyse mikrobieller Lebensgemeinschaften in Umweltproben ist mit klassischen Methoden ein praktisch unlösbares Problem (selbst wenn man nur die kultivierbaren Bakterien betrachtet), denn eine solche taxonomische Analyse erfordert gleichzeitig eine Identifizierung sowie eine Quantifizierung der vorkommenden Mikroorganismen. Eine **Identifizierung von Mikroorganismen**, also ihre Zuordnung zu beschriebenen Arten oder anderen Taxa, ist aber bei Verwendung klassischer Methoden aufgrund der geringen morphologischen Unterschiede mit Einzelzellen in der Regel nicht möglich. Eine Ausnahme bildet die Identifizierung von Mikroorganismen unter Verwendung **immunologischer Methoden**, also spezifischer und mit einer Markierung versehener Antikörper, die aber in der Regel nur für einzelne Arten und nicht für die Mehrzahl der Organismen einer Gemeinschaft zur Verfügung stehen. Traditionell können Mikroorganismen also meist erst identifiziert werden, wenn sie **als Reinkultur** vorliegen. Wie am Beispiel von *E. coli* demonstriert, kann dann unter anderem durch **Färbetechniken** (zum Beispiel Gramfärbung) und vor allem verschiedene Tests auf **Stoffwechseleigenschaften** (Verwertung von Kohlenstoffquellen, Verhältnis zum Sauerstoff, Bildung von Stoffwechselprodukten, nachweisbare Enzymaktivitäten) meist eine adäquate Zuordnung erreicht werden (Abb. 10.10). Von großer Bedeutung für die Taxonomie und damit für Identifizierung von Stämmen sind heute auch **chemotaxonomische Merkmale,** also etwa das Vorkommen charakteristischer Fettsäuren in den Membranlipiden oder die Art der Chinone in den Atmungsketten. Auch solche Merkmale lassen sich nur anhand hinreichender Mengen von Biomasse einer Reinkultur untersuchen. Die Gewinnung von Reinkulturen für die Identifizierung steht aber im Widerspruch zum Ziel der Quantifizierung von Arten in der Umweltprobe, denn die Isolierung wird zwangsläufig in gewisser Hinsicht selektiv durchgeführt. Sie kann nicht näherungsweise alle vorhanden Mikroorganismen erfassen (vergleiche Abschnitt 10.4) und ist auch kaum mit hunderten oder tausenden unterschiedlicher Bakterien einer Umweltprobe durchführbar.

Auch wenn eine taxonomische Analyse von **Lebensgemeinschaften** auf Artniveau mit nicht-genetischen Methoden in der Regel nicht möglich ist, kann eine Analyse auf der Ebene höherer taxonomische Einheiten jedoch zum Teil auf Basis der erwähnten sowie weiteren chemotaxonomischen Merkmalen, die als **Biomarker** betrachtet werden, erfolgen. So kann das in Pilzen häufige **Ergosterol** als Maß für die Biomasse von Pilzen in einer Lebensgemeinschaft dienen. Die in den Zellwänden praktisch aller Bakterien vorkommende **Muraminsäure** wird zuweilen als Marker für bakterielle Biomasse verwendet, doch ist zu bedenken, dass Zellwandreste auch in totem organischem Material, insbesondere Huminstoffen, auftreten und die Messungen stark verfälschen können. Genauere Rückschlüsse über die Verbreitung mikrobieller Taxa in einer Lebensgemeinschaft erlaubt die Analyse des **Fettsäure-Musters** der

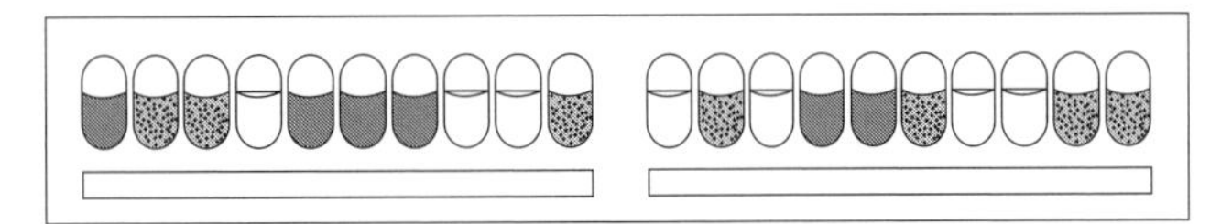

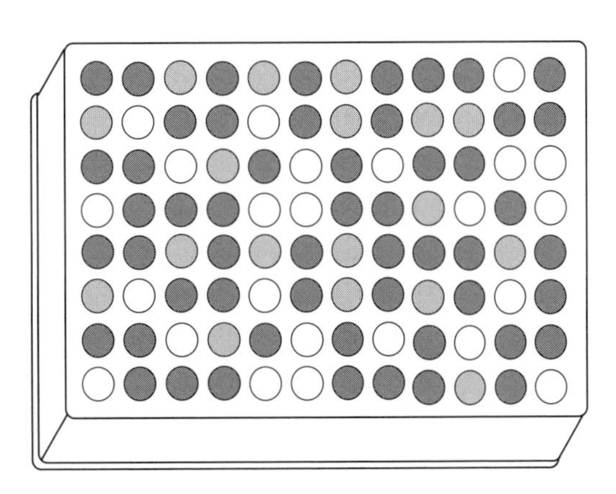

Abb 10.10 Bakterienidentifizierung durch gleichzeitiges Austesten mehrerer Stoffwechseleigenschaften in (a) „Bunten Reihen“ oder (b) Tests zur Substratoxidation in Mikrotiterplatten in Gegenwart eines Redoxfarbstoffes.

aus der Lebensgemeinschaft extrahierbaren Membranlipide. Die Tatsache, dass schon bei jedem einzelnen Taxon (und je nach physiologischem Zustand) eine Reihe verschiedener Fettsäuren auftritt, führt bei ganzen Lebensgemeinschaften tendenziell zu sehr komplexen Mustern mit begrenzter Aussagekraft.

10.3 Nachweis mikrobieller Aktivitäten über Isotopenfraktionierung

Beim mikrobiellen Abbau **organischer Verbindungen** werden in vielen Fällen Moleküle mit dem schwereren ^{13}C-Isotop etwas langsamer umgesetzt als diejenigen ohne dieses Isotop. Dies führt im Verlauf von Abbauprozessen zu einer Anreicherung des schweren Isotops und zu einer Erhöhung des $^{13}C/^{12}C$-Isotopenverhältnisses in der nicht umgesetzten Restfraktion einer Substanz. Das Ausmaß einer solchen Isotopenfraktionierung lässt sich durch massenspektrometrische Analysen bestimmen und wird durch den Isotopenfraktionierungsfaktor α angegeben. Bei Kenntnis des **Fraktionierungsfaktors** α aus vergleichenden Untersuchungen kann unter Verwendung der Rayleigh-Gleichung für geschlossene Systeme

$$\frac{R_t}{R_0} = \left(\frac{C_t}{C_0}\right)^{\alpha-1} \quad \text{beziehungsweise} \quad \ln(R_t/R_0) = (\alpha-1) \times \ln(C_t/C_0)$$

(R_t, R_0, $^{13}C/^{12}C$-Isotopenverhältnisse zu Zeitpunkten t beziehungsweise 0; C_t, C_0, Konzentrationen zu Zeitpunkten t beziehungsweise 0)

aus der beobachteten Isotopenfraktionierung auf den bereits eingetretenen Abbau zurückgeschlossen werden, was zum Beispiel bei der Beurteilung länger zurückliegender Schadensfälle mit organischen Schadstoffen von großem Interesse ist.

Eine andere wichtige Größe zur Beschreibung von Isotopeneffekten ist der **δ-Wert.** Zur Berechnung des δ-Wertes wird das Isotopenverhältnis einer Probe (R_{Pr}) zu dem eines Standards (R_{St}) ins Verhältnis gesetzt:

$$\delta = \frac{R_{Pr} - R_{St}}{R_{St}} \times 1000 \ (°/\infty)$$

Durch mikrobielle Aktivität verursachte Isotopenfraktionierung zeigt sich in charakteristischen δ-Werten der Probe. So führt im Bereich **anorganischer Verbindungen** rein chemische Sulfidoxidation zu anderen $\delta^{18}O$-Werten im entstehenden Sulfat als mikrobiell vermittelte Sulfidoxidation (siehe Kap. 7.1.4), was Rückschlüsse auf die am jeweiligen Standort wichtigen Mechanismen erlauben kann.

10.4 Methoden der molekularen Ökologie von Mikroorganismen

Man weiß heute, dass die große Mehrzahl der in der Natur vorkommenden Mikroorganismen zumindest mit den herkömmlichen Methoden nicht ohne weiteres kultivierbar ist. Zahlenangaben für den **Anteil kultivierbarer Mikroorganismen** schwanken für die unterschiedlichen Standorte (Tabelle 10.1). Relativ hohe Anteile kultivierbarer Mikroorganismen wurden im Belebtschlamm von Kläranlagen (also einem Standort mit relativ hohen Substratkonzentrationen und Wachstumsraten) besonders niedrige Anteile für den Ozean beobachtet, also einem Standort mit unter anderem extrem geringen Substratkonzentrationen. Neuere Arbeiten zeigen zwar, dass sich zum Beispiel die Zugabe von Signalverbindungen zu Kulturmedien sehr positiv auf den Anteil kultivierbarer Bakterien auswirkt. Dennoch werden Untersuchungen, die von einer Kultivierung abhängen, in der Regel nur einen kleinen Teil der vorhandenen Mikroorganismen erfassen und deshalb, zumindest wenn sie allein verwendet werden, nur Aussagen mit eingeschränkter Gültigkeit liefern.

Man weiß heute auch, dass nicht nur die Zahl, sondern auch die **Diversität** der Mikroorganismen an natürlichen Standorten sehr viel größer ist, als in den kultivierungsabhängigen Methoden zum Ausdruck kommt.

Tabelle 10.1 Anteile kultivierbarer Bakterien in verschiedenen Lebensräumen.

Lebensraum	Kultivierbarkeit (%)
Meerwasser	0,001 - 0,1
Süßwasser	0,25
Mesotropher See	0,1 - 1
Unverschmutztes Wasser aus Mündungsbereichen	0,1 - 3
Belebtschlamm	1 - 15
Sedimente	0,25
Boden	0,3

Die Zahlen wurden von Amann et al. (1995) zusammengestellt. Die Kultivierbarkeit wurde bestimmt als kultivierbare Bakterien (koloniebildende Einheiten) bezogen auf die Gesamtzellzahl.

Molekulargenetische Techniken sind selbst bei der Identifizierung und Klassifizierung von Reinkulturen aussagekräftiger als die traditionellen, in Abschnitt 10.1.2 erwähnten Methoden. Diese reichen zwar oft für eine Zuordnung einzelner Stämme zu bekannten Arten aus und sie erlaubten auch eine gewisse **Klassifizierung** der bekannten Mikroorganismen. Man war sich aber schon lange im Klaren darüber, dass die auf traditionellen Klassifizierungsmethoden beruhende Einteilung der Mikroorganismen kein **phylogenetisches System** darstellt, also keine Einteilung, die die Evolution widerspiegelt, bei der die einzelnen taxonomischen Gruppen, also Abstammungseinheiten, in der Natur entsprechen. Mittlerweile stützen sich Identifizierung und Klassifizierung weitgehend auf Sequenzanalysen von ribosomaler RNA (rRNA) beziehungsweise der diese kodierenden rDNA sowie von Genen universell verbreiteter Enzyme, da dies zu phylogenetisch korrekteren taxonomischen Gruppierungen führt als traditionelle Methoden und da auch sehr entfernte Verwandtschaften analysierbar sind. Im Folgenden sollen deshalb die Prinzipien hinter den wichtigsten molekulargenetischen Methoden zur Identifizierung und Klassifizierung von isolierten Bakterien und zur Charakterisierung mikrobieller Lebensgemeinschaften kurz dargestellt werden.

10.4.1 Grundlegende molekulare Methoden zur Klassifizierung und Identifizierung von Reinkulturen

Die Grundannahme bei der Identifizierung und Klassifizierung von Organismen auf der Basis der Sequenzen von Makromolekülen ist, dass einander entsprechende Moleküle unterschiedlicher Organismen homolog sind und sie folglich in der Evolution aus einem Ursprungsmolekül im gemeinsamen Vorfahren der untersuchten Organismen hervorgegangen sind. Im Zeitverlauf akkumulierten sich durch auftretende Mutationen die Sequenzunterschiede. Das Ausmaß an Sequenzähnlichkeit zeigt also, wie nah verwandt die jeweiligen Organismen miteinander sind.

In den 80er Jahren setzten sich die Analysen von ribosomaler RNA und insbesondere der 16S-rRNA beziehungsweise der diese kodierenden Gene als wichtigste Methode zur Klassifizierung und damit auch Identifizierung von Mikroorganismen durch. Mittlerweile gibt es in der Datenbank des Ribosomal Database Project um die einhunderttausend Eintragungen für die 16S-rRNA. Die Sequenzanalysen haben die Taxonomie der Mikroorganismen revolutioniert und unsere Vorstellungen über die Evolution der Lebewesen nachhaltig beeinflusst.

Hat man einen neu isolierten Bakterienstamm und möchte ihn mittels 16S-rRNA-Analyse identifizieren, so muss man zunächst die entsprechende Nukleinsäure in hinreichender Menge isolieren. Während man früher meist die ribosomale RNA selbst isoliert und analysiert hat, vervielfältigt man heute meist das Gen, die 16S-rDNA mit Hilfe der **Polymerase-Kettenreaktion** (**PCR**, engl. *polymerase chain reaction*). Hierbei wird ein bestimmtes Stück der DNA des untersuchten Stammes durch Verwendung von Bausteinen der DNA (Desoxynucleosidtriphosphaten) sowie einer hitzestabilen DNA-Polymerase in zirka 20 bis 30 Cyclen immer wieder durch Kopieren verdoppelt und so exponentiell vervielfältigt. Welches Stück kopiert wird, hängt von zwei Primern ab. Das sind etwa 20 bis 25 Nucleotide

10

Ribosomale RNA und DNA

Die Ribosomen sind in den Zellen aller Lebewesen die für die Proteinsynthese zuständigen Komplexe, wobei die so genannten 80S-Ribosomen eukaryotischer Organismen etwas größer sind als die 70S-Ribosomen von Prokaryoten. Alle Ribosomen verfügen jeweils über eine große und eine kleine Untereinheit und bestehen aus unterschiedlichen Proteinen und ribosomalen Ribonukleinsäuren (rRNAs).

Bakterien verfügen in der großen Untereinheit der Ribosomen über zwei rRNAs, die 5S-rRNA und die 23S-rRNA, sowie in der kleinen Untereinheit über die 16S-rRNA. Letztere ist normalerweise an der Erkennung des Startpunktes eines Gens auf der mRNA beteiligt und wird für taxonomische und ökologische Untersuchungen besonders häufig eingesetzt.

Die Bedeutung der rRNAs für die Taxonomie beruht unter anderem darauf, dass diese Moleküle universell verbreitet sind und in allen Organismen die gleiche Funktion wahrnehmen. Wichtig ist, dass die rRNAs ein Muster von extrem konservierten, weniger konservierten und eher variablen Regionen aufweisen. Erstere liefern beim Sequenzvergleich die Referenzpunkte, welche Bereiche der immer etwas unterschiedlich langen Moleküle einander entsprechen. Die variablen Regionen dagegen liefern die Unterschiede zur Differenzierung zum Beispiel zwischen unterschiedlichen Arten oder Gattungen. Nicht unwichtig ist auch der Aspekt, dass die 16S- und insbesondere die 23S-rRNA eine hinreichende Länge aufweisen, sodass viele voneinander unabhängige Mutationsereignisse analysiert werden können. Schließlich ist zu erwähnen, dass die Gene der rRNAs (die rDNA) generell keinem horizontalen Gentransfer in andere Mikroorganismen unterliegen.

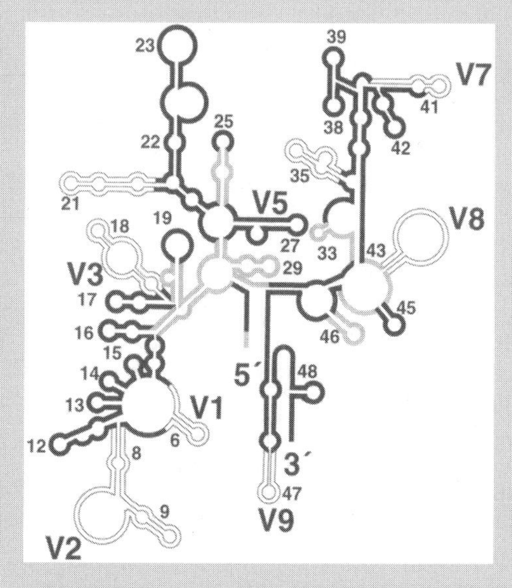

Abb 10.11 Zweidimensionale Darstellung der 16S-rRNA mit Angabe konservierter Sequenzbereiche in schwarz, weniger konservierter Bereiche in grau und variabler Bereiche mit Doppellinien. (Abbildung von E. C. Böttger mit Zustimmung des Autors).

Tabelle 10.2 Aufbau der Ribosomen und ihre Bestandteile im Vergleich bei Prokaryoten und Eukaryoten (nach Nelson & Cox, 2005).

	Bakterium	Eukaryot (Cytoplasma)
Größe der Ribosomen	70S	80S
Größe der großen Untereinheit	50S	60S
Zahl der Proteine	36	~49
rRNAs	5S ~ 120 Nucleotide 23S ~ 3200 Nucleotide	5S ~ 120 Nucleotide 28S ~ 4700 Nucleotide 5,8S ~ 160 Nucleotide
Größe der kleinen Untereinheit	30S	40S
Zahl der Proteine	21	~33
rRNAs	16S ~ 1540 Nucleotide	18S ~ 1900 Nucleotide

lange Oligonucleotide, deren Basensequenz so ausgewählt wurde, dass sie jeder an einem anderen Strang vorn und hinten im zu vervielfältigenden Bereich, also hier dem Gen der 16S-rRNA, binden (Abb. 10.12). Man versucht, die Bedingungen (zum Beispiel im Hinblick auf die Temperatur) so stringent zu wählen, dass eine Bindung an andere Regionen des Genoms nicht möglich ist (siehe auch Abschnitt 10.4.2). Da jeder Nukleinsäurestrang eine festgelegte Richtung hat und immer nur an seinem 3'-Ende verlängert werden kann, werden die Desoxynucleotide durch die DNA-Polymerase an das 3'-Ende der Primer angehängt (Abb. 10.13). Die Cyclen werden realisiert, indem die Reaktionsgefäße immer wieder aufgeheizt, abgekühlt und bei mittlerer Temperatur inkubiert werden. Das Aufheizen auf etwa 95 °C führt zur Denaturierung der DNA-Stränge, also zur Trennung der beiden Stränge der Doppelhelix (Abb. 10.12). Die Abkühlung auf (je nach Primer) 50–60 °C führt dazu, dass sich wieder Wasserstoffbrückenbindungen zwischen komplementären Strängen bilden können, wobei es vorwiegend zur Bindung der Primer an die zu ihnen komplementären Regionen auf der Matrizen-DNA kommt. Die Erwärmung auf zirka 70 °C steigert die Aktivität der zur PCR verwendeten DNA-Polymerasen und führt zur Elongation, dem Anhängen von Nucleotiden an die Primer.

Während die Nucleotide, die DNA-Polymerase und der Puffer bei unterschiedlichen PCR-Reaktionen oft gleich sind und auch als fertige Mischungen vertrieben werden, sind die Primer entscheidend dafür, welches Stück der Matrizen-DNA vervielfältigt wird. Das **Primer-Design** hat also eine große Bedeutung. Im Fall der 16S-rDNA sind extrem konservierte Regionen dieser Gene verwendet worden, um „universelle" Primer zu entwerfen, die bei fast allen Organismen an derselben Stelle der rDNA beziehungsweise rRNA binden. Andere Primer sind spezifisch für kleinere oder größere taxonomische Gruppen. Wenn man einen Vorwärts-Primer für den Anfang des 16S-rRNA-Gens und einen Rückwärts-Primer für den hinteren Teil dieses Gens wählt, so kann man fast die vollständige 16S-rDNA (etwa 1 500 Basenpaare) vervielfältigen. Zur Kontrolle der Reaktion kann anhand einer Agarose-Gelelektrophorese die Größe des PCR-Produktes überprüft werden.

Ein PCR-Produkt kann zwar in vielen Fällen direkt einer Sequenzanalyse unterzogen werden, oft findet aber zuvor eine **Klonierung** in einen Vektor statt. Hierzu wird der entsprechende Plasmidvektor mit einem Restriktionsenzym geschnitten und das PCR-Produkt durch eine DNA-Ligase mit der Vektor-DNA verbunden. Anschließend wird das rekombinante Plasmid meist in einen *E. coli*-Stamm transformiert, bei dessen Teilung es mit vervielfältigt und aus dem es leicht isoliert werden kann.

Auch die heute übliche Form der **DNA-Sequenzanalyse** verlängert DNA-Primer durch Anhängen von Desoxynucleotiden durch eine DNA-Polymerase. Insofern erinnert eine **Sequenzierungsreaktion** an eine PCR-Reaktion. Es bestehen jedoch mindestens zwei entscheidende Unterschiede: Erstens verwendet eine Sequenzierungsreaktion nur einen und nicht zwei Primer. Es wird folglich immer nur ein Matrizenstrang abkopiert, und es kommt nur zu einer zeitlich linearen, nicht zu einer exponentiellen Vervielfältigung. Zweitens werden den Sequenzierungsreaktionen Didesoxynucleotide zugegeben. Diesen fehlt an der 3'-Position des Zuckerbausteins eine OH-Gruppe (Abb. 10.13). Wird ein solches Didesoxynucleotid im Verlauf der Sequenzierungsreaktion in ein wachsendes Oligonucleotid eingebaut, so kommt es an dieser Stelle zum Kettenabbruch, weil im folgenden Cyclus keine 3'-OH-Gruppe zur Verfügung steht, an die der nächste Baustein angehängt werden könnte.

Für jede Sequenzierung werden **vier Reaktionsansätze** aus zu sequenzierender DNA, DNA-Polymerase und allen vier Desoxynucleotiden inkubiert, wobei jedem Ansatz zusätzlich noch eines der vier Didesoxynucleotide zugesetzt wird. Die Didesoxynucleotide konkurrieren mit den normalen Desoxynucleotiden um den Einbau in die wachsende Kette und führen so mit einer gewissen Wahrscheinlichkeit zum Kettenabbruch. In jedem der vier Reaktionsansätze entsteht also ein Gemisch aus Oligonucleotiden unterschiedlicher Länge, wobei die Oligonucleotide in einem Ansatz immer bei einem Didesoxyadenin enden, im zweiten Ansatz immer bei Didesoxycytosin, im dritten bei Dide-

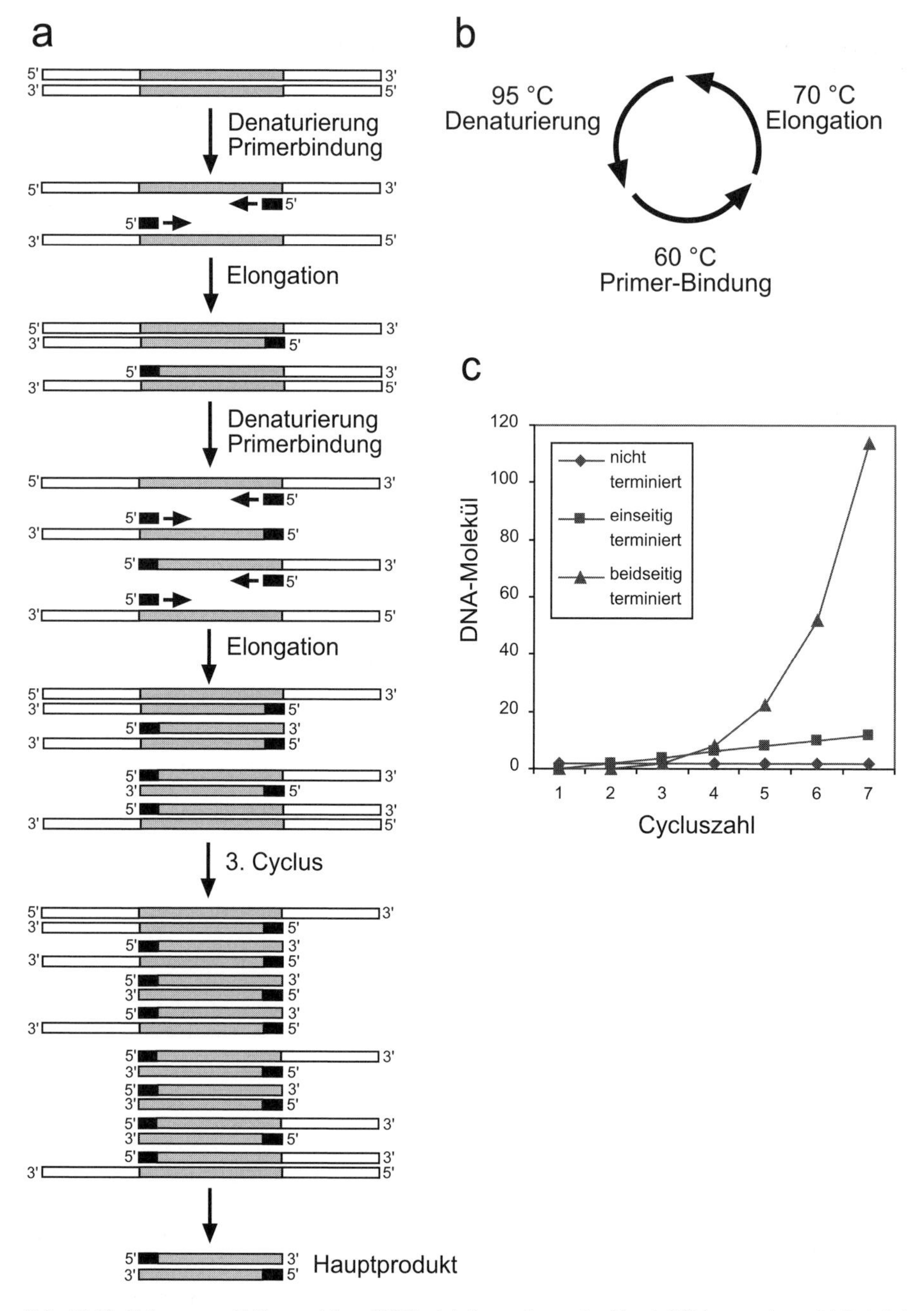

Abb 10.12 Polymerase-Kettenreaktion (PCR). (a) Darstellung der Vervielfältigung eines DNA-Stückes. Man beachte, dass die direkt von der Matrizen-DNA kopierten Nucleotide zwar keine genau festgelegte Länge haben, dass die große Mehrzahl der Moleküle des PCR-Produktes letztlich dennoch eine Länge hat, die durch die Bindungsstellen der beiden Primer genau festgelegt ist. (b) Temperaturcyclus. (c) Wachstumskurven für PCR-Produkte.

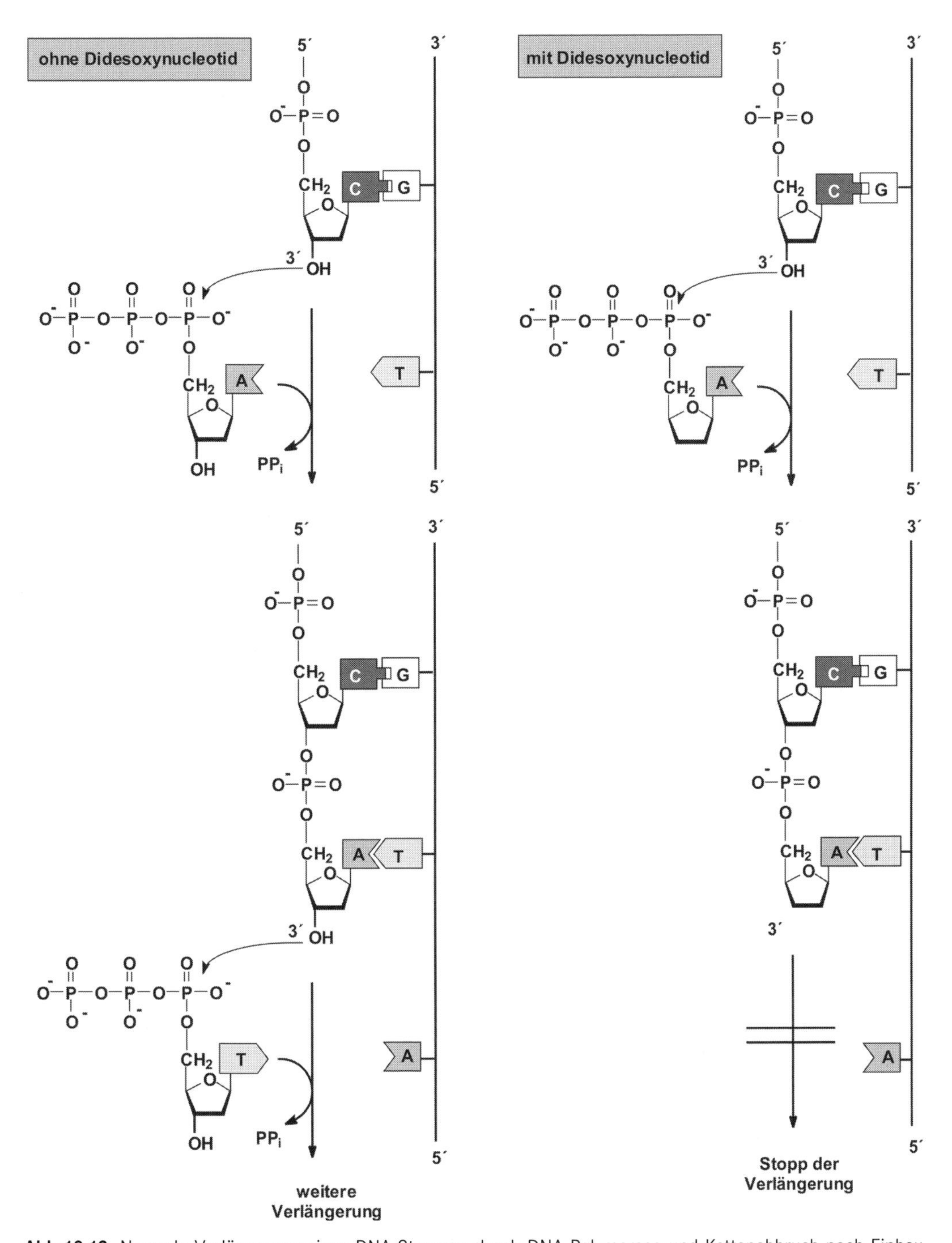

Abb 10.13 Normale Verlängerung eines DNA-Stranges durch DNA-Polymerase und Kettenabbruch nach Einbau eines Didesoxynucleotides.

soxyguanin und im vierten bei Didesoxythymin. Um die Gemische unterschiedlich langer Oligonucleotide auftrennen zu können, wird eine **Elektrophorese** durchgeführt, bei der die Oligonucleotide im elektrischen Feld unterschiedlich schnell (kurze schneller als lange) durch ein Polyacrylamidgel oder eine Kapillare wandern. Da die neu synthetisierten Oligonucleotide alle an derselben Stelle mit demselben Primer beginnen und da die Trennungsbedingungen so gewählt werden, dass der Einbau schon eines zusätzlichen Nucleotides die Wanderungsstrecke bei der Elektrophorese verlangsamt, kann aus dem Vergleich der Längen der Oligonucleotide in den vier Ansätzen die Basensequenz der zu sequenzierenden DNA abgelesen werden (Abb. 10.14). Um die entstehenden Oligonucleotide sichtbar zu machen, müssen sie markiert sein. Hierzu werden heute entweder mit **Fluoreszenzfarbstoff** versehene Primer verwendet oder aber einen Fluoreszenzfarbstoff tragende Didesoxynucleotide, sodass dann die Sequenziergeräte die Emission der von einem Laser angeregten Fluoreszenzfarbstoffe registrieren können.

Die Verfügbarkeit einer 16S-rRNA-Sequenz allein sagt noch nichts aus über die taxonomische Zuordnung des angenommenen, neu isolierten Stammes. Vielmehr ergibt sich diese erst aus dem Vergleich mit den in den Datenbanken bereits verfügbaren Sequenzen identifizierter Stämme. In einem ersten Schritt kann man mit der neuen Sequenz einen ***online*-Datenbankvergleich** durchführen und erhält eine Auflistung der ähnlichsten Datenbankeintragungen zusammen mit einer Darstellung der gefundenen Ähnlichkeiten in Form eines paarweisen Sequenz-Alignments, bei dem die beiden Sequenzen so aneinander gelegt sind, dass einander entsprechende Positionen übereinander stehen. In vielen Fällen weiß man dann schon recht gut, um welche Gattung es sich bei-

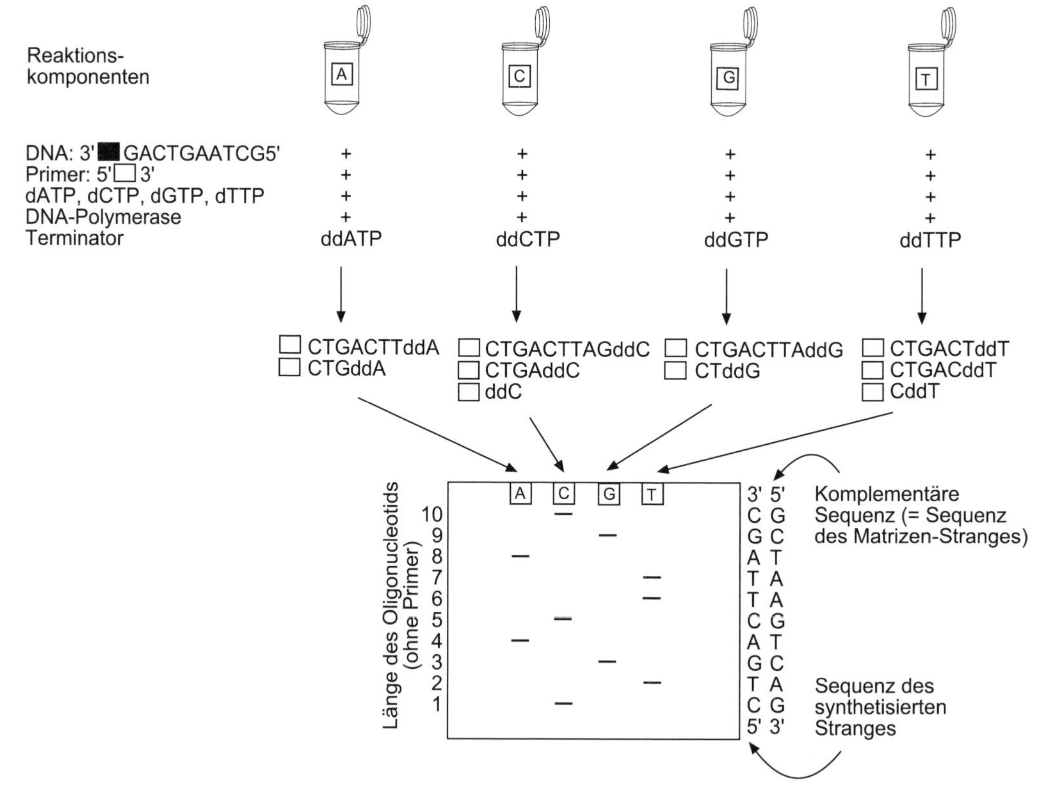

Abb 10.14 Reaktionen zur DNA-Sequenzierung in Gegenwart unterschiedliche Didesoxynucleotide und Gelelektrophorese zur Trennung der jeweils entstehenden Gemische unterschiedlich langer Oligonucleotide.

Abb 10.15 Multiples Sequenz-Alignment der RNA hypothetischer Organismen aus verschiedenen Domänen der Organismen. Gekennzeichnet sind stark konservierte, weniger stark konservierte und eher variable Regionen.

spielsweise bei dem neuen Isolat handeln könnte.

Aussagekräftigere Analysen resultieren jedoch aus der Einordnung der Sequenz in ein Dendrogramm, einen Stammbaum bekannter Sequenzen. Um dieses erstellen zu können sowie um sonst mehrere Sequenzen sinnvoll miteinander vergleichen zu können, muss zunächst (durch einen Computer) ein **multiples Sequenz-Alignment** erstellt werden. In diesem Fall werden mehrere Sequenzen, ausgewählt zum Beispiel durch den erwähnten Datenbankvergleich, so aneinander gelegt, dass gleiche oder einander entsprechende Positionen übereinander stehen (Abb. 10.15). Dort, wo im Laufe der Evolution durch Insertionen oder Deletionen Längenunterschiede in homologen Molekülen aufgetreten sind, müssen die Programme in der einen oder anderen Sequenz Lücken einbauen. Rechnerisch optimiert wird beim Alignment die Zahl der in verschiedenen Sequenzen übereinstimmenden übereinander stehenden Positionen, wobei je nach Programm Strafpunkte für das Einführen oder die Verlängerung von Lücken oder für nicht übereinstimmende Positionen berücksichtigt werden. Aus den Alignments wird deutlich, welche Regionen auch bei entfernt verwandten Organismen gleich, also stark konserviert sind, welche Bereiche weniger konserviert sind, zum Beispiel innerhalb eines Phylums, und welche Bereiche noch variabler sind (Abb. 10.15).

Für die Umsetzung des Sequenzvergleichs im Alignment in ein **Dendrogramm**, also einen Stammbaum, gibt es verschiedene Prinzipien und rechnerische Vorgehensweisen. In vielen Fällen werden die im Alignment sichtbaren, paarweisen Unterschiede bezogen auf die Länge der verglichenen Region errechnet (Abb.

a

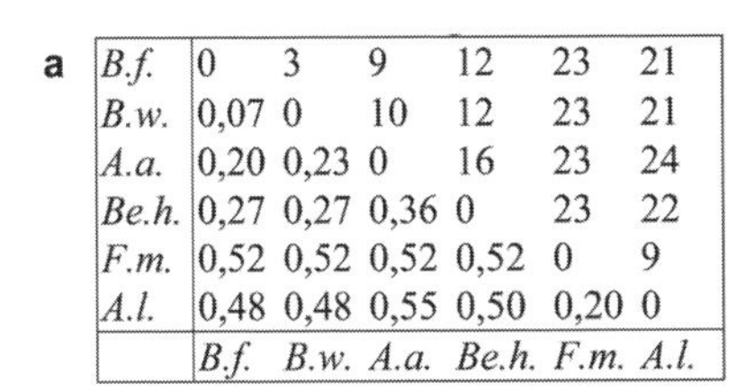

B.f.	0	3	9	12	23	21
B.w.	0,07	0	10	12	23	21
A.a.	0,20	0,23	0	16	23	24
Be.h.	0,27	0,27	0,36	0	23	22
F.m.	0,52	0,52	0,52	0,52	0	9
A.l.	0,48	0,48	0,55	0,50	0,20	0
	B.f.	*B.w.*	*A.a.*	*Be.h.*	*F.m.*	*A.l.*

b

B.w.	0,07				
A.a.	0,24	0,27			
Be.h.	0,34	0,34	0,50		
F.m.	0,90	0,90	0,90	0,90	
A.l.	0,76	0,76	0,97	0,82	0,24
	B.f.	*B.w.*	*A.a.*	*Be.h.*	*F.m.*

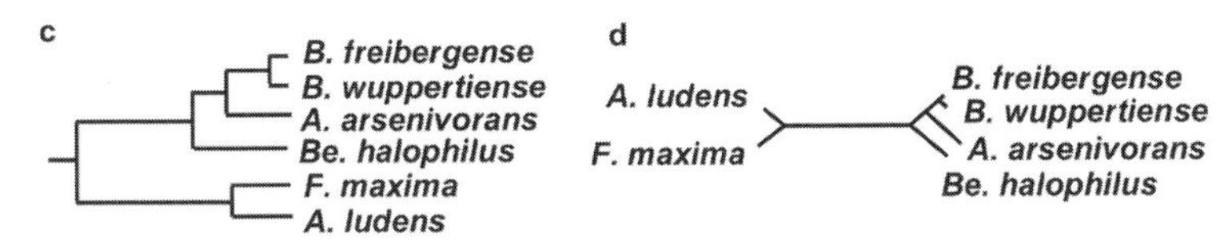

Abb 10.16 (a) Matrix mit beobachteten Unterschieden zwischen den Sequenzen des Alignments in Abbildung 10.15 (oben rechts) sowie mit den Anteilen der Unterschiede an der Gesamtlänge von 44 Positionen (unten links). (b) Matrix mit evolutionären Distanzen D, die aus der Häufigkeit f der Unterschiede in (a) unter Berücksichtigung mehrfacher Mutationen an derselben Stelle, aber ohne weitere Wichtung berechnet wurden ($D = -\frac{3}{4} \times \ln(1-\frac{4}{3} f)$). (c) Mögliche Darstellung der Sequenzähnlichkeiten als Dendrogramm mit Wurzel unter Annahme konstanter Mutationsraten. (d) Mögliche Darstellung der Sequenzähnlichkeiten als Dendrogramm ohne Wurzel.

10.16a), mit einem Faktor zur Berücksichtigung von Mehrfachmutationen multipliziert und dann in eine Distanzmatrix (Abb. 10.16 b) eingetragen. In einer solchen Distanzmatrix sind die paarweisen Ähnlichkeiten oder Unterschiede zwischen zwei Sequenzen, zum Beispiel den 16S-rRNA-Sequenzen zweier Organismen, auf jeweils eine Zahl, die evolutionäre Distanz, reduziert. Die Distanzwerte werden anschließend rechnerisch in das Verzweigungsmuster eines Dendrogrammes umgesetzt, wobei die Summe der Zweiglängen zwischen zwei Sequenzen im Dendrogramm ihrer evolutionären Distanz entspricht (Abb. 10.16c, d). Gerade die zuverlässigeren rechnerischen Methoden führen zu einem Dendrogramm, was nur die Verzweigungsmuster und Abstände zwischen den verglichenen Sequenzen darstellt, ohne anzugeben, wo im Dendrogramm die gemeinsame Wurzel anzusetzen ist (Abb. 10.16d). (Das entspräche, so zu sagen, einem Stammbaum nur mit „Krone", an der nicht deutlich erkennbar ist, wo der Stamm ansetzt.) Da die Lage der Wurzel aber dennoch von Interesse ist, werden Sequenzen in die Analyse einbezogen, so genannte Außengruppen, von denen man weiß, dass sie zwar homolog zu den betrachteten Sequenzen sind, aber nur relativ geringe Ähnlichkeit aufweisen und außerhalb der gerade betrachteten Gruppe verwandter Sequenzen liegen.

Die Identifizierung des angenommenen neu isolierten Stammes ergibt sich im Wesentlichen aus der Einordnung seiner rRNA-Sequenz in das Dendrogramm und insbesondere aus der taxonomischen Zugehörigkeit der Stämme, die im Dendrogramm als die nächst verwandten erscheinen. Die offizielle taxonomische Methode zur Definition von bakteriellen Arten, die paarweise Hybridisierung von DNA verschiedener Stämme, ist sehr viel aufwändiger und wird bei Routineuntersuchungen zur Stammidentifizierungen kaum eingesetzt.

Sind viele, möglicherweise auch sehr nah verwandte Stämme miteinander zu vergleichen, wird auch die komplette Sequenzanalyse all dieser Stämme aufwändig und teuer. In solchen Fällen greift man gern auf Fingerprint-Techniken zurück, um in einem ersten Schritt zu klären, welche Sequenzen vermutlich sehr ähnlich sind, von welchen also eventuell nur einzelne exemplarisch behandelt werden müssen, und welche einer genaueren Analyse bedürfen. Eine häufig angewendete Fingerprint-Methode ist **ARDRA** (engl. *amplified ribosomal DNA restriction analysis*). Die 16S-rDNA der Stämme wird auch in diesem Fall amplifiziert. Die PCR-Produkte werden dann aber nicht alle einer Sequenzanalyse unterzogen, sondern mit Restriktionsenzymen geschnitten. Restriktionsenzyme erkennen ein bestimmtes Sequenzmuster und die allermeisten schneiden den DNA-Doppelstrang im Bereich der Erkennungssequenz auf. Für ARDRA sind Restriktionsenzyme relevant, deren Erkennungssequenz (meist vier Basenpaare lang) statistisch im Abstand von wenigen hundert Basen auf der DNA vorkommt. Bei zwei sehr ähnlichen Sequenzen (aus zwei nah verwandten Stämmen) werden auch die Schnittstellen für Restriktionsenzyme auf dem 16S-rRNA-PCR-Produkt in der Regel gleich verteilt sein und deshalb bei einer Elektrophorese zu einem ähnlichen Bandenmuster führen (Abb. 10.17). Bei sehr verschiedenen Sequenzen werden auch die Schnittstellen unterschiedlich verteilt sein und entsprechend ein unterschiedliches Bandenmuster ergeben. Auch die Ähnlichkeit von Fingerprint-Mustern lässt sich in Form von Dendrogrammen darstellen. Eine analoge Vorgehensweise wie beim ARDRA nutzt man bei der Analyse von Lebensgemeinschaften in Form der T-RFLP-Analyse (vergleiche 10.4.2).

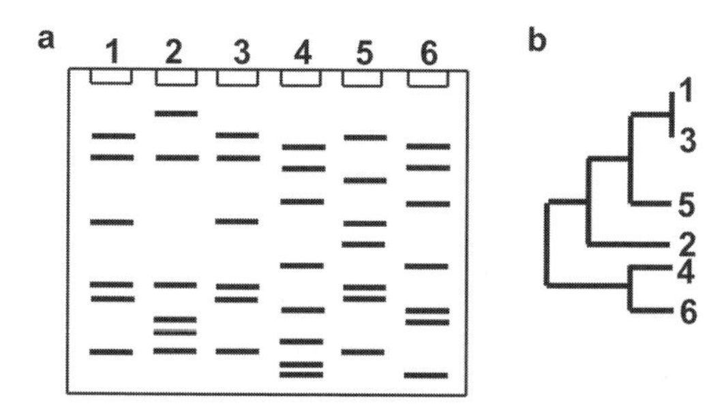

Abb 10.17 Vergleich von sechs Bakterienstämmen durch ARDRA. (a) Bandenmuster auf einem Elektrophorese-Gel nach Schneiden amplifizierter ribosomaler DNA mit einem Restriktionsenzym. (b) Dendrogramm zur Veranschaulichung von Ähnlichkeiten des Bandenmusters der sechs Stämme.

10.4.2 Molekulargenetische Methoden zur Charakterisierung von Lebensgemeinschaften

Wie bereits einleitend zu diesem Kapitel erläutert gibt es zahlreiche Situationen, in denen man etwas über die Zusammensetzung von mikrobiellen Lebensgemeinschaften erfahren möchte, in denen man das Vorkommen bestimmter Arten quantifizieren möchte oder in denen man die Häufigkeit oder den Expressionszustand bestimmter Gene (etwa von Abbaugenen) analysieren möchte. Gewisse Aussagen über die Zusammensetzung mikrobieller Lebensgemeinschaften lassen sich gewinnen, indem man Reinkulturen wie in Abschnitt 10.2 beschrieben isoliert und dann mit den unter 10.4.1 dargestellten molekulargenetischen Methoden identifiziert. Bei einer solchen Herangehensweise beschränkt man sich jedoch auf die mit üblichen Methoden kultivierbaren Mikroorganismen, und das sind die allerwenigsten (vergleiche Einleitung zu Abschnitt 10.4). Deshalb ist man bestrebt, mikrobielle Lebensgemeinschaften unabhängig von einer Stammkultivierung mit molekulargenetischen Methoden zu charakterisieren.

Eine wichtige Grundlage der meisten molekulargenetischen Methoden zur Charakterisierung von Lebensgemeinschaften, aber auch schon für die Durchführung einer herkömmlichen PCR (Abschnitt 10.4.1), ist die **Spezifität der Bindung** zwischen einem der Probe zugesetzten synthetischen Oligonucleotid und der DNA oder RNA in der Probe. Diesen Vorgang der Zusammenlagerung von zwei Nukleinsäure-Strängen, die (im Unterschied zu den beiden Strängen der DNA-Doppelhelix) zunächst nicht zusammen gehörten, nennt man **Hybridisierung**. So wie die DNA-Doppelhelix durch je zwei Wasserstoffbrückenbindungen zwischen Adenin und Thymin sowie je drei Wasserstoffbrückenbindungen zwischen Guanin und Cytosin zusammen gehalten wird und so wie die identische Verdopplung der DNA durch die Spezifität dieser Bindungen gewährleistet ist, werden auch kürzere Nukleinsäuren je nach Bedingungen nur oder vornehmlich dort binden, wo möglichst viele dieser Wasserstoffbrücken ausgebildet werden können, wo also das Oligonucleotid möglichst optimal passt (Abb. 10.18). Im Prinzip gilt die gleiche Argumentation für die Wechselwirkung zwischen DNA und RNA, wobei die synthetischen Oligonucleotide in der Regel DNAs sind, die an RNAs in der Probe binden. Da in den RNAs Uracil anstelle von Thymin vorkommt, gibt es bei DNA-RNA-Hybriden auch Adenin-Uracil-Wechselwirkungen.

Zur Untersuchung mikrobieller Lebensgemeinschaften unter Anwendung molekulargenetischer Techniken wurden in den letzten Jahren zahlreiche **molekularökologische Methoden** entwickelt. Einige wichtige sind, unter Erwähnung auch einzelner kultivierungsabhängiger Strategien, in Abbildung 10.19 zusammengefasst. Grundsätzlich kann man bei den molekularen Methoden differenzieren zwischen solchen, bei denen zunächst Nukleinsäuren (DNA oder RNA) aus der Lebensgemeinschaft isoliert werden und solchen, bei denen man darauf verzichtet.

Eine Methode, bei der man auf die Isolierung von Nukleinsäuren verzichtet, ist die **Fluoreszenz-*in situ*-Hybridisierung (FISH)**. Bei dieser Vorgehensweise werden Oligonucleotide eingesetzt, die mit Fluoreszenzfarbstoffen markiert sind, so genannte Gensonden. Um das Eindringen der Gensonden in die Zellen zu ermöglichen, müssen diese fixiert und permeabilisiert sein. Bindet die Gensonde in hinreichendem Umfang in der Zelle wird der Fluoreszenzfarbstoff in der Zelle zurückgehalten und die Färbung der Zelle kann im Fluoreszenzmikroskop festgestellt werden (Abb. 10.20). Verwendet wird die FISH-Technik in der mikrobiellen Ökologie vornehmlich im Zusammenhang mit Gensonden für die 16S-rRNA oder 23S-rRNA. In der Zelle binden die Oligonucleotide nicht nur an die Gene der ribosomalen RNAs, sondern vor allem an die RNAs selbst. Bakterienzellen enthalten zwar oft mehrere (ein bis 15) Gene für ribosomale RNA, die Zahl der Ribosomen pro Zelle ist aber ungleich höher, in *E. coli* zum Beispiel bis ca. 15 000. Durch die hohe Zahl von Ribosomen erhält die Methode eine für viele Fragestellungen ausreichende Sensitivität. Da aber die Zahl der Ribosomen in gewissem Maße mit der Wachstumsrate korre-

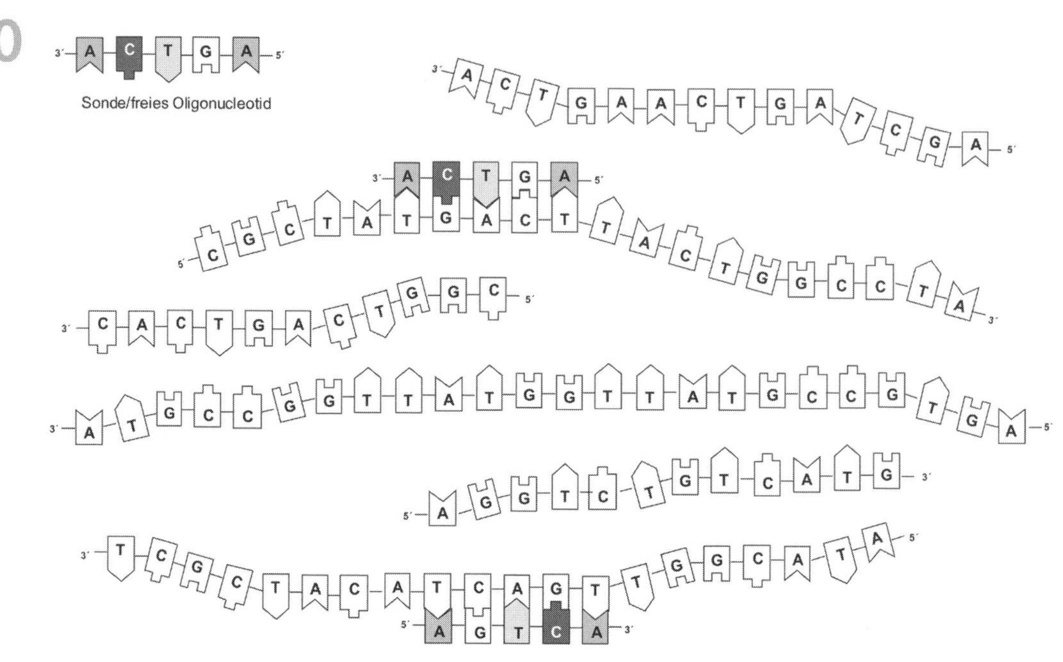

Abb 10.18 Bindung eines Oligonucleotides an ein Gemisch einzelsträngiger DNA-Moleküle.

liert, werden langsam wachsende Zellen zum Teil nur schlecht erfasst. Vom Prinzip her ist die FISH-Technik für quantitative Fragestellungen geeignet, wobei die Ergebnisse außer durch die erwähnten Probleme mit unterschiedlichem Ribosomengehalt zum Beispiel auch durch unterschiedlich effiziente Permeabilisierung der Zellen oder unterschiedlich effiziente Bindung der Sonden verfälscht werden können. Da auf eine Probe gleichzeitig immer nur eine sehr beschränkte Zahl von Markierungen angewendet werden kann, wird man mit der FISH-Technik nie einen weitgehend vollständigen Überblick über die mikrobielle Diversität einer Lebensgemeinschaft erhalten. Man bekommt gewissermaßen immer nur eine Antwort auf die Frage, wie viele Organismen von einer gewissen Gruppe in der untersuchten Lebensgemeinschaft vorkommen. So kann man mit einer relativ spezifischen Gensonde wie die Häufigkeit bestimmter Arten oder Gattungen in der Lebensgemeinschaft bestimmen und mit einer für bestimmte Großgruppen, zum Beispiel Phyla, spezifischen Sonde das Vorkommen von Organismen dieser Großgruppe. Als Bezugsgrößen für quantitative Angaben verwendet man zum einen die Zahl der mit DAPI (Abschnitt 10.1.1) anfärbbaren Zellen sowie die Zahl der mit einer universellen Gensonde anfärbbaren Zellen. Ein besonderer Vorzug der FISH-Technik ist, dass die Zellen auch in einer weitgehend intakten engeren Umgebung sichtbar gemacht werden können. So kann man zum Beispiel die Lage von bestimmter Zelle in einem Biofilm analysieren. Für solche Analysen mit komplexerer, mehrschichtiger Umgebung ist allerdings ein normales Fluoreszenzmikroskop nicht ausreichend, sondern es muss ein konfokales Laser-Scanning-Mikroskop zur Verfügung stehen.

Bei der Mehrzahl der molekularökologischen Methoden wird je nach genauer Fragestellung zunächst DNA oder RNA aus der Lebensgemeinschaft isoliert. Dies kann mit direkten Extraktionsmethoden erfolgen oder nachdem in einem ersten Schritt versucht wurde, die Mikroorganismen zum Beispiel von der Bodenmatrix abzulösen. Für die **Isolierung von DNA** aus einer Umweltprobe stehen mehrere relativ etablierte Methoden zur Verfügung, wobei insbesondere die Isolierung aus Boden und die Abtrennung von Huminstoffen noch problematisch sind, speziell wenn die Isolierung zu einer Reinheit führen muss, die einen Einsatz

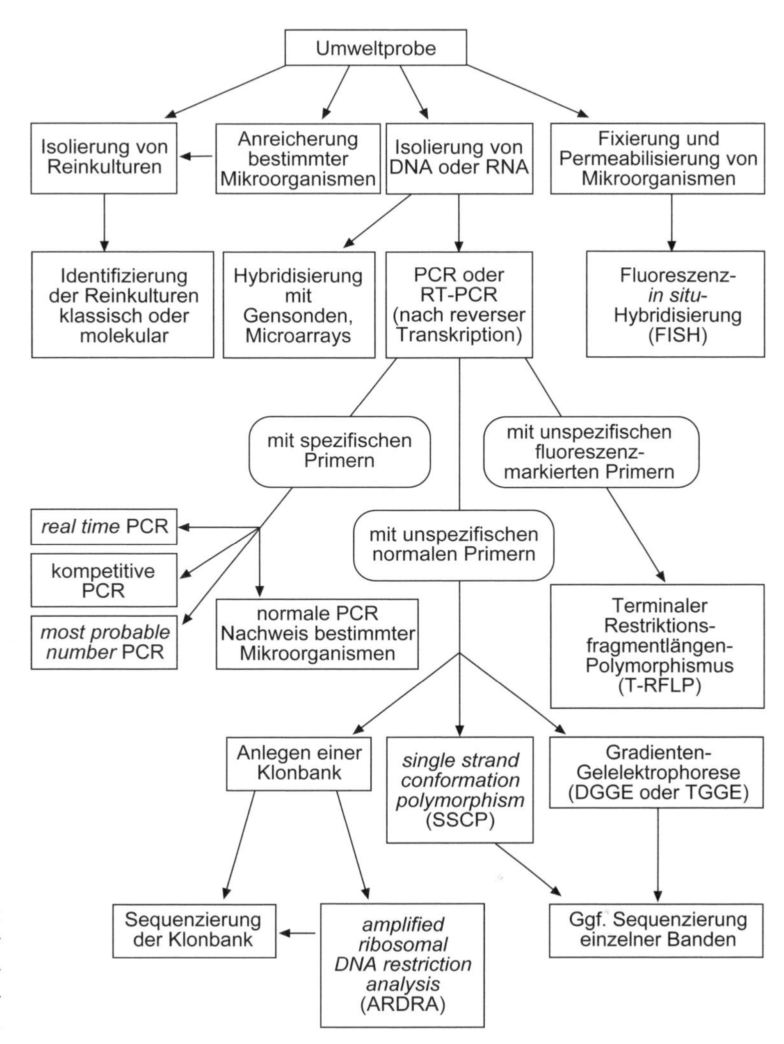

Abb 10.19 Überblick über einige Methoden zur Charakterisierung mikrobieller Lebensgemeinschaften.

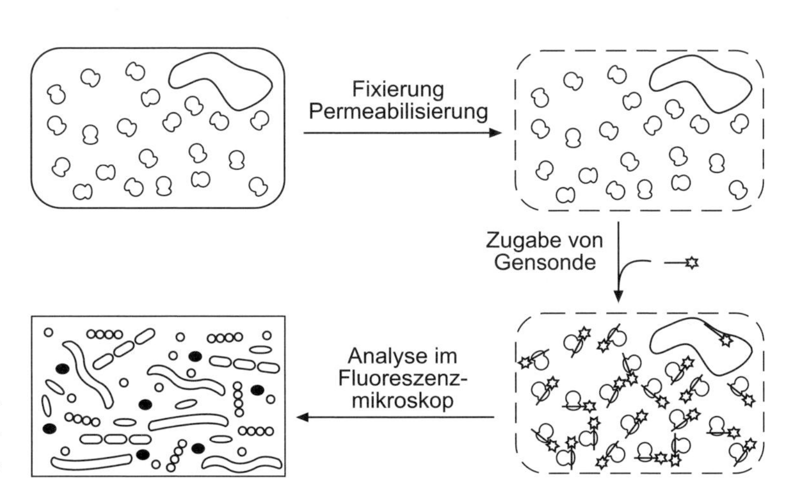

Abb 10.20 Prinzip der Fluoreszenz-*in situ*-Hybridisierung.

der DNA auch in anschließenden enzymatischen Schritten wie bei der PCR erlaubt. Die **Isolierung von RNA** ist trotz der grundsätzlichen Verfügbarkeit geeigneter Methoden noch sehr viel problematischer, weil zum ersten die RNAs durch relativ stabile RNasen, also RNA hydrolysierende Enzyme, zerstört werden können, und weil zum zweiten für viele Fragestellungen sichergestellt sein muss, dass die isolierte RNA frei von jeglicher DNA ist. Trotz dieser Schwierigkeiten wendet man sich zunehmend der RNA aus Umweltproben zu. Bei taxonomischen Analysen hat die rRNA gegenüber der sie kodierenden rDNA den Vorzug, dass man vorwiegend die wachsenden, also die aktiven Zellen einer Lebensgemeinschaft erfasst, während die DNA auch in nicht mehr teilungsfähigen Zellen noch intakt sein kann und bei auf die DNA abzielenden Analysen gegebenenfalls mit erfasst wird. Die mRNA aus Umweltproben erlaubt es zu analysieren, ob bestimmte Gene unter den Umweltbedingungen induziert werden, eine Information, die allein aus DNA-Analysen nicht zu erhalten ist.

Aus einer Lebensgemeinschaft isolierte Nukleinsäuren können direkt für eine **Hybridisierung mit einer Gensonde**, also einem markierten Oligonucleotid, eingesetzt werden. So lässt sich zum Beispiel bei Hybridisierung zwischen Sonde und mRNA der Induktionszustand eines Gens in der Lebensgemeinschaft untersuchen. Die einzelsträngige DNA kann auf einer Membran fixiert sein. Im Hinblick auf komplexe Proben besteht bei einer einfachen Hybridisierung die Beschränkung, dass immer nur Aussagen bezüglich der jeweils eingesetzten Gensonde gewonnen werden. Um diese Einschränkung zu umgehen, werden mittlerweile zahlreiche Gensonden in Form von **Microarrays** zusammengefasst. Hierzu werden zahlreiche unterschiedliche Oligonucleotide oder PCR-Produkte auf Glasplättchen fixiert und dann mit dem Gemisch der extrahierten Nukleinsäuren hybridisiert. Die direkte Hybridisierung setzt in allen Fällen voraus, dass von der Nukleinsäure aus der Umweltprobe eine für die Hybridisierung ausreichende Menge extrahiert werden kann.

Sehr viele molekularökologische Methoden basieren in der einen oder anderen Form auf der **PCR**, deren Prinzip schon im Zusammenhang mit der Identifizierung von Reinkulturen dargestellt wurde (10.4.1). Sofern eine PCR auf einen RNA-Extrakt angewendet werden soll, muss die RNA zunächst durch eine Reverse Transkriptase in DNA umgeschrieben werden. Man spricht bei dieser Kombination deshalb von **RT-PCR**. Grundsätzlich hat die PCR gegenüber der direkten Hybridisierung den Vorteil, dass sie mit sehr geringen Mengen an Nukleinsäure auskommt. Ein Nachteil ist, dass die PCR, abgesehen von einigen, gleich darzustellenden Varianten, vom Ansatz her keine quantitative Methode ist. Vielmehr läuft die exponentielle Vervielfältigung häufig bis irgendeine Komponente der Reaktion begrenzend wird, sodass auch bei ursprünglich unterschiedlichen Mengen an Matrizen-DNA oder -RNA ähnliche Mengen an PCR-Produkt und damit ähnliche Bandenintensitäten in der nachfolgenden Elektrophorese erreicht werden. Die Durchführung der PCR und insbesondere die Wahl der Primer richtet sich entscheidend nach der Fragestellung, die man verfolgt.

Ist es das Ziel, bestimmte Mikroorganismen oder bestimmte Gene in einer Umweltprobe nachzuweisen oder ihre Häufigkeit zu bestimmen, so wird man relativ **spezifische Primer** wählen, eben solche die gerade auf die 16S-rRNA oder 16S-rDNA der taxonomischen Gruppe oder auf das gesuchte Gen passen. Eine **„normale" PCR** beziehungsweise „normale" RT-PCR wird dann im positiven Fall zu einer Bande im Elektrophoresegel führen, die das Vorkommen der entsprechenden Matrizen-DNA oder -RNA nachweist. Wie erwähnt handelt es sich bei diesem Nachweis nicht um eine Quantifizierung. Da auch eine mit spezifischen Primern durchgeführte PCR je nach Bedingungen zu unspezifischen Nebenprodukten führen kann, ist es oft notwendig, eine **Überprüfung der Korrektheit** des PCR-Produktes vorzunehmen. Hierzu kann man zum Beispiel die Größe des Produktes durch Vergleich mit Größenstandards bei der Elektrophorese ermitteln. Man kann eine *nested* PCR durchführen, bei der das PCR-Produkt der ersten Reaktion als Matrize für eine zweite Reaktion mit weiter innen bindenden Primern eingesetzt wird. Man kann zur Kontrolle aber auch die Sequenz des PCR-Produktes bestimmen.

Eine gewisse Abschätzung der Häufigkeit bestimmter Gene oder Organismen kann man erhalten, wenn man eine Verdünnungsreihe anlegt und mit jeder Verdünnungsstufe als Matrizen-DNA oder -RNA eine PCR beziehungsweise RT-PCR durchführt. Diese Herangehensweise entspricht vom Grundgedanken her der Abschätzung der Zahl bestimmter Mikroorganismen unter Verwendung von Flüssigkulturen (vergleiche Abschnitt 10.2), und man spricht deshalb von ***most probable number*-PCR** (MPN-PCR).

Eine weitere Möglichkeit, quantitative Informationen aus einer PCR-Reaktion zu erhalten, bietet die **kompetitive PCR**. Zusätzlich zu den üblichen Komponenten einer PCR-Reaktion wird hierbei eine definierte Menge eines Kompetitors eingesetzt. Hierbei handelt es sich um ein Stück DNA, das über dieselben Primer-Bindungsstellen verfügt wie die Ziel-DNA, das aber zu einem etwas größeren oder etwas kleineren PCR-Produkt führt als die Ziel-DNA, hierdurch ist eine Trennung der Banden der beiden PCR-Produkte im Elektrophoresegel gewährleistet. Setzt man in einer größeren Zahl von PCR-Reaktionen bei konstanter Menge der eigentlichen Probe steigende Mengen des Kompetitors ein, so wird bei geringen Kompetitormengen fast ausschließlich die Ziel-DNA amplifiziert, bei hohen Kompetitormengen fast ausschließlich die Kompetitor-DNA. Der Bereich, in dem die Banden von Ziel-DNA und Kompetitor ähnliche Intensität aufweisen, kann zur Berechnung der Konzentration der Ziel-DNA aus der bekannten Konzentration der Kompetitor-DNA genutzt werden.

Die schnellste und einfachste Möglichkeit, quantitative PCR durchzuführen, bietet die ***real time*-PCR**. Hierbei wird während der PCR auf unterschiedliche Weise die Fluoreszenz eines Farbstoffes erhöht (Abb. 10.21). Entscheidend ist, dass die Fluoreszenz durch das *real time*-PCR-Gerät schon während der Reaktion registriert wird, sodass das Ergebnis nicht erst, wie bei der normalen PCR, nach Ende der Reaktion und Durchführung einer Elektrophorese, sondern schon im Verlauf beurteilt werden kann. Dies ermöglicht zum einen eine schnellere Beurteilung von Ergebnissen. Zum anderen ergeben in der exponentiellen Phase höhere Zahlen von Matrizenmolekülen stärkere Signale, und insofern sind quantitative Unterschiede sichtbar, die bei einer herkömmlichen PCR mit vielen Cyclen häufig nicht erkennbar bleiben. Zur Erhöhung der Fluoreszenz im Verlauf der PCR-Reaktion werden verschiedene Ansätze verwendet (Abb. 10.21).

- Es kann ein Farbstoff wie SYBR Green I verwendet werden, dessen Fluoreszenz bei Bindung an doppelsträngige DNA zunimmt (Abb. 10.21a). Da im Verlauf der PCR die Konzentration doppelsträngiger DNA steigt, nimmt auch die Fluoreszenz zu. Der Effekt auf die Fluoreszenz wird durch jegliche doppelsträngige DNA bewirkt, was einerseits von Vorteil ist, weil man nicht für jedes Experiment (teure) entsprechend markierte Oligonucleotide benötigt. Die Unspezifität ist andererseits von Nachteil, da auch ungewollte, unspezifisch entstandene PCR-Produkte ein positives Signal ergeben.
- Ein spezifisches Signal nur durch die gesuchten PCR-Produkte wird erreicht, wenn sowohl der Fluoreszenzfarbstoff als auch ein Quencher an einem Oligonucleotid gebunden sind (Abb. 10.21b). Solange beide durch die Bindung an dasselbe Oligonucleotid in der Nähe zueinander sind, gelingt die Auslöschung der Fluoreszenz durch den Quencher. Im Verlauf der PCR werden die Oligonucleotide jedoch durch die 5'→3'-Exonukleaseaktivität der DNA-Polymerase zerstört, und dadurch werden Fluoreszenzfarbstoff und Quencher voneinander getrennt, was zum Anstieg der Fluoreszenz führt.
- Verschiedene Methoden verwenden Oligonucleotide, bei denen der hieran gebundene Fluorophor und der ebenfalls gebundene Quencher durch Ausbildung einer Haarnadelstruktur des Oligonucleotides in Nachbarschaft zueinander gebracht werden (Abb. 10.21c). Bei der Anlagerung an komplementäre DNA werden Fluorophor und Quencher räumlich voneinander getrennt, wodurch die Fluoreszenz möglich wird. Im Verlauf der PCR wird immer mehr komplementäre DNA gebildet, was sich durch ein stärkeres Fluoreszenzsignal erkennen lässt.
- In einer weiteren spezifischen Methode wird das 3'-Ende eines Oligonucleotides mit einem grün fluoreszierenden Farbstoff markiert und das 5'-Ende eines zweiten, an der Ziel-DNA benachbart bindenden Oligonucleotides mit einem rot fluoreszierender Farb-

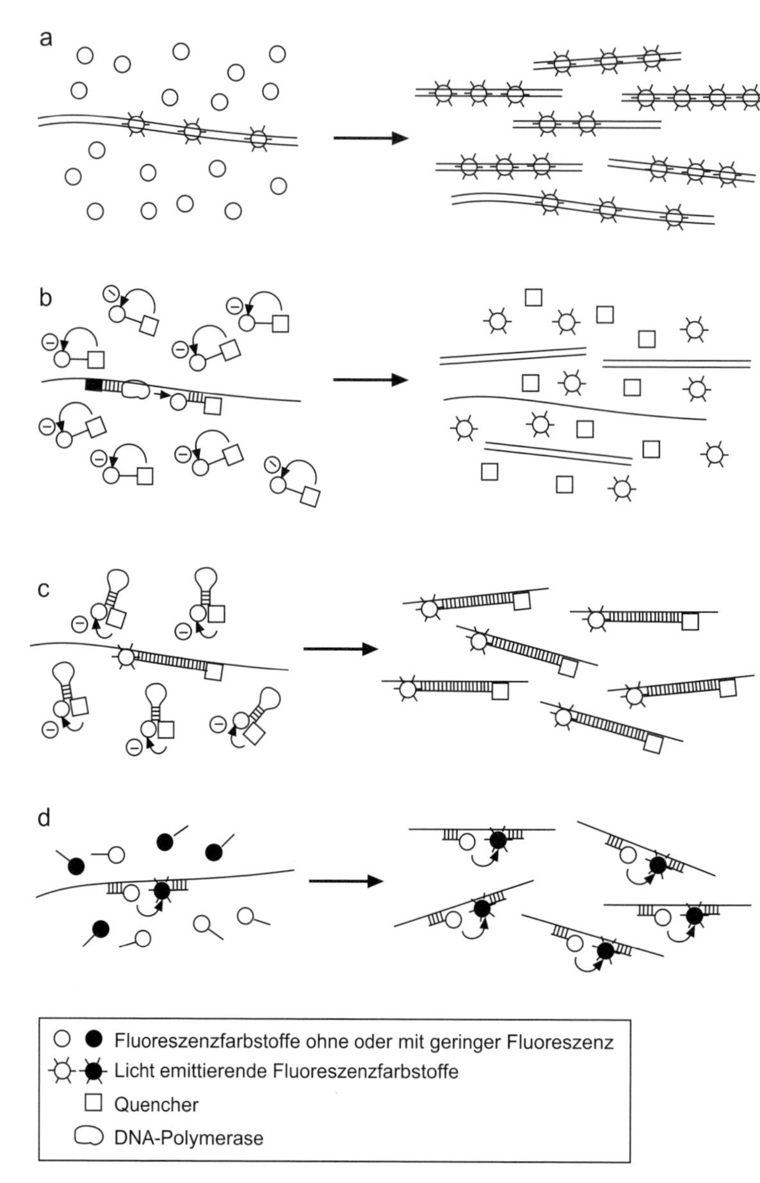

Abb 10.21 Möglichkeiten der Quantifizierung von Genen durch *real time*-PCR. (a) Verwendung eines bei Bindung an doppelsträngige DNA stärker fluoreszierenden Farbstoffes. (b) Verwendung eines Oligonucleotides mit Fluoreszenzfarbstoff und Quencher. Beseitigung der Wirkung des Quenchers durch 5'→3'-Exonucleaseaktivität der DNA-Polymerase. (c) Verwendung eines Oligonucleotides mit Fluoreszenzfarbstoff und Quencher, wobei die Quenchwirkung durch Bindung an komplementäre DNA aufgehoben wird. (d) Energietransfer vom Fluoreszenzfarbstoff am 3'-Ende eines Oligonucleotides auf anderen Fluoreszenzfarbstoff am 5'-Ende eines zweiten Oligonucleotides.

stoff (Abb. 10.21d). Bei Bindung an benachbarte Regionen kommt es durch Energietransfer vom ersten zum zweiten Farbstoff zu einer roten Fluoreszenz. Benachbarte Bindung wird durch Bildung des PCR-Produktes verstärkt möglich. Auch bei diesem System wird ein Signal durch unspezifische PCR-Produkte vermieden.

In vielen Fällen ist das Untersuchungsziel nicht so sehr der qualitative oder quantitative Nachweis bestimmter Stämme oder Gene, sondern vielmehr eine Bestandsaufnahme dessen, was am Standort insgesamt vorkommt, also beispielsweise eine Aussage zur Frage, aus welchen Mikroorganismen die Lebensgemeinschaft besteht. In solchen Fällen wird man die PCR mit relativ **unspezifischen Primern** durchführen, um der möglichen Diversität am Standort Rechnung zu tragen. „Relativ unspezifisch" kann bedeuten, dass man für taxonomische Fragen universelle Primer verwendet, „relativ unspezifisch" kann aber auch bedeuten, dass man sich nur für eine bestimmte Gruppe und die Diversität innerhalb dieser Gruppe interessiert und deshalb Primer auswählt, die eine ganze Gruppe erfassen. Amplifiziert man mit relativ unspezifischen Primern DNA (oder revers transkribierter RNA) aus einer Lebensgemeinschaft, so wird das **PCR-Produkt aus zahlreichen unterschiedlichen Sequenzen** bestehen.

Diese unterschiedlichen Moleküle werden, wenn sie alle von demselben Gen, zum Beispiel der 16S-rDNA, des jeweiligen Mikroorganismusses stammen, mehr oder weniger die gleiche Länge aufweisen. Sie werden also bei einer normalen Agarose-Elektrophorese nur eine Bande ergeben, die mölicherweise etwas verbreitet ist. Die dahinter stehende Diversität unterschiedlicher Sequenzen ist nicht zu erkennen. Interessiert man sich aber gerade für die Diversität an einem Standort, sei es die taxonomische Diversität oder die Diversität zum Beispiel eines Abbau- oder Resistenzgens, dann muss man gerade die Heterogenität des oberflächlich homogen erscheinenden PCR-Produktes analysieren können.

Eine Möglichkeit zur Untersuchung der Unterschiedlichkeit der in einem PCR-Produkt vorkommenden Sequenzen, ist die Klonierung des PCR-Produktes in einen Vektor und das **Anlegen einer Klonbank**. Hierbei wird im Prinzip jedes der bei der PCR entstandenen Moleküle in ein anderes Vektormolekül ligiert und anschließend in eine andere Bakterienzelle transformiert. Unterschiedliche Klone entsprechen also unterschiedlichen Molekülen im PCR-Produkt, die Moleküle werden voneinander getrennt (Abb. 10.22). Durch eine anschließende **Sequenzierung** zahlreicher klonierter Abschnitte kann im Prinzip die Diversität der Sequenzen im PCR-Produkt, und damit die mutmaßliche Diversität am Standort, vollständig aufgeklärt werden. Gleichzeitig können die gefundenen Sequenzen durch Datenbankvergleich bekannten Sequenzen zugeordnet werden, was bei einer taxonomischen Untersuchung der 16S-rDNA zur Identifizierung der am Standort vorhandenen Organismen führt (sofern hinreichend ähnliche Sequenzen von identifizierten Organismen in der Datenbank erfasst sind). Speziell bei einer Lebensgemeinschaft mit starker Dominanz einzelner Arten oder Gattungen kann der Fall eintreten, dass bei der Sequenzierung häufig dieselben oder extrem ähnliche Sequenzen erhalten werden. Dies würde bedeuten, dass bei der Charakterisierung der Lebensgemeinschaft unnötig hoher Aufwand und unnötig hohe Kosten entstehen. Um diesen Effekt in Grenzen zu halten, kann man die von dem PCR-Produkt erhaltenen Klone zunächst einer **ARDRA-Analyse** unterziehen, indem man die klonierten Abschnitte mit Restriktionsenzymen verdaut (vergleiche Abschnitt 10.4.1). Sequenziert werden dann gegebenenfalls nur noch einige Repräsentanten der unterschiedlichen ARDRA-Gruppen. Insgesamt liefert die Charakterisierung einer Klonbank die umfangreichsten Informationen zum Vorkommen unterschiedlicher Mikroorganismen oder Gene am Standort. Gleichzeitig ist diese Strategie, trotz gewisser Einsparungsmöglichkeiten durch ARDRA, tendenziell am aufwändigsten.

Auch durch spezielle elektrophoretische Techniken lassen sich DNA-Moleküle ähnlicher Länge voneinander trennen. Eine Möglichkeit ist die Analyse des ***single-strand conformational polymorphism*** **(SSCP)**. Einzelstränge von DNA nehmen in Abhängigkeit von der Sequenz verschiedene Konformationen ein, die wiederum die Laufgeschwindigkeit im Elektrophoresegel beeinflussen. Die Sequenzdiversität eines PCR-Produktes äußert sich also in der Zahl der Banden, die man nach der Denaturierung auf einem SSCP-Gel erhält. Die Intensität der Banden liefert in begrenztem Maße (da die PCR keine wirklich quantitative Methode ist) Informationen über die Häufigkeit der zu den Banden führenden Sequenzen. Um die Zahl der elektrophoretisch zu trennenden Einzelstränge pro PCR-Produkt von zwei auf einen zu reduzieren und um Probleme durch ungewolltes Zusammenlagern zu umgehen, kann ein phosphorylierter PCR-Primer verwendet werden, der zu phosphorylierten Einzelsträngen führt, die dann selektiv mit einer Exonuclease abgebaut werden können. Eine Zuordnung von Banden zu bestimmten Sequenzen, und damit zum Beispiel bei 16S-rDNA-Analyse eine Identifizierung von Arten oder Gattungen, ist durch den Vergleich mit Banden von PCR-Produkten entsprechender Reinkulturen oder durch Reini-

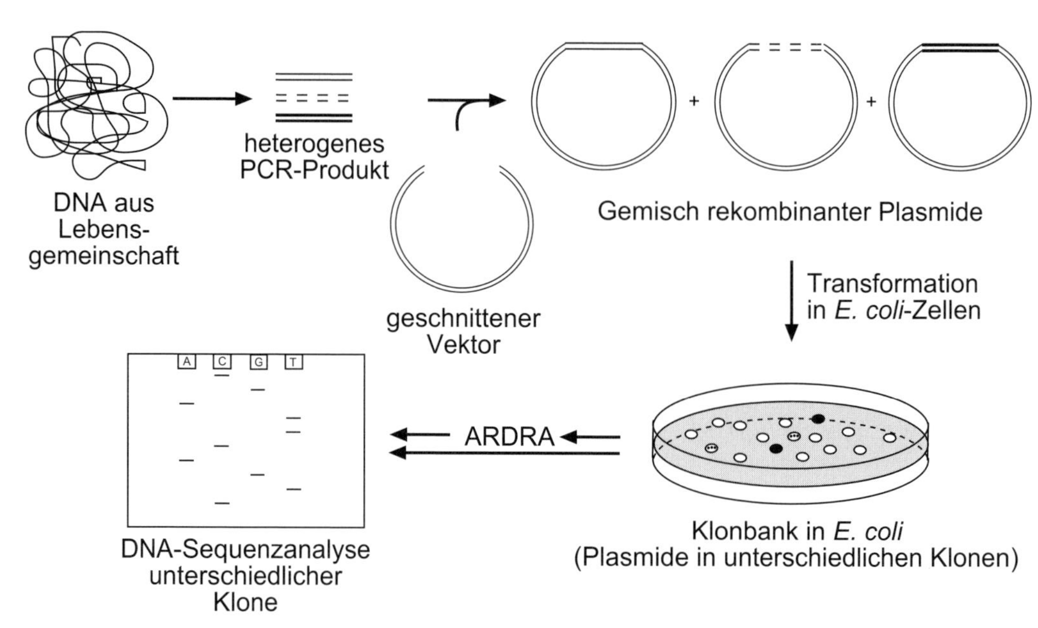

Abb 10.22 Analyse der Diversität eines PCR-Produktes durch Anlegen einer Klonbank und Sequenzanalyse.

gung der DNA aus dem Gel, erneute Amplifizierung und anschließende Sequenzierung möglich.

Eine Trennung gleich langer DNA-Moleküle unterschiedlicher Sequenz ist auch durch Gradienten-Gelelektrophoresen möglich, in deren Verlauf der DNA-Doppelstrang weitgehend in Einzelstränge getrennt wird. Üblich sind zum einen die **denaturierende Gradienten-Gelelektrophorese (DGGE)** und zum zweiten die **Temperaturgradienten-Gelelektrophorese (TGGE).** Bei der DGGE wird in das Polyacrylamidgel ein ansteigender Gradient von Denaturierungsmitteln (Formamid und Harnstoff) einpolymerisiert. Bei der TGGE wird das Gel entweder einem räumlichen Temperaturgradienten ausgesetzt (von oben nach unten zunehmende Temperatur) oder das Gel wird im Verlauf der Elektrophorese zunehmend erwärmt (zeitlicher Gradient). Die steigende Konzentration an Denaturierungsmittel oder die steigende Temperatur führen dazu, dass die den DNA-Doppelstrang zusammen haltenden Wasserstoffbrückenbindungen sich lösen. Dies geschieht sequenzabhängig, und zwar zuerst in Abschnitten mit starkem Vorkommen an Adenin und Thymin (nur zwei H-Brücken) und später in Abschnitten, in denen Guanin und Cytosin überwiegen (drei H-Brücken). Das sequenzabhängige Aufschmelzen der DNA beeinflusst die Wanderungsgeschwindigkeit. Besonders stark reduziert wird die Wanderung bei Y-förmigen Strukturen, die entstehen, wenn der Doppelstrang weitgehend aufgespalten ist, aber an einem Ende noch zusammen hängt. Um die Ausbildung solcher Strukturen zu fördern, kann man bei der PCR durch Wahl eines entsprechenden Primers noch eine GC-Klammer anfügen. Bei DGGD und TGGE liefert die Zahl der Banden eine Aussage über die Sequenzdiversität des PCR-Produktes und die Intensität der Banden ebenso in beschränktem Maße eine Information zur Häufigkeit des Sequenztyps in der Probe. Auch bei DGGE und TGGE ist eine Zuordnung der Banden zu bekannten Sequenzen, also bei 16S-rDNA-Analysen eine Aussage zu Arten oder Gattungen, durch Vergleich mit Banden von PCR-Produkten von Reinkulturen möglich. Zusätzlich bietet sich hier die Möglichkeit, Banden aus dem Gel auszuschneiden, die DNA daraus zu reinigen und zu klonieren und dann eine Sequenzanalyse dieser Banden vorzunehmen.

Sowohl bei der SSCP als auch bei DGGD und TGGE ist eine Zuordnung von Banden zu bekannten Sequenzen wie erwähnt nur durch gleichzeitige Untersuchung entsprechender Reinkulturen oder durch nur nachträgliches Ausschneiden, Klonieren und Sequenzieren möglich. Dieses Problem wird bei einer weiteren elektrophoretischen Technik, der Analyse des **terminalen Restriktionsfragmentlängen-Polymorphismus (T-RFLP)**, vermieden. Hier wird schon bei der PCR ein mit einem Fluoreszenzfarbstoff markierter Primer eingesetzt. Das PCR-Produkt wird, ähnlich wie bei ARDRA von Reinkulturen (Abschnitt 10.4.1) durch ein Restriktionsenzym, das relativ häufig schneidet, verdaut, und das Gemisch von Restriktionsfragmenten des mutmaßlich heterogenen PCR-Produktes wird in einem Polyacrylamid-Gel elektrophoretisch aufgetrennt (Abb. 10.23). Bei der Messung des fluoreszierenden Lichtes nach Abscannen mit einem Laser werden nur die Banden der terminalen Restriktionsfragmente sichtbar, weil nur diese aufgrund des markierten Primers einen Fluoreszenzfarbstoff tragen. Die Länge dieser terminalen Restriktionsfragmente kann genau bestimmt werden und ist nur abhängig von der Sequenz, dem verwendeten Primer und dem verwendeten Restriktionsenzym. Deshalb kann man anhand der Primersequenz und der Erkennungssequenz des Restriktionsenzyms für rRNA-Sequenzen in den Datenbanken berechnen, mit wie langen terminalen Restriktionsfragmenten zu rechnen ist. Man kann auch umgekehrt aus der experimentell bestimmten Länge des terminalen Fragments direkt (also ohne Auftragen von PCR-Produkten aus Reinkulturen und ohne anschließende Sequenzierung) Rückschlüsse ziehen, von welchen Organismen ein solches Fragment resultieren könnte. Im Unterschied zu ARDRA von Reinkulturen wird bei T-RFLP nur die Länge eines Fragmentes von jedem Organismus und nicht dessen ganzes Bandenmuster analysiert, weil die überlagerten Bandenmuster aller Organismen einer Lebensgemeinschaft viel zu komplex sein würden. Da bei T-RFLP im Vergleich zu ARDRA weniger Information ausgenutzt wird, ist die taxonomische Auflösung des T-RFLP geringer, was bedeuten kann, dass eine Bande einer bestimmten Länge aus der rRNA mehrerer Arten resultiert, also ein eindeutiger Rückschluss von Fragmentlänge auf vorkommende Art nicht immer möglich ist.

Eine große Herausforderung ist es derzeit nicht nur das Vorkommen bestimmter Mikroorganismen in Lebensgemeinschaften nachzuweisen und gegebenenfalls zu quantifizieren, sondern eine **Zuordnung der** für den jeweiligen Prozess entscheidenden **Aktivitäten zu bestimmten Mikroorganismen** vornehmen zu können.

- Eine mögliche Herangehensweise ist es, radioaktive Substrate einzusetzen und im Anschluss an eine Fluoreszenz-*in situ*-Hybridisierung eine **Mikroautoradiographie** durchzuführen, um hierdurch den Einbau radioaktiver Isotope (^{14}C) in die Biomasse mit der Gegenwart bestimmter Taxa räumlich korrelieren zu können. Kürzlich wurde die Mikroautoradiographie auch in Kombination mit Microarrays zur Hybridisierung von rRNA in Form so genannter *isotope arrays* erfolgreich verwendet.
- In anderen Strategien des Aktivitätsnachweises wird mit Substraten gearbeitet, die durch **stabile Isotope** (^{13}C) markiert sind. So kann der Einbau des Isotops in charakteristische Fettsäuren nachgewiesen werden. Auch ^{13}C-

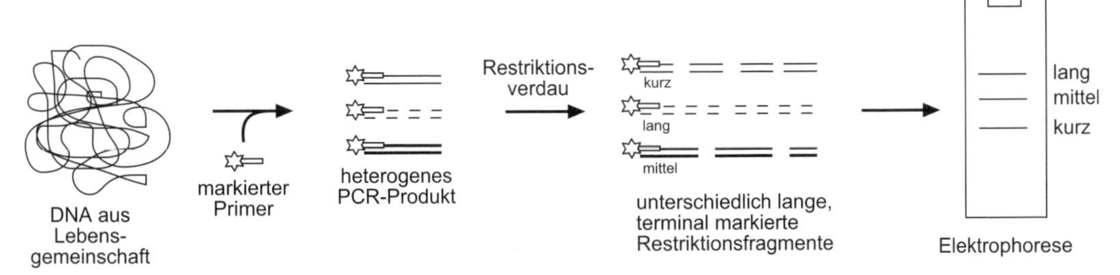

Abb 10.23 Charakterisierung einer Lebensgemeinschaft durch Untersuchung des terminalen Restriktionsfragmentlängen-Polymorphismus (T-RFLP).

markierte DNA oder RNA kann durch Dichtegradienten-Zentrifugation von nicht markierter DNA beziehungsweise RNA getrennt gewonnen und analysiert werden, um nur die Organismen zu erfassen, die die markierte Verbindung umgesetzt haben.

Testen Sie Ihr Wissen

Nennen Sie summarische Methoden zur Charakterisierung von mikrobiellen Lebensgemeinschaften.

Wozu verwendet man Fluoreszenzfarbstoffe?

Vergleichen Sie eine Auszählung nach koloniebildenden Einheiten mit der Nutzung einer Zählkammer.

Was versteht man unter der MPN-Methode?

Womit lässt sich die O_2-Konzentration bestimmen?

Beschreiben Sie die Aktivitätsbestimmung einer Esterase.

Warum ist Fluorescein erst nach NaOH-Zugabe grün? Zeichnen Sie die relevanten Strukturen.

Was hat der Leuchtkäfer mit der ATP-Quantifizierung zu tun?

Bei der Bakterienidentifizierung bedient man sich der „Bunten Reihe“. Bitte erläutern Sie den Begriff „bunt“ in diesem Bezug.

Worauf beruht der Nachweis von mikrobieller Aktivität anhand der Isotopenfraktionierung?

Beschreiben Sie die Grundlagen der Bakterienidentifizierung bei Nutzung von DNA/RNA.

Aus welchen grundlegenden Prozessen in Organismen wurde die PCR abgeleitet? Gibt es dort auch Primer?

Warum betreibt man den komplexen Temperaturcyclus bei der PCR? Was haben thermophile Organismen mit der PCR zu tun?

Welchen Trick hat Sanger für die DNA-Sequenzierung beigetragen?

Was versteht man unter Hybridisierung, was unter einer Gensonde?

Was ist ein „Alignment“? Worüber gibt es Auskunft?

Literatur

Akkermans, A. D. L., van Elsas, J. D., de Bruijn, F. J. 1995. Molecular Microbial Ecology Manual. Kluwer Academic Publishers, Dordrecht, Boston, London.

Alef, K. 1991. Methodenhandbuch Bodenmikrobiologie: Aktivitäten, Biomasse, Differenzierung. ecomed Verlagsgesellschaft, Landsberg/Lech.

Amann, R. I., Ludwig W., Schleifer, K. H. 1995. Phylogenetic identification and in situ detection of individual microbial cells without cultivation. Microbiol. Rev. 59: 143–169.

Atlas, R. M. 1995. Handbook of Media for Environmental Microbiology. CRC Press, Boca Raton.

Gerhardt, P., Murray, R. G. E., Wood, W. A., Krieg, N. R. 1994. Methods for General and Molecular Bacteriology. American Society for Microbiology, Washington, D.C.

Hoefs, J. 2004. Stable Isotope Geochemistry. 5. Aufl. Springer, Berlin.

Hurst, C. J., Crawford, R. L., Knudsen, G. R., McInerney, M. J., Stetzenbach, L. D. 2002. Manual of Environmental Microbiology. 2. ed. American Society for Microbiology, Washington, D.C.

Lesk, A. M. 2003. Bioinformatik. Eine Einführung. Spektrum, Heidelberg, Berlin.

Nelson, D. L., Cox, M. M. 2005. Lehninger Principles of Biochemistry, 4th ed. W. H. Freeman & Company, New York.

Wagner, M. 2004. Deciphering functions of uncultured microorganisms. ASM News 70: 63–70.

11 Biologische Abwasserreinigung

11.1 Entstehung und Zusammensetzung von Abwässern

Das Wasserhaushaltsgesetz regelt die mittel- oder unmittelbare Nutzung der Gewässer, woraus sich die Anforderungen an das Einleiten von Abwasser in ein Gewässer ergeben. **Abwasser** ist „durch Gebrauch verändertes abfließendes Wasser und jedes in die Kanalisation gelangende Wasser“ (DIN 4045) – also auch Regenwasser. Zu unterscheiden sind Indirekt- und Direkteinleiter: **Indirekteinleiter** sind Abwasserproduzenten, deren Abwässer zusammen mit anderen Abwässern in eine öffentliche (kommunale) Kläranlage gelangen. **Direkteinleiter** leiten ihre Abwässer – wie die kommunale Kläranlage – nach einer entsprechenden Reinigung direkt in ein Gewässer ein. In groben Zügen kann man **kommunales Abwasser,** die verschiedenen **Industrieabwasserarten** und **Mischabwässer** unterscheiden.

Unter den **Bestandteilen** im Abwasser unterscheidet man zunächst **ungelöste** von **gelösten Stoffen.** Die ungelösten, filtrierbaren Stoffe können je nach Teilchengröße nochmals in **absetzbare** und **nicht absetzbare Stoffe** unterteilt werden. Zu den nicht absetzbaren Stoffen gehören „schwimmende“, sehr fein verteilte Partikel sowie suspendierte, beziehungsweise kolloidale Teilchen, die analytisch mittels Ultrafiltration abtrennbar sind. Die Anteile an gelösten Stoffen werden in **organische, abbaubare** sowie **organische, nicht (oder schwer) abbaubare** und **anorganische Stoffe** unterteilt.

Sieht man von extrem einseitig zusammengesetzten Industrieabwässern ab, so kann Abwasser in seiner qualitativen und quantitativen Zusammensetzung durch Einzelparameter (wie Fett, Zucker, Chloride) nicht ausreichend charakterisiert werden. Man hat daher versucht, die Summe der im Abwasser enthaltenen organischen Schmutzstoffe indirekt dadurch zu bestimmen, dass man sie zum Beispiel unter definierten Bedingungen oxidiert und die Menge des dafür benötigten Oxidationsmittels erfasst. Typische **Summenparameter** für Abwasser sind:

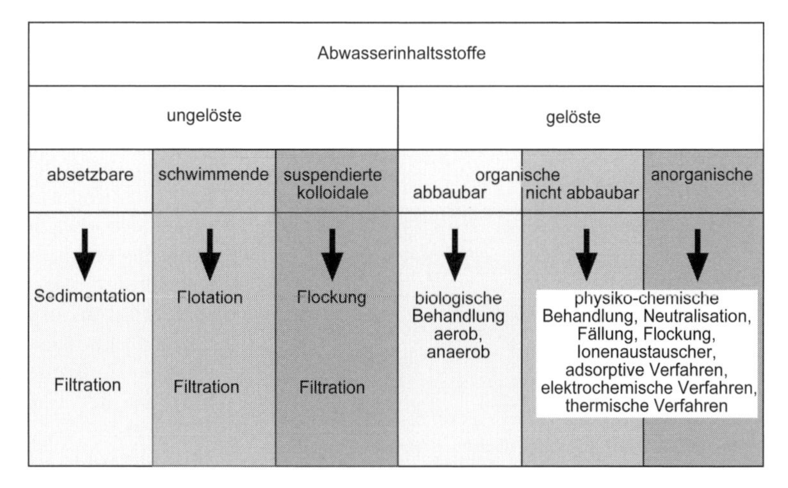

Abb 11.1 Zusammensetzung von Abwasser und dessen mögliche Behandlung.

11

- Als Maß für die mikrobiell abbaubaren organischen Stoffe dient der **Biochemische Sauerstoffbedarf (BSB).** Der BSB_5 ist die Menge Sauerstoff in Milligramm pro Liter, die für den biologischen Abbau im Dunkeln bei 20 °C nach fünf Tagen verbraucht worden ist. Die Methodik simuliert den Abbauprozess, der bei der Einleitung von Schmutzstoffen in Gewässer erfolgt, die ausreichend Mikroorganismen enthalten. Bei dieser Standardmethode werden nicht alle Stoffe, sondern nur die leicht abbaubaren Komponenten erfasst. Das sind Zucker, Proteine sowie Aminosäuren, organische Säuren und Lipide. Die vollständige Oxidation der Gewichtseinheit von einem Gramm dieser Stoffe erfordert verschiedene Sauerstoffmengen (theoretischer Sauerstoffbedarf, ThSB). Bei der Veratmung von einem Mol Glucose werden sechs Mol Sauerstoff verbraucht, was in Gewichtseinheiten bedeutet, dass beim Abbau von einem Gramm Glucose 1,07 Gramm O_2 benötigt werden. Bei oxidierteren Substraten liegen die theoretischen Werte für vollständige Oxidation unter eins, bei reduzierten Substraten über eins (g O_2/g Substanz): Essigsäure 0,94; Proteine 1,46; Buttersäure 1,82; Triglyceride 2,85; Phenol 2,39; Methan 4. Da kommunale Abwässer vor allem Kohlenhydrate und Proteine enthalten, lässt sich daraus ein Umrechnungsfaktor von BSB_5 auf abbaubare organische Substanz von etwa 1,3 ableiten. Sauerstoff wird allerdings nicht nur bei der Oxidation organischer Stoffe verbraucht, sondern zusätzlich entsteht für die Oxidation des aus dem Proteinabbau anfallenden Ammoniums zu Nitrat (Nitrifikation) ein Verbrauch. Die BSB_5-Werte liegen für Wässer beziehungsweise Abwässer verschiedener Herkunft sehr unterschiedlich hoch (Tabelle 11.1).

Tabelle 11.1 BSB_5-Werte verschiedener Abwässer (Daten aus Fritsche, 1998).

Abwasser/Wasser	BSB_5-Werte (mg O_2/L)
Kommunale Abwässer	300 - 430
biologisch gereinigtes Abwasser	15 - 40
Reines Flusswasser	1 - 3
Molkereien und Brauereien	500 - 2 000
industrielle Tierproduktion (Gülle)	10 000 - 25 000

- Nicht alle organischen Inhaltsstoffe von Abwasser sind mikrobiell abbaubar. Um möglichst alle organischen Stoffe zu ermitteln, die im Abwasser vorliegen, wird der **Chemische Sauerstoffbedarf (CSB)** bestimmt. Bei der Bestimmung des CSB mit Hilfe der chemischen Oxidation durch Kaliumdichromat werden entweder die Menge des verbrauchten Oxidationsmittels oder die daraus errechnete äquivalente Sauerstoffmenge (Gramm O_2 pro Liter) angegeben. Der CSB-Wert liegt höher als der BSB_5-Wert, da er neben den leicht abbaubaren Verbindungen auch die schwer abbaubaren Naturstoffe und die Xenobiotika umfasst. Bei kommunalen Abwässern liegt das Verhältnis von CSB:BSB um 1,5 - 2, bei Industrieabwässern häufig über zwei.
- Der **DOC** (***dissolved organic carbon***) oder gelöster organisch gebundener Kohlenstoff bildet zusammen mit dem ungelösten organisch gebundenen Kohlenstoff (***particulate organic carbon*, POC**) und dem flüchtigen organisch gebundenen Kohlenstoff (***volatile organic carbon*, VOC**) den organisch gebundenen Gesamtkohlenstoff (***total organic carbon*, TOC**). Zur Bestimmung des DOC werden die gelösten organischen Verbindungen nach Filtration vollständig oxidiert und das resultierende Kohlendioxid in neueren Verfahren mittels Infrarotspektroskopie bestimmt. Als Ergebnis erhält man die Konzentration des Elementes Kohlenstoff, der in organisch gebundener Form vorliegt. Für natürliche Wässer liegen die DOC-Werte im Bereich von einigen Milligramm pro Liter. Typische Werte sind für Grundwasser 0,7, für Flüsse 2 - 10 und für Sümpfe/Moore 10 - 60 Milligramm pro Liter. Erfahrungsgemäß macht das Element Kohlenstoff etwa einen Gewichtsanteil von 50 Prozent der organischen Verbindungen aus. Bei einem DOC von 15 Milligramm pro Liter liegen in der Probe also etwa 30 Milligramm pro Liter organische Verbindungen vor.
- Der Summenparameter **AOX** erfasst die **„adsorbierbaren organischen Halogenverbindungen"** im Wasser (X steht in der Chemie für die Halogene Fluor, Chlor, Brom und Jod). Bei der analytischen Bestimmung des AOX werden die betreffenden Verbindungen an Aktivkohle adsorbiert. Die Kohle wird

dann verbrannt und die entstandenen Halogensäuren durch Fällung mit Silberionen und dem dadurch verursachten Stromverbrauch gemessen. Der AOX erfasst damit den Großteil aller chlor-, brom- und jodorganischen Substanzen, die in einer Probe enthalten sind. Bei der Bewertung der Messgröße AOX muss beachtet werden, dass bestimmte polare Chlorverbindungen nur schlecht an Aktivkohle adsorbieren und damit nur teilweise erfasst werden.

Unter **Kommunal-Abwasser** versteht man das in Haushalten, kommunalen Einrichtungen (Schulen, Krankenhäuser) und dem Kleingewerbe (Schlachtereien, Wäschereien, Gaststätten) innerhalb einer Gemeinde anfallende Abwasser inklusive des in die Kanalisation gelangenden Niederschlagswassers. Im Tagesverlauf zeigt sowohl die **Abwassermenge** je Einwohner als auch die **Zusammensetzung** und **Konzentration** der Schmutzstoff charakteristische Schwankungen (Abb. 11.2). Auch in Abhängigkeit von Wochentagen (Werktag/Feiertag), der Jahreszeit (Saisonbetrieb/Urlaubszeit) und den Betriebsverhältnissen bei Gewerbe und Industrie ändern sich Menge und Zusammensetzung des Abwassers. So kann durch unkontrollierbare und nicht vorhersehbare Ereignisse (zum Beispiel „Pannen" in Betrieben, Gewitterregen nach langer Trockenzeit) das Substratangebot kurzfristig um ein Mehrfaches ansteigen (Belastungsstöße) oder sich das Volumen und damit die Konzentration und Verweilzeit in der Anlage ändern. Es ist daher weder qualitativ noch quantitativ ein gleichmäßiges Substratangebot für die in der Kläranlage enthaltenen Organismen gegeben. Häusliche Abwässer enthalten vor allem organische Stoffe, die aus Harn, Fäzes, aus Spül-, Putz- und Waschwasser stammen. Abwässer besitzen ein breites Spektrum an verschiedenen Inhaltsstoffen: von den durch Mikroorganismen gut abbaubaren organischen Stoffen (Kohlenhydrate, Eiweißstoffe, Fette), Harnstoff aus den Exkrementen über Salze und Sand bis zu in Abwasserreinigungsanlagen störend wirkenden Stoffen wie Tensiden (aus Waschmitteln).

Der **Einwohnerwert EW** (früher Einwohnergleichwert EGW) stellt eine Rechengröße für die Abwasserreinigung dar. Er ist ein Maß für die Belastung gewerblich-industriell genutzten Abwassers mit organisch abbaubaren Stoffen – gemessen als BSB_5. Es gibt an, welcher Einwohnerzahl diese Belastung entspricht. Er dient also zum Vergleich von industriellem, gewerblichem und häuslichem Abwasser und wird unter anderem als Maß für die Berechnung der Größe von Kläranlagen (Abwasserreinigung) benutzt. Ein Einwohnerwert entspricht der täglich von einem Einwohner in das Abwasser abgegebenen Menge an organischen Schadstoffen. Der Wert dieser Schmutzmenge beträgt in Deutschland im Mittel 60–65 Gramm BSB_5 je Einwohner und Tag. Nach einem durchschnittlichen Abwasseranfall von 150–200 Liter (pro Einwohner und Tag) errechnet sich daraus ein BSB_5 in unbehandeltem Abwasser von 300–430 Milligramm pro Liter.

Unter **Industrie-Abwasser** versteht man das Abwasser, das in Industrie- und Gewerbebetrieben im Zusammenhang mit den Produktionsprozessen anfällt. Menge und Zusammensetzung werden daher durch die **Art der Roh-**

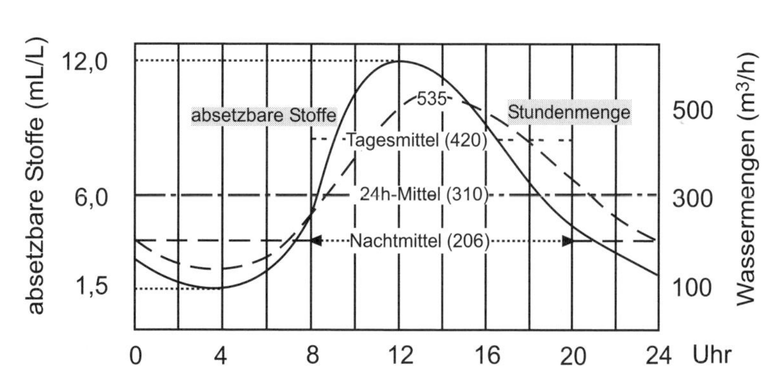

Abb 11.2 Schwankungen der Abwassermenge und der darin enthaltenen absetzbaren Stoffe einer Stadt von 50 000 Einwohnern im Laufe eines Tages (nach Imhoff und Imhoff, 1993).

Tabelle 11.2 Abwasserfracht aus verschiedenen Industriezweigen (verändert nach Präve et al., 1994).

Betrieb	Abwasserfracht (Einwohnerwerte)	bei Verarbeitung beziehungsweise Produktion von
Brauerei	150 - 350	1 000 Liter Bier
Molkerei (ohne Käserei)	100 - 200	1 000 Liter Milch
Stärkefabrik	500 - 900	1 Tonne Mais oder Weizen
Wollwäscherei	2 000 - 4 500	1 Tonne Wolle
Papierfabrik (Abhängigkeit von der Papierqualität)	200 - 2 000	1 Tonne Papier
Schlachthof	3 000	100 Schweine

produkte und **Verarbeitungsverfahren** bestimmt. Prinzipiell sind die Abwässer aller Betriebe, die **pflanzliche** oder **tierische** Stoffe verarbeiten, einer biologischen Reinigung zugänglich, wie zum Beispiel Nahrungsmittelindustrien, Brennereien, Papierfabriken, Gerbereien, Wollwäschereien (siehe Tabelle 11.2). Aber auch organisch verunreinigte Abwässer aus der **chemischen** Industrie können durch biologische Verfahren gereinigt werden.

11.2 Abwasserreinigung in mechanisch-biologischen Kläranlagen mit aerober Stufe

Eine **Abwasserreinigungsanlage** ist eine Anlage zur Behandlung von Abwasser (Eliminierung der Inhaltsstoffe) mit dem Ziel, die Schadwirkung zu vermindern. Als wichtiges ökologisches Glied im Stoffkreislauf hat eine Abwasserreinigungsanlage also die Aufgabe, dem Vorfluter (einem natürlichem Fließgewässer, also einem Bach oder Fluss) ein Wasser vergleichbarer Qualität und dem Boden einen humusartigen Schlamm zurückzugeben. Das Abwasser muss also so weit gereinigt werden, dass die Gewässer nach der Einleitung für Fischerei und Erholung genutzt werden können und sich möglichst naturnahe aquatische Ökosysteme entwickeln. Dies bedeutet auch, dass die Vermeidung der Eutrophierung der Gewässer einschließlich der Meere eine zentrale Aufgabe der Abwasserreinigung ist.

Die verschiedenen Reinigungsprozesse einer üblichen Kläranlage lassen sich häufig in drei **Stufen** zusammenfassen (Abb. 11.3):

- mechanische Reinigung,
- aerobe biologische Reinigung sowie
- Nachbehandlung zur Reduktion der beim Abbau anfallenden anorganischen Mineralisierungsprodukte Ammonium, Nitrat und Phosphat. Dieser Schritt ist heute oft in die zweite Stufe integriert (Abschnitt 11.3).

An diese drei Stufen schließt sich häufig noch eine **Behandlung** des in den drei Stufen anfallenden **Schlammes** durch aerobe Kompostierung oder anaerobe Faulung an (Kap. 14). Der Schlamm kann somit zur Biogasgewinnung dienen, bei einem geringem Schadstoffgehalt auch zur Bodenverbesserung. Ansonsten muss er nach Entwässerung durch Klärschlammdeponierung oder -verbrennung entsorgt werden.

In der ersten Stufe erfolgt eine **mechanische Reinigung** durch **Rechen** zur Grobreinigung von Holzstücken, Blättern und Geweberesten sowie durch einen **Sandfang**, bei dem durch verringerte Fließgeschwindigkeit erreicht wird, dass mit dem Wasser eingeschwemmter Sand oder andere körnige mineralische Stoffe durch Absetzen in Langsandfängen oder Rundbecken aus dem Wasser entfernt werden. Fette und Öle werden aufgrund des leichteren spezifischen Gewichtes in **Ölabscheidern** abgetrennt. Die **Vorklärung** beginnt in einem Absetzbecken, indem sich bei deutlich verlangsamter Strömung absetzbare (sedimentierbare) Schmutzstoffe während einer Verweilzeit von mehreren Stunden am Boden abscheiden. Hier werden

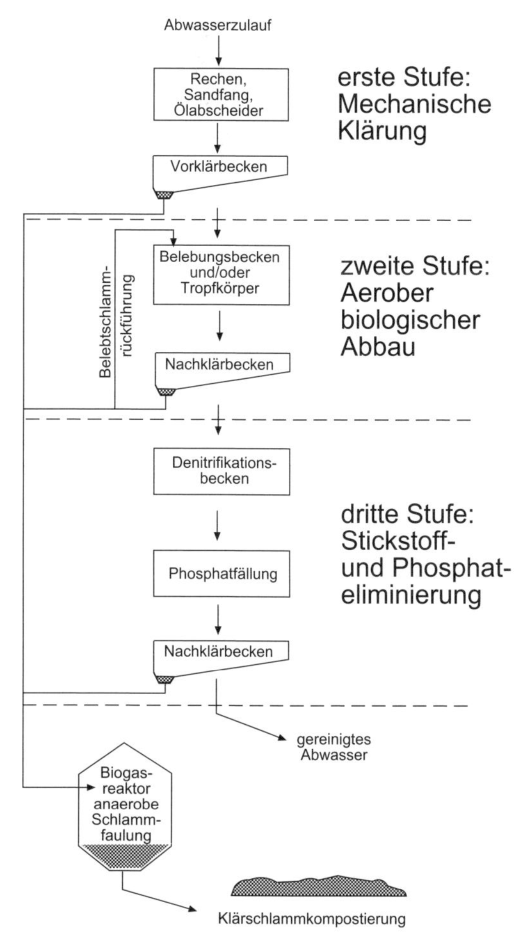

Abb 11.3 Aufbau einer dreistufigen kommunalen Kläranlage mit anschließender Schlammfaulung und Biogasgewinnung.

bereits 30 bis 35 Prozent organischer Substanz zurückgehalten. Der anfallende Schlamm wird einer zentralen Nachbehandlung durch anaerobe Faulung oder Kompostierung zugeführt. Es verbleiben zwei Drittel an organischer Schmutzfracht als gelöste oder fein verteilte (suspendierte beziehungsweise kolloidal verteilte) Stoffe, die überwiegend dem aeroben Abbau der im Wasser bereits vorhandenen Bakterien zugänglich sind. Dieser Überstand wird der zweiten Stufe zugeleitet.

In der zweiten Stufe erfolgen in der Regel die **aeroben biologischen Abbauprozesse.** Bei höher belasteten Abwässern wird der Abbau organischer Stoffe durch Sauerstoff limitiert. Der für den Substratabbau durch Atmung erforderliche Sauerstoffbedarf ist beträchtlich. Die Veratmung von einem Gramm Glucose erfordert wie oben angesprochen etwa ein Gramm Sauerstoff. Da Mikroorganismen gelösten Sauerstoff benötigen, die Löslichkeit des Sauerstoffs in Wasser jedoch sehr gering ist (8,9 Milligramm O_2/L bei 20 °C und Normaldruck), tritt sehr schnell Sauerstoffmangel ein, wenn nicht dauernd Sauerstoff durch Belüftung nachgelöst wird. Das Kernstück jeder aeroben Abwasserreinigungsanlage ist daher ein effektives Belüftungssystem, und die **Art der Luftzufuhr** bestimmt die Technologie der aeroben Abwasserreinigung, wobei hier die Belebtschlamm-, die Tropfkörper- und die Scheibentauchkörperverfahren erwähnt werden sollen (Abb. 11.4).

Die drei erwähnten Verfahren unterscheiden sich grundlegend in den Mikroorganismen und ihrem Wachstumsverhalten beziehungsweise ihrer Lokalisation. Beim Belebtschlammverfahren befinden sich die abbauenden Mikroorganismen in Flocken in **Suspension.** Sie entsprechen also im Wesentlichen den planktonischen Organismen im See oder im Fluss (wobei letztere allerdings nicht wie die Belebtschlammorganismen im Nachklärbecken sedimentieren). Beim Tropfköper oder Scheibentauchkörper dagegen bilden die abbauenden Mikroorganismen einen **Biofilm** auf einer festen Oberfläche. Dies entspricht dem Wachstumsverhalten benthischer Mikroorganismen (Periphyton) auf Steinen oder Pflanzen in Gewässern.

Das am weitesten verbreitete Verfahren ist das **Belebungs- oder Belebtschlammverfahren.** Entsprechend dem Prinzip einer **kontinuierlichen Kultur** werden die Mikroorganismen im Belebungsbecken ständig mit neuem Substrat versorgt, und aufgrund des Nährstoffangebotes sowie reichlicher Zufuhr von Sauerstoff vermehren sich die Bakterien, es entsteht Biomasse. Allerdings ist, von wenigen hochkonzentrierten Industrieabwasserarten abgesehen, die Substratkonzentration im Abwasser so gering und die Durchflussrate so hoch, dass in einem durchflossenen Klärbecken die Auswaschrate stets höher als die Wachstumsrate der Organismen ist. Die Verfahren müssen daher Möglichkeiten zur **Biomasse-Rückführung** beziehungsweise -Rückhaltung beinhalten. In ei-

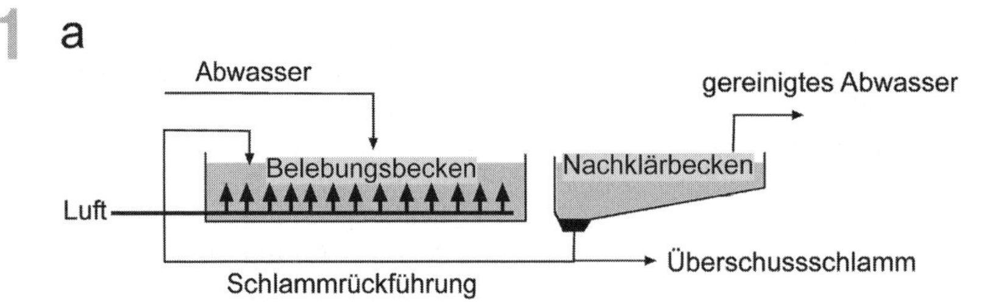

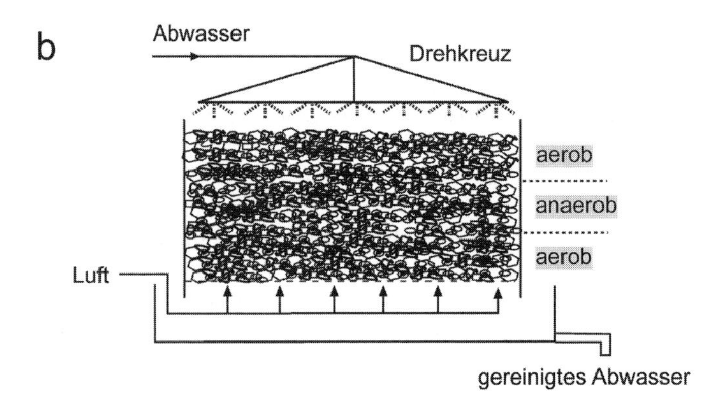

Abb 11.4 Typen aerober Abwasserreinigungsreaktoren. (a) Belebungsbecken, (b) Tropfkörper.

nem nachgeschalteten nicht belüfteten Absetzbecken (**Nachklärbecken**) sedimentiert der belebte Schlamm und wird so vom gereinigten Abwasser getrennt. Dabei sollte eine lange Lagerzeit des belebten Schlammes in dieser anaeroben Phase vermieden werden. Ein Teil dieser Biomasse wird wieder in das Belebungsbecken zurückgeführt, um die abbauenden Organismen aufzukonzentrieren und die Abbauleistung dadurch zu erhöhen. Der Überschussschlamm wird in die zentrale Schlammaufbereitung geleitet. Belebungs- und Nachklärbecken bilden aufgrund der Notwendigkeit der Biomasse-Rückführung eine Einheit, deren Funktion nur dann gewährleistet ist, wenn die Absetzeigenschaften der belebten Schlammflocke deren Abtrennung und Eindickung im Nachklärbecken ermöglichen. Eine Biomassenanreicherung im Belebungsbecken kann auch durch den Einbau zusätzlicher Aufwuchsflächen erreicht werden, zum Beispiel Festbetten aus Kunststoffelementen oder Schaumstoffwürfel, womit Prinzipien der Biofilmreaktoren (vergleiche Tropfkörper) übernommen werden.

Für die Reinigung ist ein enger Kontakt zwischen Abwasser, Belebtschlammflocken und Sauerstoff durch eine ausreichende **Umwälzung** im Becken erforderlich. Die **Belüftung** erfolgt entweder durch Druckluft oder durch Oberflächenbelüfter. Die notwendige Umwälzung kann dabei schon durch die Belüftung erreicht oder auch getrennt realisiert werden. An Stelle von Luft kann auch technisch reiner Sauerstoff zur Begasung des Abwassers verwendet werden. Besonders bei geruchsintensiven Abwässern (Tierkörperverwertung, Fischverarbeitung) bietet die **Sauerstoffbegasung** Vorteile durch den geringen Abgasstrom.

Nach der Art der Beschickung und Gestaltung des Belebungsbeckens (zwei bis vier Meter Tiefe) unterscheidet man zwischen dem **total durchmischten Becken** mit gleichmäßiger Belastung des Belebtschlammes und dem „klassischen", **längsdurchströmten Becken,** in dem sich ein abfallender Belastungsgradient vom Zulauf zum Ablauf hin ausbildet. Durch verteilte Abwasserzuführung (Stufenbelastung) kann jedoch auch eine gleichmäßigere Belastung erreicht werden. In den **Kaskadenbecken** wird dagegen ein Wechsel zwischen hoher Belastung in der ersten Stufe und schwacher Belastung in den Folgenden absichtlich erzwungen. Als weitere Varianten sind die zweistufigen Belebungsanlagen mit getrennten Schlammkreisläufen zu nennen, wobei auch Kombinationen zwischen Tropfkörper- und Belebungsverfahren möglich sind.

In kommunalen Kläranlagen liegt die **Konzentration** des zulaufenden Substrates um einen Wert von 400 Milligramm BSB_5 pro Liter, der Ablauf um 30 Milligramm BSB_5 pro Liter. Durch die Abbauprozesse geht der Gelöstsauerstoff von 8,9 auf zwei Milligramm O_2 pro Liter zurück. Dieser Gehalt gewährleistet noch einen steten aeroben Abbauprozess. Der Belebtschlammgehalt liegt in der Größenordnung von drei Gramm BSB_5 pro Liter. Die Generationszeiten der Mikroorganismen der Belebtschlammflocken betragen ein bis zehn Tage. Für die Steuerung und Bemessung von Anlagen ist das **Schlammalter**, die mittlere Aufenthaltszeit der Mikroorganismen im Belebungsbecken, eine entscheidende Größe, von der die Restverschmutzung wesentlich abhängt.

Im Belebungsbecken erfolgt der mikrobielle Umsatz der organischen Schmutzstoffe zu anorganischen Endprodukten beziehungsweise deren Inkorporation in den belebten Schlamm. Die Mikroorganismen schwimmen zum großen Teil nicht einfach als Einzelzellen im wässrigen Medium herum, sondern sind in **Belebtschlammflocken** von 50 bis 300 Mikrogramm eingebettet. Es handelt sich um Biozönosen wechselnder Zusammensetzung, die von einer gemeinsamen Schleimmatrix umgeben sind. Etwa 70 Prozent der Flocken sind organische Komponenten, der verbleibende Anteil sind anorganische Einlagerungen, zum Beispiel von Tonen, SiO_2, Calciumcarbonaten und Eisenoxiden (Fe_2O_3). Schon mit traditionellen, kulturabhängigen Methoden hatte man mehrere hundert Arten von Mikroorganismen im Belebtschlamm und insofern eine recht beachtliche **Diversität** nachweisen können. Mittlerweile wurden auch mehrere Studien mit molekularökologischen Methoden (Abschnitt 10.4) durchgeführt. Noch ist man von einer vollständigen Beschreibung der im Belebtschlamm vorkommenden Diversität recht weit entfernt, doch immerhin gibt es einige Einblicke. Besonders häufig wurden *Proteobacteria* im Belebtschlamm nachgewiesen, und unter diesen dominieren besonders die *β-Proteobacteria*. Innerhalb dieser Gruppe wurden *Zoogloea ramigera* (eine Art bei der die Einzelzellen durch Schleim zusammengehalten werden) sowie Mitglieder der Gattungen *Azoarcus*, *Alcaligenes* und *Brachymonas* als quantitativ wichtig beschrieben. Andere wichtige Gruppen scheinen die *α-Proteobacteria* besonders mit *Sphingomonas*-Arten, *γ-Proteobacteria*, *ε-Proteobacteria* mit *Arcobacter* sp. sowie die *Bacteroidetes* (CFB-Gruppe), die *Chloroflexi*, die *Nitrospirae* und die *Planctomycetes* zu sein. Auch zahlreiche **Protozoen** kommen im Belebtschlamm vor. Da verschiedene Protozoenarten unterschiedliche Belastungen und Sauerstoffkonzentrationen bevorzugen und da sie schon einfach durch mikroskopische Untersuchungen zu differenzieren sind, werden sie auch zur Beurteilung des Schlammzustandes herangezogen. Für die Funktion einer Belebtschlammanlage ist es wichtig, dass der Schlamm im Nachklärbecken gut sedimentiert. Wenn dieser Vorgang durch verstärkte Entwicklung von fadenförmig wachsenden Bakterien gestört wird, kommt es zur Bildung von **Blähschlamm**. Das bei der Atmung gebildete CO_2 treibt die größeren Flocken an die Oberfläche der Belebungsbecken, vermindert dadurch die Abbauleistungen und erschwert die Sedimentation. Unter den filamentösen Bakterien im Abwasser spielen die physiologisch vielseitigen *Thiotrix* sp. (zu *γ-Proteobacteria*) und der schon lange bekannte Scheiden bildende „Abwasserpilz" *Sphaerotilus natans* (zu *β-Proteobacteria*) eine Rolle, aber auch andere *Proteobacteria* und Vertreter verschiedener anderer Phyla wie *Actinobacteria*, *Bacteroidetes* oder *Planctomycetes*. Die modernen Möglichkeiten der Bakterienidentifizierung erlauben es, die Gründe für die Entstehung von Blähschlamm besser zu verstehen und sollten dazu beitragen, solche Probleme künftig leichter zu vermeiden.

An Stelle oder neben dem Belebungsverfahren werden auch **Tropfkörper** eingesetzt, die sich von Bodenfiltern (Rieselfelder) ableiten lassen (Abb. 11.4b). Es handelt sich um **Festbettreaktoren,** die mit Trägermaterialien wie Schlacken, Lava-Tuffen oder Kunststoffen gefüllt sind. Die zuerst genannten **Füllmaterialien** weisen bei einer Korngröße von 40 bis 80 Millimetern sowohl eine große spezifische Oberfläche (90 – 100 m^2/m^3) als auch einen großen Hohlraumanteil (40 bis 60 Prozent) auf, wodurch eine gute Reinigungsleistung bei guter Durchlüftung möglich ist. In neuerer Zeit hat man auch geformte Kunststoffeinbauteile entwickelt, die noch größere Oberflächen (bis 250 m^2/m^3) und Hohlraumanteile (bis 95 Prozent) ermöglichen. Der Tropfkörper selbst besteht aus einem etwa 2,80 bis 4,20 Meter hohen Zylinder, dessen Durchmesser von der Abwassermenge und BSB_5-Fracht und der gewählten Raumbelastung bestimmt wird. Über der Körpersohle ist in zirka 0,5 Meter Abstand ein Rost aus Betonfertigteilen oder ähnliches angebracht, auf dem das Tropfkörperfüllmaterial aufgelagert ist. Die Seitenwände sind mit Öffnungen versehen, durch die eine Luftzirkulation durch den Tropfkörper ermöglicht wird.

Um eine Verstopfung des Tropfkörpers durch die im Rohabwasser enthaltenen Schlammstoffe zu verhindern, ist hier eine vorgeschaltete mechanische Reinigungsstufe (Rechen, Sandfang, Absetzbecken) besonders wichtig. Das Abwasser wird mit Hilfe von **Drehsprengern** möglichst gleichmäßig auf der Oberfläche verteilt und rieselt in 20 bis 60 Minuten über den Tropfkörper. Die Mikroorganismen siedeln sich als schleimiger Rasen (**Biofilm**) auf den Trägermaterialien an und werden durch das zulaufende Abwasser mit Substraten versorgt. Auf der Sohle des Hohlbodens sammelt sich das durch den Körper getropfte Abwasser mit den ausgespülten Teilen des Tropfkörperrasens und fließt zum Nachklärbecken ab.

Die **Belüftung** der Tropfkörper erfolgt auf natürlichem Wege, (a) durch das gleichmäßige Verrieseln des Abwassers durch den Drehsprenger und (b) durch die Temperaturunterschiede der Innen- und Außenluft. Die Luft im Tropfkörper nimmt die Abwassertemperatur an (Wärme aus den Stoffwechselprozessen), diese ist im Sommer kälter und im Winter wärmer als die Außenluft. Entsprechend wird der Körper abwärts beziehungsweise aufwärts durchströmt (Schornsteineffekt). Voraussetzung für eine gute Durchlüftung ist ein ausreichendes Hohlraumvolumen im gesamten Körper. In besonderen Fällen kann der Tropfkörper abgedeckt und künstlich belüftet werden, was zum Schutz naher Wohngebiete gegen Geruchsbelästigung und Tropfkörperfliegen notwendig sein kann.

In den Tropfkörpern entwickeln sich entsprechend der verschiedenen Milieubedingungen Lebensgemeinschaften aus **Bakterien, Pilzen, Protozoen, Kleinkrebsen, Würmern** und **Insektenlarven.** Auf der belichteten Oberfläche können auch **Blau- und Grünalgen** wachsen. Entsprechend des sich von der Oberfläche zur Tropfkörpersohle hin ändernden Nährstoff- und Sauerstoffangebotes ist eine vertikale **Schichtung** der Biozönose festzustellen. Weiter gibt es insbesondere bei größeren Biofilmdicken (bis zu einem Zentimeter) auch eine Schichtung von der Biofilmoberfläche zum Trägermaterial: Während die Organismen an der Oberfläche gut mit Nährstoffen und Sauerstoff versorgt sind, reichen Diffusionsvorgänge und Strudelbewegungen der Organismen nicht aus, um auch in tieferen Schichten eine gute Versorgung zu gewährleisten. Hier kann es deshalb zu Nährstoffmangel und anaeroben Verhältnissen kommen, was wiederum ein Absterben der Zellen und eine Ablösung von Teilen des Biofilms zur Folge hat. In der oberen aeroben Zone bildet sich eine Biozönose aus, die an hohe Substratkonzentrationen adaptiert ist und besonders schnell wächst. Hier kommt es immer wieder zur Ablösung von Zellen. In der unteren, ebenfalls aeroben Zone finden langsamere oxidative Prozesse wie die Nitrifikation von NH_4^+ zu NO_3^- statt. Daneben können dort in tieferen Schichten anaerobe Bedingungen auftreten, die zur Vergärung von Abwasserinhaltsstoffen und zur Bildung reduzierter Abbauprodukte führen.

Neben der geschilderten Selbstregulation der Biofilmdicke durch Absterben tiefer liegender Schichten tragen zwei weitere Faktoren wesentlich dazu bei, dass die Tropfkörper nicht verstopfen:

- Der Biofilm aus Bakterien und Pilzen wird von Protozoen, Nematoden und Insektenlarven **abgeweidet.** Dieser Prozess findet vor allem in den oberen Zonen statt, in denen es durch gute Substrat- und Sauerstoffversorgung zu einer besonders starken Biofilmzunahme kommt.

- Wesentlich sind auch die Abwassermenge und die von ihr ausgehende **Spülwirkung**. Sie muss bei hoher BSB_5-Raumbelastung durch die Rückführung von gereinigtem Abwasser so hoch gehalten werden, dass überschüssige Biomasse sofort ausgespült wird (Spültropfkörper).

In Abhängigkeit von der BSB_5-Raumbelastung und der Wassermenge ergeben sich Unterschiede der Lebensgemeinschaft sowie der Reinigungswirkung und Schlammproduktion. In **schwach belasteten** Tropfkörpern haften fast alle Mikroorganismen auf den Oberflächen der Füllstoffe. Der gebildete Tropfkörperrasen wird nur langsam ausgespült. In diesen Tropfkörpern erfolgt neben einer sehr weitgehenden BSB_5-Elimination meist auch eine Nitrifikation des Ammoniums. Die organischen Schlammteile werden schon im Tropfkörper weitgehend abgebaut. Der ausgespülte Schlamm ist dadurch in seiner Menge vermindert, er ist relativ wasserarm und wenig faulfähig. Bei **hoch belasteten** Tropfkörpern findet hingegen eine Ausspülung von Organismen statt, sodass sich langsam wachsende Bakterienarten wie Nitrifikanten zumindest in der oberen Zone nicht mehr stabil ansiedeln können. Der Tropfkörper dient in diesem Fall nur der Abwasserreinigung und hat nicht mehr die Aufgabe der Schlammbehandlung, eine Nachklärung ist erforderlich. Der ausgespülte Schlamm ist noch faulfähig und wasserreich.

Tropfkörper haben im Vergleich zu den Belebungsverfahren den Vorteil, dass sie eine hoch differenzierte Biozönose besitzen, die zu einer weitgehenden Mineralisierung ohne großen Belebtschlammanfall führt. Nachteile sind die **geringeren Möglichkeiten zur Prozesssteuerung** bei stoßweisem Anfall von toxischen Substanzen, da der Verdünnungseffekt fehlt. Mit den zunehmenden Möglichkeiten der Mess- und Regelungstechnik und der notwendigen Eliminierung von Stickstoff und Phosphor geht daher der Trend zu Belebungsverfahren.

Im Gegensatz zum klassischen Tropfkörper, bei dem die Biomasse fixiert ist und das Abwasser bewegt wird, gibt es Biofilmverfahren, bei denen die Biomasse durch das Abwasser bewegt wird. Eine Sonderform sind die **Scheibentauchkörper.** Hierbei handelt es sich um runde Scheiben von mehreren Metern Durchmesser, die im Abstand von etwa zehn Zentimetern auf einer Welle angebracht sind. Die Scheiben stellen die Aufwuchsfläche für Mikroorganismen dar. Die langsam rotierenden Scheibenpakete tauchen zur Hälfte in das Abwasser ein. Durch langsame Umdrehungen der Walze taucht die auf den Scheiben befindliche Biomasse abwechselnd in Abwasser und Luft, wodurch eine abwechselnde Versorgung der Organismen mit Substrat und Sauerstoff erfolgt.

11.3 Biologische Phosphateliminierung

Phosphor wird von den Organismen als lebensnotwendiger Nährstoff im Baustoff- und Energiestoffwechsel benötigt und daher als Phosphat aus der Umgebung aufgenommen. Phosphate müssen aus dem Abwasser entfernt werden, um eine **Eutrophierung** der Gewässer zu **vermeiden**. Phosphate führen zur zeitweiligen Massenentwicklung von Algen und Cyanobakterien (Algenblüten), ein Gramm Phosphor reicht für etwa 100 Gramm Biomasse-Trockensubstanz. Für Cyanobakterien ist Phosphor das Element, welches das Wachstum limitiert, zumal viele Arten durch die Fähigkeit zur Luftstickstoffbindung nicht auf gebundenen Stickstoff angewiesen sind. Phosphor liegt im Abwasser vor allem als Phosphat vor, das aus dem Abbau von Nukleinsäuren der Nahrungsstoffe und aus Waschmitteln stammt. Es fallen etwa drei Gramm Phosphor pro Einwohner und Tag an, zwei Drittel gehen auf **Nahrungsmittel,** ein Drittel auf **Waschmittel** zurück. Der Anteil der Phosphate aus Waschmitteln ist in den letzten Jahren stark zurückgegangen, da die den Tensiden zur Enthärtung des Wassers zugesetzten Phosphate durch umweltgemäßere Mittel wie Zeolithe (Natrium-Aluminium-Silikate) und Natriumcitrat ersetzt worden sind (phosphatarme und phosphatfreie Waschmittel). Da der

Phosphatanteil aus der menschlichen Ernährung konstant bleibt, ist jedoch weiterhin eine Phosphateliminierung notwendig. Für ein aerobes Wachstum beträgt ein ausgewogenes Verhältnis von C:N:P theoretisch etwa 100:14:3. Im vorgeklärten häuslichen und kommunalen Abwasser ist das Verhältnis etwa 60:12:3, sodass der P-Gehalt des Abwassers die für ein normales Wachstum des Belebtschlammes oder Biofilmes benötigte Menge deutlich übersteigt. Die Mikroorganismen der Abwasserreinigung assimilieren deshalb nur etwa 30 Prozent des im Abwasser vorliegenden Phosphates. Im Ablauf des Belebungsbeckens sind noch zehn bis 20 Milligramm pro Liter Gesamtphosphor enthalten. Die Richtlinie der EU (91/271/EWG) schreibt vor, dass der P-Gehalt (Gesamtphosphor) bei mehr als 100 000 Einwohnerwerten unter ein Milligramm pro Liter liegen soll.

Im Rahmen der **chemischen Phosphateliminierung** können Phosphationen durch Fällung mit Hilfe von Fe^{3+}- beziehungsweise Al^{3+}-Ionen aus dem Wasser entfernt werden. Die Fällung kann an drei verschiedenen Stellen einer Abwasserreinigungsanlage erfolgen. Wird das Fällungsmittel bereits im Bereich des belüfteten Sandfanges oder direkt im Zulauf zum Vorklärbecken zugesetzt, so wird der eingeleitete Phosphatanteil (ohne das beim weiteren Abbau frei werdende Phosphat) zusammen mit organischen Stoffen ausgefällt. Bei der Simultanfällung wird das Fällungsmittel im Bereich des Belebungsbeckens zugesetzt. Die Flockenabscheidung erfolgt in der Nachklärung. Die Absetzeigenschaften des Belebtschlammes werden bei diesem am weitesten verbreiteten und betriebssicheren Verfahren verbessert. Es wird eine mittlere Konzentration im Ablauf von etwa ein Milligramm pro Liter Gesamtphosphor erreicht. Beim dritten Verfahren, der Nachfällung, ist ein eigenes Fällungs- und Absetzbecken erforderlich. Es stellt die wirksamste, die Biologie nicht störende, aber auch teuerste Verfahrensvariante dar. Die Dosierung des Fällungsmittels erfolgt an Stellen mit hoher Turbulenz. In den Zonen geringerer Turbulenz ist dann das Flockenwachstum begünstigt. Durch die Kombination von Fällung und Flockungsfiltration werden Ablaufwerte zwischen 0,2 und 0,3 Milligramm pro Liter erreicht. Die chemische Phosphateliminierung durch Fällung mit Eisen- und Aluminiumsalzen (Chloride, Sulfate) ist durch die Kosten der Fällungsmittel teuer, führt zur Aufsalzung des gereinigten Wassers und zur Metallbelastung durch den anfallenden Schlamm.

Aufgrund der erwähnten Nachteile der etablierten chemischen Verfahren gewinnen daneben Prozesse der **biologischen Phosphateliminierung** zunehmende Bedeutung. Die Grundlage der biologischen Eliminierung größerer Mengen an Phosphat durch normale Assimilation (weitgehende biologische Phosphorentfernung, engl. *enhanced biological phosphorus removal;* **EBPR**) ist die Fähigkeit einiger Bakterien, Phosphat als **Polyphosphat** zu speichern.

Die **polyphosphatakkumulierenden Organismen** (PAO) sind obligate Aerobier und werden durch einen Wechsel von anaeroben und aeroben Bedingungen im Abwasser angereichert. In ihnen laufen die folgenden Prozesse ab:

- In der **belüfteten Stufe** werden anaerob gespeicherte Lipidreservestoffe und leicht abbaubare exogene Substrate, zum Beispiel die Gärendprodukte aus der anaeroben Stufe und leicht abbaubare organische Stoffe aus dem Zulauf, als Energie- und Kohlenstoffquelle zum Wachstum genutzt (Abb. 11.5). Durch Verwertung der endogenen Speicherstoffe können sich die Zellen schnell an das aerobe Milieu anpassen und sofort mit Atmungsstoffwechsel und Wachstum beginnen. Der Energiegewinn aus der Veratmung der endogenen und exogenen Substrate dient gleichzeitig zur Aufnahme von Phosphat, seiner **Speicherung als Polyphosphat** und der Synthese von Polyglucose (glycogenähnlich).
- In der **anaeroben Stufe** der Kläranlage (sauerstoff- und nitratfreie Zone) finden verschiedene Stoffwechselvorgänge statt, die für die spätere erhöhte Phosphorentfernung aus dem Abwasser in der belüfteten Zone wichtig sind (Abb. 11.5). Durch den Gärungsstoffwechsel fakultativ anaerober Bakterien werden überwiegend kurzkettige, organische Säuren gebildet (zum Beispiel Acetat und Propionat). Diese werden von den Polyphosphat speichernden Bakterien aufgenommen, umgewandelt und als Lipidreservestoffe (wie

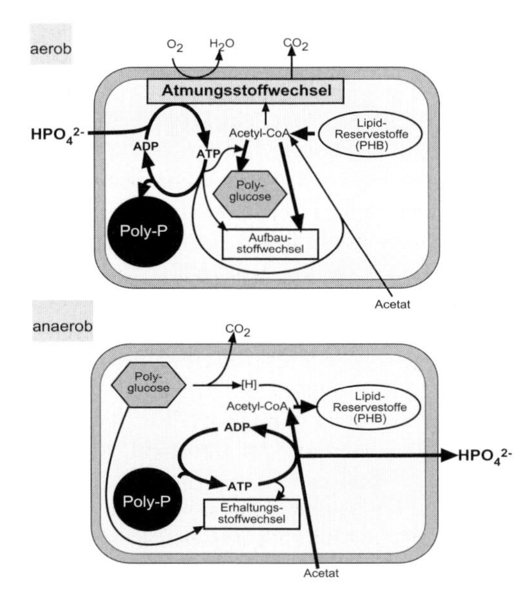

Abb 11.5 Schematische Darstellung des Stoffwechsels obligat aerober, polyphosphatspeichernder Bakterien unter aeroben und anaeroben Bedingungen. Poly-P, Polyphosphat; PHB, Poly-β-hydroxybuttersäure; [H], Reduktionsäquivalente (verändert nach Lemmer et al., 1996).

Poly-β-hydroxybuttersäure, PHB) gespeichert. Die Energie zu dieser Synthese stammt aus den zuvor, unter aeroben Bedingungen, gespeicherten Polyphosphaten, wobei Phosphat also teilweise wieder aus den Zellen freigesetzt wird. Die Polyphosphate dienen den Zellen wahrscheinlich auch als Energiequelle zum Überleben im anaeroben Milieu.

Die Organismen verfügen also über drei Arten von Speicherstoffen, die relativ reduzierte Poly-β-hydroxybuttersäure, die in Form großer Einschlüsse in der Zelle abgelagert wird, die kleinen Granula von Polyphosphat, die ursprünglich als Volutin bezeichnet wurden, sowie die relativ oxidierte Polyglucose. Durch die Speicherung organischer Reservestoffe unter anaeroben Bedingungen scheinen die obligat aeroben, polyphosphatspeichernden Bakterien Wachstumsvorteile gegenüber den anderen obligaten Aerobiern zu haben, die aerob für ihre Synthesen ausschließlich auf exogene Substrate angewiesen sind. Wahrscheinlich sind diese stoffwechselphysiologischen Eigenschaften dafür verantwortlich, dass die polyphosphatspeichernden Bakterien sich bei entsprechender anaerob-aerober Verfahrensweise im Belebtschlamm anreichern. Abbildung 11.6 zeigt schematisch die stofflichen Veränderungen beim Wechsel von anaeroben zu aeroben Bedingungen.

Acinetobacter calcoaceticus wurde schon lange als ein typischer Vertreter der polyphosphatakkumulierenden Organismen genannt. Aufgrund von molekularbiologischen Untersuchungen hat man jedoch festgestellt, dass andere Bakterien wie der zu den *β-Proteobacteria* gehörende *Accumulibacter phosphatis* eine bedeutendere Rolle bei dem Prozess der weitgehenden biologischen Phosphorentfernung spielen.

Andere so genannte **Glycogen-nicht-Polyphosphat akkumulierende Organismen** (GAO)

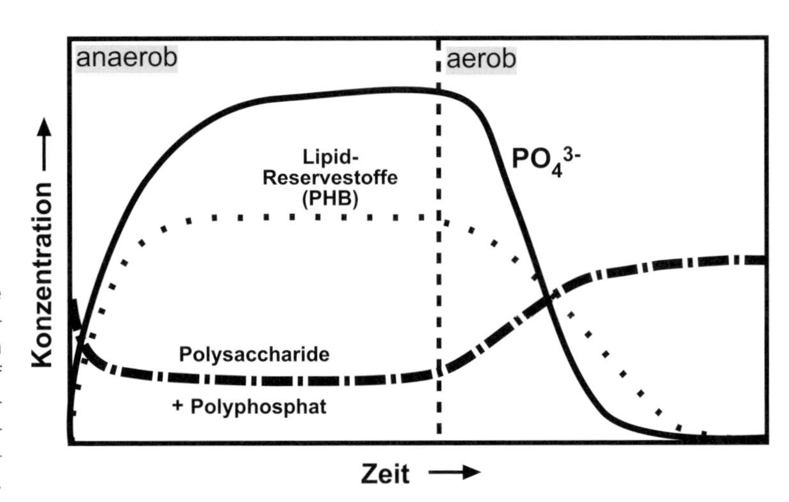

Abb 11.6 Schematische Darstellung der stofflichen Veränderungen an Phosphor und Kohlenstoff beim Ablauf der biologischen Phosphateliminierung (verändert nach Blackall et al., 2002).

wurden neben den PAO in den Kläranlagen entdeckt. Die GAO besitzen bezüglich Kohlenstoff einen den PAO vergleichbaren Stoffwechsel und konkurrieren mit den PAO um die unter anaeroben Bedingungen gebildeten organischen Verbindungen. Die GAO geben aber während des anaerob-aeroben Cyclus weder den Phosphor ab, noch akkumulieren sie ihn, wie es die PAO machen. Man nimmt an, dass die gesamte Energie für die GAO während der anaeroben Phase durch die Glycolyse des gespeicherten Glycogens bereitgestellt wird. Es gehört also zu den Problemen für den Betreiber einer Kläranlage, wie die GAO auszuschließen und die PAO zu fördern sind, da die identischen Bedingungen (anaerob-aerober Kreislauf von Biomasse) beide Typen von Organismen selektieren, wobei die GAO dem Prozess der Phosphorelimierung durch Konkurrenz um die organischen Verbindungen entgegen laufen.

Die Effektivität des EBPR wird dennoch deutlich, wenn man den folgenden Vergleich zieht: Während der P-Gehalt eines typischen Belebtschlammes bei 1,5 bis zwei Prozent Phosphor pro Trockenmasse liegt, werden durch den EBPR vier bis fünf Prozent und in Laborsystemen sogar bis zu 15 Prozent erreicht.

Zwei Verfahrensprinzipien zur biologischen Phosphateliminierung werden eingesetzt, Hauptstrom- und Nebenstromverfahren. Beim **Hauptstromverfahren** wird der als Polyphosphat gespeicherte Phosphor mit der Zellbiomasse entfernt. Eine einfache Variante ist das in Abbildung 11.7a dargestellte A/O-Verfahren. Es wird in einer Kaskade von Becken, die dem Belebungsbecken nachgeschaltet sind, durchgeführt. Vorher muss der Stickstoff eliminiert worden sein, da Nitrat die Prozesse stört. In der vorgeschalteten anaeroben Stufe werden durch Gärungsorganismen organische Säuren gebil-

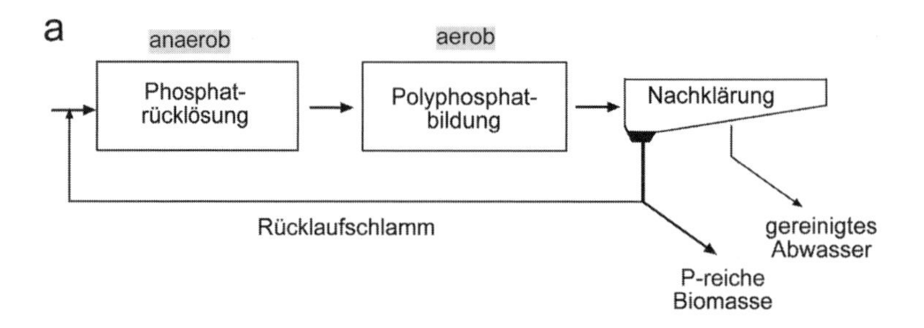

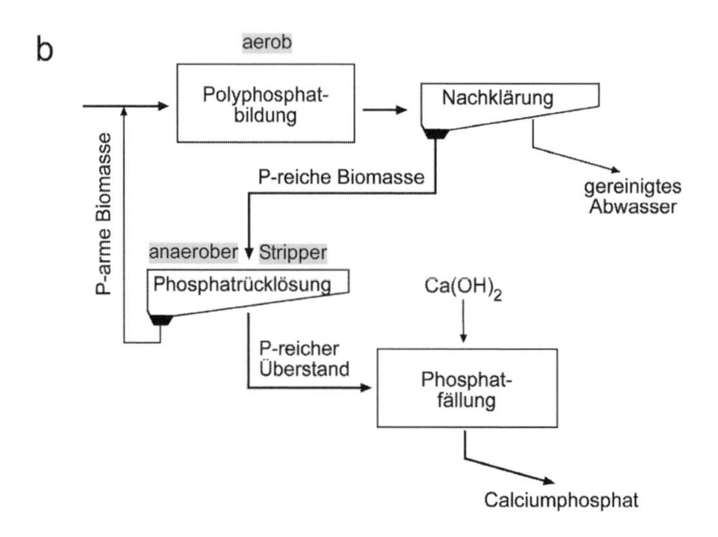

Abb 11.7 Verfahrensvarianten der biologischen Phosphateliminierung. (a) AO-Verfahren, (b) Phostripverfahren

det, aus denen polyphosphatakkumulierende Organismen PHB bilden. Gleichzeitig findet ein Abbau von Polyphosphat statt, der zur Phosphatrücklösung führt. In der anschließenden aeroben Stufe wird Polyphosphat wieder synthetisiert. Dieser phosphorreiche Belebtschlamm wird weitgehend entfernt, ein geringer Teil wird zurückgeführt.

Beim **Nebenstromverfahren** wird die Biomasse, die viel Polyphosphat enthält, in einen Nebenstrom geleitet. Darin befindet sich ein als Stripper bezeichnetes anaerobes Becken, in dem Phosphat zurückgelöst wird. Die phosphatarme Biomasse wird anschließend wieder in den Hauptstrom zurückgeführt, während das aufkonzentrierte Phosphat aus der Lösung mit $Ca(OH)_2$ gefällt wird. Das anfallende Calciumphosphat kann als Dünger eingesetzt werden. Abbildung 11.7b zeigt im unteren Teil das Fließschema für das **Phostripverfahren,** der verbreitetsten Variante der Nebenstrom-Verfahren. Es ist die Kombination eines biologischen Anreicherungsverfahrens mit einem chemischen Fällungsprozess.

11.4 Stickstoffeliminierung bei der Abwasserreinigung

Häusliche und kommunale Abwässer enthalten bis zu 30 Milligramm Ammonium pro Liter, dessen Gehalte sich infolge des Abbaus organischer stickstoffhaltiger Stoffe während der Abwasserbehandlung weiter erhöhen. Da NH_4^+ sowohl ein Fischgift darstellt, als auch durch die Oxidation zum NO_3^- in Gewässern (Nitrifikation) zu einer hohen Sauerstoffzehrung führt, muss es in einer Abwasserbehandlungsanlage oxidiert und das gebildete NO_3^- möglichst auch als N_2 entfernt werden.

Die anorganischen Verbindungen tragen zur Eutrophierung der Gewässer bei. Da kommunale Abwässer ein niedrigeres C:N-Verhältnis als das in Zellen angetroffene (C:N 100:10 bis 100:15) haben, geht nur ein Teil des Stickstoffes in die Bildung der Belebtschlamm-Biomasse ein und wird aus dem Abwasser entfernt.

Die **Eliminierung der Stickstoffverbindungen** kann beim Belebungsverfahren durch den gekoppelten Einsatz von Nitrifikations- und Denitrifikationsprozessen (vergleiche Kapitel 6) erreicht werden. Stickstoff ist im Abwasser in der Regel in reduzierter Form (NH_4^+) neben organischen Verbindungen enthalten. Deshalb muss Ammonium zunächst durch **Nitrifikanten** zu Nitrat oxidiert werden. Im Belebungsbecken bildet sich daher eine Mischbiozönose zwischen organo-heterotrophen Bakterien und den litho-autotrophen Nitrifikanten aus. Als **Ammoniumoxidierer** unter den Nitrifikanten sind in Abwasserreinigungsanlagen offenbar insbesondere die *Nitrosomonas europaea/Nitrosomonas eutropha*-Gruppe, die *Nitrosomonas marina*-Verwandtschaft und die *Nitrosococcus mobilis*-Gruppe von Bedeutung. Unter den **Nitritoxidierern** scheinen in vielen Anlagen nicht kultivierte Vertreter der Gattung *Nitrospira* aufgrund höherer Affinität zu NO_2^- und O_2 gegenüber den früher als wichtig erachteten *Nitrobacter*-Arten zu dominieren. Verfahrenstechnisch liegt ein zentraler Engpass der biologischen Stickstoffeliminierung in den **geringen Wachstumsraten der Nitrifikanten.** Deshalb muss das **Schlammalter** (Verweilzeit der Biomasse im System) so hoch gewählt werden, dass auch den relativ langsam wachsenden Nitrifikanten eine Präsenz in der Mischbiozönose ermöglicht wird.

Ein zweites zentrales Problem der biologischen Stickstoffeliminierung liegt bei der **Denitrifikation**, und zwar in der **Bereitstellung der H-Donoren** in Form biologisch abbaubarer Substrate. Die Dentrifikation von NO_3^- zu N_2 setzt die Nitrifikation der reduzierten N-Verbindungen voraus. Da diese simultan mit dem aeroben Abbau der organischen Verbindungen im Belebungsbecken erfolgt, stehen anschließend keine H-Donoren für eine schnelle und vollständige Denitrifikation des gebildeten Nitrates mehr zur Verfügung. Die Denitrifikation, eine Form der anaeroben Atmung, erfordert aber organische Stoffe. Diese Tatsache hat zu folgenden Verfahrensmöglichkeiten geführt (Abb. 11.8):

- Bei der früher dominierenden **nachgeschalteten Denitrifikation** werden dem Wasser aus einer Nitrifikationsstufe in einem nicht belüfteten Becken organische Stoffe, wie Methanol, als H-Donor zugesetzt. Diese teure und aufwändige Anordnung wurde durch

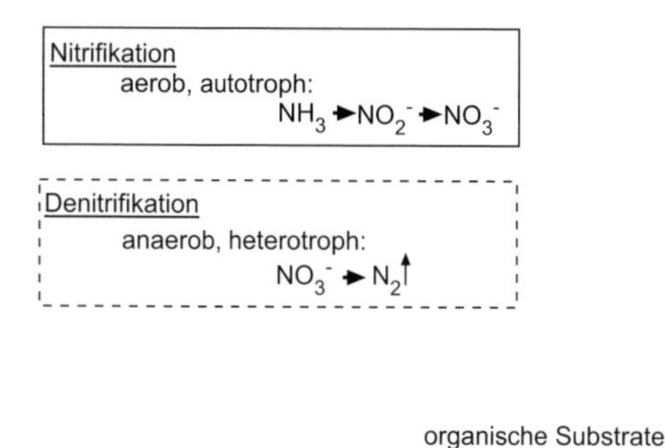

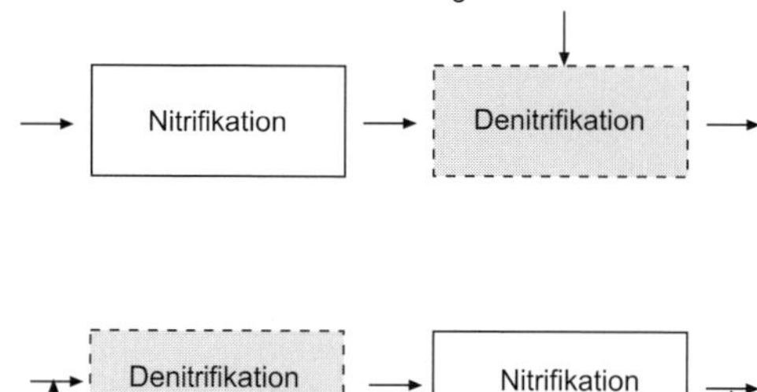

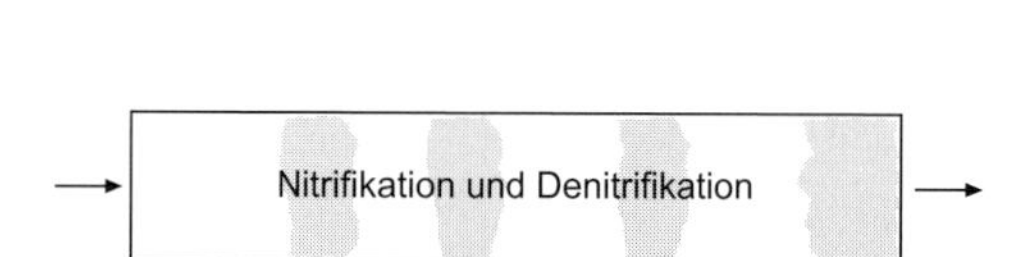

Abb 11.8 Verschiedene Verfahrenskombinationen von Nitrifikations- und Denitrifikationsprozessen.

moderne Verfahren der vorgeschalteten und der simultanen Denitrifikation abgelöst.

- Bei der **vorgeschalteten Denitrifikation** wird das im Belebungsbecken gebildete Nitrat durch Rezirkulation von Wasser aus der Nitrifikation zusammen mit dem Rücklaufschlamm aus dem Nachklärbecken in ein vorgeschaltetes anoxisches Denitrifikationsbecken in den Anfangsbereich des Belebungsbeckens befördert, wo die höchste Konzentration an organischen Stoffen vorliegt. Indem man nicht belüftet, erhält man die für die Denitrifikation erforderlichen anaeroben Bedingungen. In diesen Fällen spricht man von anoxischen Bedingungen, da zwar kein Sauerstoff, wohl aber Nitrat oder Nitrit als Elektronenakzeptoren vorliegen. Nitrat kann nur entsprechend der Rücklauf-/Rezirkulationsverhältnisse reduziert werden. Der Denitrifikation sind hier also durch die hydraulische Belastung wie auch den nicht beabsichtigten Eintrag von Sauerstoff in die Denitrifikationszone Grenzen gesetzt.
- Bei der **simultanen Denitrifikation** passiert der Abwasserstrom nacheinander unbelüftete und belüftete Zonen, Denitrifikation und Nitrifikation erfolgen in einem Becken. Die Wechsel zwischen aeroben und anoxischen Phasen im Belebungsbecken werden durch Unterbrechung der Belüftung oder dem Wechsel von aeroben und anoxischen Zonen in einem Kreislaufbecken mittels versetzter Belüftung erreicht.

Ein grundsätzliches **Defizit der herkömmlichen Verfahren** zur Entfernung von Stickstoff aus dem Abwasser ist, dass **Ammonium** zunächst unter erheblichem Sauerstoffverbrauch zu Nitrat oxidiert wird, und dieses dann erneut reduziert werden muss (Abb. 11.9a). Sofern wie bei der nachgeschalteten Denitrifikation hierzu extra organische Verbindungen als Elektronendonoren zum Wasser zugegeben werden, erhöht sich durch die hohe Oxidationsstufe des Nitrats auch hiervon der Verbrauch. Beides erhöht die Kosten der Wasserreinigung. Günstiger wäre es im Hinblick auf den Verbrauch an Elektronenakzeptor und -donor eigentlich, wenn das Ammonium nur bis zum Nitrit oxidiert und schon dann zum molekularen Stickstoff reduziert würde (Abb. 11.9b). Noch vorteilhafter wäre es, vor allem bei ammoniumreichen Abwässern, wenn das Ammonium selbst als Elektronendonator fungieren könnte. Der direkt zum N_2 oxidierte Teil müsste dann gar nicht weiter aufoxidiert werden, zudem könnten die Elektronendonoren weitgehend eingespart werden (Abb. 11.9c, d). Neuere Untersuchungen zur Mikrobiologie und Verfahrenstechnik der Stickstofftransformationen zeigen, dass solche im Hinblick auf die Redoxverhältnisse **vorteilhafteren Verfahren** grundsätzlich möglich sind.

Der Verbrauch an Sauerstoff und Elektronendonor lässt sich schon einschränken, wenn es gelingt, nur eine **partielle Nitrifikation** durchzuführen und diese mit einer **konventionellen Denitrifikation** (wenngleich mit Nitrit als erstem Elektronenakzeptor) zu koppeln (Abb. 11.9b). Eine partielle Nitrifikation kann

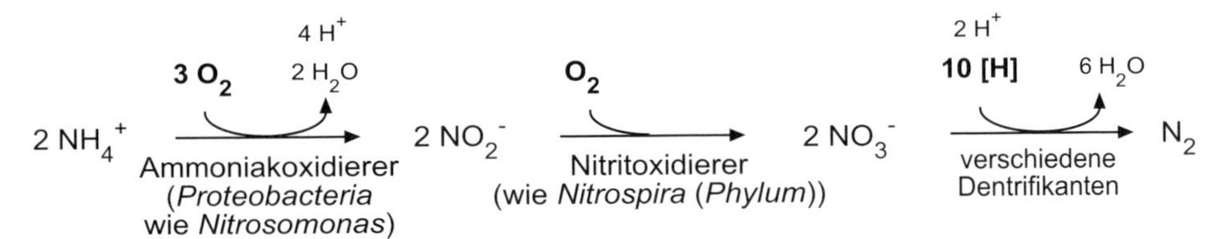

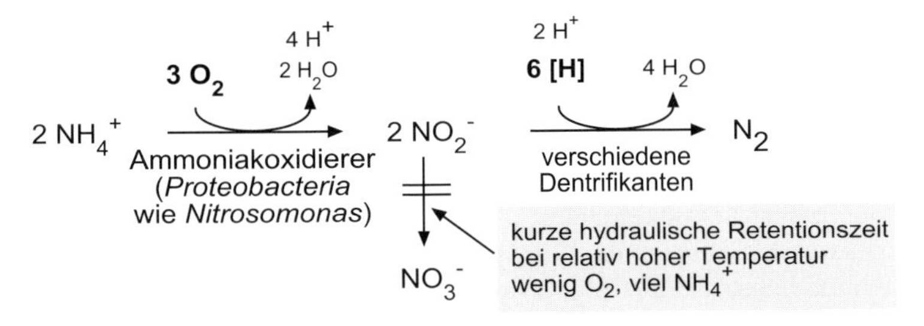

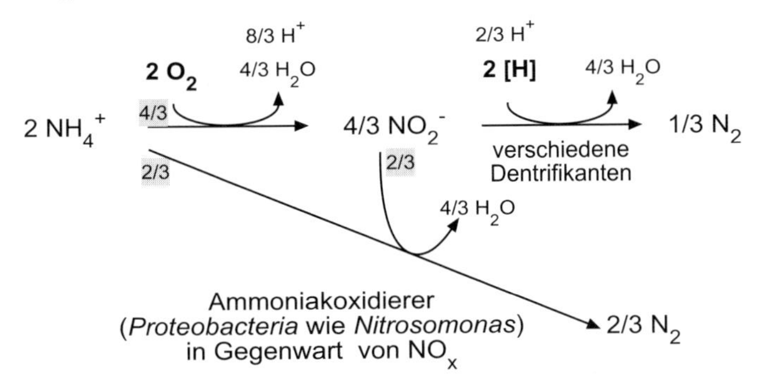

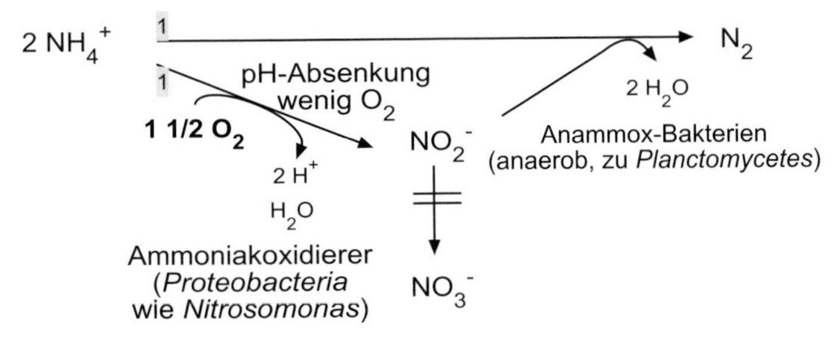

Abb 11.9 Schematischer Ablauf, beteiligte Mikroorganismen und Verbrauch an O_2 sowie Reduktionsäquivalenten bei konventionellen (a) und verschiedenen alternativen (b-d) Verfahren zur Entfernung von Ammonium aus dem Abwasser. Zur besseren Vergleichbarkeit beziehen sich alle Zahlen auf die Oxidation von zwei Ammoniumionen zu einem Stickstoffmolekül. Die Werte für den Verbrauch an O_2 und Reduktionsäquivalenten ([H]) sind jeweils hervorgehoben.

realisiert werden, indem man die Nitrifikation bei relativ hohen Temperaturen (>26 °C) und relativ kurzen Verweilzeiten ohne Schlammrückführung ablaufen lässt. Die Ammoniumoxidierer wachsen bei höheren Temperaturen schneller als die Nitritoxidierer und werden nicht ausgewaschen, während die Nitritoxidierer aufgrund der fehlenden Schlammrückführung ausgewaschen werden. Zusätzlich werden Nitritoxidierer bei limitierenden O_2-Konzentrationen und Überschuss an Ammonium gehemmt und können nicht wachsen, was auch Verfahren ohne erhöhte Temperatur ermöglichen könnte.

Es wurde festgestellt, dass herkömmliche proteobakterielle Ammoniakoxidierer nicht nur unter anaeroben Bedingungen, sondern sogar unter aeroben denitrifizieren können, sofern die mutmaßlich regulatorisch wirksamen (und gleichzeitig für Nitritoxidierer toxischen) Stickoxide NO oder NO_2 vorhanden sind. Diesen Effekt kann man nutzen, um im Vergleich zu herkömmlichen Verfahren noch größere Mengen an O_2 und Elektronendonor bei der Stickstoffentfernung einzusparen (Abb. 11.9c). Die proteobakteriellen, mit *Nitrosomonas* verwandten Ammoniakoxidierer bewirken beim so genannten **NO_X-Prozess** unter Einfluss von NO_X zum einen eine **partielle Nitrifikation** des Ammoniums zum Nitrit. Zum anderen wird ein Teil des Nitrits dann als Elektronenakzeptor für eine **Ammoniak oxidierende Denitrifikation** genutzt. Ein anderer Teil des Nitrits muss immer noch durch eine herkömmliche **Denitrifikation** zu N_2 reduziert werden, wobei allerdings der Verbrauch des Elektronendonors deutlich reduziert ist.

Die auch theoretisch maximale Reduktion des Verbrauches an O_2 und Elektronendonoren wird erreicht durch eine Kopplung von partieller **Nitrifikation** und dem **Anammox-Prozess** (Abb. 11.9d). Die Ammoniumoxidation zu Nitrit durch herkömmliche proteobakterielle Ammoniakoxidierer wird durch Sauerstofflimitation und Ermöglichung einer durch die Säurebildung eintretenden pH-Absenkung auf 50 Prozent begrenzt. Unter anaeroben Bedingungen und bei Fehlen eines anderen Elektronendonors setzen sich dann anaerob Ammoniak oxidierende Bakterien durch. Diese Anammox-Bakterien gehören zu den Planctomyceten und gewinnen Energie durch eine **Ammoniak oxidierende Denitrifikation** (Abschnitt 6.4). Da die Anammox-Bakterien sehr langsam wachsen, haben entsprechende Anlagen derzeit noch eine extrem lange Anlaufzeit. Außerdem ist eine ausreichende Schlammrückführung besonders wichtig.

11.5 Anaerobe Schlammbehandlung, direkte anaerobe Abwasserreinigung und Biogasgewinnung

Bei den verschiedenen Schritten der Abwasserreinigung fällt in den Klärbecken **Schlamm** an, der reich an organischen Stoffen ist. Bei der ersten mechanischen Stufe sind es partikuläre Schmutzstoffe (Primärschlamm), bei den folgenden Stufen die Bakterienflocken mit adsorbierten Schmutzstoffen. Pro Einwohnerwert (60–65 Gramm BSB_5 je Einwohner und Tag) fallen in einer Kläranlage etwa zehn Gramm Schlammtrockenmasse an, der Anteil organischer Stoffe liegt um 70 Prozent. Der Schlamm ist sehr reich an Wasser (etwa 90 Prozent), da die bakteriellen Schleimstoffe (extrazelluläre Polysaccharide) Wasser binden. **Ziel der Schlammbehandlung** ist die Verwertung und Beseitigung des Schlammes. Dabei sollen keine Geruchsbelästigungen auftreten (Desodorierung) und die Endprodukte hygienisch unbedenklich sein (Hygienisierung). **Angewandte Verfahren** sind neben der Verbrennung und Deponierung die Kompostierung (Kap. 14.2) sowie die anaerobe Faulung in Verbindung mit Biogasgewinnung.

Die anaerobe **Schlammfaulung** in Verbindung mit der Biogasgewinnung ist das attraktivste Verfahren, da es die Abfallbeseitigung mit einer Energiegewinnung verbindet. Dieses Verfahren erfordert allerdings relativ aufwändige Anlagen, die Faultürme oder Faulbehälter. Bei modernen Kläranlagen fallen sie als große birnenförmige oder zylindrische Bauten ins Auge, meist in mehrfacher Ausführung. Die großen Dimensionen gehen darauf zurück, dass der Faulungsprozess langsam verläuft. Da die Verweilzeit des Schlammes mehrere Wochen beträgt, bemüht man sich sehr, den Prozess zu beschleunigen.

Die mikrobiologische Grundlage der Schlammfaulung ist die in Abschnitt 4.5.1 behandelte **methanogene Nahrungskette** (Abb. 4.23). Vier Stoffwechseltypen wirken dabei zusammen: Primäre Gärungsorganismen setzen die Ausgangssubstrate zu organischen Säuren und Alkoholen sowie H_2 und CO_2 um. Acetogene Bakterien gewinnen Energie durch Bildung von Acetat aus dem gebildeten H_2 und CO_2. Methanogene Archaea bilden Methan aus dem Acetat oder verbrauchen direkt H_2 und CO_2. Ein wichtiges Bindeglied in dieser Nahrungskette sind schließlich als vierter Typ die sekundären Gärer, die die zunächst gebildeten organischen Säuren und Alkohole unter Freisetzung von H_2 weiter zu Acetat oder CO_2 oxidieren. Diese Reaktionen sind unter Normalbedingungen häufig endergon. Deshalb können solche Organismen nur wachsen, wenn der gebildete Wasserstoff ständig durch acetogene oder methanogene Mikroorganismen entfernt wird. Die Assoziationen sind dabei sehr eng, unter anderem treten symbiotische Beziehungen des Interspecies-Wasserstofftransfers auf. Um diese **syntrophen Beziehungen** zu gewährleisten, ist ein enger Kontakt zwischen den beteiligten Mikroorganismen notwendig, der nicht durch starke Turbulenzen in den Reaktoren gestört werden darf. Eine weitere Voraussetzung für eine effektive Schlammfaulung ist der stete Verbrauch der in den ersten Reaktionen gebildeten **Säuren**. Sowohl bei den Gärungen als auch bei der Acetogenese entstehen organische Säuren. Häufen sie sich an, so wird die im neutralen pH-Bereich optimal verlaufende Methanogenese gehemmt. Mit der Abnahme des pH-Wertes liegen die organischen Säuren zunehmend in der undissoziierten und stärker hemmenden Form vor. Die Einhaltung eines optimalen pH-Wertes in den Reaktoren wird mit Hilfe von Pufferbehältern erreicht.

Die Organismen in der methanogenen Nahrungskette gewinnen aus den jeweiligen Stoffumsetzungen nur wenig Energie, sehr viel weniger als beispielsweise aerob lebende Organismen. Deshalb wird wenig Biomasse gebildet, oder anders ausgedrückt sehr viel organisches Material zum jeweiligen Stoffwechselprodukt für die Biomassebildung umgesetzt. Bei der anaeroben Schlammfaulung werden von den eingesetzten Verbindungen zirka zehn Prozent assimiliert und 80 – 90 Prozent zu Biogas umgesetzt. Diese **Kohlenstoffbilanz** der Schlammfaulung ist in doppelter Hinsicht von Vorteil. Erstens fallen aufgrund der geringen Neubildung an Biomasse letztlich nur **geringe Mengen an gefaultem Klärschlamm** an. Obwohl der ausgefaulte Schlamm im Prinzip als Dünger einsetzbar ist, bereitet die Klärschlammverwertung, abhängig auch von der Schadstoffbelastung (siehe unten), besonders in Ballungsgebieten schwer lösbare Probleme. Zweitens wird der weitaus **größere Teil** des organischen Materials zu **Biogas** umgesetzt, welches eine vielseitig einsetzbare Energiequelle darstellt. Biogas ist ein Gemisch aus 60 – 70 Prozent Methan, 30 – 40 Prozent CO_2 und geringen Mengen von H_2S und NH_3.

Aus energetischer Sicht ist die **Biogasbildung** ein sehr effektiver Prozess. Über 80 Prozent der in der organischen Substanz enthaltenen Energie geht in Methan über. Aus einem Kilogramm organischer Substanz entsteht bis zu einem Kubikmeter Biogas, welches dem Energiegehalt von 0,5 Liter Erdöl entspricht. Der Heizwert des Biogases beträgt 20 000 – 25 000 Kilojoule pro Kubikmeter, also etwa die Hälfte des Heizwertes von Erdgas. Die notwendige Gasreinigung (Trocknung und Entfernung von H_2S) reduziert die erzielbare Energie allerdings. Bedenkt man, dass große Mengen an Abwasser und damit Klärschlamm aus der Landwirtschaft und der Lebensmittelindustrie anfallen, so ergeben sich dadurch trotzdem ins Gewicht fallende alternative Energiequellen aus Abwässern und Abfällen. So fallen pro Milchkuh pro Tag etwa 45 Liter Gülle mit fünf Kilogramm Trockensubstanz an, aus der zirka drei Kubikmeter Biogas gebildet werden. In den heute üblichen Biogasreaktoren wird pro Kubikmeter Reaktorvolumen und Tag etwa ein Kubikmeter Biogas gebildet, die Verweilzeit liegt zwischen zehn und 30 Tagen.

Die Konstruktion der **Biogasreaktoren** (Abb. 11.10) muss neben anfallenden Mengen und möglichem technischem Aufwand immer auch den geringen Wachstumsraten der an der Me-

11

Biogas (Gülzower Fachgespräche, 2003)

- Biogas erfreut sich als Energiequelle gerade im landwirtschaftlichen Bereich eines enormen Zuspruches. So arbeiten in Deutschland zurzeit (2003) mehr als 2 000 Biogasanlagen mit einer installierten elektrischen Leistung von über 250 Megawatt. In den landwirtschaftlichen Biogasanlagen wird nur ein Drittel der Brennstoffenergie zu Strom konvertiert. Die restlichen zwei Drittel fallen als Wärme an, die nur selten in nennenswertem Umfang genutzt wird.
- Dennoch ist heute das Potenzial der Energiegewinnung aus Biogas bei Weitem nicht ausgereizt. Neue Optionen von Biogas für die Zukunft sind (a) Nutzung in Brennstoffzellen oder Mikrogasturbinen, (b) Einspeisung in öffentliche Gasnetze oder (c) Nutzung als Kraftstoff.
- Wichtiges zu lösendes Problem ist die Gasreinigung.

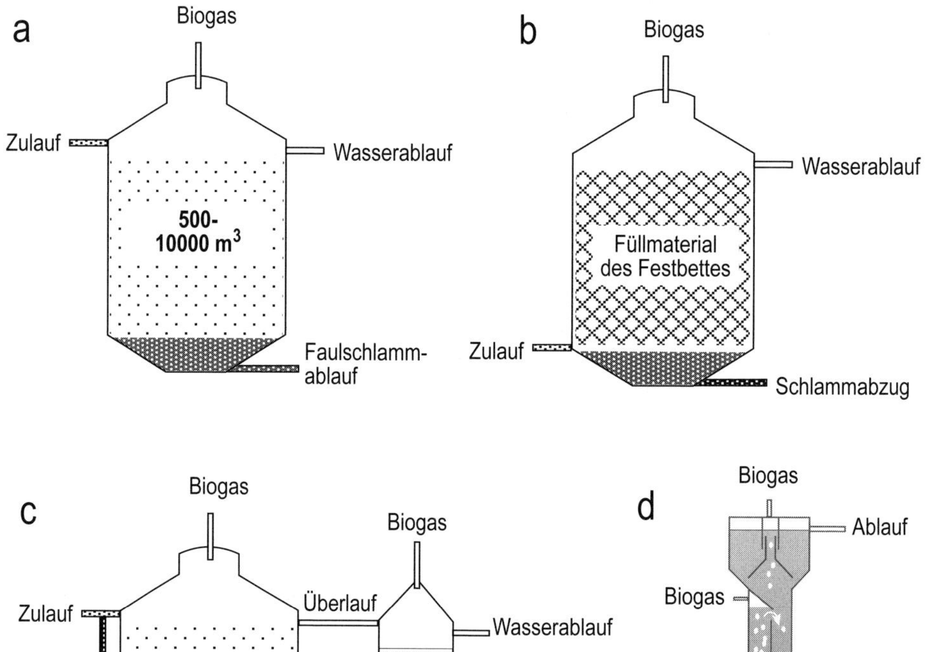

Abb 11.10 Verfahrensvarianten der Biogaserzeugung. (a) Faulturm mit homogener Schlammverteilung durch Umwälzung, (b) anaerober Festbettreaktor, in dem die Bakterien auf Füllmaterial wachsen, (c) Kontaktverfahren mit Abtrennung der Biomasse in einem Absetzbehälter und Rückführung der Biomasse, (d) Biogas-Turmreaktor mit frei suspendierter Biomasse.

thanogenese beteiligten Mikroorganismen Rechnung tragen. Um eine Intensivierung der Schlammfaulung und Biogasbildung zu erreichen, wird die einmal gebildete Biomasse in hoher Konzentration möglichst lange genutzt. Hierzu ist, wie unter Abschnitt 11.2 bereits für aerobe Anlagen besprochen, eine **Anreicherung und Rückführung der Bakterienbiomasse** erforderlich. Gleichzeitig werden die Zellen mit den verschiedenen Stoffwechselleistungen in **funktionellen Assoziationen** zusammengehalten. Da eine Aggregation der Zellen zu sedimentierenden Flocken schwer erreichbar ist, können inerte Partikel wie Sand zur Besiedelung zugesetzt werden. Dadurch wird erreicht, dass die Biomasse sedimentiert und nicht ausgewaschen wird. Die sich ausbildenden Schlammbetten werden von unten durchströmt und dadurch in der Schwebe gehalten (**Fließbettreaktor**). **Festbettreaktoren** werden vollständig mit Trägermaterialien wie Kunststoff-Füllkörpern beschickt, die ein möglichst geringes Gewicht und eine hohe Besiedlungsfläche besitzen. Beim **Biogas-Turmreaktor** (Pilot-Anlagen: 20 Meter Höhe, ein Meter Durchmesser, Volumen: 15 Kubikmeter) liegt die Biomasse granulär oder pelletförmig vor. Das Biogas wird seitlich durch Einbauten kontrolliert abgezogen, um kritische Gasbelastung im oberen Bereich zu vermeiden. Die Einbauten wie auch ein im Reaktorkopf angebrachter Sedimenter sichern den Biomasserückhalt.

Die Schlammfaulung wird überwiegend bei 30–37 °C (mesophiler Bereich) durchgeführt. Zur Einhaltung dieser mikrobiell erforderlichen optimalen Temperaturen sind den Faultürmen Wärme(aus-)tauscher vorgeschaltet beziehungsweise innen eingebaut. Auch thermophile Verfahren (50–55 °C) sind in der Erprobung.

Der neben dem Biogas anfallende **ausgefaulte Klärschlamm** ist leicht entwässerbar. Sofern er keine hohen Schadstoffkonzentrationen enthält, kann er als stickstoffreicher organischer Dünger eingesetzt werden. Problematisch sind unter anderem die Gehalte an toxischen Schwermetallen sowie Dioxinen und Furanen. So hat Klärschlamm aus Ballungsgebieten häufig Cadmium- und Quecksilbergehalte von mehr als zehn Milligramm pro Kilogramm. Nach der derzeitigen deutschen Klärschlammverordnung liegen die Grenzwerte für Cadmium bei 1,5 und für Quecksilber bei einem Milligramm pro Kilogramm Trockensubstanz. Für weitere Schwermetalle liegen die Grenzwerte höher, für Blei 100, Kupfer 60, Nickel 50, Chrom 100 und Zink 200 Milligramm pro Kilogramm Klärschlamm Trockensubstanz. Der Einsatz höher belasteter Klärschlämme in der Landwirtschaft ist verboten. Ein beträchtlicher Teil des anfallenden Klärschlammes muss daher deponiert oder verbrannt werden.

Die aerobe Abwasserreinigung ist ein sehr aufwändiger Prozess, da die Belüftung viel Energie erfordert und relativ hohe Kosten verursacht. Bei der anaeroben Behandlung fällt dagegen Energie in Form von Biogas an. Eine **direkte anaerobe Abwasserreinigung** ist dann attraktiv, wenn es gelingt, den Prozess stabil und mit hoher Durchsatzrate durchzuführen. Eine wesentliche Voraussetzung dafür sind **hochbelastete Abwässer,** wie sie in der Lebensmittelindustrie und Landwirtschaft anfallen. Im Prinzip stellt auch der bisher besprochene frische Klärschlamm solch ein konzentriertes Abwasser dar. Abwässer mit einem Gehalt von einem bis 100 Gramm pro Liter organischer Stoffe können direkt anaerob gereinigt werden. Abwässer von Zucker- und Stärkefabriken, Molkereien und Brauereien sowie von Schlachthöfen haben Konzentrationen von einem bis zehn Gramm pro Liter, bei Klärschlamm und Gülle liegen die Werte bei zehn bis 100 Gramm pro Liter an organischen Stoffen.

Abwasserinhaltsstoffe wie Kohlenhydrate, Eiweiße und Fette werden durch die Mikroorganismen der methanogenen Nahrungskette gut verwertet, Lignin hingegen nicht. Hemmend im Abwasser wirken höhere Konzentrationen an Schwermetallen, chlorierten organischen Lösungsmittel (zum Beispiel Chloroform), Cyanide und Schwefelwasserstoff. Der durch Sulfatreduktion aus Sulfat gebildete Schwefelwasserstoff entfaltet vor allem in undissoziierter Form (bei sauren pH-Werten) seine hemmende Wirkung. Andererseits kann er jedoch auch zur Schwermetallentgiftung durch Sulfidbildung beitragen.

Durch die in Abbildung 11.10 dargestellten Verfahren, bei denen die bakterielle Biomasse im Reaktor zurückgehalten wird, werden hohe Zelldichten (um 50 Gramm pro Liter) erreicht, die im kontinuierlichen Betrieb bei Verweilzeiten von zehn bis 24 Stunden zu einem Reinigungsgrad des Abwassers von 80–90 Prozent führen. Der Reinigungsgrad hängt deutlich von der Zusammensetzung des Abwassers ab, sodass eine Nachbehandlung erforderlich sein kann.

11.6 Reinigung von Industrieabwässern

Industrielle Abwässer sind vielfach höher belastet als kommunale Abwässer. Der Gehalt organischer Stoffe liegt bei zwei bis drei Gramm pro Liter, ein Teil davon ist schwer abbaubar. Das hat zur Entwicklung von wesentlich wirksameren Belebungsverfahren in Form der Biohoch-Reaktoren oder Turmbiologie geführt (Abb. 11.11). Das sind geschlossene Bioreaktoren von 20–30 Meter Höhe und mehr als 10 000 Kubikmeter Volumen. Die hohen Wassersäulen erhöhen den O_2-Sättigungswert, bei acht Metern Wassertiefe beträgt er 17, bei 20 Metern Wassertiefe 28 Milligramm O_2 pro Liter. Damit steigt die Sauerstoffausbeute, die eingeleitete Luft wird wesentlich effektiver als bei flachen, offenen Becken für Abbauprozesse genutzt. Durch spezielle Konstruktionen am Boden des Turmreaktors wird der eingeleitete Abwasserstrom mit dem Luftstrom vermischt und so der Stofftransfer beschleunigt. Die aufströmenden und zirkulierenden Abwasserströme tragen die Belebtflocken nach oben, wo sie in dem ringförmig um die Turmreaktoren angeordneten Absatzbecken sedimentieren und auch zum Teil wieder in den Belebungsraum zurückgeführt werden. Moderne Anlagen großer Chemiekonzerne erreichen durch diese Intensivtechnologie mit mehreren Reaktoren die Reinigung von 100 000 Kubikmeter Abwasser/Tag mit 160 Tonnen BSB_5/Tag. Die geschlossenen Anlagen verhindern, dass gasförmige Abfallstoffe in die Atmosphäre gelangen.

Während man früher die Ansicht vertrat, dass konzentrierte Abwässer der chemischen Industrie vor der biologischen Reinigung mit Kommunalabwasser „verdünnt" werden müssen, haben die Erfahrungen gezeigt, dass es oft wirtschaftlicher ist, eine getrennte Reinigung durchzuführen.

In der chemischen Industrie wird heute vermieden, (a) große Mengen verdünnten Abwassers zu erzeugen und (b) Ströme der verschiedensten Abwässer aus den Produktionsanlagen in einer Gemeinschaftsanlage zu vereinigen, da Gemische generell schwerer zu reinigen sind. Es werden stattdessen konzentrierte Abwässer jedes Produktionsstromes einzeln in dezentralen Reinigungsanlagen gereinigt. Da solche Abwässer zum Teil sehr toxisch sind, also nicht „biologiefähig", werden häufig physiko-chemische Methoden eingesetzt.

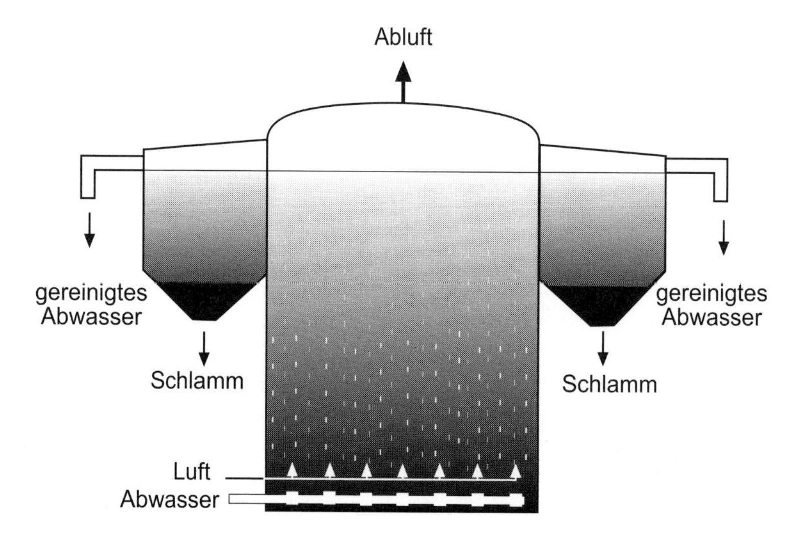

Abb 11.11 Biohoch-Reaktor oder Turmbiologie.

11.7 Naturnahe Abwasserbehandlungsverfahren

Neben den HighTech-Anlagen der Turmbiologie haben auch einfache Technologien eine Zukunft. Solche naturnahen Abwasserbehandlungsverfahren kommen in Deutschland jedoch bisher selten vor. Sie eignen sich aufgrund des zum Teil hohen Flächenbedarfes (fünf bis zehn Quadratmeter pro EW bei einer Pflanzenkläranlage), der niedrigen hydraulischen Belastung, Biomassekonzentration und Oxidationsgeschwindigkeit sowie des geringen Betriebs- und Energieaufwandes besonders als dezentrale Lösungen für Außenbereiche mit kleineren Anschlussgrößen (bis zu 1000 EW).

Bei Pflanzenkläranlagen wird das Abwasser zwecks Behandlung einem mit ausgewählten Sumpfpflanzen (Helophyten wie Schilf: *Phragmites australis*; Flechtbinsen: *Schoeneplectus lacustris* und auch Rohrkolben: *Typha latifolia*) bewachsenen, sandig-kiesigem Bodenkörper zugeführt. Der Bodenkörper wird horizontal oder vertikal durch- beziehungsweise überströmt. Die Reinigungsvorgänge beruhen vorwiegend auf der Tätigkeit der angesiedelten Mikroorganismen. Die Sumpfpflanzen sind nur indirekt an der Reinigungsleistung beteiligt. Ihre Leistung liegt darin, dass sie günstige Bedingungen für die abbauenden Bakterien schaffen. Dazu gehört der Transport von Sauerstoff durch die Wurzeln in den Boden und die Aufrechterhaltung der hydraulischen Durchlässigkeit des Bodens durch das Wurzelwachstum. Im Wurzelraum sind aerobe aber auch anaerobe Zonen, sodass sich eine komplexe Biozönose mit vielfältigen Abbauleistungen entwickelt.

Durch eine jährliche Ernte der oberirdischen Pflanzenteile können etwa fünf Prozent der N- und P-Fracht aus dem System entfernt werden. Aufgrund der relativ langsamen Entwicklung der ober- und unterirdischen Pflanzenteile bedarf eine Pflanzenkläranlage einer Einfahrphase von mindestens einer Vegetationsperiode. Die volle Entwicklung dauert aber wesentlich länger.

Testen Sie Ihr Wissen

Was besagen die Summenparameter BSB, CSB, DOC, TOC, AOX?

Was ist ein Einwohnerwert?

Was ist ein Vorfluter?

Beschreiben Sie eine gewöhnliche Kläranlage mit ihren Teilschritten.

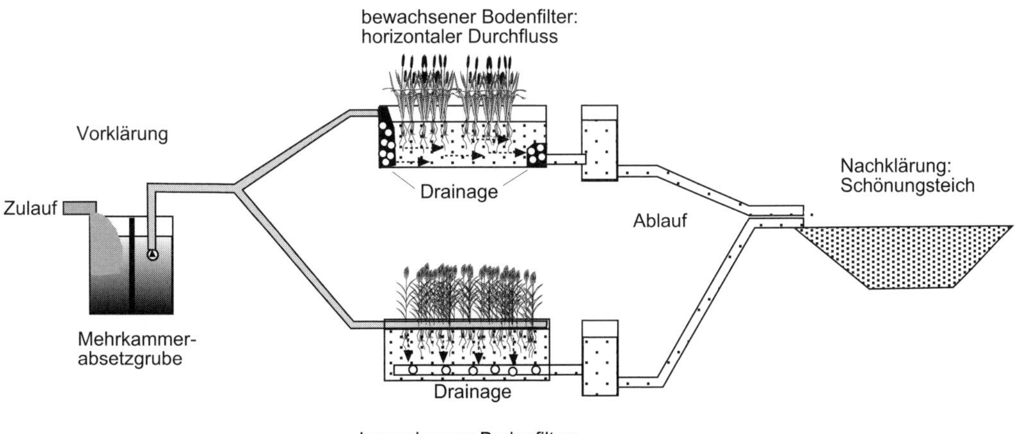

Abb 11.12 Schema von Pflanzenkläranlagen. Oben horizontale, unten vertikale Durchströmung (verändert nach UBA, 2003).

11

Vergleichen Sie die Reinigung von Abwasser im Belebungsbecken und durch Tropfkörper. Stellen Sie die jeweiligen Vor- und Nachteile heraus.

Warum wird häufig Schlammrückführung betrieben?

Was ist Blähschlamm?

Wie müssen die Bedingungen sein, damit durch „polyphosphatakkumulierende Organismen" eine Phosphateliminierung aus Abwasser gelingt?

Durch welchen Metabolismus lässt sich leicht die Stickstoffbelastung eines Abwassers beseitigen?

Sie haben die aerobe Stufe der Abwasserreinigung betrieben und wollen anschließend N-Beseitigung durchführen: Welche Probleme haben Sie bei dieser Reihenfolge?

Was versteht man unter dem Anammox-Prozess?

Vergleichen Sie die Biomassebildung im aeroben und anaeroben Teil einer Kläranlage. Wieviel von den anfallenden Verbindungen werden bei der Schlammfaulung assimiliert und wieviel zu Biogas umgesetzt? Wie setzt sich Biogas zusammen?

Welchen Sinn macht der Einsatz von hohen Reaktoren bei der Reinigung von Industrieabwasser?

Wie funktioniert eine Pflanzenkläranlage? Wo lässt sie sich einsetzen?

Literatur

Bever, J., Stein, A., Teichmann, H. 2002. Weitergehende Abwasserreinigung, 4. Aufl. Oldenbourg Industrieverlag, München.

Blackall, L. L., Crocetti, G. R., Saunders, A. M., Bond, P. L. 2002. A review and update of the microbiology of enhanced biological phosphorus removal in wastewater treatment plants. Ant. v. Leeuwenhoek 81: 681 - 691.

Imhoff, K., Imhoff, K. R. 1993. Taschenbuch der Stadtentwässerung. 28. Aufl., Oldenbourg Verlag, München, Wien.

Lemmer, H., Griebe, T., Flemming, H.-C. 1996. Ökologie der Abwasserorganismen. Springer-Verlag. Heidelberg.

Mudrack, K., Kunst, S. 1994. Biologie der Abwasserreinigung. Gustav Fischer, Stuttgart, Jena, New York.

Präve, P., Faust, U., Sittig, W., Sukatsch, D.A. 1994. Handbuch der Biotechnologie, 4. Aufl., Oldenbourg Verlag, München, Wien.

Schmidt, I., Sliekers, O., Schmid, M., Bock, E., Fuerst, J., Kuenen, J. G., Jetten, M. S. M., Strous, M. 2003. New concepts of microbial treatment processes for the nitrogen removal in wastewater. FEMS Microbiol. Rev. 27: 481 - 492.

Wagner, M., Loy, A., Nogueira, R., Purkhold, U., Lee, N., Daims, H. 2002. Microbial community composition and function in wastewater treatment plants. Ant. v. Leeuwenhoek 81: 665 - 680.

UBA. 2003. Wanderausstellung „Nachhaltige und rationelle Nutzung von Wasser und Energie - Beispiele aus Deutschland" Pflanzenkläranlage. http://www.umweltbundesamt.de/wah20/4-2.htm

Workshop „Aufbereitung von Biogas" Gülzower Fachgespräch Band 21, 17./18. Juni 2003, FAL Braunschweig.

EU-Richtlinie Phosphat: http://europa.eu.int/eur-lex/en/consleg/pdf/1991/en-1991L0271-do-001.pdf.

Klärschlammverordnung: http://bundesrecht.juris.de/bundesrecht/abfkl-rv-1992/gesamt.pdf

12 Biologische Abluftreinigung

In Abluftströmen treten sowohl anorganische als auch organische Verbindungen als Schadstoffe auf, die beseitigt werden müssen. **Anorganische Stoffe** stammen beispielsweise aus den Verbrennungsprozessen der Energiewirtschaft und aus der Landwirtschaft. **Flüchtige organische Verbindungen** gelangen aus einem breiten Spektrum von Emissionsquellen der Industrie, des Gewerbes und der Kommunen in die Luft.

Im industriellen Bereich fallen vor allem organische Lösemittel an. Eine Auswahl von organischen Schadstoffen in der Abluft bringt folgende Aufstellung:

- Methan, Formaldehyd, Dichlormethan
- Ethen, Dichlorethan, Trichlorethan, Aceton
- Pentan, Hexan, Cyclohexan, Heptan
- Benzol, Toluol, Xylol, Styrol, Naphthalin, Monochlorbenzol, 2-Chlortoluol, Phenol

Die mengenmäßige Freisetzung solcher Verbindungen über die Abluft wird vielfach unterschätzt. Wie Berechnungen ergeben, werden in Europa pro Jahr etwa 1 650 000 Tonnen Toluol, 1 360 000 Tonnen Benzol und 50 000 Tonnen Styrol emittiert (aus Fritsche, 1998).

Ein anderes Problem stellen die **geruchsintensiven Abluftströme** dar. So treten im Gewerbe, den Kommunen und der Landwirtschaft Geruchsstoffe aus Kompostierungsanlagen, Kläranlagen, der Tierhaltung und Tierverarbeitung in der Abluft auf. Dabei sind Amine, Amide, Indol, Skatol (3-Methylindol), Schwefelwasserstoff, Dimethylsulfid, Mercaptane, Ammoniak, Buttersäure, 2-Butanon, *n*-Butanol, Isobutanol, Butylacetat und Butylenglykol zu nennen. Diese Stoffe zeichnen sich dadurch aus, dass ihre Geruchsschwelle, die kleinste Stoffmenge im Wasser, die von den meisten Menschen noch wahrgenommen werden kann, sehr niedrig liegt: Dimethylsulfid: 0,3 – 1; Schwefelwasserstoff: 10; Skatol: 3; Trimethylamin: 0,4 – 1; Buttersäure: 50 (in Mikrogramm Substanz pro Liter Wasser) (persönliche Daten von Guth, Wuppertal).

Es gibt vielfältige Bestrebungen, Luftverunreinigungen zu verhindern, die Abluft zu reinigen und sogar einige Stoffe der Abluft zurückzugewinnen. Zur **Abluftreinigung** von dampf- und gasförmigen Schadstoffen kommen grundsätzlich adsorptive, absorptive, thermische, katalytische und biologische Verfahren in Frage.

Liegen die Stoffkonzentrationen über einigen Gramm pro Kubikmeter Abluft, so können sie durch physikalische und chemische Prozesse wirksam entfernt werden.

Geringe Konzentrationen im Bereich unter einem Gramm pro Kubikmeter sind durch die genannten Methoden schwer zu entfernen. Besonders schwierig ist es, große Abluftmengen von Stoffgemischen in geringer Konzentration zu reinigen. Für diese Belange werden die unten genauer dargestellten biologischen Verfahren, zum Beispiel **Biofilter** oder **Biowäscher**, in zunehmendem Maße eingesetzt.

Eine entscheidende Voraussetzung für biologische Abluftreinigung ist die **mikrobiologische Abbaubarkeit** der potenziellen Schadstoffe. Alle oben angeführten organischen Verbindungen sind mikrobiell metabolisierbar. Aliphatische und aromatische Kohlenwasserstoffe sind Wachstumssubstrate für eine Reihe von Mikroorganismen. Halogenierte Kohlenwasserstoffe können teilweise produktiv und sonst oft cometabolisch, also in Gegenwart eines Wachstumssubstrates, transformiert werden. Stoffe, die nur sehr langsam abgebaut werden, lassen sich mittels biologischer Reinigung nicht befriedigend aus der Abluft entfernen. Die natürliche Selektion von Abbauspezialisten für bestimmte Substrate erfolgt in Abluftreinigungsanlagen zuweilen so langsam, dass eine **Beimpfung mit Spezialkulturen** angebracht sein kann.

Flüchtige Substrate können von Mikroorganismen erst abgebaut werden, wenn sie in gelöster Form an die Zellen gelangen. Daher ist eine zweite zentrale Voraussetzung für biologische Abluftreinigung, dass die abzubauenden Stoffe eine **ausreichende Wasserlöslichkeit** besitzen müssen. Als Kenngröße dient die Henry-Konstante aus dem Henryschen Gesetz (vgl. Kap. 5.1.1.2.1). Um eine biologische Abluftreinigung mit einem Wirkungsgrad von mehr als 90 Prozent zu erreichen, muss die Henry-Konstante kleiner als fünf bis zehn $Pa \times m^3/mol$ sein. Als Beispiel sei Phenol angeführt, das trotz seines vergleichsweise hohen Sättigungsdampfdruckes aufgrund seiner sehr guten Löslichkeit in Wasser zur Verteilung in die gelöste Phase neigt. Liegen in der Abluft **schwer wasserlösliche Verbindungen** vor, so können dem Wasser bei der Biowäsche (siehe unten) **Lösungsvermittler** zugesetzt werden.

Für die Effektivität einer Abluftreinigung ist es wesentlich, dass der **Stofftransport von der Gas- zur Flüssigkeitsphase** mit hoher Rate erfolgt. Das betrifft sowohl die abzubauenden Stoffe als auch den Sauerstoff. Es muss also eine möglichst große Kontaktfläche zwischen Gasphase und flüssiger Phase geschaffen werden, um den schnellen und intensiven Austausch zu gewährleisten. Selbst wenn der Abbau in Biofilmen auf festen Füllstoffen erfolgt, wie bei Biofiltern und Tropfkörper-Wäschern, befindet sich zwischen der Gas- und Festphase ein Wasserfilm, in dem die Mikroorganismen wachsen. Dieser Stofftransport über Phasengrenzflächen hängt von der Austauschfläche ab (bei Biofiltern vom Porenvolumen, der Partikelgröße und der Struktur des Füllmaterials).

Ein weiterer entscheidender Faktor für die Reinigungsleistung ist die **Biomasse.** Wenn mehr Substrat in den Biofilm diffundiert, als enzymatisch umgesetzt wird, tritt kein ausreichender Abbau ein. Die Biomasse ist von der Konzentration der abbaubaren Schadstoffe, der Sauerstoffzufuhr und den zum Wachstum notwendigen N- und P-Quellen abhängig. Bei Biofiltern können diese Substrate aus den organischen Füllstoffen wie Kompost oder Rinde stammen. In anderen Fällen kann ein Zusatz von Nährsalzen notwendig sein. Erfolgt eine Auswaschung von Zellen, so ist Rückführung von Biomasse förderlich.

Die verschiedenen **Abluftreinigungsverfahren** müssen zwei Anforderungen erfüllen:

- die **Absorption,** also den Stoffübergang von der Gasphase in die wässrige Phase, und
- den **biologischen Abbau** beziehungsweise die Metabolisierung der Verbindungen.

In Abbildung 12.1 sind die vier wesentlichen Reaktortypen der mikrobiologischen Abluftreinigung schematisch zusammengefasst. Den ei-

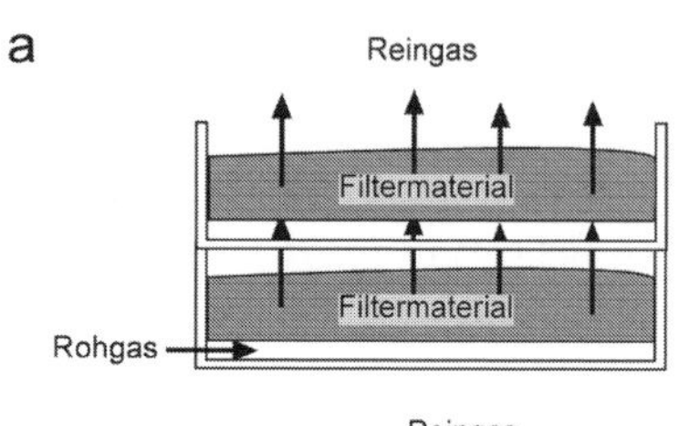

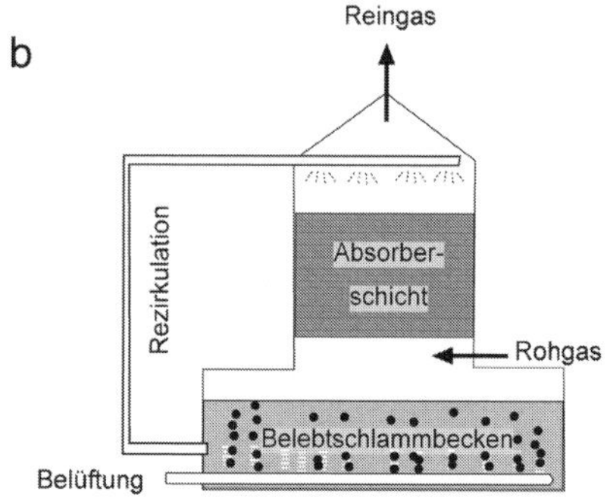

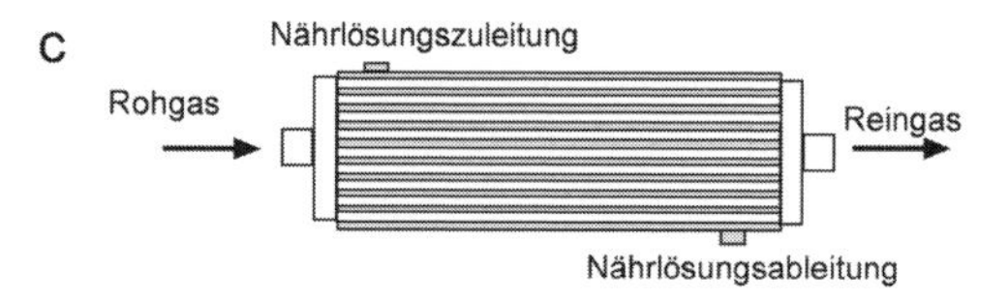

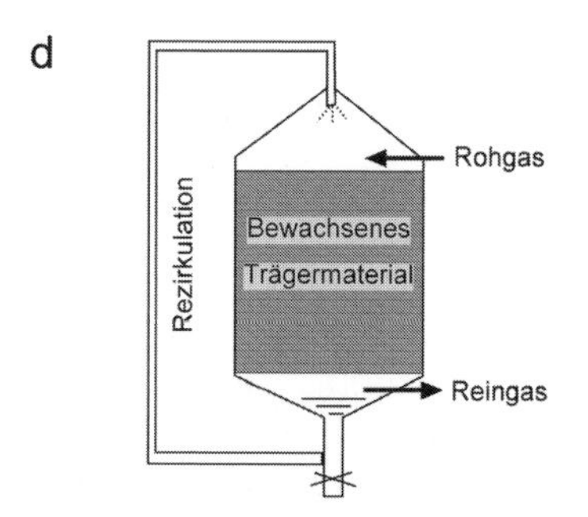

Abb 12.1 Schematische Darstellung von verschiedenen Abluftreinigungsanlagen. (a) Offener Biofilter; (b) Tropfkörper-Wäscher; (c) Biowäscher; (d) Membranreaktor

gentlichen Reaktoren sind Anlagen vorgeschaltet, die der Befeuchtung der Luft und gegebenenfalls der Neutralisation von sauren oder alkalischen Verbindungen dienen.

Biofilter sind Systeme mit einer festen Matrix, auf der die Mikroorganismen wachsen. Sie sind das einfachste Konzept einer biologischen Abluftreinigung, weil Schadstoffabsorption durch die wässrige Phase und deren mikrobielle Regeneration sowohl örtlich als auch zeitlich gekoppelt ohne Bewegung großer Wassermengen ablaufen, und können über mehrere Jahre im Einsatz bleiben. Die zu reinigende Abluft wird von unten nach oben mit 0,02 bis 0,1 Meter pro Sekunde an dem ein- oder mehrstufig angeordneten Filterbett vorbeigeleitet. So werden die wasserlöslichen Schadstoffe in die an der Oberfläche des Filtermateriales vorhandene wässrige Phase transportiert und gelangen zu den Bakterien. Biofilter sind offene oder geschlossene Festbettreaktoren, die mit Schüttschichten teilweise gemischter organischer Stoffe (Torf, gehäckseltes Reisig, Laub, Rindenmulch, Kompost, Erde), in Einzelfällen versetzt mit Aktivkohle, gefüllt sind. Den organischen Grundmaterialien werden zur Strukturverbesserung und als Stützmaterial Kunststoffe wie Styropor oder Naturstoffe wie Blähton oder Vulkanschlacken zugesetzt. Als Filtermaterial werden auch spezielle Schaumglas- und Kunststoffprodukte hergestellt. Die Filtermaterialien müssen folgende Bedingungen erfüllen:

- große wirksame Oberfläche für den Stoffaustausch und die Besiedlung mit Mikroorganismen,
- Porosität und Homogenität, um eine gute und gleichmäßige Durchströmung zu gewährleisten (etwa 50 Prozent Luftraum),
- Wasserhaltefähigkeit, um der Austrocknung entgegenzuwirken,
- schwere Abbaubarkeit, damit lange Standzeiten der Filter erreicht werden.

Nach der Anordnung des Filtermateriales unterscheidet man Flächenfilter und Hochfilter (Etagenfilter, Wabenfilter, Turmfilter) in offener und geschlossener Bauweise, die zum Teil aus containerförmigen Einheiten modulartig zusammensetzbar sind.

Großflächige offene Biofilter werden vor allem für geruchsintensive Abluftinhaltsstoffe betrieben, wie sie zum Beispiel bei der Müllkompostierung anfallen. Die Filterfläche liegt in Größenordnungen von 500 – 1 000 Quadratmetern, die Schichthöhe beträgt ein bis zwei Meter. Es werden Abgasvolumina von 1 000 – 70 000 Kubikmeter pro Stunde mit einem Wirkungsgrad von 80 – 95 Prozent gereinigt. Für organische Lösungsmittel setzt man in zunehmendem Maße geschlossene Systeme in Form von Containern ein. Sie ermöglichen eine bessere Steuerung der Prozesse (Luftfeuchtigkeit, Temperatur) und die Analyse der Reinigungsleistungen. Die Organismendichte liegt bei 10^9 Keimen pro Gramm Füllmaterial.

Soweit es sich um den eigentlichen Waschvorgang handelt, entsprechen **Biowäscher** (engl. *biosrubber*) in Aufbau und Wirkungsweise den allgemeinen Grundlagen der physikalischen Absorption. Die Besonderheit des Prozesses liegt darin, dass die im Absorbens gelösten Schadstoffe durch die Stoffwechseltätigkeit von Mikroorganismen abgebaut werden. Im Gegensatz zu den Biofiltern befinden sich die Mikroorganismen im Biowäscher in einer Suspension. Bei Biowäschern erfolgt die Auswaschung und Absorption der flüchtigen Luftinhaltsstoffe im oberen Teil von zylinderförmigen Anlagen. Dem eingeleiteten Rohgas strömt versprühte Lösung entgegen, die in der Absorptionszone (Siebböden oder Füllkörperkolonnen) die Inhaltsstoffe aufnimmt. Die Inhaltsstoffe werden vorwiegend im unteren Teil der Anlage abgebaut, die einem Belebungsbecken der Abwasserreinigung (vgl. Kapitel 11.2) entspricht. Beim Abbau findet eine Regeneration der Waschlösung statt, die wiederholt umgepumpt wird. Mikroorganismen befinden sich in hoher Dichte in der umlaufenden Waschlösung, der Nährstoffe zugesetzt werden. Diesem Waschwasser können auch die erwähnten Lösungsvermittler zugesetzt werden. Die Biowäscher werden in der Praxis meist zweistufig angelegt, um die Effektivität und Sicherheit der Reinigungseffekte zu gewährleisten. Es ist auch eine Ankopplung an bestehende Kläranlagen möglich. Die Anlagen haben im Vergleich zu den Biofiltern aufgrund höherer Organismendichte größere Abbauleistungen pro Reaktorvolumen. Bei wechselndem Anfall von Abluft sind sie störanfälliger und besitzen nicht die den Biofiltern eigene Pufferkapazität. Der Betrieb erfordert eine zusätzliche Belüftung.

Die Tropfkörper-Variante wurde aus der biologischen Abwasserreinigung übernommen, wo sie seit nahezu 100 Jahren unter der gleichen Bezeichnung zu den Standardmethoden gehört. Zu den oben genannten Verfahren nehmen die **Tropfkörper-Wäscher** (engl. *biotrickling filter*) eine Zwischenstellung ein. In seinem apparativen Aufbau gleicht der Tropfkörper einem Biowäscher mit Füllkörpern. Das Wasser hat neben seiner lösenden Funktion die Aufgabe eines Spülmediums, um den Bakterienfilm, der sich als Biofilm auf den Füllkörperoberflächen bildet, dünn und damit aktiv zu halten. Beim Herabrieseln über den biologischen Rasen wird das schadstoffaufnehmende Wasser gleichzeitig regeneriert, das heißt Absorption und Regeneration sind wie beim Biofilter zeitlich und örtlich gekoppelt. Wie beim Biowäscher kann das Wasser seine Transportfunktion nur dann optimal erfüllen, wenn es möglichst gleichmäßig alle Bereiche der mit biologischem Rasen überzogenen Füllkörper durchrieselt. Als Trägerstoffe werden inerte Materialien, zum Beispiel Lavaschlacke, eingesetzt. Das Rohgas wird in die aufgesprühte und im Kreislauf geführte Waschlösung eingeleitet. Ausgewaschene Biomasse kann dem zurückgeführten Waschwasser wieder zugegeben werden. Die Abluft durchfließt das offene System, während die Waschlösung zirkuliert.

Für eine Entscheidung zwischen den drei Verfahrensvarianten lassen sich im Wesentlichen folgende **Kriterien** heranziehen: Biofilter benötigen wegen der geringen Durchströmungsgeschwindigkeit ein größeres Bauvolumen, das als Flächen- oder Hochfilter realisiert werden kann. Bezüglich der Anschaffungs- und Betriebskosten besitzen Biofilter Vorteile gegenüber Biowäschern und Tropfkörpern, da ihr apparativ-maschineller Aufwand sowie die messtechnische Überwachung geringer sind, keine Chemikalien benötigt werden und keine großen Wassermengen umzupumpen sind. Biofilter sind so eine preiswerte und wirksame Methode der Geruchsbekämpfung in der Landwirtschaft. Durch die Möglichkeit, den pH-Wert zu regulieren sowie Nährstoffe zu dosieren und damit den mikrobiellen Abbau gezielt zu beeinflussen, sind Biowäscher und Tropfkörper flexibler einsetzbar. Die Überbrückung von Stillstandszeiten ist beim Biofilter einfacher, da das als Nährboden dienende Filtermaterial lediglich zu belüften und feucht zu halten ist, während bei Biowäschern und Tropfkörpern auch Nährstoffe zu dosieren sind, um die Biomasse zu erhalten. Während beim Biofilter keine Reaktionsprodukte regelmäßig zu entsorgen sind, fallen bei Biowäschern und Tropfkörpern geringe Mengen an Überschussschlamm mit etwa einem Prozent organischer Trockensubstanz an.

Eine noch in der Entwicklung befindliche Technik für die Reinigung von relativ schwer wasserlöslichen Luftverunreinigungen, zum Beispiel Dichlorethan, Benzol oder Xylol, sind **Membranreaktoren**. Bei diesen Verfahren wird die zu reinigende Abluft durch Hohlfasern aus Polydimethylsiloxan geleitet, die außen von Nährlösung mit Mikroorganismen umflossen werden. Die lipophilen Stoffe werden in der Hohlfasermembran gelöst und an der Außenseite der Membran von den Mikroorganismen abgebaut. Die Nährlösung mit den Mikroorganismen wird umgepumpt, um die Zellen mit Sauerstoff zu versorgen und die Abbauprodukte (CO_2) abzuleiten. Die Membranreaktoren enthalten eine sehr große Zahl (zum Beispiel 1 000) von Hohlfasern, um eine große Austauschfläche zu erreichen. Neben semipermeablen hydrophoben Membranen werden auch Membranen mit Mikroporen erprobt.

Testen Sie Ihr Wissen

Beschreiben Sie Biofilter und Biowäscher. Nennen Sie jeweils die Vor- und Nachteile

Für welchen Konzentrationsbereich in Gramm pro Kubikmeter Abluft ist die biologische Abluftreinigung sinnvoll?

Welche Eigenschaften neben der biologischen Abbaubarkeit ist Voraussetzung für eine biologische Abluftreinigung?

Literatur

Devinny, J. S., Deshusses, M. A., Webster, T. S. 1999. Biofiltration for Air Pollution Control. Lewis Publishers, Boca Raton, London, New York, Washington, D.C.

Fischer, K. 1997. Fremdstoffabbau in der Luft. *In:* Umweltbiotechnologie. J.C.G. Ottow, W. Bidlingmaier (Hrsg.) Gustav Fischer Verlag, Stuttgart, S. 316–349.

13 Biologische Bodensanierung

13.1 Altlasten-Problematik

Erst in den siebziger Jahren des letzten Jahrhunderts wurden die Gefahren erkannt, die von den als Altlasten bezeichneten Bodenverunreinigungen ausgehen. Unter **Altlasten** versteht man Ablagerungen und Altstandorte mit Stoffen, von denen Gefährdungen für die Umwelt und besonders für die menschliche Gesundheit ausgehen oder zu erwarten sind. **Altablagerungen** sind verlassene oder stillgelegte Ablagerungsplätze für Abfälle und Produktionsrückstände, zum Beispiel „wilde" Müllkippen. Als **Altstandorte** werden stillgelegte Flächen und Anlagen bezeichnet, auf denen früher mit gefährlichen Stoffen umgegangen wurde. Die Problematik der Altlasten wird durch die Anzahl von mehr als 360 000 altlastenverdächtigen Flächen in der Bundesrepublik Deutschland verdeutlicht. Beispiele für Altstandorte und dort vorliegende Stoffgruppen sind in Tabelle 13.1 angeführt.

Die Gefahren, die von Bodenbelastungen ausgehen, wurden lange vernachlässigt, da man die Selbstreinigungskräfte der Böden überschätzte und die Transferpfade vom Boden in das Grundwasser und in die Nahrungskette ungenügend kannte. Aber auch nachdem diese Gefahren erkannt worden waren, ist es in verantwortungsloser Weise zu Ablagerungen und Verfüllungen mit gefährlichen Stoffen gekommen, um die Entsorgungskosten zu umgehen. Erst gegenwärtig werden mit den Regelungen zum Bodenschutz und dem Kreislauf-Wirtschafts- und Abfallgesetz die Grundlagen dafür geschaffen, dass zu den Hinterlassenschaften der industriellen Entwicklung und der ungeordneten Abfallbeseitigung keine „Neulasten" hinzukommen. Der Wert des Bodens für die Funktion der Ökosysteme als Filter- und Puffersystem für die Stoffkreisläufe wird aber noch immer nicht in der ganzen Tragweite erkannt, wie die anhaltende Versiegelung und Bebauung zeigen.

Heute und in der Zukunft geht es darum, die Gefahren, die von Altlasten ausgehen, zu erkennen und, soweit erforderlich, die Böden zu sanieren. Unter dem Begriff **Bodensanierung** fasst man alle Maßnahmen zusammen, die durch eine Bodenreinigung dazu führen, dass für Schutzgüter wie Grundwasser, Oberflächenwasser, Boden und Luft keine Gefahren ausge-

Tabelle 13.1 Verbreitete Altlastenstandorte und die dort vorkommenden Hauptschadstoffe.

Altlasten	Schadstoffgruppen
Mineralölverarbeitung und -lagerung, Tankstellen	Aliphatische und aromatische Kohlenwasserstoffe
Gaswerke, Kokereien	Phenole, PAK
Güterbahnhöfe, Flugplätze	Aliphatische und aromatische Kohlenwasserstoffe
Chemikalien- und Pflanzenschutzmittel-Produktion	Chlorkohlenwasserstoffe, PCB
Munitionsfabriken	Nitroaromaten wie TNT
Chemische Reinigungen	Tri- und Tetrachlorethen
Metallverarbeitung	Schwermetalle, Cyanide
Ungeordnete Deponien, Müllplätze	Schwermetalle, Sulfate, Nitrate

hen. Auch durch die besten und aufwendigsten Maßnahmen wird es nicht möglich sein, den ursprünglichen unbelasteten Zustand wieder herzustellen. Das unterstreicht noch einmal die Notwendigkeit des vorsorgenden Umweltschutzes: Vermeiden ist stets kostengünstiger als Sanieren.

Welche **Sanierungsziele** sind zu erreichen? Die stoff- und konzentrationsbezogenen Kriterien für die Beurteilung von Verunreinigungen in Umweltmedien sind umstritten. Nutzungsbezogene Kriterien werden verstärkt diskutiert. Eine Fläche, die nach der Sanierung als Kinderspielplatz oder für Sport- und Freizeitzwecke genutzt werden soll, muss sauberer sein als zukünftige Parkplätze oder Industrie- und Gewerbeflächen. Es ist jedoch schwierig, Nutzungsarten für lange Zeiträume festzulegen. Daher sind in den Niederlanden für eine größere Zahl von organischen und anorganischen Schadstoffen Referenz- und Prüfwerte festgelegt worden, die eine wichtige Grundlage für Grenzwerte darstellen. Diese Werte sind in der **Niederländischen Liste** (novelliert 1994) zusammengefasst worden, sie beinhaltet sowohl Werte für den Boden als auch für das Grundwasser. In der Tabelle 13.2 sind einige Werte aus der Liste aufgeführt, um die Herangehensweise zu verdeutlichen. In dem Tabellenwerk wird zwischen den Kategorien Referenz- und Interventionswerten unterschieden. Referenzwerte sind Einzel- oder Durchschnittswerte, die auf Flächen außerhalb des Einwirkungsbereiches von Altlasten ermittelt wurden und etwa den natürlichen Werten entsprechen (Hintergrundkonzentration). Die Interventionswerte signalisieren bei Überschreitung das Vorliegen einer ernsthaften Bodenkontamination. Als Rechtsfolge ergibt sich die Pflicht zur Durchführung einer nutzungsabhängigen aktuellen Risikoabschätzung und die sich daraus ergebende Festlegung der Sanierungsdringlichkeit (null bis vier beziehungsweise vier bis 21 Jahre). Die Interventionswerte basieren auf human- und ökotoxikologischen Kriterien sowie den dem Standardszenario „Wohnen mit Garten“ zugrundeliegenden Expositionsfaktoren für einen Standardboden. Die Interventionswerte gelten als überschritten, wenn ein Mindestvolumen von >25 Kubikmeter Boden beziehungsweise >100 Kubikmeter porenwassergesättigter Boden/Aquifer betroffen ist.

13.2 Verfahren der biologischen Bodensanierung

Biologische Bodensanierung scheint auf den ersten Blick etwas Paradoxes zu sein: Mikroorganismen sollen Schadstoffe beseitigen, deren biologischer Abbau schon Jahre oder Jahrzehnte unterblieben ist oder sehr langsam ablief. Zu fragen ist also, warum der Abbau prinzipiell abbaubarer Verbindungen an manchen Standorten unterbleibt oder stark verlangsamt abläuft. Nach den vorliegenden Erfahrungen sind je nach Standort und Verbindung **die Hauptgründe für unterbleibenden oder zu langsamen Abbau:**

- Da Sauerstoff bei den schnell ablaufenden aeroben Prozessen sowohl als Reagenz in den Oxygenase-Reaktionen (vergleiche Kap. 5.2.2.1) als auch als Elektronenakzeptor benötigt wird, ist oft ein **Mangel an Sauerstoff** das Hauptproblem. Dies kann sich beim **Fehlen alternativer Elektronenakzeptoren** besonders auswirken.
- Ein anderes großes Problem ist die **mangelnde Bioverfügbarkeit** vieler Schadstoffe. Diese kann aus schlechter Wasserlöslichkeit der Verbindung resultieren. Gerade im Boden spielt auch die Sorption der Schadstoffe an Bodenbestandteile eine entscheidende Rolle. Sowohl hydrophobe Bindungen an organisches Material sind von Bedeutung als auch die Sorption polarer Stoffe an Huminsäuren oder Tone. Bei feinkörnigem Material mit relativ großen Oberflächen spielen Sorptionsprozesse eine besonders große Rolle. Auch das Alter einer Verschmutzung kann über die im Zeitverlauf stattfindende Diffusion von Schadstoffen in kleinste Poren oder eine Sequestrierung in der Huminstoffmatrix zur Reduktion der Bioverfügbarkeit beitragen.
- Am Standort können **Nährstoffe** wie Stickstoff oder Phosphor limitierend sein.
- Biologische Aktivität ist oft hoch bei **pH-Werten** des Bodens zwischen sechs und acht. Hiervon stark abweichende pH-Werte können sich hemmend auf Aktivität und damit den Schadstoffabbau auswirken.

Tabelle 13.2 Referenz- und Interventionswerte für Boden- und Grundwasserverunreinigungen zum Schutz des Menschen und der Ökosysteme (Altlasten Spektrum, 3/95, 165 – 166).

Substanz	Boden/Sediment (mg/kg Trockenmasse)		Grundwasser (µg/L)	
	Referenzwerte	Interventionswerte	Referenzwerte	Interventionswerte
Metalle				
Arsen	29	55	10	60
Cadmium	0,8	12	0,4	6
Chrom	100	380	1	30
Kobalt	20	240	20	100
Kupfer	36	190	15	75
Quecksilber	0,3	10	0,05	0,3
Blei	85	530	15	75
Nickel	35	210	15	75
Aromatische Verbindungen				
Benzol	0,05 (d)	1	0,2	30
Ethylbenzol	0,05(d)	50	0,2	150
Toluol	0,5 (d)	130	0,2	1 000
Xylole	0,5 (d)	25	0,2	70
Phenol	0,05 (d)	40	0,2	2 000
Polycyclische Aromatische Kohlenwasserstoffe (PAK)				
Naphthalin	–	–	0,1	70
Anthracen	–	–	0,02	5
Phenanthren	–	–	0,02	5
Fluoranthen	–	–	0,005	1
Chrysen	–	–	0,002	0,05
Benzo(a)pyren	–	–	0,001	0,05
PAK (Summe von 10)	1	40	–	–
Chlorierte Kohlenwasserstoffe				
Tetrachlorethen	0,01	4	0,01 (d)	10
Trichlorethen	0,001	60	0,01 (d)	500
Vinylchlorid	–	0,1	0,01 (d)	0,7
Tetrachlormethan	0,001	1	0,01 (d)	10
Trichlormethan	0,001	10	0,01 (d)	400
Dichlormethan	–	20	0,01	1 000
Chlorbenzole (Summe)	–	30	–	–
Monochlorbenzol	–	–	0,01 (d)	180
Dichlorbenzole (Summe)	0,01	–	0,01 (d)	50
Trichlorbenzole (Summe)	0,01	–	0,01 (d)	10
Chlorphenole (Summe)	–	10	–	–
Monochlorphenole (Summe)	0,0025		0,25	100
Dichlorphenole (Summe)	0,003		0,08	30
PCB (Summe von 17)	0,02	1	0,01 (d)	0,01
Pestizide				
Aldrin,Dieldrin, Endrin (Summe)		4		0,1
α-HCH	0,0025			
β-HCH	0,001			
γ-HCH	0,05 µg/kg		0,02 ng/L	
Carbaryl		5	0,01 (d)	0,1
Atrazin	0,05 µg/kg	6	0,0075	150
Sonstige Verbindungen				
Pyridin	0,1	1	0,5	3
Styrol	0,1	100	0,5	300
Phthalate (Summe)	0,1	60	0,5	5
Mineralöl (Summe)	50	5 000	50	600

Standardboden: zehn Prozent organische Substanz, 25 Prozent Ton,
(d) Bestimmungsgrenze; sind keine Werte angegeben, so sind sie mit den gängigen Methoden nicht erfassbar.

- Für reduktive oder cometabolische Prozesse (Abschnitt 5.3) kann auch ein **Elektronendonor** oder ein **Auxiliarsubstrat** fehlen.
- Die **Toxizität** des in Frage stehenden Schadstoffes oder von Begleitstoffen wie Schwermetallen oder Bioziden kann die mikrobielle Aktivität hemmen.
- Normalerweise setzt man bei der Bodensanierung auf die Aktivität der im Boden schon vorkommenden Bakterien und Pilze. Speziell bei Verbindungen, die der Natur fremd sind (Xenobiotika) oder die sehr selten oder normalerweise in niedriger Konzentration vorkommen, kann eine zu **geringe Zahl abbauender Mikroorganismen** ein entscheidendes Problem sein. Hier spielen auch der Zeitfaktor und möglicherweise ablaufende genetische Adaptationsprozesse (Kap. 5.3 und 9.1.2) eine wesentliche Rolle.

Biologische **Sanierungsverfahren** zielen generell darauf ab, alle oder die jeweils wichtigsten dieser Mängel auszugleichen und damit einen Abbau oder auch eine Immobilisierung zu ermöglichen oder zu beschleunigen. Ein **vollständiger biologischer Abbau** liegt vor, wenn die organischen Schadstoffe einerseits zu mineralischen Endprodukten (Kohlendioxid, Chlorid), andererseits in Biomasse umgesetzt werden. Auch ein **unvollständiger biologischer Abbau** lässt sich zur Reinigung kontaminierter Böden nutzen, indem die Schadstoffe entweder in unschädliche Metabolite (Zwischenprodukte) umgewandelt oder durch Einbaureaktionen im Boden festgelegt werden (**Immobilisierung/Humifizierung**).

Biologische Bodensanierungsverfahren werden in ***ex situ***-Techniken (mit Bodenaushub) und ***in situ***-Techniken (ohne Bodenaushub) eingeteilt, wobei *ex situ*-Sanierungen je nach Ort der Behandlungsanlage als *on site*- (am Sanierungsort) oder *off site*-Verfahren (außerhalb des Sanierungsortes) zur Anwendung kommen.

Während die *ex situ*- und *in situ*-Verfahren darauf ausgerichtet sind, Abbau- oder Immobilisierungsprozesse zu kontrollieren und zu beschleunigen, setzt eine andere Strategie lediglich auf ***natural attenuation*** (NA), also darauf, dass natürlicherweise ablaufende Abbau- und Rückhalteprozesse die Ausbreitung von Schadstoffen in der ungesättigten und gesättigten Bodenzone verlangsamen können. Die mit dem Begriff „Natural Attenuation" gekennzeichnete Verringerung der Schadstoffbelastung eines kontaminierten Systems unter natürlichen Bedingungen kann mit einer Verminderung von Masse, Toxizität, Mobilität, Volumen oder Konzentration der Schadstoffe im Boden oder Grundwasser einhergehen. In Verbindung mit einer Langzeitüberwachung der identifizierten Schadstoffe können Natural Attenuation-Prozesse nach Meinung der EPA (*Environmental Protection Agency* der USA) als

Vielfach verwendete Abkürzungen bei der Bodensanierung

BTEX = Benzol, Toluol, Ethylbenzol, Xylole (Mineralölkohlenwasserstoffe)
cDCE = *cis*-1,2-Dichlorethen
DNAPL = *dense non aqueous phase liquids*
HCH = Hexachlorcyclohexan (Lindan)
LCKW = Leichtflüchtige chlorierte Kohlenwasserstoffe (C_1/C_2-Alkane/Alkene mit Siedepunkten < 150 °C)
MKW = Mineralölkohlenwasserstoffe
MNA = *monitored natural attenuation*
MTBE = Methyl-*tert*-butylether
NA = *natural attenuation*
ORC = *oxygen release compounds*
PAK = polycyclische aromatische Kohlenwasserstoffe
PCB = polychlorierte Biphenyle
PER, PCE = Tetrachlorethen
RDX = *royal demolition explosive*
TCE = Trichlorethen
TNT = Trinitrotoluol
TPH = *total petroleum hydrocarbons*
VC = Vinylchlorid (= Chlorethen)
VOCs = *volatile organic compounds*

Sanierungsstrategien eingesetzt werden. Für diese Vorgehensweise wurde der Begriff ***monitored natural attenuation*** (MNA) vorgeschlagen.

Während sich der Begriff Natural Attenuation ausschließlich auf die unbeeinflusste Nutzung natürlicher Rückhalte- und Reinigungsprozesse im Untergrund bezieht, wird die Anwendung von Verfahren zur Stimulierung von Selbstreinigungsprozessen als ***enhanced natural attenuation*** bezeichnet. Diese Strategie zielt auf die Nutzbarmachung des natürlichen Schadstoffabbaus durch eine Verstärkung, Optimierung, beziehungsweise Beschleunigung, von Selbstreinigungsprozessen ab, indem durch einfache technische Maßnahmen die physikalischen oder chemischen Bedingungen am Ort des Schadstoffabbaus verändert werden. Da dies begrifflich nicht klar von *in situ*-Verfahren zu trennen ist, wird die Enhanced Natural Attenuation-Strategie hier nicht gesondert aufgeführt.

13.2.1 *Ex situ*-Verfahren

Alle *ex situ*-Verfahren ermöglichen eine im Vergleich zu den *in situ*-Verfahren relativ **intensive Bearbeitung** des belasteten Bodens.

- Mikrobielle Aktivitäten können durch Belüftung, Nährstoffzufuhr und gegebenenfalls pH-Anpassung gefördert werden.
- Eine Homogenisierung führt zur Erhöhung der Bioverfügbarkeit der Schadstoffe und kann durch gleichmäßigere Verteilung auch Toxizitätsprobleme senken.
- Durch Zugabe von Spezialkulturen kann ein Mangel an abbauenden Bakterien möglicherweise kompensiert werden.

Neben solchen verfahrenstechnischen Aspekten haben *ex situ*-Verfahren im Vergleich zu *in situ*-Verfahren den Vorteil, dass das kontaminierte Gelände sehr schnell für eine neue Nutzung zur Verfügung steht. Gleichzeitig setzen sie voraus, dass eine *ex situ*-Lösung vom Umfang her (kontaminierte Fläche, Tiefe der Kontamination) noch praktikabel und finanzierbar ist.

Bei *ex situ*-Verfahren erfolgt zu Beginn der Bearbeitung eine mechanische **Bodenvorbehandlung**. So können Störstoffe (wie Kunststoffe, grober Bauschutt, Metalle) entfernt oder grobe Partikel bei Bedarf mittels eines Brechers auf die notwendige Korngröße zerkleinert werden. Hierdurch wird die angestrebte Homogenisierung erreicht. Zur weiteren Bearbeitung werden vor allem Mietentechnik und Reaktorverfahren eingesetzt.

13.2.1.1 Mietentechnik

Unter dem Begriff „Mietentechnik" werden Verfahren verstanden, die in Form von angelegten Bodenmieten zu einem biologischen Abbau von Schadstoffen führen. Bei den Mieten, in der Regel als Boden- oder Regenerationsmieten bezeichnet, handelt es sich um Haufwerke unterschiedlicher Form und Größe, zu denen die Böden aufgeschüttet werden. Je nach Form der Bodenmiete wird zwischen Rechteckmieten, trapezförmigen und pyramidenförmigen Mieten unterschieden. Die Höhe der Bodenmieten beträgt bis zu drei Meter, in Ausnahmefällen werden Hochmieten mit über drei Metern Höhe angelegt. Die Durchführung der Mietentechnik erfolgt auf abgedichtetem Untergrund in Hallen oder Zelten. Unter den Begriffen „Biobeete" beziehungsweise „Beetverfahren" kommen auch flache Mietenverfahren zum Einsatz.

Die oben angesprochenen Limitierungen mikrobiellen Abbaus werden zum Teil schon bei der mechanischen **Bodenvorbehandlung** reduziert. So kommt es hierdurch zur **Homogenisierung** und Auflockerung des Materials mit positiven Effekten im Hinblick auf Bioverfügbarkeit der Schadstoffe und Sauerstoffversorgung. Die Bodenvorbehandlung wird in der Regel mit der Einarbeitung von Nährstoffen sowie Struktur- und Zuschlagstoffen kombiniert. Zu den wichtigsten **Nährstoffen** gehören organische und anorganische Stickstoff- und Phosphorverbindungen. Diese sollten zum einen in ausreichenden Gehalten vorliegen und zum anderen auf ein günstiges Verhältnis der Nährstoffgehalte untereinander eingestellt werden. Das so genannte C:N:P-Verhältnis sollte zwischen 100:15:2 bis 100:10:1 Gewichtseinheiten liegen. Unter **Struktur- und Zuschlagstoffen** sind Stoffe zu verstehen, die dem Boden zu Beginn der Behandlung zugesetzt werden und dabei zu einer lockeren Bodenstruktur und guten Durchlüftung führen. Zum Einsatz kommen unter anderem Rindenprodukte (Rindenmulch, Rindenhumus, Borke), Stroh, Komposte. Die Zugabe dieser Stoffe erhöht außerdem den organischen Anteil des Bodens und fördert so dessen biologische Aktivität. Auch eine **Beimpfung** mit Spezialkulturen oder Organismen, die zuvor vom Standort isoliert wurden, kann im Rahmen der Vorbehandlung durchgeführt werden.

Mietentechniken sind in der Regel aerobe Verfahren und die Durchlüftung wird schon durch die erwähnte Auflockerung sowie die Struktur- und Zuschlagstoffe verbessert. Je nach Art der zusätzlichen **Sauerstoffversorgung** unterscheidet man zwischen passiver und aktiver Belüftung. Eine **passive Belüftung** von Bodenmieten wird durch einen schichtenförmigen Mietenaufbau erreicht, bestehend aus einer wechselnden Abfolge aus Boden- und Belüftungsschichten (Abb. 13.1c). In den Belüftungsschichten werden grobe Strukturstoffe, wie Holzhackschnitzel, eingesetzt und auf diese Weise eine Versorgung der Bodenschichten mit Luftsauerstoff über passive Diffusion erreicht. Die Nachlieferung des Luftsauerstoffs wird zudem verbessert, wenn sich der Mietenkörper durch die biologische Aktivität erwärmt (Kamineffekt).

Zu der **aktiven Belüftung** von Bodenmieten gehören die Zwangsbelüftung und die dynamische Belüftung. Bei der **Zwangsbelüftung** wird mit Hilfe technischer Einbauten oder Maßnahmen eine Versorgung der Bodenmiete mit Luftsauerstoff erreicht. Zur Anwendung kommen Siebböden, Drainagerohre oder Luftlanzen (Abb. 13.1b). Je nach Anordnung der Gebläsevorrichtungen unterscheidet man zwischen Druck- und Saugbelüftung. Bei Vorliegen leicht-flüchtiger Komponenten (zum Beispiel BTEX-Aromaten, kurzkettigen Aliphaten, LCKW) bietet die Saugbelüftung den Vorteil, dass Emissionen vermieden werden, wenn der Sauganlage ein Abluftfilter nachgeschaltet wird. Eine **dynamische Belüftung** wird durch regelmäßiges Wenden beziehungsweise Umsetzen der Bodenmieten erreicht. Dabei wird der Boden mit Hilfe von Wende- und Umsetzmaschinen aufgenommen, zu einer neuen Miete aufgeschichtet und so die Umgebungsluft in die Bodenmiete eingetragen.

Eine wesentliche Voraussetzung für biologische Aktivitäten im Boden ist ein optimaler **Wassergehalt.** Je nach Art der Bewässerung von Bodenmieten unterscheidet man zwischen Trockenmieten (Trockenrotteverfahren) und Nassmieten (Mieten mit Prozesswasserkreislauf). Bei Trockenmieten wird zu Beginn der Behandlung ein Wassergehalt bis zu etwa 30 Gewichtsprozent eingestellt, was der natürlichen Bodenfeuchte entspricht, sodass kein freies Wasser während des Betriebes anfällt. Um eine Austrocknung der Miete im Verlauf der Behandlung zu verhindern, erfolgt eine regelmäßige Überprüfung und gegebenenfalls Einstellung des Wassergehaltes. Bei Nassmieten erfolgt

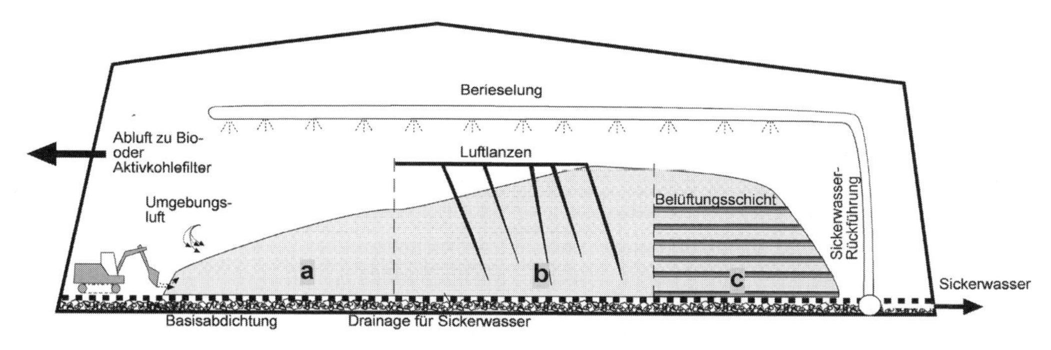

Abb 13.1 Schematischer Aufbau einer Bodenmiete mit (a) dynamischer Belüftung, (b) passiver Belüftung beziehungsweise (c) Zwangsbelüftung.

während des Betriebes eine Bewässerung mit Berieselungseinrichtungen. Dabei fällt freies Prozesswasser an, welches je nach Belastung gereinigt werden muss und dann erneut zur Verrieselung verwendet werden kann (Prozesswasserkreislauf). Bedingt durch die notwendigen Einbauten, wie zum Beispiel Drainagerohre oder -schichten, handelt es sich bei Nassmieten um statische Mieten.

Die Mietentechnik zielt auf die Behandlung aerob abbaubarer Schadstoffe ab, unabhängig davon, welche Art der Belüftung gewählt wird. Eine Ausnahme stellen modifizierte Mietenverfahren dar, die durch Menge und Zusammensetzung der Zuschlagstoffe eine anaerobe beziehungsweise zweistufige (**anaerobe – aerobe) Verfahrensführung** erlauben. Durch den hohen Anteil leicht verwertbarer, organischer Zuschlagstoffe führen diese zu einer biologischen Sauerstoffzehrung innerhalb der Bodenmiete, sodass sich im Mietenkörper rasch anaerobe Verhältnisse einstellen. Anaerob-aerobe Mietenverfahren wurden bei der biologischen Behandlung sprengstoffkontaminierter Böden im technischen Maßstab erprobt.

Die durch geringe Wasserlöslichkeit sowie die Sorption an organische Substanz und/oder an den Tonanteil im Boden **eingeschränkte Bioverfügbarkeit** von Schadstoffen kann in Bodenmieten letztlich nur begrenzt verbessert werden. Wegen ihres hohen Sorptionsvermögens in Bezug auf die Schadstoffe und gleichzeitig schlechte Durchlüftung eignen sich insbesondere lehmige und tonige Böden nur mit Einschränkungen für die Mietentechnik. Generell ist die Korngrößenverteilung des Bodens ein wichtiger Parameter für die biologische Bodenbehandlung. Ein hoher Anteil organischer Substanz im Boden bindet lipophile Schadstoffe und schränkt so die Bioverfügbarkeit ein. Ist die Bioverfügbarkeit der Schadstoffe niedrig, kann der Einsatz von Stoffen mit lösungsvermittelnden Eigenschaften (zum Beispiel Tenside, Emulgatoren) sinnvoll sein.

Mietenverfahren finden überwiegend **Anwendung** bei Bodenkontaminationen mit Mineralöl-Kohlenwasserstoffen (MKW) und BTEX-Aromaten. Dies ist auf die große Verbreitung von Kontaminationen durch Mineralölprodukte (Benzin, Diesel, Heizöle) zurückzuführen, beruht aber auch auf der guten biologischen Abbaubarkeit dieser Stoffgruppen. Vereinzelt kommen Mietenverfahren auch bei Polycyclischen Aromatischen Kohlenwasserstoffen (PAK) zum Einsatz, allerdings vorwiegend dann, wenn ausschließlich oder überwiegend niedrigkondensierte PAK (2- bis 4-Ring-Verbindungen) vorliegen. Weitere Stoffklassen, wie Phenolverbindungen, nitrierte beziehungsweise chlorierte Kohlenwasserstoffe, werden nur in seltenen Fällen mit dem Mietenverfahren behandelt.

In der Praxis werden Mietenverfahren nicht nur als alleinige Sanierungstechnik, sondern auch in **Kombination** mit nicht-biologischen Verfahren eingesetzt. Am häufigsten sind Kombinationen aus biologischer Mietentechnik und thermischer Bodenbehandlung. Dabei werden hochkontaminierte Bodenbereiche einer thermischen Behandlung zugeführt (zum Beispiel bei Vorliegen von Mineralölen in flüssiger Phase), während geringer belastete Bodenchargen mit der Mietentechnik behandelt werden. Auch eine Kombination mit Bodenwaschverfahren kann sinnvoll sein (vergleiche auch 13.2.1.3).

13.2.1.2 Landfarming

Unter **Landfarming** versteht man die Behandlung von kontaminierten Böden mit landwirtschaftlichen Geräten wie Pflug und Fräse, um den Boden aufzulockern, zu belüften und Nähr- und Zuschlagstoffe zuzusetzen. Auf diese Weise lassen sich großflächig kontaminierte Böden *in situ* und nach Aushub auf gesonderten Lagerflächen behandeln. Bei dieser einfachen Methode besteht die Gefahr der Auswaschung mobilisierter Schadstoffe und die der Verflüchtigung. In Deutschland wird daher der kontaminierte Boden auf eine Basisabdichtung wie Folie aufgebracht, um die Auswaschung zu verhindern. Der Bodenaushub wird in einer Art flacher Wanne breitflächig ausgebreitet, die Schichthöhe beträgt etwa 0,4 Meter. Bei dieser Schichthöhe ist eine Behandlung mit traditionellen landwirtschaftlichen Techniken möglich. Die Beete werden in der Regel nach oben nicht abgedichtet, sodass sie Witterungseinflüssen ausgesetzt sind und eine Emission durch ausgasende Schadstoffe erfolgen kann. Außerdem ist der Flächenbedarf sehr groß, für 1 000 Kubikmeter Boden sind etwa 3 000 Quadratmeter Folie erforderlich. Der Einsatz des Landfarmings erfolgt daher in Deutschland selten.

13.2.1.3 Reaktorverfahren

Technologien, die in geschlossenen Systemen zu einem biologischen Schadstoffabbau führen, sind die Reaktorverfahren. Der biologische Abbau von Schadstoffen in Bioreaktoren wird analog der Mietentechnik dadurch erreicht, dass Faktoren aufgehoben werden, die den Abbau begrenzen. In Bioreaktoren lässt sich dieses Ziel **schneller und effektiver als in Bodenmieten** erreichen, weil ein wesentlich höherer Durchmischungsgrad von Boden und Zusatzstoffen erreicht werden kann und weil ein geschlossenes System besser kontrollierbar und steuerbar ist. Die höhere Durchmischung bewirkt eine bessere Bioverfügbarkeit der Schadstoffe, und eine rasche Egalisierung der Schadstoffgehalte kann dazu beitragen, toxische Effekte durch lokal hohe Konzentrationen zu reduzieren. Die Sauerstoffversorgung ist in höherem Maße gewährleistet. Sofern Nährstoffgaben erforderlich sind, lassen sich durch den hohen Homogenisierungsgrad in Bioreaktoren lokale Nährstoffdefizite ausgleichen. Als weitere Additive können bei Bioreaktoren organische Cosubstrate, Puffersubstanzen, redoxaktive Substanzen, Komplexbildner, Detergenzien und Lösungsvermittler zum Einsatz kommen. Hierdurch werden auch Schadstoffe mit geringer Wasserlöslichkeit einer Behandlung zugänglich, und mehrstufige, zum Beispiel anaerob-aerob-Verfahren wie zum Abbau von höher chlorierten Kohlenwasserstoffen (Abschnitt 5.3) oder Sprengstoffen (Abschnitt 5.4), lassen sich leichter realisieren. Im Falle einer Beimpfung von Bioreaktoren mit Mikroorganismen (beispielsweise mit Belebt- oder Faulschlämmen, mit vorgezogenen Kulturen von Mikroorganismen) bieten Bioreaktoren als geschlossene Systeme den Vorteil, dass zugesetzte Kulturen besser kontrollierbar sind und sich die erforderlichen Wachstumsbedingungen zur Etablierung zugesetzter Mikroorganismen besser einstellen lassen. Durch die geschlossene Bauweise kann bei Schadstoffen mit hoher Flüchtigkeit sichergestellt werden, dass die Stoffe in der Gasphase des Reaktors verbleiben, gezielt abgesaugt und über Abluftfilter gereinigt werden.

Insgesamt führen Bioreaktoren im Vergleich zur konventionellen aeroben Mietentechnik zu einer deutlichen Erweiterung des Spektrums behandelbarer Schadstoffe und Böden. Das Spektrum erfolgreich behandelter Schadstoffe reicht von MKW und BTEX über niedrigkondensierte PAK bis hin zu hochchlorierten Kohlenwasserstoffen (Chlorethene, Chlorphenole) und sprengstofftypischen Verbindungen. Gleichzeitig haben Reaktorverfahren den Nachteil, dass sie mit deutlich höheren Kosten als Mietenverfahren einhergehen.

Bioreaktoren für die Reinigung kontaminierter Böden können sehr unterschiedlich aufgebaut sein. Je nach Wassergehalt des zu behandelnden Bodens wird zwischen Feststoff- und Suspensionsreaktoren unterschieden. Trotz der Vielfältigkeit gibt es gemeinsame Grundelemente:

- Reaktorbehälter zur Aufnahme des Bodens (beziehungsweise der Bodensuspension).
- Mischaggregate zur Homogenisierung des Bodens und Verteilung von Zusatzstoffen.
- Begasungseinrichtungen zur Versorgung mit Sauerstoff, wenn nötig auch mit Inertgasen.
- Abluftfilter zur Reinigung kontaminierter Prozessabluft.
- Dosiereinrichtungen für die Zugabe von Additiven (Nährstoffe, Elektronenakzeptoren und -donoren, pH-aktive Substanzen).
- Temperiereinrichtungen zur Erzeugung und Kontrolle der gewünschten Temperatur.

In **Feststoffreaktoren** werden erdfeuchte Böden behandelt, sodass kein freies Wasser in Form von Prozesswässern auftritt. Der Feuchtegehalt beträgt dabei in der Regel zwischen 50 und 70 Prozent der maximalen Wasserhaltekapazität der zu behandelnden Böden. Die Einstellung des Wassergehaltes hat entscheidenden Einfluss auf die biologische Aktivität. Bei geringen Feuchtigkeiten (unter 50 Prozent der maximalen Wasserhaltekapazität) steht den schadstoffabbauenden Mikroorganismen nicht genügend Wasser zur Verfügung, während bei hohen Feuchtigkeiten die Sauerstoffversorgung limitiert ist. Bei Feststoffreaktoren sorgen

Mischaggregate für einen regelmäßigen oder sogar kontinuierlichen Kontakt des Bodens mit Sauerstoff. Bei feinkörnigen/bindigen Böden ist die Sauerstoffversorgung der Mikroorganismen durch die Bildung unerwünschter Bodenpellets behindert.

Die **Einteilung von Feststoffreaktoren** erfolgt nach dem jeweiligen Bauprinzip. Zur Anwendung kommen zum einen **Drehtrommel-** beziehungsweise **Drehrohrreaktoren** (Abb. 13.2a). Diese Reaktoren bestehen aus einer Drehtrommel mit fest eingebauten Mischeinrichtungen und können ein Fassungsvermögen von bis zu 100 Kubikmetern haben. Drehtrommelanlagen lassen sich sowohl chargenweise (*batch*-Betrieb) als auch kontinuierlich betreiben. Im Gegensatz zu Drehtrommelanlagen verfügen Wannen- und Röhrenreaktoren über ein festes (statisches) Reaktorgehäuse und mobile Mischeinrichtungen. **Wannenreaktoren** (Abb. 13.2b) bestehen aus einzelnen Segmenten (modularer Aufbau) und lassen sich somit der erforderlichen Behandlungskapazität anpassen. Durch Deckelung der Segmente ist das System geschlossen. Ein Mischaggregat mit vertikal angeordneten Rührwellen durchläuft den gesamten Wannenreaktor und führt zu einem hohen Homogenisierungsgrad des Bodens. **Röhrenreaktoren** (Abb.13.2c) verfügen dagegen über eine bewegliche Schnecke, die den Boden im Reaktor bewegt und dadurch homogenisiert. Als weiterer Reaktortyp kommen **Flachbettreaktoren** zum Einsatz. Sie bestehen aus einem oder mehreren flachen Containern, die stapelbar sind. Zur Homogenisierung des Bodens verfügen die einzelnen Container über mehrere parallele horizontale Rührwellen. Die Belüftung erfolgt über Begasungsschläuche am Containerboden. Optional lässt sich der zu behandelnde Boden zudem über einen Wasserkreislauf bewässern (Sprinkleranlage, gelochter Containerboden, Auffangwanne).

Im Gegensatz zu Feststoffreaktoren werden in **Suspensions-** oder ***slurry*-Reaktoren** durch Zugabe von Wasser oder wässrigen Medien Bodenschlämme eingesetzt. Suspensionsreaktoren werden meist mit Feststoffanteilen zwischen 30 und 50 Gewichtsprozent betrieben. Verfahrenstechnisch bieten Bodensuspensionen im Vergleich zu Feststoffverfahren wesentliche Vorteile. Erstens führen sie zu äußerst homogenen Gemischen, deren Behandlung

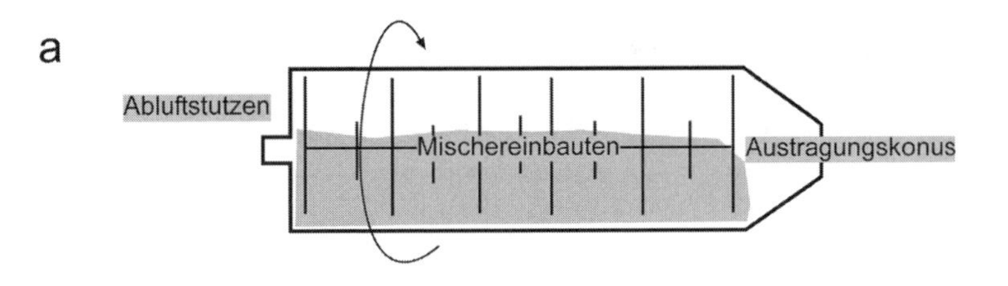

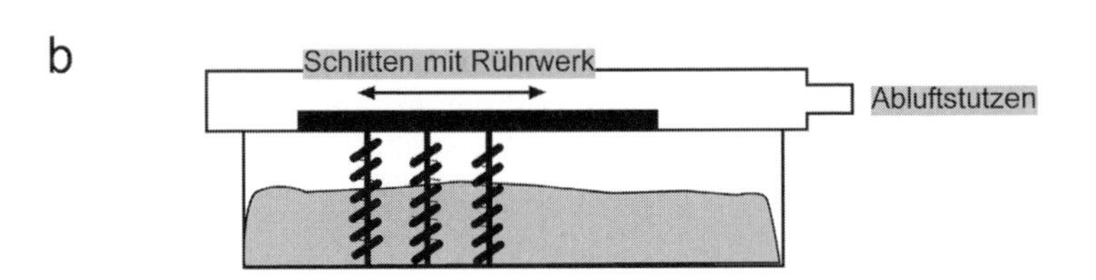

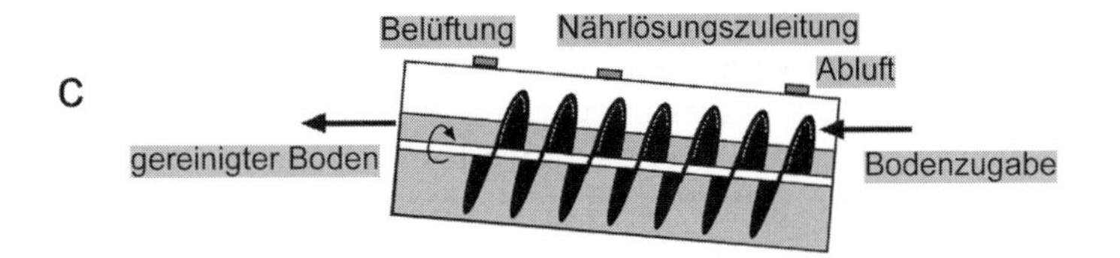

Abb 13.2 Schematische Darstellung von Feststoffreaktoren: (a) Drehrohrreaktor mit festen Mischeinbauten, (b) Wannenreaktor, (c) Röhrenreaktor mit Transportschnecke.

entsprechend **gut kontrollierbar und steuerbar** ist, zum Beispiel im Hinblick auf kombinierte anaerob-aerob-Verfahren. Zweitens lassen sich in Suspensionsverfahren **feinkörnige, bindige und schlecht durchlässige Böden** beziehungsweise Bodenfraktionen biologisch reinigen, die als Feststoff nicht oder nur unzureichend behandelbar sind. Drittens sorgen Suspensionsreaktoren für einen permanenten Kontakt zwischen schadstoffbelasteten Bodenpartikeln und der umgebenden wässrigen Phase und **begünstigen** so den **Stoffübergang**. Viertens kann es in Suspensionsreaktoren auch zu einer **Auflösung** von festen Schadstoffmatrizes (Einschlüsse, Kristalle) kommen. Nachteilig erweist sich ein erhöhter Aufwand bei der Herstellung von Bodensuspensionen und bei der Entwässerung der Suspension nach erfolgter Behandlung. Die Bauprinzipien von Suspensionsreaktoren stammen im Wesentlichen aus der Abwassertechnik und damit verknüpften Schlammbehandlungsverfahren. Bei Suspensionsreaktoren erfolgt der Eintrag von Sauerstoff über Zuluftleitungen mit Gasverteilern, Injektionsdüsen oder Begasungsmembranen, wobei sowohl Druckluft als auch technischer Sauerstoff zum Einsatz kommen können. Prinzipiell ist auch der Eintrag von Sauerstoff über gelöste Sauerstoffträger wie Wasserstoffperoxid oder *oxygen release compounds* (ORC, wirksamer Bestandteil ist Magnesiumperoxid, das sich in Sauerstoff und Magnesiumhydroxid spaltet) möglich.

Die **Einteilung von Suspensionsreaktoren** erfolgt nach dem jeweiligen Verfahrensprinzip, wobei allerdings auch Kombinationen in einem Reaktortyp vorliegen können. **Rührreaktoren** (Abb. 13.3a) bestehen aus einem statischen Gehäuse und einem Rührsystem, das zum einen die Bodensuspension in Schwebe hält, zum anderen für eine gleichmäßige Verteilung der Luftzufuhr beziehungsweise der dosierten Zusatzstoffe in der Suspension sorgt. Neben Rührreaktoren werden für die Behandlung von Bodensuspensionen auch Schlaufenreaktoren und Wirbelschichtreaktoren eingesetzt. Um die Bodenpartikel in Schwebe zu halten und einen hohen Durchmischungsgrad mit den zugesetzten Additiven zu erzielen, erfolgt eine Kreislaufführung der Suspension. Bei **Schlaufenreaktoren** (Abb. 13.3b) entsteht das Strömungsbild einer Schlaufe, bedingt durch den Einbau eines konzentrischen Leitrohres im Reaktorinneren. Bei **Wirbelschichtreaktoren** (Abb. 13.3c) wird dagegen eine Kreislaufführung erreicht, indem die Suspension aus dem oberen Teil des Reaktors (Reaktorkopf) abgezogen und über eine Pumpe unten wieder zugeführt wird. Be-

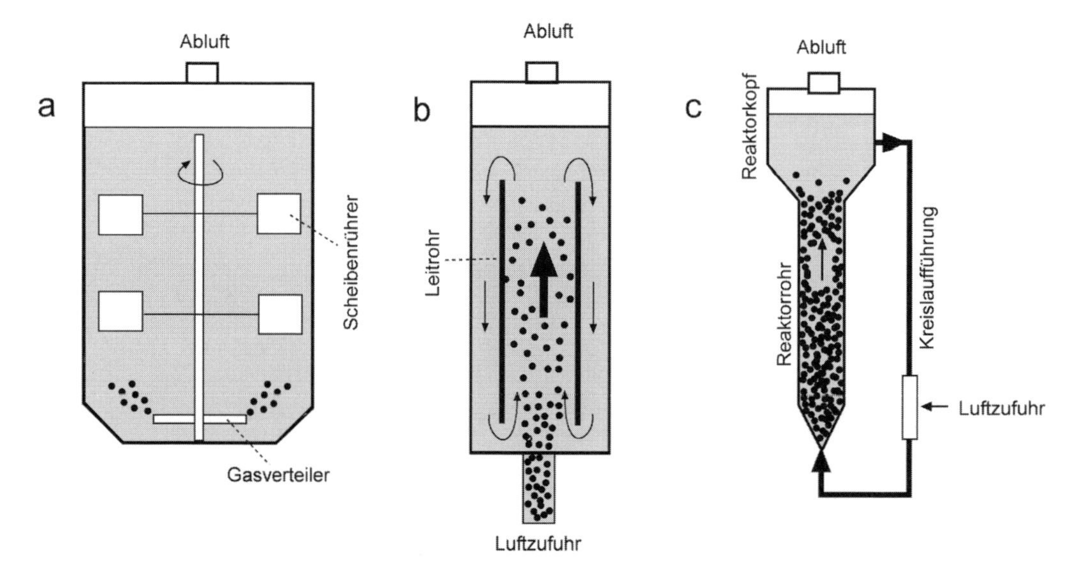

Abb 13.3 Schematische Darstellung von Suspensionsreaktoren zur Bodenbehandlung: (a) Rührkesselreaktor, (b) Airlift-Schlaufenreaktor, (c) Wirbelschichtreaktor.

finden sich am Boden von Schlaufen- oder Wirbelschichtreaktoren Belüftungseinrichtungen, lässt sich ein Absetzen von Bodenpartikeln durch aufsteigende Luft-(Gas-)blasen vermeiden (Airlift-Prinzip).

Einen wichtigen Einfluss auf die **Auswahl** des Reaktorverfahrens hat die **Bodentextur** der zu behandelnden Böden:

- Feststoffreaktoren sind vorwiegend für grobkörnige und wenig bindige Böden geeignet; nur bei diesen ist eine ausreichende Durchlässigkeit der Böden (Sauerstoffversorgung) gewährleistet.
- Suspensionsreaktoren dagegen zielen primär auf die Behandlung feinkörniger Böden oder Bodenfraktionen ab. Grobfraktionen werden abgetrennt und können gesondert behandelt werden. Feinkörnige Bodenpartikel lassen sich durch verschiedene Systeme (Rührwerk, Airlift, Flüssigkeitsumwälzung) in Schwebe halten, was zu einem optimalen Kontakt zum umgebenden Medium führt. Dies wiederum ist die Voraussetzung zur Desorption der Schadstoffe, die nach Übergang in die wässrige Phase für Mikroorganismen verfügbar sind.

Die Entwicklung von Bioreaktoren in der Bodensanierung geht zunehmend in Richtung Suspensions-(*slurry*-)Verfahren. Dies ist darin begründet, dass Suspensionsverfahren den Anwendungsbereich der biologischen Bodensanierung in Richtung feinkörniger Böden erweitern. Feststoffreaktoren, die sich primär zur Reinigung gut durchlässiger, grobkörniger Böden eignen, befinden sich dagegen in Konkurrenz zu anderen Sanierungsverfahren, wie der Bodenwäsche.

Im technischen beziehungsweise großtechnischen Maßstab finden Suspensionsreaktoren derzeit vereinzelt Anwendung in Kombination mit Bodenwaschverfahren. Dabei wird der kontaminierte Boden zunächst in einer Waschanlage aufgeschlossen und anschließend in verschiedene Korngrößenklassen separiert. Die kontaminierten Fein- beziehungsweise Feinstkornfraktionen werden in Suspensionsreaktoren biologisch behandelt. Die Behandlung von Feinstfraktionen (Korngrößen unter fünf Mikrometer) mit Hilfe von Bioreaktoren ist von großem Interesse. Generell steht der Einsatz von Bioreaktoren zur Behandlung belasteter Fein- und Feinstfraktionen aus der Bodenwäsche jedoch in starker Konkurrenz zur üblichen Entsorgung dieser Reststoffe durch Deponierung.

13.2.2 *In situ*-Bodensanierung

Unter biologischer *in situ*-Bodensanierung sind Verfahren zu verstehen, bei denen der kontaminierte Boden (ungesättigte Bodenzone) oder der kontaminierte Grundwasserleiter (gesättigte Bodenzone) in seiner natürlichen Lage verbleibt. Ein Aushub des kontaminierten Bodens findet nicht statt. Im Idealfall ist der Untergrund als überdimensionaler „Reaktor" anzusehen, in dem der biologische Sanierungsprozess abläuft. Solche Verfahren kommen insbesondere dann in Frage, wenn das Ausmaß der Schadensfälle aufgrund der betroffenen Fläche oder Tiefe der Kontamination so groß ist, dass eine *ex situ*-Sanierung zu aufwändig und teuer wird. Bei begrenzteren Schäden finden *in situ*-Verfahren unter anderem dort Anwendung, wo die Zugänglichkeit kontaminierter Bodenbereiche eingeschränkt ist. Dies ist der Fall, wenn sich auf dem kontaminierten Standort Gebäude, Anlagen, Kanalsysteme, Rohrleitungen oder andere infrastrukturelle Einrichtungen befinden, die geschützt werden müssen.

In situ-Verfahren beruhen sowohl auf physikalischen, chemischen als auch auf biologischen Prozessen. Physikalische und chemische Prozesse führen zu einer Entfernung, Umwandlung oder Immobilisierung (Fällung, Sorption) der Schadstoffe im Untergrund. Biologische Prozesse können nicht nur abbaubare Schadstoffe eliminieren, sondern auch physikalisch-chemische Prozesse initiieren oder unterstützen. Umgekehrt treten biologische Abbaureaktionen als „Sekundäreffekte" beim Einsatz physikalischer oder chemischer Verfahren auf. Insofern handelt es sich bei biologischen *in situ*-Verfahren eher um Verfahrenskombinationen. Die den Abbau limitierenden Faktoren wie ein Mangel an Nährstoffen oder Sauerstoff müssen dazu aufgehoben werden.

Grundsätzlich erfordern *in situ*-Verfahren umfangreiche **Informationen über den kontaminierten Standort**. Für die Behandlung der ungesättigten Zone ist die Kenntnis von **Bodeneigenschaften** wie Bodenstruktur (Aggregierung, Vorhandensein von Makroporen), Bodentextur (Korngrößenverteilung), Porosität/ Lagerungsdichte, Wassergehalt und Gehalt an organischer Substanz von Bedeutung. Durch diese Faktoren wird einerseits die Luftdurchlässigkeit, andererseits das Sorptionsverhalten des Bodens beeinflusst. Belüftungsverfahren für die ungesättigte Bodenzone erfordern eine ausreichende Luftdurchlässigkeit im gesamten zu dekontaminierenden Bodenkörper. Für die Behandlung der gesättigten Bodenzone ist das Verständnis des **hydrogeologischen Systems** von Bedeutung. Die Kenntnis der horizontalen/ vertikalen Schichtenabfolge, die hydraulische Durchlässigkeit der wasserführenden Schichten, die geo- und hydrochemischen Milieubedingungen im Grundwasser und von potenziellen Sorbentien (zum Beispiel Ton, organische Substanz) ist also notwendig.

Die Einsatzmöglichkeit biologischer *in situ*-Verfahren hängt auch von den **Eigenschaften der Schadstoffe** ab. Schadstoffe mit stark eingeschränkter Wasserlöslichkeit und Bioverfügbarkeit, zum Beispiel Teerverunreinigungen, kommen kaum in Frage. Auch physikalische und chemische Eigenschaften wie Dampfdruck, Sättigungskonzentration, Mobilität, Verteilungsgleichgewicht zwischen Gas- und Wasserphase, Möglichkeit der Bildung explosionsfähiger Gasgemische müssen bei der Planung biologischer *in sit*u-Verfahren berücksichtigt werden.

Schwermetalle spielen insgesamt eine Sonderrolle bei *in situ*-Verfahren, da sie keinem Abbau unterliegen. Eine Rolle bei einer Sanierung können hier verschiedene Phytoremediationsverfahren spielen. Durch Zuschlagsstoffe und Verfahrensführung lässt sich in manchen Fällen aber auch die Mobilität der Metalle beeinflussen, was im Prinzip zu einer Sanierung durch kontrollierte Laugung oder durch gezielte Immobilisierung (vergleiche Kapitel 8) genutzt werden kann.

Von großer Bedeutung ist die **Verteilung der Schadstoffe** im Untergrund, insbesondere die Frage, ob oberflächennahe oder tiefer liegende Bereiche betroffen sind. Sind nicht wassergesättigte oder wassergesättigte Zonen kontaminiert? Zudem führen extrem inhomogene Kontaminationsverteilungen im Untergrund zu einem uneinheitlichen Abbau, was sich darin äußern kann, dass Schadstoffherde nur langsam von den Rändern her abgebaut werden.

Als Sanierungsbereiche für *in situ*-Verfahren kommen die verschiedenen Bodenzonen in Frage, wobei eine Einteilung der *in situ*-Verfahren nach dem Prinzip der jeweils eingesetzten Technik erfolgt:

- Die oberflächennahe ungesättigte Bodenzone kann mit Phytoremediationsverfahren und Bodenluft-Absaugung behandelt werden.
- Tiefere Bereiche der ungesättigten Bodenzone werden mit Infiltrations- und Belüftungsverfahren erreicht.
- In der gesättigten Bodenzone sind ebenfalls Infiltrations- und Belüftungsverfahren weit verbreitet.

13.2.2.1 Phytoremediation

Bei der Phytoremediation werden höhere Pflanzen zur Reinigung kontaminierter Böden eingesetzt (Abb. 13.4). Die Verfahren zielen naturgemäß auf die Dekontamination oberflächennaher Bodenverunreinigungen ab. Phytoremediationsverfahren lassen sich sowohl auf Kontaminationen mit organischen als auch mit anorganischen Schadstoffen (Schwermetallen) anwenden. Bei der Reinigung kontaminierter Bodenoberfächen mit Pflanzen spielen verschiedene Prozesse eine Rolle.

Am häufigsten werden Pflanzen zur **Phytoextraktion** von Schadstoffen eingesetzt. Bei Verunreinigungen mit Schwermetallen führt die Phytoextraktion zum Entzug der Schadstoffe aus dem Boden, indem die Schwermetalle von den Pflanzen aufgenommen und akkumuliert werden. Hier kommen insbesondere Pflanzen mit hohen Akkumulationsleistungen, so genannte Hyperakkumulatoren, zum Einsatz. Die Pflanzen nehmen den löslichen und damit mobilen Anteil von Schwermetallen im Boden auf. Nach Akkumulation der Schwermetalle werden die Pflanzen geerntet, und die kontaminierte Biomasse muss entsorgt werden

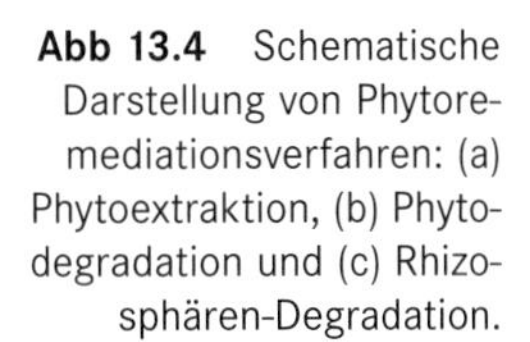

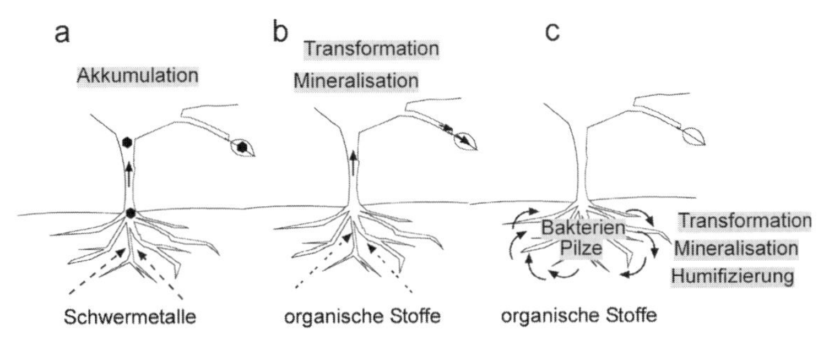

Abb 13.4 Schematische Darstellung von Phytoremediationsverfahren: (a) Phytoextraktion, (b) Phytodegradation und (c) Rhizosphären-Degradation.

Tabelle 13.3 Phytoremediations-Varianten mit den verwendeten Pflanzen (nach www.gwrtac.org/pdf/phyto_e_2002.pdf)

Anwendung	Kontaminationen	Typische Pflanzen
Phytoextraktion	Metalle: Pb, Cd, Zn, Ni, Cu	Senf *(Brassica juncea)* Sonnenblume *(Helianthus* spp.) *Thlaspi carulescens**
Phytotransformation	Chlorierte Aliphaten: TCE, MTBE Munitionsabfälle: TNT, RDX, HMX Herbizide	Pappel, Weide Gräser (Roggen, Schwingel, Bermudagras, Hirse, Riedgras) Leguminosen (Klee, Luzerne, Bohne)
Phytovolatilisierung	Metalle: Se, As, Hg VOCs	Senf *(Brassica juncea)* Grundwasserabhängige Bäume
Rhizosphären-Degradation	abbaubare Organika: BTEX, TPH, PAKs Pestizide	Gräser mit faserigen Wurzeln (Bermudagras, Weizen, Schwingel, Roggen) Freisetzer von Phenolen (Maulbeerbaum, Apfel, Orange) Grundwasserabhängige Bäume
Phytostabilisierung	Metalle: Pb, Cd, Zn, As, Cu, Cr, Se, U Hydrophobe Organika	Gräser mit faserigen Wurzeln für die Kontrolle der Erosion

*, kleinwüchsig, wenig Biomasse, RDX (Cyclo-1,3,5-trimethylen-2,4,6-trinitramin), HMX (1,3,5,7-Tetranitro-1,3,5,7-tetraazocyclooctan), TPH *(total petroleum hydrocarbons)*

(zum Beispiel durch thermische Verfahren). Die Pflanzen sollten einschließlich ihrer Wurzeln geerntet werden, weil sich Schwermetalle nach der Aufnahme insbesondere im Wurzelgewebe anreichern. Auch bei guten Anreicherungsfaktoren ist mit teilweise extrem langen Sanierungszeiten zu rechnen.

Bei der Aufnahme organischer Schadstoffe durch Pflanzen kann es zu einer **Phytodegradation** oder **Phytotransformation** kommen, also einem Abbau der Verbindungen im Pflanzengewebe.

Prinzipiell kann es bei der Behandlung leichtflüchtiger Schadstoffe im Boden auch zu einer **Phytovolatilisierung** kommen, das heißt die Schadstoffe gelangen in die Pflanze und werden möglicherweise nach einer Transformation über Transpirationsprozesse in die Atmosphäre emittiert.

Der Abbau organischer Schadstoffe in der Rhizosphäre, dem Wurzelbereich der Pflanze, ist eine weitere Möglichkeit von Phytoremediationsverfahren (**Rhizosphären-Degradation**). Die Abbauprozesse werden entweder durch die in den Wurzelexsudaten vorhandenen Enzyme (zum Beispiel Peroxidasen), durch die zusätzlichen Kohlenstoffquellen oder durch vergesellschaftete Rhizosphärenorganismen (Bodenbakterien, Bodenpilze, Mykorrhiza-Pilze) bewirkt. Wurzelbereiche zeichnen sich durch wesentlich höhere mikrobielle Aktivitäten als der wurzelfreie Boden aus. Die Funktion der Pflanze ist dabei die Bereitstellung der Wurzelstruktur und der Versorgung der Bodenorganismen mit Sauerstoff und Nährstoffen durch die Wurzelexsudate.

Bepflanzungen tragen darüber hinaus auch zur Verminderung der Schadstoffausbreitung bei (**Phytostabilisierung**). Durch die Reduzierung der Sickerwasserbildung mittels Transpiration der Pflanzen wird dem unkontrollierten Auswaschen von Schadstoffen (Leaching) entgegengewirkt. Der Bewuchs vermindert auch die Erosion der Böden.

13.2.2.2 Infiltrationsverfahren (*pump and treat*-Technologie)

Bei den Infiltrationsverfahren werden Additive, die geeignet sind, den biologischen Abbau zu stimulieren beziehungsweise limitierende Bedingungen für einen Schadstoffabbau im Untergrund aufzuheben, über Verrieselung, Lanzen und Brunnen in die tieferen Bodenzonen infiltriert. Dazu können folgende Additive zum Einsatz kommen:

- Zu den wichtigsten **Nährstoffen** im Boden gehören Stickstoff- und Phosphorverbindungen, die dem kontaminierten Bodenbereich bei entsprechenden Mangelbedingungen zugeführt werden, um das mikrobielle Wachstum anzuregen.
- **Cosubstrate** werden zugegeben, um einen cometabolischen Fremdstoffabbau zu initiieren. So ist bekannt, dass der Schadstoff Trichlorethen (TRI) unter aeroben Bedingungen nur bei Anwesenheit spezifischer Kohlenstoffquellen abgebaut wird
- Als **Elektronenakzeptoren** werden gelöster Sauerstoff oder seine Vorstufen Wasserstoffperoxid und Ozon infiltriert. Weiterhin werden in jüngster Zeit so genannte *oxygen release compounds* beziehungsweise *oxygen releasing materials* wie Magnesiumperoxid eingesetzt, die durch Zerfall zu einer Freisetzung von Sauerstoff führen. Molekularer Sauerstoff ist auch Substrat für Oxygenierungen, wichtigen Reaktionen im aeroben Abbau vieler Kohlenwasserstoffe (vergleiche Kapitel 5.2). Neben Verbindungen, die zu einer Freisetzung von Sauerstoff führen, kommen auch andere Elektronenakzeptoren wie Nitrate (Kalium- und Ammoniumnitrat [KNO_3, NH_4NO_3]) zum Einsatz.
- Eine Modifizierung der Milieubedingungen kann auch durch Zuführung von **Elektronendonoren** erreicht werden. Dabei handelt es sich um leicht verwertbare Substrate, die eine Sauerstoffzehrung bewirken oder Wasserstoff (in Form von so genannten Reduktionsäqivalenten) freisetzen. Schadstoffe wie höher chlorierte Kohlenwasserstoffe, die nur unter anaeroben Bedingungen oder einer Abfolge aus anaeroben und aeroben Bedingungen abbaubar sind, lassen sich auf diese Weise umsetzen.
- **Puffersubstanzen** (Säuren, Laugen) können zur pH-Regulierung eingesetzt werden.
- **Detergenzien** dienen der Erhöhung der Bioverfügbarkeit.
- Um einen Schadstoffabbau im Untergrund zu erreichen oder zu beschleunigen, können auch **Mikroorganismen** zugesetzt werden.

Beim Zusatz von Additiven für *in situ*-Verfahren ist generell zu berücksichtigen, dass neben den dargestellten Wirkungen **unerwünschte Nebeneffekte** auftreten können. So kann der Eintrag von Sauerstoffverbindungen zu einer Oxidation und Ausfällung von Eisen-, Mangan- und anderen Metallverbindungen im Untergrund führen, was zu technischen Problemen führen kann (Verockerung von Sanierungsbrunnen et cetera). Bei dem Einsatz von Nitrat als Additiv für *in situ*-Verfahren besteht die Gefahr einer Grundwasserverunreinigung. Ebenso sollten Nährstoffe, Elektronendonoren und Detergenzien generell sorgfältig dosiert werden, um zusätzliche Belastungen des Grundwassers zu vermeiden. Übermäßiges Bakterienwachstum durch Nährstoffzugaben kann zur Verstopfung der Porenräume führen („Bioclogging"). Bei der Zugabe von Mikroorganismen ist eine gleichmäßige Verbreitung wegen deren Tendenz zur Sorption an Oberflächen und zur Biofilmbildung innerhalb des Kontaminationskörpers häufig nicht erreichbar. Zudem befinden sich zugesetzte Mikroorganismen in Konkurrenz zur autochthonen Mikroflora.

Bei Infiltrationsverfahren wird das benötigte Wasser zuvor aus dem Aquifer entnommen. Es kann je nach Lage der Kontamination wenig bis stark verunreinigt sein, kann und muss normalerweise vor der Infiltration einer **Wasserreinigung** am Ort unterzogen werden. Abbauprozesse finden also zum einen im Boden oder Aquifer selbst statt, zum anderen aber auch in Wasserreinigungsanlagen am Standort. Welcher Effekt überwiegt, kann je nach Art und Lage der Kontamination relativ zum Grundwasserspiegel verschieden sein. Solange Infiltrationsverfahren als alleinige Sanierungsverfahren angewendet werden, ergeben sich häufig relativ lange Sanierungszeiten.

Für die *in situ*-Sanierung durch **Infiltration der wasserungesättigten Bodenzone** wird aus dem Aquifer entnommenes, gegebenenfalls gereinigtes Wasser mit Additiven versetzt und in die ungesättigte Bodenzone infiltriert (Abb. 13.5a). Die Infiltration erfolgt – je nach Ausdehnung der Kontamination – entweder über einzelne oder durch ein Leitungssystem verbundene Brunnen. Durch tiefenverstellbare Einsatzrohre lässt sich der Kontaminationskörper abschnittsweise mit Additiven versorgen, wodurch unterschiedlich kontaminierte Tiefenbereiche gezielt angegangen werden können. Entscheidend für den Erfolg von Infiltrationsverfahren ist eine möglichst homogene Verteilung der Additive, weil andernfalls nur eine partielle Behandlung des Kontaminationskörpers erreicht wird. Generell ist anzumerken, dass Additive, die ausschließlich über Infiltra-

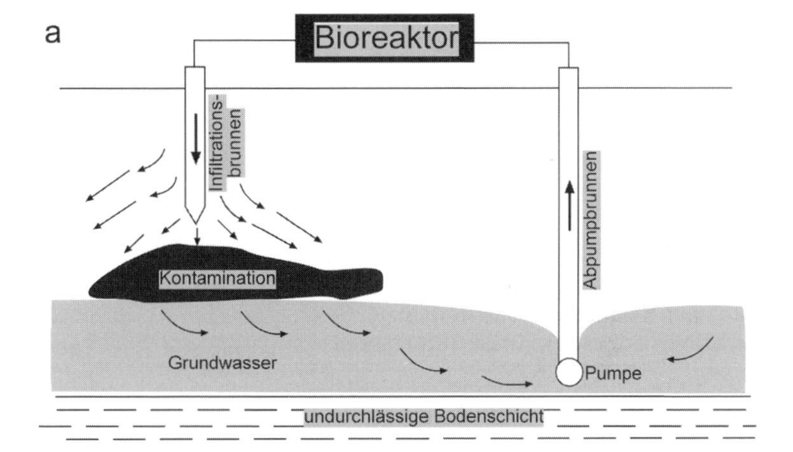

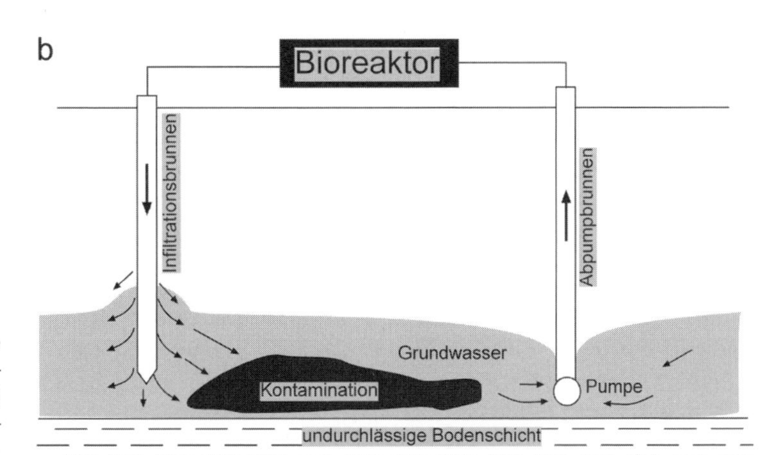

Abb 13.5 Schematische Darstellung von Infiltrationsverfahren für die (a) ungesättigte und (b) gesättigte Bodenzone.

tion in die wasserungesättigte Bodenzone eingebracht werden, nur einen relativ kleinen Wirkungsbereich (eingeschränkter Stofftransport, Sorptionsprozesse) haben, sodass eine hohe Dichte an Infiltrationsbrunnen erforderlich werden kann. Deshalb ist die Infiltration der ungesättigten Bodenzone als alleiniges Sanierungsverfahren in der Praxis wenig verbreitet. Dadurch, dass die Infiltration und Wasserentnahme in verschiedenen Bodenschichten stattfinden, entsteht kein geschlossener Kreislauf. Es ist deshalb darauf zu achten, die Menge des Infiltrationsmediums zu begrenzen, um eine infiltrationsbedingte Ausbreitung der Kontamination durch Sickervorgänge zu vermeiden.

Für die *in situ*-Sanierung durch **Infiltration der wassergesättigten Bodenzone** erfolgt eine Kreislaufführung des Infiltrationsmediums (Abb. 13.5b). Dazu wird kontaminiertes Wasser entnommen, *on site* behandelt (zum Beispiel mit einer biologischen Reinigungsstufe) und in den Untergrund so hineinfiltriert, dass es den kontaminierten Bereich erneut durchströmen kann. Hier findet in der Regel ein erheblicher Teil des Abbaus in den Wasserreinigungsanlagen statt. Bei der Infiltration können jedoch wieder Additive zugesetzt werden, die den biologischen Abbau auch im Kontaminationskörper induzieren. Je nach Anordnung der Infiltrations- und Entnahmeeinheiten können unterschiedliche Spülsysteme im Untergrund erzeugt werden (horizontale Spülung, vertikale Spülung), wobei nicht nur die gesättigte, sondern auch die ungesättigte Bodenzone durchspült und gereinigt werden kann. Um bei Spülverfahren einen Abstrom verunreinigten Wassers zu vermeiden, ist aus Sicherheitsgründen im Allgemeinen die Entnahmemenge im Sanierungsbereich deutlich größer als die Infiltrationsmenge, die den belasteten Bereich durchströmt. Das gereinigte Überschusswasser (Abschlagswasser) kann unter Einhaltung der Einleitbestimmungen außerhalb des Sanierungsbereiches in den Aquifer zurückgeführt oder in einen Fluss eingeleitet werden. Als weitere Schutzmaßnahme lässt sich zur dauerhaften Abgrenzung der kontaminierten Zone vom unbelasteten Grundwasserleiter eine Schutzinfiltration vornehmen. Hierzu wird Grundwasser aus anderen Grundwasserbereichen beziehungsweise -stockwerken verwendet. Infiltrationsverfahren für die gesättigte Bodenzone werden bei Kontaminationen mit MKW und BTEX, vereinzelt auch bei PAK (soweit diese wasserlöslich sind) und LCKW eingesetzt.

13.2.2.3 Belüftungsverfahren

Zur Anwendung kommen Verfahren, die zu einer direkten oder indirekten Belüftung des Bodens und zur **Reduktion einer bestehenden Sauerstofflimitation** führen. Die Techniken, die zur Belüftung des Untergrundes verwendet werden, leiten sich von Verfahren ab, die auf ein **Strippen** flüchtiger Kontaminanten aus der Bodenluft und aus belastetem Grundwasser abzielen. Belüftungsmaßnahmen lassen sich sowohl kontinuierlich als auch diskontinuierlich durchführen. Auf diese Weise kommt es zu einer Induktion des aeroben Schadstoffabbaus.

Bei der **ungesättigten Bodenzone** wird im einfachsten Fall Druckluft in den Bodenkörper eingeblasen (**„Bioventing“**). Dazu werden Belüftungslanzen oder -pegel installiert, die in den Kontaminationsbereich hineinragen (Abb. 13.6a). Je nach Bodenstruktur und Anordnung der Pegel verteilt sich der mit der Luft eingebrachte Sauerstoff und führt zu einer Stimulierung des aeroben Schadstoffabbaus sowie zu einer Strippung des vorhandenen Schadstoffs. Indirekt wird eine Belüftung des Bodens auch bei der seit langem bekannten **Bodenluftabsaugung** erreicht. Durch die Absaugung wird eine Bodenluftströmung induziert, die zu einer Versorgung des kontaminierten Bereiches mit Umgebungsluft führt. Bei der Kombination beider Verfahren kann zum einen eine Freisetzung von gestrippten, flüchtigen Schadstoffen vermieden und zum anderen eine gut kontrollierbare Sauerstoffversorgung erzielt werden.

Bei der **gesättigten Bodenzone** kommen Verfahren zur Anwendung, bei denen Druckluft in den gesättigten Bereich eingeblasen wird. Dazu werden Brunnen installiert und in geeigneter Weise verfiltert, damit die Pressluft den Kontaminationskörper über kegelförmig ausgebildete Belüftungszonen möglichst vollständig erreicht (Abb. 13.6b). Das hat auch hier zwei wesentliche Effekte: Zum einen wird eine **Schadstoffdesorption** und **-strippung** durch die Luftströmung im Aquifer erreicht, zum anderen wird ein biologischer Abbau der Schadstoffe über die Sauerstoffversorgung induziert („**Biosparging**“). Diese als Air-Sparging bezeichneten Verfahren werden in der Regel in Kombination mit einer Bodenluftabsaugung der ungesättigten Bodenzone eingesetzt. Auf diese Weise können Kontaminationen, die sich über die gesättigte und ungesättigte Bodenzone erstrecken, behandelt werden, und durch eine kontrollierte Luftströmung in der ungesättigten Bodenzone kann eine Schadstoffverfrachtung in Umgebungsbereiche vermieden werden. Der Erfolg von Belüftungsmaßnahmen hängt wesentlich von den Untergrundeigenschaften ab, insbesondere der Dichte und Gasdurchlässigkeit (ausgedrückt als Durchlässigkeitskoeffizient) des Bodens. Prinzipiell kann der Eintrag von Druckluft in kontaminierte Grundwasserbereiche zur Verdriftung von Schadstoffen in unbelastete Zonen des Aquifers führen. Bei einem Eintrag von Sauerstoff in den Aquifer ist weiterhin zu beachten, dass es zu Ausfällungen in Form von Eisen- und Manganoxiden kommen kann. Wichtige Fragen sind auch, wie schnell sich die Luftblasen auflösen und inwiefern sie einen Aquifer verstopfen können.

Direkte Belüftungsverfahren finden derzeit **Anwendung** bei Kontaminationen mit MKW (deutlich unterhalb der Sättigungsgrenze), BTEX und in Einzelfällen auch niedrigkondensierten PAK. Für LCKW, selbst bei nicht vollständigem Chlorierungsgrad, wie Trichlorethen, sind diese Verfahren weniger geeignet, da der aerobe Abbau langsamer als der bei MKW oder BTEX und deshalb eher eine Strippung als ein quantitativer biologischer Abbau zu erwarten ist. Verbreitet ist eine Kombination dieser Verfahren mit Maßnahmen zur Bodenluftabsaugung der ungesättigten Bodenzone.

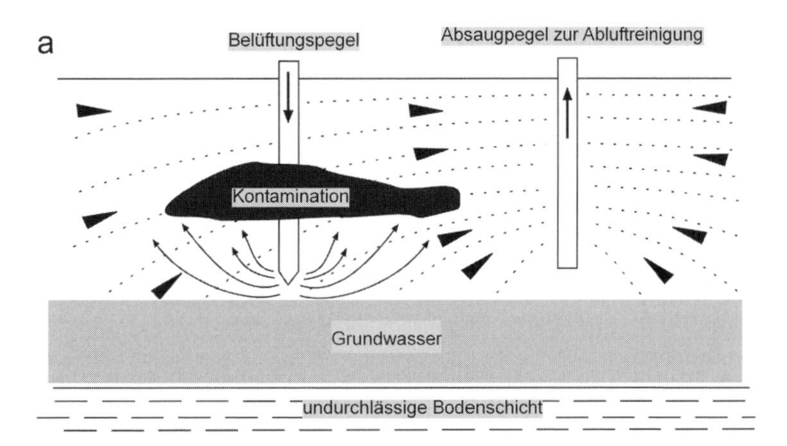

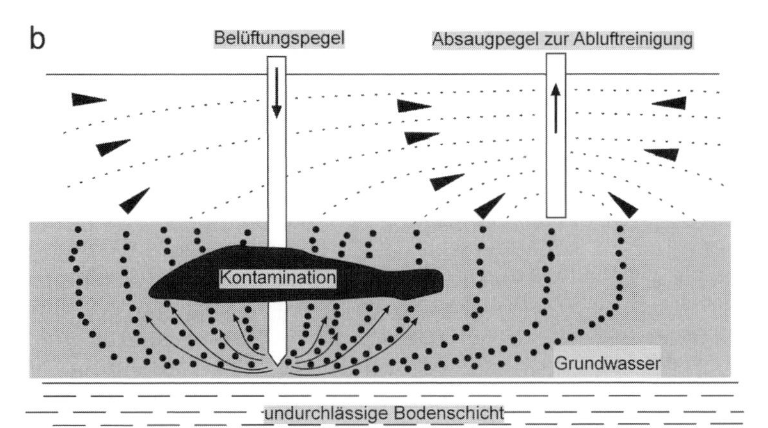

Abb 13.6 Schematische Darstellung von Belüftungsverfahren für die (a) ungesättigte und (b) gesättigte Bodenzone.

13

In der Sanierungspraxis werden auch **Kombinationen aus Belüftungs- und Infiltrationsverfahren** eingesetzt. So können beispielsweise Belüftungsverfahren (Bioventing, Air-Sparging) mit der Applikation von Nährstoffen kombiniert werden, wobei die installierten Druckluftlanzen sowohl zur Belüftung als auch zur Nährstoffinfiltration genutzt werden können, sodass keine Zusatzeinbauten notwendig sind. Darüber hinaus wird die Ausbreitung der Additive im Untergrund durch den Belüftungsprozess gefördert.

Testen Sie Ihr Wissen

Welches Verhältnis der Nährstoffgehalte (C:N:P) ist ausgewogen, um aerobes Wachstum von Mikroorganismen zu gewährleisten?

An welcher Liste orientiert man sich bezüglich Referenz- und Interventionswerten bei der Reinigung von Böden und Grundwasser?

Nennen Sie Gründe (Eigenschaften der Chemikalien, Typen von Schadstoffen, Bodentypen, Nährstoffe et cetera) für einen unterbliebenen beziehungsweise langsamen mikrobiellen Abbau einer Kontamination.

Was beinhaltet „Natural Attenuation" und seine Modifikationsformen?

Unterscheiden Sie *in situ-*, *ex situ-*, *on site-*, *off site-*Verfahren.

Bioaugmentation, Biostimulation: Was besagen diese Begriffe?

Sagen Sie etwas zur Bioverfügbarkeit von PAK im Boden.

Welche Vor- und Nachteile hat die Nutzung eines Slurry-Reaktors bei der Bodenreinigung?

Wozu dient O_2 bei der Reinigung von PAK-kontaminierten Böden? Kann NO_3^- die Funktion übernehmen? Was besagt Biosparging?

Was versteht man unter Bodenluftabsaugung? Für welche Kontaminationen ist sie geeignet?

Literatur

Alef, K. 1994. Biologische Bodensanierung. VCH, Weinheim.

Alvarez, P. J., Illman, W. A. 2005. Bioremediation and Natural Attenuation. Process Fundamentals and Mathematical Models. John Wiley & Sons, Ltd.

Crawford, R. L., Lynch, J., Crawford, D. L. 2005. Bioremediation: Principles and Applications. Cambridge Univ Press.

Heiden, S., Veen, M. 1999. Innovative Techniken der Bodensanierung. Ein Beitrag zur Nachhaltigkeit. Spektrum Akademischer Verlag, Heidelberg.

Hoffmann, J., Viedt, H. 1998. Biologische Bodenreinigung. Ein Leitfaden für die Praxis. Springer, Berlin.

LFU Baden Württemberg. 1991. Handbuch Mikrobiologische Bodenreinigung. Bearb.: Geller, A., Brauch, W., Landesanstalt für Umweltschutz Baden-Württemberg, Karlsruhe. Materialien zur Altlastenbearbeitung 7.

Margesin, R., Schneider, M., Schinner, F. 1995. Praxis der mikrobiologischen Bodensanierung. Springer, Berlin.

Michels, J., Track, T., Gehrke, U., Sell, D. 2001. Leitfaden – Biologische Verfahren zur Bodensanierung, Umweltbundesamt (Hrsg.) im Auftrag des BMBF, Berlin. erreichbar unter: http://www.ufz.de/spb/biorem/leitfaden/Inhalt.pdf

Norris, R. D., Hinchee, R. E., Brown, R. A., McCarty, P. L., Semprini, L., Wilson, J. T., Kampbell, D. H., Reinhard, M., Bower, E. J., Borden, R. C. 1994. Handbook of Bioremediation. CRC Press, Boca Raton, FL.

Philp, J. C., Atlas R. M., Cunningham, C. J. 2001. Bioremediation. ENCYCLOPEDIA OF LIFE SCIENCES. John Wiley & Sons, Ltd. www.els.net

Singh, S. N., Tripathi, R. D. 2006. Environmental Bioremediation Technologies, Springer, Berlin.

Wiedemeyer, T. H., Rifai, H. S., Newell, C. J., Wilson, J. T. 1999. Natural attenuation of fuels and chlorinated solvents in the subsurface. John Wiley & Sons, Ltd.

Bioremediation Journal. Taylor & Francis, Philadelphia.

EPA zur Bodensanierung: http://www.frtr.gov/matrix2/top-page.html

Phytoremediations-Varianten: www.gwrtac.org/pdf/phyto-e-2002.pdf

Referenz- und Interventionswerte für Boden- und Grundwasserverunreinigungen zum Schutz des Menschen und der Ökosysteme. Altlasten Spektrum, 3/95, 165–166 http://www.umweltbundesamt.de/altlast/web1/berichte/mooreeng/dmeng13.htm

14 Abfallbehandlung

14.1 Die Abfall-Problematik

Ein großes Umweltproblem stellen Haus-, Gewerbe- und Sondermüll dar. Das hohe Müllaufkommen und der begrenzte Deponieraum haben in den letzten Jahren zu gesetzlichen Grundlagen der **Kreislauf- und Abfallwirtschaft** geführt. Abfallvermeidung hat als oberstes Ziel Einzug in die Gesetze gehalten. Die Verwertungserfolge sind unterschiedlich und teilweise noch gering. Hohe Recyclingpotenziale liegen in häuslichen Abfällen, die zu einem hohen Anteil aus kompostierbarem organischen Abfall und wiederverwertbaren Verpackungsmaterialien bestehen (Tabelle 14.1).

Neben der Reduzierung der zu entsorgenden Müllmenge durch Verwertungs- oder Vermeidungsmaßnahmen muss das gleichrangige Ziel der Abfallwirtschaft eine Verringerung von Schadstoffen im Abfall sein, um Emissionen aus den Behandlungsanlagen (Deponie, Müllverbrennung, Pyrolyse, Kompostierung) niedrig zu halten.

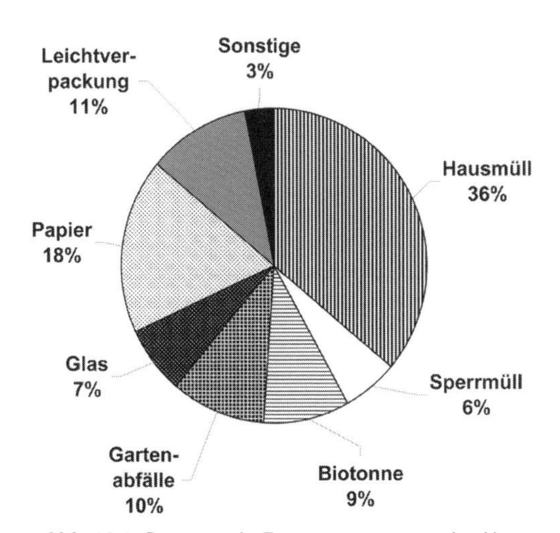

Abb 14.1 Prozentuale Zusammensetzung der Haushaltsabfälle 2004 (nach Statistisches Bundesamt, 2005).

Die Produktions- und Warenströme der Gesellschaft spiegeln sich im **Aufkommen und der Zusammensetzung der Siedlungsabfälle** wider. In Deutschland fallen etwa 530 Kilogramm Haushaltsabfälle pro Einwohner und Jahr an. Der Anfall anderer Siedlungsabfälle wie kommunale Abfälle aus Grün- und Baumschnitt liegt bei 50 Kilogramm. Hinzu kommt der bei der Abwasserreinigung anfallende Klärschlamm. Summiert man diese Abfallmengen, so ergeben vorsichtige Schätzungen ein Müllaufkommen von etwa 600 Kilogramm pro Einwohner und Jahr, fast die Hälfte davon sind organische Stoffe. In Abbildung 14.1 ist die durchschnittliche Zusammensetzung eines städtischen Hausmülls dargestellt.

Organische Abfälle besonderer Art sind die **Sonderabfälle** (zum Beispiel ölhaltige Abfälle, Lack- und Farbstoffe, halogenfreie und halogenhaltige Lösemittel). Sie müssen durch besondere Verfahren der Wiederverwertung, Detoxifizierung, Verbrennung oder Deponierung als Sondermüll entsorgt werden. Generell ist eine umweltgerechte Beseitigung unvermeidbarer Abfälle Ziel der Kreislauf- und Abfallwirtschaft.

Die energetische und stoffliche Abfallverwertung beinhaltet Verbrennung von Müll und Kompostierung. Die thermische Verwertung (damit ist nicht die Müllverbrennung gemeint) macht nur einen geringen Anteil im Bereich von einem Prozent der Abfallverwertung aus. Im Auftrag des Bundesministeriums für Verbraucherschutz, Ernährung und Landwirtschaft wird zurzeit untersucht, ob höhere Potenziale in der Nutzung von biogenen Rest- und Abfallstoffen zur Wärme- und Stromproduktion liegen. Tabelle 14.1 zeigt die 2003 in

14

Tabelle 14.1 Aufkommen und Verwertung von Abfällen im Jahr 2003 in Deutschland (Statistisches Bundesamt, 2005).

Abfallaufkommen	Aufkommen gesamt (1000 t)	kg / Einwohner	Verwertungsquote in % gesamt
Abfälle, insgesamt	366 412		66
Siedlungsabfälle	49 622	601	58
Summe Haushaltsabfälle	43 931	532	61
Hausmüll, hausmüllähnliche Gewerbeabfälle über die öffentliche Müllabfuhr eingesammelt	15 824	192	10
Sperrmüll	2 608	32	37
Kompostierbare Abfälle aus der Biotonne	3 447	42	100
Garten- und Parkabfälle biologisch abbaubar	3 845	47	99
Andere getrennt gesammelte Fraktionen	17 944	217	94
Glas	3 289	40	99
Papier, Pappe, Kartonagen (PPK)	8 419	102	100
Leichtverpackungen (inklusive Kunststoffe)	4 929	60	81
Elektronische Geräte	104	1	100
Sonstiges (Verbunde, Metalle, ...)	1 204	15	95
Summe andere Siedlungsabfälle	5 691	69	35
Hausmüllähnliche Gewerbeabfälle nicht über die öffentliche Müllabfuhr eingesammelt ohne Haus- und Sperrmüll	4 718		34
Garten- und Parkabfälle	879		37
Marktabfälle	83		66
Bergematerial aus dem Bergbau	46 689		
Abfälle aus dem Produzierenden Gewerbe	46 712		42
Bau- und Abbruchabfälle (einschließlich Straßenaufbruch)	223 389		86

Deutschland ermittelten Daten zum Aufkommen und zur Verwertung von Abfällen.

14.2 Biologische Abfallverwertung

Die **Kompostierung** wird in der Abfallwirtschaft als „kaltes Verfahren“ bezeichnet. Sie ist eine sinnvolle Abfallverwertung mit einer geringen Umweltbelastung. Hierzu ist jedoch erforderlich, dass die Schadstoffe im Müll, vor allem die Schwermetalle, im Ausgangsprodukt deutlich reduziert werden. Hiermit steht oder fällt die Kompostierung von Siedlungsabfällen. Eine gute Vorsortierung des Hausmülls ist eine Voraussetzung für eine problemlose Verwertung, da Kompost kein Glas, Metall, Plastik oder Haushaltschemikalien enthalten darf.

Die Kompostierung (Verrottung) ist eine uralte Methode zur Umwandlung von organischen Reststoffen. Kompostierbar ist ein Teil des Hausmülls, Klärschlamm und der Großteil aller organischen Stoffe wie Laub, Holz, Garten- und landwirtschaftliche Abfälle. Der fertige Kompost ist dann ein humusähnliches, pflanzenverträgliches Bodenverbesserungsmittel.

Die Kompostierung wird in großtechnischem Maßstab zur Verwertung kommunaler

Abfälle durchgeführt. Durch Kompostierungsanlagen wird die Rotte gezielt gesteuert.

Organische Abfälle lassen sich von ihrer Struktur her einem aeroben oder anaeroben Verfahren zuordnen:

- Strukturreiche und damit meist gut durchlüftbare Abfälle sind besonders für die Kompostierung geeignet (zum Beispiel Pflanzenreste, Rinde).
- Flüssige Abfälle und solche mit hohem Wassergehalt und/oder schwacher Struktur (zum Beispiel Abfälle aus der Massentierhaltung) eignen sich eher für die anaerobe Behandlung (Biogasgewinnung).

14.2.1 Der Kompostierungsprozess

Die **Kompostierung** oder **Rotte** erfolgt unter aeroben Bedingungen. Die Komponenten der Biomasse gehen dabei in zwei mikrobielle Prozesse ein, in die Mineralisierung und die Humifizierung.

Da der Temperaturverlauf in der Miete parallel zur Intensität der Ab-, Um- und Aufbauprozesse und der Hygienisierung verläuft, ist die Temperaturentwicklung besonders zur Charakterisierung des Kompostierungsverlaufes geeignet. Anhand des Temperaturverlaufes kann der Ablauf der Kompostierung in vier Phasen untergliedert werden:

- **Anfangs-** oder **Initialphase** (Anpassung und Aufbau der Mikroflora)
- **thermophile Phase** (Zeitraum der intensivsten Umsetzung mit maximalem Wärmestau)
- **mesophile Phase** (Periode abnehmender Ablaufprozesse mit geringem Wärmestau) und
- **Abkühlungs-** oder **Reifephase** (Zeit geringer Umsatzaktivitäten, Beginn der Humifizierungsprozesse)

Der **Kompostierungsverlauf** ist stark schematisiert in Abbildung 14.2 dargestellt. Die leicht und mäßig abbaubaren Bestandteile der Biomasse werden assimiliert und zu CO_2 und Wasser oxidiert, während das schwer abbaubare Lignin nach teilweisem Abbau in Huminstoffe transformiert wird. In diesen Humifizierungsprozess werden auch Abbauprodukte der Proteine, Kohlenhydrate und Lipide sowie Sekundärmetabolite der Mikroorganismen einbezogen.

An der Rotte ist eine **Sukzession** von Mikroorganismen beteiligt. Man benennt die Stufen der Kompostierung allgemein wie folgt:

- **Vorrotte:** Die im Biomüll vorkommenden Bakterien vermehren sich stark (etwa 10^{10} Keime je Gramm Trockengewicht). Die leicht abbaubaren Komponenten werden assimiliert und mineralisiert, die organische Substanz nimmt etwa um die Hälfte ab. Die hohen Stoffwechselaktivitäten führen zur Erwärmung, die mesophile Phase (20 - 40 °C) geht in die thermophile Phase (40 - 75 °C) über. Ist die Luftzufuhr unzureichend, so kommt es in dieser Phase zu Gärungen, bei denen auch unangenehm riechende Gärungsprodukte freigesetzt werden. Die bei Gärungen entstehenden Säuren hemmen außerdem den weiteren Kompostierungsprozess.
- **Hauptrotte:** Die Temperaturerhöhung auf 40 - 75 °C führt zur bevorzugten Entwicklung von thermophilen aeroben Bacillus-Arten. Bei 75 °C herrscht *Bacillus stearothermophilus* vor. Die Bacillen zeichnen sich durch die Fähigkeit aus, extrazelluläre Enzyme zu bilden, die Proteine, Hemicellulosen und Cellulose depolymerisieren. In dieser thermophilen Phase geht die Gesamtkeimzahl auf etwa 10^8–10^9 Keime je Gramm Trockengewicht zurück. Viele gramnegative Bakterien werden abgetötet. Da zu dieser Gruppe auch potenziell pathogene Arten gehören, ist der Prozess mit der **Hygienisierung** des Kompostierungsmaterials verbunden. Ebenfalls werden Samen bei dieser hohen Temperatur zum großen Teil inaktiviert.
- **Nachrotte:** Nach dem Verbrauch der schnell verwertbaren Substrate geht die Stoffwechselaktivität und damit die exotherme Selbsterwärmung zurück. In der Sukzession nehmen mesophile Mikroorganismen zu, vor allem Actinomyceten und Pilze. Die Actinomyceten sind vor allem durch *Streptomyces*-Arten vertreten, deren Sporenmassen makroskopisch als mehliger Überzug auf dem Substrat sichtbar sind. Bei den Pilzen handelt es sich vorwiegend um *Penicillium*-,

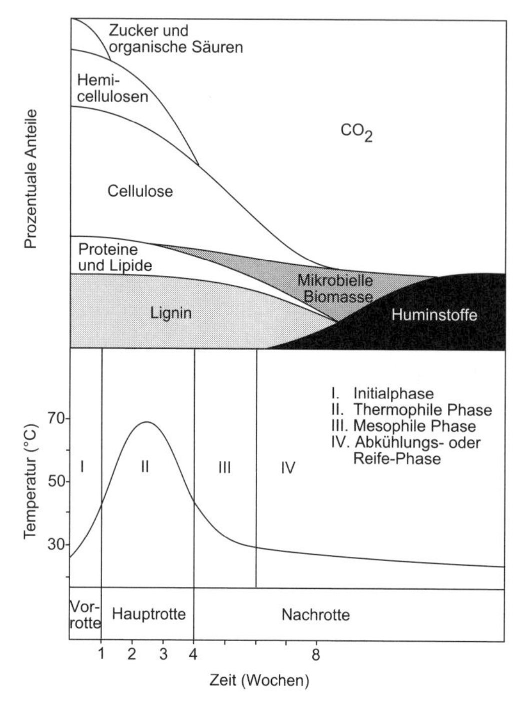

Abb 14.2 Ablauf des Kompostierungsprozesses. Die Komponenten der Biomasse werden je nach Abbaubarkeit verschieden schnell mikrobiell mineralisiert und assimiliert. Der schwer abbaubare Ligninanteil wird zu Aromaten depolymerisiert und zusammen mit anderen Abbauprodukten in Huminstoffe transformiert. Die Dauer der einzelnen Phasen ist stark von der Art des Kompostierungsverfahrens abhängig.

Aspergillus-, *Mucor-* und *Geotrichum*-Arten, daneben treten auch Basidiomyceten auf. Diese Mikroorganismengruppen bauen durch extrazelluläre Enzyme Lignocellulose ab. Beim Abbau fallen aromatische Verbindungen an, die in Radikale überführt werden (Radikalphase). Sie sind die primären Ausgangsstoffe für die **Humifizierung** (ist im Kapitel 4.4.4.6 detailliert dargestellt).

Die bei der Humifizierung gebildeten hochmolekularen stabilen Huminstoffe geben dem Kompost und dem Humus des Bodens die braune bis schwarze Farbe. Bei den Huminstoffen handelt es sich um amorphe, organische Kolloide (kleiner als zwei Mikrometer) mit großer spezifischer Oberfläche und der Fähigkeit, Wassermoleküle und Ionen reversibel anzulagern. Huminstoffe sind aufgrund ihres guten Wasserhalte- und Adsorptionsvermögens insbesondere für die Wasserbindung, Gefügebindung und Nährsalzadsorption des Bodens von Bedeutung. Gegenüber den Tonmineralen haben sie ein höheres Wasserhalte- und Adsorptionsvermögen und außerdem eine höhere Kationenaustauschkapazität. Wegen ihrer dunklen Farbe beeinflussen sie auch den Wärmehaushalt des Bodens positiv. Häufig gehen sie mit anorganischen Tonmineralen sehr stabile Verbindungen ein (= Ton-Humus-Komplexe) und verleihen dem Humus damit eine hohe Gefügestabilität. Sie sind für die Bodenfruchtbarkeit von Wichtigkeit.

Ein fertiger, stabiler Kompost sollte die folgenden mikrobiellen Populationsdichten in CFU pro Gramm Trockengewicht besitzen:

10^8–10^{10} heterotrophe Aerobier, das Verhältnis zwischen Aerobiern und Anaerobiern sollte zehn zu eins betragen, 10^3–10^4 Hefen und Pilze, 10^3–10^6 Pseudomonaden und 10^3–10^6 freilebende Stickstofffixierer (*Compost Microbial Guidelines*).

14.2.2 Kompostierungsverfahren

Das Ziel aller Verfahren ist die Gewährleistung einer ausreichenden **Belüftung** und die **Beschleunigung** des aeroben Verrottungsprozesses. Die in Abbildung 14.2 dargestellten Zeiten beziehen sich auf die klassische Kompostmiete. Vielfach kommt es darauf an, die Prozesse zu intensivieren, um Raum und Zeit zu sparen (Intensivrotte). Um eine Geruchsbelästigung zu vermieden, wendet man geschlossene Systeme an (Zelte, Reaktoren). Die Abluft wird durch Luftfilter gereinigt.

Die Kompostierungsprozesse sollen unter dem Aspekt zunehmender Intensivierung, die zugleich mit zunehmendem Investitionsaufwand verbunden ist, skizziert werden. Vor der eigentlichen Kompostierung liegen **mechanische Aufbereitungsschritte,** bei denen das Ausgangsmaterial sortiert, gesiebt und zerkleinert wird. Die mechanische Zerkleinerung erhöht die Angriffsflächen für Mikroorganismen. Eine weitere Zerkleinerung erfolgt durch die Bodentiere. Der Wassergehalt soll etwa 50 Prozent be-

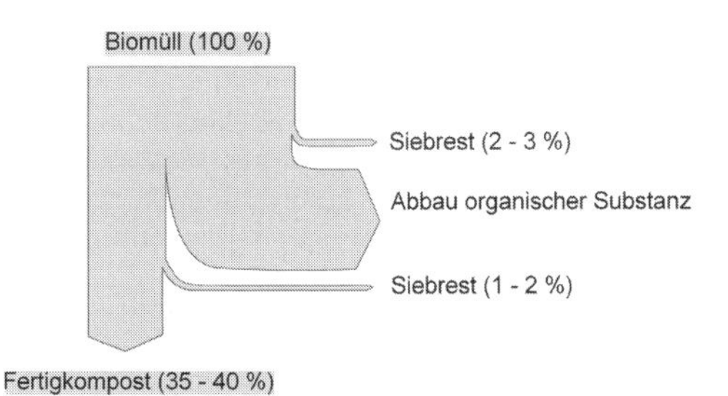

Abb 14.3 Massenströme bei der Kompostierung von Bioabfällen.

tragen, zu feuchtes Material (Klärschlamm) wird in einigen Anlagen mit trockeneren Stoffen, zum Beispiel Holzschnitt, vermischt. Abbildung 14.3 zeigt exemplarisch die zu erwartenden Massenströme bei der Kompostierung von Bioabfall.

Das einfachste Verfahren sind **offene Mieten** in Form von Dreiecks- oder Tafelmieten, die nach unten eine Bodenabdichtung aufweisen sollen. Die Belüftung und Durchmischung erfolgt durch Umsatzgeräte, seltener durch so genannte Zwangsdurchströmung mittels Belüftungsrohre. Die Durchmischung und Belüftung ist in der Vor- und Hauptrotte besonders wichtig, um die Ausbildung anaerober Zonen und die Austrocknung zu verhindern. Durch Überdachung und Einhausung wird der Einfluss klimatischer Faktoren vermindert.

Intensivverfahren werden in Reaktoren durchgeführt. Hierbei unterscheidet man statische und dynamische Verfahren. Statische Verfahren werden in **geschlossenen Containern,** Boxen oder Tunnelreaktoren betrieben, die eine Belüftung durch Lochböden ermöglichen. Ein dynamisches Verfahren ist die **Rottetrommel.** Hierbei handelt es sich um thermisch isolierte Drehrohre mit einem Durchmesser von etwa drei Meter und einer Länge von neun bis zu 50 Meter. Meist werden sie nur zur Homogenisierung des Rottegutes in der Vorrotte eingesetzt. In einem quasikontinuierlichen Betrieb wird durch die ständige Durchmischung eine optimale Prozessführung erreicht und die Vorrotte und ein Teil der Hauptrotte auf ein bis zwei Tage verkürzt. Das ausgetragene Material wird in der anschließenden Nachrotte statisch, zum Beispiel in Mieten, weiter kompostiert. Bei der Nachrotte spielen Pilze, die auf eine ständige Bewegung empfindlich reagieren, eine wesentliche Rolle.

Das Produkt der Müllkompostierung, der **Kompost,** muss sorgfältig auf Schadstoffe, vor allem Schwermetalle, kontrolliert werden, bevor es zur Bodenverbesserung eingesetzt werden kann.

14.2.3 Anaerobe Abfallbehandlung durch Vergärung

Bei den **anaeroben Nassverfahren der Abfallvergärung** wird der grob zerkleinerte Biomüll in Wasser suspendiert, sodass ein Zweiphasensystem aus organischem Abfall und Wasser (etwa 30 Prozent Abfalltrockensubstanz) resultiert. Eine alkalische Vorbehandlung zum besseren Stoffaufschluss wird erprobt. Mit dieser Suspension werden spezielle Biogasreaktoren beschickt, die diskontinuierlich oder halbkontinuierlich betrieben werden, die Verweilzeit liegt bei 15–20 Tagen. Die mikrobiellen Prozesse verlaufen entsprechend der in Kapitel 4.5 beschriebenen methanogenen Nahrungskette. Sowohl mesophile (32–38 °C) als auch thermophile (50–55 °C) Verfahren sind in der Entwicklung. Produkte des Verfahrens sind Biogas und der nicht vergärbare Biomasseanteil. Das Verfahren erfordert eine anschließende Entwässerung und aerobe Nachrotte. Im Grunde ersetzt das Gärverfahren die Vor- und einen Teil der Hauptrotte. Die anschließende Nachrotte dauert nur vier bis acht Wochen, da durch die Gärungen die Biomasse stärker aufgeschlossen wird.

Die Notwendigkeit der Entwässerung entfällt bei der **Anaeroben Trockenfermentation** (ATF-Verfahren). Das Verfahren arbeitet ohne Zusatz von Wasser. Dadurch kann der Abwasseranfall wesentlich reduziert werden. Die Fermentation wird in stehenden oder liegenden Rohrreaktoren durchgeführt, die gasdichte Beschickungs- und Entleerungsstutzen für die feste Biomasse erfordern. Das Material verbleibt 15–25 Tage im anaeroben Reaktor und wird anschließend vier bis sechs Wochen aerob nachgerottet.

Vorteile der noch in der Entwicklung befindlichen Vergärungsverfahren sind die Beschleunigung der Abfallbehandlung, die Verhinderung von Geruchsbelästigungen und die Gewinnung von Biogas.

Testen Sie Ihr Wissen

Wie entsorgen Sie Sonderabfälle? Was zählt alles dazu?

Beschreiben Sie die Teilschritte bei der Kompostierung mit dem Temperaturverlauf. Sagen Sie etwas zu den beteiligten Mikroorganismen.

Was sind Huminstoffe (siehe auch Kap. 4.4.4.6)?

Möchten Sie in der Nähe einer Kompostanlage wohnen? Welche Probleme können dort auftreten?

Wie viel Müll produzieren Sie jährlich?

Literatur

Bidlingmaier, W., Müsken, J. 1997. Biotechnologische Verfahren zur Behandlung fester Abfallstoffe. *In:* Umweltbiotechnologie. J.C.G. Ottow, W. Bidlingmaier (Hrsg.) Gustav Fischer Verlag, Stuttgart, S. 139–201.

Compost Microbial Guidelines, www.bbclabs.com/compost2.htm.

Insam, H., Riddech, N., Klammer, S. (eds.) 2002. Microbiology of composting. Springer Verlag, Berlin.

Kämpfer, P., Weißenfels, W.D. (Hrsg.) 2001. Biologische Behandlung organischer Abfälle. Springer Verlag, Berlin.

Statistisches Bundesamt, 2005. http://www.destatis.de/download/d/umw/entsorgung2004.pdf

Umweltdaten Deutschland online: http://www.env-it.de/umweltdaten/

15 Biotechnologie und Umweltschutz

Die Einsatzbereiche der **traditionellen Umwelt-Biotechnologie** („Graue Biotechnologie") weiten sich aus:

- In Deutschland werden rund 10 000 kommunale Kläranlagen mit biologischen Reinigungsstufen betrieben.
- In biologischen Verwertungsanlagen werden in Deutschland 7,6 Millionen Tonnen Bioabfälle pro Jahr genutzt.
- Mehr als 1 900 Biogasanlagen mit einer installierten elektrischen Leistung von 250 Megawatt wurden neu in Betrieb genommen. Insgesamt ist der Beitrag der Biomassenutzung zur Stromproduktion von 222 Gigawattstunden in 1990 auf nunmehr 5 140 Gigawattstunden in 2003 angestiegen.

Die Anwendungsfelder der **modernen Biotechnologie**:

- „Rote Biotechnologie" (*Healthcare Biotechnology*): Aktuell sollen Bioprodukte (Proteine, Antikörper, Enzyme) bereits einen Marktanteil von ungefähr 20 Prozent an Pharmaprodukten haben und Neuentwicklungen sollen zu 50 Prozent Bioprodukte sein.
- „Grüne Biotechnologie": Die vor etwa zehn Jahren begonnene Nutzung gentechnisch veränderter Pflanzen erreichte in den USA 2004 einen Anteil von 45 Prozent bei Mais, 86 Prozent bei Soja und 76 Prozent bei Baumwolle. Aktuelle Entwicklungen haben die Nutzung von Pflanzen (und Tieren) für die kostengünstige Produktion von Pharmaprodukten und Industrierohstoffen zum Ziel.
- „Weiße Biotechnologie": Nutzung der Biotechnologie als Baustein für eine nachhaltige zukunftsverträgliche Chemie (Green Chemistry) und ihre Anwendung in der Ernährungsindustrie. Zu den Produkten gehören Bulk- und Feinchemikalien, Lebensmittel sowie Lebensmittelzusatzstoffe und Futtermitteladditive, Agrar- und Pharmavorprodukte, Hilfsstoffe für verarbeitende Industrien wie technische Enzyme und Biokraftstoffe. Es wird prognostiziert, dass bis zum Jahr 2010 rund 20 Prozent der Umsätze der gesamten Chemieindustrie auf die Nutzung weißer Biotechnologie zurückzuführen sein werden.
- „Graue Biotechnologie": Zum oben aufgeführten Bereich des Umweltschutzes hat sich heute die Umweltdiagnostik gesellt.

Alle Biotechnologiefelder stehen direkt oder indirekt in Beziehung zu umweltrelevanten Bereichen.

15.1 Biologische Schädlingsbekämpfung

Die Belange einer umweltgerechten Schädlingsbekämpfung führen in zunehmendem Maße zur Suche nach Mikroorganismen, die als Antagonisten gegen so genannte Schadinsekten eingesetzt werden können oder deren Stoffwechselprodukte sich als neue Wirkstoffe eignen.

15.1.1 Bioinsektizide

Als Bioinsektizide werden Bakterien, Pilze, Viren, Proteine oder auch niedermolekulare Sekundärmetabolite verwendet. Tabelle 15.1 fasst einige Beispiele und die bekämpften Insekten zusammen.

Tabelle 15.1 Mikroorganismen, Viren und Metabolite als Bioinsektizide.

Agens	Schadinsekten
Bakterien	
Bacillus thuringiensis (B. t.)	
B. t. subsp. *thuringiensis*	Lepidopteren-Raupen, zum Beispiel Goldafter, Kohlweißling
B. t. subsp. *thuringiensis*, β-Exotoxin bildende Stämme	Fliegenmaden, zum Beispiel *Musca domestica*
B. t. subsp. *kurstaki*	Schwammspinner
B. t. subsp. *tenebrionis*	Käferlarven, zum Beispiel Kartoffelkäfer
B. t. subsp. *israelensis*	Mückenlarven, zum Beispiel *Anopheles*-, *Aedes*-Arten, Wiesenschnaken
Paenibacillus popilliae	Japankäfer-Engerlinge (*Popillia japonica*)
Pilze	
Beauveria brogniartii	Maikäfer
Beauveria bassiana	Kartoffelkäfer, Borkenkäfer
Metarrhizium anisopliae	Rüsselkäfer, zum Beispiel Dickmaulrüßler, Borkenkäfer
Verticillium lecanii	Blattläuse, Weiße Fliege
Viren	
Granulose-Virus (CPGV)*	Apfelwickler (*Cydia pomonella*)
Kernpolyeder-Virus (LdNPV)	Schwammspinner (*Lymantria dispar*)
Kernpolyeder-Virus (LmNPV)	Nonne (*Lymantria monacha*)
Sekundärmetabolite	
Abamectin	Blattminierende Dipteren oder Pflanzensaftsauger, Milben
Spinosad	Lepidoptera, Diptera, Blattodea, Coleoptera

*, die Insektenvirus-Bezeichnung ergibt sich aus dem lateinischen Namen der Insekten und der Abkürzung für den Virustyp

15.1.1.1 *Bacillus thuringiensis* und *B. sphaericus*

Bacillus thuringiensis ist das am besten untersuchte insektenpathogene Bakterium. Es wurde schon 1901 in Japan als bakterieller Erreger der Sotto-Krankheit (Schlaffsucht) der Seidenraupen isoliert. Als Erreger einer Mehlmottenraupen-Erkrankung ist es seit 1911 bekannt.

Bacillus thuringiensis produziert während der Endosporenbildung Toxine in Form von Kristallen, die auf ein breites Spektrum von Lepidoptera (Schmetterlinge) wirken, jedoch nicht auf andere Tiere und den Menschen. Weitere Subspecies wurden gefunden, die auf Diptera (Zweiflügler: Mücken, Fliegen) und einige Coleoptera (Käfer) pathogen wirken. Heute kennt man auch solche mit Wirksamkeit gegen Hymenoptera (Hautflügler wie Bienen, Wespen und Ameisen), Homoptera (Zikaden, Blattläuse), Orthoptera (Heuschrecken und Grillen), Mallophaga (Tierläuse wie Haar- und Federlinge), Nematoden (Rund- und Fadenwürmer), Milben und Protozoa (Tabelle 15.1).

Das wichtigste und selektiv wirkende Toxin ist das kristalline δ-Endotoxin (Abb. 15.1), das aus Proteinen verschiedener Zusammensetzung besteht. Ein Stamm synthetisiert normalerweise ein bis fünf verschiedene Toxine, die in Form eines einzelnen Kristalles oder einer Vielzahl in einer Zelle auftreten. Etwa 170 natürlich vorkommende *Bacillus thuringiensis*-Toxine (kurz Bt-Toxine) mit unterschiedlicher Wirkungsbreite sind heute bekannt. Die Bt-Toxine gelangen mit der Nahrung in die Larven, Maden beziehungsweise Raupen der Schädlinge und entfalten im Darmtrakt ihre pathogene Wirkung. Die Schritte im Schädling sind die folgenden:

1. Auflösung des Kristalls im Mitteldarm der Raupe (pH >9,5);

2. proteolytische Abspaltung des N- und C-terminalen Teils des Protoxins durch die Mitteldarm-Proteasen;
3. Bindung des aktivierten Toxins an den Rezeptor in der Epithelzellmembran im Mitteldarm;
4. Integration des Toxins in die Membran, sodass Ionenkanäle oder Poren gebildet und die Zellmembran der Darmepithelzellen irreversibel geschädigt werden;
5. durch die Zerstörung der Darmschranke gelangen die Bakteriensporen in den Körper, sie keimen aus und bewirken eine Septikämie.

Die primär schädigende Wirkung geht also vom δ-Endotoxin aus. *Bacillus thuringiensis* ist nur schwach infektiös und breitet sich daher nicht epidemisch aus. *Bacillus thuringiensis* Präparate werden deshalb als Biopestizid ähnlich wie ein chemisches Insektizid eingesetzt und unterscheiden sich so von Mitteln zur biologischen Schädlingsbekämpfung, die sich autokatalytisch in der Schadinsektenpopulation ausbreiten, bis die Individuenzahl für Übertragungen zu gering geworden ist.

Von wenigen Stämmen der Pathovars *thuringiensis* werden neben dem δ-Endotoxin weitere Exotoxine wie das niedermolekulare β-Exotoxin gebildet. Die Struktur des ungewöhnlichen Nucleotides ist in Abbildung 15.1c dargestellt. Es ist ein Antimetabolit der DNA-abhängigen RNA-Polymerase. Da seine Wirkung unspezifisch ist, wirkt es auch auf Wirbeltiere. Stämme, die neben dem δ-Endotoxin das β-Exotoxin bilden, wurden als Mittel gegen Flie-

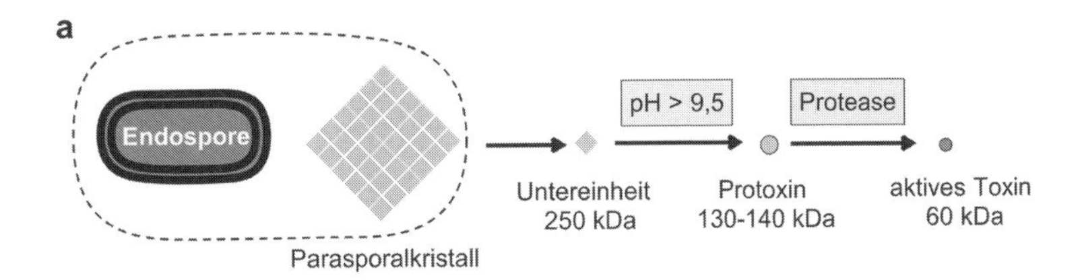

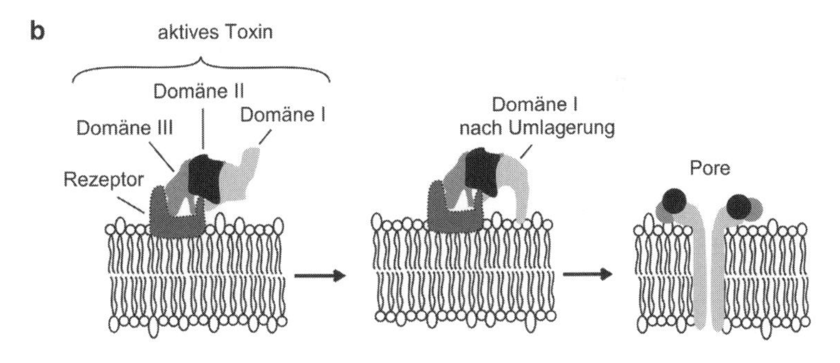

c

Adenosin

Abb 15.1 (a) Schematische Darstellung des parakristallinen δ-Endotoxins in der Zelle von *Bacillus thuringiensis* und Aktivierung der Protoxin-Zwischenstufen durch spezifische Proteasen im Darm der Raupen zum toxischen Peptid, (b) Anheftung an den Rezeptor, Umlagerung des Toxins und Bildung einer Pore, (c) Struktur von β-Exotoxin im Vergleich zum natürlichen Nucleosid.

genmaden erprobt. Die Präparate werden dem Viehfutter zugesetzt, passieren ohne akute Schädigung den Darm und gelangen so in die Exkremente, in denen die Fliegenmaden leben.

Seit 1964 sind Bt-Präparate in Deutschland als Pflanzenschutzmittel zugelassen und unter verschiedenen Bezeichnungen im Handel. Sie werden vor allem im Mais-, Kartoffel-, Gemüse- und Obstanbau verwendet. Eine größere Bedeutung haben sie im ökologischen Landbau. Kommerziell erhältliche Bt-Präparate bestehen aus getrockneten Bakterien-Sporen und dem kristallinen Toxin. Die im Fermenter auf einfachen Medien kultivierten Bakterien werden vom Nährmedium abgetrennt und mit Haft- und Lichtschutzmitteln formuliert. Für den erfolgreichen Einsatz muss berücksichtigt werden, dass nur die fressenden Raupen beziehungsweise Larven die Präparate aufnehmen.

Vergleicht man die Wirkungsgeschwindigkeit von Bt-Präparaten mit der von anderen Insektiziden, so wird deutlich, dass längere Zeitdauern notwendig sind, bevor das Bioinsektizid wirkt.

Tabelle 15.2 Geschwindigkeit der Wirkung von Insektiziden.

Insektizid-Kategorie	Wirkung nach
Carbamate/ Organophosphate	Stunden
Bt-Präparate	Tage
Spinosad	Minuten bis Stunden
Synthetische Pyrethroide	Minuten bis Stunden

Mit Hilfe der Gentechnik wurde die Fähigkeit zur δ-Endotoxinbildung auf Rhizosphärenbakterien, wie *Pseudomonas fluorescens* übertragen, mit dem Ziel Erdraupen zu bekämpfen.

Die aus *Bacillus thuringiensis* isolierten Bt-Toxin-Gene (*cry*) wurden auch auf Pflanzen übertragen. Diese produzieren nun selbst den für Fraßschädlinge giftigen Wirkstoff. Um eine gentechnisch vermittelte Insektenresistenz zu erzeugen, wurden verschiedene Varianten von Bt-Genen genutzt, bei Mais etwa *cry1Ab*, *cry1Ac* und *cry9c*. Diese unterscheiden sich sowohl in der Länge, als auch durch die verwendeten Promotoren. Je nach Bt-Genvariante differieren die transgenen Maissorten sowohl bei der Menge des Bt-Toxins als auch bei dessen Verteilung in der Pflanze. Die ersten kommerziell angebauten Bt-Maispflanzen enthielten in allen Pflanzenteilen (Pollen, Stängel, Maiskolben) hohe Bt-Toxin-Mengen, die höher als notwendig waren, um die gewünschte Wirkung zu erzielen. Neuere Bt-Maissorten produzieren nicht nur geringere Bt-Toxin-Mengen, sondern auch nur da, wo sie benötigt werden, im Stängel. Das wird dadurch erreicht, dass die *cry*-Gene mit gewebespezifischen Promotoren versehen werden, die nur in bestimmten Pflanzenteilen „anspringen".

Bei Mais erscheint das Bt-Konzept besonders attraktiv, da es erstmals die Bekämpfung der Maiszünsler-Raupen ***in*** der Pflanze ermöglicht. Doch nicht nur in Mais, sondern auch in Baumwolle und in Kartoffeln wurden Bt-Gene übertragen.

Im Jahr 2004 wurden weltweit auf einer Fläche von 81 Millionen Hektar GVO-Pflanzen (GVO = genetisch veränderte Organismen) geerntet. Davon entfielen 19 Prozent auf insektenresistente Bt-Pflanzen, weitere neun Prozent auf eine Kombination von Herbizid- und Insektenresistenz. Mit 72 Prozent ist Herbizidresistenz das dominierende Merkmal.

Der Anbau von Bt-Mais in den USA lag 2004 bei zehn Millionen Hektar und machte etwa 45 Prozent des Maisanbaus aus. Weitere Länder, in denen Bt-Mais angebaut wird, sind Argentinien, Kanada, Spanien und Südafrika. In Deutschland gibt es seit 1998 Versuchsanbau auf jährlich etwa 500 Hektar. Für 2005 wurden Anbaustandorte mit einer Gesamtfläche von etwa 1000 Hektar angemeldet.

Bt-Baumwolle wurde 2004 in den USA auf etwa 2,5 Millionen Hektar angebaut, was etwa 76 Prozent der Anbaufläche ausmachte. Anbau von Bt-Baumwolle erfolgt auch in Argentinien, Australien, China, Indien, Indonesien, Mexiko und Südafrika.

Bei etwa 30 Pflanzenarten wird daran gearbeitet, durch Übertragung von Bt-Genen Resistenzen gegen verschiedene Fraßinsekten zu erzeugen.

Ein Vorteil des Bt-Toxins ist seine Wirkgenauigkeit (Spezifität). Es greift die jeweiligen Schädlinge an und verschont andere Tiere, vor allem die Nützlinge. Nicht immer scheinen die Erwartungen so zuzutreffen. Fraßinsekten entwickeln mit der Zeit Resistenzen gegen eingesetzte Insektizide. Bei den klassischen Bt-Präparaten ist dieses bis auf vereinzelte Fälle bisher nicht geschehen. Es wird jedoch befürchtet, dass ein großflächiger Anbau von Bt-Pflanzen die Resistenzbildung beschleunigt: In den Genpflanzen ist der Wirkstoff während der gesamten Vegetationsperiode, also **permanent vorhanden**, Schädlinge können so im Vergleich zum „hin und wieder"-Sprühen des Insektizids leichter Resistenzen entwickeln. In den USA wurde der Anbau von Bt-Pflanzen durch ein obligatorisches Resistenzmanagement begleitet. Danach müssen anteilig Flächen mit konventionellen Sorten ohne Bt-Toxin als Refugien gepflanzt werden, um zu vermeiden, dass Wildpflanzen zu „BT-Pflanzen" werden.

Stechmückenpathogene Bakterien sind seit den sechziger Jahren des 20. Jahrhunderts bekannt, als die ersten Isolate von ***Bacillus sphaericus*** mit larviziden Eigenschaften entdeckt wurden. Um 1980 wurden Isolate aus adulten Kriebelmücken in Nigeria gefunden, die zusammen mit *Bacillus thuringiensis* subsp. *israelensis* eine herausragende Bedeutung in der biologischen Bekämpfung von Stech- und Kriebelmücken erlangten.

Die toxische Wirkung von *B. sphaericus* basiert, wie bei *B. thuringiensis*, auf der Bildung von parasporalen Proteinkristallen, die sich bei *B. sphaericus* in einem von einer Membran umhüllten „Sporen-Kristall-Komplex" befinden. Im Gegensatz zu *B. thuringiensis* subsp. *israelensis* besitzt *B. sphaericus* ein binäres Toxin, das aus zwei Proteinen mit den Molekulargewichten von 51,4 und 41,9 Kilodalton besteht. Beide sind für die stechmückentoxische Wirkung notwendig. Der Wirkmechanismus der binären Toxine beruht, ähnlich wie bei *B. t.* subsp. *israelensis*, auf der Bindung an Rezeptoren. Weitere Toxine (Mtx-Toxine) mit einem Molekulargewicht von bis zu 100 Kilodalton können in vegetativen *B. sphaericus*-Zellen produziert werden. Diese Mtx-Toxine sind ebenfalls toxisch für Stechmückenlarven, jedoch weder den binären Toxinen, noch denen von *B.t.* subsp. *israelensis* homolog.

In den letzten Jahren hat *B. sphaericus*, vor allem wegen seines besonderen Wirkspektrums und seiner Fähigkeit, unter gewissen Bedingungen wiederverwendet zu werden oder zu persistieren, an Bedeutung zugenommen. Durch das Wiederverwenden kann sich eine Langzeitwirkung ergeben, wodurch sich das Zeitintervall für Wiederbehandlungen vergrößert.

Zielorganismen sind Vertreter verschiedener Stechmücken-Genera, wie *Aedes, Anopheles* und *Culex*. Allerdings gibt es große Unterschiede in der Empfindlichkeit bei den Arten innerhalb eines Genus. Einige Stechmückenarten, vorwiegend *Culex*-Arten, aber auch manche *Anopheles*-Arten reagieren besonders empfindlich auf *B. sphaericus*, während andere Arten, wie zum Beispiel *Aedes aegypti*, fast unempfindlich sind. Im Gegensatz zu *B. thuringiensis* subsp. *israelensis* tötet *B. sphaericus* keine Larven der Kriebelmücke (*Black Flies*) ab.

Die Proteintoxine von *B. sphaericus* sind für Warmblüter und andere Nichtziel-Organismen ungefährlich.

15.1.1.2 Bioinsektizide aus Actinomyceten

Wirkstoffe aus Actinomyceten sind weitere Bioinsektizide. **Abamectin** ist ein Wirkstoffgemisch, das als Akarizid/Insektizid erstmals 1986 für Pflanzenschutzzwecke registriert wurde und heute in über 80 Ländern in den verschiedensten Kulturen angewendet wird. Es wird aus einem in Japan isolierten Mikroorganismus gewonnen, der eine gute Wirkung gegen Nematoden zeigte. Insgesamt wurden acht ähnliche makrocyclische Lactone, die Avermectine (siehe Abb. 15.2), aus dem Mycel von *Streptomyces avermitilis* isoliert und als Aktivsubstanzen identifiziert. Die Avermectine zeigen anthelminthische (gegen Würmer, griech. *ant helminthic*) Eigenschaften, haben aber weder bakterizide noch fungizide Wirkung. Die Hauptkomponente B_1 wirkt äußerst aktiv gegen eine Reihe von Milben und Insekten. Diese wurde daher zur Anwendung im Pflanzenschutz ausgewählt.

Abamectin zeigt hauptsächlich eine Fraßwirkung. Die Kontaktaktivität ist wegen der raschen oxidativen Abbaubarkeit auf Blattoberflächen eher begrenzt. Die Halbwertszeit von Abamectin beträgt weniger als vier Stunden. Die physiologische Wirkungsweise im Insekt

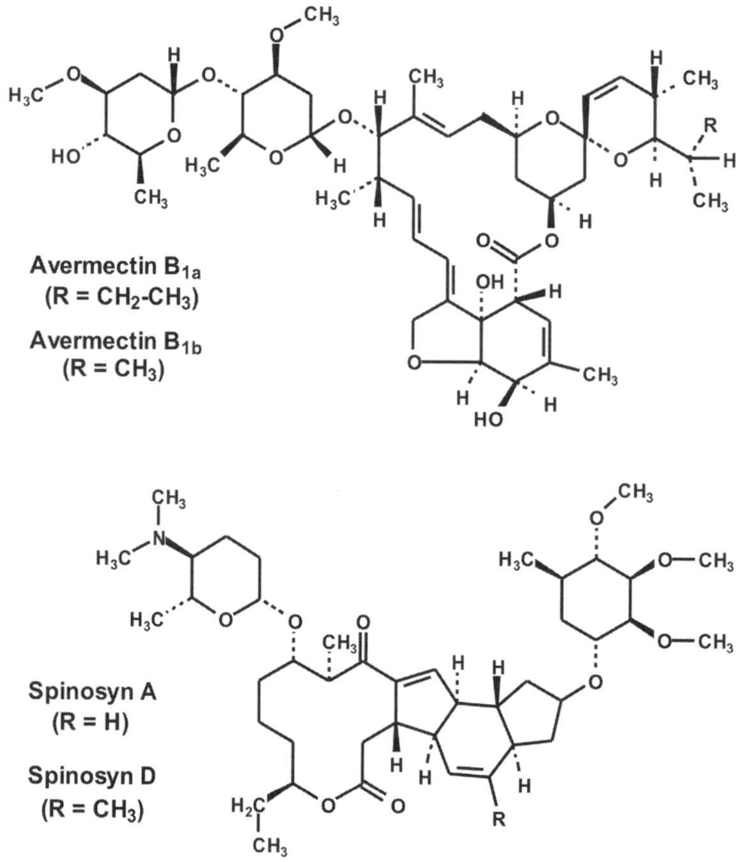

Avermectin B_{1a}
($R = CH_2\text{-}CH_3$)

Avermectin B_{1b}
($R = CH_3$)

Spinosyn A
(R = H)

Spinosyn D
($R = CH_3$)

Abb 15.2 Wirkstoffe gegen Insekten aus Actinomyceten.

erfolgt durch die Stimulation der Abgabe des Neurotransmitters γ-Aminobuttersäure in inhibierenden Zellen der Nerven/Muskelplatte, was über eine anhaltende Unterdrückung der Muskelkontraktion zur Lähmung führt. Sie erfolgt innerhalb von Stunden nach Einnahme einer toxischen Dosis, ist irreversibel und führt zum Tode.

Abamectin wirkt gegen alle mobilen Stadien von Schadinsekten, die Pflanzengewebe fressen oder Pflanzensaft saugen, es hat jedoch keine ovizide Wirkung. Die wichtigsten Zielorganismen sind Milben und blattminierende Dipteren. Abamectin wird nach der Behandlung sehr rasch ins Blatt aufgenommen, wo es vor Abbau durch UV-Strahlung und vor einer Abwaschung durch Regen geschützt ist. Da Abamectin sehr stark an Bodenpartikel gebunden wird, ist es im Boden immobil und zeigt keine Auswaschung. Es zeigt keine Bioakkumulation und wird von Mikroorganismen im Boden rasch abgebaut. Im Wasser ist es unlöslich. Der Abbau in Pflanzen erfolgt hauptsächlich an der Blattoberfläche durch Photolyse.

Spinosad ist ein weiterer insektizider Wirkstoff. Er wird von dem Actinomyceten *Saccharopolyspora spinosa* gebildet, zeichnet sich durch ein breites Wirtspektrum und eine schnelle Wirkung aus, die der synthetischer Insektizide vergleichbar ist (Tabelle 15.2). *S. spinosa* wurde 1982 auf einer Karibikinsel in der Erde einer ehemaligen Rumbrennerei entdeckt. Seit 1994 wird die Entwicklung von Spinosad als insektizides Präparat weltweit betrieben und 1997 erfolgte in den USA die erste Zulassung.

S. spinosa produziert eine Reihe von Metaboliten, die Spinosyne, wobei in Spinosad nur die beiden biologisch aktiven Formen Spinosyn A und D enthalten sind. Spinosyn A und D sind makrocyclische Lactone, wobei sich die beiden Isomere nur sehr geringfügig unterscheiden (siehe Abb. 15.2). Spinosyn A und D haben ein Mengenverhältnis von etwa 85 zu 15 Prozent im Spinosad.

Die Aufnahme des Wirkstoffes erfolgt durch Fraßaktivität sowie über Kontakt. Die Wirksamkeit aufgrund von Fraßaktivität ist fünf- bis zehnmal höher als jene durch Kontakt. Die Wirkung von Spinosad beruht auf einer Beeinflussung der neuronalen Aktivität der Insekten. Der Wirkstoff beeinflusst den in der postsynaptischen Zelle lokalisierten Nicotin-Acetylcholin-Rezeptor und bewirkt einen Ioneneinstrom, was zu Hyperaktivität der Neuronen und Muskelaktivität führt und endet mit der vollständigen, irreversiblen Lähmung des Insektes. Neben der Wirkung von Spinosad auf den Nicotin-Acetylcholin-Rezeptor wird auch eine Beeinflussung des γ-Aminobuttersäure-Rezeptors vermutet. Die Bindungsstellen von Spinosad sind verschieden von denen anderer insektizider Wirkstoffe.

Spinosad findet bei einem breiten Spektrum von Kulturpflanzen Anwendung: Kartoffel, Salat, Mais, Raps, Baumwolle, holzige Pflanzen, Zierpflanzen und Rasen. Schmetterlinge, Zweiflügler, Schaben sowie Käfer, die mit Spinosad bekämpft werden können, sind: Baumwolleule (*Helicoverpa armigera* sowie *Spodoptera littoralis*), Zuckerrübeneule (*Spodoptera exigua*), bekreuzter Traubenwickler (*Lobesia botrana*), Fruchtschalenwickler (*Adoxophyes orana*), Maiszünsler (*Ostrinia nubilalis*), Kohlweisslinge (*Pieris* spp.), Kohleule (*Mamestra brassicae*), Hausfliege (*Musca domestica*), Minierfliegen (*Liriomyza* spp.), deutsche Schaben (*Blatella germanica*) und Kartoffelkäfer (*Leptinotarsa decemlineata*).

Spinosad hat eine geringe akute Toxizität gegenüber Säugern und Vögeln sowie ein günstiges Umwelt- und Nützlingsprofil. Es wird als nicht-karzinogen, nicht-teratogen, nicht-mutagen und nicht-neurotoxisch beurteilt.

Der Abbau von Spinosad in der Umwelt erfolgt hauptsächlich durch Photolyse und mikrobielle Metabolisierung. Das Potenzial, im Boden zu wandern, ist in Abhängigkeit von der Bodenart sehr gering bis gering.

15.1.1.3 Pilzpräparate

Wichtige pilzliche Krankheitserreger von Insekten sind in Tabelle 15.1 angeführt. Diese Pilze befallen die Insekten, durchdringen mittels Chitinasen die Insektencuticula, vermehren sich im Insektenkörper und bilden niedermolekulare Toxine. So bildet *Beauveria* das Cyclodepsipeptid Beauvericin, *Entomophthora* zwei Azoxybenzol-Toxine. Das Mycel durchwuchert das tote Insekt und dringt nach außen, wo es zur Sporulation kommt. Die Sporen können auf andere Individuen gelangen und dort auskeimen.

Von einigen Pilzen gibt es bereits Präparate, andere sind in der Erprobung. *Beauveria bassiana*-Präparate bestehen aus Sporen, die in Submers- und Oberflächenkultur auf Substraten wie Melasse oder Kleie am Mycel gebildet werden. Für den erfolgreichen Einsatz sind die ökologischen Bedingungen entscheidend, unter denen eine effektive Infektion erfolgt. Im Freiland sind entsprechende Bedingungen schwer voraussehbar. Daher werden einige Präparate eigens für den Einsatz in Gewächshäusern entwickelt.

Beauveria bassiana darf als Insektizid (gegen Borkenkäfer) nach § 6a Abs. 4 Satz 1 Nr. 3 Buchstabe b des Pflanzenschutzgesetzes für landwirtschaftliche, forstwirtschaftliche oder

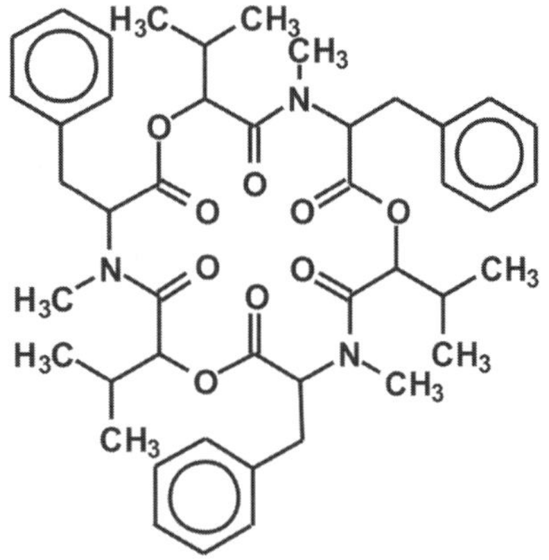

Abb 15.3 Beauvericin ist ein Mycotoxin, welches von vielen *Fusarium* Species gebildet wird und aus *Beauveria bassiana* isoliert worden ist. Es ist ein bioaktives Cyclodepsipeptid ähnlich dem des Valinomycins und enthält drei *D*-α-Hydroxy-isovaleryl- und *N*-Methyl-*L*-phenylalanyl-Gruppen in alternierender Folge.

gärtnerische Zwecke zur Anwendung im eigenen Betrieb hergestellt werden. Ebenso ist der Einsatz von *Beauveria brongniartii (= B. tenella)* gegen Maikäfer und *Metarhizium anisopliae* gegen Rüsselkäfer und Borkenkäfer erlaubt.

15.1.1.4 Virenpräparate

In der Land- und Forstwirtschaft werden **Baculoviren** bereits seit langem zur biologischen Bekämpfung von Schadinsekten eingesetzt, die aber wegen ihrer im Vergleich zu chemischen Mitteln langsamen Wirkung bisher nur eine untergeordnete Rolle spielen.

Baculoviren sind die größte und diverseste insektenspezifische Virusgruppe. Die Viren besitzen ein doppelsträngiges, zirkuläres DNA-Genom von 90–190 Kilobasen. Die Familie der Baculoviridae wurde bisher in zwei Gattungen gruppiert, den Nukleopolyhedro- und den Granuloviren. Diese Klassifikation beruht überwiegend auf der Morphologie der Einschlusskörper dieser Viren. Ist ein Virion von einer Kapsel umgeben, bezeichnet man sie als **Granulose-Virus (GV)**, sind zahlreiche Virionen von einer Kapsel eingeschlossen, so spricht man von **Kernpolyeder-Viren (KPV oder NPV = Nucleopolyeder Virus).**

Baculoviren sind pathogen für Larven, insbesondere für Larven von Schmetterlingen, Zweiflüglern, Hautflüglern und Käfern, sie sind demnach nur in ganz bestimmten Entwicklungsstadien der Insekten einsetzbar. Wird dieser Zeitpunkt verpasst sind die Viren unwirksam. Baculoviren infizieren Darmepithel- sowie Fettkörperzellen und verursachen den Tod der Larven und Raupen. Die Spezifität der eingesetzten Viren ist hoch, sodass toxische und umweltbelastende Nebenwirkungen nicht zu erwarten sind.

Der erste großflächige Einsatz zur Schädlingsbekämpfung erfolgte mit dem Kernpolyeder-Virus gegen die Kiefernbuschhorn-Blattwespe (*Neodiprion sertifer*). Inzwischen sind wirksame Präparate gegen den Apfelwickler, den Schwammspinner und die Kohleule (*Mamestra brassicae*) im Einsatz beziehungsweise in der Erprobung. Die Präparate werden mit Hilfe von Raupenzuchten hergestellt, eine Gewinnung mit Zellkulturen von Insekten wird angestrebt.

Mit gentechnischen Methoden sollen die Viren so verändert werden, dass sie über einen längeren Zeitraum wirksam sind. Derzeit wird ferner an einer Optimierung gearbeitet, zum Beispiel an der rascheren Abtötung der Zielorganismen oder an der Ausweitung des Wirtsspektrums durch den Einbau genetischer Informationen für die Herstellung von Giften gegen Skorpione, Spinnen oder Milben. Als Strategie zur Verbesserung der biologischen Sicherheit transgener Baculoviren wurde unter anderem das Gen entfernt, welches das Hüllprotein kodiert. Baculoviren können dadurch nicht mehr ihre Hülle ausbilden, die sie vor Umwelteinflüssen schützt – ihre Infektiösität bleibt aber erhalten. Die bisher in den USA, Kanada und Großbritannien durchgeführten Freisetzungsversuche von transgenen Baculoviren hatten zum Ziel, die Effektivität im Freiland sowie Auswirkungen auf Nichtzielorganismen zu untersuchen.

15.1.2 Biofungizide und Bioherbizide

Zur **biologischen Kontrolle** von **phytopathogenen Pilzen** wird die Nutzung des Mycoparasitismus untersucht. **Mycoparasiten** sind Pilze, die auf anderen Pilzen parasitieren, indem sie in die Hyphen des Wirtspilzes eindringen und das Cytoplasma als Substrat verwerten.

Praktische Bedeutung als Fungizid hat der Einsatz des antagonistischen Pilzes *Peniophora gigantea* gegen die durch *Heterobasidion annosum (Fomes annosus)* verursachte Wurzelfäule der Kiefer erlangt. *Heterobasidion annosum* besiedelt die Baumstümpfe von frisch gefällten Bäumen. Über das Wurzelsystem geht das Pathogen auf benachbarte gesunde Bäume über. Wird die frische Schnittfläche mit Sporen des Antagonisten *P. gigantea* beimpft, kann das Pathogen die Fläche nicht mehr besiedeln (Possessions-Prinzip). Die Sporen können mit dem Schmieröl der Kettensägen auf die Schnittfläche der Bäume gebracht werden.

Ein in Europa unterentwickeltes Gebiet ist der Einsatz von phytopathogenen Pilzen zur

Unkrautbekämpfung, die so genannten **Mycoherbizide.** In den USA werden die Sporen des Pilzes *Colletotrichum gloeosporioides* im Reis- und Sojabohnenanbau gegen das Unkraut *Aeschynomene virginica* eingesetzt. In Europa laufen Versuche mit dem Blattfleckenerreger *Curvularia lunata* gegen die Hühnerhirse *(Echinochloa crus-galli)* und dem Rostpilz *Puccinia striiformis* gegen die Acker-Kratzdiestel *(Cirsium arvense). Chondostereum purpureum* ist vom Bundesamt für Verbraucherschutz und Lebensmittelsicherheit als Herbizid gegen die amerikanische Traubenkirsche zugelassen.

15.2 Design neuer Chemikalien

Die Umweltmikrobiologie ist zurzeit stark durch nachsorgende Maßnahmen, so genannte *end of the pipe*-Aktivitäten geprägt. Ein Paradigmenwechsel zum vorsorgenden und integrierten Umweltschutz ist zu fordern. „Green Chemistry" beziehungsweise Nachhaltigkeit in der Chemie strebt dies an. Es ist die Bezeichnung für Bestrebungen, chemische Herstellungsverfahren zu ändern oder neue zu entwickeln, um eine sichere und saubere Umwelt im 21. Jahrhundert zu gewährleisten. Green Chemistry bezweckt die Eliminierung von Umweltverschmutzung durch ihre Vermeidung am Ort ihres Entstehens. Ein wichtiges Prinzip ist hierbei: Produziert werden sollen nur Materialien, die umweltfreundlich oder am Ende ihrer Nutzung biologisch abbaubar sind und sich nicht in der Umwelt anreichern oder Berge von Abfällen bilden.

Wie müssen Produkte (Chemikalien) aussehen, um dies zu erfüllen? Gibt es hierfür Regeln? Oder muss bei jeder neuen Chemikalie auf Abbaubarkeit geprüft werden?

15.2.1 Struktur-Wirkungs-Beziehung/Vorhersage der Abbaubarkeit

Man versucht seit langem zu ermitteln, ob strukturelle Eigenschaften von Substanzen für das zu erwartende Abbauverhalten Anhaltspunkte geben und zur Klassifikation von abbaubaren und persistenten Substanzen eingesetzt werden können. Von den zahlreichen **Struktur-Wirkungs-Beziehungen** (***Structure-Activity-Relationships***, **SARs**) oder **quantitativen Struktur-Aktivitätsbeziehungen** (**QSAR**), die in den letzten Jahren zur Abschätzung des Bioabbaus entwickelt worden sind, soll hier das von der *Environmental Protection Agency* (EPA) entwickelte Programm BIOWIN als Teil von EPI-Suite angesprochen werden. Es handelt sich dabei um ein frei verfügbares Softwarepaket, mit dem Parameter, wie **aerobe biologische Abbaubarkeit**, Oktanol/Wasser-Verteilungskoeffizient, Schmelzpunkte, Hydrolyseraten und vieles mehr, abgeschätzt werden können.

Es umfasst drei Typen von mathematischen Modellen zur Abschätzung der aeroben biologischen Abbaubarkeit:

1. Linear und Non-Linear Biodegradation Modell (Biowin1 und Biowin2; modelliert anhand von 295 Chemikalien).
2. Ultimate und Primary Biodegradation Modell (Biowin3 und Biowin4; eine Bewertung mittels Befragung von Experten).
3. Linear und Non-Linear MITI Biodegradation Modell (Biowin5 und Biowin6; Etablierung unter Nutzung von 884 experimentell untersuchten Verbindungen).

Ein Molekül wird hierzu in verschiedene Fragmente zerlegt, denen man jeweils einen positiven oder negativen Einfluss auf die Abbaubarkeit zuschreibt (beziehungsweise einen Zahlenwert hat berechnen lassen). Ferner wird die Größe des Moleküls berücksichtigt. Bei zunehmender Größe wird die biologische Abbaubarkeit als schwieriger eingeschätzt (siehe Tabelle 15.3).

Es ist eine verbreitete Beobachtung, dass Substanzen „leicht abgebaut" werden, die hydrolysierbare Gruppen wie Carbonsäure-Ester (C(O)OR), -Amide ($C(O)NR_2$) und -Anhydride (C(O)O(O)CR) oder Phosphorsäureester besitzen. Das ist nicht weiter verwunderlich, da diese in Proteinen, Polysacchariden und Lipiden vorkommen. Folglich haben alle Organismen hydrolytische Enzyme, um solche funktionellen Gruppen zu spalten.

Tabelle 15.3 Strukturfragmente, die bei der Modellberechnung zur Abbaubarkeit einer Chemikalie berücksichtigt und als positiv (+) oder negativ (-) beurteilt werden

FRAGMENT BESCHREIBUNG	Einfluss auf Abbaubarkeit	
	Linear	Non-Linear Modell
Nitroso [-N-N=O]	–	–
Aliphatischer Alkohol [-OH]	+	+
Aromatischer Alkohol [-OH]	+	+
Aliphatische Säure [-C(=O)-OH]	+	+
Aromatische Säure [-C(=O)-OH]	+	+
Aldehyd [-CHO]	+	+
Ester [-C(=O)-O-C]	+	+
Amid [-C(=O)-N oder -C(=S)-N]	+	+
Triazinring (symmetrisch)	+	–
Aliphatisches Chlorid [-Cl]	+	–
Aromatisches Chlorid [-Cl]	+	–
Aliphatisches Bromid [-Br]	+	–
Aromatisches Bromid [-Br]	+	+
Aromatisches Iodid [-I]	–	–
C mit 4 Einzelbindungen & kein H	+	+
Aromatisches Nitro [-NO_2]	–	–
Aliphatisches Amin [-NH_2 oder -NH-]	+	–
Aromatisches Amin [-NH_2 oder -NH-]	–	–
Cyanid / Nitril [-C≡N]	+	+
Sulfonsäure /Salz → am Aromaten	+	+
Pyridinring	–	–
Aromatischer Ether [Aromat-O-Aromat]	+	+
Aliphatischer Ether [C-O-C]	+	–
Keton [-C-C(=O)-C-]	+	+
Tertiäres Amin	–	–
Phosphatester	+	+
Azogruppe [-N=N-]	–	–
Carbamat oder Thiocarbamat	–	+
Fluor [-F]	+	–
Aromatische-CH_3	+	+
Aromatische-CH_2	–	–
Aromatische-CH	–	+
Aromatische-H	+	+
Methyl [-CH_3]	+	+
-CH_2- [linear]	+	+
-CH- [linear]	–	–
-CH_2- [cyclisch]	+	+
-CH- [cyclisch]	+	–
-C=CH [Alkenyl hydrogen]	+	+
Hydrazin [-N-NH-]	–	–
Quaternäres Amin	–	+
Zinn [Sn]	+	–
Molekulargewichtsparameter	–	–
Gleichungskonstante		

Weiterhin gibt die Anwesenheit von Hydroxyl (-OH), Formyl (-CHO) und Carboxyl (-COOH)-Gruppen gewöhnlich einen Hinweis darauf, dass der Abbau einer Verbindung „leicht“ geht, denn sauerstoffbeinhaltende Strukturen sind sehr verbreitet in Metaboliten des normalen Stoffwechsels.

Im Gegensatz dazu verlangsamen einige Strukturmerkmale die Abbaubarkeit beträchtlich. Chlor- und Nitro-Gruppen besonders an

15

Abschätzung einer reduktionistischen Beurteilung

Den BIOWIN-Ansätzen, die nur die beteiligten Fragmente des jeweiligen Moleküls nutzen, fehlen generell Feinheiten, die aber gebraucht werden, um die Effekte der Substitutionsposition zu berücksichtigen. Dies lässt sich durch Gegenüberstellung von berechneten und durch MITI-Testsysteme ermittelte Daten am Beispiel von substituierten Aromaten wie Cumolen und chlorierten Phenolen verdeutlichen (siehe Abb. 15.5). Beide, Cumol (Isopropylbenzol) und 4-Methylcumol (*p*-Cymol), sind als „leicht abbaubar" im MITI-Test beurteilt worden. 2-Methyl- und 3-Methylcumol haben sich experimentell als „nicht leicht abbaubar" herausgestellt. Die Biowin-Modelle sagen jedoch voraus, dass weder Cumol noch eines der Methylcumole als „leicht abbaubar" zu beurteilen sind.

Ein ähnliches Bild zeigt sich auch bei den chlorierten Phenolen. Phenol und 2,4,6-Trichlorphenol sind als „leicht abbaubar" im MITI-Test gezeigt worden. 2-Chlor-, 3-Chlor- und 4-Chlor-, 2,3-Dichlor-, 2,4-Dichlor-, 2,5- Dichlor-, 2,6-Dichlor-, 3,4-Dichlor- und 3,5-Dichlor- sowie 2,4,5-Trichlorphenol sind hingegen „nicht leicht abbaubar". Aber nur Phenol wird durch Biowin-Modellberechnungen als abbaubar vorausgesagt: **„Falsch negatives Ergebnis" der Voraussage**. Das Beispiel der chlorsubstituierten Benzoate zeigt ein vergleichbar widersprüchliches Ergebnis.

Ein anderes Beispiel zeigt, dass die Voraussagen durch die Modellberechnungen auch **„falsch positiv"** ausfallen können. Eine Carboxylgruppe an einem aromatischen Ring wird als positiv für Abbaubarkeit eingeschätzt. Warum ist dann 1-Naphthoat im MITI-Test negativ, während 2-Naphthoat als abbaubar getestet wird? Die Biowin-Modelle machen zwischen den Isomeren keinen Unterschied. In diesem speziellen Fall sind es wahrscheinlich triviale Gründe für das unterschiedliche Ergebnis bei den praktischen Abbauuntersuchungen. Man kann nicht immer annehmen, dass Isomere auf dem gleichen Abbauweg abgebaut werden.

Die Abbaubarkeit von EDTA wird sehr unterschiedlich in den verschiedenen Biowin-Modellberechnungen abgeschätzt: die Kombination der mathematischen Modelle Biowin3&5 besagt, dass Abbau erfolgen sollte. Die experimentellen MITI-Tests sagen hingegen, dass EDTA „nicht abbaubar" ist.

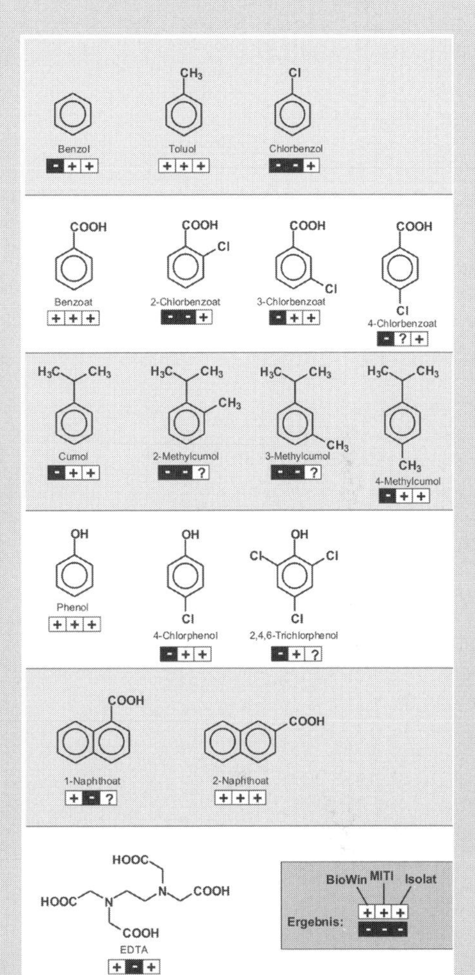

Abb 15.5 Gegenüberstellung von Einschätzung der Rapid Biodegradation durch QSAR (Biowin) und experimentellen Daten von MITI sowie beschriebenen bakteriellen Reinkulturen, die die Substanz als C- und E-Quelle nutzen; + besagt „leicht abbaubar"; - besagt „nicht leicht abbaubar"; ?: keine Information vorhanden.

Die aufgeführten Daten machen neben den zum Teil widersprüchlichen Ergebnissen noch deutlich, dass selbst für solche Substanzen, die als nicht abbaubar eingeschätzt sowie durch MITI-Tests ermittelt wurden, sich unter optimalen Bedingungen im Labor Reinkulturen isolieren lassen.

```
SMILES : c(cccc1)c1
CHEM   : benzene
MOL FOR: C6 H6
MOL WT : 78.11

-------------------------- BIOWIN v4.02 Results --------------------------

   Biowin1 (Linear Model Prediction)       :  Biodegrades Fast
   Biowin2 (Non-Linear Model Prediction):  Biodegrades Fast
   Biowin3 (Ultimate Biodegradation Timeframe):  Weeks-Months
   Biowin4 (Primary  Biodegradation Timeframe):  Days-Weeks
   Biowin5 (MITI Linear Model Prediction)     :  Readily Degradable
   Biowin6 (MITI Non-Linear Model Prediction):  Readily Degradable
   Ready Biodegradability Prediction:  NO ###
```

TYPE	NUM	Biowin1 FRAGMENT DESCRIPTION	COEFF	VALUE
Frag	1	Unsubstituted aromatic (3 or less rings)	0.3192	0.3192
MolWt	*	Molecular Weight Parameter		-0.0372
Const	*	Equation Constant		0.7475
RESULT		Biowin1 (Linear Biodeg Probability)		1.0296#

TYPE	NUM	Biowin2 FRAGMENT DESCRIPTION	COEFF	VALUE
Frag	1	Unsubstituted aromatic (3 or less rings)	7.1908	7.1908
MolWt	*	Molecular Weight Parameter		-1.1092
Const	*	Equation Constant		3.0087
RESULT		Biowin2 (Non-Linear Biodeg Probability)		0.9999##

```
A Probability Greater Than or Equal to 0.5 indicates --> Biodegrades Fast
A Probability Less Than 0.5 indicates --> Does NOT Biodegrade Fast
```

TYPE	NUM	Biowin3 FRAGMENT DESCRIPTION	COEFF	VALUE
Frag	1	Unsubstituted aromatic (3 or less rings)	-0.5859	-0.5859
MolWt	*	Molecular Weight Parameter		-0.1726
Const	*	Equation Constant		3.1992
RESULT		Biowin3 (Survey Model - Ultimate Biodeg)		2.4406

TYPE	NUM	Biowin4 FRAGMENT DESCRIPTION	COEFF	VALUE
Frag	1	Unsubstituted aromatic (3 or less rings)	-0.3428	-0.3428
MolWt	*	Molecular Weight Parameter		-0.1127
Const	*	Equation Constant		3.8477
RESULT		Biowin4 (Survey Model - Primary Biodeg)		3.3922

```
Result Classification:   5.00 -> hours     4.00 -> days     3.00 -> weeks
 (Primary & Ultimate)    2.00 -> months    1.00 -> longer
```

TYPE	NUM	Biowin5 FRAGMENT DESCRIPTION	COEFF	VALUE
Frag	6	Aromatic-H	0.0082	0.0493
MolWt	*	Molecular Weight Parameter		-0.2324
Const	*	Equation Constant		0.7121
RESULT		Biowin5 (MITI Linear Biodeg Probability)		0.5291

TYPE	NUM	Biowin6 FRAGMENT DESCRIPTION	COEFF	VALUE
Frag	6	Aromatic-H	0.1201	0.7208
MolWt	*	Molecular Weight Parameter		-2.2551
Const	*	Equation Constant		0.7475
RESULT		Biowin6 (MITI Non-Linear Biodeg Probability)		2.5257

```
A Probability Greater Than or Equal to 0.5 indicates --> Biodegrades Fast
A Probability Less Than 0.5 indicates --> Does NOT Biodegrade Fast
```

Abb 15.4 Ergebnisblatt der Ermittlung der aeroben Abbaubarkeit für Benzol mit dem Programm *BIOWIN* und den Modellrechnungen Biowin1-6.
die Werte in Biowin1 errechnen sich als: Σ Fragmente + Molekulargewichtsparameter + Gleichungskonstante
die Werte in Biowin2 errechnen sich als: $e^{\Sigma \text{ Fragmente + Molekulargewichtsparameter + Gleichungskonstante}} / 1 + e^{\Sigma \text{ Fragmente + Molekulargewichtsparameter + Gleichungskonstante}}$
„Ready Biodegradability Prediction“ ist eine Kombination der Informationen aus zwei Modellrechnungen. Eine Klassifizierung „YES“ liegt vor, wenn Biowin3 (*weeks or faster*) bewertet und Biowin5 (>0,5) ausweist. Die Kombination soll eine höhere Richtigkeit der Voraussage erlauben.

aromatischen Ringen werden als Ursache einer chemischen Persistenz angesehen. Weiterhin scheinen Strukturmerkmale wie quaternäre C-Atome ($CR_1R_2R_3R_4$ ohne R = H) und tertiäre Stickstoffatome ($NR_1R_2R_3$ ohne R = H) die Abbaubarkeit zu erschweren.

Es ist insgesamt festzuhalten, dass die Modell-Analysen wichtige Einblicke ermöglichen, die **reduktionistische Betrachtungsweise jedoch mit Vorsicht benutzt werden sollte.** Wie in der Box Seite 369 gezeigt, treten stets Ausnahmen auf, die nicht den QSAR-Regeln gehorchen. **Durch Statistik eingeführte Vorstellungen** können eine andere Sicht auf ein Problem anregen, aber definitive Antworten **benötigen experimentelle Untersuchungen.** QSAR ist aber schon heute eine wichtige Methode in der Chemikalien-Anmeldung in den USA. Zur besseren Beurteilung von Chemikalien sind Verbesserungen nicht nur bei der Entwicklung aussagekräftiger Prüfsysteme notwendig, sondern vor allem auch Fortschritte in der Beurteilung selbst.

Ein Beispiel für die Bewertung einer Chemikalie durch die verschiedenen Modelle ist für die bekannte Chemikalie Benzol in Abbildung 15.4 als Ergebnisblatt dargestellt. Es zeigt neben den Ergebnissen auch die verwendeten Fragmentkriterien.

Die jeweiligen Modelle wurden mit 295 Chemikalien auf ihre Richtigkeit hin überprüft: Biowin1 (Linear Regression Modell) zeigte eine 89,5 Prozent, Biowin2 (Non-Linear Regression Modell) eine 93,2 Prozent, Biowin5 eine 81,3 Prozent und Biowin6 eine 80,7 Prozent richtige Zuordnung zu „nicht leicht abbaubar“ oder „leicht abbaubar“. Die Nutzung der Kombination der beiden Modelle 3&5 ist anzuraten, da hier auch Expertenwissen mit einbezogen wird.

15.2.2 Abbaubare Alternativen zu heutigen Chemikalien

Bei der Suche nach Antibiotika wurden früher Naturstoffe als **Leitstrukturen** angeschaut, um neue Substanzen mit bestimmter Wirkung abzuleiten. Bei der Erzeugung von Chemikalien stand einzig die technologische Eigenschaft im Vordergrund. Heute muss auch die Umwelteignung berücksichtigt werden. Also versucht man einen Kompromiss: **Von der Natur abgeschaut** werden Substanzen mit der **gewünschten Wirksamkeit.** Aber auch der **Aspekt der Abbaubarkeit** unter Beachtung der oben aufgeführten allgemeinen Kenntnisse wird berücksichtigt.

Aminopolycarboxylate wurden als **Alternativen** für EDTA entwickelt: EDTA ist ein hoch effizienter Chelator, wird aber im MITI-Test als nicht abbaubar (tertiäre Aminfunktionen verbunden durch eine Ethylen-Brücke) bewertet. Im Gegensatz dazu steht Strombin (Abb. 15.6), ein Naturstoff, der gut abgebaut wird, aber schlechte technische Leistungsmerkmale bezüglich komplexierender Eigenschaften hat. Die Suche nach einem Kompromiss sollte den folgenden Sachverhalt berücksichtigen: EDTA, welches Schwermetalle komplexiert hat, wird nicht in die Zelle aufgenommen. Nur die Aufnahme der freien Säure findet statt und nur Erdalkali-EDTA-Komplexe mit entsprechend geringen Komplexbildungskonstanten erlauben die Aufnahme und damit den Abbau. Man braucht, wenn es um Abbaubarkeit geht, Komplexbildner mit weniger guter Komplexierungseigenschaft.

Eine Kombination von Strombin und EDTA ist Iminodisuccinat (IDS). IDS kann mit Metallionen einen fünffach koordinierten Komplex eingehen. Für die oktaedrische Form der vollständigen Komplexstruktur wird ein Wassermolekül zusätzlich in der sechsten Koordinationsstelle benötigt (Abb. 15.7). Die fünf Liganden des IDS, die als Elektronendonor wirken können, sind die vier Carboxylatgruppen und der Stickstoff. Das Metallion und die Liganden des IDS bilden vier Chelatringe.

EDTA ist unabhängig von den Metallionen der stärkste Komplexbildner, während IDS, Ethylendiaminodisuccinat und NTA geringere, aber untereinander vergleichbare Komplexierungseigenschaften besitzen. Die Komplexbildungskonstanten pK mit Ca^{2+} machen dies deutlich: EDTA 10,7; IDS 6,7; Ethylendiaminodisuccinat 4,2; NTA 6,4. IDS kann demzufolge nur dann als EDTA-Substitut eingesetzt werden, wenn die schwächeren Bindungseigenschaften gegenüber Metallionen in Kauf genommen werden können.

Das Einsatzgebiet von IDS als nur mittelstarker Chelator ist umfangreich. Es findet Anwen-

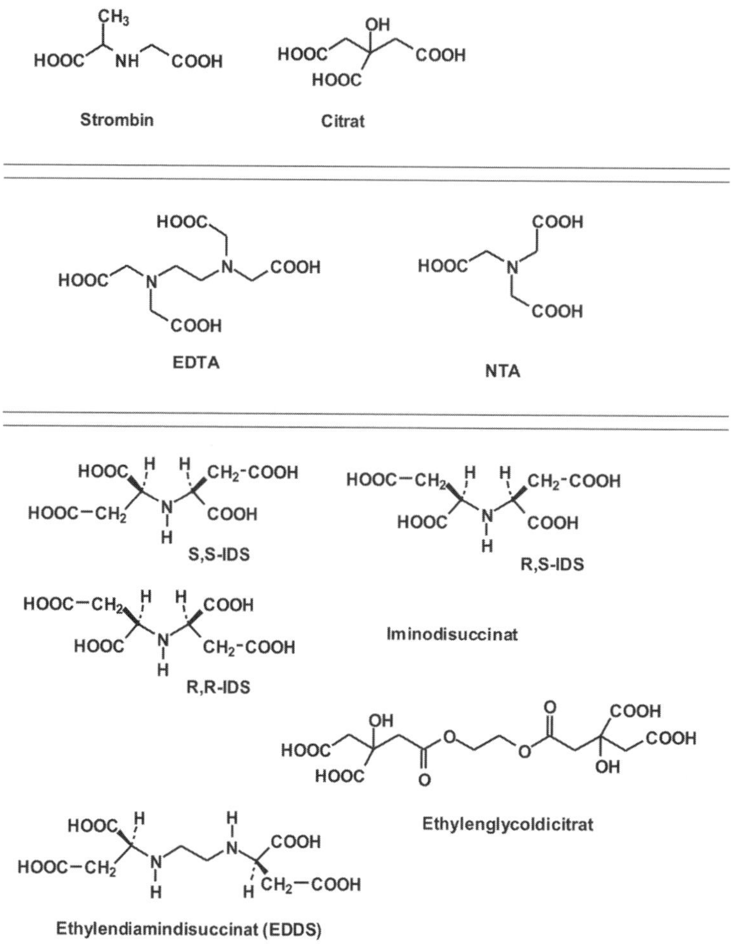

Strombin
Citrat
EDTA
NTA
S,S-IDS
R,S-IDS
R,R-IDS
Iminodisuccinat
Ethylenglycoldicitrat
Ethylendiamindisuccinat (EDDS)

Abb 15.6 Gegenüberstellung von Naturprodukten, synthetischen, klassischen Produkten und „Kompromiss-Produkten“ mit Chelatoreigenschaften.

dung in Produkten des täglichen Bedarfs wie Oberflächen- und Sanitärreinigern, Wasch- und Geschirrspülmitteln, Shampoos, Duschgels und Cremes, außerdem in großtechnischen Prozessen wie beispielsweise der Textil- und Papierherstellung, der Fotoindustrie sowie in

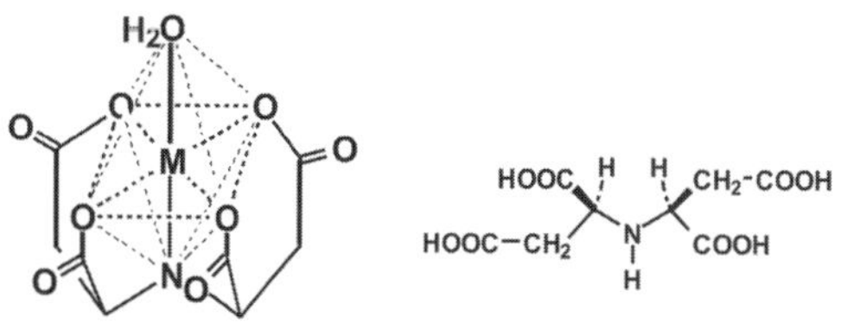

Abb 15.7 Iminodisuccinat (IDS), als Metallkomplex (links), ohne Komplexierung (rechts).

der Herstellung von Spurennährstoffdüngern für den landwirtschaftlichen Einsatz.

IDS zeigt eine geringe Remobilisierungsrate für Schwermetalle und ein gutes ökotoxikologisches Gesamtprofil. Biologische Abbauuntersuchungen mit technischem IDS zeigten im OECD 302B Test eine DOC-Abnahme von 89 Prozent und im OECD 301E Test eine von 79 Prozent (für die Tests siehe Kap. 5.1.2.1.2).

Verwendete technische Mischungen bestehen aus Enantiomeren in folgender Zusammensetzung: 50 Prozent R,S-IDS, 25 Prozent S,S-IDS und 25 Prozent R,R-IDS (Abb. 15.6). Sie erfüllen das Kriterium der „leichten biologischen Abbaubarkeit“. Die einzelnen IDS-Enantiomere werden aber unterschiedlich gut abgebaut: R,S- und S,S-IDS sind leicht abbaubar. Das Enatiomer R,R-IDS hingegen wird mit Belebtschlamm einer kommunalen Kläranlage nicht abgebaut, jedoch mit solchem einer industriellen Anlage der chemischen Industrie. Da IDS in der Natur überwiegend in Form von Metallkomplexen vorliegt, müssen diese bei der endgültigen Beurteilung des Abbauverhaltens berücksichtigt werden. Fe^{2+}- und Ca^{2+}-IDS erfüllen das Kriterium der leichten Abbaubarkeit im MITI-Test, während Mn^{2+}- und Cu^{2+}-IDS nur eine Sauerstoffzehrung von 55 beziehungsweise 40 Prozent aufweisen, das heißt als nicht leicht abbaubar eingeschätzt werden müssen.

„Naturabschauen" reicht also für das Erreichen des gewünschten Ziels nicht unbedingt aus, da Enatiomere unterschiedliches Abbauverhalten zeigen können und da die Bindung des Metallions an Chelatoren zu unterschiedlichem Abbauverhalten führen kann.

Ein anderes Beispiel für einen abbaubaren Komplexbildner ist Citrat. Um seine technologischen Eigenschaften zu verbessern, wurden zwei Moleküle Citrat mittels Ethylenglycol über hydrolisierbare Esterbindungen miteinander verbunden: Der Chelator hat nun gute technische Eigenschaften für den Einsatz im Textilbleichungsprozess und zeigt zugleich eine leichte Abbaubarkeit.

Beispiele aus dem gleichen Technologiebereich sind Dispergiermittel für Farbstoffe der Textilverarbeitung. Dispergiermittel müssen hydrophile und lipophile Eigenschaften haben. Sie sind deshalb aus Aromaten aufgebaut, dem lipophilen Teil, und sie besitzen Sulfonsäuregruppen, um Wasserlöslichkeit zu gewährleisten. Die bisher benutzten Naphthalinsulfonsäuren sind bekannt für ihre schlechte Abbaubarkeit. Die „neuen" Dispergiermittel bestehen aus Biphenyl (lipophil), an welches Polyethoxygruppen (hydrophil) gekoppelt sind. Die ethoxylierten Hydroxybiphenyle sind **gut abbaubar.**

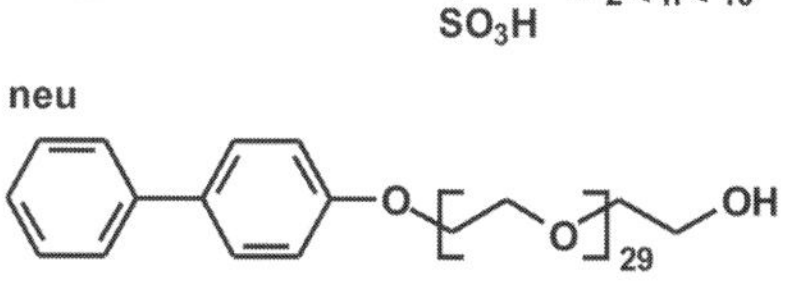

Abb 15.8 Dispergiermittel für Farbstoffe der Textilverarbeitung: Naphthalinsulfonsäuren beziehungsweise ethoxylierte Hydroxybiphenyle.

15.3 Produktintegrierter Umweltschutz durch Biotechnologie

Chemische und mechanische Verfahrensschritte werden immer häufiger durch effiziente biotechnologische Prozesse ersetzt. Das nützt letztlich nicht nur der Umwelt, sondern zahlt sich auch aus. Einige erfolgreiche Anwendungen der Biotechnologie im Produktionsintegrierten Umweltschutz (PIUS) sind anschließend aufgezählt:

- Textilindustrie: „Biostoning" von Jeans (Cellulasen), Entschlichten (Stärkeabbau: Amylasen) und Bleichmittelentfernung (Katalasen, Peroxidasen).
- Lederindustrie: Globulin- und Fettentfernung (Proteasen), Beizen (letzter Arbeitsgang vor der Gerbung: Auflockerung des Kollagens durch Proteasen).
- Lebensmittelindustrie: Süßstoffherstellung (Phenylalanin für Aspartam), Abbau von Trübstoffen und Aufschluss von Fruchtfasern (Pektinasen).
- Papier- und Zellstoffindustrie: Aufschluss von Holzfasern (Xylanasen), Entwässern von Papier (Pektinasen, Cellulasen), Biobleiche, Biopulping, Lipase für Druckfarbenbeseitigung, Papierbeschichtung mit modifizierter Stärke aus Kartoffeln oder Mais (Amylase).
- Chemische Industrie: Spezial- und Feinchemikalienproduktion, Einsatz von Enzymen in Waschmitteln, Herstellung von Aminosäuren, organischen Säuren, Alkoholen, Kohlenhydraten und Vitaminen.
- Metallindustrie: Reinigung und Entfettung, biologische Erzlaugung zum Beispiel zur Kupfergewinnung.

Biotechnische Produktionsprozesse sind nicht *per se* umweltverträglich. Daher müssen auch sie einer ökologischen Bewertung unterzogen werden, um ihren Einsatz zu rechtfertigen.

In einem Forschungsvorhaben des Umweltbundesamtes wurde beispielhaft (a) die biotechnische Produktion von Vitamin B_2, (b) ein Verfahrensschritt bei der Lederherstellung sowie (c) der Einsatz von Enzymen in Waschmitteln mit der jeweiligen nicht-biotechnischen Alternative verglichen. Die vergleichende Bewertung orientierte sich an den Normverfahren zur Durchführung von Ökobilanzen.

Ökobilanz-Studien bestehen aus vier Bestandteilen. Der Zusammenhang zwischen den Bestandteilen ist in Abbildung 15.9 dargestellt.

Ergebnisse von Ökobilanzen können nützliche Hinweise für eine Vielzahl von Entscheidungsprozessen geben. Die Wirkungskategorien und die jeweiligen spezifischen Parameter der Sachbilanz sind in Tabelle 15.4 zusammengestellt.

15.3.1 Verfahrensvergleich: Biotechnische und chemisch-technische Prozesse

Der Vergleich biotechnischer und chemischer Prozesse wird am Beispiel der Vitamin B_2-Produktion sowie einem Verfahrensschritt der Lederherstellung erläutert.

15.3.1.1 Biotechnische und chemisch-technische Vitamin B_2-Herstellung

Für die chemisch-technische Vitamin B_2-Produktion wird ein vielstufiger Syntheseprozess genutzt, für den neben nachwachsenden Rohstoffen auch verschiedene umweltrelevante Chemikalien eingesetzt werden (siehe Abbildung 15.10, links). Der biotechnische Herstellungsprozess erfordert dagegen nur eine einstufige Fermentation, für die neben nachwachsenden Rohstoffen nur geringe Mengen chemischer Hilfsmittel mit geringer Umweltrelevanz

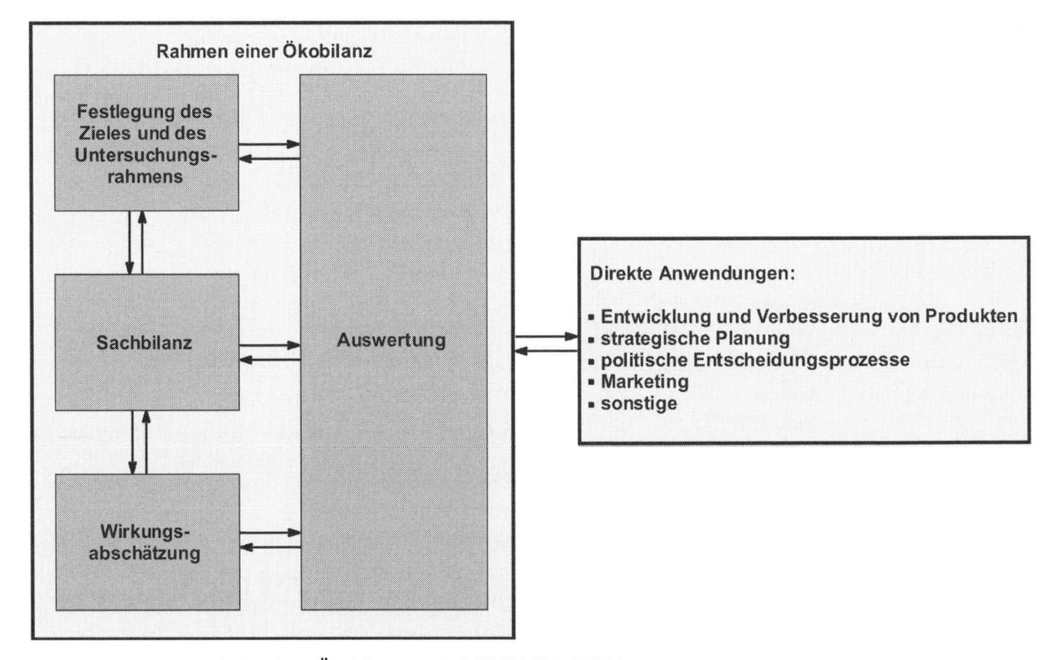

Abb 15.9 Bestandteile einer Ökobilanz nach DIN EN ISO 14040.

Tabelle 15.4 Berücksichtigte Wirkungskategorien.

Wirkungskategorie	Sachbilanzparameter	Einheit / Indikatorergebnisse
Ressourcenbeanspruchung, kumulierter Energieaufwand	KEA: fossil, nuklear, sonstige, regenerativ, Wasserkraft	kJ KEA gesamt
Treibhauseffekt	CO_2, CH_4, N_2O, CF_4	kg CO_2-Äquivalent
Versauerung	NO_x, SO_2, H_2S, HCl, HF, NH_3	kg SO_2-Äquivalent
Terrestrische Eutrophierung	NO_x, NH_3	kg PO_4^{3-}-Äquivalent
Aquatische Eutrophierung	$P_{ges.}$, CSB, $N_{ges.}$, NH_4^+, NO_3^-	kg PO_4^{3-}-Äquivalent
Photochemische Oxidatienbildung	Benzol, CH_4, NMVOC, VOC, Formaldehyd	kg Ethen-Äquivalent
Humantoxizität	Einzelparameter	keine Aggregierung; Angabe jeweils in kg
Ökotoxizität	Einzelparameter	keine Aggregierung; Angabe jeweils in kg

NMVOC: *Non methane volatile organic compounds;* KEA: kumulierter Energieaufwand

benötigt werden. Die in vergleichsweise großen Mengen als Abfall anfallende Biomasse kann biologisch verwertet werden, sodass sie keinen negativen Einfluss auf die Gesamtbilanz des Prozesses hat.

In Tabelle 15.5 sind die Ergebnisse der vergleichenden Wirkungsabschätzung zusammengefasst. Deutliche Umweltentlastungen für die aggregierten Wirkungskategorien kumulierter Energieaufwand (KEA-Ressourcenbeanspruchung), Treibhaus-, Versauerungs-, terrestrisches Eutrophierungs- und Ozonbildungspotenzial wurden beim biotechnischen Prozess im Vergleich zum chemisch-technischen ermittelt. Das aquatische Eutrophierungspotenzial lag beim biotechnischen Prozess allerdings höher als beim chemisch-technischen. Der Verfahrensvergleich bei den als humantoxisch eingestuften und ausgewerteten fünf Einzelstoffen ergab für die Parameter Benzo(a)pyren und Blei nur geringfügige Unterschiede bei einem generell geringen Belastungsniveau. Die relativ geringen Cadmiumemissionen waren beim biotechnischen Prozess höher als beim chemisch-technischen. Bei den in relevanten Mengen emittierten Schwefeldioxid und Staub ergab der Vergleich für die Anwendung des biotechnischen Verfahrens eine ausgeprägte Umweltentlastung. Das biotechnische Verfahren zeigte bei den als ökotoxisch eingestuften und ausgewerteten neun Einzelstoffen bei sechs Parametern zum Teil deutliche Umweltentlastungen im Vergleich zum chemisch-technischen Verfahren. Bei den Parametern Ammoniak und Ammonium ergaben sich für den biotechnischen Prozess höhere Emissionswerte, zudem lagen die Emissionen bei beiden Verfahren bei dem Parameter Fluorwasserstoff auf einem niedrigen Niveau.

Schon 1990 führte bei der BASF die Entwicklung und Umsetzung eines fermentativen einstufigen Prozesses für die Produktion von Vitamin B_2 gegenüber dem alten, petrochemischen Verfahren zu einer Senkung der Abfälle um 95 Prozent, der CO_2-Emission um 30 Prozent und des Ressourcenverbrauches um 60 Prozent. Die Produktionskosten wurden so durch den Einsatz des Pilzes *Ashbya gossypii* um insgesamt 40 Prozent verringert.

15.3.1.2 Biotechnische und chemisch-technische Lederherstellung

Die Lederherstellung besteht aus einer Kette von Einzelschritten, die sich nach dem eingesetzten Verfahren, nach der Art der Rohware und dem herzustellenden Produkt voneinander unterscheiden können. Für den Verfahrensvergleich wurde der Teilschritt des **Weichens** und **Äscherns** betrachtet. Die Weiche hat die Auf-

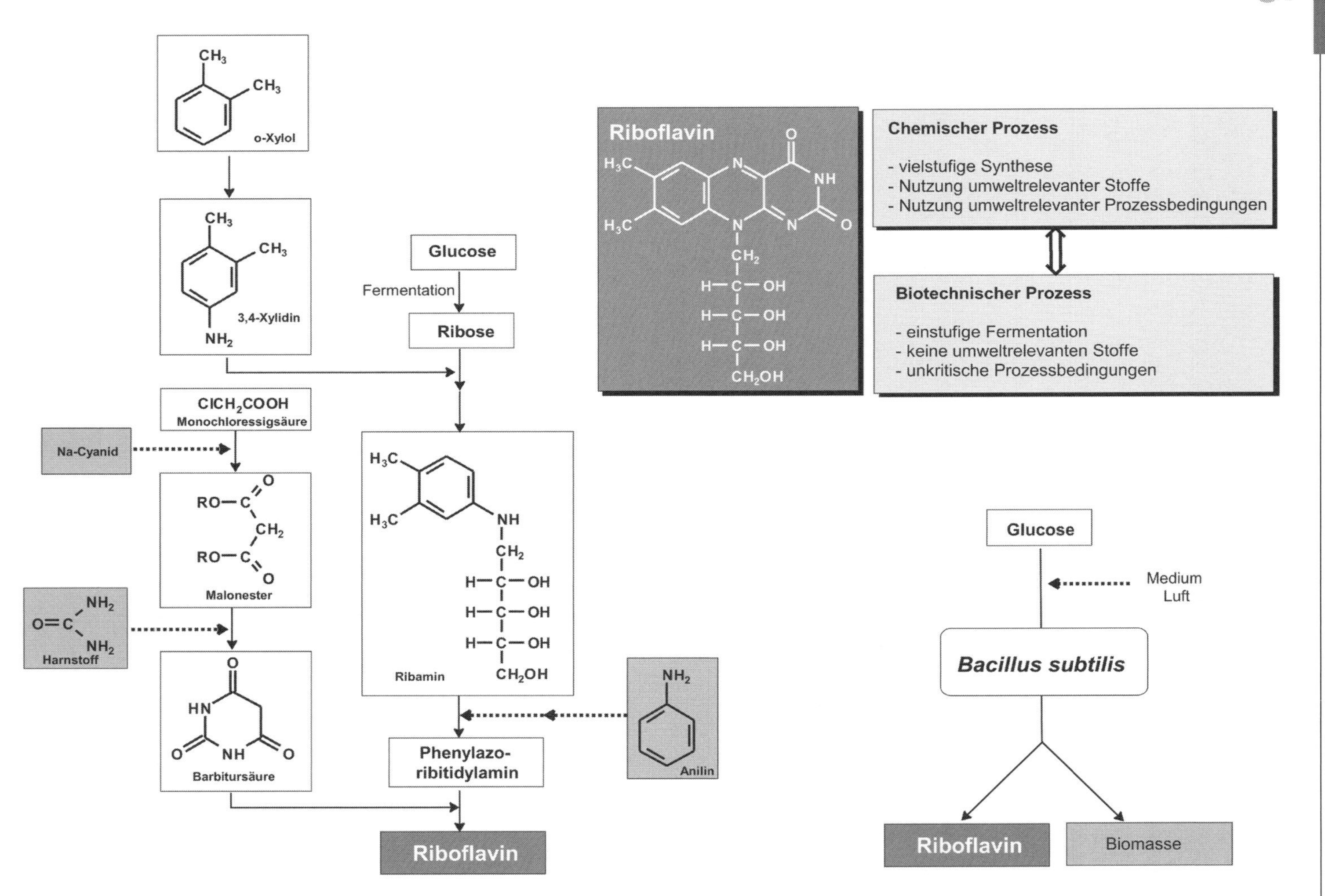

Abb 15.10 Schematischer Vergleich der chemisch-technischen und biotechnischen Produktion von Vitamin B_2.

Tabelle 15.5 Wirkungsabschätzung beim Vergleich biotechnische und chemisch-technische Vitamin B_2-Herstellung.

	Einheiten	Umweltentlastung durch biotechnischen Prozess*
Wirkungskategorien, aggregiert		
KEA	GJ	+
Treibhauspotenzial	Mg CO_2-Äqivalent	+
Versauerungspotenzial	kg SO_2-Äqivalent	+
Eutrophierungspotenzial (terrestrisch)	kg PO_4-Äqivalent	+
Eutrophierungspotenzial (aquatisch)	kg PO_4-Äqivalent	–
Ozonbildungspotenzial	kg Ethen-Äqivalent	+
Humantoxische Einzelstoffe		
Benzo(a)pyren (L)	g	±
Blei (L)	g	±
Cadmium (L)	g	–
Schwefeldioxid (L)	kg	+
Staub (L)	kg	+
Ökotoxische Einzelstoffe		
Ammoniak (L)	kg	–
Fluorwasserstoff (L)	kg	±
Schwefeldioxid (L)	kg	+
Schwefelwasserstoff (L)	g	+
Stickoxide (L)	kg	+
Ammonium (W)	kg	–
AOX (W)	g	+
Chlorid (W)	kg	+
Kohlenwasserstoffe (W)	kg	+

(L): Luft; (W): Wasser
*, + Umweltentlastung im Vergleich zu herkömmlichem Prozess; – Mehrbelastung

gabe, die Rohhaut von anhaftenden Verunreinigungen zu befreien, Konservierungsmittel zu entfernen und den Quellungszustand wie am Körper des lebenden Tieres wieder herzustellen. Unter Äschern wird der Prozessschritt verstanden, bei dem die Häute enthaart werden und die Faserstruktur der Haut aufgeschlossen wird. Die Auswertungen beinhalten den Vergleich eines „haarzerstörenden chemischen Prozesses" und eines „haarerhaltenden enzymatischen Prozesses". Die Haare werden beim haarzerstörenden Prozess durch den Chemikalieneinsatz weitgehenden hydrolytisch zersetzt und ins Abwasser eingetragen. Beim haarerhaltenden Prozess werden die Haare lediglich gelockert und dann mechanisch durch Abwalken oder eine maschinelle Enthaarung entfernt. Sie können dann abgetrennt und einer Verwertung zugeführt werden. Derzeit sollen weltweit etwa 15 Prozent der praktizierten Verfahren zum Weichen und Äschern bereits den Einsatz von Biokatalysatoren nutzen.

Die Ergebnisse der Wirkungsabschätzung für den Vergleich enzymatischer und chemischer Prozessführung beim Weichen und Äschern sind in Tabelle 15.6 zusammengefasst.

Das enzymatische Weichen/Äschern wies gegenüber dem chemischen Verfahren für alle aggregierten Wirkungskategorien ein Umweltentlastungspotenzial auf.

Bei den als humantoxisch eingestuften und ausgewerteten fünf Einzelstoffen waren die Emissionen bei den Parametern Cadmium, Schwefeldioxid und Staub beim enzymatischen deutlich niedriger als beim chemischen Weichen/Äschern.

Bei den als ökotoxisch eingestuften und ausgewerteten neun Einzelstoffen dokumentieren

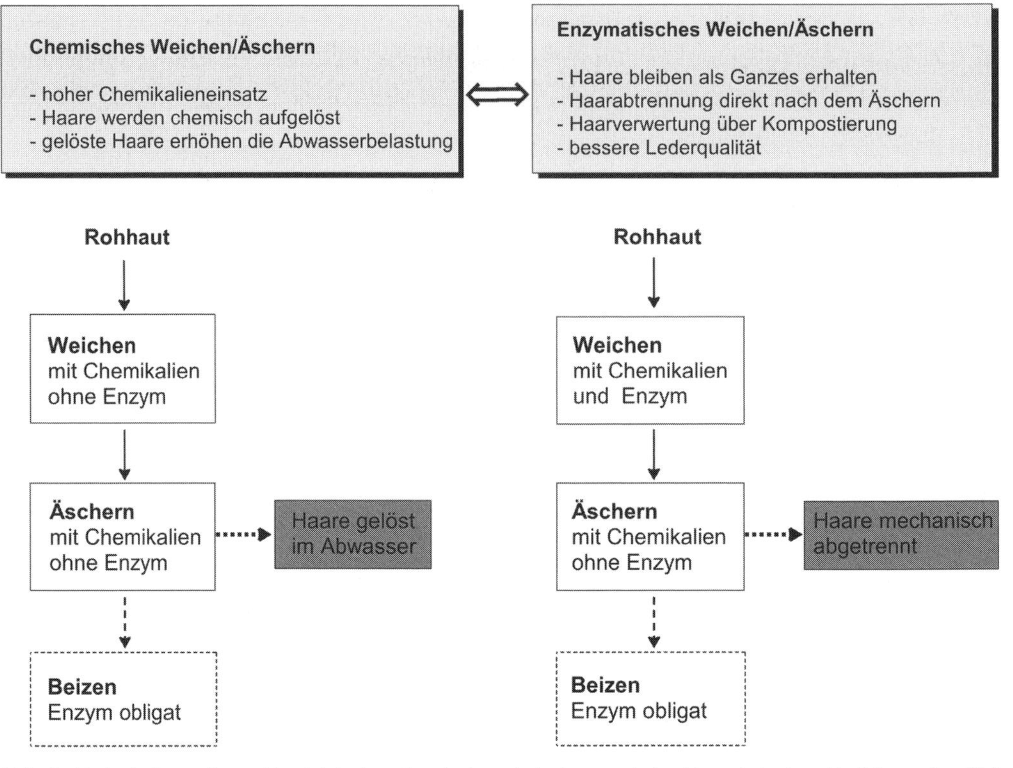

Abb 15.11 Lederherstellung: Vergleich der chemisch-technischen und der biotechnischen Verfahren des Weichens/Äscherns.

die Ergebnisse bei sieben Stoffen deutliche Minderemissionen bei der Anwendung des enzymatischen Weichens/Äscherns.

15.3.2 Umweltentlastungseffekte durch Produktsubstitution

Analoge Produkte mit funktioneller Gleichwertigkeit wurden bezüglich Rohstoffbereitstellung, Herstellungsprozessen für das chemischtechnische und das biotechnische Produkt sowie deren anschließende Nutzungsphase (Produktnutzung + Abfallentsorgung) verglichen.

15.3.2.1 Produktvergleich: Enzymeinsatz in Vollwaschmitteln

Enzyme sind heute fester Bestandteil der marktführenden Waschmittel, da ihr Einsatz zum Teil Einsparungen anderer Waschmittelbestandteile ermöglicht. Ziel der Bilanzierung dieses Produktvergleiches war deshalb herauszufinden, ob durch die Herstellung und Anwendung eines enzymhaltigen Waschmittels Umweltentlastungen möglich sind.

Die Ergebnisse der Wirkungsabschätzung für den Vergleich enzymfreier und -haltiger Waschmittel durch die Szenarien **Modernes Waschmittel** und **Traditionelles Waschmittel** sind in Tabelle 15.7 zusammengefasst.

Es zeigt sich, dass das Moderne Waschmittel zum Teil deutliche Umweltentlastungspotenziale für alle betrachteten Wirkungskategorien und nahezu alle Einzelparameter aufwies.

Tabelle 15.6 Wirkungsabschätzung beim Einsatz von Enzymen beim Weichen/Äschern bei der Lederherstellung.

	Einheiten	Umweltentlastung durch Enzymeinsatz*
Wirkungskategorien, aggregiert		
KEA	GJ	+
Treibhauspotenzial	kg CO_2-Äqivalent	+
Versauerungspotenzial	kg SO_2-Äqivalent	+
Eutrophierungspotenzial (terrestrisch)	kg PO_4-Äqivalent	+
Eutrophierungspotenzial (aquatisch)	kg PO_4-Äqivalent	+
Ozonbildungspotenzial	kg Ethen-Äqivalent	±
Humantoxische Einzelstoffe		
Benzo(a)pyren (L)	mg	±
Blei (L)	kg	±
Cadmium (L)	kg	+
Schwefeldioxid (L)	kg	+
Staub (L)	kg	+
Ökotoxische Einzelstoffe		
Ammoniak (L)	kg	+
Fluorwasserstoff (L)	kg	±
Schwefeldioxid (L)	kg	+
Schwefelwasserstoff (L)	kg	±
Stickoxide (L)	kg	+
Ammonium (W)	kg	+
AOX (W)	kg	+
Chlorid (W)	kg	+
Kohlenwasserstoffe (W)	kg	+

(L): Luft; (W): Wasser
*, + Umweltentlastung im Vergleich zu herkömmlichem Prozess; – Mehrbelastung

15.3.3 Zusammenfassung PIUS

Aus dem nachsorgenden Umweltschutz ist die Biotechnologie inzwischen nicht mehr wegzudenken. Doch vor allem die fortschrittlichen PIUS-Konzepte profitieren zunehmend von ihrem nahezu unerschöpflichen Potenzial. Die Vorteile liegen auf der Hand:

- Einsparung von Energie und wertvollen Ressourcen (zum Beispiel reduzierte Abwassermengen in der Papierindustrie).
- Optimierung des Wirkungsgrades (geringerer Rohstoffbedarf, bessere Ausbeute, weniger Abfall).
- Verminderung unerwünschter Nebenprodukte und Abfälle (meist biologisch abbaubar und ökologisch unbedenklich) beziehungsweise Umwandlung in biologisch abbaubare Substanzen.
- Qualitätssteigerung durch schonendere Behandlung der Rohstoffe.
- geringerer Bedarf an Chemikalien.
- Verkürzung der Prozesszeiten.

Biotechnologische Prozesse werden im Gegensatz zu vielen mechanischen oder chemischen Vorgängen deshalb als „sanfte“ Verfahren bezeichnet.

15.4 Biokraftstoffe

Aus Biomasse lässt sich, wie in Kapitel 11.5 gezeigt, Biogas gewinnen. Zudem ist die Produktion von grundsätzlich drei verschiedenen Sorten flüssigen Kraftstoffes aus Biomasse möglich: Bioethanol, Biodiesel und Biomass-to-Liquid (BTL)-Kraftstoff (Abb. 15.13).

15

Tabelle 15.7 Wirkungsabschätzung beim Vergleich **Modernes Waschmittel** und **Traditionelles Waschmittel.**

	Einheiten	Umweltentlastung durch modernes Waschmittel*
Wirkungskategorien, aggregiert		
KEA	MJ	+
Treibhauspotenzial	kg CO_2-Äqivalent	+
Versauerungspotenzial	g SO_2-Äqivalent	+
Eutrophierungspotenzial (terrestrisch)	g PO_4-Äqivalent	+
Eutrophierungspotenzial (aquatisch)	g PO_4-Äqivalent	+
Ozonbildungspotenzial	g Ethen-Äqivalent	+
Humantoxische Einzelstoffe		
Benzo(a)pyren (L)	mg	±
Blei (L)	mg	+
Cadmium (L)	mg	+
Schwefeldioxid (L)	g	+
Staub (L)	g	+
Ökotoxische Einzelstoffe		
Ammoniak (L)	g	+
Fluorwasserstoff (L)	g	+
Schwefeldioxid (L)	g	+
Schwefelwasserstoff (L)	g	±
Stickoxide (L)	g	+
Ammonium (W)	g	+
AOX (W)	g	+
Chlorid (W)	g	+
Kohlenwasserstoffe (W)	g	±

(L): Luft; (W): Wasser
*, + Umweltentlastung im Vergleich zu enzymfreiem Waschmittel

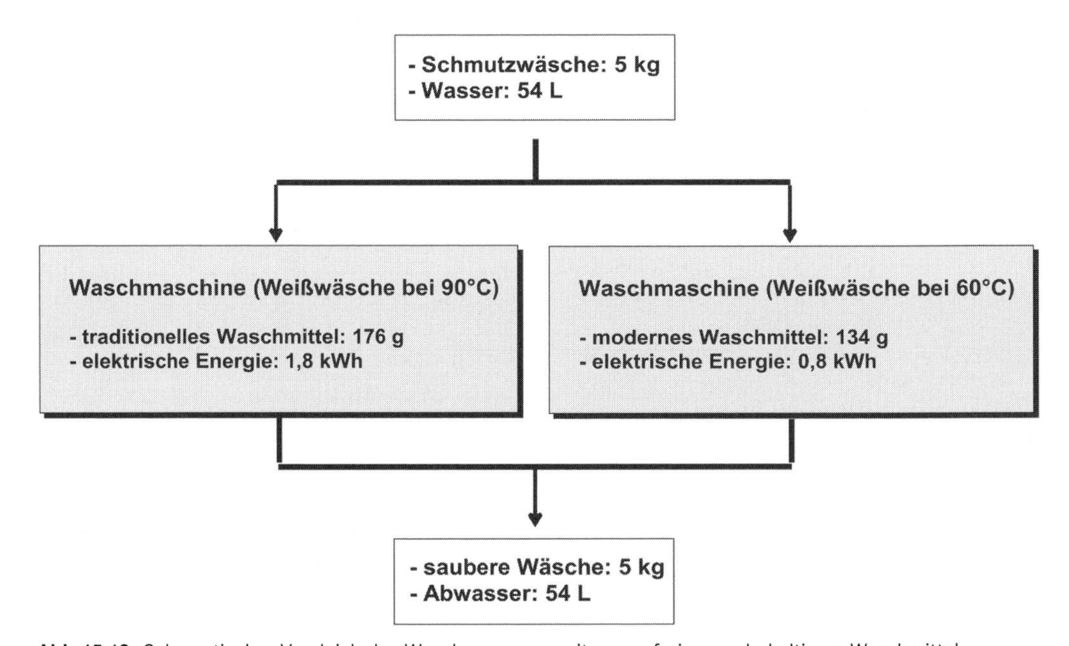

Abb 15.12 Schematischer Vergleich des Waschvorganges mit enzymfreiem und –haltigem Waschmittel.

Sicherheitstechnischer Anlagenvergleich

Der in dem Forschungsvorhaben des Bundesumweltamtes durchgeführte **Vergleich biotechnischer und chemischer Anlagen, Prozesse und Produkte** belegt, dass **die Biotechnik deutliche ökologische Vorteile gegenüber der chemischen Alternative** haben kann.

Analysiert man biotechnische und chemische Anlagen bezüglich des prozess- und stoffbezogenen sowie des biologischen Gefahrenpotenzials, so wird folgender Sachverhalt deutlich: Während biotechnische Verfahren bei Normaldruck und Raumtemperatur ablaufen, finden chemische Prozesse oft bei hohen Drücken und zum Teil hohen Temperaturen statt. Chemische Prozesse weisen zudem häufig die Verwendung einer deutlich höheren Zahl an gefährlichen Stoffen auf. Die bei biotechnischen Verfahren eingesetzten biologischen Arbeitsstoffe haben meist nur ein geringes bis vernachlässigbares Sicherheitsrisiko. Somit können großtechnisch eingesetzte biotechnische Verfahren auch in Bezug auf die Sicherheit deutlich als vorteilhafter angesehen werden.

Auch die OECD konnte in 21 Fallstudien aufzeigen, dass durch die **Anwendung moderner biotechnischer Verfahren eine Reduktion der Umweltbelastungen und der Betriebskosten** erzielt werden kann.

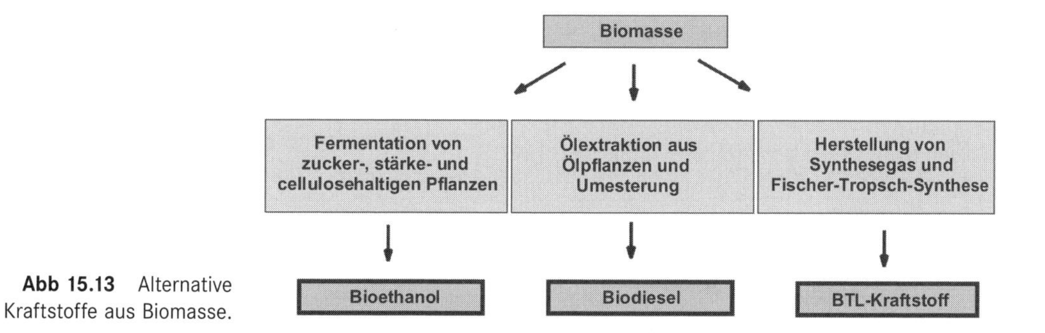

Abb 15.13 Alternative Kraftstoffe aus Biomasse.

15.4.1 Bioethanol

Bioethanol entsteht durch Gärung kohlenhydrathaltiger Pflanzen. Neben stärkehaltigen Pflanzen wie Weizen, Roggen oder Mais sind Zuckerrohr und –rüben die am häufigsten verwendeten Ausgangsmaterialien. Während sich zuckerhaltige Pflanzen direkt vergären lassen, muss bei Getreide und Kartoffeln die Stärke zunächst enzymatisch zu Zucker abgebaut werden (siehe Kap. 4.4.4.1).

Für Bioethanol geht man bei den effizientesten Rohstoffen von einem Umwandlungsfaktor von drei aus, das heißt aus drei Kilogramm Biomasse entsteht ein Kilogramm Bioethanol. Ein Jahresertrag von 2 560 Liter Bioethanol je Hektar auf der Basis von Getreide wird kalkuliert.

Die Herstellungskosten liegen in Europa bei etwa 60 Cent pro Liter.

In den USA und im europäischen Ausland wird Ethanol vor allem aus Mais hergestellt, Brasilien setzt auf die Vergärung von Zucker aus Zuckerrohr. In Europa ist Schweden der Vorreiter mit dem Treibstoff E85, einer Kraftstoffmischung mit einem Anteil von bis zu 85 Prozent Ethanol.

Nur so genannte *Flexible Fuel Vehicles* können E85-Kraftstoff verwenden. Sie verbrauchen wegen der niedrigen Energiedichte des Ethanols etwa 50 Volumenprozent mehr Kraftstoff als mit Benzin betriebene Autos. Ein Liter Ethanol ersetzt zirka 0,66 Liter Otto-Kraftstoff und kann bis zu fünf Prozent beigemischt werden.

Ethanol besitzt Eigenschaften, die die Qualität von Otto-Kraftstoffen verbessern. So weist der Alkohol eine höhere Oktanzahl als herkömmliche Otto-Kraftstoffe auf.

15.4.2 Biodiesel

Biodiesel wird durch Umesterung zum Beispiel mit Methanol von Pflanzenöl (häufig Rapsöl mit einem Ölgehalt von 40–45 Prozent) oder tierischen Fetten gewonnen.

Das Umesterungsprodukt des Rapsöls erhält die Eigenschaften, die denen des Dieselkraftstoffes auf Mineralölbasis weitgehend entsprechen. Der Nachteil von Biodiesel ist seine Aggressivität: Er verursacht leicht Korrosion und leckende Dichtungen, außerdem verstopfen Filter. Bisher in Motoren eingesetzte Gummis und Kunststoffe lösen sich auf. Zudem kann es passieren, dass die Einspritzpumpe im Auto leidet.

Für die Nutzung von Biodiesel in Reinform ist die Freigabe des Motorherstellers erforderlich. In Mischungen ist Biodiesel bis fünf Prozent ohne Anpassung des Motors einsetzbar.

Der Umwandlungsfaktor für Raps liegt bei etwa drei: Aus drei Kilogramm Rapskorn entsteht ein Kilogramm Biodiesel. Die Herstellungskosten liegen in Deutschland bei etwa 75 Cent pro Liter.

15.4.3 Biomass-to-Liquid-Kraftstoff

Biomass-to-Liquid (BTL)-Kraftstoff entsteht durch drei Verfahrensschritte: Zunächst wird Biomasse in einem Niedrigtemperaturverfahren zu Biokoks und teerhaltigem Gas mit hoher Energiedichte konvertiert. Aus diesem Ausgangsrohstoffen wird teerfreies Synthesegas (CO und H_2) hergestellt. In einem dritten Schritt entstehen nach dem Fischer-Tropsch-Verfahren an Eisen- und Kobalt-Katalysatoren aus dem Synthesegas flüssige Kohlenwasserstoffe.

Die Herstellungskosten werden auf etwa 60 Cent pro Liter in der Zukunft abgeschätzt.

BTL-Kraftstoff hat zahlreiche Vorteile: Er kann in herkömmlichen Otto- und Dieselmotoren eingesetzt werden, ohne dass sie dazu umgerüstet werden müssen.

Bei BTL-Kraftstoff geht man von einem Umwandlungsfaktor von fünf bei den effizientesten Rohstoffen aus, aus fünf Kilogramm Biomasse entsteht ein Kilogramm BTL-Kraftstoff. Da die ganze Pflanze verwendet werden kann, ergibt sich eine bis zu drei Mal höhere Feldausbeute (Kraftstoff pro Hektar) als bei Biodiesel oder Bioethanol.

15.5 Strom aus Mikroorganismen

Brennstoffzellen und im Zusammenhang mit ihnen der Wasserstoffwirtschaft wird allgemein eine große Zukunft prognostiziert. Gerade erneuerbare Energieträger könnten in diesem Bereich eine zentrale Rolle spielen. Völlig andere Wege werden beschritten, um analog zur Brennstoffzelle chemische Energie ohne Verbrennung in elektrische Energie umzuwandeln.

Die „Bio-Brennstoffzelle" bedient sich Mikroorganismen, aus deren Stoffwechsel Elektronen abgetrennt und einer Anode zugeführt werden.

Bio-Brennstoffzellen zur Erzeugung von elektrischer Energie aus reichlich vorhandenen organischen Substraten (auch Abfall oder Sedimentmaterial) können verschiedene Vorgehensweisen beinhalten.

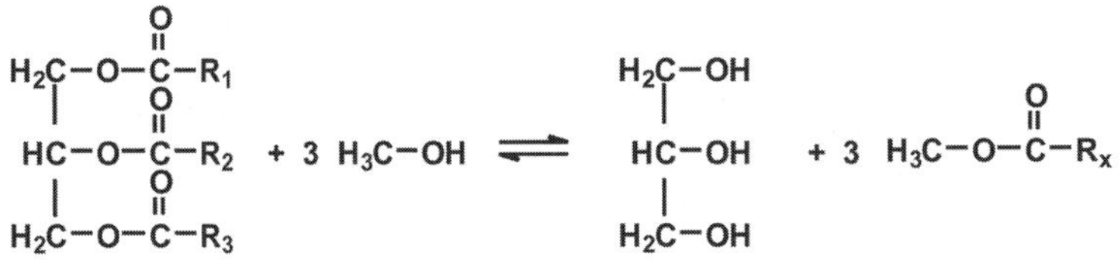

$$\begin{array}{l} H_2C-O-C(=O)-R_1 \\ \;|\\ HC-O-C(=O)-R_2 \\ \;| \\ H_2C-O-C(=O)-R_3 \end{array} + 3\ H_3C-OH \rightleftharpoons \begin{array}{l} H_2C-OH \\ \;| \\ HC-OH \\ \;| \\ H_2C-OH \end{array} + 3\ H_3C-O-C(=O)-R_x$$

Abb 15.14 Reaktionsablauf bei der katalytischen Umesterung von triglyceridischem Rapsöl zu den entsprechenden Fettsäuremethylestern.

Tabelle 15.8 Gegenüberstellung herkömmlicher und alternativer Kraftstoffe.

Kraftstoff	Infrastruktur vorhanden	Umrüstung der Motoren	Nachhaltigkeit
Benzin	ja	nicht notwendig	keine
Diesel	ja	nicht notwendig	keine
Bioethanol	ja/nein	notwendig	ja
Biodiesel	ja/nein	notwendig	ja
BTL-Kraftstoff	nein	nicht notwendig	ja

15.5.1 Produktion von H_2 in Bioreaktoren für konventionelle Brennstoffzellen

Mikroorganismen haben die Fähigkeit elektrochemisch aktive Substanzen zu produzieren, die metabolische Intermediate oder Endprodukte der anaeroben Atmung sind.

Für die Zwecke der Energiebildung werden diese Brennstoffsubstanzen an einer separaten Stelle produziert und dann in die Brennstoffzelle transportiert, um als Brennstoff verbraucht zu werden. In diesem Fall produziert der Bioreaktor den Brennstoff, der biologische Teil der Anlage ist nicht direkt in den elektrochemischen Teil integriert (Abb. 15.15). Dieser Aufbau erlaubt es, den elektrochemischen Teil unter Bedingungen laufen zu lassen, die nicht kompatibel mit dem biologischen Teil der Anlage sind. Die beiden Teile können sogar zeitlich unabhängig von einander betrieben werden. Der bei einem solchen Aufbau am häufigsten verwendete Brennstoff ist Wasserstoff, welcher den weitentwickelten und hocheffizienten H_2/O_2 Brennstoffzellen aus dem Bioreaktor zugeführt wird.

15.5.2 Integrierung der mikrobiellen Brennstoffherstellung in den Anodenraum der Brennstoffzelle

Der Fermentationprozess findet bei einem anderen Aufbau direkt im anodischen Kompartment der Brennstoffzelle statt, wobei die Anode *in situ* mit dem produzierten Fermentationsprodukt versorgt wird (Abb. 15.16). In diesem Fall werden die Bedingungen im anodischen Kompartment vom biologischen System bestimmt, sodass sie beträchtlich anders als in konventionellen Brennstoffzellen sind. Es liegt also eine wirkliche Bio-Brennstoffzelle vor und

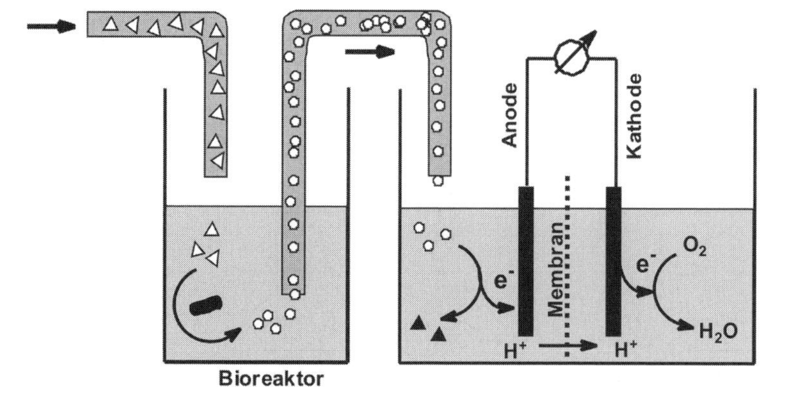

Abb 15.15 Schematischer Aufbau einer Bio-Brennstoffzelle mit separatem Bioreaktor zur Herstellung des Brennstoffes. Bildteile: Primärsubstrat (Glucose oder Klärabfall: Dreieck leer); Bakterienzelle zur Umwandlung in den Brennstoff (Kreis leer); oxidierter, verbrauchter Brennstoff (Dreieck voll).

15

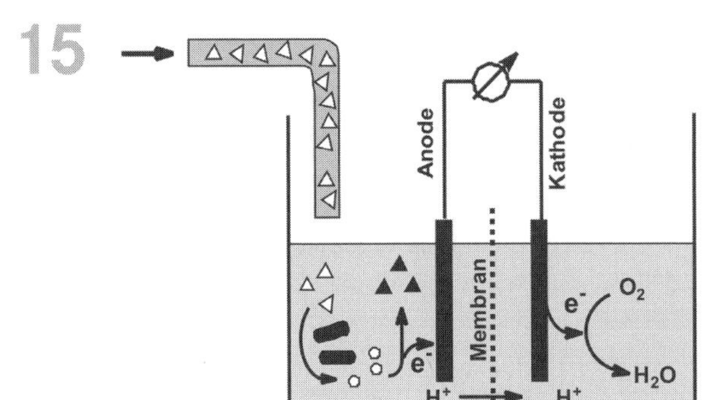

Abb 15.16 Schematischer Aufbau einer Bio-Brennstoffzelle mit integrierter Herstellung des Brennstoffes im Anodenraum. Bildteile: Primärsubstrat (Glucose: Dreieck leer); Bakterienzelle zur Umwandlung in den Brennstoff (Kreis leer); oxidierter, verbrauchter Brennstoff (Dreieck voll).

nicht eine Kombination aus Bioreaktor und konventioneller Brennstoffzelle. Dieser Aufbau beruht auch häufig auf der biologischen Produktion von H_2, doch die elektrochemische Oxidation des H_2 läuft in Gegenwart der biologischen Komponenten unter milden Bedingungen ab. Um anaerobe Bedingungen zu gewährleisten, sind Zellen auf der Anode in Gelen immobilisiert, das heißt die Fermentation von zum Beispiel *Clostridium butyricum* findet direkt an der Oberfläche der Elektrode statt, sodass die Anode mit H_2 beliefert wird. Als Kathode wird häufig eine O_2-Elektrode eingesetzt.

15.5.3 Direkter Elektronentransport von der Zelle zur Elektrode: Die Electricigenen

Das metallreduzierende Bakterium *Shewanella putrefaciens* hat Cytochrome in der äußeren Membran. Diese Elektronencarrier sind in der Lage einen anodischen Strom bei Abwesenheit eines terminalen Elektronenakzeptors (unter anaeroben Bedingungen) zu erzeugen. Dies ist ein Beispiel eines so genannten mediatorfreien Elektronentransportes.

Bei *Geobacter* Spezies, weiteren Metallreduzierern, wurden elektronenleitende Pili, so genannte Nanodrähte („Nanowires“), gefunden, die von den Bakterien produziert werden. Das Bakterium bildet auf Graphit-Elektroden einen Biofilm, ein mediatorfreier Elektronentransport findet statt, der sich in einer Bio-Brennstoffzelle nutzen lässt. Der Aufbau ist in Abbildung 15.17 für *Geobacter* und den Treibstoff Acetat dargestellt.

15.5.4 Mediatoren zum Elektronentransport

Häufig werden chemische Mediatoren verwendet, um die Elektronen von der Elektronentransportkette aufzunehmen, um sie dann an die Anode der Brennstoffzelle zu transportieren. In diesem Fall unterscheidet sich der in den Organismen ablaufende Prozess klar von dem natürlichen, da der Elektronenfluss zur Elektrode und nicht zum natürlichen Elektronenakzeptor erfolgt.

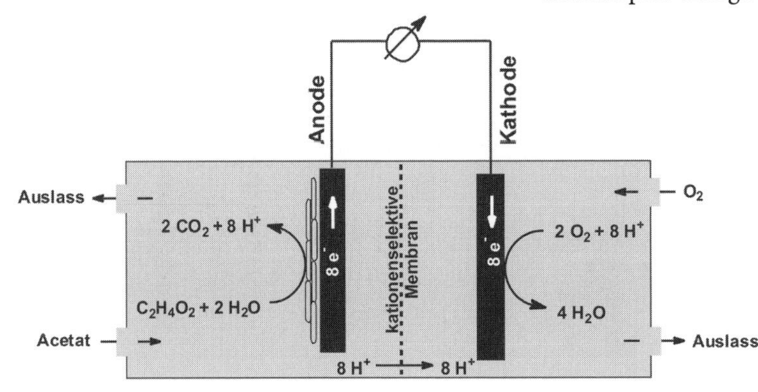

Abb 15.17 Aufbau und Ablauf in einer Bio-Brennstoffzelle mit dem Electricigenen, *Geobacter*, als Elektronenlieferant.

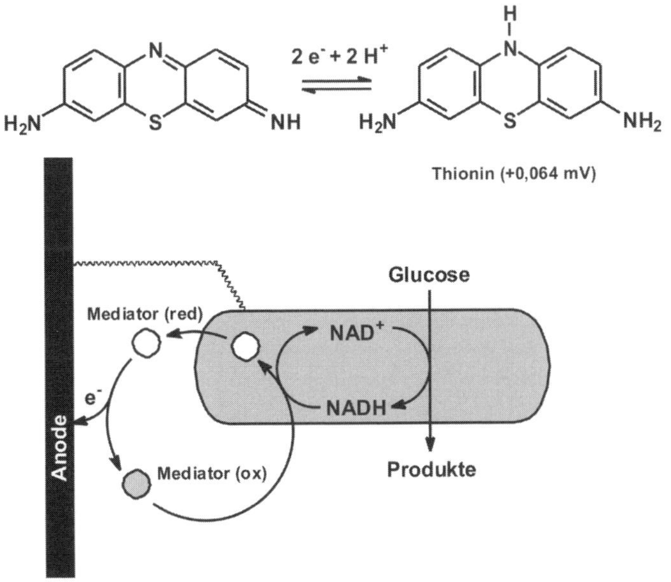

Abb 15.18 Elektronentransport aus einer Zelle zur Anode mit einem niedermolekularen, diffusiblen Mediatormolekül. Der Organismus, hier *Proteus vulgaris*, ist kovalent an die Elektrode gebunden.

Da natürliche Elektronenakzeptoren gewöhnlich sehr viel effizienter als Mediatoren sind, müssen sie aus dem System entfernt werden.

Thionin ist besonders häufig als diffusibler Mediator des Elektronentransportes mit *Proteus vulgaris* und *Escherichia coli* getestet worden.

Testen Sie Ihr Wissen

Welche Faktoren beeinflussen die Abbaubarkeit (siehe auch Kap. 5)?

Sie wollen Baculoviren gegen Schadinsekten einsetzen. Wie eng ist das zeitliche Einsatzfenster?

Vergleichen Sie die verschiedenen (Bio-)Insektizide untereinander bezüglich ihrer Wirkgeschwindigkeit.

Warum sind die sehr hohen Komplexbildungskonstanten des EDTA problematisch, wenn Sie an die Abbaubarkeit denken (siehe auch Kap. 5)?

Welche möglichen Probleme ergeben sich beim Einsatz von Pilzpräparaten gegen Insekten?

Was verstehen Sie unter PIUS?

Nennen Sie Bioinsektizide gegen *Anopheles* und die Kriebelmücke.

Durch welche Ereignisse ist *Bacillus thuringiensis* zum ersten Mal aufgefallen?

Welches ist der Vorteil der Bt-Endotoxine gegenüber dem β-Exotoxin? Beschreiben Sie den Wirkmechanismus beider Toxine.

Nennen Sie Bt-Pflanzen.

Welche Sekundärmetabolite können als Bioinsektizide eingesetzt werden?

Welche Meinung haben Sie zu QSAR bei der Beurteilung von Chemikalien bezüglich biologischer Abbaubarkeit? Nennen Sie bisher nicht gelöste Probleme bei der Nutzung der mathematischen Abschätzungen der Abbaubarkeit.

Welche Wirkungskategorien werden bei einer Ökobilanz berücksichtigt?

Welche Form eines Biokraftstoffes lässt sich aus dem Rapskorn, welche aus der Gesamtpflanze erzeugen?

Beschreiben Sie Typen der Bio-Brennstoffzellen. Welche Funktion haben Mediatoren? Was sind Nanodrähte? Informieren Sie sich in der angegebenen Literatur bezüglich Marktreife solcher Stromerzeuger.

15

Literatur

Baker, J. R., Gamberger, D., Mihelcic, J. R., Sabljić, A. 2004. Evaluation of artificial intelligence based models for chemical biodegradability prediction. Molecules 9:989 - 1004.

Boethling, R. S., Lynch, D. G., Jaworska, J. S., Tunkel, J. L., Thom, G. C., Webb, S. 2004. Using BIOWIN^{TM}, bayes and batteries to predict ready biodegradability. Environ. Toxicol. Chem. 23:911 - 920.

Boethling, R. S., Lynch, D. G., Thom, G. C. 2003. Predicting ready biodegradability of premanufacture notice chemicals. Environ. Toxicol. Chem. 22:837 - 844.

Cokesa, Z., Knackmuss, H.-J., Rieger, P.-G. 2004. Biodegradation of all stereoisomers of the EDTA substitute iminodisuccinate by *Agrobacterium tumefaciens* BY6 requires an epimerase and a stereoselective C-N lyase. Appl. Environ. Microbiol. 70:3941 - 3947.

de Maagd, R. A., Bravo, A., Crickmore, N. 2001. How *Bacillus thuringiensis* has evolved specific toxins to colonize the insect world. TRENDS in Genetics 17:193 - 199.

DIN EN ISO 14040: Umweltmangement - Ökobilanz - Grundsätze und Rahmenbedingungen (ISO/DIS 140:2005); Deutsche und Englische Fassung prEN ISO 14040:2005.

Eilks, J., Ralle, B., Krahl, J., Ondruschka, B., Bahadir, M. 2003. Biodiesel - eine Betrachtung aus technisch-chemischer Sicht. *In:* Green Chemistry - Nachhaltigkeit in der Chemie. (Gesellschaft Deutscher Chemiker, Hrsg.) Wiley-VCH, Weinheim 39 - 54.

Fritsche, W. 2002. Mikrobiologie. 3. Aufl. Spektrum Akademischer Verlag Heidelberg.

Fritsche, W. 1998. Umwelt-Mikrobiologie. Gustav Fischer Verlag, Jena.

Holmes, D. E., Nicoll, J. S., Bond, D. R., Lovley, D. R. 2004. Potential role of a novel psychrotolerant member of the family *Geobacteraceae*, *Geopsychrobacter electrodiphilus* gen. nov., sp. nov., in electricity production by a marine sediment fuel cell. Appl. Environ. Microbiol. 70:6023 - 6030.

Hoppenheidt, K., Mücke, W., Peche, R., Tronecker, D., Roth, U., Würdinger, E., Hottenroth, S., Rommel, W. 2005. Entlastungseffekte für die Umwelt durch Substitution konventioneller chemisch-technischer Prozesse und Produkte durch biotechnische Verfahren. 2005. Forschungsbericht 07/05 im Auftrage des Umweltbundesamtes, S. 493.

Katz, E., Shipway, A. N., Willner, I. 2003. Biochemical fuel cells. *In*: Handbook of Fuel Cells - Fundamentals, Technology and Applications, W. Vielstich, H. A. Gasteiger, A. Lamm (eds.). Vol. 1: Fundamentals and Survey of Systems. John Wiley & Sons, Ltd, Chap. 21: pp.1 - 26.

Liu, H., Grot, S., Logan, B. E. 2005. Electrochemically assisted microbial production of hydrogen from acetate. Environ. Sci. Technol. 39:4317 - 4320.

Logan, B. E., Hamelers, B., Rozendal, R., Schröder, U., Keller, J., Freguia, S., Aelterman, P., Verstraete, W., Rabaey, K. 2006. Microbial fuel cells: Methodology and technology. Environ. Sci. Technol. 40:5181 - 5192.

Logan, B. E. 2004. Extracting hydrogen and electricity from renewable resources. Environ. Sci. Technol. 38:160A - 167A.

Lovley, D. R. 2006. Microbial energizers: Fuel cells that keep on going. Microbe 1:323 - 329.

Peijnenburg, W. J. G. M., Damborsky, J. 1996. Biodegradability prediction Kluwer Academic Publ., Dordrecht.

Reguera, G., Nevin, K. P., Nicoll, J. S., Covalla, S. F., Woodard, T. L., Lovley, D. R. 2006. Biofilm and nanowire production leads to increased current in *Geobacter sulfurreducens* fuel cells. Appl. Environ. Microbiol. 72:7345 - 7348.

Reguera, G., McCarthy, K. D., Mehta, T., Nicoll, J. S., Tuominen, M. T., Lovley, D. R. 2005. Extracellular electron transfer via microbial nanowires. Nature 435:1098 - 1101.

Rieger, P.-G., Meier, H.-M., Gerle, M., Vogt, U., Groth, T., Knackmuss, H.-J. 2002. Xenobiotics in the environment: present and future strategies to obviate the problem of biological persistence. J. Biotechnol. 94:101 - 123.

Rorije, E., Peijnenburg, W. J. G. M., Klopman, G. 1998. Structural requirements for anaerobic biodegradation of organic chemicals: A fragment model analysis. Environ. Toxicol. Chem. 17:1943 - 1950.

Schmutterer H., Huber, J. 2005. Natürliche Schädlingsbekämpfungsmittel. Eugen Ulmer Verlag, Stuttgart.

Tunkel, J., Howard, P.H., Boethling, R.S., Stiteler, W., Loonen, H. 2000. Predicting ready biodegradability in the Japanese Ministry of International Trade and Industry Test. Environ. Toxicol. Chem. 19: 2478 - 2485.

Weiße Biotechnologie: Chancen für Deutschland. 2004. Positionspapier der DECHEMA e.V.

Download für EPI Suite: http://www.epa.gov/oppt/exposure/docs/episuitedl.htm

Informationen zu Baculoviren: http://www.ncbi.nlm.nih.gov/ICTVdb/Ictv/fs–bacul.htm

Smiles lassen sich leicht erzeugen mit Hilfe von http://esc.syrres.com/ChemS3/drawapplet.asp.

Die MITI-Daten sind verfügbar unter: http://www.cerij.or.jp/ceri–en/otoiawase/otoiawase–menu.html, dann Go to „Public Information Data", then "BIODEGRADATION AND BIO ACCUMULATION DATA OF EXISTING CHEMICALS".

Studie zu Biokraftstoffen von Festel Capital. Email: gunter.festel@festel.com

Fachagentur Nachwachsende Rohstoffe: www.biokraftstoffe-info.de

Biokraftstoffe: http://www.fnr-server.de/cms35/Biokraftstoffe.817.0.html

EU-Strategie für Biokraftstoffe: http://europa.eu.int/comm/agriculture/biomass/biofuel/index–en.htm

16 Denkanstöße

16.1 Umweltmikrobiologie ist ein Beitrag zur umweltverträglichen nachhaltigen Entwicklung (Sustainable Development)

Schon 1994 wurde die Umweltbiotechnologie durch die OECD als eine Schlüsseltechnologie für die Vermeidung, das Auffinden und das Beseitigen von Umweltbelastungen angesehen, da sie aufgrund des breiten Anwendungsspektrums und der vielfältigen Methoden ein vielversprechendes Potenzial an umweltrelevanten Problemlösungen bietet.
Die OECD listete damals fünf *Anwendungsperspektiven der Umweltbiotechnologie* auf, wobei zukünftige Priorität auf der Vermeidung von Umweltschäden liegen sollte, wenngleich auch nachsorgende Umweltschutzmaßnahmen von Wichtigkeit sind:

- Analytik und Monitoring;
- Schadstoff- bzw. Stoffbehandlung mit dem Ziel der Wieder- oder Weiterverwertung (*value-added processes*);
- Reinigung von Wasser, Boden und Luft durch biotechnische Prozesse (*end-of pipe processes*);
- Produktionsintegrierte biotechnische Prozesse zur Herabsetzung der Abfallmenge/ Emissionen bzw. zur Verbesserung der Behandlungsmöglichkeiten der generierten Abfälle;
- Entwicklung von Biomaterialien mit geringeren Umweltbelastungen beim Herstellungsprozess.

Die Notwendigkeit von nachsorgenden Umweltschutzmaßnahmen durch biotechnologische Verfahren ist offensichtlich, da allein in Deutschland derzeit mehr als 300 000 Altlastenverdachtsflächen existieren. Gerade die Sanierung und Wiedernutzung tausender von Brachflächen in industriellen Schwerpunktregionen hat grundlegende Bedeutung für die volkswirtschaftliche Entwicklung und die Flächeninanspruchnahme.

Durch integrierten Einsatz biotechnologischer Verfahren und Produkte kann Umweltschutz im Sinne von Ressourcenschonung oder Umweltentlastung aber auch in anderen als den klassischen Bereichen (biotechnologische Verfahren der Abluft- und Abwasserreinigung sowie der Bodensanierung) geleistet werden, z. B. in den Bereichen Gesundheit, Ernährung, Chemikalien und Landwirtschaft.

Nachhaltige Entwicklung stellt alle Wissenschaftsdisziplinen vor eine Aufgabe neuer Dimension. Für die Umweltmikrobiologie bedeutet dies, dass das Gebiet nicht allein als Teildisziplin der Mikrobiologie zu verstehen ist, sondern die Erkenntnisse der Mikrobiologie zur nachhaltigen Entwicklung beitragen sollen. Eine transdisziplinäre Sicht von Umweltproblemen ist notwendig.

16.2 Grundlagen und Praxis der Umweltmikrobiologie

Die im Detail häufig sehr komplexen Probleme bei der Anwendung von Umweltmikrobiologie in der Praxis können nur durch Forschungsaktivitäten unterschiedlicher Ausrichtung und verschiedener Disziplinen gelöst werden. Das Spannungsverhältnis zwischen grundlagen- und anwendungsorientierter Forschung wird bleiben. Es zeichnet sich ab, dass über das Interesse am mikrobiellen Schadstoffabbau neue fachübergreifende Perspektiven der Umweltforschung eröffnet werden. Die OECD (1994) wies auf die Notwendigkeit einer langfristig orientierten Grundlagenforschung im Umweltbereich hin. Nur so kann verhindert werden, dass eine zu enge Bindung der Forschung an die „unmittelbare Praxis" behindernd wirkt.

16.3 Nachdenken über Umweltmikrobiologie

Abschließend soll der Leser sich selbst anhand einiger in Vorlesungen und Seminaren gestellter kritischer Fragen, vorgebrachter Kommentare und Argumente zu Umweltchemikalien die Frage beantworten: Was hat Umweltmikrobiologie für die Bewältigung von Umweltproblemen anzubieten?

Seit wann gibt es Umweltchemikalien?

Die seit dem 19. Jahrhundert bekannte Substanz DDT wurde 1939 von Paul Müller als hoch aktives Insektizid identifiziert. Müller wies nach, dass sie auf Stechmücken und andere Schadinsekten wirkte. DDT schien für den Menschen ungiftig zu sein und war darüber hinaus billig und leicht herzustellen. DDT wurde im zweiten Weltkrieg erfolgreich zur Bekämpfung gegen verschiedene Stechmückenarten eingesetzt, die Malaria verbreiten. Müller erhielt 1948 den Nobelpreis für Medizin.

Rachel Carson veröffentlichte 1962 ihr Buch „Der stumme Frühling", in dem sie vor einer Welt warnte, in der keine Vögel mehr singen. Carson machte darauf aufmerksam, dass durch den Einsatz chlorhaltiger Chemikalien wie DDT die Umwelt und auch der Mensch geschädigt werden. Die chemische Stabilität von DDT, die zunächst als wünschenswert angesehen worden war, ließ die Verbindung im Boden und Wasser lange überdauern. Es zeigte sich, dass sich DDT im tierischen und menschlichen Fettgewebe über Jahrzehnte anreichert. Besonders See- und Greifvögel, die am Ende der Nahrungskette stehen und sich von stark belasteten Nagern und Fischen ernähren, litten unter der Wirkung des Insektengiftes. Die Vögel produzierten aufgrund der Vergiftung so dünnschalige Eier, dass immer häufiger der Nachwuchs ausblieb. Einige Arten standen dadurch kurz vor dem Aussterben.

Die Substanz wurde ab 1972 in den USA und in anderen Industrieländern verboten.

Dies war der Beginn einer kritischen Beurteilung von Chemikalien in der Umwelt.

Als Umweltchemikalien schlechthin galten lange Zeit Chloraromaten wie DDT und PCBs. Diese Chemikalien gaben den Anstoß zum Nachdenken über die Nutzung der Chemie.

Gilt das damals gesagte noch heute?

DDT wird in den Entwicklungsländern noch immer zur Malariakontrolle eingesetzt. Was halten Sie davon?

Wägen Sie Risiken und unterschiedliche Interessenlagen ab!

Welche Chemikalien sind in der gegenwärtigen Diskussion im Focus?

Chlorchemikalien

Generell gelten Chlorchemikalien als die „teuflischen" Chemikalien. Was sagt der Chemiker dazu?

Chlorsubstituenten sind ein wichtiges Element in der Synthesechemie.

Es gilt zu unterscheiden zwischen unbewusster, unbeabsichtigter Freisetzung, wie sie bei Zwischenprodukten der Synthesechemie erfolgen kann, und bewusster, gewollter Freisetzung von Chemikalien wie bei Herbiziden und Insektiziden. Bei den zuletzt genannten ist eine schnelle Abbaubarkeit erforderlich.

Es muss also „nur" die bewusste oder unbeabsichtigte Freisetzung von Chlororganika unterbleiben.

Der Ruf nach Alternativen

Gibt es unbedenkliche Alternativen zu bekannten Umweltchemikalien? Wurde Unkenntnis wie beim Ersatz von PCBs durch PBBs ausgenutzt? Ist Ugilec ein sinnvoller Ersatzstoff für PCBs?

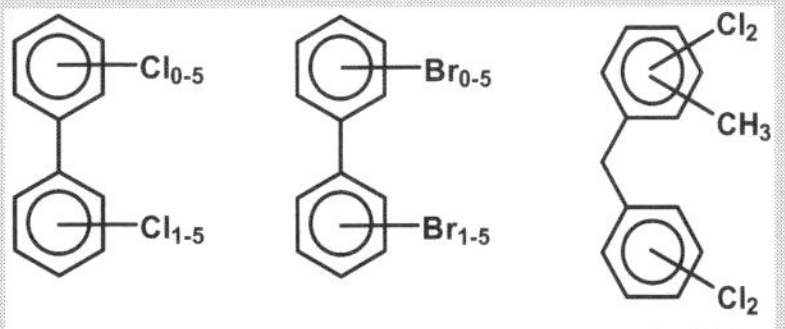

Cl_{0-5} Cl_{1-5} PCBs

Br_{0-5} Br_{1-5} PBBs (FireMaster)

Cl_2 CH_3 Cl_2 Ugilec141

Missverständnis

Stimmt es, dass der mikrobielle pCB-Abbau als PCB-Abbau missverstanden wurde? Beim pCB handelt es sich um *para*-Chlorbiphenyl und nicht, wie man denken könnte, um die umweltrelevanten polychlorierten Biphenyle, einem Gemisch aus bis zu 70 Kongeneren.

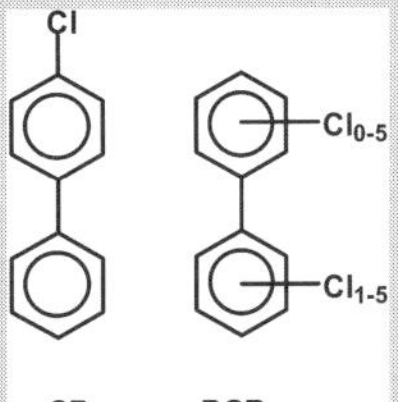

Cl *p*CB

Cl_{0-5} Cl_{1-5} PCBs

Superbugs

In den USA wurde 1981 ein Patent auf einen „Superbug" erteilt, das Öl fressen soll. Es handelte sich dabei um einen Pseudomonas-Stamm, in dem Plasmide gesammelt worden sind, die für den Abbau von Octan, Campher, Xylol und Naphthalin kodieren.

Angeblich konnte sich dieser Superbug „mit Heißhunger" auf giftige Erdölrückstände stürzen, er kam aber nie in der Umwelt zum Einsatz, da die Freisetzung gentechnisch veränderter Bakterien nicht erlaubt war.

Kann der Organismus mit seinem Abbaupotenzial die vorgegebene Aufgabe bewältigen? Gilt das aufgestellte einschränkende Argument bezüglich Gentechnik, wenn die Abbaueigenschaften auf natürlichem Wege mittels Konjugation in den Wirt gelangt sind?

Kürzlich wurde das marine Bakterium *Alcanivorax borkumnensis* der Öffentlichkeit als Erdölfresser vorgestellt. Gilt eine ähnliche Problematik mit dem Gemisch an Verbindungen auch hier, wenn dessen Abbaupotenzial sich auf Alkane beschränkt?

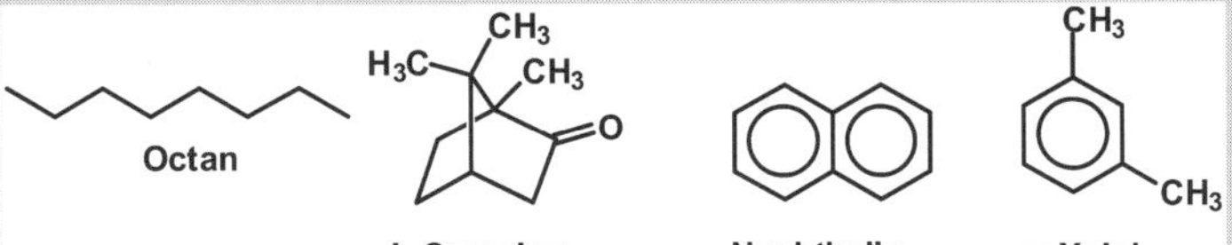

Octan

CH_3 H_3C CH_3 O *L*-Campher

Naphthalin

CH_3 CH_3 *m*-Xylol

Nachwachsende Rohstoffe

Nachwachsende Rohstoffe sind CO_2-neutral. Sind sie deshalb auch klimaneutral? Damit eine genügende Mengen an Biomasse erzeugt werden kann, muss gedüngt werden.

Die bei Staunässe einsetzende Denitrifikation kann zur N_2O-Bildung führen. N_2O ist ein etwa 300fach stärkeres Treibhausgas als CO_2.

Gibt es eine vollständige Ökobilanz, die eine objektive Bewertung des Nutzens der nachwachsenden Rohstoffe unter Einbeziehung der N_2O-Problematik darstellt?

Biokraftstoff

Steigende Ölpreise beleben immer wieder die Diskussion über die Möglichkeit der Energieerzeugung mittels Biotechnologie.

Die unterschiedlichen Aspekte von Biotechnologie bezüglich Umweltrelevanz sind für das Beispiel Bioethanol als Kraftstoff offensichtlich: In Brasilien wurde gezeigt, dass Umweltbelastung durch Abwasser und Bodenerosion mögliche Folgen der Herstellung sein können. Die organische Schmutzfracht der Abwässer pro produziertem Liter Ethanol entsprach etwa vier Einwohnerwerten.

Bringt man ökonomische Gesichtspunkte in die Diskussion, so zeigt eine Marktstudie folgendes: Nimmt man die deutsche Mineralölsteuer von 65,4 Euro Cent pro Liter Benzin und 47 Euro Cent pro Liter Diesel sowie einen Preis von 60 US-Dollar pro Barrel Rohöl für die Benzin- und Dieselproduktion, so ist die Produktion von Biodiesel oder Bioethanol aus Weizen in Europa nicht profitabel. Zur Zeit kann auch BTL-Kraftstoff nicht konkurrenzfähig produziert werden.

Bei dem gegenwärtigen Ölpreis hat nur die Bioethanol- und Biobutanolproduktion im großtechnischen Maßstab aus lignocellulosehaltigem Rohmaterial das Potenzial, konkurrenzfähig zu sein. Auf mittlere Sicht kann in Europa der aus Stroh produzierte Biobutanol einen kostengünstigen Biokraftstoff liefern, wobei eine angemessene Verdienstspanne auch ohne Steuerbefreiung erreicht werden kann.

Seit dem 1. Januar 2007 gelten in Deutschland verbindliche Biokraftstoffquoten für Benzin und Diesel. Jeder Liter Benzin und Diesel muss dann einen Mindestanteil Biokraftstoff enthalten, der bei Benzin zunächst 1,2% ausmacht. Der Gesamtanteil von Biokraftstoff bei Benzin und Diesel soll bis zum Jahr 2015 auf 8% steigen.

Reichen die für die Erzeugung der Biomasse notwendigen Anbauflächen in Deutschland aus?

Abwehr oder Beseitigung von Gefahren durch Chemikalien mittels Mikroorganismen

Kurzfristiges Ziel ist die Gefahrenabwehr im Abwasserbereich durch Kläranlagen. So wird die Eutrophierung der Gewässer und die Kontamination des Ökosystems Gewässer durch Chemikalien vermieden. Die Reinigung von Böden, die durch Ölunfälle kontaminiert sind, ist eine weitere etablierte Methode, die jedoch eher mittelfristig mit einem Zeitbedarf von Monaten einzuordnen ist.

Liegt keine unmittelbare Gefahr durch eine Kontamination vor, so kann man sich auf das Beobachten beschränken. Das Ziel bei alten Kontaminationen ist es, den Naturzustand wieder herzustellen. Fragen sind zu beantworten, warum „Natural Attenuation“ bisher nicht stattgefunden hat. Was hat der mikrobiellen Population zum Funktionieren im Grundwasser, im Boden gefehlt, so dass die Kontamination noch besteht?

Muss es immer Totalabbau sein, um Probleme durch Umweltchemikalien zu beseitigen?

Persistenz und Bioverfügbarkeit

Warum zeigt eine Substanz Persistenz?

Die Beachtung der physiko-chemischen Eigenschaften der Verbindungen, die eine Kontamination verursachen, sollte bei der Beurteilung von mikrobiellen Prozessen an den Anfang gestellt werden. So kann häufig die Frage schon beantwortet werden, ob die Unfähigkeit der Mikroorganismen alleinige Ursache für fehlenden Abbau ist. Bei den PAKs ist die schlechte Bioverfügbarkeit Ursache für den Verbleib der Chemikalien am Standort.

Bei der eingeschränkten Bioverfügbarkeit der PAKs bei Bodenkontamination ist zu fragen, ob das Toxizitätspotenzial für den Menschen, die Tendenz zur Schädigung aus solchen Quellen vorhanden ist. Ist eine Reduzierung der Mengen im Grundwasser/Boden durch mikrobiologische Systeme möglich oder überhaupt nötig?

Es sind nicht (wie ursprünglich angenommen) Strukturmerkmale, sondern häufig physiko-chemische Eigenschaften für den langen Verbleib der Chemikalie in der Umwelt verantwortlich.

Gedanken zur Abbaubarkeit

Es sind oft die Umstände, wie zum Beispiel das Fehlen von Stickstoff, Phosphat oder Sauerstoff, die für den Verbleib einer Chemikalie in der Umwelt verantwortlich sind. Die wichtige Frage ist deshalb: Wohin wandern die Chemikalien, wo halten sie sich auf, verlassen sie die eigentlich für Abbau günstigen Ökosysteme?

Es ist wichtig zu wissen, dass chemische Gruppen die Abbaubarkeit unter aeroben und anaeroben Bedingungen unterschiedlich beeinflussen können.

Umweltchemikalien können in falsche, anaerobe Umweltbereiche gelangen, sodass sich der prinzipiell mögliche aerobe Abbau nicht ereignen kann.

Was halten Sie von dem häufig geäußerten Vorschlag, Nitrat als „Sauerstoff-Ersatz" bei der *in situ*-Bodensanierung einzusetzen?

Uns fehlen generell Daten zum Abbau von Umweltchemikalien im anoxischen Milieu, sowie die zur Ermittlung notwendigen Testsysteme.

Eine wichtige Feststellung ist, dass Abbaubarkeit nichts absolutes ist! Es werden Grenzen durch Gremien definiert/festgelegt. So wird eine Aussage über Abbau in einem kurzen Zeithorizont ermittelt.

Die Frage ist: Sind die die Ökosysteme negativ beeinflussenden Effekte während des Verbleibs einer Chemikalie zu erwarten? Liegt die Substanz so in der Umwelt vor und sind die Konzentrationen hoch genug, um solche Effekte befürchten zu müssen?

Was besagt die Kenntnis „Es gibt Organismen, die aus Umweltmedien im Labor isoliert worden sind" über die Abbaubarkeit in der Umwelt aus? Es sagt nur: Es gibt mikrobielle Katalysatoren, die man bei höheren Konzentrationen einsetzen könnte z. B. zur Bioaugmentation bei der Bodensanierung oder in einer Kläranlage.

Methan: Ein beeinflussbares Treibhausgas?

Kann man an den Einflüssen von mikrobiellen Systemen auf globale Abläufe etwas ändern, sie steuern?

Wenn auf der Welt mehr Sümpfe entstehen, z. B. durch Tauen der Permafrostgebiete, so wird es zu einer erhöhten nicht beeinflussbaren Methanproduktion kommen. Die Vergrößerung der Fläche an Reisfeldern sowie der Rinderherden hingegen liegt in der menschlichen Einflussmöglichkeit.

Kürzlich wurde von der Möglichkeit berichtet, dass auch Pflanzen Methan emittieren.

Wenn dieser Sachverhalt sich bewahrheitet, gibt es dann überhaupt Möglichkeiten auf den methanbedingten Treibhauseffekt Einfluss zu nehmen?

16

Im Hinblick auf die Freisetzung von Schadstoffen hat sich vieles zum Positiven hin verändert

Das Chemikaliengesetz sieht seit Jahren Abbaubarkeitsuntersuchungen vor.

Eine Reihe von persistenten Chemikalien wurde aus dem Verkehr gezogen.

Die unabsichtliche Freisetzung von Chemikalien in Betrieben oder an Tankstellen durch Lecks, Verschütten oder „Entsorgung" wurde drastisch reduziert.

Ein guter Indikator für die Belastung der Umwelt mit Chemikalien ist die Muttermilch. Es wird festgestellt, dass „nicht nur die Belastung mit Pestiziden, sondern auch die mit langlebigen Substanzen wie PCBs zurückgeht: Die heutigen Mütter und Väter sind damit erheblich weniger belastet als noch die Generation ihrer Eltern".

Ist durch die aufgeführten Maßnahmen damit fast alles in Ordnung? Lässt sich der Rest mit produkt- oder produktionsintegriertem Umweltschutz regeln?

Ist die erforderliche Wirkung (Wirkungsdauer) von Produkten immer vereinbar mit guter Abbaubarkeit?

Ist Abbaubarkeit ein wichtiges Kriterium bei Medikamenten?

Prozesse als Black-Box

Braucht man auch in Zeiten knapper Kassen Umweltmikrobiolologie? Geht es nicht auch ohne das „gründlichere Verständnis" der Prozesse?

Haben die Ingenieure das Abwasser nicht seit 100 Jahren ordentlich gereinigt, ohne genau zu wissen, welche Mikroorganismen in der Kläranlage sind?

Erledigt „Natural Attenuation" nicht den „Rest" bei der Beseitigung von Kontaminationen?

Warum können Umweltwissenschaftler ihre Modelle nicht auch einfach auf der Basis von Summenparametern machen?

Literatur

Anonymous. 2006. The methane mystery. Nature 442:730-731.

Keppler, F., Hamilton, J. T., Brass, M., Röckmann, T. 2006. Methane emissions from terrestrial plants under aerobic conditions. Nature 439:187-191.

Lowe, D. C. 2006. Global change: A green source of surprise. Nature 439:148-149.

Lelieveld, J. 2006. Climate change: A nasty surprise in the greenhouse. Nature 443:405-406.

Marktstudie. 2006. FESTEL CAPITAL, CH-6331 Hünenberg, www.festel.com

OECD. 1994. Biotechnologie for a clean environment: Prevention, detection and remediation, Paris.

Schiermeier, Q. 2006. Methane finding baffles scientists. Nature 439:128.

http://www.unece.org/env/popsxg/docs/2004/Dossier–UGILEC.pdf

Index

A

Abamectin 363f
Abbau
- biologischer 200
- mikrobieller 116f
Abbaubarkeit
- aerobe biologische 367–369
- anaerobe 108f
- leichte 103–106
- - siehe auch *ready biodegradability*
- mikrobiologische 331
- mögliche 103, 108
- - siehe auch *inherent biodegradability*
- potenzielle 114
Abbaubarkeitstests 101–108
Abbaufähigkeit 287
Abbauwege, Evolution 169–175
Abfall 353f
Abfallvergärung 357
Abfallverwertung 353f
- biologische 354–358
Abfallwirtschaft 353
abiotische Prozesse 187
Abluft 331
Abluftreinigung, biologische 331–334
Abschlagswasser 350
Absorption 332
Absorptionskurven 277
Abwasser 309
- Zusammensetzung 309
Abwasserbehandlung, naturnahe 329
Abwasserreinigung
- biologische 309–330
- direkte anaerobe 327
Abwasserreinigungsanlage 312–317
Abweidung 316f
AC1100 164
Accumulibacter phosphatis 319
Acenaphthen 145
Acetat 61, 77f, 82, 242
Acetatdisproportionierung 82
Acetobacterium 77
- *woodii* 78
acetogene Organismen 76–79
- siehe auch Gärer, primäre
Acetogenese 42, 51–53
- von Chlormethanen 188
Aceton, Abbau 123
Acetyl-CoA 51–53, 59, 62, 82, 137
- -Carboxylase 53
- -Synthase 78
- -Weg, reduktiver 49
Acid Orange-6 198
Acid Orange-7 198
Acid Red-66 198
Acid Yellow-9 198
Acidianus
- *ambivalens* 234
- *ferrooxidans* 234
Acidimicrobium ferroxidans 237
Acidiphilium 233
Acidithiobacillus 230f, 233
- *ferrooxidans* 237, 239–241
- *thiooxidans* 239
Acidophile 254f
Acinetobacter 119, 131
- *calcoaceticus* 171, 319
- *lwoffii* 155
Acridinorange 282
Actinobacteria 237, 315
Actinomyceten 355, 363–365
N-Acyl-Homoserin-Lactone 265
Adaptation 257–262
Adenosin-5-phosphosulfat 228f
Adenosintriphosphat, siehe ATP
Adipinsäure 202
Adoxophyes orana 365
ADP 36
- Struktur 37
Aedes 363
aerobe Atmung 42
- Bilanz 59f
Aerobic and Anaerobic Transformation
- in Aquatic Sediment Systems 107
- in Soil 108
Aerobic Mineralisation in Surface Water – Simulation Biodegradation Test 107
Aerosole 7
aerotolerante Anaerobe 254
Aeschynomene virginica 367
Affinitätskonstante 256
Agarose-Gelelektrophorese 293
Agrobacterium radiobacter 178
Airlift-Prinzip 345
Air-Sparging 351
- siehe auch Biosparging
Akarizid 363
Akkumulationsphase, Biofilme 264
Aktivität, mikrobielle 285
Aktivitätsbestimmung 284–286
Alanin 63f
Albedo 7
Alcaligenes 162, 185, 250, 315
- *eutrophus*, siehe *Cupriavidus necator*
- *faecalis* 249
Algenblüte 317
Algentest 109
Alicyclen, siehe Cycloalkane
Alkalophile 254f
Alkanabbau 119–124
- anaerober 119f
Alkenabbau 123
Alkoxyl-Radikal 143f
Alkylbenzolsulfonate, lineare 193f
Alkylphenole 206f
Alkylphenolpolyethoxylate (APnEO) 206
Allochormatium 231
- *vinosum* 233
Allythioharnstoff 111
Altlasten 335
Ames, B. 110
Ames-Test 111f
Amid 367
2-Aminoanthracen 110
γ-Aminobuttersäure 364
Aminodinitrotoluol (ADNT) 192

6-Aminonaphthalin-2-sulfonat, Abbau 195 f
Aminopolycarbonsäuren (APC) 203
Aminopolycarboxylate 371
5-Aminosalicylat 195 f
Ammoniak 218–221
Ammoniakbildung 63
Ammonifikation 63, 216–219
Ammonium (NH_3) 20 f, 216, 218, 222, 321 f
Ammonium-Oxidation, anaerobe 216, 222
Ammoniumoxidierer 321
amphiphil 152
α-Amylase 66
β-Amylase 66
Amylopektin 66
Amylose 65 f
Anabolismus 33
anaerobe Atmung 42, 139
anaerobe Mineralisierung 16
Anaerobic Biodegradability of Organic Compounds in Digested Sludge 108
Anaerobier
- fakultative 43
- obligate 43
Anammox 216, 222
- siehe auch Ammonium-Oxidation, anaerobe
Anammoxosom 222
Anammox-Prozess 323 f
Ancylobacter aquaticus 182
anguläre Dioxygenierung 150
Anhydrid 367
- -Bindung 37
Anilin 126, 133
Anmeldepflicht, Chemikalien 99
Anopheles 363
anoxygene phototrophe Organismen 47
anthelmintisch 363
Anthracen 140 f, 145
Anthranilat 126
- -Weg 148
Anthropus ludens 297
A/O-Verfahren 320
AOX 310 f
Apatit 24
Apfelwickler 366
Aquaspirillum 231
aquatische Biotope 270–279
Aquifex 51, 231
Archaea 29, 78, 86, 231, 237, 243
- hyperthermophile 229
Archaeobakterien, siehe Archaea
Arcobacter 315
ARDRA 298, 301, 307
- -Analyse 305
Argentopila arsenivorans 297
Argon 5
Aromaten, nackte 140
Aromatenabbau
- aerober 124–132
- anaerober 132–140
aromatische Sulfonsäuren 193–197
Arsen 248–250
Arsenat 248
Arsenatatmung 249
Arsenatmethylierung 250
Arsenatreduktion 249
Arsenit 248
Arsenitoxidation 248 f
Arsenopyrit 242
Arsenvergiftung 248
Arthrobacter 148, 162, 243
Äschern 377
Ashbya gossypii 375
Aspergillus 67, 119, 251, 356
- *niger* 66
- *oryzae* 66
ATF-Verfahren 357
Atmosphäre 5–7
- chemische Zusammensetzung 6 f
Atmung 30
- aerobe 42
- anaerobe 42, 139, 243, 251
Atmungsaktivität 284
Atmungskette 37–39
Atmungsschutz 219
ATP 33, 36, 40, 50 f, 56, 58–61, 138, 162
- Hydrolyseenthalpie 37
- Struktur 37
ATP-Analyse 286
ATP-Citrat-Lyase 51 f
ATP-Synthase 40, 188, 238
ATP-Synthese 36–40, 160, 229
Atrazin 178
- Abbau 179
Auripigment 241
autochthon 257
Autoinduktion 265
autotroph 42
autotrophe Kohlendioxidfixierung 48–53
Avermectine 363
Azoarcus 315
- *anaerobius* 135, 139
Azofarbstoff 197 f
Azogruppe 197
Azotobacter 219

B

Bacillus 66, 119, 131, 231, 243, 251
- *licheniformis* 223
- *sphaericus* 363
- *stearothermophilus* 355
- *subtilis* 148, 154, 376
- *thuringiensis* 360
- *thuringiensis*-Toxine, siehe Bt-Toxine
Bacteria 29
Bacterium
- *freibergense* 297
- *wuppertiense* 297
Bacteroide 219
Bacteroides 67
Bacteroidetes 315
Baculoviren 366
BAK-1095 202
bakterieller Stoffumsatz 30
Bakterien
- aerobe methylotrophe 183
- cellulolytische 76
- denitrifizierende 223
- grüne phototrophe 275–277
- homoacetogene 77
- methylotrophe 185 f
- nitrifizierende 220
- oligocarbophile 274
- psychrophile 262
- schwefeloxidierende 275–277
- stickstofffixierende 215–217
- sulfatreduzierende 87, 228, 275
Bakterienstamm
- BN6 195 f
- BN9 195 f
Bakteriochlorophyll 277
banded iron formations (BIFs) 239
- siehe auch Eisenstein, gebänderter
Bariumcarbonat 285
barophil 254, 278
barotolerant 278
Basidiomyceten 356
batch-Kultur, siehe statische Kultur
Bay-Region 141
Beauveria 365
- *bassiana* 365
- *brongniartii* 366
Beauvericin 365
Beetverfahren 339
- siehe auch Biobeete
Beggiatoa 230 f, 275–277
Beijerinckia 141, 219
Belebtschlammverfahren 313–315

Belüftung
- aktive 340
- dynamische 340
- passive 340
Belüftungsverfahren 350–352
Benz(a)anthracen 140
Benz(a)pyren 140
Benzenbacter halophilus 297
Benzin 209
Benzo[a]anthracen 145
Benzo[a]pyren 115
Benzoat 126f
Benzoat-1,2-Dioxygenase 126
Benzol 115, 126, 140, 331
- aerobe Abbaubarkeit 370
Benzothiophen 148
Benzoyl-CoA
- Abbau 137f
- Bildung 132f
Beurteilung von Chemikalien 99–114
Biebrich Scarlet 198
- siehe auch Acid Red-66 198
Bioabbaupotenzial 200
Bioakkumulation 251
Biobeete 339
Bio-Brennstoffzelle 382–385
biochemischer Sauerstoffbedarf 310
- siehe auch BSB
Bioclogging 348
Biodiesel 381–383
Bioethanol 381–383
Biofalter 331–334
Biofilm 264–266, 313, 316
Biofouling 266
Biofungizide 366f
Biogas 325–327, 358
Biogas-Turmreaktor 327f
Bioherbizide 366f
Biohoch-Reaktor 328f
Bioinsektizide 359–366
Biokorrosion 266
Biokraftstoffe 379
biologische Schädlingsbekämpfung 359–367
biologischer Abbau
- unvollständiger 338
- vollständiger 338
biologischer Sauerstoffbedarf 102
biologisches Standard-Reduktionspotenzial 34f
Biolumineszenz 110
Biomarker 289
Biomasse 283, 332, 379, 381
- Mikroorganismen 31
- -Rückführung 313f
Biomasse-to-Liquid-Kraftstoff, siehe BTL-Kraftstoff
Biopol 202
Biopolymere 201, 264
Bioreaktor 342f
Biosorption 251
Biosparging 351f
Biosphäre 8
biosrubber, siehe Biowäscher
Biosurfactants 152
- siehe auch Biotenside
Biotechnologie
- graue 359
- grüne 359
- rote 359
- weiße 359
Biotenside 152–156
- polymere 155
Biotope, aquatische 270–279
Biotransformation 250
biotrickling filter, siehe Tropfkörper-Wäscher
Bioventing 350, 352
Bioverfügbarkeit 110
- mangelnde 336
- Schadstoffe 341
Biovolatilisierung 250f
Biowäscher 331–334
BIOWIN 367–370
Biphenyl 126
- polychloriertes 156
Bisphenol A 207f
1,3-Bisphosphoglycerat 56–58
Bjerkandera 146
Black Smoker 87f, 278f
Blähschlamm 315
Blatella germanica 365
Boden 266–270
- A-Horizont 266f
- B-Horizont 267
- kontaminierter 345
- O-Horizont 266f
Bodenaggregat 270
Bodeneigenschaften 346
Bodenlösung 267
Bodenluft 267
Bodenluftansaugung 350
Bodenmatrix 267
Bodenmiete 339f
Bodennährstoffe 348
Bodenpartikel
- Größenvergleich 269
- Sauerstoffverteilung 253
Bodenprofil 266f
Bodensanierung 335
- biologische 336–352
Bodentextur 267, 345
Bodenverunreinigung 335
Bodenvorbehandlung 339
Brachymonas 315
Braunfäulepilze 67
Brennstoffherstellung, mikrobielle 383f
Brenzcatechin 124, 128f, 133
Brenzcatechin-1,2-Dioxygenase 169
Brenzcatechin-2,3-Dioxygenase 168
Brevibacterium 123, 148
Brevundimonas diminuta 149f
BSB 310
BSB_5 103, 310f, 315
- -Elimination 317
Bt-Baumwolle 362
Bt-Mais 362
Bt-Toxin 360–363
BTEX 350f
- -Verbindungen 124
BTL-Kraftstoff 381–383
Burkholderia 131, 146f
- *phenoliruptrix* 164
- PS12 174
1,4-Butandiol 202
Buttersäure 331
Butyrobacterium 77

C

Cadmium 251
Calciumphosphat 321
Calvin-Cyclus 49
Campylobacter 235
Candida 119
- *boidinii* 84
- *lipolytica* 155
- *shehatae* 70
ε-Caprolactam 202
Carbazol 115
- Abbau 149
Carbochemie 114
Carbonatatmung 76
Carbonsäure-Ester 367
Carbonylsulfid (OCS) 22f
Cardiolipin 261
catabolic hubs 125
Catechol, siehe Brenzcatechin
cat-Gene 170
C-Atome, quaternäre 371
Cellobiose 76
Cellulomonas 67
Cellulose 65–67
- Abbau 66f, 69
Cellulosom 67
Cephalosporium 251
Chalkopyrit 241f
Chalkosin 242

Chelatobacter 203
Chelatococcus 203
Chemikalien, Alternativen 371–373
Chemikaliengesetz 99–101
- Stufenkonzept 101
chemiosmotische Kopplung 80–82
chemische Hydrolyse 97
chemischer Sauerstoffbedarf 102, 310
- siehe auch CSB
chemolithoautotroph 42
chemolithoautotrophe Organismen 47
chemolithotroph 42, 220
chemolithotrophe Organismen 47
chemoorganotroph 42
chemoorganotrophe Organismen 47f
Chemosynthese 46f
chemotaxonomische Merkmale 289
chemotroph 33, 42
Chinat 127
Chinol 39
- siehe auch Hydrichinon
Chinolin, Abbau 149f
Chinol-Oxidase 39
Chinon 39, 198
Chloraliphaten, Wachstumssubstrate 181
chloraliphatische Verbindungen, Abbau 176, 180–188
Chloraromaten 156–176
- Abbau 158–168
- als Energiequelle 162
- hydrolytische Eliminierung 162f
- Mineralisierung 165
- oxygenolytische Eliminierung 163
- physiko-chemische Eigenschaften 157
- Produktion 156f
Chlorat 139
4-Chlorbenzoat 162
4-Chlorbenzoat-Dehalogenase-System 162
Chlorbiphenylabbauwege, Mosaikstruktur 174
3-Chlorbrenzcatechin 168
Chlorbrenzcatechin-1,2-Dioxygenasen 169
Chlorbrenzcatechin-2,3-Dioxygenase 168
Chlorbrenzcatechine 158, 165
- *ortho*-Weg 166
Chlorbrenzcatechin-Operon, Entstehung 171
Chlorbutyrat 184
Chlorcrotonat 184
Chlordioxid 139
Chlorethene als Elektronenakzeptoren 188
Chlorgruppe 368
2-Chlorhydrochinon 176
Chlorhydroxyhydrochinon-Abbau 167
Chlorid 139
chlorierte Schadstoffe 156–188
Chlorit 139
Chlorkohlenwasserstoffe, leichtflüchtige 180f
Chlormethanabbau 184
Chlormuconat-Cycloisomerasen 167, 169–171
Chlorobiaceae 233
Chlorobium 51, 231
- *ferrooxidans* 239
- *tepidum* 233
Chloroflexi 315
Chloroflexus aurantiacus 53
Chloroform 185
Chloroformfumigations-Extraktions-Methode 284
Chloroformfumigations-Inkubations-Methode 283
Chlorophyll a 277
Chocolate Mousse 117
Chondostereum purpureum 367
Chrom 250
Chromat 250
Chromobacterium 274
Chrysen 115, 145
Cinnamat 126
Cirsium arvense 367
cis-1,3-Dichlorpropen, Abbau 183
cis-Dichlorethen 187
cis-Dihydrodiol-Dehydrogenase 126
cis-trans-Isomerisierung 261
Citrat 373
Citrat-Cyclus 59–61
- umgekehrter 49, 51f
Citronellol, Abbau 122
Cladiosporum 119
clc-Element 173
clc-Gene 170f
Closed Bottle-Test 104–107
Clostridium 67, 77, 139
- *butyricum* 384
- *pasteurianum* 219
- *sporogenes* 63
- *thermoaceticum* 78
- *thermocellum* 67
C:N:P-Verhältnis 318, 339
CO_2-Bildung, Messung 284f
CO_2-Entwicklungstest 200
CO_2 Evolution Test 104f
Coenzyme 81
Coenzym F_{420} 82
Colletotrichum gloeosporioides 367
colony forming units (CFU) 282
- siehe auch koloniebildende Einheiten
cometabolische Prozesse
- aerobe 185–187
- anaerobe 187f
cometabolische Transformationen 98
cometabolischer Abbau, Chloraromaten 158–160
Cometabolismus 181
compost microbial guidelines 356
Concawe Test, vorläufiger 108
conditioning film 265
Coniferylalkohol 127
copiotroph 257, 260
Copolymere 201
Coprococcus 139
Corynebacterium 123, 131, 147f, 154
Cosubstrate 348
Coulter-Counter 281
Covellin 242
Crenarchaeota 249
p-Cresol 127
- -Aktivierung 135
Crinipellis stipitaria 146
Cryosphäre 7
Cryptococcus albidus 70
CSB 310
Culex 363
4-Cumarat 127
Cumol 186, 369
Cunninghamella 141
Cupriavidus 131
- *necator* 163f, 171, 201
Curvularia lunata 367
Cyanobakterien 219, 272, 275–277, 317
Cyanotoxine 272
Cycloalkane 120
Cyclohexan 115, 261
- Abbau 124
Cyclohexancarboxylat 127
Cycloparaffine, siehe Cycloalkane
Cylindrospermopsin 272f
Cylindrospermopsis raciborskii 272
Cytochrom c 39
Cytochrom-Oxidase 39, 288

Cytochrom P-450 112
- Enzyme 146
Cytophaga 67

D

Daphnia magna 194
DAPI 282, 300
DDT 157
Dechlorierung, cometabolische 160
Deethylatrazin 178
Dehalobacterium formicoaceticum 187
Dehalococcoides ethenogenes 188
Dehalogenase 161, 182f
Dehalorespiration 42, 160–162
- Tetrachlorethen 189
Dehydrogenase, Aktivitätsmessung 285f
denaturierende Gradienten-Gelelektrophorese, siehe DGGE
Denaturierung 293f
Dendrogramm 297f
Denitrifikation 18f, 25, 42, 216, 223, 321–324
- Ammoniak oxidierende 323f
- konventionelle 323
- nachgeschaltete 321f
- simultane 322
- vorgeschaltete 322
Deposition 95
Desaminierung, oxidative 63f
Desorption 95
Desulfitobacterium
- *chlororespirans* 160
- *dehalogenans* 160
- *frappieri* 160
Desulfobacter hydrogenophilus 51
Desulfobacterium 140
- *indolicum* 150
Desulfococcus 87
Desulfomaculum 140
Desulfomonas 275
Desulfomonile tiedjei 160
Desulfosarcina 87
Desulfotomaculum 275
Desulfovibrio 160, 219, 275f
Desulfurifikation 147
Detergenz 155, 348
Detritus 274
DGGE 301, 306
4,6-Diamino-2-phenylindol, siehe DAPI
Diaminonitrotoluol (DANT) 192
Diatomeen 275–277
diauxisches Wachstum 262
Dibenzodioxin, Abbau 151
Dibenzofuran 126
- Abbau 151
Dibenzothiophen 115
- Abbau 147
1,2-Dichlorethan, Abbau 182
2,6-Dichlorhydrochinon 163f
- -Abbau 168
Dichlormethan
- Abbau 183, 187
- -Dehalogenase 183
Dichromat 250
Didesoxynucleotide 293, 295f
Die-away-Tests 103
Dienlacton-Hydrolasen 170f
4,4-Dihydroxyazobenzol 198
Diisopropylether 209f
Dimethyldisulfid (DMDS) 23, 236
Dimethylselenid 251
Dimethylsulfid (DMS) 22f, 235, 331
Dimethylsulfoniumpropionat 235
Dimethylsulfoxid (DMSO) 235f
DIN-38415-3 114
Dinitrophenol 191f
Dioxine 157
Dioxygenase 125, 163, 185, 190
Dioxygenierung, anguläre 150
1,2-Diphenole 163
1,3-Diphenole 135
Direkteinleiter, Abwasser 309
dissolved organic carbon (DOC), siehe gelöster organischer Kohlenstoff
dissolved organic matter (DOM) 274
Distanzmatrix 298
Distickstoff (N_2) 218
Distickstoffmonooxid (N_2O) 5, 19f
Distickstoffoxid-Reduktase 223
Diversität, mikrobielle 300
DNA 291, 293f
DNA-Isolierung 300
DNA-RNA-Hybrid 299
DNA-Sequenzanalyse 293, 296
DOC 102, 262, 284, 310
- Die-Away Test 104f
DOM 274
draft TG-302D 108
draft TG-311 108
Dreckiges Dutzend 157
Drehrohrreaktor 343
Drehsprenger 316
Drehtrommelreaktor 343
- siehe auch Drehrohrreaktor
dsr-Gene 233
Düngung 18
Duroplaste 199
Dutzend, Dreckiges 157

E

EbC_{50} 109
EBPR 318, 320
Echinochloa curs-galli 367
Ectothiorhodospira 249
N,N-EDDA 205
EDDS 203
EDMA 205
EDTA 203–205, 371f
- -Monooxygenase 204f
Effluxprozesse 261f
Einheiten, koloniebildende 282
Einwohnergleichwert, siehe Einwohnerwert
Einwohnerwert 311
Eisen 236–243
Eisenatmung 238
Eisenkreislauf 236–243
Eisenoxidierer, neutrophile 237
Eisenreduktion, bakterielle 241–243
Eisenstein, gebänderter 45
Eisensulfid 277
E85-Kraftstoff 381
El Niño 12f
El Niño-southern oscillation phenomenon
- ENSO 11
- siehe auch El Niño
Elastomere 199
Electricigene 384
elektrochemisches Potenzial 40
Elektronenakzeptor 33f, 348
- terminaler 42
Elektronencarrier 38
Elektronendonor 33f, 348
Elektronentransport 39f
- -Phosphorylierung 78
Elektrophorese 296
Elementarschwefel-Oxidation 230
Eliminierbarkeit 101
Eliminierung
- nach Ringspaltung, Chloraromaten 165
- von Schwermetallen 250f
Elongation 293f
Embden-Meyerhof-Weg, siehe Glykolyse

Emulsan 154
Endabbaubarkeit 101
Endocellulase 67, 69
endokrin wirksame Substanzen 205–209
Endosymbiontentheorie 45f
β-Endotoxin 361
δ-Endotoxin 360f
Energiebilanz der Erde 8–10
Energiegewinnung, Prinzipien 33–40
Energieträger, fossile 15, 17
Energieumwandlung 33
enhanced natural attenuation 339
Enterobacter 250
Enthalpie, freie 34
Entomophthora 365
environmental protection agency (EPA) 367
Enzymaktivität 285
enzymatische Verbrennung 72
Enzyme 378
Epilimnion 270f
ErC_{50} 109
Erdatmosphäre, Entstehung 45f
Erdöl 114–117
Ergosterol 289
Erwinia carotovora 71
Erzlaugung, mikrobielle 239, 242
Escherichia 235
- *coli* 29f, 223, 245, 257, 259f, 293, 299, 385
- Nachweis im Trinkwasser 288
Ester-Bindung 37
Estrogene 205
Ethanol 61
Ethylbenzol 115
- -Aktivierung 134
N,N-Ethylendiamindiacetat, siehe N,N-EDDA
Ethylendiamindisuccinat, siehe EDDS
Ethylendiaminmonoacetat, siehe EDMA
Ethylendiaminodisuccinat 371f
Ethylendiamintetraacetat, siehe EDTA
Ethyl-*tert*-Butylether 209f
Eubacterium 77
- *oxidoreducens* 139
Eubakterien, siehe Bacteria
EU-Chemikalienverordnung 100
Eukaryoten 29f
Eutrophierung 19, 272, 317
euxinisches Milieu 86
ex situ-Techniken, Bodensanierung 338–345
Existenzphase, Biofilme 264
Exocellulase 67, 69
Exoenzyme 53
extradiol 125
extrazelluläre polymere Substanzen (EPS) 241, 264f
Exzisionsreparaturkomplex 113

F

FAD 38–40, 59
$FADH_2$ 38, 59
fakultativ Anaerobe 254
Faraday-Konstante 34f
Färbetechniken 289
Farbstreifenwatt 275–277
FCKW 92
Fe^0 236
Fe^{2+} 236
- -Oxidation 237
Fe^{3+} 236
- -Reduktion 241–243
Ferredoxin 52f, 61, 218
Ferrimicrobium acidophilum 237
Ferroglobus placidus 239, 243
Ferroplasma 237
Ferulat 127
Festbettreaktor 316
Festkörper-Wasser-Verteilungskonstante 96
Feststoffreaktor 342f
Fette, Abbau 64
Fettsäure-Muster 289f
Fettsäuren 64, 153
F_1/F_0-ATPase 41
- siehe auch ATP-Synthase
Firmicutes 237
Fischer-Tropsch-Verfahren 382
FISH 299–301
Flachbettreaktor 343
Flavinadenindinucleotid, siehe FAD
Flavine 198
Flavobacterium 124, 131, 141, 251, 274
- *chlorophenolicus*, siehe *Sphingobium chlorophenolicum*
flexible fuel vehicles 381
Fließbettreaktor 327
Flora maxima 297
Fluiditätsänderung 261
Fluoranthen 141, 145
Fluoren 141
Fluorescein 285f
Fluoresceindiacetat 285f
Fluoresceinisothiocyanat (FITC) 282
Fluoreszenzfarbstoff 282, 296, 303–304
Fluoreszenz-*in situ*-Hybridisierung, siehe FISH
Formaldehyd 78
Formylgruppe 368
fossile Energieträger 15, 17
- Bildung 46
S9-Fraktion 112
freie Enthalpie 34
Fructose-1,6-bisphosphat-Weg, siehe Glykolyse
Fulvosäuren 75f
Fumarat-Reduktase 51f
Furane 157
Fusarium 67, 251
- *oxysporium* 70

G

Galactose-Bindeprotein/Maltose-System 260
Galacturonsäure 71
Galenit 241
Gallionella ferruginea 237
Gärer 76f
- primäre 76f
- sekundäre 77
Gärung 42, 60–62
Gärungsprodukte 61
Gaschromatograph 284f
Gaskonstante, allgemeine 35
gelöster organischer Kohlenstoff 102
Generalisten 262
Generationszeiten 30
Genominsel 173
Gensonde 299–302
Gentisat 125, 127
- -Weg 131
Gentoxizität 114
Gentransfer 171
Geobacter 242f, 384
- *metallireducens* 76, 242
Geospirillum 242
Geotrichum 356
Geovibrio 242
gesamter organischer Kohlenstoff 102
- siehe auch TOC
Gesamtkeimzahl 281
Gezeitenzonen 275
Gibbssche freie Energie, siehe freie Enthalpie
Gleichgewichtskonstante 95
globale Umweltprobleme 3
global warming-Potenzial (GWP) 15

Gloeocapsa 219
Glucanase 67
Glucose 56–58, 260
- Oxidase 72f
- Oxidation 35
Glucosephosphotransferasesystem 260
β-Glucosidase 69
Glutathion-Transferase 183
Glycerin 64
Glycerinaldehyd-3-phosphat 50
Glycin 63f
Glycoamylase 66
Glycogen-nicht-Polyphosphat akkumulierende Organismen (GAO) 319f
Glycolipide 153f
Glykolyse 56–58
Glyoxal-Oxidase 72f
Glyoxylat 53
Goethit 236, 238
Gold 242
Gordonia
- *amicalis* 148
- *desulfuricans* 148
Gradienten-Gelelektrophorese 306
Granulose-Virus 366
Green Chemistry 359, 367
Grenzkonzentrationen 262f
Grenzsubstratkonzentration 256
Grünalgen 277
Grüne Schwefelbakterien 233, 239
Gruppentranslokation 58
GVO-Pflanzen 362

H

Habitate, mikrobielle 253
Halbacetal 150f
Halobacterium 255
Halophile 254f
Hämatit 236
Hansenula polymorpha 84
Hauptrotte 355
Hauptstromverfahren, Phosphateliminierung 320
α-HCH 176f
β-HCH 176f
γ-HCH 176f
- siehe auch Lindan
Helicoverpa armigera 365
Hemicellulose 65, 67–69
Hemmkonzentration, minimale 245
Henry-Konstante 95, 146, 332
Heterobasidion annosum 366
Heterocyclen
- Abbau 146–151
- sauerstoffhaltige 150
- schwefelhaltige 146–148
- stickstoffhaltige 148–150
Heterocysten 219
heterotroph 42
Hexachlorbenzol 157
Hexachlorcyclohexan, Abbau 176–178
Hexan 261
- Abbau 121
homoacetogene Bakterien 77
Homogentisat 125, 127
- -Weg 131
homologe Rekombination 113
Hopan 115
Humifizierung 72–76, 355f
Humine 75f
Huminsäuren 75
Huminstoffe 74f, 356
Humus 14, 216
- Entstehung 65
Hybridisierung 299, 302
Hydrid-Meisenheimer-Komplexe 191f
Hydrochinon 39, 133
- -Abbauweg 163f
Hydrogenase 61, 161
Hydrogenophaga 248
Hydrolyse, chemische 97
hydrolytische Eliminierung, Chloraromaten 162f
Hydrosphäre 7
5-Hydroxybenzimidazolylhydroxycobamid 82
3-Hydroxybenzoat 127
4-Hydroxybenzoat 127, 208
m-Hydroxybenzoat 127
Hydroxybenzol 135
Hydroxybiphenyle, ethoxylierte 373
3-Hydroxybutyrat 202
Hydroxycobalamin 82
8-Hydroxycumarin-Weg 150
Hydroxyhydrochinon 135
- Abbau 138
Hydroxylamin 220
- -Dehydrogenase 220
Hydroxylgruppe 368
Hydroxypropionat-Cyclus 49, 53f
Hygenisierung 355
Hyperthermophile 254f
Hyphomicrobium 183, 274
Hypolimnion 271

I

IDS 371–373
Iminodisuccinat, siehe IDS
in situ-Bodensanierung 345–352
Indirekteinleiter, Abwasser 309
Indol-Test 288
Induktionsphase, Biofilme 264
Industrie-Abwasser 311f
- Reinigung 328
Infiltrationsverfahren 348–350
Infrarotemission 10
Infrarot-Gasanalyse 285
inherent biodegradability 104
Insektizide 362
Integrase 173
Intensivrotte 356f
intradiol 125
Ionen, spezifische anorganische 103
Isoalloxazinring 38
Isochinolin, Abbau 149f
Isopren, Abbau 185
Isopropylbenzol 186
- siehe auch Cumol
isotope arrays 307
Isotope, stabile 307f
Isotopenfraktionierung 290
Itai-Itai-Krankheit 4

J

Jarosit 238, 241
JMP134 163, 171

K

Kaliumdichromat 102, 284
Kaliumpermanganat 102
Kanzerogenität 112
Kapazitätsgrenzen 259
Kartoffelkäfer 365
Kaskadenbecken 315
Katabolismus 33
Keimzahlbestimmung 281
Kernpolyeder-Viren 366
Kerogen 45
β-Ketoadipat-Weg, siehe *ortho*-Weg
α-Ketoglutarat-Dehydrogenase-Ferredoxin-Oxidoreductase 51f
Kieselalgen 275–277
- siehe auch Diatomeen
Kinetik, multiphasische 257
Kläranlage 312–317

Kläranlagensimulation 107
Klebsiella 251
- *pneumoniae* 219
Klimaänderung 10f
Klimasystem 3-13
- Wechselwirkungen 8
Klonbank 305
Klonierung 293
Kodama *pathway* 146
Kohle 141
Kohlendioxid (CO_2) 14-16, 5-7
- theoretisches 103
Kohlendioxidfixierung, autotrophe 48-53
Kohlendisulfid (CS_2) 236
Kohlenhydrate, Abbau 56-62
Kohlenmonoxid (CO) 16
- -Dehydrogenase 51
Kohlenstoff 8
- gelöster organischer 102
- - siehe auch DOC
- gesamter organischer 102
- - siehe auch TOC
Kohlenstoffkreislauf 45-88
- globaler 13-18
Kohlenwasserstoffe
- Abbau 112-156
- Aufnahme in die Zelle 152
- monoaromatische 124-140
- polychlorierte 95
- polycyclische aromatische 96, 140
koloniebildende Einheiten 282
Kommunal-Abwasser 311
komplementärer Stoffwechsel 263
Komplettmedium 282
Komplexbildner 203-205
Kompostierung 354-357
- siehe auch Rotte
Konformationsschutz 219
Konjugation 171
Konkurrenz, mikrobielle 256
Kontaktlaugung 241
kontaminierter Boden 345
kontinuierliche Kultur 259, 313
O_2-Konzentrationsmessung 284
Kooperation, mikrobielle 263
Kopplung, chemiosmotische 80-82
Körnungsdreieck, Boden 268
Kraft, protonenmotorische 36, 40
Kreisläufe
- biogeochemische 25f
- - siehe auch Stoffflüsse, globale
- biologische 12
Kritische-Mizellen-Konzentration 152
K-Strategie 257
Kultivierungsverfahren, selektive 287
Kultur
- kontinuierliche 259, 313
- statische 258
Kunststoffe 199-203
- Abbaubarkeit 200
Kupfer 242

L

Laccase 71
Lactat 61
Lacton 167
lacZ-Gen 114
landfarming 341f
Landoberfläche 7f
Laser-Scanning-Mikroskop, konfokales 300
LCKW 180f, 350
LCVKW 351
Leaching 348
Lebendkeimzahl, Bestimmung 282f, 287
Lebensbedingungen, physikochemische 255
Lebensgemeinschaften, molekulargenetische Charakterisierung 299-308
Lederherstellung 375-378
Leghämoglobin 219
leichtflüchtige Chlorkohlenwasserstoffe 180f
Leitstruktur 371
Leptinotarsa decemlineata 365
Leptospirillum ferrooxidans 237, 239-241
Leptothrix 243
- *ochracea* 237
Leuchtbakterientest 110
LexA-Repressor 113
Lignin 65, 71f
- Abbau 71-74, 98
ligninolytische Pilze 158, 198
Lignin-Peroxidase 71-73
Lignocellulose 65
Lindan 165, 176-178
- Abbau 177
lineare Alkylbenzolsulfonate (LAS) 193f
Lipasen 64
Lipide 64
Lipopeptide 153
Lipophilie 56
Lipoxygenase 143f
Liriomyza 365
Lobesia botrana 365
Lösungsmitteltoleranz, siehe *solvent tolerance*
Lösungsvermittler 332
Luciferin 286f
Lyngbya 276

M

Magnetit 236
Maillard-Reaktion 74f
Maiszünsler 362, 365
Maleylacetat-Reduktase 167, 170f
Mamestra brassicae 365f
Mandelat 126
Mangan 243
Mangan-Peroxidase 71f
Manometric Respirometry Test 104f
marine Umgebungen 275-279
mechanische Reinigung, Abwasser 312f
Mediator 72
Meere, siehe Ozeane
Meeresspiegel 11
Meeresverölung 116f
Membranreaktionen 334
Membranreaktor 332
Menachinon 40
MerCA-Protein, siehe Quecksilber-Reduktase
Merkmale, chemotaxonomische 289
Mesopause 5
Mesophile 254f
Mesosphäre 5
Metabolisierung, vollständige 98, 102
Metabolite, toxische 158
Metalimnion 271
Metall-APC-Komplexe 203
Metall-EDTA-Komplexe 205
Metallothioneine 251
Metallsulfide 278
Metarhizium anisopliae 366
meta-Weg 129f, 131
- Chloraromaten 168
Methan (CH_4) 5, 16-18, 48, 76, 92
- Bildung 76-83
Methanabbau 83-87
- aerober 83-86
- anaerober (AOM) 86f
Methanhydrate 18, 76, 83
Methan-Monooxygenase 84, 185
Methanobacterium 78
Methanococcus 78

methanogene Nahrungskette 325
methanogene Organismen 76–78
- acetoclastische Methanogene 78, 82f
- hydrogenotrophe Methanogene 78
Methanogenese 16–18, 42, 274f
Methanomicrobium 78
Methanopyrus 278
Methanosarcina 82
Methanosarcinales 86
Methanospirillum 78
Methanothermus 78
Methanotrix 82
methanotrophe Mikroorganismen 83f
Methansulfonat 235
Methanthiol 236
Methoden
- molekularökologische 299
- summarische 281–286
Methylbrenzcatechine, Abbau 130
Methylchinolin 148
Methyl-CoM-Reduktase 82
4-Methylcumol 369
methylenblauaktive Substanzen (MBAS) 194
Methylen-Tetrahydrofolat 188
N_5,N_{10}-Methylentetrahydrofolat 78
Methylierung, Quecksilber 247f
Methylobacter 85
Methylobacterium 183, 231
Methylococcus 85
Methylocystis 85
Methylomonas 85
Methylosinus 85
- *trichosporium* 185
methylotrophe Mikroorganismen 83f
Methyl-*tert*-butylether (MTBE) 209f
Microarrays 302
microbial loop 274
Micrococcus 30, 162
Microcoleus 276
Microcystine 272f
Microcystis aeruginosa 272
Microtox-Test 110
- siehe auch Leuchtbakterientest
Mieten, offene 357
Mietentechnik 339–341
mikroaerophile Mikroorganismen 254
Mikroautoradiographie 307
Mikrobenmatten 275–277
mikrobielle Aktivität 285
mikrobielle Brennstoffherstellung 383f
mikrobielle Diversität 300
mikrobielle Erzlaugung 239, 242
mikrobielle Konkurrenz 256
mikrobielle Kooperation 263
mikrobielle Schleife, siehe *microbial loop*
mikrobielle Zersetzung 15
mikrobieller Abbau 116f
mikrobielles Wachstum 258f
mikrobiologische Abbaubarkeit 331
Mikrofauna 31
Mikroorganismen 3, 29–31, 348
- acetogene 77–79
- anoxygene phototrophe 47
- Biomasse 31
- chemolitoautotrophe 47
- chemolitotrophe 47
- chemoorganotrophe 47
- Diveristät 290f
- Einsatz zur Stromerzeugung 382–385
- Einteilung nach Stoffwechseltypen 40–43
- eukaryotische 45
- Glycogen-nicht-Polyphosphat akkumulierende 319f
- heterotrophe 262
- Klassifizierung 291–298
- kultivierbare 290f
- lithotrophe 231
- methanogene 77–80
- methanotrophe 83f
- methylotrophe 83f
- oxygene phototrophe 47
- phototrophe 47
- Phosphat akkumulierende 318–320
- spezifische Nachweise 286–290
- syntrophe 77f
Mikroskopie 281f
Milben 364
Milieu, euxinisches 86
Minamata-Krankheit 4
Mineralisierung 97
- anaerobe 16
minimale Hemmkonzentration 245
Mischbiozönose 321
Mischsubstrate 262
mixed-substrate growth, siehe diauxisches Wachstum
Mizelle 152
MKW 350f
Mn^{2+}-Oxidation 243
Mn^{4+}-Reduktion 243
modified MITI Test
- (I) 104f
- (II) 108
modified OECD screening Test 104–107
modified SCAS Test 108
MoFe-Protein 218
molekularökologische Methoden 299
monitored natural attenuation (MNA) 339
Monod-Gleichung 259
Monooxygenase 125, 163, 185, 190
Moraxella 140
most probable number-Methode 287
- siehe auch MPN-Methode
MPN-Methode 283, 287f
MTBE, cometabolische Umsetzung 210
Mtx-Toxine 363
Muconat-Cycloisomerasen 169–171
Mucor 356
multiphasische Kinetik 257
Muraminsäure 289
Musca domestica 365
Mutagenität 111f
Mutagenitätstests 110–112
Mycobacterium 119, 141, 154
Mycoherbizide 367
Mycoparasiten 366
Mycotoxine 365f

N

Nachklärbecken 314
Nachklärung 317
Nachrotte 355
NAD^+ 38–40, 56, 59, 61, 82, 223
NADH 38–40, 56, 59–61, 223
NAD(P)H 49–51, 220
Nährstoffrecycling 25
Nährstoffsituation, Boden 267f
Nahrungskette, methanogene 325
Naphthalin 115, 126, 140–142, 144f
- Abbau 142, 146
Naphthalin-1,2-Dioxygenase 195
Naphthalin-2-carbonsäure 195
Naphthalin-2-sulfonsäure, Abbau 195

Naphthalinsulfonsäuren 373
Naphthene, siehe Cycloalkane
1-Naphthoat 369
2-Naphthoat 369
Natriumgradient 80–82
Natriumheptadecylsulfat 288
natural attenuation 338
Naturstoffe, Abbau 53
Navicula 276
Nebenstromverfahren, Phosphateliminierung 321
Neodiprion sertifer 366
Nernstsche Gleichung 35
net primary production 25
Neurospora crassa 70
neutrophile Mikroorganismen 254f
Nevskia 274
Nichthuminstoffe 74f
Nicotin-Acetylcholin-Rezeptor 365
Nicotinamidadenindinucleotid, siehe NAD^+
Nicotinamidring 38
Niederländische Liste 336
4-Nitrocholin-N-oxid 110
Nitrat 220f, 348
Nitratatmung 181, 222–224, 249
- siehe auch Nitratreduktion, dissimilatorische
Nitrat-/Nitritatmung 223
Nitrat-Reduktase 223
Nitratreduktion 222f
- assimilatorische 216, 222
- dissimilatorische 216, 222
- zu Ammonium, dissimilatorische (DNRA) 223f
Nitrifikation 19, 216, 219, 221, 317, 321–324
- konventionelle 323
- partielle 322–324
Nitrifikationshemmtest 110f
Nitrilotriacetat, siehe NTA
Nitrit 220–222
Nitrit/Nitrat-Oxidoreduktase 220
Nitritoxidierer 321
Nitrit-Reduktase 223
4-Nitro-1,2-phenylendiamin 110
Nitroaromaten, Abbau 189–193
Nitrobacter 220, 321
Nitrobacteria 220
Nitrobenzol, Abbau 191
Nitrofurantoin 110
Nitrogenase 218f
Nitro-Gruppe 368
p-Nitrophenol, Abbau 191
Nitrosobacteria 220
Nitrosococcus mobilis 321
Nitrosomonas 323f
- *europaea* 220, 321
- *eutropha* 321
- *marina* 321
Nitrospira 315, 321, 323
4-Nitrotoluol, aerober Abbau 190f
no effect concentration (NOEC) 109
Nocardia 119, 123, 154, 162
Nodularia 272
Nodularin 273
non-aqueous phase liquids (NAPLs) 92
Nonylphenol 194, 206f
Nonylphenoldiethoxylate (NP2EO) 206f
Nonylphenolmonoethoxylate (NP1EO) 206f
Nonylphenolpolyethoxylate (NPnEO) 206f
Nonylphenoxyessigsäure (NP1EC) 206f
Nonylphenoxyethoxyessigsäure (NP2EC) 206f
NO_x-Prozess 323f
Normen 99
NTA 203, 371f
- -Dehydrogenase 203
- -Monooxygenase 203f
Nucleopolyeder-Viren 366
- siehe auch Kernpolyeder-Virus

O

Oberfläche 263f
- Beziehung zum Volumen 29f
Oberflächenhydrophobizität 261
Oberflächentemperatur, globale 10
obligat Aerobe 254
obligat Anaerobe 254
Octanol 261
n-Octanol 96f
Octanol-Wasser-Koeffizient 146
4-Octylohenol (4OP) 207
Octylphenolpolyethoxylate (OPnEO) 207
OECD 99
- -Guideline-301B 200
- -Teststrategie 103–108
Ökobilanz 374
Ölabscheider 312f
Oligonucleotide 293, 296, 300
oligotroph 257, 260
Öltropfen, Besiedelung 155
Ölunfall 116–119
online-Datenbankvergleich 296
Optode 284f
Orange II 198
- siehe auch Acid Orange-7
Organismen
- acetogene 76–79
- anoxygene phototrophe 47
- chemolithoautotrophe 47
- chemolithotrophe 47
- chemorganotrophe 47f
- Glycogen-nicht-Polyphosphat akkumulierende 319f
- litotrophe 230
- methanogene 77–79
- methanotrophe 83f
- methylotrophe 83f
- oxygene phototrophe 47
- phototrophe 47
- Polyphosphat akkumulierende 318–320
- syntrophe 77f
Organismengruppen 29
Organozinnverbindungen 205
Orthanilat 197
ortho-Spaltung, Chlorhydroxyhydrochinon 167
ortho-Weg 125, 128
- Chlorbrenzcatechine 166f
Oscillatoria 276f
Osmotolerante 254
Ostrinia nubilalis 365
Oxidase-Test 288
Oxidation
- subterminale 118f
- terminale 118f
- unspezifische radikalische 98
β-Oxidation 118–120, 123
ω-Oxidation 118f
Oxidations-Reduktions-Gleichgewicht 61
oxidative Desaminierung 63
oxidative Prozesse 97
3-Oxoadipatenollacton-Hydrolasen 170
oxygen release compounds 348
Oxygenasen 124
oxygene phototrophe Organismen 47
oxygenolytische Eliminierung, Chloraromaten 163
Oxyluciferin 286
Ozeane 7, 15
- Primärproduktion 275
Ozon 5–7
Ozonschicht 5

P

Paenibacillus 147 f
- *macerans* 71
- *polymyxa* 71
PAK 341, 350 f
- -Abbau 141–146
Paracoccus 231
- *denitrificans* 223
- *pantotrophus* 231 f
partial biodegradability 104
- siehe auch *primary biodegradability*
particulate organic carbon, siehe POC
PCR 291, 293 f, 301 f
- kompetitive PCR 303
- *most probable number*-PCR 303
- *nested* PCR 302
- -Produkt 305
- *real time*-PCR 303
Pectin 67, 71
- Abbau 71
Pelagial 274 f
Pelobacter acidigallici 139
Penicillium 119, 355
Peniophora gigantea 366
Pentachlorphenol (PCP) 156
Pentosephosphat-Cyclus, reduktiver, siehe Calvin-Cyclus
Pepton 282
PER 180, 182, 187 f
Perchlorat 139
persistent organic pollutants (POPs) 156
Persistenz 97
Perylen 140
Petrochemie 114
Pflanzenkläranlage 329
Pflanzenschutzmittel 362
PHA-Depolymerase-Reaktion 202
Phanerochaete chrysosporium 71, 146, 158
Phasenkontrast-Objektiv 282
Phenanthren 115, 126, 140 f, 145
- Abbau 143
Phenol 126, 133, 332
Phenole, chlorierte 369
Phenol-2-Monooxygenase 126
Phenylalanin 127
Phlebia radiata 71
Phloroglucin 132
- Abbau 138
- Bildung 135 f
Phosphat 317 f
Phosphateliminierung
- biologische 318–321
- chemische 318
Phosphatidylethanolamin 261
3-Phosphoadenosin-5-phosphosulfat 229
Phosphoenolpyruvat 58
Phospholipase 64
Phospholipide 64
Phosphor 24, 317
Phosphoribulose-Kinase 49 f
Phosphorkreislauf, globaler 24 f
Phosphorsäureester 58, 367
Phosphorylierung, Elektronentransport-gekoppelte 36 f
Phosphotransferasesystem (PTS) 58
Phostripverfahren 321
photische Zone 277
Photobacterium phosphoreum 110
Photolyse 97, 118
- direkte 97
- indirekte 97
Photosynthese 46 f
phototroph 33, 42
phototrophe Organismen 47
Phragmites australis 329
Phthalat 135
Phycobiline 277
phylogenetisches System 291
Phytan 115, 119
Phytoextraktion 346 f
Phytoplankton 274
Phytoremediation 346–348
Phytostabilisierung 347 f
Phytotransformation 347
Phytovolatilisierung 347
Picchia stipitis 70
Pieris 365
Pikrinsäure 191 f
Pilze
- ligninolytische 158, 198
- phytopathogene 366
Piptocarpus betulinus 67
PIUS 373 f, 379
Planctomyceten 324
Planctomycetes 315, 323
Plasmide 173 f
Pleurotus ostreatus 71, 146
POC 310
Polargebiete 93
Polaromonas 255
Polyamide 201
polychlorierte Biphenyle (PCBs) 156 f
polychlorierte Kohlenwasserstoffe 95
polycyclische aromatische Kohlenwasserstoffe (PAK) 96, 140
Polyester 200
Polyesteramid 202
Polyethylenterephthalat (PET) 199
Polygalacturonsäure 71
- siehe auch Pectin
Polyglucose 318 f
Polyhydroxyalkanoate (PHA) 202
Poly-β-hydroxybuttersäure (PHB) 201 f, 319
Polykondensationsreaktion 202
Polymerase-Kettenreaktion, siehe PCR
polymere Biotenside 155
Polymere
- biologisch abbaubare 201
- natürliche 200
- technisch genutzte 200
Polynitroaromaten 192
Polyphosphat 318–321
- akkumulierende Organismen (PAO) 318–320
Polypropylen (PP) 199
Polystyrol (PS) 199
Polysulfide 230, 240 f
Polyethylen (PE) 199
Polyurethan (PU) 199
Polyvinylalkohol (PVOH) 200
Polyvinylchlorid (PVC) 199
POP-Konvention 156
Possessions-Prinzip 366
Potenzial, elektrochemisches 40
Präzipitation 11
- saure 23
Primärabbau 102
primary biodegradability 104
Primer 291, 293 f
- spezifische 302
- unspezifische 304
Pristan 115, 119
- Abbau 122
Produktionsintegrierter Umweltschutz 373 f
- siehe auch PIUS
Produktsubstitution 378
Prokaryoten 12 f, 29 f
Propen, Abbau 123
Propionyl-CoA-Carboxylase 53
Prosthecochloris 276
Proteinabbau 62–64
Proteobacteria 315
α-*Proteobacteria* 203, 315
β-*Proteobacteria* 315
ε-*Proteobacteria* 315
γ-*Proteobacteria* 315
Proteus vulgaris 385
Protoanemonin 158

Protocatechuat 125, 127–129
- -Abbauweg 162
Protonengradient 36–40
- natürlicher 238
protonenmotorische Kraft 36, 40
Protonenpumpe 39
Protozoen 315
Prozesse
- abiotische 187
- oxidative 97
- reduktive 97
Prozesswasser 341
Prüfpflicht, Chemikalien 99
Pseudoaminobacter 178
Pseudohermaphroditismus 206
Pseudomonas 119, 124, 131, 140, 141, 146, 162, 178, 230, 250f, 260, 274
- *aeruginosa* 272
- *arsenitoxidans* 248
- B13 173
- *cichorri* 183
- *fluorescens* 362
- *maltophila* 251
- P51 174f
- *putida* 168, 170
- - F1 174f
- - Wachstumshemmtest 109
psychrophil 278
Psychrophile 254f
Psychrotrophe 254f
Puccinia striiformis 367
Puffersubstanz 348
Pullulanase 66
pump and treat-Technologie 348
- siehe auch Infiltrationsverfahren
Purpurbakterien 239, 275–277
- phototrophe 235
- schwefelfreie 230
Pyren 115, 140, 145
Pyridinabbau 150
Pyrit 236, 239–241
Pyritoxidation 239–241
Pyrodictium 255
Pyrolobus fumarii 279
Pyruvat 52f, 56–59, 61
- -Dehydrogenase-Komplex 59

Q

Q-Cyclus 39f
QSAR 367, 369, 371
Quantifizierung von Genen 304
quantitative Struktur-Aktivitätsbeziehungen 367
- siehe auch QSAR
Quecksilber 246–248
- Reduktase 247
- Vergiftung 247
Quencher 303f
quorum sensing 265

R

radiative forcing 15
Ralstonia 178
- *eutropha*, siehe *Cupriavidus necator*
Rapsöl 382
Rauigkeit 8
Rayleigh-Gleichung 290
rDNA 292
REACH 100
- siehe auch EU-Chemikalienverordnung
ready biodegradability 104
Reaktorverfahren 342–345
Realgar 241
RecA-Protein 113
red beds 45
Redoxpaare 34
Redoxpotential, Schwermetalle 246
Redoxprozess 33f
S_0-Reduktion 229
Reduktionsäquivalent 33f
Reduktionspotenzial 34f
reduktive Prozesse 97
reduktiver Acetyl-CoA-Weg 49, 51–53
- siehe auch Acetogenese
reduktiver TCC-Cyclus, siehe Citrat-Cyclus, umgekehrter
regionale Umweltprobleme 4
Rekombination, homologe 113
Resorcin 132
- Abbau 138
- Bildung 135f
Restriktion 171
Restriktionsenzyme 298, 307
Rhamnolipid 153
Rhizobium 248
Rhizoctonia 67, 141
Rhizosphären-Degradation 347
Rhodobacter 231
Rhodococcus 119f, 123, 131, 141, 147f, 154
- *erythropolis* 187
Rhodomicrobium 239
Rhodopseudomonas 140, 231
- *gelatinosa* 139
- *palustris* 135, 137f
Rhodospirillum 140
Rhodotorula 119
Rhodovulum 231, 239
Riboflavin 376
ribosomal database project 291
ribosomale RNA 291–293, 299
- siehe auch rRNA
Ribosomen 292, 299
Ribulosebisphosphat-Carboxylase 49
Ribulose-1,5-bisphosphat 49f
Ribulosemonophosphat-Weg 84–86
Ringe, aromatische 371
Ring-Hydrierung, reduktive 192
RNA, ribosomale 291–293, 299
- siehe auch rRNA
RNA-Isolierung 302
RNasen 302
Rohöl, Zusammensetzung 115
Röhrenreaktor 343
Rotte 355
Rottetrommel 357
rRNA 291–293, 300, 302
r-Strategie 257
RT-PCR 301f
Rubisco, siehe Ribulosebisphosphat-Carboxylase
Rührreaktor 344f
Ruminococcus 67

S

Saccharopolyspora spinosa 364
Salicylat 126f
Salmonella enterica 112, 114
Sand 268f
Sandfang 312f
Sanierungsziele 336
Sapromat 284
Sapropel 46
Sauerstoff 5, 139, 348
Sauerstoffbedarf
- biologischer 102
- chemischer 102
- theoretischer 102
Sauerstoffmangel 336
Sauerstoffmessung 103
Sauerstoffschutz, Nitrogenase 219
Sauerstoffverbrauch 284
Sauerstoffzehrung 373
saure Präzipitation 23
Säureanhydrid-Bindung, gemischte 58
Scenedesmus subspicatus 109

Schädlingsbekämpfung, biologische 359–367
Schadstoffdesorption 351
Schadstoffe, chlorierte 156–188
Schadstoffeigenschaften 346
Schadstoffstrippung 351
Schadstoffverteilung 346
Scheibentauchkörper 313, 317
- siehe auch Tropfkörper
Schlamm 324
Schlammalter 315, 321
Schlammbehandlung 324–328
Schlammfaulung, anaerobe 324–326
Schlaufenreaktor 344f
Schluff 268f
Schneebedeckung 10f
Schoeneplectus lacustris 329
Schwammspinner 366
Schwarzschiefer 86
Schwefelbakterien 276
- phototrophe 230
Schwefeldioxid (SO_2) 23
Schwefel-Dioxygenase 233
Schwefeldisproportionierung 230
Schwefelemissionen 23
schwefelfreie Purpurbakterien 230
Schwefelgranula 233
Schwefelkohlenstoff (CS_2) 23
Schwefelkreislauf 227–236
- globaler 22f
Schwefeloxidation, mikrobielle 231–234
Schwefeloxidierer, chemolithoautotrophe 230
Schwefel-Oxygenase-Reduktase (SOR) 234
Schwefel-Purpurbakterien 230
Schwefelsäure (H_2SO_4) 23
Schwefelverbindungen 227
- organische 230, 235f
Schwefelwasserstoff (H_2S) 23, 228, 331
Schwermetalle 95, 245f, 346
- Eliminierung aus der Umwelt 250f
Schwertmannit 238
Sebuthylazin 178
Sediment 274f
See 270–275
selektive Kultivierungsverfahren 287
Selen 250f
Selenastrum carpricornutum 109
Selenat 250f
Selenit 250
Selenmangel 250
Senke 97
Sequenzähnlichkeit 291
Sequenz-Alignment 296–298
Sequenzierung 305
Serin-Weg 84f
Serpula lacrymans 67
Shewanella putrefaciens 241–243, 384
Shikimat 127
Siderit 236
Silber 251
Simazin 178
Simulationstests 103, 107f, 200
single-strand conformational polymorphism, siehe SSCP
Skatol 331
slurry-Reaktor 343
- siehe auch Suspensionsreaktor
solvent extraction-electrowinning (SXEW) 242
solvent tolerance 260–262
Sommerstagnation 271
Sonderabfall 353
Sonnenenergie 9
Sonnenstrahlung 9
Sophorolipid 153
Sorption 95
SOS-Reparatursystem 113f
SOX-System 231f
Spezialisten 262
Spezialkulturen 331
Sphaerotilus natans 237, 315
Sphalerit 241
Sphingobium chlorophenolicum 163
Sphingomonas 131, 272f, 315
- *paucimobilis* 177f
Spinosad 364f
Spinosyn 364f
Spodoptera
- *exigua* 365
- *littoralis* 365
Sprungschicht 271
- siehe auch Metalimnion
Spültropfkörper 317
Spülwirkung 317
16S-rDNA 305
70S-Ribosomen 292
80S-Ribosomen 292
16S-rRNA 291–293
SSCP 301, 305f
stabile Isotope 307f
Standardbedingungen
- biologische 35
- chemische 35
Standard-Reduktionspotenzial, biologisches 34f
Staphylococcus 251
Stärke 65f
- Abbau 65f
Starkeya 231
statische Kultur 258
Stickland-Reaktion 63f
Stickstoff 5
Stickstoffatome, tertiäre 371
Stickstoffeliminierung, Abwasserreinigung 321–324
Stickstofffixierung 19, 25, 215–219
Stickstoffkreislauf
- globaler 18–21
- mikrobieller 215–224
Stickstoffmonoxid (NO) 21
Stickstoffoxid-Reduktase 223
Stickstoffquellen 18
Stickstoffverfügbarkeit 25
Stöchiometrieparameter 256
Stoffflüsse, globale 12–26
Stoffumsatz, bakterieller 30
Stoffwechsel, komplementärer 263
Stoffwechseleigenschaften 289
Stoffwechseltypen, mikrobielle 40–43
Strahlungsantrieb, siehe *radiative forcing*
Strahlungsbilanz der Erde 14
Strahlungsemission, Erdoberfläche 9f
Stratifikation 270
Stratopause 5
Stratosphäre 5
Streptomyces 66f, 243, 355
- *avermitilis* 363
Strombin 371
Stropharia rugosa-annulata 71, 146
Strukturstoffe 340
Struktur-Wirkungs-Beziehungen (SARs) 367
Styrol 127, 261, 331
Substanzen
- endokrin wirksame 205–209
- methylenblauaktive 194
Substratstufen-Phosphorylierung 36, 56
Substratum 264f
Succinyl-CoA 59f
Südliche Oszillation 12
- siehe auch El Niño
Suizid-Produkt 168
Sulfat (SO_4^{2-}) 25, 228
Sulfatatmung 228f
- siehe auch Sulfatreduktion, dissimilatorische

Sulfatreduktion 228 f, 274
- assimilatorische 229
- dissimilatorische 228 f
sulfatreduzierende Bakterien 87
Sulfid (HS^-) 228
Sulfid-Laugung 241
Sulfid-Oxidation 230 f
Sulfit-Oxidation 231
Sulfobacillus 237
Sulfobenzoat 195
4-Sulfobrenzcatechin 197
Sulfolobales 231, 234
Sulfolobus 51, 53
- *metallicus* 237
Sulfonsäuregruppe 197
Sulfonsäuren, aromatische 193–197
Sulhydryl (R-SH) 228
Sulphuretum 277
Summenparameter, Abwasser 309 f
Surfactin 154
Suspensionsreaktor 343–345
Süßwasserumgebung 270–275
Synthesegas 382
syntrophe Organismen 76 f
- siehe auch Gärer, sekundäre
Syntrophie 263, 277, 325
Syntrophobacter wolinii 77
Syntrophomonas wolfei 77
Syntrophus gentianae 138
System
- hydrogeologisches 346
- phylogenetisches 291

T

Tar Balls 117 f
taxonomische Analyse, Mikroorganismen 288 f
TBT 206
tcb-Gene 171
Temperaturgradienten-Gelelektrophorese, siehe TGGE
Tenside
- mikrobielle 152
- - siehe auch Biotenside
Terbuthylazin 178
terminaler Restriktionsfragmentlängen-Polymorphismus, siehe T-RFLP
tert-Amylalkohol 209 f
tert-Amylmethylether 209 f
tert-Butylalkohol 209 f
Tetrachlorethen 92
- Dehalorespiration 189
- sukzessive Dechlorierung 187
Tetrahydrofolat 51, 81
Tetrahydromethanopterin 81
Tetramethyl-*p*-phenylendiamin 288
Tetrathionat 231 f, 234, 239
tfdCDEF-Operon 171
tfd-Gene 171
TG-302 A 108
TG-302 B 108
TG-302 C 108
TG-307 108
TG-308 108
TG-309 109
TGGE 301, 306
Thauera aromatica 135–138
theoretischer Sauerstoffbedarf 102, 310
- siehe auch ThSB
theoretisches Kohlendioxid 103
Thermithiobacillus 231
Thermoanaerobacter thermohydrosulfuricum 70
Thermoanaerobacterium thermosaccharolyticum 70
Thermoanaerobium 70
Thermobacteroides 70
Thermophile 254 f
Thermoplaste 199
Thermoproteus 51
Thermosphäre 5
Thiobacilli 239
Thiobacillus 230 f
- *ferrooxidans*, siehe *Acidithiobacillus ferrooxidans*
Thiocapsa 231
- *pfennigii* 276
- *roseopersicina* 276
Thioesterbindung 59
Thionin 385
Thiophen 148
Thiosulfat 234, 239 f
Thiosulfat:Chinon Oxidoreduktase (TQO) 234
Thiosulfatoxidation 231
Thiotrix 315
ThSB 310
Tiefsee 277 f
TNT 189, 192 f
TOC 102, 310
Toluol 115, 126, 130, 260 f, 331
- -Aktivierung 134
- -Verwerter 176
Toluol-2-Monooxygenase 186
p-Toluolsulfonat, Abbau 195, 197
Ton 268 f
Ton-Humus-Komplexe 356
total biodegradability 104
- siehe auch *ultimate biodegradability*
total organic carbon, siehe gesamter organischer Kohlenstoff und TOC
Toxizität 338
Toxizitätstests 109–111
Trametes versicolor 71, 146
Transformationsreaktionen 144
Transduktion 171
Transferprozesse 91, 93–96
Transformationen 91, 97–99, 171
- abiotische 97
- biotische 97–99
- cometabolische 98
Transmembranproteine 38 f
Transport, atmosphärischer 93
Transportprozesse 91–93
Trehalolipid 153
Treibhauseffekt 9 f
Treibhausgase 5
Treibhauspotenzial 15
T-RFLP 301, 307
- -Analyse 298
TRI 180, 182, 185–188
Triacylglyceride 64
Triaminotoluol (TAT) 192
Triazine 178
- Abbau 178
Tributylzinnverbindungen 205 f
Tricarbonsäure-Cyclus, siehe Citrat-Cyclus
Trichlorethen 92
- Oxidation 185
2,4,5-Trichlorphenol, Abbau 163 f
2,4,6-Trichlorphenol, Abbau 163 f
Trichoderma 67, 119
- *viride* 67
Trimethylamin 331
2,4,6-Trinitrotoluol, siehe TNT
Triphenylformazan 285 f
Triphenyltetrazoliumchlorid 285 f
2,3,5-Triphenyltetrazoliumchlorid, siehe TTC
Trithionat 239
Trockenfermentation, anaerobe 357
- siehe auch ATF-Verfahren
Tropaeolin 198
- siehe auch Acid Orange-6 198
Tropfkörper 313, 315–317
- Lebensgemeinschaften 316
- -Wäscher 332, 334
Tropopause 5
Troposphäre 5–7
Tryptophan 126

Tryptophanase 288
TTC 288
Turmbiologie 328 f
- siehe auch Biohoch-Reaktor
Typha latifolia 329
Tyrosin 127

U

Überdüngung 19, 221
Ubichinon 40, 220
ultimate biodegradability 104
umgekehrter Citrat-Cyclus 51 f
umuC-Gen 114
umuDC-Operon 113
Umu-Test 114
Umwelt-Biotechnologie 359
- siehe auch Biotechnologie, graue
Umweltchemikalien 91–112
- Flüchtigkeit 92
- Polarität 92
Umweltproben 110
Umweltprobleme
- globale 3
- regionale 4
Umweltschäden, chemikalienbedingte 91
upper pathway gene cluster 174
upwelling 12
Uratmosphäre 45

V

Vanillat 127
Veratrylalkohol 72 f
Verbrennung, enzymatische 72
Verdriftung 116
Verflüchtigung 95
- siehe auch Volatilisation
Versauerung 93
viability kit 282
Vibrio 274
- *fischeri* 110
Vinylchlorid 187 f
Virenpräparate 366
Vitamin B_2-Herstellung 374–377
VOC 310
volatile organic carbon, siehe VOC
volatile organic compounds (VOC) 8
Volatilisation 95
Volumen, Beziehung zur Oberfläche 29 f
Vorklärung 312 f
Vorrotte 355

W

Wachstum
- diauxisches 262
- mikrobielles 258 f
Wachstumsbedingungen 253
Wachstumskurve 258
Wachstumsrate 256 f, 259
Wannenreaktor 343
Waschmittel 378, 380
Wasser 7
Wasserdampf 5–7
Wassergefährdungsklasse 99 f
Wasserhaushaltsgesetz 99, 309
Wasser-in-Öl-Emulsion 117
Wasserstoffproduktion 61
Wasser-Verteilungskoeffizient 96 f
Weichen 375
Weißfäulepilze 67, 71, 98, 146, 198
δ-Wert 290
Wirbelschichtreaktor 344 f
Wolinella succinogenes 235
Wolken 7, 10
- Cirrus-Wolken 10
- Stratus-Wolken 10
Woutersia eutropha, siehe *Cupriavidus necator*
Wurzelknöllchen 219

X

Xanthobacter 231
- *autotrophicus* 182
Xenobiotika 338
Xylan, Abbau 67–70
Xylanasen 67
Xylanasesystem 70
Xylane 67–69
- siehe auch Hemicellulose
Xylobiose 70
Xylol 115, 261
m-Xylol 130
p-Xylol 130
Xylosemonophosphat-Weg 86

Z

Zählkammer 281
Zahnbelag 266
Zahn-Wellens/EMPA Test 108
Zellgröße 29
Zersetzung, mikrobielle 15
Zone, photische 277
Zoogloea ramigera 315
Zooplankton 274
Zuschlagstoffe 340
Zwangsbelüftung 340
zymogen 257